Deepen Your Mind

Deepen Your Mind

洪錦魁簡介

一位跨越電腦作業系統與科技時代的電腦專家，著作等身的作家。

- DOS 時代他的代表作品是 IBM PC 組合語言、C、C++、Pascal、資料結構。
- Windows 時代他的代表作品是 Windows Programming 使用 C、Visual Basic。
- Internet 時代他的代表作品是網頁設計使用 HTML。
- 大數據時代他的代表作品是 R 語言邁向 Big Data 之路。

除了作品被翻譯為簡體中文、馬來西亞文外，2000 年作品更被翻譯為 Mastering HTML 英文版行銷美國，近年來作品則是在北京清華大學和台灣深智同步發行：

1：Java 入門邁向高手之路王者歸來

2：Python 最強入門邁向頂尖高手之路王者歸來

3：Python 網路爬蟲：大數據擷取、清洗、儲存與分析王者歸來

4：HTML5 + CSS3 王者歸來

5：R 語言邁向 Big Data 之路

他的近期著作分別登上天瓏及博客來電腦書類暢銷排行榜第一名，他的書著作最大的特色是，所有程式語法會依特性分類，同時以實用的程式範例做解說，讓整本書淺顯易懂，讀者可以由他的著作事半功倍輕鬆掌握相關知識。

Python 最強入門邁向數據科學之路
王者歸來
第二版序

相較於第一版，第二版內容增加下列知識：

- PEP 8，Python 設計風格，易讀易懂
- Python 語法精神、效能發揮極致
- 說明底線開頭或結尾的變數
- 複數觀念
- utf-8 中文編碼
- format( ) 格式化輸出的優點
- f-strings 輸出
- 非 True 或 False 的邏輯運算
- 歐幾里德演算法
- rindex( )、swapcase( )、zfill( )、以及更完整解說 dir( )
- 通訊錄設計
- nonlocal 變數
- 函數回傳多筆資料實質是回傳 tuple
- string 模組
- __name__ == '__main__' 的優點
- 加強 calendar 模組解說
- 遺傳單眼皮或雙眼皮之統計機率知識
- 建立有個人風格的 QR code 與電子名片 QR code
- 補充 JSON 和 CSV 檔案解說
- 網路實戰 PM 2.5 資料與 JSON 檔案

- ❑ Pickle 和 Shelve 檔案
- ❑ 股市數據與 CSV 檔案
- ❑ Pandas 讀取與寫入 Excel
- ❑ 網路爬蟲
- ❑ 人工智慧破冰之旅 – KNN 演算法
- ❑ 其他修訂小細節約 50 處

多次與教育界的朋友相聚，談到電腦語言的發展趨勢，大家一致公認 Python 已經是當今最重要的電腦語言了，幾乎所有知名公司，例如：Google、Facebook、… 等皆已經將此語言列為必備電腦語言。了解許多人想學 Python，市面上的書也不少了，許多人買了許多書，但是學習 Python 路上仍感障礙重重，原因是沒有選到好的書籍，市面上許多書籍的缺點是：

- ❑ Python 語法講解不完整
- ❑ 用 C、C++、Java 觀念撰寫實例
- ❑ Python 語法的精神與內涵未做說明
- ❑ Python 進階語法未做解說
- ❑ 基礎實例太少，沒經驗的讀者無法舉一反三
- ❑ 模組介紹不足，應用範圍有限

許多讀者因此買了一些書，讀完了，好像學會了，但到了網路看專家撰寫的程式往往看不懂。

就這樣我決定撰寫一本用豐富、實用、有趣實例完整且深入講解 Python 語法的入門書籍。其實這本書也是目前市面上講解 Python 書籍中語法最完整、應用範圍最廣、範例最豐富的書籍。

Python 以簡潔著名，語法非常活，同時擁有非常多豐富、實用的模組，本書筆者嘗試將 Python 語法的各種用法用實例解說，同時穿插使用各種模組，以協助讀者未來可以更靈活使用 Python，以奠定讀者邁向更高深學習的紮實基礎。

本書以約 1000 個程式實例和一般實作，講解紮實的 Python 語法，本書同時說明下列知識與應用：

- ❑ 內容穿插說明 PEP 8 風格，讀者可由此養成設計符合 PEP 8 風格的 Python 程式，這樣撰寫的程式可以方便自己與他人閱讀。

- ❑ 拋棄 C、C++、Java 語法思維，將 Python 語法、精神功能火力全開
- ❑ 人工智慧基礎知識融入章節內容
- ❑ 認識 Python 彩蛋
- ❑ 從 bytes 說起、編碼 (encode)、解碼 (decoding)，到精通串列 (list)、元組 (tuple)、字典 (dict)、集合 (set)
- ❑ 完整解說 Unicode 字符集和 utf-8 依據 Unicode 字符集的中文編碼方式
- ❑ 從小型串列、元組、字典到大型數據資料的建立
- ❑ 生成式 (generator) 建立 Python 資料結構，串列 (list)、字典 (dict)、集合 (set)
- ❑ 經緯度計算地球任 2 城市之間的距離，學習取得地球任意位置的經緯度
- ❑ 萊布尼茲公式、尼拉卡莎、蒙地卡羅模擬計算圓週率
- ❑ 基礎函數觀念，也深入到嵌套、closure、lambda、Decorator 等高階應用
- ❑ Google 有一篇大數據領域著名的論文，MapReduce:Simplified Data Processing on Large Clusters，重要觀念是 MapReduce，筆者將對 map( ) 和 reduce( ) 完整解說，更進一步配合 lambda 觀念解說高階應用
- ❑ 建立類別同時深入裝飾器 @property、@classmethod、@staticmathod 與類別特殊屬性與方法
- ❑ 設計與應用自己設計的模組、活用外部模組 (module)
- ❑ 賭場騙局
- ❑ 設計加密與解密程式
- ❑ Python 的輸入與輸出
- ❑ 檔案壓縮與解壓縮
- ❑ 程式除錯 (debug) 與異常 (exception) 處理
- ❑ 檔案讀寫與目錄管理
- ❑ 剪貼簿 (clipboard) 處理
- ❑ 正則表達式 (Regular Expression)
- ❑ 遞迴式觀念與碎形 (Fractal)
- ❑ 影像處理與文字辨識，更進一步說明電腦儲存影像的方法與觀念
- ❑ 認識中文分詞 jieba 與建立詞雲 (wordcloud) 設計
- ❑ GUI 設計 - 實作小算盤
- ❑ 實作動畫與遊戲
- ❑ Matplotlib 中英文圖表繪製

- ❑ 說明 csv 和 json 檔案
- ❑ 繪製世界地圖
- ❑ 台灣股市資料擷取與圖表製作
- ❑ Python 解線性代數
- ❑ Python 解聯立方程式
- ❑ Python 執行數據分析
- ❑ 科學計算與數據分析 Numpy、Scipy、Pandas
- ❑ 網路爬蟲
- ❑ 人工智慧破冰之旅 – KNN 演算法
- ❑ 完整函數索引，未來可以隨時查閱

寫過許多的電腦書著作，本書沿襲筆者著作的特色，程式實例豐富，相信讀者只要遵循本書內容必定可以在最短時間精通 Python 設計，編著本書雖力求完美，但是學經歷不足，謬誤難免，尚祈讀者不吝指正。

洪錦魁 2019-12-10

jiinkwei@me.com

圖書資源說明

本書籍的所有程式實例可以在深智公司網站下載，本書書號 DM1931 是密碼。

本書所有章節均附是非與選擇的習題解答、以及實作習題的輸入與輸出，這些可以在深智公司網站下載，特別是在實作題部分有附輸入與輸出，讀者可以遵循了解題目的本質與相關參考資訊。下列是示範輸出畫面。

一：是非題

1 (X)：串列(list)是由相同資料型態的元素所組成。(6-1 節)

2 (X)：在串列(list)中元素是從索引值 1 開始配置。(6-1 節)

二：選擇題

1 (A)：串列(list)使用時，如果索引值是多少，代表這是串列的最後一個元素。
(6-1 節)

A：-1　B：0　C：1　D：max

三：實作題

1：考試成績分數分別是 87,99,69,52,78,98,80,92，請列出最高分、最低分、總分、平均。(6-1 節)

```
======================= RESTART: D:\Python\ex\ex6_1.py =======================
最高分 =  99
最低分 =  52
總分   =  655
平均   =  81.88
```

教學資源說明

本書習題實作題約 250 題均有習題解答，如果您是學校老師同時使用本書教學，歡迎與本公司聯繫，本公司將提供習題解答。請老師聯繫時提供任教學校、科系、Email、和手機號碼，以方便本公司業務單位協助您。

另外，本書也有教學簡報檔案供教師教學使用。

一般消費者

一般消費者若需要習題解答，訂價 300 元，可向本公司洽購，建議留下姓名、Email 和手機號以便聯繫，帳號如下：

中華郵政劃撥帳號：50428738

深智數位股份有限公司

或

永豐銀行蘭雅分行

157-018-0003397-1

深智數位股份有限公司

目錄

第一章　基本觀念

第二章　認識變數與基本數學運算

第三章　Python 的基本資料型態

第四章 基本輸入與輸出

第五章 程式的流程控制使用 if 敘述

第六章 串列 (List)

第七章 迴圈設計

第八章 元組 (Tuple)

第九章 字典 (Dict)

第十章 集合 (Set)

第十一章　函數設計

第十二章 類別 – 物件導向的程式設計

第十三章 設計與應用模組

第十四章 檔案的讀取與寫入

第十五章 程式除錯與異常處理

第十六章 正則表達式 Regular Expression

第十七章 用 Python 處理影像檔案

第十八章　開發 GUI 程式使用 tkinter

第十九章　動畫與遊戲

第二十章 數據圖表的設計

第二十一章 JSON 資料與繪製世界地圖

第二十二章 使用 Python 處理 CSV / Pickle / Shelve 文件

第二十三章 Numpy 模組

第二十四章 SciPy 模組

第二十五章 Pandas 模組

第二十六章 網路爬蟲

第二十七章 人工智慧破冰之旅 – KNN 演算法

附錄 A 安裝 Python

附錄 B 安裝第三方模組

附錄 C 函數或方法索引表

附錄 D RGB 色彩表

附錄 E ASCII 碼值表

第一章

基本觀念

1-1 認識 Python

1-2 Python 的起源

1-3 Python 語言發展史

1-4 Python 的應用範圍

1-5 靜態程式語言與動態程式語言

1-6 跨平台的程式語言

1-7 系統的安裝與執行

1-8 Python 2 與 Python 3 不相容的驗證

1-9 檔案的建立、儲存、執行與開啟

1-10 程式註解

1-11 Python 彩蛋

1.1 認識 Python

Python 是一種直譯式 (Interpreted language)、物件導向 (Object Oriented Language) 的程式語言，它擁有完整的函數庫，可以協助輕鬆的完成許多常見的工作。

所謂的直譯式語言是指，直譯器 (Interpretor) 會將程式碼一句一句直接執行，不需要經過編譯 (compile) 動作，將語言先轉換成機器碼，再予以執行。目前它的直譯器是 CPython，這是由 C 語言編寫的一個直譯程式，與 Python 一樣目前是由 Python 基金會管理使用。

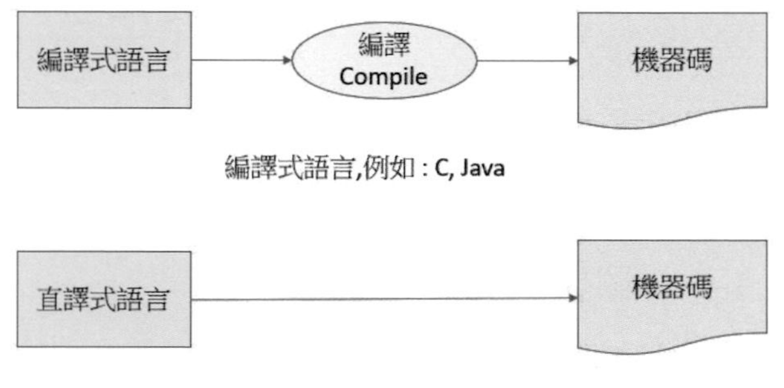

編譯式語言,例如 : C, Java

直譯式語言,例如 : Python

Python 也算是一個動態的高階語言，具有垃圾回收 (garbage collection) 功能，所謂的垃圾回收是指程式執行時，直譯程式會主動收回不再需要的動態記憶體空間，將記憶體集中管理，這種機制可以減輕程式設計師的負擔，當然也就減少了程式設計師犯錯的機會。

由於 Python 是一個開放的原始碼 (Open Source)，每個人皆可免費使用或為它貢獻，除了它本身有許多內建的套件 (package) 或稱模組 (module)，許多單位也為它開發了更多的套件，促使它的功能可以持續擴充，因此 Python 目前已經是全球最熱門的程式語言之一，這也是本書的主題。

1-2 Python 的起源

Python 的最初設計者是吉多・范羅姆蘇 (Guido van Rossum)，他是荷蘭人 1956 年出生於荷蘭哈勒姆，1982 年畢業於阿姆斯特丹大學的數學和計算機系，獲得碩士學位。

本圖片取材自下列網址

https://upload.wikimedia.org/wikipedia/commons/thumb/6/66/Guido_van_Rossum_OSCON_2006.jpg/800px-Guido_van_Rossum_OSCON_2006.jpg

吉多・范羅姆蘇 (Guido van Rossum) 在 1996 年為一本 O'Reilly 出版社作者 Mark Lutz 所著的 "Programming Python" 的序言表示：6 年前，1989 年我想在聖誕節期間思考設計一種程式語言打發時間，當時我正在構思一個新的腳本 (script) 語言的解譯器，它是 ABC 語言的後代，期待這個程式語言對 UNIX C 的程式語言設計師會有吸引力。基於我是蒙提派森飛行馬戲團 (Monty Python's Flying Circus) 的瘋狂愛好者，所以就以 Python 為名當作這個程式的標題名稱。

在一些 Python 的文件或有些書封面喜歡用蟒蛇代表 Python，從吉多・范羅姆蘇的上述序言可知，Python 靈感的來源是馬戲團名稱而非蟒蛇。不過 Python 英文是大蟒蛇，所以許多文件或 Python 基金會也就以大蟒蛇為標記。

1999 年他向美國國防部下的國防高等研究計劃署 DARPA(Defense Advanced Research Projects Agency) 提出 Computer Programming for Everybody 的研發經費申請，他提出了下列 Python 的目標。

- 這是一個簡單直覺式的程式語言，可以和主要程式語言一樣強大。
- 這是開放原始碼 (Open Source)，每個人皆可自由使用與貢獻。
- 程式碼像英語一樣容易理解與使用。
- 可在短期間內開發一些常用功能。

現在上述目標皆已經實現了，Python 已經與 C/C++、Java 一樣成為程式設計師必備的程式語言，然而它卻比 C/C++ 和 Java 更容易學習。

目前 Python 語言是由 Python 軟體基金會 (www.python.org) 管理，有關新版軟體下載相關資訊可以在這個基金會取得，可參考附錄 A。

1-3 Python 語言發展史

在 1991 年 Python 正式誕生，當時的作業系統平台是 Mac。儘管吉多・范羅姆蘇 (Guido van Rossum) 坦承 Python 是構思於 ABC 語言，但是 ABC 語言並沒有成功，吉多・范羅姆蘇本人認為 ABC 語言並不是一個開放的程式語言，是主要原因。因此，在 Python 的推廣中，他避開了這個錯誤，將 Python 推向開放式系統，而獲得了很大的成功。

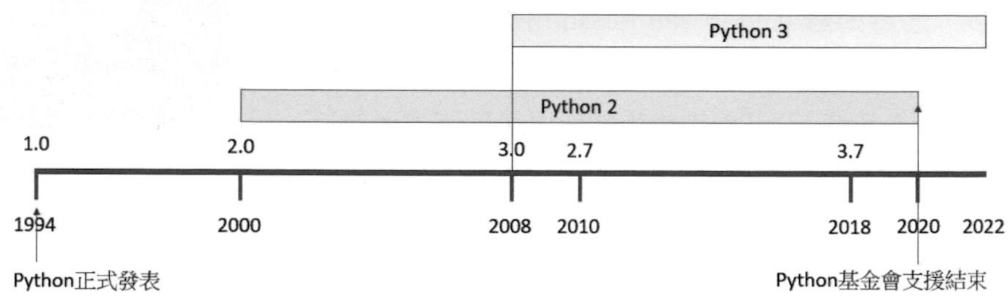

❑ Python 2.0 發表

2000 年 10 月 16 日 Python 2.0 正式發表，主要是增加了垃圾回收的功能，同時支援 Unicode。

所謂的 Unicode 碼值與 utf-8 編碼，是一種適合多語系的編碼規則，主要精神是使用可變長度位元組方式儲存字元，以節省記憶體空間。例如，對於英文字母而言是使用 1 個位元組 (byte) 空間儲存即可，對於含有附加符號的希臘文、拉丁文或阿拉伯文 … 等則用 2 個位元組空間儲存字元，兩岸華人所使用的中文字則是以 3 個位元組空間儲存字元，只有極少數的平面輔助文字需要 4 個位元組空間儲存字元。也就是說這種編碼規則已經包含了全球所有語言的字元了，所以採用這種編碼方式設計程式時，其他語系的程式只要有支援 Unicode 編碼皆可顯示。例如：法國人即使使用法文版的程式，也可以正常顯示中文字。

更詳細解說可以參考 3-5-2 和 3-5-3 節。

❑ Python 3.0 發表

2008 年 12 月 3 日 Python 3.0 正式發表。一般程式語言的發展會考慮到相容特性，但是 Python 3 在開發時為了不要受到先前 2.x 版本的束縛，因此沒有考慮相容特性，所以許多早期版本開發的程式是無法在 Python 3.x 版上執行。

不過為了解決這個問題，儘管發表了 Python 3.x 版本，後來陸續將 3.x 版的特性移植到 Python 2.6/2.7x 版上，所以現在我們進入 Python 基金會網站時，可以發現有 2.7x 版和 3.7x 版的軟體可以下載。

筆者經驗提醒：有一些早期開發的冒險遊戲軟體只支援 Python 2.7x 版，目前尚未支援 Python 3.7x 版。不過相信這些軟體未來也將朝向支援 Python 3.7x 版的路邁進。

Python 基金會提醒：Python 2.7x 已經被確定為最後一個 Python 2.x 的版本，目前暫定基金會對此版本的支援到 2020 年。

筆者在撰寫此書時，所有程式是以 Python 3.x 版做為撰寫此書的主要依據。

1-4 Python 的應用範圍

儘管 Python 是一個非常適合初學者學習的程式語言，在國外有許多兒童程式語言教學也是以 Python 為工具，然而它卻是一個功能強大的程式語言，下列是它的部分應用。

- 設計動畫遊戲。
- 支援圖形使用者介面 (GUI, Graphical User Interface) 開發。
- 資料庫開發與設計動態網頁。
- 科學計算與大數據分析。
- 人工智慧與機器學習重要模組，例如：TensorFlow、Keres、Pytorch 皆是以 Python 為主要程式語言。
- Google、Yahoo!、YouTube、Instagram、NASA、Dropbox(檔案分享服務)、Reddit(社交網站)、Industrial Light & Magic(為星際大戰建立特效的公司) 在內部皆大量使用 Python 做開發工具。這些大公司使用 Python 做為主要程式語言，因為他們知道即使發現問題，在 Python 論壇也可以得到最快速的服務，例如：在台灣發現問題時，可以很快在 Facebook 的 Python Taiwan 或 Python 程式設計初級班獲得比客服更快的解答。
- 網路爬蟲、駭客攻防。讀者可以參考筆者所著：Python 網路爬蟲大數據擷取、清洗、儲存與分析王者歸來。

目前 Google 搜尋引擎、紐約股票交易所、NASA 航天行動的關鍵任務執行，皆是使用 Python 語言。

1-5 靜態語言與動態語言

變數 (variable) 是一個語言的核心，由變數的設定可以知道這個程式所要完成的工作。

有些程式語言的變數在使用前需要先宣告它的資料型態，這樣編譯程式 (compile) 可以在記憶體內預留空間給這個變數。這個變數的資料型態經過宣告後，未來無法再改變它的資料型態，這類的程式語言稱靜態語言 (static language)。例如：C、C++、Java … 等。其實宣告變數可以協助電腦捕捉可能的錯誤，同時也可以讓程式執行速度更快，但是程式設計師需要花更多的時間打字與思考程式的規劃。

有些程式語言的變數在使用前不必宣告它的資料型態，這樣可以用比較少的程式碼完成更多工作，增加程式設計的便利性，這類程式在執行前不必經過編譯 (compile) 過程，而是使用直譯器 (interpreter) 直接直譯 (interpret) 與執行 (execute)，這類的程式語言稱動態語言 (dynamic language)，有時也可稱這類語言是文字碼語言 (scripting language)。例如：Python、Perl、Ruby。動態語言執行速度比經過編譯後的靜態語言執行速度慢，所以有相當長的時間動態語言只適合作短程式的設計，或是將它作為準備資料供靜態語言處理，在這種狀況下也有人將這種動態語言稱膠水碼 (glue code)，但是隨著軟體技術的進步直譯器執行速度越來越快，已經可以用它執行複雜的工作了。如果讀者懂 Java、C、C++，未來可以發現，Python 相較於這些語言除了便利性，程式設計效率已經遠遠超過這些語言了，這也是 Python 成為目前最熱門程式語言的原因。

Python 語言使用時可以直接在提示訊息下 (>>>)，輸入程式碼執行工作，可參考 1-7 節。也可以將程式碼儲存成檔案然後再執行，可參考 1-9 節。

1-6 跨平台的程式語言

Python 是一種跨平台的程式語言，幾乎主要作業系統，例如：Windows、Mac OS、UNIX/LINUX … 等，皆可以安裝和使用。當然前提是這些作業系統內有 Python 直譯器，在 Mac OS、UNIX/LINUX 皆已經有直譯器，Windows 則須自行安裝。

跨平台的程式語言意味，你可以在某一個平台上使用 Python 設計一個程式，未來這個程式也可以在其它平台上順利運作。

1-7 系統的安裝與執行

有關安裝 Python 的步驟請參考附錄 A。下列將以 Python 3.7x 版為例做說明。請點選在附錄 A 所建，在 Windows 桌面上的 idle 圖示，將看到下列 Python Shell 視窗。

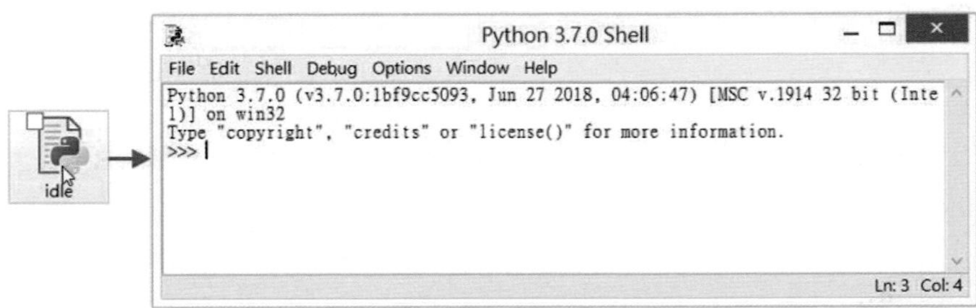

上述 >>> 符號是提示訊息，可以在此輸入 Python 指令，下列是一個簡單 print( ) 函數，目的是輸出字串。

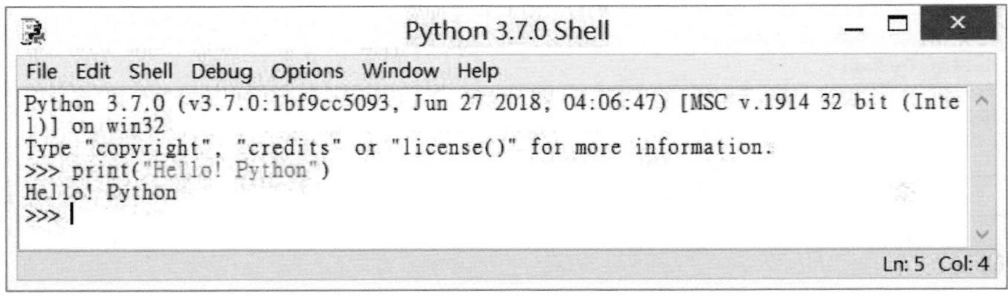

由上圖可以確定我們成功執行第一個 Python 的程式實例了。

1-8 2 與 Python 3 不相容的驗證

下列是早期在 Python 2 上執行輸出字串的 print 用法。

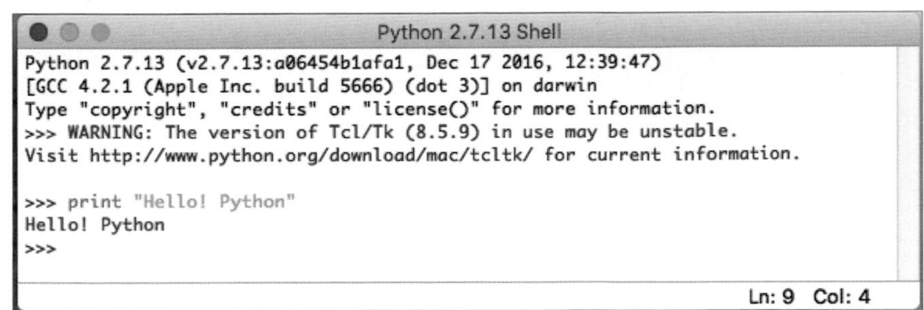

如果相同的輸出方式應用在 Python 3 將出現錯誤。

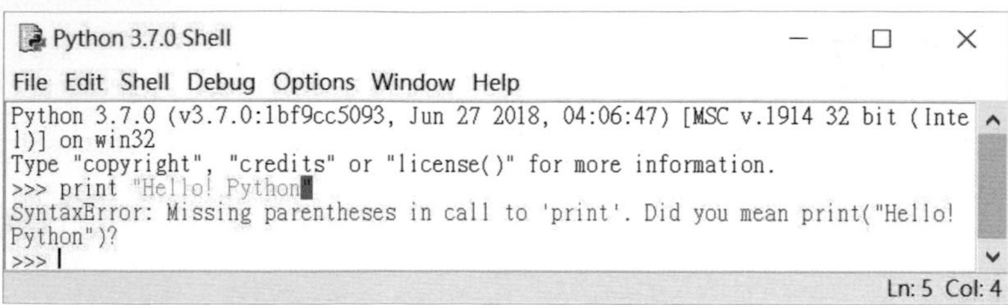

會出現錯誤原因是在 Python 3，print( ) 已經是一個函數。不過筆者在 1-3 節也提過，Python 基金會後來陸續將 3.x 版的特性移植到 Python 2.6/2.7x 版上，所以如果在 Python 2.6/2.7x 版本上，使用 print( ) 函數，將可以得到正確的輸出。

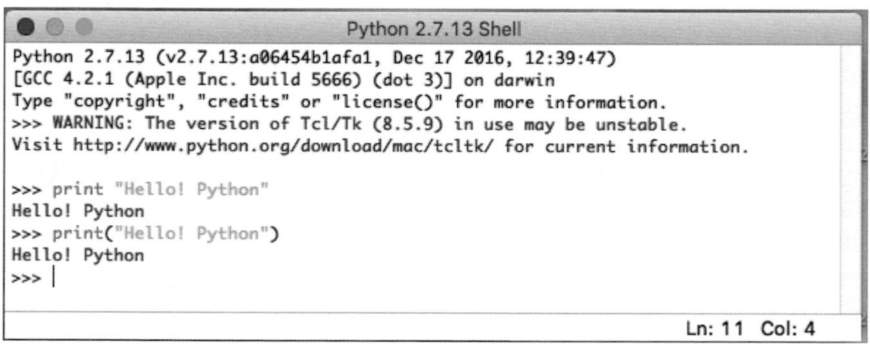

1-9 檔案的建立、儲存、執行與開啟

如果設計一個程式每次均要在 Python Shell 視窗環境重新輸入指令的話，這是一件麻煩的事，所以程式設計時，可以將所設計的程式保存在檔案內是一件重要的事。

1-9-1 檔案的建立

在 Python Shell 視窗可以執行 File/New File，建立一個空白的 Python 檔案。

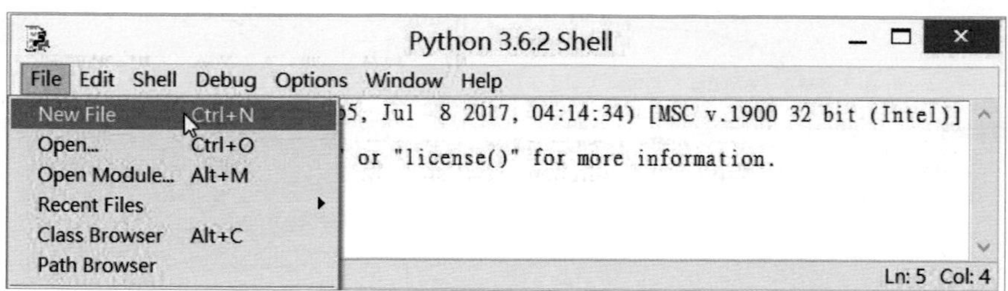

然後可以建立一個 Untitled 視窗，視窗內容是空白，下列是筆者在空白檔案內輸入一道指令的實例。

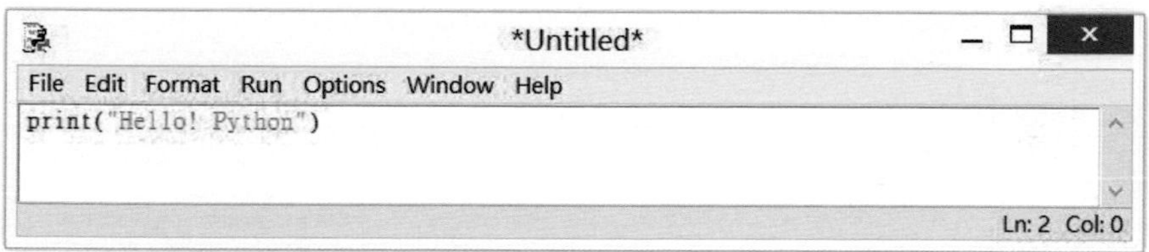

如果想要執行上述檔案，需要先儲存上述檔案。

1-9-2 檔案的儲存

可以執行 File/Save As 儲存檔案。

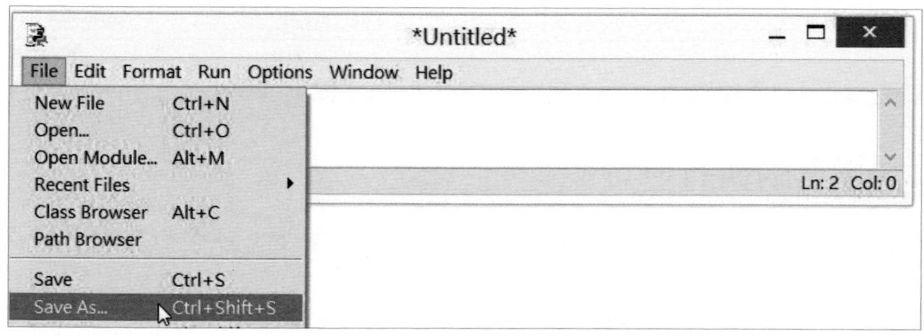

然後將看到另存新檔對話方塊，此例筆者將檔案儲存在 D:/Python/ch1 資料夾，檔名是 ch1_1(Python 的副檔名是 py)，可以得到下列結果。

請按存檔鈕。

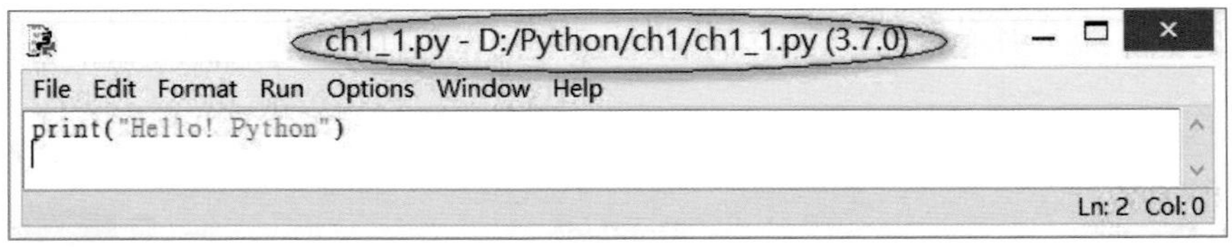

其實已經得到原標題 Untitled 已經改為 ch1_1.py 檔案了。

1-9-3 檔案的執行

可以執行 Run/Run Module，就可以正式執行先前所建的 ch1_1.py 檔案。

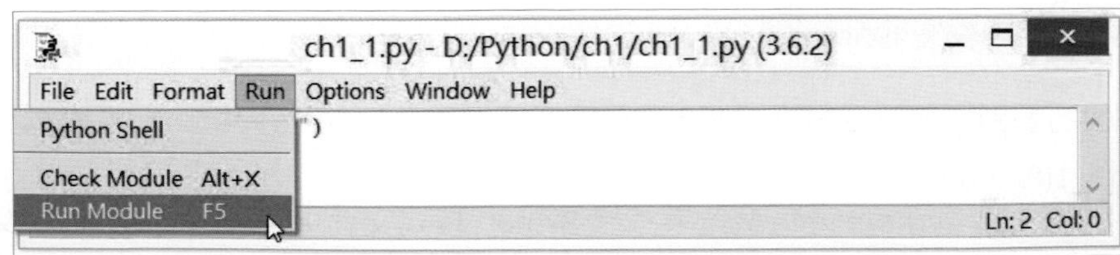

執行後，在原先的 Python Shell 視窗可以看到執行結果。

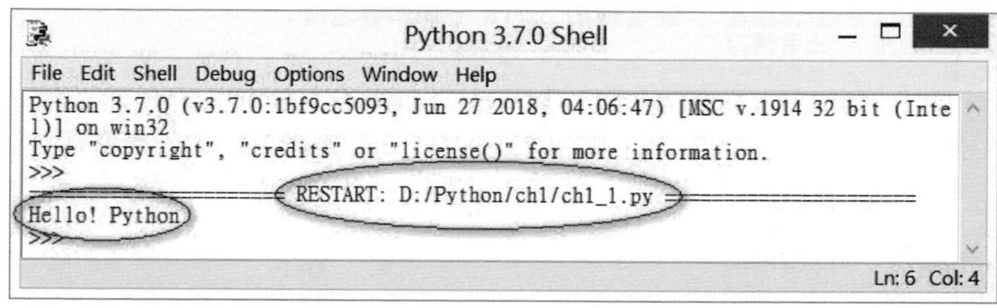

學習到此，恭喜你已經成功的建立一個 Python 檔案，同時執行成功了。

1-9-4 開啟檔案

假設已經離開 ch1_1.py 檔案，未來想要開啟這個程式檔案，可以執行 File/Open。

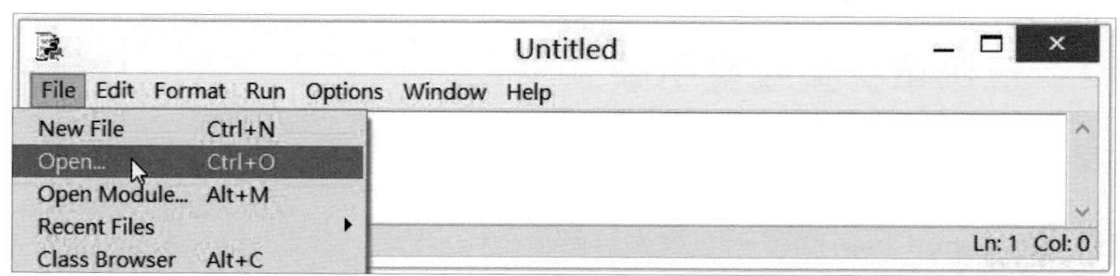

然後會出現開啟舊檔對話方塊，請選擇欲開啟的檔案即可。

1-10 程式註解

程式註解主要功能是讓你所設計的程式可讀性更高，更容易瞭解。在企業工作，一個實用的程式可以很輕易超過幾千或上萬行，此時你可能需設計好幾個月，程式加上註解，可方便你或他人，未來較便利瞭解程式內容。

1-10-1 註解符號

不論是使用 Python Shell 直譯器或是 Python 程式文件中，"#" 符號右邊的文字，皆是稱程式註解，Python 語言的直譯器會忽略此符號右邊的文字。可參考下列實例。

實例 1：在 Python Shell 視窗註解的應用 1，註解可以放在程式敘述的右邊。

```
>>> print("Python語言 - 王者歸來")    # 列印本書名稱
Python語言 - 王者歸來
>>> |
```

實例 2：在 Python Shell 視窗註解的應用 2，註解可以放在程式敘述的最左邊。

```
>>> # 列印本書名稱
>>> print("Python語言 - 王者歸來")
Python語言 - 王者歸來
>>> |
```

程式實例 ch1_2.py：重新設計 ch1_1.py，為程式增加註解。

```
# ch1_2.py
print("Hello! Python")    # 列印字串
```

Python 程式左邊是沒有行號，上述是筆者為了讀者閱讀方便加上去的。

1-10-2　三個單引號或雙引號

如果要進行大段落的註解，可以用三個單引號或雙引號將註解文字包夾。

程式實例 ch1_3.py：以三個單引號當作註解。

```
1  '''
2  程式實例ch1_3.py
3  作者:洪錦魁
4  使用三個單引號當作註解
5  '''
6  print("Hello! Python")    # 列印字串
```

上述前 5 行是程式註解。

程式實例 ch1_4.py：以三個雙引號當作註解。

```
"""
程式實例ch1_4.py
作者:洪錦魁
使用三個雙引號當作註解
"""
print("Hello! Python")    # 列印字串
```

上述前 5 行是程式註解。

1-11 Python 彩蛋

Python 核心程序開發人員在軟體內部設計了 2 個彩蛋，一個是搞笑網站，一個是經典名句又稱 Python 之禪。這是其它軟體沒有見過的，非常有趣。

◆ Python 之禪

可以在 Python Shell 環境輸入 "import this" 即可看到經典名句，其實這些經典名句也是代表研讀 Python 的意境。

```
>>> import this
The Zen of Python, by Tim Peters

Beautiful is better than ugly.
Explicit is better than implicit.
Simple is better than complex.
Complex is better than complicated.
Flat is better than nested.
Sparse is better than dense.
Readability counts.
Special cases aren't special enough to break the rules.
Although practicality beats purity.
Errors should never pass silently.
Unless explicitly silenced.
In the face of ambiguity, refuse the temptation to guess.
There should be one-- and preferably only one --obvious way to do it.
Although that way may not be obvious at first unless you're Dutch.
Now is better than never.
Although never is often better than *right* now.
If the implementation is hard to explain, it's a bad idea.
If the implementation is easy to explain, it may be a good idea.
Namespaces are one honking great idea -- let's do more of those!
```

◆ Python 搞笑網站

可以在 Python Shell 環境輸入 "import antigravity" 即可連上下列網址，讀者可以欣賞 Python 趣味內容。

https://xkcd.com/353/

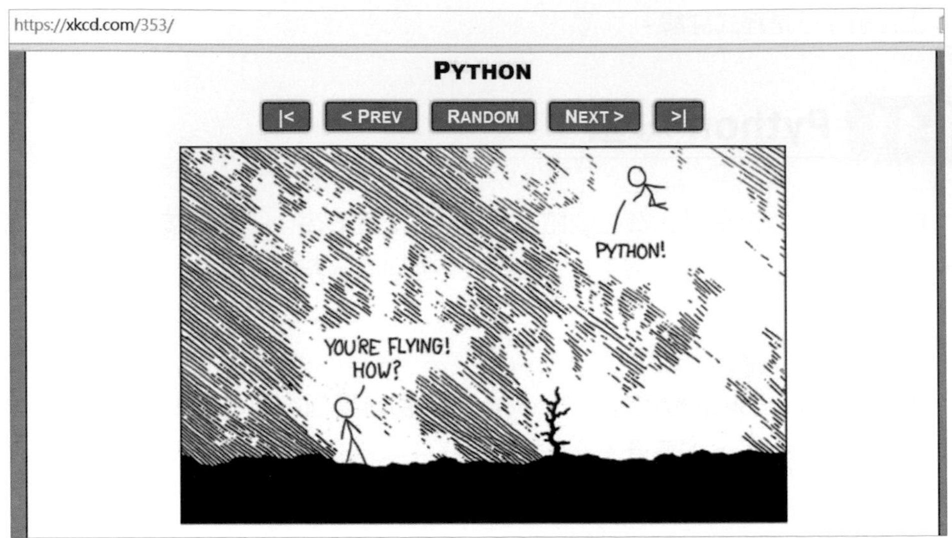

習題

實作題

1. 設計程式可以輸出下列 3 行資料。

   就讀學校

   年級

   姓名

   有關本習題的執行過程與結果，讀者可參照深智公司網站所下載的習題檔案。

第二章

認識變數與基本數學運算

本章將從基本數學運算開始，一步一步講解變數的使用與命名，接著介紹 Python 的算數運算。

2-1 用 Python 做計算

假設讀者到麥當勞打工，一小時可以獲得 120 元時薪，如果想計算一天工作 8 小時，可以獲得多少工資？我們可以用計算機執行 "120 * 8"，然後得到執行結果。在 Python Shell，可以使用下列方式計算。

```
>>> 120 * 8
960
>>>
```

如果一年實際工作天數是 300 天，可以用下列方式計算一年所得。

```
>>> 120 * 8 * 300
288000
>>>
>>> |
```

如果讀者一個月花費是 9000 元，可以用下列方式計算一年可以儲存多少錢。

```
>>> 9000 * 12
108000
>>> 288000 - 108000
180000
>>>
```

上述筆者先計算一年的花費，再將一年的收入減去一年的花費，可以得到所儲存的金額。本章筆者將一步一步推導應如何以程式觀念，處理一般的運算問題。

2-2 認識變數

2-2-1 基本觀念

變數是一個暫時儲存資料的地方，對於 2-1 節的內容而言，如果你今天獲得了調整時薪，時薪從 120 元調整到 125 元，如果想要重新計算一年可以儲存多少錢，你將發現所有的計算將要重新開始。為了解決這個問題，我們可以考慮將時薪設為一個變數，未來如果有調整薪資，可以直接更改變數內容即可。

在 Python 中可以用 "=" 等號設定變數的內容，在這個實例中，我們建立了一個變數 x，然後用下列方式設定時薪。

```
>>> x = 120
>>>
```

如果想要用 Python 列出時薪資料可以使用 print( ) 函數。

```
>>> print(x)
120
>>>
```

如果今天已經調整薪資，時薪從 120 元調整到 125 元，那麼我們可以用下列方式表達。

```
>>> x = 125
>>> print(x)
125
>>>
```

註 在 Python Shell 環境，也可以直接輸入變數名稱，即可獲得執行結果。

```
>>> x = 125
>>> x
125
>>>
```

一個程式是可以使用多個變數的，如果我們想計算一天工作 8 小時，一年工作 300 天，可以賺多少錢，假設用變數 y 儲存一年工作所賺的錢，可以用下列方式計算。

```
>>> x = 125
>>> y = x * 8 * 300
>>> print(y)
300000
>>>
```

如果每個月花費是 9000 元，我們使用變數 z 儲存每個月花費，可以用下列方式計算每年的花費，我們使用 a 儲存每年的花費。

```
>>> z = 9000
>>> a = z * 12
>>> print(a)
108000
>>>
```

如果我們想計算每年可以儲存多少錢，我們使用 b 儲存每年所儲存的錢，可以使用下列方式計算。

```
>>> x = 125
>>> y = x * 8 * 300
>>> z = 9000
>>> a = z * 12
>>> b = y - a
>>> print(b)
192000
>>>
```

從上述我們很順利的使用 Python Shell 計算了每年可以儲存多少錢的訊息了，可是上述使用 Python Shell 做運算潛藏最大的問題是，只要過了一段時間，我們可能忘記當初所有設定的變數是代表什麼意義。因此在設計程式時，如果可以為變數取個有意義的名稱，未來看到程式時，可以比較容易記得。下列是筆者重新設計的變數名稱：

- 時薪：**hourly_salary**，用此變數代替 x，每小時的薪資。
- 年薪：**annual_salary**，用此變數代替 y，一年工作所賺的錢。
- 月支出：**monthly_fee**，用此變數代替 z，每個月花費。
- 年支出：**annual_fee**，用此變數代替 a，每年的花費。
- 年儲存：**annual_savings**，用此變數代替 b，每年所儲存的錢。

如果現在使用上述變數重新設計程式，可以得到下列結果。

```
>>> hourly_salary = 125
>>> annual_salary = hourly_salary * 8 * 300
>>> monthly_fee = 9000
>>> annual_fee = monthly_fee * 12
>>> annual_savings = annual_salary - annual_fee
>>> print(annual_savings)
192000
>>>
```

相信經過上述說明，讀者應該了解變數的基本意義了。

2-2-2　認識變數位址意義

Python 是一個動態語言，它處理變數的觀念與一般靜態語言不同。對於靜態語言而言，例如：C, C++，當宣告變數時記憶體就會預留空間儲存此變數內容，例如：若是宣告與定義 x=10, y=10 時，記憶體內容如右所示：可參考右方左圖。

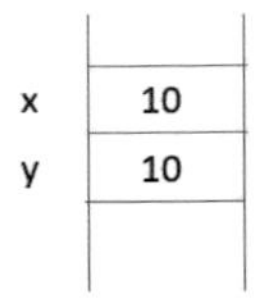

靜態語言, 例如:C

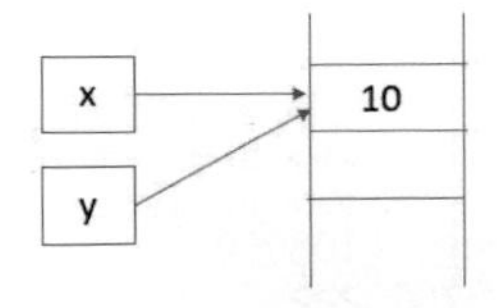

動態語言Python相對參照觀念

對於 Python 而言，變數所使用的是參照 (reference) 位址的觀念，設定一個變數 x 等於 10 時，Python 會在記憶體某個位址儲存 10，此時我們建立的變數 x 好像是一個標誌 (tags)，標誌內容是儲存 10 的記憶體位址。如果有另一個變數 y 也是 10，則是將變數 y 的標誌內容也是儲存 10 的記憶體位址，相關觀念可以參考前頁右圖。

使用 Python 可以使用 id( ) 函數，獲得變數的位址，可參考下列語法。

實例 1：列出變數的位址，相同內容的變數會有相同的位址。

```
>>> x = 10
>>> y = 10
>>> z = 20
>>> id(x)
1614727440
>>> id(y)
1614727440
>>> id(z)
1614727600
```

2-3 認識程式的意義

延續上一節的實例，如果我們時薪改變、工作天數改變或每個月的花費改變所有輸入與運算皆要重新開始，而且每次皆要重新輸入程式碼，這是一件很費勁的事，同時很可能會常常輸入錯誤，為了解決這個問題，我們可以使用 Python Shell 開啟一個檔案，將上述運算儲存在檔案內，這個檔案就是所謂的程式。未來有需要時，再開啟重新運算即可。

程式實例 ch2_1.py：使用程式計算每年可以儲存多少錢，下列是整個程式設計。

```
# ch2_1.py
hourly_salary = 125
annual_salary = hourly_salary * 8 * 300
monthly_fee = 9000
annual_fee = monthly_fee * 12
annual_savings = annual_salary - annual_fee
print(annual_savings)
```

執行結果

```
===================== RESTART: D:\Python\ch2\ch2_1.py =====================
192000
```

未來我們時薪改變、工作天數改變或每個月的花費改變，只要適度修改變數內容，就可以獲得正確的執行結果。

2-4 認識註解的意義

上一節的程式 ch2_1.py，儘管我們已經為變數設定了有意義的名稱，其實時間一久，常常還是會忘記各個指令的內涵。所以筆者建議，設計程式時，適度的為程式碼加上註解。在 1-10 節已經講解註解的方法，下列將直接以實例說明。

程式實例 ch2_2.py：重新設計程式 ch2_1.py，為程式碼加上註解。

```
# ch2_2.py
hourly_salary = 125                              # 設定時薪
annual_salary = hourly_salary * 8 * 300          # 計算年薪
monthly_fee = 9000                               # 設定每月花費
annual_fee = monthly_fee * 12                    # 計算每年花費
annual_savings = annual_salary - annual_fee      # 計算每年儲存金額
print(annual_savings)                            # 列出每年儲存金額
```

執行結果 與 ch2_1.py 相同。

相信經過上述註解後，即使再過 10 年，只要一看到程式應可輕鬆瞭解整個程式的意義。

2-5 Python 變數與其它程式語言的差異

許多程式語言變數在使用前是需要先宣告，Python 對於變數的使用則是可以在需要時，再直接設定使用。有些程式語言在宣告變數時，需要設定變數的資料型態，Python 則不需要設定，它會針對變數值的內容自行設定資料型態。

2-6 變數的命名原則

2-6-1 基本觀念

Python 對於變數的命名，在使用時有一些規則要遵守，否則會造成程式錯誤。

- 必須由英文字母、_(底線) 或中文字開頭，建議使用英文字母。
- 變數名稱只能由英文字母、數字、_(底線) 或中文字所組成。
- 英文字母大小寫是敏感的，例如：Name 與 name 被視為不同變數名稱。

- Python 系統保留字 (或稱關鍵字) 不可當作變數名稱，會讓程式產生錯誤，Python 內建函數名稱不建議當作變數名稱。

註 雖然變數名稱可以用中文字，不過筆者不建議使用中文字，也許是怕將來有相容性的問題。

下列是不可當作變數名稱的 Python 系統保留字。

and	as	assert	break	class	continue
def	del	elif	else	except	False
finally	for	from	global	if	import
in	is	lambda	none	nonlocal	not
or	pass	raise	return	True	try
while	with	yield			

下列是不建議當作變數名稱的 Python 系統內建函數，若是不小心將系統內建函數名稱當作變數，程式本身不會錯誤，但是原先函數功能會喪失。

abs( )	all( )	any( )	apply( )	basestring( )
bin( )	bool( )	buffer( )	bytearray( )	callable( )
chr( )	classmethod( )	cmp( )	coerce( )	compile( )
complex( )	delattr( )	dict( )	dir( )	divmod( )
enumerate( )	eval( )	execfile( )	file( )	filter( )
float( )	format( )	frozenset( )	getattr( )	globals( )
hasattr( )	hash( )	help( )	hex( )	id( )
input( )	int( )	intern( )	isinstance( )	issubclass( )
iter( )	len( )	list( )	locals( )	long( )
map( )	max( )	memoryview( )	min( )	next( )
object( )	oct( )	open( )	ord( )	pow( )
print( )	property( )	range( )	raw_input( )	reduce( )
reload( )	repr( )	reversed( )	round( )	set( )
setattr( )	slice( )	sorted( )	staticmethod( )	str( )
sum( )	super( )	tuple( )	type( )	unichr( )
unicode( )	vars( )	xrange( )	zip( )	_import( )

實例 1：下列是一些不合法的變數名稱。

```
sum,1                # 變數不可有 ","
3y                   # 變數不可由阿拉伯數字開頭
x$2                  # 變數不可有 "$" 符號
and                  # 這是系統保留字不可當作變數名稱
```

實例 2：下列是一些合法的變數名稱。

```
SUM
_fg
x5
總和
```

實例 3：下列 3 個代表不同的變數。

```
SUM
Sum
sum
```

❑ Python 寫作風格 (Python Enhancement Proposals) - PEP 8

吉多．范羅姆蘇 (Guido van Rossum) 被尊稱 Python 之父，在 Python 領域他有編寫程式的風格，一般人將此稱 Python 風格 PEP(Python Enhancement Proposals)，常看到有些文件稱此風格為 PEP 8，這個 8 不是版本編號，PEP 有許多文件提案其中編號 8 是講 Python 程式設計風格，所以一般人又稱 Python 寫作風格為 PEP 8。在這個風格下，變數名稱建議是用**小寫字母**，如果變數名稱需用 2 個英文字表達時，建議此文字間用**底線**連接。例如 2-2-1 節的年薪變數，英文是 annual salary，我們可以用 annual_salary 當作變數。

在執行運算時，在運算符號左右兩邊增加空格，例如：

```
x = y + z            # 符合 Python 風格
x = (y + z)          # 符合 Python 風格
x = y+z              # 不符合 Python 風格
x = (y+z)            # 不符合 Python 風格
```

完整的 Python 寫作風格可以參考下列網址：

www.python.org/dev/peps/pep-0008

上述僅將目前所學做說明，未來筆者還會逐步解說。註：程式設計時如果不採用 Python 風格，程式仍可以執行，不過 Python 之父吉多．范羅姆蘇認為寫程式應該是給人看的，所以更應該寫讓人易懂的程式。

Java 命名變數觀念

有的程式語言，例如 Java 語言，寫作風格是如果變數名稱需用 2 個英文字表達時，建議此變數第 2 個英文字用大寫表示，例如 2-2-1 節的年薪變數，英文是 annual salary，我們可以用 annualSalary 當作變數，這種變數表達方式稱駝峰式 (Camel style) 表示法。

2-6-2 認識底線開頭或結尾的變數

筆者在此先列出本節內容，坦白說對初學 Python 者可能無法體會此節內容，不過讀者持續閱讀此書時會碰上這類的變數，當讀者讀完本書第 13 章時，再回頭看此節內容應可以逐步體會本節的說明。

Python 程式設計時可能會看到下列底線開頭或結尾的變數，其觀念如下：

- 變數名稱有前單底線，例如：_test

這是一種私有變數、函數或方法，可能是在測試中或一般應用在不想直接被調用的方法可以使用單底線開頭的變數。

- 變數名稱有後單底線，例如：dict_

這種命名方式主要是避免與 Python 的關鍵字 (built-in keywords) 或內建函數 (built-in functions) 有相同的名稱，例如：max 是求較大值函數、min 是求較小值函數，可以參考 5-4 節，如果我們真的想建立 max 或 min 變數，可以將變數命名為 max_ 或 min_。

- 變數名稱前後有雙底線，例如：__test__

這是保留給 Python 內建 (built-in) 的變數 (variables) 或方法 (methods) 使用。

- 變數名稱有前雙底線，例如：__test

這也是私有方法或變數的命名，無法直接使用本名存取。

註 在 IDLE 環境使用 Python 時，底線可以代表前一次操作的遺留值。

```
>>> 10
10
>>> _ * 5
50
```

2-7 基本數學運算

2-7-1 四則運算

Python 的四則運算是指加 (+) 、減 (-) 、乘 (*) 和除 (/)。

實例 1：下列是加法與減法運算實例。

```
>>> x = 5 + 6            # 將5加6設定給變數x
>>> print(x)
11
>>> y = x - 10           # 將x減10設定給變數y
>>> print(y)
1
>>>
```

實例 2：乘法與除法運算實例。

```
>>> x = 5 * 9            # 將5乘以9設定給變數x
>>> print(x)
45
>>> y = 9 / 5            # 將9除以5設定給變數y
>>> print(y)
1.8
>>>
```

2-7-2 餘數和整除

餘數 (mod) 所使用的符號是 "%"，可計算出除法運算中的餘數。整除所使用的符號是 "//"，是指除法運算中只保留整數部分。

實例 1：餘數和整除運算實例。

```
>>> x = 9 % 5            # 將9除以5的餘數設定給變數x
>>> print(x)
4
>>> y = 9 // 2           # 將9除以2的整數結果設定給變數y
>>> print(y)
4
>>>
```

其實在程式設計中求餘數是非常有用，例如：如果要判斷數字是奇數或偶數可以用 %，將數字 "num % 2"，如果是奇數所得結果是 1，如果是偶數所得結果是 0。未來當讀者學會更多指令，筆者會做更多的應用說明。

2-7-3 次方

次方的符號是 " ** "。

實例 1：平方、次方的運算實例。

```
>>> x = 3 ** 2            # 將3的平方設定給變數x
>>> print(x)
9
>>> y = 3 ** 3            # 將3的3次方設定給變數y
>>> print(y)
27
>>>
```

2-7-4 Python 語言控制運算的優先順序

Python 語言碰上計算式同時出現在一個指令內時，除了括號 "( )" 內部運算最優先外，其餘計算優先次序如下。

1：次方

2：乘法、除法、求餘數 (%)、求整數 (//)，彼此依照出現順序運算。

3：加法、減法，彼此依照出現順序運算。

實例 1：Python 語言控制運算的優先順序的應用。

```
>>> x = (5 + 6) * 8 - 2
>>> print(x)
86
>>> y = 5 + 6 * 8 - 2
>>> print(y)
51
>>> z = 2 * 3**3 * 2
>>> print(z)
108
```

2-8 指派運算子

常見的指派運算子如下：

運算子	實例	說明
+=	a += b	a = a + b
-=	a -= b	a = a - b
*=	a *= b	a = a * b
/=	a /= b	a = a / b
%=	a %= b	a = a % b
//=	a //= b	a = a // b
**=	a **= b	a = a ** b

實例 1：指派運算子的實例說明。

```
>>> x = 10
>>> x += 5
>>> print(x)
15
>>> x = 10
>>> x -= 5
>>> print(x)
5
>>> x = 10
>>> x *= 5
>>> print(x)
50
>>> x = 10
>>> x /= 5
>>> print(x)
2.0
>>> x = 10
>>> x %= 5
>>> print(x)
0
>>> x = 10
>>> x //= 5
>>> print(x)
2
>>> x = 10
>>> x **= 5
>>> print(x)
100000
>>>
```

2-9 Python 等號的多重指定使用

使用 Python 時，可以一次設定多個變數等於某一數值。

實例 1：設定多個變數等於某一數值的應用。

```
>>> x = y = z = 10
>>> print(x)
10
>>> print(y)
10
>>> print(z)
10
>>>
```

Python 也允許多個變數同時指定不同的數值。

實例 2：設定多個變數，每個變數有不同值。

```
>>> x, y, z = 10, 20, 30
>>> print(x, y, z)
10 20 30
>>>
```

當執行上述多重設定變數值後，甚至可以執行更改變數內容。

實例 3：將 2 個變數內容交換。

```
>>> x, y = 10, 20
>>> print(x, y)
10 20
>>> x, y = y, x
>>> print(x, y)
20 10
>>>
```

上述原先 x, y 分別設為 10, 20，但是經過多重設定後變為 20, 10。其實我們可以使用多重指定觀念更靈活應用 Python，在 2-7-2 節有求商和餘數的實例，我們可以使用 divmod( ) 函數一次獲得商和餘數，可參考下列實例。

```
>>> x = 9 // 5            # 將9除以5的整數給變數x
>>> print(x)
1
>>> y = 9 % 5             # 將9除以5的餘數給變數y
>>> print(y)
4
>>> z = divmod(9, 5)      # 一次獲得商與餘數
>>> print(z)
(1, 4)
>>> x, y = z
>>> print(x)
1
>>> print(y)
4
>>>
```

上述我們使用了 divmod(9,5) 方法一次獲得了元組值 (1,4)，第 8 章會解說元組 (Tuple)，然後使用多重指定將此元組 (1,4) 分別設定給 x 和 y 變數。

2-10 刪除變數

程式設計時，如果某個變數不再需要，可以使用 del 指令將此變數刪除，相當於可以收回原變數所佔的記憶體空間，以節省記憶體空間。刪除變數的格式如下：

del　　　　變數名稱

實例 1：驗證變數名稱回收後，將無法再使用。此例，嘗試輸出已刪除的變數，然後程式出現錯誤訊息。

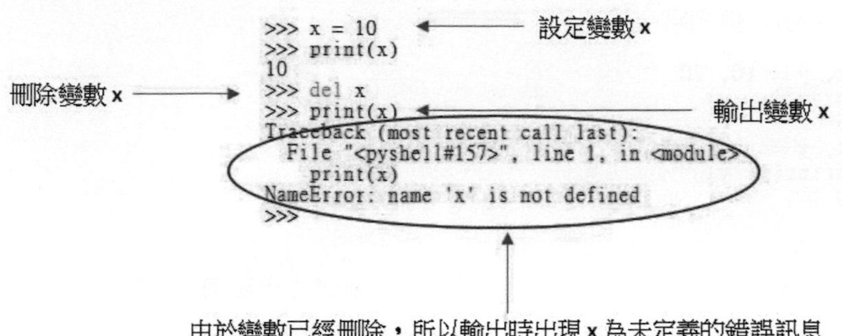

2-11 Python 的斷行

2-11-1　一行有多個敘述

在 Python 是允許一行有多個敘述，彼此用 ";" 隔開即可，儘管 Python 有提供此功能，不過筆者不鼓勵如此撰寫程式碼，當然這也違反 PEP 8 風格。

程式實例 ch2_3.py：一行有多個敘述的實例。

```
# ch2_3.py
x = 10
print(x)
y = 20;print(y)          # 一行有2個敘述不過不鼓勵這種寫法
```

執行結果

```
==================== RESTART: D:\Python\ch2\ch2_3.py ====================
10
20
```

2-11-2　將一個敘述分成多行

在設計大型程式時，常會碰上一個敘述很長，需要分成 2 行或更多行撰寫，此時可以在敘述後面加上 "\" 符號，Python 解譯器會將下一行的敘述視為這一行的敘述。特別注意，在 "\" 符號右邊不可加上任何符號或文字，即使是註解符號也是不允許。

另外，也可以在敘述內使用小括號，如果使用小括號，就可以在敘述右邊加上註解符號。

程式實例 ch2_4.py：將一個敘述分成多行的應用。

```
# ch2_4.py
a = b = c = 10
x = a + b + c + 12
print(x)
# 續行方法1
y = a +\
    b +\
    c +\
    12
print(y)
# 續行方法2
z = ( a +       # 此處可以加上註解
      b +
      c +
      12 )
print(z)
```

執行結果

```
==================== RESTART: D:\Python\ch2\ch2_4.py ====================
42
42
42
```

2-12 專題 - 複利計算 / 計算圓面積與圓周長

2-12-1 銀行存款複利的計算

程式實例 ch2_5.py：銀行存款複利的計算，假設目前銀行年利率是 1.5%，複利公式如下：

本金和 = 本金 * (1 + 年利率)^n　　　# n 是年

你有一筆 5 萬元，請計算 5 年後的本金和。

```
# ch2_5.py
money = 50000 * (1 + 0.015) ** 5
print("本金和是")
print(money)
```

執行結果

```
==================== RESTART: D:\Python\ch2\ch2_5.py ====================
本金和是
53864.20019421873
```

2-12-2　數學運算 - 計算圓面積與周長

程式實例 ch2_6.py：假設圓半徑是 5 公分，圓面積與圓周長計算公式分別如下：

圓面積 = PI * r * r　　　　# PI = 3.14159, r 是半徑
圓周長 = 2 * PI * r

```
# ch2_6.py
PI = 3.14159
r = 5
print("圓面積:單位是平方公分")
area = PI * r * r
print(area)
circumference = 2 * PI * r
print("圓周長:單位是公分")
print(circumference)
```

執行結果

```
====================== RESTART: D:\Python\ch2\ch2_6.py ======================
圓面積:單位是平方公分
78.53975
圓周長:單位是公分
31.4159
```

在程式語言的設計中，有一個觀念是具名常數 (named constant)，這種常數是不可更改內容。上述我們計算圓面積或圓周長所使用的 PI 是圓周率，這是一個固定的值，由於 Python 語言沒有提供此具名常數 (names constant) 的語法，上述程式筆者用大寫 PI 當作是具名常數的變數，這是一種約定成俗的習慣，其實這也是 PEP 8 程式風格，未來讀者可以用這種方式處理固定不會更改內容的變數。

習題

實作題

1. 請重新設計 ch2_1.py，將每小時打工時薪改為 150 元。(2-1 至 2-3 節)
2. 重新設計 ch2_5.py，假設是單利率，利息每年領取，5 年期間可以領多少利息。(2-5 至 2-7 節)
3. 重新設計 ch2_5.py，假設期初本金是 100000 元，假設年利率是 2%，這是複利計算，請問 10 年後本金總和是多少。(2-5 至 2-12 節)
4. 一個幼稚園買了 100 個蘋果給學生當營養午餐，學生人數是 23 人，每個人午餐可以吃一顆，請問這些蘋果可以吃幾天，然後第幾天會產生蘋果不夠供應，同時列出少了幾顆。(2-5 至 2-12 節)

5. 地球和月球的距離是 384400 公里，假設火箭飛行速度是每分鐘 400 公里，請問從地球飛到月球需要多少分鐘。(2-5 至 2-12 節)

6. 假設圓柱半徑是 20 公分，高度是 30 公分，請計算此圓柱的體積。圓柱體積計算公式是圓面積乘以圓柱高度。(2-5 至 2-12 節)

7. 圓周率 PI 是一個數學常數，常常使用希臘字表示，在計算機科學則使用 PI 代表。它的物理意義是圓的周長和直徑的比率。歷史上第一個無窮級數公式稱萊布尼茲公式，它的計算公式如下：(2-5 至 2-12 節)

$$\mathrm{PI} = 4 * (1 - \frac{1}{3} + \frac{1}{5} - \frac{1}{7} + \frac{1}{9} - \frac{1}{11} + \cdots)$$

請分別設計下列級數的執行結果。

(a)： $\mathrm{PI} = 4 * (1 - \frac{1}{3} + \frac{1}{5} - \frac{1}{7} + \frac{1}{9})$

(b)： $\mathrm{PI} = 4 * (1 - \frac{1}{3} + \frac{1}{5} - \frac{1}{7} + \frac{1}{9} - \frac{1}{11})$

(c)： $\mathrm{PI} = 4 * (1 - \frac{1}{3} + \frac{1}{5} - \frac{1}{7} + \frac{1}{9} - \frac{1}{11} + \frac{1}{13})$

註 上述級數要收斂到我們熟知的 3.14159 要相當長的級數計算。

萊布尼茲 (Leibniz)(1646 - 1716 年) 是德國人，在世界數學舞台佔有一定份量，他本人另一個重要職業是律師，許多數學公式皆是在各大城市通勤期間完成。數學歷史有一個 2 派說法的無解公案，有人認為他是微積分的發明人，也有人認為發明人是牛頓 (Newton)。

8. 尼拉卡莎級數也是應用於計算圓周率 PI 的級數，此級數收斂的數度比萊布尼茲集數更好，更適合於用來計算 PI，它的計算公式如下：(2-5 至 2-12 節)

$$\mathrm{PI} = 3 + \frac{4}{2*3*4} - \frac{4}{4*5*6} + \frac{4}{6*7*8} - \cdots$$

請分別設計下列級數的執行結果。

(a)： $\mathrm{PI} = 3 + \frac{4}{2*3*4} - \frac{4}{4*5*6} + \frac{4}{6*7*8} - \cdots$

(b)： $\mathrm{PI} = 3 + \frac{4}{2*3*4} - \frac{4}{4*5*6} + \frac{4}{6*7*8} - \frac{4}{8*9*10} \cdots$

第三章

Python 的基本資料型態

Python 的基本資料型態有下列幾種：

- 數值資料型態 (numeric type)：常見的數值資料又可分成整數 (int)、浮點數 (float)、複數 (complex number)。
- 布林值 (Boolean) 資料型態：也被視為數值資料型態。
- 文字序列型態 (text sequence type)：也就是字串 (string) 資料型態。
- 字元組 (bytes，有的書稱字節) 資料型態：這是二進位的資料型態，長度是 8 個位元。
- 序列型態 (sequence type)：list(第 6 章說明)、tuple(第 8 章說明)。
- 對映型態 (mapping type)：dict(第 9 章說明)。
- 集合型態 (set type)：集合 set(第 10 章說明)、凍結集合 frozenset。

其中 list、tuple、dict、set 又稱作是容器 (container)，未來在計算機科學中，讀者還會學習許多不同的容器與相關概念。

3-1 type( ) 函數

在正式介紹 Python 的資料型態前，筆者想介紹一個函數 type( )，這個函數可以列出變數的資料型態類別。這個函數在各位未來進入 Python 實戰時非常重要，因為變數在使用前不需要宣告，同時在程式設計過程變數的資料型態會改變，我們常常需要使用此函數判斷目前的變數資料型態。或是在進階 Python 應用中，我們會呼叫一些方法 (method)，這些方法會傳回一些資料，可以使用 type( ) 獲得所傳回的資料型態。

程式實例 ch3_1.py：列出數值變數的資料型態。

```
# ch3_1.py
x = 10
y = x / 3
print(x)
print(type(x))
print(y)
print(type(y))
```

執行結果

```
==================== RESTART: D:/Python/ch3/ch3_1.py ====================
10
<class 'int'>
3.3333333333333335
<class 'float'>
```

從上述執行結果可以看到，變數 x 的內容是 10，資料型態是整數 (int)。變數 y 的內容是 3.33…3，資料型態是浮點數 (float)。下一節會說明，為何是這樣。

3-2 數值資料型態

3-2-1 整數 int

整數的英文是 integer，在電腦程式語言中一般用 int 表示。如果你學過其它電腦語言，在介紹整數時老師一定會告訴你，該電腦語言使用了多少空間儲存整數，所以設計程式時整數大小必須是在某一區間之間， 否則會有溢位 (overflow) 造成資料不正確。例如：如果儲存整數的空間是 32 位元，則整數大小是在 -2147483648 和 2147483647 之間。在 Python 2.x 版時代，整數是被限制在 32 位元，另外還有長整數 long，空間大小是 64 位元，所以可以儲存的數值大小更大，達到 -9223372036854775808 ~ 9223372036854775807 之間。在 Python 3 已經將整數可以儲存空間大小的限制拿掉了，所以沒有 long 了，也就是說 int 可以是任意大小的數值。

英文 googol 是指自然數 10^{100}，電腦是用 $1e^{100}$ 顯示，這是 1938 年美國數學家愛德華．卡斯納 (Edward Kasner) 9 歲的侄子米爾頓．西羅蒂 (Milton Sirotta) 所創造的。下列是筆者嘗試使用整數 int 顯示此 googol 值。

```
>>> googol = 10 ** 100
>>> googol
1000000000000000000000000000000000000000000000000000000000000000000000000000000000
0000000000000000000000
```

3-2-2 浮點數

浮點數的英文是 float，既然整數大小沒有限制，浮點數大小當然也是沒有限制。在 Python 語言中，帶有小數點的數字我們稱之為浮點數。例如：

x = 10.3

表示 x 是浮點數。

3-2-3 基本數值資料的使用

Python 在宣告變數時可以不用設定這個變數的資料型態，未來如果這個變數內容是放整數，這個變數就是整數 (int) 資料型態，如果這個變數內容是放浮點數，這個變數就是浮點數資料型態。整數與浮點數最大的區別是，整數是不含小數點，浮點數是含小數點。

程式實例 ch3_2.py：測試浮點數。

```
# ch3_2.py
x = 10.0
print(x)
print(type(x))
```

執行結果

```
==================== RESTART: D:/Python/ch3/ch3_2.py ====================
10.0
<class 'float'>
```

在程式實例 ch3_1.py 中，x 變數的值是 "10" 列出 x 變數是整數變數，在這個實例中，x 變數的值是 "10.0" 列出 x 變數是浮點數變數。

3-2-4　整數與浮點數的運算

Python 程式設計時不相同資料型態也可以執行運算，程式設計時常會發生整數與浮點數之間的資料運算，Python 具有簡單自動轉換能力，在計算時會將整數轉換為浮點數再執行運算。

程式實例 ch3_3.py：不同資料型態的運算。

```
# ch3_3.py
x = 10
y = x + 5.5
print(x)
print(type(x))
print(y)
print(type(y))
```

執行結果

```
==================== RESTART: D:/Python/ch3/ch3_3.py ====================
10
<class 'int'>
15.5
<class 'float'>
```

上述變數 y，由於是整數與浮點數的加法，所以結果是浮點數。此外，某一個變數如果是整數，但是如果最後所儲存的值是浮點數，Python 也會將此變數轉成浮點數。

程式實例 ch3_4.py：整數轉換成浮點數的應用。

```
# ch3_4.py
x = 10
print(x)
print(type(x))          # 加法前列出x資料型態
x = x + 5.5
print(x)
print(type(x))          # 加法後列出x資料型態
```

執行結果

```
==================== RESTART: D:/Python/ch3/ch3_4.py ====================
10
<class 'int'>
15.5
<class 'float'>
```

原先變數 x 所儲存的值是整數，所以列出是整數。後來儲存了浮點數，所以列出是浮點數。

3-2-5 2 進位整數與函數 bin( )

我們可以用 2 進位方式代表整數，Python 中定義凡是 0b 開頭的數字，代表這是 2 進位的整數。

bin( ) 函數可以將一般整數數字轉換為 2 進位。

程式實例 ch3_5.py：將 10 進位數值與 2 進位數值互轉的應用。

```
# ch3_5.py
x = 0b1101              # 這是2進為整數
print(x)                # 列出10進位的結果
y = 13                  # 這是10進為整數
print(bin(y))           # 列出轉換成2進位的結果
```

執行結果

```
==================== RESTART: D:/Python/ch3/ch3_5.py ====================
13
0b1101
```

3-2-6 8 進位整數與函數 oct( )

我們可以用 8 進位方式代表整數，Python 中定義凡是 0o 開頭的數字，代表這是 8 進位的整數。

oct( ) 函數可以將一般數字轉換為 8 進位。

程式實例 ch3_6.py：將 10 進位數值與 8 進位數值互轉的應用。

```
# ch3_6.py
x = 0o57                # 這是8進為整數
print(x)                # 列出10進位的結果
y = 47                  # 這是10進為整數
print(oct(y))           # 列出轉換成8進位的結果
```

執行結果

```
===================== RESTART: D:/Python/ch3/ch3_6.py =====================
47
0o57
```

3-2-7　16 進位整數與函數 hex( )

我們可以用 16 進位方式代表整數，Python 中定義凡是 0x 開頭的數字，代表這是 16 進位的整數。

hex( ) 函數可以將一般數字轉換為 16 進位。

程式實例 ch3_7.py：將 10 進位數值與 8 進位數值互轉的應用。

```
# ch3_7.py
x = 0x5D                # 這是16進為整數
print(x)                # 列出10進位的結果
y = 93                  # 這是10進為整數
print(hex(y))           # 列出轉換成16進位的結果
```

執行結果

```
===================== RESTART: D:/Python/ch3/ch3_7.py =====================
93
0x5d
```

3-2-8　強制資料型態的轉換

有時候我們設計程式時，可以自行強制使用下列函數，轉換變數的資料型態。

int( )：將資料型態強制轉換為整數。

float( )：將資料型態強制轉換為浮點數。

程式實例 ch3_8.py：將浮點數強制轉換為整數的運算。

```
# ch3_8.py
x = 10.5
print(x)
print(type(x))          # 加法前列出x資料型態
y = int(x) + 5
print(y)
print(type(y))          # 加法後列出y資料型態
```

執行結果

```
===================== RESTART: D:/Python/ch3/ch3_8.py =====================
10.5
<class 'float'>
15
<class 'int'>
```

程式實例 ch3_9.py：將整數強制轉換為浮點數的運算。

```
# ch3_9.py
x = 10
print(x)
print(type(x))          # 加法前列出x資料型態
y = float(x) + 10
print(y)
print(type(y))          # 加法後列出y資料型態
```

執行結果

```
===================== RESTART: D:/Python/ch3/ch3_9.py =====================
10
<class 'int'>
20.0
<class 'float'>
```

3-2-9 數值運算常用的函數

下列是數值運算時常用的函數。

- abs( )：計算絕對值。
- pow(x,y)：返回 x 的 y 次方。
- round( )：這是採用演算法則的 Bankers Rounding 觀念，如果處理位數左邊是奇數則使用四捨五入，如果處理位數左邊是偶數則使用五捨六入，例如：round(1.5)=2，round(2.5)=2。

  處理小數時，第 2 個參數代表取到小數第幾位，小數位數的下一個小數位數採用 "5" 以下捨去，"51" 以上進位，例如：round(2.15,1)=2.1，round(2.25,1)=2.2，round(2.151,1)=2.2，round(2.251,1)=2.3。

程式實例 ch3_10.py：abs( )、pow( )、round( )、round(x,n) 函數的應用。

```
# ch3_10.py
x = -10
print("以下輸出abs( )函數的應用")
print(x)                # 輸出x變數
print(abs(x))           # 輸出abs(x)
x = 5
y = 3
print("以下輸出pow( )函數的應用")
print(pow(x, y))        # 輸出pow(x,y)
x = 47.5
print("以下輸出round(x)函數的應用")
print(x)                # 輸出x變數
print(round(x))         # 輸出round(x)
x = 48.5
print(x)                # 輸出x變數
print(round(x))         # 輸出round(x)
x = 49.5
print(x)                # 輸出x變數
print(round(x))         # 輸出round(x)
print("以下輸出round(x,n)函數的應用")
x = 2.15
print(x)                # 輸出x變數
print(round(x,1))       # 輸出round(x,1)
x = 2.25
print(x)                # 輸出x變數
print(round(x,1))       # 輸出round(x,1)
x = 2.151
print(x)                # 輸出x變數
print(round(x,1))       # 輸出round(x,1)
x = 2.251
print(x)                # 輸出x變數
print(round(x,1))       # 輸出round(x,1)
```

執行結果

```
===================== RESTART: D:/Python/ch3/ch3_10.py =====================
以下輸出abs( )函數的應用
-10
10
以下輸出pow( )函數的應用
125
以下輸出round(x)函數的應用
47.5
48
48.5
48
49.5
50
以下輸出round(x,n)函數的應用
2.15
2.1
2.25
2.2
2.151
2.2
2.251
2.3
```

需留意的是，使用上述 abs( )、pow( ) 或 round( ) 函數，儘管可以得到運算結果，但是原先變數的值是沒有改變的。

3-2-10 科學記號表示法

所謂的科學記號觀念如下，一個數字轉成下列數學式：

$a * 10^n$

a 是浮點數，例如：123456 可以表示為 "$1.23456 * 10^5$"，這時 10 為基底數我們用 E 或 e 表示，指數部分則轉為一般數字，然後省略 "*" 符號，最後表達式如下：

1.23456E+5

或

1.23456e+5

如果是碰上小於 1 的數值，則 E 或 e 右邊是負值 "-"。例如：0.000123 轉成科學記號，最後表達式如下：

1.23E-4

或

1.23e-4

下列是示範輸出。

```
>>> x = 1.23456E+5
>>> x
123456.0
>>> y = 1.23e-4
>>> y
0.000123
```

下一章 4-2-2 節和 4-2-3 節筆者會介紹將一般數值轉成科學記號輸出的方式，以及格式化輸出方式。

3-2-11　複數 (complex number)

Python 支持複數的使用，複數是由實數部份和虛數部份所組成，例如：a + bj 或是 complex(a,b)，複數的實部 a 與虛部 b 都是浮點數。

```
>>> 3+5j
(3+5j)
>>> complex(3,5)
(3+5j)
```

而 j 是虛部單位，值是$\sqrt{-1}$，Python 程式設計時可以使用 real 和 imag 屬性分別獲得此複數的實部與虛部的值。

```
>>> x = 6+9j
>>> x.real
6.0
>>> x.imag
9.0
```

3-3 布林值資料型態

Python 的布林值 (Boolean) 資料型態的值有兩種，True(真) 或 False(偽)，它的資料型態代號是 bool。這個布林值一般是應用在程式流程的控制，特別是在條件運算式中，程式可以根據這個布林值判斷應該如何執行工作。

程式實例 ch3_11.py：列出布林值 True 與布林值 False 的資料型態。

```
# ch3_11.py
x = True
print(x)
print(type(x))          # 列出x資料型態
y = False
print(y)
print(type(y))          # 列出y資料型態
```

執行結果

```
==================== RESTART: D:/Python/ch3/ch3_11.py ====================
True
<class 'bool'>
False
<class 'bool'>
```

如果將布林值資料型態強制轉換成整數，如果原值是 True，將得到 1。如果原值是 False，將得到 0。

程式實例 ch3_12.py：將布林值強制轉換為整數，同時列出轉換的結果。

```
# ch3_12.py
x = True
print(int(x))
print(type(x))       # 列出x資料型態
y = False
print(int(y))
print(type(y))       # 列出y資料型態
```

執行結果

```
==================== RESTART: D:/Python/ch3/ch3_12.py ====================
1
<class 'bool'>
0
<class 'bool'>
```

在本章一開始筆者有說過，有時候也可以將布林值當作數值資料，因為 True 會被視為是 1，False 會被視為是 0，可以參考下列實例。

程式實例 ch3_13.py：將布林值與整數值相加的應用，並觀察最後變數資料型態，讀者可以發現，最後的變數資料型態是整數。

```
# ch3_13.py
xt = True
x = 1 + xt
print(x)
print(type(x))       # 列出x資料型態

yt = False
y = 1 + yt
print(y)
print(type(y))       # 列出y資料型態
```

執行結果

```
==================== RESTART: D:/Python/ch3/ch3_13.py ====================
2
<class 'int'>
1
<class 'int'>
```

此外在程式設計中 False 值不一定是一定要經過條件判斷是 False，才可以得到 False，下列情況也會被視為 False。

布林值 False

整數 0

浮點數 0.0

空字串 ''

空串列 [ ]

空元組 ( )
空字典 { }
空集合 set( )
None

至於其它的皆會被視為 True。

3-4 字串資料型態

所謂的字串 (string) 資料是指兩個單引號 (') 之間或是兩個雙引號 (") 之間任意個數字元符號的資料，它的資料型態代號是 str。在英文字串的使用中常會發生某字中間有單引號，其實這是文字的一部份，如下所示：

This is James's ball

如果我們用單引號去處理上述字串將產生錯誤，如下所示：

```
>>> x = 'This is James's ball'
SyntaxError: invalid syntax
>>>
```

碰到這種情況，我們可以用雙引號解決，如下所示：

```
>>> x = "This is James's ball"
>>> print(x)
This is James's ball
>>>
```

程式實例 ch3_14.py：使用單引號與雙引號設定與輸出字串資料的應用。

```
# ch3_14.py
x = "DeepStone means Deep Learning"      # 雙引號設定字串
print(x)
print(type(x))                           # 列出x字串資料型態
y = '深石數位 - 深度學習滴水穿石'           # 單引號設定字串
print(y)
print(type(y))                           # 列出y字串資料型態
```

執行結果

```
==================== RESTART: D:/Python/ch3/ch3_14.py ====================
DeepStone means Deep Learning
<class 'str'>
深石數位 - 深度學習滴水穿石
<class 'str'>
```

3-4-1 字串的連接

數學的運算子 "+"，可以執行兩個字串相加，產生新的字串。

程式實例 ch3_15.py：字串連接的應用。

```
# ch3_15.py
num1 = 222
num2 = 333
num3 = num1 + num2
print("以下是數值相加")
print(num3)
numstr1 = "222"
numstr2 = "333"
numstr3 = numstr1 + numstr2
print("以下是由數值組成的字串相加")
print(numstr3)
numstr4 = numstr1 + " " + numstr2
print("以下是由數值組成的字串相加，同時中間加上一空格")
print(numstr4)
str1 = "DeepStone "
str2 = "Deep Learning"
str3 = str1 + str2
print("以下是一般字串相加")
print(str3)
```

執行結果

```
==================== RESTART: D:/Python/ch3/ch3_15.py ====================
以下是數值相加
555
以下是由數值組成的字串相加
222333
以下是由數值組成的字串相加，同時中間加上一空格
222 333
以下是一般字串相加
DeepStone Deep Learning
```

3-4-2 處理多於一行的字串

程式設計時如果字串長度多於一行，可以使用三個單引號 (或是 3 個雙引號) 將字串包夾即可。另外須留意，如果字串多於一行我們常常會使用按 Enter 鍵方式處理，造成字串間多了分行符號。如果要避免這種現象，可以在行末端增加 "\" 符號，這樣可以避免字串內增加分行符號。

另外，也可以使用 " 符號，但是在定義時在行末端增加 "\"(可參考下列程式 8-9 行)，或是使用小括號定義字串 (可參考下列程式 11-12 行)。

程式實例 ch3_16.py：使用三個單引號處理多於一行的字串，str1 的字串內增加了分行符號，str2 字串是連續的沒有分行符號。

```
1  # ch3_16.py
2  str1 = '''Silicon Stone Education is an unbiased organization
3  concentrated on bridging the gap ... '''
4  print(str1)                       # 字串內有分行符號
5  str2 = '''Silicon Stone Education is an unbiased organization \
6  concentrated on bridging the gap ... '''
7  print(str2)                       # 字串內沒有分行符號
8  str3 = "Silicon Stone Education is an unbiased organization " \
9         "concentrated on bridging the gap ... "
10 print(str3)                       # 使用\符號
11 str4 = ("Silicon Stone Education is an unbiased organization "
12          "concentrated on bridging the gap ... ")
13 print(str4)                       # 使用小括號
```

執行結果

```
===================== RESTART: D:\Python\ch3\ch3_16.py =====================
Silicon Stone Education is an unbiased organization
concentrated on bridging the gap ...
Silicon Stone Education is an unbiased organization concentrated on bridging the gap ...
Silicon Stone Education is an unbiased organization concentrated on bridging the gap ...
Silicon Stone Education is an unbiased organization concentrated on bridging the gap ...
```

此外，讀者可以留意第 2 行 Silicon 左邊的 3 個單引號和第 3 行末端的 3 個單引號，另外，上述第 2 行若是少了 "str1 = "，3 個單引號間的跨行字串就變成了程式的註解。

上述第 8 行和第 9 行看似 2 個字串，但是第 8 行增加 "\" 字元，換行功能會失效所以這 2 行會被連接成 1 行，所以可以獲得一個字串。最後第 11 和 12 行小括號內的敘述會被視為 1 行，所以第 11 和 12 行也將建立一個字串。

3-4-3　逸出字元

在字串使用中，如果字串內有一些特殊字元，例如：單引號、雙引號 … 等，必須在此特殊字元前加上 "\"(反斜線)，才可正常使用，這種含有 "\" 符號的字元稱逸出字元 (Escape Character)。

逸出字元	Hex 值	意義	逸出字元	Hex 值	意義
\'	27	單引號	\n	0A	換行
\"	22	雙引號	\o		8 進位表示
\\	5C	反斜線	\r	0D	游標移至最左位置
\a	07	響鈴	\x		16 進位表示
\b	08	BackSpace 鍵	\t	09	Tab 鍵效果
\f	0C	換頁	\v	0B	垂直定位

字串使用中特別是碰到字串含有單引號時，如果你是使用單引號定義這個字串時，必須要使用此逸出字元，才可以順利顯示，可參考 ch3_17.py 的第 3 行。如果是使用雙引號定義字串則可以不必使用逸出字元，可參考 ch3_17.py 的第 6 行。

程式實例 ch3_17.py：逸出字元的應用，這個程式第 9 行增加 "\t" 字元，所以 "can't" 跳到下一個 Tab 鍵位置輸出。同時有 "\n" 字元，這是換行符號，所以 "loving" 跳到下一行輸出。

```
1  # ch3_17.py
2  #以下輸出使用單引號設定的字串，需使用\'
3  str1 = 'I can\'t stop loving you.'
4  print(str1)
5  #以下輸出使用雙引號設定的字串，不需使用\'
6  str2 = "I can't stop loving you."
7  print(str2)
8  #以下輸出有\t和\n字元
9  str3 = "I \tcan't stop \nloving you."
10 print(str3)
```

執行結果

```
==================== RESTART: D:/Python/ch3/ch3_17.py ====================
I can't stop loving you.
I can't stop loving you.
I       can't stop
loving you.
```

3-4-4 str( )

str( ) 函數有好幾個用法：

- 可以設定空字串。

```
>>> x = str()              # 設定空字串
>>> x
''
>>> print(x)

>>>
```

- 設定字串。

```
>>> x = str('ABC')
>>> x
'ABC'
```

❑ 可以強制將數值資料轉換為字串資料。

```
>>> x = 123
>>> y = str(x)
>>> y
'123'
```

程式實例 ch3_18.py：使用 str( ) 函數將數值資料強制轉換為字串的應用。

```
# ch3_18.py
num1 = 222
num2 = 333
num3 = num1 + num2
print("這是數值相加")
print(num3)
str1 = str(num1) + str(num2)
print("強制轉換為字串相加")
print(str1)
```

執行結果

```
===================== RESTART: D:/Python/ch3/ch3_18.py =====================
這是數值相加
555
強制轉換為字串相加
222333
```

上述字串相加，讀者可以想成是字串連接執行結果是一個字串，所以上述執行結果 555 是數值資料，222333 則是一個字串。

3-4-5 將字串轉換為整數

int( ) 函數可以將字串轉為整數，在未來的程式設計中也常會發生將字串轉換為整數資料，下列將直接以實例做說明。

程式實例 ch3_19.py：將字串資料轉換為整數資料的應用。

```
# ch3_19.py
x1 = "22"
x2 = "33"
x3 = x1 + x2
print(x3)                # 列印字串相加
x4 = int(x1) + int(x2)
print(x4)                # 列印整數相加
```

執行結果

```
===================== RESTART: D:/Python/ch3/ch3_19.py =====================
2233
55
```

上述執行結果 55 是數值資料，2233 則是一個字串。

3-4-6 字串與整數相乘產生字串複製效果

在 Python 可以允許將字串與整數相乘，結果是字串將重複該整數的次數。

程式實例 ch3_20.py：字串與整數相乘的應用。

```
# ch3_20.py
x1 = "A"
x2 = x1 * 10
print(x2)                  # 列印字串乘以整數
x3 = "ABC"
x4 = x3 * 5
print(x4)                  # 列印字串乘以整數
```

執行結果

```
===================== RESTART: D:/Python/ch3/ch3_20.py =====================
AAAAAAAAAA
ABCABCABCABCABC
```

3-4-7 聰明的使用字串加法和換行字元 \n

有時設計程式時，想將字串分行輸出，可以使用字串加法功能，在加法過程中加上換行字元 "\n" 即可產生字串分行輸出的結果。

程式實例 ch3_21.py：將資料分行輸出的應用。

```
# ch3_21.py
str1 = "洪錦魁著作"
str2 = "HTML5+CSS3王者歸來"
str3 = "Python程式語言王者歸來"
str4 = str1 + "\n" + str2 + "\n" + str3
print(str4)
```

執行結果

```
===================== RESTART: D:/Python/ch3/ch3_21.py =====================
洪錦魁著作
HTML5+CSS3王者歸來
Python程式語言王者歸來
```

3-4-8 字串前加 r

在使用 Python 時，如果在字串前加上 r，可以防止逸出字元 (Escape Character) 被轉譯，可參考 3-4-3 節的逸出字元表，相當於可以取消逸出字元的功能。

程式實例 ch3_22.py：字串前加上 r 的應用。

```
# ch3_22.py
str1 = "Hello!\nPython"
print("不含r字元的輸出")
print(str1)
str2 = r"Hello!\nPython"
print("含r字元的輸出")
print(str2)
```

執行結果

```
==================== RESTART: D:/Python/ch3/ch3_22.py ====================
不含r字元的輸出
Hello!
Python
含r字元的輸出
Hello!\nPython
```

3-5 字串與字元

在 Python 沒有所謂的字元 (character) 資料，如果字串含一個字元，我們稱這是含一個字元的字串。

3-5-1 ASCII 碼

計算機內部最小的儲存單位是位元 (bit)，這個位元只能儲存是 0 或 1。一個英文字元在計算機中是被儲存成 8 個位元的一連串 0 或 1 中，儲存這個英文字元的編碼我們稱 ASCII(American Standard Code for Information Interchange，美國資訊交換標準程式碼) 碼，有關 ASCII 碼的內容可以參考附錄 E。

在這個 ASCII 表中由於是用 8 個位元定義一個字元，所以使用了 0- 127 定義了 128 個字元，在這個 128 字元中有 33 個字元是無法顯示的控制字元，其它則是可以顯示的字元。不過有一些應用程式擴充了功能，讓部分控制字元可以顯示，例如：樸克牌花色、笑臉 … 等。至於其它可顯示字元有一些符號，例如：+、-、=、0 … 9、大寫 A … Z 或小寫 a … z 等。這些每一個符號皆有一個編碼，我們稱這編碼是 ASCII 碼。

我們可以使用下列執行資料的轉換。

- chr(x)：可以傳回函數 x 值的 ASCII 或 Unicode 字元。

例如：從 ASCII 表可知，字元 a 的 ASCII 碼值是 97，可以使用下列方式印出此字元。

```
>>> x = 97
>>> print(chr(x))
a
```

英文小寫與英文大寫的碼值相差 32，可參考下列實例。

```
>>> x = 97
>>> x -= 32
>>> print(chr(x))
A
```

3-5-2 Unicode 碼

電腦是美國發明的，因此 ASCII 碼對於英語系國家的確很好用，但是地球是一個多種族的社會，存在有幾百種語言與文字，ASCII 所能容納的字元是有限的，只要隨便一個不同語系的外來詞，例如：**café**，含重音字元就無法顯示了，更何況有幾萬中文字或其它語系文字。為了讓全球語系的使用者可以彼此用電腦溝通，因此有了 Unicode 碼的設計。

Unicode 碼的基本精神是，所有的文字皆有一個碼值，我們也可以將 Unicode 想成是一個字符集，可以參考下列網頁：

http://www.unicode.org/charts

目前 Unicode 使用 16 位元定義文字，216 等於 65536，相當於定義了 65536 個字元，它的定義方式是以 "\u" 開頭後面有 4 個 16 進位的數字，所以是從 "\u0000" 至 "\uFFFF 之間。在上述的網頁中可以看到不同語系表，其中 East Asian Scripts 欄位可以看到 CJK，這是 Chinese、Japanese 與 Korean 的縮寫，在這裡可以看到漢字的 Unicode 碼值表，CJK 統一漢字的編碼是在 4E00 – 9FBB 之間。

至於在 Unicode 編碼中，前 128 個碼值是保留給 ASCII 碼使用，所以對於原先存在 ASCII 碼中的英文大小寫、標點符號 … 等，是可以正常在 Unicode 碼中使用，在應用 Unicode 編碼中我們很常用的是 ord( ) 函數。

- ord(x)：可以傳回函數字元參數 x 的 Unicode 碼值，如果是中文字也可傳回 Unicode 碼值。如果是英文字元，Unicode 碼值與 ASCII 碼值是一樣的。有了這個函數，我們可以很輕易地獲得自己名字的 Unicode 碼值。

程式實例 ch3_23.py：這個程式首先會將整數 97 轉換成英文字元 'a'，然後將字元 'a' 轉換成 Unicode 碼值，最後將中文字 ' 魁 ' 轉成 Unicode 碼值。

```
# ch3_23.py
x1 = 97
x2 = chr(x1)
print(x2)                # 輸出數值97的字元
x3 = ord(x2)
print(x3)                # 輸出字元x3的Unicode(10進位)碼值
x4 = '魁'
print(hex(ord(x4)))      # 輸出字元'魁'的Unicode(16進位)碼值
```

執行結果

```
===================== RESTART: D:/Python/ch3/ch3_23.py =====================
a
97
0x9b41
```

3-5-3 utf-8 編碼

utf-8 是針對 Unicode 字符集的可變長度編碼方式，這是網際網路目前所遵循的編碼方式，在這種編碼方式下，utf-8 使用 1-4 個 byte 表示一個字符，這種編碼方式會根據不同的字符變化編碼長度。

❑ ASCII 使用 utf-8 編碼規則

對於 ASCII 字元而言，基本上它使用 1 個 byte 儲存 ASCII 字元，utf-8 的編碼方式是 byte 的第一個位元是 0，其它 7 個位元則是此字元的 ASCII 碼值。

❑ 中文字的 utf-8 編碼規則

對於需要 n 個 byte 編碼的 Unicode 中文字元而言，例如：需要 3 個 byte 編碼的中文字，第一個 byte 的前 n(3) 位皆設為 1，n+1(4) 設為 0。後面第 2 和第 3 個 byte 的前 2 位是 10，其它沒有說明的二進位全部是此中文字元的 Unicode 碼。依照此規則可以得到中文字的 utf-8 編碼規則如下：

1110xxxx 10xxxxxx 10xxxxxx　　　　# xx 就是要填入的 Unicode 碼

例如：從 ch3_23.py 的執行結果可知魁的 Unicode 碼值是 0x9b41，如果轉成二進位方式如下所示：

10011011 01000001

我們可以用下列方式，將魁的 Unicode 碼值填入 xx 內。

Utf-8中文編碼規則	1	1	1	0	x	x	x	x	1	0	x	x	x	x	x	x	1	0	x	x	x	x	x	x
魁的Unicode編碼					1	0	0	1			1	0	1	1	0	1			0	0	0	0	0	1
魁的utf-8編碼	1	1	1	0	1	0	0	1	1	0	1	0	1	1	0	1	1	0	0	0	0	0	0	1

從上圖可以得到魁的 utf-8 編碼結果是 0xe9ad81，3-6-1 節實例 2 我們可以驗證這個結果。

3-6 bytes 資料

使用 Python 處理一般字串資料，我們可以很放心的使用字串 str 資料型態，至於 Python 內部如何處理我們可以不用理會，這些事情 Python 的直譯程式會處理。

但是有一天你需與外界溝通或交換資料時，特別是我們是使用中文，如果我們不懂中文字串與 bytes 資料的轉換，我們所獲得的資料將會是亂碼。例如：設計電子郵件的接收程式，所接收的可能是 bytes 資料，這時我們必須學會將 bytes 資料轉成字串，否則會有亂碼產生。或是有一天你要設計供中國人使用的網路聊天室，你必須設計將使用者所傳達的中文字串轉成 bytes 資料傳上聊天室，然後也要設計將網路接收的 bytes 資料轉成中文字串，這個聊天室才可以順暢使用。

bytes 資料格式是在字串前加上 b，例如：下列是 " 魁 " 在 utf-8 格式編碼的 bytes 資料。

```
b'\xe9\xad\x81'
```

如果是英文字串的 bytes 資料格式，相對單純會顯示原始的字元，例如：下列是字串 "abc" 的 bytes 資料。

```
b'abc'
```

3-6-1 字串轉成 bytes 資料

將字串轉成 bytes 資料我們稱編碼 (encode)，所使用的是 encode( )，這個方法的參數是指出編碼的方法，可以參考下列表格。

編碼	說明
'ascii'	標準 7 位元的 ASCII 編碼
'utf-8'	Unicode 可變長度編碼，這也是最常使用的編碼
'cp-1252'	一般英文 Windows 作業系統編碼
'cp950'	繁體中文 Windows 作業系統編碼
'unicode-escape'	Unicode 的常數格式，\uxxxx 或 \Uxxxxxxxx

如果字串是英文轉成 bytes 資料相對容易，因為對於 utf-8 格式編碼，也是用一個 byte 儲存每個字串的字元。

實例 1：英文字串資料轉成 bytes 資料。

假設有一個字串 string，內容是 'abc'，我們可以使用下列方法設定，同時檢查此字串的長度。

```
>>> string = 'abc'
>>> len(string)
3
```

下列是將字串 string 用 utf-8 編碼格式轉成 bytes 資料，然後列出 bytes 資料的長度、資料型態、和 bytes 資料的內容。

```
>>> stringBytes = string.encode('utf-8')
>>> len(stringBytes)
3
>>> type(stringBytes)
<class 'bytes'>
>>> stringBytes
b'abc'
```

實例 2：中文字串資料轉成 bytes 資料。

假設有一個字串 name，內容是 '洪錦魁'，我們可以使用下列方法設定，同時檢查此字串的長度。

```
>>> name = '洪錦魁'
>>> len(name)
3
```

下列是將字串 name 用 utf-8 編碼格式轉成 bytes 資料，然後列出 bytes 資料的長度、資料型態、和 bytes 資料的內容。

```
>>> nameBytes = name.encode('utf-8')
>>> len(nameBytes)
9
>>> type(nameBytes)
<class 'bytes'>
>>> nameBytes
b'\xe6\xb4\xaa\xe9\x8c\xa6\xe9\xad\x81'
```

由上述資料可以得到原來字串用了 3 個 byte 儲存一個中文字，所以 3 個中文字獲得了 bytes 的資料長度是 9。

3-6-2 bytes 資料轉成 Unicode 字串

對於一個專業的 Python 程式設計師而言，常常需要從網路取得資料，所取得的是 bytes 資料，這時我們需要將此資料轉成字串，將 bytes 資料轉成字串我們可以稱解碼，所使用的是 decode( )，這個方法的參數是指出編碼的方法，與上一節的 encode( ) 相同。

實例 1：bytes 資料轉成字串資料。

```
>>> stringUcode = stringBytes.decode('utf-8')
>>> len(stringUcode)
3
>>> stringUcode
'abc'
```

實例 2：bytes 資料轉成字串資料。

下列是將 nameBytes 資料使用 utf-8 編碼格式轉成字串的方法，同時列出字串長度和字串內容。

```
>>> nameUcode = nameBytes.decode('utf-8')
>>> len(nameUcode)
3
>>> nameUcode
'洪錦魁'
```

讀者須留意同樣的中文字使用不同編碼方式，會有不同碼值，所以未來程式設計時看到產生亂碼，應該就是編碼問題。

3-7 專題 - 地球到月球時間計算 / 計算座標軸 2 點之間距離

3-7-1 計算地球到月球所需時間

馬赫 (Mach number) 是音速的單位，主要是紀念奧地利科學家恩斯特馬赫 (Ernst Mach)，一馬赫就是一倍音速，它的速度大約是每小時 1225 公里。

程式實例 ch3_24.py：從地球到月球約是 384400 公里，假設火箭的速度是一馬赫，設計一個程式計算需要多少天、多少小時才可抵達月球。這個程式省略分鐘數。

```
1  # ch3_24.py
2  dist = 384400                    # 地球到月亮距離
3  speed = 1225                     # 馬赫速度每小時1225公里
4  total_hours = dist // speed      # 計算小時數
5  days = total_hours // 24         # 商 = 計算天數
6  hours = total_hours % 24         # 餘數 = 計算小時數
7  print("總共需要天數")
8  print(days)
9  print("小時數")
10 print(hours)
```

執行結果

```
==================== RESTART: D:\Python\ch3\ch3_24.py ====================
總共需要天數
13
小時數
1
```

由於筆者尚未介紹完整的格式化程式輸出，所以使用上述方式輸出，下一章筆者會改良上述程式。Python 之所以可以成為當今的最流行的程式語言，主要是它有豐富的函數庫與方法，上述求商 (第 5 行)，餘數 (第 6 行)，在 2-9 節筆者有說明 divmod( ) 函數，其實可以用 divmod( ) 函數一次取得商和餘數。觀念如下：

```
商 , 餘數 = divmod( 被除數 , 除數 )                # 函數方法
days, hours = divmod(total_hours, 24)             # 本程式應用方式
```

程式實例 ch3_25.py：使用 divmod( ) 函數重新設計 ch3_24.py。

```
# ch3_25.py
dist = 384400                              # 地球到月亮距離
speed = 1225                               # 馬赫速度每小時1225公里
total_hours = dist // speed                # 計算小時數
days, hours = divmod(total_hours, 24)      # 商和餘數
print("總共需要天數")
print(days)
print("小時數")
print(hours)
```

執行結果 與 ch3_24.py 相同。

3-7-2 計算座標軸 2 個點之間的距離

有 2 個點座標分別是 (x1, y1)、(x2, y2)，求這 2 個點的距離，其實這是國中數學的畢氏定理，基本觀念是直角三角形兩邊長的平方和等於斜邊的平方，如下：

$a^2 + b^2 = c^2$ # c 是斜邊長

所以對於座標上的 2 個點我們必需計算相對直角三角形的 2 邊長，假設是 a(x1-x2) 和 b(y1-y2)，然後計算斜邊長，這個斜邊長就是 2 點的距離。觀念如下：

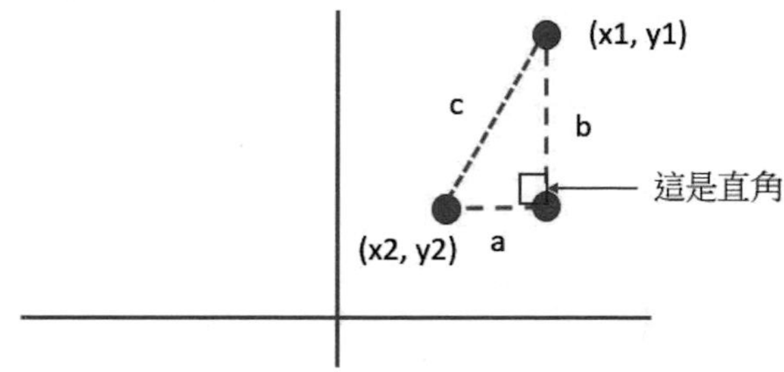

計算公式如下：

$$\sqrt{(x1 - x2)^2 + (y1 - y2)^2}$$

可以將上述公式轉成下列電腦數學表達式。

dist = ($(x1 - x2)^2 + (y1 - y2)^2$) ** 0.5 # ** 0.5 相當於開根號

在人工智慧的應用中，我們常用點座標代表某一個物件的特徵 (feature)，計算 2 個點之間的距離，相當於可以了解物體特徵間的相似程度。如果距離越短代表相似度越高，距離越長代表相似度越低。

程式實例 ch3_26.py：有 2 個點座標分別是 (1, 8) 與 (3, 10)，請計算這 2 點之間的距離。

```
# ch3_26.py
x1 = 1
y1 = 8
x2 = 3
y2 = 10
dist = ((x1 - x2) ** 2 + ((y1 - y2) ** 2)) ** 0.5
print("2點的距離是")
print(dist)
```

執行結果

```
==================== RESTART: D:/Python/ch3/ch3_26.py ====================
2點的距離是
2.8284271247461903
```

習題

實作題

1. 假設 a 是 10，b 是 18，c 是 5，請計算下列執行結果，取整數結果。(3-2 節)

   (a) s = a + b – c　　(b) s = 2 * a + 3 – c　　(c) s = b * c + 20 / b

   (d) s = a % c * b + 10　　(e) s = a ** c – a * b * c

2. 請重新設計第 2 章實作題 3，請使用 int( ) 函數，以整數列出本金和。(3-2 節)

3. 請重新設計第 2 章實作題 3，請使用 round( ) 函數，以整數列出本金和。(3-2 節)

4. 地球和月球的距離是 384400 公里，假設火箭飛行速度是每分鐘 250 公里，請問從地球飛到月球需要多少天、多少小時、多少分鐘，請捨去秒鐘。(3-2 節)

5. 請列出你自己名字 10 進位的 Unicode 碼值。(3-5 節)

6. 請列出你自己名字 16 進位的 Unicode 碼值。(3-5 節)

7. 請將 Unicode 字串 "Python 王者歸來 " 字串轉成 bytes 資料，然後輸出 bytes 資料。(3-6 節)

8. 重新設計 ch3_25.py：需計算至分鐘與秒鐘數。(3-7 節)

9. 請修改 ch3_26.py，請計算這 2 個點座標 (1, 8) 與 (3, 10)，距座標原點 (0, 0) 的距離。

第四章

基本輸入與輸出

4-1 Python 的輔助說明 help( )

4-2 格式化輸出資料使用 print( )

4-3 輸出資料到檔案

4-4 資料輸入 input( )

4-5 處理字串的數學運算 eval( )

4-6 列出所有內建函數 dir( )

4-7 專題 - 溫度轉換 / 房貸問題 / 正五角形面積 / 計算經緯度距離

本章基本上將介紹如何在螢幕上做輸入與輸出，另外也將講解使用 Python 內建的實用功能。

4-1 Python 的輔助說明 help( )

help( ) 函數可以列出某一個 Python 的指令或函數的使用說明。

實例 1：列出輸出函數 print( ) 的使用說明。

```
>>> help(print)
Help on built-in function print in module builtins:

print(...)
    print(value, ..., sep=' ', end='\n', file=sys.stdout, flush=False)

    Prints the values to a stream, or to sys.stdout by default.
    Optional keyword arguments:
    file:  a file-like object (stream); defaults to the current sys.stdout.
    sep:   string inserted between values, default a space.
    end:   string appended after the last value, default a newline.
    flush: whether to forcibly flush the stream.

>>>
```

當然程式語言是全球化的語言，所有說明是以英文為基礎，要有一定的英文能力才可徹底了解，不過，筆者在本書會詳盡用中文引導讀者入門。

4-2 格式化輸出資料使用 print( )

相信讀者經過前三章的學習，讀者使用 print( ) 函數輸出資料已經非常熟悉了，該是時候完整解說這個輸出函數的用法了。

4-2-1 函數 print( ) 的基本語法

它的基本語法格式如下：

print(value, … , sep=" ", end="\n", file=sys.stdout, flush=False)

- **value**

表示想要輸出的資料，可以一次輸出多筆資料，各資料間以逗號隔開。

❑ **sep**

當輸出多筆資料時，可以插入各筆資料的分隔字元，預設是一個空白字元。

❑ **end**

當資料輸出結束時所插入的字元，預設是插入換行字元，所以下一次 print( ) 函數的輸出會在下一行輸出。如果想讓下次輸出不換行，可以在此設定空字串，或是空格或是其它字串。

❑ **file**

資料輸出位置，預設是 sys.stdout，也就是螢幕。也可以使用此設定，將輸出導入其它檔案、或設備。

❑ **flush**

是否清除資料流的緩衝區，預設是不清除。

程式實例 ch4_1.py：重新設計 ch3_18.py，其中在第二個 print( )，2 筆輸出資料的分隔字元是 " $$$ "。

```
# ch4_1.py
num1 = 222
num2 = 333
num3 = num1 + num2
print("這是數值相加", num3)
str1 = str(num1) + str(num2)
print("強制轉換為字串相加", str1, sep=" $$$ ")
```

執行結果

```
==================== RESTART: D:/Python/ch4/ch4_1.py ====================
這是數值相加 555
強制轉換為字串相加 $$$ 222333
```

程式實例 ch4_2.py：重新設計 ch4_1.py，將 2 筆資料在同一行輸出，彼此之間使用 Tab 鍵的距離隔開。

```
# ch4_2.py
num1 = 222
num2 = 333
num3 = num1 + num2
print("這是數值相加", num3, end="\t")  # 以Tab鍵值位置分隔2筆資料輸出
str1 = str(num1) + str(num2)
print("強制轉換為字串相加", str1, sep=" $$$ ")
```

執行結果

```
===================== RESTART: D:/Python/ch4/ch4_2.py =====================
這是數值相加 555          強制轉換為字串相加 $$$ 222333
```

4-2-2　格式化 print( ) 輸出

在使用格式化輸出時，基本使用格式如下：

print(" …輸出格式區… " % (變數系列區 , …))

在上述輸出格式區中，可以放置變數系列區相對應的格式化字元，這些格式化字元的基本意義如下：

- **%d**：格式化整數輸出。
- **%f**：格式化浮點數輸出。
- **%x**：格式化 16 進位整數輸出。
- **%X**：格式化大寫 16 進位整數輸出。
- **%o**：格式化 8 進位整數輸出。
- **%s**：格式化字串輸出。
- **%e**：格式化科學記號 e 的輸出。
- **%E**：格式化科學記號大寫 E 的輸出。

程式實例 ch4_3.py：格式化輸出的應用。

```
1  # ch4_3.py
2  score = 90
3  name = "洪錦魁"
4  count = 1
5  print("%s你的第 %d 次物理考試成績是 %d" % (name, count, score))
```

執行結果

```
===================== RESTART: D:/Python/ch4/ch4_3.py =====================
洪錦魁你的第 1 次物理考試成績是 90
```

設計程式時，在 print( ) 函數內的輸出格式區也可以用一個字串變數取代。

程式實例 ch4_4.py：重新設計 ch4_3.py，在 print( ) 內用字串變數取代字串列，讀者可以參考第 5 和 6 列與原先 ch4_3.py 的第 5 列作比較。

```
# ch4_4.py
score = 90
name = "洪錦魁"
count = 1
formatstr = "%s你的第 %d 次物理考試成績是 %d"
print(formatstr % (name, count, score))
```

執行結果 與 ch4_3.py 相同。

程式實例 ch4_5.py：格式化 16 進位和 8 進位輸出的應用。

```
# ch4_5.py
x = 100
print("100的16進位 = %x\n100的 8進位 = %o" % (x, x))
```

執行結果

```
===================== RESTART: D:/Python/ch4/ch4_5.py =====================
100的16進位 = 64
100的 8進位 = 144
```

程式實例 ch4_6.py：將整數與浮點數分別以 %d、%f、%s 格式化，同時觀察執行結果。特別要注意的是，浮點數以整數 %d 格式化後，小數資料將被捨去。

```
# ch4_6.py
x = 10
print("整數%d \n浮點數%f \n字串%s" % (x, x, x))
y = 9.9
print("整數%d \n浮點數%f \n字串%s" % (y, y, y))
```

執行結果

```
===================== RESTART: D:/Python/ch4/ch4_6.py =====================
整數10
浮點數10.000000
字串10
整數9
浮點數9.900000
字串9.9
```

下列是有關使用 %x 和 %X 格式化資料輸出的實例。

```
>>> x = 27
>>> print("%x" % x)
1b
>>> print("%X" % x)
1B
```

下列是有關使用 %e 和 %E 格式化科學記號資料輸出的實例。

```
>>> x = 10000000
>>> print("%e" % x)
1.000000e+07
>>> print("%E" % x)
1.000000E+07
>>> y = 0.000123
>>> print("%e" % y)
1.230000e-04
```

4-2-3　精準控制格式化的輸出

在上述程式實例 ch4_6.py 中，我們發現最大的缺點是無法精確的控制浮點數的小數輸出位數，print( ) 函數在格式化過程中，有提供功能可以讓我們設定保留多少格的空間讓資料做輸出，此時格式化的語法如下：

- **%(+|-)nd**：格式化整數輸出。
- **%(+|-)m.nf**：格式化浮點數輸出。
- **%(+|-)nx**：格式化 16 進位整數輸出。
- **%(+|-)no**：格式化 8 進位整數輸出。
- **%(-)ns**：格式化字串輸出。
- **%(-)m.ns**：m 是輸出字串寬度，n 是顯示字串長度，n 小於字串長度時會有裁減字串的效果。
- **%(+|-)e**：格式化科學記號 e 輸出。
- **%(+|-)e**：格式化科學記號大寫 E 輸出。

上述對浮點數而言，m 代表保留多少格數供輸出 (包含小數點)，n 則是小數資料保留格數。至於其它的資料格式 n 則是保留多少格數空間，如果保留格數空間不足將完整輸出資料，如果保留格數空間太多則資料靠右對齊。

如果是格式化數值資料或字串資料有加上負號 (-)，表示保留格數空間有多時，資料將靠左輸出。如果是格式化數值資料有加上正號 (+)，如果輸出資料是正值時，將在左邊加上正值符號。

程式實例 ch4_7.py：格式化輸出的應用。

```
# ch4_7.py
x = 100
print("x=/%6d/" % x)
y = 10.5
print("y=/%6.2f/" % y)
s = "Deep"
print("s=/%6s/" % s)
print("以下是保留格數空間不足的實例")
print("x=/%2d/" % x)
print("y=/%3.2f/" % y)
print("s=/%2s/" % s)
```

執行結果

```
===================== RESTART: D:/Python/ch4/ch4_7.py =====================
x=/   100/
y=/ 10.50/
s=/  Deep/
以下是保留格數空間不足的實例
x=/100/
y=/10.50/
s=/Deep/
```

程式實例 ch4_8.py：格式化輸出，靠左對齊的實例。

```
# ch4_8.py
x = 100
print("x=/%-6d/" % x)
y = 10.5
print("y=/%-6.2f/" % y)
s = "Deep"
print("s=/%-6s/" % s)
```

執行結果

```
===================== RESTART: D:/Python/ch4/ch4_8.py =====================
x=/100   /
y=/10.50 /
s=/Deep  /
```

程式實例 ch4_9.py：格式化輸出，正值資料將出現正號 (+)。

```
# ch4_9.py
x = 10
print("x=/%+6d/" % x)
y = 10.5
print("y=/%+6.2f/" % y)
```

執行結果

```
===================== RESTART: D:/Python/ch4/ch4_9.py =====================
x=/   +10/
y=/+10.50/
```

程式實例 ch4_10.py：格式化輸出的應用。

```
# ch4_10.py
print(" 姓名      國文      英文      總分")
print("%3s  %4d    %4d    %4d" % ("洪冰儒", 98, 90, 188))
print("%3s  %4d    %4d    %4d" % ("洪雨星", 96, 95, 191))
print("%3s  %4d    %4d    %4d" % ("洪冰雨", 92, 88, 180))
print("%3s  %4d    %4d    %4d" % ("洪星宇", 93, 97, 190))
```

執行結果

```
==================== RESTART: D:/Python/ch4/ch4_10.py ====================
 姓名      國文      英文      總分
洪冰儒     98        90       188
洪雨星     96        95       191
洪冰雨     92        88       180
洪星宇     93        97       190
```

下列是格式化科學記號 e 和 E 輸出的應用。

```
>>> x = 12345678
>>> print("/%10.1e/" % x)
/   1.2e+07/
>>> print("/%10.2E/" % x)
/  1.23E+07/
>>> print("/%-10.2E/" % x)
/1.23E+07  /
>>> print("/%+10.2E/" % x)
/ +1.23E+07/
```

對於格式化字串有一個特別的是使用 "%m.n" 方式格式化字串，這時 m 是保留顯示字串空間，n 是顯示字串長度，如果 n 的長度小於實際字串長度，會有裁減字串的效果。

```
>>> string = "abcdefg"
>>> print("/%10.3s/" % string)
/       abc/
```

4-2-4　format( ) 函數

這是 Python 增強版的格式化輸出功能，它的精神是字串使用 format 方法做格式化的動作，它的基本使用格式如下：

print(" …輸出格式區… " .format(變數系列區 , …))

在輸出格式區內的變數使用 "{ }" 表示。

程式實例 ch4_11.py：使用 format( ) 函數重新設計 ch4_3.py。

```
# ch4_11.py
score = 90
name = "洪錦魁"
count = 1
print("{}你的第 {} 次物理考試成績是 {}".format(name, count, score))
```

執行結果 與 ch4_3.py 相同。

如果希望輸出有 { 洪錦魁 }，可以多一層，如下所示：

```
>>> "{{洪錦魁}}你的第 1 次物理考試成績是 {}".format(90)
'{洪錦魁}你的第 1 次物理考試成績是 90'
```

程式實例 ch4_12.py：以字串代表輸出格式區，重新設計 ch4_11.py。

```
# ch4_12.py
score = 90
name = "洪錦魁"
count = 1
string = "{}你的第 {} 次物理考試成績是 {}"
print(string.format(name, count, score))
```

執行結果 與 ch4_3.py 相同。

在使用 { } 代表變數時，也可以在 { } 內增加編號 n，此時 n 將是 format( ) 內變數的順序編號從 0 開始計算，變數多時方便你了解變數的順序。

程式實例 ch4_12_1.py：重新設計 ch4_12.py，在 { } 內增加編號。

```
# ch4_12_1.py
score = 90
name = "洪錦魁"
count = 1
# 以下鼓勵使用
print("{0}你的第 {1} 次物理考試成績是 {2}".format(name,count,score))

# 以下語法對但不鼓勵使用
print("{2}你的第 {1} 次物理考試成績是 {0}".format(score,count,name))
```

執行結果

```
==================== RESTART: D:\Python\ch4\ch4_12_1.py ====================
洪錦魁你的第 1 次物理考試成績是 90
洪錦魁你的第 1 次物理考試成績是 90
```

我們也可以在 format( ) 內使用具名的參數。

程式實例 ch4_12_2.py：使用具名的參數，重新設計 ch4_12_1.py。

```
# ch4_12_2.py
print("{n}你的第 {c} 次物理考試成績是 {s}".format(n="洪錦魁",c=1,s=90))
```

執行結果

```
==================== RESTART: D:/Python/ch4/ch4_12_2.py ====================
洪錦魁你的第 1 次物理考試成績是 90
```

使用具名參數時，具名參數部分必須放在 format( ) 參數的左邊，若以上述為例，如果將 n 和 c 位置對調將會產生錯誤。

我們也可以將 4-2-2 節所述格式化輸出資料的觀念應用在 format( )，例如：d 是格式化整數、f 是格式化浮點數、s 是格式化字串 … 等。傳統的格式化輸出是使用 % 配合 d、s、f，使用 format 則是使用 ":"，可參考下列實例第 5 行。

程式實例 ch4_12_3.py：計算圓面積，同時格式化輸出。

```
1 # ch4_12_3.py
2 r = 5
3 PI = 3.14159
4 area = PI * r ** 2
5 print("/半徑{0:3d}圓面積是{1:10.2f}/".format(r,area))
```

執行結果

```
==================== RESTART: D:\Python\ch4\ch4_12_3.py ====================
/半徑  5圓面積是     78.54/
```

在使用格式化輸出時預設是靠右輸出，也可以使用下列參數設定輸出對齊方式。

>：靠右對齊

<：靠左對其

^：置中對齊

程式實例 ch4_12_4.py：輸出對齊方式的應用。

```
# ch4_12_4.py
r = 5
PI = 3.14159
area = PI * r ** 2
print("/半徑{0:3d}圓面積是{1:10.2f}/".format(r,area))
print("/半徑{0:>3d}圓面積是{1:>10.2f}/".format(r,area))
print("/半徑{0:<3d}圓面積是{1:<10.2f}/".format(r,area))
print("/半徑{0:^3d}圓面積是{1:^10.2f}/".format(r,area))
```

執行結果

```
==================== RESTART: D:/Python/ch4/ch4_12_4.py ====================
/半徑   5圓面積是      78.54/
/半徑   5圓面積是      78.54/
/半徑5   圓面積是78.54      /
/半徑 5  圓面積是  78.54   /
```

在使用 format 輸出時也可以使用填充字元，字元是放在：後面，在 "<、^、>" 或指定寬度之前。

程式實例 ch4_12_5.py：填充字元的應用。

```
# ch4_12_5.py
title = "南極旅遊講座"
print("/{0:*^20s}/".format(title))
```

執行結果

```
==================== RESTART: D:/Python/ch4/ch4_12_5.py ====================
/*******南極旅遊講座*******/
```

❑ format( ) 的優點

上述使用 format( ) 搭配 {} 的優點是，使用 Python 應用在網路爬蟲時，我們可能要處理下列格式的字串 (筆者簡化網址)：

"https://maps.apis.com/json?city=taipei&radius=1000&type=school"

如果使用 print( ) 你的設計可能如下：

```
url = "https://maps.apis.com/json?city="
city = "taipei"
radius = 1000
type = "school"
url + city + '&radius=' + str(radius) + '&type=' + type
```

如果使用 format，則上述一行的設計可以如下：

```
url + "{}&radius={}&type={}".format(city, radius, type)
```

從上述可以看到使用 format( ) 和 {}，設計可以簡化、易懂和不容易出錯。

程式實例 ch4_12_6.py：以傳統和 format( ) 方式實作網路爬蟲會碰上的類似網址。

```
# ch4_12_6.py
url = "https://maps.apis.com/json?city="
city = "taipei"
r = 1000
type = "school"
print(url + city + '&radius=' + str(r) + '&type=' + type)
print(url + "{}&radius={}&type={}".format(city, r, type))
```

執行結果

```
==================== RESTART: D:\Python\ch4\ch4_12_6.py ====================
https://maps.apis.com/json?city=taipei&radius=1000&type=school
https://maps.apis.com/json?city=taipei&radius=1000&type=school
```

4-2-5　f-strings 格式化字串

在 Python 3.6x 版後有一個改良 format 格式化方式，稱 f-strings，這個方法以 f 為字首，後面接 "xxx" 字串，格式化方式與 format 相同，下列以實例解說。

程式實例 ch4_12_7.py：

```
# ch4_12_7.py
name = '洪錦魁'
message = f"我是{name}"
print(message)

url = "https://maps.apis.com/json?city="
city = "taipei"
r = 1000
type = "school"
my_url = url + f"{city}&radius={r}&type={type}"
print(my_url)

score = 95.5
message = f"我的成績是 {score:10.2f}"
print(message)
```

執行結果

```
==================== RESTART: D:/Python/ch4/ch4_12_7.py ====================
我是洪錦魁
https://maps.apis.com/json?city=taipei&radius=1000&type=school
我的成績是      95.50
```

4-2-6 字串輸出與基本排版的應用

其實適度利用輸出格式，也可以產生一封排版的信件，以下程式的前 3 行會先利用 sp 字串變數建立一個含 40 格的空白格數，然後產生對齊效果。

程式實例 ch4_12_8.py：有趣排版信件的應用。

```
1  # ch4_12_8.py
2  sp = " " * 40
3  print("%s   1231 Delta Rd" % sp)
4  print("%s   Oxford, Mississippi" % sp)
5  print("%s   USA\n\n\n" % sp)
6  print("Dear Ivan")
7  print("I am pleased to inform you that your application for fall 2020 has")
8  print("been favorably reviewed by the Electrical and Computer Engineering")
9  print("Office.\n\n")
10 print("Best Regards")
11 print("Peter Malong")
```

執行結果

```
==================== RESTART: D:/Python/ch4/ch4_12_8.py ====================
                                           1231 Delta Rd
                                           Oxford, Mississippi
                                           USA



Dear Ivan
I am pleased to inform you that your application for fall 2020 has
been favorably reviewed by the Electrical and Computer Engineering
Office.


Best Regards
Peter Malong
```

4-2-7 一個無聊的操作

程式實例 ch4_12_8.py 第 2 行，利用空格乘以 40 產生 40 隔空格，功能是用於排版。如果將某個字串乘以 500，然後用 print( ) 輸出，可以在螢幕上建立一個無聊的畫面。

實例 1：在螢幕上建立一個無聊的畫面。

```
>>> x = "Boring Time" * 500
>>> print(x)
Boring TimeBoring TimeBoring TimeBoring TimeBoring TimeBoring TimeBoring TimeBoring TimeBoring TimeBorin
g TimeBoring TimeBoring TimeBoring TimeBoring TimeBoring TimeBoring TimeBoring TimeBoring TimeBoring Tim
eBoring TimeBoring TimeBoring TimeBoring TimeBoring TimeBoring TimeBoring TimeBoring TimeBoring TimeBori
ng TimeBoring TimeBoring TimeBoring TimeBoring TimeBoring TimeBoring TimeBoring TimeBoring TimeBoring Ti
meBoring TimeBoring TimeBoring TimeBoring TimeBoring TimeBoring TimeBoring TimeBoring TimeBoring TimeBor
ing TimeBoring TimeBoring TimeBoring TimeBoring TimeBoring TimeBoring TimeBoring TimeBoring TimeBoring T
imeBoring TimeBoring TimeBoring TimeBoring TimeBoring TimeBoring TimeBoring TimeBoring TimeBoring TimeBo
ring TimeBoring TimeBoring TimeBoring TimeBoring TimeBoring TimeBoring TimeBoring TimeBoring TimeBoring
TimeBoring TimeBoring TimeBoring TimeBoring TimeBoring TimeBoring TimeBoring TimeBoring TimeBoring TimeB
oring TimeBoring TimeBoring TimeBoring TimeBoring TimeBoring TimeBoring TimeBoring TimeBoring TimeBoring
TimeBoring TimeBoring TimeBoring TimeBoring TimeBoring TimeBoring TimeBoring TimeBoring TimeBoring TimeB
oring TimeBoring TimeBoring TimeBoring TimeBoring TimeBoring TimeBoring TimeBoring TimeBoring TimeBoring
TimeBoring TimeBoring TimeBoring TimeBoring TimeBoring TimeBoring TimeBoring TimeBoring TimeBoring TimeB
oring TimeBoring TimeBoring TimeBoring TimeBoring TimeBoring TimeBoring TimeBoring TimeBoring TimeBoring
TimeBoring TimeBoring TimeBoring TimeBoring TimeBoring TimeBoring TimeBoring TimeBoring TimeBoring TimeB
oring TimeBoring TimeBoring TimeBoring TimeBoring TimeBoring TimeBoring TimeBoring TimeBoring TimeBoring
TimeBoring TimeBoring TimeBoring TimeBoring TimeBoring TimeBoring TimeBoring TimeBoring TimeBoring TimeB
oring TimeBoring TimeBoring TimeBoring TimeBoring TimeBoring TimeBoring TimeBoring TimeBoring TimeBoring
TimeBoring TimeBoring TimeBoring TimeBoring TimeBoring TimeBoring TimeBoring TimeBoring TimeBoring TimeB
oring TimeBoring TimeBoring TimeBoring TimeBoring TimeBoring TimeBoring TimeBoring TimeBoring TimeBoring
TimeBoring TimeBoring TimeBoring TimeBoring TimeBoring TimeBoring TimeBoring TimeBoring TimeBoring TimeB
oring TimeBoring TimeBoring TimeBoring TimeBoring TimeBoring TimeBoring TimeBoring TimeBoring TimeBoring
TimeBoring TimeBoring TimeBoring TimeBoring TimeBoring TimeBoring TimeBoring TimeBoring TimeBoring TimeB
oring TimeBoring TimeBoring TimeBoring TimeBoring TimeBoring TimeBoring TimeBoring TimeBoring TimeBoring
TimeBoring TimeBoring TimeBoring TimeBoring TimeBoring TimeBoring TimeBoring TimeBoring TimeBoring TimeB
oring TimeBoring TimeBoring TimeBoring TimeBoring TimeBoring TimeBoring TimeBoring TimeBoring TimeBoring
TimeBoring TimeBoring TimeBoring TimeBoring TimeBoring TimeBoring TimeBoring TimeBoring TimeBoring TimeB
oring TimeBoring TimeBoring TimeBoring TimeBoring TimeBoring TimeBoring TimeBoring TimeBoring TimeBoring
TimeBoring TimeBoring TimeBoring TimeBoring TimeBoring TimeBoring TimeBoring TimeBoring TimeBoring TimeB
oring TimeBoring TimeBoring TimeBoring TimeBoring TimeBoring TimeBoring TimeBoring TimeBoring TimeBoring
TimeBoring TimeBoring TimeBoring TimeBoring TimeBoring TimeBoring TimeBoring TimeBoring TimeBoring TimeB
oring TimeBoring TimeBoring TimeBoring TimeBoring TimeBoring TimeBoring TimeBoring TimeBoring TimeBoring
TimeBoring TimeBoring TimeBoring TimeBoring TimeBoring TimeBoring TimeBoring TimeBoring TimeBoring TimeB
```

上述實例是教導讀者，活用 Python，可以產生許多意外的結果。

4-3 輸出資料到檔案

在 4-2-1 節筆者有講解在 print( ) 函數中，預設輸出是螢幕 sys.stdout，其實我們可以利用這個特性將輸出導向一個檔案。

4-3-1 開啟一個檔案 open( )

open( ) 函數可以開啟一個檔案供讀取或寫入，如果這個函數執行成功，會傳回檔案匯流物件，這個函數的基本使用格式如下：

```
file_Obj = open(file, mode="r")          # 左邊只列出最常用的 2 個參數
```

❑ **file**

用字串列出欲開啟的檔案，如果不指名路徑則開啟目前工作資料夾。

❑ **mode**

開啟檔案的模式，如果省略代表是 mode="r"，使用時如果 mode="w" 或其它，也可以省略 mode=，直接寫 "w"。也可以同時具有多項模式，例如："wb" 代表以二進位檔案開啟供寫入，可以是下列基本模式。下列是第一個字母的操作意義。

- "r"：這是預設，開啟檔案供讀取 (read)。
- "w"：開啟檔案供寫入，如果原先檔案有內容將被覆蓋。
- "a"：開啟檔案供寫入，如果原先檔案有內容，新寫入資料將附加在後面。
- "x"：開啟一個新的檔案供寫入，如果所開啟的檔案已經存在會產生錯誤。

下列是第二個字母的意義，代表檔案類型。

- "b"：開啟二進位檔案模式。
- "t"：開啟文字檔案模式，這是預設。

❑ **file_Obj**

這是檔案物件，讀者可以自行給予名稱，未來 print( ) 函數可以將輸出導向此物件，不使用時要關閉 "file_Obj.close( )"，才可以返回作業系統的檔案管理員觀察執行結果。

4-3-2 使用 print( ) 函數輸出資料到檔案

程式實例 ch4_13.py：將資料輸出到檔案的實例，其中輸出到 out1.txt 採用 "w" 模式，輸出到 out2.txt 採用 "a" 模式。

```
# ch4_13.py
fstream1 = open("d:\python\ch4\out1.txt", mode="w") # 取代先前資料
print("Testing for output", file=fstream1)
fstream1.close( )
fstream2 = open("d:\python\ch4\out2.txt", mode="a") # 附加資料後面
print("Testing for output", file=fstream2)
fstream2.close( )
```

執行結果 這個程式執行後需至 ch4 資料夾查看執行結果內容，如果執行程式一次，可以得到 out1.txt 和 out2.txt 內容相同。但是如果持續執行，out2.txt 內容會持續增加，out1.txt 內容則保持不變，下列是檢查資料夾內容。

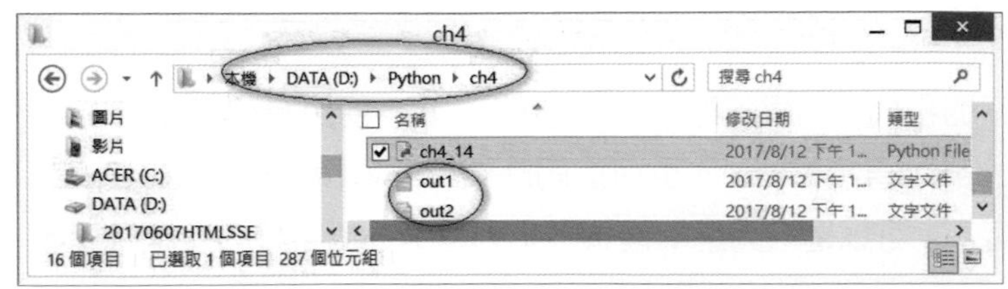

下列是執行 2 次此程式，out1.txt 和 out2.txt 的內容。

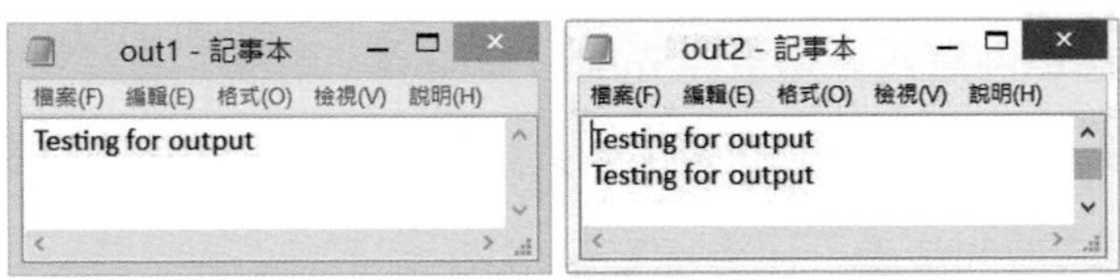

4-4 資料輸入 input( )

這個 input( ) 函數功能與 print( ) 函數功能相反，這個函數會從螢幕讀取使用者從鍵盤輸入的資料，它的使用格式如下：

value = input("prompt: ")

value 是變數，所輸入的資料會儲存在此變數內，特別需注意的是所輸入的資料不論是字串或是數值資料一律回傳到 value 時是字串資料，如果要執行數學運算需要用 int( ) 函數轉換為整數。

程式實例 ch4_14.py：認識輸入資料類型。

```
# ch4_14.py
name = input("請輸入姓名：")
engh = input("請輸入成績：")
print("name資料類型是", type(name))
print("engh資料類型是", type(engh))
```

執行結果

```
====================== RESTART: D:/Python/ch4/ch4_14.py ======================
請輸入姓名：洪錦魁
請輸入成績：100
name資料類型是 <class 'str'>
engh資料類型是 <class 'str'>
```

程式實例 ch4_15.py：基本資料輸入與運算。

```
# ch4_15.py
print("歡迎使用成績輸入系統")
name = input("請輸入姓名：")
engh = input("請輸入英文成績：")
math = input("請輸入數學成績：")
total = int(engh) + int(math)
print("%s 你的總分是 %d" % (name, total))
```

執行結果

```
==================== RESTART: D:/Python/ch4/ch4_15.py ====================
歡迎使用成績輸入系統
請輸入姓名：洪錦魁
請輸入英文成績：98
請輸入數學成績：99
洪錦魁 你的總分是 197
```

接下來的程式主要是處理中文名字與英文名字的技巧，假設要求使用者分別輸入姓氏 (lastname) 與名字 (firstname)，在中文要處理成名字，可以使用下列字串連接方式。

fullname = lastname + firstname

在英文首先名字在前面，姓氏在後面，同時中間有一個空格，因此處理方式如下：

fullname = firstname + " " + lastname

程式實例 ch4_16.py：請分別輸入中文和英文的姓氏以及名字，本程式將會名字組合並輸出問候語。

```
# ch4_16.py
clastname = input("請輸入中文姓氏：")
cfirstname = input("請輸入中文名字：")
cfullname = clastname + cfirstname
print("%s 歡迎使用本系統" % cfullname)
lastname = input("請輸入英文Last Name：")
firstname = input("請輸入英文First Name：")
fullname = firstname + " " + lastname
print("%s Welcome to SSE System" % fullname)
```

執行結果

```
==================== RESTART: D:/Python/ch4/ch4_16.py ====================
請輸入中文姓氏：洪
請輸入中文名字：錦魁
洪錦魁 歡迎使用本系統
請輸入英文Last Name：Hung
請輸入英文First Name：JKwei
JKwei Hung Welcome to SSE System
```

4-5 處理字串的數學運算 eval( )

Python 內有一個非常好用的計算數學表達式的函數 eval( )，這個函數可以直接傳回字串內數學表達式的計算結果。

result = eval(expression)　　　　　　# expression 是字串

程式實例 ch4_17.py：輸入公式，本程式可以列出計算結果。

```
# ch4_17.py
numberStr = input("請輸入數值公式 : ")
number = eval(numberStr)
print("計算結果 : %5.2f" % number)
```

執行結果

```
==================== RESTART: D:/Python/ch4/ch4_17.py ====================
請輸入數值公式 : 5*9+10
計算結果 : 55.00
>>>
==================== RESTART: D:/Python/ch4/ch4_17.py ====================
請輸入數值公式 : 5 * 9 + 10
計算結果 : 55.00
```

由上述執行結果應可以發現，在第一個執行結果中輸入是 "5*9+10" 字串，eval( ) 函數可以處理此字串的數學表達式，然後將計算結果傳回，同時也可以發現即使此數學表達式之間有空字元也可以正常處理。

Windows 作業系統有小算盤程式，其實當我們使用小算盤輸入運算公式時，就可以將所輸入的公式用字串儲存，然後使用此 eval( ) 方法就可以得到運算結果。在 ch4_15.py 我們知道 input( ) 所輸入的資料是字串，當時我們使用 int( ) 將字串轉成整數處理，其實我們也可以使用 eval( ) 配合 input( )，可以直接傳回整數資料。

程式實例 ch4_18.py：使用 eval( ) 重新設計 ch4_15.py。

```
# ch4_18.py
print("歡迎使用成績輸入系統")
name = input("請輸入姓名：")
engh = eval(input("請輸入英文成績："))
math = eval(input("請輸入數學成績："))
total = engh + math
print("%s 你的總分是 %d" % (name, total))
```

執行結果

```
==================== RESTART: D:/Python/ch4/ch4_18.py ====================
歡迎使用成績輸入系統
請輸入姓名：洪錦魁
請輸入英文成績：98
請輸入數學成績：99
洪錦魁 你的總分是 197
```

一個 input( ) 可以讀取一個輸入字串，我們可以靈活運用多重指定在 eval( ) 與 input( ) 函數上，然後產生一行輸入多個數值資料的效果。

程式實例 ch4_19.py：輸入 3 個數字，本程式可以輸出平均值，注意輸入時各數字間要用 "," 隔開。

```
# ch4_19.py
n1, n2, n3 = eval(input("請輸入3個數字："))
average = (n1 + n2 + n3) / 3
print("3個數字平均是 %6.2f" % average)
```

執行結果

```
==================== RESTART: D:/Python/ch4/ch4_19.py ====================
請輸入3個數字：21, 33, 99
3個數字平均是  51.00
```

4-6 列出所有內建函數 dir( )

閱讀至此，相信讀者已經使用了許多 Python 內建的函數了，例如：help( )、print( )、input( ) … 等，讀者可能想了解到底 Python 有提供那些內建函數可供我們在設計程式時使用，可以使用下列方式列出 Python 所提供的內建函數。

dir(_ _ builtins _ _)　　　　# 列出 Python 內建函數

實例 1：列出 Python 所有內建函數。

```
>>> dir(__builtins__)
['ArithmeticError', 'AssertionError', 'AttributeError', 'BaseException', 'BlockingIOError', 'BrokenPipeE
rror', 'BufferError', 'BytesWarning', 'ChildProcessError', 'ConnectionAbortedError', 'ConnectionError',
'ConnectionRefusedError', 'ConnectionResetError', 'DeprecationWarning', 'EOFError', 'Ellipsis', 'Environ
mentError', 'Exception', 'False', 'FileExistsError', 'FileNotFoundError', 'FloatingPointError', 'FutureW
arning', 'GeneratorExit', 'IOError', 'ImportError', 'ImportWarning', 'IndentationError', 'IndexError', '
InterruptedError', 'IsADirectoryError', 'KeyError', 'KeyboardInterrupt', 'LookupError', 'MemoryError', '
ModuleNotFoundError', 'NameError', 'None', 'NotADirectoryError', 'NotImplemented', 'NotImplementedError'
, 'OSError', 'OverflowError', 'PendingDeprecationWarning', 'PermissionError', 'ProcessLookupError', 'Rec
ursionError', 'ReferenceError', 'ResourceWarning', 'RuntimeError', 'RuntimeWarning', 'StopAsyncIteration
', 'StopIteration', 'SyntaxError', 'SyntaxWarning', 'SystemError', 'SystemExit', 'TabError', 'TimeoutErr
or', 'True', 'TypeError', 'UnboundLocalError', 'UnicodeDecodeError', 'UnicodeEncodeError', 'UnicodeError
', 'UnicodeTranslateError', 'UnicodeWarning', 'UserWarning', 'ValueError', 'Warning', 'WindowsError', 'Z
eroDivisionError', '__build_class__', '__debug__', '__doc__', '__import__', '__loader__', '__name__', '_
_package__', '__spec__', 'abs', 'all', 'any', 'ascii', 'bin', 'bool', 'bytearray', 'bytes', 'callable',
'chr', 'classmethod', 'compile', 'complex', 'copyright', 'credits', 'delattr', 'dict', 'dir', 'divmod',
'enumerate', 'eval', 'exec', 'exit', 'filter', 'float', 'format', 'frozenset', 'getattr', 'globals', 'ha
sattr', 'hash', 'help', 'hex', 'id', 'input', 'int', 'isinstance', 'issubclass', 'iter', 'len', 'license
', 'list', 'locals', 'map', 'max', 'memoryview', 'min', 'next', 'object', 'oct', 'open', 'ord', 'pow', '
print', 'property', 'quit', 'range', 'repr', 'reversed', 'round', 'set', 'setattr', 'slice', 'sorted', '
staticmethod', 'str', 'sum', 'super', 'tuple', 'type', 'vars', 'zip']
>>>
```

在本書，筆者會依功能分類將常用的內建函數分別融入各章節主題中，如果讀者想特別先了解某一個內建函數的功能，可參考 4-1 節使用 help( ) 函數。

4-7 專題 - 溫度轉換 / 房貸問題 / 正五角形面積 / 計算經緯度距離

4-7-1 設計攝氏溫度和華氏溫度的轉換

攝氏溫度 (Celsius，簡稱 C) 的由來是在標準大氣壓環境，純水的凝固點是 0 度、沸點是 100 度，中間劃分 100 等份，每個等份是攝氏 1 度。這是紀念瑞典科學家安德斯．攝爾修斯 (Anders Celsius) 對攝氏溫度定義的貢獻，所以稱攝氏溫度 (Celsius)。

華氏溫度 (Fahrenheit，簡稱 F) 的由來是在標準大氣壓環境，水的凝固點是 32 度、水的沸點是 212 度，中間劃分 180 等份，每個等份是華氏 1 度。這是紀念德國科學家丹尼爾．加布里埃爾．華倫海特 (Daniel Gabriel Fahrenheit) 對華氏溫度定義的貢獻，所以稱華氏溫度 (Fahrenheit)。

攝氏和華氏溫度互轉的公式如下：

攝氏溫度 = (華氏溫度 – 32) * 5 / 9
華氏溫度 = 攝氏溫度 * (9 / 5) + 32

程式實例 ch4_20.py：請輸入華氏溫度，這個程式會輸出攝氏溫度。

```
# ch4_20.py
f = input("請輸入華氏溫度：")
c = ( int(f) - 32 ) * 5 / 9
print("華氏 %s 等於攝氏 %4.1f" % (f, c))
```

執行結果

```
====================== RESTART: D:/Python/ch4/ch4_20.py ======================
請輸入華氏溫度：104
華氏 104 等於攝氏 40.0
>>>
====================== RESTART: D:/Python/ch4/ch4_20.py ======================
請輸入華氏溫度：88
華氏 88 等於攝氏 31.1
```

4-7-2 房屋貸款問題實作

每個人在成長過程可能會經歷買房子，第一次住在屬於自己的房子是一個美好的經歷，大多數的人在這個過程中可能會需要向銀行貸款。這時我們會思考需要貸款多少錢？貸款年限是多少？銀行利率是多少？然後我們可以利用上述已知資料計算每個月還款金額是多少？同時我們會好奇整個貸款結束究竟還了多少貸款本金和利息。在做這個專題實作分析時，我們已知的條件是：

貸款金額：筆者使用 loan 當變數

貸款年限：筆者使用 year 當變數

年利率：筆者使用 rate 當變數

然後我們需要利用上述條件計算下列結果：

每月還款金額：筆者用 monthlyPay 當變數

總共還款金額：筆者用 totalPay 當變數

處理這個貸款問題的數學公式如下：

$$\text{每月還款金額} = \frac{\text{貸款金額} * \text{月利率}}{1 - \dfrac{1}{(1 + \text{月利率})^{\text{貸款年限}*12}}}$$

在銀行的貸款術語習慣是用年利率，所以碰上這類問題我們需將所輸入的利率先除以 100，這是轉成百分比，同時要除以 12 表示是月利率。可以用下列方式計算月利率，筆者用 monthrate 當作變數。

```
monthrate = rate / (12*100)            # 第 5 行
```

為了不讓求每月還款金額的數學式變的複雜，筆者將分子 (第 8 行) 與分母 (第 9 行) 分開計算，第 10 行則是計算每月還款金額，第 11 行是計算總共還款金額。

```
1  # ch4_21.py
2  loan = eval(input("請輸入貸款金額："))
3  year = eval(input("請輸入年限："))
4  rate = eval(input("請輸入年利率："))
5  monthrate = rate / (12*100)                # 改成百分比以及月利率
6
7  # 計算每月還款金額
8  molecules = loan * monthrate
9  denominator = 1 - (1 / (1 + monthrate) ** (year * 12))
10 monthlyPay = molecules / denominator       # 每月還款金額
11 totalPay = monthlyPay * year * 12          # 總共還款金額
12
13 print("每月還款金額 %d" % int(monthlyPay))
14 print("總共還款金額 %d" % int(totalPay))
```

執行結果

```
===================== RESTART: D:\Python\ch4\ch4_21.py =====================
請輸入貸款金額：6000000
請輸入年限：20
請輸入年利率：2.0
每月還款金額 30353
總共還款金額 7284720
```

4-7-3　正五角形面積

在幾何學中正五角形邊長假設是 s，其面積的計算公式如下：

$$\text{area} = \frac{5*s^2}{4*\tan\left(\frac{\pi}{5}\right)}$$

上述計算正五角形面積需要使用數學的 PI，雖然我們可以使用 3.14159 代替，不過筆者此處先引導讀者學習使用 Python 的數學模組，有關模組的觀念將在第 13 章說明，此節將先教導讀者使用，可以使用 "import math" 導入此數學模組。

程式實例 ch4_22.py：請輸入正五角形的邊長 s，此程式會計算此正五角形的面積。

```
# ch4_22.py
import math

s = eval(input("請輸入正五角形邊長 : "))
area = (5 * s ** 2) / (4 * math.tan(math.pi / 5))
print("area = ", area)
```

執行結果

```
===================== RESTART: D:/Python/ch4/ch4_22.py =====================
請輸入正五角形邊長 : 5
area =  43.01193501472417
```

我們可以將上述觀念擴充應用在正多邊形面積計算，相關觀念可以參考實作習題 13。

4-7-4　使用經緯度計算地球各城市間的距離

地球是圓的，我們使用經度和緯度單位瞭解地球上每一個點的位置。有了 2 個地點的經緯度後，可以使用下列公式計算彼此的距離。

distance = r*acos(sin(x1)*sin(x2)+cos(x1)*cos(x2)*cos(y1-y2))

上述 r 是地球的半徑約 6371 公里，由於 Python 的三角函數皆是弧度 (radians)，我們使用上述公式時，需使用 math.radian( ) 函數將角度轉成弧度。上述公式西經和北緯是正值，東經和南緯是負值。

經度座標是介於 -180 和 180 度間，緯度座標是在 -90 和 90 度間，雖然我們是習慣稱經緯度，在用小括號表達時 (緯度 , 經度)，也就是第一個參數是放緯度，第二個參數放經度)。

最簡單獲得經緯度的方式是開啟 Google 地圖，其實我們開啟後 Google 地圖後就可以在網址列看到我們目前所在地點的經緯度，點選地點就可以在網址列看到所選地點的經緯度資訊，可參考下方左圖：

由上圖可以知道台北車站的經緯度是 (25.0452909, 121.5168704)，以上觀念可以應用查詢世界各地的經緯度，上方右圖是香港紅磡車站的經緯度 (22.2838912, 114.173166)，程式為了簡化筆者小數取 4 位。

程式實例 ch4_23.py：香港紅磡車站的經緯度資訊是 (22.2839, 114.1731)，台北車站的經緯度是 (25.0452, 121.5168)，請計算台北車站至香港紅磡車站的距離。

```
# ch4_23.py
import math

r = 6371                          # 地球半徑
x1, y1 = 22.2838, 114.1731        # 香港紅磡車站經緯度
x2, y2 = 25.0452, 121.5168        # 台北車站經緯度

d = 6371*math.acos(math.sin(math.radians(x1))*math.sin(math.radians(x2))+
                   math.cos(math.radians(x1))*math.cos(math.radians(x2))*
                   math.cos(math.radians(y1-y2)))

print("distance = ", d)
```

執行結果

```
==================== RESTART: D:\Python\ch4\ch4_23.py ====================
distance =  808.3115099471376
>>>
```

習題

實作題

1. 請重新設計第 2 章的實作習題 4，請修改輸出方式，請參考習題解答畫面。(4-2 節)
2. 擴充 ch4_10.py，最右邊增加平均分數欄位，這個欄位的格式化方式是 %4.1f 相當於取到小數第一位。(4-2 節)
3. 重新設計前一個程式，讓輸出到 out.txt，最後請用記事本顯示執行結果。(4-3 節)
4. 寫一個程式要求使用者輸入 3 位數數字，最後捨去個位數字輸出，例如輸入是 777 輸出是 770，輸入是 879 輸出是 870。(4-4 節)
5. 請重新設計 ch4_20.py，改為輸入攝氏溫度，轉成華氏溫度輸出，輸出溫度格式化到小數第 1 位。(4-4 節)
6. 輸入房屋坪數，轉成平方公尺輸出，輸出格式化到小數第 1 位。提示：一坪約是 3.305 平方公尺。(4-4 節)
7. 輸入房屋平方公尺，轉成坪數輸出，輸出格式化到小數第 1 位。提示：一坪約是 3.305 平方公尺。(4-4 節)
8. 請重新設計 ch2_5.py，請將年利率和存款年數改為從螢幕輸入，輸出金額捨去小數相當於單位是元。(4-4 節)
9. 請重新設計第 2 章的實作習題 5，請將火箭飛行速度改為從螢幕輸入，輸出捨去小數。(4-4 節)
10. 請重新設計 ch3_24.py，請將速度 speed，改為從螢幕輸入馬赫數，程式會將速度馬赫數轉為公里 / 小時，然後才開始運算。(4-4 節)
11. 請重新設計程式實例 ch3_26.py，計算 2 個點之間的距離，但是將點的座標改為從螢幕輸入，一行需可以輸入 x 和 y 座標，輸出到小數第 2 位。(4-5 節)
12. 前一個習題觀念的擴充，平面任意 3 個點可以產生三角形，請輸入任意 3 個點的座標，可以使用下列公式計算此三角形的面積。假設三角形各邊長是 dist1、dist2、dist3.　　　(4-5 節)

    p = (dist1 + dist2 + dist3) / 2

    $$\text{area} = \sqrt{\text{p(p-dist1)(p-dist2)(p-dist3)}}$$

13. 在 4-7-3 節筆者有介紹正五角形的面積計算公式，可以將該公式擴充為正多邊形面積計算，如下所示：(4-7 節)

$$\text{area} = \frac{n*s^2}{4*\tan\left(\frac{\pi}{n}\right)}$$

14. 請擴充 ch4_23.py，將程式改為輸入 2 個地點的經緯度，本程式可以計算這 2 個地點的距離。(4-7 節)

15. 假設一架飛機起飛的速度是 v，飛機的加速度是 a，下列是飛機起飛時所需的跑道長度公式。(4-7 節)

$$\text{distance} = \frac{v^2}{2a}$$

請輸入飛機時速 (公尺 / 秒) 和加速速 (公尺 / 秒)，然後列出所需跑道長度 (公尺)。

16. 北京故宮博物院的經緯度資訊大約是 (39.9196, 116.3669)，法國巴黎羅浮宮的經緯度大約是 (48.8595, 2.3369)，請計算這 2 博物館之間的距離。(4-7 節)

第五章

程式的流程控制使用 if 敘述

一個程式如果是按部就班從頭到尾，中間沒有轉折，其實是無法完成太多工作。程式設計過程難免會需要轉折，這個轉折在程式設計的術語稱流程控制，本章將完整講解有關 if 敘述的流程控制。另外，與程式流程設計有關的關係運算子與邏輯運算子也將在本章做說明，因為這些是 if 敘述流程控制的基礎。

這一章起逐步進入程式設計的核心，讀者要留意，Python 官方文件建議 Python 程式碼不要超過 80 行，雖然超過程式不會錯誤，但會造成程式不易閱讀，所以如果超過時，建議修改程式設計。

5-1 關係運算子

Python 語言所使用的關係運算子表：

關係運算子	說明	實例	說明
>	大於	a > b	檢查是否 a 大於 b
>=	大於或等於	a >= b	檢查是否 a 大於或等於 b
<	小於	a < b	檢查是否 a 小於 b
<=	小於或等於	a <= b	檢查是否 a 小於或等於 b
==	等於	a == b	檢查是否 a 等於 b
!=	不等於	a != b	檢查是否 a 不等於 b

上述運算如果是真會傳回 True，如果是偽會傳回 False。

實例 1：下列會傳回 True。

```
>>> x = 10 > 8
>>> print(x)
True
>>> x = 10 >= 10
>>> print(x)
True
>>> x = 10 < 20
>>> print(x)
True
>>> x = 10 <= 10
>>> print(x)
True
>>> x = 10 == 10
>>> print(x)
True
>>> x = 10 != 20
>>> print(x)
True
>>>
```

實例 2：下列會傳回 False。

```
>>> x = 10 > 20
>>> print(x)
False
>>> x = 10 >= 20
>>> print(x)
False
>>> x = 10 < 5
>>> print(x)
False
>>> x = 10 <= 5
>>> print(x)
False
>>> x = 10 == 5
>>> print(x)
False
>>> x = 10 != 10
>>> print(x)
False
>>>
```

5-2 邏輯運算子

Python 所使用的邏輯運算子：

- and --- 相當於邏輯符號 AND
- or --- 相當於邏輯符號 OR
- not --- 相當於邏輯符號 NOT

下列是邏輯運算子 and 的圖例說明。

and	True	False
True	True	False
False	False	False

實例 1：下列會傳回 True。

```
>>> x = (10 > 8) and (20 > 10)
>>> print(x)
True
>>>
```

實例 2：下列會傳回 False。

```
>>> x = (10 > 8) and (10 > 20)
>>> print(x)
False
>>> x = (10 < 8) and (10 < 20)
>>> print(x)
False
>>> x = (10 < 8) and (10 > 20)
>>> print(x)
False
>>>
```

下列是邏輯運算子 or 的圖例說明。

or	True	False
True	True	True
False	True	False

實例 3：下列會傳回 True。

```
>>> x = (10 > 8) or (20 > 10)
>>> print(x)
True
>>> x = (10 < 8) or (10 < 20)
>>> print(x)
True
>>> x = (10 > 8) or (10 > 20)
>>> print(x)
True
>>>
```

實例 4：下列會傳回 False。

```
>>> x = (10 < 8) or (10 > 20)
>>> print(x)
False
>>>
```

下列是邏輯運算子 not 的圖例說明。

not	True	False
	False	True

如果是 True 經過 not 運算會傳回 False，如果是 False 經過 not 運算會傳回 True。

實例 1：下列會傳回 True。

```
>>> x = not(10 < 8)
>>> print(x)
True
>>>
```

實例 2：下列會傳回 False。

```
>>> x = not(10 > 8)
>>> print(x)
False
>>>
```

在 Python 的邏輯運算中 0 被視為 False，其他值當作 True，下列將以實例驗證，下列是以 False 開始的 and 運算將返回前項值。

```
>>> False and True
False
>>> False and 5
False
>>> 0 and 1
0
```

下列是以 True 開始的 and 運算將返回後項值。

```
>>> True and False
False
>>> True and 5
5
>>> -5 and 5
5
```

下列是以 False 開始的 or 運算將返回後項值。

```
>>> False or True
True
>>> False or 5
5
>>> 0 or 5
5
```

下列是以 True 開始的 or 運算將返回前項值。

```
>>> True or 0
True
>>> 5 or 10
5
>>> -10 or 0
-10
```

not 運算傳回相反的布林值。

```
>>> not 5
False
>>> not -5
False
>>> not 0
True
```

5-3 if 敘述

這個 if 敘述的基本語法如下：

```
if ( 條件判斷 )：                         # 條件判斷外的小括號可有可無
    程式碼區塊
```

上述觀念是如果條件判斷是 True，則執行程式碼區塊，如果條件判斷是 False，則不執行程式碼區塊。如果程式碼區塊只有一道指令，可將上述語法寫成下列格式。

```
if ( 條件判斷 )： 程式碼區塊
```

可以用下列流程圖說明這個 if 敘述：

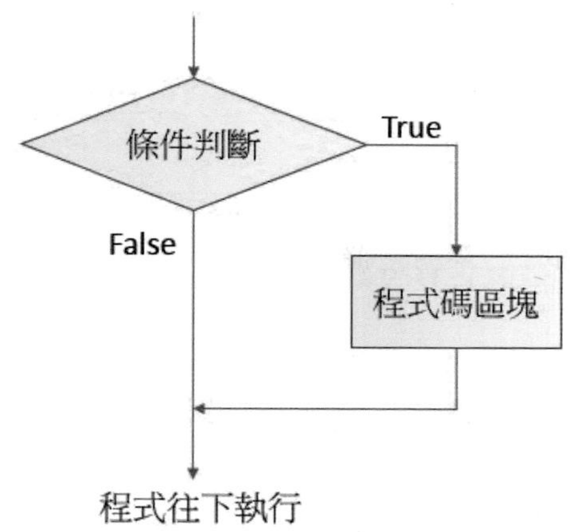

如果讀者有學習過其他程式語言，例如，Visual Basic、C、JavaScript … 等，在條件運算式中是使用大括號 "{ }"，將 if 敘述的程式碼區塊包夾做區隔。如下所示 (以 C 語言為實例)：

```
if (age < 20) {
    printf(" 你年齡太小 ");
    printf(" 須年滿 20 歲才可購買菸酒 ");
}
```

在 Python 內是使用內縮方式區隔 if 敘述的程式碼區塊，編輯程式時可以用 Tab 鍵內縮或是直接內縮 4 個字元空間，表示這是 if 敘述的程式碼區塊。相同內容，可以用下列方式處理。

```
If (age < 20)：                              # 程式碼區塊 1
    print(" 你年齡太小 ")                    # 程式碼區塊 2
    print(" 須年滿 20 歲才可購買菸酒 ")      # 程式碼區塊 2
```

在 Python 中內縮程式碼是有意義的，相同的程式碼區塊，必須有相同的內縮，否則會產生錯誤。

實例 1：正確的 if 敘述程式碼。

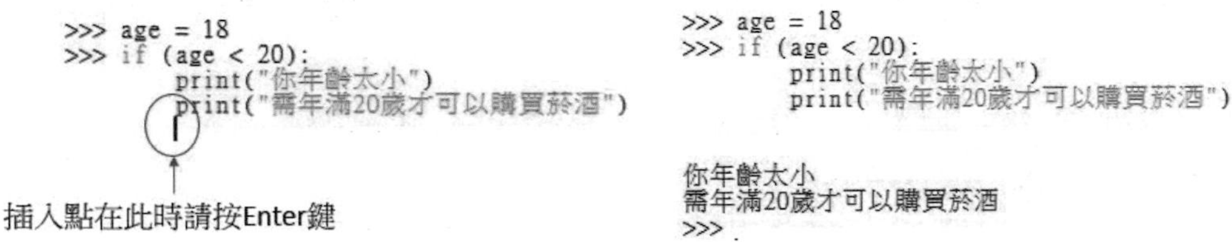

實例 2：不正確的 if 敘述程式碼，下列因為任意內縮造成錯誤。

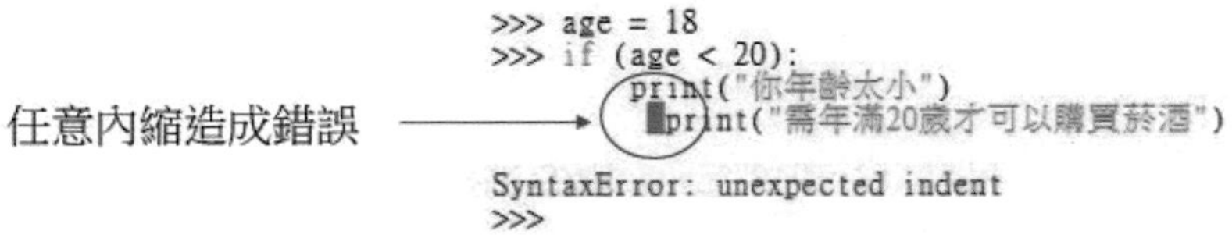

上述筆者講解 if 敘述是 True 時需內縮 4 個字元空間，這是 Python 預設，讀者可能會問可不可以內縮 5 個字元空間，答案是可以的但是記得相同程式區塊必須有相同的內縮空間。不過如過你是使用 Python 的 IDLE 編輯環境，當輸入 if 敘述後，只要按 Enter 鍵，編輯程式會自動內縮 4 個字元空間。

程式實例 ch5_1.py：if 敘述的基本應用。

```
# ch5_1.py
age = input("請輸入年齡: ")
if (int(age) < 20):
    print("你年齡太小")
    print("需年滿20歲才可以購買菸酒")
```

執行結果

```
==================== RESTART: D:/Python/ch5/ch5_1.py ====================
請輸入年齡: 18
你年齡太小
需年滿20歲才可以購買菸酒
>>>
==================== RESTART: D:/Python/ch5/ch5_1.py ====================
請輸入年齡: 21
>>>
```

程式實例 ch5_2.py：輸出絕對值的應用。

```
1  # ch5_2.py
2  print("輸出絕對值")
3  num = input("請輸入任意整數值: ")
4  x = int(num)
5  if (int(x) < 0):
6      x = abs(x)
7  print("絕對值是 %d" % int(x))
```

執行結果

```
==================== RESTART: D:\Python\ch5\ch5_2.py ====================
輸出絕對值
請輸入任意整數值: 98
絕對值是 98
>>>
==================== RESTART: D:\Python\ch5\ch5_2.py ====================
輸出絕對值
請輸入任意整數值: -30
絕對值是 30
```

對於上述 ch5_2.py 而言，由於 if 敘述只有一道指令，所以可以將第 5 行和第 6 行改寫成下列敘述。

```
5  if (int(x) < 0): x = abs(x)
```

上述可以得到相同的結果，詳請可參考 ch5_2_1.py。

- Python 寫作風格 (Python Enhancement Proposals) - PEP 8

Python 風格建議內縮 4 個字母空格，不要使用 Tab 鍵產生空格。

5-4 if … else 敘述

程式設計時更常用的功能是條件判斷為 True 時執行某一個程式碼區塊，當條件判斷為 False 時執行另一段程式碼區塊，此時可以使用 if … else 敘述，它的語法格式如下：

```
if ( 條件判斷 ):
    程式碼區塊一
else:
    程式碼區塊二
```

上述觀念是如果條件判斷是 True，則執行程式碼區塊一，如果條件判斷是 False，則執行程式碼區塊二。可以用下列流程圖說明這個 if … else 敘述：

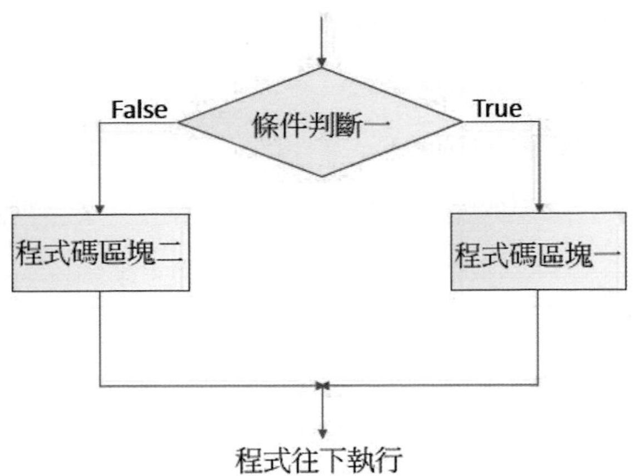

程式實例 ch5_3.py：重新設計 ch5_1.py，多了年齡滿 20 歲時的輸出。

```
# ch5_3.py
age = input("請輸入年齡: ")
if (int(age) < 20):
    print("你年齡太小")
    print("需年滿20歲才可以購買菸酒")
else:
    print("歡迎購買菸酒")
```

執行結果

```
======================== RESTART: D:/Python/ch5/ch5_3.py ========================
請輸入年齡: 18
你年齡太小
需年滿20歲才可以購買菸酒
>>>
======================== RESTART: D:/Python/ch5/ch5_3.py ========================
請輸入年齡: 30
歡迎購買菸酒
```

❑ Python 寫作風格 (Python Enhancement Proposals) - PEP 8

Python 風格建議不使用 if xx == ture 判斷 True 或 False，可以直接使用 if xx。

程式實例 ch5_4.py：奇數偶數的判斷，下列第 5-8 行是傳統用法，第 10-13 是符合 PEP 8 用法，第 15 行是 Python 高手用法。

```
1 # ch5_4.py
2 print("奇數偶數判斷")
3 num = input("請輸入任意整值: ")
4 rem = int(num) % 2
5 if (rem == 0):
6     print("%d 是偶數" % int(num))
7 else:
8     print("%d 是奇數" % int(num))
```

```
# PEP 8
if rem:
    print("%d 是奇數" % int(num))
else:
    print("%d 是偶數" % int(num))
# 高手用法
print("%d 是奇數" % int(num) if rem else "%d 是偶數" % int(num))
```

執行結果

```
====================== RESTART: D:\Python\ch5\ch5_4.py ======================
奇數偶數判斷
請輸入任意整值: 2
2 是偶數
2 是偶數
2 是偶數
>>>
====================== RESTART: D:\Python\ch5\ch5_4.py ======================
奇數偶數判斷
請輸入任意整值: 1
1 是奇數
1 是奇數
1 是奇數
```

Python 精神可以簡化上述 if 語法，例如：下列是求 x, y 之最大值或最小值。

```
max_ = x if x > y else y          # 取 x, y 之最大值
min_ = x if x < y else x          # 取 x, y 之最小值
```

Python 是非常靈活的程式語言，上述也可以使用內建函數寫成下列方式：

```
max_ = max(x, y)          # max 是內建函數，變數用後面加底線區隔
min_ = min(x, y)          # min 是內建函數，變數用後面加底線區隔
```

程式實例 ch5_4_1.py：請輸入 2 個數字，這個程式會用 Python 精神語法，列出最大值與最小值。

```
# ch5_4_1.py
x, y = eval(input("請輸入2個數字："))
max_ = x if x > y else y
print("方法 1 最大值是 : ", max_)
max_ = max(x, y)
print("方法 2 最大值是 : ", max_)

min_ = x if x < y else y
print("方法 1 最小值是 : ", min_)
min_ = min(x, y)
print("方法 2 最小值是 : ", min_)
```

執行結果

```
===================== RESTART: D:\Python\ch5\ch5_4_1.py =====================
請輸入2個數字：8, 5
方法 1 最大值是 :  8
方法 2 最大值是 :  8
方法 1 最小值是 :  5
方法 2 最小值是 :  5
```

Python 語言在執行網路爬蟲存取資料時，常會遇上不知道可以獲得多少筆資料，例如可能 0 – 100 筆間，如果我們想要最多只取 10 筆當作我們的數據，如果小於 10 筆則取得多少皆可當作我們的數據，如果使用傳統程式語言的語法，設計觀念應該如下：

```
if items >= 10:
    items = 10
else:
    items = items
```

在 Python 語法精神，我們可以用下列語法表達。

```
items = 10 if items >= 10 else items
```

程式實例 ch5_4_2.py：隨意輸入數字，如果大於等於 10，輸出 10。如果小於 10，輸出所輸入的數字。

```
# ch5_4_2.py
items = eval(input("請輸入1個數字："))
items = 10 if items >= 10 else items
print(items)
```

執行結果

```
==================== RESTART: D:/Python/ch5/ch5_4_2.py ====================
請輸入1個數字：8
8
>>>
==================== RESTART: D:/Python/ch5/ch5_4_2.py ====================
請輸入1個數字：123
10
```

5-5 if … elif … else 敘述

這是一個多重判斷，程式設計時需要多個條件作比較時就比較有用，例如：在美國成績計分是採取 A、B、C、D、F … 等，通常 90-100 分是 A，80-89 分是 B，70-79 分是 C，60-69 分是 D，低於 60 分是 F。若是使用 Python 可以用這個敘述，很容易就可以完成這個工作。這個敘述的基本語法如下：

```
if ( 條件判斷一 ):
    程式碼區塊一
elif ( 條件判斷二 ):
```

```
        程式碼區塊二
    …
    else:
        程式碼區塊 n
```

上述觀念是，如果條件判斷一是 True 則執行程式碼區塊一，然後離開條件判斷。否則檢查條件判斷二，如果是 True 則執行程式碼區塊二，然後離開條件判斷。如果條件判斷是 False 則持續進行檢查，上述 elif 的條件判斷可以不斷擴充，如果所有條件判斷是 False 則執行程式碼 n 區塊。下列流程圖是假設只有 2 個條件判斷說明這個 if … elif … else 敘述。

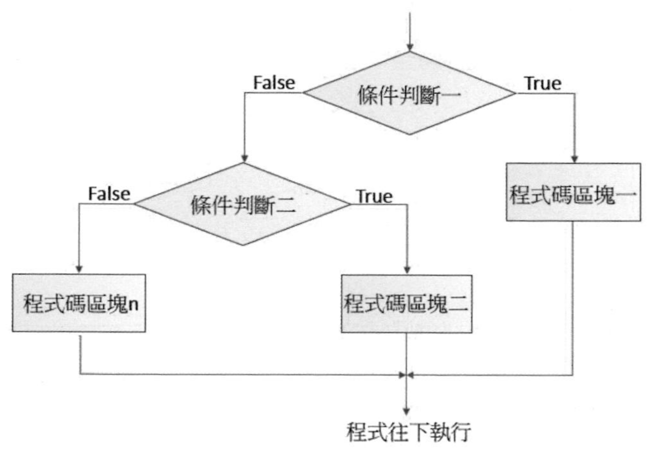

程式實例 ch5_5.py：請輸入數字分數，程式將回應 A、B、C、D 或 F 等級。

```
# ch5_5.py
print("計算最終成績")
score = input("請輸入分數: ")
sc = int(score)
if (sc >= 90):
    print(" A")
elif (sc >= 80):
    print(" B")
elif (sc >= 70):
    print(" C")
elif (sc >= 60):
    print(" D")
else:
    print(" F")
```

執行結果

```
==================== RESTART: D:/Python/ch5/ch5_5.py ====================
計算最終成績
請輸入分數: 90
 A
>>>
==================== RESTART: D:/Python/ch5/ch5_5.py ====================
計算最終成績
請輸入分數: 83
 B
>>>
==================== RESTART: D:/Python/ch5/ch5_5.py ====================
計算最終成績
請輸入分數: 79
 C
>>>
==================== RESTART: D:/Python/ch5/ch5_5.py ====================
計算最終成績
請輸入分數: 66
 D
>>>
==================== RESTART: D:/Python/ch5/ch5_5.py ====================
計算最終成績
請輸入分數: 55
 F
```

程式實例 ch5_6.py：有一地區的票價收費標準是 100 元。

- 但是如果小於等於 6 歲或大於等於 80 歲，收費是打 2 折。
- 但是如果是 7-12 歲或 60-79 歲，收費是打 5 折。

請輸入歲數，程式會計算票價。

```
# ch5_6.py
print("計算票價")
age = input("請輸入年齡: ")
age = int(age)
ticket = 100
if age >= 80 or age <= 6:
    ticket = ticket * 0.2
    print("票價是: %d" % ticket)
elif age >= 60 or age <= 12:
    ticket = ticket * 0.5
    print("票價是: %d" % ticket)
else:
    print("票價是: %d" % ticket)
```

執行結果

```
==================== RESTART: D:/Python/ch5/ch5_6.py ====================
計算票價
請輸入年齡: 81
票價是: 20
>>>
==================== RESTART: D:/Python/ch5/ch5_6.py ====================
計算票價
請輸入年齡: 6
票價是: 20
>>>
==================== RESTART: D:/Python/ch5/ch5_6.py ====================
計算票價
請輸入年齡: 77
票價是: 50
>>>
==================== RESTART: D:/Python/ch5/ch5_6.py ====================
計算票價
請輸入年齡: 12
票價是: 50
>>>
==================== RESTART: D:/Python/ch5/ch5_6.py ====================
計算票價
請輸入年齡: 13
票價是: 100
```

上述程式的第 6 行和第 9 行，如果你對於運算子執行的優先順序沒有太大的把握，建議可以直接用小括號將條件判斷括起來，可參考 ch5_6_1.py。

```
6  if (age >= 80) or (age <= 6):
7      ticket = ticket * 0.2
8      print("票價是: %d" % ticket)
9  elif (age >= 60) or (age <= 12):
```

程式實例 ch5_7.py：這個程式會要求輸入字元，然後會告知所輸入的字元是大寫字母、小寫字母、阿拉伯數字或特殊字元。

```
# ch5_7.py
print("判斷輸入字元類別")
ch = input("請輸入字元: ")
if ord(ch) >= ord("A") and ord(ch) <= ord("Z"):
    print("這是大寫字元")
elif ord(ch) >= ord("a") and ord(ch) <= ord("z"):
    print("這是小寫字元")
elif ord(ch) >= ord("0") and ord(ch) <= ord("9"):
    print("這是數字")
else:
    print("這是特殊字元")
```

執行結果

```
===================== RESTART: D:\Python\ch5\ch5_7.py =====================
判斷輸入字元類別
請輸入字元: K
這是大寫字元
>>>
===================== RESTART: D:\Python\ch5\ch5_7.py =====================
判斷輸入字元類別
請輸入字元: m
這是小寫字元
>>>
===================== RESTART: D:\Python\ch5\ch5_7.py =====================
判斷輸入字元類別
請輸入字元: 9
這是數字
```

5-6 巢狀的 if 敘述

所謂的巢狀的 if 敘述是指在 if 敘述內有其它的 if 敘述，下列是一種情況的實例。

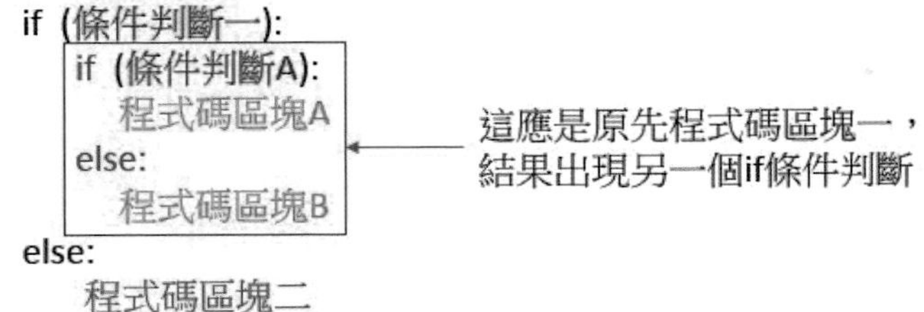

其實 Python 允許加上許多層，不過層次一多時，未來程式維護會變得比較困難。

程式實例 ch5_8.py：測試某一年是否潤年，潤年的條件是首先可以被 4 整除 (相當於沒有餘數)，這個條件成立時，還必須符合，它除以 100 時餘數不為 0 或是除以 400 時餘數為 0，當 2 個條件皆符合才算潤年。

```
# ch5_8.py
print("判斷輸入年份是否潤年")
year = input("請輸入年分: ")
rem4 = int(year) % 4
rem100 = int(year) % 100
rem400 = int(year) % 400
if rem4 == 0:
    if rem100 != 0 or rem400 == 0:
        print("%s 是潤年" % year)
    else:
        print("%s 不是潤年" % year)
else:
    print("%s 不是潤年" % year)
```

執行結果

```
===================== RESTART: D:/Python/ch5/ch5_8.py =====================
判斷輸入年份是否潤年
請輸入年分: 2018
2018 不是潤年
>>>
===================== RESTART: D:/Python/ch5/ch5_8.py =====================
判斷輸入年份是否潤年
請輸入年分: 2020
2020 是潤年
>>>
===================== RESTART: D:/Python/ch5/ch5_8.py =====================
判斷輸入年份是否潤年
請輸入年分: 2100
2100 不是潤年
```

5-7 尚未設定的變數值 None

有人在程式設計時，喜歡將所有變數一次先予以定義，在尚未用到此變數時先設定這個變數的值是 None，如果此時用 type( ) 函數了解它的類別時將顯示 "NoneType"，如下所示：

```
>>> x = None
>>> print(x)
None
>>> type(x)
<class 'NoneType'>
>>>
```

通常在程式設計時，可使用下列方式自我測試。

程式設計 ch5_8_1.py：if 敘述與 None 的應用，不過要注意的是，None 在布林值運算時會被當作 False。

```
# ch5_8_1.py
flag = None
if flag == None:
    print("尚未定義flag")

if flag:
    print("有定義")
else:
    print("尚未定義flag")
```

執行結果

```
===================== RESTART: D:\Python\ch5\ch5_8_1.py =====================
尚未定義flag
尚未定義flag
```

5-8 專題 -BMI 程式 / 猜出生日期 /12 生肖系統 / 線性方程式

5-8-1 設計人體體重健康判斷程式

BMI(Body Mass Index) 指數又稱身高體重指數 (也稱身體質量指數)，是由比利時的科學家凱特勒 (Lambert Quetelet) 最先提出，這也是世界衛生組織認可的健康指數，它的計算方式如下：

BMI = 體重 (Kg) / 身高^2(公尺)

如果 BMI 在 18.5 – 23.9 之間，表示這是健康的 BMI 值。請輸入自己的身高和體重，然後列出是否在健康的範圍，中國官方針對 BMI 指數公布更進一步資料如下：

分類	BMI
體重過輕	BMI < 18.5
正常	18.5 <= BMI and BMI < 24
超重	24 <= BMI and BMI < 28
肥胖	BMI >= 28

程式實例 ch5_9.py：人體健康體重指數判斷程式，這個程式會要求輸入身高與體重，然後計算 BMI 指數，由這個 BMI 指數判斷體重是否正常。

```
# ch5_9.py
height = input("請輸入身高(公分)：")
weight = input("請輸入體重(公斤)：")
bmi = int(weight) / ( (float(height) / 100) ** 2 )
if bmi >= 18.5 and bmi < 24:
    print("體重正常")

else:
    print("體重不正常")
```

執行結果

```
==================== RESTART: D:/Python/ch5/ch5_9.py ====================
請輸入身高(公分)：170
請輸入體重(公斤)：60
體重正常
>>>
==================== RESTART: D:/Python/ch5/ch5_9.py ====================
請輸入身高(公分)：170
請輸入體重(公斤)：100
體重不正常
>>>
==================== RESTART: D:/Python/ch5/ch5_9.py ====================
請輸入身高(公分)：170
請輸入體重(公斤)：47
體重不正常
```

上述程式第 4 行 "float (height)/100"，主要是將身高由公分改為公尺，上述專題程式可以擴充為，輸入身高體重，程式可以列出中國官方公佈的各 BMI 分類敘述，這將是各位的習題。

5-8-2 猜出生日期

這一節筆者將先說明程式，隨後再說明程式工作原理。在講解猜出生日期之前，筆者先用更簡單的猜 0-7 之數字做說明。

程式實例 ch5_10.py：讀者心中先預想一個 0-7 之間的一個數字，這個專題會問讀者 3 個問題，請讀者真心回答，然後這個程式會回應讀者心中的數字。

```
# ch5_10.py
ans = 0                          # 讀者心中的數字
print("猜數字遊戲,請心中想一個 0 - 7之間的數字, 然後回答問題")

truefalse = "輸入y或Y代表有, 其它代表無 : "
# 檢測2進位的第1位是否含1
q1 = "有沒有看到心中的數字 : \n" + \
     "1, 3, 5, 7 \n"
num = input(q1 + truefalse)
print(num)
if num == "y" or num == "Y":
    ans += 1
# 檢測2進位的第2位是否含1
truefalse = "輸入y或Y代表有, 其它代表無 : "
q2 = "有沒有看到心中的數字 : \n" + \
     "2, 3, 6, 7 \n"
num = input(q2 + truefalse)
if num == "y" or num == "Y":
    ans += 2
# 檢測2進位的第3位是否含1
truefalse = "輸入y或Y代表有, 其它代表無 : "
q3 = "有沒有看到心中的數字 : \n" + \
     "4, 5, 6, 7 \n"
num = input(q3 + truefalse)
if num == "y" or num == "Y":
    ans += 4

print("讀者心中所想的數字是 : ", ans)
```

執行結果

```
======================= RESTART: D:/Python/ch5/ch5_10.py =======================
猜數字遊戲,請心中想一個 0 - 7之間的數字, 然後回答問題
有沒有看到心中的數字 :
1, 3, 5, 7
輸入y或Y代表有, 其它代表無 : n
n
有沒有看到心中的數字 :
2, 3, 6, 7
輸入y或Y代表有, 其它代表無 : y
有沒有看到心中的數字 :
4, 5, 6, 7
輸入y或Y代表有, 其它代表無 : y
讀者心中所想的數字是 :  6
```

0 – 7 之間的數字基本上可用 3 個 2 進位表示，000 – 111 之間。其實所問的 3 個問題，基本上只是了解特定位元是否為 1。

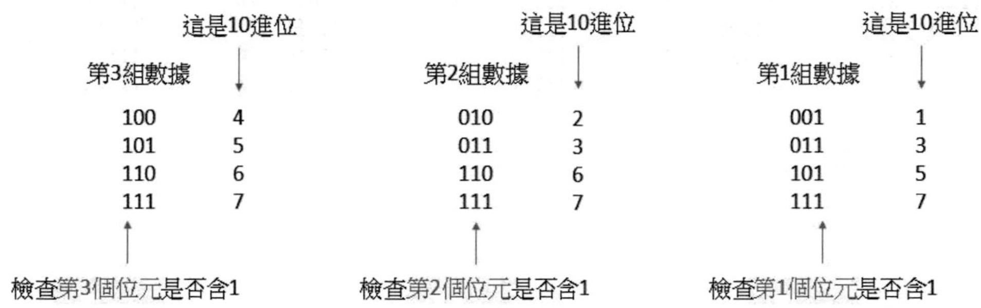

了解了以上觀念，我們可以再進一步擴充上述實例猜測一個人的生日日期，一個人的生日日期是在 1 – 31 之間的數字，

程式實例 ch5_11.py：猜測一個人的生日日期，對於 1-31 之間的數字可以用 5 個 2 進位的位元表示，所以我們可以使用詢問 5 個問題，每個問題獲得一個位元是否為 1，經過 5 個問題即可獲得一個人的生日日期，下列是 5 組數據資訊。

第5組數據	這是10進位	第4組數據	這是10進位	第3組數據	這是10進位	第2組數據	這是10進位	第1組數據	這是10進位
10000	16	01000	8	00100	4	00010	2	00001	1
10001	17	01001	9	00101	5	00011	3	00011	3
10010	18	01010	10	00110	6	00110	6	00101	5
10011	19	01011	11	00111	7	00111	7	00111	7
10100	20	01100	12	01100	12	01010	10	01001	9
10101	21	01101	13	01101	13	01011	11	01011	11
10110	22	01110	14	01110	14	01110	14	01101	13
10111	23	01111	15	01111	15	01111	15	01111	15
11000	24	11000	24	10100	20	10010	18	10001	17
11001	25	11001	25	10101	21	10011	19	10011	19
11010	26	11010	26	10110	22	10110	22	10101	21
11011	27	11011	27	10111	23	10111	23	10111	23
11100	28	11100	28	11100	28	11010	26	11001	25
11101	29	11101	29	11101	29	11011	27	11011	27
11110	30	11110	30	11110	30	11110	30	11101	29
11111	31	11111	31	11111	31	11111	31	11111	31

```python
# ch5_11.py
ans = 0                                         # 讀者心中的數字
print("猜生日日期遊戲,請回答下列5個問題,這個程式即可列出你的生日")

truefalse = "輸入y或Y代表有，其它代表無 : "
# 檢測2進位的第1位是否含1
q1 = "有沒有看到自己的生日日期 : \n" + \
     "1, 3, 5, 7, 9, 11, 13, 15, 17, 19, 21, 23, 25, 27, 29, 31 \n"
num = input(q1 + truefalse)
print(num)
if num == "y" or num == "Y":
    ans += 1
# 檢測2進位的第2位是否含1
truefalse = "輸入y或Y代表有，其它代表無 : "
q2 = "有沒有看到自己的生日日期 : \n" + \
     "2, 3, 6, 7, 10, 11, 14, 15, 18, 19, 22, 23, 26, 27, 30, 31 \n"
num = input(q2 + truefalse)
if num == "y" or num == "Y":
    ans += 2
# 檢測2進位的第3位是否含1
truefalse = "輸入y或Y代表有，其它代表無 : "
q3 = "有沒有看到自己的生日日期 : \n" + \
     "4, 5, 6, 7, 12, 13, 14, 15, 20, 21, 22, 23, 28, 29, 30, 31 \n"
num = input(q3 + truefalse)
if num == "y" or num == "Y":
    ans += 4
# 檢測2進位的第4位是否含1
truefalse = "輸入y或Y代表有，其它代表無 : "
q4 = "有沒有看到自己的生日日期 : \n" + \
     "8, 9, 10, 11, 12, 13, 14, 15, 24, 25, 26, 27, 28, 29, 30, 31 \n"
```

```
num = input(q4 + truefalse)
if num == "y" or num == "Y":
    ans += 8
# 檢測2進位的第5位是否含1
truefalse = "輸入y或Y代表有，其它代表無 : "
q5 = "有沒有看到自己的生日日期 : \n" + \
     "16, 17, 18, 19, 20, 21, 22, 23, 24, 25, 26, 27, 28, 29, 30, 31 \n"
num = input(q5 + truefalse)
if num == "y" or num == "Y":
    ans += 16

print("讀者的生日日期是 : ", ans)
```

執行結果

```
==================== RESTART: D:\Python\ch5\ch5_11.py ====================
猜生日日期遊戲,請回答下列5個問題,這個程式即可列出你的生日
有沒有看到自己的生日日期 :
1, 3, 5, 7, 9, 11, 13, 15, 17, 19, 21, 23, 25, 27, 29, 31
輸入y或Y代表有，其它代表無 : n
n
有沒有看到自己的生日日期 :
2, 3, 6, 7, 10, 11, 14, 15, 18, 19, 22, 23, 26, 27, 30, 31
輸入y或Y代表有，其它代表無 : n
有沒有看到自己的生日日期 :
4, 5, 6, 7, 12, 13, 14, 15, 20, 21, 22, 23, 28, 29, 30, 31
輸入y或Y代表有，其它代表無 : y
有沒有看到自己的生日日期 :
8, 9, 10, 11, 12, 13, 14, 15, 24, 25, 26, 27, 28, 29, 30, 31
輸入y或Y代表有，其它代表無 : y
有沒有看到自己的生日日期 :
16, 17, 18, 19, 20, 21, 22, 23, 24, 25, 26, 27, 28, 29, 30, 31
輸入y或Y代表有，其它代表無 : n
讀者的生日日期是 :  12
```

5-8-3 12 生肖系統

在中國除了使用西元年份代號，也使用鼠、牛、虎、兔、龍、蛇、馬、羊、猴、雞、狗、豬，當作十二生肖，每 12 年是一個週期，1900 年是鼠年。

程式實例 ch5_12.py：請輸入你出生的西元年 19xx 或 20xx，本程式會輸出相對應的生肖年。

```
# ch5_12.py
year = eval(input("請輸入西元出生年 : "))
year -= 1900
zodiac = year % 12
if zodiac == 0:
    print("你是生肖是 : 鼠")
elif zodiac == 1:
    print("你是生肖是 : 牛")
elif zodiac == 2:
    print("你是生肖是 : 虎")
elif zodiac == 3:
    print("你是生肖是 : 兔")
elif zodiac == 4:
```

```
    print("你是生肖是 : 龍")
elif zodiac == 5:
    print("你是生肖是 : 蛇")
elif zodiac == 6:
    print("你是生肖是 : 馬")
elif zodiac == 7:
    print("你是生肖是 : 羊")
elif zodiac == 8:
    print("你是生肖是 : 猴")
elif zodiac == 9:
    print("你是生肖是 : 雞")
elif zodiac == 10:
    print("你是生肖是 : 狗")
else:
    print("你是生肖是 : 豬")
```

執行結果

```
===================== RESTART: D:/Python/ch5/ch5_12.py =====================
請輸入西元出生年 : 1961
你是生肖是 : 牛
>>>
===================== RESTART: D:/Python/ch5/ch5_12.py =====================
請輸入西元出生年 : 1975
你是生肖是 : 兔
```

註 以上是用西元日曆，十二生肖年是用農曆年，所以年初或年尾會有一些差異。

5-8-4　求一元二次方程式的根

在國中數學中，我們可以看到下列一元二次方程式：

$ax^2 + bx + c = 0$

上述可以用下列方式獲得根。

$$r1 = \frac{-b + \sqrt{b^2 - 4ac}}{2a} \qquad r2 = \frac{-b - \sqrt{b^2 - 4ac}}{2a}$$

上述方程式有 3 種狀況，如果上述 $b^2 - 4ac$ 是正值，那麼這個一元二次方程式有 2 個實數根。如果上述 $b^2 - 4ac$ 是 0，那麼這個一元二次方程式有 1 個實數根。如果上述 $b^2 - 4ac$ 是負值，那麼這個一元二次方程式沒有實數根。

實數根的幾何意義是與 x 軸交叉點的座標。

程式實例 ch5_13.py：有一個一元二次方程式如下：

$3x^2 + 5x + 1 = 0$

求這個方程式的根。

```
# ch5_13.py
a = 3
b = 5
c = 1

r1 = (-b + (b**2-4*a*c)**0.5)/(2*a)
r2 = (-b - (b**2-4*a*c)**0.5)/(2*a)
print("r1 = %6.4f,    r2 = %6.4f" % (r1, r2))
```

執行結果

```
==================== RESTART: D:\Python\ch5\ch5_13.py ====================
r1 = -0.2324,    r2 = -1.4343
```

5-8-5 求解聯立線性方程式

假設有一個聯立線性方程式如下：

ax + by = e

cx + dy = f

可以用下列方式獲得 x 和 y 值。

$$x = \frac{e*d-b*f}{a*d-b*c} \qquad y = \frac{a*f-e*c}{a*d-b*c}$$

在上述公式中，如果 "a*d – b*c" 等於 0，則此聯立線性方程式無解。

程式實例 ch5_14.py：計算下列聯立線性方程式的值。

2x + 3y = 13

x – 2y =-4

```
# ch5_14.py
a = 2
b = 3
c = 1
d = -2
e = 13
f = -4

x = (e*d - b*f) / (a*d - b*c)
y = (a*f - e*c) / (a*d - b*c)
print("x = %6.4f,    y = %6.4f" % (x, y))
```

執行結果

```
==================== RESTART: D:/Python/ch5/ch5_14.py ====================
x = 2.0000,    y = 3.0000
```

習題

實作題

1. 請改為不使用 abs( ) 函數重新設計 ch5_2.py 程式。(5-3 節)
2. 請輸入 3 個數字，本程式可以將數字由大到小輸出。(5-3 節)
3. 有一個圓半徑是 20，圓中心在座標 (0,0) 位置，請輸入任意點座標，這個程式可以判斷此點座標是不是在圓內部。(5-4 節)

   提示：可以計算點座標距離圓中心的長度是否小於半徑。
4. 請設計一個程式，如果輸入是負值則將它改成正值輸出，如果輸入是正值則將它改成負值輸出。(5-4 節)
5. 使用者可以先選擇華氏溫度與攝氏溫度轉換方式，然後輸入一個溫度，可以轉換成另一種溫度。(5-5 節)
6. 假設麥當勞打工每週領一次薪資，工作基本時薪是 150 元，其它規則如下：
   - 小於 40 小時 (週)，每小時是基本時薪的 0.8 倍。
   - 等於 40 小時 (週)，每小時是基本時薪。
   - 大於 40 至 50(含) 小時 (週)，每小時是基本時薪的 1.2 倍。
   - 大於 50 小時 (週)，每小時是基本時薪的 1.6 倍。

   請輸入工作時數，然後可以計算週薪。(5-5 節)
7. 假設今天是星期日，請輸入天數 days，本程式可以回應 days 天後是星期幾。(5-5 節)
8. 三角形邊長的要件是 2 邊長加起來大於第三邊，請輸入 3 個邊長，如果這 3 個邊長可以形成三角形則輸出三角形的周長。如果這 3 個邊長無法形成三角形，則輸出這不是三角形的邊長。(5-6 節)
9. 擴充設計 ch5_9.py，列出中國 BMI 指數區分的結果表。(5-7 節)
10. 請參考 ch5_13.py，但是修改為在螢幕輸入 a, b, c 等 3 個數值，彼此用逗號隔開，然後計算此一元二次方程式的根，先列出有幾個根。如果有實數根則列出根值，如果沒有實數根則列出沒有實數根，然後程式結束。(5-7 節)
11. 請參考 ch5_14.py，但是修改為在螢幕輸入 a, b, c, d, e, f 等 6 個數值，彼此用逗號隔開，這些數值分別是聯立線性方程式的係數與方程式的值，然後計算此線性方程式的 x 和 y 值，如果此題無解則列出此題目沒有解答。(5-7 節)

第六章

串列 (List)

串列 (list) 是 Python 一種可以更改內容的資料型態，它是由一系列元素所組成的序列。如果現在我們要設計班上同學的成績表，班上有 50 位同學，可能需要設計 50 個變數，這是一件麻煩的事。如果學校單位要設計所有學生的資料庫，學生人數有 1000 人，需要 1000 個變數，這似乎是不可能的事。Python 的串列資料型態，可以只用一個變數，解決這方面的問題，要存取時可以用串列名稱加上索引值即可，這也是本章的主題。

相信閱讀至此章節，讀者已經對 Python 有一些基礎知識了，這章筆者也將講解簡單的物件導向 (Object Oriented) 觀念，同時教導讀者學習利用 Python 所提供的內建資源，未來將一步一步帶領讀者邁向高手之路。

6-1 認識串列 (list)

其實在其它程式語言，相類似的功能是稱陣列 (array)，例如：C 語言。不過，Python 的串列功能除了可以儲存相同資料型態，例如：整數、浮點數、字串，我們將每一筆資料稱元素。一個串列也可以儲存不同資料型態，例如：串列內同時含有整數、浮點數和字串。甚至一個串列也可以有其它串列、元組 (tuple，第 8 章內容) 或是字典 (dict，第 9 章內容) … 等當作是它的元素，因此，Python 可以工作的能力，將比其它程式語言強大。

串列可以有不同元素, 可以用索引取得串列元素內容

6-1-1　串列基本定義

定義串列的語法格式如下：

```
name_list = [ 元素 1, … , 元素 n,]          # name_list 是假設的串列名稱
```

基本上串列的每一筆資料稱元素，這些元素放在中括號[ ]內，彼此用逗號","隔開，上述元素 n 右邊的 "," 可有可無，這是 Python 設計編譯程式的人員的貼心設計，因為當元素內容資料量夠長時，我們可能會一行放置一個元素，如下所示：

```
# ch6_25_3.py
sc = [['洪錦魁', 80, 95, 88, 0],
      ['洪冰儒', 98, 97, 96, 0],
     ]
sc[0][4] = sum(sc[0][1:4])
sc[1][4] = sum(sc[1][1:4])
print(sc[0])
print(sc[1])
```

有的設計師處理每個較長的元素習慣一行放置一個元素，同時習慣元素末端加上 "," 符號，處理最後一個元素 n 時有時也習慣加上此逗號，這個觀念可以應用在 Python 的其它類似的資料結構，例如：元組 (第 8 章)、字典 (第 9 章)、集合 (第 10 章)。

如果要列印串列內容，可以用 print( ) 函數，將串列名稱當作變數名稱即可。

實例 1：NBA 球員 James 前 5 場比賽得分，分別是 23、19、22、31、18，可以用下列方式定義串列。

```
james = [23, 19, 22, 31, 18]
```

實例 2：為所銷售的水果，蘋果、香蕉、橘子建立串列，可以用下列方式定義串列。

```
fruits = ['apple', 'banana', 'orange']
```

在定義串列時，元素內容也可以使用中文。

實例 3：為所銷售的水果，蘋果、香蕉、橘子建立中文元素的串列，可以用下列方式定義串列。

```
fruits = ['蘋果', '香蕉', '橘子']
```

實例 4：串列內可以有不同的資料型態，例如：在實例 1 的 James 串列，最開始的位置，增加 1 筆元素，放他的全名。

```
James = ['Lebron James', 23, 19, 22, 31, 18]
```

程式實例 ch6_1.py：定義串列同時列印，最後使用 type( ) 列出串列資料型態。

```
# ch6_1.py
james = [23, 19, 22, 31, 18]                    # 定義james串列
print("列印james串列", james)
James = ['Lebron James',23, 19, 22, 31, 18] # 定義James串列
print("列印James串列", James)
fruits = ['apple', 'banana', 'orange']          # 定義fruits串列
print("列印fruits串列", fruits)
cfruits = ['蘋果', '香蕉', '橘子']              # 定義cfruits串列
print("列印cfruits串列", cfruits)
ielts = [5.5, 6.0, 6.5]                         # 定義IELTS成績串列
print("列印IELTS成績", ielts)
# 列出串列資料型態
print("串列james資料型態是: ",type(james))
```

執行結果

```
====================== RESTART: D:/Python/ch6/ch6_1.py ======================
列印james串列 [23, 19, 22, 31, 18]
列印James串列 ['Lebron James', 23, 19, 22, 31, 18]
列印fruits串列 ['apple', 'banana', 'orange']
列印cfruits串列 ['蘋果', '香蕉', '橘子']
列印IELTS成績 [5.5, 6.0, 6.5]
串列james資料型態是:  <class 'list'>
```

6-1-2　讀取串列元素

我們可以用串列名稱與索引讀取串列元素的內容，在 Python 中元素是從索引值 0 開始配置。所以如果是串列的第一筆元素，索引值是 0，第二筆元素索引值是 1，其它依此類推，如下所示：

```
name_list[i]                    # 讀取索引 i 的串列元素
```

程式實例 ch6_2.py：讀取串列元素的應用。

```
# ch6_2.py
james = [23, 19, 22, 31, 18]                    # 定義james串列
print("列印james第1場得分", james[0])
print("列印james第2場得分", james[1])
print("列印james第3場得分", james[2])
print("列印james第4場得分", james[3])
print("列印james第5場得分", james[4])
```

執行結果

```
====================== RESTART: D:/Python/ch6/ch6_2.py ======================
列印james第1場得分 23
列印james第2場得分 19
列印james第3場得分 22
列印james第4場得分 31
列印james第5場得分 18
```

上述程式經過第 2 行的定義後，串列索引值的觀念如下：

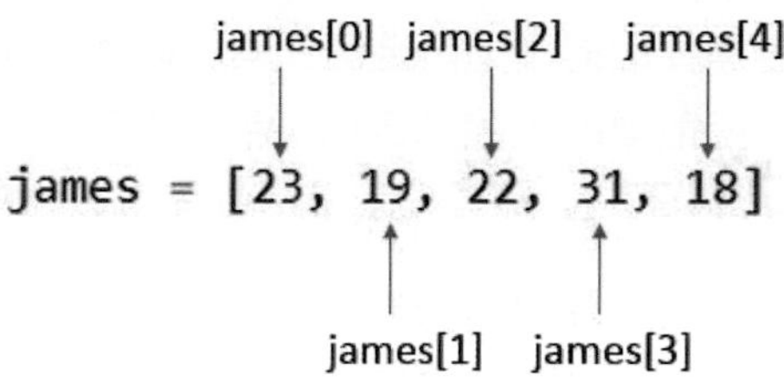

所以程式第 3 行至第 7 行，可以得到上述執行結果。其實我們也可以將 2-9 節等號多重指定觀念應用在串列。

程式實例 ch6_3.py：一個傳統處理串列元素內容方式，與 Python 多重指定觀念的應用。

```
1  # ch6_3.py
2  james = [23, 19, 22, 31, 18]                     # 定義james串列
3  # 傳統設計方式
4  game1 = james[0]
5  game2 = james[1]
6  game3 = james[2]
7  game4 = james[3]
8  game5 = james[4]
9  print("列印james各場次得分", game1, game2, game3, game4, game5)
10 # Python高手好的設計方式
11 game1, game2, game3, game4, game5 = james
12 print("列印james各場次得分", game1, game2, game3, game4, game5)
```

執行結果

```
===================== RESTART: D:/Python/ch6/ch6_3.py =====================
列印james各場次得分 23 19 22 31 18
列印james各場次得分 23 19 22 31 18
```

上述程式第 11 行讓整個 Python 設計簡潔許多，這是 Python 高手常用的程式設計方式，在上述設計中第 11 行的多重指定變數的數量需與串列元素的個數相同，否則會有錯誤產生。其實懂得用這種方式設計，才算是真正了解 Python 語言的基本精神。

- ❑ Python 風格

在處理索引時，上述程式第 4 行是好語法。

james[0]　　　　　　　　# 變數名與左中括號間沒有空格，好語法

下列是不好的語法。

james [0]　　　　　　　　# 變數名與左中括號間有空格，不好語法

6-1-3　串列切片 (list slices)

在設計程式時，常會需要取得串列前幾個元素、後幾個元素、某區間元素或是依照一定規則排序的元素，所取得的系列元素也可稱子串列，這個觀念稱串列切片 (list slices)，此時可以用下列方法。

```
name_list[start:end]        # 讀取從索引 start 到 (end-1) 索引的串列元素
name_list[:n]               # 取得串列前 n 名
name_list[:-n]              # 取得串列前面，不含最後 n 名
name_list[n:]               # 取得串列索引 n 到最後
name_list[-n:]              # 取得串列後 n 名
name[:]                     # 取得所有元素，將在 6-8-3 節解說
```

下列是讀取區間，但是用 step 作為每隔多少區間再讀取

```
name_list[start:end:step]   # 每隔 step，讀取從索引 start 到 (end-1) 索引的串列元素
```

實例 1：串列切片的應用。

```
>>> x = ['0','1','2','3','4','5','6','7','8','9']
>>> x[:3]
['0', '1', '2']
>>> x[:-3]
['0', '1', '2', '3', '4', '5', '6']
>>> x[3:]
['3', '4', '5', '6', '7', '8', '9']
>>> x[-3:]
['7', '8', '9']
```

程式實例 ch6_4.py：列出特定區間球員的得分子串列。

```
# ch6_4.py
james = [23, 19, 22, 31, 18]                    # 定義james串列
print("列印james第1-3場得分", james[0:3])
print("列印james第2-4場得分", james[1:4])
print("列印james第1,3,5場得分", james[0:6:2])
```

執行結果

```
======================= RESTART: D:/Python/ch6/ch6_4.py =======================
列印james第1-3場得分 [23, 19, 22]
列印james第2-4場得分 [19, 22, 31]
列印james第1,3,5場得分 [23, 22, 18]
```

程式實例 ch6_5.py：列出球隊前 3 名隊員、從索引 1 到最後隊員與後 3 名隊員子串列。

```
# ch6_5.py
warriors = ['Curry', 'Durant', 'Iquodala', 'Bell', 'Thompson']
first3 = warriors[:3]
print("前3名球員",first3)
n_to_last = warriors[1:]
print("球員索引1到最後",n_to_last)
last3 = warriors[-3:]
print("後3名球員",last3)
```

執行結果

```
===================== RESTART: D:/Python/ch6/ch6_5.py =====================
前3名球員 ['Curry', 'Durant', 'Iquodala']
球員索引1到最後 ['Durant', 'Iquodala', 'Bell', 'Thompson']
後3名球員 ['Iquodala', 'Bell', 'Thompson']
```

6-1-4 串列索引值是 -1

在串列使用中，如果索引值是 -1，代表是最後一個串列元素。

程式實例 ch6_6.py：串列索引值是 -1 的應用，由下列執行結果可以得到列出了各串列的最後一個元素了。

```
# ch6_6.py
warriors = ['Curry', 'Durant', 'Iquodala', 'Bell', 'Thompson']
print("最後一名球員",warriors[-1])
james = [23, 19, 22, 31, 18]
print("最後一場得分",james[-1])
mixs = [9, 20.5, 'DeepStone']
print("最後一筆元素",mixs[-1])
```

執行結果

```
===================== RESTART: D:/Python/ch6/ch6_6.py =====================
最後一名球員 Thompson
最後一場得分 18
最後一筆元素 DeepStone
```

其實在 Python 中索引 -1 代表最後 1 筆元素，-2 代表最後第 2 筆元素，其它負索引觀念可以此類推，可參考下列實例。

程式實例 ch6_7.py：使用負索引列出 warriors 串列內容。

```
# ch6_7.py
warriors = ['Curry', 'Durant', 'Iquodala', 'Bell', 'Thompson']
print(warriors[-1],warriors[-2],warriors[-3],warriors[-4],warriors[-5])
```

執行結果

```
==================== RESTART: D:/Python/ch6/ch6_7.py ====================
Thompson Bell Iquodala Durant Curry
```

6-1-5 串列統計資料、最大值 max( )、最小值 min( )、總和 sum( )

Python 有內建一些執行統計運算的函數，如果串列內容全部是數值則可以使用 max( ) 函數獲得串列的最大值，min( ) 函數可以獲得串列的最小值，sum( ) 函數可以獲得串列的總和。如果串列內容全部是字元或字串則可以使用 max( ) 函數獲得串列的 unicode 碼值的最大值，min( ) 函數可以獲得串列的 unicode 碼值最小值。sum( ) 則不可使用在串列元素為非數值情況。

程式實例 ch6_8.py：計算 james 球員 5 場的最多得分、最少得分和 5 場的得分總計。

```
# ch6_8.py
james = [23, 19, 22, 31, 18]                # 定義james的5場比賽得分
print("最高得分 = ", max(james))
print("最低得分 = ", min(james))
print("得分總計 = ", sum(james))
```

執行結果

```
==================== RESTART: D:/Python/ch6/ch6_8.py ====================
最高得分 =  31
最低得分 =  18
得分總計 =  113
```

上述我們很快的獲得了統計資訊，各位可能會想，如果我們在串列內含有字串，例如：程式實例 ch6_1.py 的 James 串列，這個串列索引 0 元素是字串，如果這時仍然直接用 max(James) 會有錯誤的。

```
>>> James = ['Lebron James', 23, 19, 22, 31, 18]
>>> x = max(James)
Traceback (most recent call last):
  File "<pyshell#83>", line 1, in <module>
    x = max(James)
TypeError: '>' not supported between instances of 'int' and 'str'
>>>
```

碰上這類的字串我們可以使用 6-1-3 節方式，用切片方式處理，如下所示。

程式實例 ch6_9.py：重新設計 ch6_8.py，但是使用含字串元素的 James 串列。

```
# ch6_9.py
James = ['Lebron James', 23, 19, 22, 31, 18] # 定義james的5場比賽得分
print("最高得分 = ", max(James[1:6]))
print("最低得分 = ", min(James[1:6]))
print("得分總計 = ", sum(James[1:6]))
```

執行結果

```
==================== RESTART: D:/Python/ch6/ch6_9.py ====================
最高得分 =  31
最低得分 =  18
得分總計 =  113
```

6-1-6 串列個數 len( )

程式設計時，可能會增加元素，也有可能會刪除元素，時間久了即使是程式設計師也無法得知串列內剩餘多少元素，此時可以借用本小節的的 len( ) 函數，這個函數可以獲得串列的元素個數。

程式實例 ch6_10.py：重新設計 ch6_8.py，獲得場次數據。

```
# ch6_10.py
james = [23, 19, 22, 31, 18]          # 定義james的5場比賽得分
games = len(james)                    # 獲得場次數據
print("經過 %d 場比賽最高得分 = " % games, max(james))
print("經過 %d 場比賽最低得分 = " % games, min(james))
print("經過 %d 場比賽得分總計 = " % games, sum(james))
```

執行結果

```
==================== RESTART: D:\Python\ch6\ch6_10.py ====================
經過 5 場比賽最高得分 =  31
經過 5 場比賽最低得分 =  18
經過 5 場比賽得分總計 =  113
```

6-1-7 更改串列元素的內容

可以使用串列名稱和索引值更改串列元素的內容。

程式實例 ch6_11.py：修改 James 第 5 場比賽分數。

```
# ch6_11.py
james = [23, 19, 22, 31, 18]          # 定義james的5場比賽得分
print("舊的James比賽分數", james)
james[4] = 28
print("新的James比賽分數", james)
```

執行結果

```
==================== RESTART: D:/Python/ch6/ch6_11.py ====================
舊的James比賽分數 [23, 19, 22, 31, 18]
新的James比賽分數 [23, 19, 22, 31, 28]
```

這個觀念可以用在更改整數資料也可以修改字串資料。

程式實例 ch6_12.py：一家汽車經銷商原本可以銷售 Toyota、Nissan、Honda，現在 Nissan 銷售權被回收，改成銷售 Ford，可用下列方式設計銷售品牌。

```
# ch6_12.py
cars = ['Toyota', 'Nissan', 'Honda']
print("舊汽車銷售品牌", cars)
cars[1] = 'Ford'                # 更改第二筆元素內容
print("新汽車銷售品牌", cars)
```

執行結果

```
===================== RESTART: D:/Python/ch6/ch6_12.py =====================
舊汽車銷售品牌 ['Toyota', 'Nissan', 'Honda']
新汽車銷售品牌 ['Toyota', 'Ford', 'Honda']
```

6-1-8 串列的相加

Python 是允許串列相加，相當於將串列結合。

程式實例 ch6_13.py：一家汽車經銷商原本可以銷售 Toyota、Nissan、Honda，現在併購一家銷售 Audi、BMW 的經銷商，可用下列方式設計銷售品牌。

```
# ch6_13.py
cars1 = ['Toyota', 'Nissan', 'Honda']
print("舊汽車銷售品牌", cars1)
cars2 = ['Audi', 'BMW']
cars1 += cars2
print("新汽車銷售品牌", cars1)
```

執行結果

```
===================== RESTART: D:/Python/ch6/ch6_13.py =====================
舊汽車銷售品牌 ['Toyota', 'Nissan', 'Honda']
新汽車銷售品牌 ['Toyota', 'Nissan', 'Honda', 'Audi', 'BMW']
```

程式實例 ch6_14.py：整數串列相加的實例。

```
# ch6_14.py
num1 = [1, 3, 5]
num2 = [2, 4, 6]
num3 = num1 + num2              # 字串為主的串列相加
print(num3)
```

執行結果

```
===================== RESTART: D:/Python/ch6/ch6_14.py =====================
[1, 3, 5, 2, 4, 6]
```

6-1-9 串列乘以一個數字

如果將串列乘以一個數字，這個數字相當於是串列元素重複次數。

程式實例 ch6_15.py：將串列乘以數字的應用。

```
1  # ch6_15.py
2  cars = ['toyota', 'nissan', 'honda']
3  nums = [1, 3, 5]
4  carslist = cars * 3          # 串列乘以數字
5  print(carslist)
6  numslist = nums * 5          # 串列乘以數字
7  print(numslist)
```

執行結果

```
==================== RESTART: D:/Python/ch6/ch6_15.py ====================
['toyota', 'nissan', 'honda', 'toyota', 'nissan', 'honda', 'toyota', 'nissan',
 'honda']
[1, 3, 5, 1, 3, 5, 1, 3, 5, 1, 3, 5, 1, 3, 5]
```

註 Python 的串列不支援串列加上數字，例如：第 6 行改成下列所示：

numslist = nums + 5　　　　　# 串列加上數字將造成錯誤

6-1-10 串列元素的加法運作

既然我們可以讀取串列內容，其實就可以使用相同的觀念操作串列內的元素資料。

程式實例 ch6_16.py：建立 Lebron James 和 Kevin Love 在比賽的得分串列，然後利用串列元素加法運作，列出 2 個人在第四場比賽的得分總和。

```
1  # ch6_16.py
2  James = ['Lebron James',23, 19, 22, 31, 18] # 定義James串列
3  Love = ['Kevin Love',20, 18, 30, 22, 15]    # 定義Love串列
4  game3 = James[4] + Love[4]
5  LKgame = James[0] + ' 和 ' + Love[0] + '第四場總得分 = '
6  print(LKgame, game3)
```

執行結果

```
==================== RESTART: D:/Python/ch6/ch6_16.py ====================
Lebron James 和 Kevin Love第四場總得分 =  53
```

需注意是由第 2 行串列定義可知，James[0] 是指 "Lebron James'，James[1] 是第 1 場得分 23，所以 James[4] 是第 4 場得分 31。第 3 行 Love 串列觀念相同。上述第 5 行是整數和字串相加，相當於產生新字串。

6-1-11　刪除串列元素

可以使用下列方式刪除指定索引的串列元素：

del name_list[i]　　　　　　　# 刪除索引 i 的串列元素

下列是刪除串列區間元素。

del name_list[start:end]　　　# 刪除從索引 start 到 (end-1) 索引的串列元素

下列是刪除區間，但是用 step 作為每隔多少區間再刪除。

del name_list[start:end:step]　# 每隔 step，刪除從索引 start 到 (end-1) 索引的 串列元素

程式實例 ch6_17.py：如果 NBA 勇士隊主將陣容有 5 名，其中一名隊員 Bell 離隊了，可用下列方式設計。

```
# ch6_17.py
warriors = ['Curry', 'Durant', 'Iquodala', 'Bell', 'Thompson']
print("2018年初NBA勇士隊主將陣容", warriors)
del warriors[3]                        # 不明原因離隊
print("2018年末NBA勇士隊主將陣容", warriors)
```

執行結果

```
====================== RESTART: D:/Python/ch6/ch6_17.py ======================
2018年初NBA勇士隊主將陣容 ['Curry', 'Durant', 'Iquodala', 'Bell', 'Thompson']
2018年末NBA勇士隊主將陣容 ['Curry', 'Durant', 'Iquodala', 'Thompson']
```

程式實例 ch6_18.py：刪除串列元素的應用。

```
# ch6_18.py
nums1 = [1, 3, 5]
print("刪除nums1串列索引1元素前    = ",nums1)
del nums1[1]
print("刪除nums1串列索引1元素後    = ",nums1)
nums2 = [1, 2, 3, 4, 5, 6]
print("刪除nums2串列索引[0:2]前    = ",nums2)
del nums2[0:2]
print("刪除nums2串列索引[0:2]後    = ",nums2)
nums3 = [1, 2, 3, 4, 5, 6]
print("刪除nums3串列索引[0:6:2]前 = ",nums3)
del nums3[0:6:2]
print("刪除nums3串列索引[0:6:2]後 = ",nums3)
```

執行結果

```
======================= RESTART: D:/Python/ch6/ch6_18.py =======================
刪除nums1串列索引1元素前   =  [1, 3, 5]
刪除nums1串列索引1元素後   =  [1, 5]
刪除nums2串列索引[0:2]前   =  [1, 2, 3, 4, 5, 6]
刪除nums2串列索引[0:2]後   =  [3, 4, 5, 6]
刪除nums3串列索引[0:6:2]前 =  [1, 2, 3, 4, 5, 6]
刪除nums3串列索引[0:6:2]後 =  [2, 4, 6]
```

以這種方式刪除串列元素最大的缺點是，元素刪除後我們無法得知刪除的是什麼內容。有時我們設計網站時，可能想將某個人從 VIP 客戶降為一般客戶，採用上述方式刪除元素時，我們就無法再度取得所刪除的元素資料，未來筆者在 6-4-3 節會介紹另一種方式刪除資料，刪除後我們還可善加利用所刪除的資料。又或者你設計一個遊戲，敵人是放在串列內，採用上述方式刪除所殺死的敵人時，我們就無法再度取得所刪除的敵人元素資料，如果我們可以取得的話，可以在殺死敵人座標位置也許放置慶祝動畫 … 等。

6-1-12 串列為空串列的判斷

如果想建立一個串列，可是暫時不放置元素，可使用下列方式宣告。

```
name_list = [ ]                              # 這是空的串列
```

程式實例 ch6_19.py：刪除串列元素的應用，這個程式基本上會用 len( ) 函數判斷串列內是否有元素資料，如果有則刪除索引為 0 的元素，如果沒有則列出串列內沒有元素了。

```
# ch6_19.py
cars = ['Toyota', 'Nissan', 'Honda']
print("cars串列長度是 = %d" %  len(cars))
if len(cars) != 0:
    del cars[0]
    print("刪除cars串列元素成功")
    print("cars串列長度是 = %d" % len(cars))
else:
    print("cars串列內沒有元素資料")
nums = []
print("nums串列長度是 = %d" % len(nums))
if len(nums) != 0:
    del nums[0]
    print("刪除nums串列元素成功")
else:
    print("nums串列內沒有元素資料")
```

執行結果

```
===================== RESTART: D:/Python/ch6/ch6_19.py =====================
cars串列長度是 = 3
刪除cars串列元素成功
cars串列長度是 = 2
nums串列長度是 = 0
nums串列內沒有元素資料
```

6-1-13　刪除串列

Python 也允許我們刪除整個串列，串列一經刪除後就無法復原，同時也無法做任何操作了，下列是刪除串列的方式：

```
del name_list                                    # 刪除串列 name_list
```

實例 1：建立串列、列印串列、刪除串列，然後嘗試再度列印串列結果出現錯誤訊息，因為串列經刪除後已經不存在了。

```
>>> x = [1,2,3]
>>> print(x)
[1, 2, 3]
>>> del x
>>> print(x)
Traceback (most recent call last):
  File "<pyshell#25>", line 1, in <module>
    print(x)
NameError: name 'x' is not defined
>>>
```

6-1-14　補充多重指定與串列

在多重指定中，如果等號左邊的變數較少，可以用 "* 變數 " 方式，將多餘的右邊內容用串列方式打包給含 "*" 的變數。

實例 1：將多的內容打包給 c。

```
>>> a, b, *c = 1, 2, 3, 4, 5
>>> print(a, b, c)
1 2 [3, 4, 5]
```

變數內容打包時，不一定要在最右邊，可以在任意位置。

實例 2：將多的內容打包給 b。

```
>>> a, *b, c = 1, 2, 3, 4, 5
>>> print(a, b, c)
1 [2, 3, 4] 5
```

6-2 Python 簡單的物件導向觀念

在物件導向的程式設計 (Object Oriented Programming) 觀念裡，所有資料皆算是一個物件 (Object)，例如，整數、浮點數、字串或是本章所提的串列皆是一個物件。我們可以為所建立的物件設計一些方法 (method)，供這些物件使用，在這裡所提的方法表面是函數，但是這函數是放在類別 (第 12 章會介紹類別) 內，我們稱之為方法，它與函數呼叫方式不同。目前 Python 有為一些基本物件，提供預設的方法，要使用這些方法可以在物件後先放小數點，再放方法名稱，基本語法格式如下：

物件 . 方法 ( )

下列是字串常用的方法：

- lower( )：將字串轉成小寫字。(6-2-1 節)
- upper( )：將字串轉成大寫字。(6-2-1 節)
- title( )：將字串轉成第一個字母大寫，其它是小寫。(6-2-1 節)
- swapcase( )：將字串所有大寫改小寫，所有小寫改大寫。(6-2-1 節)
- rstrip( )：刪除字串尾端多餘的空白。(6-2-2 節)
- lstrip( )：刪除字串開始端多餘的空白。(6-2-2 節)
- strip( )：刪除字串頭尾兩邊多餘的空白。(6-2-2 節)
- center( )：字串在指定寬度置中對齊。(6-2-3 節)
- rjust( ) ：字串在指定寬度靠右對齊。(6-2-3 節)
- ljust( )：字串在指定寬度靠左對齊。(6-2-3 節)
- zfill( )：可以設定字串長度，原字串靠右對齊，左邊多餘空間補 0。(6-2-3 節)

下列將分成幾個小節一步一步以實例說明。

6-2-1 更改字串大小寫 lower( )/upper( )/title( )/swapcase( )

如果串列內的元素字串資料是小寫，例如：輸出的車輛名稱是 "benz"，其實我們可以使用前一小節的 title( ) 讓車輛名稱的第一個字母大寫，可能會更好。

程式實例 ch6_20.py：將 upper( ) 和 title( ) 應用在字串。

```
1  # ch6_20.py
2  cars = ['bmw', 'benz', 'audi']
3  carF = "我開的第一部車是 " + cars[1].title( )
4  carN = "我現在開的車子是 " + cars[0].upper( )
5  print(carF)
6  print(carN)
```

執行結果

```
==================== RESTART: D:/Python/ch6/ch6_20.py ====================
我開的第一部車是 Benz
我現在開的車子是 BMW
```

上述第 3 行是將 benz 改為 Benz，第 4 行是將 bmw 改為 BMW。下列是使用 lower( ) 將字串改為小寫的實例。

```
>>> x = 'ABC'
>>> x.lower( )
'abc'
```

使用 title( ) 時需留意，如果字串內含多個單字，所有的單字均是第一個字母大寫。

```
>>> x = "i love python"
>>> x.title()
'I Love Python'
```

下列是 swapcase( ) 的實例。

```
>>> x = 'DeepMind'
>>> x.swapcase( )
'dEEPmIND'
```

6-2-2　刪除空白字元 rstrip( )/lstrip( )/strip( )

刪除字串開始或結尾多餘空白是一個很好用的方法 (method)，特別是系統要求讀者輸入資料時，一定會有人不小心多輸入了一些空白字元，此時可以用這個方法刪除多餘的空白。

程式實例 ch6_21.py：刪除開始端與結尾端多餘空白的應用。

```
# ch6_21.py
strN = " DeepStone "
strL = strN.lstrip( )          # 刪除字串左邊多餘空白
strR = strN.rstrip( )          # 刪除字串右邊多餘空白
strB = strN.lstrip( )          # 先刪除字串左邊多餘空白
strB = strB.rstrip( )          # 再刪除字串右邊多餘空白
strO = strN.strip( )           # 一次刪除頭尾端多餘空白
print("/%s/" % strN)
print("/%s/" % strL)
print("/%s/" % strR)
print("/%s/" % strB)
print("/%s/" % strO)
```

執行結果

```
==================== RESTART: D:/Python/ch6/ch6_21.py ====================
/ DeepStone /
/DeepStone /
/ DeepStone/
/DeepStone/
/DeepStone/
```

刪除前後空白字元常常應用在讀取螢幕輸入，除了上述，下列將用實例說明整個影響。

程式實例 ch6_22.py：沒有使用 strip( ) 與有使用 strip( ) 方法處理讀取字串的觀察。

```
# ch6_22.py
string = input("請輸入名字 : ")
print("/%s/" % string)
string = input("請輸入名字 : ")
print("/%s/" % string.strip())
```

執行結果 下列是筆者第一筆資料的輸入，同時不使用 strip( ) 方法。

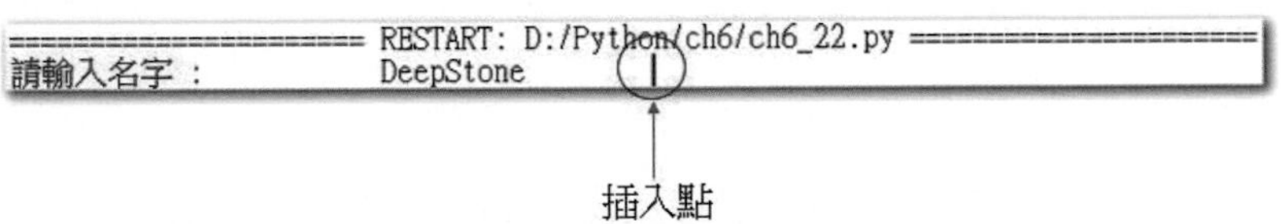

上述按 Enter 鍵後可以得到下列輸出。

```
==================== RESTART: D:/Python/ch6/ch6_22.py ====================
請輸入名字 :          DeepStone
/          DeepStone          /
請輸入名字 :
```

下列是筆者第 2 筆資料的輸入，有使用 strip( ) 方法。

```
==================== RESTART: D:/Python/ch6/ch6_22.py ====================
請輸入名字 :         DeepStone
/        DeepStone        /
請輸入名字 :         DeepStone
```

插入點

上述按 Enter 鍵後可以得到下列輸出。

```
==================== RESTART: D:/Python/ch6/ch6_22.py ====================
請輸入名字 :         DeepStone
/        DeepStone        /
請輸入名字 :         DeepStone
/DeepStone/
```

Python 是一個可以活用的程式語言，下列是使用 input( ) 函數時，直接呼叫 strip( ) 和 title( ) 方法的實例。

程式實例 ch6_22_1.py：活用 Python 的應用。

```
# ch6_22_1.py
string = input("請輸入英文名字 : ")
print("/%s/" % string)
string = input("請輸入英文名字 : ").strip()
print("/%s/" % string)
string = input("請輸入英文名字 : ").strip().title()
print("/%s/" % string)
```

執行結果

```
==================== RESTART: D:/Python/ch6/ch6_22_1.py ====================
請輸入英文名字 : peter
/peter/
請輸入英文名字 :     peter
/peter/
請輸入英文名字 :          peter
/Peter/
```

6-2-3　格式化字串位置 center( )/ljust( )/rjust( )/zfill( )

這幾個算是格式化字串功能，我們可以給一定的字串長度空間，然後可以看到字串分別置中 (center)、靠左 (ljust)、靠右 rjust( ) 對齊。

程式實例 ch6_23.py：格式化字串位置的應用。

```
# ch6_23.py
title = "Ming-Chi Institute of Technology"
print("/%s/" % title.center(50))
dt = "Department of ME"
```

```
print("/%s/" % dt.ljust(50))
site = "JK Hung"
print("/%s/" % site.rjust(50))
print("/%s/" % title.zfill(50))
```

執行結果

```
===================== RESTART: D:\Python\ch6\ch6_23.py =====================
/         Ming-Chi  Institute of Technology         /
/Department of ME                                   /
/                                            JK Hung/
/000000000000000000Ming-Chi  Institute of Technology/
```

6-2-4 islower()/isupper()/isdigit()/isalpha()

實例 1：列出字串是否全部小寫？是否全部大寫？是否全部數字組成？是否全部英文字母組成？

```
>>> s = 'abc'
>>> s.isupper()
False
>>> s.islower()
True
>>> s.isdigit()
False
>>> n = '123'
>>> n.isdigit()
True
>>> s.isalpha()
True
>>> n.isalpha()
False
```

留意，上述必須全部符合才會傳回 True，否則傳回 False，可參考下列實例。

```
>>> s = 'Abc'
>>> s.isupper()
False
>>> s.islower()
False
```

6-2-5 dir( ) 獲得系統內建物件的方法

6-2 節筆者列舉了字串常用的方法 (method)，dir( ) 函數可以列出物件有那些內建的方法可以使用。

實例 1：列出字串物件的方法，處理方式是可以先設定一個字串變數，再將此字串變數當作 dir( ) 的參數，最後列出此字串變數的方法 (method)。

```
>>> string = 'abc'
>>> dir(string)
['__add__', '__class__', '__contains__', '__delattr__', '__dir__', '__doc__',
'__eq__', '__format__', '__ge__', '__getattribute__', '__getitem__', '__getnew
args__', '__gt__', '__hash__', '__init__', '__init_subclass__', '__iter__', '_
_le__', '__len__', '__lt__', '__mod__', '__mul__', '__ne__', '__new__', '__red
uce__', '__reduce_ex__', '__repr__', '__rmod__', '__rmul__', '__setattr__', '_
_sizeof__', '__str__', '__subclasshook__', 'capitalize', 'casefold', 'center',
'count', 'encode', 'endswith', 'expandtabs', 'find', 'format', 'format_map',
'index', 'isalnum', 'isalpha', 'isascii', 'isdecimal', 'isdigit', 'isidentifie
r', 'islower', 'isnumeric', 'isprintable', 'isspace', 'istitle', 'isupper', 'j
oin', 'ljust', 'lower', 'lstrip', 'maketrans', 'partition', 'replace', 'rfind'
, 'rindex', 'rjust', 'rpartition', 'rsplit', 'rstrip', 'split', 'splitlines',
'startswith', 'strip', 'swapcase', 'title', 'translate', 'upper', 'zfill']
```

其實上述設定了 string='abc'，Python 內部已經建立了一個資料結構供變數 string 使用，同時設定了內容是字串 'abc'，接著 Python 將資料結構調整為字串資料結構，所以我們使用 dir(string) 時，會列出適用字串使用的方法。

上述有圈起來的，筆者在前幾小節已有解說。看到上述密密麻麻的方法，不用緊張，也不用想要一次學會，需要時再學即可。如果想要了解上述特定方法可以使用 4-1 節所介紹的 help( ) 函數，可以用下列方式：

help(物件 . 方法名稱)

實例 2：延續前一個實例，列出物件 string，內建的 islower 的使用說明，同時以 string 物件為例，測試使用結果。

```
>>> help(string.islower)
Help on built-in function islower:

islower(...) method of builtins.str instance
    S.islower() -> bool

    Return True if all cased characters in S are lowercase and there is
    at least one cased character in S, False otherwise.

>>> x = string.islower( )
>>> print(x)
True
>>>
```

由上述說明可知，islower( ) 可以傳回物件是否是小寫，如果物件全部是小寫或是至少有一個字元是小寫將傳回 True，否則傳回 False。在上述實例，由於 string 物件的內容是 "abc"，全部是小寫，所以傳回 True。

上述觀念同樣可以應用在查詢整數物件的方法。

實例 3：列出整數物件的方法，同樣可以先設定一個整數變數，再列出此整數變數的方法 (method)。

```
>>> num = 5
>>> dir(num)
['__abs__', '__add__', '__and__', '__bool__', '__ceil__', '__class__', '__delattr__',
'__dir__', '__divmod__', '__doc__', '__eq__', '__float__', '__floor__', '__floordiv__
', '__format__', '__ge__', '__getattribute__', '__getnewargs__', '__gt__', '__hash__'
, '__index__', '__init__', '__init_subclass__', '__int__', '__invert__', '__le__', '_
_lshift__', '__lt__', '__mod__', '__mul__', '__ne__', '__neg__', '__new__', '__or__',
'__pos__', '__pow__', '__radd__', '__rand__', '__rdivmod__', '__reduce__', '__reduce_
ex__', '__repr__', '__rfloordiv__', '__rlshift__', '__rmod__', '__rmul__', '__ror__',
'__round__', '__rpow__', '__rrshift__', '__rshift__', '__rsub__', '__rtruediv__', '__
rxor__', '__setattr__', '__sizeof__', '__str__', '__sub__', '__subclasshook__', '__tr
uediv__', '__trunc__', '__xor__', 'bit_length', 'conjugate', 'denominator', 'from_byt
es', 'imag', 'numerator', 'real', 'to_bytes']
>>>
```

上述 bit_length 是可以計算出要多少位元以 2 進位方式儲存此變數。

實例 4：列出需要多少位元，儲存整數變數 num。

```
>>> num = 5
>>> y = num.bit_length()
>>> y
3
>>> num = 31
>>> y = num.bit_length()
>>> y
5
```

6-3 獲得串列的方法

這節重點是串列，我們可以使用 dir([]) 獲得可以使用串列的方法。

實例 1：列出內建串列 (list) 的方法。

```
>>> dir([])
['__add__', '__class__', '__contains__', '__delattr__', '__delitem__', '__dir__', '
__doc__', '__eq__', '__format__', '__ge__', '__getattribute__', '__getitem__', '__g
t__', '__hash__', '__iadd__', '__imul__', '__init__', '__init_subclass__', '__iter_
_', '__le__', '__len__', '__lt__', '__mul__', '__ne__', '__new__', '__reduce__', '_
_reduce_ex__', '__repr__', '__reversed__', '__rmul__', '__setattr__', '__setitem__'
, '__sizeof__', '__str__', '__subclasshook__', 'append', 'clear', 'copy', 'count',
'extend', 'index', 'insert', 'pop', 'remove', 'reverse', 'sort']
```

上述實例的重點是我們可以使用 dir([]) 了解有那些串列的方法可以使用。

6-4 增加與刪除串列元素

6-4-1 在串列末端增加元素 append( )

程式設計時常常會發生需要增加串列元素的情況，如果目前元素個數是 3 個，如果想要增加第 4 個元素，讀者可能會想可否使用下列傳統方式，直接設定新增的值：

name_list[3] = value

實例 1：使用索引方式，為串列增加元素，但是發生索引值超過串列長度的錯誤。

```
>>> car = ['Honda', 'Toyata', 'Ford']
>>> print(car)
['Honda', 'Toyata', 'Ford']
>>> car[3] = 'Nissan'
Traceback (most recent call last):
  File "<pyshell#31>", line 1, in <module>
    car[3] = 'Nissan'
IndexError: list assignment index out of range
>>>
```

讀者可能會想可以增加一個新串列，將欲新增的元素放在新串列，然後再將原先串列與新串列相加，就達到增加串列元素的目的了。這個方法理論是可以，可是太麻煩了。Python 為串列內建了新增元素的方法 append( )，這個方法可以在串列末端直接增加元素。

name_list.append(' 新增元素 ')

程式實例 ch6_24.py：先建立一個空串列，然後分別使用 append( ) 增加 3 筆元素內容。

```
# ch6_24.py
cars = []
print("目前串列內容 = ",cars)
cars.append('Honda')
print("目前串列內容 = ",cars)
cars.append('Toyota')
print("目前串列內容 = ",cars)
cars.append('Ford')
print("目前串列內容 = ",cars)
```

執行結果

```
==================== RESTART: D:/Python/ch6/ch6_24.py ====================
目前串列內容 =  []
目前串列內容 =  ['Honda']
目前串列內容 =  ['Honda', 'Toyota']
目前串列內容 =  ['Honda', 'Toyota', 'Ford']
```

6-4-2 插入串列元素 insert( )

append( ) 方法是固定在串列末端插入元素，insert( ) 方法則是可以在任意位置插入元素，它的使用格式如下：

insert(索引 , 元素內容) # 索引是插入位置，元素內容是插入內容

程式實例 ch6_25.py：使用 insert( ) 插入串列元素的應用。

```python
# ch6_25.py
cars = ['Honda','Toyota','Ford']
print("目前串列內容 = ",cars)
print("在索引1位置插入Nissan")
cars.insert(1,'Nissan')
print("新的串列內容 = ",cars)
print("在索引0位置插入BMW")
cars.insert(0,'BMW')
print("最新串列內容 = ",cars)
```

執行結果

```
===================== RESTART: D:/Python/ch6/ch6_25.py =====================
目前串列內容 =  ['Honda', 'Toyota', 'Ford']
在索引1位置插入Nissan
新的串列內容 =  ['Honda', 'Nissan', 'Toyota', 'Ford']
在索引0位置插入BMW
最新串列內容 =  ['BMW', 'Honda', 'Nissan', 'Toyota', 'Ford']
```

6-4-3 刪除串列元素 pop( )

6-1-11 節筆者有介紹使用 del 刪除串列元素，在該節筆者同時指出最大缺點是，資料刪除了就無法取得相關資訊。使用 pop( ) 方法刪除元素最大的優點是，刪除後將傳回所刪除的值，使用 pop( ) 時若是未指明所刪除元素的位置，一律刪除串列末端的元素。pop( ) 的使用方式如下：

value = name_list.pop( )　　# 沒有索引是刪除串列末端元素
value = name_list.pop(i)　　# 是刪除指定索引值 i 位置的串列元素

程式實例 ch6_26.py：使用 pop( ) 刪除串列元素的應用，這個程式第 5 行未指明刪除的索引值，所以刪除了串列的最後一個元素。程式第 9 行則是指明刪除索引為 1 位置的元素。

```
# ch6_26.py
cars = ['Honda','Toyota','Ford','BMW']
print("目前串列內容 = ",cars)
print("使用pop( )刪除串列元素")
popped_car = cars.pop( )            # 刪除串列末端值
print("所刪除的串列內容是 : ", popped_car)
print("新的串列內容 = ",cars)
print("使用pop(1)刪除串列元素")
popped_car = cars.pop(1)            # 刪除串列索引為1的值
print("所刪除的串列內容是 : ", popped_car)
print("新的串列內容 = ",cars)
```

執行結果

```
==================== RESTART: D:/Python/ch6/ch6_26.py ====================
目前串列內容 =  ['Honda', 'Toyota', 'Ford', 'BMW']
使用pop( )刪除串列元素
所刪除的串列內容是 :  BMW
新的串列內容 =  ['Honda', 'Toyota', 'Ford']
使用pop(1)刪除串列元素
所刪除的串列內容是 :  Toyota
新的串列內容 =  ['Honda', 'Ford']
```

6-4-4 刪除指定的元素 remove( )

在刪除串列元素時，有時可能不知道元素在串列內的位置，此時可以使用 remove( ) 方法刪除指定的元素，它的使用方式如下：

name_list.remove(想刪除的元素內容)

如果串列內有相同的元素，則只刪除第一個出現的元素，如果想要刪除所有相同的元素，必須使用迴圈，下一章將會講解迴圈的觀念。

程式實例 ch6_27.py：刪除串列中第一次出現的元素 bmw，這個串列有 2 筆 bmw 字串，最後只刪除索引為 1 位置的 bmw 字串。。

```
# ch6_27.py
cars = ['Honda','bmw','Toyota','Ford','bmw']
print("目前串列內容 = ",cars)
print("使用remove( )刪除串列元素")
expensive = 'bmw'
cars.remove(expensive)              # 刪除第一次出現的元素bmw
print("所刪除的內容是: " + expensive.upper( ) + " 因為太貴了" )
print("新的串列內容",cars)
```

執行結果

```
==================== RESTART: D:/Python/ch6/ch6_27.py ====================
目前串列內容 =  ['Honda', 'bmw', 'Toyota', 'Ford', 'bmw']
使用remove( )刪除串列元素
所刪除的內容是: BMW 因為太貴了
新的串列內容 ['Honda', 'Toyota', 'Ford', 'bmw']
```

6-5 串列的排序

6-5-1 顛倒排序 reverse( )

reverse( ) 可以顛倒排序串列元素，它的使用方式如下：

name_list.reverse( )　　　　# 顛倒排序 name_list 串列元素

串列經顛倒排放後，就算永久性更改了，如果要復原，可以再執行一次 reverse( ) 方法。

其實在 6-1-3 節的切片應用中，也可以用 [::-1] 方式取得串列顛倒排序，這個方式回傳回新的顛倒排序串列，原串列順序未改變。

程式實例 ch6_28.py：使用 2 種方式執行顛倒排序串列元素。

```
# ch6_28.py
cars = ['Honda','bmw','Toyota','Ford','bmw']
print("目前串列內容 = ",cars)
# 直接列印cars[::-1]顛倒排序,不更改串列內容
print("列印使用[::-1]顛倒排序\n", cars[::-1])
# 更改串列內容
print("使用reverse( )顛倒排序串列元素")
cars.reverse( )                  # 顛倒排序串列
print("新的串列內容 = ",cars)
```

執行結果

```
====================== RESTART: D:/Python/ch6/ch6_28.py ======================
目前串列內容 =  ['Honda', 'bmw', 'Toyota', 'Ford', 'bmw']
列印使用[::-1]顛倒排序
 ['bmw', 'Ford', 'Toyota', 'bmw', 'Honda']
使用reverse( )顛倒排序串列元素
新的串列內容 =  ['bmw', 'Ford', 'Toyota', 'bmw', 'Honda']
```

6-5-2 sort( ) 排序

sort( ) 方法可以對串列元素由小到大排序，這個方法可以同時對純數值元素與純英文字串元素有非常好的效果。要留意的是，經排序後原串列的元素順序會被永久更改。它的使用格式如下：

name_list.sort( )　　　　# 由小到大排序 name_list 串列

如果是排序英文字串，建議先將字串英文字元全部改成小寫或全部改成大寫。

程式實例 ch6_29.py：數字與英文字串元素排序的應用。

```
# ch6_29.py
cars = ['honda','bmw','toyota','ford']
print("目前串列內容 = ",cars)
print("使用sort( )由小排到大")
cars.sort( )
print("排序串列結果 = ",cars)
nums = [5, 3, 9, 2]
print("目前串列內容 = ",nums)
print("使用sort( )由小排到大")
nums.sort( )
print("排序串列結果 = ",nums)
```

執行結果

```
====================== RESTART: D:/Python/ch6/ch6_29.py ======================
目前串列內容 =  ['honda', 'bmw', 'toyota', 'ford']
使用sort( )由小排到大
排序串列結果 =  ['bmw', 'ford', 'honda', 'toyota']
目前串列內容 =  [5, 3, 9, 2]
使用sort( )由小排到大
排序串列結果 =  [2, 3, 5, 9]
```

上述內容是由小排到大，sort( ) 方法是允許由大排到小，只要在 sort( ) 內增加參數 "reverse=True" 即可。

程式實例 ch6_30.py：重新設計 ch6_29.py，將串列元素由大排到小。

```
# ch6_30.py
cars = ['honda','bmw','toyota','ford']
print("目前串列內容 = ",cars)
print("使用sort( )由大排到小")
cars.sort(reverse=True)
print("排序串列結果 = ",cars)
nums = [5, 3, 9, 2]
print("目前串列內容 = ",nums)
print("使用sort( )由大排到小")
nums.sort(reverse=True)
print("排序串列結果 = ",nums)
```

執行結果

```
====================== RESTART: D:/Python/ch6/ch6_30.py ======================
目前串列內容 =  ['honda', 'bmw', 'toyota', 'ford']
使用sort( )由大排到小
排序串列結果 =  ['toyota', 'honda', 'ford', 'bmw']
目前串列內容 =  [5, 3, 9, 2]
使用sort( )由大排到小
排序串列結果 =  [9, 5, 3, 2]
```

6-5-3 sorted( ) 排序

前一小節的 sort( ) 排序將造成串列元素順序永久更改，如果你不希望更改串列元素順序，可以使用另一種排序 sorted( )，使用這個排序可以獲得想要的排序結果，我們可以用新串列儲存新的排序串列，同時原先串列的順序將不更改。它的使用格式如下：

```
new_list = sorted(name_list)            # 用新串列儲存排序，原串列序列不更改
```

程式實例 ch6_31.py：sorted( ) 排序的應用，這個程式使用 car_sorted 新串列儲存 car 串列的排序結果，同時使用 num_sorted 新串列儲存 num 串列的排序結果。

```python
# ch6_31.py
cars = ['honda','bmw','toyota','ford']
print("目前串列car內容 = ",cars)
print("使用sorted( )由小排到大")
cars_sorted = sorted(cars)
print("排序串列結果 = ",cars_sorted)
print("原先串列car內容 = ",cars)
nums = [5, 3, 9, 2]
print("目前串列num內容 = ",nums)
print("使用sorted( )由小排到大")
nums_sorted = sorted(nums)
print("排序串列結果 = ",nums_sorted)
print("原先串列num內容 = ",nums)
```

執行結果

```
===================== RESTART: D:/Python/ch6/ch6_31.py =====================
目前串列car內容 =  ['honda', 'bmw', 'toyota', 'ford']
使用sorted( )由小排到大
排序串列結果 =  ['bmw', 'ford', 'honda', 'toyota']
原先串列car內容 =  ['honda', 'bmw', 'toyota', 'ford']
目前串列num內容 =  [5, 3, 9, 2]
使用sorted( )由小排到大
排序串列結果 =  [2, 3, 5, 9]
原先串列num內容 =  [5, 3, 9, 2]
```

如果我們想要從大排到小，可以在 sorted( ) 內增加參數 "reverse=True"，可參考下列實例第 5 和 11 行。

程式實例 ch6_32.py：重新設計 ch6_31.py，將串列由大排到小。

```python
1  # ch6_32.py
2  cars = ['honda','bmw','toyota','ford']
3  print("目前串列car內容 = ",cars)
4  print("使用sorted( )由大排到小")
5  cars_sorted = sorted(cars,reverse=True)
6  print("排序串列結果     = ",cars_sorted)
7  print("原先串列car內容 = ",cars)
8  nums = [5, 3, 9, 2]
```

```
print("目前串列num內容 = ",nums)
print("使用sorted( )由大排到小")
nums_sorted = sorted(nums,reverse=True)
print("排序串列結果     = ",nums_sorted)
print("原先串列num內容 = ",nums)
```

執行結果

```
===================== RESTART: D:/Python/ch6/ch6_32.py =====================
目前串列car內容 =  ['honda', 'bmw', 'toyota', 'ford']
使用sorted( )由大排到小
排序串列結果     =  ['toyota', 'honda', 'ford', 'bmw']
原先串列car內容 =  ['honda', 'bmw', 'toyota', 'ford']
目前串列num內容 =  [5, 3, 9, 2]
使用sorted( )由大排到小
排序串列結果     =  [9, 5, 3, 2]
原先串列num內容 =  [5, 3, 9, 2]
```

6-6 進階串列操作

6-6-1 index( )

這個方法可以傳回特定元素內容第一次出現的索引值，它的使用格式如下：

索引值 = 串列名稱 .index(搜尋值)

如果搜尋值不存在串列會出現錯誤。

程式實例 ch6_33.py：傳回搜尋索引值的應用。

```
# ch6_33.py
cars = ['toyota', 'nissan', 'honda']
search_str = 'nissan'
i = cars.index(search_str)
print("所搜尋元素 %s 第一次出現位置索引是 %d" % (search_str, i))
nums = [7, 12, 30, 12, 30, 9, 8]
search_val = 30
j = nums.index(search_val)
print("所搜尋元素 %s 第一次出現位置索引是 %d" % (search_val, j))
```

執行結果

```
===================== RESTART: D:/Python/ch6/ch6_33.py =====================
所搜尋元素 nissan 第一次出現位置索引是 1
所搜尋元素 30 第一次出現位置索引是 2
```

如果搜尋值不在串列會出現錯誤，所以在使用前建議可以先使用 in 運算式 (可參考 6-10 節)，先判斷搜尋值是否在串列內，如果是在串列內，再執行 index( ) 方法。

程式實例 ch6_34.py：使用 ch6_16.py 的串列 James，這個串列有 Lebron James 一系列比賽得分，由此串列請計算他在第幾場得最高分，同時列出所得分數。

```
# ch6_34.py
James = ['Lebron James',23, 19, 22, 31, 18] # 定義James串列
games = len(James)                          # 求元素數量
score_Max = max(James[1:games])             # 最高得分
i = James.index(score_Max)                  # 場次
print(James[0], "在第 %d 場得最高分 %d" % (i, score_Max))
```

執行結果

```
==================== RESTART: D:/Python/ch6/ch6_34.py ====================
Lebron James 在第 4 場得最高分 31
```

這個實例有一點不完美，因為如果有 2 場或更多場次得到相同分數的最高分，本程式無法處理，下一章筆者將以實例講解如何修訂此缺點。

6-6-2 count( )

這個方法可以傳回特定元素內容出現的次數，如果搜尋值不在串列會傳回 0，它的使用格式如下：

次數 = 串列名稱 .count(搜尋值)

程式實例 ch6_35.py：傳回搜尋值出現的次數的應用。

```
# ch6_35.py
cars = ['toyota', 'nissan', 'honda']
search_str = 'nissan'
num1 = cars.count(search_str)
print("所搜尋元素 %s 出現 %d 次" % (search_str, num1))
nums = [7, 12, 30, 12, 30, 9, 8]
search_val = 30
num2 = nums.count(search_val)
print("所搜尋元素 %s 出現 %d 次" % (search_val, num2))
```

執行結果

```
==================== RESTART: D:/Python/ch6/ch6_35.py ====================
所搜尋元素 nissan 出現 1 次
所搜尋元素 30 出現 2 次
```

如果搜尋值不在串列會傳回 0。

```
>>> x = [1,2,3]
>>> x.count(4)
0
```

6-7 串列內含串列

串列內含串列的基本精神如下：

num = [1, 2, 3, 4, 5, [6, 7, 8]]

對上述而言，num 是一個串列，在這個串列內有另一個串列 [7, 8, 9]，因為內部串列的索引值是 5，所以可以用 num[5]，獲得這個元素串列的內容。

```
>>> num = [1, 2, 3, 4, 5, [6, 7, 8]]
>>> num[5]
[6, 7, 8]
>>>
```

如果想要存取串列內的串列元素，可以使用下列格式：

num[索引 1][索引 2]

索引 1 是元素串列原先索引位置，索引 2 是元素串列內部的索引。

實例 1：列出串列內的串列元素值。

```
>>> num = [1, 2, 3, 4, 5, [6, 7, 8]]
>>> print(num[5][0])
6
>>> print(num[5][1])
7
>>> print(num[5][2])
8
>>>
```

串列內含串列主要應用是，例如：可以用這個資料格式儲存 NBA 球員 Lebron James 的數據如下所示：

James = [['Lebron James', 'SF','12/30/1984'], 23, 19, 22, 31, 18]

其中第一個元素是串列，用於儲存 Lebron James 個人資料，其它則是儲存每場得分資料。

程式實例 ch6_36.py：擴充 ch6_34.py 先列出 Lebron James 個人資料再計算那一個場次得到最高分。程式第 2 行 'SF' 全名是 Small Forward 小前鋒。

```
1  # ch6_36.py
2  James = [['Lebron James','SF','12/30/84'],23,19,22,31,18] # 定義James串列
3  games = len(James)                                         # 求元素數量
4  score_Max = max(James[1:games])                            # 最高得分
```

```
5  i = James.index(score_Max)                        # 場次
6  name = James[0][0]
7  position = James[0][1]
8  born = James[0][2]
9  print("姓名      : ", name)
10 print("位置      : ", position)
11 print("出生日期 : ", born)
12 print("在第 %d 場得最高分 %d" % (i, score_Max))
```

執行結果

```
==================== RESTART: D:/Python/ch6/ch6_36.py ====================
姓名      :  Lebron James
位置      :  SF
出生日期 :  12/30/84
在第 4 場得最高分 31
```

程式實例 ch6_37.py：上述 ch6_36.py 的第 6-8 行是為了詳細解說，真正了解 Python 精神的人，可以用下列一行取代這 3 行，用 Python 精神，重新設計 ch6_36.py。

```
6  name, position, born = James[0]
```

執行結果 與 ch6_36.py 相同。

6-7-1 再談 append( )

在 6-4-1 節我們有提過可以使用 append( ) 方法，將元素插入串列的末端，其實也可以使用 append( ) 函數將某一串列插入另一串列的末端，方法與插入元素方式相同，這時就會產生串列中有元素是串列的效果。它的使用格式如下：

串列 A.append(串列 B)　　　　　　　# 串列 B 將接在串列 A 末端

程式實例 ch6_38.py：使用 append( ) 將串列插入另一串列的末端。

```
# ch6_38.py
cars1 = ['toyota', 'nissan', 'honda']
cars2 = ['ford', 'audi']
print("原先cars1串列內容 = ", cars1)
print("原先cars2串列內容 = ", cars2)
cars1.append(cars2)
print("執行append( )後串列cars1內容 = ", cars1)
print("執行append( )後串列cars2內容 = ", cars2)
```

執行結果

```
==================== RESTART: D:/Python/ch6/ch6_38.py ====================
原先cars1串列內容 =  ['toyota', 'nissan', 'honda']
原先cars2串列內容 =  ['ford', 'audi']
執行append( )後串列cars1內容 =  ['toyota', 'nissan', 'honda', ['ford', 'audi']]
執行append( )後串列cars2內容 =  ['ford', 'audi']
```

6-7-2 extend( )

這也是 2 個串列連接的方法，與 append( ) 類似，不過這個方法只適用 2 個串列連接，不能用在一般元素。同時在連接後，extend( ) 會將串列分解成元素，一一插入串列。它的使用格式如下：

串列 A.extend(串列 B)　　　　　# 串列 B 將分解成元素插入串列 A 末端

程式實例 ch6_39.py：使用 extend( ) 方法取代 ch6_38.py，並觀察執行結果。

```
# ch6_39.py
cars1 = ['toyota', 'nissan', 'honda']
cars2 = ['ford', 'audi']
print("原先cars1串列內容 = ", cars1)
print("原先cars2串列內容 = ", cars2)
cars1.extend(cars2)
print("執行extend( )後串列cars1內容 = ", cars1)
print("執行extend( )後串列cars2內容 = ", cars2)
```

執行結果

```
====================== RESTART: D:/Python/ch6/ch6_39.py ======================
原先cars1串列內容 =  ['toyota', 'nissan', 'honda']
原先cars2串列內容 =  ['ford', 'audi']
執行extend( )後串列cars1內容 =  ['toyota', 'nissan', 'honda', 'ford', 'audi']
執行extend( )後串列cars2內容 =  ['ford', 'audi']
```

上述執行後 cars1 將是含有 5 個元素的串列，每個元素皆是字串。

6-7-3 再看二維串列

所謂的二維串列 (two dimension list) 可以想成是二維空間，前一小節筆者已有說明，本節筆者將更進一步解說，下列是一個考試成績系統的表格：

姓名	國文	英文	數學	總分
洪錦魁	80	95	88	0
洪冰儒	98	97	96	0
洪雨星	90	91	92	0
洪冰雨	91	93	95	0
洪星宇	92	97	90	0

上述總分先放 0，筆者會教導讀者如何處理這個部分，假設串列名稱是 sc，在 Python 我們可以用下列方式記錄成績系統。

sc = [[' 洪錦魁 ', 80, 95, 88, 0],
      [' 洪冰儒 ', 98, 97, 96, 0],
      [' 洪雨星 ', 90, 91, 92, 0],
      [' 洪冰雨 ', 91, 93, 95, 0],
      [' 洪星宇 ', 92, 97, 90, 0],
]

上述最後一筆串列元素 [' 洪星宇 ', 92, 97, 90, 0] 右邊的 "," 可有可無，這是 Python 設計人員貼心的設計，方便我們編輯這類應用，編譯程式均可處理。

假設我們先不考慮表格的標題名稱，當我們設計程式時可以使用下列方式處理索引。

姓名	國文	英文	數學	總分
[0][0]	[0][1]	[0][2]	[0][3]	[0][4]
[1][0]	[1][1]	[1][2]	[1][3]	[1][4]
[2][0]	[2][1]	[2][2]	[2][3]	[2][4]
[3][0]	[3][1]	[3][2]	[3][3]	[3][4]
[4][0]	[4][1]	[4][2]	[4][3]	[4][4]

上述表格最常見的應用是，我們使用迴圈計算每個學生的總分，這將在下一章補充說明，在此我們將用現有的知識處理總分問題，為了簡化筆者只用 2 個學生姓名為實例說明。

程式實例 ch6_40.py：二維串列的成績系統總分計算。

```
# ch6_40.py
sc = [['洪錦魁', 80, 95, 88, 0],
      ['洪冰儒', 98, 97, 96, 0],
     ]
sc[0][4] = sum(sc[0][1:4])
sc[1][4] = sum(sc[1][1:4])
print(sc[0])
print(sc[1])
```

執行結果

```
==================== RESTART: D:/Python/ch6/ch6_40.py ====================
['洪錦魁', 80, 95, 88, 263]
['洪冰儒', 98, 97, 96, 291]
```

6-8 串列的賦值與切片拷貝

6-8-1 串列賦值

假設我喜歡的運動是，籃球與棒球，可以用下列方式設定串列：

mysports = ['basketball', 'baseball']

如果我的朋友也是喜歡這 2 種運動，讀者可能會想用下列方式設定串列。

friendsports = mysports

程式實例 ch6_41.py：列出我和朋友所喜歡的運動。

```
# ch6_41.py
mysports = ['basketball', 'baseball']
friendsports = mysports
print("我喜歡的運動      = ", mysports)
print("我朋友喜歡的運動 = ", friendsports)
```

執行結果

```
====================== RESTART: D:/Python/ch6/ch6_41.py ======================
我喜歡的運動      =  ['basketball', 'baseball']
我朋友喜歡的運動 =  ['basketball', 'baseball']
```

初看上述執行結果好像沒有任何問題，可是如果我想加入美式足球 football 當作喜歡的運動，我的朋友想加入傳統足球 soccer 當作喜歡的運動，這時我喜歡的運動如下：

basketball、baseball、football

我朋友喜歡的運動如下：

basketball、baseball、soccer

程式實例 ch6_42.py：繼續使用 ch6_41.py，加入美式足球 football 當作喜歡的運動，我的朋友想加入傳統足球 soccer 當作喜歡的運動，同時列出執行結果。

```
# ch6_42.py
mysports = ['basketball', 'baseball']
friendsports = mysports
print("我喜歡的運動      = ", mysports)
print("我朋友喜歡的運動 = ", friendsports)
mysports.append('football')
friendsports.append('soccer')
print("我喜歡的最新運動      = ", mysports)
print("我朋友喜歡的最新運動 = ", friendsports)
```

執行結果

```
====================== RESTART: D:/Python/ch6/ch6_42.py ======================
我喜歡的運動      =  ['basketball', 'baseball']
我朋友喜歡的運動 =  ['basketball', 'baseball']
我喜歡的最新運動      =  ['basketball', 'baseball', 'football', 'soccer']
我朋友喜歡的最新運動 =  ['basketball', 'baseball', 'football', 'soccer']
```

這時獲得的結果，不論是我和我的朋友喜歡的運動皆相同，football 和 soccer 皆是變成 2 人共同喜歡的運動。類似這種只要有一個串列更改元素會影響到另一個串列同步更改，這是賦值的特性，所以使用上要小心。

6-8-2 位址的觀念

在 2-2-2 節筆者有介紹過變數位址的意義，該節觀念也可以應用在 Python 的其它資料型態，對於串列而言，如果使用下列方式設定 2 個串列變數相等，相當於只是將變數位址拷貝給另一個變數。

friendsports = mysports

上述相當於是將 mysports 變數位址拷貝給 friendsport。所以程式實例 ch6_42.py 在執行時，2 個串列變數所指的位址相同，所以新增運動項目時，皆是將運動項目加在同一變數位址，可參考下列實例。

程式實例 ch6_43.py：重新設計 ch6_42.py，增加列出串列變數的位址。

```
# ch6_43.py
mysports = ['basketball', 'baseball']
friendsports = mysports
print("列出mysports位址      = ", id(mysports))
print("列出friendsports位址 = ", id(friendsports))
print("我喜歡的運動      = ", mysports)
print("我朋友喜歡的運動 = ", friendsports)
mysports.append('football')
friendsports.append('soccer')
print(" -- 新增運動項目後 -- ")
print("列出mysports位址      = ", id(mysports))
print("列出friendsports位址 = ", id(friendsports))
print("我喜歡的最新運動      = ", mysports)
print("我朋友喜歡的最新運動 = ", friendsports)
```

執行結果

```
====================== RESTART: D:/Python/ch6/ch6_43.py ======================
列出mysports位址      =  59429832
列出friendsports位址 =  59429832
我喜歡的運動      =  ['basketball', 'baseball']
我朋友喜歡的運動 =  ['basketball', 'baseball']
 -- 新增運動項目後 --
列出mysports位址      =  59429832
列出friendsports位址 =  59429832
我喜歡的最新運動      =  ['basketball', 'baseball', 'football', 'soccer']
我朋友喜歡的最新運動 =  ['basketball', 'baseball', 'football', 'soccer']
```

由上述執行結果可以看到，使用程式第 3 行設定串列變數相等時，實際只是將串列位址拷貝給另一個串列變數。

6-8-3 串列的切片拷貝

切片拷貝 (copy) 觀念是，執行拷貝後產生新串列物件，當一個串列改變後，不會影響另一個串列的內容，這是本小節的重點。方法應該如下：

```
friendsports = mysports[ : ]                # 切片拷貝
```

程式實例 ch6_44.py：使用拷貝方式，重新設計 ch6_42.py。下列是與 ch6_42.py 之間，唯一不同的程式碼。

```
3  friendsports = mysports[:]
```

執行結果

```
===================== RESTART: D:/Python/ch6/ch6_44.py =====================
列出mysports位址      =  50058424
列出friendsports位址 =  50058104
我喜歡的運動       =  ['basketball', 'baseball']
我朋友喜歡的運動 =  ['basketball', 'baseball']
 -- 新增運動項目後 --
列出mysports位址      =  50058424
列出friendsports位址 =  50058104
我喜歡的最新運動      =  ['basketball', 'baseball', 'football']
我朋友喜歡的最新運動 =  ['basketball', 'baseball', 'soccer']
```

由上述執行結果可知，我們已經獲得了 2 個串列彼此是不同的串列位址，同時也得到了想要的結果。

6-8-4 淺拷貝 (copy) 與深拷貝 (deepcopy)

在程式設計時，要複製另一個串列時，除了賦值 (6-8-1) 觀念，其實嚴格說可以將拷貝分成淺拷貝 (copy 有時也可以寫成 shallow copy) 與深拷貝 (deepcopy)，觀念如下：

❑ 賦值

假設 b=a，a 和 b 位址相同，指向一物件彼此會連動，可以參考 6-8-1 節。

❑ 淺拷貝

假設 b=a.copy( )，a 和 b 是獨立的物件，但是它們的子物件元素是指向同一物件，也就是物件的子物件會連動。

實例 1：淺拷貝的應用，a 增加元素觀察結果。

```
>>> a = [1, 2, 3, [4, 5, 6]]
>>> b = a.copy()  ←——— 淺拷貝
>>> id(a), id(b)  ←——— 位址不同
(15518056, 49414872)
>>> a, b
([1, 2, 3, [4, 5, 6]], [1, 2, 3, [4, 5, 6]])
>>> a.append(7)  ←——— A增加元素
>>> a, b
([1, 2, 3, [4, 5, 6], 7], [1, 2, 3, [4, 5, 6]])
```

a有更改, b沒有更改

實例 2：淺拷貝的應用，a 的子物件增加元素觀察結果。

```
>>> a = [1, 2, 3, [4, 5, 6]]
>>> b = a.copy()
>>> a[3].append(7)
>>> a, b
([1, 2, 3, [4, 5, 6, 7]], [1, 2, 3, [4, 5, 6, 7]])
```

從上述執行結果可以發現 a 子物件因為指向同一位址，所以同時增加 7。

❑ 深拷貝

假設 b=deepcopy(a)，a 和 b 以及其子物件皆是獨立的物件，所以未來不受干擾，使用前需要 "import copy" 模組，這是引用外部模組，未來會講更多相關的應用。

實例 3：深拷貝的應用，並觀察執行結果。

```
>>> import copy
>>> a = [1, 2, 3, [4, 5, 6]]
>>> b = copy.deepcopy(a)
>>> id(a), id(b)
(10293936, 15518496)
>>> a[3].append(7)
>>> a.append(8)
>>> a, b
([1, 2, 3, [4, 5, 6, 7], 8], [1, 2, 3, [4, 5, 6]])
```

由上述可以得到 b 完全不會受到 a 影響，深拷貝是得到完全獨立的物件。

6-9 再談字串

3-4 節筆者介紹了字串 (str) 的觀念，在 Python 的應用中可以將單一字串當作是一個序列，這個序列是由字元 (character) 所組成，可想成字元序列。不過字串與串列不同的是，字串內的單一元素內容是不可更改的，

6-9-1 字串的索引

可以使用索引值的方式取得字串內容，索引方式則與串列相同。

程式實例 ch6_45.py：使用正值與負值的索引列出字串元素內容。

```
# ch6_45.py
string = "Python"
# 正值索引
print(" string[0] = ", string[0],
      "\n string[1] = ", string[1],
      "\n string[2] = ", string[2],
      "\n string[3] = ", string[3],
      "\n string[4] = ", string[4],
      "\n string[5] = ", string[5])
# 負值索引
print(" string[-1] = ", string[-1],
      "\n string[-2] = ", string[-2],
      "\n string[-3] = ", string[-3],
      "\n string[-4] = ", string[-4],
      "\n string[-5] = ", string[-5],
      "\n string[-6] = ", string[-6])
# 多重指定觀念
s1, s2, s3, s4, s5, s6 = string
print("多重指定觀念的輸出測試 = ",s1,s2,s3,s4,s5,s6)
```

執行結果

```
===================== RESTART: D:/Python/ch6/ch6_45.py =====================
 string[0] =  P
 string[1] =  y
 string[2] =  t
 string[3] =  h
 string[4] =  o
 string[5] =  n
 string[-1] =  n
 string[-2] =  o
 string[-3] =  h
 string[-4] =  t
 string[-5] =  y
 string[-6] =  P
多重指定觀念的輸出測試 =  P y t h o n
```

6-9-2 字串切片

6-1-3 節串列切片的觀念可以應用在字串，下列將直接以實例說明。

程式實例 ch6_46.py：字串切片的應用。

```
1  # ch6_46.py
2  string = "Deep Learning"                          # 定義字串
3  print("列印string第0-2元素      = ", string[0:3])
4  print("列印string第1-3元素      = ", string[1:4])
5  print("列印string第1,3,5元素    = ", string[1:6:2])
6  print("列印string第1到最後元素 = ", string[1:])
7  print("列印string前3元素        = ", string[0:3])
8  print("列印string後3元素        = ", string[-3:])
```

```
>>> 'Deep Learning'[0:3]
'Dee'
```

第2和3行也可寫成上述方式直接對字串做切片

執行結果

```
===================== RESTART: D:\Python\ch6\ch6_46.py =====================
列印string第0-2元素      =  Dee
列印string第1-3元素      =  eep
列印string第1,3,5元素    =  epL
列印string第1到最後元素 =  eep Learning
列印string前3元素        =  Dee
列印string後3元素        =  ing
```

6-9-3 函數或方法

除了會更動內容的串列函數或方法不可應用在字串外，其它則可以用在字串。

函數	說明
len( )	計算字串長度
max( )	最大值
min( )	最小值

程式實例 ch6_47.py：將函數 len( )、max( )、min( ) 應用在字串。

```
# ch6_47.py
string = "Deep Learning"                          # 定義字串
strlen = len(string)
print("字串長度", strlen)
maxstr = max(string)
print("字串最大的unicode碼值和字元", ord(maxstr), maxstr)
minstr = min(string)
print("字串最小的unicode碼值和字元", ord(minstr), minstr)
```

執行結果

```
===================== RESTART: D:/Python/ch6/ch6_47.py =====================
字串長度 13
字串最大的unicode碼值和字元 114 r
字串最小的unicode碼值和字元 32
```

6-9-4 將字串轉成串列

list( ) 函數可以將參數內的物件轉成串列，下列是字串轉為串列的實例：

```
>>> x = list('Deep Stone')
>>> print(x)
['D', 'e', 'e', 'p', ' ', 'S', 't', 'o', 'n', 'e']
>>>
```

6-9-5 切片賦值的應用

字串本身無法用切片方式更改內容，但是將字串改為串列後，就可以使用切片更改串列內容了，下列是延續 6-9-4 節的實例。

```
>>> x[5:] = 'Mind'
>>> print(x)
['D', 'e', 'e', 'p', ' ', 'M', 'i', 'n', 'd']
>>>
```

6-9-6 使用 split( ) 分割字串

這個方法 (method)，可以將字串以空格或其它符號為分隔符號，將字串拆開，變成一個串列。

```
str1.split( )          # 以空格當做分隔符號將字串拆開成串列
str2.split(ch)         # 以 ch 字元當做分隔符號將字串拆開成串列
```

變成串列後我們可以使用 len( ) 獲得此串列的元素個數，這個相當於可以計算字串是由多少個英文字母組成，由於中文字之間沒有空格，所以本節所述方法只適用在純英文文件。如果我們可以將一篇文章或一本書讀至一個字串變數後，可以使用這個方法獲得這一篇文章或這一本書的字數。

程式實例 ch6_48.py：將 2 種不同類型的字串轉成串列，其中 str1 使用空格當做分隔符號，str2 使用 "\" 當做分隔符號 (因為這是逸出字元，所以使用 \\)，同時這個程式會列出這 2 個串列的元素數量。

```
# ch6_48.py
str1 = "Silicon Stone Education"
str2 = "D:\Python\ch6"

sList1 = str1.split()                    # 字串轉成串列
sList2 = str2.split("\\")                # 字串轉成串列
```

```
print(str1, " 串列內容是 ", sList1)          # 列印串列
print(str1, " 串列字數是 ", len(sList1))     # 列印字數
print(str2, " 串列內容是 ", sList2)          # 列印串列
print(str2, " 串列字數是 ", len(sList2))     # 列印字數
```

執行結果

```
==================== RESTART: D:/Python/ch6/ch6_48.py ====================
Silicon Stone Education  串列內容是  ['Silicon', 'Stone', 'Education']
Silicon Stone Education  串列字數是  3
D:/Python/ch6  串列內容是  ['D:', 'Python', 'ch6']
D:/Python/ch6  串列字數是  3
```

6-9-7 串列元素的組合 join( )

在網路爬蟲設計的程式應用中，我們可能會常常使用 join( ) 方法將所獲得的路徑與檔案名稱組合，它的語法格式如下：

連接字串 .join(串列)

基本上串列元素會用連接字串組成一個字串。

程式實例 ch6_49.py：將串列內容連接。

```
# ch6_49.py
path = ['D:','ch6','ch6_49.py']
connect = '\\'                   # 路徑分隔字元
print(connect.join(path))
connect = '*'                    # 普通字元
print(connect.join(path))
```

執行結果

```
==================== RESTART: D:\Python\ch6\ch6_49.py ====================
D:\ch6\ch6_49.py
D:*ch6*ch6_49.py
```

6-9-8 字串的其它方法

本節將講解下列字串方法，startswith( ) 和 endswith( ) 如果是真則傳回 True，如果是偽則傳回 False。

- **startswith( )**：可以列出字串啟始文字是否是特定子字串。
- **endswith( )**：可以列出字串結束文字是否是特定子字串。
- **replace(ch1,ch2)**：將 ch1 字串由另一字串取代。

程式實例 ch6_50.py：列出字串 "CIA" 是不是啟始或結束字串，以及出現次數。最後這個程式會將 Linda 字串用 Lxx 字串取代，這是一種保護情報員名字不外洩的方法。

```
# ch6_50.py
msg = '''CIA Mark told CIA Linda that the secret USB had given to CIA Peter'''
print("字串開頭是CIA: ", msg.startswith("CIA"))
print("字串結尾是CIA: ", msg.endswith("CIA"))
print("CIA出現的次數: ",msg.count("CIA"))
msg = msg.replace('Linda','Lxx')
print("新的msg內容 : ", msg)
```

執行結果

```
====================== RESTART: D:/Python/ch6/ch6_50.py ======================
字串開頭是CIA:  True
字串結尾是CIA:  False
CIA出現的次數:  3
新的msg內容 :  CIA Mark told CIA Lxx that the secret USB had given to CIA Peter
```

當有一本小說時，可以由此觀念計算各個人物出現次數，也可由此判斷那些人是主角那些人是配角。

6-10 in 和 not in 運算式

主要是用於判斷一個物件是否屬於另一個物件，物件可以是字串 (string)、串列 (list)、元祖 (Tuple) (第 8 章介紹)、字典 (Dict) (第 9 章介紹)。它的語法格式如下：

```
boolean_value = obj1 in obj2          # 物件 obj1 在物件 obj2 內會傳回 True
boolean_value = obj1 not in obj2      # 物件 obj1 不在物件 obj2 內會傳回 True
```

程式實例 ch6_51.py：請輸入字元，這個程式會判斷字元是否在字串內。

```
# ch6_51.py
password = 'deepstone'
ch = input("請輸入字元 = ")
print("in運算式")
if ch in password:
    print("輸入字元在密碼中")
else:
    print("輸入字元不在密碼中")

print("not in運算式")
if ch not in password:
    print("輸入字元不在密碼中")
else:
    print("輸入字元在密碼中")
```

執行結果

```
====================== RESTART: D:/Python/ch6/ch6_51.py ======================
請輸入字元 = d
in運算式
輸入字元在密碼中
not in運算式
輸入字元在密碼中
```

其實這個功能一般更常見是用在，偵測某筆元素是否存在串列中，如果不存在，則將它加入串列內，可參考下列實例。

程式實例 ch6_52.py：這個程式基本上會要求輸入一個水果，如果串列內目前沒有這個水果，就將輸入的水果加入串列內。

```
# ch6_52.py
fruits = ['apple', 'banana', 'watermelon']
fruit = input("請輸入水果 = ")
if fruit in fruits:
    print("這個水果已經有了")
else:
    fruits.append(fruit)
    print("謝謝提醒已經加入水果清單: ", fruits)
```

執行結果

```
====================== RESTART: D:/Python/ch6/ch6_52.py ======================
請輸入水果 = orange
謝謝提醒已經加入水果清單:  ['apple', 'banana', 'watermelon', 'orange']
```

6-11 is 或 is not 運算式

可以用於比較兩個物件是否相同，在此所謂相同並不只是內容相同，而是指物件變數指向相同的記憶體，物件可以是變數、字串、串列、元祖 (Tuple) (第 8 章介紹)、字典 (Dict) (第 9 章介紹)。它的語法格式如下：

```
boolean_value = obj1 is obj2          # 物件 obj1 等於物件 obj2 內會傳回 True
boolean_value = obj1 is not obj2      # 物件 obj1 不等於物件 obj2 內會傳回 True
```

6-11-1 整數變數在記憶體位址的觀察

在 2-2-2 節已經簡單說明 id( ) 可以獲得變數的位址，在 6-8-2 節已經講解可以使用 id( ) 函數獲得串列變數位址，其實這個函數也可以獲得整數 (或浮點數) 變數在記憶體中的位址，當我們在 Python 程式中設立變數時，如果兩個整數 (或浮點數) 變數內容相同，它們會使用相同的記憶體位址儲存此變數。

程式實例 ch6_53.py：整數變數在記憶體位址的觀察，這個程式比較特別的是，程式執行初，變數 x 和 y 值是 10，所以可以看到經過 id( ) 函數後，彼此有相同的記憶體位置。變數 z 和 r 由於值與 x 和 y 不相同，所以有不同的記憶體位址，經過第 9 行運算後 r 的值變為 10，最後得到 x、y 和 r 不僅值相同同時也指向相同的記憶體位址。

```
1  # ch6_53.py
2  x = 10
3  y = 10
4  z = 15
5  r = 20
6  print("x = %d, y = %d, z = %d, r = %d" % (x, y, z, r))
7  print("x位址 = %d, y位址 = %d, z位址 = %d, r位址 = %d"
8        % (id(x), id(y), id(z), id(r)))
9  r = x                                 # r的值將變為10
10 print("x = %d, y = %d, z = %d, r = %d" % (x, y, z, r))
11 print("x位址 = %d, y位址 = %d, z位址 = %d, r位址 = %d"
12       % (id(x), id(y), id(z), id(r)))
```

執行結果

```
===================== RESTART: D:/Python/ch6/ch6_53.py =====================
x = 10, y = 10, z = 15, r = 20
x位址 = 1668626832, y位址 = 1668626832, z位址 = 1668626912, r位址 = 1668626992
x = 10, y = 10, z = 15, r = 10
x位址 = 1668626832, y位址 = 1668626832, z位址 = 1668626912, r位址 = 1668626832
```

當 r 變數值變為 10 時，它所指的記憶體位址與 x 和 y 變數相同了。

6-11-2　將 is 和 is not 運算式應用在整數變數

程式實例 ch6_54.py：is 和 is not 運算式應用在整數變數。

```
# ch6_54.py
x = 10
y = 10
z = 15
r = z - 5
boolean_value = x is y
print("x位址 = %d, y位址 = %d" % (id(x), id(y)))
print("x = %d, y = %d, " % (x, y), boolean_value)

boolean_value = x is z
print("x位址 = %d, z位址 = %d" % (id(x), id(z)))
print("x = %d, z = %d, " % (x, z), boolean_value)

boolean_value = x is r
print("x位址 = %d, r位址 = %d" % (id(x), id(r)))
print("x = %d, r = %d, " % (x, r), boolean_value)

boolean_value = x is not y
```

```
print("x位址 = %d, y位址 = %d" % (id(x), id(y)))
print("x = %d, y = %d, " % (x, y), boolean_value)

boolean_value = x is not z
print("x位址 = %d, z位址 = %d" % (id(x), id(z)))
print("x = %d, z = %d, " % (x, z), boolean_value)

boolean_value = x is not r
print("x位址 = %d, r位址 = %d" % (id(x), id(r)))
print("x = %d, r = %d, " % (x, r), boolean_value)
```

執行結果

```
==================== RESTART: D:/Python/ch6/ch6_54.py ====================
x位址 = 1668626832, y位址 = 1668626832
x = 10, y = 10,  True
x位址 = 1668626832, z位址 = 1668626912
x = 10, z = 15,  False
x位址 = 1668626832, r位址 = 1668626832
x = 10, r = 10,  True
x位址 = 1668626832, y位址 = 1668626832
x = 10, y = 10,  False
x位址 = 1668626832, z位址 = 1668626912
x = 10, z = 15,  True
x位址 = 1668626832, r位址 = 1668626832
x = 10, r = 10,  False
```

6-11-3 將 is 和 is not 運算式應用在串列變數

程式實例 ch6_55.py：這個範例所使用的 3 個串列內容均是相同，但是 mysports 和 sports1 所指位址相同所以會被視為相同物件，sports2 則指向不同位址所以會被視為不同物件，在使用 is 指令測試時，不同位址的串列會被視為不同的串列。

```
# ch6_55.py
mysports = ['basketball', 'baseball']
sports1 = mysports                # 賦值
sports2 = mysports[:]             # 切片拷貝新串列
print("我喜歡的運動 = ", mysports, "位址是 = ", id(mysports))
print("運動 1       = ", sports1,  "位址是 = ", id(sports1))
print("運動 2       = ", sports2,  "位址是 = ", id(sports2))
boolean_value = mysports is sports1
print("我喜歡的運動 is 運動 1     = ", boolean_value)

boolean_value = mysports is sports2
print("我喜歡的運動 is 運動 2     = ", boolean_value)

boolean_value = mysports is not sports1
print("我喜歡的運動 is not 運動 1 = ", boolean_value)

boolean_value = mysports is not sports2
print("我喜歡的運動 is not 運動 2 = ", boolean_value)
```

執行結果

```
======================= RESTART: D:/Python/ch6/ch6_55.py =======================
我喜歡的運動 =  ['basketball', 'baseball'] 位址是 =  49993008
運動 1       =  ['basketball', 'baseball'] 位址是 =  49993008
運動 2       =  ['basketball', 'baseball'] 位址是 =  49992688
我喜歡的運動 is 運動 1      = True
我喜歡的運動 is 運動 2      = False
我喜歡的運動 is not 運動 1 = False
我喜歡的運動 is not 運動 2 = True
```

6-11-4　將 is 應用在 None

在 5-7 節筆者有介紹 None，None 是一個尚未定義的值，這是 NoneType 資料型態，在布林值中會被視為 False，但是並不是空值，我們可以用下列實例做測試。

實例 1：測試 None 並不是空的。

```
>>> x = []
>>> if x is None:
        print("It is None")
else:
        print("It is not None")


It is not None
```

上述觀念可以應用在 Python 其它資料結構元組、字典、集合等。

6-12 enumerate 物件

enumerate( ) 方法可以將 iterable(迭代) 類數值的元素用索引值與元素配對方式傳回，返回的數據稱 enumerate 物件，特別是用這個方式可以為可迭代物件的每個元素增加索引值，這對未來的數據應用是有幫助的。其中 iterable 類數值可以是串列 (list)，元組 (tuple)(第 8 章說明)，集合 (set) (第 10 章說明) … 等。它的語法格式如下：

```
obj = enumerate(iterable[, start = 0])          # 若省略 start = 設定，預設索引值是 0
```

註　下一章筆者介紹完迴圈的觀念，會針對可迭代物件 (iterable object) 做更進一步說明。

未來我們可以使用 list( ) 將 enumerate 物件轉成串列，使用 tuple( ) 將 enumerate 物件轉成元組 (第 8 章說明)。

程式實例 ch6_56.py：將串列資料轉成 enumerate 物件，同時列出此物件類型。

```
# ch6_56.py
drinks = ["coffee", "tea", "wine"]
enumerate_drinks = enumerate(drinks)                # 數值初始是0
print(enumerate_drinks)                             # 傳回enumerate物件所在記憶體
print("下列是輸出enumerate物件類型")
print(type(enumerate_drinks))                       # 列出物件類型
```

執行結果

```
===================== RESTART: D:/Python/ch6/ch6_56.py =====================
<enumerate object at 0x03967D78>
下列是輸出enumerate物件類型
<class 'enumerate'>
```

程式實例 ch6_57.py：將串列資料轉成 enumerate 物件，再將 enumerate 物件轉成串列的實例，start 索引起始值分別為 0 和 10。

```
1 # ch6_57.py
2 drinks = ["coffee", "tea", "wine"]
3 enumerate_drinks = enumerate(drinks)                # 數值初始是0
4 print("轉成串列輸出, 初始索引值是 0 = ", list(enumerate_drinks))
5 
6 enumerate_drinks = enumerate(drinks, start = 10)    # 數值初始是10
7 print("轉成串列輸出, 初始索引值是10 = ", list(enumerate_drinks))
```

執行結果

```
===================== RESTART: D:\Python\ch6\ch6_57.py =====================
轉成串列輸出, 初始索引值是 0 =  [(0, 'coffee'), (1, 'tea'), (2, 'wine')]
轉成串列輸出, 初始索引值是10 =  [(10, 'coffee'), (11, 'tea'), (12, 'wine')]
```

上述程式第 4 行的 list( ) 函數可以將 enumerate 物件轉成串列，從列印的結果可以看到每個串列物件元素已經增加索引值了。在下一章筆者介紹完迴圈後，7-5 節還將繼續使用迴圈解析 enumerate 物件。

6-13 專題 建立大型串列 / 使用者帳號管理系統 / 文件加密

6-13-1 製作大型的串列資料

有時我們想要製作更大型的串列資料結構，例如：串列的元素是串列，可以參考下列實例。

實例 1：串列的元素是串列。

```
>>> asia = ['Beijing', 'Hongkong', 'Tokyo']
>>> usa = ['Chicago', 'New York', 'Hawaii', 'Los Angeles']
>>> europe = ['Paris', 'London', 'Zurich']
>>> world = [asia, usa, europe]
>>> type(world)
<class 'list'>
>>> world
[['Beijing', 'Hongkong', 'Tokyo'], ['Chicago', 'New York', 'Hawaii', 'Los Angele
s'], ['Paris', 'London', 'Zurich']]
```

6-13-2 使用者帳號管理系統

一個公司或學校的電腦系統，一定有一個帳號管理，要進入系統需要登入帳號，如果你是這個單位設計帳號管理系統的人，可以將帳號儲存在串列內。然後未來可以使用 in 功能判斷使用者輸入帳號是否正確。

程式實例 ch6_58.py：設計一個帳號管理系統，這個程式分成 2 個部分，第一個部分是建立帳號，讀者的輸入將會存在 accounts 串列。第 2 個部分是要求輸入帳號，如果輸入正確會輸出 " 歡迎進入深石系統 "，如果輸入錯誤會輸出 " 帳號錯誤 "。

```
# ch6_58.py
accounts = []                               # 建立空帳號串列
account = input("請輸入新帳號 = ")
accounts.append(account)                    # 將輸入加入帳號串列

print("深石公司系統")
ac = input("請輸入帳號 = ")
if ac in accounts:
    print("歡迎進入深石系統")
else:
    print("帳號錯誤")
```

執行結果

```
==================== RESTART: D:/Python/ch6/ch6_58.py ====================
請輸入新帳號 = deep
深石公司系統
請輸入帳號 = deep
歡迎進入深石系統
>>>
==================== RESTART: D:/Python/ch6/ch6_58.py ====================
請輸入新帳號 = deep
深石公司系統
請輸入帳號 = kwei
帳號錯誤
```

6-13-3 文件加密

這一小節筆者將簡單介紹切片的奧妙，然後講解文件加密的精神，未來當讀者學會更多 Python 知識時，還會擴充至實際設計一個加密程式。

其實最簡單的加密觀念是將每個英文字母往前移，對應至不同字母，只要記住所對應的字母，未來就可以解密。例如：將每個英文字母往前移 3 個次序，實例是將 D 對應 A、E 對應 B、F 對應 C，原先的 A 對應 X、B 對應 Y、C 對應 Z 整個觀念如下所示：

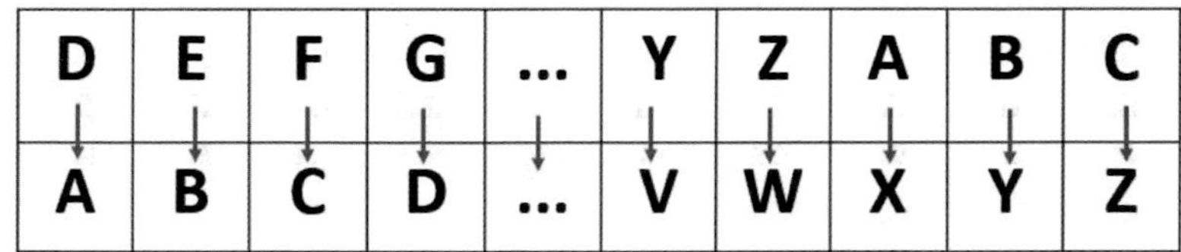

所以現在我們需要的就是設計 " DEF … ABC" 字母可以對應 " ABC … XYZ"，可以參考下列實例完成。或是你讓 " ABC … XYZ" 對應 " DEF … ABC" 也可以。

實例 1：建立 ABC … Z 字母的字串，然後使用切片取得前 3 個英文字母，與後 23 個英文字母。最後組合，可以得到新的字母排序。

```
>>> abc = 'ABCDEFGHIJKLMNOPQRSTUVWYZ'
>>> front3 = abc[:3]
>>> end23 = abc[3:]
>>> subText = end23 + front3
>>> print(subText)
DEFGHIJKLMNOPQRSTUVWYZABC
```

在第 9 章筆者還會擴充此觀念。

習題

實作題

1. 考試成績分數分別是 87,99,69,52,78,98,80,92，請列出最高分、最低分、總分、平均。(6-1 節)

2. 一家汽車經銷商原本可以銷售 Toyota、Nissan、Honda，現在 Nissan 銷售權被回收，改成銷售 Ford，可用下列方式設計銷售品牌。(6-1 節)

```
===================== RESTART: D:/Python/ex/ex6_2.py =====================
舊汽車銷售品牌 ['Toyota', 'Nissan', 'Honda']
新汽車銷售品牌 ['Toyota', 'Ford', 'Honda']
```

3. 有 str1、str2、str3 字串內容如下：(6-2 節)

   str1 = '   Python '

   str2 = 'is   '

   str3 = '   easy'

   請使用 strip( )、rstrip( )、lstrip( ) 處理成下列輸出。

   'Python is easy'

4 ：請建立 5 個城市，然後分別執行下列工作。(6-4 節)

   (A)：列出這 5 個城市。

   (B)：請在最後位置增加 London。

   (C)：請在中央位置增加 Xian。

   (D)：請使用 remove( ) 方法刪除 'Tokyo'。

5. 請在螢幕輸入 5 個考試成績，然後執行下列工作：(6-5 節)

   (A)：列出分數串列。

   (B)：高分往低分排列。

   (C)：低分往高分排列。

   (D)：列出最高分。

   (E)：列出總分。

6. 請參考 6-7-3 節內容的數據與 ch6_40.py，將學生增加為 5 人，同時增加平均欄位，平均分數取到小數點第 1 位。(6-7 節)

7. 有一個字串如下：(6-9 節)

   ```
   FBI Mark told CIA Linda that the secret USB had given to FBI Peter
   ```

   (A)：請列出 FBI 出現的次數。

   (B)：請將 FBI 字串用 XX 取代。

8. 輸入一個字串，這個程式可以判斷這是否是網址字串。(6-9 節)

   提示：網址字串格式是 "http://" 或 "https://" 字串開頭。

9. 有一首法國兒歌，也是我們小時候唱的兩隻老虎，歌曲內容如下：(6-9 節)

   Are you sleeping, are you sleeping, Brother John, Brother John?
   Morning bells are ringing, morning bells are ringing.
   Ding ding dong, Ding ding dong.

為了單純，請建立上述字串時省略標點符號，最後列出此字串。然後將字串轉為串列同時列出串列，首先列出歌曲的字數，然後請在螢幕輸入字串，程式可以列出這個字串出現次數。

10. 本書 1-11 節有 Python 之禪內容，請將該內容當作字串，然將該內容以行為單位當做串列元素，先列出」Python 之禪內容，然後列出串列內容。

11. 請建立一個晚會宴客名單，有 3 筆資料 "Mary、Josh、Tracy"。請做一個選單，每次執行皆會列出目前邀請名單，同時有選單，如果選擇 1，可以增加一位邀請名單。如果選擇 2，可以刪除一位邀請名單。以目前所學指令，執行程式一次只能調整一次，如果刪除名單時輸入錯誤，則列出名單輸入錯誤。(6-10 節)

12. 請修改 6-13-2 節的加密實例，字串 abc 改為 "abc … z"，同時修改方式如下：(6-13 節)

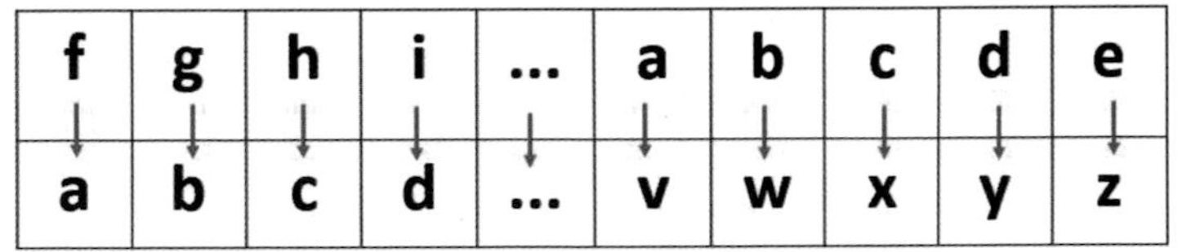

最後印出 abc 與 subText。

第七章

迴圈設計

假設現在筆者要求讀者設計一個 1 加到 10 的程式，然後列印結果，讀者可能用下列方式設計這個程式。

程式實例 ch7_1.py：從 1 加到 10，同時列印結果。

```
# ch7_1.py
sum = 1+2+3+4+5+6+7+8+9+10
print("總和 = ", sum)
```

執行結果

```
==================== RESTART: D:/Python/ch7/ch7_1.py ====================
總和 =  55
```

如果現在筆者要求各位從 1 加到 100 或 1000，此時，若是仍用上述方法設計程式，就顯得很不經濟。

另一種狀況，如果一個資料庫串列內含 1000 客戶的名字，如果現在要舉辦晚宴，所以要列印客戶姓名，如果用下列方式設計，將是很不實際的行為。

程式實例 ch7_2.py：一個不完整且不切實際的程式。

```
# ch7_2.py -- 不完整的程式
vipNames = ['James','Linda','Peter', ... , 'Kevin']
print("客戶1 = ", vipNames[0])
print("客戶2 = ", vipNames[1])
print("客戶3 = ", vipNames[2])
...
...
print("客戶999 = ", vipNames[999])
```

你的程式可能要寫超過 1000 行，當然碰上這類問題，是不可能用上述方法處理的，不過幸好 Python 語言提供我們解決這類問題的方式，可以輕鬆用迴圈解決，這也是本章的主題。

7-1 基本 for 迴圈

for 迴圈可以讓程式將整個物件內的元素遍歷 (也可以稱迭代)，在遍歷期間，同時可以紀錄或輸出每次遍歷的狀態或稱軌跡。例如：第 2 章的專題計算銀行複利問題，在該章節由於尚未介紹迴圈的觀念，我們無法紀錄每一年的本金和，有了本章的觀念我們可以輕易記錄每一年的本金和變化。for 迴圈基本語法格式如下：

for var in 可迭代物件 :　　　　　　# 可迭代物件英文是 iterable object
　程式碼區塊

可迭代物件 (iterable object) 可以是串列、元組、字典與集合或 range( )，在資訊科學中迭代 (iteration) 可以解釋為重複執行敘述，上述語法可以解釋為將可迭代物件的元素當作 var，重複執行，直到每個元素皆被執行一次，整個迴圈才會停止。

設計上述程式碼區塊時，必需要留意縮排的問題，可以參考 if 敘述觀念。由於目前筆者只有介紹串列 (list)，所以讀者可以想像這個可迭代物件 (iterable) 是串列 (list)，第 8 章筆者會講解元組 (Tuple)，第 9 章會講解字典 (Dict)，第 10 章會講解集合 (Set)。另外，上述 for 迴圈的可迭代物件也常是 range( ) 函數產生的可迭代物件，將在 7-2 節說明。

7-1-1 for 迴圈基本運作

例如：如果一個 NBA 球隊有 5 位球員，分別是 Curry、Jordan、James、Durant、Obama，現在想列出這 5 位球員，那麼就很適合使用 for 迴圈執行這個工作。

程式實例 ch7_3.py：列出球員名稱。

```
# ch7_3.py
players = ['Curry', 'Jordan', 'James', 'Durant', 'Obama']
for player in players:
    print(player)
```

執行結果

```
==================== RESTART: D:/Python/ch7/ch7_3.py ====================
Curry
Jordan
James
Durant
Obama
```

上述程式執行的觀念是，當第一次執行下列敘述時：

for player in players:

player 的內容是 'Curry'，然後執行 print(player)，所以會印出 'Curry'，我們也可以將此稱第一次迭代。由於串列 players 內還有其它的元素尚未執行，所以會執行第二次迭代，當執行第二次迭代下列敘述時：

for player in players:

player 的內容是 'Jordan'，然後執行 print(player)，所以會印出 'Jordan'。由於串列 players 內還有其它的元素尚未執行，所以會執行第三次迭代，…，當執行第五次迭代下列敘述時：

for player in players:

player 的內容是 'Obama'，然後執行 print(player)，所以會印出 'Obama'。第六次要執行 for 迴圈時，由於串列 players 內所有元素已經執行，所以這個迴圈就算執行結束。下列是迴圈的流程示意圖。

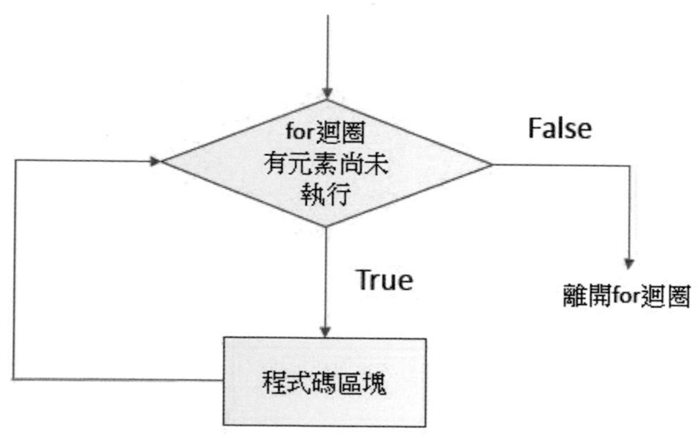

7-1-2　如果程式碼區塊只有一行

使用 for 迴圈時，如果程式碼區塊只有一行，它的語法格式可以用下列方式表達：

for var in 可迭代物件：程式碼區塊

程式實例 ch7_4.py：重新設計 ch7_3.py。

```
# ch7_4.py
players = ['Curry', 'Jordan', 'James', 'Durant', 'Obama']
for player in players: print(player)
```

執行結果 與 ch7_3.py 相同。

7-1-3　有多行的程式碼區塊

如果 for 迴圈的程式碼區塊有多行程式敘述時，要留意這些敘述同時需要做縮排處理。，它的語法格式可以用下列方式表達：

```
for var in 可迭代物件：
    程式碼
    程式碼
    ......
```

程式實例 ch7_5.py：這個程式在設計時，首先筆者將串列的元素英文名字全部改成小寫，然後 for 迴圈的程式碼區塊是有 2 行，這 2 行 (第 4 和 5 行) 皆需內縮處理，player.title( ) 的 title( ) 方法可以處理第一個字母以大寫顯示。

```
1 # ch7_5.py
2 players = ['curry', 'jordan', 'james', 'durant', 'obama']
3 for player in players:
4     print(player.title( ) + ", it was a great game.")
5     print("我迫不及待想看下一場比賽, " + player.title( ))
```

執行結果

```
===================== RESTART: D:/Python/ch7/ch7_5.py =====================
Curry, it was a great game.
我迫不及待想看下一場比賽, Curry
Jordan, it was a great game.
我迫不及待想看下一場比賽, Jordan
James, it was a great game.
我迫不及待想看下一場比賽, James
Durant, it was a great game.
我迫不及待想看下一場比賽, Durant
Obama, it was a great game.
我迫不及待想看下一場比賽, Obama
```

7-1-4 將 for 迴圈應用在串列區間元素

Python 也允許將 for 迴圈應用在 6-1-2 節和 6-1-3 節所截取的區間串列元素上。

程式實例 ch7_6.py：列出串列前 3 位和後 3 位的球員名稱。

```
# ch7_6.py
players = ['Curry', 'Jordan', 'James', 'Durant', 'Obama']
print("列印前3位球員")
for player in players[:3]:
    print(player)
print("列印後3位球員")
for player in players[-3:]:
    print(player)
```

執行結果

```
===================== RESTART: D:/Python/ch7/ch7_6.py =====================
列印前3位球員
Curry
Jordan
James
列印後3位球員
James
Durant
Obama
```

這個觀念其實很有用，例如：如果你設計一個學習網站，想要每天列出前 3 名學生基本資料同時表揚，可以將每個人的學習成果放在串列內，同時用降冪排序方式處理，最後可用本節觀念列出前 3 名學生資料。

註 升冪是指由小到大排列。降冪是指由大到小排列。

7-1-5　將 for 迴圈應用在資料類別的判斷

程式實例 ch7_7.py：有一個 files 串列內含一系列檔案名稱，請將 ".py" 的 Python 程式檔案另外建立到 py 串列，然後列印。

```
# ch7_7.py
files = ['da1.c','da2.py','da3.py','da4.java']
py = []
for file in files:
    if file.endswith('.py'):    # 以.py為副檔名
        py.append(file)         # 加入串列
print(py)
```

執行結果

```
===================== RESTART: D:/Python/ch7/ch7_7.py =====================
['da2.py', 'da3.py']
```

程式實例 ch7_8.py：有一個串列 names，元素內容是姓名，請將姓洪的成員建立在 lastname 串列內，然後列印。

```
# ch7_8.py
names = ['洪錦魁','洪冰儒','東霞','大成']
lastname = []
for name in names:
    if name.startswith('洪'):    # 是否姓氏洪開頭
        lastname.append(name)    # 加入串列
print(lastname)
```

執行結果

```
===================== RESTART: D:/Python/ch7/ch7_8.py =====================
['洪錦魁', '洪冰儒']
```

7-1-6　刪除與另一串列相同的元素

程式實例 ch7_9.py：刪除與另一串列相同的元素，Python 沒有提供刪除整個串列元素的方法，不過我們可以使用 for 迴圈完成此工作。

```
# ch7_9.py
fruits1 = ['蘋果', '香蕉', '西瓜', '水蜜桃', '百香果']
fruits2 = ['香蕉', '芭樂', '西瓜']
print("目前fruits2串列 : ", fruits2)
for fruit in fruits2[:]:
    if fruit in fruits1:
        fruits2.remove(fruit)
        print("刪除 %s " % fruit)
print("最後fruits2串列 : ", fruits2)
```

執行結果

```
====================== RESTART: D:\Python\ch7\ch7_9.py ======================
目前fruits2串列 :  ['香蕉', '芭樂', '西瓜']
刪除 香蕉
刪除 西瓜
最後fruits2串列 :  ['芭樂']
```

7-1-7 活用 for 迴圈

在 6-2-5 節實例 1 筆者列出了字串的相關方法，其實也可以使用 for 迴圈一一列出它們。

實例 1：列出字串的方法，下列只列出部分方法。

```
>>> string = 'abc'
>>> for i in dir(string):
        print(i)


__add__
__class__
__contains__
```

7-1-8 iter( )、iterable 和 iterator

筆者前面實例已經介紹了可迭代 (iterable) 的基本觀念了，同時也告知串列、元組、字典與集合或 range( ) 皆是可迭代物件。Python 內建 iter( ) 可以用於判斷那些物件是不是可迭代物件。

實例 1：測試串列是可迭代物件。

```
>>> fruits = ['apple', 'orange']
>>> iter(fruits)
<list_iterator object at 0x03CD4730>
```

上述列出 fruits 是可迭代物件 (list_iterator)，此物件位址在 0x03CD4730。

實例 2：測試字串是可迭代物件。

```
>>> iter('I love Python')
<str_iterator object at 0x02C184F0>
```

實例 3：測試整數不是可迭代物件。

```
>>> iter(100)
Traceback (most recent call last):
  File "<pyshell#6>", line 1, in <module>
    iter(100)
TypeError: 'int' object is not iterable
```

我們也可以使用 iter( ) 搭配 next( ) 操作可迭代物件，next( ) 可以傳回下一個元素，如果將 iter( ) 設定一個變數時，這個變數就是一個迭代器 (iterator)。

實例 4：建立一個迭代器 i，然後使用 next( ) 迭代串列內容

```
>>> fruits = ['apple', 'orange']
>>> i = iter(fruits)
>>> print(next(i))
apple
>>> print(next(i))
orange
>>> print(next(i))
Traceback (most recent call last):
  File "<pyshell#18>", line 1, in <module>
    print(next(i))
StopIteration
```

其實 Python 的直譯程式就是使用 iter( ) 和 next( ) 設計 for … in 迴圈的，上述第 3 次列印 print(next(i)) 時，由於已經輸出結束，所以會顯示錯誤。

7-2 range( ) 函數

Python 可以使用 range( ) 函數產生一個等差級序列，我們又稱這等差級序列為可迭代物件 (iterable object)，也可以稱是 range 物件。由於 range( ) 是產生等差級序列，我們可以直接使用，將此等差級序列當作迴圈的計數器。

在前一小節我們使用 "for var in 可迭代物件 " 當作迴圈，這時會使用可迭代物件元素當作迴圈指標，如果是要迭代物件內的元素，這是好方法。但是如果只是要執行普通的迴圈迭代，由於可迭代物件佔用一些記憶體空間，所以這類迴圈需要用較多系統資源。這時我們應該直接使用 range( ) 物件，這類迭代只有迭代時的計數指標需要記憶體，所以可以省略記憶體空間，range( ) 的用法與串列的切片 (slice) 類似。

range(start, stop, step)

上述 stop 是唯一必須的值，等差級序列是產生 stop 的前一個值。例如：如果省略 start，所產生等差級序列範圍是從 0 至 stop-1。step 的預設是 1，所以預設等差序列是遞增 1。如果將 step 設為 2，等差序列是遞增 2。如果將 step 設為 -1，則是產生遞減的等差序列。

由 range( ) 產生的可迭代等差級數物件的資料類型是 range，可參考下列實例。

```
>>> x = range(3)
>>> type(x)
<class 'range'>
```

下列是列印 range( ) 物件內容。

```
>>> for x in range(3):
        print(x)


0
1
2
>>> for x in range(0,3):
        print(x)


0
1
2
```

上述執行迴圈迭代時，即使是執行 3 圈，但是系統不用一次預留 3 個整數空間儲存迴圈計數指標，而是每次迴圈用 1 個整數空間儲存迴圈計數指標，所以可以節省系統資源。右列是 range( ) 含 step 參數的應用，第 1 個是建立 1-10 之間的奇數序列，第 2 個是建立每次遞減 2 的序列。

```
>>> for x in range(1,10,2):
        print(x)


1
3
5
7
9
>>> for x in range(3,-3,-2):
        print(x)


3
1
-1
```

7-2-1　只有一個參數的 range( ) 函數的應用

當 range(n) 函數搭配一個參數時：

range(n)　　　　　　# 它將產生 0, 1, … , n-1 的可迭代物件內容

下列是測試 range( ) 方法。

程式實例 ch7_10.py：輸入數字，本程式會將此數字當作列印星星的數量。

```
# ch7_10.py
n = int(input("請輸入星號數量 : ")) # 定義星號的數量
for number in range(n):             # for迴圈
    print("*",end="")               # 列印星號
```

執行結果

```
====================== RESTART: D:/Python/ch7/ch7_10.py ======================
請輸入星號數量 : 3
***
>>>
====================== RESTART: D:/Python/ch7/ch7_10.py ======================
請輸入星號數量 : 10
**********
```

7-2-2　擴充專題銀行存款複利的軌跡

在 2-12 節筆者有設計了銀行複利的計算，當時由於 Python 所學語法有限所以無法看出每年本金和的變化，這一節將以實例解說。

程式實例 ch7_11.py：參考 ch2_5.py 的利率與本金，以及年份，本程式會列出每年的本金和的軌跡。

```
# ch7_11.py
money = 50000
rate = 0.015
n = 5
for i in range(n):
    money *= (1 + rate)
    print("第 %d 年本金和 : %d" % ((i+1),int(money)))
```

執行結果

```
====================== RESTART: D:/Python/ch7/ch7_11.py ======================
第 1 年本金和 : 50749
第 2 年本金和 : 51511
第 3 年本金和 : 52283
第 4 年本金和 : 53068
第 5 年本金和 : 53864
```

7-2-3 有 2 個參數的 range( ) 函數

當 range( ) 函數搭配 2 個參數時，它的語法格式如下：

range(start, end))　　# start 是起始值，end-1 是終止值

上述可以產生 start 起始值到 end-1 終止值之間每次遞增 1 的序列，start 或 end 可以是負整數，如果終止值小於起始值則是產生空序列或稱空 range 物件，可參考下列程式實例。

```
>>> for x in range(10,2):
        print(x)


>>>
```

下列是使用負值當作起始值。

```
>>> for x in range(-1,2):
        print(x)


-1
0
1
```

程式實例 ch7_12.py：輸入正整數值 n，這個程式會計算從 1 加到 n 之值。

```
# ch7_12.py
n = int(input("請輸入n值 : "))
sum = 0
for num in range(1,n+1):
    sum += num
print("總和 = ", sum)
```

執行結果

```
==================== RESTART: D:/Python/ch7/ch7_12.py ====================
請輸入n值 : 10
總和 =  55
```

7-2-4 有 3 個參數的 range( ) 函數

當 range( ) 函數搭配 3 個參數時，它的語法格式如下：

range(start, end, step)　　# start 是起始值，end 是終止值，step 是間隔值

然後會從起始值開始產生等差級數，每次間隔 step 時產生新數值元素，到 end-1 為止，下列是產生 2-10 間的偶數。

```
>>> for x in range(2,11,2):
        print(x)


2
4
6
8
10
```

此外，step 值也可以是負值，此時起始值必須大於終止值。

```
>>> for x in range(10,0,-2):
        print(x)


10
8
6
4
2
```

7-2-5　活用 range( ) 應用

程式設計時我們也可以直接應用 range( )，可以產生程式精簡的效果。

程式實例 ch7_13.py：輸入一個正整數 n，這個程式會列出從 1 加到 n 的總和。

```
# ch7_13.py
n = int(input("請輸入整數:"))
total = sum(range(n + 1))
print("從1到%d的總和是 = " % n, total)
```

執行結果

```
====================== RESTART: D:/Python/ch7/ch7_13.py ======================
請輸入整數:10
從1到10的總和是 =  55
```

上述程式筆者使用了可迭代物件的內建函數 sum 執行總和的計算，它的工作原理並不是一次預留儲存 1, 2, … 10 的記憶體空間，然後執行運算。而是只有一個記憶體空間，每次將迭代的指標放在此空間，然後執行 sum( ) 運算，可以增加工作效率與節省系統記憶體空間。

程式實例 ch7_14.py：建立一個整數平方的串列，為了避免數值太大，若是輸入大於 10，此大於 10 的數值將被設為 10。

```
1  # ch7_14.py
2  squares = []                       # 建立空串列
3  n = int(input("請輸入整數:"))
4  if n > 10 : n = 10                 # 最大值是10
5  for num in range(1, n+1):
6      value = num * num              # 元素平方
7      squares.append(value)          # 加入串列
8  print(squares)
```

執行結果

```
==================== RESTART: D:/Python/ch7/ch7_14.py ====================
請輸入整數:12
[1, 4, 9, 16, 25, 36, 49, 64, 81, 100]
>>>
==================== RESTART: D:/Python/ch7/ch7_14.py ====================
請輸入整數:10
[1, 4, 9, 16, 25, 36, 49, 64, 81, 100]
>>>
==================== RESTART: D:/Python/ch7/ch7_14.py ====================
請輸入整數:5
[1, 4, 9, 16, 25]
```

對於上述程式而言，我們也可以使用 "**" 代替乘方運算，同時第 6 和 7 行使用更精簡設計方式。

程式實例 ch7_15.py：用更精簡方式設計 ch7_14.py。

```
# ch7_15.py
squares = []                       # 建立空串列
n = int(input("請輸入整數:"))
if n > 10 : n = 10                 # 最大值是10
for num in range(1, n+1):
    squares.append(num ** 2)       # 加入串列
print(squares)
```

執行結果 與 ch7_14.py 相同。

7-2-6 設計刪除串列內所有元素

程式實例 ch7_15_1.py：刪除串列內所有元素，Python 沒有提供刪除整個串列元素的方法，不過我們可以使用 for 迴圈完成此工作。

```
# ch7_15_1.py
fruits = ['蘋果', '香蕉', '西瓜', '水蜜桃', '百香果']
print("目前fruits串列 : ", fruits)

for fruit in fruits[:]:
    fruits.remove(fruit)
    print("刪除 %s " % fruit)
    print("目前fruits串列 : ", fruits)
```

執行結果

```
==================== RESTART: D:/Python/ch7/ch7_15_1.py ====================
目前fruits串列 :  ['蘋果', '香蕉', '西瓜', '水蜜桃', '百香果']
刪除 蘋果
目前fruits串列 :  ['香蕉', '西瓜', '水蜜桃', '百香果']
刪除 香蕉
目前fruits串列 :  ['西瓜', '水蜜桃', '百香果']
刪除 西瓜
目前fruits串列 :  ['水蜜桃', '百香果']
刪除 水蜜桃
目前fruits串列 :  ['百香果']
刪除 百香果
目前fruits串列 :  []
```

7-2-7　串列生成 (list generator) 的應用

生成式 (generator) 是一種使用迭代方式產生 Python 數據資料的方式，例如：可以產生串列、字典、集合等。這是結合迴圈與條件運算式的精簡程式碼的方法，如果讀者會用此觀念設計程式，表示讀者的 Python 功力已跳脫初學階段，如果你是有其它程式語言經驗的讀者，表示你已經逐漸跳脫其它程式語言的枷鎖，逐步蛻變成真正 Python 程式設計師。

程式實例 ch7_15_2.py：從觀念說起，建立 0-5 的串列，讀者最初可能會用下列方法。

```
# ch7_15_2.py
xlst = []
xlst.append(0)
xlst.append(1)
xlst.append(2)
xlst.append(3)
xlst.append(4)
xlst.append(5)
print(xlst)
```

執行結果

```
==================== RESTART: D:/Python/ch7/ch7_15_2.py ====================
[0, 1, 2, 3, 4, 5]
```

如果要讓程式設計更有效率，讀者可以使用一個 for 迴圈和 range( )。

程式實例 ch7_15_3.py：使用使用一個 for 迴圈和 range( ) 重新設計上述程式。

```
# ch7_15_3.py
xlst = []
for n in range(6):
    xlst.append(n)
print(xlst)
```

執行結果 與 ch7_15_2.py 相同。

或是直接使用 list( ) 將 range(n) 當作是參數。

程式實例 ch7_15_4.py：直接使用 list( ) 將 range(n) 當作是參數，重新設計上述程式。

```
# ch7_15_4.py
xlst = list(range(6))
print(xlst)
```

執行結果 與 ch7_15_3.py 相同。

上述方法均可以完成工作，但是如果要成為真正的 Python 工程師，建議是使用串列生成式 (list generator) 的觀念。在說明實例前先看串列生成式的語法：

新串列 = [運算式 for 項目 in 可迭代物件]

上述語法觀念是，將每個可迭代物件套入運算式，每次產生一個串列元素。如果將串列生成式的觀念應用在上述實例，整個內容如下：

xlst = [n for n in range(6)]

上述第 1 個 n 是產生串列的值，也可以想成迴圈結果的值，第 2 個 n 是 for 迴圈的一部份，用於迭代 range(6) 內容。

程式實例 ch7_15_5.py：用串列生成式產生串列。

```
# ch7_15_5.py
xlst = [ n for n in range(6)]
print(xlst)
```

執行結果 與 ch7_15_3.py 相同。

讀者需記住，第 1 個 n 式產生串列的值，其實這部份也可以是一個運算式，如果將上述觀念應用在改良 ch7_15.py，可以將該程式第 5-6 行轉成串列生成語法，此時內容可以修改如下：

square = [num ** 2 for num in range(1, n+1)]

此外，用這種方式設計時，我們可以省略第 2 行建立空串列。

程式實例 ch7_16.py：重新設計 ch7_15.py，進階串列生成的應用。

```
# ch7_16.py
n = int(input("請輸入整數:"))
if n > 10 : n = 10                    # 最大值是10
squares = [num ** 2 for num in range(1, n+1)]
print(squares)
```

執行結果 與 ch7_15.py 相同。

程式實例 ch7_17.py：有一個攝氏溫度串列 celsius，這個程式會利用此串列生成華氏溫度串列 fahrenheit。

```
# ch7_17.py
celsius = [21, 25, 29]
fahrenheit = [(x * 9 / 5 + 32) for x in celsius]
print(fahrenheit)
```

執行結果

```
==================== RESTART: D:\Python\ch7\ch7_17.py ====================
[69.8, 77.0, 84.2]
```

程式實例 ch7_18.py：畢達哥拉斯直角三角形 (A Pythagorean triple) 定義，其實這是我們國中數學所學的畢氏定理，基本觀念是直角三角形兩邊長的平方和等於斜邊的平方，如下：

$a^2 + b^2 = c^2$　　　　　# c 是斜邊長

這個定理我們可以用 (a, b, c) 方式表達，最著名的實例是 (3,4,5)，小括號是元組的表達方式，我們尚未介紹所以本節使用 [a,b,c] 串列表示。這個程式會生成 0-19 間符合定義的 a、b、c 串列值。

```
# ch7_18.py
x = [[a, b, c] for a in range(1,20) for b in range(a,20) for c in range(b,20)
        if a ** 2 + b ** 2 == c **2]
print(x)
```

執行結果

```
==================== RESTART: D:\Python\ch7\ch7_18.py ====================
[[3, 4, 5], [5, 12, 13], [6, 8, 10], [8, 15, 17], [9, 12, 15]]
```

程式實例 ch7_19.py：在數學的使用中可能會碰上下列數學定義。

A * B = {(a, b)}：a 屬於 A 元素，b 屬於 B 元素

我們可以用下列程式生成這類的串列。

```
# ch7_19.py
colors = ["Red","Green","Blue"]
shapes = ["Circle","Square","Line"]
result = [[color,shape] for color in colors for shape in shapes]
print(result)
```

執行結果

```
====================== RESTART: D:\Python\ch7\ch7_19.py ======================
[['Red', 'Circle'], ['Red', 'Square'], ['Red', 'Line'], ['Green', 'Circle'], ['G
reen', 'Square'], ['Green', 'Line'], ['Blue', 'Circle'], ['Blue', 'Square'], ['B
lue', 'Line']]
```

7-2-8 列印含串列元素的串列

這個小節的觀念稱 list unpacking，這個程式會從每個串列中拉出 color 和 shape 的串列元素值。

程式實例 ch7_20.py：簡化上一個程式，然後列出串列內每個元素串列值。

```
# ch7_20.py
colors = ["Red", "Green", "Blue"]
shapes = ["Circle", "Square"]
result = [[color, shape] for color in colors for shape in shapes]
for color, shape in result:
    print(color, shape)
```

執行結果

```
===================== RESTART: D:/Python/ch7/ch7_20.py =====================
Red Circle
Red Square
Green Circle
Green Square
Blue Circle
Blue Square
```

7-2-9 含有條件式的串列生成

這時語法如下：

新串列 = [運算式 for 項目 in 可迭代物件 if 條件式]

下列是用傳統方式建立 1, 3, … , 9 的串列：

```
>>> for num in range(1,10):
        if num % 2 == 1:
            oddlist.append(num)


>>> oddlist
[1, 3, 5, 7, 9]
```

下列是使用 Python 精神，設計含有條件式的串列生成程式。

```
>>> oddlist = [num for num in range(1,10) if num % 2 == 1]
>>> oddlist
[1, 3, 5, 7, 9]
```

7-2-10　列出 ASCII 碼值或 Unicode 碼值的字元

學習程式語言重要是活用，在 3-5-1 節筆者介紹了 ASCII 碼，下列是列出碼值 32 至 127 間的 ASCII 字元。

```
>>> for x in range(32,128):
        print(chr(x),end='')

 !"#$%&'()*+,-./0123456789:;<=>?@ABCDEFGHIJKLMNOPQRSTUVWXYZ[\]^_`abcdefghijklmno
pqrstuvwxyz{|}~
```

在 3-5-2 節筆者介紹了 Unicode 碼，下列是產生 Unicode 字元 0x6d2a 至 0x6e29 之間的字元。

```
>>> for x in range(0x6d2a, 0x6e2a):
        print(chr(x),end='')

洪洫洬洭洮洯洰洱洲洳洴洵洶洷洸洹洺活洼洽派洿浀流浂浃浄浅浆浇浈浉浊测浌浍济浏浐浑
浒浓浔浕浖浗浘浙浚浛浜浝浞浟浠浡浢浣浤浥浦浧浨浩浪浫浬浭浮浯浰浱浲浳浴浵浶海浸浹
浺浻浼浽浾浿涀涁涂涃涄涅涆涇消涉涊涋涌涍涎涏涐涑涒涓涔涕涖涗涘涙涚涛涜涝涞涟涠涡
涢涣涤涥润涧涨涩涪涫涬涭涮涯涰涱液涳涴涵涶涷涸涹涺涻涼涽涾涿淀淁淂淃淄淅淆淇淈淉
淊淋淌淍淎淏淐淑淒淓淔淕淖淗淘淙淚淛淜淝淞淟淠淡淢淣淤淥淦淧淨淩淪淫淬淭淮淯淰深
淲淳淴淵淶混淸淹淺添淼淽淾淿渀渁渂渃渄清渆渇済渉渊渋渌渍渎渏渐渑渒渓渔渕渖渗渘渙
渚減渜渝渞渟渠渡渢渣渤渥渦渧渨温
```

7-3 進階的 for 迴圈應用

7-3-1 巢狀 for 迴圈

一個迴圈內有另一個迴圈，我們稱這是巢狀迴圈。如果外層迴圈要執行 n 次，內層迴圈要執行 m 次，則整個迴圈執行的次數是 n*m 次，設計這類迴圈時要特別注意下列事項：

- 外層迴圈的索引值變數與內層迴圈的索引值變數建議是不要相同，以免混淆。
- 程式碼的內縮一定要小心。

下列是巢狀迴圈基本語法：

```
for var1 in 可迭代物件 :                # 外層 for 迴圈
    …
    for var2 in 可迭代物件 :            # 內層 for 迴圈
        …
```

程式實例 ch7_21.py：列印 9*9 的乘法表。

```
1 # ch7_21.py
2 for i in range(1, 10):
3     for j in range(1, 10):
4         result = i * j
5         print("%d*%d=%-3d" % (i, j, result), end=" ")
6     print()             # 換行輸出
```

執行結果

```
===================== RESTART: D:/Python/ch7/ch7_21.py =====================
1*1=1   1*2=2   1*3=3   1*4=4   1*5=5   1*6=6   1*7=7   1*8=8   1*9=9
2*1=2   2*2=4   2*3=6   2*4=8   2*5=10  2*6=12  2*7=14  2*8=16  2*9=18
3*1=3   3*2=6   3*3=9   3*4=12  3*5=15  3*6=18  3*7=21  3*8=24  3*9=27
4*1=4   4*2=8   4*3=12  4*4=16  4*5=20  4*6=24  4*7=28  4*8=32  4*9=36
5*1=5   5*2=10  5*3=15  5*4=20  5*5=25  5*6=30  5*7=35  5*8=40  5*9=45
6*1=6   6*2=12  6*3=18  6*4=24  6*5=30  6*6=36  6*7=42  6*8=48  6*9=54
7*1=7   7*2=14  7*3=21  7*4=28  7*5=35  7*6=42  7*7=49  7*8=56  7*9=63
8*1=8   8*2=16  8*3=24  8*4=32  8*5=40  8*6=48  8*7=56  8*8=64  8*9=72
9*1=9   9*2=18  9*3=27  9*4=36  9*5=45  9*6=54  9*7=63  9*8=72  9*9=81
```

上述程式第 5 行，%-3d 主要是供 result 使用，表示每一個輸出預留 3 格，同時靠左輸出。同一行 end=" " 則是設定，輸出完空一格，下次輸出不換行輸出。當內層迴圈執行完一次，則執行第 6 行，這是外層迴圈敘述，主要是設定下次換行輸出，相當於下次再執行內層迴圈時換行輸出。

程式實例 ch7_22.py：繪製直角三角形。

```
# ch7_22.py
for i in range(1, 10):
    for j in range(1, 10):
        if j <= i:
            print("aa", end="")
    print()                    # 換行輸出
```

執行結果

```
===================== RESTART: D:/Python/ch7/ch7_22.py =====================
aa
aaaa
aaaaaa
aaaaaaaa
aaaaaaaaaa
aaaaaaaaaaaa
aaaaaaaaaaaaaa
aaaaaaaaaaaaaaaa
aaaaaaaaaaaaaaaaaa
```

上述程式實例主要是訓練讀者雙層迴圈的邏輯觀念，其實也可以使用單層迴圈繪製上述直角三角形，讀者可以當作習題練習。

7-3-2　強制離開 for 迴圈 - break 指令

在設計 for 迴圈時，如果期待某些條件發生時可以離開迴圈，可以在迴圈內執行 break 指令，即可立即離開迴圈，這個指令通常是和 if 敘述配合使用。下列是常用的語法格式：

```
for var in 可迭代物件：
    程式碼區塊 1
    if 條件運算式：              # 判斷條件運算式
        程式碼區塊 2
        break                   # 如果條件運算式是 True 則離開 for 迴圈
    程式碼區塊 3
```

下列是流程圖，其中在 for 迴圈內的 if 條件判斷，也許前方有程式碼區塊 1、if 條件內有程式碼區塊 2 或是後方有程式碼區塊 3，只要 if 條件判斷是 True，則執行 if 條件內的程式碼區塊 2 後，可立即離開迴圈。

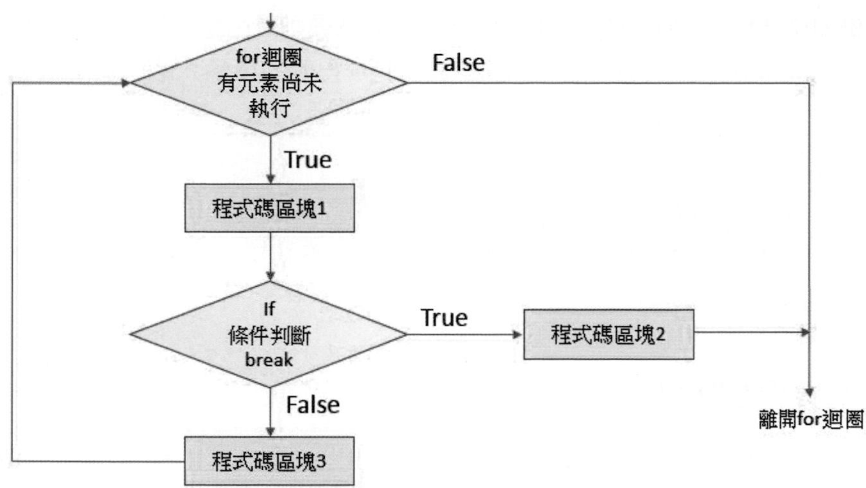

例如：如果你設計一個比賽，可以將參加比賽者的成績列在串列內，如果想列出前 20 名參加決賽，可以設定 for 迴圈當選取 20 名後，即離開迴圈，此時就可以使用 break 功能。

程式實例 ch7_23.py：輸出一系列數字元素，當數字為 5 時，迴圈將終止執行。

```
 1  # ch7_23.py
 2  print("測試1")
 3  for digit in range(1, 11):
 4      if digit == 5:
 5          break
 6      print(digit, end=', ')
 7  print( )
 8  print("測試2")
 9  for digit in range(0, 11, 2):
10      if digit == 5:
11          break
12      print(digit, end=', ')
```

執行結果

```
==================== RESTART: D:/Python/ch7/ch7_23.py ====================
測試1
1, 2, 3, 4,
測試2
0, 2, 4, 6, 8, 10,
```

上述在第一個串列的測試中 (第 3 至 6 行)，當碰到串列元素是 5 時，迴圈將終止，所以只有列出 "1, 2, 3, 4," 元素。在第二個串列的測試中 (第 9 至 12 行)，當碰到串列元素是 5 時，迴圈將終止，可是這個串列元素中沒有 5，所以整個迴圈可以正常執行到結束。

程式實例 ch7_24.py：列出球員名稱，列出多少個球員則是由螢幕輸入，這個程式同時設定，如果螢幕輸入的人數大於串列的球員數時，自動將所輸入的人數降為串列的球員數。

```
# ch7_24.py
players = ['Curry', 'Jordan', 'James', 'Durant', 'Obama', 'Kevin', 'Lin']
n = int(input("請輸入人數 = "))
if n > len(players) : n = len(players)  # 列出人數不大於串列元素數
index = 0                               # 索引
for player in players:
    if index == n:
        break
    print(player, end=" ")
    index += 1                          # 索引加1
```

執行結果

```
===================== RESTART: D:/Python/ch7/ch7_24.py =====================
請輸入人數 = 5
Curry Jordan James Durant Obama
>>>
===================== RESTART: D:/Python/ch7/ch7_24.py =====================
請輸入人數 = 9
Curry Jordan James Durant Obama Kevin Lin
```

程式實例 ch7_25.py：一個串列 scores 內含有 10 個分數元素，請列出最高分的前 5 個成績。

```
# ch7_25.py
scores = [94, 82, 60, 91, 88, 79, 61, 93, 99, 77]
scores.sort(reverse = True)          # 從大到小排列
count = 0
for sc in scores:
    count += 1
    print(sc, end=" ")
    if count == 5:                   # 取前5名成績
        break                        # 離開for迴圈
```

執行結果

```
===================== RESTART: D:/Python/ch7/ch7_25.py =====================
99 94 93 91 88
```

7-3-3 for 迴圈暫時停止不往下執行 – continue 指令

在設計 for 迴圈時，如果期待某些條件發生時可以不往下執行迴圈內容，此時可以用 continue 指令，這個指令通常是和 if 敘述配合使用。下列是常用的語法格式：

```
for var in 可迭代物件：
    程式碼區塊 1
```

```
if 條件運算式：          # 如果條件運算式是 True 則不執行程式碼區塊 3
    程式碼區塊 2
    continue
程式碼區塊 3
```

下列是流程圖，相當於如果發生 if 條件判斷是 True 時，則不執行程式碼區塊 3 內容。

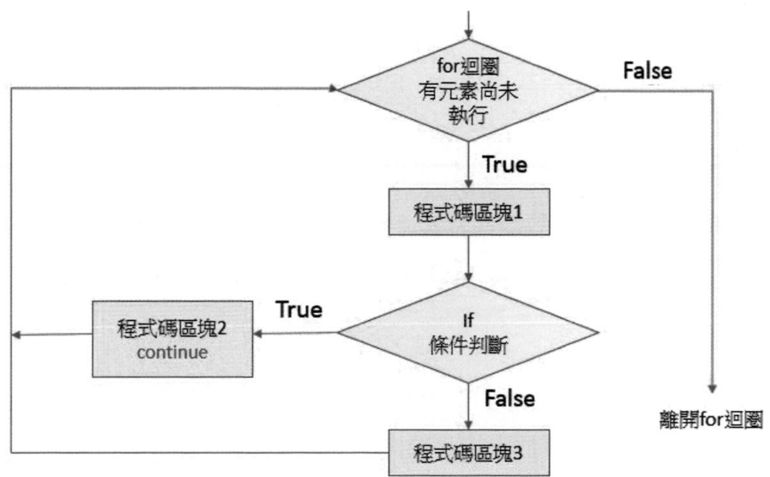

程式實例 ch7_26.py：有一個串列 scores 紀錄 James 的比賽得分，設計一個程式可以列出 James 有多少場次得分大於或等於 30 分。

```
# ch7_26.py
scores = [33, 22, 41, 25, 39, 43, 27, 38, 40]
games = 0
for score in scores:
    if score < 30:                  # 小於30則不往下執行
        continue
    games += 1                      # 場次加1
print("有%d場得分超過30分" % games)
```

執行結果

```
====================== RESTART: D:/Python/ch7/ch7_26.py ======================
有6場得分超過30分
```

程式實例 ch7_27.py：有一個串列 players，這個串列的元素也是串列，包含球員名字和身高資料，列出所有身高是 200(含) 公分以上的球員資料。

```
1  # ch7_27.py
2  players = [['James', 202],
3             ['Curry', 193],
4             ['Durant', 205],
5             ['Jordan', 199],
6             ['David', 211]]
7  for player in players:
8      if player[1] < 200:
9          continue
10     print(player)
```

執行結果

```
===================== RESTART: D:/Python/ch7/ch7_27.py =====================
['James', 202]
['Durant', 205]
['David', 211]
```

對於上述 for 迴圈而言，每次執行第 7 行時，player 的內容是 players 的一個元素，而這個元素是一個串列，例如：第一次執行時 player 內容是如下：

['James', 202]

執行第 8 行時，player[1] 的值是 202。由於 if 判斷的結果是 False，所以會執行第 10 行的 print(player) 指令，其他可依此類推。

7-3-4　for … else 迴圈

在設計 for 迴圈時，如果期待所有的 if 敘述條件是 False 時，在最後一次迴圈後，可以執行特定程式區塊指令，可使用這個敘述，這個指令通常是和 if 和 break 敘述配合使用。下列是常用的語法格式：

```
for var in 可迭代物件：
    if 條件運算式：                # 如果條件運算式是 True 則離開 for 迴圈
        程式碼區塊 1
        break
else:
    程式碼區塊 2                   # 最後一次迴圈條件運算式是 False 則執行
```

其實這個語法很適合傳統數學中測試某一個數字 n 是否是質數 (Prime Number)，質數的條件是：

- 2 是質數。
- n 不可被 2 至 n-1 的數字整除。

程式實例 ch7_28.py：質數測試的程式，如果所輸入的數字是質數則列出是質數，否則列出不是質數。

```
# ch7_28.py
num = int(input("請輸入大於1的整數做質數測試 = "))
if num == 2:                                # 2是質數所以直接輸出
    print("%d是質數" % num)
else:
    for n in range(2, num):                 # 用2 .. num-1當除數測試
        if num % n == 0:                    # 如果整除則不是質數
            print("%d不是質數" % num)
            break                           # 離開迴圈

    else:                                   # 否則是質數
        print("%d是質數" % num)
```

執行結果

```
==================== RESTART: D:/Python/ch7/ch7_28.py ====================
請輸入大於1的整數做質數測試 = 2
2是質數
>>>
==================== RESTART: D:/Python/ch7/ch7_28.py ====================
請輸入大於1的整數做質數測試 = 3
3是質數
>>>
==================== RESTART: D:/Python/ch7/ch7_28.py ====================
請輸入大於1的整數做質數測試 = 12
12不是質數
>>>
==================== RESTART: D:/Python/ch7/ch7_28.py ====================
請輸入大於1的整數做質數測試 = 13
13是質數
```

7-4 while 迴圈

這也是一個迴圈，基本上迴圈會一直執行直到條件運算為 False 才會離開迴圈，所以設計 while 迴圈時一定要設計一個條件可以離開迴圈，相當於讓迴圈結束。程式設計時，如果忘了設計條件可以離開迴圈，程式造成無限迴圈狀態，此時可以同時按 Ctrl+C，中斷程式的執行離開無限迴圈的陷阱。

一般 while 迴圈使用的語意上是條件控制迴圈，在符合特定條件下執行。for 迴圈則是算一種計數迴圈，會重複執行特定次數。

```
while 條件運算：
    程式區塊
```

下列是 while 迴圈語法流程圖。

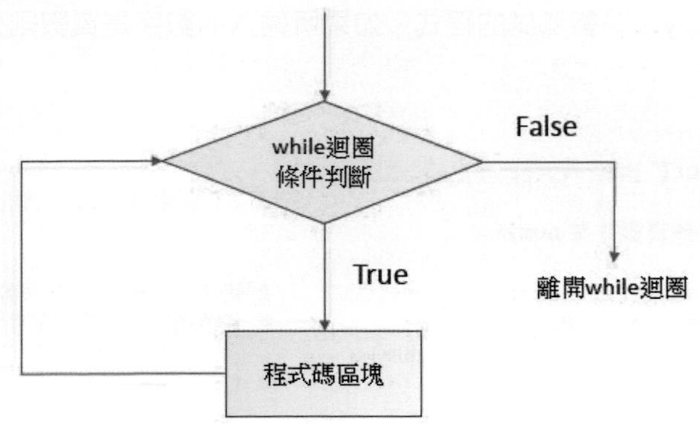

7-4-1　基本 while 迴圈

程式實例 ch7_29.py：這個程式會輸出你所輸入的內容，當輸入 q 時，程式才會執行結束。

```
# ch7_29.py
msg1 = '人機對話專欄,告訴我心事吧,我會重複你告訴我的心事!'
msg2 = '輸入 q 可以結束對話'
msg = msg1 + '\n' + msg2 + '\n' + '= '
input_msg = ''                    # 預設為空字串
while input_msg != 'q':
    input_msg = input(msg)
    print(input_msg)
```

執行結果

```
===================== RESTART: D:/Python/ch7/ch7_29.py =====================
人機對話專欄,告訴我心事吧,我會重複你告訴我的心事!
輸入 q 可以結束對話
= DeepStone深度學習
DeepStone深度學習
人機對話專欄,告訴我心事吧,我會重複你告訴我的心事!
輸入 q 可以結束對話
= q
q
```

上述程式最大的缺點是，當輸入 q 時，程式也將輸出 q，然後才結束 while 迴圈，我們可以使用下列第 8 行增加 if 條件判斷方式改良。

程式實例 ch7_30.py：改良程式 ch7_29.py，當輸入 q 時，不再輸出 q。

```
1  # ch7_30.py
2  msg1 = '人機對話專欄,告訴我心事吧,我會重複你告訴我的心事!'
3  msg2 = '輸入 q 可以結束對話'
4  msg = msg1 + '\n' + msg2 + '\n' + '= '
5  input_msg = ''                    # 預設為空字串
6  while input_msg != 'q':
7      input_msg = input(msg)
8      if input_msg != 'q':          # 如果輸入不是q才輸出訊息
9          print(input_msg)
```

執行結果

```
===================== RESTART: D:/Python/ch7/ch7_30.py =====================
人機對話專欄,告訴我心事吧,我會重複你告訴我的心事!
輸入 q 可以結束對話
= DeepStone深度學習
DeepStone深度學習
人機對話專欄,告訴我心事吧,我會重複你告訴我的心事!
輸入 q 可以結束對話
= q
```

上述程式儘管可以完成工作，但是當我們在設計大型程式時，如果可以有更明確的標記，記錄程式是否繼續執行將更佳，下列筆者將用一個布林變數值 active 當作標記，如果是 True 則 while 迴圈繼續，否則 while 迴圈結束。

程式實例 ch7_31.py：改良 ch7_30.py 程式的可讀性，使用標記 active 紀錄是否迴圈繼續。

```
# ch7_31.py
msg1 = '人機對話專欄,告訴我心事吧,我會重複你告訴我的心事!'
msg2 = '輸入 q 可以結束對話'
msg = msg1 + '\n' + msg2 + '\n' + '= '
active = True
while active:                       # 迴圈進行直到active是False
    input_msg = input(msg)
    if input_msg != 'q':            # 如果輸入不是q才輸出訊息
        print(input_msg)
    else:
        active = False              # 輸入是q所以將active設為False
```

執行結果 與 ch7_30.py 相同。

程式實例 ch7_32.py：猜數字遊戲，程式第 2 行用變數 answer 儲存欲猜的數字，程式執行時用變數 guess 儲存所猜的數字。

```
1  # ch7_32.py
2  answer = 30                     # 正確數字
3  guess = 0                       # 設定所猜數字的初始值
4  while guess != answer:
5      guess = int(input("請猜1-100間的數字 = "))
6      if guess > answer:
7          print("請猜小一點")
8      elif guess < answer:
9          print("請猜大一點")
10     else:
11         print("恭喜答對了")
```

執行結果

```
======================== RESTART: D:/Python/ch7/ch7_32.py ========================
請猜1-100間的數字 = 50
請猜小一點
請猜1-100間的數字 = 25
請猜大一點
請猜1-100間的數字 = 30
恭喜答對了
```

7-4-2　認識哨兵值 (Sentinel value)

在程式設計時，我們可以在 while 迴圈中設定一個輸入數值當作迴圈執行結束的值，這個值稱哨兵值 (Sentinel value)。

程式實例 ch7_33.py：計算輸入值的總和，哨兵值是 0，如果輸入 0 則程式結束。

```
# ch7_33.py
n = int(input("請輸入一個值 : "))
sum = 0
while n != 0:
    sum += n
    n = int(input("請輸入一個值 : "))
print("輸入總和 = ", sum)
```

執行結果

```
======================== RESTART: D:/Python/ch7/ch7_33.py ========================
請輸入一個值 : 5
請輸入一個值 : 6
請輸入一個值 : 7
請輸入一個值 : 0
輸入總和 =  18
```

7-4-3　預測學費

程式實例 ch7_34.py：假設今年大學學費是 50000 元，未來每年以 5% 速度向上漲價，多少年後學費會達到或超過 6 萬元，學費不會少於 1 元，計算時可以忽略小數位數。

```
# ch7_34.py
tuition = 50000
year = 0
while tuition < 60000:
    tuition = int(tuition * 1.05)
    year += 1
print("經過 %d 年後學費會達到或超過60000元 " % year)
```

執行結果

```
======================== RESTART: D:/Python/ch7/ch7_34.py ========================
經過 4 年後學費會達到或超過60000元
```

7-4-4 巢狀 while 迴圈

while 迴圈也允許巢狀迴圈，此時的語法格式如下：

```
while 條件運算：                    # 外層 while 迴圈
    …
    while 條件運算：                # 內層 while 迴圈
        …
```

下列是我們已經知道 while 迴圈會執行幾次的應用。

程式實例 ch7_35.py：使用 while 迴圈重新設計 ch7_21.py，列印 9*9 乘法表。

```
# ch7_35.py
i = 1                              # 設定i初始值
while i <= 9:                      # 當i大於9跳出外層迴圈
    j = 1                          # 設定j初始值
    while j <= 9:                  # 當j大於9跳出內層迴圈
        result = i * j
        print("%d*%d=%-3d" % (i, j, result), end=" ")
        j += 1                     # 內層迴圈加1
    print()                        # 換行輸出
    i += 1                         # 外層迴圈加1
```

執行結果 與 ch7_19.py 相同。

7-4-5 強制離開 while 迴圈 - break 指令

7-3-2 節所介紹的 break 指令與觀念，也可以應用在 while 迴圈。在設計 while 迴圈時，如果期待某些條件發生時可以離開迴圈，可以在迴圈內執行 break 指令，即可立即離開迴圈，這個指令通常是和 if 敘述配合使用。下列是常用的語法格式：

```
while 條件運算式 A：
    程式碼區塊 1
    if 條件運算式 B：              # 判斷條件運算式 A
        程式碼區塊 2
        break                      # 如果條件運算式 A 是 True 則離開 while 迴圈
    程式碼區塊 3
```

程式實例 ch7_36.py：這個程式會先建立 while 無限迴圈，如果輸入 q，則可跳出這個 while 無限迴圈。程式內容主要是要求輸入水果，然後輸出此水果。

```
# ch7_36.py
msg1 = '人機對話專欄,請告訴我妳喜歡吃的水果!'
msg2 = '輸入 q 可以結束對話'
msg = msg1 + '\n' + msg2 + '\n' + '= '
while True:                          # 這是while無限迴圈
    input_msg = input(msg)
    if input_msg == 'q':             # 輸入q可用break跳出迴圈
        break
    else:
        print("我也喜歡吃 %s " % input_msg.title( ))
```

執行結果

```
==================== RESTART: D:/Python/ch7/ch7_36.py ====================
人機對話專欄,請告訴我妳喜歡吃的水果!
輸入 q 可以結束對話
= apple
我也喜歡吃 Apple
人機對話專欄,請告訴我妳喜歡吃的水果!
輸入 q 可以結束對話
= orange
我也喜歡吃 Orange
人機對話專欄,請告訴我妳喜歡吃的水果!
輸入 q 可以結束對話
= q
```

程式實例 ch7_37.py：使用 while 迴圈重新設計 ch7_24.py。

```
1  # ch7_37.py
2  players = ['Curry', 'Jordan', 'James', 'Durant', 'Obama', 'Kevin', 'Lin']
3  n = int(input("請輸入人數 = "))
4  if n > len(players) : n = len(players)  # 列出人數不大於串列元素數
5  index = 0                                # 索引index
6  while index < len(players):              # 是否index在串列長度範圍
7      if index == n:                       # 是否達到想列出的人數
8          break
9      print(players[index], end=" ")
10     index += 1                           # 索引index加1
```

執行結果 與 ch7_24.py 相同。

上述程式第 6 行的 "index < len(players)" 相當於是語法格式的條件運算式 A，控制迴圈是否終止。程式第 7 行的 "index == n" 相當於是語法格式的條件運算式 B，可以控制是否中途離開 while 迴圈。

7-4-6 while 迴圈暫時停止不往下執行 – continue 指令

在設計 while 迴圈時，如果期待某些條件發生時可以不往下執行迴圈內容，此時可以用 continue 指令，這個指令通常是和 if 敘述配合使用。下列是常用的語法格式：

while 條件運算 A：

程式碼區塊 1
if 條件運算式 B：# 如果條件運算式是 True 則不執行程式碼區塊 3
    程式碼區塊 2
    continue
程式碼區塊 3

程式實例 ch7_38.py：列出 1 至 10 之間的偶數。

```
# ch7_38.py
index = 0
while index <= 10:
    index += 1
    if ( index % 2 != 0 ):  # 測試是否奇數
        continue            # 不往下執行
    print(index)            # 輸出偶數
```

執行結果

```
====================== RESTART: D:/Python/ch7/ch7_38.py ======================
2
4
6
8
10
```

7-4-7 while 迴圈條件運算式與可迭代物件

while 迴圈的條件運算式也可與可迭代物件配合使用，此時它的語法格式觀念 1 如下：

while var in 可迭代物件：　　　　　# 如果 var in 可迭代物件是 True 則繼續
    程式區塊

語法格式觀念 2 如下：

while 可迭代物件：　　　　　# 迭代物件是空的迴圈才結束
    程式區塊

程式實例 ch7_39.py：刪除串列內的 apple 字串，程式第 5 行，只要在 fruits 串列內可以找到變數 fruit 內容是 apple，就會傳回 True，迴圈將繼續。

```
1  # ch7_39.py
2  fruits = ['apple', 'orange', 'apple', 'banana', 'apple']
3  fruit = 'apple'
4  print("刪除前的fruits", fruits)
5  while fruit in fruits:       # 只要串列內有apple迴圈就繼續
6      fruits.remove(fruit)
7  print("刪除後的fruits", fruits)
```

執行結果

```
==================== RESTART: D:/Python/ch7/ch7_39.py ====================
刪除前的fruits ['apple', 'orange', 'apple', 'banana', 'apple']
刪除後的fruits ['orange', 'banana']
```

程式實例 ch7_40.py：有一個串列 buyers，此串列內含購買者和消費金額，如果購買金額超過或達到 1000 元，則歸類為 VIP 買家 vipbuyers 串列。否則是 Gold 買家 goldbuyers 串列。

```
1  # ch7_40.py
2  buyers = [['James', 1030],                    # 建立買家購買紀錄
3            ['Curry', 893],
4            ['Durant', 2050],
5            ['Jordan', 990],
6            ['David', 2110]]
7  goldbuyers = []                               # Gold買家串列
8  vipbuyers =[]                                 # VIP買家串列
9  while buyers:                                 # 執行買家分類迴圈分類完成迴圈才會結束
10     index_buyer = buyers.pop()
11     if index_buyer[1] >= 1000:                # 用1000圓執行買家分類條件
12         vipbuyers.append(index_buyer)         # 加入VIP買家串列
13     else:
14         goldbuyers.append(index_buyer)        # 加入Gold買家串列
15 print("VIP 買家資料", vipbuyers)
16 print("Gold買家資料", goldbuyers)
```

執行結果

```
==================== RESTART: D:/Python/ch7/ch7_40.py ====================
VIP 買家資料 [['David', 2110], ['Durant', 2050], ['James', 1030]]
Gold買家資料 [['Jordan', 990], ['Curry', 893]]
```

上述程式第 9 行只要串列不是空串列，while 迴圈就會一直執行。

7-4-8 無限迴圈與 pass

pass 指令是什麼事也不做，如果我們想要建立一個無限迴圈可以使用下列寫法。

```
while True:
    pass
```

也可以將 True 改為阿拉伯數字 1，如下所示：

```
while 1:
    pass
```

不過不建議這麼做，這會讓程式進入無限迴圈。這個指令有時候會用在設計一個迴圈或函數 (將在第 11-10 節解說) 尚未完成時，先放 pass，未來再用完整程式碼取代。

程式實例 ch7_41.py：pass 應用在迴圈的實例，這個程式的迴圈尚未設計完成，所以筆者先用 pass 處理。

```
# ch7_41.py
schools = ['明志科大', '台灣科大', '台北科大']
for school in schools:
    pass
```

執行結果 沒有任何資料輸出。

7-5 enumerate 物件使用 for 迴圈解析

延續 6-12 節的 enumerate 物件可知，這個物件是由索引值與元素值配對出現。我們使用 for 迴圈迭代一般物件 (例如：串列) 時，無法得知每個物件元素的索引，但是可以利用 enumerate( ) 方法建立 enumerate 物件，建立原物件的索引資訊。

然後我們可以使用 for 迴圈將每一個物件的索引值與元素值解析出來。

程式實例 ch7_42.py：繼續設計 ch6_57.py，將 enumerate 物件的索引值與元素值解析出來。

```
# ch7_42.py
drinks = ["coffee", "tea", "wine"]
# 解析enumerate物件
for drink in enumerate(drinks):                # 數值初始是0
    print(drink)
for count, drink in enumerate(drinks):
    print(count, drink)
print("****************")
# 解析enumerate物件
for drink in enumerate(drinks, 10):            # 數值初始是10
    print(drink)
for count, drink in enumerate(drinks, 10):
    print(count, drink)
```

執行結果

```
==================== RESTART: D:/Python/ch7/ch7_42.py ====================
(0, 'coffee')
(1, 'tea')
(2, 'wine')
0 coffee
1 tea
2 wine
****************
(10, 'coffee')
(11, 'tea')
(12, 'wine')
10 coffee
11 tea
12 wine
```

上述程式第 6 行觀念如下：

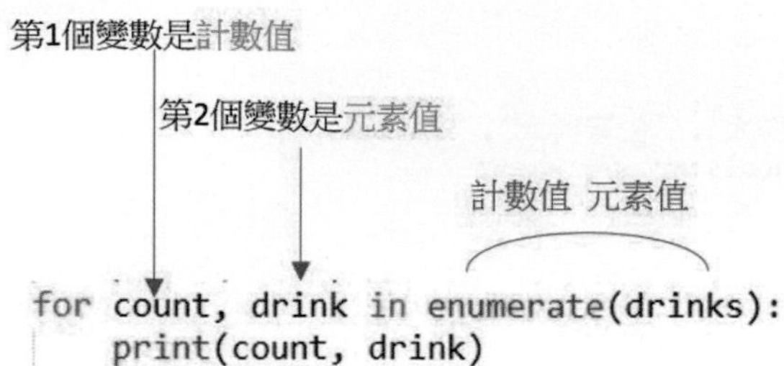

由於 enumerate(drinks) 產生的 enumerate 物件是配對存在，可以用 2 個變數遍歷這個物件，只要仍有元素尚未被遍歷迴圈就會繼續。為了讓讀者了解 enumerate 物件的奧妙，筆者先用傳統方式設計下列程式。

程式實例 ch7_43.py：以下是某位 NBA 球員的前 10 場的得分數據，可參考程式第 2 行，請用傳統方式列出那些場次得分超過 20 分 (含)。注意：場次從第 1 場開始。

```
1  # ch7_43.py
2  scores = [21,29,18,33,12,17,26,28,15,19]
3  # 不使用enumerate物件
4  index = 1
5  for score in scores:
6      if score >= 20:
7          print("場次 %d : 得分 %d " % (index, score))
8      index += 1
```

執行結果

```
====================== RESTART: D:/Python/ch7/ch7_43.py ======================
場次 1 : 得分 21
場次 2 : 得分 29
場次 4 : 得分 33
場次 7 : 得分 26
場次 8 : 得分 28
```

請留意上述程式，我們必需建立索引變數與設定此索引的初值可參考第 4 行，然後每次迭代時必需在第 8 行為索引增加 1。如果讀者懂得 emuerate( ) 的意義，可以用下列程式輕鬆有效率的處理上述問題。

程式實例 ch7_44.py：使用 emuerate( ) 重新設計 ch7_43.py。

```
# ch7_44.py
scores = [21,29,18,33,12,17,26,28,15,19]
# 解析enumerate物件
for count, score in enumerate(scores, 1):    # 數值初始是 1
    if score >= 20:
        print("場次 %d : 得分 %d " % (count, score))
```

執行結果 與 ch7_43.py 相同。

其實一個人是不是 Python 高手，可以用上述問題測試，使用 ch7_44.py 方式設計才算是真正懂 Python 精神的高手。

7-6 專題 購物車設計 / 成績系統 / 圓周率

7-6-1 設計購物車系統

程式實例 ch7_45.py：簡單購物車的設計，這個程式執行時會列出所有商品，讀者可以選擇商品，如果所輸入商品在商品串列則加入購物車，如果輸入 Q 或 q 則購物結束，輸出所購買商品。

```
# ch7_45.py
store = 'DeepStone購物中心'
products = ['電視','冰箱','洗衣機','電扇','冷氣機']
cart = []                                   # 購物車
print(store)
print(products,"\n")
while True:                                 # 這是while無限迴圈
    msg = input("請輸入購買商品(q=quit) : ")
    if msg == 'q' or msg=='Q':
        break
    else:
        if msg in products:
            cart.append(msg)

print("今天購買商品", cart)
```

執行結果

```
==================== RESTART: D:/Python/ch7/ch7_45.py ====================
DeepStone購物中心
['電視', '冰箱', '洗衣機', '電扇', '冷氣機']

請輸入購買商品(q=quit) : 電視
請輸入購買商品(q=quit) : 冰箱
請輸入購買商品(q=quit) : q
今天購買商品 ['電視', '冰箱']
```

7-6-2 建立真實的成績系統

在 6-7-3 節筆者介紹了成績系統的計算，如下所示：

姓名	國文	英文	數學	總分
洪錦魁	80	95	88	0
洪冰儒	98	97	96	0
洪雨星	91	93	95	0
洪冰雨	92	94	90	0
洪星宇	92	97	80	0

其實更真實的成績系統應該如下所示：

座號	姓名	國文	英文	數學	總分	平均	名次
1	洪錦魁	80	95	88	0	0	0
2	洪冰儒	98	97	96	0	0	0
3	洪雨星	91	93	95	0	0	0
4	洪冰雨	92	94	90	0	0	0
5	洪星宇	92	97	80	0	0	0

在上述成績系統表格中，我們使用各科考試成績然後必須填入每個人的總分、平均、名次。要處理上述成績系統，關鍵是學會二維串列的排序，如果想針對串列內第 n 個元素值排序，使用方法如下：

二維串列 .sort(key=lambda x:x[n])

上述函數方法參數有 lambda 關鍵字，讀者可以不理會直接參考輸入，即可獲得排序結果，未來介紹函數時，在 11-9 節筆者會介紹此關鍵字。

程式實例 ch7_46.py：設計真實的成績系統排序。

```
# ch7_46.py
sc = [[1, '洪錦魁', 80, 95, 88, 0, 0, 0],
      [2, '洪冰儒', 98, 97, 96, 0, 0, 0],
      [3, '洪雨星', 91, 93, 95, 0, 0, 0],
      [4, '洪冰雨', 92, 94, 90, 0, 0, 0],
      [5, '洪星宇', 92, 97, 80, 0, 0, 0],
     ]
# 計算總分與平均
print("填入總分與平均")
for i in range(len(sc)):
    sc[i][5] = sum(sc[i][2:5])              # 填入總分
    sc[i][6] = round((sc[i][5] / 3), 1)     # 填入平均
    print(sc[i])
```

```
sc.sort(key=lambda x:x[5],reverse=True)        # 依據總分高往低排序
# 以下填入名次
print("填入名次")
for i in range(len(sc)):                        # 填入名次
    sc[i][7] = i + 1
    print(sc[i])
# 以下依座號排序
sc.sort(key=lambda x:x[0])                      # 依據座號排序
print("最後成績單")
for i in range(len(sc)):
    print(sc[i])
```

執行結果

```
==================== RESTART: D:/Python/ch7/ch7_46.py ====================
填入總分與平均
[1, '洪錦魁', 80, 95, 88, 263, 87.7, 0]
[2, '洪冰儒', 98, 97, 96, 291, 97.0, 0]
[3, '洪雨星', 91, 93, 95, 279, 93.0, 0]
[4, '洪冰雨', 92, 94, 90, 276, 92.0, 0]
[5, '洪星宇', 92, 97, 80, 269, 89.7, 0]
填入名次
[2, '洪冰儒', 98, 97, 96, 291, 97.0, 1]
[3, '洪雨星', 91, 93, 95, 279, 93.0, 2]
[4, '洪冰雨', 92, 94, 90, 276, 92.0, 3]
[5, '洪星宇', 92, 97, 80, 269, 89.7, 4]
[1, '洪錦魁', 80, 95, 88, 263, 87.7, 5]
最後成績單
[1, '洪錦魁', 80, 95, 88, 263, 87.7, 5]
[2, '洪冰儒', 98, 97, 96, 291, 97.0, 1]
[3, '洪雨星', 91, 93, 95, 279, 93.0, 2]
[4, '洪冰雨', 92, 94, 90, 276, 92.0, 3]
[5, '洪星宇', 92, 97, 80, 269, 89.7, 4]
```

我們成功的建立了成績系統，其實上述成績系統還不是完美，如果發生 2 個人的成績相同時，座號屬於後面的人名次將往下掉一名。

程式實例 ch7_47.py：筆者修改成績報告，如下所示：

座號	姓名	國文	英文	數學	總分	平均	名次
1	洪錦魁	80	95	88	0	0	0
2	洪冰儒	98	97	96	0	0	0
3	洪雨星	91	93	95	0	0	0
4	洪冰雨	92	94	90	0	0	0
5	洪星宇	92	97	90	0	0	0

請注意洪星宇的數學成績是 90 分，下列是程式實例 ch7_47.py 的執行結果：

```
==================== RESTART: D:/Python/ch7/ch7_47.py ====================
填入總分與平均
[1, '洪錦魁', 80, 95, 88, 263, 87.7, 0]
[2, '洪冰儒', 98, 97, 96, 291, 97.0, 0]
[3, '洪雨星', 91, 93, 95, 279, 93.0, 0]
[4, '洪冰雨', 92, 94, 90, 276, 92.0, 0]
[5, '洪星宇', 92, 97, 90, 279, 93.0, 0]
填入名次
[2, '洪冰儒', 98, 97, 96, 291, 97.0, 1]
[3, '洪雨星', 91, 93, 95, 279, 93.0, 2]
[5, '洪星宇', 92, 97, 90, 279, 93.0, 3]
[4, '洪冰雨', 92, 94, 90, 276, 92.0, 4]
[1, '洪錦魁', 80, 95, 88, 263, 87.7, 5]
最後成績單
[1, '洪錦魁', 80, 95, 88, 263, 87.7, 5]
[2, '洪冰儒', 98, 97, 96, 291, 97.0, 1]
[3, '洪雨星', 91, 93, 95, 279, 93.0, 2]
[4, '洪冰雨', 92, 94, 90, 276, 92.0, 4]
[5, '洪星宇', 92, 97, 90, 279, 93.0, 3]
```

很明顯洪星宇與洪雨星總分相同，但是洪星宇的座號比較後面造成名次是第 3 名，相同成績的洪雨星是第 2 名。要解決這類的問題，有 2 個方法，一是在填入名次時檢查分數是否和前一個分數相同，如果相同則採用前一個序列的名次。另一個方法是在填入名次後我們必須增加一個迴圈，檢查是否有成績總分相同，相當於每個總分與前一個總分做比較，如果與前一個總分相同，必須將名次調整與前一個元素名次相同，這將是讀者的習題。

7-6-3 計算圓週率

在第 2 章的習題 7 筆者有說明計算圓周率的知識，筆者使用了萊布尼茲公式，當時筆者也說明了此級數收斂速度很慢，這一節我們將用迴圈處理這類的問題。我們可以用下列公式說明萊布尼茲公式：

$$\mathrm{pi} = 4\left(1 - \frac{1}{3} + \frac{1}{5} - \frac{1}{7} + \cdots + \frac{(-1)^{i+1}}{2i-1}\right)$$

程式實例 ch7_48.py：使用萊布尼茲公式計算圓週率，這個程式會計算到 1 百萬次，同時每 10 萬次列出一次圓周率的計算結果。

```
# ch7_48.py
x = 1000001
pi = 0
for i in range(1,x+1):
    pi += 4*((-1)**(i+1) / (2*i-1))
    if i != 1 and i % 100000 == 0:      # 隔100000執行一次
        print("當 i = %7d 時 PI = %20.19f" % (i, pi))
```

執行結果

```
===================== RESTART: D:/Python/ch7/ch7_48.py =====================
當 i =  100000 時 PI = 3.1415826535897197758
當 i =  200000 時 PI = 3.1415876535897617750
當 i =  300000 時 PI = 3.1415893202564642017
當 i =  400000 時 PI = 3.1415901535897439167
當 i =  500000 時 PI = 3.1415906535896920282
當 i =  600000 時 PI = 3.1415909869230147500
當 i =  700000 時 PI = 3.1415912250182609355
當 i =  800000 時 PI = 3.1415914035897172241
當 i =  900000 時 PI = 3.1415915424786509114
當 i = 1000000 時 PI = 3.1415916535897743245
```

從上述可以得到當迴圈到 40 萬次後，此圓周率才進入我們熟知的 3.14159xx。

習題

實作題

1. 有一串列內部的元素是一系列圖檔，如下所示：(7-1 節)

   da1.jpg、da2.png、da3.gif、da4.gif、da5.jpg、da6.jpg、da7.gif

   請將 ".jpg"、".png"、".gif" 分別放置在 jpg、png、gif 串列，然後列印這些串列。

2. 有一個串列 players，這個串列的元素也是串列，包含球員名字和身高資料，['James', 202]、['Curry', 193]、['Durant', 205]、['Joradn', 199]、['David', 211]，列出所有身高是 200(含) 公分以上的球員資料。(7-1 節)

3. 擴充程式 ch7_11.py，請將本金、年利率與存款年數從螢幕輸入。(7-2 節)

4. 假設你今年體重是 50 公斤，每年可以增加 1.2 公斤，請列出未來 5 年的體重變化。(7-2 節)

5. 請使用 for 迴圈執行下列工作，請輸入 n 和 m 整數值，m 值一定大於 n 值，請列出 n 加到 m 的結果。例如：假設輸入 n 值是 1，m 值是 100，則程式必須列出 1 加到 100 的結果是 5050。(7-2 節)

6. 有一個華氏溫度串列 fahrenheit 內容是 [32, 77, 104]，這個程式會利用此串列產生攝氏溫度串列 celsius。(7-2 節)

7. 參考 7-2-7 節產生 2,4,6, … 20 之間的串列。(7-2 節)

8. 編寫數字 1-5 中，2 個數字的各種組合。(7-2 節)

9. 計算數學常數 e 值，它的全名是 Euler's number，又稱歐拉數，主要是紀念瑞士數學家歐拉，這是一個無限不循環小數，我們可以使用下列級數計算 e 值。

$$e = 1 + \frac{1}{1!} + \frac{1}{2!} + \frac{1}{3!} + \cdots + \frac{1}{i!}$$

這個程式會計算到 i=100，同時每隔 10，列出一次計算結果。(7-2 節)

10. 請重新設計 ch7_22.py，輸出更改為 "1,2,…9"，但是要得到下列結果。(7-2 節)

11. 請重新設計 ch7_22.py，輸出更改為 "1,2,…9"，但是要得到下列結果。(7-2 節)

12. 列出 9*9 乘法表，其中標題輸出需使用 center( ) 方法。(7-3 節)

13. 計算前 20 個質數，然後放在串列同時列印此串列。(7-4 節)

14. 擴充 ch7_32.py，增加列出所猜次數。(7-4 節)

15. 擴充設計 ch7_40.py，有一個串列 buyers，此串列內含購買者和消費金額，若是購買金額達到 10000 元或以上，歸類為 infinitebuyers 串列。如果購買金額超過或達到 1000 元，則歸類為 VIP 買家 vipbuyers 串列。否則是 Gold 買家 goldbuyers 串列。此程式的原始串列資料如下：(7-4 節)

```
buyers = [
    ['James', 1030],
    ['Curry', 893],
    ['Durant', 2050],
    ['Jordan', 990],
    ['David', 2110],
    ['Kevin', 15000],
    ['Mary', 10050],
    ['Tom', 8800],
]
```

16. 請輸入 2 個數，這個程式會求這 2 個數值的最大公約數 (Greatest Common Divisor，簡稱 GCD)。所謂的公約數是指可以被 2 個數字整除的數字，最大公約數是指可以被 2 個數字整除的最大值。例如：16 和 40 的公約數有，1、2、4、8，其中 8 就是最大公約數。(7-4 節)

17. 有一個水果串列如下：(7-5 節)

```
fruits = [' 李子 ', ' 香蕉 ', ' 蘋果 ', ' 西瓜 ', ' 桃子 ']
```

請列出用含編號方式列出這些水果。

18. 請修正 7-6 節的成績系統，當總分相同時名次應該相同，這個作業需列出原始成績單與最後成績單。(7-6 節)

第八章

元組 (Tuple)

在大型的商業或遊戲網站設計中，串列 (list) 是非常重要的資料型態，因為記錄各種等級客戶、遊戲角色 … 等，皆需要使用串列，串列資料可以隨時變動更新。Python 提供另一種資料型態稱元組 (tuple)，這種資料型態結構與串列完全相同，元組與串列最大的差異是，它的元素值與元素個數不可更動，有時又可稱不可改變的串列，這也是本章的主題。

8-1 元組的定義

串列在定義時是將元素放在中括號內，元組的定義則時將元素放在小括號 "( )" 內，下列是元組的語法格式。

name_tuple = (元素 1, … , 元素 n,)　　　　　# name_tuple 是假設的元組名稱

基本上元組的每一筆資料稱元素，元素可以是整數、字串或串列 … 等，這些元素放在小括號 ( ) 內，彼此用逗號 "," 隔開，最右邊的元素 n 的 "," 可有可無。如果要列印元組內容，可以使用 print( ) 函數，將元組名稱當作變數名稱即可。

如果元組內的元素只有一個，在定義時需在元素右邊加上逗號 (",")。

name_tuple = (元素 1,)　　　　　# 只有一個元素的元組

程式實例 ch8_1.py：定義與列印元組，最後使用 type( ) 列出元組資料型態。

```
# ch8_1.py
numbers1 = (1, 2, 3, 4, 5)      # 定義元組元素是整數
fruits = ('apple', 'orange')    # 定義元組元素是字串
mixed = ('James', 50)           # 定義元組元素是不同型態資料
val_tuple = (10,)               # 只有一個元素的元祖
print(numbers1)
print(fruits)
print(mixed)
print(val_tuple)
# 列出元組資料型態
print("元組mixed資料型態是: ",type(mixed))
```

執行結果

```
==================== RESTART: D:/Python/ch8/ch8_1.py ====================
(1, 2, 3, 4, 5)
('apple', 'orange')
('James', 50)
(10,)
元組mixed資料型態是:  <class 'tuple'>
```

另外一個簡便建立元組有多個元素的方法是，用等號，右邊有一系列元素，元素彼此用逗號隔開。

實例 1：簡便建立元組的方法。

```
>>> x = 5, 6
>>> type(x)
<class 'tuple'>
>>> x
(5, 6)
```

8-2 讀取元組元素

定義元組時是使用小括號 "( )"，如果想要讀取元組內容和串列是一樣的用中括號 "[ ]"。在 Python 中元組元素是從索引值 0 開始配置。所以如果是元組的第一筆元素，索引值是 0，第二筆元素索引值是 1，其他依此類推，如下所示：

```
name_tuple[i]                              # 讀取索引 i 的元組元素
```

程式實例 ch8_2.py：讀取元組元素，與一次指定多個變數值的應用。

```
# ch8_2.py
numbers1 = (1, 2, 3, 4, 5)       # 定義元組元素是整數
fruits = ('apple', 'orange')     # 定義元組元素是字串
val_tuple = (10,)                # 只有一個元素的元祖
print(numbers1[0])               # 以中括號索引值讀取元素內容
print(numbers1[4])
print(fruits[0],fruits[1])
print(val_tuple[0])
x, y = ('apple', 'orange')       # 有趣的應用也可以用x,y=fruits
print(x,y)
```

執行結果

```
===================== RESTART: D:/Python/ch8/ch8_2.py =====================
1
5
apple orange
10
apple orange
```

8-3 遍歷所有元組元素

在 Python 可以使用 for 迴圈遍歷所有元組元素，用法與串列相同。

程式實例 ch8_3.py：假設元組是由字串和數值組成，這個程式會列出元組所有元素內容。

```
# ch8_3.py
keys = ('magic', 'xaab', 9099)      # 定義元組元素是字串與數字
for key in keys:
    print(key)
```

執行結果

```
===================== RESTART: D:/Python/ch8/ch8_3.py =====================
magic
xaab
9099
```

8-4 修改元組內容產生錯誤的實例

本章前言筆者已經說明元組元素內容是不可更改的，下列是嘗試更改元組元素內容的錯誤實例。

程式實例 ch8_4.py：修改元組內容產生錯誤的實例。

```
1  # ch8_4.py
2  fruits = ('apple', 'orange')      # 定義元組元素是字串
3  print(fruits[0])                  # 列印元組fruits[0]
4  fruits[0] = 'watermelon'          # 將元素內容改為watermelon
5  print(fruits[0])                  # 列印元組fruits[0]
```

執行結果 下列是列出錯誤的畫面。

```
====================== RESTART: D:/Python/ch8/ch8_4.py ======================
apple
Traceback (most recent call last):
  File "D:/Python/ch8/ch8_4.py", line 4, in <module>
    fruits[0] = 'watermelon'          # 將元素內容改為watermelon
TypeError: 'tuple' object does not support item assignment
```

上述出現錯誤訊息，指出第 4 行錯誤，TypeError 指出 tuple 物件不支援賦值，相當於不可更改它的元素值。

8-5 可以使用全新定義方式修改元組元素

如果我們想修改元組元素，可以使用重新定義元組方式處理。

程式實例 ch8_5.py：用重新定義方式修改元組元素內容。

```
# ch8_5.py
fruits = ('apple', 'orange')          # 定義元組元素是水果
print("原始fruits元組元素")
for fruit in fruits:
    print(fruit)

fruits = ('watermelon', 'grape')      # 定義新的元組元素
print("\n新的fruits元組元素")
for fruit in fruits:
    print(fruit)
```

執行結果

```
===================== RESTART: D:/Python/ch8/ch8_5.py =====================
原始fruits元組元素
apple
orange

新的fruits元組元素
watermelon
grape
```

8-6 元組切片 (tuple slices)

元組切片觀念與 6-1-3 節串列切片觀念相同，下列將直接用程式實例說明。

程式實例 ch8_6.py：元組切片的應用。

```
# ch8_6.py
fruits = ('apple', 'orange', 'banana', 'watermelon', 'grape')
print(fruits[1:3])
print(fruits[:2])
print(fruits[1:])
print(fruits[-2:])
print(fruits[0:5:2])
```

執行結果

```
===================== RESTART: D:/Python/ch8/ch8_6.py =====================
('orange', 'banana')
('apple', 'orange')
('orange', 'banana', 'watermelon', 'grape')
('watermelon', 'grape')
('apple', 'banana', 'grape')
```

8-7 方法與函數

應用在串列上的方法或函數如果不會更改元組內容，則可以將它應用在元組，例如：len( )。如果會更改元組內容，則不可以將它應用在元組，例如：append( )、insert( ) 或 pop( )。

程式實例 ch8_7.py：列出元組元素長度 (個數)。

```
# ch8_7.py
keys = ('magic', 'xaab', 9099)      # 定義元組元素是字串與數字
print("keys元組長度是 %d " % len(keys))
```

執行結果

```
====================== RESTART: D:/Python/ch8/ch8_7.py ======================
keys元組長度是 3
```

程式實例 ch8_8.py：誤用會減少元組元素的方法 pop( )，產生錯誤的實例。

```
1  # ch8_8.py
2  keys = ('magic', 'xaab', 9099)      # 定義元組元素是字串與數字
3  key = keys.pop( )                # 錯誤
```

執行結果

```
====================== RESTART: D:/Python/ch8/ch8_8.py ======================
Traceback (most recent call last):
  File "D:/Python/ch8/ch8_8.py", line 3, in <module>
    key = keys.pop( )              # 錯誤
AttributeError: 'tuple' object has no attribute 'pop'
```

上述指出第 3 行錯誤是不支援 pop( )，這是因為 pop( ) 將造成元組元素減少。

程式實例 ch8_9.py：誤用會增加元組元素的方法 append( )，產生錯誤的實例。

```
# ch8_9.py
keys = ('magic', 'xaab', 9099)      # 定義元組元素是字串與數字
keys.append('secret')             # 錯誤
```

執行結果

```
====================== RESTART: D:/Python/ch8/ch8_9.py ======================
Traceback (most recent call last):
  File "D:/Python/ch8/ch8_9.py", line 3, in <module>
    keys.append('secret')            # 錯誤
AttributeError: 'tuple' object has no attribute 'append'
```

8-8 串列與元組資料互換

程式設計過程，也許會有需要將串列 (list) 與元組 (tuple) 資料型態互換，可以使用下列指令。

list(元組)：將元組資料型態改為串列

tuple(串列)：將串列資料型態改為元組

程式實例 ch8_10.py：重新設計 ch8_9.py，將元組改為串列的測試。

```
1  # ch8_10.py
2  keys = ('magic', 'xaab', 9099)       # 定義元組元素是字串與數字
3  list_keys = list(keys)               # 將元組改為串列
4  list_keys.append('secret')           # 增加元素
5  print("列印元組", keys)
6  print("列印串列", list_keys)
```

執行結果

```
===================== RESTART: D:/Python/ch8/ch8_10.py =====================
列印元組 ('magic', 'xaab', 9099)
列印串列 ['magic', 'xaab', 9099, 'secret']
```

上述第 4 行由於 list_keys 已經是串列，所以可以使用 append( ) 方法。

程式實例 ch8_11.py：將串列改為元組的測試。

```
1  # ch8_11.py
2  keys = ['magic', 'xaab', 9099]       # 定義串列元素是字串與數字
3  tuple_keys = tuple(keys)             # 將串列改為元組
4  print("列印串列", keys)
5  print("列印元組", tuple_keys)
6  tuple_keys.append('secret')          # 增加元素 --- 錯誤錯誤
```

執行結果

```
===================== RESTART: D:/Python/ch8/ch8_11.py =====================
列印串列 ['magic', 'xaab', 9099]
列印元組 ('magic', 'xaab', 9099)
Traceback (most recent call last):
  File "D:/Python/ch8/ch8_11.py", line 6, in <module>
    tuple_keys.append('secret')          # 增加元素 --- 錯誤錯誤
AttributeError: 'tuple' object has no attribute 'append'
```

上述前 5 行程式是正確的，所以可以看到有分別列印串列和元組元素，程式第 6 行的錯誤是因為 tuple_keys 是元組，不支援使用 append( ) 增加元素。

8-9 其它常用的元組方法

方法	說明
max(tuple)	獲得元組內容最大值
min(tuple)	獲得元組內容最小值

程式實例 ch8_12.py：元組內建方法 max( )、min( ) 的應用。

```
# ch8_12.py
tup = (1, 3, 5, 7, 9)
print("tup最大值是", max(tup))
print("tup最小值是", min(tup))
```

執行結果

```
====================== RESTART: D:/Python/ch8/ch8_12.py ======================
tup最大值是 9
tup最小值是 1
```

8-10 enumerate 物件使用在元組

在 6-12 與 7-5 節皆已有說明 enumerate( ) 的用法，有一點筆者當時沒有提到，當我們將 enumerate( ) 方法產生的 enumerate 物件轉成串列時，其實此串列的配對元素是元組，在此筆者直接以實例解說。

程式實例 ch8_13.py：測試 enumerate 物件轉成串列後，原先的元素變成元組資料型態。

```
# ch8_13.py
drinks = ["coffee", "tea", "wine"]
enumerate_drinks = enumerate(drinks)                    # 數值初始是0
lst = list(enumerate_drinks)
print("轉成串列輸出, 初始索引值是 0 = ", lst)
print(type(lst[0]))
```

執行結果

```
====================== RESTART: D:/Python/ch8/ch8_13.py ======================
轉成串列輸出, 初始索引值是 0 =  [(0, 'coffee'), (1, 'tea'), (2, 'wine')]
<class 'tuple'>
```

程式實例 8_14.py：將元組轉成 enumerate 物件，再轉回元組物件。

```
# ch8_14.py
drinks = ("coffee", "tea", "wine")
enumerate_drinks = enumerate(drinks)                    # 數值初始是0
print("轉成元組輸出, 初始值是 0 = ", tuple(enumerate_drinks))

enumerate_drinks = enumerate(drinks, start = 10)    # 數值初始是10
print("轉成元組輸出, 初始值是10 = ", tuple(enumerate_drinks))
```

執行結果

```
====================== RESTART: D:/Python/ch8/ch8_14.py ======================
轉成元組輸出, 初始值是 0 =  ((0, 'coffee'), (1, 'tea'), (2, 'wine'))
轉成元組輸出, 初始值是10 =  ((10, 'coffee'), (11, 'tea'), (12, 'wine'))
```

程式實例 ch8_15.py：將元組轉成 enumerate 物件，再解析這個 enumerate 物件。

```
# ch8_15.py
drinks = ("coffee", "tea", "wine")
# 解析enumerate物件
for drink in enumerate(drinks):                     # 數值初始是0
    print(drink)
for count, drink in enumerate(drinks):
    print(count, drink)
print("****************")
# 解析enumerate物件
for drink in enumerate(drinks, 10):                 # 數值初始是10
    print(drink)
for count, drink in enumerate(drinks, 10):
    print(count, drink)
```

執行結果

```
====================== RESTART: D:/Python/ch8/ch8_15.py ======================
(0, 'coffee')
(1, 'tea')
(2, 'wine')
0 coffee
1 tea
2 wine
****************
(10, 'coffee')
(11, 'tea')
(12, 'wine')
10 coffee
11 tea
12 wine
```

8-11 使用 zip( ) 打包多個物件

這是一個內建函數，參數內容主要是 2 個或更多個可迭代 (iterable) 的物件，如果有存在多個物件 (例如：串列或元組)，可以用 zip( ) 將多個物件打包成 zip 物件，然後未來視需要將此 zip 物件轉成串列 (使用 list( )) 或其它物件，例如：元組 (使用 tuple( ))。不過讀者要知道，這時物件的元素將是元組。

程式實例 ch8_16.py：zip( ) 的應用。

```
# ch8_16.py
fields = ['Name', 'Age', 'Hometown']
info = ['Peter', '30', 'Chicago']
zipData = zip(fields, info)         # 執行zip
print(type(zipData))                # 列印zip資料類型
player = list(zipData)              # 將zip資料轉成串列
print(player)                       # 列印串列
```

執行結果

```
====================== RESTART: D:/Python/ch8/ch8_16.py ======================
<class 'zip'>
[('Name', 'Peter'), ('Age', '30'), ('Hometown', 'Chicago')]
```

如果放在 zip( ) 函數的串列參數，長度不相等，由於多出的元素無法匹配，轉成串列物件後 zip 物件元素數量將是較短的數量。

程式實例 ch8_17.py：重新設計 ch8_16.py，fields 串列元素數量個數是 3 個，info 串列數量元素個數只有 2 個，最後 zip 物件元素數量是 2 個。

```
# ch8_17.py
fields = ['Name', 'Age', 'Hometown']
info = ['Peter', '30']
zipData = zip(fields, info)         # 執行zip
print(type(zipData))                # 列印zip資料類型
player = list(zipData)              # 將zip資料轉成串列
print(player)                       # 列印串列
```

執行結果

```
====================== RESTART: D:/Python/ch8/ch8_17.py ======================
<class 'zip'>
[('Name', 'Peter'), ('Age', '30')]
```

如果在 zip( ) 函數內增加 "*" 符號，相當於可以 unzip( ) 串列。

程式實例 ch8_18.py：擴充設計 ch8_16.py，恢復 zip 前的串列。

```
# ch8_18.py
fields = ['Name', 'Age', 'Hometown']
info = ['Peter', '30', 'Chicago']
zipData = zip(fields, info)          # 執行zip
print(type(zipData))                 # 列印zip資料類型
player = list(zipData)               # 將zip資料轉成串列
print(player)                        # 列印串列

f, i = zip(*player)                  # 執行unzip
print("fields = ", f)
print("info   = ", i)
```

執行結果

```
===================== RESTART: D:/Python/ch8/ch8_18.py =====================
<class 'zip'>
[('Name', 'Peter'), ('Age', '30'), ('Hometown', 'Chicago')]
fields =  ('Name', 'Age', 'Hometown')
info   =  ('Peter', '30', 'Chicago')
```

上述實例 zip( ) 函數內的參數是串列，其實參數也可以是元組或是混合不同的資料型態，甚至是 3 個或更多個資料。下列是將 zip( ) 應用在 3 個元組的實例。

```
>>> x1 = (1,2,3)
>>> x2 = (4,5,6)
>>> x3 = (7,8,9)
>>> a = zip(x1,x2,x3)
>>> tuple(a)
((1, 4, 7), (2, 5, 8), (3, 6, 9))
```

8-12 生成式 (generator)

在 7-2-7 節筆者有說明串列生成式，當時的語法是左右兩邊是中括號 "["、"]"，讀者可能會想是否可以用小括號 "("、")"，就可以產生元組生成式 (tuple generator)，此時語法如下：

```
num = (n for n in range(6))
```

其實上述並不是產生元組生成式，而是產生生成式 (generator) 物件，這是一個可迭代物件，你可以用迭代方式取出內容，也可以用 list( ) 將此生成式變為串列，或是用 tuple( ) 將此生成式變為元組，但是只能使用一次，因為這個生成式物件不會記住所擁有的內容，如果想要第 2 次使用，將得到空串列。

實例 1：建立生成式，同時用迭代輸出。

```
>>> x = (n for n in range(3))
>>> type(x)
<class 'generator'>
>>> for n in x:
        print(n)


0
1
2
```

實例 2：建立生成式，同時轉成串列，第二次轉成元組，結果元組內容是空的。

```
>>> x = (n for n in range(3))
>>> xlst = list(x)
>>> print(xlst)
[0, 1, 2]
>>> xtup = tuple(x)
>>> print(xtup)
()
```

實例 3：建立生成式，同時轉成元組，第二次轉成串列，結果串列內容是空的。

```
>>> x = (n for n in range(3))
>>> xtup = tuple(x)
>>> print(xtup)
(0, 1, 2)
>>> xlst = list(x)
>>> print(xlst)
[]
```

8-13 製作大型的元組資料

有時我們想要製作更大型的元組資料結構，例如：元組的元素是串列，可以參考下列實例。

實例 1：元組的元素是串列。

```
>>> asia = ['Beijing', 'Hongkong', 'Tokyo']
>>> usa = ['Chicago', 'New York', 'Hawaii', 'Los Angeles']
>>> europe = ['Paris', 'London', 'Zurich']
>>> world = asia, usa, europe
>>> type(world)
<class 'tuple'>
>>> world
(['Beijing', 'Hongkong', 'Tokyo'], ['Chicago', 'New York', 'Hawaii', 'Los Angele
s'], ['Paris', 'London', 'Zurich'])
```

8-14 元組的功能

讀者也許好奇，元組的資料結構與串列相同，但是元組有不可更改元素內容的限制，為何 Python 要有類似但功能卻受限的資料結構存在？原因是元組有下列優點。

❑ **可以更安全的保護資料**

程式設計中可能會碰上有些資料是永遠不會改變的事實，將它儲存在元組 (tuple) 內，可以安全地被保護。例如：影像處理時物件的長、寬或每一像素的色彩資料，很多都是以元組為資料類型。

❑ **增加程式執行速度**

元組 (tuple) 結構比串列 (list) 簡單，佔用較少的系統資源，程式執行時速度比較快。

當瞭解了上述元組的優點後，其實未來設計程式時，如果確定資料可以不更改，就儘量使用元組資料類型吧！

8-15 專題　認識元組 / 統計應用

8-15-1　認識元組

元組由於具有安全、內容不會被串竄改、資料結構單純、執行速度快等優點，所以其實被大量應用在系統程式設計師，程式設計師喜歡將設計程式所保留的資料以元組儲存。

在 2-9 節和 3-7-1 節筆者有介紹使用 divmod( ) 函數，我們知道這個函數的傳回值是商和餘數，當時筆者用下列公式表達這個函數的用法。

商 , 餘數 = divmod(被除數 , 除數)　　　　　　# 函數方法

更嚴格說，divmod( ) 的傳回值是元組，所以我們可以使用元組方式取得商和餘數。

程式實例 ch8_19.py：使用元組觀念重新設計 ch3_24.py，計算地球到月球的時間。

```
# ch8_19.py
dist = 384400                    # 地球到月亮距離
speed = 1225                     # 馬赫速度每小時1225公里
total_hours = dist // speed      # 計算小時數
data = divmod(total_hours, 24)   # 商和餘數
```

```
6 print("divmod傳回的資料型態是 : ", type(data))
7 print("總供需要 %d 天" % data[0])
8 print("%d 小時" % data[1])
```

執行結果

```
===================== RESTART: D:\Python\ch8\ch8_19.py =====================
divmod傳回的資料型態是 :  <class 'tuple'>
總供需要 13 天
1 小時
```

從上述第 6 行的執行結果可以看到傳回值 data 的資料型態是元組 tuple。若是我們再看 divmod( ) 函數公式，可以得到第一個參數 " 商 " 相當於是索引 0 的元素，第二個參數 " 餘數 " 相當於是索引 1 的元素。

8-15-2 基礎統計應用

假設有一組數據，此數據有 n 筆資料，我們可以使用下列公式計算它的平均值 (Mean)、變異數 (Variance)、標準差 (Standard Deviation，縮寫 SD，數學符號稱 sigma)。

平均值：$$\textbf{mean} = \frac{\sum_{i=1}^{n} x_i}{n} = \frac{x_1 + x_2 + \cdots + x_n}{n}$$

變異數：$$\textbf{variance} = \frac{\sum_{i=1}^{n}(x_i - mean)^2}{n-1}$$

標準差：$$\textbf{standard deviation} = \sqrt{\frac{\sum_{i=1}^{n}(x_i - mean)^2}{n-1}}$$

由於統計數據將不會更改，所以可以用元組儲存處理。如果未來可能調整此數據，則建議使用串列儲存處理。下列實例筆者用元組儲存數據。

程式實例 ch8_20.py：計算 5,6,8,9 的平均值、變異數和標準差。

```
# ch8_20.py
# 計算平均值
vals = (5,6,8,9)
mean = sum(vals) / len(vals)
print("平均值 : ", mean)

# 計算變異數
var = 0
for v in vals:
    var += ((v - mean)**2)
var = var / (len(vals)-1)
```

```
print("變異數 : ", var)

# 計算標準差
dev = 0
for v in vals:
    dev += ((v - mean)**2)
dev = (dev / (len(vals)-1))**0.5
print("標準差 : ", dev)
```

執行結果

```
==================== RESTART: D:\Python\ch8\ch8_20.py ====================
平均值 :  7.0
變異數 :  3.3333333333333335
標準差 :  1.8257418583505538
```

8-15-3 多重指定、打包與解包

在前面張節筆者已經說明多重指定，也有實例說明多重指定應用在元組，在程式開發的專業術語我們可以將串列、元組、字典、集合 … 等稱容器，在多重指定中，等號左右 2 邊也可以是容器，只要它們的結構相同即可。有一個指令如下：

x, y = (10, 20)

這在專業程式設計的術語稱元組解包 (tuple unpacking)，然後將元素內容設定給對應的變數。在 6-1-14 筆者有說明下列實例：

a, b, *c = 1,2,3,4,5

上述我們稱多的 3,4,5 將打包 (packing) 成串列給 c。

在多重指定中等號兩邊可以是容器，可參考下列實例。

實例 1：等號兩邊是容器的應用。

```
>>> [a, b, c] = (1, 2, 3)
>>> print(a, b, c)
1 2 3
```

上述並不是更改將 1, 2, 3 設定給串列造成更改串列內容，而是將兩邊都解包，所以可以得到 a, b, c 分別是 1, 2, 3。Python 處理解包時，也可以將此解包應用在多維度的容器，只要兩邊容器的結構相同即可。

實例 2：解包多維度的容器。

```
>>> [a, [b, c]] = (1, (2, 3))
>>> print(a, b, c)
1 2 3
```

容器的解包主要是可以在程式設計時避免多重索引造成程式閱讀困難，我們可以用更容易了解方式閱讀程式。

```
>>> x = ('Tom', (90, 95))
>>> print('name='+ str(x[0]) + ' math=' + str(x[1][0]) + ' eng=' + str(x[1][1]))
name=Tom math=90 eng=95
```

上述由索引了解成績是複雜的，若是改用下列方式將簡潔許多。

```
>>> (name, (math, eng)) = ('Tom', (90, 95))
>>> print('name='+ name + ' math=' + str(math) + ' eng=' + str(eng))
name=Tom math=90 eng=95
```

習題

實作題

1. 你組織了一個 Python 的讀書小組，這個小組成員有 5 個人，John、Peter、Curry、Mike、Kevin，請將這 5 個人姓名儲存在元組內，請使用 for 迴圈列印這 5 個人。(8-3 節)
2. 請參考第 1 題，嘗試修改 John 為 Johnnason，然後列出錯誤所得到的錯誤訊息。(8-4 節)
3. 請使用重新設定方式，將 5 個小組成員改為 8 人，新增加的 3 人是 Mary、Tom、Carlo，然後列印這 8 人。(8-5 節)
4. 有一個元組的元素有重複 tp = (1,2,3,4,5,2,3,1,4)，請建立一個新元組 newtp，此新元組儲存相同但沒有重複的元素。提示：需用串列處理，最後轉成元組。(8-8 節)
5. season 元組內容是 ('Spring', 'Summer', 'Fall', 'Winter')，chinese 元組內容是 (' 春季 ', ' 夏季 ', ' 秋季 ', ' 冬季 ')，請使用 zip( ) 將這 2 個元組打包，然後轉成串列列印出來。(8-11 節)
6. 氣象局使用元組 (tuple) 紀錄了台北過去一週的最高溫和最低溫度：(8-15 節)

   最高溫度：30, 28, 29, 31, 33, 35, 32

   最低溫度：20, 21, 19, 22, 23, 24, 20

   請列出過去一週的最高溫、最低溫和平均溫度。
7. 有一個超商統計一週來入場人數分別是 1100、652、946、821、955、1024、1155。請計算平均值、變異數和標準差。(8-15 節)

第九章
字典 (Dict)

串列 (list) 與元組 (tuple) 是依序排列可稱是序列資料結構，只要知道元素的特定位置，即可使用索引觀念取得元素內容。這一章的重點是介紹字典 (dict)，它並不是依序排列的資料結構，通常可稱是非序列資料結構，所以無法使用類似串列的索引 [0, 1, … n] 觀念取得元素內容。

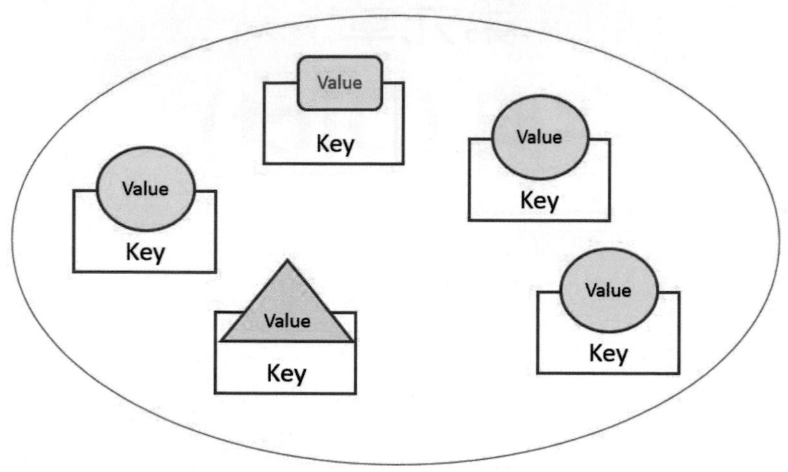

9-1 字典基本操作

9-1-1 定義字典

字典是一個非序列的資料結構，但是它的元素是用 " 鍵 : 值 " 方式配對儲存，在操作時是用鍵 (key) 取得值 (value) 的內容，其實在真實的應用中我們是可以將字典資料結構當作正式的字典使用，查詢鍵時，就可以列出相對應的值內容，本章將穿插各種字典的實例應用。定義字典時，是將 " 鍵 : 值 " 放在大括號 "{ }" 內，字典的語法格式如下：

```
name_dict = { 鍵 1: 值 1, … , 鍵 n: 值 n, }          # name_dict 是字典變數名稱
```

字典的鍵 (key) 一般常用的是字串或數字當作是鍵，在一個字典中不可有重複的鍵 (key) 出現。字典的值 (value) 可以是任何 Python 的資料物件，所以可以是數值、字串、串列、字典 … 等。最右邊的 " 鍵 n: 值 n" 的 "," 可有可無。

程式實例 ch9_1.py：以水果行和麵店為例定義一個字典，同時列出字典。下列字典是設定水果一斤的價格、麵一碗的價格，最後使用 type( ) 列出字典資料型態。

```
# ch9_1.py
fruits = {'西瓜':15, '香蕉':20, '水蜜桃':25}
noodles = {'牛肉麵':100, '肉絲麵':80, '陽春麵':60}
print(fruits)
print(noodles)
# 列出字典資料型態
print("字典fruits資料型態是: ",type(fruits))
```

執行結果

```
===================== RESTART: D:\Python\ch9\ch9_1.py =====================
{'西瓜': 15, '香蕉': 20, '水蜜桃': 25}
{'牛肉麵': 100, '肉絲麵': 80, '陽春麵': 60}
字典fruits資料型態是:  <class 'dict'>
```

在使用 Python 設計打鬥遊戲時，玩家通常扮演英雄的角色，敵軍可以用字典方式儲存，例如：可以用不同顏色的標記設定敵軍的小兵，每一個敵軍的小兵給予一個分數，這樣可以由打死敵軍數量再統計遊戲得分，可以用下列方式定義字典內容。

程式實例 ch9_2.py：定義 soldier0 字典 tag 和 score 是鍵，red 和 3 是值。

```
# ch9_2.py
soldier0 = {'tag':'red', 'score':3}
print(soldier0)
```

執行結果

```
===================== RESTART: D:\Python\ch9\ch9_2.py =====================
{'tag': 'red', 'score': 3}
```

上述是定義紅色 (red) 小兵，分數是 3 分，玩家打死紅色小兵得 3 分。

9-1-2 列出字典元素的值

字典的元素是 " 鍵 : 值 " 配對設定，如果想要取得元素的值，可以將鍵當作是索引方式處理，因此字典內的元素不可有重複的鍵，可參考下列實例 ch9_3.py 的第 4 行，例如：下列可傳回 fruits 字典水蜜桃鍵的值。

```
fruits['水蜜桃']                    # 用字典變數 ['鍵'] 取得值
```

程式實例 ch9_3.py：分別列出 ch9_1.py，水果店水蜜桃一斤的價格和麵店牛肉麵一碗的價格。

```
# ch9_3.py
fruits = {'西瓜':15, '香蕉':20, '水蜜桃':25}
noodles = {'牛肉麵':100, '肉絲麵':80, '陽春麵':60}
print("水蜜桃一斤 = ", fruits['水蜜桃'], "元")
print("牛肉麵一碗 = ", noodles['牛肉麵'], "元")
```

執行結果

```
==================== RESTART: D:\Python\ch9\ch9_3.py ====================
水蜜桃一斤 =  25 元
牛肉麵一碗 =  100 元
```

程式實例 ch9_4.py：分別列出 ch9_2.py 小兵字典的 tag 和 score 鍵的值。

```
# ch9_4.py
soldier0 = {'tag':'red', 'score':3}
print("你剛打死標記 %s 小兵" % soldier0['tag'])
print("可以得到 ", soldier0['score'], " 分")
```

執行結果

```
==================== RESTART: D:\Python\ch9\ch9_4.py ====================
你剛打死標記 red 小兵
可以得到  3  分
```

有趣的活用 " 鍵 : 值 "，如果有一字典如下：

fruits = {0:' 西瓜 ', 1:' 香蕉 ', 2:' 水蜜桃 '}

上述字典鍵是整數時，也可以使用下列方式取得值：

furit[0]　　　　　　# 取得鍵是 0 的值

程式實例 ch9_4_1.py：有趣列出特定鍵的值。

```
# ch9_4_1.py
fruits = {0:'西瓜', 1:'香蕉', 2:'水蜜桃'}
print(fruits[0], fruits[1], fruits[2])
```

執行結果

```
==================== RESTART: D:\Python\ch9\ch9_4_1.py ====================
西瓜 香蕉 水蜜桃
```

9-1-3 增加字典元素

可使用下列語法格式增加字典元素：

name_dict[鍵] = 值　　　　# name_dict 是字典變數

程式設計 ch9_5.py：為 fruits 字典增加橘子一斤 18 元。

```
# ch9_5.py
fruits = {'西瓜':15, '香蕉':20, '水蜜桃':25}
fruits['橘子'] = 18
print(fruits)
print("橘子一斤 = ", fruits['橘子'], "元")
```

執行結果

```
==================== RESTART: D:\Python\ch9\ch9_5.py ====================
{'西瓜': 15, '香蕉': 20, '水蜜桃': 25, '橘子': 18}
橘子一斤 =  18 元
```

在設計打鬥遊戲時，我們可以使用螢幕座標標記小兵的位置，下列實例是用 xpos/ypos 標記小兵的 x 座標 /y 座標。

程式實例 ch9_6.py：為 soldier0 字典增加 x,y 軸座標 (xpos,ypos) 和移動速度 (speed) 元素，同時列出結果做驗證。

```
# ch9_6.py
soldier0 = {'tag':'red', 'score':3}
soldier0['xpos'] = 100
soldier0['ypos'] = 30
soldier0['speed'] = 'slow'
print("小兵的 x 座標  = ", soldier0['xpos'])
print("小兵的 y 座標  = ", soldier0['ypos'])
print("小兵的移動速度 = ", soldier0['speed'])
```

執行結果

```
==================== RESTART: D:\Python\ch9\ch9_6.py ====================
小兵的 x 座標  =  100
小兵的 y 座標  =  30
小兵的移動速度 =  slow
```

9-1-4 更改字典元素內容

市面上的水果價格是浮動的，如果發生價格異動可以使用本節觀念更改。

程式實例 ch9_7.py：將 fruits 字典的香蕉一斤改成 12 元。

```
# ch9_7.py
fruits = {'西瓜':15, '香蕉':20, '水蜜桃':25}
print("舊價格香蕉一斤 = ", fruits['香蕉'], "元")
fruits['香蕉'] = 12
print("新價格香蕉一斤 = ", fruits['香蕉'], "元")
```

執行結果

```
==================== RESTART: D:\Python\ch9\ch9_7.py ====================
舊價格香蕉一斤 =  20 元
新價格香蕉一斤 =  12 元
```

在設計打鬥遊戲時，我們需要時時移動小兵的位置，此時可以使用本節觀念時時更改小兵位置。

程式實例 ch9_8.py：依照 soldier 字典 speed 鍵的值更動小兵位置。

```
1   # ch9_8.py
2   soldier0 = {'tag':'red', 'score':3, 'xpos':100,
3               'ypos':30, 'speed':'slow' }
4   print("小兵的 x,y 舊座標  = ", soldier0['xpos'], ",", soldier0['ypos'] )
5   if soldier0['speed'] == 'slow':          # 慢
6       x_move = 1
7   elif soldier0['speed'] == 'medium':      # 中
8       x_move = 3
9   else:
10      x_move = 5                           # 快
11  soldier0['xpos'] += x_move
12  print("小兵的 x,y 新座標  = ", soldier0['xpos'], ",", soldier0['ypos'] )
```

執行結果

```
==================== RESTART: D:\Python\ch9\ch9_8.py ====================
小兵的 x,y 舊座標  =  100 , 30
小兵的 x,y 新座標  =  101 , 30
```

上述程式將小兵移動速度分成 3 個等級，slow 是每次 xpos 移動 1 單位 (5 和 6 行)，medium 是每次 xpos 移動 3 單位 (7 和 8 行)，另一等級則是每次 xpos 移動 5 單位 (9 和 10 行)。第 11 行是執行小兵移動，為了簡化條件 y 軸暫不移動。所以可以得到上述小兵 x 軸位置由 100 移到 101。

9-1-5　刪除字典特定元素

如果想要刪除字典的特定元素，它的語法格式如下：

```
del name_dict[ 鍵 ]            # 可刪除特定鍵的元素
```

程式實例 ch9_9.py：刪除 fruits 字典的西瓜元素。

```
# ch9_9.py
fruits = {'西瓜':15, '香蕉':20, '水蜜桃':25}
print("舊fruits字典內容:", fruits)
del fruits['西瓜']
print("新fruits字典內容:", fruits)
```

執行結果

```
==================== RESTART: D:\Python\ch9\ch9_9.py ====================
舊fruits字典內容: {'西瓜': 15, '香蕉': 20, '水蜜桃': 25}
新fruits字典內容: {'香蕉': 20, '水蜜桃': 25}
```

9-1-6 字典的 pop( ) 方法

Python 字典的 pop() 方法也可以刪除字典內特定的元素，同時傳回所刪除的元素，它的語法格式如下：

ret_value = dictObj.pop(key[, default])　　　　# dictObj 是欲刪除元素的字典

上述 key 是要搜尋刪除的元素的鍵，找到時就將該元素從字典內刪除，同時將刪除鍵的值回傳。當找不到 key 時則傳回 default 設定的內容，如果沒有設定則導致 KeyError，程式異常終止，筆者將在第 15 章講解如何處理程式異常終止。

程式實例 ch9_9_1.py：刪除字典元素同時可以傳回所刪除字典元素的應用。

```
# ch9_9_1.py
fruits = {'西瓜':15, '香蕉':20, '水蜜桃':25}
print("舊fruits字典內容:", fruits)
objKey = '西瓜'
value = fruits.pop(objKey)
print("新fruits字典內容:", fruits)
print("刪除內容:", objKey + ":" + str(value))
```

執行結果

```
==================== RESTART: D:/Python/ch9/ch9_9_1.py ====================
舊fruits字典內容: {'西瓜': 15, '香蕉': 20, '水蜜桃': 25}
新fruits字典內容: {'香蕉': 20, '水蜜桃': 25}
刪除內容: 西瓜:15
```

實例 1：所刪除的元素不存在，導致 "KeyError"，程式異常終止。

```
>>> num = {1:'a',2:'b'}
>>> value = num.pop(3)
Traceback (most recent call last):
  File "<pyshell#229>", line 1, in <module>
    value = num.pop(3)
KeyError: 3
```

實例 2：所刪除的元素不存在，列印 "does not exist" 字串。

```
>>> num = {1:'a',2:'b'}
>>> value = num.pop(3, 'does no exist')
>>> value
'does no exist'
```

9-1-7　字典的 popitem( ) 方法

Python 字典的 popitem() 方法可以隨機刪除字典內的元素，同時傳回所刪除的元素，所傳回的是元組 (key, value)，它的語法格式如下：

```
valueTup = dictObj.popitem()              # 可隨機刪除字典的元素
```

如果字典是空的，會有錯誤異常產生。

程式實例 ch9_9_2.py：列出所隨機刪除的字典元素內容。

```
# ch9_9_2.py
fruits = {'西瓜':15, '香蕉':20, '水蜜桃':25}
print("舊fruits字典內容:", fruits)
valueTup = fruits.popitem()
print("新fruits字典內容:", fruits)
print("刪除內容:", valueTup)
```

執行結果

```
===================== RESTART: D:/Python/ch9/ch9_9_2.py =====================
舊fruits字典內容: {'西瓜': 15, '香蕉': 20, '水蜜桃': 25}
新fruits字典內容: {'西瓜': 15, '香蕉': 20}
刪除內容: ('水蜜桃', 25)
```

9-1-8　刪除字典所有元素

Python 有提供方法 clear( ) 可以將字典的所有元素刪除，此時字典仍然存在，不過將變成空的字典。

程式實例 ch9_10.py：使用 clear( ) 方法刪除 fruits 字典的所有元素。

```
# ch9_10.py
fruits = {'西瓜':15, '香蕉':20, '水蜜桃':25}
print("舊fruits字典內容:", fruits)
fruits.clear( )
print("新fruits字典內容:", fruits)
```

執行結果

```
===================== RESTART: D:\Python\ch9\ch9_10.py =====================
舊fruits字典內容: {'西瓜': 15, '香蕉': 20, '水蜜桃': 25}
新fruits字典內容: {}
```

9-1-9 刪除字典

Python 也有提供 del 指令可以將整個字典刪除，字典一經刪除就不再存在。它的語法格式如下：

```
del name_dict                    # 可刪除字典 name_dict
```

程式實例 ch9_11.py：刪除字典的測試，這個程式前 4 行是沒有任何問題，第 5 行嘗試列印已經被刪除的字典，所以產生錯誤，錯誤原因是沒有定義 fruits 字典。

```
1  # ch9_11.py
2  fruits = {'西瓜':15, '香蕉':20, '水蜜桃':25}
3  print("舊fruits字典內容:", fruits)
4  del fruits
5  print("新fruits字典內容:", fruits)        # 錯誤! 錯誤!
```

執行結果

```
===================== RESTART: D:\Python\ch9\ch9_11.py =====================
舊fruits字典內容: {'西瓜': 15, '香蕉': 20, '水蜜桃': 25}
Traceback (most recent call last):
  File "D:\Python\ch9\ch9_11.py", line 5, in <module>
    print("新fruits字典內容:", fruits)        # 錯誤! 錯誤!
NameError: name 'fruits' is not defined
```

9-1-10 建立一個空字典

在程式設計時，也允許先建立一個空字典，建立空字典的語法如下：

```
name_dict = { }                    # name_dict 是字典名稱
```

上述建立完成後，可以用 9-1-3 節增加字典元素的方式為空字典建立元素。

程式實例 ch9_12.py：建立一個小兵的空字典，然後為小兵建立元素。

```
# ch9_12
soldier0 = {}                # 建立空字典
print("空小兵字典", soldier0)
soldier0['tag'] = 'red'
soldier0['score'] = 3
print("新小兵字典", soldier0)
```

執行結果

```
===================== RESTART: D:\Python\ch9\ch9_12.py =====================
空小兵字典 {}
新小兵字典 {'tag': 'red', 'score': 3}
```

9-1-11　字典的拷貝

在大型程式開發過程，也許為了要保護原先字典內容，所以常會需要將字典拷貝，此時可以使用此方法。

new_dict = name_dict.copy( )　　　　# name_dict 會被複製至 new_dict

上述所複製的字典是獨立存在新位址的字典。

程式實例 ch9_13.py：複製字典的應用，同時列出新字典所在位址，如此可以驗證新字典與舊字典是不同的字典。

```
# ch9_13.py
fruits = {'西瓜':15, '香蕉':20, '水蜜桃':25, '蘋果':18}
cfruits = fruits.copy( )
print("位址 = ", id(fruits), "  fruits元素 = ", fruits)
print("位址 = ", id(cfruits), "  fruits元素 = ", cfruits)
```

執行結果

```
===================== RESTART: D:\Python\ch9\ch9_13.py =====================
位址 =  51560832   fruits元素 =  {'西瓜': 15, '香蕉': 20, '水蜜桃': 25, '蘋果': 18}
位址 =  56303216   fruits元素 =  {'西瓜': 15, '香蕉': 20, '水蜜桃': 25, '蘋果': 18}
```

請留意上述說明的是淺拷貝，筆者在 6-8-4 節介紹的淺拷貝 (copy 或稱 shallow copy) 與深拷貝 (deep copy) 的觀念一樣可以應用在字典觀念。如果字典內容有包含子物件時，也許建議使用深拷貝，這樣可以更加保護原物件內容。

實例 1：淺拷貝在更改字典子物件內容時，造成原字典子物件內容被修改。

```
>>> a = {'a':[1, 2, 3]}
>>> b = a.copy()
>>> a, b
({'a': [1, 2, 3]}, {'a': [1, 2, 3]})
>>> b['a'].append(4)
>>> a, b
({'a': [1, 2, 3, 4]}, {'a': [1, 2, 3, 4]})
```

上述程式的重點是碰上修改子物件時，原物件內容也被更改了。此外，上述是字典內鍵的值是串列，更多相關知識在 9-4 節會說明。

所以如果要更安全保護原字典，建議可以使用深拷貝，

實例 2：深拷貝在更改字典子物件內容時，原字典子物件內容可以不改變。

```
>>> import copy
>>> a = {'a':[1, 2, 3]}
>>> b = copy.deepcopy(a)
>>> a, b
({'a': [1, 2, 3]}, {'a': [1, 2, 3]})
>>> b['a'].append(4)
>>> a, b
({'a': [1, 2, 3]}, {'a': [1, 2, 3, 4]})
```

9-1-12 取得字典元素數量

在串列 (list) 或元組 (tuple) 使用的方法 len( ) 也可以應用在字典，它的語法如下：

```
length = len(name_dict)                # 將傳會 name_dict 字典的元素數量給 length
```

程式實例 ch9_14.py：列出空字典和一般字典的元素數量，本程式第 4 行由於是建立空字典，所以第 7 行印出元素數量是 0。

```
1  # ch9_14.py
2  fruits = {'西瓜':15, '香蕉':20, '水蜜桃':25, '蘋果':18}
3  noodles = {'牛肉麵':100, '肉絲麵':80, '陽春麵':60}
4  empty_dict = {}
5  print("fruits字典元素數量     = ", len(fruits))
6  print("noodles字典元素數量    = ", len(noodles))
7  print("empty_dict字典元素數量 = ", len(empty_dict))
```

執行結果

```
==================== RESTART: D:\Python\ch9\ch9_14.py ====================
fruits字典元素數量     =  4
noodles字典元素數量    =  3
empty_dict字典元素數量 =  0
```

9-1-13 驗證元素是否存在

可以用下列語法驗證元素是否存在。

```
鍵 in name_dict                # 可驗證鍵元素是否存在
```

程式實例 ch9_15.py：這個程式會要求輸入 " 鍵 : 值 "，然後判斷此元素是否在 fruits 字典，如果不在此字典則將此 " 鍵 : 值 " 加入字典。

```
# ch9_15.py
fruits = {'西瓜':15, '香蕉':20, '水蜜桃':25}
key = input("請輸入鍵(key) = ")
value = input("請輸入值(value) = ")
if key in fruits:
    print("%s已經在字典了" % key)
else:
    fruits[key] = value
    print("新的fruits字典內容 = ", fruits)
```

執行結果

```
==================== RESTART: D:\Python\ch9\ch9_15.py ====================
請輸入鍵(key) = 西瓜
請輸入值(value) = 15
西瓜已經在字典了
>>>
==================== RESTART: D:\Python\ch9\ch9_15.py ====================
請輸入鍵(key) = 蘋果
請輸入值(value) = 18
新的fruits字典內容 =  {'西瓜': 15, '香蕉': 20, '水蜜桃': 25, '蘋果': '18'}
```

9-1-14　設計字典的可讀性技巧

設計大型程式的實務上，字典的元素內容很可能是由長字串所組成，碰上這類情況建議從新的一行開始安置每一個元素，如此可以大大增加字典內容的可讀性。例如，有一個 players 字典，元素是由 " 鍵 (球員名字): 值 (球隊名稱)" 所組成。如果，我們使用傳統方式設計，將讓整個字典定義變得很複雜，如下所示：

```
players = {'Stephen Curry':'Golden State Warriors','Kevin Durant':'Golden State Warriors',
'Lebron James':'Cleveland Cavaliers','James Harden':'Houston Rockets','Paul Gasol':'San Antonio Spurs'}
```

碰上這類字典，建議是使用符合 PEP 8 的 Python 風格設計，每一行定義一筆元素，如下所示：

```
players = {'Stephen Curry':'Golden State Warriors',
           'Kevin Durant':'Golden State Warriors',
           'Lebron James':'Cleveland Cavaliers',
           'James Harden':'Houston Rockets',
           'Paul Gasol':'San Antonio Spurs'}
```

或是：

```
players = {
    'Stephen Curry':'Golden State Warriors',
    'Kevin Durant':'Golden State Warriors',
    'Lebron James':'Cleveland Cavaliers',
    'James Harden':'Houston Rockets',
    'Paul Gasol':'San Antonio Spurs',
}
```

程式實例 ch9_16.py：字典元素是長字串的應用。

```
# ch9_16.py
players = {'Stephen Curry':'Golden State Warriors',
           'Kevin Durant':'Golden State Warriors',
           'Lebron James':'Cleveland Cavaliers',
           'James Harden':'Houston Rockets',
           'Paul Gasol':'San Antonio Spurs'}
print("Stephen Curry是 %s 的球員" % players['Stephen Curry'])
print("Kevin Durant是 %s 的球員" % players['Kevin Durant'])
print("Paul Gasol是 %s 的球員" % players['Paul Gasol'])
```

執行結果

```
===================== RESTART: D:\Python\ch9\ch9_16.py =====================
Stephen Curry是 Golden State Warriors 的球員
Kevin Durant是 Golden State Warriors 的球員
Paul Gasol是 San Antonio Spurs 的球員
```

9-1-15 合併字典 update( )

如果想要將 2 個字典合併可以使用 update( ) 方法。

程式實例 ch9_16_1.py：字典合併的應用，經銷商 A(dealerA) 銷售 Nissan、Toyota 和 Lexus 等 3 個品牌的車子，經銷商 B(dealerB) 銷售 BMW、Benz 等 2 個品牌的車子，設計程式當經銷商 A 併購了經銷商 B 後，列出經銷商 A 所銷售的車子。

```
# ch9_16_1.py
dealerA = {1:'Nissan', 2:'Toyota', 3:'Lexus'}
dealerB = {11:'BMW', 12:'Benz'}
dealerA.update(dealerB)
print(dealerA)
```

執行結果

```
==================== RESTART: D:/Python/ch9/ch9_16_1.py ====================
{1: 'Nissan', 2: 'Toyota', 3: 'Lexus', 11: 'BMW', 12: 'Benz'}
```

在合併字典時，特別需注意的是，如果發生鍵 (key) 相同則第 2 個字典的值可以取代原先字典的值，所以設計字典合併時要特別注意。

程式實例 ch9_16_2.py：重新設計 ch9_16_1.py，經銷商 A 和經銷商 B 所銷售的汽車品牌發生鍵相同，造成經銷商 A 併購經銷商 B 時，原先經銷商 A 銷售的汽車品牌被覆蓋，這個程式原先經銷商 A 銷售的 Lexus 品牌將被覆蓋。

```
# ch9_16_2.py
dealerA = {1:'Nissan', 2:'Toyota', 3:'Lexus'}
dealerB = {3:'BMW', 4:'Benz'}
dealerA.update(dealerB)
print(dealerA)
```

執行結果

```
===================== RESTART: D:\Python\ch9\ch9_16_2.py =====================
{1: 'Nissan', 2: 'Toyota', 3: 'BMW', 4: 'Benz'}
```

9-1-16　dict( )

在資料處理中我們可能會碰上雙值序列的資料，如下所示：

[[' 日本 ',' 東京 '], [' 泰國 ',' 曼谷 '], [' 英國 ',' 倫敦 ']]

上述是普通的鍵 / 值序列，我們可以使用 dict( ) 將此序列轉成字典，其中雙值序列的第一個是鍵，第二個是值。

程式實例 ch9_16_3.py：將雙值序列的串列轉成字典。

```
# ch9_16_3.py
nation = [['日本','東京'],['泰國','曼谷'],['英國','倫敦']]
nationDict = dict(nation)
print(nationDict)
```

執行結果

```
===================== RESTART: D:/Python/ch9/ch9_16_3.py =====================
{'日本': '東京', '泰國': '曼谷', '英國': '倫敦'}
```

如果上述元素是元組 (tuple)，例如：(' 日本 ',' 東京 ') 也可以完成相同的工作。

實例 1：將將雙值序列的串列轉成字典，其中元素是元組 (tuple)。

```
>>> x = [('a','b'), ('c','d')]
>>> y = dict(x)
>>> y
{'a': 'b', 'c': 'd'}
```

實例 2：下列是雙值序列是元組 (tuple) 的其它實例。

```
>>> x = ('ab', 'cd', 'ed')
>>> y = dict(x)
>>> y
{'a': 'b', 'c': 'd', 'e': 'd'}
```

9-1-17　再談 zip( )

在 8-11 節筆者已經說明 zip( ) 的用法，其實我們也可以使用 zip( ) 快速建立字典。

實例 1：zip( ) 應用 1。

```
>>> mydict = dict(zip('abcde', range(5)))
>>> print(mydict)
{'a': 0, 'b': 1, 'c': 2, 'd': 3, 'e': 4}
```

實例 2：zip( ) 應用 2。

```
>>> mydict = dict(zip(['a', 'b', 'c'], range(3)))
>>> print(mydict)
{'a': 0, 'b': 1, 'c': 2}
```

9-1-18 人工智慧 - 語意分析

人工智慧應用在海量的訊息處理、分析，我們稱語意分析 (latent semantic analysis)，例如：分析發掘網友每天在微信或臉書發文的潛在主題。這個分析過程其實是將每篇發文做分析，分析方式是將文章內容切割成字典模式，以字典方式儲存。例如：有一篇文章 " 韓冰喜歡吃香蕉，也喜歡吃鳳梨。"，可以處理成下列字典：

{" 韓冰 ":1, " 喜歡 ":2, " 吃 ":2, " 香蕉 ":1, " 也 ":1, " 鳳梨 ":1}

從上述已經可以篩選文章的基本主題了，至於更進一步的分析讀者可以參考有關人工智慧語意分析的書籍。

9-2 遍歷字典

大型程式設計中，字典用久了會產生相當數量的元素，也許是幾千筆或幾十萬筆 … 或更多。本節將說明如何遍歷字典的鍵、值、鍵 : 值對。

9-2-1 遍歷字典的鍵 : 值

Python 有提供方法 items( )，可以讓我們取得字典 " 鍵 : 值 " 配對的元素，若是以 ch9_16.py 的 players 字典為實例，可以使用 for 迴圈加上 items( ) 方法，如下所示：

上述只要尚未完成遍歷字典，for 迴圈將持續進行，如此就可以完成遍歷字典，同時傳回所有的 " 鍵 : 值 "。

程式實例 ch9_17.py：列出 players 字典所有元素，相當於所有球員資料。

```
1 # ch9_17.py
2 players = {'Stephen Curry':'Golden State Warriors',
3            'Kevin Durant':'Golden State Warriors',
4            'Lebron James':'Cleveland Cavaliers',
5            'James Harden':'Houston Rockets',
6            'Paul Gasol':'San Antonio Spurs'}
7 for name, team in players.items( ):
8     print("\n姓名: ", name)
9     print("隊名: ", team)
```

執行結果

```
==================== RESTART: D:\Python\ch9\ch9_17.py ====================

姓名:  Stephen Curry
隊名:  Golden State Warriors

姓名:  Kevin Durant
隊名:  Golden State Warriors

姓名:  Lebron James
隊名:  Cleveland Cavaliers

姓名:  James Harden
隊名:  Houston Rockets

姓名:  Paul Gasol
隊名:  San Antonio Spurs
```

上述實例的執行結果雖然元素出現順序與程式第 2 行到第 6 行的順序相同，不過讀者需了解在 Python 的直譯器並不保證未來一定會保持相同順序，因為字典 (dict) 是一個無序的資料結構，Python 只會保持 " 鍵 : 值 " 不會關注元素的排列順序。

讀者需留意 items( ) 方法所傳回其實是一個元組，我們只是使用 name, team 分別取得此所傳回的元組內容，可參考下列實例。

```
>>> d = {1:'a', 2:'b'}
>>> for x in d.items():
        print(type(x))
        print(x)


<class 'tuple'>
(1, 'a')
<class 'tuple'>
(2, 'b')
```

9-2-2 遍歷字典的鍵

有時候我們不想要取得字典的值 (value)，只想要鍵 (keys)，Python 有提供方法 keys( )，可以讓我們取得字典的鍵內容，若是以 ch9_16.py 的 players 字典為實例，可以使用 for 迴圈加上 keys( ) 方法，如下所示：

```
for name in players.keys( ):
    print("姓名: ", name)
```

上述 for 迴圈會依次將 players 字典的鍵傳回。

程式實例 ch9_18.py：列出 players 字典所有的鍵 (keys)，此例是所有球員名字。

```
1  # ch9_18.py
2  players = {'Stephen Curry':'Golden State Warriors',
3             'Kevin Durant':'Golden State Warriors',
4             'Lebron James':'Cleveland Cavaliers',
5             'James Harden':'Houston Rockets',
6             'Paul Gasol':'San Antonio Spurs'}
7  for name in players.keys( ):
8      print("姓名: ", name)
```

執行結果

```
====================== RESTART: D:\Python\ch9\ch9_18.py ======================
姓名:  Stephen Curry
姓名:  Kevin Durant
姓名:  Lebron James
姓名:  James Harden
姓名:  Paul Gasol
```

其實上述實例第 7 行也可以省略 keys( ) 方法，而獲得一樣的結果，未來各位設計程式是否使用 keys( )，可自行決定，細節可參考 ch9_19.py 的第 7 行。

程式實例 ch9_19.py：重新設計 ch9_18.py，此程式省略了 keys( ) 方法，但增加一些輸出問候語句。

```
1  # ch9_19.py
2  players = {'Stephen Curry':'Golden State Warriors',
3             'Kevin Durant':'Golden State Warriors',
4             'Lebron James':'Cleveland Cavaliers',
5             'James Harden':'Houston Rockets',
6             'Paul Gasol':'San Antonio Spurs'}
7  for name in players:
8      print(name)
9      print("Hi! %s 我喜歡看你在 %s 的表現" % (name, players[name]))
```

執行結果

```
====================== RESTART: D:\Python\ch9\ch9_19.py ======================
Stephen Curry
Hi! Stephen Curry 我喜歡看你在 Golden State Warriors 的表現
Kevin Durant
Hi! Kevin Durant 我喜歡看你在 Golden State Warriors 的表現
Lebron James
Hi! Lebron James 我喜歡看你在 Cleveland Cavaliers 的表現
James Harden
Hi! James Harden 我喜歡看你在 Houston Rockets 的表現
Paul Gasol
Hi! Paul Gasol 我喜歡看你在 San Antonio Spurs 的表現
```

9-2-3　依鍵排序與遍歷字典

Python 的字典功能並不會處理排序，如果想要遍歷字典同時列出排序結果，可以使用方法 sorted( )。

程式實例 ch9_20.py：重新設計程式實例 ch9_19.py，但是名字將以排序方式列出結果，這個程式的重點是第 7 行。

```
1  # ch9_20.py
2  players = {'Stephen Curry':'Golden State Warriors',
3             'Kevin Durant':'Golden State Warriors',
4             'Lebron James':'Cleveland Cavaliers',
5             'James Harden':'Houston Rockets',
6             'Paul Gasol':'San Antonio Spurs'}
7  for name in sorted(players.keys( )):
8      print(name)
9      print("Hi! %s 我喜歡看你在 %s 的表現" % (name, players[name]))
```

執行結果

```
====================== RESTART: D:\Python\ch9\ch9_20.py ======================
James Harden
Hi! James Harden 我喜歡看你在 Houston Rockets 的表現
Kevin Durant
Hi! Kevin Durant 我喜歡看你在 Golden State Warriors 的表現
Lebron James
Hi! Lebron James 我喜歡看你在 Cleveland Cavaliers 的表現
Paul Gasol
Hi! Paul Gasol 我喜歡看你在 San Antonio Spurs 的表現
Stephen Curry
Hi! Stephen Curry 我喜歡看你在 Golden State Warriors 的表現
```

9-2-4　遍歷字典的值

Python 有提供方法 values( )，可以讓我們取得字典值列表，若是以 ch9_16.py 的 players 字典為實例，可以使用 for 迴圈加上 values( ) 方法，如下所示：

程式實例 ch9_21.py：列出 players 字典的值列表。

```
1  # ch9_21.py
2  players = {'Stephen Curry':'Golden State Warriors',
3             'Kevin Durant':'Golden State Warriors',
4             'Lebron James':'Cleveland Cavaliers',
5             'James Harden':'Houston Rockets',
6             'Paul Gasol':'San Antonio Spurs'}
7  for team in players.values( ):
8      print(team)
```

執行結果

```
====================== RESTART: D:\Python\ch9\ch9_21.py ======================
Golden State Warriors
Golden State Warriors
Cleveland Cavaliers
Houston Rockets
San Antonio Spurs
```

上述 Golden State Warriors 重複出現，在字典的應用中鍵不可有重複，值是可以重複，如果你希望所列出的值不要重複，可以使用集合 (set) 觀念使用 set( ) 函數，例如將第 7 行改為下列所示即可，這個實例放在 ch9_21_1.py，讀者可自行參考。這是下一章的主題，更多細節將在下一章解說。

```
7  for team in set(players.values( )):
```

下列是執行結果，可以發現 Golden State Warriors 不重複了。

```
===================== RESTART: D:\Python\ch9\ch9_21_1.py =====================
Houston Rockets
Cleveland Cavaliers
San Antonio Spurs
Golden State Warriors
```

9-2-5 依值排序與遍歷字典的值

如果有一個 oldDict 字典想要依字典的值 (value) 排序，可以使用下列函數方法，這時會傳回新的排序結果串列：

```
newList = sorted(oldDict.items( ), key=lambda item:item[1])
```

此串列 newList 的元素是元組，元組內有 2 個元素分別是原先字典的鍵和值。

程式實例 ch9_21_2.py：將 noodles 字典依鍵的值排序，此例是依麵的售價由小到大排序，轉成串列，同時列印。

```
# ch9_21_2.py
noodles = {'牛肉麵':100, '肉絲麵':80, '陽春麵':60,
           '大滷麵':90, '麻醬麵':70}
print(noodles)
noodlesLst = sorted(noodles.items(), key=lambda item:item[1])
print(noodlesLst)
```

執行結果

```
==================== RESTART: D:/Python/ch9/ch9_21_2.py ====================
{'牛肉麵': 100, '肉絲麵': 80, '陽春麵': 60, '大滷麵': 90, '麻醬麵': 70}
[('陽春麵', 60), ('麻醬麵', 70), ('肉絲麵', 80), ('大滷麵', 90), ('牛肉麵', 100)]
```

從上述執行結果可以看到 noodlesLst 是一個串列，串列元素是元組，每個元組有 2 個元素，串列內容已經依麵的售價由低往高排列。如果想要繼續擴充列出最便宜的麵或是最貴的麵，可以使用下列函數。

```
max(noodles.values())          # 最貴的麵
min(noodles.values())          # 最便宜的麵
```

9-3 建立字典串列

讀者可以思考一下程式實例 ch9_2.py，我們建立了小兵 soldier0 字典，在真實的遊戲設計中為了讓玩家展現雄風，玩家將面對數十、數百或更多個小兵所組成的敵軍，為了管理這些小兵，可以將每個小兵當作一個字典，字典內則有小兵的各種資訊，然後將這些小兵字典放入串列 (list) 內。

程式實例 ch9_22.py：建立 3 個小兵字典，然後將小兵組成串列 (list)。

```
# ch9_22.py
soldier0 = {'tag':'red', 'score':3, 'speed':'slow'}          # 建立小兵
soldier1 = {'tag':'blue', 'score':5, 'speed':'medium'}
soldier2 = {'tag':'green', 'score':10, 'speed':'fast'}
armys = [soldier0, soldier1, soldier2]                        # 小兵組成串列
for army in armys:                                            # 列印小兵
    print(army)
```

執行結果

```
===================== RESTART: D:\Python\ch9\ch9_22.py =====================
{'tag': 'red', 'score': 3, 'speed': 'slow'}
{'tag': 'blue', 'score': 5, 'speed': 'medium'}
{'tag': 'green', 'score': 10, 'speed': 'fast'}
```

程式設計如果每個小兵皆要個別設計這樣太沒效率了，我們可以使用 7-2 節的 range( ) 函數處理這類的問題。

程式實例 ch9_23.py：使用 range( ) 建立 50 個小兵，tag 是 red、score 是 3、speed 是 slow。

```
# ch9_23.py
armys = []                          # 建立小兵空串列
# 建立50個小兵
for soldier_number in range(50):
    soldier = {'tag':'red', 'score':3, 'speed':'slow'}
    armys.append(soldier)
# 列印前3個小兵
for soldier in armys[:3]:
    print(soldier)
# 列印小兵數量
print("小兵數量 = ", len(armys))
```

執行結果

```
===================== RESTART: D:\Python\ch9\ch9_23.py =====================
{'tag': 'red', 'score': 3, 'speed': 'slow'}
{'tag': 'red', 'score': 3, 'speed': 'slow'}
{'tag': 'red', 'score': 3, 'speed': 'slow'}
小兵數量 =  50
```

讀者可能會想上述小兵各種特徵皆相同，用處可能不大，其實對 Python 而言雖然 50 個特徵相同的小兵放在串列內，其實每個小兵皆是獨立，可用索引方式存取。通常可以在遊戲過程中使用 if 敘述和 for 迴圈處理。

程式實例 ch9_24.py：重新設計 ch9_23.py 建立 50 個小兵，但是將編號第 36 到 38 名的小兵改成 tag 是 blue、score 是 5、speed 是 medium。

```
# ch9_24.py
armys = []                          # 建立小兵空串列
# 建立50個小兵
for soldier_number in range(50):
    soldier = {'tag':'red', 'score':3, 'speed':'slow'}
    armys.append(soldier)
# 列印前3個小兵
print("前3名小兵資料")
for soldier in armys[:3]:
    print(soldier)
# 更改編號36到38的小兵
for soldier in armys[35:38]:
    if soldier['tag'] == 'red':
        soldier['tag'] = 'blue'
        soldier['score'] = 5
        soldier['speed'] = 'medium'
```

```
# 列印編號35到40的小兵
print("列印編號35到40小兵資料")
for soldier in armys[34:40]:
    print(soldier)
```

執行結果

```
====================== RESTART: D:\Python\ch9\ch9_24.py ======================
前3名小兵資料
{'tag': 'red', 'score': 3, 'speed': 'slow'}
{'tag': 'red', 'score': 3, 'speed': 'slow'}
{'tag': 'red', 'score': 3, 'speed': 'slow'}
列印編號35到40小兵資料
{'tag': 'red', 'score': 3, 'speed': 'slow'}
{'tag': 'blue', 'score': 5, 'speed': 'medium'}
{'tag': 'blue', 'score': 5, 'speed': 'medium'}
{'tag': 'blue', 'score': 5, 'speed': 'medium'}
{'tag': 'red', 'score': 3, 'speed': 'slow'}
{'tag': 'red', 'score': 3, 'speed': 'slow'}
```

當然讀者可以使用相同方式擴充上述實例，這個將當作習題給讀者練習。

9-4 字典內鍵的值是串列

在 Python 的應用中也允許將串列放在字典內，這時串列將是字典某鍵的值。如果想要遍歷這類資料結構，需要使用巢狀迴圈和字典的方法 items( )，外層迴圈是取得字典的鍵，內層迴圈則是將含串列的值拆解。下列是定義 sports 字典的實例：

```
3  sports = {'Curry':['籃球', '美式足球'],
4            'Durant':['棒球'],
5            'James':['美式足球', '棒球', '籃球']}
```

上述 sports 字典內含 3 個 " 鍵 : 值 " 配對元素，其中值的部分皆是串列。程式設計時外層迴圈配合 items( ) 方法，設計如下：

```
7  for name, favorite_sport in sports.items( ):
8      print("%s 喜歡的運動是: " % name)
```

上述設計後，鍵內容會傳給 name 變數，值內容會傳給 favorite_sport 變數，所以第 8 行將可列印鍵內容。內層迴圈主要是將 favorite_sport 串列內容拆解，它的設計如下：

```
10         for sport in favorite_sport:
11             print("    ", sport)
```

上述串列內容會隨迴圈傳給 sport 變數，所以第 11 行可以列出結果。

程式實例 ch9_25.py：字典內含串列元素的應用，本程式會先定義內含字串的字典，然後再拆解列印。

```
# ch9_25.py
# 建立內含字串的字典
sports = {'Curry':['籃球', '美式足球'],
          'Durant':['棒球'],
          'James':['美式足球', '棒球', '籃球']}
# 列印key名字 + 字串'喜歡的運動'
for name, favorite_sport in sports.items( ):
          print("%s 喜歡的運動是: " % name)
# 列印value,這是串列
          for sport in favorite_sport:
              print("    ", sport)
```

執行結果

```
====================== RESTART: D:\Python\ch9\ch9_25.py ======================
Curry 喜歡的運動是:
     籃球
     美式足球
Durant 喜歡的運動是:
     棒球
James 喜歡的運動是:
     美式足球
     棒球
     籃球
```

9-5 字典內鍵的值是字典

在 Python 的應用中也允許將字典放在字典內，這時字典將是字典某鍵的值。假設微信 (wechat_account) 帳號是用字典儲存，鍵有 2 個值是由另外字典組成，這個內部字典另有 3 個鍵，分別是 last_name、first_name 和 city，下列是設計實例。

```
# ch9_26.py
# 建立內含字典的字典
wechat_account = {'cshung':{
                            'last_name':'洪',
                            'first_name':'錦魁',
                            'city':'台北'},
                  'kevin':{
                            'last_name':'鄭',
                            'first_name':'義盟',
                            'city':'北京'}}
```

至於列印方式一樣需使用 items( ) 函數，可參考下列實例。

程式實例 ch9_26.py：列出字典內含字典的內容。

```
# ch9_26.py
# 建立內含字典的字典
wechat_account = {'cshung':{
                            'last_name':'洪',
                            'first_name':'錦魁',
                            'city':'台北'},
                  'kevin':{
                            'last_name':'鄭',
                            'first_name':'義盟',
                            'city':'北京'}}
# 列印內含字典的字典
for account, account_info in wechat_account.items( ):
    print("使用者帳號 = ", account)                     # 列印鍵(key)
    name = account_info['last_name'] + " " + account_info['first_name']
    print("姓名       = ", name)                        # 列印值(value)
    print("城市       = ", account_info['city'])        # 列印值(value)
```

執行結果

```
===================== RESTART: D:\Python\ch9\ch9_26.py =====================
使用者帳號 =  cshung
姓名       =  洪 錦魁
城市       =  台北
使用者帳號 =  kevin
姓名       =  鄭 義盟
城市       =  北京
```

9-6 while 迴圈在字典的應用

這一節的內容主要是將 while 迴圈應用在字典上。

程式實例 ch9_27.py：這是一個市場夢幻旅遊地點調查的實例，此程式會要求輸入名字以及夢幻旅遊地點，然後存入 survey_dict 字典，其中鍵是 name，值是 travel_location。輸入完後程式會詢問是否有人要輸入，y 表示有，n 表示沒有則程式結束，程式結束前會輸出市場調查結果。

```
# ch9_27.py
survey_dict = {}                             # 建立市場調查空字典
market_survey = True                         # 設定迴圈布林值

# 讀取參加市場調查者姓名和夢幻旅遊景點
while market_survey:
    name = input("\n請輸入姓名  : ")
    travel_location = input("夢幻旅遊景點: ")

# 將輸入存入survey_dict字典
    survey_dict[name] = travel_location
```

```
12
13 # 可由此決定是否離開市場調查
14     repeat = input("是否有人要參加市場調查?(y/n) ")
15     if repeat != 'y':                # 不是輸入y,則離開while迴圈
16         market_survey = False
17
18 # 市場調查結束
19 print("\n\n以下是市場調查的結果")
20 for user, location in survey_dict.items( ):
21     print(user, "夢幻旅遊景點: ", location)
```

執行結果

```
===================== RESTART: D:\Python\ch9\ch9_27.py =====================

請輸入姓名  : Peter
夢幻旅遊景點: Beijing
是否有人要參加市場調查?(y/n) y

請輸入姓名  : Kevin
夢幻旅遊景點: Hong Kong
是否有人要參加市場調查?(y/n) n


以下是市場調查的結果
Peter 夢幻旅遊景點:  Beijing
Kevin 夢幻旅遊景點:  Hong Kong
```

有時候設計一個較長的程式時，若是適度空行則整個程式的可讀性會比較佳，上述筆者分別在第 9、12 和 17 行空一行的目的就是如此。

9-7 字典常用的函數和方法

9-7-1 len( )

可以列出字典元素的個數。

程式實例 ch9_28：列出字典以及字典內的字典元素的個數。

```
# ch9_28.py
# 建立內含字典的字典
wechat_account = {'cshung':{
                            'last_name':'洪',
                            'first_name':'錦魁',
                            'city':'台北'},
                  'kevin':{
                            'last_name':'鄭',
                            'first_name':'義盟',
                            'city':'北京'}}
# 列印字典元素個數
print("wechat_account字典元素個數         ", len(wechat_account))
print("wechat_account['cshung']元素個數 ", len(wechat_account['cshung']))
print("wechat_account['kevin']元素個數  ", len(wechat_account['kevin']))
```

執行結果

```
====================== RESTART: D:\Python\ch9\ch9_28.py ======================
wechat_account字典元素個數        2
wechat_account['cshung']元素個數  3
wechat_account['kevin']元素個數   3
```

9-7-2 fromkeys( )

這是建立字典的一個方法，它的語法格式如下：

name_dict = dict.fromkeys(seq[, value])　　　# 使用 seq 序列建立字典

上述會使用 seq 序列建立字典，序列內容將是字典的鍵，如果沒有設定 value 則用 none 當字典鍵的值。

程式實例 ch9_29.py：分別使用串列和元組建立字典。

```
# ch9_29.py
# 將串列轉成字典
seq1 = ['name', 'city']         # 定義串列
list_dict1 = dict.fromkeys(seq1)
print("字典1 ", list_dict1)
list_dict2 = dict.fromkeys(seq1, 'Chicago')
print("字典2 ", list_dict2)
# 將元組轉成字典
seq2 = ('name', 'city')         # 定義元組
tup_dict1 = dict.fromkeys(seq2)
print("字典3 ", tup_dict1)
tup_dict2 = dict.fromkeys(seq2, 'New York')
print("字典4 ", tup_dict2)
```

執行結果

```
====================== RESTART: D:\Python\ch9\ch9_29.py ======================
字典1  {'name': None, 'city': None}
字典2  {'name': 'Chicago', 'city': 'Chicago'}
字典3  {'name': None, 'city': None}
字典4  {'name': 'New York', 'city': 'New York'}
```

9-7-3 get( )

搜尋字典的鍵，如果鍵存在則傳回該鍵的值，如果不存在則傳回預設值。

ret_value = dict.get(key[, default=none])　　　# dict 是欲搜尋的字典

key 是要搜尋的鍵，如果找不到 key 則傳回 default 的值 (如果沒設 default 值就傳回 none)。

程式實例 ch9_30.py：get( ) 方法的應用。

```
# ch9_30.py
fruits = {'Apple':20, 'Orange':25}
ret_value1 = fruits.get('Orange')
print("Value = ", ret_value1)
ret_value2 = fruits.get('Grape')
print("Value = ", ret_value2)
ret_value3 = fruits.get('Grape', 10)
print("Value = ", ret_value3)
```

執行結果

```
===================== RESTART: D:\Python\ch9\ch9_30.py =====================
Value =  25
Value =  None
Value =  10
```

9-7-4 setdefault( )

這個方法基本上與 get( ) 相同，不同之處在於 get( ) 方法不會改變字典內容。使用 setdefault( ) 方法時若所搜尋的鍵不在，會將 " 鍵 : 值 " 加入字典，如果有設定預設值則將鍵 : 預設值加入字典，如果沒有設定預設值則將鍵 :none 加入字典。

ret_value = dict.setdefault(key[, default=none])　　　　# dict 是欲搜尋的字典

程式實例 ch9_30_1.py：setdefault( ) 方法，鍵在字典內的應用。

```
# ch9_30_1.py
# key在字典內
fruits = {'Apple':20, 'Orange':25}
ret_value = fruits.setdefault('Orange')
print("Value = ", ret_value)
print("fruits字典", fruits)
ret_value = fruits.setdefault('Orange',100)
print("Value = ", ret_value)
print("fruits字典", fruits)
```

執行結果

```
==================== RESTART: D:\Python\ch9\ch9_30_1.py ====================
Value =  25
fruits字典 {'Apple': 20, 'Orange': 25}
Value =  25
fruits字典 {'Apple': 20, 'Orange': 25}
```

程式實例 ch9_30_2.py：setdefault( ) 方法，鍵不在字典內的應用。

```
# ch9_30_2.py
person = {'name':'John'}
print("原先字典內容", person)

# 'age'鍵不存在
age = person.setdefault('age')
print("增加age鍵 ", person)
print("age = ", age)

# 'sex'鍵不存在
sex = person.setdefault('sex', 'Male')
print("增加sex鍵 ", person)
print("sex = ", sex)
```

執行結果

```
==================== RESTART: D:\Python\ch9\ch9_30_2.py ====================
原先字典內容 {'name': 'John'}
增加age鍵  {'name': 'John', 'age': None}
age =  None
增加sex鍵  {'name': 'John', 'age': None, 'sex': 'Male'}
sex =  Male
```

9-8 製作大型的字典資料

有時我們想要製作更大型的字典資料結構，例如：字典的鍵是地球的洲名，鍵的值是該洲幾個城市名稱，可以參考下列實例。

實例 1：字典的元素的值是串列。

```
>>> asia = ['Beijing', 'Hongkong', 'Tokyo']
>>> usa = ['Chicago', 'New York', 'Hawaii', 'Los Angeles']
>>> europe = ['Paris', 'London', 'Zurich']
>>> world = {'Asia':asia, 'Usa':usa, 'Europe':europe}
>>> type(world)
<class 'dict'>
>>> world
{'Asia': ['Beijing', 'Hongkong', 'Tokyo'], 'Usa': ['Chicago', 'New York', 'Hawai
i', 'Los Angeles'], 'Europe': ['Paris', 'London', 'Zurich']}
```

在設計大型程式時，必需記住字典的鍵是不可變的，所以不可以將串列、字典或是下一章將介紹的集合當作字典的鍵，不過你是可以將元組當作字典的鍵，例如：我們在 4-7-4 節可以知道地球上每個位置是用 (緯度 , 經度) 當做標記，所以我們可以使用經緯度當作字典的鍵。

實例 2：使用經緯度當作字典的鍵，值是地點名稱。

```
>>> loc = {
        (25.0452, 121.5168):'台北車站',
        (22.2838, 114.1731):'紅磡車站'
        }
>>> type(loc)
<class 'dict'>
>>> loc
{(25.0452, 121.5168): '台北車站', (22.2838, 114.1731): '紅磡車站'}
```

9-9 專題 文件分析 / 字典生成式 / 英漢字典

9-9-1 傳統方式分析文章的文字與字數

程式實例 ch9_31.py：這個專案主要是設計一個程式，可以記錄一段英文文字，或是一篇文章所有單字以及每個單字的出現次數，這個程式會用單字當作字典的鍵 (key)，用值 (value) 當作該單字出現的次數。

```
# ch9_31.py
song = """Are you sleeping, are you sleeping, Brother John, Brother John?
Morning bells are ringing, morning bells are ringing.
Ding ding dong, Ding ding dong."""
mydict = {}                          # 空字典未來儲存單字計數結果
print("原始歌曲")
print(song)

# 以下是將歌曲大寫字母全部改成小寫
songLower = song.lower()             # 歌曲改為小寫
print("小寫歌曲")
print(songLower)

# 將歌曲的標點符號用空字元取代
for ch in songLower:
    if ch in ".,?":
        songLower = songLower.replace(ch,'')
print("不再有標點符號的歌曲")
print(songLower)

# 將歌曲字串轉成串列
songList = songLower.split()
print("以下是歌曲串列")
print(songList)                      # 列印歌曲串列

```

```
26  # 將歌曲串列處理成字典
27  for wd in songList:
28      if wd in mydict:                # 檢查此字是否已在字典內
29          mydict[wd] += 1             # 累計出現次數
30      else:
31          mydict[wd] = 1              # 第一次出現的字建立此鍵與值
32
33  print("以下是最後執行結果")
34  print(mydict)                            # 列印字典
```

執行結果

```
===================== RESTART: D:\Python\ch9\ch9_31.py ======================
原始歌曲
Are you sleeping, are you sleeping, Brother John, Brother John?
Morning bells are ringing, morning bells are ringing.
Ding ding dong, Ding ding dong.
小寫歌曲
are you sleeping, are you sleeping, brother john, brother john?
morning bells are ringing, morning bells are ringing.
ding ding dong, ding ding dong.
不再有標點符號的歌曲
are you sleeping are you sleeping brother john brother john
morning bells are ringing morning bells are ringing
ding ding dong ding ding dong
以下是歌曲串列
['are', 'you', 'sleeping', 'are', 'you', 'sleeping', 'brother', 'john', 'brother'
, 'john', 'morning', 'bells', 'are', 'ringing', 'morning', 'bells', 'are', 'ringi
ng', 'ding', 'ding', 'dong', 'ding', 'ding', 'dong']
以下是最後執行結果
{'are': 4, 'you': 2, 'sleeping': 2, 'brother': 2, 'john': 2, 'morning': 2, 'bells
': 2, 'ringing': 2, 'ding': 4, 'dong': 2}
```

上述程式其實筆者註解非常清楚，整個程式依據下列方式處理。

1：將歌曲全部改成小寫字母同時列印，可參考 10-12 行。

2：將歌曲的標點符號 ",.?" 全部改為空白同時列印，可參考 15-19 行。

3：將歌曲字串轉成串列同時列印串列，可參考 22-24 行。

4：將歌曲串列處理成字典同時計算每個單字出現次數，可參考 27-31 行。

5：最後列印字典。

9-9-2 字典生成式

在 7-2-7 和 7-2-9 節筆者有介紹串列生成的觀念，其實我們可以將該觀念，應用在字典生成式，此時語法如下：

新字典 = { 鍵運算式 : 值運算式 for 運算式 in 可迭代物件 }

程式實例 ch9_32.py：使用字典生成式記錄單字 deepstone，每個字出現的次數。

```
1 # ch9_32.py
2 word = 'deepstone'
3 alphabetCount = {alphabet:word.count(alphabet) for alphabet in word}
4 print(alphabetCount)
```

執行結果

```
==================== RESTART: D:\Python\ch9\ch9_32.py ====================
{'d': 1, 'e': 3, 'p': 1, 's': 1, 't': 1, 'o': 1, 'n': 1}
```

很不可思議，只需一行程式碼 (第 3 行) 就將一個單字每個字母的出現次數列出來，坦白說這就是 Python 奧妙的地方。上述程式的執行原理是將每個單字出現的次數當作是鍵的值，其實這是真正懂 Python 的程式設計師會使用的方式。當然如果硬要挑起上述程式的缺點，就在於對字母 e 而言，在 for 迴圈中會被執行 3 次，下一章筆者會介紹集合 (set)，筆者會改良這個程式，讓讀者邁向 Python 高手之路。

當你了解了上述 ch9_32.py 後，若是再看 ch9_31.py 可以發現第 27 至 31 行是將串列改為字典同時計算每個單字的出現次數，該程式花了 5 行處理這個功能，其實我們可以使用 1 行就取代原先需要 5 行處理這個功能。

程式實例 ch9_33.py：使用串列生成方式重新設計 ch9_31.py，這個程式的重點是第 27 行取代了原先的第 27 至 31 行。

```
27 mydict = {wd:songList.count(wd) for wd in songList}
```

另外可以省略第 5 行設定空字典。

```
5 #mydict = {}                      # 省略,空字典未來儲存單字計數結果
```

執行結果 與 ch9_31.py 相同。

9-9-3 設計季節的英漢字典

其實對讀者而言這是一個簡單的應用，這個程式在執行時會要求輸入季節的英文，如果所輸入的單字在字典內則輸出此單字的中文，如果所輸入的單字不在字典則輸出查無此單字。

程式實例 ch9_34.py：季節英漢字典的設計。

```
# ch9_34.py
season = {'Spring':'春季',
          'Summer':'夏季',
          'Fall':'秋季',
          'Winter':'冬季'}

wd = input("請輸入欲查詢的單字 : ")
if wd in season:
    print(wd, " 中文字義是 : ", season[wd])
else:
    print("查無此單字")
```

執行結果

```
==================== RESTART: D:/Python/ch9/ch9_34.py ====================
請輸入欲查詢的單字 : Spring
Spring  中文字義是 :   春季
>>>
==================== RESTART: D:/Python/ch9/ch9_34.py ====================
請輸入欲查詢的單字 : Table
查無此單字
```

9-9-4　文件加密

延續 6-13-2 節的內容，在 Python 資料結構中，要執行加密可以使用字典的功能，觀念是將原始字元當作鍵 (key)，加密結果當作值 (value)，這樣就可以達到加密的目的，若是要讓字母往前移 3 個字元，相當於要建立下列字典。

encrypt = {'a':'x', 'b':'y', 'c':'z', 'd':'a', … , 'z':'w'}

程式實例 ch9_35.py：設計一個加密程式，使用 "python" 做測試。

```
# ch9_35.py
abc = 'abcdefghijklmnopqrstuvwxyz'
encry_dict = {}
front3 = abc[:3]
end23 = abc[3:]
subText = end23 + front3
encry_dict = dict(zip(subText, abc))      # 建立字典
print("列印編碼字典\n", encry_dict)        # 列印字典

msgTest = 'python'                        # 測試字串
cipher = []
for i in msgTest:                         # 執行每個字元加密
    v = encry_dict[i]                     # 加密
    cipher.append(v)                      # 加密結果
ciphertext = ''.join(cipher)              # 將串列轉成字串

print("原始字串 ", msgTest)
print("加密字串 ", ciphertext)
```

執行結果

```
===================== RESTART: D:/Python/ch9/ch9_35.py =====================
列印編碼字典
 {'d': 'a', 'e': 'b', 'f': 'c', 'g': 'd', 'h': 'e', 'i': 'f', 'j': 'g', 'k': 'h'
, 'l': 'i', 'm': 'j', 'n': 'k', 'o': 'l', 'p': 'm', 'q': 'n', 'r': 'o', 's': 'p'
, 't': 'q', 'u': 'r', 'v': 's', 'w': 't', 'x': 'u', 'y': 'v', 'z': 'w', 'a': 'x'
, 'b': 'y', 'c': 'z'}
原始字串  python
加密字串  mvqelk
```

筆者在第 12 章會擴充上述成可以處理加密整段文件，同時也將講解文件解密。

9-9-5 通訊錄

其實經由以上說明讀者已經有能力設計簡單的通訊錄了。

程式實例 ch9_36.py：設計通訊錄，這個程式筆者先在第 2-5 行建立通訊錄，然後有 4 個選項，可以分別新增、編輯、刪除和結束使用。如果按其他鍵一律是結束。

```
1  # ch9_36.py
2  address_dict = {
3      "洪錦魁":"台北市天天街100號",
4      "洪冰雨":"台北市地地街200號",
5      }
6  print("================== 我的通訊錄 ==================")
7  for name, address in address_dict.items():
8      print(name, ":", address)
9  print()
10 message = "1:新增  2:編輯  3:刪除  4:結束 \n"
11 
12 while True:
13     selection = input(message)
14     if selection == '1':
15         name = input("姓名: ")
16         address = input("地址: ")
17         address_dict[name] = address
18         print("新增成功")
19     elif selection =='2':
20         while True:
21             name = input("姓名: ")
22             if name not in address_dict:
23                 print("輸入錯誤, 請重新輸入!!")
24             else:
25                 address = input("地址: ")
26                 address_dict[name] = address
27                 break
28     elif selection == '3':
29         while True:
30             name = input("姓名: ")
31             if name not in address_dict:
32                 print("輸入錯誤, 請重新輸入!!")
```

```
            else:
                del address_dict[name]
                print("刪除成功")
                break
    else:
        print("結束")
        break

print()
print("=================== 新的通訊錄 ===================")
for name, address in address_dict.items():
    print(name, ":", address)
```

執行結果 下列分別是新增、編輯、刪除的執行畫面。

```
====================== RESTART: D:/Python/ch9/ch9_36.py ======================
================== 我的通訊錄 ==================
洪錦魁 : 台北市天天街100號
洪冰雨 : 台北市地地街200號

1:新增  2:編輯  3:刪除  4:結束
1
姓名: 洪星宇
地址: 台北市士林區
新增成功
1:新增  2:編輯  3:刪除  4:結束
4
結束

================== 新的通訊錄 ==================
洪錦魁 : 台北市天天街100號
洪冰雨 : 台北市地地街200號
洪星宇 : 台北市士林區
```

```
====================== RESTART: D:/Python/ch9/ch9_36.py ======================
================== 我的通訊錄 ==================
洪錦魁 : 台北市天天街100號
洪冰雨 : 台北市地地街200號

1:新增  2:編輯  3:刪除  4:結束
2
姓名: 陳咚咚
輸入錯誤, 請重新輸入!!
姓名: 洪錦魁
地址: 台北市天母街10號
1:新增  2:編輯  3:刪除  4:結束
4
結束

================== 新的通訊錄 ==================
洪錦魁 : 台北市天母街10號
洪冰雨 : 台北市地地街200號
```

```
===================== RESTART: D:/Python/ch9/ch9_36.py =====================
================== 我的通訊錄 ==================
洪錦魁 : 台北市天天街100號
洪冰雨 : 台北市地地街200號

1:新增  2:編輯  3:刪除  4:結束
3
姓名: 洪錦魁
刪除成功
1:新增  2:編輯  3:刪除  4:結束
4
結束

================== 新的通訊錄 ==================
洪冰雨 : 台北市地地街200號
```

習題

實作題

1. 請建立星期資訊的英漢字典，相當於輸入英文的星期資訊可以列出星期的中文，如果輸入不是星期英文則列出輸入錯誤。這個程式的另一個特色是，不論輸入大小寫均可以處理。(9-1 節)
2. 請建立資訊的漢英字典，相當於輸入中文的月份 (例如：一月) 資訊可以列出月份的英文，如果輸入不是月份中文則列出輸入錯誤。(9-1 節)
3. 有一個 fruits 字典內含 5 種水果的每斤售價，Watermelon:15、Banana:20、Pineapple:25、Orange:12、Apple:18，請先列印此 fruits 字典，再依水果名排序列印。(9-2 節)
4. 重新設計 ch9_21_2.py，請先列印此 noodles 字典，請設計程式時不使用建立串列，直接依 noodles 售價排序列印。(9-2 節)
5. 請使用 max( ) 和 min( ) 方法設計 ch9_21_2.py，列印完 noodles 字典後，直接列印最貴和最便宜的麵。(9-2 節)
6. 重新設計 ch9_24.py，將最後 3 名小兵改成 tag 是 green、score 是 10、speed 是 fast。(9-3 節)
7. 請參考 ch9_26.py，設計 5 個旅遊地點當鍵，值則是由字典組成，內部包含 5 個 " 鍵 : 值 "，請自行發揮創意，然後列印出來。(9-5 節)
8. 請擴充設計專題 ch9_31.py，該程式所輸出的部分可以不用再輸出，本程式會使用所建立的字典，列印出現最多的字，同時列印出現次數，可能會有多個單字出現一樣次數是最多次，必需同時列出來。(9-9 節)

9. 在 Python Shell 環境若是輸入 import this，可以看到美國著名軟體工程師 Tim Peters 所寫的 Python 設計原則 20 則，其實只有 19 則，我們也稱之為 Python 之禪 (The Zen of Python)，如下所示：(9-9 節)

```
>>> import this
The Zen of Python, by Tim Peters

Beautiful is better than ugly.
Explicit is better than implicit.
Simple is better than complex.
Complex is better than complicated.
Flat is better than nested.
Sparse is better than dense.
Readability counts.
Special cases aren't special enough to break the rules.
Although practicality beats purity.
Errors should never pass silently.
Unless explicitly silenced.
In the face of ambiguity, refuse the temptation to guess.
There should be one-- and preferably only one --obvious way to do it.
Although that way may not be obvious at first unless you're Dutch.
Now is better than never.
Although never is often better than *right* now.
If the implementation is hard to explain, it's a bad idea.
If the implementation is easy to explain, it may be a good idea.
Namespaces are one honking great idea -- let's do more of those!
```

請設計程式用排序方式列出上述所有單字，以及單字所出現的次數。

10. 請擴充 ch9_35.py，處理成可以加密英文大小寫，基本精神是讓 abc 字串是 'abc … xyz ABC … XYZ'。另外讓 z 和 A 之間空一格，這是讓空格也執行加密。這時 a 將加密為 X、b 將加密為 Y、c 將加密為 Z。(9-9 節)

第十章

集合 (Set)

集合的基本觀念是無序且每個元素是唯一的，其實也可以將集合看成是字典的鍵，每個鍵皆是唯一的，集合元素的內容是不可變的 (immutable)，常見的元素有整數 (intger)、浮點數 (float)、字串 (string)、元組 (tuple) … 等。至於可變 (mutable) 內容串列 (list)、字典 (dict)、集合 (set) … 等不可以是集合元素。但是集合本身是可變的 (mutable)，我們可以增加或刪除集合的元素。

10-1 建立集合

Python 可以使用大括號 "{ }" 或 set( ) 函數建立集合，下列將分別說明。

10-1-1 使用大括號建立集合

Python 允許我們直接使用大括號 "{ }" 設定集合，例如：如果集合名稱是 langs，內容是 'Python'、'C'、'Java'。可以使用下列方式設定集合。

程式實例 ch10_1.py：基本集合的建立。

```
# ch10_1.py
langs = {'Python', 'C', 'Java'}
print("列印集合 = ", langs)
print("列印類別 = ", type(langs))
```

執行結果

```
==================== RESTART: D:\Python\ch10\ch10_1.py ====================
列印集合 =  {'C', 'Python', 'Java'}
列印類別 =  <class 'set'>
```

集合的特色是元素是唯一的，所以如果設定集合時有重複元素情形，多的部分將被捨去。

程式實例 ch10_2.py：基本集合的建立，建立時部分元素重複，觀察執行結果。

```
# ch10_2.py
langs = {'Python', 'C', 'Java', 'Python', 'C'}
print(langs)
```

執行結果

```
==================== RESTART: D:\Python\ch10\ch10_2.py ====================
{'Python', 'C', 'Java'}
```

上述 'Python' 和 'C' 在設定時皆出現 2 次，但是列出時有重複的元素將只保留 1 份。集合內容可以是由不同資料型態組成，可參考下列實例。

程式實例 ch10_3.py：使用整數和不同資料型態所建的集合。

```
1   # ch10_3.py
2   # 集合由整數所組成
3   integer_set = {1, 2, 3, 4, 5}
4   print(integer_set)
5   # 集合由不同資料型態所組成
6   mixed_set = {1, 'Python', (2, 5, 10)}
7   print(mixed_set)
8   # 集合的元素是不可變的所以程式第6行所設定的元組元素改成
9   # 第10行串列的寫法將會產生錯誤
10  # mixed_set = { 1, 'Python', [2, 5, 10]}
```

執行結果

```
==================== RESTART: D:\Python\ch10\ch10_3.py ====================
{1, 2, 3, 4, 5}
{1, (2, 5, 10), 'Python'}
```

讀者可以將第 10 行的 "#" 刪除，可以發現程式會有錯誤產生，原因是 [2, 5, 10] 是串列，這是可變的元素所以不可以當作集合元素。

讀者可能會思考，字典是用大括號定義，集合也是用大括號定義，可否直接使用空的大括號定義空集合？可參考下列實例。

程式實例 ch10_4.py：建立空集合並觀察執行結果，發現錯誤的實例。

```
# ch10_4.py
x = {}                          # 這是建立空字典非空集合
print("列印      = ", x)
print("列印類別 = ", type(x))
```

執行結果

```
==================== RESTART: D:\Python\ch10\ch10_4.py ====================
列印      =  {}
列印類別 =  <class 'dict'>
```

結果發現使用空的大括號 { } 定義，獲得的是空字典，下一小節筆者將會講解定義空集合的方法。

10-1-2 使用 set( ) 函數定義集合

除了 10-1-1 節方式建立集合，也可以使用內建的 set( ) 函數建立集合，set( ) 函數參數的內容可以是字串 (string)、串列 (list)、元組 (tuple)、字典 (dict) … 等。這時原先字串 (string) 、串列 (list)、元組 (tuple) 的元素將被轉成集合元素，字典則是鍵 (key) 會被轉成集合元素。首先筆者回到建立空集合的主題，如果想建立空集合需使用 set( ) 函數。

程式實例 ch10_5.py：重新設計 ch10_4.py，使用 set( ) 函數建立空集合。

```
# ch10_5.py
empty_dict = {}                              # 這是建立空字典
print("列印類別 = ", type(empty_dict))
empty_set = set()                            # 這是建立空集合
print("列印類別 = ", type(empty_set))
```

執行結果

```
===================== RESTART: D:\Python\ch10\ch10_5.py =====================
列印類別 =  <class 'dict'>
列印類別 =  <class 'set'>
```

程式實例 ch10_6.py：使用字串 (string) 建立與列印集合，同時列出集合的資料型態。

```
1 # ch10_6.py
2 x = set('DeepStone mean Deep Learning')
3 print(x)
4 print(type(x))
```

執行結果

```
===================== RESTART: D:\Python\ch10\ch10_6.py =====================
{'m', 'g', 'D', 't', 'r', 'a', 'o', 'p', 'e', ' ', 'i', 'L', 'S', 'n'}
<class 'set'>
```

由於集合元素具有唯一的特性，所以程式第 2 行原先字串有許多字母 (例如 : e) 重複，經過 set( ) 處理後，所有英文字母將沒有重複。

程式實例 ch10_7.py：使用串列 (list) 建立與列印集合。

```
# ch10_7.py
# 表達方式1
fruits = ['apple', 'orange', 'apple', 'banana', 'orange']
x = set(fruits)
print(x)
# 表達方式2
y = set(['apple', 'orange', 'apple', 'banana', 'orange'])
print(y)
```

執行結果

```
===================== RESTART: D:\Python\ch10\ch10_7.py =====================
{'banana', 'apple', 'orange'}
{'banana', 'apple', 'orange'}
```

讀者需留意 2 種不同的 set( ) 函數使用方式，同時原先串列內容已經變為集合元素內容了。

程式實例 ch10_8.py：使用元組 (tuple) 建立與列印集合。

```
# ch10_8.py
cities = set(('Beijing', 'Tokyo', 'Beijing', 'Taipei', 'Tokyo'))
print(cities)
```

執行結果

```
==================== RESTART: D:\Python\ch10\ch10_8.py ====================
{'Taipei', 'Beijing', 'Tokyo'}
```

程式實例 ch10_8_1.py：使用字典建立集合時，字典的鍵會被當作集合的元素，這個程式會列印集合。

```
# ch10_8_1.py
asia = {'China':'Beijing', 'Japan':'Tokyo', 'Thailand':'Bangkok'}
asiaSet = set(asia)
print(asiaSet)
```

執行結果

```
=================== RESTART: D:/Python/ch10/ch10_8_1.py ===================
{'China', 'Japan', 'Thailand'}
```

10-1-3 大數據資料與集合的應用

筆者的朋友在某知名企業工作，收集了海量資料使用串列保存，這裡面有些資料是重複出現，他曾經詢問筆者應如何將重複的資料刪除，筆者告知如果使用 C 語言可能需花幾小時解決，但是如果了解 Python 的集合觀念，只要花約 1 分鐘就解決了。其實只要將串列資料使用 set( ) 函數轉為集合資料，再使用 list( ) 函數將集合資料轉為串列資料就可以了。

程式實例 ch10_9.py：將串列內重複性的資料刪除。

```
# ch10_9.py
fruits1 = ['apple', 'orange', 'apple', 'banana', 'orange']
x = set(fruits1)                # 將串列轉成集合
fruits2 = list(x)               # 將集合轉成串列
print("原先串列資料fruits1 = ", fruits1)
print("新的串列資料fruits2 = ", fruits2)
```

執行結果

```
==================== RESTART: D:\Python\ch10\ch10_9.py ====================
原先串列資料fruits1 =  ['apple', 'orange', 'apple', 'banana', 'orange']
新的串列資料fruits2 =  ['banana', 'apple', 'orange']
```

10-2 集合的操作

Python 符號	說明
&	交集
|	聯集
-	差集
^	對稱差集
==	等於
!=	不等於
in	是成員
not in	不是成員

10-2-1 交集 (intersection)

有 A 和 B 兩個集合，如果想獲得相同的元素，則可以使用交集。例如：你舉辦了數學 (可想成 A 集合) 與物理 (可想成 B 集合)2 個夏令營，如果想統計有那些人同時參加這 2 個夏令營，可以使用此功能。

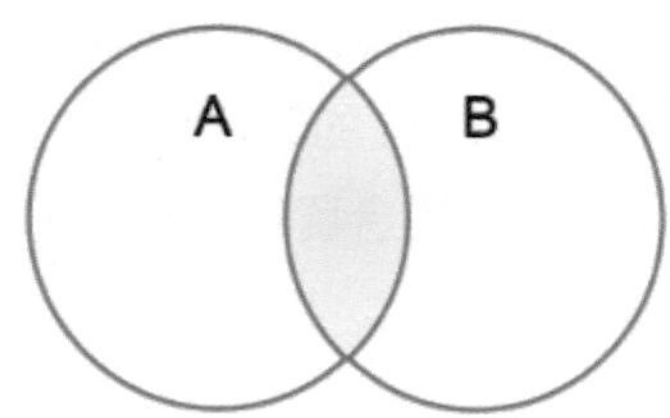

在 Python 語言的交集符號是 "&"，另外，也可以使用 intersection( ) 方法完成這個工作。

程式實例 ch10_10.py：有數學與物理 2 個夏令營，這個程式會列出同時參加這 2 個夏令營的成員。

```
# ch10_10.py
math = {'Kevin', 'Peter', 'Eric'}           # 設定參加數學夏令營成員
physics = {'Peter', 'Nelson', 'Tom'}        # 設定參加物理夏令營成員
both = math & physics
print("同時參加數學與物理夏令營的成員 ",both)
```

執行結果

```
===================== RESTART: D:\Python\ch10\ch10_10.py =====================
同時參加數學與物理夏令營的成員  {'Peter'}
```

程式實例 ch10_11.py：使用 intersection( ) 方法完成交集的應用。

```
# ch10_11.py
A = {1, 2, 3, 4, 5}             # 定義集合A
B = {3, 4, 5, 6, 7}             # 定義集合B
# 將intersection( )應用在A集合
AB = A.intersection(B)          # A和B的交集
print("A和B的交集是 ", AB)
# 將intersection( )應用在B集合
BA = B.intersection(A)          # B和A的交集
print("B和A的交集是 ", BA)
```

執行結果

```
===================== RESTART: D:\Python\ch10\ch10_11.py =====================
A和B的交集是  {3, 4, 5}
B和A的交集是  {3, 4, 5}
```

10-2-2 聯集 (union)

有 A 和 B 兩個集合，如果想獲得所有的元素，則可以使用聯集。例如：你舉辦了數學 (可想成 A 集合) 與物理 (可想成 B 集合)2 個夏令營，如果想統計有參加數學或物理夏令營的全部成員，可以使用此功能。

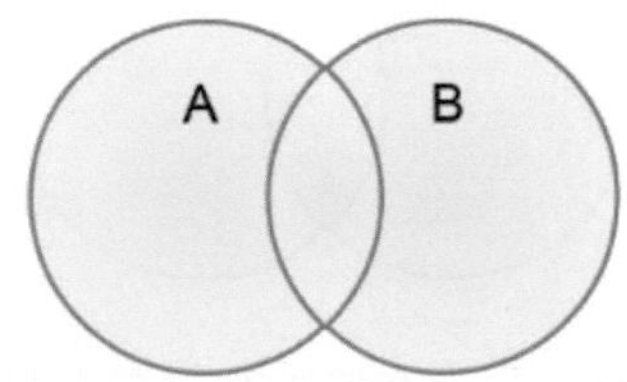

在 Python 語言的聯集符號是 "|" ，另外，也可以使用 union( ) 方法完成這個工作。

程式實例 ch10_12.py：有數學與物理 2 個夏令營，這個程式會列出有參加數學或物理夏令營的所有成員。

```
# ch10_12.py
math = {'Kevin', 'Peter', 'Eric'}           # 設定參加數學夏令營成員
physics = {'Peter', 'Nelson', 'Tom'}        # 設定參加物理夏令營成員
allmember = math | physics
print("參加數學或物理夏令營的成員 ",allmember)
```

執行結果

```
===================== RESTART: D:\Python\ch10\ch10_12.py =====================
參加數學或物理夏令營的成員  {'Nelson', 'Eric', 'Tom', 'Kevin', 'Peter'}
```

程式實例 ch10_13.py：使用 union( ) 方法完成聯集的應用。

```
# ch10_13.py
A = {1, 2, 3, 4, 5}                    # 定義集合A
B = {3, 4, 5, 6, 7}                    # 定義集合B
# 將union( )應用在A集合
AorB = A.union(B)                      # A和B的聯集
print("A和B的聯集是 ", AorB)
# 將union( )應用在B集合
BorA = B.union(A)                      # B和A的聯集
print("B和A的聯集是 ", BorA)
```

執行結果

```
===================== RESTART: D:\Python\ch10\ch10_13.py =====================
A和B的聯集是  {1, 2, 3, 4, 5, 6, 7}
B和A的聯集是  {1, 2, 3, 4, 5, 6, 7}
```

10-2-3　差集 (difference)

有 A 和 B 兩個集合，如果想獲得屬於 A 集合元素，同時不屬於 B 集合則可以使用差集 (A-B)。如果想獲得屬於 B 集合元素，同時不屬於 A 集合則可以使用差集 (B-A)。例如：你舉辦了數學 (可想成 A 集合) 與物理 (可想成 B 集合)2 個夏令營，如果想瞭解參加數學夏令營但是沒有參加物理夏令營的成員，可以使用此功能。

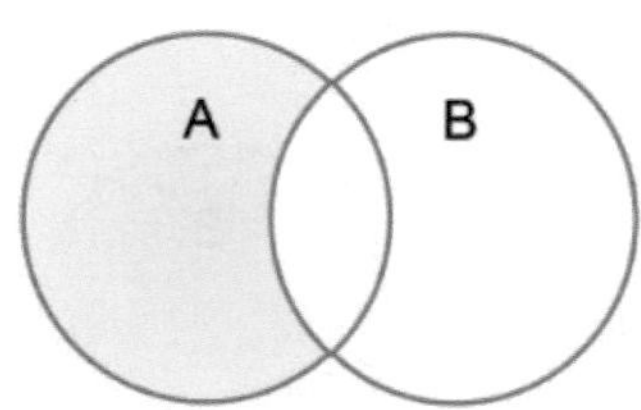

如果想統計參加物理夏令營但是沒有參加數學夏令營的成員，也可以使用此功能。

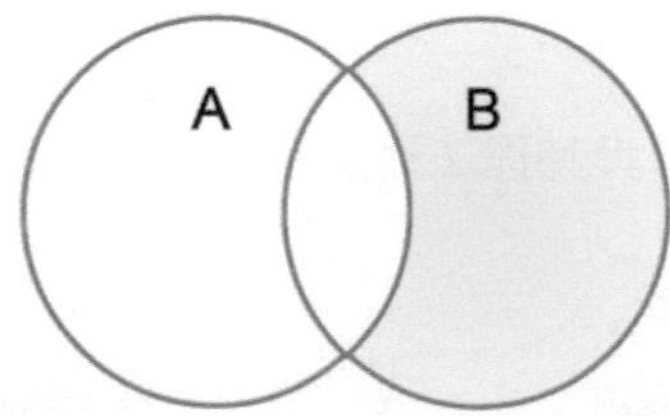

在 Python 語言的差集符號是 "-"，另外，也可以使用 difference( ) 方法完成這個工作。

程式實例 ch10_14.py：有數學與物理 2 個夏令營，這個程式會列出參加數學夏令營但是沒有參加物理夏令營的所有成員。另外也會列出參加物理夏令營但是沒有參加數學夏令營的所有成員。

```
# ch10_14.py
math = {'Kevin', 'Peter', 'Eric'}       # 設定參加數學夏令營成員
physics = {'Peter', 'Nelson', 'Tom'}    # 設定參加物理夏令營成員
math_only = math - physics
print("參加數學夏令營同時沒有參加物理夏令營的成員 ",math_only)
physics_only = physics - math
print("參加物理夏令營同時沒有參加數學夏令營的成員 ",physics_only)
```

執行結果

```
==================== RESTART: D:\Python\ch10\ch10_14.py ====================
參加數學夏令營同時沒有參加物理夏令營的成員  {'Kevin', 'Eric'}
參加物理夏令營同時沒有參加數學夏令營的成員  {'Tom', 'Nelson'}
```

程式實例 ch10_15.py：使用 difference( ) 方法完成 A-B 差集與 B-A 差集的應用。

```
# ch10_15.py
A = {1, 2, 3, 4, 5}              # 定義集合A
B = {3, 4, 5, 6, 7}              # 定義集合B
# 將difference( )應用在A集合
A_B = A.difference(B)            # A-B的差集
print("A-B的差集是 ", A_B)
# 將difference( )應用在B集合
B_A = B.difference(A)            # B-A的差集
print("B-A的差集是 ", B_A)
```

執行結果

```
==================== RESTART: D:\Python\ch10\ch10_15.py ====================
A-B的差集是  {1, 2}
B-A的差集是  {6, 7}
```

10-2-4 對稱差集 (symmetric difference)

有 A 和 B 兩個集合，如果想獲得屬於 A 或是 B 集合元素，但是排除同時屬於 A 和 B 的元素。例如：你舉辦了數學 (可想成 A 集合) 與物理 (可想成 B 集合)2 個夏令營，如果想統計參加數學夏令營或是有參加物理夏令營的成員，但是排除同時參加這 2 個夏令營的成員，則可以使用此功能。更簡單的解釋是只參加一個夏令營的成員。

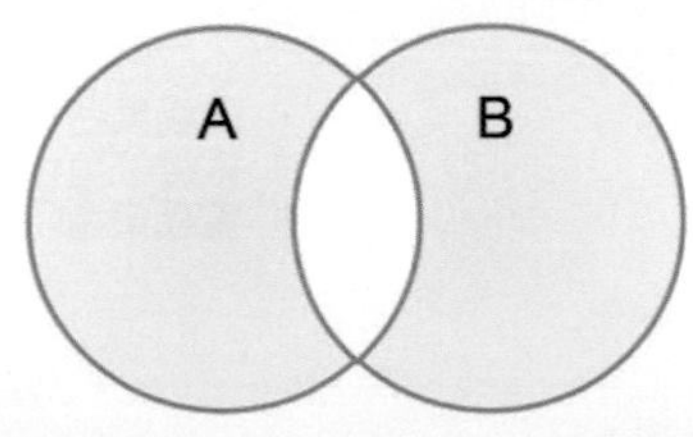

在 Python 語言的對稱差集符號是 "^"，另外，也可以使用 symmetric_difference( ) 方法完成這個工作。

程式實例 ch10_16.py：有數學與物理 2 個夏令營，這個程式會列出參加數學夏令營或是參加物理夏令營，但是排除同時參加 2 個夏令營的所有成員。

```
# ch10_16.py
math = {'Kevin', 'Peter', 'Eric'}           # 設定參加數學夏令營成員
physics = {'Peter', 'Nelson', 'Tom'}       # 設定參加物理夏令營成員
math_sydi_physics = math ^ physics
print("沒有同時參加數學和物理夏令營的成員 ",math_sydi_physics)
```

執行結果

```
===================== RESTART: D:\Python\ch10\ch10_16.py =====================
沒有同時參加數學和物理夏令營的成員  {'Nelson', 'Kevin', 'Eric', 'Tom'}
```

程式實例 ch10_17.py：使用 symmetric_difference( ) 方法完成 A 和 B 與 B 和 A 對稱差集的應用。

```
# ch10_17.py
A = {1, 2, 3, 4, 5}                         # 定義集合A
B = {3, 4, 5, 6, 7}                         # 定義集合B
# 將symmetric_difference( )應用在A集合
A_sydi_B = A.symmetric_difference(B)        # A和B的對稱差集
print("A和B的對稱差集是 ", A_sydi_B)
# 將symmetric_difference( )應用在B集合
B_sydi_A = B.symmetric_difference(A)        # B和A的對稱差集
print("B和A的對稱差集是 ", B_sydi_A)
```

執行結果

```
===================== RESTART: D:\Python\ch10\ch10_17.py =====================
A和B的對稱差集是  {1, 2, 6, 7}
B和A的對稱差集是  {1, 2, 6, 7}
```

10-2-5 等於

等於的 Python 符號是 "=="，可以獲得 2 個集合是否相等，如果相等傳回 True，否則傳回 False。

程式實例 ch10_18.py：測試 2 個集合是否相等。

```
# ch10_18.py
A = {1, 2, 3, 4, 5}                         # 定義集合A
B = {3, 4, 5, 6, 7}                         # 定義集合B
C = {1, 2, 3, 4, 5}                         # 定義集合C
```

```
# 列出A與B集合是否相等
print("A與B集合相等", A == B)
# 列出A與C集合是否相等
print("A與C集合相等", A == C)
```

執行結果

```
==================== RESTART: D:\Python\ch10\ch10_18.py ====================
A與B集合相等 False
A與C集合相等 True
```

10-2-6 不等於

不等於的 Python 符號是 "!="，可以獲得 2 個集合是否不相等，如果不相等傳回 True，否則傳回 False。

程式實例 ch10_19.py：測試 2 個集合是否不相等。

```
# ch10_19.py
A = {1, 2, 3, 4, 5}                          # 定義集合A
B = {3, 4, 5, 6, 7}                          # 定義集合B
C = {1, 2, 3, 4, 5}                          # 定義集合C
# 列出A與B集合是否相等
print("A與B集合不相等", A != B)
# 列出A與C集合是否不相等
print("A與C集合不相等", A != C)
```

執行結果

```
==================== RESTART: D:\Python\ch10\ch10_19.py ====================
A與B集合不相等 True
A與C集合不相等 False
```

10-2-7 是成員 in

Python 的關鍵字 in 可以測試元素是否是集合的元素成員。

程式實例 ch10_20.py：關鍵字 in 的應用。

```
# ch10_20.py
# 方法1
fruits = set("orange")
print("字元a是屬於fruits集合?", 'a' in fruits)
print("字元d是屬於fruits集合?", 'd' in fruits)
# 方法2
cars = {"Nissan", "Toyota", "Ford"}
boolean = "Ford" in cars
print("Ford in cars", boolean)
boolean = "Audi" in cars
print("Audi in cars", boolean)
```

執行結果

```
==================== RESTART: D:\Python\ch10\ch10_20.py ====================
字元a是屬於fruits集合? True
字元d是屬於fruits集合? False
Ford in cars True
Audi in cars False
```

程式實例 ch10_21：使用迴圈列出所有參加數學夏令營的學生。

```
# ch10_21.py
math = {'Kevin', 'Peter', 'Eric'}        # 設定參加數學夏令營成員
print("列印參加數學夏令營的成員")
for name in math:
    print(name)
```

執行結果

```
==================== RESTART: D:/Python/ch10/ch10_21.py ====================
列印參加數學夏令營的成員
Kevin
Eric
Peter
```

10-2-8 不是成員 not in

Python 的關鍵字 not in 可以測試元素是否不是集合的元素成員。

程式實例 ch10_22.py：關鍵字 not in 的應用。

```
# ch10_22.py
# 方法1
fruits = set("orange")
print("字元a是不屬於fruits集合?", 'a' not in fruits)
print("字元d是不屬於fruits集合?", 'd' not in fruits)
# 方法2
cars = {"Nissan", "Toyota", "Ford"}
boolean = "Ford" not in cars
print("Ford not in cars", boolean)
boolean = "Audi" not in cars
print("Audi not in cars", boolean)
```

執行結果

```
==================== RESTART: D:\Python\ch10\ch10_22.py ====================
字元a是不屬於fruits集合? False
字元d是不屬於fruits集合? True
Ford not in cars False
Audi not in cars True
```

10-3 適用集合的方法

方法	說明
add( )	加一個元素到集合
clear( )	刪除集合所有元素
copy( )	複製集合
difference_update( )	刪除集合內與另一集合重複的元素
discard( )	如果是集合成員則刪除
intersection_update( )	可以使用交集更新集合內容
isdisjoint( )	如果 2 個集合沒有交集返回 True
issubset( )	如果另一個集合包含這個集合返回 True
isupperset( )	如果這個集合包含另一個集合返回 True
pop( )	傳回所刪除的元素，如果是空集合返回 False
remove( )	刪除指定元素，如果此元素不存在，程式將返回 KeyError
symmetric_differende_update( )	使用對稱差集更新集合內容
update( )	使用聯集更新集合內容

10-3-1 add( )

add( ) 可以增加一個元素，它的語法格式如下：

集合 A.add(新增元素)

上述會將 add( ) 參數的新增元素加到呼叫此方法的集合 A 內。

程式實例 ch10_22_1.py：在集合內新增元素的應用。

```
# ch10_22_1.py
cities = { 'Taipei', 'Beijing', 'Tokyo'}
# 增加一般元素
cities.add('Chicago')
print('cities集合內容 ', cities)
# 增加已有元素並觀察執行結果
cities.add('Beijing')
print('cities集合內容 ', cities)
# 增加元組元素並觀察執行結果
tup = (1, 2, 3)
cities.add(tup)
print('cities集合內容 ', cities)
```

執行結果

```
==================== RESTART: D:\Python\ch10\ch10_22_1.py ====================
cities集合內容 {'Taipei', 'Chicago', 'Tokyo', 'Beijing'}
cities集合內容 {'Taipei', 'Chicago', 'Tokyo', 'Beijing'}
cities集合內容 {'Taipei', 'Chicago', (1, 2, 3), 'Beijing', 'Tokyo'}
```

上述第 7 行，由於集合已經有 'Beijing' 字串，將不改變集合 cities 內容。另外，集合是無序的，你可能獲得不同的排列結果。

10-3-2 copy( )

集合複製 copy( ) 這個方法不需參數，相同觀念可以參考 6-8 節，語法格式如下：

新集合名稱 = 舊集合名稱 .copy( )

程式實例 ch10_23.py：賦值與淺拷貝的比較。

```
# ch10_23.py
# 賦值
numset = {1, 2, 3}
deep_numset = numset
deep_numset.add(10)
print("賦值    - 觀察numset         ", numset)
print("賦值    - 觀察deep_numset    ", deep_numset)

# 淺拷貝shallow copy
shallow_numset = numset.copy( )
shallow_numset.add(100)
print("淺拷貝 - 觀察numset          ", numset)
print("淺拷貝 - 觀察shallow_numset", shallow_numset)
```

執行結果

```
==================== RESTART: D:\Python\ch10\ch10_23.py ====================
賦值   - 觀察numset        {10, 1, 2, 3}
賦值   - 觀察deep_numset   {10, 1, 2, 3}
淺拷貝 - 觀察numset        {10, 1, 2, 3}
淺拷貝 - 觀察shallow_numset {1, 2, 3, 100, 10}
```

10-3-3 remove( )

如果指定刪除的元素存在集合內 remove( ) 可以刪除這個集合元素，如果指定刪除的元素不存在集合內，將有 KeyError 產生。它的語法格式如下：

集合 A.remove(欲刪除的元素)

上述會將集合 A 內，remove( ) 參數指定的元素刪除。

程式實例 ch10_24.py：使用 remove( ) 刪除集合元素成功的應用。

```
# ch10_24.py
countries = {'Japan', 'China', 'France'}
print("刪除前的countries集合 ", countries)
countries.remove('Japan')
print("刪除後的countries集合 ", countries)
```

執行結果

```
==================== RESTART: D:\Python\ch10\ch10_24.py ====================
刪除前的countries集合  {'China', 'France', 'Japan'}
刪除後的countries集合  {'China', 'France'}
```

程式實例 ch10_25.py：使用 remove( ) 刪除集合元素失敗的觀察。

```
# ch10_25.py
animals = {'dog', 'cat', 'bird'}
print("刪除前的animals集合 ", animals)
animals.remove('fish')          # 刪除不存在的元素產生錯誤
print("刪除後的animals集合 ", animals)
```

執行結果

```
==================== RESTART: D:\Python\ch10\ch10_25.py ====================
刪除前的animals集合  {'bird', 'cat', 'dog'}
Traceback (most recent call last):
  File "D:\Python\ch10\ch10_25.py", line 4, in <module>
    animals.remove('fish')          # 刪除不存在的元素產生錯誤
KeyError: 'fish'
```

上述由於 fish 不存在於 animals 集合中，所以會產生錯誤。如果要避免這類錯誤，可以使用 discard( ) 方法。

10-3-4 discard( )

discard( ) 可以刪除集合的元素，如果元素不存在也不會有錯誤產生。

ret_value = 集合 A.discard(欲刪除的元素)

上述會將集合 A 內，discard( ) 參數指定的元素刪除。不論刪除結果為何，這個方法會傳回 None，這個 None 在一些程式語言其實是稱 NULL，本書 11-3 節會介紹更多函數傳回值與傳回 None 的知識。

程式實例 ch10_26.py：使用 discard( ) 刪除集合元素的應用。

```
# ch10_26.py
animals = {'dog', 'cat', 'bird'}
print("刪除前的animals集合     ", animals)
# 欲刪除元素有在集合內
animals.discard('cat')
print("刪除後的animals集合     ", animals)
# 欲刪除元素沒有在集合內
animals.discard('pig')
print("刪除後的animals集合     ", animals)
# 列印傳回值
print("刪除資料存在的傳回值    ", animals.discard('dog'))
print("刪除資料不存在的傳回值 ", animals.discard('pig'))
```

執行結果

```
==================== RESTART: D:\Python\ch10\ch10_26.py ====================
刪除前的animals集合      {'bird', 'dog', 'cat'}
刪除後的animals集合      {'bird', 'dog'}
刪除後的animals集合      {'bird', 'dog'}
刪除資料存在的傳回值     None
刪除資料不存在的傳回值  None
```

10-3-5 pop( )

pop( ) 是用隨機方式刪除集合元素，所刪除的元素將被傳回，如果集合是空集合則程式會產生 TypeError 錯誤。

ret_element = 集合 A.pop( )

上述會隨機刪除集合 A 內的元素，所刪除的元素將被傳回 ret_element。

程式實例 ch10_27.py：使用 pop( ) 刪除集合元素的應用。

```
# ch10_27.py
animals = {'dog', 'cat', 'bird'}
print("刪除前的animals集合 ", animals)
ret_element = animals.pop( )
print("刪除後的animals集合 ", animals)
print("所刪除的元素是       ", ret_element)
```

執行結果

```
==================== RESTART: D:\Python\ch10\ch10_27.py ====================
刪除前的animals集合  {'cat', 'bird', 'dog'}
刪除後的animals集合  {'bird', 'dog'}
所刪除的元素是        cat
```

10-3-6 clear( )

clear( ) 可以刪除集合內的所有元素，傳回值是 None。

程式實例 ch10_28.py：使用 clear( ) 刪除集合所有元素的應用，這個程式會列出刪除所有集合元素前後的集合內容，同時也列出刪除空集合的結果。

```
# ch10_28.py
states = {'Mississippi', 'Idoho', 'Florida'}
print("刪除前的states集合     ", states)
states.clear( )
print("刪除前的states集合     ", states)

# 測試刪除空集合
empty_set = set( )
print("刪除前的empty_set集合 ", empty_set)
states.clear( )
print("刪除前的empty_set集合 ", empty_set)
```

執行結果

```
===================== RESTART: D:\Python\ch10\ch10_28.py =====================
刪除前的states集合      {'Mississippi', 'Florida', 'Idoho'}
刪除前的states集合      set()
刪除前的empty_set集合  set()
刪除前的empty_set集合  set()
```

10-3-7 isdisjoint( )

如果 2 個集合沒有共同的元素會傳回 True，否則傳回 False。

ret_boolean = 集合 A.isdisjoint(集合 B)

程式實例 ch10_29.py：測試 isdisjoint( )，下列是集合 A，B 和 C 的集合示意圖。

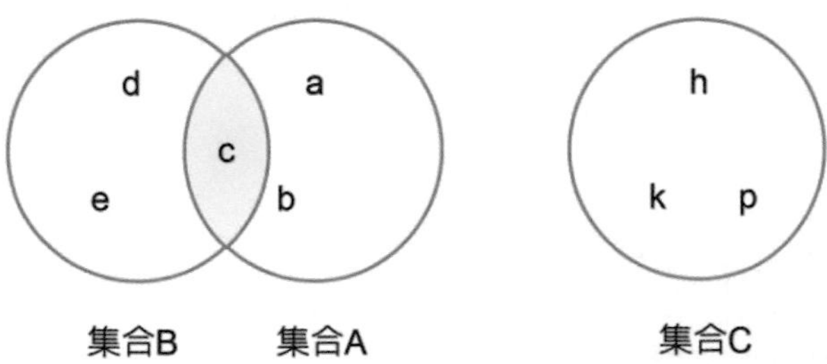

```python
# ch10_29.py
A = {'a', 'b', 'c'}
B = {'c', 'd', 'e'}
C = {'h', 'k', 'p'}
# 測試A和B集合
boolean = A.isdisjoint(B)        # 有共同的元素'c'
print("有共同的元素傳回值是    ", boolean)

# 測試A和C集合
boolean = A.isdisjoint(C)        # 沒有共同的元素
print("沒有共同的元素傳回值是 ", boolean)
```

執行結果

```
===================== RESTART: D:\Python\ch10\ch10_29.py =====================
有共同的元素傳回值是     False
沒有共同的元素傳回值是  True
```

10-3-8　issubset( )

這個方法可以測試一個函數是否是另一個函數的子集合，例如，A 集合所有元素均可在 B 集合內發現，則 A 集合是 B 集合的子集合。如果是則傳回 True，否則傳回 False。

程式實例 ch10_30.py：測試 issubset( )，下列是 A，B 和 C 的集合示意圖。

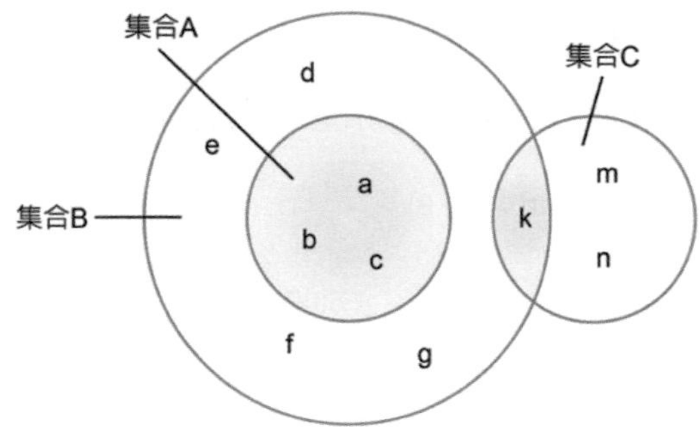


```python
# ch10_30.py
A = {'a', 'b', 'c'}
B = {'a', 'b', 'c', 'd', 'e', 'f', 'g', 'k'}
C = {'k', 'm', 'n'}
# 測試A和B集合
boolean = A.issubset(B)          # 所有A的元素皆是B的元素
print("A集合是B集合的子集合傳回值是 ", boolean)

# 測試C和B集合
boolean = C.issubset(B)          # 有共同的元素k
print("C集合是B集合的子集合傳回值是 ", boolean)
```

執行結果

```
===================== RESTART: D:\Python\ch10\ch10_30.py =====================
A集合是B集合的子集合傳回值是  True
C集合是B集合的子集合傳回值是  False
```

10-3-9 issuperset( )

這個方法可以測試一個集合是否是另一個集合的父集合，例如，B 集合所有元素均可在 A 集合內發現，則 A 集合是 B 集合的父集合。如果是則傳回 True，否則傳回 False。

程式實例 ch10_31.py：測試 issuperset( )，下列是 A，B 和 C 的集合示意圖。

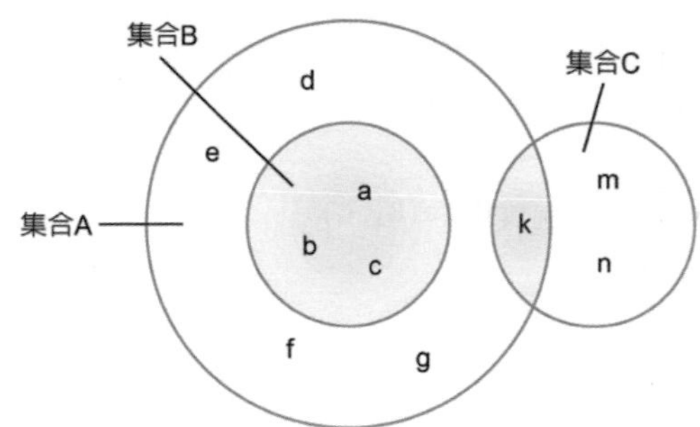


```
# ch10_31.py
A = {'a', 'b', 'c', 'd', 'e', 'f', 'g', 'k'}
B = {'a', 'b', 'c'}
C = {'k', 'm', 'n'}
# 測試A和B集合
boolean = A.issuperset(B)              # 測試
print("A集合是B集合的父集合傳回值是 ", boolean)

# 測試A和C集合
boolean = A.issuperset(C)              # 測試
print("A集合是C集合的父集合傳回值是 ", boolean)
```

執行結果

```
===================== RESTART: D:\Python\ch10\ch10_31.py =====================
A集合是B集合的父集合傳回值是  True
A集合是C集合的父集合傳回值是  False
```

10-3-10 intersection_update( )

這個方法將傳回集合的交集，它的語法格式如下：

ret_value = A.intersection_update(*B)

上述 *B 代表是可以有 1 到多個集合，如果只有一個集合，例如是 B，則執行後 A 將是 A 與 B 的交集。如果 *B 代表 (B, C)，則執行後 A 將是 A、B 與 C 的交集。

上述傳回值是 None，此值將設定給 ret_value，接下來幾個小節的方法皆會傳回 None，將不再敘述。

程式實例 ch10_32.py：intersection_update( ) 的應用。

```
# ch10_32.py
A = {'a', 'b', 'c', 'd'}
B = {'a', 'k', 'c'}
C = {'c', 'f', 'w'}
# A將是A和B的交集
ret_value = A.intersection_update(B)
print(ret_value)
print("A集合 = ", A)
print("B集合 = ", B)

# A將是A, B和C的交集
ret_value = A.intersection_update(B, C)
print(ret_value)
print("A集合 = ", A)
print("B集合 = ", B)
print("C集合 = ", C)
```

執行結果

```
==================== RESTART: D:\Python\ch10\ch10_32.py ====================
None
A集合 =  {'c', 'a'}
B集合 =  {'k', 'c', 'a'}
None
A集合 =  {'c'}
B集合 =  {'k', 'c', 'a'}
C集合 =  {'w', 'f', 'c'}
```

10-3-11 update( )

可以將一個集合的元素加到呼叫此方法的集合內，它的語法格式如下：

集合 A.update(集合 B)

上述是將集合 B 的元素加到集合 A 內。

程式實例 ch10_33.py：update( ) 的應用。

```
# ch10_33.py
cars1 = {'Audi', 'Ford', 'Toyota'}
cars2 = {'Nissan', 'Toyota'}
print("執行update( )前列出cars1和cars2內容")
print("cars1 = ", cars1)
print("cars2 = ", cars2)
cars1.update(cars2)
print("執行update( )後列出cars1和cars2內容")
print("cars1 = ", cars1)
print("cars2 = ", cars2)
```

執行結果

```
==================== RESTART: D:\Python\ch10\ch10_33.py ====================
執行update( )前列出cars1和cars2內容
cars1 =  {'Ford', 'Audi', 'Toyota'}
cars2 =  {'Nissan', 'Toyota'}
執行update( )後列出cars1和cars2內容
cars1 =  {'Toyota', 'Nissan', 'Ford', 'Audi'}
cars2 =  {'Nissan', 'Toyota'}
```

10-3-12 difference_update( )

可以刪除集合內與另一集合重複的元素，它的語法格式如下：

集合 A.difference_update(集合 B)

上述是將集合 A 內與集合 B 重複的元素刪除，結果存在 A 集合。

程式實例 ch10_34.py：difference_update( ) 的應用，執行這個程式後，在集合 A 內與集合 B 重複的元素 Toyota 將被刪除。

```
# ch10_34.py
cars1 = {'Audi', 'Ford', 'Toyota'}
cars2 = {'Nissan', 'Toyota'}
print("執行difference_update( )前列出cars1和cars2內容")
print("cars1 = ", cars1)
print("cars2 = ", cars2)
cars1.difference_update(cars2)
print("執行difference_update( )後列出cars1和cars2內容")
print("cars1 = ", cars1)
print("cars2 = ", cars2)
```

執行結果

```
==================== RESTART: D:\Python\ch10\ch10_34.py ====================
執行difference_update( )前列出cars1和cars2內容
cars1 =  {'Toyota', 'Audi', 'Ford'}
cars2 =  {'Toyota', 'Nissan'}
執行difference_update( )後列出cars1和cars2內容
cars1 =  {'Audi', 'Ford'}
cars2 =  {'Toyota', 'Nissan'}
```

10-3-13 symmetric_difference_update( )

與 10-2-4 節的對稱差集觀念一樣，但是只更改呼叫此方法的集合。

集合 A.symmetric_difference_update(集合 B)

程式實例 ch10_35.py：symmetric_difference_update( ) 的基本應用。

```
# ch10_35.py
cars1 = {'Audi', 'Ford', 'Toyota'}
cars2 = {'Nissan', 'Toyota'}
print("執行symmetric_difference_update( )前列出cars1和cars2內容")
print("cars1 = ", cars1)
print("cars2 = ", cars2)
cars1.symmetric_difference_update(cars2)
print("執行symmetric_difference_update( )後列出cars1和cars2內容")
print("cars1 = ", cars1)
print("cars2 = ", cars2)
```

執行結果

```
==================== RESTART: D:\Python\ch10\ch10_35.py ====================
執行symmetric_difference_update( )前列出cars1和cars2內容
cars1 =  {'Audi', 'Toyota', 'Ford'}
cars2 =  {'Toyota', 'Nissan'}
執行symmetric_difference_update( )後列出cars1和cars2內容
cars1 =  {'Nissan', 'Audi', 'Ford'}
cars2 =  {'Toyota', 'Nissan'}
```

10-4 適用集合的基本函數操作

函數名稱	說明
enumerate()	傳回連續整數配對的 enumerate 物件
len( )	元素數量
max( )	最大值
min( )	最小值
sorted( )	傳回已經排序的串列，集合本身則不改變
sum( )	總合

上述觀念與串列或元組相同，本節將不再用實例解說。

10-5 凍結集合 frozenset

set 是可變集合，frozenset 是不可變集合也可直譯為凍結集合，這是一個新的類別 (class)，只要設定元素後，這個凍結集合就不能再更改了。如果將元組 (tuple) 想成不可變串列 (immutable list)，凍結集合就是不可變集合 (immutable set)。

凍結集合的不可變特性優點是可以用它作字典的鍵 (key)，也可以作為其它集合的元素。凍結集合的建立方式是使用 frozenset( ) 函數，凍結集合建立完成後，不可使用 add( ) 或 remove( ) 更動凍結集合的內容。但是可以執行 intersection( )、union( )、difference( )、symmetric_difference( )、copy( )、issubset( )、issuperset( )、isdisjoint( ) 等方法。

程式實例 ch10_36.py：建立凍結集合與操作。

```
# ch10_36.py
X = frozenset([1, 3, 5])
Y = frozenset([5, 7, 9])
print(X)
print(Y)
print("交集  = ", X & Y)
print("聯集  = ", X | Y)
A = X & Y
print("交集A = ", A)
A = X.intersection(Y)
print("交集A = ", A)
```

執行結果

```
==================== RESTART: D:/Python/ch10/ch10_36.py ====================
frozenset({1, 3, 5})
frozenset({9, 5, 7})
交集  =  frozenset({5})
聯集  =  frozenset({1, 3, 5, 7, 9})
交集A =  frozenset({5})
交集A =  frozenset({5})
```

10-6 專題 夏令營程式 / 程式效率 / 集合生成式 / 雞尾酒實例

10-6-1 夏令營程式設計

程式實例 ch10_37.py：有一個班級有 10 個人，其中有 3 個人參加了數學夏令營，另外有 3 個人參加了物理夏令營，這個程式會列出同時參加數學和物理夏令營的人，同時也會列出有那些人沒有參加暑期夏令營。

```
# ch10_37.py
# students是學生名單集合
students = {'Peter', 'Norton', 'Kevin', 'Mary', 'John',
            'Ford', 'Nelson', 'Damon', 'Ivan', 'Tom'
           }

Math = {'Peter', 'Kevin', 'Damon'}              # 數學夏令營參加人員
Physics = {'Nelson', 'Damon', 'Tom' }           # 物理夏令營參加人員

MandP = Math | Physics
print("有 %d 人參加數學和物理夏令營名單  : " % len(MandP), MandP )
unAttend = students - MandP
print("沒有參加任何夏令營有 %d 人名單是 : " % len(unAttend), unAttend)
```

執行結果

```
==================== RESTART: D:/Python/ch10/ch10_37.py ====================
有 5 人參加數學和物理夏令營名單  :  {'Damon', 'Kevin', 'Nelson', 'Peter', 'Tom'}
沒有參加任何夏令營有 5 人名單是 :  {'Ford', 'Norton', 'Ivan', 'John', 'Mary'}
```

10-6-2　集合生成式

我們在先前的章節已經看過串列和字典的生成式了，其實集合也有生成式，語法如下：

新集合 = { 運算式 for 運算式 in 可迭代項目 }

程式實例 ch10_38.py：產生 1,3, …, 99 的集合。

```
# ch10_38.py
A = {n for n in range(1,100,2)}
print(type(A))
print(A)
```

執行結果

```
==================== RESTART: D:/Python/ch10/ch10_38.py ====================
<class 'set'>
{1, 3, 5, 7, 9, 11, 13, 15, 17, 19, 21, 23, 25, 27, 29, 31, 33, 35, 37, 39, 41,
43, 45, 47, 49, 51, 53, 55, 57, 59, 61, 63, 65, 67, 69, 71, 73, 75, 77, 79, 81,
83, 85, 87, 89, 91, 93, 95, 97, 99}
```

在集合的生成式中，我們也可以增加 if 測試句 (可以有多個)。

程式實例 ch10_39.py：產生 11,33, …, 99 的集合。

```
# ch10_39.py
A = {n for n in range(1,100,2) if n % 11 == 0}
print(type(A))
print(A)
```

執行結果

```
==================== RESTART: D:/Python/ch10/ch10_39.py ====================
<class 'set'>
{33, 99, 11, 77, 55}
```

集合生成式可以讓程式設計變得很簡潔，例如：過去我們要建立一系列有規則的序列，先要使用串列生成式，然後將串列改為集合，現在可以直接用集合生成式完成此工作。

10-6-3 集合增加程式效率

在 ch9_32.py 程式第 3 行的 for 迴圈如下：

for alphabet in word

word 的內容是 'deepstone'，在上述迴圈中將造成字母 e 會處理 3 次，其實只要將集合觀念應用在 word，由於集合不會有重複的元素，所以只要處理一次即可，此時可以將上述迴圈改為：

for alphabet in set(word)

經上述處理字母 e 將只執行一次，所以可以增進程式效率。

程式實例 ch10_40.py：使用集合觀念重新設計 ch9_32.py。

```
# ch10_40.py
word = 'deepstone'
alphabetCount = {alphabet:word.count(alphabet) for alphabet in set(word)}
print(alphabetCount)
```

執行結果

```
==================== RESTART: D:/Python/ch10/ch10_40.py ====================
{'d': 1, 'o': 1, 'e': 3, 't': 1, 's': 1, 'n': 1, 'p': 1}
```

10-6-4 雞尾酒的實例

雞尾酒是酒精飲料，由基酒和一些飲料調製而成，下列是一些常見的雞尾酒飲料以及它的配方。

- 藍色夏威夷佬 (Blue Hawaiian)：蘭姆酒 (rum)、甜酒 (sweet wine)、椰奶 (coconut cream)、鳳梨汁 (pineapple juice)、檸檬汁 (lemon juice)。

- 薑味莫西多 (Ginger Mojito)：蘭姆酒 (rum)、薑 (ginger)、薄荷葉 (mint leaves)、萊姆汁 (lime juice)、薑汁汽水 (ginger soda)。
- 紐約客 (New Yorker)：威士忌 (whiskey)、紅酒 (red wine)、檸檬汁 (lemon juice)、糖水 (sugar syrup)。
- 血腥瑪莉 (Bloody Mary)：伏特加 (vodka)、檸檬汁 (lemon juice)、番茄汁 (tomato juice)、酸辣醬 (tabasco)、少量鹽 (little salt)。

程式實例 ch10_41.py：為上述雞尾酒建立一個字典，上述字典的鍵 (key) 是字串，也就是雞尾酒的名稱，字典的值是集合，內容是各種雞尾酒的材料配方。這個程式會列出含有伏特加配方的酒，和含有檸檬汁的酒、含有蘭姆酒但沒有薑的酒。

```
# ch10_41.py
cocktail = {
    'Blue Hawaiian':{'Rum','Sweet Wine','Cream','Pineapple Juice','Lemon Juice'},
    'Ginger Mojito':{'Rum','Ginger','Mint Leaves','Lime Juice','Ginger Soda'},
    'New Yorker':{'Whiskey','Red Wine','Lemon Juice','Sugar Syrup'},
    'Bloody Mary':{'Vodka','Lemon Juice','Tomato Juice','Tabasco','little Sale'}
    }
# 列出含有Vodka的酒
print("含有Vodka的酒 : ")
for name, formulas in cocktail.items():
    if 'Vodka' in formulas:
        print(name)
# 列出含有Lemon Juice的酒
print("含有Lemon Juice的酒 : ")
for name, formulas in cocktail.items():
    if 'Lemon Juice' in formulas:
        print(name)
# 列出含有Rum但是沒有薑的酒
print("含有Rum但是沒有薑的酒 : ")
for name, formulas in cocktail.items():
    if 'Rum' in formulas and not ('Ginger' in formulas):
        print(name)
# 列出含有Lemon Juice但是沒有Cream或是Tabasco的酒
print("含有Lemon Juice但是沒有Cream或是Tabasco的酒 : ")
for name, formulas in cocktail.items():
    if 'Lemon Juice' in formulas and not formulas & {'Cream', 'Tabasco'}:
        print(name)
```

執行結果

```
==================== RESTART: D:/Python/ch10/ch10_41.py ====================
含有Vodka的酒 :
Bloody Mary
含有Lemon Juice的酒 :
Blue Hawaiian
New Yorker
Bloody Mary
含有Rum但是沒有薑的酒 :
Blue Hawaiian
含有Lemon Juice但是沒有Cream或是Tabasco的酒 :
New Yorker
```

上述程式用 in 測試指定的雞尾酒材料配方是否在所傳回字典值 (value) 的 formulas 集合內，另外程式第 26 行則是將 formulas 與集合元素 'Cream'、'Tabasco' 做交集 (&)，如果 formulas 內沒有這些配方結果會是 False，經過 not 就會是 True，則可以列印 name。

習題

實作題

1. 有一段英文段落如下：(10-1 節)

   Silicon Stone Education is an unbiased organization, concentrated on bridging the gap between academic and the working world in order to benefit society as a whole. We have carefully crafted our online certification system and test content databases. The content for each topic is created by experts and is all carefully designed with a comprehensive knowledge to greatly benefit all candidates who participate.

   請將上述文章處理成沒有標點符號和沒有重複字串的字串串列。

2. 請建立 2 個串列：(10-2 節)

   A：1, 3, 5, … , 99

   B：0, 5, 10, … , 100

   將上述轉成集合，然後求上述的交集，聯集，A-B 差集和 B-A 差集。

3. 有 3 個夏令營集合分別如下：(10-2 節)

   Math：Peter, Norton, Kevin, Mary, John, Ford, Nelson, Damon, Ivan, Tom

   Computer：Curry, James, Mary, Turisa, Tracy, Judy, Lee, Jarmul, Damon, Ivan

   Physics：Eric, Lee, Kevin, Mary, Christy, Josh, Nelson, Kazil, Linda, Tom

   請分別列出下列資料：

   a：同時參加 3 個夏令營的名單。

   b：同時參加 Math 和 Computer 的夏令營的名單。

   c：同時參加 Math 和 Physics 的夏令營的名單。

   d：同時參加 Computer 和 Pyhsics 的夏令營的名單。

4. 請建立 2 個串列：(10-2 節)

   A：1, 3, 5, … , 99

   B：1 至 100 的質數

   然後求上述的交集，聯集，A – B，B – A，AB 對稱差集，BA 對稱差集

5. 重新設計 ex9_9.py，差別在於將歌曲串列處理成字典時需要使用集合觀念讓程式更有效率，另外列印串列時需要依照字的出現次數由少到多排列，次數相同排列次序可以不必理會。(10-6 節)

6. 重新設計 ex10_2.py，改為不建立串列直接建立集合 A 和 B 方式。(10-3 節)

   若是將這個習題與 ex10_2.py 相比較，讀者可以發現程式簡化很多。

7. 請參考程式實例 ch10_41.py，增加下列雞尾酒：(10-6 節)

   - 馬頸 (Horse's Neck)：白蘭地 (brandy)、薑汁汽水 (ginger soda)。
   - 四海一家 (Cosmopolitan)：伏特加 (vodka)、甜酒 (sweet wine)、萊姆汁 (lime Juice)、蔓越梅汁 (cranberry juice)。
   - 性感沙灘 (Sex on the Beach)：伏特加 (vodka)、水蜜桃香甜酒 (Peach Liqueur)、柳橙汁 (orange juice)、蔓越梅汁 (cranberry juice)。

   請執行下列輸出：

   1：列出含有 Vodka 的酒。

   2：列出含有 Sweet Wine 的酒。

   3：列出含有 Vodka 和 Cranberry Juice 的酒。

   4：列出含有 Vodka 但是沒有 Cranberry Juice 的酒。

第十一章

函數設計

所謂的函數 (function) 其實就是一系列指令敘述所組成，它的目的有兩個。

1：當我們在設計一個大型程式時，若是能將這個程式依功能，將其分割成較小的功能，然後依這些較小功能要求撰寫函數程式，如此，不僅使程式簡單化，同時最後程式偵錯也變得容易。另外，撰寫大型程式時應該是團隊合作，每一個人負責一個小功能，可以縮短程式開發的時間。

2：在一個程式中，也許會發生某些指令被重複書寫在許多不同的地方，若是我們能將這些重複的指令撰寫成一個函數，需要用時再加以呼叫，如此，不僅減少編輯程式的時間，同時更可使程式精簡、清晰、明瞭。

下列是呼叫函數的基本流程圖。

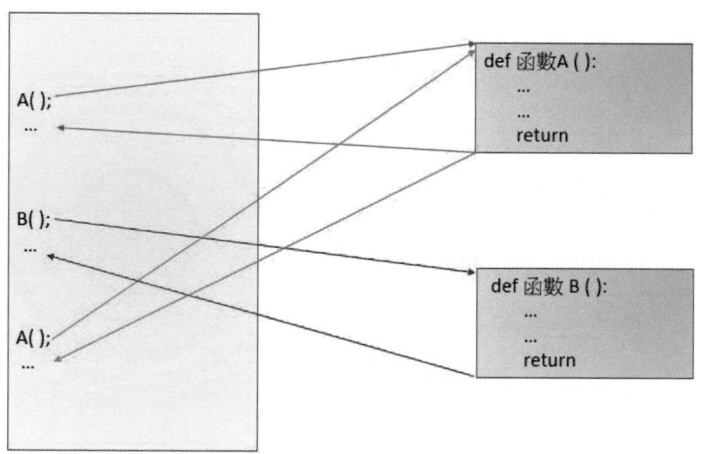

當一個程式在呼叫函數時，Python 會自動跳到被呼叫的函數上執行工作，執行完後，會回到原先程式執行位置，然後繼續執行下一道指令。

11-1 Python 函數基本觀念

從前面的學習相信讀者已經熟悉使用 Python 內建的函數了，例如：len( )、add( )、remove( ) … 等。有了這些函數，我們可以隨時呼叫使用，讓程式設計變得很簡潔，這一章主題將是如何設計這類的函數。

11-1-1 函數的定義

函數的語法格式如下：

```
def 函數名稱 ( 參數值 1[, 參數值 2, … ]):
    """ 函數註解 (docstring) """
      程式碼區塊                              # 需要內縮
      return [ 回傳值 1, 回傳值 2 , … ]       # 中括號可有可無
```

❑ 函數名稱

名稱必需是唯一的，程式未來可以呼叫引用，它的命名規則與一般變數相同，不過在 PEP 8 的 Python 風格下建議英文字母用小寫。

❑ 參數值

這是可有可無，完全視函數設計需要，可以接收呼叫函數傳來的變數，各參數值之間是用逗號 "," 隔開。

❑ 函數註解

這是可有可無，不過如果是參與大型程式設計計畫，當負責一個小程式時，建議所設計的函數需要加上註解，除了自己需要也是方便他人閱讀。主要是註明此函數的功能，由於可能是有多行註解所以可以用 3 個雙引號 (或單引號) 包夾。許多英文 Python 資料將此稱 docstring(document string 的縮寫)。

筆者將在 11-6 節說明如何引用此函數註解。

❑ return [回傳值 1, 回傳值 2 , …]

不論是 return 或接續右邊的回傳值皆是可有可無，如果有回傳多個資料彼此需以逗號 "," 隔開。

11-1-2 沒有傳入參數也沒有傳回值的函數

程式實例 ch11_1.py：第一次設計 Python 函數。

```
# ch11_1.py
def greeting( ):
    """我的第一個Python函數設計"""
    print("Python歡迎你")
    print("祝福學習順利")
    print("謝謝")

```

```
8   # 以下的程式碼也可稱主程式
9   greeting( )
10  greeting( )
11  greeting( )
12  greeting( )
13  greeting( )
```

執行結果

```
==================== RESTART: D:\Python\ch11\ch11_1.py ====================
Python歡迎你
祝福學習順利
謝謝
Python歡迎你
祝福學習順利
謝謝
Python歡迎你
祝福學習順利
謝謝
Python歡迎你
祝福學習順利
謝謝
Python歡迎你
祝福學習順利
謝謝
```

在程式設計的觀念中，有時候我們也可以將第 8 行以後的程式碼稱主程式。讀者可以想想看，如果沒有函數功能我們的程式設計將如下所示：

程式實例 ch11_2.py：重新設計 ch11_1.py，但是不使用函數設計。

```
# ch11_2.py
print("Python歡迎你")
print("祝福學習順利")
print("謝謝")
print("Python歡迎你")
print("祝福學習順利")
print("謝謝")
print("Python歡迎你")
print("祝福學習順利")
print("謝謝")
print("Python歡迎你")
print("祝福學習順利")
print("謝謝")
print("Python歡迎你")
print("祝福學習順利")
print("謝謝")
```

執行結果 與 ch11_1.py 相同。

上述程式雖然也可以完成工作，但是可以發現重複的語句太多了，這不是一個好的設計。同時如果發生要將 "Python 歡迎你 " 改成 "Python 歡迎你們 "，程式必需修改 5 次相同的語句。經以上講解讀者應可以了解函數對程式設計的好處了吧！

11-1-3 在 Python Shell 執行函數

當程式執行完 ch11_1.py 時，在 Python Shell 視窗可以看到執行結果，此時我們也可以在 Python 提示訊息 (Python prompt) 直接輸入 ch11_1.py 程式所建的函數啟動與執行。下列是在 Python 提示訊息輸入 greeting( ) 函數的實例。

```
==================== RESTART: D:\Python\ch11\ch11_1.py ====================
Python歡迎你
祝福學習順利
謝謝
Python歡迎你
祝福學習順利
謝謝
Python歡迎你
祝福學習順利
謝謝
Python歡迎你
祝福學習順利
謝謝
Python歡迎你
祝福學習順利
謝謝
>>> greeting( )
Python歡迎你
祝福學習順利
謝謝
>>>
```

11-2 函數的參數設計

11-1 節的程式實例沒有傳遞任何參數，在真實的函數設計與應用中大多是需要傳遞一些參數的。例如：在前面章節當我們呼叫 Python 內建函數時，例如：len( )、print( ) … 等，皆需要輸入參數，接下來將講解這方面的應用與設計。

11-2-1 傳遞一個參數

程式實例 ch11_3.py：函數內有參數的應用。

```
# ch11_3.py
def greeting(name):
    """Python函數需傳遞名字name"""
    print("Hi,", name, "Good Morning!")
greeting('Nelson')
```

執行結果

```
==================== RESTART: D:\Python\ch11\ch11_3.py ====================
Hi, Nelson Good Morning!
```

上述執行時，第 5 行呼叫函數 greeting( ) 時，所放的參數是 Nelson，這個字串將傳給函數括號內的 name 參數，所以程式第 4 行會將 Nelson 字串透過 name 參數列印出來。

在 Python 應用中，有時候也常會將第 4 行寫成下列語法，可參考 ch11_3_1.py，執行結果是相同的。

```
4        print("Hi, " + name + " Good Morning!")
```

特別留意由於我們可以在 Python Shell 環境呼叫函數，所以在設計與使用者 (user) 交流的程式時，也可以先省略第 5 行的呼叫，讓呼叫留到 Python 提示訊息 (prompt) 環境。

程式實例 ch11_4.py：程式設計時不做呼叫，在 Python 提示訊息環境呼叫。

```
1  # ch11_4.py
2  def greeting(name):
3      """Python函數需傳遞名字name"""
4      print("Hi, " + name + " Good Morning!")
```

執行結果

```
==================== RESTART: D:\Python\ch11\ch11_4.py ====================
>>> greeting('Nelson')
Hi, Nelson Good Morning!
>>> greeting('Tina')
Hi, Tina Good Morning!
```

上述程式最大的特色是 greeting('Nelson') 與 greeting('Tina')，皆是從 Python 提示訊息環境做輸入。

11-2-2　多個參數傳遞

當所設計的函數需要傳遞多個參數，呼叫此函數時就需要特別留意傳遞參數的位置需要正確，最後才可以獲得正確的結果。最常見的傳遞參數是數值或字串資料，在進階的程式應用中有時也會有需要傳遞串列、元組、字典或函數。

程式實例 ch11_5.py：設計減法的函數 subtract( )，第一個參數會減去第二個參數，然後列出執行結果。

```
1  # ch11_5.py
2  def subtract(x1, x2):
3      result = x1 - x2
4      print(result)                  # 輸出減法結果
5  print("本程式會執行 a - b 的運算")
6  a = int(input("a = "))
7  b = int(input("b = "))
8  print("a - b = ", end="")          # 輸出a-b字串,接下來輸出不跳行
9  subtract(a, b)
```

執行結果

```
==================== RESTART: D:\Python\ch11\ch11_5.py ====================
本程式會執行 a - b 的運算
a = 10
b = 5
a - b = 5
```

上述函數功能是減法運算，所以需要傳遞 2 個參數，然後執行第一個數值減去第 2 個數值。呼叫這類的函數時，就必需留意參數的位置，否則會有錯誤訊息產生。對於上述程式而言，變數 a 和 b 皆是從螢幕輸入，執行第 9 行呼叫 subtract( ) 函數時，a 將傳給 x1，b 將傳給 x2。

程式實例 ch11_6.py：這也是一個需傳遞 2 個參數的實例，第一個是興趣 (interest)，第二個是主題 (subject)。

```
1  # ch11_6.py
2  def interest(interest_type, subject):
3      """ 顯示興趣和主題 """
4      print("我的興趣是 " + interest_type )
5      print("在 " + interest_type + " 中, 最喜歡的是 " + subject)
6      print( )
7
8  interest('旅遊', '敦煌')
9  interest('程式設計', 'Python')
```

執行結果

```
==================== RESTART: D:\Python\ch11\ch11_6.py ====================
我的興趣是 旅遊
在 旅遊 中, 最喜歡的是 敦煌

我的興趣是 程式設計
在 程式設計 中, 最喜歡的是 Python
```

上述程式第 8 行呼叫 interest( ) 時，'旅遊' 會傳給 interest_type、'敦煌' 會傳給 subject。第 9 行呼叫 interest( ) 時，'程式設計' 會傳給 interest_type、'Python' 會傳給 subject。對於上述的實例，相信讀者應該了解呼叫需要傳遞多個參數的函數時，所傳遞參數的位置很重要否則會有不可預期的錯誤。如下列所示：

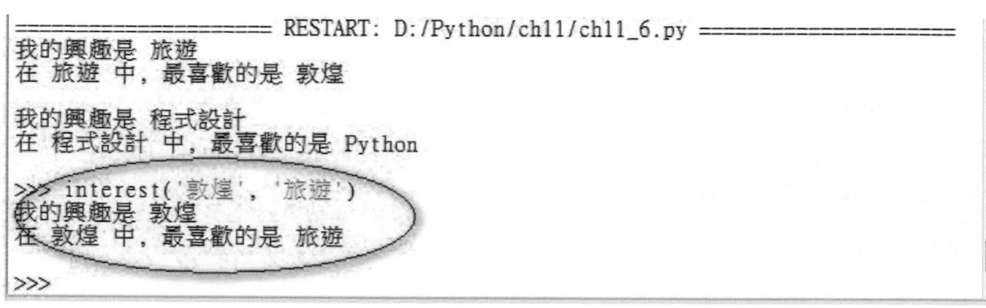

11-2-3 關鍵字參數 參數名稱 = 值

所謂的關鍵字參數 (keyword arguments) 是指呼叫函數時，參數是用參數名稱 = 值配對方式呈現。Python 也允許在呼叫需傳遞多個參數的函數時，直接將參數名稱 = 值用配對方式傳送，這個時候參數的位置就不重要了。

程式實例 ch11_7.py：這個程式基本上是重新設計 ch11_6.py，但是傳遞參數時，其中一個參數直接用參數名稱 = 值配對方式傳送。

```
1  # ch11_7.py
2  def interest(interest_type, subject):
3      """ 顯示興趣和主題 """
4      print("我的興趣是 " + interest_type )
5      print("在 " + interest_type + " 中，最喜歡的是 " + subject)
6      print( )
7
8  interest(interest_type = '旅遊', subject = '敦煌')   # 位置正確
9  interest(subject = '敦煌', interest_type = '旅遊')   # 位置更動
```

執行結果

```
==================== RESTART: D:\Python\ch11\ch11_7.py ====================
我的興趣是 旅遊
在 旅遊 中，最喜歡的是 敦煌

我的興趣是 旅遊
在 旅遊 中，最喜歡的是 敦煌
```

讀者可以留意程式第 8 行和第 9 行的 "interest_type = ' 旅遊 '"，當呼叫函數用配對方式傳送參數時，即使參數位置不同，程式執行結果也會相同，因為在呼叫時已經明確指出所傳遞的值是要給那一個參數了。

11-2-4 參數預設值的處理

在設計函數時也可以給參數預設值，如果呼叫這個函數沒有給參數值時，函數的預設值將派上用場。特別需留意：函數設計時含有預設值的參數，必需放置在參數列的最右邊，請參考下列程式第 2 行，如果將 "subject = ' 敦煌 '" 與 "interest_type" 位置對調，程式會有錯誤產生。

程式實例 ch11_8.py：重新設計 ch11_7.py，這個程式會將 subject 的預設值設為 " 敦煌 "。程式將用不同方式呼叫，讀者可以從中體會程式參數預設值的意義。

```
1  # ch11_8.py
2  def interest(interest_type, subject = '敦煌'):
3      """ 顯示興趣和主題 """
4      print("我的興趣是 " + interest_type )
5      print("在 " + interest_type + " 中，最喜歡的是 " + subject)
6      print( )
7
8  interest('旅遊')                                          # 傳遞一個參數
9  interest(interest_type = '旅遊')                          # 傳遞一個參數
10 interest('旅遊', '張家界')                                # 傳遞二個參數
11 interest(interest_type = '旅遊', subject = '張家界') # 傳遞二個參數
12 interest(subject = '張家界', interest_type = '旅遊') # 傳遞二個參數
13 interest('閱讀', '旅遊類')                        # 傳遞二個參數,不同的主題
```

執行結果

```
==================== RESTART: D:\Python\ch11\ch11_8.py ====================
我的興趣是 旅遊
在 旅遊 中，最喜歡的是 敦煌

我的興趣是 旅遊
在 旅遊 中，最喜歡的是 敦煌

我的興趣是 旅遊
在 旅遊 中，最喜歡的是 張家界

我的興趣是 旅遊
在 旅遊 中，最喜歡的是 張家界

我的興趣是 旅遊
在 旅遊 中，最喜歡的是 張家界

我的興趣是 閱讀
在 閱讀 中，最喜歡的是 旅遊類
```

上述程式第 8 行和 9 行只傳遞一個參數，所以 subject 就會使用預設值 " 敦煌 "，第 10 行、11 行和 12 行傳送了 2 個參數，其中第 11 和 12 行筆者用參數名稱 = 值用配對方式呼叫傳送，可以獲得一樣的結果。第 13 行主要說明使用不同類的參數一樣可以獲得正確語意的結果。

11-3 函數傳回值

在前面的章節實例我們有執行呼叫許多內建的函數，有時會傳回一些有意義的資料，例如：len( ) 回傳元素數量。有些沒有回傳值，此時 Python 會自動回傳 None，例如：clear( )。為何會如此？本節會完整解說函數回傳值的知識。

11-3-1 傳回 None

前 2 個小節所設計的函數全部沒有 "return [回傳值]"，Python 在直譯時會自動回傳處理成 "return None"，相當於回傳 None。在一些程式語言，例如：C 語言這個 None 就是 NULL，None 在 Python 中獨立成為一個資料型態 NoneType，下列是實例觀察。

程式實例 ch11_9.py：重新設計 ch11_3.py，這個程式並沒有做傳回值設計，不過筆者將列出 Python 回傳 greeting( ) 函數的資料是否是 None，同時列出傳回值的資料型態。

```
# ch11_9.py
def greeting(name):
    """Python函數需傳遞名字name"""
    print("Hi, ", name, " Good Morning!")
ret_value = greeting('Nelson')
print("greeting( )傳回值 = ", ret_value)
print(ret_value, " 的 type  = ", type(ret_value))
```

執行結果

```
==================== RESTART: D:\Python\ch11\ch11_9.py ====================
Hi,  Nelson  Good Morning!
greeting( )傳回值 =  None
None  的 type  =  <class 'NoneType'>
```

上述函數 greeting( ) 沒有 return，Python 將自動處理成 return None。其實即使函數設計時有 return 但是沒有傳回值，Python 也將自動處理成 return None，可參考下列實例第 5 行。

程式實例 ch11_10.py：重新設計 ch11_9.py，函數末端增加 return。

```
1  # ch11_10.py
2  def greeting(name):
3      """Python函數需傳遞名字name"""
4      print("Hi, ", name, " Good Morning!")
5      return                          # Python將自動回傳None
6  ret_value = greeting('Nelson')
7  print("greeting( )傳回值 = ", ret_value)
8  print(ret_value, " 的 type  = ", type(ret_value))
```

執行結果 與 ch11_9.py 相同。

None 在 Python 中是一個特殊的值，如果將它當作布林值使用，可將它視為是 False，可以參考下列實例。

程式實例 ch11_10_1.py：None 應用在布林值是 False 的實例。

```
1  # ch11_10_1.py
2  val = None
3  if val:
4      print("I love Java")
5  else:
6      print("I love Python")
```

執行結果

```
=================== RESTART: D:/Python/ch11/ch11_10_1.py ===================
I love Python
```

上述由於 val 是 None，我們可以將之視為 False，所以可以得到執行第 6 行，輸出字串 "I love Python"。其實雖然 None 是被視為 False，可是 False 並不是 None。其實空串列、空元組、空字典、空集合雖然是 False 可是它們也不是 None。

上述程式是教學需要中規中矩的寫法，讀者容易學習，我們也可以簡化用 1 行程式碼取代上述 3-6 行。

程式實例 ch11_10_2.py：高手處理 if … else 的敘述方式。

```
# ch11_10_2.py
val = None
print("I love Java" if val else "I love Python")
```

執行結果 與 ch11_10_1.py 相同。

程式實例 ch11_10_3.py：認識空串列、空元組、空字典、空集合、布林值 True 與 False 和 None 之間的區隔。

```
# ch11_10_3.py
def is_None(string, x):
    if x is None:
        print("%s = None" % string)
    elif x:
        print("%s = True" % string)
    else:
        print("%s = False" % string)
```

```
is_None("空串列", [])                    # 空串列
is_None("空元組", ())                    # 空元組
is_None("空字典", {})                    # 空字典
is_None("空集合", set())                 # 空集合
is_None("None  ", None)
is_None("True  ", True)
is_None("False ", False)
```

執行結果

```
==================== RESTART: D:/Python/ch11/ch11_10_3.py ====================
空串列 = False
空元組 = False
空字典 = False
空集合 = False
None   = None
True   = True
False  = False
```

11-3-2 簡單回傳數值資料

參數具有回傳值功能，將可以大大增加程式的可讀性，回傳的基本方式可參考下列程式第 5 行：

```
return result                    # result 就是回傳的值
```

程式實例 ch11_11.py：利用函數的回傳值，重新設計 ch11_5.py 減法的運算。

```
1  # ch11_11.py
2  def subtract(x1, x2):
3      """ 減法設計 """
4      result = x1 - x2
5      return result                     # 回傳減法結果
6  print("本程式會執行 a - b 的運算")
7  a = int(input("a = "))
8  b = int(input("b = "))
9  print("a - b = ", subtract(a, b))    # 輸出a-b字串和結果
```

執行結果

```
==================== RESTART: D:\Python\ch11\ch11_11.py ====================
本程式會執行 a - b 的運算
a = 10
b = 5
a - b =  5
```

一個程式常常是由許多函數所組成，下列是程式含 2 個函數的應用。

程式實例 ch11_12.py：設計加法和減法器。

```
# ch11_12.py
def subtract(x1, x2):
    """ 減法設計 """
    return x1 - x2                          # 回傳減法結果
def addition(x1, x2):
    """ 加法設計 """
    return x1 + x2                          # 回傳加法結果

# 使用者輸入
print("請輸入運算")
print("1:加法")
print("2:減法")
op = int(input("輸入1/2: "))
a = int(input("a = "))
b = int(input("b = "))

# 程式運算
if op == 1:
    print("a + b = ", addition(a, b))    # 輸出a-b字串和結果
elif op == 2:
    print("a - b = ", subtract(a, b))    # 輸出a-b字串和結果
else:
    print("運算方法輸入錯誤")
```

執行結果

```
==================== RESTART: D:\Python\ch11\ch11_12.py ====================
請輸入運算
1:加法
2:減法
輸入1/2: 1
a = 5
b = 3
a + b =  8
>>>
==================== RESTART: D:\Python\ch11\ch11_12.py ====================
請輸入運算
1:加法
2:減法
輸入1/2: 2
a = 5
b = 3
a - b =  2
```

11-3-3 傳回多筆資料的應用 – 實質是回傳 tuple

使用 return 回傳函數資料時，也允許回傳多筆資料，各筆資料間只要以逗號隔開即可，讀者可參考下列實例第 8 行。

程式實例 ch11_13.py：請輸入 2 筆資料，此函數將傳回加法、減法、乘法、除法的執行結果。

```
1  # ch11_13.py
2  def mutifunction(x1, x2):
3      """ 加, 減, 乘, 除四則運算 """
4      addresult = x1 + x2
5      subresult = x1 - x2
6      mulresult = x1 * x2
7      divresult = x1 / x2
8      return addresult, subresult, mulresult, divresult
9
10 x1 = x2 = 10
11 add, sub, mul, div = mutifunction(x1, x2)
12 print("加法結果 = ", add)
13 print("減法結果 = ", sub)
14 print("乘法結果 = ", mul)
15 print("除法結果 = ", div)
```

執行結果

```
==================== RESTART: D:\Python\ch11\ch11_13.py ====================
加法結果 =  20
減法結果 =  0
乘法結果 =  100
除法結果 =  1.0
```

上述函數 mutifunction( ) 第 8 行回傳了加法、減法、乘法與除法的運算結果，其實 Python 會將此打包為元組 (tuple) 物件，所以真正的回傳值只有一個，程式第 11 行則是 Python 將回傳的元組 (tuple) 解包，更多打包與解包的觀念可以參考 8-15-3 節。

程式實例 ch11_13_1.py：重新設計前一個程式，驗證函數回傳多個數值，其實是回傳元組物件 (tuple)，同時列出結果。

```
# ch11_13_1.py
def mutifunction(x1, x2):
    """ 加, 減, 乘, 除四則運算 """
    addresult = x1 + x2
    subresult = x1 - x2
    mulresult = x1 * x2
    divresult = x1 / x2
    return addresult, subresult, mulresult, divresult

x1 = x2 = 10
ans = mutifunction(x1, x2)
print("資料型態 : ", type(ans))
print("加法結果 = ", ans[0])
print("減法結果 = ", ans[1])
print("乘法結果 = ", ans[2])
print("除法結果 = ", ans[3])
```

執行結果

```
==================== RESTART: D:/Python/ch11/ch11_13_1.py ====================
資料型態 :  <class 'tuple'>
加法結果 =  20
減法結果 =  0
乘法結果 =  100
除法結果 =  1.0
```

從上述第 11 行我們可以知道回傳的資料型態是元組 (tuple)，所以我們在第 13-16 行可以用輸出元組 (tuple) 索引方式列出運算結果。

11-3-4 簡單回傳字串資料

回傳字串的方法與 11-3-2 節回傳數值的方法相同，

程式實例 ch11_14.py：一般中文姓名是 3 個字，筆者將中文姓名拆解為第一個字是姓 lastname，第二個字是中間名 middlename，第三個字是名 firstname。這個程式內有一個函數 guest_info( )，參數意義分別是名 firstname、中間名 middlename 和姓 lastname，以及性別 gender 組織起來，同時加上問候語回傳。

```
# ch11_14.py
def guest_info(firstname, middlename, lastname, gender):
    """ 整合客戶名字資料 """
    if gender == "M":
        welcome = lastname + middlename + firstname + '先生歡迎你'
    else:
        welcome = lastname + middlename + firstname + '小姐歡迎妳'
    return welcome

info1 = guest_info('宇', '星', '洪', 'M')
info2 = guest_info('雨', '冰', '洪', 'F')
print(info1)
print(info2)
```

執行結果

```
==================== RESTART: D:\Python\ch11\ch11_14.py ====================
洪星宇先生歡迎你
洪冰雨小姐歡迎妳
```

如果讀者是處理外國人的名字，則需在 lastname、middlename 和 firstname 之間加上空格，同時外國人名字處理方式順序是 firstname middlename lastname，這將是各位的習題。

11-3-5　再談參數預設值

雖然大多數國人的名字是 3 個字所組成，但是偶爾也會遇上 2 個字的狀況，例如：著名影星劉濤。其實外國人的名字中，有些人也是只有 2 個字，因為沒有中間名 middlename。如果要讓 ch11_14.py 更完美，可以在函數設計時將 middlename 預設為空字串，這樣就可以處理沒有中間名的問題，參考 ch11_8.py 可知，設計時必需將預設為空字串的參數放函數參數列的最右邊。

程式實例 ch11_15.py：重新設計 ch11_14.py，這個程式會將 middlename 預設為空字串，這樣就可以處理沒有中間名 middlename 的問題，請留意函數設計時需將此參數預設放在最右邊，可以參考第 2 行。

```
1   # ch11_15.py
2   def guest_info(firstname, lastname, gender, middlename = ''):
3       """ 整合客戶名字資料 """
4       if gender == "M":
5           welcome = lastname + middlename + firstname + '先生歡迎你'
6       else:
7           welcome = lastname + middlename + firstname + '小姐歡迎妳'
8       return welcome
9
10  info1 = guest_info('濤', '劉', 'M')
11  info2 = guest_info('雨', '洪', 'F', '冰')
12  print(info1)
13  print(info2)
```

執行結果

```
==================== RESTART: D:\Python\ch11\ch11_15.py ====================
劉濤先生歡迎你
洪冰雨小姐歡迎妳
```

上述第 10 行呼叫 guest_info( ) 函數時只有 3 個參數，middlename 就會使用預設的空字串。第 11 行呼叫 guest_info( ) 函數時有 4 個參數，middlename 就會使用呼叫函數時所設的字串 ' 冰 '。

11-3-6　函數回傳字典資料

函數除了可以回傳數值或字串資料外，也可以回傳比較複雜的資料，例如：字典或串列 … 等。

程式實例 ch11_16.py：這個程式會呼叫 build_vip 函數，在呼叫時會傳入 VIP_ID 編號和 Name 姓名資料，函數將回傳所建立的字典資料。

```
# ch11_16.py
def build_vip(id, name):
    """ 建立VIP資訊 """
    vip_dict = {'VIP_ID':id, 'Name':name}
    return vip_dict

member = build_vip('101', 'Nelson')
print(member)
```

執行結果

```
==================== RESTART: D:\Python\ch11\ch11_16.py ====================
{'VIP_ID': '101', 'Name': 'Nelson'}
```

上述字典資料只是一個簡單的應用，在真正的企業建立 VIP 資料的案例中，可能還需要性別、電話號碼、年齡、電子郵件、地址 … 等資訊。在建立 VIP 資料過程，也許有些人會樂意提供手機號碼，有些人不樂意提供，函數設計時我們也可以將 Tel 電話號碼當作預設為空字串，但是如果有提供電話號碼時，程式也可以將它納入字典內容。

程式實例 ch11_17.py：擴充 ch11_16.py，增加電話號碼，呼叫時若沒有提供電話號碼則字典不含此欄位，呼叫時若有提供電話號碼則字典含此欄位。

```
1   # ch11_17.py
2   def build_vip(id, name, tel = ''):
3       """ 建立VIP資訊 """
4       vip_dict = {'VIP_ID':id, 'Name':name}
5       if tel:
6           vip_dict['Tel'] = tel
7       return vip_dict
8
9   member1 = build_vip('101', 'Nelson')
10  member2 = build_vip('102', 'Henry', '0952222333')
11  print(member1)
12  print(member2)
```

執行結果

```
==================== RESTART: D:\Python\ch11\ch11_17.py ====================
{'VIP_ID': '101', 'Name': 'Nelson'}
{'VIP_ID': '102', 'Name': 'Henry', 'Tel': '0952222333'}
```

程式第 10 行呼叫 build_vip( ) 函數時，由於有提供電話號碼欄位，所以上述程式第 5 行會得到 if 敘述的 tel 是 True，所以在第 6 行會將此欄位增加到字典中。

11-3-7　將迴圈應用在建立 VIP 會員字典

我們可以將迴圈的觀念應用在 VIP 會員字典的建立。

程式實例 ch11_18.py：這個程式在執行時基本上是用無限迴圈的觀念，但是當一筆資料建立完成時，會詢問是否繼續，如果輸入非 'y' 字元，程式將執行結束。

```
# ch11_18.py
def build_vip(id, name, tel = ''):
    """ 建立VIP資訊 """
    vip_dict = {'VIP_ID':id, 'Name':name}
    if tel:
        vip_dict['Tel'] = tel
    return vip_dict

while True:
    print("建立VIP資訊系統")
    idnum = input("請輸入ID: ")
    name = input("請輸入姓名: ")
    tel = input("請輸入電話號碼: ")        # 如果直接按Enter可不建立此欄位
    member = build_vip(idnum, name, tel)  # 建立字典
    print(member, '\n')
    repeat = input("是否繼續(y/n)? 輸入非y字元可結束系統: ")
    if repeat != 'y':
        break

print("歡迎下次再使用")
```

執行結果

```
==================== RESTART: D:\Python\ch11\ch11_18.py ====================
建立VIP資訊系統
請輸入ID: 100
請輸入姓名: James
請輸入電話號碼: 0911223344
{'VIP_ID': '100', 'Name': 'James', 'Tel': '0911223344'}

是否繼續(y/n)? 輸入非y字元可結束系統: y
建立VIP資訊系統
請輸入ID: 101
請輸入姓名: Kevin
請輸入電話號碼:
{'VIP_ID': '101', 'Name': 'Kevin'}

是否繼續(y/n)? 輸入非y字元可結束系統: n
歡迎下次再使用
```

筆者在上述輸入第 2 筆資料時，在電話號碼欄位沒有輸入直接按 Enter 鍵，這個動作相當於不做輸入，此時將造成可以省略此欄位。

11-4 呼叫函數時參數是串列

11-4-1 基本傳遞串列參數的應用

在呼叫函數時，也可以將串列 (此串列可以是由數值、字串或字典所組成) 當參數傳遞給函數的，然後函數可以遍歷串列內容，然後執行更進一步的運作。

程式實例 ch11_19：傳遞串列給 product_msg( ) 函數，函數會遍歷串列，然後列出一封產品發表會的信件。

```python
# ch11_19
def product_msg(customers):
    str1 = '親愛的: '
    str2 = '本公司將在2020年12月20日北京舉行產品發表會'
    str3 = '總經理:深石敬上'
    for customer in customers:
        msg = str1 + customer + '\n' + str2 + '\n' + str3
        print(msg, '\n')

members = ['Damon', 'Peter', 'Mary']
product_msg(members)
```

執行結果

```
===================== RESTART: D:\Python\ch11\ch11_19.py =====================
親愛的: Damon
本公司將在2020年12月20日北京舉行產品發表會
總經理:深石敬上

親愛的: Peter
本公司將在2020年12月20日北京舉行產品發表會
總經理:深石敬上

親愛的: Mary
本公司將在2020年12月20日北京舉行產品發表會
總經理:深石敬上
```

11-4-2 觀察傳遞一般變數與串列變數到函數的區別

在正式講解下一節修訂串列內容前，筆者先用 2 個簡單的程式說明傳遞整數變數與傳遞串列變數到函數的差別。如果傳遞的是一般整數變數，其實只是將此變數值傳給函數，此變數內容在函數更改時原先主程式的變數值不會改變。

程式實例 ch11_19_1.py：主程式呼叫函數時傳遞整數變數，這個程式會在主程式以及函數中列出此變數的值與位址的變化。

```
1  # ch11_19_1.py
2  def mydata(n):
3      print("函　數 id(n) = : ", id(n), "\t", n)
4      n = 5
5      print("函　數 id(n) = : ", id(n), "\t", n)
6
7  x = 1
8  print("主程式 id(x) = : ", id(x), "\t", x)
9  mydata(x)
10 print("主程式 id(x) = : ", id(x), "\t", x)
```

執行結果

```
==================== RESTART: D:\Python\ch11\ch11_19_1.py ====================
主程式 id(x) = :  1614727296     1
副程式 id(n) = :  1614727296     1
副程式 id(n) = :  1614727360     5
主程式 id(x) = :  1614727296     1
```

從上述程式可以發現主程式在呼叫 mydata( ) 函數時傳遞了參數 x，在 mydata( ) 函數中將變數設為 n，當第 4 行變數 n 內容更改為 5 時，這個變數在記憶體的地址也更改了，所以函數 mydata( ) 執行結束時回到主程式，第 10 行可以得到原先主程式的變數 x 仍然是 1。

如果主程式呼叫函數所傳遞的是串列變數，其實是將此串列變數的位址參照傳給函數，如果在函數中此串列變數位址參照的內容更改時，原先主程式串列變數內容會隨著改變。

程式實例 ch11_19_2.py：主程式呼叫函數時傳遞串列變數，這個程式會在主程式以及函數中列出此串列變數的值與位址的變化。

```
# ch11_19_2.py
def mydata(n):
    print("函　數 id(n) = : ", id(n), "\t", n)
    n[0] = 5
    print("函　數 id(n) = : ", id(n), "\t", n)

x = [1, 2]
print("主程式 id(x) = : ", id(x), "\t", x)
mydata(x)
print("主程式 id(x) = : ", id(x), "\t", x)
```

執行結果

```
==================== RESTART: D:/Python/ch11/ch11_19_2.py ====================
主程式 id(x) = :  45533704       [1, 2]
函　數 id(n) = :  45533704       [1, 2]
函　數 id(n) = :  45533704       [5, 2]
主程式 id(x) = :  45533704       [5, 2]
```

從上述執行結果可以得到，串列變數的位址不論是在主程式或是函數皆保持一致，所以第 4 行函數 mydata( ) 內串列內容改變時，函數執行結束回到主程式可以看到主程式串列內容也更改了。。

11-4-3 在函數內修訂串列的內容

由前一小節可以知道 Python 允許主程式呼叫函數時，傳遞的參數是串列名稱，這時在函數內直接修訂串列的內容，同時串列經過修正後，主程式的串列也將隨著永久性更改結果。

程式實例 ch11_20.py：設計一個麥當勞的點餐系統，顧客在麥當勞點餐時，可以將所點的餐點放入 unserved 串列，服務完成後將已服務餐點放入 served 串列。

```
# ch11_20.py
def kitchen(unserved, served):
    """ 將未服務的餐點轉為已經服務 """
    print("廚房處理顧客所點的餐點")
    while unserved:
        current_meal = unserved.pop( )
        # 模擬出餐點過程
        print("菜單: ", current_meal)
        # 將已出餐點轉入已經服務串列
        served.append(current_meal)

def show_unserved_meal(unserved):
    """ 顯示尚未服務的餐點 """
    print("=== 下列是尚未服務的餐點 ===")
    if not unserved:
        print("*** 沒有餐點 ***", "\n")
    for unserved_meal in unserved:
        print(unserved_meal)

def show_served_meal(served):
    """ 顯示已經服務的餐點 """
    print("=== 下列是已經服務的餐點 ===")
    if not served:
        print("*** 沒有餐點 ***", "\n")
    for served_meal in served:
        print(served_meal)

unserved = ['大麥克', '勁辣雞腿堡', '麥克雞塊']    # 所點餐點
served = []                                        # 已服務餐點

# 列出餐廳處理前的點餐內容
show_unserved_meal(unserved)                       # 列出未服務餐點
show_served_meal(served)                           # 列出已服務餐點

# 餐廳服務過程
```

```
36  kitchen(unserved, served)                          # 餐廳處理過程
37  print("\n", "=== 廚房處理結束 ===", "\n")
38
39  # 列出餐廳處理後的點餐內容
40  show_unserved_meal(unserved)                       # 列出未服務餐點
41  show_served_meal(served)                           # 列出已服務餐點
```

執行結果

```
==================== RESTART: D:\Python\ch11\ch11_20.py ====================
=== 下列是尚未服務的餐點 ===
大麥克
勁辣雞腿堡
麥克雞塊
=== 下列是已經服務的餐點 ===
*** 沒有餐點 ***

廚房處理顧客所點的餐點
菜單:  麥克雞塊
菜單:  勁辣雞腿堡
菜單:  大麥克

 === 廚房處理結束 ===

=== 下列是尚未服務的餐點 ===
*** 沒有餐點 ***

=== 下列是已經服務的餐點 ===
麥克雞塊
勁辣雞腿堡
大麥克
```

這個程式的主程式從第 28 行開始，基本上將所點的餐點放 unserved 串列，第 29 行將已經處理的餐點放在 served 串列，程式剛開始是設定空串列。為了瞭解所做的設定，所以第 32 和 33 行是列出尚未服務的餐點和已經服務的餐點。

程式第 36 行是呼叫 kitchen( ) 函數，這個程式主要是列出餐點，同時將已經處理的餐點從尚未服務串列 unserved，轉入已經服務的串列 served。

程式第 40 和 41 行再執行一次列出尚未服務餐點和已經服務餐點，以便驗證整個執行過程。

對於上述程式而言，讀者可能會好奇，主程式部分與函數部分是使用相同的串列變數 served 與 unserved，所以經過第 36 行呼叫 kitchen( ) 後造成串列內容的改變，是否設計這類欲更改串列內容的程式，函數與主程式的變數名稱一定要相同？答案是否定的。

程式實例 ch11_21.py：重新設計 ch11_20.py，但是主程式的尚未服務串列改為 order_list，已經服務串列改為 served_list，下列只列出主程式內容。

```
order_list = ['大麥克', '勁辣雞腿堡', '麥克雞塊']      # 所點餐點
served_list = []                                     # 已服務餐點

# 列出餐廳處理前的點餐內容
show_unserved_meal(order_list)                       # 列出未服務餐點
show_served_meal(served_list)                        # 列出已服務餐點

# 餐廳服務過程
kitchen(order_list, served_list)                     # 餐廳處理過程
print("\n", "=== 廚房處理結束 ===", "\n")

# 列出餐廳處理後的點餐內容
show_unserved_meal(order_list)                       # 列出未服務餐點
show_served_meal(served_list)                        # 列出已服務餐點
```

執行結果 與 ch11_20.py 相同。

上述結果最主要原因是，當傳遞串列給函數時，即使函數內的串列與主程式串列是不同的名稱，但是函數串列 unserved/served 與主程式串列 order_list/served_list 是指向相同的記憶體位置，所以在函數更改串列內容時主程式串列內容也隨著更改。

11-4-4 使用副本傳遞串列

有時候設計餐廳系統時，可能想要保存餐點內容，但是經過先前程式設計可以發現 order_list 串列已經變為空串列了，為了避免這樣的情形發生，可以在呼叫 kitchen( ) 函數時傳遞副本串列，處理方式如下：

```
kitchen(order_list[:], served_list)          # 傳遞副本串列 ( 可以參考 6-8-3 節 )
```

程式實例 ch11_22.py：重新設計 ch11_21.py，但是保留原 order_list 的內容，整個程式主要是在第 36 行，筆者使用副本傳遞串列，其它只是程式語意註解有一些小調整，例如：原先函數 show_unserved_meal( ) 改名為 show_order_meal( )。

```
1  # ch11_22.py
2  def kitchen(unserved, served):
3      """ 將所點的餐點轉為已經服務 """
4      print("廚房處理顧客所點的餐點")
5      while unserved:
6          current_meal = unserved.pop( )
7          # 模擬出餐點過程
8          print("菜單: ", current_meal)
9          # 將已出餐點轉入已經服務串列
10         served.append(current_meal)
11
12 def show_order_meal(unserved):
13     """ 顯示所點的餐點 """
```

```
    print("=== 下列是所點的餐點 ===")
    if not unserved:
        print("*** 沒有餐點 ***", "\n")
    for unserved_meal in unserved:
        print(unserved_meal)

def show_served_meal(served):
    """ 顯示已經服務的餐點 """
    print("=== 下列是已經服務的餐點 ===")
    if not served:
        print("*** 沒有餐點 ***", "\n")
    for served_meal in served:
        print(served_meal)

order_list = ['大麥克', '勁辣雞腿堡', '麥克雞塊']    # 所點餐點
served_list = []                                     # 已服務餐點

# 列出餐廳處理前的點餐內容
show_order_meal(order_list)                          # 列出所點的餐點
show_served_meal(served_list)                        # 列出已服務餐點

# 餐廳服務過程
kitchen(order_list[:], served_list)                  # 餐廳處理過程
print("\n", "=== 廚房處理結束 ===", "\n")

# 列出餐廳處理後的點餐內容
show_order_meal(order_list)                          # 列出所點的餐點
show_served_meal(served_list)                        # 列出已服務餐點
```

執行結果

```
==================== RESTART: D:\Python\ch11\ch11_22.py ====================
=== 下列是所點的餐點 ===
大麥克
勁辣雞腿堡
麥克雞塊
=== 下列是已經服務的餐點 ===
*** 沒有餐點 ***

廚房處理顧客所點的餐點
菜單:  麥克雞塊
菜單:  勁辣雞腿堡
菜單:  大麥克

 === 廚房處理結束 ===

=== 下列是所點的餐點 ===
大麥克
勁辣雞腿堡
麥克雞塊
=== 下列是已經服務的餐點 ===
麥克雞塊
勁辣雞腿堡
大麥克
```

由上述執行結果可以發現，原先儲存點餐的 order_list 串列經過 kitchen( ) 函數後，此串列的內容沒有改變。

11-4-5 傳遞串列的提醒

函數傳遞串列時有一點必需留意，假設參數串列的預設值是空串列或是有元素的串列，在重複呼叫過程預設串列會遺留先前呼叫的內容。

程式實例 ch11_22_1.py：這個 insertChar( ) 函數有 2 個參數，第一個參數內容可以是任意資料，第二個參數是空串列 myList，程式預期是每次呼叫 insertChar( ) 時將第一個參數內容插入第二個空串列內。

```
# ch11_22_1.py
def insertChar(letter, myList=[], inList=[1,2]):
    myList.append(letter)
    inList.append(letter)
    print(myList)
    print(inList)

insertChar('x')
insertChar('y')
```

執行結果

```
=================== RESTART: D:\Python\ch11\ch11_22_1.py ===================
['x']
[1, 2, 'x']
['x', 'y']
[1, 2, 'x', 'y']
```

從上述執行結果發現，第二次呼叫 insertChar( ) 時，原先第一次所傳遞的字元 x 仍然存在 myList 或 inList 串列內。如果想設計這類的程式，建議可以使用 None 取代 [ ]。

程式實例 ch11_22_2.py：將串列參數預設值設為 None，重新設計 ch11_22_1.py。

```
# ch11_22_2.py
def insertChar(letter, myList=None):
    if myList == None:
        myList = []
    myList.append(letter)
    print(myList)

insertChar('x')
insertChar('y')
```

執行結果

```
=================== RESTART: D:/Python/ch11/ch11_22_2.py ===================
['x']
['y']
```

上述筆者是在函數內用 if 敘述判斷是否建立空串列。

11-5 傳遞任意數量的參數

11-5-1 基本傳遞處理任意數量的參數

在設計 Python 的函數時，有時候可能會碰上不知道會有多少個參數會傳遞到這個函數，此時可以用下列方式設計。

程式實例 ch11_23.py：建立一個冰淇淋的配料程式，一般冰淇淋可以在上面加上配料，這個程式在呼叫製作冰淇淋函數 make_icecream( ) 時，可以傳遞 0 到多個配料，然後 make_icecream( ) 函數會將配料結果的冰淇淋列出來。

```
1  # ch11_23.py
2  def make_icecream(*toppings):
3      # 列出製作冰淇淋的配料
4      print("這個冰淇淋所加配料如下")
5      for topping in toppings:
6          print("--- ", topping)
7
8  make_icecream('草莓醬')
9  make_icecream('草莓醬', '葡萄乾', '巧克力碎片')
```

執行結果

```
==================== RESTART: D:\Python\ch11\ch11_23.py ====================
這個冰淇淋所加配料如下
---  草莓醬
這個冰淇淋所加配料如下
---  草莓醬
---  葡萄乾
---  巧克力碎片
```

上述程式最關鍵的是第 2 行 make_icecream( ) 函數的參數 "*toppings"，這個加上 "*" 符號的參數代表可以有 0 到多個參數將傳遞到這個函數內。這個參數 "*toppings" 另一個特色是，它可以將所傳遞的參數群組化成元組 (tuple)。

程式實例 ch11_23_1.py：重新設計 ch11_23.py，驗證 "*toppings" 參數的資料型態是元組。

```
# ch11_23_1.py
def make_icecream(*toppings):
    """ 列出製作冰淇淋的配料 """
    print("這個冰淇淋所加配料如下")
    for topping in toppings:
        print("--- ", topping)
    print(type(toppings))
    print(toppings)
```

```
9
10 make_icecream('草莓醬')
11 make_icecream('草莓醬', '葡萄乾', '巧克力碎片')
```

執行結果

```
==================== RESTART: D:\Python\ch11\ch11_23_1.py ====================
這個冰淇淋所加配料如下
---  草莓醬
<class 'tuple'>
('草莓醬',)
這個冰淇淋所加配料如下
---  草莓醬
---  葡萄乾
---  巧克力碎片
<class 'tuple'>
('草莓醬', '葡萄乾', '巧克力碎片')
```

上述第 7 行可以列印 toppings 的資料型態是 <class 'tuple'>，第 8 行可以列出 toppings 的資料內容。上述程式如果呼叫 make_icecream( ) 時沒有傳遞參數，第 5-6 行的 for 迴圈將不會執行第 6 行的迴圈內容。

程式實例 ch11_23_2.py：在呼叫 make_icecream( ) 時沒有傳遞參數的觀察。

```
# ch11_23_2.py
def make_icecream(*toppings):
    """ 列出製作冰淇淋的配料 """
    print("這個冰淇淋所加配料如下")
    for topping in toppings:
        print("--- ", topping)

make_icecream()
```

執行結果

```
==================== RESTART: D:/Python/ch11/ch11_23_2.py ====================
這個冰淇淋所加配料如下
```

11-5-2 設計含有一般參數與任意數量參數的函數

程式設計時有時會遇上需要傳遞一般參數與任意數量參數，碰上這類狀況，任意數量的參數必需放在最右邊。

程式實例 ch11_24.py：重新設計 ch11_23.py，傳遞參數時第一個參數是冰淇淋的種類，然後才是不同數量的冰淇淋的配料。

```
# ch11_24.py
def make_icecream(icecream_type, *toppings):
    # 列出製作冰淇淋的配料
    print("這個 ", icecream_type, " 冰淇淋所加配料如下")
    for topping in toppings:
        print("--- ", topping)
```

```
make_icecream('香草', '草莓醬')
make_icecream('芒果', '草莓醬', '葡萄乾', '巧克力碎片')
```

執行結果

```
==================== RESTART: D:\Python\ch11\ch11_24.py ====================
這個  香草  冰淇淋所加配料如下
---   草莓醬
這個  芒果  冰淇淋所加配料如下
---   草莓醬
---   葡萄乾
---   巧克力碎片
```

11-5-3　設計含有一般參數與任意數量的關鍵字參數

在 11-2-3 節筆者有介紹呼叫函數的參數是關鍵字參數 (參數是用參數名稱 = 值配對方式呈現)，其實我們也可以設計含任意數量關鍵字參數的函數，方法是在函數內使用 **kwargs(kwargs 是程式設計師可以行命名的參數，可以想成 key word arguments)，這時關鍵字參數將會變成任意數量的字典元素，其中引數是鍵，對應的值是字典的值。

程式實例 ch11_25.py：這個程式基本上是用 build_dict( ) 函數建立一個球員的字典資料，主程式會傳入一般參數與任意數量的關鍵字參數，最後可以列出執行結果。

```
1   # ch11_25.py
2   def build_dict(name, age, **players):
3       # 建立NBA球員的字典資料
4       info = {}             # 建立空字典
5       info['Name'] = name
6       info['Age'] = age
7       for key, value in players.items( ):
8           info[key] = value
9       return info           # 回傳所建的字典
10
11  player_dict = build_dict('James', '32',
12                           City = 'Cleveland',
13                           State = 'Ohio')
14
15  print(player_dict)        # 列印所建字典
```

執行結果

```
==================== RESTART: D:/Python/ch11/ch11_25.py ====================
{'Name': 'James', 'Age': '32', 'City': 'Cleveland', 'State': 'Ohio'}
>>>
```

上述最關鍵的是第 2 行 build_dict( ) 函數內的參數 "**player"，這是可以接受任意數量關鍵字參數，它可以將所傳遞的關鍵字參數群組化成字典 (dict)。

11-6 進一步認識函數

在 Python 中所有東西皆是物件，例如：字串、串列、字典、…、甚至函數也是物件，我們可以將函數賦值給一個變數，也可以將函數當作參數傳送，甚至將函數回傳，當然也可以動態建立或是銷毀。這讓 Python 使用起來非常有彈性，也可以做其它程式語言無法做到的事情，但是其實也多了一些理解的難度。

11-6-1 函數文件字串 Docstring

請再看一次 ch11_3.py 程式：

```
# ch11_3.py
def greeting(name):
    """Python函數需傳遞名字name"""
    print("Hi,", name, "Good Morning!")
greeting('Nelson')
```

上述函數 greeting( ) 名稱下方是 """Python 函數需 … """ 字串，Python 語言將此函數註解稱文件字串 docstring(document string 的縮寫)。一個公司設計大型程式時，常常將工作分成很多小程式，每個人的工作將用函數完成，為了要讓其他團隊成員可以了解你所設計的函數，所以必需用文件字串註明此函數的功能與用法。

我們可以使用 help(函數名稱) 列出此函數的文件字串，可以參考下列實例。假設程式已經執行了 ch11_3.py 程式，下列是列出此程式的 greeting( ) 函數的文件字串。

```
>>> help(greeting)
Help on function greeting in module __main__:

greeting(name)
    Python函數需傳遞名字name
```

如果我們只是想要看函數註解，可以使用下列方式。

```
>>> print(greeting.__doc__)
Python函數需傳遞名字name
```

上述奇怪的 greeting.__doc__ 就是 greeting( ) 函數文件字串的變數名稱，__ 其實是 2 個底線，這是系統保留名稱的方法，未來筆者會介紹這方面的知識。

11-6-2 函數是一個物件

其實在 Python 中函數也是一個物件，假設有一個函數如下：

```
>>> def upperStr(text):
        return text.upper()

>>> upperStr('deepstone')
'DEEPSTONE'
```

我們可以使用物件賦值方式處理此物件，或是說將函數設定給一個變數。

```
>>> upperLetter = upperStr
```

經上述執行後 upperLetter 也變成了一個函數，所以可以執行下列操作。

```
>>> upperLetter('deepstone')
'DEEPSTONE'
```

從上述執行可以知道 upperStr 和 upperLetter 指的是同一個函數物件。此外，一個函數若是拿掉小括號 ( )，這個函數就是一個記憶體內的位址，可參考下列驗證，由於 upperStr 和 upperLetter 是指相同物件，所以它們的記憶體位址相同。

```
>>> upperStr
<function upperStr at 0x0040F150>
>>> upperLetter
<function upperStr at 0x0040F150>
```

如果我們用 type( ) 觀察，可以得到 upperStr 和 upperLetter 皆是函數物件。

```
>>> type(upperStr)
<class 'function'>
>>> type(upperLetter)
<class 'function'>
```

11-6-3 函數可以是資料結構成員

函數既然可以是一個物件，我們就可以將函數當作資料結構 (例如：串列、元組 …) 的元素，自然我們也可以迭代這些函數，這個觀念可以應用在自建函數或內建函數。

程式實例 ch11_25_1.py：將所定義的函數 total 與 Python 內建的函數 min( )、max( )、sum( ) 等，當作是串列的元素，然後迭代，內建函數會列出 <built-in …>，非內建函數則列出記憶體位址。

```
# ch11_25_1.py
def total(data):
    return sum(data)

x = (1,5,10)
myList = [min, max, sum, total]
for f in myList:
    print(f)
```

執行結果

```
==================== RESTART: D:/Python/ch11/ch11_25_1.py ====================
<built-in function min>
<built-in function max>
<built-in function sum>
<function total at 0x00A9C618>
```

程式實例 ch11_25_2.py：用 for 迴圈迭代串列內的元素，這些元素是函數，這次有傳遞參數 (1, 5, 10)。

```
# ch11_25_2.py
def total(data):
    return sum(data)

x = (1,5,10)
myList = [min, max, sum, total]
for f in myList:
    print(f, f(x))
```

執行結果

```
==================== RESTART: D:\Python\ch11\ch11_25_2.py ====================
<built-in function min> 1
<built-in function max> 10
<built-in function sum> 16
<function total at 0x04155BB8> 16
```

11-6-4 函數可以當作參數傳遞給其它函數

在 Python 中函數也可以當作參數被傳遞給其它函數，當函數當作參數傳遞時，可以不用加上 ( ) 符號，這樣 Python 就可以將函數當作物件處理。如果加上括號，會被視為呼叫這個函數。

程式實例 ch11_25_3.py：函數當作是傳遞參數的基本應用。

```
1  # ch11_25_3.py
2  def add(x, y):
3      return x+y
4
5  def mul(x, y):
6      return x*y
7
8  def running(func, arg1, arg2):
9      return func(arg1, arg2)
10
11 result1 = running(add, 5, 10)       # add函數當作參數
12 print(result1)
13 result2 = running(mul, 5, 10)       # mul函數當作參數
14 print(result2)
```

執行結果

```
=================== RESTART: D:/Python/ch11/ch11_25_3.py ===================
15
50
```

上述第 8 行 running( ) 函數的第 1 個參數是函數，第 2-3 個參數是一般數值，這個 running 函數會依所傳遞的第一個參數，才會知道要呼叫 add( ) 或 mul( )，然後才將 arg1 和 arg2 傳遞給指定的函數。在上述程式中，running( ) 函數可以接受其它函數當作參數的函數又稱此為高階函數 (Higher-order function)。

11-6-5　函數當參數與 *args 不定量的參數

前面已經解說可以將函數當傳遞參數使用，其實也可以配合 *args 與 **kwargs 共同使用。

程式實例 ch11_25_4.py：函數當參數與 *args 不定量參數配合使用。

```
# ch11_25_4.py
def mysum(*args):
    return sum(args)

def run_with_multiple_args(func, *args):
    return func(*args)

print(run_with_multiple_args(mysum,1,2,3,4,5))
print(run_with_multiple_args(mysum,6,7,8,9))
```

執行結果

```
=================== RESTART: D:/Python/ch11/ch11_25_4.py ===================
15
30
```

第 5 行 run_with_multiple_args( ) 函數可以接受一個函數，與一系列的參數。

11-6-6 嵌套函數

所謂的嵌套函數是指函數內部也可以有函數，有時候可以利用這個特性執行複雜的運算。或是嵌套函數也具有可重複使用、封裝，隱藏數據的效果。

程式實例 ch11_25_5.py：計算 2 個座標點之距離，外層函數是第 2-7 行的 dist( )，此函數第 3-4 行是內層 mySqrt( ) 函數。

```
1  # ch11_25_5.py
2  def dist(x1,y1,x2,y2):                 # 計算2點之距離函數
3      def mySqrt(z):                     # 計算開根號值
4          return z ** 0.5
5      dx = (x1 - x2) ** 2
6      dy = (y1 - y2) ** 2
7      return mySqrt(dx+dy)
8
9  print(dist(0,0,1,1))
```

執行結果

```
==================== RESTART: D:/Python/ch11/ch11_25_5.py ====================
1.4142135623730951
```

11-6-7 函數也可以當作傳回值

在嵌套函數的應用中，常常會應用到將一個內層函數當作傳回值，這時所傳回的是內層函數的記憶體位址。

程式實例 ch11_25_6.py：這是計算 1-(n-1) 的總和，觀察函數當作傳回值的應用，這個程式的第 2-6 行是 outer( ) 函數，第 6 行的傳回值是不含 ( ) 的 inner。

```
1  # ch11_25_6.py
2  def outer():
3      def inner(n):
4          print('inner running')
5          return sum(range(n))
6      return inner
7
8  f = outer()             # outer()傳回inner位址
9  print(f)                # 列印inner記憶體
10 print(f(5))             # 實際執行的是inner()
11
12 y = outer()
13 print(y)
14 print(y(10))
```

執行結果

```
==================== RESTART: D:\Python\ch11\ch11_25_6.py ====================
<function outer.<locals>.inner at 0x02DDF150>
inner running
10
<function outer.<locals>.inner at 0x03201738>
inner running
45
```

這個程式在執行第 8 行時，outer( ) 會傳回 inner 的記憶體位址，所以對於 f 而言所獲得的只是內層函數 inner( ) 的記憶體位址，所以第 9 行可以列出 inner( ) 的記憶體位址。當執行第 10 行 f(5) 時，才是真正執行計算總和。

由於 inner( ) 是在執行期間被定義，所以第 12 行時會產生新的 inner( ) 位址，所以主程式 2 次呼叫，會有不同的 inner( )。最後讀者必需了解，我們無法在主程式直接呼叫內部函數，這會產生錯誤。

11-6-8 閉包 closure

內部函數是一個動態產生的程式，當它可以記住函數以外的程式所建立的環境變數值時，我們可以稱這個內部函數是閉包 (closure)。

程式實例 ch11_25_7.py：一個線性函數 ax+b 的閉包說明。

```
1  # ch11_25_7.py
2  def outer():
3      b = 10                    # inner所使用的變數值
4      def inner(x):
5          return 5 * x + b      # 引用第3行的b
6      return inner
7
8  b = 2
9  f = outer()
10 print(f(b))
```

執行結果

```
==================== RESTART: D:/Python/ch11/ch11_25_7.py ====================
20
```

上述第 3 行 b 是一個環境變數，這也是定義在 inner( ) 以外的變數，由於第 6 行使用 inner 當作傳回值，inner( ) 內的 b 其實就是第 3 行所定義的 b，其實變數 b 和 inner( ) 就構成了一個 closure。 程式第 10 行 f(b)，其實這個 b 將是 Inner(x) 的 x 參數，所以最後可以得到 5 * 2 + 10，結果是 20。

其實 __closure__ 內是一個元組，環境變數 b 就是存在 cell_contents 內。

```
>>> print(f)
<function outer.<locals>.inner at 0x0357F150>
>>> print(f.__closure__)
(<cell at 0x039D72D0: int object at 0x5B8EC910>,)
>>> print(f.__closure__[0].cell_contents)
10
```

程式實例 ch11_25_8.py：閉包 closure 的另一個應用，這也是線性函數 ax+b，不過環境變數是 outer( ) 的參數。

```
1  # ch11_25_8.py
2  def outer(a, b):
3      ''' a 和 b 將是inner()的環境變數 '''
4      def inner(x):
5          return a * x + b
6      return inner
7
8  f1 = outer(1, 2)
9  f2 = outer(3, 4)
10 print(f1(1), f2(3))
```

執行結果

```
==================== RESTART: D:/Python/ch11/ch11_25_8.py ====================
3 13
```

這個程式第 8 行相當於建立了 x+2，第 9 行建立了 3x+4，相當於使用了 closure 將最終線性函數確定下來，第 10 行傳遞適當的值，就可以獲得結果。在這裡我們發現程式碼可以重複使用，此外如果沒有 closure，我們需要傳遞 a、b、x 參數，所以 closure 可以讓程式設計更有效率，同時未來擴充時程式碼可以更容易移植。

11-7 遞迴式函數設計 recursive

一個函數可以呼叫其它函數也可以呼叫自己，其中呼叫本身的動作稱遞迴式 (recursive) 呼叫，遞迴式呼叫有下列特色：

- ❑ 每次呼叫自己時，都會使範圍越來越小。
- ❑ 必需要有一個終止的條件來結束遞迴函數。

遞迴函數可以使程式變得很簡潔，但是設計這類程式如果一不小心很容易掉入無限迴圈的陷阱，所以使用這類函數時一定要特別小心。遞迴函數最常見的應用是處理

正整數的階乘 (factorial)，一個正整數的階乘是所有小於以及等於該數的正整數的積，同時如果正整數是 0 則階乘為 1，依照觀念正整數是 1 時階乘也是 1。此階乘數字的表示法為 n!，

實例 1：n 是 3，下列是階乘數的計算方式。

n! = 1 * 2 * 3

結果是 6

實例 2：n 是 5，下列是階乘數的計算方式。

n! = 1 * 2 * 3 * 4 * 5

結果是 120

階乘數觀念是由法國數學家克里斯蒂安・克蘭普 (Christian Kramp, 1760-1826) 法國數學家所發表，他是學醫但是卻同時對數學感興趣，發表許多數學文章。

程式實例 ch11_26.py：使用遞迴函數執行階乘 (factorial) 運算。

```
1   # ch11_26.py
2   def factorial(n):
3       # 計算n的階乘, n 必須是正整數
4       if n == 1:
5           return 1
6       else:
7           return (n * factorial(n-1))
8
9   value = 3
10  print(value, " 的階乘結果是 = ", factorial(value))
11  value = 5
12  print(value, " 的階乘結果是 = ", factorial(value))
```

執行結果

```
==================== RESTART: D:\Python\ch11\ch11_26.py ====================
3  的階乘結果是 =  6
5  的階乘結果是 =  120
```

上述 factorial( ) 函數的終止條件是參數值為 1 的情況，由第 4 行判斷然後傳回 1，下列是正整數為 3 時遞迴函數的情況解說。

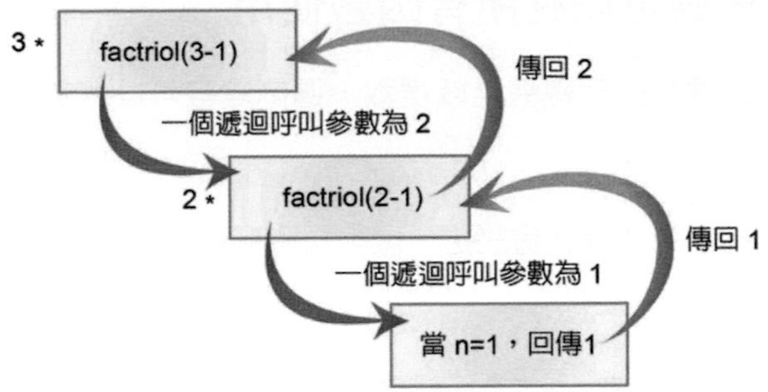

Python 預設最大遞迴次數 1000 次，我們可以先導入 sys 模組，未來第 13 章筆者會介紹導入模組更多知識。讀者可以使用 sys.getrecursionlimit( )，列出 Python 預設或目前遞迴的最大次數。

```
>>> import sys
>>> sys.getrecursionlimit()
1000
```

sys.setrecursionlimit( ) 則可以設定最大遞迴次數。

11-8 區域變數與全域變數

在設計函數時，另一個重點是適當的使用變數名稱，某個變數只有在該函數內使用，影響範圍限定在這個函數內，這個變數稱區域變數 (local variable)。如果某個變數的影響範圍是在整個程式，則這個變數稱全域變數 (global variable)。

Python 程式在呼叫函數時會建立一個記憶體工作區間，在這個記憶體工作區間可以處理屬於這個函數的變數，當函數工作結束，返回原先呼叫程式時，這個記憶體工作區間就被收回，原先存在的變數也將被銷毀，這也是為何區域變數的影響範圍只限定在所屬的函數內。

對於全域變數而言，一般是在主程式內建立，程式在執行時，不僅主程式可以引用，所有屬於這個程式的函數也可以引用，所以它的影響範圍是整個程式。

11-8-1　全域變數可以在所有函數使用

一般在主程式內建立的變數稱全域變數，這個變數可以供主程式內與本程式的所有函數引用。

程式實例 ch11_27.py：這個程式會設定一個全域變數，然後函數也可以呼叫引用。

```
# ch11_27.py
def printmsg( ):
    # 函數本身沒有定義變數，只有執行列印全域變數功能
    print("函數列印: ", msg)     # 列印全域變數

msg = 'Global Variable'          # 設定全域變數
print("主程式列印: ", msg)       # 列印全域變數
printmsg( )                      # 呼叫函數
```

執行結果

```
===================== RESTART: D:\Python\ch11\ch11_27.py =====================
主程式列印:  Global Variable
函數列印:  Global Variable
```

11-8-2　區域變數與全域變數使用相同的名稱

在程式設計時建議全域變數與函數內的區域變數不要使用相同的名稱，因為對新手而言很容易造成混淆。如果發生全域變數與函數內的區域變數使用相同的名稱時，Python 會將相同名稱的區域與全域變數視為不同的變數，在區域變數所在的函數是使用區域變數內容，其它區域則是使用全域變數的內容。

程式實例 ch11_28.py：區域變數與全域變數定義了相同的變數 msg，但是內容不相同。然後執行列印，可以發現在函數與主程式所列印的內容有不同的結果。

```
# ch11_28.py
def printmsg( ):
    # 函數本身有定義變數，將執行列印區域變數功能
    msg = 'Local Variable'       # 設定區域變數
    print("函數列印: ", msg)     # 列印區域變數

msg = 'Global Variable'          # 這是全域變數
print("主程式列印: ", msg)       # 列印全域變數
printmsg( )                      # 呼叫函數
```

執行結果

```
===================== RESTART: D:\Python\ch11\ch11_28.py =====================
主程式列印:  Global Variable
函數列印:  Local Variable
```

11-8-3 程式設計需注意事項

一般程式設計時有關使用區域變數需注意下列事項，否則程式會有錯誤產生。

- 區域變數內容無法在其它函數引用，可參考 ch11_29.py。
- 區域變數內容無法在主程式引用，可參考 ch11_30.py。
- 在函數內不能更改全域變數的值，可參考 ch11_30_1.py。
- 如果要在函數內要存取或修改全域變數值，需在函數內使用 global 宣告此變數，可參考 ch11_30_2.py。

程式實例 ch11_29.py：區域變數在其它函數引用，造成程式錯誤的應用。

```
# ch11_29.py
def defmsg( ):
    msg = 'pringmsg variable'

def printmsg( ):
    print(msg)          # 列印defmsg( )函數定義的區域變數

printmsg( )             # 呼叫printmsg( )
```

執行結果

```
==================== RESTART: D:\Python\ch11\ch11_29.py ====================
Traceback (most recent call last):
  File "D:\Python\ch11\ch11_29.py", line 8, in <module>
    printmsg( )          # 呼叫printmsg( )
  File "D:\Python\ch11\ch11_29.py", line 6, in printmsg
    print(msg)       # 列印defmsg( )函數定義的區域變數
NameError: name 'msg' is not defined
```

上述程式的錯誤原因主要是 printmsg( ) 函數內沒有定義 msg 變數，所以產生程式錯誤。

程式實例 ch11_30.py：區域變數在主程式引用產生錯誤的實例。

```
# ch11_30.py
def defmsg( ):
    msg = 'pringmsg variable'

print(msg)              # 主程式列印區域變數產生錯誤
```

執行結果

```
==================== RESTART: D:\Python\ch11\ch11_30.py ====================
Traceback (most recent call last):
  File "D:\Python\ch11\ch11_30.py", line 5, in <module>
    print(msg)          # 主程式列印區域變數產生錯誤
NameError: name 'msg' is not defined
```

上述程式的錯誤原因主要是主程式內沒有定義 msg 變數，所以產生程式錯誤。

程式實例 ch11_30_1.py：在函數內嘗試更改全域變數，結果是增加定義一個區域變數。

```
# ch11_30_1.py
def printmsg():
    msg = "Java"          # 嘗試更改全域變數造成建立一個區域變數
    print("更改後: ", msg)
msg = "Python"
printmsg()
```

執行結果

```
=================== RESTART: D:\Python\ch11\ch11_30_1.py ===================
更改後:  Java
```

如果全域變數在函數內可能更改內容時，需在函數內使用 global 宣告這個全域變數，程式才不會有錯。

程式實例 ch11_30_2.py：使用 global 在函數內宣告全域變數。

```
# ch11_30_2.py
def printmsg():
    global msg
    msg = "Java"          # 更改全域變數
    print("函數列印  :更改後: ", msg)
msg = "Python"
print("主程式列印:更改前: ", msg)
printmsg()
print("主程式列印:更改後: ", msg)
```

執行結果

```
=================== RESTART: D:\Python\ch11\ch11_30_2.py ===================
主程式列印:更改前:  Python
函數列印  :更改後:  Java
主程式列印:更改後:  Java
```

11-8-4 locals( ) 和 globals( )

Python 有提供函數讓我們了解目前變數名稱與內容。

locals( )：可以用字典方式列出所有的區域變數名稱與內容。

globals( )：可以用字典方式列出所有的全域變數名稱與內容。

程式實例 ch11_30_3.py：列出所有區域變數與全域變數的內容。

```
# ch11_30_3.py
def printlocal():
    lang = "Java"
    print("語言 : ", lang)
    print("區域變數 : ", locals())
msg = "Python"
printlocal()
print("語言 : ", msg)
print("全域變數 : ",globals())
```

執行結果

```
==================== RESTART: D:/Python/ch11/ch11_30_3.py ====================
語言 :  Java
區域變數 :  {'lang': 'Java'}
語言 :  Python
全域變數 :  {'__name__': '__main__', '__doc__': None, '__package__': None, '__lo
ader__': <class '_frozen_importlib.BuiltinImporter'>, '__spec__': None, '__annot
ations__': {}, '__builtins__': <module 'builtins' (built-in)>, '__file__': 'D:/P
ython/ch11/ch11_30_3.py', 'printlocal': <function printlocal at 0x03675BB8>, 'ms
g': 'Python'}
```

請留意在上述全域變數中，除了最後一筆 'msg':'Python' 是我們程式設定，其它均是系統內建，未來我們會針對此部分做說明。

11-8-5 nonlocal 變數

在 Python 的程式設計中還提供一種變數稱 nonlocal 變數，它的用法與 global 相同，不過 global 是指最上層變數、nonlocal 指的是上一層變數。

程式實例 ch11_30_4.py：nonlocal、global 變數的應用。

```
# ch11_30_4.py
def local_fun():
    var_nonlocal = 22
    def local_inner():
        global var_global
        nonlocal var_nonlocal
        var_global = 111
        var_nonlocal = 222
    local_inner()
    print('local_fun輸出 var_global   = ', var_global)
    print('local_fun輸出 var_nonlocal = ', var_nonlocal)

var_global = 1
var_nonlocal = 2
print('主程式輸出 var_global   = ', var_global)
print('主程式輸出 var_nonlocal = ', var_nonlocal)
local_fun()
print('主程式輸出 var_global   = ', var_global)
print('主程式輸出 var_nonlocal = ', var_nonlocal)
```

執行結果

```
==================== RESTART: D:/Python/ch11/ch11_30_4.py ====================
主程式輸出 var_global    =  1
主程式輸出 var_nonlocal  =  2
local_fun輸出 var_global    =  111
local_fun輸出 var_nonlocal  =  222
主程式輸出 var_global    =  111
主程式輸出 var_nonlocal  =  2
```

上述程式內的 local_inner( ) 函數筆者嘗試使用 nonlocal 和 global 宣告更改變數，但是最後只有更改 global 的變數 val_global，所以 var_global 輸出 111。Nonlocal 變數會在上一層函數結束就結束，相當於記憶體空間被收回。

11-9 匿名函數 lambda

所謂的匿名函數 (anonymous function) 是指一個沒有名稱的函數，適合使用在程式中只存在一小段時間的情況。Python 是使用 def 定義一般函數，匿名函數則是使用 lambda 來定義，有的人稱之為 lambda 表達式，也可以將匿名函數稱 lambda 函數。有時會將匿名函數與 Python 的內建函數 filter( ) 、map( ) 、reduce( )… 等共同使用，此時匿名函數將只是這些函數的參數，筆者未來將以實例做解說。

11-9-1 匿名函數 lambda 的語法

匿名函數最大特色是可以有許多的參數，但是只能有一個程式碼表達式，然後可以將執行結果傳回。

```
lambda arg1[, arg2, … argn]:expression            # arg1 是參數，可以有多個參數
```

上述 expression 就是匿名函數 lambda 表達式的內容。

程式實例 ch11_31.py：使用一般函數設計傳回平方值。

```
# ch11_31.py
# 使用一般函數
def square(x):
    value = x ** 2
    return value

# 輸出平方值
print(square(10))
```

執行結果

```
==================== RESTART: D:/Python/ch11/ch11_31.py ====================
100
```

程式實例 ch11_32.py：這是單一參數的匿名函數應用，可以傳回平方值。

```
# ch11_32.py
# 定義lambda函數
square = lambda x: x ** 2

# 輸出平方值
print(square(10))
```

執行結果 與 ch11_31.py 相同。

下列是匿名函數含有多個參數的應用。

程式實例 ch11_33.py：含 2 個參數的匿名函數應用，可以傳回參數的積 (相乘的結果)。

```
# ch11_33.py
# 定義lambda函數
product = lambda x, y: x * y

# 輸出相乘結果
print(product(5, 10))
```

執行結果

```
==================== RESTART: D:\Python\ch11\ch11_33.py ====================
50
```

11-9-2 使用 lambda 匿名函數的理由

一個 lambda 更佳的使用時機是存在一個函數的內部，可以參考下列實例。

程式實例 ch11_33_1.py：這是一個 2x+b 方程式，有 2 個變數，第 5 行定義 linear 時，才確定 lambda 方程式是 2x+5，所以第 6 行可以得到 25。

```
1 # ch11_33_1.py
2 def func(b):
3     return lambda x : 2 * x + b
4
5 linear  = func(5)          # 5將傳給lambda的 b
6 print(linear(10))          # 10是lambda的 x
```

執行結果

```
=================== RESTART: D:/Python/ch11/ch11_33_1.py ===================
25
```

程式實例 ch11_33_2.py：重新設計 ch11_33_1.py，使用一個函數但是有 2 個方程式。

```
# ch11_33_2.py
def func(b):
    return lambda x : 2 * x + b

linear  = func(5)            # 5將傳給lambda的 b
print(linear(10))            # 10是lambda的 x

linear2 = func(3)
print(linear2(10))
```

執行結果

```
==================== RESTART: D:/Python/ch11/ch11_33_2.py ====================
25
23
```

11-9-3 匿名函數應用在高階函數的參數

匿名函數一般是用在不需要函數名稱的場合，例如：一些高階函數 (Higher-order function) 的部分參數是函數，這時就很適合使用匿名函數，同時讓程式變得更簡潔。在正式以實例講解前，我們先舉一個使用一般函數當作函數參數的實例。

程式實例 ch11_33_3.py：以一般函數當作函數參數的實例。

```
1 # ch11_33_3.py
2 def mycar(cars,func):
3     for car in cars:
4         print(func(car))
5 def wdcar(carbrand):
6     return "My dream car is " + carbrand.title()
7
8 dreamcars = ['porsche','rolls royce','maserati']
9 mycar(dreamcars, wdcar)
```

執行結果

```
==================== RESTART: D:\Python\ch11\ch11_33_3.py ====================
My dream car is Porsche
My dream car is Rolls Royce
My dream car is Maserati
```

上述第 9 行呼叫 mycar( ) 使用 2 個參數，第 1 個參數是 dreamcars 字串，第 2 個參數是 wdcar( ) 函數，wdcar( ) 函數的功能是結合字串 "My dream car is " 和將 dreamcars 串列元素的字串第 1 個字母用大寫。

其實上述 wdcar( ) 函數就是使用匿名函數的好時機。

程式實例 ch11_33_4.py：重新設計 ch11_33_3.py，使用匿名函數取代 wdcar( )。

```
# ch11_33_4.py
def mycar(cars,func):
    for car in cars:
        print(func(car))

dreamcars = ['porsche','rolls royce','maserati']
mycar(dreamcars, lambda carbrand:"My dream car is " + carbrand.title())
```

執行結果 與 ch11_33_3.py 相同。

未來 18-4-3 節筆者會以實例解說使用 lambda 表達式的好時機。

11-9-4 匿名函數使用與 filter( )

有一個內建函數 filter( )，主要是篩選序列，它的語法格式如下：

filter(func, iterable)

上述函數將依次對 iterable(可以重複執行，例如：字串 string、串列 list 或元組 tuple) 的元素 (item) 放入 func(item) 內，然後將 func( ) 函數執行結果是 True 的元素 (item) 組成新的篩選物件 (filter object) 傳回。

程式實例 ch11_34.py：使用傳統函數定義方式將串列元素內容是奇數的元素篩選出來。

```
1  # ch11_34.py
2  def oddfn(x):
3      return x if (x % 2 == 1) else None
4
5  mylist = [5, 10, 15, 20, 25, 30]
6  filter_object = filter(oddfn, mylist)      # 傳回filter object
7
8  # 輸出奇數串列
9  print("奇數串列: ",[item for item in filter_object])
```

執行結果

```
==================== RESTART: D:\Python\ch11\ch11_34.py ====================
奇數串列:  [5, 15, 25]
```

上述第 9 行筆者使用 item for item in filter_object，這是可以取得 filter object 元素的方式，這個操作方式與下列 for 迴圈類似。

```
for item in filter_object:
    print(item)
```

若是想要獲得串列結果，可以使用下列方式：

oddlist = [item for item in filter_object]

程式實例 ch11_35.py：重新設計 ch11_34.py，將 filter object 轉為串列，下列只列出與 ch11_34.py 不同的程式碼。

```
oddlist = [item for item in filter_object]
# 輸出奇數串列
print("奇數串列: ",oddlist)
```

執行結果 與 ch11_34.py 相同。

匿名函數的最大優點是可以讓程式變得更簡潔，可參考下列程式實例。

程式實例 ch11_36.py：使用匿名函數重新設計 ch11_35.py。

```
1  # ch11_36.py
2  mylist = [5, 10, 15, 20, 25, 30]
3
4  oddlist = list(filter(lambda x: (x % 2 == 1), mylist))
5
6  # 輸出奇數串列
7  print("奇數串列: ",oddlist)
```

執行結果 與 ch11_35.py 相同。

上述程式第 4 行筆者直接使用 list( ) 函數將傳回的 filter object 轉成串列了。

11-9-5 匿名函數使用與 map( )

Google 有一篇大數據領域著名的論文 MapReduce:Simplified Data Processing on Large Clusters，接下來的 2 節筆者將介紹 map( ) 和 reduce( ) 函數。

有一個內建函數 map( )，它的語法格式如下：

map(func, iterable)

上述函數將依次對 iterable 重複執行，例如：字串 string、串列 list 或元組 tuple) 的元素 (item) 放入 func(item) 內，然後將 func( ) 函數執行結果傳回。

程式實例 ch11_37.py：使用匿名函數對串列元素執行計算平方運算。

```
# ch11_37.py
mylist = [5, 10, 15, 20, 25, 30]

squarelist = list(map(lambda x: x ** 2, mylist))

# 輸出串列元素的平方值
print("串列的平方值: ",squarelist)
```

執行結果

```
===================== RESTART: D:\Python\ch11\ch11_37.py =====================
串列的平方值:  [25, 100, 225, 400, 625, 900]
```

11-9-6 匿名函數使用與 reduce( )

內建函數 reduce( )，它的語法格式如下：

reduce(func, iterable)　　　　　　　　# func 必需有 2 個參數

它會先對可迭代物件的第 1 和第 2 個元素操作，結果再和第 3 個元素操作，直到最後一個元素。假設 iterable 有 4 個元素，可以用下列方式解說。

reduce(f, [a, b, c, d]) = f(f(f(a, b), c), d)

早期 reduce( ) 是內建函數，現在被移至 funtools，所以與使用需在程式前方加上下列 import。

from functools import reduce　　　　　　# 導入 reduce( )

程式實例 ch11_37_1.py：設計字串轉整數的函數，為了驗證轉整數正確，筆者將此字串加 10，最後再輸出。

```
# ch11_37_1.py
from functools import reduce
def strToInt(s):
    def func(x, y):
        return 10*x+y
    def charToNum(s):
        print("s = ", type(s), s)
        mydict = {'0':0,'1':1,'2':2,'3':3,'4':4,'5':5,'6':6,'7':7,'8':8,'9':9}
        n = mydict[s]
        print("n = ", type(n), n)
        return n
    return reduce(func,map(charToNum,s))

string = '5487'
x = strToInt(string) + 10
print("x = ", x)
```

執行結果

```
==================== RESTART: D:/Python/ch11/ch11_37_1.py ====================
s =  <class 'str'> 5
n =  <class 'int'> 5
s =  <class 'str'> 4
n =  <class 'int'> 4
s =  <class 'str'> 8
n =  <class 'int'> 8
s =  <class 'str'> 7
n =  <class 'int'> 7
x =  5497
```

這本書是以教學為目的，所以筆者會講解程式演變過程，上述程式第 8 和第 9 行可以簡化如下：

```
8            n = {'0':0,'1':1,'2':2,'3':3,'4':4,'5':5,'6':6,'7':7,'8':8,'9':9}[s]
```

上述可以參考 ch11_37_2.py，當然我們可以進一步簡化 charToNum( ) 函數如下：

```
6        def charToNum(s):
7            return {'0':0,'1':1,'2':2,'3':3,'4':4,'5':5,'6':6,'7':7,'8':8,'9':9}[s]
8        return reduce(func,map(charToNum,s))
```

上述可以參考 ch11_37_3.py。

程式實例 ch11_37_4.py：使用 lambda 簡化前一個程式設計。

```
# ch11_37_4.py
from functools import reduce
def strToInt(s):
    def charToNum(s):
        return {'0':0,'1':1,'2':2,'3':3,'4':4,'5':5,'6':6,'7':7,'8':8,'9':9}[s]
    return reduce(lambda x,y:10*x+y, map(charToNum,s))

string = '5487'
x = strToInt(string) + 10
print("x = ", x)
```

執行結果 與 ch11_37_1.py 相同。

11-10 pass 與函數

在 7-4-8 節已經有對 pass 指令做介紹，其實當我們在設計大型程式時，可能會先規劃各個函數的功能，然後逐一完成各個函數設計，但是在程式完成前我們可以先將尚未完成的函數內容放上 pass。

程式實例 ch11_38.py：將 pass 應用在函數設計。

```
# ch11_38.py
def fun(arg):
    pass
```

執行結果 程式沒有執行結果。

11-11 type 關鍵字應用在函數

在結束本章前筆者列出函數的資料型態，讀者可以參考。

程式實例 ch11_39.py：輸出函數與匿名函數的資料類型。

```
# ch11_39.py
def fun(arg):
    pass

print("列出fun的type類型    :        ", type(fun))
print("列出lambda的type類型:        ", type(lambda x:x))
print("列出內建函數abs的type類型: ", type(abs))
```

執行結果

```
==================== RESTART: D:\Python\ch11\ch11_39.py ====================
列出fun的type類型    :        <class 'function'>
列出lambda的type類型:        <class 'function'>
列出內建函數abs的type類型:   <class 'builtin_function_or_method'>
```

11-12 設計自己的 range( )

在 Python 2 版本，range( ) 所傳回的是串列，在 Python 3 版本所傳回的則是 range 物件，range( ) 最大的特色是它不需要預先儲存所有序列範圍的值，因此可以節省記憶體與增加程式效率，每次迭代時，它會記得上次呼叫的位置同時傳回下一個位置，這是一般函數做不到的。

程式實例 ch11_39_1.py：設計自己的 range( ) 函數，此函數名稱是 myRange( )。

```
# ch11_39_1.py
def myRange(start=0, stop=100, step=1):
    n = start
    while n < stop:
        yield n
        n += step
```

```
 7
 8 print(type(myRange))
 9 for x in myRange(0,5):
10     print(x)
```

執行結果

```
==================== RESTART: D:/Python/ch11/ch11_39_1.py ====================
<class 'function'>
0
1
2
3
4
```

上述我們設計的 myRange( ) 函數，它的資料類型是 function，所執行的功能與 range( ) 類似，不過當我們呼叫此函數時，它的傳回值不是使用 return，而是使用 yield，同時整個函數內部不是立即執行。第一次 for 迴圈執行時會執行到 yield 關鍵字，然後傳回 n 值。下一次 for 迴圈迭代時會繼續執行此函數的第 6 行 "n += step"，然後回到函數起點再執行到 yield，循環直到沒有值可以傳回。

我們又將此 range( ) 觀念稱生成器 (generator)。

11-13 裝飾器 (Decorator)

在程式設計時我們會設計一些函數，有時候我們想在函數內增加一些功能，但是又不想更改原先的函數，這時可以使用 Python 所提供的裝飾器 (decorator)。裝飾器其實也是一種函數，基本上此函數會接收一個函數，然會回傳另一個函數。下列是一個簡單列印所傳遞的字串然後輸出的實例：

```
>>> def greeting(string):
        return string

>>> greeting('Hello! iPhone')
'Hello! iPhone'
```

假設我們不想更改 greeting( ) 函數內容，但是希望可以將輸出改成大寫，此時就是使用裝飾器的時機。

程式實例 ch11_39_2.py：裝飾器函數的基本操作，這個程式將設計一個 upper( ) 裝飾器，這個程式除了將所輸入字串改成大寫，同時也列出所裝飾的函數名稱，以及函數所傳遞的參數。

```
1  # ch11_39_2.py
2  def upper(func):                    # 裝飾器
3      def newFunc(args):
4          oldresult = func(args)
5          newresult = oldresult.upper()
6          print('函數名稱 : ', func.__name__)
7          print('函數參數 : ', args)
8          return newresult
9      return newFunc
10
11 def greeting(string):               # 問候函數
12     return string
13
14 mygreeting = upper(greeting)        # 手動裝飾器
15 print(mygreeting('Hello! iPhone'))
```

執行結果

```
==================== RESTART: D:/Python/ch11/ch11_39_2.py ====================
函數名稱 :  greeting
函數參數 :  Hello! iPhone
HELLO! IPHONE
```

上述程式第 14 行是手動設定裝飾器，第 15 行是呼叫裝飾器和列印。

裝飾器設計的原則是有一個函數當作參數，然後在裝飾器內重新定義一個含有裝飾功能的新函數，可參考第 3-8 行。第 4 行是獲得原函數 greeting( ) 的結果，第 5 行是將 greeting( ) 的結果裝修成新的結果，也就是將字串轉成大寫。第 6 行是列印原函數的名稱，在這裡我們使用了 func.__name__，這是函數名稱變數。第 7 行是列印所傳遞參數內容，第 8 行是傳回新的結果。

上述第 14 行是手動設定裝飾器，在 Python 可以在欲裝飾的函數前面加上 @decorator，直接定義裝飾器。

程式實例 ch11_39_3.py：第 10 行直接使用 @upper 定義裝飾器方式，取代手動定義裝飾器，重新設計 ch11_39_2.py，程式第 14 行可以直接呼叫 greeting( ) 函數。

```
1  # ch11_39_3.py
2  def upper(func):                    # 裝飾器
3      def newFunc(args):
4          oldresult = func(args)
5          newresult = oldresult.upper()
6          print('函數名稱 : ', func.__name__)
7          print('函數參數 : ', args)
8          return newresult
9      return newFunc
```

```
@upper                              # 設定裝飾器
def greeting(string):               # 問候函數
    return string

print(greeting('Hello! iPhone'))
```

執行結果 與 ch11_39_2.py 相同。

裝飾器另一個常用觀念是為一個函數增加除錯的檢查功能，例如有一個除法函數如下：

```
>>> def mydiv(x,y):
        return x/y

>>> mydiv(6,2)
3.0
>>> mydiv(6,0)
Traceback (most recent call last):
  File "<pyshell#22>", line 1, in <module>
    mydiv(6,0)
  File "<pyshell#20>", line 2, in mydiv
    return x/y
ZeroDivisionError: division by zero
```

很明顯若是 div( ) 的第 2 個參數是 0 時，將造成除法錯誤，不過我們可以使用裝飾器編修此除法功能。

程式實例 ch11_39_4.py：設計一個裝飾器 @errcheck，為一個除法增加除數為 0 的檢查功能。

```
# ch11_39_4.py
def errcheck(func):                 # 裝飾器
    def newFunc(*args):
        if args[1] != 0:
            result = func(*args)
        else:
            result = "除數不可為0"
        print('函數名稱 : ', func.__name__)
        print('函數參數 : ', args)
        print('執行結果 : ', result)
        return result
    return newFunc
@errcheck                           # 設定裝飾器
def mydiv(x, y):                    # 函數
    return x/y

print(mydiv(6,2))
print(mydiv(6,0))
```

執行結果

```
==================== RESTART: D:\Python\ch11\ch11_39_4.py ====================
函數名稱 :  mydiv
函數參數 :  (6, 2)
執行結果 :  3.0
3.0
函數名稱 :  mydiv
函數參數 :  (6, 0)
執行結果 :  除數不可為0
除數不可為0
```

在上述程式第 3 行的 newFunc(*args) 中出現 *args，這會接收所傳遞的參數同時以元組 (tuple) 方式儲存，第 4 行是檢查除數是否為 0，如果不為 0 則執行第 5 行除法運算，設定除法結果在 result 變數。如果第 4 行檢查除數是 0 則執行第 7 行，設定 result 變數內容是 " 除數不可為 0"。

一個函數可以有 2 個以上的裝飾器，方法是在函數上方設定裝飾器函數即可，當有多個裝飾器函數時，會由下往上次序一次執行裝飾器，這個觀念又稱裝飾器堆疊 (decorator stacking)。

程式實例 ch11_39_5.py：擴充設計 ch11_39_3.py 程式，主要是為 greeting( ) 函數增加 @bold 裝飾器函數，這個函數會在字串前後增加 bold 字串。另一個需注意的是，@bold 裝飾器是在 @upper 裝飾器的上方。

```
# ch11_39_5.py
def upper(func):                    # 大寫裝飾器
    def newFunc(args):
        oldresult = func(args)
        newresult = oldresult.upper()
        return newresult
    return newFunc
def bold(func):                     # 加粗體字串裝飾器
    def wrapper(args):
        return 'bold' + func(args) + 'bold'
    return wrapper

@bold                               # 設定加粗體字串裝飾器
@upper                              # 設定大寫裝飾器
def greeting(string):               # 問候函數
    return string

print(greeting('Hello! iPhone'))
```

執行結果

```
==================== RESTART: D:/Python/ch11/ch11_39_5.py ====================
boldHELLO! IPHONEbold
```

上述程式會先執行下方的 @upper 裝飾器，這時可以得到字串改為大寫，然後再執行 @bold 裝飾器，最後得到字串前後增加 bold 字串。裝飾器位置改變也將改變執行結果，可參考下列實例。

程式實例 ch11_39_6.py：更改 @upper 和 @bold 次序，重新設計 ch11_39_5.py，並觀察執行結果。

```
# ch11_39_6.py
def upper(func):                    # 裝飾器
    def newFunc(args):
        oldresult = func(args)
        newresult = oldresult.upper()
        return newresult
    return newFunc
def bold(func):
    def wrapper(args):
        return 'bold' + func(args) + 'bold'
    return wrapper

@upper                              # 設定大寫裝飾器
@bold                               # 設定加粗體字串大寫裝飾器
def greeting(string):               # 問候函數
    return string

print(greeting('Hello! iPhone'))
```

執行結果

```
==================== RESTART: D:/Python/ch11/ch11_39_6.py ====================
BOLDHELLO! IPHONEBOLD
```

11-14 專題：函數的應用 / 質數

11-14-1 用函數重新設計記錄一篇文章每個單字出現次數

程式實例 ch11_40.py：這個程式主要是設計 2 個函數，modifySong( ) 會將所傳來的字串有標點符號部分用空白字元取代。wordCount( ) 會將字串轉成串列，同時將串列轉成字典，最後遍歷字典然後記錄每個單字出現的次數。

```
# ch11_40.py
def modifySong(songStr):                # 將歌曲的標點符號用空字元取代
    for ch in songStr:
        if ch in ".,?":
            songStr = songStr.replace(ch,'')
    return songStr                      # 傳回取代結果
```

```
def wordCount(songCount):
    global mydict
    songList = songCount.split()     # 將歌曲字串轉成串列
    print("以下是歌曲串列")
    print(songList)
    mydict = {wd:songList.count(wd) for wd in set(songList)}

data = """Are you sleeping, are you sleeping, Brother John, Brother John?
Morning bells are ringing, morning bells are ringing.
Ding ding dong, Ding ding dong."""

mydict = {}                           # 空字典未來儲存單字計數結果
print("以下是將歌曲大寫字母全部改成小寫同時將標點符號用空字元取代")
song = modifySong(data.lower())
print(song)

wordCount(song)                       # 執行歌曲單字計數
print("以下是最後執行結果")
print(mydict)                         # 列印字典
```

執行結果

```
====================== RESTART: D:/Python/ch11/ch11_40.py ======================
以下是將歌曲大寫字母全部改成小寫同時將標點符號用空字元取代
are you sleeping are you sleeping brother john brother john
morning bells are ringing morning bells are ringing
ding ding dong ding ding dong
以下是歌曲串列
['are', 'you', 'sleeping', 'are', 'you', 'sleeping', 'brother', 'john', 'brother
', 'john', 'morning', 'bells', 'are', 'ringing', 'morning', 'bells', 'are', 'rin
ging', 'ding', 'ding', 'dong', 'ding', 'ding', 'dong']
以下是最後執行結果
{'dong': 2, 'ding': 4, 'ringing': 2, 'brother': 2, 'you': 2, 'are': 4, 'john': 2
, 'bells': 2, 'sleeping': 2, 'morning': 2}
```

11-14-2 質數 Prime Number

在 7-3-4 節筆者有說明質數的觀念與演算法，這節將講解設計質數的函數 isPrime( )。

程式實例 ch11_41.py：設計 isPrime( ) 函數，這個函數可以回應所輸入的數字是否質數，如果是傳回 True，否則傳回 False。

```
# ch11_41.py
def isPrime(num):
    """ 測試num是否質數 """
    for n in range(2, num):
        if num % n == 0:
            return False
    return True

```

```
num = int(input("請輸入大於1的整數做質數測試 = "))
if isPrime(num):
    print("%d是質數" % num)
else:
    print("%d不是質數" % num)
```

執行結果

```
==================== RESTART: D:/Python/ch11/ch11_41.py ====================
請輸入大於1的整數做質數測試 = 12
12不是質數
>>>
==================== RESTART: D:/Python/ch11/ch11_41.py ====================
請輸入大於1的整數做質數測試 = 13
13是質數
```

11-15 專題：歐幾里德演算法

歐幾里德是古希臘的數學家，在數學中歐幾里德演算法主要是求最大公因數的方法，這個方法就是我們在國中時期所學的輾轉相除法，這個演算法最早是出現在歐幾里德的幾何原本。這一節筆者除了解釋此演算法也將使用 Python 完成此演算法。

11-15-1 土地區塊劃分

假設有一塊土地長是 40 公尺寬是 16 公尺，如果我們想要將此土地劃分成許多正方形土地，同時不要浪費土地，則最大的正方形土地邊長是多少？

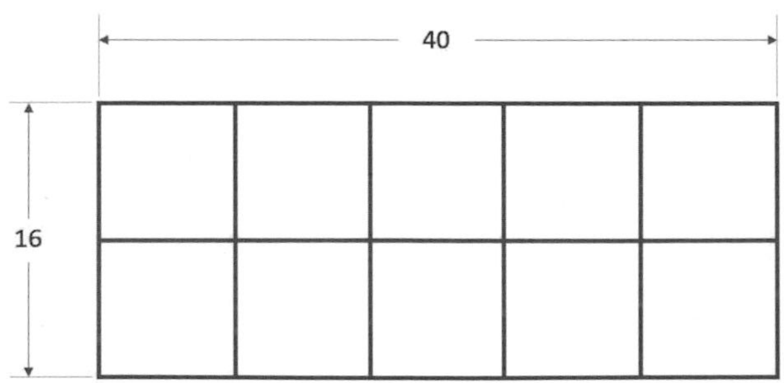

其實這類問題在數學中就是最大公約數的問題，土地的邊長就是任意 2 個要計算最大公約數的數值，最大邊長的正方形邊長 8 就是 16 和 40 的最大公約數。

11-15-2 最大公約數 (Greatest Common Divisor)

在第 7 章習題實作題 ex7_16.py 已經有描述最大公約數的觀念了，有 2 個數字分別是 n1 和 n2，所謂的公約數是可以被 n1 和 n2 整除的數字，1 是它們的公約數，但不是最大公約數。假設最大公約數是 gcd，找尋最大公約數可以從 n=2, 3, … 開始，每次找到比較大的公約數時將此 n 設給 gcd，直到 n 大於 n1 或 n2，最後的 gcd 值就是最大公約數。

程式實例 ch11_42.py：設計最大公約數 gcd 函數，然後輸入 2 筆數字做測試。

```python
# ch11_42.py
def gcd(n1, n2):
    g = 1                                   # 最初化最大公約數
    n = 2                                   # 從2開始檢測
    while n <= n1 and n <= n2:
        if n1 % n == 0 and n2 % n == 0:
            g = n                           # 新最大公約數
        n += 1
    return g

n1, n2 = eval(input("請輸入2個整數值 : "))
print("最大公約數是 : ", gcd(n1,n2))
```

執行結果

```
==================== RESTART: D:/Python/ch11/ch11_42.py ====================
請輸入2個整數值 : 16, 40
最大公約數是 :  8
>>>
==================== RESTART: D:/Python/ch11/ch11_42.py ====================
請輸入2個整數值 : 99, 33
最大公約數是 :  33
```

上述是先設定最大公約數 gcd 是 1，用 n 等於 2 當除數開始測試，每次迴圈加 1 方式測試是否是最大公約數。

11-15-3 輾轉相除法

有 2 個數使用輾轉相除法求最大公約數，步驟如下：

1： 計算較大的數。

2： 讓較大的數當作被除數，較小的數當作除數。

3： 兩數相除。

4：　兩數相除的餘數當作下一次的除數，原除數變被除數，如此循環直到餘數為 0，當於數為 0 時，這時的除數就是最大公約數。

程式實例 ch11_43 .py：使用輾轉相除法，計算輸入 2 個數字的最大公約數 (GCD)。

```
# ch11_43.py
def gcd(a, b):
    if a < b:
        a, b = b, a
    while b != 0:
        tmp = a % b
        a = b
        b = tmp
    return a

a, b = eval(input("請輸入2個整數值 : "))
print("最大公約數是 : ", gcd(a, b))
```

執行結果　與 ch11_42.py 相同。

11-15-4　遞迴式函數設計處理歐幾里德算法

其實如果讀者更熟練 Python，可以使用遞迴式函數設計，函數只要一行。

程式實例 ch11_44.py：使用遞迴式函數設計歐幾里德演算法。

```
# ch11_44.py
def gcd(a, b):
    return a if b == 0 else gcd(b, a % b)

a, b = eval(input("請輸入2個整數值 : "))
print("最大公約數是 : ", gcd(a, b))
```

執行結果　與 ch11_42.py 相同。

11-15-5　最小公倍數 (Least Common Multiple)

其實最小公倍數 (英文簡稱 lcm) 就是兩數相乘除以 gcd，公式如下：

a * b / gcd

程式實例 ch11_45.py：擴充 ch11_44.py 功能，同時計算最小公倍數。

```
# ch11_45.py

def gcd(a, b):
    return a if b == 0 else gcd(b, a % b)

def lcm(a, b):
    return a * b // gcd(a, b)

a, b = eval(input("請輸入2個整數值 : "))
print("最大公約數是 : ", gcd(a, b))
print("最小公倍數是 : ", lcm(a, b))
```

執行結果

```
===================== RESTART: D:/Python/ch11/ch11_45.py =====================
請輸入2個整數值 : 8, 12
最大公約數是 :  4
最小公倍數是 :  24
```

習題

實作題

1. 請設計一個絕對值 absolute(n) 函數，如果輸入 -5 輸出 5，如果輸入 5 輸出 5。(11-2 節)
2. 請設計 mymax(n1, n2)，此函數將輸出較大值。(11-2 節)
3. 請設計一個函數 reverse(n)，此函數可以反向顯示此數。(11-2 節)
4. 請設計可以執行 2 個數值運算的加法、減法、乘法、除法運算的小型計算機。所以這個程式必需設計 add(n1, n2)、sub(n1, n2)、mul(n1, n2)、div(n1, n2) 等 4 個函數，所有計算結果必需使用 return 回傳給主程式。(11-3 節)
5. 請將上一題擴充為可以重複執行，每次運算結束會詢問是否繼續，如果輸入 Y 或 y，程式繼續，若是輸入其它字元程式會結束。(11-3 節)
6. 請重新設計 ch11_14.py，請將 guest_info( ) 函數在傳遞參數不變情況，處理為適合外國人姓名的使用環境。這個程式使用 2 筆資料做測試：(11-3 節)

   firstname:Ivan　　middlename:Carl　　lastname:Hung

   firstname:Mary　　middlename:Ice　　lastname:Hung
7. 請設計攝氏轉華氏溫度函數 CtoF(c) 函數，華氏轉攝氏溫度 FtoC(f) 函數，然後設計下列溫度轉換表。(11-3 節)

8. 在 7-6-3 節我們已經有介紹圓周率的萊布尼茲公式，如下所示：(11-3 節)

$$pi = 4(1 - \frac{1}{3} + \frac{1}{5} - \frac{1}{7} + \cdots + \frac{(-1)^{i+1}}{2i-1})$$

設計一個 pi(i) 函數，列出 i 是 1, 1001, … ,9001 時的 pi(i) 值。

9. 在第 4 章習題實作題 ex4_12.py，筆者有說明計算三角形面積的方法，三角形邊長的特色是 2 邊長的和必需大於第三邊。請設計 isTriangle(s1,s2,s3) 函數，這個函數可以判斷所輸入三角形的 3 個邊長，可否成為三角形。如果所輸入的邊長可以成為三角形，同時設計 area(s1,s2,s3) 函數可以計算三角形的面積。(11-3 節)

10. 請設計一個函數 isPalindrome(n)，這個函數可以判斷所輸入的數值，是不是回文 (Palindrome) 數字，回文數字的條件是從左讀或是從右讀皆相同。例如：22,232,556655, … , 皆算是回文數字。(11-3 節)

11. 請重新設計 ch11_24.py，將程式改為製作 pizza，所以請將函數名稱改為 make_pizze 第一個參數改為 pizza 的尺寸，然後請至 pizza 店實際選擇 5 種配料。(11-5 節)

12. 設計一個遞迴函數 isPalindrome(s)，這個函數可以測試所輸入的字串是不是回文字串，回文字串的條件是從左讀或是從右讀皆相同。例如：aa,aba,moom, … , 皆算是回文字串。(11-7 節)

13. Fibonacci 數列的起源最早可以追朔到 1150 年印度數學家 Gopala，在西方最早研究這個數列的是義大利科學家費波納茲李奧納多 (Leonardo Fibonacci)，後來人們將此數列簡稱費式數列。

    請設計遞迴函數 fib(n)，產生前 10 個費式數列 Fibonacci 數字，fib(n) 的 n 主要是此數列的索引，費式數列數字的規則如下：(11-7 節)

    ```
    F0 = 0                     # 索引是 0
    F1 = 1                     # 索引是 1
    …
    Fn = Fn-1 + Fn-2 ( n >= 2)  # 索引是 n
    ```

    最後值應該是 0, 1, 1, 2, 3, 5, 8, 13, 21, 34, …

14. 重新設計 ch11_34.py，產生偶數串列。(11-9 節)

15. 重新設計 ch11_36.py，產生偶數串列。(11-9 節)

16. 美國 NBA 球員 Lin 的前 10 場得分資料如下：(11-9 節)

    25, 18, 12, 22, 31, 17, 26, 19, 18, 10

    請使用匿名函數和 filter( ) 函數，列出得分超過 20 分 (含) 的串列。

17. 請重新設計 ch11_39_5.py，增加設計 @italic 裝飾器，這個裝飾器可以在字串外圍增加 italic 字串，下列是執行結果。(11-9 節)

18. 使用 map( ) 將 [1,2,3,4,5] 轉為 ['1','2','3','4','5']。

第十二章

類別 – 物件導向的程式設計

Python 其實是一種物件導向 (Object Oriented Programming) 語言，在 Python 中所有的資料類型皆是物件，Python 也允許程式設計師自創資料類型，這種自創的資料類型就是本章的主題類別 (class)。

設計程式時可以將世間萬物分組歸類，然後使用類別 (class) 定義你的分類，筆者在本章將舉一系列不同的類別，擴展讀者的思維。

12-1 類別的定義與使用

類別的語法定義如下：

```
class Classname( )              # 類別名稱第一個字母 Python 風格建議使用大寫
    statement1
    …
    statementn
```

本節將以銀行為例，說明最基本的類別觀念。

12-1-1 定義類別

程式實例 ch12_1.py：Banks 的類別定義。

```
# ch12_1.py
class Banks():
    ''' 定義銀行類別 '''
    bankname = 'Taipei Bank'            # 定義屬性
    def motto(self):                    # 定義方法
        return "以客為尊"
```

執行結果 這個程式沒有輸出結果。

對上述程式而言，Banks 是類別名稱，在這個類別中筆者定義了一個屬性 (attribute) bankname 與一個方法 (method)motto。

在類別內定義方法 (method) 的方式與第 11 章定義函數的方式相同，但是不可以稱之為函數 (function) 必需稱之為方法 (method)，在程式設計時我們可以隨時呼叫函數，但是只有屬於該類別的物件 (object) 才可調用相關的方法。

12-1-2 操作類別的屬性與方法

若是想操作類別的屬性與方法首先需宣告該類別的物件 (object) 變數，可以簡稱物件，然後使用下列方式操作。

object. 類別的屬性
object. 類別的方法 ( )

程式實例 ch12_2.py：擴充 ch12_1.py，列出銀行名稱與服務宗旨。

```
1  # ch12_2.py
2  class Banks():
3      ''' 定義銀行類別 '''
4      bankname = 'Taipei Bank'      # 定義屬性
5      def motto(self):              # 定義方法
6          return "以客為尊"
7
8  userbank = Banks()                # 定義物件userbank
9  print("目前服務銀行是 ", userbank.bankname)
10 print("銀行服務理念是 ", userbank.motto())
```

執行結果

```
===================== RESTART: D:\Python\ch12\ch12_2.py =====================
目前服務銀行是  Taipei Bank
銀行服務理念是  以客為尊
```

從上述執行結果可以發現我們成功地存取了 Banks 類別內的屬性與方法了。上述程式觀念是，程式第 8 行定義了 userbank 當作是 Banks 類別的物件，然後使用 userbank 物件讀取了 Banks 類別內的 bankname 屬性與 motto( ) 方法。這個程式主要是列出 bankname 屬性值與 motto( ) 方法傳回的內容。

當我們建立一個物件後，這個物件就可以向其它 Python 物件一樣，可以將這個物件當作串列、元組、字典或集合元素使用，也可以將此物件當作函數的參數傳送，或是將此物件當作函數的回傳值。

12-1-3 類別的建構方法

建立類別很重要的一個工作是初始化整個類別，所謂的初始化類別是類別內建立一個初始化方法 (method)，這是一個特殊方法，當在程式內宣告這個類別的物件時將自動執行這個方法。初始化方法有一個固定名稱是 "__init__( )",，寫法是 init 左右皆是 2 個底線字元，init 其實是 initialization 的縮寫，通常又將這類初始化的方法稱建構方

法 (constructor)。在這初始化的方法內可以執行一些屬性變數設定，下列筆者先用一個實例做解說。

程式實例 ch12_3.py：重新設計 ch12_2.py，設定初始化方法，同時存第一筆開戶的錢 100 元入銀行，然後列出存款金額。

```
1  # ch12_3.py
2  class Banks():
3      ''' 定義銀行類別 '''
4      bankname = 'Taipei Bank'                  # 定義屬性
5      def __init__(self, uname, money):         # 初始化方法
6          self.name = uname                     # 設定存款者名字
7          self.balance = money                  # 設定所存的錢
8
9      def get_balance(self):                    # 獲得存款餘額
10         return self.balance
11
12 hungbank = Banks('hung', 100)                 # 定義物件hungbank
13 print(hungbank.name.title( ), " 存款餘額是 ", hungbank.get_balance())
```

執行結果

```
==================== RESTART: D:\Python\ch12\ch12_3.py ====================
Hung  存款餘額是  100
```

上述在程式 12 行定義 Banks 類別的 hungbank 物件時，Banks 類別會自動啟動 __init__( ) 初始化函數，在這個定義中 self 是必需的，同時需放在所有參數的最前面 (相當於最左邊)，Python 在初始化時會自動傳入這個參數 self，代表的是類別本身的物件，未來在類別內想要參照各屬性與函數執行運算皆要使用 self，可參考第 6、7 和 10 行。

在這個 Banks 類別的 __init__(self, uname, money) 方法中，有另外 2 個參數 uname 和 money，未來我們在定義 Banks 類別的物件時 (第 12 行) 需要傳遞 2 個參數，分別給 uname 和 money。至於程式第 6 和 7 行內容如下：

```
self.name = uname          ; name 是 Banks 類別的屬性
self.balance = money       ; balance 是 Banks 類別的屬性
```

讀者可能會思考既然 __init__ 這麼重要，為何 ch12_2.py 沒有這個初始化函數仍可運行，其實對 ch12_2.py 而言是使用預設沒有參數的 __init__( ) 方法。

在程式第 9 行另外有一個 get_balance(self) 方法，在這個方法內只有一個參數 self，所以呼叫時可以不用任何參數，可以參考第 13 行。這個方法目的是傳回存款餘額。

程式實例 ch12_4.py：擴充 ch12_3.py，主要是增加執行存款與提款功能，同時在類別內可以直接列出目前餘額。

```
# ch12_4.py
class Banks():
    ''' 定義銀行類別 '''
    bankname = 'Taipei Bank'                  # 定義屬性
    def __init__(self, uname, money):         # 初始化方法
        self.name = uname                     # 設定存款者名字
        self.balance = money                  # 設定所存的錢

    def save_money(self, money):              # 設計存款方法
        self.balance += money                 # 執行存款
        print("存款 ", money, " 完成")          # 列印存款完成

    def withdraw_money(self, money):          # 設計提款方法
        self.balance -= money                 # 執行提款
        print("提款 ", money, " 完成")          # 列印提款完成

    def get_balance(self):                    # 獲得存款餘額
        print(self.name.title(), " 目前餘額: ", self.balance)

hungbank = Banks('hung', 100)                 # 定義物件hungbank
hungbank.get_balance()                        # 獲得存款餘額
hungbank.save_money(300)                      # 存款300元
hungbank.get_balance()                        # 獲得存款餘額
hungbank.withdraw_money(200)                  # 提款200元
hungbank.get_balance()                        # 獲得存款餘額
```

執行結果

```
===================== RESTART: D:\Python\ch12\ch12_4.py =====================
Hung  目前餘額:  100
存款  300  完成
Hung  目前餘額:  400
提款  200  完成
Hung  目前餘額:  200
```

類別建立完成後，我們隨時可以使用多個物件引用這個類別的屬性與函數，可參考下列實例。

程式實例 ch12_5.py：使用與 ch12_4.py 相同的 Banks 類別，然後定義 2 個物件使用操作這個類別。下列是與 ch12_4.py，不同的程式碼內容。

```
hungbank = Banks('hung', 100)                 # 定義物件hungbank
johnbank = Banks('john', 300)                 # 定義物件johnbank
hungbank.get_balance()                        # 獲得hung存款餘額
johnbank.get_balance()                        # 獲得john存款餘額
hungbank.save_money(100)                      # hung存款100
johnbank.withdraw_money(150)                  # john提款150
hungbank.get_balance()                        # 獲得hung存款餘額
johnbank.get_balance()                        # 獲得john存款餘額
```

執行結果

```
==================== RESTART: D:\Python\ch12\ch12_5.py ====================
Hung  目前餘額:  100
John  目前餘額:  300
存款  100  完成
提款  150  完成
Hung  目前餘額:  200
John  目前餘額:  150
```

12-1-4　屬性初始值的設定

在先前程式的 Banks 類別中第 4 行 bankname 是設為 "Taipei Bank"，其實這是初始值的設定，通常 Python 在設初始值時是將初始值設在 __init__( ) 方法內，下列這個程式同時將定義 Banks 類別物件時，省略開戶金額，相當於定義 Banks 類別物件時只要 2 個參數。

程式實例 ch12_6.py：設定開戶 (定義 Banks 類別物件) 只要姓名，同時設定開戶金額是 0 元，讀者可留意第 7 和 8 行的設定。

```
1  # ch12_6.py
2  class Banks():
3      ''' 定義銀行類別 '''
4  
5      def __init__(self, uname):                  # 初始化方法
6          self.name = uname                       # 設定存款者名字
7          self.balance = 0                        # 設定開戶金額是0
8          self.bankname = "Taipei Bank"           # 設定銀行名稱
9  
10     def save_money(self, money):                # 設計存款方法
11         self.balance += money                   # 執行存款
12         print("存款 ", money, " 完成")          # 列印存款完成
13 
14     def withdraw_money(self, money):            # 設計提款方法
15         self.balance -= money                   # 執行提款
16         print("提款 ", money, " 完成")          # 列印提款完成
17 
18     def get_balance(self):                      # 獲得存款餘額
19         print(self.name.title(), " 目前餘額: ", self.balance)
20 
21 hungbank = Banks('hung')                        # 定義物件hungbank
22 print("目前開戶銀行 ", hungbank.bankname)       # 列出目前開戶銀行
23 hungbank.get_balance()                          # 獲得hung存款餘額
24 hungbank.save_money(100)                        # hung存款100
25 hungbank.get_balance()                          # 獲得hung存款餘額
```

執行結果

```
==================== RESTART: D:\Python\ch12\ch12_6.py ====================
目前開戶銀行  Taipei Bank
Hung  目前餘額:  0
存款  100  完成
Hung  目前餘額:  100
```

12-2 類別的訪問權限 – 封裝 (encapsulation)

學習類別至今可以看到我們可以從程式直接引用類別內的屬性 (可參考 ch12_6.py 的第 22 行) 與方法 (可參考 ch12_6.py 的第 23 行)，像這種類別內的屬性可以讓外部引用的稱公有 (public) 屬性，而可以讓外部引用的方法稱公有方法。前面所使用的 Banks 類別內的屬性與方法皆是公有屬性與方法。但是程式設計時可以發現，外部直接引用時也代表可以直接修改類別內的屬性值，這將造成類別資料不安全。

精神上，Python 提供一個私有屬性與方法的觀念，這個觀念的主要精神是類別外無法直接更改類別內的私有屬性，類別外也無法直接呼叫私有方法，這個觀念又稱封裝 (encapsulation)。

實質上，Python 是沒有私有屬性與方法的觀念的，因為高手仍可使用其它方式取得所謂的私有屬性與方法。

12-2-1 私有屬性

為了確保類別內的屬性的安全，其實有必要限制外部無法直接存取類別內的屬性值。

程式實例 ch12_7.py：外部直接存取屬性值，造成存款餘額不安全的實例。

```
21  hungbank = Banks('hung')                       # 定義物件hungbank
22  hungbank.get_balance()
23  hungbank.balance = 10000                       # 類別外直接竄改存款餘額
24  hungbank.get_balance()
```

執行結果

```
==================== RESTART: D:\Python\ch12\ch12_7.py ====================
Hung  目前餘額:  0
Hung  目前餘額:  10000
```

上述程式第 23 行筆者直接在類別外就更改了存款餘額了，當第 24 行列出存款餘額時，可以發現在沒有經過 Banks 類別內的 save_money( ) 方法存錢動作，整個餘額就從 0 元增至 10000 元。為了避免這種現象產生，Python 對於類別內的屬性增加了私有屬性 (private attribute) 的觀念，應用方式是宣告時在屬性名稱前面增加 __(2 個底線)，宣告為私有屬性後，類別外的程式就無法引用了。

程式實例 ch12_8.py：重新設計 ch12_7.py，主要是將 Banks 類別的屬性宣告為私有屬性，這樣就無法由外部程式修改了。

```
1  # ch12_8.py
2  class Banks():
3      ''' 定義銀行類別 '''
4
5      def __init__(self, uname):                    # 初始化方法
6          self.__name = uname                       # 設定私有存款者名字
7          self.__balance = 0                        # 設定私有開戶金額是0
8          self.__bankname = "Taipei Bank"           # 設定私有銀行名稱
9
10     def save_money(self, money):                  # 設計存款方法
11         self.__balance += money                   # 執行存款
12         print("存款 ", money, " 完成")            # 列印存款完成
13
14     def withdraw_money(self, money):              # 設計提款方法
15         self.__balance -= money                   # 執行提款
16         print("提款 ", money, " 完成")            # 列印提款完成
17
18     def get_balance(self):                        # 獲得存款餘額
19         print(self.__name.title(), " 目前餘額: ", self.__balance)
20
21 hungbank = Banks('hung')                          # 定義物件hungbank
22 hungbank.get_balance()
23 hungbank.__balance = 10000                        # 類別外直接竄改存款餘額
24 hungbank.get_balance()
```

執行結果

```
==================== RESTART: D:\Python\ch12\ch12_8.py ====================
Hung  目前餘額:  0
Hung  目前餘額:  0
```

請讀者留意第 6、7 和 8 行筆者設定私有屬性的方式，上述程式第 23 行筆者嘗試修改存款餘額，但可從輸出結果可以知道修改失敗，因為執行結果的存款餘額是 0。對上述程式而言，存款餘額只會依存款 (save_money( )) 和提款 (withdraw_money( )) 方法被觸發時，依參數金額更改。

◆ 破解私有屬性

下列是執行完 ch12_8.py 後，筆者嘗試設定私有屬性結果失敗的實例。

```
>>> hungbank.__balance = 12000
>>> hungbank.get_balance()
Hung  目前餘額:  0
```

其實 Python 的高手可以用其它方式設定或取得私有屬性，若是以執行完 ch12_8.py 之後為例，可以使用下列觀念存取私有屬性：

```
物件名稱._ 類別名稱私有屬性              # 此例相當於 hungbank._Banks__balance
```

下列是執行結果。

```
>>> hungbank._Banks__balance = 12000
>>> hungbank.get_balance()
Hung  目前餘額:  12000
```

實質上私有屬性因為可以被外界調用，所以設定私有屬性名稱時就需小心。

12-2-2 私有方法

既然類別有私有的屬性，其實也有私有方法 (private method)，它的觀念與私有屬性類似，基本精神是類別外的程式無法調用，留意實質上類別外依舊可以調用此私有方法。至於宣告定義方式與私有屬性相同，只要在方法前面加上 __(2 個底線) 符號即可。若是延續上述程式實例，我們可能會遇上換匯的問題，通常銀行在換匯時會針對客戶對銀行的貢獻訂出不同的匯率與手續費，這個部分是客戶無法得知的，碰上這類的應用就很適合以私有方法處理換匯程式，為了簡化問題，下列是在初始化類別時，先設定美金與台幣的匯率以及換匯的手續費，其中匯率 (__rate) 與手續費率 (__service_charge) 皆是私有屬性。

```
        self.__rate = 30                        # 預設美金與台幣換匯比例
        self.__service_charge = 0.01            # 換匯的服務費
```

下列是使用者可以呼叫的公有方法，在這裡只能輸入換匯率的金額。

```
    def usa_to_taiwan(self, usa_d):             # 美金兌換台幣方法
        self.result = self.__cal_rate(usa_d)
        return self.result
```

在上述公有方法中呼叫了 __cal_rate(usa_d)，這是私有方法，類別外無法呼叫使用，下列是此私有方法的內容。

```
    def __cal_rate(self,usa_d):                 # 計算換匯這是私有方法
        return int(usa_d * self.__rate * (1 - self.__service_charge))
```

在上述私有方法中可以看到內部包含比較敏感且不適合給外部人參與的數據。

程式實例 ch12_9.py：下列是私有方法應用的完整程式碼實例。

```
# ch12_9.py
class Banks():
    ''' 定義銀行類別 '''

    def __init__(self, uname):                      # 初始化方法
        self.__name = uname                         # 設定私有存款者名字
        self.__balance = 0                          # 設定私有開戶金額是0
        self.__bankname = "Taipei Bank"             # 設定私有銀行名稱
        self.__rate = 30                            # 預設美金與台幣換匯比例
        self.__service_charge = 0.01                # 換匯的服務費

    def save_money(self, money):                    # 設計存款方法
        self.__balance += money                     # 執行存款
        print("存款 ", money, " 完成")              # 列印存款完成

    def withdraw_money(self, money):                # 設計提款方法
        self.__balance -= money                     # 執行提款
        print("提款 ", money, " 完成")              # 列印提款完成

    def get_balance(self):                          # 獲得存款餘額
        print(self.__name.title(), " 目前餘額: ", self.__balance)

    def usa_to_taiwan(self, usa_d):                 # 美金兌換台幣方法
        self.result = self.__cal_rate(usa_d)
        return self.result

    def __cal_rate(self,usa_d):                     # 計算換匯這是私有方法
        return int(usa_d * self.__rate * (1 - self.__service_charge))

hungbank = Banks('hung')                            # 定義物件hungbank
usdallor = 50
print(usdallor, " 美金可以兌換 ", hungbank.usa_to_taiwan(usdallor), " 台幣")
```

執行結果

```
===================== RESTART: D:\Python\ch12\ch12_9.py =====================
50  美金可以兌換  1485  台幣
```

◆ 破解私有方法

如果類別外直接呼叫私有屬性會產生錯誤，當執行完 ch12_9.py 後，請執行下列指令。

```
>>> hungbank.__cal_rate(50)
Traceback (most recent call last):
  File "<pyshell#9>", line 1, in <module>
    hungbank.__cal_rate(50)
AttributeError: 'Banks' object has no attribute '__cal_rate'
```

破解私有方法方式類似破解私有屬性，當執行完 ch12_9.py 後，可以執行下列指令，直接計算匯率。

```
>>> hungbank._Banks__cal_rate(50)
1485
```

12-2-3 從存取屬性值看 Python 風格 property( )

經過前 2 節的說明，相信讀者對於 Python 的物件導向程式封裝設計有一些基礎了，這一節將講解偏向 Python 風格的操作。為了容易說明與瞭解，這一節將用簡單的實例解說。

程式實例 ch12_9_1.py：定義成績類別 Score，這時外部可以列印與修改成績。

```
# ch12_9_1.py
class Score():
    def __init__(self, score):
        self.score = score

stu = Score(50)
print(stu.score)
stu.score = 100
print(stu.score)
```

執行結果

```
==================== RESTART: D:/Python/ch12/ch12_9_1.py ====================
50
100
```

由於外部可以隨意更改成績，所以這是有風險、不恰當的。為了保護成績，我們可以將分數設為私有屬性，同時未來改成 getter 和 setter 的觀念存取這個私有屬性。

程式實例 ch12_9_2.py：將 score 設為私有屬性，設計含 getter 觀念的 getscore( ) 和 setter 觀念的 setscore( ) 存取分數，這時外部無法直取存取 score。

```
# ch12_9_2.py
class Score():
    def __init__(self, score):
        self.__score = score
    def getscore(self):
        print("inside the getscore")
        return self.__score
    def setscore(self, score):
        print("inside the setscore")
        self.__score = score

```

```
stu = Score(0)
print(stu.getscore())
stu.setscore(80)
print(stu.getscore())
```

執行結果

```
==================== RESTART: D:/Python/ch12/ch12_9_2.py ====================
inside the getscore
0
inside the setscore
inside the getscore
80
```

如果外部強制修訂私有屬性 score，將不會得逞，下面想在外部更改 score 為 100，但是結果失敗。

```
>>> stu.score = 100
>>> stu.getscore()
inside the getscore
80
```

上述雖然可以運行，但是新式 Python 設計風格是使用 property( ) 方法，這個方法使用觀念如下：

新式屬性 = property(getter[,setter[,fdel[,doc]]])

getter 是獲取屬性值函數，setter 是設定屬性值函數，fdel 是刪除屬性值函數，doc 是屬性描述，傳回的是新式屬性，未來可以由此新式屬性存取私有屬性內容。

程式實例 ch12_19_3.py：使用 Python 風格重新設計 ch12_19_2.py，讀者需留意第 11 行的 property( )，在這裡設定 sc 當作 property( ) 的傳回值，未來可以直接由 sc 存取私有屬性 __score。

```
1  # ch12_9_3.py
2  class Score():
3      def __init__(self, score):
4          self.__score = score
5      def getscore(self):
6          print("inside the getscore")
7          return self.__score
8      def setscore(self, score):
9          print("inside the setscore")
10         self.__score = score
11     sc = property(getscore, setscore)    # Python 風格
12
13 stu = Score(0)
14 print(stu.sc)
```

```
15 stu.sc = 80
16 print(stu.sc)
```

執行結果

```
==================== RESTART: D:/Python/ch12/ch12_9_3.py ====================
inside the getscore
0
inside the setscore
inside the getscore
80
```

上述執行第 14 行時相當於執行 getscore( )，執行第 15 行時相當於執行 setscore( )。此外，我們雖然改用 property( ) 讓工作呈現 Python 風格，但是在主程式仍可以使用 getscore( ) 和 setscore( ) 方法的。

12-2-4 裝飾器 @property

延續前一節的討論，我們可以使用裝飾器 @property，首先可以將 getscore( ) 和 setscore( ) 方法的名稱全部改為 sc( )，然後在 sc( ) 方法前加上下列裝飾器：

- @property：放在 getter 方法前。
- @sc.setter：放在 setter 方法前。

程式實例 ch12_9_4.py：使用裝飾器重新設計 ch12_9_3.py。

```
# ch12_9_4.py
class Score():
    def __init__(self, score):
        self.__score = score
    @property
    def sc(self):
        print("inside the getscore")
        return self.__score
    @sc.setter
    def sc(self, score):
        print("inside the setscore")
        self.__score = score

stu = Score(0)
print(stu.sc)
stu.sc = 80
print(stu.sc)
```

執行結果 與 ch12_9_3.py 相同。

經上述設計後未來無法存取私有屬性。

```
>>> stu.__score
Traceback (most recent call last):
  File "<pyshell#71>", line 1, in <module>
    stu.__score
AttributeError: 'Score' object has no attribute '__score'
```

上述我們只是將 sc 特性應用在 Score 類別內的屬性 __score，其實這個觀念可以擴充至一般程式設計，例如：計算面積。

程式實例 ch12_9_5.py：計算正方形的面積。

```
# ch12_9_5.py
class Square():
    def __init__(self, sideLen):
        self.__sideLen = sideLen
    @property
    def area(self):
        return self.__sideLen ** 2

obj = Square(10)
print(obj.area)
```

執行結果

```
==================== RESTART: D:/Python/ch12/ch12_9_5.py ====================
100
```

12-2-5　方法與屬性的類型

嚴格區分設計 Python 物件導向程式時，又可將類別的方法區分為實例方法 (屬性) 與類別方法 (屬性)。

實例方法與屬性的特色是有 self，屬性開頭是 self，同時所有方法的第一個參數是 self，這些是建立類別物件時，屬於物件的一部份。先前所述的皆是實例方法與屬性，使用時需建立此類別的物件，然後由物件調用。

類別方法前面則是 @classmethod，所不同的是第一個參數習慣是用 cls。類別方法與屬性不需要實例化，它們可以由類別本身直接調用。另外，類別屬性會隨時被更新。

程式實例 ch12_9_6.py：類別方法與屬性的應用，這個程式執行時，每次建立 Counter ( ) 類別物件 (11-13 行)，類別屬性值會更新，此外，這個程式使用類別名稱就可以直接調用類別屬性與方法。

```
1  # ch12_9_6.py
2  class Counter():
3      counter = 0                                    # 類別屬性,可由類別本身調用
4      def __init__(self):
5          Counter.counter += 1                       # 更新指標
6      @classmethod
7      def show_counter(cls):                         # 類別方法,可由類別本身調用
8          print("class method")
9          print("counter = ", cls.counter)           # 也可使用Counter.counter調用
10         print("counter = ", Counter.counter)
11
12 one = Counter()
13 two = Counter()
14 three = Counter()
15 Counter.show_counter()
```

執行結果

```
==================== RESTART: D:/Python/ch12/ch12_9_6.py =========
class method
counter =  3
counter =  3
```

12-2-6 靜態方法

靜態方法是由 @staticmethod 開頭，不需原先的 self 或 cls 參數，這只是碰巧存在類別的函數，與類別方法和實例方法沒有綁定關係，這個方法也是由類別名稱直接調用。

程式實例 ch12_9_7.py：靜態方法的調用實例。

```
# ch12_9_7.py
class Pizza():
    @staticmethod
    def demo():
        print("I like Pizza")

Pizza.demo()
```

執行結果

```
=================== RESTART: D:/Python/ch12/ch12_9_7.py ===================
I like Pizza
```

12-3 類別的繼承

在程式設計時有時我們感覺某些類別已經大致可以滿足我們的需求，這時我們可以修改此類別完成我們的工作，可是這樣會讓程式顯得更複雜。或是我們可以重新寫新的類別，可是這樣會讓我們需要維護更多程式。

碰上這類問題解決的方法是使用繼承，也就是延續使用舊類別，設計子類別繼承此類別，然後在子類別中設計新的屬性與方法，這也是本節的主題。

在物件導向程式設計中類別是可以繼承的，其中被繼承的類別稱父類別 (parent class)、基底類別 (base class) 或超類別 (superclass)，繼承的類別稱子類別 (child class) 或衍生類別 (derived class)。類別繼承的最大優點是許多父類別的公有方法或屬性，在子類別中不用重新設計，可以直接引用。

在程式設計時，基底類別 (base class) 必需在衍生類別 (derived class) 前面，整個程式碼結構如下：

```
class BaseClassName( ):                          # 先定義基底類別
    Base Class 的內容
class DerivedClassName(BaseClassName):           # 再定義衍生類別
    Derived Class 的內容
```

衍生類別繼承了基底類別的公有屬性與方法，同時也可以有自己的屬性與方法。

12-3-1 衍生類別繼承基底類別的實例應用

在延續先前說明的 Banks 類別前，筆者先用簡單的範例做說明。

程式實例 ch12_9_8.py：設計 Father 類別，也設計 Son 類別，Son 類別繼承了 Father 類別，Father 類別有 hometown( ) 方法，然後 Father 類別和 Son 類別物件皆會呼叫 hometown( ) 方法。

```
1  # ch12_9_8.py
2  class Father():
3      def hometown(self):
4          print('我住在台北')
5
6  class Son(Father):
7      pass
8
9  hung = Father()
10 ivan = Son()
11 hung.hometown()
12 ivan.hometown()
```

執行結果

```
==================== RESTART: D:\Python\ch12\ch12_9_8.py ====================
我住在台北
我住在台北
```

上述 Son 類別繼承了 Father 類別，所以第 12 行可以呼叫 Father 類別然後可以列印相同的字串。

程式實例 ch12_10.py：延續 Banks 類別建立一個分行 Shilin_Banks，這個衍生類別沒有任何資料，直接引用基底類別的公有函數，執行銀行的存款作業。下列是與 ch12_9.py 不同的程式碼。

```
30 class Shilin_Banks(Banks):
31     # 定義士林分行
32     pass
33
34 hungbank = Shilin_Banks('hung')              # 定義物件hungbank
35 hungbank.save_money(500)
36 hungbank.get_balance()
```

執行結果

```
==================== RESTART: D:\Python\ch12\ch12_10.py ====================
存款  500  完成
Hung  目前餘額:  500
```

上述第 35 和 36 行所引用的方法就是基底類別 Banks 的公有方法。

12-3-2 如何取得基底類別的私有屬性

基於保護原因，基本上類別定義外是無法直接取得類別內的私有屬性，即使是它的衍生類別也無法直接讀取，如果真是要取得可以使用 return 方式，傳回私有屬性內容。

在延續先前的 Banks 類別前，筆者先用短小易懂的程式講解這個觀念。

程式實例 ch12_10_1.py：設計一個子類別 Son 的物件存取父類別私有屬性的應用。

```
1  # ch12_10_1.py
2  class Father():
3      def __init__(self):
4          self.__address = '台北市羅斯福路';
5      def getaddr(self):
6          return self.__address
7
8  class Son(Father):
9      pass
10
11 hung = Father()
12 ivan = Son()
13 print('父類別 : ',hung.getaddr())
14 print('子類別 : ',ivan.getaddr())
```

執行結果

```
==================== RESTART: D:/Python/ch12/ch12_10_1.py ====================
父類別 :  台北市羅斯福路
子類別 :  台北市羅斯福路
```

從上述第 14 行我們可以看到子類別物件 ivan 順利的取得父類別的 address 私有屬性 address。

程式實例 ch12_11.py：衍生類別物件取得基底類別的銀行名稱 bankname 的屬性。

```
    def bank_title(self):                       # 獲得銀行名稱
        return self.__bankname

class Shilin_Banks(Banks):
    # 定義士林分行
    pass

hungbank = Shilin_Banks('hung')                 # 定義物件hungbank
print("我的存款銀行是: ", hungbank.bank_title())
```

執行結果

```
==================== RESTART: D:\Python\ch12\ch12_11.py ====================
我的存款銀行是:  Taipei Bank
```

12-3-3 衍生類別與基底類別有相同名稱的屬性

程式設計時，衍生類別也可以有自己的初始化 __init__( ) 方法，同時也有可能衍生類別的屬性與方法名稱和基底類別重複，碰上這個狀況 Python 會先找尋衍生類別是否有這個名稱，如果有則先使用，如果沒有則使用基底類別的名稱內容。

程式實例 ch12_11_1.py：衍生類別與基底類別有相同名稱的簡單說明。

```
# ch12_11_1.py
class Person():
    def __init__(self,name):
        self.name = name
class LawerPerson(Person):
    def __init__(self,name):
        self.name = name + "律師"

hung = Person("洪錦魁")
lawer = LawerPerson("洪錦魁")
print(hung.name)
print(lawer.name)
```

執行結果

```
==================== RESTART: D:/Python/ch12/ch12_11_1.py ====================
洪錦魁
洪錦魁律師
```

上述衍生類別與基底類別有相同的屬性 name，但是衍生類別物件將使用自己的屬性。下列是 Banks 類別的應用說明。

程式實例 ch12_12.py：這個程式主要是將 Banks 類別的 bankname 屬性改為公有屬性，但是在衍生類別中則有自己的初始化方法，主要是基底類別與衍生類別均有 bankname 屬性，不同類別物件將呈現不同的結果。下列是第 8 行的內容。

```
8           self.bankname = "Taipei Bank"        # 設定公有銀行名稱
```

下列是修改部分程式碼內容。

```
33  class Shilin_Banks(Banks):
34      # 定義士林分行
35      def __init__(self, uname):
36          self.bankname = "Taipei Bank - Shilin Branch"  # 定義分行名稱
37
38  jamesbank = Banks('James')                          # 定義Banks類別物件
39  print("James's banks = ", jamesbank.bankname)       # 列印銀行名稱
40  hungbank = Shilin_Banks('Hung')                     # 定義Shilin_Banks類別物件
41  print("Hung's banks  = ", hungbank.bankname)        # 列印銀行名稱
```

執行結果

```
==================== RESTART: D:\Python\ch12\ch12_12.py ====================
James's banks =  Taipei Bank
Hung's banks  =  Taipei Bank - Shilin Branch
```

從上述可知 Banks 類別物件 James 所使用的 bankname 屬性是 Taipei Bank，Shilin_Banks 物件 Hung 所使用的 bankname 屬性是 Taipei Bank – Shilin Branch。

12-3-4　衍生類別與基底類別有相同名稱的方法

程式設計時，衍生類別也可以有自己的方法，同時也有可能衍生類別的方法名稱和基底類別方法名稱重複，碰上這個狀況 Python 會先找尋衍生類別是否有這個名稱，如果有則先使用，如果沒有則使用基底類別的名稱內容。

程式實例 ch12_12_1.py：衍生類別的方法名稱和基底類別方法名稱重複的應用。

```
# ch12_12_1.py
class Person():
    def job(self):
        print("我是老師")

class LawerPerson(Person):
    def job(self):
        print("我是律師")

hung = Person()
ivan = LawerPerson()
hung.job()
ivan.job()
```

執行結果

```
==================== RESTART: D:/Python/ch12/ch12_12_1.py ====================
我是老師
我是律師
```

程式實例 ch12_13.py：衍生類別與基底類別名稱重複的實例，這個程式的基底類別與衍生類別均有 bank_title( ) 函數，Python 會由觸發 bank_title( ) 方法的物件去判別應使用那一個方法執行。

```
    def bank_title(self):                           # 獲得銀行名稱
        return self.__bankname

class Shilin_Banks(Banks):
    # 定義士林分行
    def __init__(self, uname):
        self.bankname = "Taipei Bank - Shilin Branch"   # 定義分行名稱
    def bank_title(self):                           # 獲得銀行名稱
        return self.bankname
```

```
39
40 jamesbank = Banks('James')                        # 定義Banks類別物件
41 print("James's banks = ", jamesbank.bank_title())  # 列印銀行名稱
42 hungbank = Shilin_Banks('Hung')                   # 定義Shilin_Banks類別物件
43 print("Hung's banks  = ", hungbank.bank_title())   # 列印銀行名稱
```

執行結果

```
==================== RESTART: D:\Python\ch12\ch12_13.py ====================
James's banks =  Taipei Bank
Hung's banks  =  Taipei Bank - Shilin Branch
```

上述程式的觀念如下：

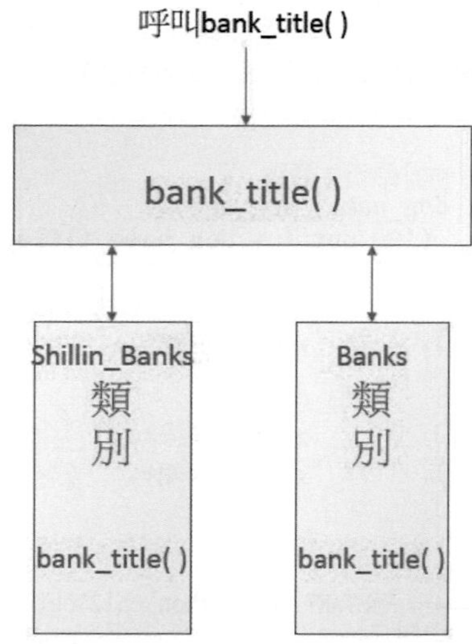

上述第 30 行的 bank_title( ) 是屬於 Banks 類別，第 37 行的 bank_title( ) 是屬於 Shilin_Banks 類別。第 40 行是 Banks 物件，所以 41 行會觸發第 30 行的 bank_title( ) 方法。第 42 行是 Shilin_Banks 物件，所以 42 行會觸發第 37 行的 bank_title( ) 方法。其實上述方法就是物件導向的多型 (polymorphism)，但是多型不一定需要是有父子關係的類別。讀者可以將以上想成方法多功能化，相同的函數名稱，放入不同類型的物件可以產生不同的結果。至於使用者可以不必需要知道是如何設計，隱藏在內部的設計細節交由程式設計師負責。12-4 節筆者還會舉實例說明。

12-3-5 衍生類別引用基底類別的方法

衍生類別引用基底類別的方法時需使用 super( )，下列將使用另一類的類別了解這個觀念。

程式實例 ch12_14.py：這是一個衍生類別呼叫基底類別方法的實例，筆者首先建立一個 Animals 類別，然後建立這個類別的衍生類別 Dogs，Dogs 類別在初始化中會使用 super( ) 呼叫 Animals 類別的初始化方法，可參考第 14 行，經過初始化處理後，mydog.name 將由 "lily" 變為 "My pet lily"。

```
1  # ch12_14.py
2  class Animals():
3      """Animals類別, 這是基底類別 """
4      def __init__(self, animal_name, animal_age ):
5          self.name = animal_name # 紀錄動物名稱
6          self.age = animal_age   # 紀錄動物年齡
7
8      def run(self):              # 輸出動物 is running
9          print(self.name.title(), " is running")
10
11 class Dogs(Animals):
12     """Dogs類別, 這是Animal的衍生類別 """
13     def __init__(self, dog_name, dog_age):
14         super().__init__('My pet ' + dog_name.title(), dog_age)
15
16 mycat = Animals('lucy', 5)      # 建立Animals物件以及測試
17 print(mycat.name.title(), ' is ', mycat.age, " years old.")
18 mycat.run()
19
20 mydog = Dogs('lily', 6)         # 建立Dogs物件以及測試
21 print(mydog.name.title(), ' is ', mydog.age, " years old.")
22 mydog.run()
```

執行結果

```
==================== RESTART: D:\Python\ch12\ch12_14.py ====================
Lucy  is  5  years old.
Lucy  is running
My Pet Lily  is  6  years old.
My Pet Lily  is running
```

12-3-6　衍生類別有自己的方法

物件導向設計很重要的一環是衍生類別有自己的方法，

程式實例 ch12_14_1.py：擴充 ch12_14.py，讓 Dogs 類別有自己的方法 sleeping( )。

```
# ch12_14_1.py
class Animals():
    """Animals類別, 這是基底類別 """
    def __init__(self, animal_name, animal_age ):
        self.name = animal_name # 紀錄動物名稱
        self.age = animal_age   # 紀錄動物年齡

    def run(self):              # 輸出動物 is running
```

```
9          print(self.name.title(), " is running")
10
11 class Dogs(Animals):
12     """Dogs類別, 這是Animal的衍生類別 """
13     def __init__(self, dog_name, dog_age):
14         super().__init__('My pet ' + dog_name.title(), dog_age)
15     def sleeping(self):
16         print("My pet", "is sleeping")
17
18 mycat = Animals('lucy', 5)       # 建立Animals物件以及測試
19 print(mycat.name.title(), ' is ', mycat.age, " years old.")
20 mycat.run()
21
22 mydog = Dogs('lily', 6)          # 建立Dogs物件以及測試
23 print(mydog.name.title(), ' is ', mydog.age, " years old.")
24 mydog.run()
25 mydog.sleeping()
```

執行結果

```
==================== RESTART: D:/Python/ch12/ch12_14_1.py ====================
Lucy  is  5  years old.
Lucy  is running
My Pet Lily  is  6  years old.
My Pet Lily  is running
My pet is sleeping
```

上述 Dogs 子類別有一個自己的方法 sleep( )，第 25 行則是呼叫自己的子方法。

12-3-7 三代同堂的類別與取得基底類別的屬性 super( )

在繼承觀念裡，我們也可以使用 Python 的 super( ) 方法取得基底類別的屬性，這對於設計三代同堂的類別是很重要的。

下列是一個三代同堂的程式，在這個程式中有祖父 (Grandfather) 類別，它的子類別是父親 (Father) 類別，父親類別的子類別是 Ivan 類別。其實 Ivan 要取得父親類別的屬性很容易，可是要取得祖父類別的屬性時就會碰上困難，解決方式是使用在 Father 類別與 Ivan 類別的 __init__( ) 方法中增加下列設定：

```
super( ).__init__( )                # 將父類別的屬性複製
```

這樣就可以解決 Ivan 取得祖父 (Grandfather) 類別的屬性了。

程式實例 ch12_15.py：這個程式會建立一個 Ivan 類別的物件 ivan，然後分別呼叫 Father 類別和 Grandfather 類別的方法列印資訊，接著分別取得 Father 類別和 Grandfather 類別的屬性。

```python
# ch12_15
class Grandfather():
    """ 定義祖父的資產 """
    def __init__(self):
        self.grandfathermoney = 10000
    def get_info1(self):
        print("Grandfather's information")

class Father(Grandfather):          # 父類別是Grandfather
    """ 定義父親的資產 """
    def __init__(self):
        self.fathermoney = 8000
        super().__init__()
    def get_info2(self):
        print("Father's information")

class Ivan(Father):                 # 父類別是Father
    """ 定義Ivan的資產 """
    def __init__(self):
        self.ivanmoney = 3000
        super().__init__()
    def get_info3(self):
        print("Ivan's information")
    def get_money(self):            # 取得資產明細
        print("\nIvan資產: ", self.ivanmoney,
              "\n父親資產: ", self.fathermoney,
              "\n祖父資產: ", self.grandfathermoney)

ivan = Ivan()
ivan.get_info3()                    # 從Ivan中獲得
ivan.get_info2()                    # 流程 Ivan -> Father
ivan.get_info1()                    # 流程 Ivan -> Father -> Grandtather
ivan.get_money()                    # 取得資產明細
```

執行結果

```
===================== RESTART: D:\Python\ch12\ch12_15.py =====================
Ivan's information
Father's information
Grandfather's information

Ivan資產:  3000
父親資產:  8000
祖父資產:  10000
```

上述程式各類別的相關圖形如下：

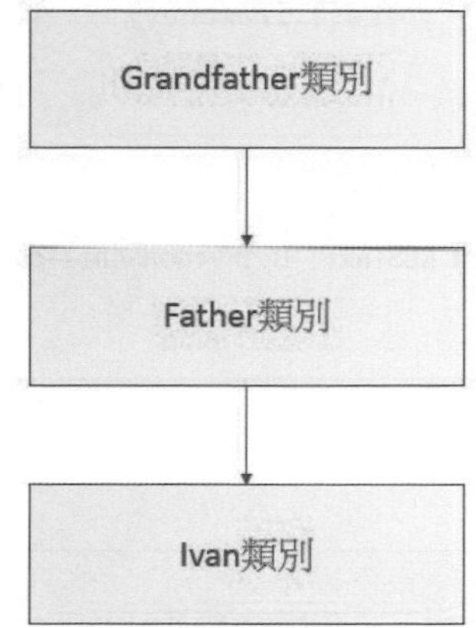

12-3-8 兄弟類別屬性的取得

假設有一個父親 (Father) 類別，這個父親類別有 2 個兒子分別是 Ivan 類別和 Ira 類別，如果 Ivan 類別想取得 Ira 類別的屬性 iramoney，可以使用下列方法。

```
Ira( ).iramoney                    # Ivan 取得 Ira 的屬性 iramoney
```

程式實例 ch12_16.py：設計 3 個類別，Father 類別是 Ivan 和 Ira 類別的父類別，所以 Ivan 和 Ira 算是兄弟類別，這個程式可以從 Ivan 類別分別讀取 Father 和 Ira 類別的資產屬性。這個程式最重要的是第 21 行，請留意取得 Ira 屬性的寫法。

```
1  # ch12_16.py
2  class Father():
3      """ 定義父親的資產 """
4      def __init__(self):
5          self.fathermoney = 10000
6
7  class Ira(Father):                                 # 父類別是Father
8      """ 定義Ira的資產 """
9      def __init__(self):
10         self.iramoney = 8000
11         super().__init__()
12
13 class Ivan(Father):                                # 父類別是Father
14     """ 定義Ivan的資產 """
15     def __init__(self):
16         self.ivanmoney = 3000
17         super().__init__()
18     def get_money(self):                           # 取得資產明細
19         print("Ivan資產: ", self.ivanmoney,
20               "\n父親資產: ", self.fathermoney,
```

```
                    "\nIra資產 : ", Ira().iramoney)          # 注意寫法

ivan = Ivan()
ivan.get_money()                                             # 取得資產明細
```

執行結果

```
==================== RESTART: D:\Python\ch12\ch12_16.py ====================
Ivan資產:  3000
父親資產:  10000
Ira資產 :  8000
```

上述程式各類別的相關圖形如下：

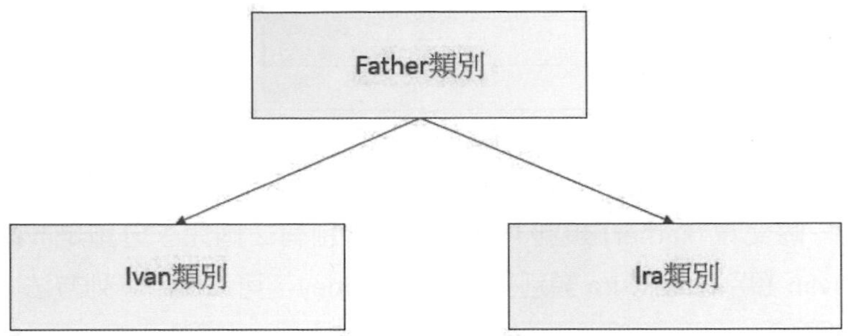

12-3-9　認識 Python 類別方法的 self 參數

如果讀者懂 Java 可以知道類別的方法沒有 self 參數，這一節將用一個簡單的實例，講解 self 參數的觀念。

程式實例 ch12_16_1.py：建立類別物件與呼叫類別方法。

```
1  # ch12_16_1.py
2  class Person():
3      def interest(self):
4          print("Smiling is my interest")
5
6  hung = Person()
7  hung.interest()
```

執行結果

```
==================== RESTART: D:/Python/ch12/ch12_16_1.py ====================
Smiling is my interest
```

其實上述第 7 行相當於將 hung 當作是 self 參數，然後傳遞給 Person 類別的 interest( ) 方法。甚至各位也可以用下列方式，獲得相同的輸出。

```
>>> Person.interest(hung)
Smiling is my interest
```

上述只是好玩，不建議如此。

12-4 多型 (polymorphism)

在 12-3-4 節筆者已經有說明基底類別與衍生類別有相同方法名稱的實例，其實那就是本節欲說明的多型 (polymorphism) 的基本觀念，但是在多型 (polymorphism) 的觀念中是不侷限在必需有父子關係的類別。

程式實例 ch12_17.py：這個程式有 3 個類別，Animals 類別是基底類別，Dogs 類別是 Animals 類別的衍生類別，基於繼承的特性所以 2 個類別皆有 which( ) 和 action( ) 方法，另外設計了一個與上述無關的類別 Monkeys，這個類別也有 which( ) 和 action( ) 方法，然後程式分別呼叫 which( ) 和 action( ) 方法，程式會由物件類別判斷應該使用那一個方法回應程式。

```
# ch12_17.py
class Animals():
    """Animals類別, 這是基底類別 """
    def __init__(self, animal_name):
        self.name = animal_name             # 紀錄動物名稱
    def which(self):                        # 回傳動物名稱
        return 'My pet ' + self.name.title()
    def action(self):                       # 動物的行為
        return ' sleeping'

class Dogs(Animals):
    """Dogs類別, 這是Animal的衍生類別 """
    def __init__(self, dog_name):           # 紀錄動物名稱
        super().__init__(dog_name.title())
    def action(self):                       # 動物的行為
        return ' running in the street'

class Monkeys():
    """猴子類別, 這是其他類別 """
    def __init__(self, monkey_name):        # 紀錄動物名稱
        self.name = 'My monkey ' + monkey_name.title()
    def which(self):                        # 回傳動物名稱
        return self.name
    def action(self):                       # 動物的行為
        return ' running in the forest'

def doing(obj):                             # 列出動物的行為
    print(obj.which(), "is", obj.action())

my_cat = Animals('lucy')                    # Animals物件
```

```
31  doing(my_cat)
32  my_dog = Dogs('gimi')                        # Dogs物件
33  doing(my_dog)
34  my_monkey = Monkeys('taylor')                # Monkeys物件
35  doing(my_monkey)
```

執行結果

```
==================== RESTART: D:\Python\ch12\ch12_17.py ====================
My pet Lucy is  sleeping
My pet Gimi is  running in the street
My monkey Taylor is  running in the forest
```

上述程式各類別的相關圖形如下：

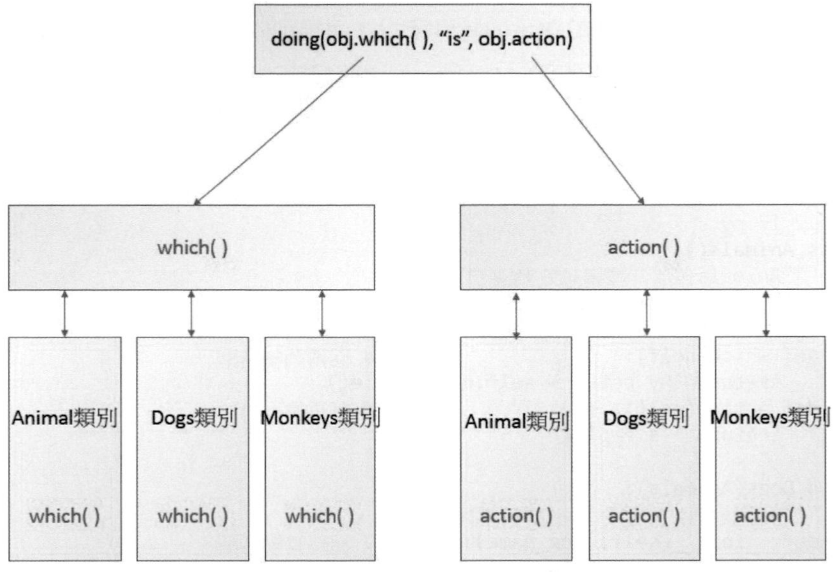

對上述程式而言，第 30 行的 my_cat 是 Animal 類別物件，所以在 31 行此物件會觸發 Animal 類別的 which( ) 和 action( ) 方法。第 32 行的 my_dog 是 Dogs 類別物件，所以在 32 行此物件會觸發 Dogs 類別的 which( ) 和 action( ) 方法。第 34 行的 my_monkey 是 Monkeys 類別物件，所以在 35 行此物件會觸發 Monkeys 類別的 which( ) 和 action( ) 方法。

12-5 多重繼承

12-5-1 基本觀念

在物件導向的程式設計中，也常會發生一個類別繼承多個類別的應用，此時子類別也同時繼承了多個類別的方法。在這個時候，讀者應該了解發生多個父類別擁有相同名稱的方法時，應該先執行那一個父類別的方法。在程式中可用下列語法代表繼承多個類別。

```
class 類別名稱 ( 父類別 1, 父類別 2, … , 父類別 n):
    類別內容
```

程式實例 ch12_18.py：這個程式 Ivan 類別繼承了 Father 和 Uncle 類別，Grandfather 類別則是 Father 和 Uncle 類別的父類別。在這個程式中筆者只設定一個 Ivan 類別的物件 ivan，然後由這個類別分別呼叫 action3( )、action2( ) 和 action1( )，其中 Father 和 Uncle 類別同時擁有 action2( ) 方法，讀者可以觀察最後是執行那一個 action2( ) 方法。

```
# ch12_18.py
class Grandfather():
    """ 定義祖父類別 """
    def action1(self):
        print("Grandfather")

class Father(Grandfather):
    """ 定義父親類別 """
    def action2(self):          # 定義action2()
        print("Father")

class Uncle(Grandfather):
    """ 定義叔父類別 """
    def action2(self):          # 定義action2()
        print("Uncle")

class Ivan(Father, Uncle):
    """ 定義Ivan類別 """
    def action3(self):
        print("Ivan")

ivan = Ivan()
ivan.action3()                  # 順序 Ivan
ivan.action2()                  # 順序 Ivan -> Father
ivan.action1()                  # 順序 Ivan -> Father -> Grandfather
```

執行結果

```
===================== RESTART: D:\Python\ch12\ch12_18.py =====================
Ivan
Father
Grandfather
```

上述程式各類別的相關圖形如下：

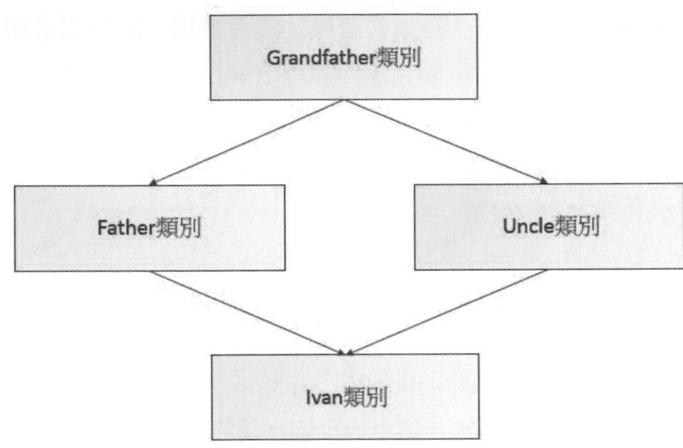

程式實例 ch12_19.py：這個程式基本上是重新設計 ch12_18.py，主要是 Father 和 Uncle 類別的方法名稱是不一樣，Father 類別是 action3( ) 和 Uncle 類別是 action2( )，這個程式在建立 Ivan 類別的 ivan 物件後，會分別啟動各類別的 actionX( ) 方法。

```
# ch12_19.py
class Grandfather():
    """ 定義祖父類別 """
    def action1(self):
        print("Grandfather")

class Father(Grandfather):
    """ 定義父親類別 """
    def action3(self):          # 定義action3()
        print("Father")

class Uncle(Grandfather):
    """ 定義叔父類別 """
    def action2(self):          # 定義action2()
        print("Uncle")

class Ivan(Father, Uncle):
    """ 定義Ivan類別 """
    def action4(self):
        print("Ivan")

```

```
ivan = Ivan()
ivan.action4()                  # 順序 Ivan
ivan.action3()                  # 順序 Ivan -> Father
ivan.action2()                  # 順序 Ivan -> Father -> Uncle
ivan.action1()                  # 順序 Ivan -> Father -> Uncle -> Grandfather
```

執行結果

```
==================== RESTART: D:\Python\ch12\ch12_19.py ====================
Ivan
Father
Uncle
Grandfather
```

12-5-2 super( ) 應用在多重繼承的問題

我們知道 super( ) 可以繼承父類別的方法，我們先看看可能產生的問題。

程式實例 ch12_19_1.py：一般常見 super( ) 應用在多重繼承的問題。

```
1  # ch12_19_1.py
2  class A():
3      def __init__(self):
4          print('class A')
5
6  class B():
7      def __init__(self):
8          print('class B')
9
10 class C(A,B):
11     def __init__(self):
12         super().__init__()
13         print('class C')
14
15 x = C()
```

執行結果

```
==================== RESTART: D:/Python/ch12/ch12_19_1.py ====================
class A
class C
```

上述第 10 行我們設定類別 C 繼承類別 A 和 B，可是當我們設定物件 x 是類別 C 的物件時，可以發現第 10 行 C 類別的第 2 個參數 B 類別沒有被啟動。其實 Python 使用 super( ) 的多重繼承，在此算是協同作業 (co-operative)，我們必需在基底類別也增加 super( ) 設定，才可以正常作業。

程式實例 ch12_19_2.py：重新設計 ch12_19_1.py，增加第 4 和第 9 行，解決一般常見 super( ) 應用在多重繼承的問題。

```
1  # ch12_19_2.py
2  class A():
3      def __init__(self):
4          super().__init__()
5          print('class A')
6
7  class B():
8      def __init__(self):
9          super().__init__()
10         print('class B')
11
12 class C(A,B):
13     def __init__(self):
14         super().__init__()
15         print('class C')
16
17 x = C()
```

執行結果

```
==================== RESTART: D:/Python/ch12/ch12_19_2.py ====================
class B
class A
class C
```

上述我們得到所有類別的最初化方法 (__init__()) 均被啟動了，這個觀念很重要，因為我們如果在最初化方法中想要子類別繼承所有父類別的屬性時，必需要全部的父類別均被啟動，例如可以參考 ex12_9.py。

12-6 type 與 instance

一個大型程式設計可能是由許多人合作設計，有時我們想了解某個物件變數的資料類型，或是所屬類別關係，可以使用本節所述的方法。

12-6-1 type( )

這個函數先前已經使用許多次了，可以使用 type( ) 函數得到某一物件變數的類別名稱。

程式實例 ch12_20.py：列出類別物件與物件內方法的資料類型。

```
# ch12_20.py
class Grandfather():
    """ 定義祖父類別 """
    pass

class Father(Grandfather):
    """ 定義父親類別 """
    pass

class Ivan(Father):
    """ 定義Ivan類別 """
    def fn(self):
        pass

grandfather = Grandfather()
father = Father()
ivan = Ivan()
print("grandfather物件類型: ", type(grandfather))
print("father物件類型      : ", type(father))
print("ivan物件類型        : ", type(ivan))
print("ivan物件fn方法類型 : ", type(ivan.fn))
```

執行結果

```
==================== RESTART: D:\Python\ch12\ch12_20.py ====================
grandfather物件類型:  <class '__main__.Grandfather'>
father物件類型      :  <class '__main__.Father'>
ivan物件類型        :  <class '__main__.Ivan'>
ivan物件fn方法類型 :  <class 'method'>
```

由上圖可以得到類別的物件類型是 class，同時會列出 "__main__. 類別的名稱 "。如果是類別內的方法同時也列出 "method" 方法。

12-6-2 isinstance( )

isinstance( ) 函數可以傳回物件的類別是否屬於某一類別，它包含 2 個參數，它的語法如下：

```
isinstance( 物件 , 類別 )                    # 可傳回 True 或 False
```

如果物件的類別是屬於第 2 個參數類別或屬於第 2 個參數的子類別，則傳回 True，否則傳回 False。

程式實例 ch12_21.py：一系列 isinstance( ) 函數的測試。

```
# ch12_21.py
class Grandfather():
    """ 定義祖父類別 """
    pass

class Father(Grandfather):
    """ 定義父親類別 """
    pass

class Ivan(Father):
    """ 定義Ivan類別 """
    def fn(self):
        pass

grandfa = Grandfather()
father = Father()
ivan = Ivan()
print("ivan屬於Ivan類別: ", isinstance(ivan, Ivan))
print("ivan屬於Father類別: ", isinstance(ivan, Father))
print("ivan屬於GrandFather類別: ", isinstance(ivan, Grandfather))
print("father屬於Ivan類別: ", isinstance(father, Ivan))
print("father屬於Father類別: ", isinstance(father, Father))
print("father屬於Grandfather類別: ", isinstance(father, Grandfather))
print("grandfa屬於Ivan類別: ", isinstance(grandfa, Ivan))
print("grandfa屬於Father類別: ", isinstance(grandfa, Father))
print("grandfa屬於Grandfather類別: ", isinstance(grandfa, Grandfather))
```

執行結果

```
===================== RESTART: D:\Python\ch12\ch12_21.py =====================
ivan屬於Ivan類別:  True
ivan屬於Father類別:  True
ivan屬於GrandFather類別:  True
father屬於Ivan類別:  False
father屬於Father類別:  True
father屬於Grandfather類別:  True
grandfa屬於Ivan類別:  False
grandfa屬於Father類別:  False
grandfa屬於Grandfather類別:  True
```

12-7 特殊屬性

其實設計或是看到別人設計的 Python 程式時，若是看到 __xx__ 類的字串就要特別留意了，這是系統保留的變數或屬性參數，我們可以使用 dir( ) 列出 Python 目前環境的變數、屬性、方法。

```
>>> dir()
['__annotations__', '__builtins__', '__doc__', '__loader__', '__name__', '__pack
age__', '__spec__']
```

筆者將簡要說明幾個重要常見的。

12-7-1 文件字串 __doc__

在 11-6-1 節筆者已經有一些說明，本節將以程式實例解說。文件字串的英文原意是文件字串 (docstring)，Python 鼓勵程式設計師在設計函數或類別時，盡量為函數或類別增加文件的註解，未來可以使用 __doc__ 特殊屬性列出此文件註解。

程式實例 ch12_22.doc：將文件註解應用在函數。

```
# ch12_22.py
def getMax(x, y):
    '''文件字串實例
建議x, y是整數
這個函數將傳回較大值'''
    if int(x) > int(y):
        return x
    else:
        return y

print(getMax(2, 3))            # 列印較大值
print(getMax.__doc__)          # 列印文件字串docstring
```

執行結果

```
==================== RESTART: D:\Python\ch12\ch12_22.py ====================
3
文件字串實例
建議x, y是整數
這個函數將傳回較大值
```

程式實例 ch12_23.doc：將文件註解應用在類別與類別內的方法。

```
# ch12_23.py
class Myclass:
    '''文件字串實例
Myclass類別的應用'''
    def __init__(self, x):
        self.x = x
    def printMe(self):
        '''文字檔字串實例
Myclass類別內printMe方法的應用'''
        print("Hi", self.x)

data = Myclass(100)
```

```
data.printMe()
print(data.__doc__)              # 列印Myclass文件字串docstring
print(data.printMe.__doc__)      # 列印printMe文件字串docstring
```

執行結果

```
==================== RESTART: D:\Python\ch12\ch12_23.py ====================
Hi 100
文件字串實例
Myclass類別的應用
文字檔字串實例
Myclass類別內printMe方法的應用
```

了解以上觀念後，如果讀者看到有一個程式碼如下：

```
>>> x = 'abc'
>>> print(x.__doc__)
str(object='') -> str
str(bytes_or_buffer[, encoding[, errors]]) -> str

Create a new string object from the given object. If encoding or
errors is specified, then the object must expose a data buffer
that will be decoded using the given encoding and error handler.
Otherwise, returns the result of object.__str__() (if defined)
or repr(object).
encoding defaults to sys.getdefaultencoding().
errors defaults to 'strict'.
>>>
```

以上只是列出 Python 系統內部有關字串的 docstring。

12-7-2　__name__ 屬性

如果你是 Python 程式設計師，常在網路上看別人寫的程式，一定會經常在程式末端看到下列敘述：

```
if __name__ == '__main__':
    doSomething( )
```

初學 Python 時，筆者照上述撰寫，程式一定可以執行，當時不曉得意義，覺得應該要告訴讀者。如果上述程式是自己執行，那麼 __name__ 就一定是 __main__。

程式實例 ch12_24.py：一個程式只有一行，就是列印 __name__。

```
# ch12_24.py
print('ch12_24.py module name = ', __name__)
```

執行結果

```
==================== RESTART: D:\Python\ch12\ch12_24.py ====================
ch12_24.py module name =  __main__
```

經過上述實例，所以我們知道，如果程式如果是自己執行時，__name__ 就是 __main__。所以下列程式實例可以列出結果。

程式實例 ch12_25.py：__name__ == __main__ 的應用。

```
# ch12_25.py
def myFun():
    print("__name__ == __main__")
if __name__ == '__main__':
    myFun()
```

執行結果

```
==================== RESTART: D:\Python\ch12\ch12_25.py ====================
__name__ == __main__
```

如果 ch12_24.py 是被 import 到另一個程式時，則 __name__ 是本身的檔案名稱。下一章筆者會介紹關於 import 的知識，它的用途是將模組導入，方便程式呼叫使用。

程式實例 ch12_26.py：這個程式 import 導入 ch12_24.py，結果 __name__ 變成了 ch12_24。

```
# ch12_26.py
import ch12_24
```

執行結果

```
==================== RESTART: D:\Python\ch12\ch12_26.py ====================
ch12_24.py module name =  ch12_24
```

程式實例 ch12_27.py：這個程式 import 導入 ch12_25.py，由於 __name__ 已經不再是 __main__，所以程式沒有任何輸出。

```
# ch12_27.py
import ch12_25
```

執行結果

```
==================== RESTART: D:\Python\ch12\ch12_27.py ====================
```

所以總結 __name__ 是可以判別這個程式是自己執行或是被其他程式 import 導入當成模組使用，其實學到這裡讀者可能仍然感覺不出 __main__ 與 __name__ 的好處，沒關係，筆者會在 13-2-7 節講解這種設計的優點。

12-8 類別的特殊方法

12-8-1 __str__( ) 方法

這是類別的特殊方法，可以協助返回易讀取的字串。

程式實例 ch12_28.py：在沒有定義 __str__( ) 方法情況下，列出類別的物件。

```
# ch12_28.py
class Name:
    def __init__(self, name):
        self.name = name

a = Name('Hung')
print(a)
```

執行結果

```
==================== RESTART: D:\Python\ch12\ch12_28.py ====================
<__main__.Name object at 0x03624830>
```

上述在沒有定義 __str__( ) 方法下，我們獲得了一個不太容易閱讀的結果。

程式實例 ch12_29.py：在定義 __str__( ) 方法下，重新設計上一個程式。

```
# ch12_29.py
class Name:
    def __init__(self, name):
        self.name = name
    def __str__(self):
        return '%s' % self.name

a = Name('Hung')
print(a)
```

執行結果

```
==================== RESTART: D:\Python\ch12\ch12_29.py ====================
Hung
```

上述定義了 __str__( ) 方法後，就得到一個適合閱讀的結果了。對於程式 ch12_29.py 而言，如果我們在 Python Shell 視窗輸入 a，將一樣獲得不容易閱讀的結果。

```
==================== RESTART: D:\Python\ch12\ch12_29.py ====================
Hung
>>> a
<__main__.Name object at 0x04204850>
```

12-8-2 __repr__( ) 方法

上述原因是，如果只是在 Python Shell 視窗讀入類別變數 a，系統是呼叫 __repr__( ) 方法做回應，為了要獲得容易閱讀的結果，我們也需定義此方法。

程式實例 ch12_30.py：定義 __repr__( ) 方法，其實此方法內容與 __str__( ) 相同所以可以用等號取代。

```
# ch12_30.py
class Name:
    def __init__(self, name):
        self.name = name
    def __str__(self):
        return '%s' % self.name
    __repr__ = __str__

a = Name('Hung')
print(a)
```

執行結果

```
==================== RESTART: D:\Python\ch12\ch12_30.py ====================
Hung
>>> a
Hung
```

12-8-3 __iter__( ) 方法

建立類別的時候也可以將類別定義成一個迭代物件，類似 list 或 tuple，供 for … in 循環內使用，這時類別需設計 next( ) 方法，取得下一個值，直到達到結束條件，可以使用 raise StopIteration(第 15 章會解說，raise) 終止繼續。

程式實例 ch12_31.py：Fib 序列數的設計。

```
# ch12_31.py
class Fib():
    def __init__(self, max):
        self.max = max

    def __iter__(self):
        self.a = 0
        self.b = 1
        return self

    def __next__(self):
        fib = self.a
        if fib > self.max:
```

```
            raise StopIteration
        self.a, self.b = self.b, self.a + self.b
        return fib
for i in Fib(100):
    print(i)
```

執行結果

```
==================== RESTART: D:\Python\ch12\ch12_31.py ====================
0
1
1
2
3
5
8
13
21
34
55
89
```

12-8-4 __eq__( ) 方法

假設我們想要了解 2 個字串或其它內容是否相同，依照我們的知識可以使用下列方式設計。

程式實例 ch12_32.py：設計檢查字串是否相等。

```
# ch12_32.py
class City():
    def __init__(self, name):
        self.name = name
    def equals(self, city2):
        return self.name.upper() == city2.name.upper()

one = City("Taipei")
two = City("taipei")
three = City("myhome")
print(one.equals(two))
print(one.equals(three))
```

執行結果

```
==================== RESTART: D:/Python/ch12/ch12_32.py ====================
True
False
```

現在我們將 equals( ) 方法改為 __eq( )__，可以參考下列實例。

程式實例 ch12_33.py：使用 __eq( )__ 取代 equals( ) 方法，結果可以得到和 ch12_32.py 相同的結果。

```
# ch12_33.py
class City():
    def __init__(self, name):
        self.name = name
    def __eq__(self, city2):
        return self.name.upper() == city2.name.upper()

one = City("Taipei")
two = City("taipei")
three = City("myhome")
print(one == two)
print(one == three)
```

執行結果 與 ch12_32.py 相同。

上述是類別的特殊方法，主要是了解內容是否相同，下列是擁有這類特色的其它系統方法。

邏輯方法	說明
__eq__(self, other)	self == other # 等於
__ne__(self, other)	self != other # 不等於
__lt__(self, other)	self < other # 小於
__gt__(self, other)	self > other # 大於
__le__(self, other)	self <= other # 小於或等於
__ge__(self, other)	self >= other # 大於或等於

數學方法	說明
__add__(self, other)	self + other # 加法
__sub__(self, other)	self – other # 減法
__mul__(self, other)	self * other # 乘法
__floordiv__(self, other)	self / /other # 整數除法
__truediv__(self, other)	self / other # 除法
__mod__(self, other)	self % other # 餘數
__pow__(self, other)	self ** other # 次方

12-9 專題　幾何資料的應用

程式實例 ch12_34.py：設計一個 Geometric 類別，這個類別主要是設定 color 是 Green。另外設計一個 Circle 類別，這個類別有 getRadius( ) 可以獲得半徑，setRadius( ) 可以設定半徑，getDiameter( ) 可以取得直徑，getPerimeter( ) 可以取得圓周長，getArea( ) 可以取得面積，getColor( ) 可以取得顏色。

```
# ch12_34.py
class Geometric():
    def __init__(self):
        self.color = "Green"
class Circle(Geometric):
    def __init__(self,radius):
        super().__init__()
        self.PI = 3.14159
        self.radius = radius
    def getRadius(self):
        return self.radius
    def setRadius(self,radius):
        self.radius = radius
    def getDiameter(self):
        return self.radius * 2
    def getPerimeter(self):
        return self.radius * 2 * self.PI
    def getArea(self):
        return self.PI * (self.radius ** 2)
    def getColor(self):
        return color

A = Circle(5)
print("圓形的顏色 : ", A.color)
print("圓形的半徑 : ", A.getRadius())
print("圓形的直徑 : ", A.getDiameter())
print("圓形的圓周 : ", A.getPerimeter())
print("圓形的面積 : ", A.getArea())
A.setRadius(10)
print("圓形的直徑 : ", A.getDiameter())
```

執行結果

```
==================== RESTART: D:\Python\ch12\ch12_34.py ====================
圓形的顏色 :  Green
圓形的半徑 :  5
圓形的直徑 :  10
圓形的圓周 :  31.4159
圓形的面積 :  78.53975
圓形的直徑 :  20
```

習題

實作題

1. 設計一個類別 Myschool，這個類別包含屬性 title 和，這個類別也有一個 departments( ) 方法，屬性內容如下：(12-1 節)

   title = " 明志科大 "
   departments( ) 方法則是傳回串列 [" 機械 ", " 電機 ", " 化工 "]

   讀者需宣告一個 Myschool 物件，然後依下列方式列印訊息。

2. 設計一個類別 Myschool，這個類別包含屬性 name 和 score，這個類別也有一個 msg( ) 方法，程式設定 Myschool 物件時需傳遞 2 個參數，下列是示範設定方式：(12-1 節)

   hung = Myschool('kevin', 80)

   這個類別的方法，主要是可以輸出問候語和成績，請留意英文名字第一個輸出字母是大寫。

3. 請擴充習題 1，增加初始化 schoolname 屬性，schoolname 內容是 'Python School'，請設計 msg( ) 方法輸出第一行是 title，第二行才是原先的輸出。(12-1 節)

4. 請利用 ch12_9.py 的類別，同時修改部分內容，在程式部分執行下列工作：(12-2 節)

   A：存款 5000 元

   B：提款 3000 元

   C：存款 1500 元

   D：購買美金外幣 100 美金 (記住：匯率是要增加手續費用 1%)

   E：列出剩餘金額

   請列出上述每次的執行結果帳單。

5. 請擴充 ch12_13.py，增加 Banks 子類別北投 (Beitou) 分行，北投分行內容可以參照士林分行，程式末端增加北投分行類別物件 (可參考 43 行)，然後列印銀行名稱 (可參考 44 行)。(12-3 節)

6. 請擴充 ch12_14.py，為 Animals 類別增加 Birds 子類別，這個子類別有自己的 run ( ) 方法，輸出方式可以比照第 9 行，但是字串是 " is flying."。請為這個程式增加類似 20 到 22 行的工作，但是將物件類別設為 Birds。(12-3 節)

7. 請適度修訂 ch12_16.py，將第 23 行物件改為：(12-3 節)

   ira = Ira( )

   第 24 行也需修改，在 Ira 類別內增加設計方法可以呼叫 Ivan 類別的 get_money( ) 方法，然後輸出結果。

8. 請擴充 ch12_18.py，增加 Grandfather 類別的子類別 Aunt 類別，這個類別也是 Ivan 類別的父類別。請參考第 14 行建立 action2( ) 方法但是列出 "Aunt"。在第 17 行 Ivan 類別內的參數如下：(12-4 節)

   Father, Uncle, Aunt --- ex12_8_1.py

   請再設計 2 個程式參數分別是如下：

   Uncle, Aunt, Father --- ex12_8_2.py
   Aunt, Father, Uncle --- ex12_8_3.py

   同時列出結果。

9. 請擴充 ch12_15.py，增加 Grandmother 類別，這是 Father 類別的父類別，她的資產是 20000，請參考 Grandfather 類別建立 get_info4( ) 方法，同時在程式中擴充輸出 Grandmother 的資產。(12-5 節)

第十三章

設計與應用模組

第 11 章筆者介紹了函數 (function)，第 12 章筆者介紹了類別 (class)，其實在大型計畫的程式設計中，每個人可能只是負責一小功能的函數或類別設計，為了可以讓團隊的其他人可以互相分享設計成果，最後每個人所負責的功能函數或類別將儲存在模組 (module) 中，然後供團隊其他成員使用。在網路上或國外的技術文件常可以看到有的文章將模組 (module) 稱為套件 (package)，意義是一樣的。

通常我們將模組分成 3 大類：

1： 我們自己程式建立的模組，本章 13-1 節至 13-4 節會做說明。

2： Python 內建的模組，13-5 節至 13-10 節會有實例說明。例如：數學模組 math、隨機數模組 random、檔案處理模組 os、時間模組 time、系統模組 sys、… 等。可以使用下列網址查詢所有 Python 內部模組：

http://docs.python.org/3/library

3： 外部模組，需使用 pip 安裝，未來章節會在使用時說明，也可參考附錄 B。

本章筆者將講解將自己所設計的函數或類別儲存成模組然後加以引用，最後也將講解 Python 常用的內建模組。Python 最大的優勢是免費資源，因此有許多公司使用它開發了許多功能強大的模組，這些模組稱外部模組或第三方模組，未來章節筆者會逐步說明使用外部模組執行更多有意義的工作。

13-1 將自建的函數儲存在模組中

一個大型程式一定是由許多的函數或類別所組成，為了讓程式的工作可以分工以及增加程式的可讀性，我們可以將所建的函數或類別儲存成模組 (module) 形式的獨立文件，未來再加以呼叫引用。

13-1-1 先前準備工作

假設有一個程式內容是用於建立冰淇淋 (ice cream) 與飲料 (drink)，如下所示：

程式實例 ch13_1.py：這個程式基本上是擴充 ch11_23.py，再增加建立飲料的函數 make_drink( )。

```
# ch13_1.py
def make_icecream(*toppings):
    # 列出製作冰淇淋的配料
    print("這個冰淇淋所加配料如下")
    for topping in toppings:
        print("--- ", topping)

def make_drink(size, drink):
    # 輸入飲料規格與種類,然後輸出飲料
    print("所點飲料如下")
    print("--- ", size.title())
    print("--- ", drink.title())

make_icecream('草莓醬')
make_icecream('草莓醬', '葡萄乾', '巧克力碎片')
make_drink('large', 'coke')
```

執行結果

```
===================== RESTART: D:\Python\ch13\ch13_1.py =====================
這個冰淇淋所加配料如下
---  草莓醬
這個冰淇淋所加配料如下
---  草莓醬
---  葡萄乾
---  巧克力碎片
所點飲料如下
---  Large
---  Coke
```

假設我們會常常需要在其它程式呼叫 make_icecream( ) 和 make_drink( )，此時可以考慮將這 2 個函數建立成模組 (module)，未來可以供其它程式呼叫使用。

13-1-2 建立函數內容的模組

模組的副檔名與 Python 程式檔案一樣是 py，對於程式實例 ch13_1.py 而言，我們可以只保留 make_icecream( ) 和 make_drink( )。

程式實例 makefood.py：使用 ch13_1.py 建立一個模組，此模組名稱是 makefood.py。

```
# makefood.py
# 這是一個包含2個函數的模組(module)
def make_icecream(*toppings):
    # 列出製作冰淇淋的配料
    print("這個冰淇淋所加配料如下")
    for topping in toppings:
        print("--- ", topping)

def make_drink(size, drink):
    # 輸入飲料規格與種類,然後輸出飲料
    print("所點飲料如下")
    print("--- ", size.title())
    print("--- ", drink.title())
```

執行結果 由於這不是一般程式所以沒有任何執行結果。

現在我們已經成功地建立模組 makefood.py 了。

13-2 應用自己建立的函數模組

有幾種方法可以應用函數模組，下列將分成 6 小節說明。

13-2-1 import 模組名稱

要導入 13-1-2 節所建的模組，只要在程式內加上下列簡單的語法即可：

import 模組名稱　　　　　　　# 導入模組

若以 13-1-2 節的實例，只要在程式內加上下列簡單的語法即可：：

import makefood

程式中要引用模組的函數語法如下：

模組名稱 . 函數名稱　　　　　# 模組名稱與函數名稱間有小數點 "."

程式實例 ch13_2.py：實際導入模組 makefood.py 的應用。

```
# ch13_2.py
import makefood            # 導入模組makefood.py

makefood.make_icecream('草莓醬')
makefood.make_icecream('草莓醬', '葡萄乾', '巧克力碎片')
makefood.make_drink('large', 'coke')
```

執行結果 與 ch13_1.py 相同。

13-2-2 導入模組內特定單一函數

如果只想導入模組內單一特定的函數，可以使用下列語法：

from 模組名稱 import 函數名稱

未來程式引用所導入的函數時可以省略模組名稱。

程式實例 ch13_3.py：這個程式只導入 makefood.py 模組的 make_icecream( ) 函數，所以程式第 4 和 5 行執行沒有問題，但是執行程式第 6 行時就會產生錯誤。

```
1  # ch13_3.py
2  from makefood import make_icecream  # 導入模組makefood.py的函數make_icecream
3
4  make_icecream('草莓醬')
5  make_icecream('草莓醬', '葡萄乾', '巧克力碎片')
6  make_drink('large', 'coke')          # 因為沒有導入此函數所以會產生錯誤
```

執行結果

```
==================== RESTART: D:\Python\ch13\ch13_3.py ====================
這個冰淇淋所加配料如下
---   草莓醬
這個冰淇淋所加配料如下
---   草莓醬
---   葡萄乾
---   巧克力碎片
Traceback (most recent call last):
  File "D:\Python\ch13\ch13_3.py", line 6, in <module>
    make_drink('large', 'coke')          # 因為沒有導入此函數所以會產生錯誤
NameError: name 'make_drink' is not defined
```

13-2-3 導入模組內多個函數

如果想導入模組內多個函數時，函數名稱間需以逗號隔開，語法如下：

from 模組名稱 import 函數名稱 1, 函數名稱 2, … , 函數名稱 n

程式實例 ch13_4.py：重新設計 ch13_3.py，增加導入 make_drink( ) 函數。

```
# ch13_4.py
# 導入模組makefood.py的make_icecream和make_drink函數
from makefood import make_icecream, make_drink

make_icecream('草莓醬')
make_icecream('草莓醬', '葡萄乾', '巧克力碎片')
make_drink('large', 'coke')
```

執行結果 與 ch13_1.py 相同。

13-2-4 導入模組所有函數

如果想導入模組內所有函數時，語法如下：

from 模組名稱 import *

程式實例 ch13_5.py：導入模組所有函數的應用。

```
# ch13_5.py
from makefood import *        # 導入模組makefood.py所有函數

make_icecream('草莓醬')
make_icecream('草莓醬', '葡萄乾', '巧克力碎片')
make_drink('large', 'coke')
```

執行結果 與 ch13_1.py 相同。

13-2-5　使用 as 給函數指定替代名稱

有時候會碰上你所設計程式的函數名稱與模組內的函數名稱相同，或是感覺模組的函數名稱太長，此時可以自行給模組的函數名稱一個替代名稱，未來可以使用這個替代名稱代替原先模組的名稱。語法格式如下：

from 模組名稱 import 函數名稱 as 替代名稱

程式實例 ch13_6.py：使用替代名稱 icecream 代替 make_icecream，重新設計 ch13_3.py。

```
# ch13_6.py
# 使用icecream替代make_icecream函數名稱
from makefood import make_icecream  as icecream

icecream('草莓醬')
icecream('草莓醬', '葡萄乾', '巧克力碎片')
```

執行結果

```
==================== RESTART: D:\Python\ch13\ch13_6.py ====================
這個冰淇淋所加配料如下
---   草莓醬
這個冰淇淋所加配料如下
---   草莓醬
---   葡萄乾
---   巧克力碎片
```

13-2-6　使用 as 給模組指定替代名稱

Python 也允許給模組替代名稱，未來可以使用此替代名稱導入模組，其語法格式如下：

import 模組名稱 as 替代名稱

程式實例 ch13_7.py：使用 m 當作模組替代名稱，重新設計 ch13_2.py。

```
# ch13_7.py
import makefood as m        # 導入模組makefood.py的替代名稱m

m.make_icecream('草莓醬')
m.make_icecream('草莓醬', '葡萄乾', '巧克力碎片')
m.make_drink('large', 'coke')
```

執行結果 與 ch13_1.py 相同。

13-2-7 將主程式放在 main( ) 與 __name__ 搭配的好處

在 ch13_1.py 中筆者為了不希望將此程式當成模組時被引用時，執行了主程式的內容，所以將此程式的主程式部分刪除另外建立了 makefood 程式，其實我們可以將 ch13_1.py 的主程式部分使用下列方式設計，未來可以直接導入模組，不用改寫程式。

程式實例 new_makefood.py：重新設計 ch13_1.py，讓程式可以當作模組使用。

```
1  # new_makefood.py
2  def make_icecream(*toppings):
3      # 列出製作冰淇淋的配料
4      print("這個冰淇淋所加配料如下")
5      for topping in toppings:
6          print("--- ", topping)
7
8  def make_drink(size, drink):
9      # 輸入飲料規格與種類,然後輸出飲料
10     print("所點飲料如下")
11     print("--- ", size.title())
12     print("--- ", drink.title())
13
14 def main():
15     make_icecream('草莓醬')
16     make_icecream('草莓醬', '葡萄乾', '巧克力碎片')
17     make_drink('large', 'coke')
18
19 if __name__ == '__main__':
20     main()
```

執行結果 與 ch13_1.py 相同。

上述程式我們將原先主程式內容放在第 14-17 行的 main( ) 內，然後在第 19-20 行筆者增加下列敘述：

```
if __name__ == '__main__':
    main( )
```

上述表示，如果自己獨立執行 new_makefood.py，會去調用 main( )，執行 main( ) 的內容。如果這個程式被當作模組引用 import new_makefood，則不執行 main( )。

程式實例 new_ch13_2_1.py：重新設計 ch13_2.py，導入 ch13_1.py 模組，並觀察執行結果。

```
# new_ch13_2_1.py
import ch13_1          # 導入模組ch13_1.py

ch13_1.make_icecream('草莓醬')
ch13_1.make_icecream('草莓醬', '葡萄乾', '巧克力碎片')
ch13_1.make_drink('large', 'coke')
```

執行結果

```
================== RESTART: D:/Python/ch13/new_ch13_2_1.py ==================
這個冰淇淋所加配料如下
---   草莓醬
這個冰淇淋所加配料如下
---   草莓醬
---   葡萄乾
---   巧克力碎片
所點飲料如下
---   Large
---   Coke
這個冰淇淋所加配料如下
---   草莓醬
這個冰淇淋所加配料如下
---   草莓醬
---   葡萄乾
---   巧克力碎片
所點飲料如下
---   Large
---   Coke
```

從上述可以發現 ch13_1.py 被當模組導入時已經執行了一次原先 ch13_1.py 的內容，new_ch13_2_1.py 呼叫方法時再執行一次，所以可以得到上述結果。

程式實例 new_ch13_2_2.py：重新設計 ch13_2.py，導入 new_makefood.py 模組，並觀察執行結果。

```
# new_ch13_2_2.py
import new_makefood          # 導入模組new_makefood.py

new_makefood.make_icecream('草莓醬')
new_makefood.make_icecream('草莓醬', '葡萄乾', '巧克力碎片')
new_makefood.make_drink('large', 'coke')
```

執行結果

```
================== RESTART: D:\Python\ch13\new_ch13_2_2.py ==================
這個冰淇淋所加配料如下
---   草莓醬
這個冰淇淋所加配料如下
---   草莓醬
---   葡萄乾
---   巧克力碎片
所點飲料如下
---   Large
---   Coke
```

上述由於 new_makefood.py 被當模組導入時，不執行 main( )，所以我們獲得了正確結果。

13-3 將自建的類別儲存在模組內

第 12 章筆者介紹了類別，當程式設計越來越複雜時，可能我們也會建立許多類別，Python 也允許我們將所建立的類別儲存在模組內，這將是本節的重點。

13-3-1 先前準備工作

筆者將使用第 12 章的程式實例，說明將類別儲存在模組方式。

程式實例 ch13_8.py：筆者修改了 ch12_13.py，簡化了 Banks 類別，同時讓程式有 2 個類別，至於程式內容讀者應該可以輕易了解。

```
# ch13_8.py
class Banks():
    # 定義銀行類別

    def __init__(self, uname):                  # 初始化方法
        self.__name = uname                     # 設定私有存款者名字
        self.__balance = 0                      # 設定私有開戶金額是0
        self.__title = "Taipei Bank"            # 設定私有銀行名稱

    def save_money(self, money):                # 設計存款方法
        self.__balance += money                 # 執行存款
        print("存款 ", money, " 完成")           # 列印存款完成

    def withdraw_money(self, money):            # 設計提款方法
        self.__balance -= money                 # 執行提款
        print("提款 ", money, " 完成")           # 列印提款完成

    def get_balance(self):                      # 獲得存款餘額
        print(self.__name.title(), " 目前餘額: ", self.__balance)

```

```
    def bank_title(self):                         # 獲得銀行名稱
        return self.__title

class Shilin_Banks(Banks):
    # 定義士林分行
    def __init__(self, uname):
        self.title = "Taipei Bank - Shilin Branch"  # 定義分行名稱
    def bank_title(self):                         # 獲得銀行名稱
        return self.title

jamesbank = Banks('James')                        # 定義Banks類別物件
print("James's banks = ", jamesbank.bank_title())  # 列印銀行名稱
jamesbank.save_money(500)                         # 存錢
jamesbank.get_balance()                           # 列出存款金額
hungbank = Shilin_Banks('Hung')                   # 定義Shilin_Banks類別物件
print("Hung's banks  = ", hungbank.bank_title())   # 列印銀行名稱
```

執行結果

```
==================== RESTART: D:\Python\ch13\ch13_8.py ====================
James's banks =  Taipei Bank
存款  500  完成
James  目前餘額:  500
Hung's banks  =  Taipei Bank - Shilin Branch
```

13-3-2　建立類別內容的模組

模組的副檔名與 Python 程式檔案一樣是 py，對於程式實例 ch13_8.py 而言，我們可以只保留 Banks 類別和 Shilin_Banks 類別。

程式實例 banks.py：使用 ch13_8.py 建立一個模組，此模組名稱是 banks.py。

```
# banks.py
# 這是一個包含2個類別的模組(module)
class Banks():
    # 定義銀行類別
    def __init__(self, uname):                    # 初始化方法
        self.__name = uname                       # 設定私有存款者名字
        self.__balance = 0                        # 設定私有開戶金額是0
        self.__title = "Taipei Bank"              # 設定私有銀行名稱

    def save_money(self, money):                  # 設計存款方法
        self.__balance += money                   # 執行存款
        print("存款 ", money, " 完成")              # 列印存款完成

    def withdraw_money(self, money):              # 設計提款方法
        self.__balance -= money                   # 執行提款
        print("提款 ", money, " 完成")              # 列印提款完成

    def get_balance(self):                        # 獲得存款餘額
        print(self.__name.title(), " 目前餘額: ", self.__balance)
```

```
    def bank_title(self):                       # 獲得銀行名稱
        return self.__title

class Shilin_Banks(Banks):
    # 定義士林分行
    def __init__(self, uname):
        self.title = "Taipei Bank - Shilin Branch"  # 定義分行名稱
    def bank_title(self):                       # 獲得銀行名稱
        return self.title
```

執行結果 由於這不是程式所以沒有任何執行結果。

現在我們已經成功地建立模組 banks.py 了。

13-4 應用自己建立的類別模組

其實導入模組內的類別與導入模組內的函數觀念是一致的，下列將分成各小節說明。

13-4-1 導入模組的單一類別

觀念與 13-2-2 節相同，它的語法格式如下：

from 模組名稱 import 類別名稱

程式實例 ch13_9.py：使用導入模組方式，重新設計 ch13_8.py。由於這個程式只導入 Banks 類別，所以此程式不執行原先 35 和 36 行。

```
# ch13_9.py
from banks import Banks                         # 導入banks模組的Banks類別

jamesbank = Banks('James')                      # 定義Banks類別物件
print("James's banks = ", jamesbank.bank_title())  # 列印銀行名稱
jamesbank.save_money(500)                       # 存錢
jamesbank.get_balance()                         # 列出存款金額
```

執行結果

```
==================== RESTART: D:\Python\ch13\ch13_9.py ====================
James's banks =  Taipei Bank
存款  500  完成
James  目前餘額:  500
```

由執行結果讀者應該體會，整個程式變得非常簡潔了。

13-4-2　導入模組的多個類別

觀念與 13-2-3 節相同，如果模組內有多個類別，我們也可以使用下列方式導入多個類別，所導入的類別名稱間需以逗號隔開。

from 模組名稱 import 類別名稱 1, 類別名稱 2, … , 類別名稱 n

程式實例 ch13_10.py：以同時導入 Banks 類別和 Shilin_Banks 類別方式，重新設計 ch13_8.py。

```
# ch13_10.py
# 導入banks模組的Banks和Shilin_Banks類別
from banks import Banks, Shilin_Banks

jamesbank = Banks('James')                          # 定義Banks類別物件
print("James's banks = ", jamesbank.bank_title())  # 列印銀行名稱
jamesbank.save_money(500)                           # 存錢
jamesbank.get_balance()                             # 列出存款金額
hungbank = Shilin_Banks('Hung')                     # 定義Shilin_Banks類別物件
print("Hung's banks  = ", hungbank.bank_title())   # 列印銀行名稱
```

執行結果 與 ch13_8.py 相同。

13-4-3　導入模組內所有類別

觀念與 13-2-4 節相同，如果想導入模組內所有類別時，語法如下：

from 模組名稱 import *

程式實例 ch13_11.py：使用導入模組所有類別方式重新設計 ch13_8.py。

```
# ch13_11.py
from banks import *                                 # 導入banks模組所有類別

jamesbank = Banks('James')                          # 定義Banks類別物件
print("James's banks = ", jamesbank.bank_title())  # 列印銀行名稱
jamesbank.save_money(500)                           # 存錢
jamesbank.get_balance()                             # 列出存款金額
hungbank = Shilin_Banks('Hung')                     # 定義Shilin_Banks類別物件
print("Hung's banks  = ", hungbank.bank_title())   # 列印銀行名稱
```

執行結果 與 ch13_8.py 相同。

13-4-4 import 模組名稱

觀念與 13-2-1 節相同，要導入 13-3-2 節所建的模組，只要在程式內加上下列簡單的語法即可：

```
import 模組名稱                    # 導入模組
```

若以 13-3-2 節的實例，只要在程式內加上下列簡單的語法即可：：

```
import banks
```

程式中要引用模組的類別，語法如下：

```
模組名稱 . 類別名稱                # 模組名稱與類別名稱間有小數點 "."
```

程式實例 ch13_12.py：使用 import 模組名稱方式，重新設計 ch13_8.py，讀者應該留意第 2、4 和 8 行的設計方式。

```
1  # ch13_12.py
2  import banks                                    # 導入banks模組
3
4  jamesbank = banks.Banks('James')                # 定義Banks類別物件
5  print("James's banks = ", jamesbank.bank_title())  # 列印銀行名稱
6  jamesbank.save_money(500)                       # 存錢
7  jamesbank.get_balance()                         # 列出存款金額
8  hungbank = banks.Shilin_Banks('Hung')           # 定義Shilin_Banks類別物件
9  print("Hung's banks  = ", hungbank.bank_title())   # 列印銀行名稱
```

執行結果 與 ch13_8.py 相同。

13-4-5 模組內導入另一個模組的類別

有時候可能一個模組內有太多類別了，此時可以考慮將一系列的類別分成 2 個或更多個模組儲存。如果拆成類別的模組彼此有衍生關係，則子類別也需將父類別導入，執行時才不會有錯誤產生。下列是將 Banks 模組拆成 2 個模組的內容。

程式實例 banks1.py：這個模組含父類別 Banks 的內容。

```
# banks1.py
# 這是一個包含Banks類別的模組(module)
class Banks():
    # 定義銀行類別
    def __init__(self, uname):                  # 初始化方法
        self.__name = uname                     # 設定私有存款者名字
```

```
        self.__balance = 0                          # 設定私有開戶金額是0
        self.__title = "Taipei Bank"                # 設定私有銀行名稱

    def save_money(self, money):                    # 設計存款方法
        self.__balance += money                     # 執行存款
        print("存款 ", money, " 完成")               # 列印存款完成

    def withdraw_money(self, money):                # 設計提款方法
        self.__balance -= money                     # 執行提款
        print("提款 ", money, " 完成")               # 列印提款完成

    def get_balance(self):                          # 獲得存款餘額
        print(self.__name.title(), " 目前餘額: ", self.__balance)

    def bank_title(self):                           # 獲得銀行名稱
        return self.__title
```

程式實例 shilin_banks.py：這個模組含子類別 Shilin_Banks 的內容，讀者應留意第 3 行，筆者在這的模組內導入了 banks1.py 模組的 Banks 類別。

```
1  # shilin_banks.py
2  # 這是一個包含Shilin_Banks類別的模組(module)
3  from banks1 import Banks                            # 導入Banks類別
4
5  class Shilin_Banks(Banks):
6      # 定義士林分行
7      def __init__(self, uname):
8          self.title = "Taipei Bank - Shilin Branch"  # 定義分行名稱
9      def bank_title(self):                           # 獲得銀行名稱
10         return self.title
```

程式實例 ch13_13.py：在這個程式中，筆者在第 2 和 3 行分別導入 2 個模組，至於整個程式的執行內容與 ch13_8.py 相同。

```
1  # ch13_13.py
2  from banks1 import Banks                     # 導入banks模組的Banks類別
3  from shilin_Banks import Shilin_Banks        # 導入Shilin_Banks模組的Shilin_Banks類別
4
5  jamesbank = Banks('James')         # 定義Banks類別物件
6  print("James's banks = ", jamesbank.bank_title())  # 列印銀行名稱
7  jamesbank.save_money(500)                    # 存錢
8  jamesbank.get_balance()                      # 列出存款金額
9  hungbank = Shilin_Banks('Hung')          # 定義Shilin_Banks類別物件
10 print("Hung's banks  = ", hungbank.bank_title())   # 列印銀行名稱
```

執行結果 與 ch13_8.py 相同。

13-5 隨機數 random 模組

所謂的隨機數 (Random number) 是指平均散佈在某區間的數字，隨機數其實用途很廣，最常見的應用是設計遊戲時可以控制輸出結果，其實賭場的吃角子老虎機器就是靠它賺錢。這節筆者將介紹幾個 random 模組中最有用的 3 個方法，同時也會分析賭場賺錢的利器。

13-5-1 randint( )

這個方法可以隨機產生指定區間的整數，它的語法如下：

randint(min, max)　　　　# 可以產生 min(含) 與 max(含) 之間的整數值

程式實例 ch13_14.py：建立一個程式分別產生各 3 組在 1-100、500-1000、2000-3000 的數字。

```
# ch13_14.py
import random              # 導入模組random

n = 3
for i in range(n):
    print("1-100      : ", random.randint(1, 100))

for i in range(n):
    print("500-1000   : ", random.randint(500, 1000))

for i in range(n):
    print("2000-3000 : ", random.randint(2000, 3000))
```

執行結果

```
==================== RESTART: D:\Python\ch13\ch13_14.py ====================
1-100     :  11
1-100     :  83
1-100     :  21
500-1000  :  619
500-1000  :  767
500-1000  :  976
2000-3000 :  2794
2000-3000 :  2043
2000-3000 :  2013
```

程式實例 ch13_15.py：猜數字遊戲，這個程式首先會用 randint( ) 方法產生一個 1 到 10 之間的數字，然後如果猜的數值太小會要求猜大一些，然後如果猜的數值太大會要求猜小一些。

```
# ch13_15.py
import random                               # 導入模組random

min, max = 1, 10
ans = random.randint(min, max)              # 隨機數產生答案
while True:
    yourNum = int(input("請猜1-10之間數字: "))
    if yourNum == ans:
        print("恭喜!答對了")
        break
    elif yourNum < ans:
        print("請猜大一些")
    else:
        print("請猜小一些")
```

執行結果

```
==================== RESTART: D:\Python\ch13\ch13_15.py ====================
請猜1-10之間數字: 5
請猜小一些
請猜1-10之間數字: 3
請猜大一些
請猜1-10之間數字: 4
恭喜!答對了
```

一般賭場的機器其實可以用隨機數控制輸贏，例如：某個猜大小機器，一般人以為猜對率是 50%，但是只要控制隨機數賭場可以直接控制輸贏比例。

程式實例 ch13_16.py：這是一個猜大小的遊戲，程式執行初可以設定莊家的輸贏比例，程式執行過程會立即回應是否猜對。

```
# ch13_16.py
import random                               # 導入模組random

min, max = 1, 100                           # 隨機數最小與最大值設定
winPercent = int(input("請輸入莊家贏的比率(0-100)之間 :"))

while True:
    print("猜大小遊戲: L或l表示大,  S或s表示小, Q或q則程式結束")
    customerNum = input("= ")               # 讀取玩家輸入
    if customerNum == 'Q' or customerNum == 'q':    # 若輸入Q或q
        break                                       # 程式結束
    num = random.randint(min, max)  # 產生是否讓玩家答對的隨機數
    if num > winPercent:            # 隨機數在81-100間回應玩家猜對
        print("恭喜!答對了\n")
    else:                           # 隨機數在1-80間回應玩家猜錯
        print("答錯了!請再試一次\n")
```

執行結果

```
===================== RESTART: D:\Python\ch13\ch13_16.py =====================
請輸入莊家贏的比率(0-100)之間 :80
猜大小遊戲: L或l表示大,  S或s表示小, Q或q則程式結束
= l
答錯了!請再試一次

猜大小遊戲: L或l表示大,  S或s表示小, Q或q則程式結束
= s
答錯了!請再試一次

猜大小遊戲: L或l表示大,  S或s表示小, Q或q則程式結束
= q
```

這個程式的關鍵點 1 是程式第 5 行，莊家可以在程式啟動時先設定贏的比率。第 2 個關鍵點是程式第 12 行產生的隨機數，由 1-100 的隨機數決定玩家是贏或輸，猜大小只是晃子。例如：莊家剛開始設定贏的機率是 80%，相當於如果隨機數是在 81-100 間算玩家贏，如果隨機數是 1-80 算玩家輸。

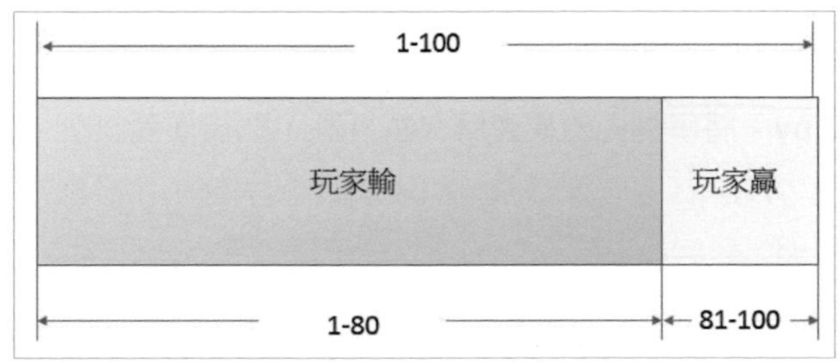

13-5-2 choice( )

這個方法可以讓我們在一個串列 (list) 中隨機傳回一個元素。

程式實例 ch13_17.py：有一個水果串列，使用 choice( ) 方法隨機選取一個水果。

```
# ch13_17.py
import random                          # 導入模組random

fruits = ['蘋果', '香蕉', '西瓜', '水蜜桃', '百香果']
print(random.choice(fruits))
```

執行結果 下列是程式執行 2 次的執行結果。

```
==================== RESTART: D:\Python\ch13\ch13_17.py ====================
蘋果
>>>
==================== RESTART: D:\Python\ch13\ch13_17.py ====================
香蕉
```

程式實例 ch13_17_1.py：骰子有 6 面點數是 1-6 區間，這個程式會產生 10 次 1-6 之間的值。

```
# ch13_17_1.py
import random                          # 導入模組random

for i in range(10):
    print(random.choice([1,2,3,4,5,6]), end=",")
```

執行結果

```
==================== RESTART: D:/Python/ch13/ch13_17_1.py ====================
5,5,2,6,4,6,1,2,6,1,
```

13-5-3 shuffle( )

這個方法可以將串列元素重新排列，如果你欲設計樸克牌 (Porker) 遊戲，在發牌前可以使用這個方法將牌打亂重新排列。

程式實例 ch13_18.py：將串列內的樸克牌次序打亂，然後重新排列。

```
# ch13_18.py
import random                          # 導入模組random

porker = ['2', '3', '4', '5', '6', '7', '8',
          '9', '10', 'J', 'Q', 'K', 'A']
for i in range(3):
    random.shuffle(porker)             # 將次序打亂重新排列
    print(porker)
```

執行結果

```
===================== RESTART: D:\Python\ch13\ch13_18.py =====================
['7', '5', '10', '8', '2', 'A', '9', '3', 'Q', 'J', '4', 'K', '6']
['Q', '4', 'A', 'K', '10', '5', '6', '2', '3', '9', '7', '8', 'J']
['5', 'Q', '7', '8', '4', 'K', '2', '3', '9', '6', 'A', 'J', '10']
```

將串列元素打亂，很適合老師出防止作弊的考題，例如：如果有 50 位學生，為了避免學生有偷窺鄰座的考卷，建議可以將出好的題目處理成串列，然後使用 for 迴圈執行 50 次 shuffle( )，這樣就可以得到 50 份考題相同但是次序不同的考卷。筆者將這個觀念當作是習題。

13-5-4 sample( )

sample( ) 它的語法如下：

sample(串列 , 數量)

可以隨機傳回第 2 個參數數量的串列元素。

程式實例 ch13_18_1.py：設計大樂透彩卷號碼，大樂透號碼是由 6 個 1-49 數字組成，然後外加一個特別號，這個程式會產生 6 個號碼以及一個特別號。

```
# ch13_18_1.py
import random                                  # 導入模組random

lotterys = random.sample(range(1,50), 7)       # 7組號碼
specialNum = lotterys.pop()                    # 特別號

print("第xxx期大樂透號碼 ", end="")
for lottery in sorted(lotterys):               # 排序列印大樂透號碼
    print(lottery, end=" ")
print("\n特別號:%d" % specialNum)              # 列印特別號
```

執行結果

```
==================== RESTART: D:/Python/ch13/ch13_18_1.py ====================
第xxx期大樂透號碼 17 32 37 38 42 49
特別號:1
```

13-5-5 uniform( )

uniform( ) 可以隨機產生 (x,y) 之間的浮點數，它的語法格式如下。

uniform(x,y)

x 是隨機數最小值，包含 x 值。Y 是隨機數最大值，不包含該值。

程式實例 ch13_18_2.py：產生 5 筆 0-10 之間隨機浮點數的應用。

```
# ch13_18_2.py
import random                                  # 導入模組random

for i in range(5):
    print("uniform(1,10) : ", random.uniform(1, 10))
```

執行結果

```
==================== RESTART: D:/Python/ch13/ch13_18_2.py ====================
uniform(1,10) :  4.650312334612405
uniform(1,10) :  6.862453320095783
uniform(1,10) :  3.2055807663870484
uniform(1,10) :  2.712843194025017
uniform(1,10) :  7.5172219039912065
```

13-5-6　random( )

random( ) 可以隨機產生 0.0(含)- 1.0 之間的隨機浮點數。

程式實例 ch13_18_3.py：產生 10 筆 0.0 – 1.0 之間的隨機浮點數。

```
# ch13_18_3.py
import random

for i in range(10):
    print(random.random())
```

執行結果

```
==================== RESTART: D:/Python/ch13/ch13_18_3.py ====================
0.8265495242543065
0.7281007292756023
0.6852959134781751
0.9485994816643372
0.9149833287644756
0.9846475437517717
0.9814128181047725
0.8033467190495047
0.13216803444569913
0.6610479743073929
```

13-6 時間 time 模組

13-6-1　time( )

time( ) 方法可以傳回自 1970 年 1 月 1 日 00:00:00AM 以來的秒數，初看好像用處不大，其實如果你想要掌握某段工作所花時間則是很有用，例如：若應用在程式實例 ch13_15.py，你可以用它計算猜數字所花時間。

程式實例 ch13_19.py：計算自 1970 年 1 月 1 日 00:00:00AM 以來的秒數。

```
# ch13_19.py
import time                              # 導入模組time

print("計算1970年1月1日00:00:00至今的秒數 = ", int(time.time()))
```

執行結果

```
==================== RESTART: D:\Python\ch13\ch13_19.py ====================
計算1970年1月1日00:00:00至今的秒數 =  1542786698
```

讀者的執行結果將和筆者不同，因為我們是在不同的時間點執行這個程式。

程式實例 ch13_20.py：擴充 ch13_15.py 的功能，主要是增加計算花多少時間猜對數字。

```
1  # ch13_20.py
2  import random                          # 導入模組random
3  import time                            # 導入模組time
4
5  min, max = 1, 10
6  ans = random.randint(min, max)         # 隨機數產生答案
7  yourNum = int(input("請猜1-10之間數字: "))
8  starttime = int(time.time())     # 起始秒數
9  while True:
10     if yourNum == ans:
11         print("恭喜!答對了")
12         endtime = int(time.time())  # 結束秒數
13         print("所花時間: ", endtime - starttime, " 秒")
14         break
15     elif yourNum < ans:
16         print("請猜大一些")
17     else:
18         print("請猜小一些")
19     yourNum = int(input("請猜1-10之間數字: "))
```

執行結果

```
==================== RESTART: D:\Python\ch13\ch13_20.py ====================
請猜1-10之間數字: 5
請猜大一些
請猜1-10之間數字: 8
恭喜!答對了
所花時間:  3  秒
```

❑ Python 寫作風格 (Python Enhancement Proposals) - PEP 8

上述程式第 2 和 3 行導入模組 random 和 time，筆者分兩行導入，這是符合 PEP 8 的風格，如果寫成一行就不符合 PEP 8 風格。

```
import random, time            # 不符合 PEP 8 風格
```

13-6-2 sleep( )

sleep( ) 方法可以讓工作暫停，這個方法的參數單位是秒。這個方法對於設計動畫非常有幫助，未來我們還會介紹這個方法更多的應用。

程式實例 ch13_21.py：每秒列印一次串列的內容。

```
# ch13_21.py
import time                              # 導入模組time

fruits = ['蘋果', '香蕉', '西瓜', '水蜜桃', '百香果']
for fruit in fruits:
    print(fruit)
    time.sleep(1)                        # 暫停1秒
```

執行結果

```
================== RESTART: D:\Python\ch13\ch13_21.py ==================
蘋果
香蕉
西瓜
水蜜桃
百香果
```

13-6-3　asctime( )

這個方法會以可以閱讀方式列出目前系統時間。

程式實例 ch13_22.py：列出目前系統時間。

```
# ch13_22.py
import time                              # 導入模組time

print(time.asctime())                    # 列出目前系統時間
```

執行結果

```
================== RESTART: D:\Python\ch13\ch13_22.py ==================
Wed Nov 21 16:00:59 2018
```

13-6-4　localtime( )

這個方法可以返回目前時間的結構資料，所返回的結構可以用索引方式獲得個別內容。

程式實例 ch13_23.py：是使用 localtime( ) 方法列出目前時間的結構資料，同時使用索引列出個別內容。

```
# ch13_23.py
import time                              # 導入模組time

xtime = time.localtime()
print(xtime)                             # 列出目前系統時間
print("年 ", xtime[0])
```

```
 7 print("月 ", xtime[1])
 8 print("日 ", xtime[2])
 9 print("時 ", xtime[3])
10 print("分 ", xtime[4])
11 print("秒 ", xtime[5])
12 print("星期幾    ", xtime[6])
13 print("第幾天    ", xtime[7])
14 print("夏令時間 ", xtime[8])
```

執行結果

```
==================== RESTART: D:\Python\ch13\ch13_23.py ====================
time.struct_time(tm_year=2018, tm_mon=11, tm_mday=21, tm_hour=16, tm_min=2, tm_s
ec=56, tm_wday=2, tm_yday=325, tm_isdst=0)
年  2018
月  11
日  21
時  16
分  2
秒  56
星期幾     2
第幾天     325
夏令時間   0
```

上述索引第 12 行 [6] 是代表星期幾的設定，0 代表星期一，1 代表星期 2。上述第 13 行索引 [7] 是第幾天的設定，代表這是一年中的第幾天。上述第 14 行索引 [8] 是夏令時間的設定，0 代表不是，1 代表是。

13-7 系統 sys 模組

這個模組可以控制 Python Shell 視窗訊息。

13-7-1 version 和 version_info 屬性

這個屬性可以列出目前所使用 Python 的版本訊息。

程式實例 ch13_24.py：列出目前所使用 Python 的版本訊息。

```
# ch13_24.py
import sys

print("目前Python版本是: ", sys.version)
print("目前Python版本是: ", sys.version_info)
```

執行結果

```
==================== RESTART: D:\Python\ch13\ch13_24.py ====================
目前Python版本是:  3.7.0 (v3.7.0:1bf9cc5093, Jun 27 2018, 04:06:47) [MSC v.1914
32 bit (Intel)]
目前Python版本是:  sys.version_info(major=3, minor=7, micro=0, releaselevel='fin
al', serial=0)
```

13-7-2　stdin 物件

這是一個物件，stdin 是 standard input 的縮寫，是指從螢幕輸入 (可想成 Python Shell 視窗)，這個物件可以搭配 readline( ) 方法，然後可以讀取螢幕輸入直到按下鍵盤 Enter 的字串。

程式實例 ch13_25.py：讀取螢幕輸入。

```
# ch13_25.py
import sys
print("請輸入字串, 輸入完按Enter = ", end = "")
msg = sys.stdin.readline()
print(msg)
```

執行結果

```
===================== RESTART: D:\Python\ch13\ch13_25.py =====================
請輸入字串, 輸入完按Enter = Python王者歸來
Python王者歸來
```

在 readline( ) 方法內可以加上正整數參數，例如：readline(n)，這個 n 代表所讀取的字元數，其中一個中文字或空格也是算一個字元數。

程式實例 ch13_26.py：從螢幕讀取 8 個字元數的應用。

```
# ch13_26.py
import sys
print("請輸入字串, 輸入完按Enter = ", end = "")
msg = sys.stdin.readline(8)          # 讀8個字
print(msg)
```

執行結果

```
===================== RESTART: D:\Python\ch13\ch13_26.py =====================
請輸入字串, 輸入完按Enter = Python王者歸來
Python王者
>>>
===================== RESTART: D:\Python\ch13\ch13_26.py =====================
請輸入字串, 輸入完按Enter = I like Python
I like P
```

13-7-3　stdout 物件

這是一個物件，stdout 是 standard ouput 的縮寫，是指從螢幕輸出 (可想成 Python Shell 視窗)，這個物件可以搭配 write( ) 方法，然後可以從螢幕輸出資料。

程式實例 ch13_27.py：使用 stdout 物件輸出資料。

```
# ch13_27.py
import sys

sys.stdout.write("I like Python")
```

執行結果

```
==================== RESTART: D:\Python\ch13\ch13_27.py ====================
I like Python
```

其實這個物件若是使用 Python Shell 視窗，最後會同時列出輸出的字元數。

```
>>> import sys
>>> sys.stdout.write("I like Python")
I like Python13
>>>
```

13-7-4 platform 屬性

可以傳回目前 Python 的使用平台。

程式實例 ch13_27_1.py：列出筆者電腦的使用平台。

```
# ch13_27_1.py
import sys

print(sys.platform)
```

執行結果

```
==================== RESTART: D:\Python\ch13\ch13_27_1.py ====================
win32
```

13-7-5 path 屬性

Python 的 sys.path 參數是一個串列資料，這個串列紀錄模組所在的目錄，當我們使用 import 匯入模組時，Python 會到此串列目錄找尋檔案，然後匯入。

程式實例 ch13_27_2.py：列出筆者電腦目前環境變數 path 的值。

```
# ch13_27_2.py
import sys
for dirpath in sys.path:
    print(dirpath)
```

執行結果

```
===================== RESTART: D:\Python\ch13\ch13_27_2.py =====================
D:\Python\ch13
C:\Users\User\AppData\Local\Programs\Python\Python37-32\Lib\idlelib
C:\Users\User\AppData\Local\Programs\Python\Python37-32\python37.zip
C:\Users\User\AppData\Local\Programs\Python\Python37-32\DLLs
C:\Users\User\AppData\Local\Programs\Python\Python37-32\lib
C:\Users\User\AppData\Local\Programs\Python\Python37-32
C:\Users\User\AppData\Local\Programs\Python\Python37-32\lib\site-packages
```

讀者可以看到筆者電腦所列出 sys.path 的內容，當我們匯入模組時 Python 會依上述順序往下搜尋所匯入的模組，當找到第一筆時就會匯入。上述 sys.path 第 0 個元素是 D:\Python\ch13，這是筆者所設計模組的目錄，如果筆者不小心設計了相同系統模組，例如：time，同時它的搜尋路徑在標準 Python 程式庫的模組路徑前面，將造成程式無法存取標準程式庫的模組。

13-7-6 getwindowsversion( )

傳回目前 Python 安裝環境的 Windows 作業系統版本。

程式實例 ch13_27_3.py：列出目前的 Windows 作業系統版本。

```
# ch13_27_3.py
import sys

print(sys.getwindowsversion())
```

執行結果

```
==================== RESTART: D:\Python\ch13\ch13_27_3.py ====================
sys.getwindowsversion(major=10, minor=0, build=17134, platform=2, service_pack='
')
```

13-7-7 executable

列出目前所使用 Python 可執行檔案路徑。

程式實例 ch13_27_4.py：列出筆者電腦 Python 可執行檔案路徑。

```
# ch13_27_4.py
import sys

print(sys.executable)
```

執行結果

```
=================== RESTART: D:/Python/ch13/ch13_27_4.py ===================
C:\Users\cshun\AppData\Local\Programs\Python\Python37-32\pythonw.exe
```

13-7-8 獲得 getrecursionlimit( ) 與設定 setrecursionlimit( ) 迴圈次數

在 11-7 節筆者已經說明 sys.setrecursionlimit( ) 可以獲得目前 Python 的迴圈次數，sys.setcursionlimit(x) 則是可以設定目前 Python 的迴圈次數，參數 x 是迴圈次數。

```
>>> import sys
>>> sys.setrecursionlimit(100)
>>> sys.getrecursionlimit()
100
```

13-7-9 DOS 命令列引數

有時候設計一些程式必需在 DOS 命令列執行，命令列上所輸入的引數會以串列形式記錄在 sys.argv 內。

程式實例 ch13_27_5.py：列出命令列引數。

```
# ch13_27_5.py
import sys
print("命令列參數 : ", sys.argv)
```

執行結果

```
C:\Users\Jiin-Kwei>python d:\Python\ch13\ch13_27_5.py
命令列參數 :  ['d:\\Python\\ch13\\ch13_27_5.py']

C:\Users\Jiin-Kwei>python d:\Python\ch13\ch13_27_5.py hello! Hi! Good-by
命令列參數 :  ['d:\\Python\\ch13\\ch13_27_5.py', 'hello!', 'Hi!', 'Good-by']
```

13-8 keyword 模組

這個模組有一些 Python 關鍵字的功能。

13-8-1 kwlist 屬性

這個屬性含所有 Python 的關鍵字。

程式實例 ch13_28.py：列出所有 Python 關鍵字。

```
# ch13_28.py
import keyword

print(keyword.kwlist)
```

執行結果

```
===================== RESTART: D:\Python\ch13\ch13_28.py =====================
['False', 'None', 'True', 'and', 'as', 'assert', 'async', 'await', 'break', 'cla
ss', 'continue', 'def', 'del', 'elif', 'else', 'except', 'finally', 'for', 'from
', 'global', 'if', 'import', 'in', 'is', 'lambda', 'nonlocal', 'not', 'or', 'pas
s', 'raise', 'return', 'try', 'while', 'with', 'yield']
```

13-8-2　iskeyword( )

這個方法可以傳回參數的字串是否是關鍵字，如果是傳回 True，如果否傳回 False。

程式實例 ch13_29.py：檢查串列內的字是否是關鍵字。

```
# ch13_29.py
import keyword                                   # 導入keyword模組

keywordLists = ['as', 'while', 'break', 'sse', 'Python']
for x in keywordLists:
    print("%8s " % x, keyword.iskeyword(x))
```

執行結果

```
===================== RESTART: D:/Python/ch13/ch13_29.py =====================
      as  True
   while  True
   break  True
     sse  False
  Python  False
```

13-9 日期 calendar 模組

日期模組有一些日曆資料，可很方便使用，筆者將介紹幾個常用的方法，使用此模組前需要先導入 "import calendar"。

13-9-1　列出某年是否潤年 isleap( )

如果是潤年傳回 True，否則傳回 False。

程式實例 ch13_30.py：分別列出 2020 年和 2021 年是否潤年。

```
# ch13_30.py
import calendar

print("2020年是否潤年", calendar.isleap(2020))
print("2021年是否潤年", calendar.isleap(2021))
```

執行結果

```
==================== RESTART: D:/Python/ch13/ch13_30.py ====================
2020年是否潤年 True
2021年是否潤年 False
```

13-9-2 印出月曆 month( )

這個方法完整的參數是 month(year,month)，可以列出指定年份月份的月曆。

程式實例 ch13_31.py：列出 2020 年 1 月的月曆。

```
# ch13_31.py
import calendar

print(calendar.month(2020,1))
```

執行結果

```
==================== RESTART: D:/Python/ch13/ch13_31.py ====================
    January 2020
Mo Tu We Th Fr Sa Su
       1  2  3  4  5
 6  7  8  9 10 11 12
13 14 15 16 17 18 19
20 21 22 23 24 25 26
27 28 29 30 31
```

13-9-3 印出年曆 calendar( )

這個方法完整的參數是 calendar(year)，可以列出指定年份的年曆。

程式實例 ch13_32.py：列出 2020 年的年曆。

```
# ch13_32.py
import calendar

print(calendar.calendar(2020))
```

執行結果

```
==================== RESTART: D:/Python/ch13/ch13_32.py ====================
                                  2020

      January                   February                   March
Mo Tu We Th Fr Sa Su      Mo Tu We Th Fr Sa Su      Mo Tu We Th Fr Sa Su
       1  2  3  4  5                      1  2                         1
 6  7  8  9 10 11 12       3  4  5  6  7  8  9       2  3  4  5  6  7  8
13 14 15 16 17 18 19      10 11 12 13 14 15 16       9 10 11 12 13 14 15
20 21 22 23 24 25 26      17 18 19 20 21 22 23      16 17 18 19 20 21 22
27 28 29 30 31            24 25 26 27 28 29         23 24 25 26 27 28 29
                                                    30 31

       April                      May                       June
Mo Tu We Th Fr Sa Su      Mo Tu We Th Fr Sa Su      Mo Tu We Th Fr Sa Su
       1  2  3  4  5                   1  2  3       1  2  3  4  5  6  7
 6  7  8  9 10 11 12       4  5  6  7  8  9 10       8  9 10 11 12 13 14
13 14 15 16 17 18 19      11 12 13 14 15 16 17      15 16 17 18 19 20 21
20 21 22 23 24 25 26      18 19 20 21 22 23 24      22 23 24 25 26 27 28
27 28 29 30               25 26 27 28 29 30 31      29 30

        July                     August                  September
Mo Tu We Th Fr Sa Su      Mo Tu We Th Fr Sa Su      Mo Tu We Th Fr Sa Su
       1  2  3  4  5                      1  2          1  2  3  4  5  6
 6  7  8  9 10 11 12       3  4  5  6  7  8  9       7  8  9 10 11 12 13
13 14 15 16 17 18 19      10 11 12 13 14 15 16      14 15 16 17 18 19 20
20 21 22 23 24 25 26      17 18 19 20 21 22 23      21 22 23 24 25 26 27
27 28 29 30 31            24 25 26 27 28 29 30      28 29 30
                          31

      October                   November                  December
Mo Tu We Th Fr Sa Su      Mo Tu We Th Fr Sa Su      Mo Tu We Th Fr Sa Su
          1  2  3  4                         1          1  2  3  4  5  6
 5  6  7  8  9 10 11       2  3  4  5  6  7  8       7  8  9 10 11 12 13
12 13 14 15 16 17 18       9 10 11 12 13 14 15      14 15 16 17 18 19 20
19 20 21 22 23 24 25      16 17 18 19 20 21 22      21 22 23 24 25 26 27
26 27 28 29 30 31         23 24 25 26 27 28 29      28 29 30 31
                          30
```

13-9-4 其它方法

實例一：列出 2022 年是否潤年。

```
>>> calendar.isleap(2022)
False
```

實例二：列出 2000 年至 2022 年間有幾個潤年。

```
>>> calendar.leapdays(2000, 2022)
6
```

實例三：列出 2019 年 12 月的月曆。

```
>>> calendar.monthcalendar(2019, 12)
[[0, 0, 0, 0, 0, 0, 1], [2, 3, 4, 5, 6, 7, 8], [9, 10, 11, 12, 13, 14, 15], [16, 17
, 18, 19, 20, 21, 22], [23, 24, 25, 26, 27, 28, 29], [30, 31, 0, 0, 0, 0, 0]]
```

上述每週被當作串列的元素，元素也是串列，元素是從星期一開始計數，非月曆日期用 0 填充，所以可以知道 12 月 1 日是星期日。

實例四：列出某年某月 1 日是星期幾，以及該月天數。

```
>>> calendar.monthrange(2019, 12)
(6, 31)
```

上述指出 2019 年 12 月有 31 天，12 月 1 日是星期日 (星期一的傳回值是 0)。

13-10 幾個增強 Python 功力的模組

13-10-1 collections 模組

13-10-1-1 defaultdict( )

這個模組有 defaultdict(func) 方法，這個方法可以為新建立的字典設定預設值，它的參數是一個函數，如果參數是 int，則參數相當於是 int( )，預設值會回傳 0。如果參數是 list 或 dict，預設值是分別回傳 "[ ]" 或 "{ }"。如果省略參數，預設會回傳 None。

程式實例 ch13_33.py：使用 defaultdict( ) 建立字典的應用。

```
# ch13_33.py
from collections import defaultdict
fruits = defaultdict(int)
fruits["apple"] = 20
fruits["orange"]            # 使用int預設的0
print(fruits["apple"])
print(fruits["orange"])
print(fruits)
```

執行結果

```
==================== RESTART: D:/Python/ch13/ch13_33.py ====================
20
0
defaultdict(<class 'int'>, {'apple': 20, 'orange': 0})
```

除了使用 int、list … 外，我們也可以自行設計 defaultdict( ) 方法內的函數。

程式實例 ch13_34.py：使用自行設計的函數重新設計程式實例 ch13_33.py。

```
# ch13_34.py
from collections import defaultdict
def price():
    return 10

fruits = defaultdict(price)
fruits["apple"] = 20
fruits["orange"]                # 使用自行設計的price()
print(fruits["apple"])
print(fruits["orange"])
print(fruits)
```

執行結果

```
==================== RESTART: D:/Python/ch13/ch13_34.py ====================
20
10
defaultdict(<function price at 0x02F20420>, {'apple': 20, 'orange': 10})
```

程式實例 ch13_35.py：使用 lambda 重新設計 ch13_34.py。

```
# ch13_35.py
from collections import defaultdict

fruits = defaultdict(lambda:10)
fruits["apple"] = 20
fruits["orange"]                # 使用lambda設定的10
print(fruits["apple"])
print(fruits["orange"])
print(fruits)
```

執行結果 與 ch13_34.py 相同。

當使用 defaultdict(int) 時，也就是參數放 int 時，我們可以利用此特性建立計數器。

程式實例 ch13_36.py：利用參數是 int 的特性建立計數器。

```
# ch13_36.py
from collections import defaultdict

fruits = defaultdict(int)
for fruit in ["apple","orange","apple"]:
    fruits[fruit] += 1

for fruit, count in fruits.items():
    print(fruit, count)
```

執行結果

```
==================== RESTART: D:/Python/ch13/ch13_36.py ====================
apple 2
orange 1
```

對於 ch13_36.py 而言，如果我們改成第 9 章的 dict，使用上述第 6 行的寫法會有 KeyError 錯誤，因為尚未建立該鍵，我們必需使用下列方式改寫。

程式實例 ch13_37.py：使用傳統 dict 字典方式重新設計 ch13_36.py。

```
# ch13_37.py

fruits = {}
for fruit in ["apple","orange","apple"]:
    if not fruit in fruits:
        fruits[fruit] = 0
    fruits[fruit] += 1

for fruit, count in fruits.items():
    print(fruit, count)
```

執行結果 與 ch13_36.py 相同。

13-10-1-2 Counter( )

這個方法可以將串列元素轉成字典的鍵，字典的值則是元素在串列出現的次數。留意：此方法所建的資料型態是 Collections.Counter，元素則是字典。

程式實例 ch13_38.py：使用 Counter( ) 將串列轉成字典的應用。

```
# ch13_38.py
from collections import Counter

fruits = ["apple","orange","apple"]
fruitsdict = Counter(fruits)
print(fruitsdict)
```

執行結果

```
==================== RESTART: D:/Python/ch13/ch13_38.py ====================
Counter({'apple': 2, 'orange': 1})
```

13-10-1-3 most_common( )

這個 most_common(n) 方法如果省略參數 n，可以參考鍵 : 值的數量由大排到小傳回。n 是設定傳回多少元素。

程式實例 ch13_39py：使用 most_common( ) 的應用。

```
# ch13_39.py
from collections import Counter

fruits = ["apple","orange","apple"]
fruitsdict = Counter(fruits)
myfruits1 = fruitsdict.most_common()
print(myfruits1)
myfruits0 = fruitsdict.most_common(0)
print(myfruits0)
myfruits1 = fruitsdict.most_common(1)
print(myfruits1)
myfruits2 = fruitsdict.most_common(2)
print(myfruits2)
```

執行結果

```
===================== RESTART: D:/Python/ch13/ch13_39.py =====================
[('apple', 2), ('orange', 1)]
[]
[('apple', 2)]
[('apple', 2), ('orange', 1)]
```

13-10-1-4 Counter 物件的加與減

對於 Counter 物件而言，我們可以使用加法 + 與減法 -，將 2 個物件相加，相加的方式是所有元素相加，若是有重複的元素則鍵的值會相加。或是如果想列出 A 有 B 沒有的元素，可以使用 A – B。

程式實例 ch13_40.py：執行 Counter 物件相加，同時將 fruitsdictA 有的但是 fruitsdictB 沒有的列出來。

```
# ch13_40.py
from collections import Counter

fruits1 = ["apple","orange","apple"]
fruitsdictA = Counter(fruits1)
fruits2 = ["grape","orange","orange", "grape"]
fruitsdictB = Counter(fruits2)
# 加法
fruitsdictAdd = fruitsdictA + fruitsdictB
```

```
print(fruitsdictAdd)
# 減法
fruitsdictSub = fruitsdictA - fruitsdictB
print(fruitsdictSub)
```

執行結果

```
==================== RESTART: D:/Python/ch13/ch13_40.py ====================
Counter({'orange': 3, 'apple': 2, 'grape': 2})
Counter({'apple': 2})
```

13-10-1-5 Counter 物件的交集與聯集

可以使用 & 當作交集符號，| 是聯集符號。聯集與加法不一樣它不會將數量相加，只是取多的部分。交集則是取數量少的部分。

程式實例 ch13_41.py：交集與聯集的應用。

```
# ch13_41.py
from collections import Counter

fruits1 = ["apple","orange","apple"]
fruitsdictA = Counter(fruits1)
fruits2 = ["grape","orange","orange", "grape"]
fruitsdictB = Counter(fruits2)
# 交集
fruitsdictInter = fruitsdictA & fruitsdictB
print(fruitsdictInter)
# 聯集
fruitsdictUnion = fruitsdictA | fruitsdictB
print(fruitsdictUnion)
```

執行結果

```
==================== RESTART: D:/Python/ch13/ch13_41.py ====================
Counter({'orange': 1})
Counter({'apple': 2, 'orange': 2, 'grape': 2})
```

13-10-1-6 deque()

這是資料結構中的雙頭序列，基本上這是具有堆疊 stack 與序列 queue 的功能，我們可以從左右兩邊增加元素，也可以從左右兩邊刪除元素。pop( ) 方法可以移除右邊的元素並回傳，popleft( ) 可以移除左邊的元素並回傳。

程式實例 ch13_42.py：在程式設計有一個常用的名詞 " 回文 (palindrome)"，從左右兩邊往內移動，如果相同就一直比對到中央，如果全部相同就是回文，否則不是回文。

```
# ch13_42.py
from collections import deque

def palindrome(word):
    wd = deque(word)
    while len(wd) > 1:
        if wd.pop() != wd.popleft():
            return False
    return True

print(palindrome("x"))
print(palindrome("abccba"))
print(palindrome("radar"))
print(palindrome("python"))
```

執行結果

```
==================== RESTART: D:/Python/ch13/ch13_42.py ====================
True
True
True
False
```

另一種簡單的方式是使用 [::-1] 可以將字串反轉，直接比較就可以判斷是否回文。

程式實例 ch13_43.py：使用字串反轉判斷是否回文。

```
# ch13_43.py
from collections import deque

def palindrome(word):
    return word == word[::-1]

print(palindrome("x"))
print(palindrome("abccba"))
print(palindrome("radar"))
print(palindrome("python"))
```

執行結果 與 ch13_42.py 相同。

13-10-2 pprint 模組

先前所有程式皆是使用 print( ) 做輸出，它的輸出原則是在 Python Shell 輸出，一行滿了才跳到下一行輸出，pprint( ) 用法與 print( ) 相同，不過 pprint( ) 會執行一行輸出一個元素，結果比較容易閱讀。

程式實例 ch13_44.py：程式 ch13_27_2.py 輸出 sys.path 的數據，當時為了執行結果清爽，筆者使用 for 迴圈方式一次輸出一筆數據，其實我們使用 pprint( ) 可以獲得幾乎同樣的結果。下列是比較 print( ) 與 pprint( ) 的結果。

```
# ch13_44.py
import sys
from pprint import pprint
print("使用print")
print(sys.path)
print("使用pprint")
pprint(sys.path)
```

執行結果

```
==================== RESTART: D:/Python/ch13/ch13_44.py ====================
使用print
['D:/Python/ch13', 'C:\\Users\\User\\AppData\\Local\\Programs\\Python\\Python37-
32\\Lib\\idlelib', 'C:\\Users\\User\\AppData\\Local\\Programs\\Python\\Python37-
32\\python37.zip', 'C:\\Users\\User\\AppData\\Local\\Programs\\Python\\Python37-
32\\DLLs', 'C:\\Users\\User\\AppData\\Local\\Programs\\Python\\Python37-32\\lib'
, 'C:\\Users\\User\\AppData\\Local\\Programs\\Python\\Python37-32', 'C:\\Users\\
User\\AppData\\Local\\Programs\\Python\\Python37-32\\lib\\site-packages']
使用pprint
['D:/Python/ch13',
 'C:\\Users\\User\\AppData\\Local\\Programs\\Python\\Python37-32\\Lib\\idlelib',
 'C:\\Users\\User\\AppData\\Local\\Programs\\Python\\Python37-32\\python37.zip',
 'C:\\Users\\User\\AppData\\Local\\Programs\\Python\\Python37-32\\DLLs',
 'C:\\Users\\User\\AppData\\Local\\Programs\\Python\\Python37-32\\lib',
 'C:\\Users\\User\\AppData\\Local\\Programs\\Python\\Python37-32',
 'C:\\Users\\User\\AppData\\Local\\Programs\\Python\\Python37-32\\lib\\site-pack
ages']
```

13-10-3 itertools 模組

這是一個迭代的模組，有幾個方法對於迭代很有特色，學會了那天派上用場一定很酷。

13-10-3-1 chain( )

這個方法可以將 chain( ) 參數的元素內容一一迭代出來。

程式實例 ch13_45.py：chain( ) 的應用。

```
# ch13_45.py
import itertools
for i in itertools.chain([1,2,3],('a','d')):
    print(i)
```

執行結果

```
==================== RESTART: D:/Python/ch13/ch13_45.py ====================
1
2
3
a
d
```

13-10-3-2　cycle( )

這個方法會產生無限迭代。

程式實例 ch13_46.py：cycle( ) 的應用。

```
# ch13_46.py
import itertools
for i in itertools.cycle(('a','b','c')):
    print(i)
```

執行結果 可以按 Ctrl+C 讓程式中斷。

```
==================== RESTART: D:/Python/ch13/ch13_46.py ====================
a
b
c
a
b
```

13-10-3-3　accumulate( )

如果 accumulate( ) 只有一個參數，則是列出累計的值。如果 accumulate( ) 有 2 個參數，則第 2 個參數是函數，可以依照此函數列出累計的計算結果。

程式實例 ch13_47.py：accumulate( ) 的應用。

```
# ch13_47.py
import itertools
def mul(x, y):
    return (x * y)
for i in itertools.accumulate((1,2,3,4,5)):
    print(i)

for i in itertools.accumulate((1,2,3,4,5),mul):
    print(i)
```

執行結果

```
==================== RESTART: D:/Python/ch13/ch13_47.py ====================
1
3
6
10
15
1
2
6
24
120
```

13-10-3-4 combinations( )

必須是 2 個參數，第一個參數事可迭代物件，第 2 個參數是 r，此方法可以返回長度為 r 的子序列，此子序列就是各種元素的組合。

程式實例 ch13_47_1.py：有一個可迭代串列，內有元素 'a'、'b'、'c'，計算長度為 2 個字元的各種組合。

```
# ch13_47_1.py
import itertools

x = ['a', 'b', 'c']
r = 2
y = itertools.combinations(x, r)
print(list(y))
```

執行結果

```
==================== RESTART: D:/Python/ch13/ch13_47_1.py ====================
[('a', 'b'), ('a', 'c'), ('b', 'c')]
```

其實這個函數可以應用在遺傳的基因組合，例如：人類控制雙眼皮的基因是 F 這是顯性，控制單眼皮的基因是 f 這是隱性，一對的基因組合有 FF、Ff、ff。在基因組合中 FF、Ff 皆是雙眼皮，ff 則是單眼皮。

程式實例 ch14_47_2.py：假設父母基因皆是 Ff，假設父母單一基因遺傳給子女機率相等，請計算子女單眼皮機率和雙眼皮機率。

```
# ch13_47_2.py
import itertools

single = 0                          # 單眼皮
double = 0                          # 雙眼皮
counter = 0                         # 組合計數
x = ['F', 'f', 'F', 'f']            # 基因組合
r = 2                               # 一對
```

```
for gene in itertools.combinations(x, r):
    if 'F' in gene:
        double += 1
    else:
        single += 1
    counter += 1

print("單眼皮機率 : %5.3f" % (single / counter))
print("雙眼皮機率 : %5.3f" % (double / counter))
```

執行結果

```
==================== RESTART: D:/Python/ch13/ch13_47_2.py ====================
單眼皮機率 : 0.167
雙眼皮機率 : 0.833
```

13-10-4　string 模組

在 6-13-3 節實例 1 筆者曾經設定字串 abc='AB …. YZ'，當讀者懂了本節觀念，可以輕易使用本節觀念處理這類問題。這是字串模組，在這個模組內有一系列程式設計有關字串，可以使用 strings 的屬性讀取這些字串，使用前需要 import string。

string.digits：'0123456789'。

string.hexdigits：'0123456789abcdefABCDEF'。

string.octdigits：'01234567'

string.ascii_letters：'abcdefghijklmnopqrstuvwxyzABCEDFGHIJKLMNOPQRSTUVWXYZ'

string.ascii_lowercase：'abcdefghijklmnopqrstuvwxyz'

string.ascii_uppercase：'ABCEDFGHIJKLMNOPQRSTUVWXYZ'

下列是實例驗證。

```
>>> import string
>>> string.digits
'0123456789'
>>> string.hexdigits
'0123456789abcdefABCDEF'
>>> string.octdigits
'01234567'
>>> string.ascii_letters
'abcdefghijklmnopqrstuvwxyzABCDEFGHIJKLMNOPQRSTUVWXYZ'
>>> string.ascii_lowercase
'abcdefghijklmnopqrstuvwxyz'
>>> string.ascii_uppercase
'ABCDEFGHIJKLMNOPQRSTUVWXYZ'
```

另外：string.whitespace 則是空白字元。

```
>>> string.whitespace
' \t\n\r\x0b\x0c'
```

上述符號可以參考 3-4-3 節。

13-11 專題設計 賭場遊戲騙局 / 蒙地卡羅模擬 / 文件加密

13-11-1 賭場遊戲騙局

全球每一家賭場皆裝潢得很漂亮，各種噱頭讓我們想一窺內部。其實絕大部份的賭場有關電腦控制的機台皆是可以作弊的，讀者可以想想如果是依照 1:1 的比例輸贏，賭場那來的費用支付員工薪資、美麗的裝潢、 … 。在 ch13_7.py 筆者設計了賭大小的遊戲，程式開始即可以設定莊家的輸贏比例，在這種狀況玩家以為自己手氣背，其實非也，只是機台已被控制。

程式實例 ch13_48.py：這是 ch13_16.py 的擴充，剛開始玩家有 300 美金賭本，每次賭注是 100 美金，如果猜對賭金增加 100 美金，如果猜錯賭金減少 100 美金，賭金沒了，或是按 Q 或 q 則程式結束。

```
# ch13_48.py
import random                               # 導入模組random
money = 300                                 # 賭金總額
bet = 100                                   # 賭注
min, max = 1, 100                           # 隨機數最小與最大值設定
winPercent = int(input("請輸入莊家贏的比率(0-100)之間 :"))

while True:
    print("歡迎光臨 : 目前籌碼金額 %d 美金 " % money)
    print("每次賭注 %d 美金 " % bet)
    print("猜大小遊戲: L或l表示大,  S或s表示小, Q或q則程式結束")
    customerNum = input("= ")               # 讀取玩家輸入
    if customerNum == 'Q' or customerNum == 'q':      # 若輸入Q或q
        break                                          # 程式結束
    num = random.randint(min, max)          # 產生是否讓玩家答對的隨機數
    if num > winPercent:                    # 隨機數在此區間回應玩家猜對
        print("恭喜!答對了\n")
        money += bet                        # 賭金總額增加
    else:                                   # 隨機數在此區間回應玩家猜錯
        print("答錯了!請再試一次\n")
        money -= bet                        # 賭金總額減少
```

```
    if money <= 0:
        break

print("歡迎下次再來")
```

執行結果

```
==================== RESTART: D:\Python\ch13\ch13_48.py ====================
請輸入莊家贏的比率(0-100)之間 :90
歡迎光臨 : 目前籌碼金額 300 美金
每次賭注 100 美金
猜大小遊戲: L或l表示大,  S或s表示小, Q或q則程式結束
= l
答錯了!請再試一次

歡迎光臨 : 目前籌碼金額 200 美金
每次賭注 100 美金
猜大小遊戲: L或l表示大,  S或s表示小, Q或q則程式結束
= l
答錯了!請再試一次

歡迎光臨 : 目前籌碼金額 100 美金
每次賭注 100 美金
猜大小遊戲: L或l表示大,  S或s表示小, Q或q則程式結束
= s
答錯了!請再試一次

歡迎下次再來
```

13-11-2 蒙地卡羅模擬

我們可以使用蒙地卡羅模擬計算 PI 值，首先繪製一個外接正方形的圓，圓的半徑是 1。

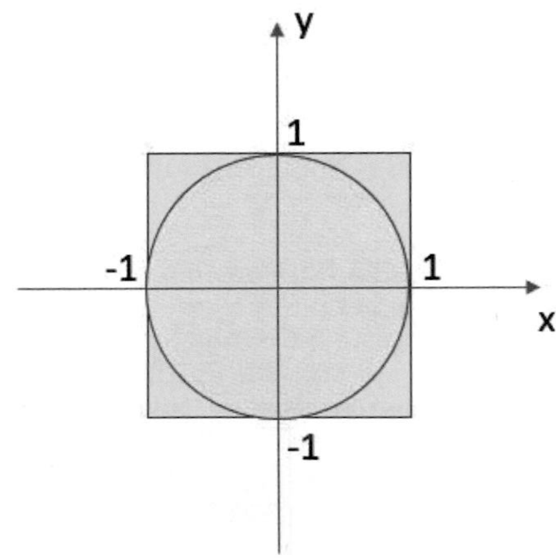

由上圖可以知道矩形面積是 4，圓面積是 PI。

如果我們現在要產生 1000000 個點落在方形內的點，可以由下列公式計算點落在圓內的機率：

圓面積 / 矩形面積 = PI / 4
落在圓內的點個數 (Hits) = 1000000 * PI / 4

如果落在圓內的點個數用 Hits 代替，則可以使用下列方式計算 PI。

PI = 4 * Hits / 1000000

程式實例 ch13_49.py：蒙地卡羅模擬隨機數計算 PI 值，這個程式會產生 100 萬個隨機點。

```
# ch13_49.py
import random

trials = 1000000
Hits = 0
for i in range(trials):
    x = random.random() * 2 - 1        # x軸座標
    y = random.random() * 2 - 1        # y軸座標
    if x * x + y * y <= 1:             # 判斷是否在圓內
        Hits += 1
PI = 4 * Hits / trials

print("PI = ", PI)
```

執行結果

```
==================== RESTART: D:\Python\ch13\ch13_49.py ====================
PI =  3.143156
```

13-11-3 再談文件加密

在 9-8-4 節筆者已經講解文件加密的觀念，有一個模組 string，這個模組有一個屬性是 printable，這個屬性可以列出所有 ASCII 的可以列印字元。

```
>>> import string
>>> string.printable
'0123456789abcdefghijklmnopqrstuvwxyzABCDEFGHIJKLMNOPQRSTUVWXYZ!"#$%&\'()*+,-./:
;<=>?@[\\]^_`{|}~ \t\n\r\x0b\x0c'
```

上述字串最大的優點是可以處理所有的文件內容，所以我們在加密編碼時已經可以應用在所有文件。在上述字元中最後幾個是逸出字元，可以參考 3-4-3 節，在做編碼加密時我們可以將這些字元排除。

```
>>> abc = string.printable[:-5]
>>> abc
'0123456789abcdefghijklmnopqrstuvwxyzABCDEFGHIJKLMNOPQRSTUVWXYZ!"#$%&\'()*+,-./:
;<=>?@[\\]^_`{|}~ '
```

程式實例 ch13_50.py：設計一個加密函數，然後為字串執行加密，所加密的字串在第 16 行設定，取材自 1-11 節 Python 之禪的內容。

```
1  # ch13_50.py
2  import string
3
4  def encrypt(text, encryDict):              # 加密文件
5      cipher = []
6      for i in text:                         # 執行每個字元加密
7          v = encryDict[i]                   # 加密
8          cipher.append(v)                   # 加密結果
9      return ''.join(cipher)                 # 將串列轉成字串
10
11 abc = string.printable[:-5]                # 取消不可列印字元
12 subText = abc[-3:] + abc[:-3]              # 加密字串
13 encry_dict = dict(zip(subText, abc))       # 建立字典
14 print("列印編碼字典\n", encry_dict)        # 列印字典
15

16 msg = 'If the implementation is easy to explain, it may be a good idea.'
17 ciphertext = encrypt(msg, encry_dict)
18
19 print("原始字串 ", msg)
20 print("加密字串 ", ciphertext)
```

執行結果

```
==================== RESTART: D:\Python\ch13\ch13_50.py ====================
列印編碼字典
 {'}': '0', '~': '1', ' ': '2', '0': '3', '1': '4', '2': '5', '3': '6', '4': '7'
, '5': '8', '6': '9', '7': 'a', '8': 'b', '9': 'c', 'a': 'd', 'b': 'e', 'c': 'f'
, 'd': 'g', 'e': 'h', 'f': 'i', 'g': 'j', 'h': 'k', 'i': 'l', 'j': 'm', 'k': 'n'
, 'l': 'o', 'm': 'p', 'n': 'q', 'o': 'r', 'p': 's', 'q': 't', 'r': 'u', 's': 'v'
, 't': 'w', 'u': 'x', 'v': 'y', 'w': 'z', 'x': 'A', 'y': 'B', 'z': 'C', 'A': 'D'
, 'B': 'E', 'C': 'F', 'D': 'G', 'E': 'H', 'F': 'I', 'G': 'J', 'H': 'K', 'I': 'L'
, 'J': 'M', 'K': 'N', 'L': 'O', 'M': 'P', 'N': 'Q', 'O': 'R', 'P': 'S', 'Q': 'T'
, 'R': 'U', 'S': 'V', 'T': 'W', 'U': 'X', 'V': 'Y', 'W': 'Z', 'X': '!', 'Y': '"'
, 'Z': '#', '!': '$', '"': '%', '#': '&', '$': "'", '%': '(', '&': ')', "'": '*'
, '(': '+', ')': ',', '*': '-', '+': '.', ',': '/', '-': ':', '.': ';', '/': '<'
, ':': '=', ';': '>', '<': '?', '=': '@', '>': '[', '?': '\\', '@': ']', '[': '^
', '\\': '_', ']': '`', '^': '{', '_': '|', '`': '}', '{': '~', '|': ' '}
原始字串  If the implementation is easy to explain, it may be a good idea.
加密字串  Li2wkh2lpsohphqwdwlrq2lv2hdvB2wr2hAsodlq/2lw2pdB2eh2d2jrrg2lghd;
```

可以加密就可以解密，解密的字典基本上是將加密字典的鍵與值對掉即可，如下所示：至於完整的程式設計將是讀者的習題。

```
decry_dict = dict(zip(abc, subText))
```

13-11-4 全天下只有你可以解的加密程式？你也可能無法解？

上述加密字元間有一定規律，所以若是碰上高手是可以解此加密規則，如果你想設計一個只有你自己可以解的加密程式，在程式實例 ch13_50.py 第 12 行可以使用下列方式處理。

```
newAbc = abc[:]                    # 產生新字串拷貝
abllist = list(newAbc)             # 字串轉成串列
random.shuffle(abclist)            # 重排串列內容
subText = ''.join(abclist)         # 串列轉成字串
```

上述相當於打亂字元的對應順序，如果你這樣做就必需將上述 subText 儲存至資料庫內，也就是保存字元打亂的順序，否則連你未來也無法解此加密結果。

程式實例 ch13_51.py：無法解的加密程式，這個程式每次執行皆會有不同的加密效果。

```
# ch13_51.py
import string
import random
def encrypt(text, encryDict):                # 加密文件
    cipher = []
    for i in text:                           # 執行每個字元加密
        v = encryDict[i]                     # 加密
        cipher.append(v)                     # 加密結果
    return ''.join(cipher)                   # 將串列轉成字串

abc = string.printable[:-5]                  # 取消不可列印字元
newAbc = abc[:]                              # 產生新字串拷貝
abclist = list(newAbc)                       # 轉成串列
random.shuffle(abclist)                      # 打亂串列順序
subText = ''.join(abclist)                   # 轉成字串
encry_dict = dict(zip(subText, abc))         # 建立字典
print("列印編碼字典\n", encry_dict)          # 列印字典

msg = 'If the implementation is easy to explain, it may be a good idea.'
ciphertext = encrypt(msg, encry_dict)

print("原始字串 ", msg)
print("加密字串 ", ciphertext)
```

執行結果 下列是兩次執行顯示不同的結果。

```
==================== RESTART: D:\Python\ch13\ch13_51.py ====================
列印編碼字典
 {'1': '0', '\\': '1', 'L': '2', 'm': '3', 'o': '4', '/': '5', 'E': '6', 'S': '7
', '4': '8', 'u': '9', '0': 'a', 'R': 'b', 'q': 'c', 'y': 'd', 'z': 'e', '<': 'f
', '*': 'g', 'p': 'h', 'f': 'i', 'T': 'j', ',': 'k', 'C': 'l', ';': 'm', 'B': 'n
', '$': 'o', '_': 'p', '&': 'q', '{': 'r', 'Z': 's', 'N': 't', 'w': 'u', 'D': 'v
', 'V': 'w', 'P': 'x', 'd': 'y', 'Y': 'z', '3': 'A', '5': 'B', 'r': 'C', '}': 'D
', '=': 'E', '2': 'F', '9': 'G', 'J': 'H', 'b': 'I', 'W': 'J', ')': 'K', '^': 'L
', 'H': 'M', 'g': 'N', 'c': 'O', '1': 'P', 'F': 'Q', '~': 'R', 'X': 'S', 'a': 'T
', '[': 'U', 'j': 'V', 'k': 'W', '%': 'X', '.': 'Y', 'U': 'Z', '#': '!', 'O': '"
', 't': '#', '7': '$', 'v': '%', 'A': '&', 'n': "'", '-': '(', '"': ')', '@': '*
', '>': '+', ']': ',', 'K': '-', 's': '.', 'Q': '/', '!': ':', '(': ';', 'I': '<
', ' ': '=', "'": '>', '+': '?', '?': '@', 'i': '[', '6': '\\', 'h': ']', 'G': '
^', '`': '_', '|': '`', 'e': '{', 'M': '|', '8': '}', 'x': '~', ':': ' '}
原始字串  If the implementation is easy to explain, it may be a good idea.
加密字串  <i=#]{=[3h0{3{'#T#[4'=[.={T.d=#4={~h0T['k=[#=3Td=I{=T=N44y=[y{TY
```

```
原始字串  If the implementation is easy to explain, it may be a good idea.
加密字串  X[r>gTr0IUkTIT|>D>0j|r0/rTD/_r>jrTbUkD0|Kr0>rID_rWTrDrAjj(r0(TD*
```

坦白說由上述執行結果可以發現加密結果更亂、更難理解，如何驗證上述加密是正確，這將是讀者的習題。

習題

實作題

1. 請擴充 makefood 模組，增加 make_noodle( ) 函數，這個函數的參數第一個是麵的種類，例如：牛肉麵、肉絲麵，… 等。第 2 到多個參數則是自選配料，然後參考 ch13_2.py 呼叫方式，產生結果。(13-2 節)

2. 請建立一個模組，這個模組含 4 個運算的類別，分別是加法、減法、乘法和除法，運算完成後需回傳結果。基本上每個方法皆是含 2 個參數，運算原則是：

   參數 1 op 參數 2

   請分別用 2 組數字測試這個模組。(13-4 節)

3. 請重新設計 ch13_15.py，將所猜數值改為 0-30 間，增加猜幾次才答對，若是輸入 Q 或 q，程式可直接結束。(13-5 節)

4. 在賭場有擲骰子機器，每次有 3 個骰子，可以壓大或小、總計數字或是針對猜對數字獲得理賠，請設計一個程式可以每次獲得 3 組數字，然後列出結果。(13-5 節)

5. 請重新設計 ch13_17.py，每執行一次即將輸出的水果從串列內刪除，直到 fruits 串列元素為無。(13-5 節)

6. 重新設計 ch13_17_1.py，產生 600 次 1-6 之間的值，最後以排序字典方式列出每個骰子值出現的次數，你的骰子值出現的次數可能和下列不同。(13-5 節)
7. 重新設計 ch13_18_1.py，取得威力彩號碼，威力彩普通號與大樂透相同，但是特別號是介於 1-8 之間的數字，這個程式會先列出特別號再將一般號碼由小到大排列。(13-5 節)
8. 請列出目前你所使用的 Python 版本 (version, version_info)、平台、視窗版本、可執行檔路徑。(13-7 節)
9. 請輸入字串，本程式可以判斷這是不是 Python 關鍵字。(13-8 節)
10. 請重新設計 ch13_31.py，但是將年份和月份改為螢幕輸入。(13-9 節)
11. 擴充程式實例 ch13_50.py，多設計一個解密函數，將加密結果字串解密。(13-11 節)
12. 擴充程式實例 ch13_51.py，多設計一個解密函數，將加密結果字串解密。(13-11 節)

第十四章

檔案的讀取與寫入

本章筆者將講解使用 Python 處理 Windows 作業系統內檔案的完整相關知識，例如：檔案路徑的管理、檔案的讀取與寫入、目錄的管理、檔案壓縮與解壓縮、認識編碼規則與剪貼簿的相關應用。

14-1 資料夾與檔案路徑

有一個檔案路徑圖形如下：

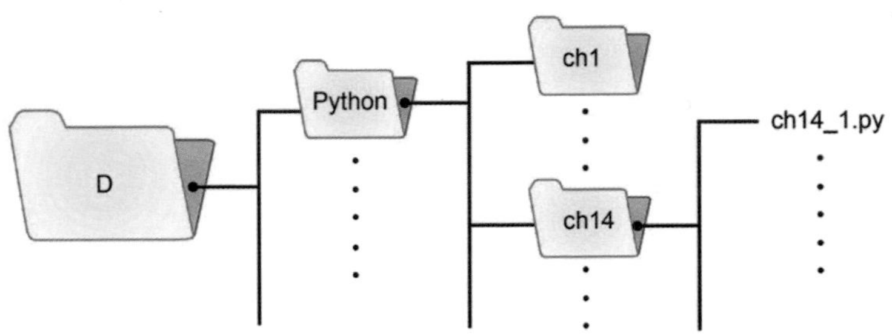

對於 ch14_1.py 而言，它的檔案路徑名稱是：

D:\Python\ch14\ch14_1.py

對於 ch14_1.py 而言，它的目前工作目錄 (也可稱資料夾) 名稱是：

D:\Python\ch14

14-1-1 絕對路徑與相對路徑

在作業系統可以使用 2 種方式表達檔案路徑，下列是以 ch14_1.py 為例：

1： 絕對路徑：路徑從根目錄開始表達，例如：若以 14-1 節的檔案路徑圖為例，它的絕對路徑是：

D:\Python\ch14\ch14_1.py

2： 相對路徑：是指相對於目前工作目錄的路徑，例如：若以 14-1 節的檔案路徑圖為例，若是目前工作目錄是 D:\Python\ch14，它的相對路徑是：

ch14_1.py

另外，在作業系統處理資料夾的觀念中會使用 2 個特殊符號 "." 和 ".."，"." 指的是目前資料夾，".." 指的是上一層資料夾。但是在使用上，當指目前資料夾時也可以省略 ".\"。所以使用 ".\ch14_1.py" 與 "ch14_1.py" 意義相同。

14-1-2 os 模組與 os.path 模組

在 Python 內有關檔案路徑的模組是 os，所以在本節實例最前面均需導入此模組。

```
import os                          # 導入 os 模組
```

在 os 模組內有另一個常用模組 os.path，14-1 節主要是使用這 2 個模組的方法，講解與檔案路徑有關的資料夾知識，由於 os.path 是在 os 模組內，所以導入 os 模組後不用再導入 os.path 模組。

14-1-3 取得目前工作目錄 os.getcwd( )

os 模組內的 getcwd( ) 可以取得目前工作目錄。

程式實例 ch14_1.py：列出目前工作目錄。

```
# ch14_1.py
import os

print(os.getcwd())                    # 列出目前工作目錄
```

執行結果

```
==================== RESTART: D:\Python\ch14\ch14_1.py ====================
D:\Python\ch14
```

14-1-4 取得絕對路徑 os.path.abspath

os.path 模組的 abspath(path) 會傳回 path 的絕對路徑，通常我們可以使用這個方法將檔案或資料夾的相對路徑轉成絕對路徑。

程式實例 ch14_2.py：取得絕對路徑的應用。

```
# ch14_2.py
import os

print(os.path.abspath('.'))                 # 列出目前工作目錄的絕對路徑
print(os.path.abspath('..'))                # 列出上一層工作目錄的絕對路徑
print(os.path.abspath('ch14_2.py'))         # 列出目前檔案的絕對路徑
```

執行結果

```
==================== RESTART: D:\Python\ch14\ch14_2.py ====================
D:\Python\ch14
D:\Python
D:\Python\ch14\ch14_2.py
```

14-1-5　傳回特定路段相對路徑 os.path.relpath( )

os.path 模組的 relpath(path, start) 會傳回從 start 到 path 的相對路徑，如果省略 start，則傳回目前工作目錄至 path 的相對路徑。

程式實例 ch14_3.py：傳回特定路段相對路徑的應用。

```
# ch14_3.py
import os

print(os.path.relpath('D:\\'))                    # 列出目前工作目錄至D:\的相對路徑
print(os.path.relpath('D:\\Python\\ch13'))  # 列出目前工作目錄至特定path的相對路徑
print(os.path.relpath('D:\\', 'ch14_3.py')) # 列出目前檔案至D:\的相對路徑
```

執行結果

```
==================== RESTART: D:\Python\ch14\ch14_3.py ====================
..\..
..\ch13
..\..\..
```

14-1-6　檢查路徑方法 exist/isabs/isdir/isfile

下列是常用的 os.path 模組方法。

exist(path)：如果 path 的檔案或資料夾存在傳回 True 否則傳回 False。

isabs(path)：如果 path 的檔案或資料夾是絕對路徑傳回 True 否則傳回 False。

isdir(path)：如果 path 是資料夾傳回 True 否則傳回 False。

isfile(path)：如果 path 是檔案傳回 True 否則傳回 False。

程式實例 ch14_4.py：檢查路徑方法的應用。

```
# ch14_4.py
import os

print("檔案或資料夾存在 = ", os.path.exists('ch14'))
print("檔案或資料夾存在 = ", os.path.exists('D:\\Python\\ch14'))
print("檔案或資料夾存在 = ", os.path.exists('ch14_4.py'))
print(" --- ")

print("是絕對路徑 = ", os.path.isabs('ch14_4.py'))
```

```
print("是絕對路徑 = ", os.path.isabs('D:\\Python\\ch14\\ch14_4.py'))
print(" --- ")

print("是資料夾 = ", os.path.isdir('D:\\Python\\ch14\\ch14_4.py'))
print("是資料夾 = ", os.path.isdir('D:\\Python\\ch14'))
print(" --- ")

print("是檔案 = ", os.path.isfile('D:\\Python\\ch14\\ch14_4.py'))
print("是檔案 = ", os.path.isfile('D:\\Python\\ch14'))
```

執行結果

```
==================== RESTART: D:\Python\ch14\ch14_4.py ====================
檔案或資料夾存在 =  False
檔案或資料夾存在 =  True
檔案或資料夾存在 =  True
 ---
是絕對路徑 =  False
是絕對路徑 =  True
 ---
是資料夾 =  False
是資料夾 =  True
 ---
是檔案 =  True
是檔案 =  False
```

14-1-7 檔案與目錄的操作 mkdir/rmdir/remove/chdir

這幾個方法是在 os 模組內，建議執行下列操作前先用 os.path.exists( ) 檢查是否存在。

mkdir(path)：建立 path 目錄。

rmdir(path)：刪除 path 目錄，限制只能是空的目錄。如果要刪除底下有檔案的目錄需參考 14-5-7 節。

remove(path)：刪除 path 檔案。

chdir(path)：將目前工作資料夾改至 path。

程式實例 ch14_5.py：使用 mkdir 建立資料夾的應用。

```
# ch14_5.py
import os

mydir = 'testch14'
# 如果mydir不存在就建立此資料夾
if os.path.exists(mydir):
    print("已經存在 %s " % mydir)
else:
    os.mkdir(mydir)
    print("建立 %s 資料夾成功" % mydir)
```

執行結果

```
==================== RESTART: D:\Python\ch14\ch14_5.py ====================
建立 testch14 資料夾成功
```

下列是驗證 testch14 建立成功的畫面。

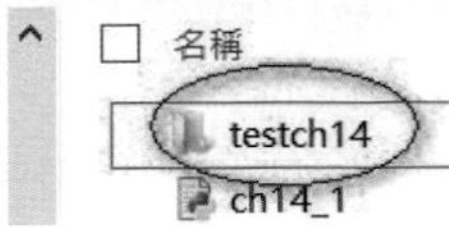

程式實例 ch14_6.py：使用 rmdir 刪除資料夾的應用。

```
# ch14_6.py
import os

mydir = 'testch14'
# 如果mydir存在就刪除此資料夾
if os.path.exists(mydir):
    os.rmdir(mydir)
    print("刪除 %s 資料夾成功" % mydir)
else:
    print("%s 資料夾不存在" % mydir)
```

執行結果

```
==================== RESTART: D:\Python\ch14\ch14_6.py ====================
刪除 testch14 資料夾成功
```

下列是驗證 testch14 已經刪除的畫面。

程式實例 ch14_7.py：刪除指定 path 檔案的應用。

```
# ch14_7.py
import os

myfile = 'test.py'
# 如果myfile存在就刪除此檔案
if os.path.exists(myfile):
    os.remove(myfile)
    print("刪除 %s 檔案成功" % myfile)
else:
    print("%s 檔案不存在" % myfile)
```

執行結果 下列分別是刪除檔案不存在 (左邊) 或存在 (右邊) 的執行結果畫面。

```
=================== RESTART: D:/Python/ch14/ch14_7.py
test.py 檔案不存在
>>>
```

```
=================== RESTART: D:/Python/ch14/ch14_7.py
刪除 test.py 檔案成功
>>>
```

程式實例 ch14_8.py：更改目前工作資料夾，然後再回返原先工作資料夾。

```
# ch14_8.py
import os

newdir = 'D:\\Python'
currentdir = os.getcwd()
print("列出目前工作資料夾 ", currentdir)

# 如果newdir不存在就建立此資料夾
if os.path.exists(newdir):
    print("已經存在 %s " % newdir)
else:
    os.mkdir(newdir)
    print("建立 %s 資料夾成功" % newdir)

# 將目前工作資料夾改至newdir
os.chdir(newdir)
print("列出最新工作資料夾 ", os.getcwd())

# 將目前工作資料夾返回
os.chdir(currentdir)
print("列出返回工作資料夾 ", currentdir)
```

執行結果

```
===================== RESTART: D:\Python\ch14\ch14_8.py =====================
列出目前工作資料夾  D:\Python\ch14
已經存在 D:\Python
列出最新工作資料夾  D:\Python
列出返回工作資料夾  D:\Python\ch14
```

14-1-8 傳回檔案路徑 os.path.join( )

這個方法可以將 os.path.join( ) 參數內的字串結合為一個檔案路徑，參數可以有 2 個到多個。

程式實例 ch14_9.py：os.path.join( ) 方法的應用，這個程式會用 2、3、4 個參數測試這個方法。

```python
# ch14_9.py
import os

print(os.path.join('D:\\', 'Python', 'ch14', 'ch14_9.py'))     # 4個參數
print(os.path.join('D:\\Python', 'ch14', 'ch14_9.py'))         # 3個參數
print(os.path.join('D:\\Python\\ch14', 'ch14_9.py'))           # 2個參數
```

執行結果

```
==================== RESTART: D:\Python\ch14\ch14_9.py ====================
D:\Python\ch14\ch14_9.py
D:\Python\ch14\ch14_9.py
D:\Python\ch14\ch14_9.py
```

程式實例 ch14_10.py：使用 for 迴圈將一個串列內的檔案與一個路徑結合。

```python
# ch14_10.py
import os

files = ['ch14_1.py', 'ch14_2.py', 'ch14_3.py']
for file in files:
    print(os.path.join('D:\\Python\\ch14', file))
```

執行結果

```
==================== RESTART: D:\Python\ch14\ch14_10.py ====================
D:\Python\ch14\ch14_1.py
D:\Python\ch14\ch14_2.py
D:\Python\ch14\ch14_3.py
```

14-1-9　獲得特定檔案的大小 os.path.getsize( )

這個方法可以獲得特定檔案的大小。

程式實例 ch14_11.py：獲得 ch14_1.py 的檔案大小，從執行結果可以知道是 92 位元組。

```python
# ch14_11.py
import os

# 如果檔案在目前工作目錄下可以省略路徑
print(os.path.getsize("ch14_1.py"))
print(os.path.getsize("D:\\Python\\ch14\\ch14_1.py"))
```

執行結果

```
==================== RESTART: D:\Python\ch14\ch14_11.py ====================
92
92
```

下列是驗證結果。

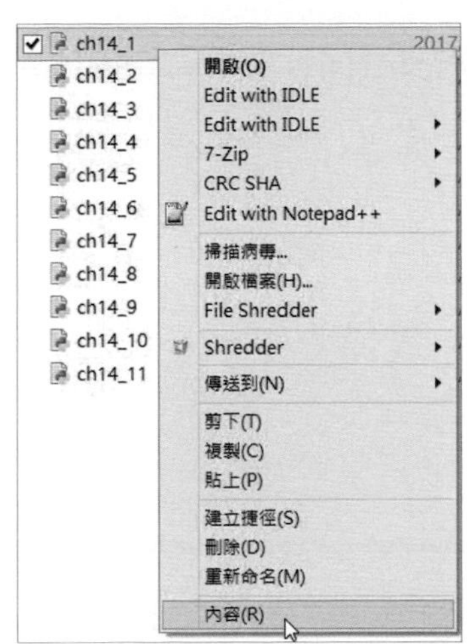

14-1-10 獲得特定工作目錄的內容 os.listdir( )

這個方法將以串列方式列出特定工作目錄的內容。

程式實例 ch14_12.py：以 2 種方式列出 D:\Python\ch14 的工作目錄內容。

```
# ch14_12.py
import os

print(os.listdir("D:\\Python\\ch14"))
print(os.listdir("."))                    # 這代表目前工作目錄
```

執行結果

```
==================== RESTART: D:/Python/ch14/ch14_12.py ====================
['ch14_1.py', 'ch14_10.py', 'ch14_11.py', 'ch14_12.py', 'ch14_2.py', 'ch14_3.py'
, 'ch14_4.py', 'ch14_5.py', 'ch14_6.py', 'ch14_7.py', 'ch14_8.py', 'ch14_9.py',
'testch14']
['ch14_1.py', 'ch14_10.py', 'ch14_11.py', 'ch14_12.py', 'ch14_2.py', 'ch14_3.py'
, 'ch14_4.py', 'ch14_5.py', 'ch14_6.py', 'ch14_7.py', 'ch14_8.py', 'ch14_9.py',
'testch14']
>>>
```

程式實例 ch14_13.py：列出特定工作目錄所有檔案的大小。

```
# ch14_13.py
import os

totalsizes = 0
print("列出D:\\Python\\ch14工作目錄的所有檔案")
```

```
for file in os.listdir('D:\\Python\\ch14'):
    print(file)
    totalsizes += os.path.getsize(os.path.join('D:\\Python\\ch14', file))

print("全部檔案大小是 = ", totalsizes)
```

執行結果

```
==================== RESTART: D:/Python/ch14/ch14_13.py ====================
列出D:\Python\ch14工作目錄的所有檔案
ch14_1.py
ch14_10.py
ch14_11.py
ch14_12.py
ch14_13.py
ch14_2.py
ch14_3.py
ch14_4.py
ch14_5.py
ch14_6.py
ch14_7.py
ch14_8.py
ch14_9.py
testch14
全部檔案大小是 =  3767
>>>
```

14-1-11　獲得特定工作目錄內容 glob

Python 內還有一個模組可用於列出特定工作目錄內容 glob，當導入這個模組後可以使用 glob 方法獲得特定工作目錄的內容，這個方法最大特色是可以使用萬用字元 "*"，例如：可用 "*.txt" 獲得所有 txt 副檔名的檔案。"?" 可以任意字元、"[abc]" 必需是 abc 字元。更多應用可參考下列實例。

程式實例 ch14_14.py：方法 1 是列出所有工作目錄的檔案，方法 2 是列出 ch14_1 開頭的副檔名是 py 檔案，方法 3 是列出 ch14_2 開頭的所有檔案。

```
# ch14_14.py
import glob

print("方法1:列出\\Python\\ch14工作目錄的所有檔案")
for file in glob.glob('D:\\Python\\ch14\*.*'):
    print(file)

print("方法2:列出目前工作目錄的特定檔案")
for file in glob.glob('ch14_1*.py'):
    print(file)

print("方法3:列出目前工作目錄的特定檔案")
for file in glob.glob('ch14_2*.*'):
    print(file)
```

執行結果

```
======================= RESTART: D:/Python/ch14/ch14_14.py =======================
方法1:列出\Python\ch14工作目錄的所有檔案
D:\Python\ch14\ch14_1.py
D:\Python\ch14\ch14_10.py
D:\Python\ch14\ch14_11.py
D:\Python\ch14\ch14_12.py
D:\Python\ch14\ch14_13.py
D:\Python\ch14\ch14_14.py
D:\Python\ch14\ch14_2.py
D:\Python\ch14\ch14_3.py
D:\Python\ch14\ch14_4.py
D:\Python\ch14\ch14_5.py
D:\Python\ch14\ch14_6.py
D:\Python\ch14\ch14_7.py
D:\Python\ch14\ch14_8.py
D:\Python\ch14\ch14_9.py
方法2:列出目前工作目錄的特定檔案
ch14_1.py
ch14_10.py
ch14_11.py
ch14_12.py
ch14_13.py
ch14_14.py
方法3:列出目前工作目錄的特定檔案
ch14_2.py
>>>
```

14-1-12 遍歷目錄樹 os.walk( )

在 os 模組內有提供一個 os.walk( ) 方法可以讓我們遍歷目錄樹，這個方法每次執行迴圈時將傳回 3 個值：

1： 目前工作目錄名稱 (dirName)。

2： 目前工作目錄底下的子目錄串列 (sub_dirNames)。

3： 目前工作目錄底下的檔案串列 (fileNames)。

下列是語法格式：

```
for dirName, sub_dirNames, fileNames in os.walk( 目錄路徑 ):
    程式區塊
```

上述 dirName, sub_dirNames, fileNames 名稱可以自行命名，順序則不可以更改，至於目錄路徑可以使用絕對位址或相對位址，可以使用 os.walk('.') 代表目前工作目錄。

程式實例 ch14_14_1.py：在筆者範例 D:\Python\ch14 目錄下列有一個 oswalk 目錄，此目錄內容如下：

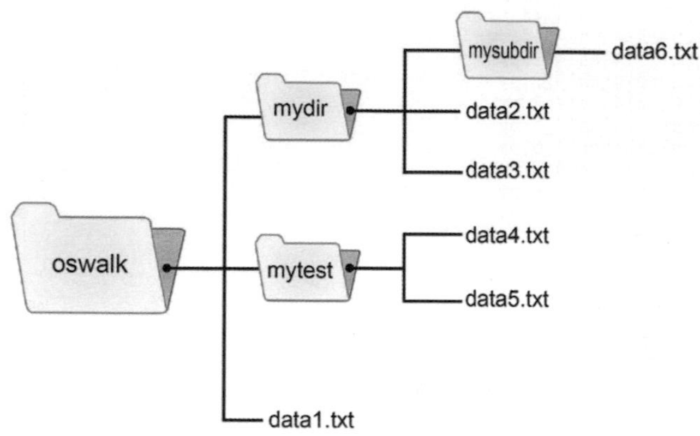

本程式將遍歷此 oswalk 目錄，同時列出內容。

```
# ch14_14_1.py
import os

for dirName, sub_dirNames, fileNames in os.walk('oswalk'):
    print("目前工作目錄名稱:    ", dirName)
    print("目前子目錄名稱串列: ", sub_dirNames)
    print("目前檔案名稱串列:   ", fileNames, "\n")
```

執行結果

```
==================== RESTART: D:/Python/ch14/ch14_14_1.py ====================
目前工作目錄名稱:    oswalk
目前子目錄名稱串列:  ['mydir', 'mytest']
目前檔案名稱串列:    ['data1.txt']

目前工作目錄名稱:    oswalk\mydir
目前子目錄名稱串列:  ['mysubdir']
目前檔案名稱串列:    ['data2.txt', 'data3.txt']

目前工作目錄名稱:    oswalk\mydir\mysubdir
目前子目錄名稱串列:  []
目前檔案名稱串列:    ['data6.txt']

目前工作目錄名稱:    oswalk\mytest
目前子目錄名稱串列:  []
目前檔案名稱串列:    ['data4.txt', 'data5.txt']

>>>
```

從上述執行結果可以看到，os.walk( ) 將遍歷指定目錄底下的子目錄同時傳回子目錄串列和檔案串列，如果所傳回的子目錄串列是 [ ] 代表底下沒有子目錄。

14-2 讀取檔案

Python 處理讀取或寫入檔案首先需將檔案開啟，然後可以接受一次讀取所有檔案內容或是一行一行讀取檔案內容。Python 可以使用 open( ) 函數開啟檔案，檔案開啟後會傳回檔案物件，未來可用讀取此檔案物件方式讀取檔案內容，更多有關 open( ) 函數可參考 4-3-1 節。

14-2-1 讀取整個檔案 read( )

檔案開啟後，可以使用 read( ) 讀取所開啟的檔案，使用 read( ) 讀取時，所有的檔案內容將以一個字串方式被讀取然後存入字串變數內，未來只要印此字串變數相當於可以列印整個檔案內容。

在公司網站本書資料夾的 ch14 資料夾有下列 ch14_15.txt 檔案。

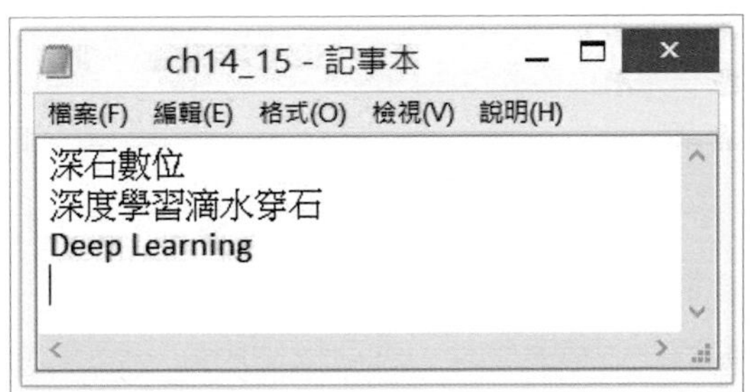

程式實例 ch14_15.py：讀取 ch14_15.txt 檔案然後輸出，請讀者留意程式第 7 行，筆者使用列印一般變數方式就列印了整個檔案了。

```
1   # ch14_15.py
2
3   fn = 'ch14_15.txt'              # 設定欲開啟的檔案
4   file_Obj =  open(fn)            # 用預設mode=r開啟檔案,傳回檔案物件file_Obj
5   data = file_Obj.read()          # 讀取檔案到變數data
6   file_Obj.close()                # 關閉檔案物件
7   print(data)                     # 輸出變數data相當於輸出檔案
```

執行結果

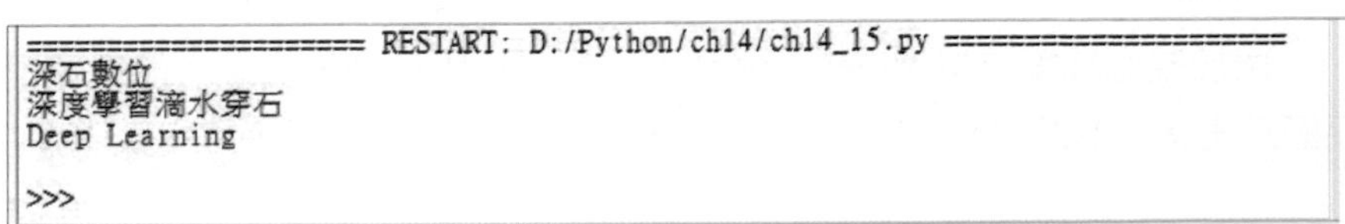

上述使用 open( ) 開啟檔案時，建議使用 close( ) 將檔案關閉可參考第 6 行，若是沒有關閉也許未來檔案內容會有不可預期的損害。

另外，上述程式第 3 和 4 行所開啟的檔案 ch14_15.txt 沒有檔案路徑，這表示這個檔案需與程式檔案在相同的工作目錄，否則會有找不到這個檔案的情況發生。當然程式設計時，也可以在第 3 行直接設定檔案的絕對路徑，如下所示：

D:\Python\ch14\ch14_15.txt

如果這樣，就不必擔心資料檔案 ch14_15.txt 與程式檔案 ch14_15.py 是否在相同目錄了。

14-2-2 with 關鍵字

其實 Python 提供一個關鍵字 with，應用在開啟檔案與建立檔案物件時使用方式如下：

```
with open( 欲開啟的檔案 ) as 檔案物件 :
    相關系列指令
```

真正懂 Python 的使用者皆是使用這種方式開啟檔案，最大特色是可以不必在程式中關閉檔案，with 指令會在結束不需要此檔案時自動將它關閉，檔案經 "with open( ) as 檔案物件 " 開啟後會有一個檔案物件，就可以使用前一節的 read( ) 讀取此檔案物件的內容。

程式實例 ch14_16.py：使用 with 關鍵字重新設計 ch14_15.py。

```
# ch14_16.py

fn = 'ch14_15.txt'              # 設定欲開啟的檔案
with open(fn) as file_Obj:      # 用預設mode=r開啟檔案,傳回檔案物件file_Obj
    data = file_Obj.read()      # 讀取檔案到變數data
    print(data)                 # 輸出變數data相當於輸出檔案
```

執行結果 與 ch14_15.py 相同。

由於整個檔案是以字串方式被讀取與儲存，所以列印字串時最後一行的空白行也將顯示出來，不過我們可以使用 rstrip( ) 將 data 字串變數 (檔案) 末端的空白字元刪除。

程式實例 ch14_17.py：重新設計 ch14_16.py，但是刪除檔案末端的空白。

```
# ch14_17.py

fn = 'ch14_15.txt'              # 設定欲開啟的檔案
with open(fn) as file_Obj:      # 用預設mode=r開啟檔案,傳回檔案物件file_Obj
    data = file_Obj.read()      # 讀取檔案到變數data
    print(data.rstrip())        # 輸出變數data相當於輸出檔案,同時刪除末端字元
```

執行結果

```
==================== RESTART: D:/Python/ch14/ch14_17.py ====================
深石數位
深度學習滴水穿石
Deep Learning
>>>
```

由執行結果可以看到檔案末端不再有空白行了。

14-2-3 逐行讀取檔案內容

在 Python 若想逐行讀取檔案內容，可以使用下列迴圈：

```
for line in file_Obj:          # line 和 fileObj 可以自行取名，file_Obj 是檔案物件
    迴圈相關系列指令
```

程式實例 ch14_18.py：逐行讀取和輸出檔案。

```
# ch14_18.py

fn = 'ch14_15.txt'              # 設定欲開啟的檔案
with open(fn) as file_Obj:      # 用預設mode=r開啟檔案,傳回檔案物件file_Obj
    for line in file_Obj:       # 逐行讀取檔案到變數line
        print(line)             # 輸出變數line相當於輸出一行
```

執行結果

```
==================== RESTART: D:/Python/ch14/ch14_18.py ====================
深石數位

深度學習滴水穿石

Deep Learning

>>>
```

因為以記事本編輯的 ch14_15.txt 文字檔每行末端有換行符號，同時 print( ) 在輸出時也有一個換行輸出的符號，所以才會得到上述每行輸出後有空一行的結果。

程式實例 ch14_19.py：重新設計 ch14_18.py，但是刪除每行末端的換行符號。

```
# ch14_19.py

fn = 'ch14_15.txt'              # 設定欲開啟的檔案
with open(fn) as file_Obj:      # 用預設mode=r開啟檔案,傳回檔案物件file_Obj
    for line in file_Obj:       # 逐行讀取檔案到變數line
        print(line.rstrip()) # 輸出變數line相當於輸出一行,同時刪除末端字元
```

執行結果

```
==================== RESTART: D:/Python/ch14/ch14_19.py ====================
深石數位
深度學習滴水穿石
Deep Learning
>>>
```

14-2-4　逐行讀取使用 readlines( )

使用 with 關鍵字配合 open( ) 時，所開啟的檔案物件目前只在 with 區塊內使用，適用在特別是想要遍歷此檔案物件時。Python 另外有一個方法 readlines( ) 可以採用逐行讀取，但是一次讀取全部 txt 的內容，同時以串列方式儲存，另一個特色是讀取時每行的換行字元皆會儲存在串列內。當然更重要的是我們可以在 with 區塊外遍歷原先檔案物件內容。

在本公司網站本書資料夾的 ch14 資料夾有下列 ch14_20.txt 檔案。

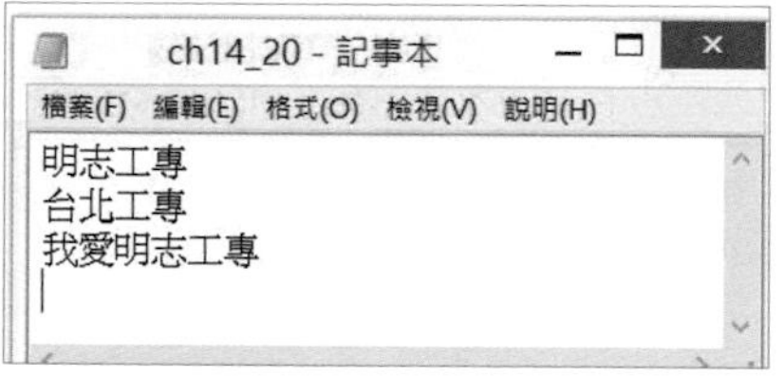

程式實例 ch14_20.py：使用 readlines( ) 逐行讀取 ch14_20.txt，存入串列，然後列印此串列的結果。

```
# ch14_20.py

fn = 'ch14_20.txt'              # 設定欲開啟的檔案
with open(fn) as file_Obj:      # 用預設mode=r開啟檔案,傳回檔案物件file_Obj
    obj_list = file_Obj.readlines()  # 一次讀取全部txt,內部是每次讀一行

print(obj_list)                 # 列印串列
```

執行結果

```
==================== RESTART: D:/Python/ch14/ch14_20.py ====================
['明志工專\n', '台北工專\n', '我愛明志工專\n']
>>>
```

由上述執行結果可以看到在 txt 檔案的換行字元也出現在串列元素內。

程式實例 ch14_21.py：逐行輸出 ch14_20.py 所保存的串列內容。

```
# ch14_21.py

fn = 'ch14_20.txt'              # 設定欲開啟的檔案
with open(fn) as file_Obj:      # 用預設mode=r開啟檔案,傳回檔案物件file_Obj
    obj_list = file_Obj.readlines()   # 一次讀取全部txt,內部是每次讀一行

for line in obj_list:
    print(line.rstrip())        # 列印串列
```

執行結果

```
==================== RESTART: D:/Python/ch14/ch14_21.py ====================
明志工專
台北工專
我愛明志工專
>>>
```

14-2-5 數據組合

Python 的多功能用途，可以讓我們很輕鬆的組合數據，例如：我們可以將原先分成 3 行顯示的數據，以隔一個空格或不空格方式顯示。

程式實例 ch14_22.py：重新設計 ch14_21.py，將分成 3 行顯示的數據用 1 行顯示。

```
# ch14_22.py

fn = 'ch14_20.txt'              # 設定欲開啟的檔案
with open(fn) as file_Obj:      # 用預設mode=r開啟檔案,傳回檔案物件file_Obj
    obj_list = file_Obj.readlines()   # 一次讀取全部txt,內部是每次讀一行

str_Obj = ''                    # 先設為空字串
for line in obj_list:           # 將各行字串存入
    str_Obj += line.rstrip()

print(str_Obj)                  # 列印檔案字串
```

執行結果

```
==================== RESTART: D:/Python/ch14/ch14_22.py ====================
明志工專台北工專我愛明志工專
>>>
```

14-2-6 字串的替換

使用 Word 文書處理時常常會使用尋找 / 取代功能，Python 也有這個方法可以使用新字串取代舊字串。

字串物件 .replace(舊字串 , 新字串)　#在字串物件內，新字串將取代舊字串

程式實例 ch14_23.py：重新設計 ch14_21.py，但是將 " 工專 " 改為 " 科大 "。

```
# ch14_23.py

fn = 'ch14_20.txt'                  # 設定欲開啟的檔案
with open(fn) as file_Obj:          # 傳回檔案物件file_Obj
    data = file_Obj.read()          # 讀取檔案到變數data
    new_data = data.replace('工專', '科大') # 新變數儲存
    print(new_data.rstrip())        # 輸出檔案
```

執行結果

```
==================== RESTART: D:/Python/ch14/ch14_23.py ====================
明志科大
台北科大
我愛明志科大
>>>
```

14-2-7　數據的搜尋

使用 Word 軟體時也常會有尋找功能，使用 Python 這類工作變得相對簡單。在本書公司網站本書資料夾的 ch14 資料夾有下列 sse.txt 檔案。

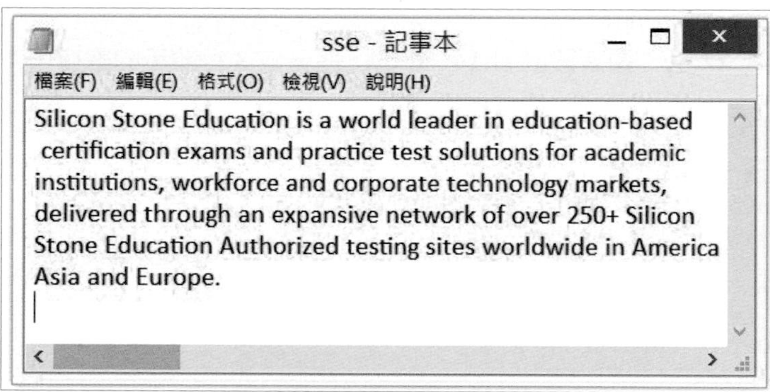

程式實例 ch14_24.py：數據搜尋的應用，這個程式會讀取 sse.txt 檔案，然後要求輸入欲搜尋的字串，最後會回應此字串是否在 sse.txt 檔案中。

```
# ch14_22.py

fn = 'ch14_20.txt'               # 設定欲開啟的檔案
with open(fn) as file_Obj:       # 用預設mode=r開啟檔案,傳回檔案物件file_Obj
    obj_list = file_Obj.readlines()  # 一次讀取全部txt,內部是每次讀一行

str_Obj = ''                     # 先設為空字串
for line in obj_list:            # 將各行字串存入
```

```
    str_Obj += line.rstrip()

findstr = input("請輸入欲搜尋字串 = ")
if findstr in str_Obj:          # 搜尋檔案是否有欲尋找字串
    print("搜尋 %s 字串存在 %s 檔案中" % (findstr, fn))
else:
    print("搜尋 %s 字串不存在 %s 檔案中" % (findstr, fn))
```

執行結果

```
==================== RESTART: D:/Python/ch14/ch14_24.py ====================
請輸入欲搜尋字串 = Stone
搜尋 Stone 字串存在 sse.txt 檔案中
>>>
==================== RESTART: D:/Python/ch14/ch14_24.py ====================
請輸入欲搜尋字串 = Deep
搜尋 Deep 字串不存在 sse.txt 檔案中
>>>
```

14-2-8 數據搜尋使用 find( )

對於字串的使用，Python 提供一個方法 find( )，這個方法除了可以執行數據搜尋，如果搜尋到數據會傳回數據的索引位置，如果沒有找到則傳回 -1。

index = S.find(sub[, start[, end]])   # S 代表被搜尋的字串 , sub 是欲搜尋字串

index 是如果搜尋到時傳回的索引值，start 和 end 代表可以被搜尋字串的區間，若是省略表示全部搜尋，如果沒有找到則傳回 -1 給 index。

程式實例 ch14_25.py：重新設計 ch14_24.py，當搜尋到字串時同時列出字串所在索引的位置。

```
# ch14_25.py

fn = 'sse.txt'                  # 設定欲開啟的檔案
with open(fn) as file_Obj:      # 用預設mode=r開啟檔案,傳回檔案物件file_Obj
    obj_list = file_Obj.readlines()   # 一次讀取全部txt,內部是每次讀一行

str_Obj = ''                    # 先設為空字串
for line in obj_list:           # 將各行字串存入
    str_Obj += line.rstrip()

findstr = input("請輸入欲搜尋字串 = ")
index = str_Obj.find(findstr)        # 搜尋findstr字串是否存在
if  index >= 0:                 # 搜尋檔案是否有欲尋找字串
    print("搜尋 %s 字串存在 %s 檔案中" % (findstr, fn))
    print("在索引 %s 位置出現" % index)
else:
    print("搜尋 %s 字串不存在 %s 檔案中" % (findstr, fn))
```

執行結果

```
==================== RESTART: D:/Python/ch14/ch14_25.py ====================
請輸入欲搜尋字串 = sse
搜尋 sse 字串不存在 sse.txt 檔案中
>>>
==================== RESTART: D:/Python/ch14/ch14_25.py ====================
請輸入欲搜尋字串 = Stone
搜尋 Stone 字串存在 sse.txt 檔案中
在索引 8 位置出現
>>>
```

14-2-9　數據搜尋 rfind( )

rfind( ) 方法可以搜尋特定子字串最後一次出現的位置，它的語法如下：

index = S.rfind(sub[, start[, end]])　　　# S 代表被搜尋字串 , sub 是欲搜尋子字串

index 是如果搜尋到時傳回的索引值，start 和 end 代表可以被搜尋字串的區間，若是省略表示全部搜尋，如果沒有找到則傳回 -1 給 index。

程式實例 ch14_25_1.py：在字串搜尋子字串的應用。

```
1  # ch14_25_1.py
2  msg = '''CIA Mark told CIA Linda that the secret USB
3  had given to CIA Peter'''
4  print("CIA最後出現位置: ", msg.rfind("CIA",0,len(msg)))
```

執行結果

```
==================== RESTART: D:/Python/ch14/ch14_25_1.py ====================
CIA最後出現位置:  57
>>>
```

上述第 4 行 rifnd( ) 第 2 個參數 0 代表從頭開始搜尋，第 3 個參數 len(msg) 可以計算原始字串長度代表搜尋全部字串。

14-2-10　index() 和 rindex()

index( ) 方法可以應用在串列，也可以應用在字串，index( ) 可以傳回搜尋字串的索引。rindex( ) 則只能應用在字串，可以傳回搜尋字串最後一次出現的索引位置。

```
>>> x = 'University of Mississippi'
>>> x.index('ss')
16
>>> x.rindex('ss')
19
```

須留意，如果搜尋不到會傳回程式異常，筆者將在下一章說明程式異常。

14-2-11 分批讀取檔案資料

在真實的檔案讀取應用中，如果檔案很大時，我們可能要分批讀取檔案資料，下列是分批讀取檔案的應用。

程式實例 ch14_25_2.py：用一次讀取 100 字元方式，讀取 sse.txt 檔案。

```
# ch14_25_2.py

fn = 'sse.txt'                  # 設定欲開啟的檔案
chunk = 100
msg = ''
with open(fn) as file_Obj:  # 用預設mode=r開啟檔案,傳回檔案物件file_Obj
    while True:
        txt = file_Obj.read(chunk)       # 一次讀取chunk數量
        if not txt:
            break
        msg += txt
print(msg)
```

執行結果

```
==================== RESTART: D:/Python/ch14/ch14_25_2.py ====================
Silicon Stone Education is a world leader in education-based
 certification exams and practice test solutions for academic
institutions, workforce and corporate technology markets,
delivered through an expansive network of over 250+ Silicon
Stone Education Authorized testing sites worldwide in America,
Asia and Europe.
```

14-3 寫入檔案

程式設計時一定會碰上要求將執行結果保存起來，此時就可以使用將執行結果存入檔案內。

14-3-1 將執行結果寫入空的文件內

開啟檔案 open( ) 函數使用時預設是 mode='r' 讀取檔案模式，因此如果開啟檔案是供讀取可以省略 mode='r'。若是要供寫入，那麼就要設定寫入模式 mode='w'，程式設計時可以省略 mode，直接在 open( ) 函數內輸入 'w'。如果所開啟的檔案可以讀取或寫入可以使用 'r+'。如果所開啟的檔案不存在 open( ) 會建立該檔案物件，如果所開啟的檔案已經存在，原檔案內容將被清空。

至於輸出到檔案可以使用 write( ) 方法，語法格式如下：

len = 檔案物件 .write(欲輸出資料)　　　　　# 可將資料輸出到檔案物件

上述方法會傳回輸出資料的資料長度。

程式實例 ch14_26.py：輸出資料到檔案的應用。

```
# ch14_26.py
fn = 'out14_26.txt'
string = 'I love Python.'

with open(fn, 'w') as file_Obj:
    file_Obj.write(string)
```

執行結果 這個程式執行時在 Python Shell 視窗看不到結果，必需至 ch14 工作目錄查看所建的 out14_26.txt 檔案，同時開啟可以得到下列結果。

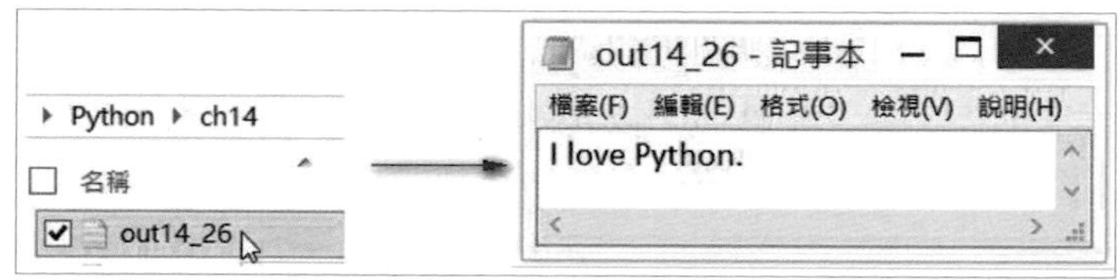

程式實例 ch14_26_1.py：重新設計 ch14_26.py，這個程式會傳回資料長度。

```
# ch14_26_1.py
fn = 'out14_26.txt'
string = 'I love Python.'

with open(fn, 'w') as file_Obj:
    print(file_Obj.write(string))
```

執行結果

```
==================== RESTART: D:/Python/ch14/ch14_26_1.py ====================
14
```

14-3-2　寫入數值資料

write( ) 輸出時無法輸出數值資料，可參考下列錯誤範例。

程式實例 ch14_27.py：使用 write( ) 輸出數值資料產生錯誤的實例。

```
# ch14_27.py
fn = 'out14_27.txt'
x = 100

with open(fn, 'w') as file_Obj:
    file_Obj.write(x)                  # 直接輸出數值x產生錯誤
```

執行結果

```
==================== RESTART: D:\Python\ch14\ch14_27.py ====================
Traceback (most recent call last):
  File "D:\Python\ch14\ch14_27.py", line 6, in <module>
    file_Obj.write(x)              # 直接輸出數值產生錯誤
TypeError: write() argument must be str, not int
>>>
```

如果想要使用 write( ) 將數值資料輸出，必需使用 str( ) 將數值資料轉成字串資料。

程式實例 ch14_28.py：將數值資料轉成字串資料輸出的實例。

```
# ch14_28.py
fn = 'out14_28.txt'
x = 100

with open(fn, 'w') as file_Obj:
    file_Obj.write(str(x))         # 使用str(x)輸出
```

執行結果 這個程式執行時在 Python Shell 視窗看不到結果，必需至 ch14 工作目錄查看所建的 out14_28.txt 檔案，同時開啟可以得到下列結果。

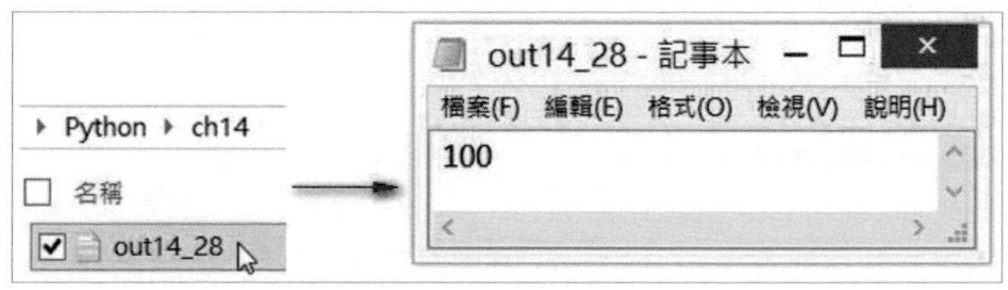

14-3-3 輸出多行資料的實例

如果多行資料輸出到檔案，設計程式時需留意各行間的換行符號問題，write( ) 不會主動在行的末端加上換行符號，如果有需要需自己處理。

程式實例 ch14_29.py：使用 write( ) 輸出多行資料的實例。

```
# ch14_29.py
fn = 'out14_29.txt'
str1 = 'I love Python.'
str2 = 'Learn Python from the best book.'

with open(fn, 'w') as file_Obj:
    file_Obj.write(str1)
    file_Obj.write(str2)
```

執行結果 這個程式執行時在 Python Shell 視窗看不到結果，必需至 ch14 工作目錄查看所建的 out14_29.txt 檔案，同時開啟可以得到下列結果。

其實輸出至檔案時我們可以使用空格或換行符號，以便獲得想要的輸出結果。

程式實例 ch14_30.py：增加換行符號方式重新設計 ch14_29.py。

```
# ch14_30.py
fn = 'out14_30.txt'
str1 = 'I love Python.'
str2 = 'Learn Python from the best book.'

with open(fn, 'w') as file_Obj:
    file_Obj.write(str1 + '\n')
    file_Obj.write(str2 + '\n')
```

執行結果 這個程式執行時在 Python Shell 視窗看不到結果，必需至 ch14 工作目錄查看所建的 out14_30.txt 檔案，同時開啟可以得到下列結果。

14-3-4 建立附加文件

建立附加文件主要是可以將文件輸出到所開啟的檔案末端，當以 open( ) 開啟時，需增加參數 mode='a' 或是用 'a'，其實 a 是 append 的縮寫。如果用 open( ) 開啟檔案使用 'a' 參數時，若是所開啟的檔案不存在，Python 會開啟空的檔案供寫入，如果所開啟的檔案存在，Python 在執行寫入時不會清空原先的文件內容，而是將所寫資料附加在原檔案末端。

程式實例 ch14_31.py：建立附加文件的應用。

```
# ch14_31.py
fn = 'out14_31.txt'
str1 = 'I love Python.'
str2 = 'Learn Python from the best book.'

with open(fn, 'a') as file_Obj:
    file_Obj.write(str1 + '\n')
    file_Obj.write(str2 + '\n')
```

執行結果 本書 ch14 工作目錄沒有 out14_31.txt 檔案，所以執行第一次時，可以建立 out14_31.txt 檔案，然後得到下列結果。

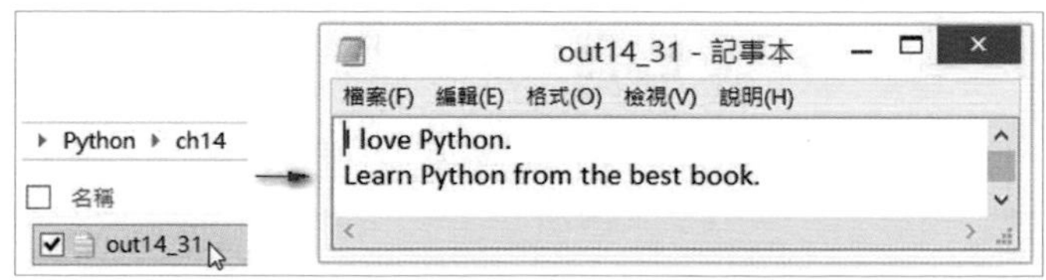

執行第二次時可以得到下列結果。

上述只要持續執行，輸出資料將持續累積。

14-3-5 檔案很大時的分段寫入

有時候檔案或字串很大時，我們也可以用分批寫入方式處理。

程式實例 ch14_31_1.py：將一個字串用每次 100 字元方式寫入檔案，這個程式也會紀錄每次寫入的字元數，第 2-11 行的文字取材自 1-11 節 Python 之禪的內容。

```
1  # ch14_31_1.py
2  zenofPython = '''Beautiful is better than ugly.
3  Explicit is better than implicits.
4  Simple is better than complex.
5  Flat is better than nested.
6  Sparse is better than desse.
7  Readability counts.
8  Special cases aren't special enough to break the rules.
9  ...
10 ...
11 By Tim Peters'''
12 
13 fn = 'out14_31_1.txt'
14 size = len(zenofPython)
15 offset = 0
16 chunk = 100
17 with open(fn, 'w') as file_Obj:
18     while True:
19         if offset > size:
20             break
21         print(file_Obj.write(zenofPython[offset:offset+chunk]))
22         offset += chunk
```

執行結果

```
=================== RESTART: D:/Python/ch14/ch14_31_1.py ===================
100
100
52
```

上述執行後資料夾將有 out14_31_1.txt 檔案，此檔案內容如下：

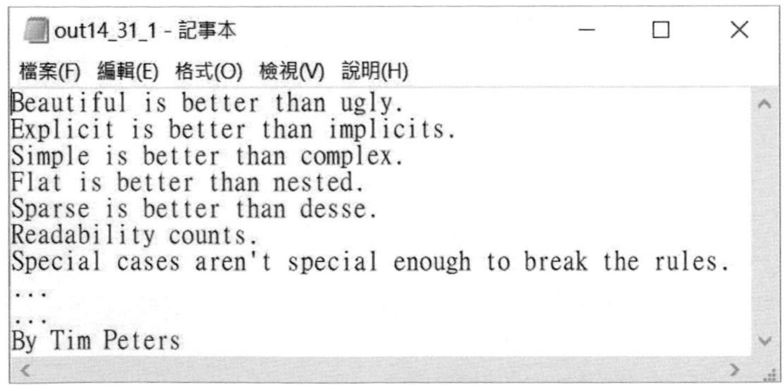
out14_31_1 - 記事本
檔案(F) 編輯(E) 格式(O) 檢視(V) 說明(H)

```
Beautiful is better than ugly.
Explicit is better than implicits.
Simple is better than complex.
Flat is better than nested.
Sparse is better than desse.
Readability counts.
Special cases aren't special enough to break the rules.
...
...
By Tim Peters
```

從上述執行結果可以看到寫了 3 次，第 3 次是 52 個字元。

14-4 讀取和寫入二進位檔案

14-4-1 拷貝二進位檔案

一般圖檔、語音檔…等皆是二進位檔案，如果要開啟二進位檔案在 open( ) 檔案時需要使用 'rb'，要寫入二進位檔案在 open( ) 檔案時需要使用 'wb'。

程式實例 ch14_31_2.py：圖片檔案的拷貝，圖片檔案是二進位檔案，這個程式會拷貝 hung.jpg，新拷貝的檔案是 hung1.jpg。

```
# ch14_31_2.py
src = 'hung.jpg'
dst = 'hung1.jpg'
tmp = ''

with open(src, 'rb') as file_rd:
    tmp = file_rd.read()
    with open(dst, 'wb') as file_wr:
        file_wr.write(tmp)
```

執行結果 本 Python Shell 視窗不會有任何執行結果，不過可以在 ch14 資料夾看到 hung.jpg 和 hung1.jpg(這是新的複製檔案)。

14-4-2　隨機讀取二進位檔案

在使用 Python 讀取二進位檔案時，是可以隨機控制讀寫指針的位置，也就是我們可以不必從頭開始讀取，讀了每個 byte 資料才可以讀到檔案最後位置。整個觀念是使用 tell( ) 和 seek( ) 方法，tell( ) 可以傳回從檔案開頭算起，目前讀寫指針的位置，以 byte 為單位。seek( ) 方法可以讓目前讀寫指針跳到指定位置，seek( ) 方法的語法如下：

offsetValue = seek(offset, origin)

整個 seek( ) 方法會傳回目前讀寫指針相對整體資料的位移值，至於 origrin 的意義如下：

origin 是 0(預設)，讀寫指針移至開頭算起的第 offset 的 byte 位置。

origin 是 1，讀寫指針移至目前位置算起的第 offset 的 byte 位置。

origin 是 2，讀寫指針移至相對結尾的第 offset 的 byte 位置。

程式實例 ch14_31_3.py：建立一個 0-255 的二進位檔案。

```
# ch14_31_3.py
dst = 'bdata'
bytedata = bytes(range(0,256))
with open(dst, 'wb') as file_dst:
    file_dst.write(bytedata)
```

執行結果 這只是建立一個 bdata 二進位檔案。

程式實例 ch14_31_4.py：隨機讀取二進位檔案的應用。

```
# ch14_31_4.py
src = 'bdata'

with open(src, 'rb') as file_src:
    print("目前位移 : ", file_src.tell())
    file_src.seek(10)
    print("目前位移 : ", file_src.tell())
    data = file_src.read()
    print("目前內容 : ", data[0])
    file_src.seek(255)
    print("目前位移 : ", file_src.tell())
    data = file_src.read()
    print("目前內容 : ", data[0])
```

執行結果

```
==================== RESTART: D:/Python/ch14/ch14_31_4.py ====================
目前位移 :  0
目前位移 :  10
目前內容 :  10
目前位移 :  255
目前內容 :  255
```

14-5 shutil 模組

這個模組有提供一些方法可以讓我們在 Python 程式內執行檔案或目錄的複製、刪除、更動位置和更改名稱。當然在使用前需加上下列載入模組指令。

```
import  shutil                    # 載入模組指令
```

14-5-1 檔案的複製 copy( )

在 shutil 模組可以使用 copy( ) 執行檔案的複製，語法格式如下：

```
shutil.copy(source, destination)
```

上述可將 source 檔案複製到 destination 目的位置，執行前 source 檔案一定要存在否則會產生錯誤。另外，這個方法也可以複製二進位檔案。

程式實例 ch14_32.py：執行檔案複製的應用。

```
1  # ch14_32.py
2  import shutil
3
4  shutil.copy('source.txt', 'dest.txt')          # 目前工作目錄檔案複製
5  shutil.copy('source.txt', 'D:\\Python')        # 目前工作目錄檔案複製至D:\Python
6  shutil.copy('D:\\Python\\source.txt', 'D:\\dest.txt') # 不同工作目錄檔案複製
```

執行結果 這個程式沒有列出任何資料，它的說明如下：

第 4 行，目前工作目錄 source.txt 複製一份在目前工作目錄檔名是 dest.txt。

第 5 行，目前工作目錄 source.txt 使用相同名稱複製一份在 D:\Python。

第 6 行，D:\Python 目錄 source.txt 複製一份在 D:\ 名稱是 dest.txt。

14-5-2　目錄的複製 copytree( )

copytree( ) 的語法格式與 copy( ) 相同，只不過這是複製目錄，複製時目錄底下的子目錄或檔案也將被複製，此外，執行前來源目錄一定要存在否則會產生錯誤。

程式實例 ch14_33.py：目錄複製的應用。

```
1  # ch14_33.py
2  import shutil
3
4  shutil.copytree('old14', 'new14')                         # 目前工作目錄的目錄複製
5  shutil.copytree('D:\\Python\\old14', 'D:\\new14')    # 不同工作目錄的目錄複製
```

執行結果 這個程式沒有列出任何資料，它的說明如下：

第 4 行，目前工作目錄 old14 複製一份在目前工作目錄名稱是 new14。

第 5 行，D:\Python 複製 old14 目錄至 D:\ 名稱是 new14。

14-5-3　檔案的移動 move( )

在 shutil 模組可以使用 move( ) 執行檔案的移動，語法格式如下：

shutil.move(source, destination)

上述可將 source 檔案移動到 destination 目的位置，執行前 source 檔案一定要存在否則會產生錯誤，執行後 source 檔案將不再存在。

程式實例 ch14_34.py：將目前目錄的 data34.txt 移至目前目錄的 test34 子目錄。

```
# ch14_34.py
import shutil

shutil.move('data34.txt', '.\\test34')  # 移動目前工作目錄data34.txt
```

執行結果 執行前目前目錄底下需有 test34 子目錄，然後可以得到下列結果。

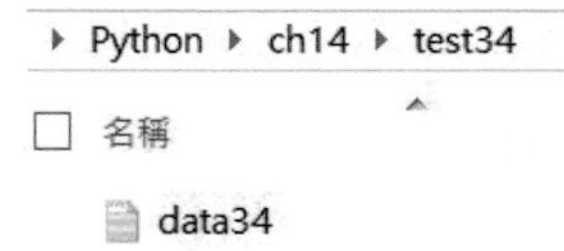

14-5-4 檔案名稱的更改 move( )

在移動過程如果 destination 路徑有含檔案名稱，則可以達到更改名稱的效果。

程式實例 ch14_35.py：在同目錄底下更改檔案名稱。

```
# ch14_35.py
import shutil

shutil.move('data35.txt', 'out35.txt')  # 更改檔案名稱
```

執行結果 上述程式會將 data35.txt 改名為 out35.txt。

在檔案移動過程中若是 destination 的目錄不存在，也將造成檔案名稱的更改。

程式實例 ch14_36.py：檔案名稱更改的另一種狀況。

```
# ch14_36.py
import shutil

shutil.move('data36.txt', 'D:\\Python\\out36.txt')  # out36.txt不存在
```

執行結果 下列是驗證結果。

上述執行前 D:\Python\out36.txt 不存在，將造成以 D:\Python\out36.txt 儲存此檔案。

14-5-5 目錄的移動 move( )

這個 move( ) 也可以執行目錄的移動，在移動時子目錄也將隨著移動。

程式實例 ch14_37.py：將目前工作目錄的子目錄 dir37 移至 D:\Python 目錄下。

```
# ch14_37.py
import shutil

shutil.move('dir37', 'D:\\Python')
```

執行結果 下列是驗證結果。

14-5-6　目錄的更改名稱 move( )

如果在移動過程 destination 的目錄不存在，此時就可以達到目錄更改名稱的目的了，此時甚至路徑名稱也可能更動。

程式實例 ch14_38.py：將目前子目錄 dir38 移動至 D:\Python 同時改名為 out38。

```
# ch14_38.py
import shutil

shutil.move('dir38', 'D:\\Python\\out38')
```

執行結果

14-5-7　刪除底下有資料的目錄 rmtree( )

os 模組的 rmdir( ) 只能刪除空的目錄，如果要刪除含資料檔案的目錄需使用本節所述的 rmtree( )。

程式實例 ch14_39.py：刪除 dir39 目錄，這個目錄底下有資料檔 data39.txt。

```
# ch14_39.py
import shutil

shutil.rmtree('dir39')
```

執行結果 執行後下列 D:\Python\ch14\dir39 將被刪除。

14-5-8 安全刪除檔案或目錄 send2trash( )

Python 內建的 shutil 模組在刪除檔案後就無法復原了，目前有一個第三方（或稱外部）的模組 send2trash，執行刪除檔案或資料夾後是將被刪除的檔案放在資源回收筒，如果後悔可以救回。不過在使用此模組前需先下載這個外部模組。可以進入安裝 Python 的資料夾，然後在 DOS 環境安裝此模組，安裝指令如下：

```
pip install send2trash
```

有關安裝第 3 方模組的方法可參考附錄 B，安裝完成後就可以使用下列方式刪除檔案或目錄了。

```
import        send2trash                            # 導入 send2trash 模組
send2trash.send2trash( 檔案或資料夾 )                # 語法格式
```

程式實例 ch14_40.py：刪除檔案 data40.txt，未來可以在資源回收筒找到此檔案。

```
# ch14_40.py
import send2trash

send2trash.send2trash('data40.txt')
```

執行結果 下列是資源回收筒的找到此 data40.txt 的結果。

14-6 檔案壓縮與解壓縮 zipFile

Windows 作業系統有提供功能將一般檔案或目錄執行壓縮，壓縮後的副檔名是 zip，Python 內有 zipFile 模組也可以將檔案或目錄執行壓縮以及解壓縮。當然程式開頭需要加上下列指令導入此模組。

```
import  zipFile
```

14-6-1　執行檔案或目錄的壓縮

執行檔案壓縮前首先要使用 ZipFile( ) 方法建立一份壓縮後的檔名，在這個方法中另外要加上 'w' 參數，註明未來是供 write( ) 方法寫入。

```
fileZip = zipfile.ZipFile('out.zip', 'w')       # out.zip 是未來儲存壓縮結果
```

上述 fileZip 和 out.zip 皆可以自由設定名稱，fileZip 是壓縮檔物件代表的是 out.zip，未來將被壓縮的檔案資料寫入此物件，就可以執行將結果存入 out.zip。由於 ZipFile( ) 無法執行整個目錄的壓縮，不過可用迴圈方式將目錄底下的檔案壓縮，即可達到壓縮整個目錄的目的。

程式實例 ch14_41.py：這個程式會將目前工作目錄底下的 zipdir41 目錄壓縮，壓縮結果儲存在 out41.zip 內。這個程式執行前的 zipdir41 內容如下：

下列是程式內容。

```
# ch14_41.py
import zipfile
import glob, os

fileZip = zipfile.ZipFile('out41.zip', 'w')
for name in glob.glob('zipdir41/*'):            # 遍歷zipdir41目錄
    fileZip.write(name, os.path.basename(name), zipfile.ZIP_DEFLATED)

fileZip.close()
```

註明壓縮方式

執行結果 可以在相同目錄得到下列壓縮檔案 out41。

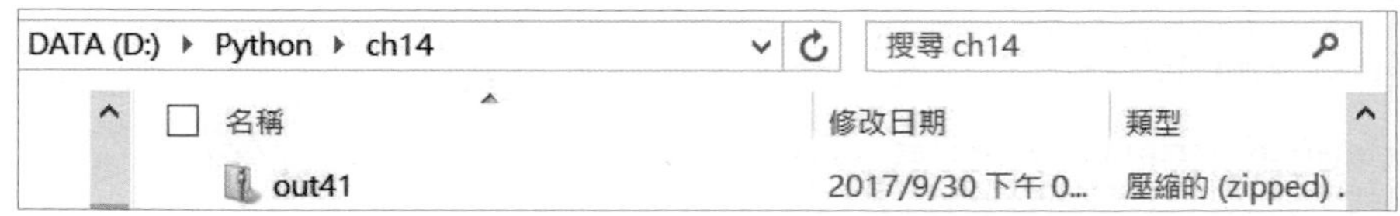

14-6-2 讀取 zip 檔案

ZipFile 物件有 namelist( ) 方法可以傳回 zip 檔案內所有被壓縮的檔案或目錄名稱，同時以串列方式傳回此物件。這個傳回的物件可以使用 infolist( ) 方法傳回各元素的屬性，檔案名稱 filename、檔案大小 file_size、壓縮結果大小 compress_size、檔案時間 data_time。

程式實例 ch14_42.py：將 ch14_41.py 所建的 zip 檔案解析，列出所有被壓縮的檔案，以及檔案名稱、檔案大小和壓縮結果大小。

```
# ch14_42.py
import zipfile

listZipInfo = zipfile.ZipFile('out41.zip', 'r')
print(listZipInfo.namelist())        # 以列表列出所有壓縮檔案
print("\n")
for info in listZipInfo.infolist():
    print(info.filename, info.file_size, info.compress_size)
```

執行結果

```
==================== RESTART: D:\Python\ch14\ch14_42.py ====================
['20161024洪錦魁.jpg', 'antarctica2.jpg', 'forZipTest.docx', 'IMG_1658.jpg', 'IMG_803
6.jpg', 'IMG_8096.jpg', 'IMG_8957.JPG']


20161024洪錦魁.jpg 166763 166531
antarctica2.jpg 1440258 1430105
forZipTest.docx 1266045 1252488
IMG_1658.jpg 1478242 1475740
IMG_8036.jpg 2885322 2877251
IMG_8096.jpg 1473764 1471145
IMG_8957.JPG 129424 126337
>>>
```

14-6-3 解壓縮 zip 檔案

解壓縮 zip 檔案可以使用 extractall( ) 方法。

程式實例 ch14_43.py：將程式實例 ch14_41.py 所建的 out41.zip 解壓縮，同時將壓縮結果存入 out43 目錄。

```
# ch14_43.py
import zipfile

fileUnZip = zipfile.ZipFile('out41.zip')
fileUnZip.extractall('out43')
fileUnZip.close()
```

執行結果

14-7 認識編碼格式 encode

目前為止所談到的文字檔 (.txt) 的檔案開啟有關檔案編碼部分皆是使用 Windows 作業系統預設方式，文字模式下常用的編碼方式有 utf-8 和 cp950。使用 open( ) 開啟檔案時，可以增加另一個常用的參數 encoding，整個 open( ) 的語法將如下所示：

file_Obj = open(file, mode="r", encoding="cp950")

14-7-1 中文 Windows 作業系統記事本預設的編碼

請開啟中文 Windows 作業系統的記事本建立下列檔案。

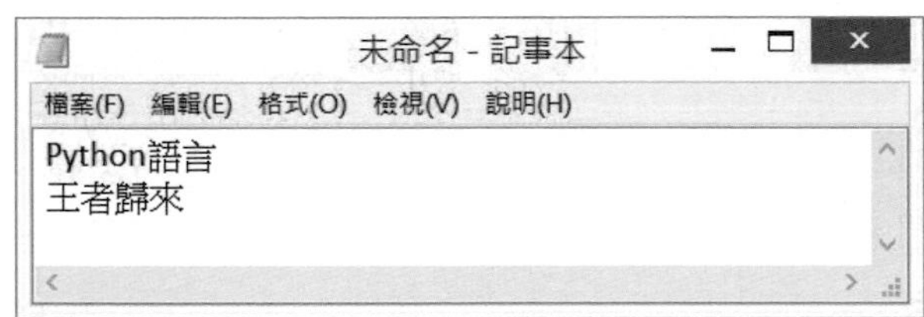

請執行檔案 / 另存新檔指令。

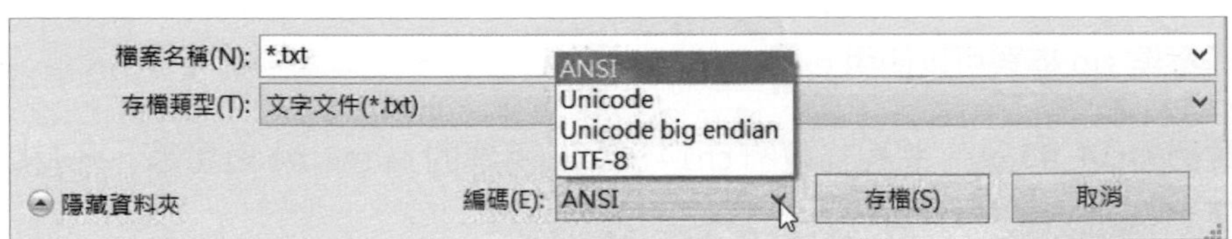

上述預設編碼是 ANSI，在這個編碼格式下，在 Python 的 open( ) 內我們可以使用預設的 encoding="cp950" 編碼，因為這是 Python 預設所以我們可以省略此參數。請將上述檔案使用預設的 ANSI 編碼存至 ansi14_44.txt。

程式實例 ch14_44.py：使用 encoding="950" 執行開啟 ansi14_44.txt，然後輸出。

```
# ch14_44.py

fn = 'ansi14_44.txt'                              # 設定欲開啟的檔案
file_Obj =  open(fn, encoding='cp950')  # 用預設encoding='cp950'開啟檔案
data = file_Obj.read()                          # 讀取檔案到變數data
file_Obj.close()                                 # 關閉檔案物件
print(data)                                      # 輸出變數data相當於輸出檔案
```

執行結果

```
==================== RESTART: D:/Python/ch14/ch14_44.py ====================
Python語言
王者歸來

>>>
```

14-7-2 utf-8 編碼

utf-8 英文全名是 8-bit Unicode Transformation Format，這是一種適合多語系的編碼規則，主要精神是使用可變長度位元組方式儲存字元，以節省記憶體空間。例如，對於英文字母而言是使用 1 個位元組空間儲存即可，對於含有附加符號的希臘文、拉丁文或阿拉伯文 … 等則用 2 個位元組空間儲存字元，兩岸華人所使用的中文字則是以 3 個位元組空間儲存字元，只有極少數的平面輔助文字需要 4 個位元組空間儲存字元。也就是說這種編碼規則已經包含了全球所有語言的字元了，所以採用這種編碼方式設計網頁時，其他國家的瀏覽器只要有支援 utf-8 編碼皆可顯示。例如，美國人即使使用英文版的 Internet Explorer 瀏覽器，也可以正常顯示中文字。

另外，有時我們在網路世界瀏覽其它國家的網頁時，發生顯示亂碼情況，主要原因就是對方網頁設計師並沒有將此屬性設為 "utf-8"。例如，早期最常見的是，大陸簡體中文的編碼是 "gb2312"，這種編碼方式是以 2 個字元組儲存一個簡體中文字，由於這種編碼方式不是適用多語系，無法在繁體中文 Windows 環境中使用，如果大陸的網頁設計師採用此編碼，將造成港、澳或台灣繁體中文 Widnows 的使用者在繁體中文視窗環境瀏覽此網頁時出現亂碼。

其實 utf-8 是國際通用的編碼，如果你使用 Linux 或 Max OS，一般也是用國際編碼，所以如果開啟檔案發生錯誤，請先檢查文件的編碼格式。請開啟 ansi14_44.txt 檔案，然後執行另存新檔，此時編碼規則請選 utf-8 編碼，將檔案存入 utf14_45.txt，如下所示：

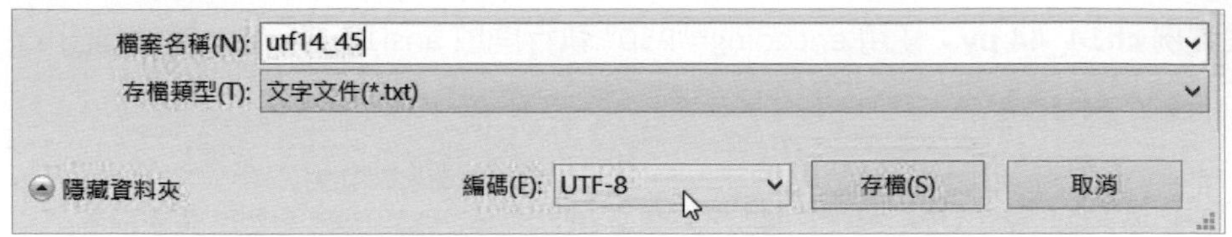

程式實例 ch14_45.py：重新設計 ch14_44.py，使用 encoding='950' 開檔發生錯誤的實例。

```
# ch14_45.py

fn = 'utf14_45.txt'                        # 設定欲開啟的檔案
file_Obj =  open(fn, encoding='cp950')     # 用預設encoding='cp950'開啟檔案
data = file_Obj.read()                     # 讀取檔案到變數data
file_Obj.close()                           # 關閉檔案物件
print(data)                                # 輸出變數data相當於輸出檔案
```

執行結果

```
==================== RESTART: D:/Python/ch14/ch14_45.py ====================
Traceback (most recent call last):
  File "D:/Python/ch14/ch14_45.py", line 5, in <module>
    data = file_Obj.read()                     # 讀取檔案到變數data
UnicodeDecodeError: 'cp950' codec can't decode byte 0x9e in position 11: illegal mult
ibyte sequence
>>> |
```

上述很明顯指出是解碼 decode 錯誤。

程式實例 ch14_46.py：重新設計 ch14_45.py，使用 encoding='utf-8'。

```
# ch14_46.py

fn = 'utf14_45.txt'                        # 設定欲開啟的檔案
file_Obj =  open(fn, encoding='utf-8')     # 用encoding='utf-8'開啟檔案
data = file_Obj.read()                     # 讀取檔案到變數data
file_Obj.close()                           # 關閉檔案物件
print(data)                                # 輸出變數data相當於輸出檔案
```

執行結果

```
==================== RESTART: D:/Python/ch14/ch14_46.py ====================
Python語言
王者歸來

>>>
```

14-7-3 認識 utf-8 編碼的 BOM

使用中文 Windows 作業系統的記事本以 utf-8 執行編碼時，作業系統會在文件前端增加位元組順序記號 (Byte Order Mark, 簡稱 BOM)，俗稱文件前端代碼，主要功能是判斷文字以 Unicode 表示時，位元組的排序方式。

程式實例 ch14_47.py：重新設計 ch14_20.py，使用逐行讀取方式讀取 utf-8 編碼格式的 utf14_45.txt 檔案，驗證 BOM 的存在。

```
# ch14_47.py

fn = 'utf14_45.txt'                                 # 設定欲開啟的檔案
with open(fn, encoding='utf-8') as file_Obj:        # 開啟utf-8檔案
    obj_list = file_Obj.readlines()                 # 每次讀一行

print(obj_list)                                     # 列印串列
```

執行結果

```
==================== RESTART: D:/Python/ch14/ch14_47.py ====================
['\ufeffPython語言\n', '王者歸來\n']
>>>
```

從上述執行結果可以看到 \ufeff 字元，其實 u 代表這是 Unicode 編碼格式，fe 和 ff 是 16 進位的編碼格式，這是代表編碼格式。在 utf-8 的編碼中有 2 種編碼格式主張，有一派主張數值較大的 byte 要放在前面，這種方式稱 Big Endian(BE) 系統。另一派主張數值較小的 byte 要放在前面，這種方式稱 Little Endian(LE) 系統。目前 Windows 系統的編法是 LE 系統，它的 BOM 內容是 \ufeff，由於目前沒有所謂的 \ufffe 內容，所以一般就用 BOM 內容是 \ufeff 時代表這是 LE 的編碼系統。這 2 個字元在 Unicode 中是不佔空間，所以許多時候是不感覺它們的存在。

open( ) 函數使用時，也可以很明確的使用 encoding='utf-8-sig' 格式，這時即使是逐行讀取也可以將 BOM 去除。

程式實例 ch14_48.py：重新設計 ch14_47.py，使用 encoding='utf-8-sig' 格式。

```
# ch14_48.py

fn = 'utf14_45.txt'                                 # 設定欲開啟的檔案
with open(fn, encoding='utf-8-sig') as file_Obj:    # 開啟utf-8檔案
    obj_list = file_Obj.readlines()                 # 每次讀一行

print(obj_list)                                     # 列印串列
```

執行結果 從執行結果可以看到 \ufeff 字元沒有了。

```
==================== RESTART: D:/Python/ch14/ch14_48.py ====================
['Python語言\n', '王者歸來\n']
>>>
```

另外有一些專業的文字編輯軟體提供可以在存檔時，使用 utf-8 格式但是去除 BOM 方式存檔。例如：NotePad 軟體，可參考下列畫面。

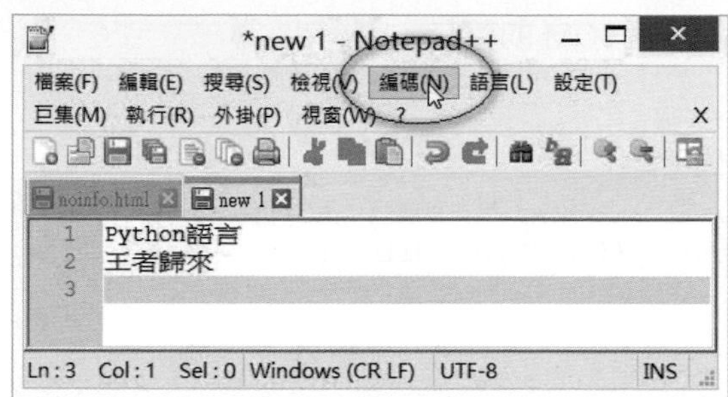

請執行編碼 / 編譯成 UTF-8 碼 (檔首無 BOM)。

請將執行結果存入 utf14_49.txt。

程式實例 ch14_49.py：重新設計 ch14_47.jpy，這次改讀取 utf14_49.txt，並觀察執行結果，可以看到 \ufeff 字元不見了。

```
# ch14_49.py

fn = 'utf14_49.txt'                                 # 設定欲開啟的檔案
with open(fn, encoding='utf-8') as file_Obj:        # 開啟utf-8檔案
    obj_list = file_Obj.readlines()                 # 每次讀一行

print(obj_list)                                     # 列印串列
```

執行結果

```
==================== RESTART: D:/Python/ch14/ch14_49.py ====================
['Python語言\n', '王者歸來\n']
>>>
```

14-7-4 開啟檔案出現亂碼

utf-8 的編碼格式中，每個中文字用 3 個 byte 代表，在中文 Windows 中所使用的 cp950 編碼格式中每個中文字用 2 個 byte 代表。所以如果開啟中文檔案，用錯開檔方式將產生亂碼。

14-8 剪貼簿的應用

剪貼簿的功能是屬第三方 pyperclip 模組內，使用前需使用下列方式安裝此模組，更多知識可參考附錄 B：

pip install pyperclip

然後程式前面加上下列導入 pyperclip 模組功能。

import pyperclip

安裝完成後就可以使用下列 2 個方法：

- ◆ copy( )：可將串列資料拷貝至剪貼簿。
- ◆ paste( )：將剪貼簿資料拷貝回字串變數

程式實例 ch14_50.py：將資料拷貝至剪貼簿，再將剪貼簿資料拷貝回字串變數 string，同時列印 string 字串變數。

```
1  # ch14_50.py
2  import pyperclip
3
4  pyperclip.copy('明志科大-勤勞樸實')        # 將字串拷貝至剪貼簿
5  string = pyperclip.paste()                 # 從剪貼簿拷貝回string
6  print(string)                              # 列印
```

執行結果

```
==================== RESTART: D:/Python/ch14/ch14_50.py ====================
明志科大-勤勞樸實
>>>
```

其實上述執行第 4 行後，如果你開啟剪貼簿 (可開啟 Word 再進入剪貼簿功能) 可以看到 " 明志科大 - 勤勞樸實 " 字串已經出現在剪貼簿。程式第 5 行則是將剪貼簿資料拷貝至 string 字串變數，第 6 行則是列印 string 字串變數。

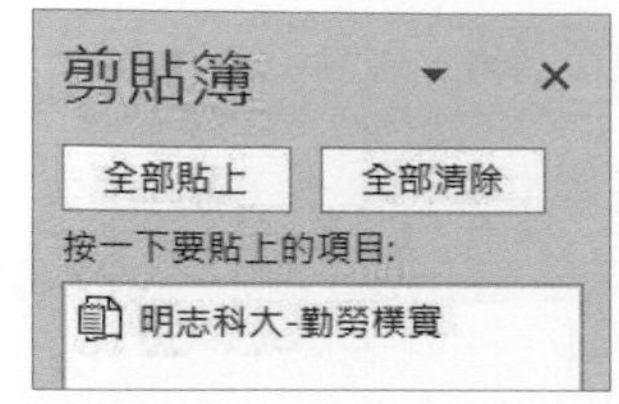

14-9 專題設計　分析檔案 / 加密檔案

14-9-1　以讀取檔案方式處理分析檔案

我們有學過字串、串列、字典、設計函數、檔案開啟與讀取檔案，這一節將舉一個實例可以應用上述觀念。

程式實例 ch14_51.py：有一首兩隻老虎的兒歌放在 ch14_51.txt 檔案內，其實這首耳熟能詳的兒歌是法國歌曲，原歌詞如下：

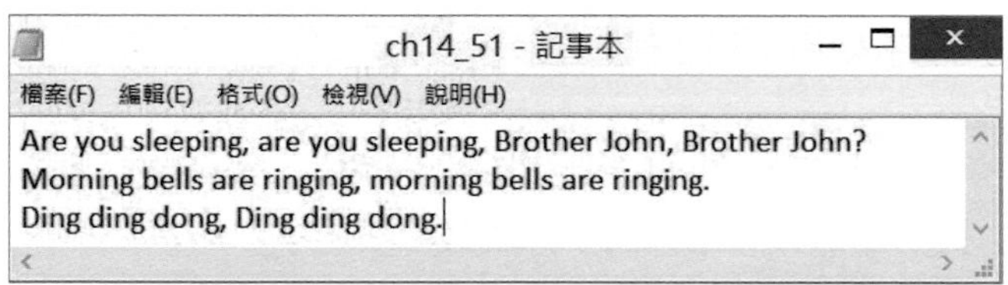

這個程式主要是列出每個歌詞出現的次數，為了單純全部單字改成小寫顯示，這個程式將用字典保存執行結果，字典的鍵是單字、字典的值是單字出現次數。為了讓讀者了解本程式的每個步驟，筆者輸出每一個階段的變化。

```
# ch14_51.py
def modifySong(songStr):                # 將歌曲的標點符號用空字元取代
    for ch in songStr:
        if ch in ".,?":
            songStr = songStr.replace(ch,'')
    return songStr                      # 傳回取代結果

def wordCount(songCount):
    global mydict
    songList = songCount.split()        # 將歌曲字串轉成串列
    print("以下是歌曲串列")
    print(songList)
    mydict = {wd:songList.count(wd) for wd in set(songList)}

```

```
fn = "ch14_51.txt"
with open(fn) as file_Obj:                 # 開啟歌曲檔案
    data = file_Obj.read()                 # 讀取歌曲檔案
    print("以下是所讀取的歌曲")
    print(data)                            # 列印歌曲檔案

mydict = {}                                # 空字典未來儲存單字計數結果
print("以下是將歌曲大寫字母全部改成小寫同時將標點符號用空字元取代")
song = modifySong(data.lower())
print(song)

wordCount(song)                            # 執行歌曲單字計數
print("以下是最後執行結果")
print(mydict)                              # 列印字典
```

執行結果

```
==================== RESTART: D:/Python/ch14/ch14_51.py ====================
以下是所讀取的歌曲
Are you sleeping, are you sleeping, Brother John, Brother John?
Morning bells are ringing, morning bells are ringing.
Ding ding dong, Ding ding dong.
以下是將歌曲大寫字母全部改成小寫同時將標點符號用空字元取代
are you sleeping are you sleeping brother john brother john
morning bells are ringing morning bells are ringing
ding ding dong ding ding dong
以下是歌曲串列
['are', 'you', 'sleeping', 'are', 'you', 'sleeping', 'brother', 'john', 'brother
', 'john', 'morning', 'bells', 'are', 'ringing', 'morning', 'bells', 'are', 'rin
ging', 'ding', 'ding', 'dong', 'ding', 'ding', 'dong']
以下是最後執行結果
{'are': 4, 'you': 2, 'sleeping': 2, 'brother': 2, 'john': 2, 'morning': 2, 'bell
s': 2, 'ringing': 2, 'ding': 4, 'dong': 2}
>>>
```

14-9-2 加密檔案

13-10-4 筆者已經介紹加密文件的觀念了，但是那只是為一個字串執行加密，更進一步我們可以設計為一個檔案加密，一般檔案有 '\n' 或 '\t' 字元，所以我們必需在加密與解密字典內增加考慮這 2 個字元。

程式實例 ch14_52.py：這個程式筆者將加密由 Tim Peters 所寫的 "Python 之禪 "，當然首先筆者將此 "Python 之禪 " 建立在 ch14 資料夾內檔名是 zenofPython.txt，然後讀取此檔案，最後列出加密結果。讀者需留意第 11 行，不可列印字元只刪除最後 3 個字元。

```
1  # ch14_52.py
2  import string
3
4  def encrypt(text, encryDict):              # 加密文件
5      cipher = []
6      for i in text:                         # 執行每個字元加密
7          v = encryDict[i]                   # 加密
```

```
        cipher.append(v)                          # 加密結果
    return ''.join(cipher)                        # 將串列轉成字串

abc = string.printable[:-3]                       # 取消不可列印字元
subText = abc[-3:] + abc[:-3]                     # 加密字串字串
encry_dict = dict(zip(subText, abc))              # 建立字典

fn = "zenofPython.txt"
with open(fn) as file_Obj:                        # 開啟檔案
    msg = file_Obj.read()                         # 讀取檔案

ciphertext = encrypt(msg, encry_dict)

print("原始字串")
print(msg)
print("加密字串")
print(ciphertext)
```

執行結果

```
==================== RESTART: D:/Python/ch14/ch14_52.py ====================
原始字串
The Zen of Python, by Tim Peters

Beautiful is better than ugly.
Explicit is better than implicit.
Simple is better than complex.
Complex is better than complicated.
Flat is better than nested.
Sparse is better than dense.
Readability counts.
Special cases aren't special enough to break the rules.
Although practicality beats purity.
Errors should never pass silently.
Unless explicitly silenced.
In the face of ambiguity, refuse the temptation to guess.
There should be one-- and preferably only one --obvious way to do it.
Although that way may not be obvious at first unless you're Dutch.
Now is better than never.
Although never is often better than *right* now.
If the implementation is hard to explain, it's a bad idea.
If the implementation is easy to explain, it may be a good idea.
Namespaces are one honking great idea -- let's do more of those!
加密字串
Wkh0#hq0ri0SBwkrq/0eB0W1p0Shwhuv22Ehdxw1ixo01v0ehwwhu0wkdq0xjoB;2HAsolflw01v0ehw
whu0wkdq01psolflw;2V1psoh01v0ehwwhu0wkdq0frpsohA;2FrpsohA01v0ehwwhu0wkdq0frpsolf
dwhg;2Iodw01v0ehwwhu0wkdq0qhvwhg;2Vsduvh01v0ehwwhu0wkdq0ghqvh;2Uhdgdelo1wB0frxqw
v;2Vshfldo0fdvhv0duhq*w0vshfldo0hqrxjk0wr0euhdn0wkh0uxohv;2Dowkrxjk0sudfwlfdolwB
0ehdwv0sxulwB;2Huuruv0vkrxog0qhyhu0sdvv0vlohqwoB;2XqohvvOhAsolflwoB0vlohqfhg;2Lq
0wkh0idfh0ri0dpeljxlwB/0uhixvh0wkh0whpswdwlrq0wr0jxhvv;2Wkhuh0vkrxog0eh0rqh::0dq
g0suhihudeoB0rqoB0rqh0::reylrxv0zdB0wr0gr0lw;2Dowkrxjk0wkdw0zdB0pdB0qrw0eh0reylr
xv0dw0iluvw0xqohvv0Brx*uh0Gxwfk;2Qrz01v0ehwwhu0wkdq0qhyhu;2Dowkrxjk0qhyhu01v0riw
hq0ehwwhu0wkdq0-uljkw-0qrz;2Li0wkh01psohphqwdwlrq01v0kdug0wr0hAsodlq/01w*v0d0edg
01ghd;2Li0wkh01psohphqwdwlrq01v0hdvB0wr0hAsodlq/01w0pdB0eh0d0jrrg01ghd;2Qdphvsdf
hv0duh0rqh0krqnlqj0juhdw01ghd0::0ohw*v0gr0pruh0ri0wkrvh$
```

如何驗證上述加密正確，最好的方式是為上述加密結果解密，這將是讀者的習題。

習題

實作題

1. 請輸入一個目錄，如果此目錄存在則輸出 "xxx 已經存在 "，如果此目錄不存在則先輸出 " 目錄不存在 "，建立此目錄然後輸出 " 建立此目錄 "。(14-1 節)

2. 請輸入一個檔案，如果檔案不存在則輸出 "xxx 檔案不存在 "，如果檔案存在則輸出此檔案的大小。(14-1 節)

3. 請重新設計 ch14_13.py，輸入特定目錄，如果此目錄不存在，則列出 "xxx 此目錄不存在 "。如果此目錄存在，本程式會列出特定目錄的所有檔案和大小，同時列出此目錄所有檔案數量和全部大小。(14-1 節)

4. 請更改設計 ch14_7.py，讓各行字串在同一行輸出，下列是執行結果。(14-2 節)

5. 本章講解了讀取檔案的知識，也講解了寫入檔案的知識，請設計一個 copy 程式，將一個檔案寫入另一個檔案內。程式執行時會先要求輸入原始檔的檔名，然後要求輸入目的檔的檔名，程式會將原始檔的內容寫入目的檔內。本書 ch14 資料夾有下列測試檔案 data14_5.txt。(14-3 節)

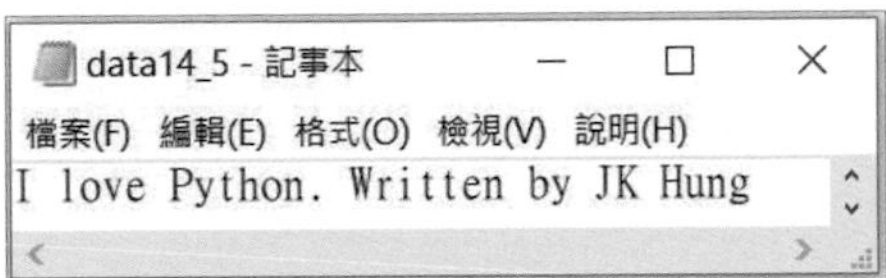

執行完後可以在目前資料夾看到 out14_5.txt 檔案，它的內容將和 data14_5.txt 相同。(14-3 節)

6. 有 5 個字串列內容如下：(14-3 節)

```
str1 = 'Python 入門到高手之路 '
str2 = ' 作者：洪錦魁 '
str3 = ' 深石數位科技 '
str4 = 'DeepStone Corporation'
str5 = 'Deep Learning'
```

請依上述字串執行下列工作：

A：分 5 行輸出，將執行結果存入 ex14_6_1.txt。

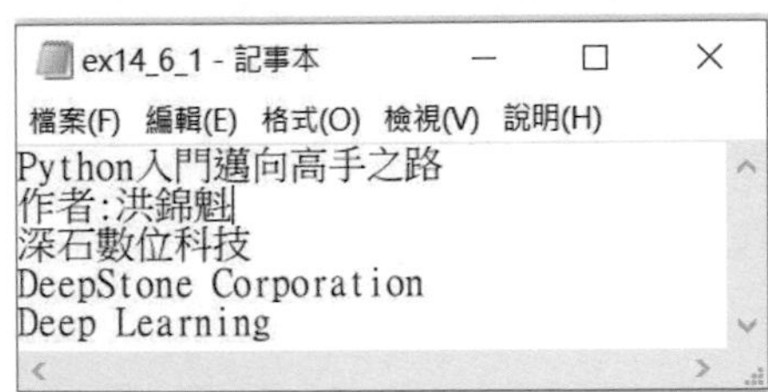

B：同一行輸出，彼此不空格，將執行結果存入 ex14_6_2.txt。

```
ex14_6_2 - 記事本
檔案(F) 編輯(E) 格式(O) 檢視(V) 說明(H)
Python入門邁向高手之路作者:洪錦魁深石數位科技DeepStone CorporationDeep Learning
```

C：同一行輸出，彼此空 2 格，將執行結果存入 ex14_6_3.txt。

```
ex14_6_3 - 記事本
檔案(F) 編輯(E) 格式(O) 檢視(V) 說明(H)
Python入門邁向高手之路  作者:洪錦魁  深石數位科技  DeepStone Corporation  Deep Learning
```

7. 請一次讀取 ex14_6_1.txt，然後輸出到螢幕。(14-3 節)
8. 請一次一行讀取 ex14_6_1.txt，然後輸出到螢幕。(14-3 節)
9. 請一次一行讀取 ex14_6_1.txt，然後處理成一行且彼此不空格，然後輸出到螢幕。(14-3 節)
10. 請參考 ch14_31_2.py，設計 copy 二進位檔案，以圖檔為實例，其中來源檔案和目的檔案必需由螢幕輸入。(14-4 節)
11. 請參考 ch14_32.py，重新設計上述 ex14_10.py，來源檔案和目的檔案必需由螢幕輸入。(14-5 節)
12. 請參考 ch14_41.py 執行特定目錄內容的檔案壓縮，必需從螢幕輸入欲壓縮的目錄，以及儲存壓縮結果的檔案。在習題資料夾有 zipabc 目錄，這個資料夾內容與 ch14 資料夾的 zipdir41 相同，下列是示範輸出。(14-6 節)

    上述保存壓縮檔案的名稱是 zip14_12.zip，所以可以在目前目錄看到此檔案。
13. 請參考 ch14_43.py 執行解壓縮檔案，讀者必需從螢幕輸入欲解壓縮的檔案，和存放的目錄位置。(14-6 節)
14. 請擴充設計 ch14_51.py，這個程式只有將所有出現的單字，從多到少列印出來。(14-9 節)
15. 為 ch14_52.py 所加密的字串存入 zenofPython_Encry.txt，同時解密所加密的字串，最後將解密的結果存入 zenofPython_Decry.txt，然後開啟檔案觀察執行結果。

第十五章

程式除錯與異常處理

15-1 程式異常

有時也可以將程式錯誤 (error) 稱作程式異常 (exception)，相信每一位寫程式的人一定會常常碰上程式錯誤，過去碰上這類情況程式將終止執行，同時出現錯誤訊息，錯誤訊息內容通常是顯示 Traceback，然後列出異常報告。Python 提供功能可以讓我們捕捉異常和撰寫異常處理程序，當發生異常被我們捕捉時會去執行異常處理程序，然後程式可以繼續執行。

15-1-1 一個除數為 0 的錯誤

本節將以一個除數為 0 的錯誤開始說明。

程式實例 ch15_1.py：建立一個除法運算的函數，這個函數將接受 2 個參數，然後執行第一個參數除以第二個參數。

```
1  # ch15_1.py
2  def division(x, y):
3      return x / y
4
5  print(division(10, 2))       # 列出10/2
6  print(division(5, 0))        # 列出5/0
7  print(division(6, 3))        # 列出6/3
```

執行結果

```
==================== RESTART: D:\Python\ch15\ch15_1.py ====================
5.0
Traceback (most recent call last):
  File "D:\Python\ch15\ch15_1.py", line 6, in <module>
    print(division(5, 0))      # 列出5/0
  File "D:\Python\ch15\ch15_1.py", line 3, in division
    return x / y
ZeroDivisionError: division by zero
```

上述程式在執行第 5 行時，一切還是正常。但是到了執行第 6 行時，因為第 2 個參數是 0，導致發生 ZeroDivisionError: division by zero 的錯誤，所以整個程式就執行終止了。其實對於上述程式而言，若是程式可以執行第 7 行，是可以正常得到執行結果的，可是程式第 6 行已經造成程式終止了，所以無法執行第 7 行。

15-1-2 撰寫異常處理程序 try - except

這一小節筆者將講解如何捕捉異常與設計異常處理程序，發生異常被捕捉時程式會執行異常處理程序，然後跳開異常位置，再繼續往下執行。這時要使用 try – except 指令，它的語法格式如下：

```
try:
    指令            # 預先設想可能引發錯誤異常的指令
except 異常物件：   # 若以 ch15_1.py 而言，異常物件就是指 ZeroDivisionError
    異常處理程序    # 通常是指出異常原因，方便修正
```

上述會執行 try: 下面的指令，如果正常則跳離 except 部分，如果指令有錯誤異常，則檢查此異常是否是異常物件所指的錯誤，如果是代表異常被捕捉了，則執行此異常物件下面的異常處理程序。

程式實例 ch15_2.py：重新設計 ch15_1.py，增加異常處理程序。

```
1  # ch15_2.py
2  def division(x, y):
3      try:                            # try - except指令
4          return x / y
5      except ZeroDivisionError:       # 除數為0時執行
6          print("除數不可為0")
7
8  print(division(10, 2))              # 列出10/2
9  print(division(5, 0))               # 列出5/0
10 print(division(6, 3))               # 列出6/3
```

執行結果

```
==================== RESTART: D:\Python\ch15\ch15_2.py ====================
5.0
除數不可為0
None
2.0
```

上述程式執行第 8 行時，會將參數 (10, 2) 帶入 division( ) 函數，由於執行 try 的指令的 "x / y" 沒有問題，所以可以執行 "return x / y"，這時 Python 將跳過 except 的指令。當程式執行第 9 行時，會將參數 (5, 0) 帶入 division( ) 函數，由於執行 try 的指令的 "x / y" 產生了除數為 0 的 ZeroDivisionError 異常，這時 Python 會找尋是否有處理這類異常的 except ZeroDivisionError 存在，如果有就表示此異常被捕捉，就去執行相關的錯誤處理程序，此例是執行第 6 行，印出 " 除數不可為 0" 的錯誤。函數回返然後印出結果 None，None 是一個物件表示結果不存在，最後返回程式第 10 行，繼續執行相關指令。

從上述可以看到，程式增加了 try – except 後，若是異常被 except 捕捉，出現的異常訊息比較友善了，同時不會有程式中斷的情況發生。

特別需留意的是在 try – except 的使用中，如果在 try: 後面的指令產生異常時，這個異常不是我們設計的 except 異常物件，表示異常沒被捕捉到，這時程式依舊會像 ch15_1.py 一樣，直接出現錯誤訊息，然後程式終止。

程式實例 ch15_2_1.py：重新設計 ch15_2.py，但是程式第 9 行使用字元呼叫除法運算，造成程式異常。

```
 1  # ch15_2_1.py
 2  def division(x, y):
 3      try:                        # try - except指令
 4          return x / y
 5      except ZeroDivisionError:   # 除數為0時執行
 6          print("除數不可為0")
 7
 8  print(division(10, 2))          # 列出10/2
 9  print(division('a', 'b'))       # 列出'a' / 'b'
10  print(division(6, 3))           # 列出6/3
```

執行結果

```
==================== RESTART: D:\Python\ch15\ch15_2_1.py ====================
5.0
Traceback (most recent call last):
  File "D:\Python\ch15\ch15_2_1.py", line 9, in <module>
    print(division('a', 'b'))       # 列出'a' / 'b'
  File "D:\Python\ch15\ch15_2_1.py", line 4, in division
    return x / y
TypeError: unsupported operand type(s) for /: 'str' and 'str'
```

由上述執行結果可以看到異常原因是 TypeError，由於我們在程式中沒有設計 except TypeError 的異常處理程序，所以程式會終止執行。更多相關處理將在 15-2 節說明。

15-1-3　try - except - else

Python 在 try – except 中又增加了 else 指令，這個指令存放的主要目的是 try 內的指令正確時，可以執行 else 內的指令區塊，我們可以將這部分指令區塊稱正確處理程序，這樣可以增加程式的可讀性。此時語法格式如下：

```
try:
    指令              # 預先設想可能引發異常的指令
except 異常物件：     # 若以 ch15_1.py 而言，異常物件就是指 ZeroDivisionError
```

```
    異常處理程序      # 通常是指出異常原因，方便修正
else:
    正確處理程序      # 如果指令正確實執行此區塊指令
```

程式實例 ch15_3.py：使用 try – except – else 重新設計 ch15_2.py。

```
# ch15_3.py
def division(x, y):
    try:                               # try - except指令
        ans =  x / y
    except ZeroDivisionError:          # 除數為0時執行
        print("除數不可為0")
    else:
        return ans                     # 傳回正確的執行結果

print(division(10, 2))                 # 列出10/2
print(division(5, 0))                  # 列出5/0
print(division(6, 3))                  # 列出6/3
```

執行結果 與 ch15_2.py 相同。

15-1-4 找不到檔案的錯誤 FileNotFoundError

程式設計時另一個常常發生的異常是開啟檔案時找不到檔案，這時會產生 FileNotFoundError 異常。

程式實例 ch15_4.py：開啟一個不存在的檔案 ch15_4.txt 產生異常的實例，這個程式會有一個異常處理程序，列出檔案不存在。如果檔案存在則列印檔案內容。

```
1   # ch15_4.py
2
3   fn = 'ch15_4.txt'                     # 設定欲開啟的檔案
4   try:
5       with open(fn) as file_Obj:        # 用預設mode=r開啟檔案,傳回檔案物件file_Obj
6           data = file_Obj.read()        # 讀取檔案到變數data
7   except FileNotFoundError:
8       print("找不到 %s 檔案" % fn)
9   else:
10      print(data)                       # 輸出變數data相當於輸出檔案
```

執行結果

```
==================== RESTART: D:\Python\ch15\ch15_4.py ====================
找不到 ch15_4.txt 檔案
```

本資料夾 ch15 內有 ch15_5.txt，相同的程式只是第 3 行開啟的檔案不同，將可以獲得印出 ch15_5.txt。

程式實例 ch15_5.txt：與 ch15_4.txt 內容基本上相同，只是開啟的檔案不同。

```
fn = 'ch15_5.txt'                    # 設定欲開啟的檔案
```

執行結果

```
==================== RESTART: D:\Python\ch15\ch15_5.py ====================
深石數位科技
深度學習滴水穿石
Deep Learning
```

15-1-5 分析單一文件的字數

有時候在讀一篇文章時，可能會想知道這篇文章的字數，這時我們可以採用下列方式分析。在正式分析前，可以先來看一個簡單的程式應用。如果忘記 split( ) 方法，可重新溫習 6-9-6 節。

程式實例 ch15_6.py：分析一個文件內有多少個單字。

```
# ch15_6.py

fn = 'ch15_6.txt'                    # 設定欲開啟的檔案
try:
    with open(fn) as file_Obj:   # 用預設mode=r開啟檔案,傳回檔案物件file_Obj
        data = file_Obj.read()   # 讀取檔案到變數data
except FileNotFoundError:
    print("找不到 %s 檔案" % fn)
else:
    wordList = data.split()      # 將文章轉成串列
    print(fn, " 文章的字數是 ", len(wordList))     # 列印文章字數
```

執行結果

```
==================== RESTART: D:\Python\ch15\ch15_6.py ====================
ch15_6.txt  文章的字數是  43
```

如果程式設計時常常有需要計算某篇文章的字數，可以考慮將上述計算文章的字數處理成一個函數，這個函數的參數是文章的檔名，然後函數直接印出文章的字數。

程式實例 ch15_7.py：設計一個計算文章字數的函數 wordsNum，只要傳遞文章檔案名稱，就可以獲得此篇文章的字數。

```
# ch15_7.py
def wordsNum(fn):
    """適用英文文件, 輸入文章的檔案名稱,可以計算此文章的字數"""
    try:
        with open(fn) as file_Obj:  # 用預設"r"傳回檔案物件file_Obj
            data = file_Obj.read()  # 讀取檔案到變數data
    except FileNotFoundError:
```

```
        print("找不到 %s 檔案" % fn)
    else:
        wordList = data.split()      # 將文章轉成串列
        print(fn, " 文章的字數是 ", len(wordList))    # 列印文章字數

file = 'ch15_6.txt'                  # 設定欲開啟的檔案
wordsNum(file)
```

執行結果 與 ch15_6.py 相同。

15-1-6 分析多個文件的字數

程式設計時你可能需設計讀取許多檔案做分析，部分檔案可能存在，部分檔案可能不存在，這時就可以使用本節的觀念做設計了。在接下來的程式實例分析中，筆者將欲讀取的檔案名稱放在串列內，然後使用迴圈將檔案分次傳給程式實例 ch15_7.py 建立的 wordsNum 函數，如果檔案存在將印出字數，如果檔案不存在將列出找不到此檔案。

程式實例 ch15_8.py：分析 data1.txt、data2.txt、data3.txt 這 3 個檔案的字數，同時筆者在 ch15 資料夾沒有放置 data2.txt，所以程式遇到分析此檔案時，將列出找不到此檔案。

```
# ch15_8.py
def wordsNum(fn):
    """適用英文文件, 輸入文章的檔案名稱,可以計算此文章的字數"""
    try:
        with open(fn) as file_Obj:  # 用預設"r"傳回檔案物件file_Obj
            data = file_Obj.read()  # 讀取檔案到變數data
    except FileNotFoundError:
        print("找不到 %s 檔案" % fn)
    else:
        wordList = data.split()      # 將文章轉成串列
        print(fn, " 文章的字數是 ", len(wordList))    # 列印文章字數

files = ['data1.txt', 'data2.txt', 'data3.txt']      # 檔案串列
for file in files:
    wordsNum(file)
```

執行結果

```
==================== RESTART: D:\Python\ch15\ch15_8.py ====================
data1.txt  文章的字數是  43
找不到 data2.txt 檔案
data3.txt  文章的字數是  39
```

15-2 設計多組異常處理程序

在程式實例 ch15_1.py、ch15_2.py 和 ch15_2_1.py 的實例中，我們很清楚瞭解了程式設計中有太多各種不可預期的異常發生，所以我們需要瞭解設計程式時可能需要同時設計多個異常處理程序。

15-2-1 常見的異常物件

異常物件名稱	說明
AttributeError	通常是指物件沒有這個屬性
Exception	一般錯誤皆可使用
FileNotFoundError	找不到 open( ) 開啟的檔案
IOError	在輸入或輸出時發生錯誤
IndexError	索引超出範圍區間
KeyError	在映射中沒有這個鍵
MemoryError	需求記憶體空間超出範圍
NameError	物件名稱未宣告
SyntaxError	語法錯誤
SystemError	直譯器的系統錯誤
TypeError	資料型別錯誤
ValueError	傳入無效參數
ZeroDivisionError	除數為 0

在 ch15_2_1.py 的程式應用中可以發現，異常發生時如果 except 設定的異常物件不是發生的異常，相當於 except 沒有捕捉到異常，所設計的異常處理程序變成無效的異常處理程序。Python 提供了一個通用型的異常物件 Exception，它可以捕捉各式的基礎異常。

程式實例 ch15_9.py：重新設計 ch15_2_1.py，異常物件設為 Exception。

```
# ch15_9.py
def division(x, y):
    try:                            # try - except指令
        return x / y
    except Exception:               # 通用錯誤使用
        print("通用錯誤發生")
```

```
7
8   print(division(10, 2))          # 列出10/2
9   print(division(5, 0))           # 列出5/0
10  print(division('a', 'b'))       # 列出'a' / 'b'
11  print(division(6, 3))           # 列出6/3
```

執行結果

```
==================== RESTART: D:\Python\ch15\ch15_9.py ====================
5.0
通用錯誤發生
None
通用錯誤發生
None
2.0
```

從上述可以看到第 9 行除數為 0 或是第 10 行字元相除所產生的異常皆可以使用 except Exception 予以捕捉，然後執行異常處理程序。甚至這個通用型的異常物件也可以應用在取代 FileNotFoundError 異常物件。

程式實例 ch15_10.py：使用 Exception 取代 FileNotFoundError，重新設計 ch15_8.py。

```
    except Exception:
        print("Exception找不到 %s 檔案" % fn)
```

執行結果

```
==================== RESTART: D:\Python\ch15\ch15_10.py ====================
data1.txt  文章的字數是  43
Exception找不到 data2.txt 檔案
data3.txt  文章的字數是  39
```

15-2-2 設計捕捉多個異常

在 try:- except 的使用中，可以設計多個 except 捕捉多種異常，此時語法如下：

```
try:
    指令                        # 預先設想可能引發錯誤異常的指令
except 異常物件 1:              # 如果指令發生異常物件 1 執行
    異常處理程序 1
except 異常物件 2:              # 如果指令發生異常物件 2 執行
    異常處理程序 2
```

當然也可以視情況設計更多異常處理程序。

程式實例 ch15_11.py：重新設計 ch15_9.py 設計捕捉 2 個異常物件，可參考第 5 和 7 行。

```
1  # ch15_11.py
2  def division(x, y):
3      try:                             # try - except指令
4          return x / y
5      except ZeroDivisionError:        # 除數為0使用
6          print("除數為0發生")
7      except TypeError:                # 資料型別錯誤
8          print("使用字元做除法運算異常")
9
10 print(division(10, 2))               # 列出10/2
11 print(division(5, 0))                # 列出5/0
12 print(division('a', 'b'))            # 列出'a' / 'b'
13 print(division(6, 3))                # 列出6/3
```

執行結果 與 ch15_9.py 相同。

15-2-3 使用一個 except 捕捉多個異常

Python 也允許設計一個 except，捕捉多個異常，此時語法如下：

```
try:
    指令                                      # 預先設想可能引發錯誤異常的指令
except ( 異常物件 1, 異常物件 2, … ):      # 指令發生其中所列異常物件執行
    異常處理程序
```

程式實例 ch15_12.py：重新設計 ch15_11.py，用一個 except 捕捉 2 個異常物件，下列程式讀者需留意第 5 行的 except 的寫法。

```
1  # ch15_12.py
2  def division(x, y):
3      try:                             # try - except指令
4          return x / y
5      except (ZeroDivisionError, TypeError):    # 2個異常
6          print("除數為0發生 或 使用字元做除法運算異常")
7
8  print(division(10, 2))               # 列出10/2
9  print(division(5, 0))                # 列出5/0
10 print(division('a', 'b'))            # 列出'a' / 'b'
11 print(division(6, 3))                # 列出6/3
```

執行結果

```
==================== RESTART: D:\Python\ch15\ch15_12.py ====================
5.0
除數為0發生 或 使用字元做除法運算異常
None
除數為0發生 或 使用字元做除法運算異常
None
2.0
```

15-2-4 處理異常但是使用 Python 內建的錯誤訊息

在先前所有實例，當發生異常同時被捕捉時皆是使用我們自建的異常處理程序，Python 也支援發生異常時使用系統內建的異常處理訊息。此時語法格式如下：

```
try:
    指令                              # 預先設想可能引發錯誤異常的指令
except 異常物件 as e:                 # 使用 as e
    print(e)                          # 輸出 e
```

上述 e 是系統內建的異常處理訊息，e 可以是任意字元，筆者此處使用 e 是因為代表 error 的內涵。當然上述 except 語法也接受同時處理多個異常物件，可參考下列程式實例第 5 行。

程式實例 ch15_13.py：重新設計 ch15_12.py，使用 Python 內建的錯誤訊息。

```
1  # ch15_13.py
2  def division(x, y):
3      try:                              # try - except指令
4          return x / y
5      except (ZeroDivisionError, TypeError) as e:   # 2個異常
6          print(e)
7
8  print(division(10, 2))                # 列出10/2
9  print(division(5, 0))                 # 列出5/0
10 print(division('a', 'b'))             # 列出'a' / 'b'
11 print(division(6, 3))                 # 列出6/3
```

執行結果

```
==================== RESTART: D:\Python\ch15\ch15_13.py ====================
5.0
division by zero
None
unsupported operand type(s) for /: 'str' and 'str'
None
2.0
```

上述執行結果的錯誤訊息皆是 Python 內部的錯誤訊息。

15-2-5 捕捉所有異常

程式設計許多異常是我們不可預期的，很難一次設想周到，Python 提供語法讓我們可以一次捕捉所有異常，此時 try – except 語法如下：

```
try:
    指令                         # 預先設想可能引發錯誤異常的指令
except:                          # 捕捉所有異常
    異常處理程序                  # 通常是 print 輸出異常說明
```

程式實例 ch15_14.py：一次捕捉所有異常的設計。

```
# ch15_14.py
def division(x, y):
    try:                            # try - except指令
        return x / y
    except:                         # 捕捉所有異常
        print("異常發生")

print(division(10, 2))              # 列出10/2
print(division(5, 0))               # 列出5/0
print(division('a', 'b'))           # 列出'a' / 'b'
print(division(6, 3))               # 列出6/3
```

執行結果

```
==================== RESTART: D:\Python\ch15\ch15_14.py ====================
5.0
異常發生
None
異常發生
None
2.0
```

15-3 丟出異常

前面所介紹的異常皆是 Python 直譯器發現異常時，自行丟出異常物件，如果我們不處理程式就終止執行，如果我們使用 try – except 處理程式可以在異常中回復執行。這一節要探討的是，我們設計程式時如果發生某些狀況，我們自己將它定義為異常然後丟出異常訊息，程式停止正常往下執行，同時讓程式跳到自己設計的 except 去執行。它的語法如下：

```
raise Exception("msg')                # 呼叫 Exception，msg 是傳遞錯誤訊息
…
…
try:
    指令
except Exception as err:              # err 是任意取的變數名稱，內容是 msg
    print("message", + str(err))      # 列印錯誤訊息
```

程式實例 ch15_15.py：目前有些金融機構在客戶建立網路帳號時，會要求密碼長度必需在 5 到 8 個字元間，接下來我們設計一個程式，這個程式內有 passWord( ) 函數，這個函數會檢查密碼長度，如果長度小於 5 或是長度大於 8 皆拋出異常。在第 11 行會有一系列密碼供測試，然後以迴圈方式執行檢查。

```
1  # ch15_15.py
2  def passWord(pwd):
3      """檢查密碼長度必須是5到8個字元"""
4      pwdlen = len(pwd)                           # 密碼長度
5      if pwdlen < 5:                              # 密碼長度不足
6          raise Exception('密碼長度不足')
7      if pwdlen > 8:                              # 密碼長度太長
8          raise Exception('密碼長度太長')
9      print('密碼長度正確')
10
11 for pwd in ('aaabbbccc', 'aaa', 'aaabbb'):  # 測試系列密碼值
12     try:
13         passWord(pwd)
14     except Exception as err:
15         print("密碼長度檢查異常發生: ", str(err))
```

執行結果

```
==================== RESTART: D:\Python\ch15\ch15_15.py ====================
密碼長度檢查異常發生:  密碼長度太長
密碼長度檢查異常發生:  密碼長度不足
密碼長度正確
```

上述當密碼長度不足或密碼長度太長，皆會拋出異常，這時 passWord( ) 函數回傳的是 Exception 物件 (第 6 和 8 行)，這時原先 Exception( ) 內的字串 ('' 密碼長度不足 ' 或 ' 密碼長度太長 ') 會透過第 14 行傳給 err 變數，然後執行第 15 行內容。

15-4 紀錄 Traceback 字串

相信讀者學習至今，已經經歷了許多程式設計的錯誤，每次錯誤螢幕皆出現 Traceback 字串，在這個字串中指出程式錯誤的原因。例如，請參考程式實例 ch15_2_1.py 的執行結果，該程式使用 Traceback 列出了錯誤。

如果我們導入 traceback 模組，就可以使用 traceback.format_exc( ) 記錄這個 Traceback 字串。

程式實例 ch15_16.py：重新設計程式實例 ch15_15.py，增加紀錄 Traceback 字串，這個紀錄將被記錄在 errch15_16.txt 內。

```
# ch15_16.py
import traceback                                    # 導入taceback

def passWord(pwd):
    """檢查密碼長度必須是5到8個字元"""
    pwdlen = len(pwd)                               # 密碼長度
    if pwdlen < 5:                                  # 密碼長度不足
        raise Exception('密碼長度不足')
    if pwdlen > 8:                                  # 密碼長度太長
        raise Exception('密碼長度太長')
    print('密碼長度正確')

for pwd in ('aaabbbccc', 'aaa', 'aaabbb'):  # 測試系列密碼值
    try:
        passWord(pwd)
    except Exception as err:
        errlog = open('errch15_16.txt', 'a')    # 開啟錯誤檔案
        errlog.write(traceback.format_exc())    # 寫入錯誤檔案
        errlog.close()                          # 關閉錯誤檔案
        print("將Traceback寫入錯誤檔案errch15_16.txt完成")
        print("密碼長度檢查異常發生: ", str(err))
```

執行結果

```
===================== RESTART: D:\Python\ch15\ch15_16.py =====================
將Traceback寫入錯誤檔案errch15_16.txt完成
密碼長度檢查異常發生:  密碼長度太長
將Traceback寫入錯誤檔案errch15_16.txt完成
密碼長度檢查異常發生:  密碼長度不足
密碼長度正確
```

如果使用記事本開啟 errch15_16.txt，可以得到下列結果。

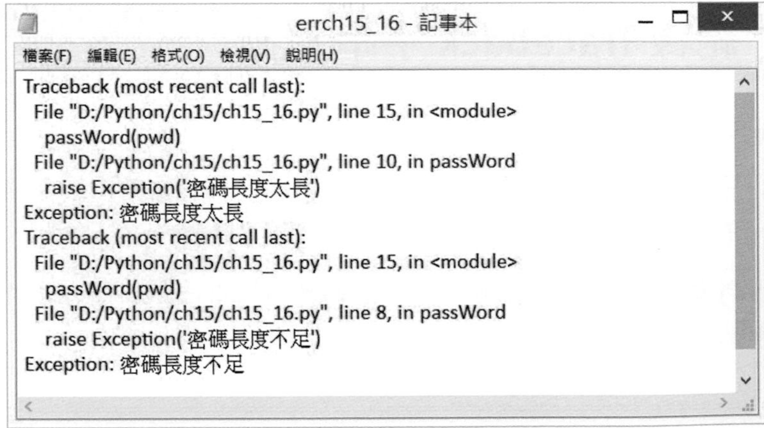

errch15_16 - 記事本

檔案(F) 編輯(E) 格式(O) 檢視(V) 說明(H)

```
Traceback (most recent call last):
  File "D:/Python/ch15/ch15_16.py", line 15, in <module>
    passWord(pwd)
  File "D:/Python/ch15/ch15_16.py", line 10, in passWord
    raise Exception('密碼長度太長')
Exception: 密碼長度太長
Traceback (most recent call last):
  File "D:/Python/ch15/ch15_16.py", line 15, in <module>
    passWord(pwd)
  File "D:/Python/ch15/ch15_16.py", line 8, in passWord
    raise Exception('密碼長度不足')
Exception: 密碼長度不足
```

上述程式第 17 行筆者使用 'a' 附加檔案方式開啟檔案，主要是程式執行期間可能有多個錯誤，為了必需記錄所有錯誤所以使用這種方式開啟檔案。上述程式最關鍵的地方是第 17 至 19 行，在這裡我們開啟了記錄錯誤的 errch15_16.txt 檔案，然後將錯誤寫入此檔案，最後關閉此檔案。這個程式紀錄的錯誤是我們拋出的異常錯誤，其實在 15-1 和 15-2 節中我們設計了異常處理程序，避免錯誤造成程式中斷，實務上 Python 還是有紀錄錯誤，可參考下一個實例。

程式實例 ch15_17.py：重新設計 ch15_14.py，主要是將程式異常的訊息保存在 errch15_17.txt 檔案內，本程式的重點是第 8 至 10 行。

```
1   # ch15_17.py
2   import traceback
3
4   def division(x, y):
5       try:                            # try - except指令
6           return x / y
7       except:                         # 捕捉所有異常
8           errlog = open('errch15_17.txt', 'a')   # 開啟錯誤檔案
9           errlog.write(traceback.format_exc())   # 寫入錯誤檔案
10          errlog.close()                         # 關閉錯誤檔案
11          print("將Traceback寫入錯誤檔案errch15_17.txt完成")
12          print("異常發生")
13
14  print(division(10, 2))              # 列出10/2
15  print(division(5, 0))               # 列出5/0
16  print(division('a', 'b'))           # 列出'a' / 'b'
17  print(division(6, 3))               # 列出6/3
```

執行結果

```
=================== RESTART: D:\Python\ch15\ch15_17.py ===================
5.0
將Traceback寫入錯誤檔案errch15_17.txt完成
異常發生
None
將Traceback寫入錯誤檔案errch15_17.txt完成
異常發生
None
2.0
```

如果使用記事本開啟 errch15_17.txt，可以得到下列結果。

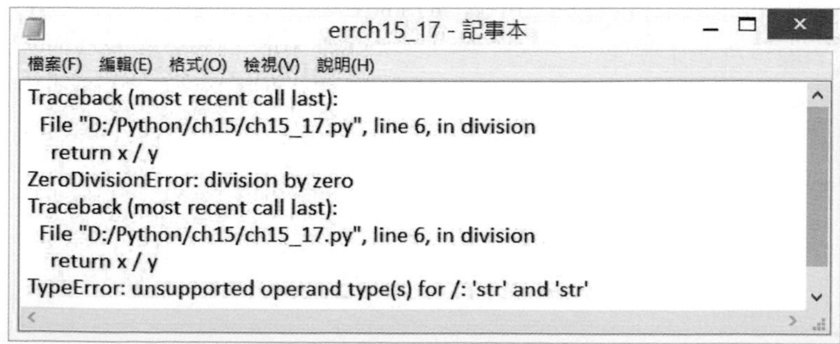

15-5 finally

Python 的關鍵字 finally 功能是和 try 配合使用，在 try 之後可以有 except 或 else，這個 finally 關鍵字是必需放在 except 和 else 之後，同時不論是否有異常發生一定會執行這個 finally 內的程式碼。這個功能主要是用在 Python 程式與資料庫連接時，輸出連接相關訊息。

程式實例 ch15_18.py：重新設計 ch15_14.py，增加 finally 關鍵字。

```
# ch15_18.py
def division(x, y):
    try:                                # try - except指令
        return x / y
    except:                             # 捕捉所有異常
        print("異常發生")
    finally:                            # 離開函數前先執行此程式碼
        print("階段任務完成")

print(division(10, 2),"\n")             # 列出10/2
print(division(5, 0),"\n")              # 列出5/0
print(division('a', 'b'),"\n")          # 列出'a' / 'b'
print(division(6, 3),"\n")              # 列出6/3
```

執行結果

```
===================== RESTART: D:\Python\ch15\ch15_18.py =====================
階段任務完成
5.0

異常發生
階段任務完成
None

異常發生
階段任務完成
None

階段任務完成
2.0
```

上述程式執行時，如果沒有發生異常，程式會先輸出字串 " 階段任務完成 " 然後返回主程式，輸出 division( ) 的回傳值。如果程式有異常會先輸出字串 " 異常發生 "，再執行 finally 的程式碼輸出字串 " 階段任務完成 " 然後返回主程式輸出 "None"。

15-6 程式斷言 assert

15-6-1 設計斷言

Python 的 assert 關鍵字主要功能是協助程式設計師在程式設計階段，對整個程式的執行狀態做一個全面性的安全檢查，以確保程式不會發生語意上的錯誤。例如，我們在第 12 章設計銀行的存款程式時，我們沒有考慮到存款或提款是負值的問題，我們也沒有考慮到如果提款金額大於存款金額的情況。

程式實例 ch15_19.py：重新設計 ch12_4.py，這個程式主要是將第 22 行的存款金額改為 -300 和第 24 行提款金額大於存款金額，接著觀察執行結果。

```
1   # ch15_19.py
2   class Banks():
3       # 定義銀行類別
4       title = 'Taipei Bank'                         # 定義屬性
5       def __init__(self, uname, money):             # 初始化方法
6           self.name = uname                         # 設定存款者名字
7           self.balance = money                      # 設定所存的錢
8
9       def save_money(self, money):                  # 設計存款方法
10          self.balance += money                     # 執行存款
11          print("存款 ", money, " 完成")            # 列印存款完成
12
13      def withdraw_money(self, money):              # 設計提款方法
14          self.balance -= money                     # 執行提款
15          print("提款 ", money, " 完成")            # 列印提款完成
16
17      def get_balance(self):                        # 獲得存款餘額
18          print(self.name.title(), " 目前餘額: ", self.balance)
19
20  hungbank = Banks('hung', 100)                     # 定義物件hungbank
21  hungbank.get_balance()                            # 獲得存款餘額
22  hungbank.save_money(-300)                         # 存款-300元
23  hungbank.get_balance()                            # 獲得存款餘額
24  hungbank.withdraw_money(700)                      # 提款700元
25  hungbank.get_balance()                            # 獲得存款餘額
```

執行結果

```
===================== RESTART: D:\Python\ch15\ch15_19.py =====================
Hung  目前餘額:  100
存款  -300  完成
Hung  目前餘額:  -200
提款  700  完成
Hung  目前餘額:  -900
```

上述程式語法上是沒有錯誤，但是犯了 2 個程式語意上的設計錯誤，分別是存款金額出現了負值和提款金額大於存款金額的問題。所以我們發現存款餘額出現了負值 -200 和 -900 的情況。接下來筆者將講解如何解決上述問題。

斷言 (assert) 主要功能是確保程式執行的某個階段，必須符合一定的條件，如果不符合這個條件時程式主動拋出異常，讓程式終止同時程式主動印出異常原因，方便程式設計師偵錯。它的語法格式如下：

```
assert 條件 , '字串'
```

上述意義是程式執行至此階段時測試條件，如果條件回應是 True，程式不理會逗號 "," 右邊的字串正常往下執行。如果條件回應是 False，程式終止同時將逗號 "," 右邊的字串輸出到 Traceback 的字串內。對上述程式 ch15_19.py 而言，很明顯我們重新設計 ch15_20.py 時必須讓 assert 關鍵字做下列 2 件事：

1： 確保存款與提款金額是正值，否則輸出錯誤，可參考第 10 和 15 行。

2： 確保提款金額小於等於存款金額，否則輸出錯誤，可參考第 16 行。

程式實例 ch15_20.py：重新設計 ch15_19.py，在這個程式第 27 行我們先測試存款金額小於 0 的狀況。

```
1  # ch15_20.py
2  class Banks():
3      # 定義銀行類別
4      title = 'Taipei Bank'                       # 定義屬性
5      def __init__(self, uname, money):           # 初始化方法
6          self.name = uname                       # 設定存款者名字
7          self.balance = money                    # 設定所存的錢
8
9      def save_money(self, money):                # 設計存款方法
10         assert money > 0, '存款money必需大於0'
11         self.balance += money                   # 執行存款
12         print("存款 ", money, " 完成")           # 列印存款完成
13
14     def withdraw_money(self, money):            # 設計提款方法
15         assert money > 0, '提款money必需大於0'
16         assert money <= self.balance, '存款金額不足'
17         self.balance -= money                   # 執行提款
18         print("提款 ", money, " 完成")           # 列印提款完成
19
20     def get_balance(self):                      # 獲得存款餘額
21         print(self.name.title(), " 目前餘額: ", self.balance)
22
23 hungbank = Banks('hung', 100)                   # 定義物件hungbank
```

```
24 hungbank.get_balance()                    # 獲得存款餘額
25 hungbank.save_money(300)                  # 存款300元
26 hungbank.get_balance()                    # 獲得存款餘額
27 hungbank.save_money(-300)                 # 存款-300元
28 hungbank.get_balance()                    # 獲得存款餘額
```

執行結果

```
==================== RESTART: D:\Python\ch15\ch15_20.py ====================
Hung  目前餘額:  100
存款  300  完成
Hung  目前餘額:  400
Traceback (most recent call last):
  File "D:\Python\ch15\ch15_20.py", line 27, in <module>
    hungbank.save_money(-300)                    # 存款-300元
  File "D:\Python\ch15\ch15_20.py", line 10, in save_money
    assert money > 0, '存款money必需大於0'
AssertionError: 存款money必需大於0
```

上述執行結果很清楚程式第 27 行將存款金額設為負值 -300 時，呼叫 save_money( ) 方法結果在第 10 行的 assert 斷言地方出現 False，所以設定的錯誤訊息 ' 存款必需大於 0' 的字串被印出來，這種設計方便我們在真實的環境做最後程式語意檢查。

程式實例 ch15_21.py：重新設計 ch15_20.py，這個程式我們測試了當提款金額大於存款金額的狀況，可參考第 27 行，下列只列出主程式內容。

```
23 hungbank = Banks('hung', 100)             # 定義物件hungbank
24 hungbank.get_balance()                    # 獲得存款餘額
25 hungbank.save_money(300)                  # 存款300元
26 hungbank.get_balance()                    # 獲得存款餘額
27 hungbank.withdraw_money(700)              # 提款700元
28 hungbank.get_balance()                    # 獲得存款餘額
```

執行結果

```
==================== RESTART: D:\Python\ch15\ch15_21.py ====================
Hung  目前餘額:  100
存款  300  完成
Hung  目前餘額:  400
Traceback (most recent call last):
  File "D:\Python\ch15\ch15_21.py", line 27, in <module>
    hungbank.withdraw_money(700)                 # 提款700元
  File "D:\Python\ch15\ch15_21.py", line 16, in withdraw_money
    assert money <= self.balance, '存款金額不足'
AssertionError: 存款金額不足
```

上述當提款金額大於存款金額時，這個程式將造成第 16 行的 assert 斷言條件是 False，所以觸發了列印 ' 存款金額不足 ' 的訊息。由上述的執行結果，我們就可以依據需要修正程式的內容。

15-6-2 停用斷言

斷言 assert 一般是用在程式開發階段，如果整個程式設計好了以後，想要停用斷言 assert，可以在 Windows 的命令提示環境 (可參考附錄 B-2-1)，執行程式時使用 "-O" 選項停用斷言。筆者在 Windows 8 作業系統是安裝 Python 3.62 版，在這個版本的 Python 安裝路徑內 ~\Python\Python36-32 內有 python.exe 可以執行所設計的 Python 程式，若以 ch15_21.py 為實例，如果我們要停用斷言可以使用下列指令。

```
~\python.exe-O D:\Python\ch15\ch15_21.py
```

上述 "~" 代表安裝 Python 的路徑，若是以 ch15_21.py 為例，採用停用斷言選項 "-O" 後，執行結果將看到不再有 Traceback 錯誤訊息產生，因為斷言被停用了。

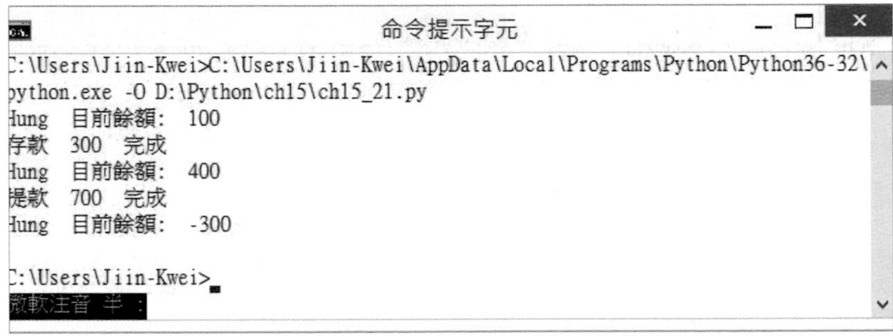

15-7 程式日誌模組 logging

程式設計階段難免會有錯誤產生，沒有得到預期的結果，在產生錯誤期間到底發生什麼事情？程式碼執行順序是否有誤或是變數值如何變化？這些都是程式設計師想知道的事情。筆者過去碰上這方面的問題，常常是在程式碼幾個重要節點增加 print( ) 函數輸出關鍵變數，以了解程式的變化，程式修訂完成後再將這幾個 print( ) 刪除，坦白說是有一點麻煩。

Python 有程式日誌 logging 功能，這個功能可以協助我們執行程式的除錯，有了這個功能我們可以自行設定關鍵變數在每一個程式階段的變化，由這個關鍵變數的變化可方便我們執行程式的除錯，同時未來不想要顯示這些關鍵變數資料時，可以不用刪除，只要適度加上指令就可隱藏它們，這將是本節個主題。

15-7-1 logging 模組

Python 內有提供 logging 模組，這個模組有提供方法可以讓我們使用程式日誌 logging 功能，在使用前須先使用 import 導入此模組。

```
import logging
```

15-7-2 logging 的等級

logging 模組共分 5 個等級，從最低到最高等級順序如下：

◆ DEBUG 等級

使用 logging.debug( ) 顯示程式日誌內容，所顯示的內容是程式的小細節，最低層級的內容，感覺程式有問題時可使用它追蹤關鍵變數的變化過程。

◆ INFO 等級

使用 logging.info( ) 顯示程式日誌內容，所顯示的內容是紀錄程式一般發生的事件。

◆ WARNING 等級

使用 logging.warning( ) 顯示程式日誌內容，所顯示的內容雖然不會影響程式的執行，但是未來可能導致問題的發生。

◆ ERROR 等級

使用 logging.error( ) 顯示程式日誌內容，通常顯示程式在某些狀態將引發錯誤的緣由。

◆ CRITICAL 等級

使用 logging.critical( ) 顯示程式日誌內容，這是最重要的等級，通常是顯示將讓整個系統當掉或中斷的錯誤。

程式設計時，可以使用下列函數設定顯示資訊的等級：

```
logging.basicConfig(level=logging.DEBUG)        # 假設是設定 DEBUG 等級
```

當設定 logging 為某一等級時，未來只有此等級或更高等級的 logging 會被顯示。

程式實例 ch15_22.py：顯示所有等級的 logging 訊息。

```
# ch15_22.py
import logging

logging.basicConfig(level=logging.DEBUG)    # 等級是DEBUG
logging.debug('logging message, DEBUG')
logging.info('logging message, INFO')
logging.warning('logging message, WARNING')
logging.error('logging message, ERROR')
logging.critical('logging message, CRITICAL')
```

執行結果

```
==================== RESTART: D:\Python\ch15\ch15_22.py ====================
DEBUG:root:logging message, DEBUG
INFO:root:logging message, INFO
WARNING:root:logging message, WARNING
ERROR:root:logging message, ERROR
CRITICAL:root:logging message, CRITICAL
```

上述每一個輸出前方有 DEBUG:root:(其他依此類推) 前導訊息，這是該 logging 輸出模式預設的輸出訊息註明輸出 logging 模式。

程式實例 ch15_23.py：顯示 WARNING 等級或更高等級的輸出。

```
# ch15_23.py
import logging

logging.basicConfig(level=logging.WARNING)    # 等級是WARNING
logging.debug('logging message, DEBUG')
logging.info('logging message, INFO')
logging.warning('logging message, WARNING')
logging.error('logging message, ERROR')
logging.critical('logging message, CRITICAL')
```

執行結果

```
==================== RESTART: D:\Python\ch15\ch15_23.py ====================
WARNING:root:logging message, WARNING
ERROR:root:logging message, ERROR
CRITICAL:root:logging message, CRITICAL
```

當我們設定 logging 的輸出等級是 WARNING 時，較低等級的 logging 輸出就被隱藏了。當瞭解了上述 logging 輸出等級的特性後，筆者通常在設計大型程式時，程式設計初期階段會將 logging 等級設為 DEBUG，如果確定程式大致沒問題後，就將 logging 等級設為 WARNING，最後再設為 CRITICAL。這樣就可以不用再像過去一樣程式設計初期使用 print( ) 紀錄關鍵變數的變化，當程式確定完成後，需要一個一個檢查 print( ) 然後將它刪除。

15-7-3 格式化 logging 訊息輸出 format

從 ch15_22.py 和 ch15_23.py 可以看到輸出訊息前方有前導輸出訊息，我們可以使用在 logging.basicConfig( ) 方法內增加 format 格式化輸出訊息為空字串 ' ' 方式，取消顯示前導輸出訊息。

logging.basicConfig(level=logging.DEBUG, format = ' ')

程式實例 ch15_24.py：重新設計 ch15_22.py，取消顯示 logging 的前導輸出訊息。

```
# ch15_24.py
import logging

logging.basicConfig(level=logging.DEBUG, format='')
logging.debug('logging message, DEBUG')
logging.info('logging message, INFO')
logging.warning('logging message, WARNING')
logging.error('logging message, ERROR')
logging.critical('logging message, CRITICAL')
```

執行結果

```
==================== RESTART: D:\Python\ch15\ch15_24.py ====================
logging message, DEBUG
logging message, INFO
logging message, WARNING
logging message, ERROR
logging message, CRITICAL
```

從上述執行結果很明顯，模式前導的輸出訊息沒有了。

15-7-4 時間資訊 asctime

我們可以在 format 內配合 asctime 列出系統時間，這樣可以列出每一重要階段關鍵變數發生的時間。

程式實例 ch15_25.py：列出每一個 logging 輸出時的時間。

```
# ch15_25.py
import logging

logging.basicConfig(level=logging.DEBUG, format='%(asctime)s')
logging.debug('logging message, DEBUG')
logging.info('logging message, INFO')
logging.warning('logging message, WARNING')
logging.error('logging message, ERROR')
logging.critical('logging message, CRITICAL')
```

執行結果

```
===================== RESTART: D:\Python\ch15\ch15_25.py =====================
2019-03-25 17:10:02,516
2019-03-25 17:10:02,526
2019-03-25 17:10:02,536
2019-03-25 17:10:02,536
2019-03-25 17:10:02,546
```

我們的確獲得了每一個 logging 的輸出時間，但是經過 format 處理後原先 logging.xxx( ) 內的輸出資訊卻沒有了，這是因為我們在 format 內只有留時間字串訊息。

15-7-5　format 內的 message

如果想要輸出原先 logging.xxx( ) 的輸出訊息，必須在 format 內增加 message 格式。

程式實例 ch15_26.py：增加 logging.xxx( ) 的輸出訊息。

```
# ch15_26.py
import logging

logging.basicConfig(level=logging.DEBUG, format='%(asctime)s : %(message)s')
logging.debug('logging message, DEBUG')
logging.info('logging message, INFO')
logging.warning('logging message, WARNING')
logging.error('logging message, ERROR')
logging.critical('logging message, CRITICAL')
```

執行結果

```
===================== RESTART: D:\Python\ch15\ch15_26.py =====================
2019-03-25 17:11:26,184 : logging message, DEBUG
2019-03-25 17:11:26,204 : logging message, INFO
2019-03-25 17:11:26,204 : logging message, WARNING
2019-03-25 17:11:26,214 : logging message, ERROR
2019-03-25 17:11:26,224 : logging message, CRITICAL
```

15-7-6　列出 levelname

levelname 屬性是記載目前 logging 的顯示層級是那一個等級。

程式實例 ch15_27.py：列出目前 level 所設定的等級。

```
# ch15_27.py
import logging

logging.basicConfig(level=logging.DEBUG,
                    format='%(asctime)s - %(levelname)s : %(message)s')
logging.debug('logging message.')
logging.info('logging message.')
```

```
logging.warning('logging message')
logging.error('logging message')
logging.critical('logging message')
```

執行結果

```
===================== RESTART: D:\Python\ch15\ch15_27.py =====================
2019-03-25 17:13:01,682 - DEBUG : logging message.
2019-03-25 17:13:01,692 - INFO : logging message.
2019-03-25 17:13:01,702 - WARNING : logging message
2019-03-25 17:13:01,712 - ERROR : logging message
2019-03-25 17:13:01,712 - CRITICAL : logging message
```

15-7-7 使用 logging 列出變數變化的應用

這一節開始筆者將正式使用 logging 追蹤變數的變化，下列是簡單追蹤索引值變化的程式。

程式實例 ch15_28.py：追蹤索引值變化的實例。

```
1  # ch15_28.py
2  import logging
3
4  logging.basicConfig(level=logging.DEBUG,
5                      format='%(asctime)s - %(levelname)s : %(message)s')
6  logging.debug('程式開始')
7  for i in range(5):
8      logging.debug('目前索引 %s ' % i)
9  logging.debug('程式結束')
```

執行結果

```
===================== RESTART: D:\Python\ch15\ch15_28.py =====================
2019-03-25 17:15:21,823 - DEBUG : 程式開始
2019-03-25 17:15:21,832 - DEBUG : 目前索引 0
2019-03-25 17:15:21,842 - DEBUG : 目前索引 1
2019-03-25 17:15:21,842 - DEBUG : 目前索引 2
2019-03-25 17:15:21,852 - DEBUG : 目前索引 3
2019-03-25 17:15:21,862 - DEBUG : 目前索引 4
2019-03-25 17:15:21,862 - DEBUG : 程式結束
```

上述程式紀錄了整個索引值的變化過程，讀者需留意第 8 行的輸出，它的輸出結果是在 %(message)s 定義。

15-7-8 正式追蹤 factorial 數值的應用

在程式 ch11_26.py 筆者曾經使用遞迴函數計算階乘 factorial，接下來筆者想用一般迴圈方式追蹤階乘計算的過程。

程式實例 ch15_29.py：使用 logging 追蹤階 factorial 階乘計算的過程。

```
# ch15_29.py
import logging

logging.basicConfig(level=logging.DEBUG,
                    format='%(asctime)s - %(levelname)s : %(message)s')
logging.debug('程式開始')

def factorial(n):
    logging.debug('factorial %s 計算開始' % n)
    ans = 1
    for i in range(n + 1):
        ans *= i
        logging.debug('i = ' + str(i) + ', ans = ' + str(ans))
    logging.debug('factorial %s 計算結束' % n)
    return ans

num = 5
print("factorial(%d) = %d" % (num, factorial(num)))
logging.debug('程式結束')
```

執行結果

```
===================== RESTART: D:\Python\ch15\ch15_29.py =====================
2019-03-25 17:17:16,837 - DEBUG : 程式開始
2019-03-25 17:17:16,863 - DEBUG : factorial 5 計算開始
2019-03-25 17:17:16,873 - DEBUG : i = 0, ans = 0
2019-03-25 17:17:16,873 - DEBUG : i = 1, ans = 0
2019-03-25 17:17:16,883 - DEBUG : i = 2, ans = 0
2019-03-25 17:17:16,883 - DEBUG : i = 3, ans = 0
2019-03-25 17:17:16,893 - DEBUG : i = 4, ans = 0
2019-03-25 17:17:16,893 - DEBUG : i = 5, ans = 0
2019-03-25 17:17:16,903 - DEBUG : factorial 5 計算結束
factorial(5) = 0
2019-03-25 17:17:16,913 - DEBUG : 程式結束
```

在上述使用 logging 的 DEBUG 過程可以發現階乘數從 0 開始，造成所有階段的執行結果皆是 0，程式的錯誤，下列程式第 11 行，筆者更改此項設定為從 1 開始。

程式實例 ch15_30.py：修訂 ch15_29.py 的錯誤，讓階乘從 1 開始。

```
1  # ch15_30.py
2  import logging
3
4  logging.basicConfig(level=logging.DEBUG,
5                      format='%(asctime)s - %(levelname)s : %(message)s')
6  logging.debug('程式開始')
7
8  def factorial(n):
9      logging.debug('factorial %s 計算開始' % n)
10     ans = 1
11     for i in range(1, n + 1):
12         ans *= i
```

```
        logging.debug('i = ' + str(i) + ', ans = ' + str(ans))
    logging.debug('factorial %s 計算結束' % n)
    return ans

num = 5
print("factorial(%d) = %d" % (num, factorial(num)))
logging.debug('程式結束')
```

執行結果

```
===================== RESTART: D:\Python\ch15\ch15_30.py =====================
2019-03-25 17:19:38,874 - DEBUG : 程式開始
2019-03-25 17:19:38,894 - DEBUG : factorial 5 計算開始
2019-03-25 17:19:38,894 - DEBUG : i = 1, ans = 1
2019-03-25 17:19:38,904 - DEBUG : i = 2, ans = 2
2019-03-25 17:19:38,914 - DEBUG : i = 3, ans = 6
2019-03-25 17:19:38,914 - DEBUG : i = 4, ans = 24
2019-03-25 17:19:38,924 - DEBUG : i = 5, ans = 120
2019-03-25 17:19:38,924 - DEBUG : factorial 5 計算結束
factorial(5) = 120
2019-03-25 17:19:38,934 - DEBUG : 程式結束
```

15-7-9 將程式日誌 logging 輸出到檔案

程式很長時，若將 logging 輸出在螢幕，其實不太方便逐一核對關鍵變數值的變化，此時我們可以考慮將 logging 輸出到檔案，方法是在 logging.basicConfig( ) 增加 filename=" 檔案名稱 "，這樣就可以將 logging 輸出到指定的檔案內。

程式實例 ch15_31.py：將程式實例的 logging 輸出到 out15_31.txt。

```
logging.basicConfig(filename='out15_31.txt', level=logging.DEBUG,
                    format='%(asctime)s - %(levelname)s : %(message)s')
```

執行結果

```
===================== RESTART: D:\Python\ch15\ch15_31.py =====================
factorial(5) = 120
```

這時在目前工作資料夾可以看到 out15_31.txt，開啟後可以得到下列結果。

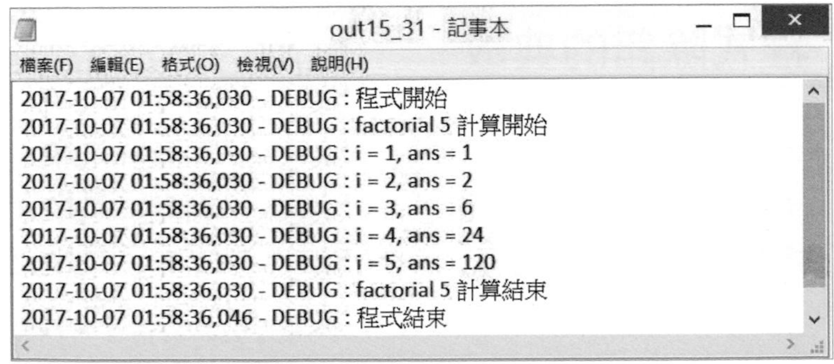

15-7-10　隱藏程式日誌 logging 的 DEBUG 等級使用 CRITICAL

先前筆者有說明 logging 有許多等級，只要設定高等級，Python 就會忽略低等級的輸出，所以如果我們程式設計完成，也確定沒有錯誤，其實可以將 logging 等級設為最高等級，所有較低等級的輸出將被隱藏。

程式實例 ch15_32.py：重新設計 ch15_30.py，將程式內 DEBUG 等級的 logging 隱藏。

```
logging.basicConfig(level=logging.CRITICAL,
                    format='%(asctime)s - %(levelname)s : %(message)s')
```

執行結果 與 ch15_31.py 相同。

15-7-11　停用程式日誌 logging

可以使用下列方法停用日誌 logging。

logging.disable(level)　　　　# level 是停用 logging 的等級

上述可以停用該程式碼後指定等級以下的所有等級，如果想停用全部參數可以使用 logging.CRITICAL 等級，這個方法一般是放在 import 下方，這樣就可以停用所有的 logging。

程式實例 ch15_33.py：重新設計 ch15_30.py，這個程式只是在原先第 3 行空白行加上下列程式碼。

```
3  logging.disable(logging.CRITICAL)        # 停用所有logging
```

執行結果 與 ch15_31.py 相同。

15-8 程式除錯的典故

通常我們又將程式除錯稱 Debug，De 是除去的意思，bug 是指小蟲，其實這是有典故的。1944 年 IBM 和哈佛大學聯合開發了 Mark I 電腦，此電腦重 5 噸，有 8 英呎高，51 英呎長，內部線路加總長是 500 英哩，沒有中斷使用了 15 年，下列是此電腦圖片。

本圖片轉載自 http://www.computersciencelab.com

在當時有一位女性程式設計師 Grace Hopper，發現了第一個電腦蟲 (bug)，一隻死的蛾 (moth) 的雙翅卡在繼電器 (relay)，促使資料讀取失敗，下列是當時 Grace Hopper 記錄此事件的資料。

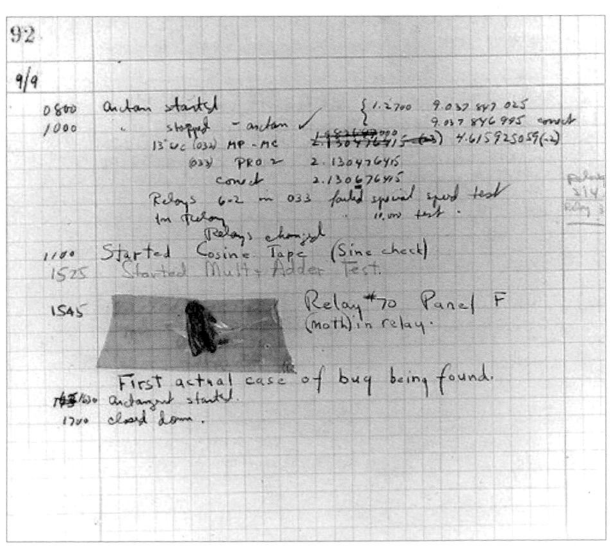

92

9/9

0800 Antan started

1000 " stopped - antan ✓ 1.2700 9.037 847 025

9.037 846 995 correct

13" UC (033) MP-MC 4.615925059(-2)

(033) PRO 2 2.130476415

correct 2.130676415

Relays 6-2 in 033 failed special speed test

Relays changed

1100 Started Cosine Tape (Sine check)

1525 Started Multy Adder Test.

1545 Relay #70 Panel F

(moth) in relay.

First actual case of bug being found.

1700 closed down.

本圖片轉載自 http://www.computersciencelab.com

當時 Grace Hopper 寫下了下列兩句話。

Relay #70 Panel F (moth) in relay.
First actual case of bug being found.

大意是編號 70 的繼電器出問題 (因為蛾)，這是真實電腦上所發現的第一隻蟲。自此，電腦界認定用 debug 描述「找出及刪除程式錯誤」應歸功於 Grace Hopper。

習題

實作題

1. 請將程式實例 ch15_6.py 改為由螢幕輸入文字，然後將輸入的文字存入 in15_6.txt，再予以分析。(15-1 節)
2. 請將程式實例 ch15_8.py 第 13 行的 3 個檔案改為 5 個檔案，同時這 5 個檔案的檔名 (d1.txt, d2.txt, d3.txt, d4.txt, d5.txt) 是由螢幕輸入，內容如下。(15-1 節)

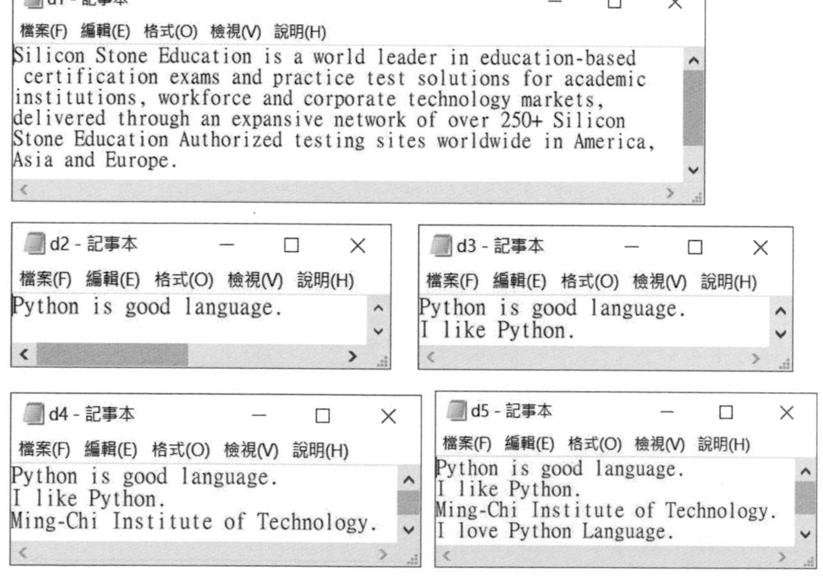

3. 請重新設計 ch15_11.py，但是將除數與被除數改為由螢幕輸入。提示：使用 input( ) 讀取輸入時，所讀取的是字串，需使用 int( ) 將字串轉為整數資料型態，如果所輸入的是非數字將產生 ValueError。(15-2 節)

4. 請重新設計實作習題 3，但是只能有一個 except，可以捕捉所有錯誤，捕捉到錯誤時一律輸出 " 資料輸入錯誤 "。(15-2 節)

5. 請重新設計 ex15_4.py，以無限迴圈方式讀取資料，如果輸入 'q' 或 'Q' 代表程式結束。(15-2 節)

6. 請重新設計程式實例 ch15_15.py，將程式改為讀取檔案，請使用 ex15_2.py 的 5 個檔案測試，如果檔案長度超過 35 字或小於 10 個字則出現異常。(15-3 節)

7. 請重新設計 ex15_6.py，當異常發生時，請將異常結果存入 errdata.txt 內，列出執行結果，同時列出 errdata.txt。(15-4 節)

8. 請重新設計 ch15_20.py，增加 __init__( ) 也具有需確定開戶時金額需在 100 元 (含) 以上的斷言 assert。原程式第 27-28 行改為類似 23 和 24 行，但是使用新的變數名稱。(15-7 節)

9. 請參考程式實例 ch15_30.py，將 factorial(n) 函數改為 sumrange(n)，這個功能可以累計 1+2+ … + n 的總和。(15-7 節)

第十六章

正則表達式 Regular Expression

正則表達式 (Regular Expression) 主要功能是執行模式的比對與搜尋，甚至 Word 文件也可以使用正則表達式處理搜尋 (search) 與取代 (replace) 功能，本章首先會介紹如果沒用正則表達式，如何處理搜尋文字功能，再介紹使用正則表達式處理這類問題，讀者會發現整個工作變得更簡潔容易。

16-1 使用 Python 硬功夫搜尋文字

如果現在打開手機的聯絡資訊可以看到，台灣手機號碼的格式如下：

0952-282-020　　　# 可以表示為 xxxx-xxx-xxx，每個 x 代表一個 0-9 數字

從上述可以發現手機號碼格式是 4 個數字，1 個連字符號，3 個數字，1 個連字符號，3 個數字所組成。

程式實例 ch16_1.py：用傳統知識設計一個程式，然後判斷字串是否有含台灣的手機號碼格式。

```
# ch16_1.py
def taiwanPhoneNum(string):
    """檢查是否有含手機聯絡資訊的台灣手機號碼格式"""
    if len(string) != 12:           # 如果長度不是12
        return False                # 傳回非手機號碼格式

    for i in range(0, 4):           # 如果前4個字出現非數字字元
        if string[i].isdecimal() == False:
            return False            # 傳回非手機號碼格式

    if string[4] != '-':            # 如果不是'-'字元
        return False                # 傳回非手機號碼格式

    for i in range(5, 8):           # 如果中間3個字出現非數字字元
        if string[i].isdecimal() == False:
            return False            # 傳回非手機號碼格

    if string[8] != '-':            # 如果不是'-'字元
        return False                # 傳回非手機號碼格式

    for i in range(9, 12):          # 如果最後3個字出現非數字字元
        if string[i].isdecimal() == False:
            return False            # 傳回非手機號碼格
    return True                     # 通過以上測試

print("I love Ming-Chi: 是台灣手機號碼", taiwanPhoneNum('I love Ming-Chi'))
print("0932-999-199:    是台灣手機號碼", taiwanPhoneNum('0932-999-199'))
```

執行結果

```
===================== RESTART: D:\Python\ch16\ch16_1.py =====================
I love Ming-Chi: 是台灣手機號碼 False
0932-999-199:    是台灣手機號碼 True
```

上述程式第 4 和 5 行是判斷字串長度是否 12，如果不是則表示這不是手機號碼格式。程式第 7 至 9 行是判斷字串前 4 碼是不是數字，如果不是則表示這不是手機號碼格式，註：如果是數字字元 isdecimal( ) 會傳回 True。程式第 11 至 12 行是判斷這個字元是不是 '-'，如果不是則表示這不是手機號碼格式。程式第 14 至 16 行是判斷字串索引 [5][6][7] 碼是不是數字，如果不是則表示這不是手機號碼格式。程式第 18 至 19 行是判斷這個字元是不是 '-'，如果不是則 表示這不是手機號碼格式。程式第 21 至 23 行是判斷字串索引 [9][10][11] 碼是不是數字，如果不是則表示這不是手機號碼格式。如果通過了以上所有測試，表示這是手機號碼格式，程式第 24 行傳回 True。

在真實的環境應用中，我們可能需面臨一段文字，這段文字內穿插一些數字，然後我們必需將手機號碼從這段文字抽離出來。

程式實例 ch16_2.py：將電話號碼從一段文字抽離出來。

```
# ch16_2.py
def taiwanPhoneNum(string):
    """檢查是否有含手機聯絡資訊的台灣手機號碼格式"""
    if len(string) != 12:          # 如果長度不是12
        return False               # 傳回非手機號碼格式

    for i in range(0, 4):          # 如果前4個字出現非數字字元
        if string[i].isdecimal() == False:
            return False           # 傳回非手機號碼格式

    if string[4] != '-':           # 如果不是'-'字元
        return False               # 傳回非手機號碼格式

    for i in range(5, 8):          # 如果中間3個字出現非數字字元
        if string[i].isdecimal() == False:
            return False           # 傳回非手機號碼格

    if string[8] != '-':           # 如果不是'-'字元
        return False               # 傳回非手機號碼格式

    for i in range(9, 12):         # 如果最後3個字出現非數字字元
        if string[i].isdecimal() == False:
            return False           # 傳回非手機號碼格
    return True                    # 通過以上測試

def parseString(string):
    """解析字串是否含有電話號碼"""
    notFoundSignal = True          # 註記沒有找到電話號碼為True
    for i in range(len(string)):   # 用迴圈逐步抽取12個字元做測試
        msg = string[i:i+12]
        if taiwanPhoneNum(msg):
            print("電話號碼是: %s" % msg)
            notFoundSignal = False
    if notFoundSignal:             # 如果沒有找到電話號碼則列印
        print("%s 字串不含電話號碼" % string)
```

```
36
37  msg1 = 'Please call my secretary using 0930-919-919 or 0952-001-001'
38  msg2 = '請明天17:30和我一起參加明志科大教師節晚餐'
39  msg3 = '請明天17:30和我一起參加明志科大教師節晚餐，可用0933-080-080聯絡我'
40  parseString(msg1)
41  parseString(msg2)
42  parseString(msg3)
```

執行結果

```
===================== RESTART: D:\Python\ch16\ch16_2.py =====================
電話號碼是: 0930-919-919
電話號碼是: 0952-001-001
請明天17:30和我一起參加明志科大教師節晚餐 字串不含電話號碼
電話號碼是: 0933-080-080
```

從上述執行結果可以得到我們成功的從一個字串分析，然後將電話號碼分析出來了。分析方式的重點是程式第 26 行到 35 行的 parseString 函數，這個函數重點是第 29 至 33 行，這個迴圈會逐步抽取字串的 12 個字元做比對，將比對字串放在 msg 字串變數內，下列是各迴圈次序的 msg 字串變數內容。

```
msg = 'Please call '    # 第 1 次 [0:12]
msg = 'lease call m'    # 第 2 次 [1:13]
msg = 'ease call my'    # 第 3 次 [2:14]
...
msg = '0930-939-939'            # 第 31 次 [30:42]
...
msg = '0952-001-001'            # 第 48 次 [47:59]
```

程式第 28 行將沒有找到電話號碼 notFoundSignal 設為 True，如果有找到電話號碼程式 33 行將 notFoundSignal 標示為 False，當 parseString( ) 函數執行完，notFoundSignal 仍是 True，表示沒找到電話號碼，所以第 35 行列印字串不含電話號碼。

上述使用所學的 Python 硬功夫雖然解決了我們的問題，但是若是將電話號碼改成中國手機號 (xxx-xxxx-xxxx)、美國手機號 (xxx-xxx-xxxx) 或是一般公司行號的電話，整個號碼格式不一樣，要重新設計可能需要一些時間。不過不用擔心，接下來筆者將講解 Python 的正則表達式可以輕鬆解決上述困擾。

16-2 正則表達式的基礎

Python 有關正則表達式的方法是在 re 模組內，所以使用正則表達式需要導入 re 模組。

```
import re                          # 導入 re 模組
```

16-2-1 建立搜尋字串模式

在前一節我們使用 isdecimal( ) 方法判斷字元是否 0-9 的數字。

正則表達式是一種文字模式的表達方法，在這個方法中使用 \d 表示 0-9 的數字字元，採用這個觀念我們可以將前一節的手機號碼 xxxx-xxx-xxx 改用下列正則表達方式表示：

```
'\d\d\d\d-\d\d\d-\d\d\d'
```

由逸出字元的觀念可知，將上述表達式當字串放入函數內需增加 '\'，所以整個正則表達式的使用方式如下：

```
'\\d\\d\\d\\d-\\d\\d\\d-\\d\\d\\d'
```

在 3-4-9 節筆者有介紹字串前加 r 可以防止字串內的逸出字元被轉譯，所以又可以將上述正則表達式簡化為下列格式：

```
r'\d\d\d\d-\d\d\d-\d\d\d'
```

16-2-2 使用 re.compile( ) 建立 Regex 物件

Regex 是 Regular expression 的簡稱，在 re 模組內有 compile( ) 方法，可以將 16-2-1 節的欲搜尋字串的正則表達式當作字串參數放在此方法內，然後會傳回一個 Regex 物件。如下所示：

```
phoneRule = re.compile(r'\d\d\d\d-\d\d\d-\d\d\d')        # 建立 phoneRule 物件
```

16-2-3 搜尋物件

在 Regex 物件內有 search( ) 方法，可以由 Regex 物件啟用，然後將欲搜尋的字串放在這個方法內，沿用上述觀念程式片段如下：

phoneNum = phoneRule.search(msg)　　　　# msg 是欲搜尋的字串

如果找不到比對相符的字串會傳回 None，如果找到比對相符的字串會將結果傳回所設定的 phoneNum 變數物件，這個物件在 Python 中稱之為 MatchObject 物件，將在 16-6 節完整解說。現在筆者將介紹實用性較高的部分，處理此物件主要是將搜尋結果回傳，我們可以用 group( ) 方法將結果傳回，不過 search( ) 將只傳回第一個比對相符的字串。

程式實例 ch16_3.py：使用正則表達式重新設計 ch16_2.py。

```
1   # ch16_3.py
2   import re
3
4   msg1 = 'Please call my secretary using 0930-919-919 or 0952-001-001'
5   msg2 = '請明天17:30和我一起參加明志科大教師節晚餐'
6   msg3 = '請明天17:30和我一起參加明志科大教師節晚餐，可用0933-080-080聯絡我'
7
8   def parseString(string):
9       """解析字串是否含有電話號碼"""
10      phoneRule = re.compile(r'\d\d\d\d-\d\d\d-\d\d\d')
11      phoneNum = phoneRule.search(string)
12      if phoneNum != None:            # 檢查phoneNum內容
13          print("電話號碼是: %s" % phoneNum.group())
14      else:
15          print("%s 字串不含電話號碼" % string)
16
17  parseString(msg1)
18  parseString(msg2)
19  parseString(msg3)
```

執行結果

```
==================== RESTART: D:\Python\ch16\ch16_3.py ====================
電話號碼是: 0930-919-919
請明天17:30和我一起參加明志科大教師節晚餐 字串不含電話號碼
電話號碼是: 0933-080-080
```

在程式實例 ch16_2.py 我們使用了約 21 行做字串解析，當我們使用 Python 的正則表達式時，只用第 10 和 11 行共 2 行就解析了字串是否含手機號碼了，整個程式變的簡單許多。不過上述 msg1 字串內含 2 組手機號碼，使用 search( ) 只傳回第一個發現的號碼，下一節將改良此方法。

16-2-4 findall( )

從方法的名字就可以知道，這個方法可以傳回所有找到的手機號碼。這個方法會將搜尋到的手機號碼用串列方式傳回，這樣就不會有只顯示第一筆搜尋到手機號碼的缺點，如果沒有比對相符的號碼就傳回 [ ] 空串列。要使用這個方法的關鍵指令如下：

```
phoneRule = re.compile(r'\d\d\d\d-\d\d\d-\d\d\d')     # 建立 phoneRule 物件
phoneNum = phoneRule.findall(string)                  # string 是欲搜尋的字串
```

findall( ) 函數由 phoneRule 物件啟用，最後會將搜尋結果的串列傳給 phoneNum，只要列印 phoneNum 就可以得到執行結果。

程式實例 ch16_4.py：使用 findall( ) 搜尋字串，第 10 行定義正則表達式，程式會列印結果。

```
1  # ch16_4.py
2  import re
3  
4  msg1 = 'Please call my secretary using 0930-919-919 or 0952-001-001'
5  msg2 = '請明天17:30和我一起參加明志科大教師節晚餐'
6  msg3 = '請明天17:30和我一起參加明志科大教師節晚餐, 可用0933-080-080聯絡我'
7  
8  def parseString(string):
9      """解析字串是否含有電話號碼"""
10     phoneRule = re.compile(r'\d\d\d\d-\d\d\d-\d\d\d')
11     phoneNum = phoneRule.findall(string)      # 用串列傳回搜尋結果
12     print("電話號碼是: %s" % phoneNum)        # 串列方式顯示電話號碼
13 
14 parseString(msg1)
15 parseString(msg2)
16 parseString(msg3)
```

執行結果

```
==================== RESTART: D:\Python\ch16\ch16_4.py ====================
電話號碼是: ['0930-919-919', '0952-001-001']
電話號碼是: []
電話號碼是: ['0933-080-080']
```

16-2-5 再看 re 模組

其實 Python 語言的 re 模組對於 search( ) 和 findall( ) 有提供更強的功能，可以省略使用 re.compile( ) 直接將比對模式放在各自的參數內，此時語法格式如下：

```
re.search(pattern, string, flags)
re.findall(pattern, string, flags)
```

上述 pattern 是欲搜尋的正則表達方式，string 是所搜尋的字串，flags 可以省略，未來會介紹幾個 flags 常用相關參數的應用。

程式實例 ch16_5.py：使用 re.search( ) 重新設計 ch16_3.py，由於省略了 re.compile( )，所以讀者需留意第 11 行內容寫法。

```
1  # ch16_5.py
2  import re
3  
4  msg1 = 'Please call my secretary using 0930-919-919 or 0952-001-001'
5  msg2 = '請明天17:30和我一起參加明志科大教師節晚餐'
6  msg3 = '請明天17:30和我一起參加明志科大教師節晚餐, 可用0933-080-080聯絡我'
7  
8  def parseString(string):
9      """解析字串是否含有電話號碼"""
10     pattern = r'\d\d\d\d-\d\d\d-\d\d\d'
11     phoneNum = re.search(pattern, string)
12     if phoneNum != None:         # 如果phoneNum不是None表示取得號碼
13         print("電話號碼是: %s" % phoneNum.group())
14     else:
15         print("%s 字串不含電話號碼" % string)
16 
17 parseString(msg1)
18 parseString(msg2)
19 parseString(msg3)
```

執行結果 與 ch16_3.py 相同。

程式實例 ch16_6.py：使用 re.findall( ) 重新設計 ch16_4.py，由於省略了 re.compile( )，所以讀者需留意第 11 行內容寫法。

```
1  # ch16_6.py
2  import re
3  
4  msg1 = 'Please call my secretary using 0930-919-919 or 0952-001-001'
5  msg2 = '請明天17:30和我一起參加明志科大教師節晚餐'
6  msg3 = '請明天17:30和我一起參加明志科大教師節晚餐, 可用0933-080-080聯絡我'
7  
8  def parseString(string):
9      """解析字串是否含有電話號碼"""
10     pattern = r'\d\d\d\d-\d\d\d-\d\d\d'
11     phoneNum = re.findall(pattern, string)   # 用串列傳回搜尋結果
12     print("電話號碼是: %s" % phoneNum)        # 串列方式顯示電話號碼
13 
14 parseString(msg1)
15 parseString(msg2)
16 parseString(msg3)
```

執行結果 與 ch16_4.py 相同。

16-2-6 再看正則表達式

下列是我們目前的正則表達式所搜尋的字串模式：

r'\d\d\d\d-\d\d\d-\d\d\d'

其中可以看到 \d 重複出現，對於重複出現的字串可以用大括號內部加上重複次數方式表達，所以上述可以用下列方式表達。

r'\d{4}-\d{3}-\d{3}'

程式實例 ch16_7.py：使用本節觀念重新設計 ch16_6.py，下列只列出不一樣的程式內容。

```
10      pattern = r'\d{4}-\d{3}-\d{3}'
```

執行結果 與 ch16_4.py 相同。

16-3 更多搜尋比對模式

先前我們所用的實例是手機號碼，試想想看如果我們改用市區電話號碼的比對，台北市的電話號碼如下：

02-28350000　　　　　　　　# 可用 xx-xxxxxxxx 表達

下列將以上述電話號碼模式說明。

16-3-1 使用小括號分組

依照 16-2 節的觀念，可以用下列正則表示法表達上述市區電話號碼。

r'\d\d-\d\d\d\d\d\d\d\d'

所謂括號分組是以連字號 "-" 區別，然後用小括號隔開群組，可以用下列方式重新規劃上述表達式。

r'(\d\d)-(\d\d\d\d\d\d\d\d')

也可簡化為：

r'(\d{2})-(\d{8})'

當使用 re.search( ) 執行比對時，未來可以使用 group( ) 傳回比對符合的不同分組，例如：group( ) 或 group(0) 傳回第一個比對相符的文字與 ch16_3.py 觀念相同。如果 group(1) 則傳回括號的第一組文字，group(2) 則傳回括號的第二組文字。

程式實例 ch16_8.py：使用小括號分組的觀念，將個分組內容輸出。

```
# ch16_8.py
import re

msg = 'Please call my secretary using 02-26669999'
pattern = r'(\d{2})-(\d{8})'
phoneNum = re.search(pattern, msg)            # 傳回搜尋結果

print("完整號碼是: %s" % phoneNum.group())   # 顯示完整號碼
print("完整號碼是: %s" % phoneNum.group(0))  # 顯示完整號碼
print("區域號碼是: %s" % phoneNum.group(1))  # 顯示區域號碼
print("電話號碼是: %s" % phoneNum.group(2))  # 顯示電話號碼
```

執行結果

```
===================== RESTART: D:\Python\ch16\ch16_8.py =====================
完整號碼是: 02-26669999
完整號碼是: 02-26669999
區域號碼是: 02
電話號碼是: 26669999
```

如果所搜尋比對的正則表達式字串有用小括號分組時，若是使用 findall( ) 方法處理，會傳回元組 (tuple) 的串列 (list)，元組內的每個元素就是搜尋的分組內容。

程式實例 ch16_9.py：使用 findall( ) 重新設計 ch16_8.py，這個實例會多增加一組電話號碼。

```
# ch16_9.py
import re

msg = 'Please call my secretary using 02-26669999 or 02-11112222'
pattern = r'(\d{2})-(\d{8})'
phoneNum = re.findall(pattern, msg)            # 傳回搜尋結果
print(phoneNum)
```

執行結果

```
==================== RESTART: D:\Python\ch16\ch16_9.py ====================
[('02', '26669999'), ('02', '11112222')]
```

16-3-2 groups( )

注意這是 groups( )，有在 group 後面加上 s，當我們使用 re.search( ) 搜尋字串時，可以使用這個方法取得分組的內容。這時還可以使用 2-9 節的多重指定的觀念，例如：若以 ch16_8.py 為例，在第 7 行我們可以使用下列多重指定獲得區域號碼和當地電話號碼。

areaNum, localNum = phoneNum.groups( )　　　　　# 多重指定

程式實例 ch16_10.py：重新設計 ch16_8.py，分別列出區域號碼與電話號碼。

```
# ch16_10.py
import re

msg = 'Please call my secretary using 02-26669999'
pattern = r'(\d{2})-(\d{8})'
phoneNum = re.search(pattern, msg)       # 傳回搜尋結果
areaNum, localNum = phoneNum.groups()    # 留意是groups()
print("區域號碼是: %s" % areaNum)        # 顯示區域號碼
print("電話號碼是: %s" % localNum)       # 顯示電話號碼
```

執行結果

```
==================== RESTART: D:\Python\ch16\ch16_10.py ====================
區域號碼是: 02
電話號碼是: 26669999
```

16-3-3 區域號碼是在小括號內

在一般電話號碼的使用中，常看到區域號碼是用小括號包夾，如下所示：

(02)-26669999

在處理小括號時，方式是 \(和 \)，可參考下列實例。

程式實例 ch16_11.py：重新設計 ch16_10.py，第 4 行的區域號碼是 (02)，讀者需留意第 4 行和第 5 行的設計。

```
# ch16_11.py
import re

msg = 'Please call my secretary using (02)-26669999'
pattern = r'(\(\d{2}\))-(\d{8})'
phoneNum = re.search(pattern, msg)        # 傳回搜尋結果
areaNum, localNum = phoneNum.groups()     # 留意是groups()
print("區域號碼是: %s" % areaNum)          # 顯示區域號碼
print("電話號碼是: %s" % localNum)         # 顯示電話號碼
```

執行結果

```
==================== RESTART: D:\Python\ch16\ch16_11.py ====================
區域號碼是: (02)
電話號碼是: 26669999
```

16-3-4 使用管道 |

|(pipe) 在正則表示法稱管道，使用管道我們可以同時搜尋比對多個字串，例如：如果想要搜尋 Mary 和 Tom 字串，可以使用下列表示。

pattern = 'Mary|Tom'　　　　# 注意單引號 ' 或 | 旁不可留空白

程式實例 ch16_12.py：管道搜尋多個字串的實例。

```
# ch16_12.py
import re

msg = 'John and Tom will attend my party tonight. John is my best friend.'
pattern = 'John|Tom'                   # 搜尋John和Tom
txt = re.findall(pattern, msg)         # 傳回搜尋結果
print(txt)
pattern = 'Mary|Tom'                   # 搜尋Mary和Tom
txt = re.findall(pattern, msg)         # 傳回搜尋結果
print(txt)
```

執行結果

```
==================== RESTART: D:\Python\ch16\ch16_12.py ====================
['John', 'Tom', 'John']
['Tom']
```

16-3-5 多個分組的管道搜尋

假設有一個字串內容如下：

Johnson, Johnnason and Johnnathan will attend my party tonight.

由上述可知如果想要搜尋字串比對 John 後面可以是 son、nason、nathan 任一個字串的組合，可以使用下列正則表達式格式：

pattern = 'John(son|nason|nathan)'

程式實例 ch16_13.py：搜尋 Johnson、Johnnason 或 Johnnathan 任一字串，然後列出結果，這個程式將列出第一個搜尋比對到的字串。

```
# ch16_13.py
import re

msg = 'Johnson, Johnnason and Johnnathan will attend my party tonight.'
pattern = 'John(son|nason|nathan)'
txt = re.search(pattern,msg)      # 傳回搜尋結果
print(txt.group())                # 列印第一個搜尋結果
print(txt.group(1))               # 列印第一個分組
```

執行結果

```
==================== RESTART: D:\Python\ch16\ch16_13.py ====================
Johnson
son
```

同樣的正則表達式若是使用 findall( ) 方法處理，將只傳回各分組搜尋到的字串，如果要列出完整的內容，可以用迴圈同時為每個分組字串將上前導字串 John。

程式實例 ch16_14.py：使用 findall( ) 重新設計 ch16_13.py。

```
# ch16_14.py
import re

msg = 'Johnson, Johnnason and Johnnathan will attend my party tonight.'
pattern = 'John(son|nason|nathan)'
txts = re.findall(pattern,msg)      # 傳回搜尋結果
print(txts)
for txt in txts:                    # 將搜尋到內容加上John
    print('John'+txt)
```

執行結果

```
==================== RESTART: D:\Python\ch16\ch16_14.py ====================
['son', 'nason', 'nathan']
Johnson
Johnnason
Johnnathan
```

16-3-6 使用？問號做搜尋

在正則表達式中若是某些括號內的字串或正則表達式是可有可無，執行搜尋時皆算成功，例如：na 字串可有可無，表達方式是 (na)?。

程式實例 ch16_15.py：使用？搜尋的實例，這個程式會測試 2 次。

```
# ch16_15.py
import re
# 測試1
msg = 'Johnson will attend my party tonight.'
pattern = 'John((na)?son)'
txt = re.search(pattern,msg)        # 傳回搜尋結果
print(txt.group())
# 測試2
msg = 'Johnnason will attend my party tonight.'
pattern = 'John((na)?son)'
txt = re.search(pattern,msg)        # 傳回搜尋結果
print(txt.group())
```

執行結果

```
==================== RESTART: D:\Python\ch16\ch16_15.py ====================
Johnson
Johnnason
```

有時候如果居住在同一個城市，在留電話號碼時，可能不會留區域號碼，這時就可以使用本功能了。請參考下列實例第 11 行。

程式實例 ch16_16.py：這個程式在搜尋電話號碼時，如果省略區域號碼程式也可以搜尋到此號碼，然後列印出來，正則表達式格式請留意第 6 行。

```
1   # ch16_16.py
2   import re
3
4   # 測試1
5   msg = 'Please call my secretary using 02-26669999'
6   pattern = r'(\d\d-)?(\d{8})'                      # 增加?號
7   phoneNum = re.search(pattern, msg)                # 傳回搜尋結果
8   print("完整號碼是: %s" % phoneNum.group())        # 顯示完整號碼
9
10  # 測試2
11  msg = 'Please call my secretary using 26669999'
12  pattern = r'(\d\d-)?(\d{8})'                      # 增加?號
13  phoneNum = re.search(pattern, msg)                # 傳回搜尋結果
14  print("完整號碼是: %s" % phoneNum.group())        # 顯示完整號碼
```

執行結果

```
==================== RESTART: D:\Python\ch16\ch16_16.py ====================
完整號碼是: 02-26669999
完整號碼是: 26669999
```

16-3-7 使用 * 號做搜尋

在正則表達式中若是某些字串或正則表達式可從 0 到多次，執行搜尋時皆算成功，例如：na 字串可從 0 到多次，表達方式是 (na)*。

程式實例 ch16_17.py：這個程式的重點是第 5 行的正則表達式，其中字串 na 的出現次數可以是從 0 次到多次。

```
1  # ch16_17.py
2  import re
3  # 測試1
4  msg = 'Johnson will attend my party tonight.'
5  pattern = 'John((na)*son)'          # 字串na可以0到多次
6  txt = re.search(pattern,msg)        # 傳回搜尋結果
7  print(txt.group())
8  # 測試2
9  msg = 'Johnnason will attend my party tonight.'
10 pattern = 'John((na)*son)'          # 字串na可以0到多次
11 txt = re.search(pattern,msg)        # 傳回搜尋結果
12 print(txt.group())
13 # 測試3
14 msg = 'Johnnananason will attend my party tonight.'
15 pattern = 'John((na)*son)'          # 字串na可以0到多次
16 txt = re.search(pattern,msg)        # 傳回搜尋結果
17 print(txt.group())
```

執行結果

```
==================== RESTART: D:\Python\ch16\ch16_17.py ====================
Johnson
Johnnason
Johnnananason
```

16-3-8 使用 + 號做搜尋

在正則表達式中若是某些字串或正則表達式可從 1 到多次，執行搜尋時皆算成功，例如：na 字串可從 1 到多次，表達方式是 (na)+。

程式實例 ch16_18.py：這個程式的重點是第 5 行的正則表達式，其中字串 na 的出現次數可以是從 1 次到多次。

```
# ch16_18.py
import re
# 測試1
msg = 'Johnson will attend my party tonight.'
pattern = 'John((na)+son)'          # 字串na可以1到多次
txt = re.search(pattern,msg)        # 傳回搜尋結果
print(txt)                          # 請注意是直接列印物件
# 測試2
msg = 'Johnnason will attend my party tonight.'
pattern = 'John((na)+son)'          # 字串na可以1到多次
txt = re.search(pattern,msg)        # 傳回搜尋結果
print(txt.group())
# 測試3
msg = 'Johnnananason will attend my party tonight.'
pattern = 'John((na)+son)'          # 字串na可以1到多次
txt = re.search(pattern,msg)        # 傳回搜尋結果
print(txt.group())
```

執行結果

```
==================== RESTART: D:\Python\ch16\ch16_18.py ====================
None
Johnnason
Johnnananason
```

16-3-9 搜尋時忽略大小寫

搜尋時若是在 search( ) 或 findall( ) 內增加第三個參數 re.I 或 re.IGNORECASE，搜尋時就會忽略大小寫，至於列印輸出時將以原字串的格式顯示。

程式實例 ch16_19.py：以忽略大小寫方式執行找尋相符字串。

```
# ch16_19.py
import re

msg = 'john and TOM will attend my party tonight. JOHN is my best friend.'
pattern = 'John|Tom'                            # 搜尋John和Tom
txt = re.findall(pattern, msg, re.I)            # 傳回搜尋忽略大小寫的結果
print(txt)
pattern = 'Mary|tom'                            # 搜尋Mary和tom
txt = re.findall(pattern, msg, re.I)            # 傳回搜尋忽略大小寫的結果
print(txt)
```

執行結果

```
==================== RESTART: D:\Python\ch16\ch16_19.py ====================
['john', 'TOM', 'JOHN']
['TOM']
```

16-4 貪婪與非貪婪搜尋

16-4-1 搜尋時使用大括號設定比對次數

在 16-2-6 節我們有使用過大括號，當時講解 \d{4} 代表重複 4 次，也就是大括號的數字是設定重複次數。可以將這個觀念應用在搜尋一般字串，例如：(son){3} 代表所搜尋的字串是 'sonsonson'，如果有一字串是 'sonson'，則搜尋結果是不符。大括號除了可以設定重複次數，也可以設定指定範圍，例如：(son){3,5} 代表所搜尋的字串如果是 'sonsonson'、'sonsonsonson' 或 'sonsonsonsonson' 皆算是相符合的字串。(son){3,5} 正則表達式相當於下列表達式：

((son)(son)(son))|((son)(son)(son)(son))|((son)(son)(son)(son)(son))

程式實例 ch16_20.py：設定搜尋 son 字串重複 3-5 次皆算搜尋成功。

```
# ch16_20.py
import re

def searchStr(pattern, msg):
    txt = re.search(pattern, msg)
    if txt == None:            # 搜尋失敗
        print("搜尋失敗 ",txt)
    else:                      # 搜尋成功
        print("搜尋成功 ",txt.group())

msg1 = 'son'
msg2 = 'sonson'
msg3 = 'sonsonson'
msg4 = 'sonsonsonson'
msg5 = 'sonsonsonsonson'
pattern = '(son){3,5}'
searchStr(pattern,msg1)
searchStr(pattern,msg2)
searchStr(pattern,msg3)
searchStr(pattern,msg4)
searchStr(pattern,msg5)
```

執行結果

```
==================== RESTART: D:\Python\ch16\ch16_20.py ====================
搜尋失敗  None
搜尋失敗  None
搜尋成功  sonsonson
搜尋成功  sonsonsonson
搜尋成功  sonsonsonsonson
```

使用大括號時，也可以省略第一或第二個數字，這相當於不設定最小或最大重複次數。例如：(son){3,} 代表重複 3 次以上皆符合，(son){,10} 代表重複 10 次以下皆符合。有關這方面的實作，將留給讀者練習，可參考習題 3。

16-4-2　貪婪與非貪婪搜尋

在講解貪婪與非貪婪搜尋前，筆者先簡化程式實例 ch16_20.py，使用相同的搜尋模式 '(son){3,5}'，搜尋字串是 'sonsonsonsonson'，看看結果。

程式實例 ch16_21.py：使用搜尋模式 '(son){3,5}'，搜尋字串 'sonsonsonsonson'。

```
1   # ch16_21.py
2   import re
3
4   def searchStr(pattern, msg):
5       txt = re.search(pattern, msg)
6       if txt == None:           # 搜尋失敗
7           print("搜尋失敗 ",txt)
8       else:                     # 搜尋成功
9           print("搜尋成功 ",txt.group())
10
11  msg = 'sonsonsonsonson'
12  pattern = '(son){3,5}'
13  searchStr(pattern,msg)
```

執行結果

```
==================== RESTART: D:\Python\ch16\ch16_21.py ====================
搜尋成功  sonsonsonsonson
```

其實由上述程式所設定的搜尋模式可知 3、4 或 5 個 son 重複就算找到了，可是 Python 執行結果是列出最多重複的字串，5 次重複，這是 Python 的預設模式，這種模式又稱貪婪 (greedy) 模式。

另一種是列出最少重複的字串，以這個實例而言是重複 3 次，這稱非貪婪模式，方法是在正則表達式的搜尋模式右邊增加？符號。

程式實例 ch16_22.py：以非貪婪模式重新設計 ch16_21.py，請讀者留意第 12 行的正則表達式的搜尋模式最右邊的？符號。

```
12  pattern = '(son){3,5}?'       # 非貪婪模式
```

執行結果

```
==================== RESTART: D:\Python\ch16\ch16_22.py ====================
搜尋成功  sonsonson
```

16-5 正則表達式的特殊字元

為了不讓一開始學習正則表達式太複雜，在前面 4 個小節筆者只介紹了 \d，同時穿插介紹一些字串的搜尋。我們知道 \d 代表的是數字字元，也就是從 0-9 的阿拉伯數字，如果使用管道 | 的觀念，\d 相當於是下列正則表達式：

(0|1|2|3|4|5|6|7|8|9)

這一節將針對正則表達式的特殊字元做一個完整的說明。

16-5-1 特殊字元表

字元	使用說明
\d	0-9 之間的整數字元
\D	除了 0-9 之間的整數字元以外的其他字元
\s	空白、定位、Tab 鍵、換行、換頁字元
\S	除了空白、定位、Tab 鍵、換行、換頁字元以外的其他字元
\w	數字、字母和底線 _ 字元，[A-Za-z0-9_]
\W	除了數字、字母和底線 _ 字元，[a-Za-Z0-9_]，以外的其他字元

下列是一些使用上述表格觀念的正則表達式的實例說明。

程式實例 ch16_23.py：將一段英文句子的單字分離，同時將英文單字前 4 個字母是 John 的單字分離。筆者設定如下：

pattern = '\w+'　　　# 意義是不限長度的數字、字母和底線字元當作符合搜尋
pattern = 'John\w*'　# John 開頭後面接 0- 多個數字、字母和底線字元

```
# ch16_23.py
import re
# 測試1將字串從句子分離
msg = 'John, Johnson, Johnnason and Johnnathan will attend my party tonight.'
pattern = '\w+'                       # 不限長度的單字
txt = re.findall(pattern,msg)         # 傳回搜尋結果
print(txt)
# 測試2將John開始的字串分離
msg = 'John, Johnson, Johnnason and Johnnathan will attend my party tonight.'
pattern = 'John\w*'                   # John開頭的單字
txt = re.findall(pattern,msg)         # 傳回搜尋結果
print(txt)
```

執行結果

```
==================== RESTART: D:\Python\ch16\ch16_23.py ====================
['John', 'Johnson', 'Johnnason', 'and', 'Johnnathan', 'will', 'attend', 'my', 'p
arty', 'tonight']
['John', 'Johnson', 'Johnnason', 'Johnnathan']
```

程式實例 ch16_24.py：正則表達式的應用，下列程式重點是第 5 行。

\d+：表示不限長度的數字。

\s：表示空格。

\w+：表示不限長度的數字、字母和底線字元連續字元。

```
1  # ch16_24.py
2  import re
3
4  msg = '1 cat, 2 dogs, 3 pigs, 4 swans'
5  pattern = '\d+\s\w+'
6  txt = re.findall(pattern,msg)        # 傳回搜尋結果
7  print(txt)
```

執行結果

```
==================== RESTART: D:\Python\ch16\ch16_24.py ====================
['1 cat', '2 dogs', '3 pigs', '4 swans']
```

16-5-2　字元分類

Python 可以使用中括號來設定字元，可參考下列範例。

[a-z]：代表 a-z 的小寫字元。

[A-Z]：代表 A-Z 的大寫字元。

[aeiouAEIOU]：代表英文發音的母音字元。

[2-5]：代表 2-5 的數字。

在字元分類中，中括號內可以不用放上正則表示法的反斜線 \ 執行，".、?、*、(、) 等字元的轉譯。例如：[2-5.] 會搜尋 2-5 的數字和句點，這個語法不用寫成 [2-5\.]。

程式實例 ch16_25.py：搜尋字元的應用，這個程式首先將搜尋 [aeiouAEIOU]，然後將搜尋 [2-5.]。

```
# ch16_25.py
import re
# 測試1搜尋[aeiouAEIOU]字元
msg = 'John, Johnson, Johnnason and Johnnathan will attend my party tonight.'
pattern = '[aeiouAEIOU]'
txt = re.findall(pattern,msg)       # 傳回搜尋結果
print(txt)
# 測試2搜尋[2-5.]字元
msg = '1. cat, 2. dogs, 3. pigs, 4. swans'
pattern = '[2-5.]'
txt = re.findall(pattern,msg)       # 傳回搜尋結果
print(txt)
```

執行結果

```
==================== RESTART: D:\Python\ch16\ch16_25.py ====================
['o', 'o', 'o', 'o', 'a', 'o', 'a', 'o', 'a', 'a', 'i', 'a', 'e', 'a', 'o', 'i']
['.', '2', '.', '3', '.', '4', '.']
```

16-5-3 字元分類的 ^ 字元

在 16-5-2 節字元的處理中，如果在中括號內的左方加上 ^ 字元，意義是搜尋不在這些字元內的所有字元。

程式實例 ch16_26.py：使用字元分類的 ^ 字元重新設計 ch16_25.py。

```
# ch16_26.py
import re
# 測試1搜尋不在[aeiouAEIOU]的字元
msg = 'John, Johnson, Johnnason and Johnnathan will attend my party tonight.'
pattern = '[^aeiouAEIOU]'
txt = re.findall(pattern,msg)       # 傳回搜尋結果
print(txt)
# 測試2搜尋不在[2-5.]的字元
msg = '1. cat, 2. dogs, 3. pigs, 4. swans'
pattern = '[^2-5.]'
txt = re.findall(pattern,msg)       # 傳回搜尋結果
print(txt)
```

執行結果

```
==================== RESTART: D:\Python\ch16\ch16_26.py ====================
['J', 'h', 'n', ',', ' ', 'J', 'h', 'n', 's', 'n', ',', ' ', 'J', 'h', 'n', 'n',
 's', 'n', ' ', 'n', 'd', ' ', 'J', 'h', 'n', 'n', 't', 'h', 'n', ' ', 'w', 'l',
 'l', ' ', 't', 't', 'n', 'd', ' ', 'm', 'y', ' ', 'p', 'r', 't', 'y', ' ', 't',
 'n', 'g', 'h', 't', '.']
['1', ' ', 'c', 'a', 't', ',', ' ', ' ', 'd', 'o', 'g', 's', ',', ' ', ' ', 'p',
 'i', 'g', 's', ',', ' ', ' ', 's', 'w', 'a', 'n', 's']
```

上述第一個測試結果不會出現 [aeiouAEIOU] 字元，第二個測試結果不會出現 [2-5.] 字元。

16-5-4　正則表示法的 ^ 字元

這個 ^ 字元與 16-5-3 節的 ^ 字元完全相同，但是用在不一樣的地方，意義不同。在正則表示法中起始位置加上 ^ 字元，表示是正則表示法的字串必須出現在被搜尋字串的起始位置，如果搜尋成功才算成功。

程式實例 ch16_27.py：正則表示法 ^ 字元的應用，測試 1 字串 John 是在最前面所以可以得到搜尋結果，測試 2 字串 John 不是在最前面，結果搜尋失敗傳回空字串。

```
# ch16_27.py
import re
# 測試1搜尋John字串在最前面
msg = 'John will attend my party tonight.'
pattern = '^John'
txt = re.findall(pattern,msg)        # 傳回搜尋結果
print(txt)
# 測試2搜尋John字串不是在最前面
msg = 'My best friend is John'
pattern = '^John'
txt = re.findall(pattern,msg)        # 傳回搜尋結果
print(txt)
```

執行結果

```
==================== RESTART: D:\Python\ch16\ch16_27.py ====================
['John']
[]
```

16-5-5　正則表示法的 $ 字元

正則表示法的末端放置 $ 字元時，表示是正則表示法的字串必須出現在被搜尋字串的最後位置，如果搜尋成功才算成功。

程式實例 ch16_28.py：正則表示法 $ 字元的應用，測試 1 是搜尋字串結尾是非英文字元、數字和底線字元，由於結尾字元是 "."，所以傳回所搜尋到的字元。測試 2 是搜尋字串結尾是非英文字元、數字和底線字元，由於結尾字元是 "8"，所以傳回搜尋結果是空字串。測試 3 是搜尋字串結尾是數字字元，由於結尾字元是 "8"，所以傳回搜尋結果傳回 "8"。測試 4 是搜尋字串結尾是數字字元，由於結尾字元是 "."，所以傳回搜尋結果是空字串。

```
# ch16_28.py
import re
# 測試1搜尋最後字元是非英文字母數字和底線字元
msg = 'John will attend my party 28 tonight.'
pattern = '\W$'
txt = re.findall(pattern,msg)        # 傳回搜尋結果
print(txt)
# 測試2搜尋最後字元是非英文字母數字和底線字元
msg = 'I am 28'
pattern = '\W$'
txt = re.findall(pattern,msg)        # 傳回搜尋結果
print(txt)
# 測試3搜尋最後字元是數字
msg = 'I am 28'
pattern = '\d$'
txt = re.findall(pattern,msg)        # 傳回搜尋結果
print(txt)
# 測試4搜尋最後字元是數字
msg = 'I am 28 year old.'
pattern = '\d$'
txt = re.findall(pattern,msg)        # 傳回搜尋結果
print(txt)
```

執行結果

```
==================== RESTART: D:\Python\ch16\ch16_28.py ====================
['.']
[]
['8']
[]
```

我們也可以將 16-5-4 節的 ^ 字元和 $ 字元混合使用，這時如果既要符合開始字串也要符合結束字串，所以被搜尋的句子一定要只有一個字串。

程式實例 ch16_29.py：搜尋開始到結束皆是數字的字串，字串內容只要有非數字字元就算搜尋失敗。測試 2 中由於中間有非數字字元，所以搜尋失敗。讀者應留意程式第 5 行的正則表達式的寫法。

```
1  # ch16_29.py
2  import re
3  # 測試1搜尋開始到結尾皆是數字的字串
4  msg = '09282028222'
5  pattern = '^\d+$'
6  txt = re.findall(pattern,msg)        # 傳回搜尋結果
7  print(txt)
8  # 測試2搜尋開始到結尾皆是數字的字串
9  msg = '0928tuyr990'
10 pattern = '^\d+$'
11 txt = re.findall(pattern,msg)        # 傳回搜尋結果
12 print(txt)
```

執行結果

```
==================== RESTART: D:\Python\ch16\ch16_29.py ====================
['09282028222']
[]
```

16-5-6 單一字元使用萬用字元 "."

萬用字元 (wildcard)"." 表示可以搜尋除了換行字元以外的所有字元，但是只限定一個字元。

程式實例 ch16_30.py：萬用字元的應用，搜尋一個萬用字元加上 at，在下列輸出中第 4 筆，由於 at 符合，Python 自動加上空白字元。第 6 筆由於只能加上一個字元，所以搜尋結果是 lat。

```
# ch16_30.py
import re
msg = 'cat hat sat at matter flat'
pattern = '.at'
txt = re.findall(pattern,msg)       # 傳回搜尋結果
print(txt)
```

執行結果

```
==================== RESTART: D:\Python\ch16\ch16_30.py ====================
['cat', 'hat', 'sat', ' at', 'mat', 'lat']
```

如果搜尋的是真正的 "." 字元，須使用反斜線 "\."。

16-5-7 所有字元使用萬用字元 ".*"

若是將 16-3-7 節所介紹的 "." 字元與 "*" 組合，可以搜尋所有字元，意義是搜尋 0 到多個萬用字元 (換行字元除外)。

程式實例 ch16_31.py：搜尋所有字元 ".*" 的組合應用。

```
# ch16_31.py
import re

msg = 'Name: Jiin-Kwei Hung Address: 8F, Nan-Jing E. Rd, Taipei'
pattern = 'Name: (.*) Address: (.*)'
txt = re.search(pattern,msg)       # 傳回搜尋結果
Name, Address = txt.groups()
print("Name:     ", Name)
print("Address: ", Address)
```

執行結果

```
==================== RESTART: D:\Python\ch16\ch16_31.py ====================
Name:     Jiin-Kwei Hung
Address:  8F, Nan-Jing E. Rd, Taipei
```

16-5-8 換行字元的處理

使用 16-5-7 節觀念用 ".*" 搜尋時碰上換行字元，搜尋就停止。Python 的 re 模組提供參數 re.DOTALL，功能是包括搜尋換行字元，可以將此參數放在 search( )、findall( ) 或 compile( )。

程式實例 ch16_32.py：測試 1 是搜尋換行字元以外的字元，測試 2 是搜尋含換行字元的所有字元。由於測試 2 有包含換行字元，所以輸出時，換行字元主導分 2 行輸出。

```
# ch16_32.py
import re
#測試1搜尋除了換行字元以外字元
msg = 'Name: Jiin-Kwei Hung \nAddress: 8F, Nan-Jing E. Rd, Taipei'
pattern = '.*'
txt = re.search(pattern,msg)          # 傳回搜尋不含換行字元結果
print("測試1輸出: ", txt.group())
#測試2搜尋包括換行字元
msg = 'Name: Jiin-Kwei Hung \nAddress: 8F, Nan-Jing E. Rd, Taipei'
pattern = '.*'
txt = re.search(pattern,msg,re.DOTALL) # 傳回搜尋含換行字元結果
print("測試2輸出: ", txt.group())
```

執行結果

```
==================== RESTART: D:\Python\ch16\ch16_32.py ====================
測試1輸出:  Name: Jiin-Kwei Hung
測試2輸出:  Name: Jiin-Kwei Hung
Address: 8F, Nan-Jing E. Rd, Taipei
```

16-6 MatchObject 物件

16-2 節已經講解使用 re.search( ) 搜尋字串，搜尋成功時可以產生 MatchObject 物件，這裡將先介紹另一個搜尋物件的方法 re.match( )，這個方法的搜尋成功後也將產生 MatchObject 物件。接著本節會分成幾個小節，再講解 MatchObject 幾個重要的方法 (method)。

16-6-1 re.match( )

這本書已經講解了搜尋字串中最重要的 2 個方法 re.search( ) 和 re.findall( )，re 模組另一個方法是 re.match( )，這個方法其實和 re.search( ) 相同，差異是 re.match( ) 是只搜尋比對字串開始的字，如果失敗就算失敗。re.search( ) 則是搜尋整個字串。至於

re.match( ) 搜尋成功會傳回 MatchObject 物件，若是搜尋失敗會傳回 None，這部分與 re.search( ) 相同。

程式實例 ch16_33.py：re.match( ) 的應用。測試 1 是將 John 放在被搜尋字串的最前面，測試 2 沒有將 John 放在被搜尋字串的最前面。

```
# ch16_33.py
import re
#測試1搜尋使用re.match()
msg = 'John will attend my party tonight.'  # John是第一個字串
pattern = 'John'
txt = re.match(pattern,msg)                 # 傳回搜尋結果
if txt != None:
    print("測試1輸出: ", txt.group())
else:
    print("測試1搜尋失敗")
#測試2搜尋使用re.match()
msg = 'My best friend is John.'             # John不是第一個字串
txt = re.match(pattern,msg,re.DOTALL)       # 傳回搜尋結果
if txt != None:
    print("測試2輸出: ", txt.group())
else:
    print("測試2搜尋失敗")
```

執行結果

```
==================== RESTART: D:\Python\ch16\ch16_33.py ====================
測試1輸出:  John
測試2搜尋失敗
```

16-6-2　MatchObject 幾個重要的方法

當使用 re.search( ) 或 re.match( ) 搜尋成功時，會產生 MatchOjbect 物件。

程式實例 ch16_34.py：看看 MatchObject 物件是什麼。

```
# ch16_34.py
import re
#測試1搜尋使用re.match()
msg = 'John will attend my party tonight.'
pattern = 'John'
txt = re.match(pattern,msg)                 # re.match()
if txt != None:
    print("使用re.match()輸出MatchObject物件:  ", txt)
else:
    print("測試1搜尋失敗")
#測試1搜尋使用re.search()
txt = re.search(pattern,msg)                # re.search()
if txt != None:
    print("使用re.search()輸出MatchObject物件: ", txt)
else:
    print("測試1搜尋失敗")
```

執行結果

```
===================== RESTART: D:\Python\ch16\ch16_34.py =====================
使用re.match()輸出MatchObject物件:    <re.Match object; span=(0, 4), match='John'>
使用re.search()輸出MatchObject物件:   <re.Match object; span=(0, 4), match='John'>
```

從上述可知當使用 re.match( ) 和 re.search( ) 皆搜尋成功時，2 者的 MatchObject 物件內容是相同的。span 是註明成功搜尋字串的起始位置和結束位置，從此處可以知道起始索引位置是 0，結束索引位置是 4。match 則是註明成功搜尋的字串內容。

Python 提供下列取得 MatchObject 物件內容的重要方法。

方法	說明
group( )	可傳回搜尋到的字串，本章已有許多實例說明。
end( )	可傳回搜尋到字串的結束位置。
start( )	可傳回搜尋到字串的起始位置。
span( )	可傳回搜尋到字串的 (起始 , 結束) 位置。

程式實例 ch16_35.py：分別使用 re.match( ) 和 re.search( ) 搜尋字串 John，獲得成功搜尋字串時，分別用 start( )、end( ) 和 span( ) 方法列出字串出現的位置。

```
# ch16_35.py
import re
#測試1搜尋使用re.match()
msg = 'John will attend my party tonight.'
pattern = 'John'
txt = re.match(pattern,msg)                        # re.match()
if txt != None:
    print("搜尋成功字串的起始索引位置 :  ", txt.start())
    print("搜尋成功字串的結束索引位置 :  ", txt.end())
    print("搜尋成功字串的結束索引位置 :  ", txt.span())
#測試2搜尋使用re.search()
msg = 'My best friend is John.'
txt = re.search(pattern,msg)                       # re.search()
if txt != None:
    print("搜尋成功字串的起始索引位置 :  ", txt.start())
    print("搜尋成功字串的結束索引位置 :  ", txt.end())
    print("搜尋成功字串的結束索引位置 :  ", txt.span())
```

執行結果

```
===================== RESTART: D:\Python\ch16\ch16_35.py =====================
搜尋成功字串的起始索引位置 :   0
搜尋成功字串的結束索引位置 :   4
搜尋成功字串的結束索引位置 :   (0, 4)
搜尋成功字串的起始索引位置 :   18
搜尋成功字串的結束索引位置 :   22
搜尋成功字串的結束索引位置 :   (18, 22)
```

16-7 搶救 CIA 情報員 – sub( ) 方法

Python re 模組內的 sub( ) 方法可以用新的字串取代原本字串的內容。

16-7-1 一般的應用

sub( ) 方法的基本使用語法如下：

result = re.sub(pattern, newstr, msg)　　　　　# msg 是整個欲處理的字串或句子

pattern 是欲搜尋的字串，如果搜尋成功則用 newstr 取代，同時成功取代的結果回傳給 result 變數，如果搜尋到多筆相同字串，這些字串將全部被取代，需留意原先 msg 內容將不會改變。如果搜尋失敗則將 msg 內容回傳給 result 變數，當然 msg 內容也不會改變。

程式實例 ch16_36.py：這是字串取代的應用，測試 1 是發現 2 個字串被成功取代 (Eli Nan 被 Kevin Thomson 取代)，同時列出取代結果。測試 2 是取代失敗，所以 txt 與原 msg 內容相同。

```
# ch16_36.py
import re
#測試1取代使用re.sub()結果成功
msg = 'Eli Nan will attend my party tonight. My best friend is Eli Nan'
pattern = 'Eli Nan'                    # 欲搜尋字串
newstr = 'Kevin Thomson'               # 新字串
txt = re.sub(pattern,newstr,msg)       # 如果找到則取代
if txt != msg:                         # 如果txt與msg內容不同表示取代成功
    print("取代成功: ", txt)           # 列出成功取代結果
else:
    print("取代失敗: ", txt)           # 列出失敗取代結果
#測試2取代使用re.sub()結果失敗
pattern = 'Eli Thomson'                # 欲搜尋字串
txt = re.sub(pattern,newstr,msg)       # 如果找到則取代
if txt != msg:                         # 如果txt與msg內容不同表示取代成功
    print("取代成功: ", txt)           # 列出成功取代結果
else:
    print("取代失敗: ", txt)           # 列出失敗取代結果
```

執行結果

```
==================== RESTART: D:\Python\ch16\ch16_36.py ====================
取代成功:  Kevin Thomson will attend my party tonight. My best friend is Kevin Thomson
取代失敗:  Eli Nan will attend my party tonight. My best friend is Eli Nan
```

16-7-2 搶救 CIA 情報員

社會上有太多需要保護當事人隱私權利的場合，例如：情報機構在內部文件不可直接將情報員的名字列出來，歷史上太多這類實例造成情報員的犧牲，這時可以使用 *** 代替原本的姓名。使用 Python 的正則表示法，可以輕鬆協助我們執行這方面的工作。這一節將先用程式碼，然後解析此程式。

程式實例 ch16_37.py：將 CIA 情報員名字，用名字第一個字母和 *** 取代。

```
1  # ch16_37.py
2  import re
3  # 使用隱藏文字執行取代
4  msg = 'CIA Mark told CIA Linda that secret USB had given to CIA Peter.'
5  pattern = r'CIA (\w)\w*'                # 欲搜尋FBI + 空一格後的名字
6  newstr = r'\1***'                       # 新字串使用隱藏文字
7  txt = re.sub(pattern,newstr,msg)        # 執行取代
8  print("取代成功: ", txt)                 # 列出取代結果
```

執行結果

```
==================== RESTART: D:\Python\ch16\ch16_37.py ====================
取代成功:  M*** told L*** that secret USB had given to P***.
```

上述程式第一個關鍵是第 5 行，這一行將搜尋 CIA 字串外加空一格後出現不限長度的字串 (可以是英文大小寫或數字或底線所組成)。觀念是括號內的 (\w) 代表必須只有一個字元，同時小括號代表這是一個分組 (group)，由於整行只有一個括號所以知道這是第一分組，同時只有一個分組，括號外的 \w* 表示可以有 0 到多個字元。所以 (\w)\w* 相當於是 1- 多個字元組成的單字，同時存在分組 1。

上述程式第 6 行的 \1 代表用分組 1 找到的第 1 個字母當作字串開頭，後面 *** 則是接在第 1 個字母後的字元。對 CIA Mark 而言所找到的第一個字母是 M，所以取代的結果是 M***。對 CIA Linda 而言所找到的第一個字母是 L，所以取代的結果是 L***。對 CIA Peter 而言所找到的第一個字母是 P，所以取代的結果是 P***。

16-8 處理比較複雜的正則表示法

有一個正則表示法內容如下：

```
pattern = r((\d{2}|\(\d{2}\))?(\s|-)?\d{8}(\s*(ext|x|ext.)\s*\d{3,5})?)
```

其實相信大部分的讀者看到上述正則表示法，就想棄械投降了，坦白說的確是複雜，不過不用擔心，筆者將一步一步解析讓事情變簡單。

16-8-1　將正則表達式拆成多行字串

在 3-4-2 節筆者有介紹可以使用 3 個單引號 (或是雙引號) 將過長的字串拆成多行表達，這個觀念也可以應用在正則表達式，當我們適當的拆解後，可以為每一行加上註解，整個正則表達式就變得簡單了。若是將上述 pattern，拆解成下列表示法，整個就變得簡單了。

```
pattern = r'''(
    (\d{2}|\(\d{2}\))?                # 區域號碼
    (\s|-)?                           # 區域號碼與電話號碼的分隔符號
    \d{8}                             # 電話號碼
    (\s*(ext|ext.)\s*\d{2,4})?     # 2-4位數的分機號碼
    )'''
```

接下來筆者分別解釋相信讀者就可以瞭解了，第一行區域號碼是 2 位數，可以接受有括號的區域號碼，也可以接受沒有括號的區域號碼，例如：02 或 (02) 皆可以。第二行是設定區域號碼與電話號碼間的字元，可以接受空白字元或 – 字元當作分隔符號。第三行是設定 8 位數數字的電話號碼。第四行是分機號碼，分機號碼可以用 ext 或 ext. 當作起始字元，空一定格數，然後接受 2-4 位數的分機號碼。

16-8-2　re.VERBOSE

使用 Python 時，如果想在正則表達式中加上註解，可參考 16-8-1 節，必須配合使用 re.VERBOSE 參數，然後將此參數放在 search( )、findall( ) 或 compile( )。

程式實例 ch16_38.py：搜尋市區電話號碼的應用，這個程式可以搜尋下列格式的電話號碼。

```
12345678                    # 沒有區域號碼
02 12345678                 # 區域號碼與電話號碼間沒有空格
02-12345678                 # 區域號碼與電話號碼間使用 - 分隔
(02)-12345678               # 區域號碼有小括號
02-12345678 ext 123         # 有分機號
02-12345678 ext. 123        # 有分機號，ext. 右邊有 .
```

```
# ch16_38.py
import re

msg = '''02-88223349, (02)-26669999, 02-29998888 ext 123,
        12345678, 02 33887766 ext. 12222'''
pattern = r'''(
    (\d{2}|\(\d{2}\))?                  # 區域號碼
    (\s|-)?                             # 區域號碼與電話號碼的分隔符號
    \d{8}                               # 電話號碼
    (\s*(ext|ext.)\s*\d{2,4})?          # 2-4位數的分機號碼
    )'''
phoneNum = re.findall(pattern, msg, re.VERBOSE)     # 傳回搜尋結果
print(phoneNum)
```

執行結果

```
==================== RESTART: D:\Python\ch16\ch16_38.py ====================
[('02-88223349', '02', '-', '', ''), ('(02)-26669999', '(02)', '-', '', ''), ('0
2-29998888 ext 123', '02', '-', ' ext 123', 'ext'), (' 12345678', '', ' ', '', '
'), ('02 33887766 ext. 1222', '02', ' ', ' ext. 1222', 'ext.')]
```

16-8-3 電子郵件地址的搜尋

在文書處理過程中，也很常見必須在文件內將電子郵件地址解析出來，下列是這方面的應用。下列是 Pattern 內容。

```
pattern = r'''(
    [a-zA-Z0-9_.]+                  # 使用者帳號
    @                               # @符號
    [a-zA-Z0-9-.]+                  # 主機域名domain
    [\.]                            # .符號
    [a-zA-Z]{2,4}                   # 可能是com或edu或其它
    ([\.])?                         # .符號, 也可能無特別是美國
    ([a-zA-Z]{2,4})?                # 國別
    )'''
```

第 1 行使用者帳號常用的有 a-z 字元、A-Z 字元、0-9 數字、底線 _、點 .。第 2 行是 @ 符號。第 3 行是主機域名，常用的有 a-z 字元、A-Z 字元、0-9 數字、分隔符號-、點 .。第 4 行是點 . 符號。第 5 行最常見的是 com 或 edu，也可能是 cc 或其它，這通常由 2 至 4 個字元組成，常用的有 a-z 字元、A-Z 字元。第 6 行是點 . 符號，在美國通常只要前 5 行就夠了，但是在其他國家則常常需要此欄位，所以此欄位後面是 ? 字元。第 7 行通常是國別，例如：台灣是 tw、中國是 cn、日本是 ja，常用的有 a-z 字元、A-Z 字元。

程式實例 ch16_39.py：電子郵件地址的搜尋。

```
# ch16_39.py
import re

msg = '''txt@deepstone.com.tw kkk@gmail.com'''
pattern = r'''(
    [a-zA-Z0-9_.]+                  # 使用者帳號
    @                               # @符號
    [a-zA-Z0-9-.]+                  # 主機域名domain
    [\.]                            # .符號
    [a-zA-Z]{2,4}                   # 可能是com或edu或其它
    ([\.])?                         # .符號，也可能無特別是美國
    ([a-zA-Z]{2,4})?                # 國別
    )'''
eMail = re.findall(pattern, msg, re.VERBOSE)       # 傳回搜尋結果
print(eMail)
```

執行結果

```
==================== RESTART: D:\Python\ch16\ch16_39.py ====================
[('txt@deepstone.com.tw', '', ''), ('kkk@gmail.com', '', '')]
```

16-8-4 re.IGNORECASE/re.DOTALL/re.VERBOSE

在 16-3-9 節筆者介紹了 re.IGNORECASE 參數，在 16-5-8 節筆者介紹了 re.DOTALL 參數，在 16-8-2 節筆者介紹了 re.VERBOSE 參數，我們可以分別在 re.search( )、re.findall( )、re.match( ) 或是 re.compile( ) 方法內使用它們，可是一次只能放置一個參數，如果我們想要一次放置多個參數特性，應如何處理？方法是使用 16-3-4 節的管道 | 觀念，例如：可以使用下列方式：

datastr = re.search(pattern, msg, re.IGNORECASE|re.DOTALL|re.VERBOSE)

其實這一章已經講解了相當多的正則表達式的知識了，未來各位在寫論文、做研究或職場上相信會有相當幫助。如果仍覺不足，可以自行到 Python 官網獲得更多正則表達式的知識。

習題

實作題

1. 大陸手機號碼格式是 xxx-xxxx-xxxx，x 代表數字，請重新設計 ch16_1.py，可以判斷號碼是否為中國手機號碼，除了原先有 2 組測試資料外，需另增加 1 組號碼 133-1234-1234 做測試。(16-1 節)

2. 有一文字檔 ex16_2.txt 內容如下：

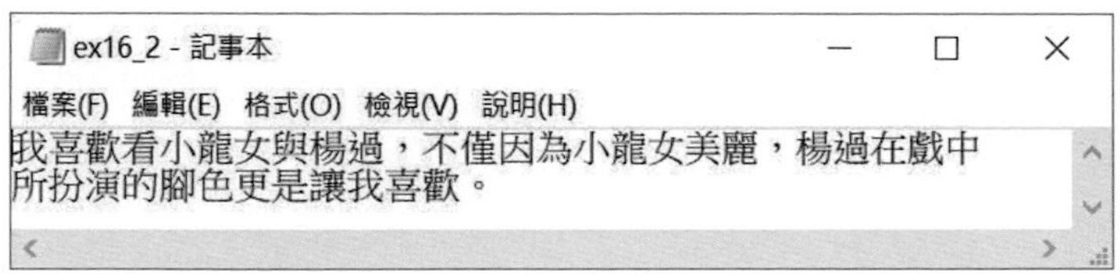
ex16_2 - 記事本
檔案(F) 編輯(E) 格式(O) 檢視(V) 說明(H)
我喜歡看小龍女與楊過，不僅因為小龍女美麗，楊過在戲中所扮演的腳色更是讓我喜歡。

請讀者參考 ch16_2.py 設計搜尋字串小龍女，楊過，同時列出這個字串出現的次數。這個程式應該採互動式設計，程式執行時要求輸入欲搜尋的字串，然後列出搜尋結果，接著詢問是否繼續搜尋，是 (y 或 Y) 則繼續，輸入其他字元就是否，則程式結束。

其實如果將一部小說使用上述分析各個人物出現的次數，就可以知道那些人物是主角？那些人物是配角？(16-1 節)

3. 請重新設計 ch16_20.py，請使用下列 pattern 做測試。(16-4 節)

   A：'(son){2,}'

   B：'(son){,5}'

4. 請進入本書 ch14 目錄，將副檔名是 txt 的檔案列印出來，將檔名是 ch14_10 .py – ch14_19.py 等 10 個檔案的檔案名稱列印出來。(16-5 節)

5. 台灣有些地方的電話號碼是區域號碼 2 位數，電話號碼是 7 位數，請修改 ch16_38.py，可以接受 7 位數或 8 位數的電話號碼，下列是測試數據。(16-8 節)

```
msg = '''02-88223349, (02)-26669999, 02-29998888 ext 123,
      12345678, 02 33887766 ext. 12222,
      02-1234567, 02-123456789, 23-123456'''
```

   你的結果只需列出通過測試的電話號碼。

6. 重新設計 ch16_39.py，請在第 4 行內加上你的電子郵件地址，另外再加上其它 2 個郵件地址，及一個不符合規定的郵件地址，請將輸出結果由串列內的元組元素分離出來，處理成下列方式，下列是測試地址字串。(16-8 節)

```
msg = '''txt@deepstone.com.tw kkk@gmail.com
abc@me.com mymail@qq.com abc@abc@abc'''
```

第十七章

用 Python 處理影像檔案

在 2020 年代，高畫質的手機已經成為個人標準配備，也許你可以使用許多影像軟體處理手機所拍攝的相片，本章筆者將教導您以 Python 處理這些相片。本章將使用 Pillow 模組，所以請先導入此模組。

pip install pillow

注意在程式設計中需導入的是 PIL 模組，主要原因是要向舊版 Python Image Library 相容，如下所示：

from PIL import ImageColor

17-1 認識 Pillow 模組的 RGBA

在 Pillow 模組中 RGBA 分別代表紅色 (Red)、綠色 (Green)、藍色 (Blue) 和透明度 (Alpha)，這 4 個與顏色有關的數值組成元組 (tuple)，每個數值是在 0-255 之間。如果 Alpha 的值是 255 代表完全不透明，值越小透明度越高。其實它的色彩使用方式與 HTML 相同，其他有關顏色的細節可參考附錄 D。

17-1-1 getrgb( )

這個函數可以將顏色符號或字串轉為元組，在這裡可以使用英文名稱 (例如："red")、色彩數值 (例如：#00ff00)、rgb 函數 (例如：rgb(0, 255,0) 或 rgb 函數以百分比代表顏色 (例如：rgb(0%,100%,0%))。這個函數在使用時，如果字串無法被解析判別，將造成 ValueError 異常。這個函數的使用格式如下：

(r, g, b) = getrgb(color)　　　　# 返回色彩元組

程式實例 ch17_1.py：使用 getrgb( ) 方法傳回色彩的元組。

```
# ch17_1.py
from PIL import ImageColor

print(ImageColor.getrgb("#0000ff"))
print(ImageColor.getrgb("rgb(0, 0, 255)"))
print(ImageColor.getrgb("rgb(0%, 0%, 100%)"))
print(ImageColor.getrgb("Blue"))
print(ImageColor.getrgb("blue"))
```

執行結果

```
==================== RESTART: D:/Python/ch17/ch17_1.py ====================
(0, 0, 255)
(0, 0, 255)
(0, 0, 255)
(0, 0, 255)
(0, 0, 255)
>>>
```

17-1-2 getcolor( )

功能基本上與 getrgb( ) 相同，它的使用格式如下：

(r, g, b) = getcolor(color, "mode") # 返回色彩元組

(r, g, b, a) = getcolor(color, "mode") # 返回色彩元組

mode 若是填寫 "RGBA" 則可返回 RGBA 元組，如果填寫 "RGB" 則返回 RGB 元組。

程式實例 ch17_2.py：測試使用 getcolor( ) 函數，了解返回值。

```python
# ch17_2.py
from PIL import ImageColor

print(ImageColor.getcolor("#0000ff", "RGB"))
print(ImageColor.getcolor("rgb(0, 0, 255)", "RGB"))
print(ImageColor.getcolor("Blue", "RGB"))
print(ImageColor.getcolor("#0000ff", "RGBA"))
print(ImageColor.getcolor("rgb(0, 0, 255)", "RGBA"))
print(ImageColor.getcolor("Blue", "RGBA"))
```

執行結果

```
==================== RESTART: D:\Python\ch17\ch17_2.py ====================
(0, 0, 255)
(0, 0, 255)
(0, 0, 255)
(0, 0, 255, 255)
(0, 0, 255, 255)
(0, 0, 255, 255)
>>>
```

17-2 Pillow 模組的盒子元組 (Box tuple)

17-2-1 基本觀念

下圖是 Pillow 模組的影像座標的觀念。

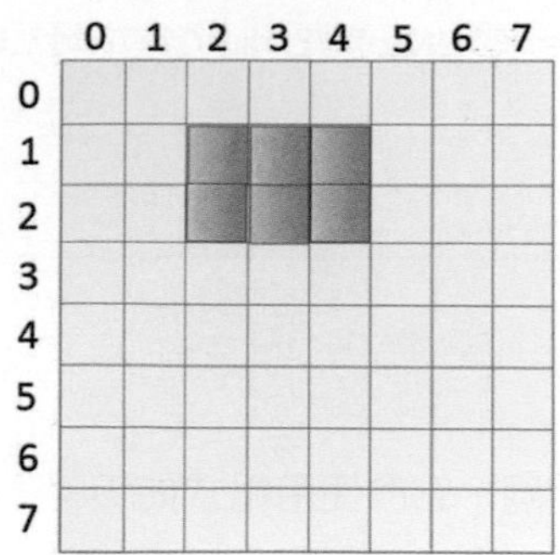

最左上角的像素是 (x,y) 是 (0,0)，x 軸像素值往右遞增，y 軸像素值往下遞增。盒子元組的參數是，(left, top, right, bottom)，意義如下：

left：盒子左上角的 x 軸座標。

top：盒子左上角的 y 軸座標。

right：盒子右下角的 x 軸座標。

bottom：盒子右下角的 y 軸座標。

若是上圖藍底是一張圖片，則可以用 (2, 1, 4, 2) 表示它的盒子元組 (box tuple)，可想成它的影像座標。

17-2-2 計算機眼中的影像

上述影像座標格子的列數和行數稱解析度 (resolution)，例如：我們說某個影像是 1280x720，表示寬度的格子數有 1280，高度的格子數有 720。

影像座標的每一個像素可以用顏色值代表，如果是灰階色彩，可以用 0-255 的數字表示，0 是最暗的黑色，255 代表白色。也就是說我們可以用一個矩陣 (matirix) 代表一個灰階的圖。

如果是彩色的圖，每個像素是用 (R,G,B) 代表，R 是 Red、G 是 Green、B 是 Blue，每個顏色也是 0-255 之間，我們所看到的色彩其實就是由這 3 個原色所組成。如果矩陣每個位置可以存放 3 個元素的元組，我們可以用含 3 個顏色值 (R, G, B) 的元組代表這個像素，這時可以只用一個陣列 (matrix) 代表此彩色圖像。如果我們堅持一個陣列只放一個顏色值，我們可以用 3 個矩陣 (matrix) 代表此彩色圖像。

在人工智慧的圖像識別中，很重要的是找出圖像特徵，所使用的卷積 (convolution) 運算就是使用這些圖像的矩陣數字，執行更進一步的運算。

17-3 影像的基本操作

本節使用的影像檔案是 rushmore.jpg，在 ch17 資料夾可以找到，此圖片內容如下。

17-3-1 開啟影像物件

可以使用 open( ) 方法開啟一個影像物件，參數是放置欲開啟的影像檔案。

17-3-2 影像大小屬性

可以使用 size 屬性獲得影像大小，這個屬性可傳回影像寬 (width) 和高 (height)。

程式實例 ch17_3.py：在 ch17 資料夾有 rushmore.jpg 檔案，這個程式會列出此影像檔案的寬和高。

```
# ch17_3.py
from PIL import Image

rushMore = Image.open("rushmore.jpg")          # 建立Pillow物件
print("列出物件型態 : ", type(rushMore))
width, height = rushMore.size                  # 獲得影像寬度和高度
print("寬度 = ", width)
print("高度 = ", height)
```

執行結果

```
==================== RESTART: D:\Python\ch17\ch17_3.py ====================
列出物件型態 :  <class 'PIL.JpegImagePlugin.JpegImageFile'>
寬度 =  270
高度 =  161
>>>
```

17-3-3　取得影像物件檔案名稱

可以使用 filename 屬性獲得影像的原始檔案名稱。

程式實例 ch17_4.py：獲得影像物件的檔案名稱。

```
# ch17_4.py
from PIL import Image

rushMore = Image.open("rushmore.jpg")          # 建立Pillow物件
print("列出物件檔名 : ", rushMore.filename)
```

執行結果

```
==================== RESTART: D:\Python\ch17\ch17_4.py ====================
列出物件檔名 :  rushmore.jpg
>>>
```

17-3-4　取得影像物件的檔案格式

可以使用 format 屬性獲得影像檔案格式 (可想成影像檔案的副檔名)，此外，可以使用 format_description 屬性獲得更詳細的檔案格式描述。

程式實例 ch17_5.py：獲得影像物件的副檔名與描述。

```
# ch17_5.py
from PIL import Image

rushMore = Image.open("rushmore.jpg")          # 建立Pillow物件
print("列出物件副檔名 : ", rushMore.format)
print("列出物件描述   : ", rushMore.format_description)
```

執行結果

```
==================== RESTART: D:\Python\ch17\ch17_5.py ====================
列出物件副檔名 :  JPEG
列出物件描述   :  JPEG (ISO 10918)
>>>
```

17-3-5　儲存檔案

可以使用 save( ) 方法儲存檔案，甚至我們也可以將 jpg 檔案轉存成 png 檔案或 gif 檔案，反之亦可，同樣是圖檔但是以不同格式儲存。

程式實例 ch17_6.py：將 rushmore.jpg 轉存成 out17_6.png。

```
# ch17_6.py
from PIL import Image

rushMore = Image.open("rushmore.jpg")          # 建立Pillow物件
rushMore.save("out17_6.png")
```

執行結果 在 ch17 資料夾將可以看到所建的 out17_6.png。

17-3-6 螢幕顯示影像

可以使用 show( ) 方法直接顯示影像，在 Windows 作業系統下可以使用此方法呼叫 Windows 相片檢視器顯示影像畫面。

程式實例 ch17_6_1.py：在螢幕顯示 rushmore.jpg 影像。

```
# ch17_6_1.py
from PIL import Image

rushMore = Image.open("rushmore.jpg")        # 建立Pillow物件
rushMore.show()
```

執行結果

17-3-7 建立新的影像物件

可以使用 new( ) 方法建立新的影像物件，它的語法格式如下：

new(mode, size, color=0)

mode 可以有多種設定，一般建議用 "RGBA"(建立 png 檔案) 或 "RGB"(建立 jpg 檔案) 即可。size 參數是一個元組 (tuple)，可以設定新影像的寬度和高度。color 預設是黑色，不過我們可以參考附錄 D 建立不同的顏色。

程式實例 ch17_7.py：建立一個水藍色 (aqua) 的影像檔案 out17_7.jpg。

```
# ch17_7.py
from PIL import Image

pictObj = Image.new("RGB", (300, 180), "aqua")  # 建立aqua顏色影像
pictObj.save("out17_7.jpg")
```

執行結果 在 ch17 資料夾可以看到下列 out17_7.jpg 檔案。

程式實例 ch17_8.py：建立一個透明的黑色的影像檔案 out17_8.png。

```
# ch17_8.py
from PIL import Image

pictObj = Image.new("RGBA", (300, 180))      # 建立完全透明影像
pictObj.save("out17_8.png")
```

執行結果 檔案開啟後因為透明，看不出任何效果。

17-4 影像的編輯

17-4-1 更改影像大小

Pillow 模組提供 resize( ) 方法可以調整影像大小，它的使用語法如下：

resize((width, heigh), Image.BILINEAR)　　　　# 雙線取樣法，也可以省略

第一個參數是新影像的寬與高，以元組表示，這是整數。第二個參數主要是設定更改影像所使用的方法，常見的有上述方法外，也可以設定 Image.NEAREST 最低品質，Image.ANTIALIAS 最高品質，Image.BISCUBIC 三次方取樣法，一般可以省略。

程式實例 ch17_9.py：分別將圖片寬度與高度增加為原先的 2 倍，

```
# ch17_9.py
from PIL import Image

pict = Image.open("rushmore.jpg")               # 建立Pillow物件
width, height = pict.size
newPict1 = pict.resize((width*2, height))      # 寬度是2倍
newPict1.save("out17_9_1.jpg")
newPict2 = pict.resize((width, height*2))      # 高度是2倍
newPict2.save("out17_9_2.jpg")
```

執行結果 下列分別是 out17_9_1.jpg(左) 與 out17_9_2.jpg(右) 的執行結果。

17-4-2 影像的旋轉

Pillow 模組提供 rotate( ) 方法可以逆時針旋轉影像，如果旋轉是 90 度或 270 度，影像的寬度與高度會有變化，圖像本身比率不變，多的部分以黑色影像替代，如果是其他角度則影像維持不變。

程式實例 ch17_10.py：將影像分別旋轉 90 度、180 度和 270 度。

```
# ch17_10.py
from PIL import Image

pict = Image.open("rushmore.jpg")                # 建立Pillow物件
pict.rotate(90).save("out17_10_1.jpg")           # 旋轉90度
pict.rotate(180).save("out17_10_2.jpg")          # 旋轉180度
pict.rotate(270).save("out17_10_3.jpg")          # 旋轉270度
```

執行結果 下列分別是旋轉 90、180、270 度的結果。

在使用 rotate( ) 方法時也可以增加第 2 個參數 expand=True，如果有這個參數會放大影像，讓整個影像顯示，多餘部分用黑色填滿。

程式實例 ch17_11.py：沒有使用 expand=True 參數與有使用此參數的比較。

```
# ch17_11.py
from PIL import Image

pict = Image.open("rushmore.jpg")                           # 建立Pillow物件
pict.rotate(45).save("out17_11_1.jpg")                      # 旋轉45度
pict.rotate(45, expand=True).save("out17_11_2.jpg")         # 旋轉45度圖像擴充
```

執行結果 下列分別是 out17_11_1.jpg 與 out17_11_2.jpg 影像內容。

17-4-3 影像的翻轉

可以使用 transpose( ) 讓影像翻轉，這個方法使用語法如下：

transpose(Image.FLIP_LEFT_RIGHT)　　# 影像左右翻轉
transpose(Image.FLIP_TOP_BOTTOM)　# 影像上下翻轉

程式實例 ch17_12.py：影像左右翻轉與上下翻轉的實例。

```
# ch17_12.py
from PIL import Image

pict = Image.open("rushmore.jpg")                                  # 建立Pillow物件
pict.transpose(Image.FLIP_LEFT_RIGHT).save("out17_12_1.jpg")       # 左右
pict.transpose(Image.FLIP_TOP_BOTTOM).save("out17_12_2.jpg")       # 上下
```

執行結果 下列分別是左右翻轉與上下翻轉的結果。

17-4-4 影像像素的編輯

Pillow 模組的 getpixel( ) 方法可以取得影像某一位置像素 (pixel) 的色彩。

getpixel((x,y))　　　　　　# 參數是元組 (x,y)，這是像素位置

程式實例 ch17_13.py：先建立一個影像，大小是 (300,100)，色彩是 Yellow，然後列出影像中心點的色彩。最後將影像儲存至 out17_13.png。

```
# ch17_13.py
from PIL import Image

newImage = Image.new('RGBA', (300, 100), "Yellow")
print(newImage.getpixel((150, 50)))        # 列印中心點的色彩
newImage.save("out17_13.png")
```

執行結果 下列是執行結果與 out17_13.png 內容。

```
==================== RESTART: D:\Python\ch17\ch17_13.py ====================
(255, 255, 0, 255)
>>>
```

Pillow 模組的 putpixel( ) 方法可以在影像的某一個位置填入色彩，常用的語法如下：

putpixel((x,y), (r, g, b, a))　　　　　　# 2 個參數分別是位置與色彩元組

上述色彩元組的值是在 0-255 間，若是省略 a 代表是不透明。另外我們也可以用 17-1-2 節的 getcolor( ) 當做第 2 個參數，用這種方法可以直接用附錄 D 的色彩名稱填入指定像素位置，例如：下列是填入藍色 (blue) 的方法。

putpixel((x,y), ImageColor.getcolor("Blue", "RGBA"))　　# 需先導入 ImageColor

程式實例 ch17_14.py：建立一個 300*300 的影像底色是黃色 (Yellow)，然後 (50, 50, 250, 150) 是填入青色 (Cyan)，此時將上述執行結果存入 out17_14_1.png。然後將藍色 (Blue) 填入 (50, 151, 250, 250)，最後將結果存入 out17_14_2.png。

```
# ch17_14.py
from PIL import Image
from PIL import ImageColor

newImage = Image.new('RGBA', (300, 300), "Yellow")
for x in range(50, 251):                                    # x軸區間在50-250
    for y in range(50, 151):                                # y軸區間在50-150
        newImage.putpixel((x, y), (0, 255, 255, 255))       # 填青色
newImage.save("out17_14_1.png")                             # 第一階段存檔
for x in range(50, 251):                                    # x軸區間在50-250
    for y in range(151, 251):                               # y軸區間在151-250
        newImage.putpixel((x, y), ImageColor.getcolor("Blue", "RGBA"))
newImage.save("out17_14_2.png")                             # 第一階段存檔
```

執行結果 下列分別是第一階段與第二階段的執行結果。

17-5 裁切、複製與影像合成

17-5-1 裁切影像

Pillow 模組有提供 crop( ) 方法可以裁切影像，其中參數是一個元組，元組內容是 (左 , 上 , 右 , 下) 的區間座標。

程式實例 ch17_15.py：裁切 (80, 30, 150, 100) 區間。

```
# ch17_15.py
from PIL import Image

pict = Image.open("rushmore.jpg")              # 建立Pillow物件
cropPict = pict.crop((80, 30, 150, 100))      # 裁切區間
cropPict.save("out17_15.jpg")
```

執行結果 下列是 out17_15.jpg 的裁切結果。

17-5-2 複製影像

假設我們想要執行影像合成處理，為了不要破壞原影像內容，建議可以先保存影像，再執行合成動作。Pillow 模組有提供 copy( ) 方法可以複製影像。

程式實例 ch17_16.py：複製影像，再將所複製的影像儲存。

```
# ch17_16.py
from PIL import Image

pict = Image.open("rushmore.jpg")              # 建立Pillow物件
copyPict = pict.copy()                         # 複製
copyPict.save("out17_16.jpg")
```

執行結果 下列是 out17_16.jpg 的執行結果。

17-5-3　影像合成

Pillow 模組有提供 paste( ) 方法可以影像合成，它的語法如下：

底圖影像 .paste(插入影像 , (x,y))　　　　　　# (x,y) 元組是插入位置

程式實例 ch17_17.py：使用 rushmore.jpg 影像，為這個影像複製一份 copyPict，裁切一份 cropPict，將 cropPict 合成至 copyPict 內 2 次，將結果存入 out17_17.jpg。

```
# ch17_17.py
from PIL import Image

pict = Image.open("rushmore.jpg")                  # 建立Pillow物件
copyPict = pict.copy()                             # 複製
cropPict = copyPict.crop((80, 30, 150, 100))       # 裁切區間
copyPict.paste(cropPict, (20, 20))                 # 第一次合成
copyPict.paste(cropPict, (20, 100))                # 第二次合成
copyPict.save("out17_17.jpg")                      # 儲存
```

執行結果

17-5-4　將裁切圖片填滿影像區間

在 Windows 作業系統使用中常看到圖片填滿某一區間，其實我們可以用雙層迴圈完成這個工作。

程式實例 ch17_18.py：將一個裁切的圖片填滿某一個影像區間，最後儲存此影像，在這個影像設計中，筆者也設定了留白區間，這區間是影像建立時的顏色。

```
# ch17_18.py
from PIL import Image

pict = Image.open("rushmore.jpg")                      # 建立Pillow物件
copyPict = pict.copy()                                 # 複製
cropPict = copyPict.crop((80, 30, 150, 100))           # 裁切區間
cropWidth, cropHeight = cropPict.size                  # 獲得裁切區間的寬與高

width, height = 600, 320                               # 新影像寬與高
newImage = Image.new('RGB', (width, height), "Yellow")  # 建立新影像
for x in range(20, width-20, cropWidth):                # 雙層迴圈合成
    for y in range(20, height-20, cropHeight):
        newImage.paste(cropPict, (x, y))               # 合成

newImage.save("out17_18.jpg")                          # 儲存
```

執行結果

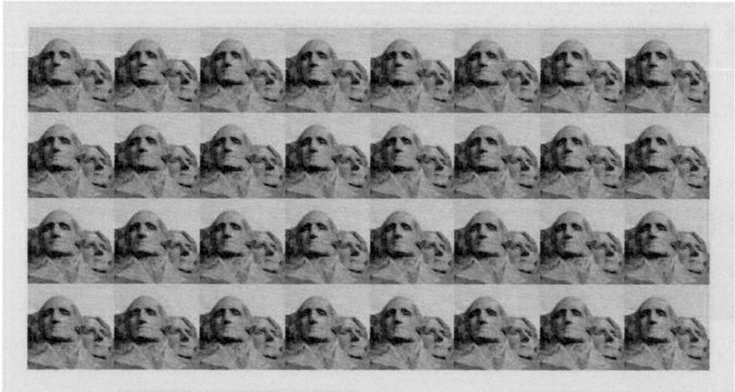

17-6 影像濾鏡

Pillow 模組內有 ImageFilter 模組，使用此模組可以增加 filter( ) 方法為圖片加上濾鏡效果。此方法的參數意義如下：

- BLUR 模糊
- CONTOUR 輪廓
- DETAIL 細節增強
- EDGE_ENHANCE：邊緣增強

- EDGE_ENHANCE_MORE 深度邊緣增強
- EMBOSS：浮雕效果
- FIND_EDGES：邊緣訊息
- SMOOTH：平滑效果
- SMOOTH_MORE：深度平滑效果
- SHARPEN：銳利化效果

程式實例 ch17_19.py：使用濾鏡處理圖片。

```
# ch17_19.py
from PIL import Image
from PIL import ImageFilter
rushMore = Image.open("rushmore.jpg")        # 建立Pillow物件
filterPict = rushMore.filter(ImageFilter.BLUR)
filterPict.save("out17_19_BLUR.jpg")
filterPict = rushMore.filter(ImageFilter.CONTOUR)
filterPict.save("out17_19_CONTOUR.jpg")
filterPict = rushMore.filter(ImageFilter.EMBOSS)
filterPict.save("out17_19_EMBOSS.jpg")
filterPict = rushMore.filter(ImageFilter.FIND_EDGES)
filterPict.save("out17_19_FIND_EDGES.jpg")
```

執行結果

BLUR

CONTOUR

EMBOSS

FIND_EDGES

17-7 在影像內繪製圖案

Pillow 模組內有一個 ImageDraw 模組，可以利用此模組繪製點 (Points)、線 (Lines)、矩形 (Rectangles)、橢圓 (Ellipses)、多邊形 (Polygons)。

在影像內建立圖案物件方式如下：

```
from PIL import Image, ImageDraw
newImage = Image.new('RGBA', (300, 300), "Yellow")  # 建立300*300黃色底的影像
drawObj = ImageDraw.Draw(newImage)
```

17-7-1 繪製點

ImageDraw 模組的 point( ) 方法可以繪製點，語法如下：

point([(x1,y1), … (xn,yn)], fill)　　　　　# fill 是設定顏色

第一個參數是由元組 (tuple) 組成的串列，(x,y) 是欲繪製的點座標。fill 可以是 RGBA( ) 或是直接指定顏色。

17-7-2 繪製線條

ImageDraw 模組的 line( ) 方法可以繪製線條，語法如下：

line([(x1,y1), … (xn,yn)], width, fill)　　# width 是寬度，預設是 1

第一個參數是由元組 (tuple) 組成的串列，(x,y) 是欲繪製線條的點座標，如果多於 2 個點，則這些點會串接起來。fill 可以是 RGBA( ) 或是直接指定顏色。

程式實例 ch17_20.py：繪製點和線條的應用。

```
# ch17_20.py
from PIL import Image, ImageDraw

newImage = Image.new('RGBA', (300, 300), "Yellow")  # 建立300*300黃色底的影像
drawObj = ImageDraw.Draw(newImage)

# 繪製點
for x in range(100, 200, 3):
    for y in range(100, 200, 3):
        drawObj.point([(x,y)], fill='Green')

# 繪製線條, 繪外框線
drawObj.line([(0,0), (299,0), (299,299), (0,299), (0,0)], fill="Black")
# 繪製右上角美工線
for x in range(150, 300, 10):
    drawObj.line([(x,0), (300,x-150)], fill="Blue")
# 繪製左下角美工線
for y in range(150, 300, 10):
    drawObj.line([(0,y), (y-150,300)], fill="Blue")
newImage.save("out17_20.png")
```

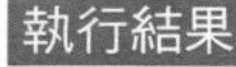
執行結果

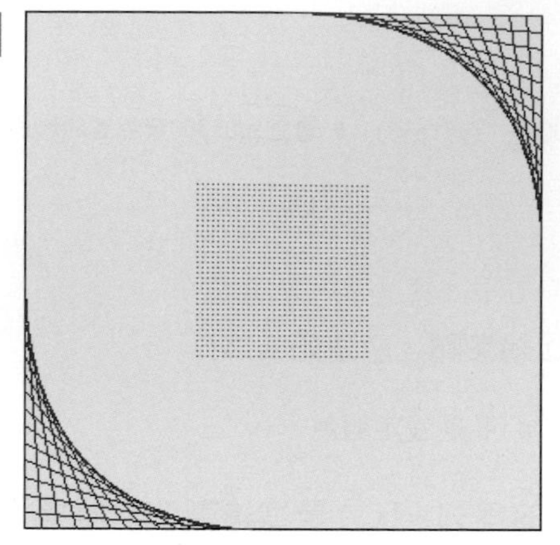

17-7-3 繪製圓或橢圓

ImageDraw 模組的 ellipse( ) 方法可以繪製圓或橢圓，語法如下：

ellipse((left,top,right,bottom), fill, outline)　　# outline 是外框顏色

第一個參數是由元組 (tuple) 組成的，(left,top,right,bottom) 是包住圓或橢圓的矩形左上角與右下角的座標。fill 可以是 RGBA( ) 或是直接指定顏色，outline 是可選擇是否加上。

17-7-4 繪製矩形

ImageDraw 模組的 rectangle( ) 方法可以繪製矩形，語法如下：

rectangle((left,top,right,bottom), fill, outline)　　# outline 是外框顏色

第一個參數是由元組 (tuple) 組成的，(left,top,right,bottom) 是矩形左上角與右下角的座標。fill 可以是 RGBA( ) 或是直接指定顏色，outline 是可選擇是否加上。

17-7-5 繪製多邊形

ImageDraw 模組的 polygon( ) 方法可以繪製多邊形，語法如下：

polygon([(x1,y1), … (xn,yn)], fill, outline)　　# outline 是外框顏色

第一個參數是由元組 (tuple) 組成的串列，(x,y) 是欲繪製多邊形的點座標，在此需填上多邊形各端點座標。fill 可以是 RGBA( ) 或是直接指定顏色，outline 是可選擇是否加上。

程式實例 ch17_21.py：設計一個圖案。

```
# ch17_21.py
from PIL import Image, ImageDraw

newImage = Image.new('RGBA', (300, 300), 'Yellow')  # 建立300*300黃色底的影像
drawObj = ImageDraw.Draw(newImage)

drawObj.rectangle((0,0,299,299), outline='Black')    # 影像外框線
drawObj.ellipse((30,60,130,100),outline='Black')     # 左眼外框
drawObj.ellipse((65,65,95,95),fill='Blue')           # 左眼
drawObj.ellipse((170,60,270,100),outline='Black')    # 右眼外框
drawObj.ellipse((205,65,235,95),fill='Blue')         # 右眼
drawObj.polygon([(150,120),(180,180),(120,180),(150,120)],fill='Aqua') # 鼻子
drawObj.rectangle((100,210,200,240), fill='Red')     # 嘴
newImage.save("out17_21.png")
```

執行結果

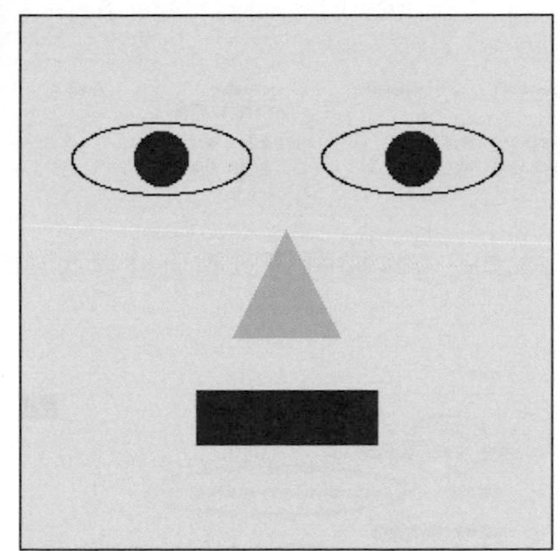

17-8 在影像內填寫文字

ImageDraw 模組也可以用於在影像內填寫英文或中文，所使用的函數是 text( )，語法如下：

```
text((x,y), text, fill, font)                # text 是想要寫入的文字
```

如果要使用預設方式填寫文字，可以省略 font 參數，可以參考 ch17_22.py 第 8 行。如果想要使用其它字型填寫文字，需呼叫 ImageFont.truetype( ) 方法選用字型，同時設定字型大小。在使用 ImageFont.truetype( ) 方法前需在程式前方導入 ImageFont 模組，可參考 ch17_22.py 第 2 行，這個方法的語法如下：

```
text( 字型路徑 , 字型大小 )
```

在 Windows 系統字型是放在 C:\Windows\Fonts 資料夾內，在此你可以選擇想要的字型。

點選字型，按滑鼠右鍵，執行內容，再選安全性標籤可以看到此字型的檔案名稱。下列是點選 Old English Text 的示範輸出。

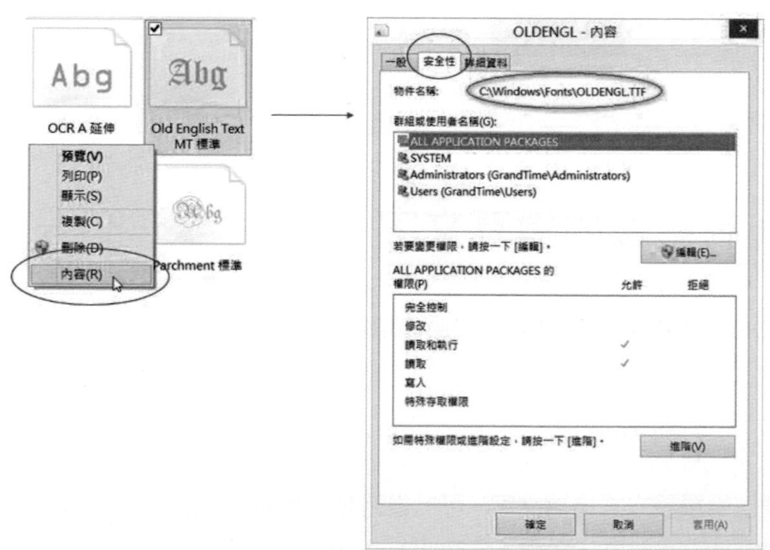

讀者可以用複製方式獲得字型的路徑，有了字型路徑後，就可以輕鬆在影像內輸出各種字型了。

程式實例 ch17_22.py：在影像內填寫文字，第 8-9 行是使用預設字型，執行英文字串 "Ming-Chi Institute of Technology" 的輸出。第 10-11 行是設定字型為 Old English Text，字型大小是 36，輸出相同的字串。第 13-15 行是設定字型為華康新綜藝體，字型大小是 48，輸出中文字串 " 明志科技大學 "。

註 如果你的電腦沒有華康新綜藝體，執行這個程式會有錯誤，所以筆者有附一個 ch17_22_1.py 是使用 Microsoft 的新細明體字型，你可以自行體會中文的輸出。

```
1  # ch17_22.py
2  from PIL import Image, ImageDraw, ImageFont
3
4  newImage = Image.new('RGBA', (600, 300), 'Yellow')  # 建立300*300黃色底的影像
5  drawObj = ImageDraw.Draw(newImage)
6
7  strText = 'Ming-Chi Institute of Technology'         # 設定欲列印英文字串
8  drawObj.text((50,50), strText, fill='Blue')          # 使用預設字型與字型大小
9  # 使用古老英文字型，字型大小是36
10 fontInfo = ImageFont.truetype('C:\Windows\Fonts\OLDENGL.TTF', 36)
11 drawObj.text((50,100), strText, fill='Blue', font=fontInfo)
12 # 處理中文字體
13 strCtext = '明志科技大學'                             # 設定欲列印中文字串
14 fontInfo = ImageFont.truetype('C:\Windows\Fonts\DFZongYiStd-W9.otf', 48)
15 drawObj.text((50,180), strCtext, fill='Blue', font=fontInfo)
16 newImage.save("out17_22.png")
```

執行結果

Ming-Chi Institute of Technology

Ming-Chi Institute of Technology

明志科技大學

17-9 專題 – 建立 QR code/ 辨識車牌與建立停車場管理系統

17-9-1 建立 QR code

QR code 是目前最流行的二維掃描碼，1994 年日本 Denso-Wave 公司發明的，英文字 QR 所代表的意義是 Quick Response 意義是快速反應。QR code 最早是應用在汽車製造商為了追蹤零件，目前已經應用在各行各業。它的最大特色是可以儲存比普通條碼更多資料，同時也不需對準掃描器。

17-9-1-1 QR code 的應用

下列是常見的 QR code 應用：

❑ 顯示網址資訊

使用掃描時可以進入此 QR code 的網址。

❑ 行動支付

這方面感覺大陸比我們快速，消費者掃描店家的 QR code 即可完成支付。或是店家掃描消費者手機的 QR code 也可以完成支付。部分地區的停車場，也是採用司機掃描出口的 QR code 完成停車支付。

❑ 電子票卷

參展票、高鐵票、電影票 … 等，將消費者所購買的票卷資訊使用 QR code 傳輸給消費者的手機，只要出示此 QR code，相當於可以進場了。

❑ 文字資訊

QR code 可以儲存的資訊很多，常看到有的人名片上有 QR code，當掃描後就可以獲得該名片主人的資訊，例如：姓名、電話號碼、地址、電子郵件地址 … 等。

17-9-1-2 QR code 的結構

QR code 是由邊框區和資料區所組成，資料區內有定位標記、校正圖塊、版本資訊、原始資訊、容錯資訊所組成，這些資訊經過編碼後產生二進位字串，白色格子代表 0，黑色格子代表 1，這些格子一般又稱作是模塊。其實經過編碼後，還會使用遮

罩 (masking) 方法將原始二進位字串與遮罩圖案 (Mask Pattern) 做 XOR 運算，產生實際的編碼，經過處理後的 QR code 辨識率將更高。下列是 QR code 基本外觀如下：

❑ 邊框區

這也可以稱是非資料區，至少需有 4 個模塊，主要是避免 QR code 周遭的圖影響辨識。

❑ 定位標記

在上述外觀中，左上、左下、右上是定位標記，外型是’回’，在使用 QR code 掃描時我們可以發現不用完全對準也可以，主要是這 3 個定位標記幫助掃描定位。

❑ 校正圖塊

主要是校正辨識。

❑ 容錯修功能

QR code 有容錯功能，所以如果 QR code 有破損，有時仍然可以讀取，一般 QR code 的面積越大，容錯能力越強。

級別	容錯率
L 等級	7% 的字碼可以修正
M 等級	15% 的字碼可以修正
Q 等級	25% 的字碼可以修正
H 等級	30% 的字碼可以修正

17-9-1-3 QR code 的容量

目前有 40 個不同版本，版本 1 是 21x21 模塊，模塊是 QR code 最小的單位，每增加一個版本，長寬各增加 4 個模塊，所以版本 40 是由 177x177 模塊組成，下列是以版本 40 為例做容量解說。

資料型別	最大資料容量
數字	最多 7089 個字元
字母	最多 4296 個字元
二進位數字	最多 2953 個位元組
日文漢字 / 片假名	最多 1817 個字元 (採用 Shift JIS)
中文漢字	最多 984 個字元 (utf-8), 最多 1800 個字元 (big5/gb2312)

17-9-1-4　建立 QR code 基本知識

使用前需安裝模組：

pip install qrcode

常用的幾個方法如下：

```
img = qrcode.make(" 網址資料 ")          # 產生網址資料的 QR code 物件 img
img.save("filename")                    # filename 是儲存 QR code 的檔名
```

程式實例 ch17_23.py：建立 http://www.deepstone.com.tw 的 QR code，這個程式會先列出 img 物件的資料型態，同時將此物件存入 out17_23.jpg 檔案內。

```
# ch17_23.py
import qrcode

codeText = 'http://www.deepstone.com.tw'
img = qrcode.make(codeText)                        # 建立QR code 物件
print("檔案格式", type(img))
img.save("out17_23.jpg")
```

執行結果 下列分別是執行結果與 out17_23.jpg 的 QR code 結果。

```
==================== RESTART: D:/Python/ch17/ch17_23.py ====================
檔案格式 <class 'qrcode.image.pil.PilImage'>
>>>
```

程式實例 ch17_23_1.py：建立 "Python 王者歸來 " 字串的 QR code。

```
# ch17_23_1.py
import qrcode

codeText = 'Python王者歸來'
img = qrcode.make(codeText)                    # 建立QR code 物件
print("檔案格式", type(img))
img.save("out17_23_1.jpg")
```

執行結果 掃描後可以得到下方右圖的字串。

Python王者歸來

2019/07/10 14:18:58

17-9-1-5 細看 qrcode.make( ) 方法

從上述我們使用 qrcode.make( ) 方法建立 QR code，這是使用預設方法建立 QR code，實際 qrcode.make( ) 方法內含 3 個子方法，整個方法原始碼如下：

```
def make(data=None, **kwargs):
    qr =qrcode. QRCode(**kwargs)                  # 設定條碼格式
    qr.add_data(data)                             # 設定條碼內容
    return qr.make_image( )                       # 建立條碼圖檔
```

❑ 設定條碼格式

它的內容如下：

qr = qrcode.QRCode(version, error_correction, box_size, border, image_factory, mask_pattern)

下列是此參數解說。

version：QR code 的版次，可以設定 1 – 40 間的版次。

error_correction：從容錯率 7%、15%、25%、30%，參數如下：

qrcode.constants.ERROR_CORRECT_L：7%

qrcode.constants.ERROR_CORRECT_M：15%(預設)

qrcode.constants.ERROR_CORRECT_Q：25%

qrcode.constants.ERROR_CORRECT_H：30%

box_size：每個模塊的像素個數。

border：這是邊框區的厚度，預設是 4。

image_factory：圖片格式，預設是 PIL。

mask_pattern：mask_pattern 參數是 0 – 7，如果省略會自行使用最適當方法。

❑ 設定條碼內容

```
qr.add_data(data)                    # data 是所設定的條碼內容
```

❑ 建立條碼圖檔

```
img = qr.make_image([fill_color], [back_color], [image_factory])
```

預設前景是黑色，背景是白色，可以使用 fill_color 和 back_color 分別更改前景和背景顏色，最後建立 qrcode.image.pil.PilImage 物件。

程式實例 ch17_23_2.py：建立'明志科技大學'黃底藍字的 QR code。

```
# ch17_23_2.py
import qrcode

qr = qrcode.QRCode(version=1,
                   error_correction=qrcode.constants.ERROR_CORRECT_M,
                   box_size=10,
                   border=4)
qr.add_data("明志科技大學")
img = qr.make_image(fill_color='blue', back_color='yellow')
img.save("out17_23_2.jpg")
```

執行結果 掃描後可以得到下方右圖的字串。

明志科技大學

2019/07/10 16:10:41

17-9-1-6 QR code 內有圖案

有時候有些場合可以看到建立 QR code 時在中央位置有圖案，掃描時仍然可以獲得正確的結果，這是因為 QR code 有容錯能力。其實我們可以使用 17-5-3 節影像合成的觀念處理。

程式實例 ch17_23_3.py：筆者將自己的圖像當做 QR code 的圖案，然後不影響掃描結果。在這個實例中，筆者使用藍色白底的 QR code，同時使用 version=5。

```
# ch17_23_3.py
import qrcode
from PIL import Image

qr = qrcode.QRCode(version=5,
                   error_correction=qrcode.constants.ERROR_CORRECT_M,
                   box_size=10,
                   border=4)
qr.add_data("明志科技大學")
img = qr.make_image(fill_color='blue')
width, height = img.size              # QR code的寬與高
with Image.open('jhung.jpg') as obj:
    obj_width, obj_height = obj.size
    img.paste(obj, ((width-obj_width)//2, (height-obj_height)//2))
img.save("out17_23_3.jpg")
```

執行結果 讀者可以自行掃描然後得到正確的結果。

17-9-1-7 建立含 QR code 的名片

有時候可以看到有些人的名片上有 QR code，使用手機掃描後此名片的資訊會被帶入聯絡人的欄位。為了要完成此工作，我們必須 vCard(virtual card) 格式。它的資料格式如下：

BEGIN:VCARD

…

特定屬性資料

…

END:VCARD

上述資料必須建在一個字串上，未來只要將此字串當作 QR code 資料即可。下列是常用的屬性：

屬性	使用說明	實例
FN	名字	FN: 洪錦魁
ORG	公司抬頭	ORG: 深智公司
TITLE	職務名稱	TITLE: 作者
TEL	電話 ; 類型 CELL: 手機號 FAX: 傳真號 HOME: 住家號 WORK: 公司號	TEL;CELL:0900123123 TEL;WORK:02-22223333
ADR	公司地址	ADR: 台北市基隆路
EMAIL	電子郵件信箱	EMAIL:jiinkwei@me.com
URL	公司網址	URL:https://www.deepmind.com.tw

程式實例 ch17_23_4.py：建立個人名片資訊。

```
# ch17_23_4.py
import qrcode

vc_str = '''
BEGIN:VCARD
FN:洪錦魁
TEL;CELL:0900123123
TEL;FAX:02-27320553
ORG:深智公司
TITLE:作者
EMAIL:jiinkwei@me.com
URL:https://www.deepmind.com.tw
ADR:台北市基隆路
END:VCARD
'''

img = qrcode.make(vc_str)
img.save("out17_23_4.jpg")
```

執行結果 下列是此程式產生的 QR code。

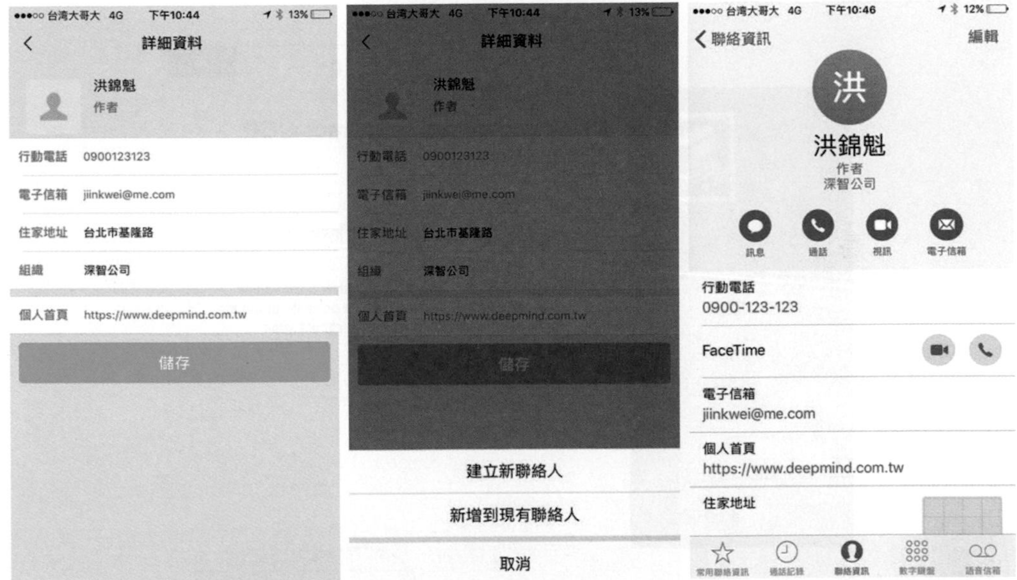

如果讀者使用微信掃描，可以讀取所建的 VCARD 資料，如果按儲存鈕可以列出使用何種方式建立此資料，筆者選擇建立新連絡人時，可以得到上方最右圖的結果。

17-9-2 文字辨識與停車場管理系統

Tesseract OCR 是一個文字辨識 (OCR, Optical Character Recognition) 的系統，可以在多個平台上運作，目前這是一個開放資源的免費軟體。1985-1994 年間由惠普 (HP) 實驗室開發，1996 年開發為適用 Windows 系統。有接近十年期間，這個軟體沒有太大進展，在 2005 年惠普公司將這個軟體釋出為免費使用 (open source)，2006 年起這個軟體改由 Google 贊助與維護。

本章筆者將簡單介紹使用 Python 處理文字辨識，特別是應用在車牌的辨識，同時設計簡單的停車管理系統。

17-9-2-1　安裝 Tesseract OCR

使用這套軟體需要下載，請至下列網站。

http://digi.bib.uni-mannheim.de/tesseract/tesseract-ocr-setup-4.00.00dev.exe

首先將看到下列畫面。

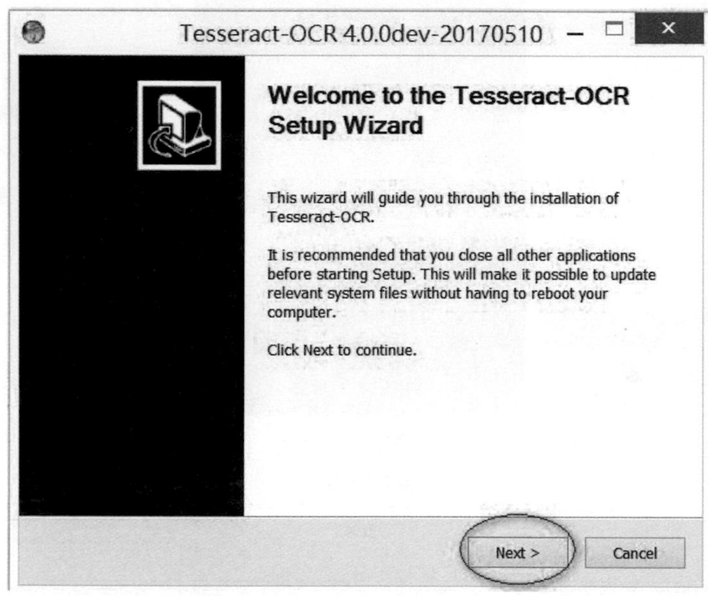

請按 Next 鈕，於第 4 個畫面你將看到。

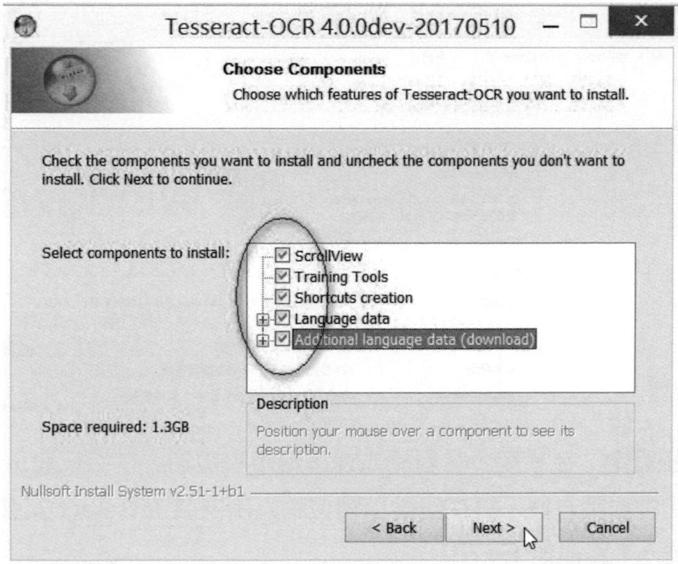

請選擇全部，然後按 Next 鈕。

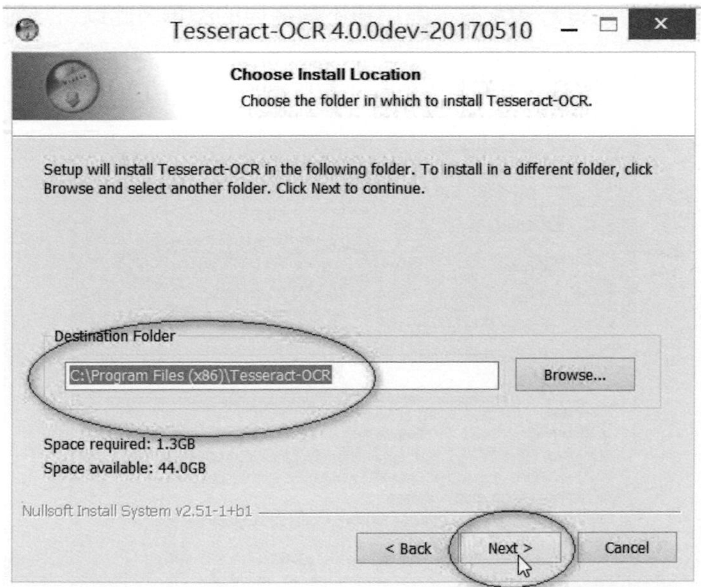

上述請使用預設目錄安裝，請按 Next 鈕，接著畫面可以使用預設，即可完成安裝。安裝完成後，下一步是將 Tesseract-OCR 所在的目錄設定在 Windows 作業系統的 path 路徑內，這樣就不會有找不到檔案的問題。首先開啟控制台的系統。

點進階系統設定，在系統內容對話方塊按環境變數鈕，在系統變數欄點 path，會出現編輯系統變數對話方塊，請在變數值欄位輸入所安裝 Tesseract 安裝目錄，如果是依照預設模式輸入，路徑如下：

C:\Program Files (x86)\Tesseract-OCR

上述路徑建議用拷貝方式處理，需留意不同路徑的設定彼此以 ";" 隔開。

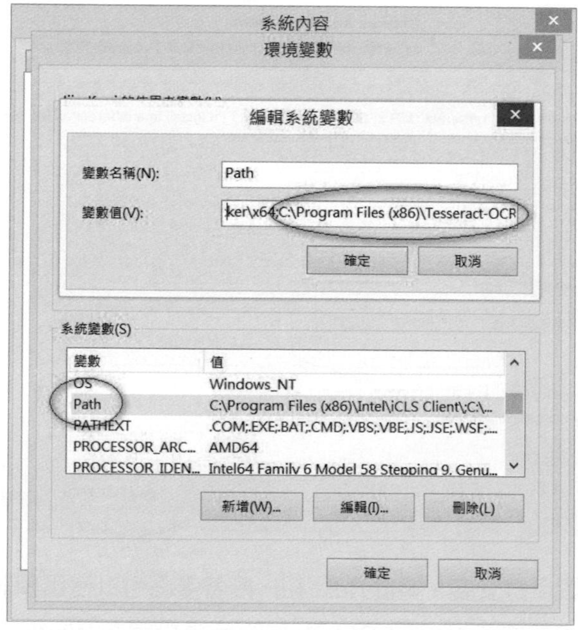

完成後，請按確定鈕。如果想要確定是否安裝成功，可以在命令提示字元視窗輸入 "tesseract –v"，如果有列出版本訊息，就表示設定成功了。

```
C:\Users\Jiin-Kwei>tesseract -v
tesseract 4.00.00alpha
 leptonica-1.74.1
  libgif 4.1.6(?) : libjpeg 8d (libjpeg-turbo 1.5.0) : libpng 1.6.20 : libtiff 4
.0.6 : zlib 1.2.8 : libwebp 0.4.3 : libopenjp2 2.1.0


C:\Users\Jiin-Kwei>
微軟注音 半 :
```

17-9-2-2 安裝 pytesseract 模組

pytesseract 是一個 Python 與 Tesseract-OCR 之間的介面程式，這個程式的官網就自稱是 Tesseract-OCR 的 wrapper，它會自行呼叫 Tesseract-OCR 的內部程式執行辨識功能，我們可以呼叫 pytesseract 的方法，就可以完成辨識工作，可以使用下列方式安裝這個模組。

pip install pytesseract

17-9-2-3 文字辨識程式設計

安裝完 Tesseract-OCR 後，預設情況下是可以執行英文和阿拉伯數字的辨識，下列是筆者舉了數字與英文字的圖檔執行辨識，並將結果印出和儲存，在使用 pytesseract 前，需要導入 pytesseract 模組。

import pytesseract

程式實例 ch17_24.py：這個程式會辨識車牌，所使用的車牌圖檔 atq9305.jpg 如下。

```
# ch17_24.py
from PIL import Image
import pytesseract

text = pytesseract.image_to_string(Image.open('d:\\Python\\ch17\\atq9305.jpg'))
print(type(text), "    ", text)
```

執行結果 這個程式無法在 Python 的 IDLE 下執行，需在命令提示環境執行。

```
PS C:\Users\User> python d:\Python\ch17\ch17_24.py
<class 'str'>      ATQ9305
```

註 如果車牌拍的角度不好，有可能會造成辨識錯誤。

程式實例 ch17_25.py：這個程式會辨識車牌，同時列出車子進場時間和出場時間。如果是初次進入車輛，程式會列出車輛進場時間，同時將此車輛與進場時間用 carDict 字典儲存。如果車輛已經入場，再次掃描時，系統會輸出車號和此車的出場時間。

```
# ch17_25.py
from PIL import Image
import pytesseract
import time

carDict = {}
myPath = "d:\\Python\\ch17\\"
while True:
    carPlate = input("請掃描或輸入車牌(Q/q代表結束) : ")
    if carPlate == 'Q' or carPlate == 'q':
        break
    carPlate = myPath + carPlate
    keyText = pytesseract.image_to_string(Image.open(carPlate))
    if keyText in carDict:
        exitTime = time.asctime()
        print("車輛出場時間 : ", keyText, ":", exitTime)
        del carDict[keyText]
    else:
        entryTime = time.asctime()
        print("車輛入場時間 : ", keyText, ":", entryTime)
        carDict[keyText] = entryTime
```

執行結果

```
PS C:\Users\User> python d:\Python\ch17\ch17_25.py
請掃描或輸入車牌(Q/q代表結束) : atq9305.jpg
車輛入場時間 :  ATQ9305 : Sun Dec 16 19:20:35 2018
請掃描或輸入車牌(Q/q代表結束) : rbt1388.jpg
車輛入場時間 :  RBT- 13838 : Sun Dec 16 19:20:55 2018
請掃描或輸入車牌(Q/q代表結束) : atq9305.jpg
車輛出場時間 :  ATQ9305 : Sun Dec 16 19:21:14 2018
請掃描或輸入車牌(Q/q代表結束) : q
PS C:\Users\User>
```

17-9-3 辨識繁體中文

Tesseract-OCR 也可以辨識繁體中文，這是需要指示程式引用中文資料檔案，這個繁體中文資料檔案名稱是 chi-tra.traineddata，在 17-9-2-1 節的安裝畫面中，筆者有指出需要設定安裝語言檔案。

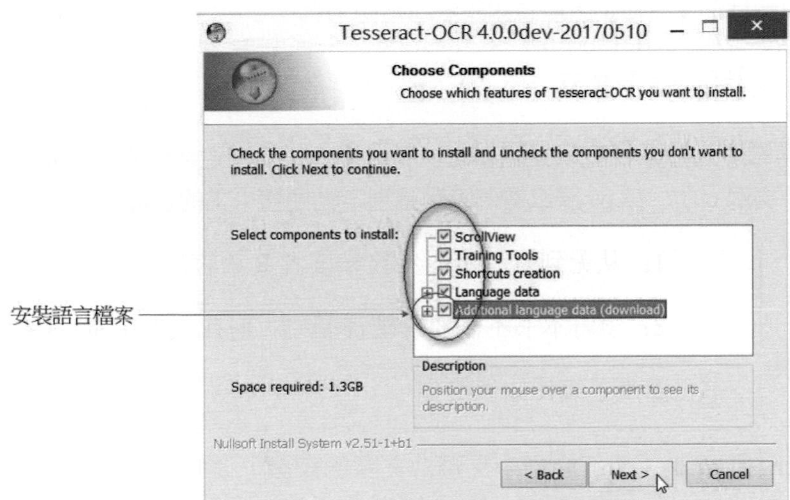

如果讀者依照上面指示安裝，可以在 \tessdata 資料夾下看到 chi_tri.trianeddata 檔案，實例 ch17_26.py 將以實例說明識別下列繁體中文的圖檔。

1：從無到有一步一步教導讀者 R 語言的使用

2：學習本書不需要有統計基礎，但在無形中本

書已灌溉了統計知識給你

程式實例 ch17_26.py：執行繁體中文圖片文字的辨識，這個程式最重要的是筆者在 image_to_string( ) 方法內增加了第 2 個參數 lang='chi_tra" 參數，這個參數會引導程式使用繁體中文資料檔做辨識。

```
# ch17_26.py
from PIL import Image
import pytesseract

text  = pytesseract.image_to_string(Image.open('d:\\Python\\ch17\\data17_26.jpg'),
                                    lang='chi_tra')
print(text)
with open('d:\\Python\\ch17\\out17_26.txt', 'w') as fn:
    fn.write(text)
```

執行結果

```
PS C:\Users\User> python d:\Python\ch17\ch17_26.py
1：從無到有一步一步教導讀者R語言的使用
2：學習本書不需要有統計基礎，但在無形中本
書已灌溉了統計知識給你
```

在上述辨識處理中，沒有錯誤，這是一個非常好的辨識結果。不過筆者會使用時發現，如果圖檔的字比較小，會有較多辨識錯誤情況。

17-9-4　辨識簡體中文

辨識簡體中文和繁體中文步驟相同，只是導入的是 chi_sim.trianeddata 簡體中文資量檔案，實例 ch17_27.py 將以實例說明識別下列簡體中文的圖檔。

1：从无到有一步一步教导读者 R 语言的使用

2：学习本书不需要有统计基础，但在无形中本

书已灌溉了统计知识给你

程式實例 ch17_27.py：執行簡體中文圖片文字的辨識，這個程式最重要的是筆者在 image_to_string( ) 方法內增加了第 2 個參數 lang='chi_sim' 參數，這個參數會引導程式使用簡體中文資料檔做辨識。這個程式另外需留意的是，第 8 行在開啟檔案時需要增加 encoding='utf-8'，才可以將簡體中文寫入檔案。

```
1  # ch17_27.py
2  from PIL import Image
3  import pytesseract
4
5  text  = pytesseract.image_to_string(Image.open('d:\\Python\\ch17\\data17_27.jpg'),
6                                      lang='chi_sim')
7  print(text)
8  with open('d:\\Python\\ch17\\out17_27.txt', 'w', encoding='utf-8') as fn:
9      fn.write(text)
```

執行結果

```
PS C:\Users\User> python d:\Python\ch17\ch17_27.py
1: 从无到有一步一步教导读者R语言的使用
2: 学习本书不需要有统计基础，但在无形中本
书已灌漏了统计知识给你
```

在使用時，筆者也發現如果發生無法辨識情況，程式將回應空白。

17-10 專題 – 詞雲 (WordCloud) 設計

17-10-1 安裝 wordcloud

如果想建立詞雲 (wordcloud)，首先是需下載相對應 Python 版本和你的硬體的 whl 文件，然後用此文件安裝 wordcloud 模組，請進入下列網址：

https://www.lfd.uci.edu/~gohlke/pythonlibs/#wordcloud

然後請進入下列 Wordcloud 區塊，同時點選自己目前系統環境適用的 wordcloud 檔案，此例筆者選擇如下：

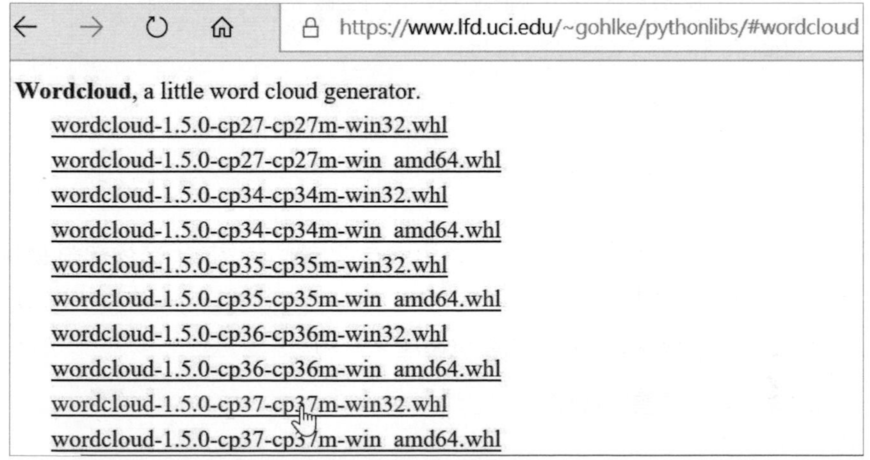

點選下載後，可以在視窗下方看到下列應如何處理此檔案，請點選另存新檔案，筆者此時將此檔案存放在 d:\Python\ch17。

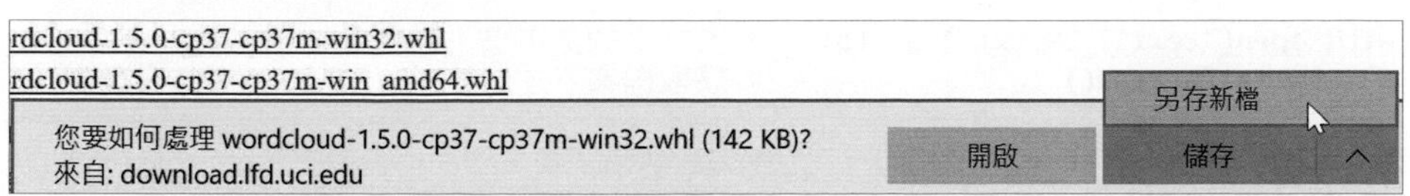

儲存檔案後，就可以進入 DOS 環境使用 "pip install 檔案 "，安裝所下載的檔案。

```
PS D:\> pip install d:\Python\ch22\wordcloud-1.5.0-cp37-cp37m-win32.whl
```

如果成功安裝將可以看到下列訊息。

```
Installing collected packages: wordcloud
Successfully installed wordcloud-1.5.0
```

17-10-2　我的第一個詞雲程式

要建立詞雲程式，首先是導入 wordcloud 模組，可以使用下列語法：

from wordcloud import WordCloud

除此，我們必需為詞雲建立一個 txt 文字檔案，未來此檔案的文字將出現在詞雲內，下列是筆者所建立的 text17_28.txt 檔案。

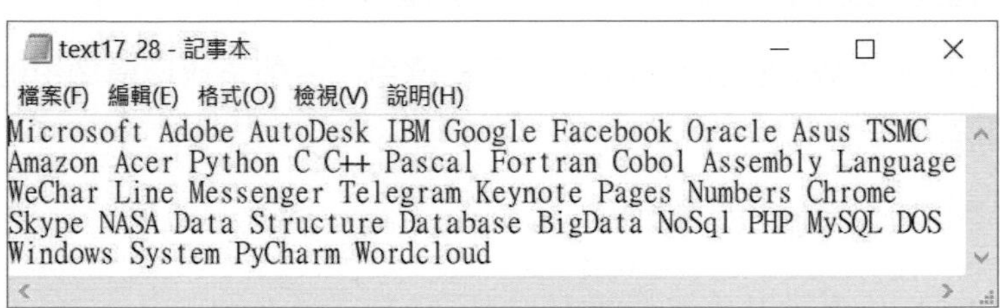
text17_28 - 記事本
檔案(F) 編輯(E) 格式(O) 檢視(V) 說明(H)
Microsoft Adobe AutoDesk IBM Google Facebook Oracle Asus TSMC
Amazon Acer Python C C++ Pascal Fortran Cobol Assembly Language
WeChar Line Messenger Telegram Keynote Pages Numbers Chrome
Skype NASA Data Structure Database BigData NoSql PHP MySQL DOS
Windows System PyCharm Wordcloud

產生詞雲的步驟如下：

1： 讀取詞雲的文字檔。

2： 詞雲使用 WorldCloud( ) 此方法不含參數表示使用預設環境，然後使用 generate() 建立步驟 1 文字檔的詞雲物件。

3： 詞雲物件使用 to_image( ) 建立詞雲影像檔。

4： 使用 show( ) 顯示詞雲影像檔。

程式實例 ch17_28.py：我的第一個詞雲程式。

```
# ch17_28.py
from wordcloud import WordCloud

with open("text17_28.txt") as fp:    # 英文字的文字檔
    txt = fp.read()                  # 讀取檔案

wd = WordCloud().generate(txt)       # 由txt文字產生WordCloud物件
imageCloud = wd.to_image()           # 由WordCloud物件建立詞雲影像檔
imageCloud.show()                    # 顯示詞雲影像檔
```

執行結果

其實螢幕顯示的是一個圖片框檔案，筆者此例只列出詞雲圖片，每次執行皆看到不一樣字詞排列的詞雲圖片，如上方所示，上述背景預設是黑色，未來筆者會介紹使用 background_color 參數更改背景顏色，這將是讀者的習題。上述第 8 行是使用詞雲物件的 to_image( ) 方法產生詞雲圖片的影像檔，第 9 行則是使用詞雲物件的 show( ) 方法顯示詞雲圖片。

其實也可以使用 matplotlib 模組的方法產生詞雲圖片的影像檔案，與顯示詞雲圖片的影像檔案，未來會做說明。

17-10-3 建立含中文字詞雲結果失敗

使用程式實例 ch17_28.py，但是使用中文字的 txt 檔案時，將無法正確顯示詞雲，可參考 ch17_29.py。

程式實例 ch17_29.py：無法正確顯示中文字的詞雲程式，本程式的中文詞雲檔案 text17_29.txt 如下：

下列是程式碼內容。

```
1  # ch17_29.py
2  from wordcloud import WordCloud
3
4  with open("text17_29.txt") as fp:       # 含中文的文字檔
5      txt = fp.read()                     # 讀取檔案
6
7  wd = WordCloud().generate(txt)          # 由txt文字產生WordCloud物件
8  imageCloud = wd.to_image()              # 由WordCloud物件建立詞雲影像檔
9  imageCloud.show()                       # 顯示詞雲影像檔
```

執行結果

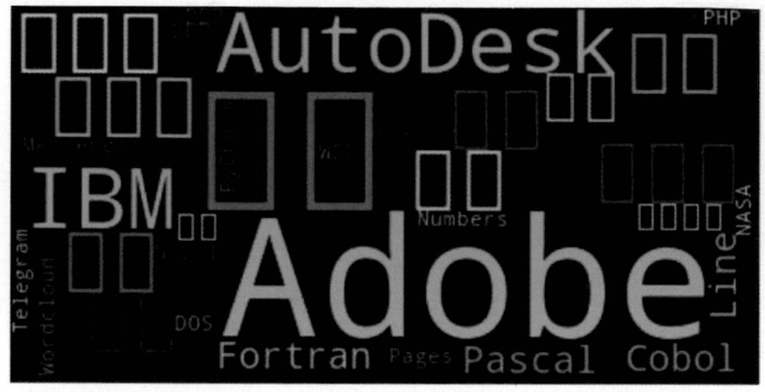

從上述結果很明顯，中文字無法正常顯示，用方框代表。

17-10-4　建立含中文字的詞雲

首先需要安裝中文分詞函數庫模組 jieba(也有人翻譯為結巴)，這個模組可以用於句子與詞的分割、標註，可以進入下列網站：

https://pypi.org/project/jieba/#files

然後請下載 jieba-0.39.zip 檔案。

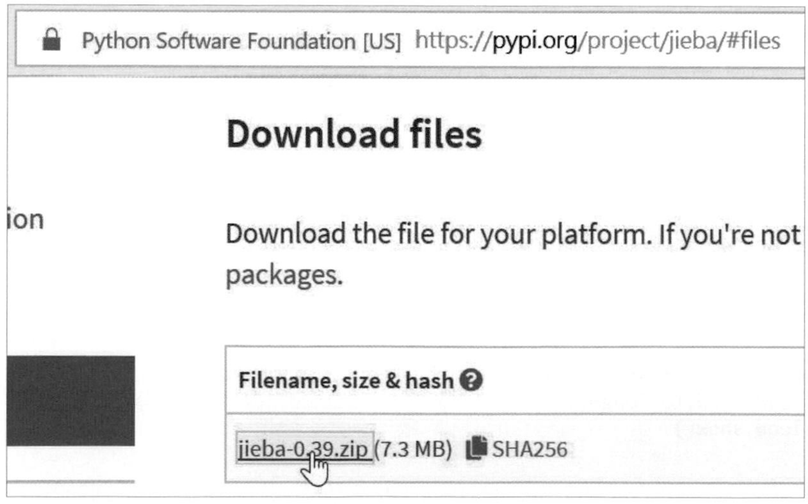

下載完成後，需要解壓縮，筆者是將此檔案儲存在 d:\Python\ch17，然後筆者進入此解壓縮檔案的資料夾，然後輸入 "python setup.py install" 進行安裝 jieba 模組。

```
PS D:\Python\ch17\jieba-0.39> cd jieba-0.39
PS D:\Python\ch17\jieba-0.39\jieba-0.39> python setup.py install
```

jieba 模組內有 cut( ) 方法，這個方法可以將所讀取的文件檔案執行分詞，英文文件由於每個單字空一格所以比較單純，中文文件則是借用 jieba 模組的 cut( ) 方法。由於我們希望所斷的詞可以空一格，所以可以採用下列敘述執行。

```
cut_text = ' '.join(jieba.cut(txt))         # 產生分詞的字串
```

此外，我們需要為詞雲建立物件，所採用方法是 generate( )，整個敘述如下：

```
wordcloud = WordCloud(                           # 建立詞雲物件
    font_path="C:/Windows/Fonts\mingliu",
    background_color="white",width=1000,height=880).generate(cut_text)
```

在上述建立含中文字的詞雲物件時，需要在 WorldCloud( ) 方法內增加 font_path 參數，這是設定中文字所使用的字型，另外筆者也增加 background_color 參數設定詞雲的背景顏色，width 是設定單位是像素的寬度，height 是設定單位是像素的高度，若是省略 background_color、width、height 則使用預設。

在正式講解建立中文字的詞雲影像前，我們可以先使用 jieba 測試此模組的分詞能力。

實例 1：jieba 模組 cut( ) 方法的測試。

```
>>> import jieba
>>> words = jieba.cut('我最喜歡的學校是台塑企業集團的明志工專')
>>> for word in words:
        print(word)


Building prefix dict from the default dictionary ...
Dumping model to file cache C:\Users\User\AppData\Local\Temp\jieba.cache
Loading model cost 1.021 seconds.
Prefix dict has been built succesfully.
我
最
喜歡
的
學校
是
台塑
企業
集團
的
明志
工專
```

從上述測試可以看到 jieba 的確有很好的分詞能力。

程式實例 ch17_30.py：建立含中文字的詞雲影像。

```
# ch17_30.py
from wordcloud import WordCloud
import jieba

with open("text17_29.txt") as fp:                    # 含中文的文字檔
    txt = fp.read()                                   # 讀取檔案

cut_text = ' '.join(jieba.cut(txt))                   # 產生分詞的字串

wd = WordCloud(                                       # 建立詞雲物件
    font_path="C:/Windows/Fonts\mingliu",
    background_color="white",width=1000,height=880).generate(cut_text)

imageCloud = wd.to_image()               # 由WordCloud物件建立詞雲影像檔
imageCloud.show()                        # 顯示詞雲影像檔
```

執行結果

在建立詞雲影像檔案時，也可以使用 matplotlib 模組，使用此模組的 imshow( ) 建立詞雲影像檔，然後使用 show( ) 顯示詞雲影像檔。

程式實例 ch17_31.py：使用 matplotlib 模組建立與顯示詞雲影像，同時將寬設為 800，高設為 600。

```
# ch17_31.py
from wordcloud import WordCloud
import matplotlib.pyplot as plt
import jieba

with open("text17_29.txt") as fp:          # 含中文的文字檔
    txt = fp.read()                        # 讀取檔案

cut_text = ' '.join(jieba.cut(txt))        # 產生分詞的字串

wd = WordCloud(                            # 建立詞雲物件
    font_path="C:/Windows/Fonts\mingliu",
    background_color="white",width=800,height=600).generate(cut_text)

plt.imshow(wd)                             # 由WordCloud物件建立詞雲影像檔
plt.show()                                 # 顯示詞雲影像檔
```

執行結果

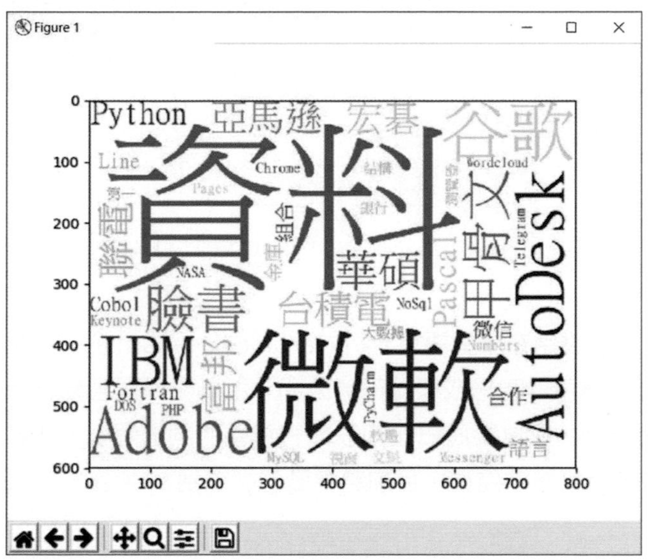

通常以 matplotlib 模組顯示詞雲影像檔案時，可以增加 axis("off") 關閉軸線。

程式實例 ch17_32.py：關閉顯示軸線，同時背景顏色改為黃色。

```
# ch17_32.py
from wordcloud import WordCloud
import matplotlib.pyplot as plt
import jieba

```

```
with open("text17_29.txt") as fp:          # 含中文的文字檔
    txt = fp.read()                        # 讀取檔案

cut_text = ' '.join(jieba.cut(txt))        # 產生分詞的字串

wd = WordCloud(                            # 建立詞雲物件
    font_path="C:/Windows/Fonts\mingliu",
    background_color="yellow",width=800,height=400).generate(cut_text)

plt.imshow(wd)                             # 由WordCloud物件建立詞雲影像檔
plt.axis("off")                            # 關閉顯示軸線
plt.show()                                 # 顯示詞雲影像檔
```

執行結果

註　中文分詞是人工智慧應用在中文語意分析 (semantic analysis) 的一門學問，對於英文字而言由於每個單字用空格或標點符號分開，所以可以很容易執行分詞。所有中文字之間沒有空格，所以要將一段句子內有意義的詞語解析，比較困難，一般是用匹配方式或統計學方法處理，目前精準度已經達到 97% 左右，細節則不在本書討論範圍。

17-10-5　進一步認識 jieba 模組的分詞

前面所使用的文字檔，中文字部分均是一個公司名稱的名詞，檔案內容有適度空一格了，我們也可以將詞雲應用在一整段文字，這時可以看到 jieba 模組 cut( ) 方法自動分割整段中文的功力，其實正確率高達 97%。

程式實例 ch17_33.py：使用 text17_33.txt 應用在 ch17_32.py。

```
# ch17_33.py
from wordcloud import WordCloud
import matplotlib.pyplot as plt
import jieba
```

```
with open("text17_33.txt") as fp:          # 含中文的文字檔
    txt = fp.read()                       # 讀取檔案

cut_text = ' '.join(jieba.cut(txt))       # 產生分詞的字串

wd = WordCloud(                           # 建立詞雲物件
    font_path="C:/Windows/Fonts\mingliu",
    background_color="yellow",width=800,height=400).generate(cut_text)

plt.imshow(wd)                            # 由WordCloud物件建立詞雲影像檔
plt.axis("off")                           # 關閉顯示軸線
plt.show()                                # 顯示詞雲影像檔
```

執行結果

17-10-6 建立含圖片背景的詞雲

在先前所產生的詞雲外觀是矩形，建立詞雲時，另一個特色是可以依據圖片的外型產生詞雲，如果有一個無背的圖片，可以依據此圖片產生相同外型的詞雲。

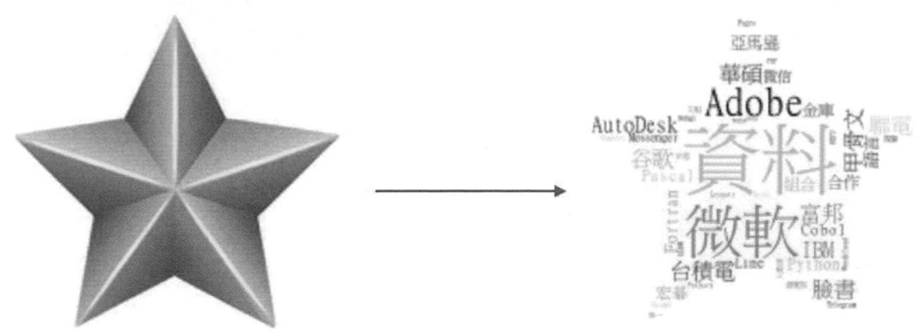

欲建立這類的詞雲需增加使用 Numpy 模組，可參考下列敘述：

```
bgimage = np.array(Image.open("star.gif"))
```

上述 np.array( ) 是建立陣列所使用的參數是 Pillow 物件，這時可以將圖片用大型矩陣表示，然後在有顏色的地方填詞。最後在 WordCloud( ) 方法內增加 mask 參數，執行遮罩限制圖片形狀，如下所示：

```
wordcloud = WordCloud(
    font_path="C:/Windows/Fonts\mingliu",
    background_color="white",
    mask=bgimage).generate(cut_text)
```

需留意當使用 mask 參數後，width 和 height 的參數設定就會失效，所以此時可以省略設定這 2 個參數。本程式所使用的星圖 star.gif 是一個星狀的無背景圖。

程式實例 ch17_34.py：建立星狀的詞雲圖，所使用的背景圖檔是 star.gif，所使用的文字檔是 text17_33.txt。

```
# ch17_34.py
from wordcloud import WordCloud
from PIL import Image
import matplotlib.pyplot as plt
import jieba
import numpy as np

with open("text17_33.txt") as fp:                # 含中文的文字檔
    txt = fp.read()                              # 讀取檔案
cut_text = ' '.join(jieba.cut(txt))              # 產生分詞的字串

bgimage = np.array(Image.open("star.gif"))       # 背景圖

wd = WordCloud(                                  # 建立詞雲物件
    font_path="C:/Windows/Fonts\mingliu",
    background_color="white",
    mask=bgimage).generate(cut_text)             # mask設定

plt.imshow(wd)                                   # 由WordCloud物件建立詞雲影像檔
plt.axis("off")                                  # 關閉顯示軸線
plt.show()                                       # 顯示詞雲影像檔
```

執行結果

程式實例 ch17_35.py：建立人外型的詞雲圖，所使用的背景圖檔是 hung.gif，所使用的文字檔是 text17_28.txt，所使用的字型是 C:\Windows\Fonts\OLDENGL.Tif。

```
# ch17_35.py
from wordcloud import WordCloud
from PIL import Image
import matplotlib.pyplot as plt
import numpy as np

with open("text17_28.txt") as fp:             # 含中文的文字檔
    txt = fp.read()                           # 讀取檔案

bgimage = np.array(Image.open("hung.gif"))  # 背景圖

wd = WordCloud(                               # 建立詞雲物件
    font_path="C:/Windows/Fonts\OLDENGL.TTF",
    background_color="white",
    mask=bgimage).generate(txt)               # mask設定

plt.imshow(wd)                                # 由WordCloud物件建立詞雲影像檔
plt.axis("off")                               # 關閉顯示軸線
plt.show()                                    # 顯示詞雲影像檔
```

執行結果

hung.gif

習題

實作題

1. 請用自己的大頭照，使用更改寬度與高度的觀念，調整大小，需留意寬度與高度必需是整數，必需附上正常和其它 8 種變化，變化方式如下：(17-4 節)

   a)：高度不變，寬度是 1.2 倍。

   b)：高度不變，寬度是 1.5 倍。

   c)：高度不變，寬度是 0.5 倍。

   d)：高度不變，寬度是 0.8 倍。

   e)：寬度不變，高度是 1.2 倍。

   f)：寬度不變，高度是 1.5 倍。

   g)：寬度不變，高度是 0.8 倍。

   h)：寬度不變，高度是 0.5 倍。

   下列是資料夾內的檔案結果。

hung

out17_1 out17_2 out17_3 out17_4 out17_5 out17_6 out17_7 out17_8

2. 請用自己的大頭貼照片，將此照片的大小改為 350(寬) x 500(高)，然後在此照片四周增加 50 的外框，然後將執行結果存入 fig17_2.jpg。(17-5 節)

3. 請參考護照照片規格，將自己的大頭貼參考 17_18.py 方式佈局在影像檔案內，用高級相片紙在 7-11 或其它便利商店列印，這樣就可以省下護照照片的錢了，請交出所佈局的影像檔案。護照相片大小是 3.5(寬) x 4.5(高) 公分，若是影像解析度是 72 像素 / 英吋，則像素是 99(寬) x 127(高)。(17-5 節)

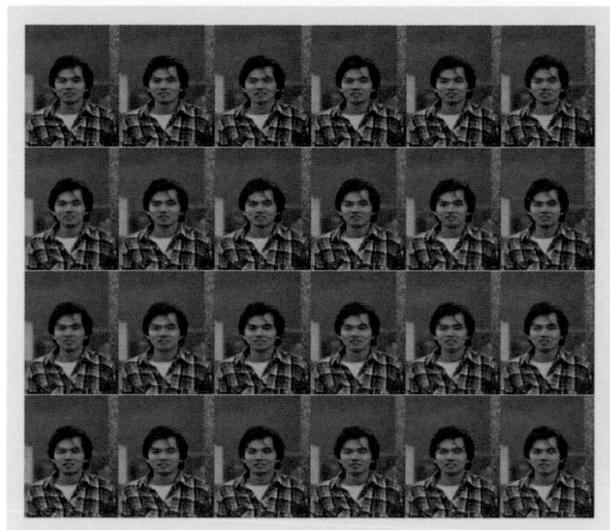

4. 請參考 ch17_19.py，但是所使用的相片是自行拍攝自己學校的風景，請參考 17-6 節的 10 種濾鏡特效處理，然後列出結果，下列圖片是參考。(17-6 節)

fig17_4_BLUR

fig17_4_CONTOUR

fig17_4_DETAIL

fig17_4_EDGE_ENHANCE

fig17_4_EDGE_ENHANCE_MORE

fig17_4_EMBOSS

fig17_4_FIND_EDGES

fig17_4_SHARPEN

fig17_4_SMOOTH

fig17_4_SMOOTH_MORE

5. 請參考 ch17_20.py，擴充此程式功能，將美工線條的觀念應用在左上角與右下角。(17-7 節)

6. 請用自己的大頭貼照片，將此照片的大小改為 350(寬) x 500(高)，然後在此照片上、左、右增加 50 的外框，下方則增加 200 外框，然後將執行結果存入 fig17_6.jpg，最後在下方填入自己的名字。(17-8 節)

7. 請建立自己母校網頁首頁的 QR code，同時將校徽嵌入 QR code 中圖，讀者可以用微信掃描，掃描受可以直接顯示學校首頁，下列是以明志科技大學為實例。(17-9 節)

8. 擴充設計 ch17_25.py，假設每小時收費是 60 元，不足一小時以小時收費。出場時會列出停車費用。(17-9 節)

```
PS C:\Users\User> python d:\Python\ex\ex17_8.py
請掃描或輸入車牌(Q/q代表結束) : atq9305.jpg
車輛入場時間 :  ATQ9305 : Sun Dec 16 19:53:14 2018
請掃描或輸入車牌(Q/q代表結束) : rbt1388.jpg
車輛入場時間 :  RBT- 13838 : Sun Dec 16 19:53:26 2018
請掃描或輸入車牌(Q/q代表結束) : atq9305.jpg
車輛出場時間 :  ATQ9305 : Sun Dec 16 19:53:39 2018
停車費用 :  60.0  元
請掃描或輸入車牌(Q/q代表結束) : q
```

9. 請辨識下列繁體中文圖片，然後存入 ex17_9.txt。(17-9 節)

2019 年 3 月
深智數位科技股份有限公司
台北市長安東路

10. 請辨識下列簡體中文圖片，然後存入 ex17_10.txt。(17-9 節)

2019 年 3 月
深智数字科技股份有限公司
台北市长安东路

11. 請參考 ch17_28.py，建立含白色背景的詞雲。(17-10 節)

12：請參考 ch17_28.py，建立含白色背景的詞雲，同時使用 OLDENGL.tff 檔案，讀者可以在 c:\Windows\Fonts 資料及找到此檔案。(17-10 節)

13. 請參考 ch17_34.py，然後建立詞雲圖案，所使用的文字檔案請自行設計，此例筆者使用 text22_6.txt 文字檔案，圖檔使用 pict.gif。(17-10 節)

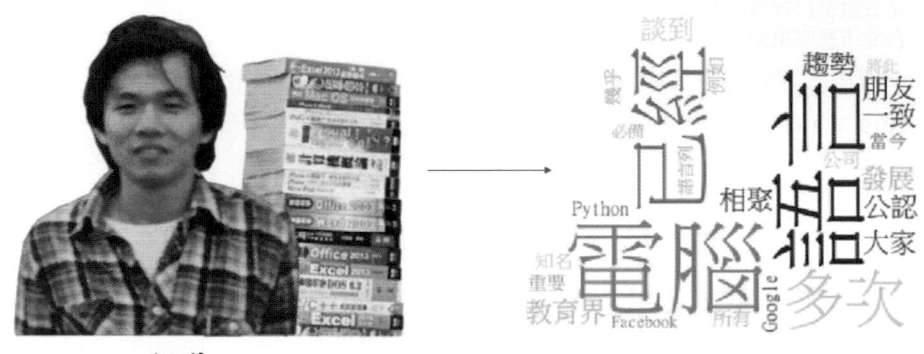

pict.gif

14. 請參考 ch17_35.py，然後建立詞雲圖案，所使用的文字檔案請自行設計，此例筆者使用 text17_28.txt 文字檔案，圖檔使用 me.gif。(17-10 節)

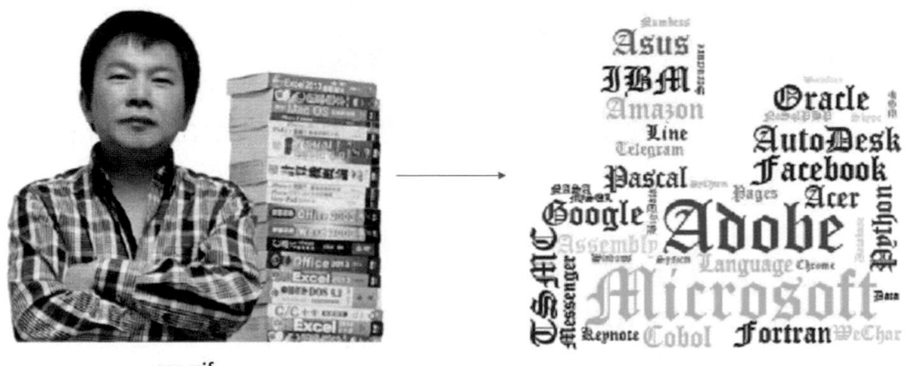

me.gif

第十八章

開發 GUI 程式使用 tkinter

GUI 英文全名是 Graphical User Interface，中文可以翻譯為圖形使用者介面，本章將介紹使用 tkinter 模組設計這方面的程式。

Tk 是一個開放原始碼 (open source) 的圖形介面的開發工具，最初發展是從 1991 年開始，具有跨平台的特性，可以在 Linux、Windows、Mac OS … 等作業系統上執行，這個工具提供許多圖形介面，例如：功能表 (Menu)、按鈕 (Button) … 等。目前這個工具已經移植到 Python 語言，在 Python 語言稱 tkinter 模組。

在安裝 Python 時，就已經同時安裝此模組了，在使用前只需宣告導入此模組即可，如下所示：

```
from tkinter import *
```

註 在 Python 2 版本模組名稱是 Tkinter，Python 3 版本的模組名稱改為 tkinter。

18-1 建立視窗

可以使用下列方法建立視窗。

```
window = Tk( )              # 這是自行定義的 Tk 物件名稱，也可以取其它名稱
window.mainloop( )          # 放在程式最後一行
```

通常我們將使用 Tk( ) 方法建立的視窗稱根視窗 (root window)，未來可以在此根視窗建立許多元件 (widget)，甚至也可以在此根視窗建立上層視窗，此例筆者用 window 當做物件名稱，你也可以自行取其它名稱。上述 mainloop( ) 方法可以讓程式繼續執行，同時進入等待與處理視窗事件，若是按視窗右上方的關閉鈕，此程式才會結束。

程式實例 ch18_1.py：建立空白視窗。

```
# ch18_1.py
from tkinter import *

window = Tk()
window.mainloop()
```

在上述視窗產生時，我們可以拖曳移動視窗或更改視窗大小，下列是與視窗相關的方法：

title( )：視窗標題。

geometry("width*height")：視窗的寬與高，單位是像素。

maxsize(width,height)：拖曳時可以設定視窗最大的寬 (width) 與高 (height)。

resizeable(True,True)：可設定可否更改視窗大小，第一個參數是寬，第二個參數是高，如果要固定視窗寬與高，可以使用 resizeable(0,0)

程式實例 ch18_2.py：建立視窗標題 MyWindow，同時設定寬是 300，高是 160。

```
# ch18_2.py
from tkinter import *

window = Tk()
window.title("MyWindow")     # 視窗標題
window.geometry("300x160")  # 視窗大小

window.mainloop()
```

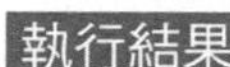

18-2 標籤 Label

Label( ) 方法可以用於在視窗內建立文字或圖形標籤，有關圖形標籤將在 18-12 節討論，它的使用格式如下：

Label(父物件 ,options, …)

Label( ) 方法的第一個參數是父物件，表示這個標籤將建立在那一個父物件 (可想成父視窗或稱容器) 內。下列是 Label( ) 方法內其它常用的 options 參數：

text：標籤內容，如果有 "\n" 則可創造多行文字。

width：標籤寬度，單位是字元。

height：標籤高度，單位是字元。

bg 或 background：背景色彩。

fg 或 froeground：字型色彩。

font( )：可選擇字型與大小，可參考 ch18_4_1.py。

textvariable：可以設定標籤以變數方式顯示，可參考 ch18_14.py。

image：標籤以圖形方式呈現，將在 18-12 節解說。

relief：預設是 relief=flat，可由此控制標籤的外框，有下列選項：

flat groove raised ridge solid sunken

justify：在多行文件時最後一行的對齊方式 LEFT/CENTER/RIGHT(靠左 / 置中 / 靠右)，預設是置中對齊。特別是將在 18-12-1 節以實例說明。

程式實例 ch18_3.py：建立一個標籤，內容是 I like tkinter。

```
# ch18_3.py
from tkinter import *

window = Tk()
window.title("ch18_3")            # 視窗標題
label = Label(window,text="I like tkinter")
label.pack()                      # 包裝與定位元件

window.mainloop()
```

執行結果 下方右圖示滑鼠拖曳增加視窗寬度的結果，可以看到完整視窗標題。

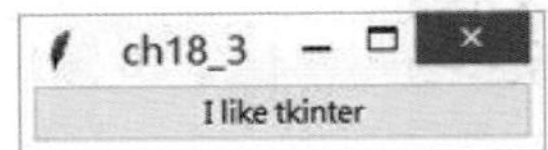

上述第 7 行的 pack( ) 方法主要是包裝視窗的元件和定位視窗的物件，所以可以在視窗內見到上述視窗元件，此例視窗元件是標籤。對上述第 6 行和第 7 行，我們也可以組合成一行，可參考下列程式實例。

程式實例 ch18_3_1.py：使用 Label( ).pack( ) 方式重新設計 ch18_3.py。

```
# ch18_3_1.py
from tkinter import *

window = Tk()
window.title("ch18_3_1")            # 視窗標題
label = Label(window,text="I like tkinter").pack()

window.mainloop()
```

執行結果 與 ch18_3.py 相同。

程式實例 ch18_4.py：擴充 ch18_3.py，標籤寬度是 15，背景是淺黃色。

```
# ch18_4.py
from tkinter import *

window = Tk()
window.title("ch18_4")                   # 視窗標題
label = Label(window,text="I like tkinter",
              bg="lightyellow",          # 標籤背景是淺黃色
              width=15)                  # 標籤寬度是15
label.pack()                             # 包裝與定位元件

window.mainloop()
```

執行結果

程式實例 ch18_4_1.py：重新設計 ch18_4.py，使用 font 更改字型與大小的應用。

```
# ch18_4_1.py
from tkinter import *

window = Tk()
window.title("ch18_4_1")                 # 視窗標題
```

```
6   label = Label(window,text="I like tkinter",
7                 bg="lightyellow",         # 標籤背景是淺黃色
8                 width=15,                 # 標籤寬度是15
9                 font="Helvetica 16 bold italic")
10  label.pack()                            # 包裝與定位元件
11
12  window.mainloop()
```

執行結果

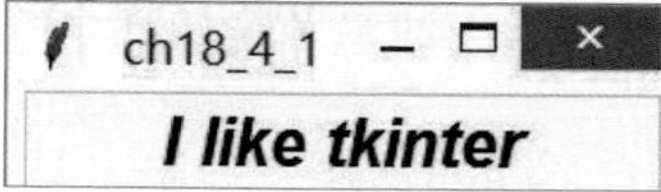

上述最重要是第 9 行，Helvetica 是字型名稱，16 是字型大小，bold、italic 則是粗體與斜體，如果不設定則使用預設一般字體。

18-3 視窗元件配置管理員 Layout Management

在設計 GUI 程式時，可以使用 3 種方法包裝和定位各元件的位置，這 3 個方法又稱視窗元件配置管理員 (Layout Management)，下列將分成 3 小節說明。

18-3-1　pack( ) 方法

在正式講解 pack( ) 方法前，請先參考下列程式實例。

程式實例 ch18_5.py：一個視窗含 3 個標籤的應用。

```
# ch18_5.py
from tkinter import *

window = Tk()
window.title("ch18_5")                  # 視窗標題
lab1 = Label(window,text="明志科技大學",
             bg="lightyellow",          # 標籤背景是淺黃色
             width=15)                  # 標籤寬度是15
lab2 = Label(window,text="長庚大學",
             bg="lightgreen",           # 標籤背景是淺綠色
             width=15)                  # 標籤寬度是15
lab3 = Label(window,text="長庚科技大學",
             bg="lightblue",            # 標籤背景是淺藍色
             width=15)                  # 標籤寬度是15
lab1.pack()                             # 包裝與定位元件
lab2.pack()                             # 包裝與定位元件
lab3.pack()                             # 包裝與定位元件

window.mainloop()
```

執行結果 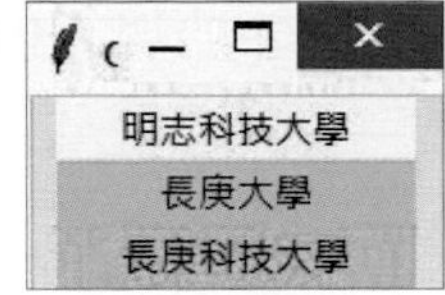

由上圖可以看到當視窗有多個元件時，使用 pack( ) 可以讓元件由上往下排列然後顯示，其實這也是系統的預設環境。使用 pack( ) 方法時，也可以增加 side 參數設定元件的排列方式，此參數的值如下：

TOP：這是預設，由上往下排列。

BOTTOM：由下往上排列。

LEFT：由左往右排列。

RIGHT：由右往左排列。

另外，使用 pack( ) 方法時，視窗元件間的距離是 1 像素，如果期待有適度間距，可以增加參數 padx/pady，代表水平間距 / 垂直間距，可以分別在元件間增加間距。

程式實例 ch18_6.py：在 pack( ) 方法內增加 "side=BOTTOM" 重新設計 ch18_5.py。

```
lab1.pack(side=BOTTOM)                  # 包裝與定位元件
lab2.pack(side=BOTTOM)                  # 包裝與定位元件
lab3.pack(side=BOTTOM)                  # 包裝與定位元件
```

執行結果 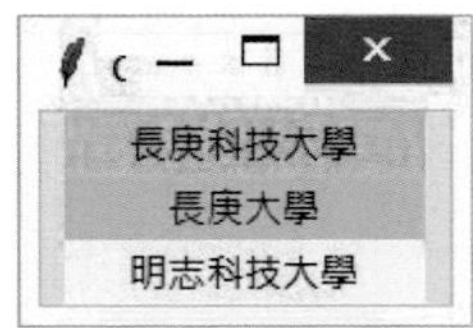

程式實例 ch18_6_1.py：重新設計 ch18_6.py，在長庚大學標籤上下增加 5 像素間距。

```
lab1.pack(side=BOTTOM)                  # 包裝與定位元件
lab2.pack(side=BOTTOM,pady=5)           # 包裝與定位元件,增加y軸間距
lab3.pack(side=BOTTOM)                  # 包裝與定位元件
```

執行結果 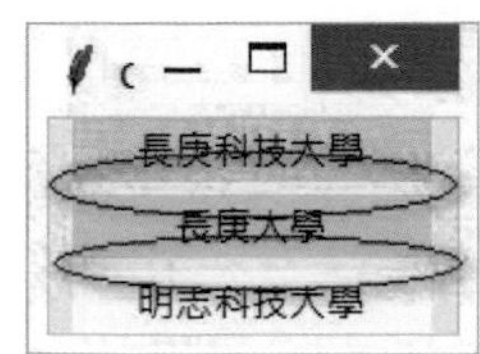

程式實例 ch18_7.py：在 pack( ) 方法內增加 "side=LEFT" 重新設計 ch18_5.py。

```
lab1.pack(side=LEFT)                    # 包裝與定位元件
lab2.pack(side=LEFT)                    # 包裝與定位元件
lab3.pack(side=LEFT)                    # 包裝與定位元件
```

執行結果

程式實例 ch18_7_1.py：重新設計 ch18_5.py，在長庚大學標籤左右增加 5 像素間距。

```
lab1.pack(side=LEFT)                    # 包裝與定位元件
lab2.pack(side=LEFT,padx=5)             # 包裝與定位元件,增加x軸間距
lab3.pack(side=LEFT)                    # 包裝與定位元件
```

執行結果

程式實例 ch18_8.py：在 pack( ) 方法內混合使用 side 參數重新設計 ch18_5.py。

```
lab1.pack()                             # 包裝與定位元件
lab2.pack(side=RIGHT)                   # 包裝與定位元件
lab3.pack(side=LEFT)                    # 包裝與定位元件
```

執行結果

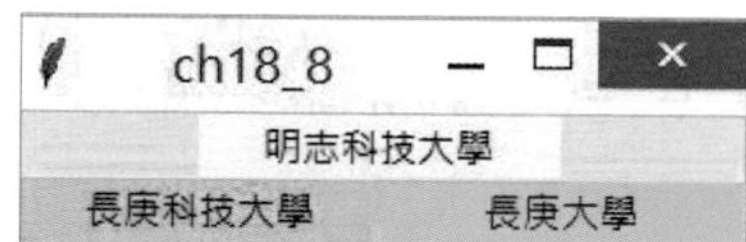

18-3-2 grid( ) 方法

18-3-2-1 基本觀念

這是一種格狀或是想成是 Excel 試算表方式，包裝和定位視窗元件的方法，觀念是使用 row 和 column 參數，下列是此格狀方法的觀念。

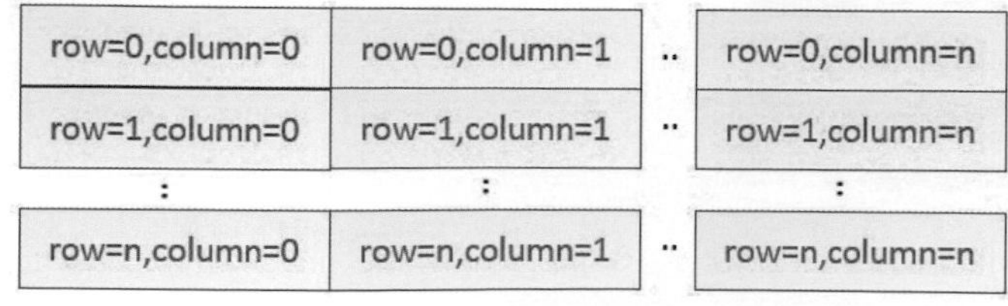

註 上述也可以將最左上角的 row 和 column 從 1 開始計數。

可以適度調整 grid( ) 方法內的 row 和 column 值，即可包裝視窗元件的位置。

程式實例 ch18_9.py：使用 grid( ) 方法取代 pack( ) 方法重新設計 ch18_5.py。

```
lab1.grid(row=0,column=0)            # 格狀包裝
lab2.grid(row=1,column=0)            # 格狀包裝
lab3.grid(row=1,column=1)            # 格狀包裝
```

執行結果

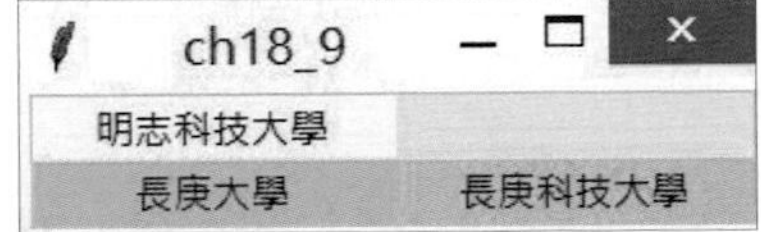

程式實例 ch18_10.py：格狀包裝的另一個應用。

```
lab1.grid(row=0,column=0)            # 格狀包裝
lab2.grid(row=1,column=2)            # 格狀包裝
lab3.grid(row=2,column=1)            # 格狀包裝
```

執行結果

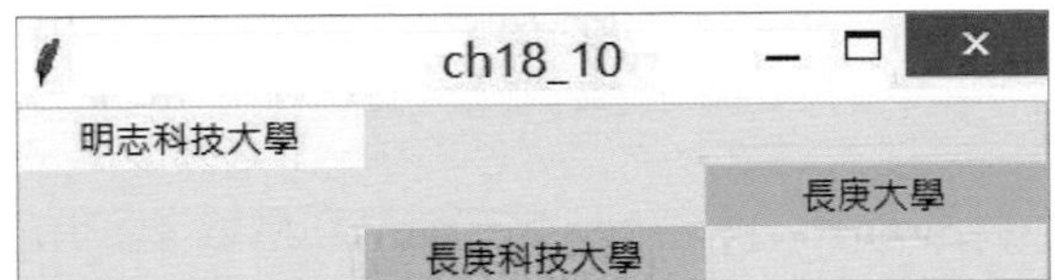

在 grid( ) 方法內也可以增加 sticky 參數，可以用此參數設定 N/S/W/E 意義是上 / 下 / 左 / 右對齊。此外，也可以增加 padx/pady 參數分別設定元件與相鄰元件的 x 軸間距 /y 軸間距。細節可以參考程式實例 ch18_17.py。

18-3-2-2 columnspan 參數

可以設定控件在 column 方向的合併數量，在正式講解 columnspan 參數功能前，筆者先介紹建立一個含 8 個標籤的應用。

程式實例 ch18_10_1.py：使用 grid 方法建立含 8 個標籤的應用。

```
# ch18_10_1.py
from tkinter import *

window = Tk()
window.title("ch18_10_1")                      # 視窗標題
lab1 = Label(window,text="標籤1",relief="raised")
lab2 = Label(window,text="標籤2",relief="raised")
```

```
lab3 = Label(window,text="標籤3",relief="raised")
lab4 = Label(window,text="標籤4",relief="raised")
lab5 = Label(window,text="標籤5",relief="raised")
lab6 = Label(window,text="標籤6",relief="raised")
lab7 = Label(window,text="標籤7",relief="raised")
lab8 = Label(window,text="標籤8",relief="raised")
lab1.grid(row=0,column=0)
lab2.grid(row=0,column=1)
lab3.grid(row=0,column=2)
lab4.grid(row=0,column=3)
lab5.grid(row=1,column=0)
lab6.grid(row=1,column=1)
lab7.grid(row=1,column=2)
lab8.grid(row=1,column=3)

window.mainloop()
```

執行結果

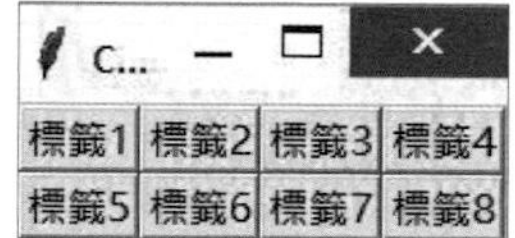

如果發生了標籤 2 和標籤 3 的區間是被一個標籤佔用，此時就是使用 columnspan 參數的場合。

程式實例 ch18_10_2.py：重新設計 ch18_10_1.py，將標籤 2 和標籤 3 合併成一個標籤。

```
# ch18_10_2.py
from tkinter import *

window = Tk()
window.title("ch18_10_2")                    # 視窗標題
lab1 = Label(window,text="標籤1",relief="raised")
lab2 = Label(window,text="標籤2",relief="raised")
lab4 = Label(window,text="標籤4",relief="raised")
lab5 = Label(window,text="標籤5",relief="raised")
lab6 = Label(window,text="標籤6",relief="raised")
lab7 = Label(window,text="標籤7",relief="raised")
lab8 = Label(window,text="標籤8",relief="raised")
lab1.grid(row=0,column=0)
lab2.grid(row=0,column=1,columnspan=2)
lab4.grid(row=0,column=3)
lab5.grid(row=1,column=0)
lab6.grid(row=1,column=1)
lab7.grid(row=1,column=2)
lab8.grid(row=1,column=3)

window.mainloop()
```

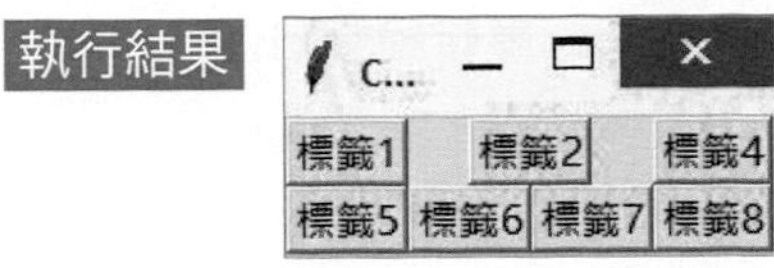

18-3-2-3 rowspan 參數

可以設定控件在 row 方向的合併數量，若是看程式實例 ch18_10_1.py，如果發生了標籤 2 和標籤 6 的區間是被一個標籤佔用，此時就是使用 rowspan 參數的場合。

程式實例 ch18_10_3.py：重新設計 ch18_10_1.py，將標籤 2 和標籤 6 合併成一個標籤。

```
# ch18_10_3.py
from tkinter import *

window = Tk()
window.title("ch18_10_3")                 # 視窗標題
lab1 = Label(window,text="標籤1",relief="raised")
lab2 = Label(window,text="標籤2",relief="raised")
lab3 = Label(window,text="標籤3",relief="raised")
lab4 = Label(window,text="標籤4",relief="raised")
lab5 = Label(window,text="標籤5",relief="raised")
lab7 = Label(window,text="標籤7",relief="raised")
lab8 = Label(window,text="標籤8",relief="raised")
lab1.grid(row=0,column=0)
lab2.grid(row=0,column=1,rowspan=2)
lab3.grid(row=0,column=2)
lab4.grid(row=0,column=3)
lab5.grid(row=1,column=0)
lab7.grid(row=1,column=2)
lab8.grid(row=1,column=3)

window.mainloop()
```

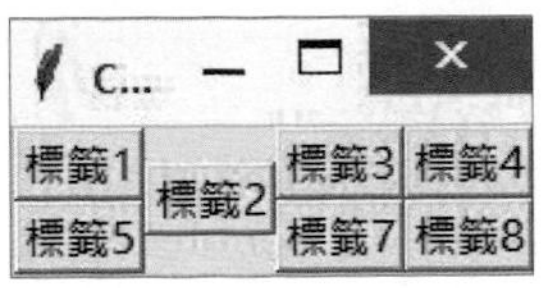

18-3-3 place( ) 方法

這是使用 place( ) 方法內的 x 和 y 參數直接設定視窗元件的左上方位置，單位是像素，視窗顯示區的左上角是 (x=0,y=0)，x 是往右遞增，y 是往下遞增。同時使用這種方法時，視窗將不會自動調整大小而是使用預設的大小顯示，可參考 ch18_1.py 的執行結果。

程式實例 ch18_11.py：使用 place( ) 方法直接設定標籤的位置，重新設計 ch18_5.py。

```
# ch18_11.py
from tkinter import *

window = Tk()
window.title("ch18_11")                       # 視窗標題
lab1 = Label(window,text="明志科技大學",
             bg="lightyellow",        # 標籤背景是淺黃色
             width=15)                # 標籤寬度是15
lab2 = Label(window,text="長庚大學",
             bg="lightgreen",         # 標籤背景是淺綠色
             width=15)                # 標籤寬度是15
lab3 = Label(window,text="長庚科技大學",
             bg="lightblue",          # 標籤背景是淺藍色
             width=15)                # 標籤寬度是15
lab1.place(x=0,y=0)                   # 直接定位
lab2.place(x=30,y=50)                 # 直接定位
lab3.place(x=60,y=100)                # 直接定位

window.mainloop()
```

執行結果

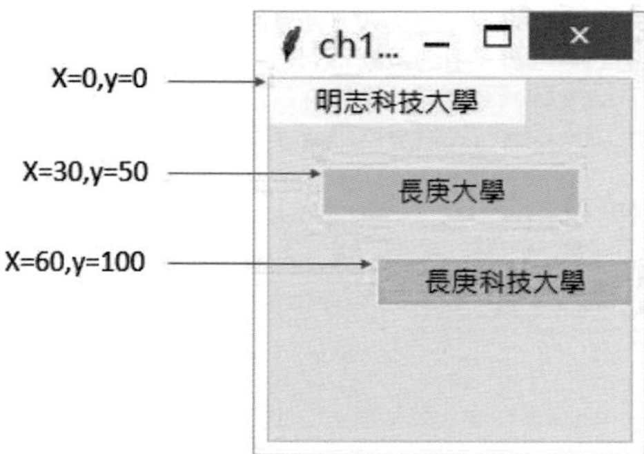

18-3-4　視窗元件位置的總結

我們使用 tkinter 模組設計 GUI 程式時，雖然可以使用 place( ) 方法定位元件的位置，不過筆者建議盡量使用 pack( ) 和 grid( ) 方法定位元件的位置，因為當視窗元件一多時，使用 place( ) 需計算元件位置較不方便，同時若有新增或減少元件時又需重新計算設定元件位置，這樣會比較不方便。

18-4 功能鈕 Button

18-4-1 基本觀念

功能鈕也可稱是按鈕，在視窗元件中我們可以設計按一下功能鈕時，執行某一個特定的動作。它的使用格式如下：

Button(父物件 , options, …)

Button( ) 方法的第一個參數是父物件，表示這個功能鈕將建立在那一個視窗內。下列是 Button( ) 方法內其它常用的 options 參數：

text：功能鈕名稱。

width：寬，單位是字元寬。

height：高，單位是字元高。

bg 或 background：背景色彩。

fg 或 froeground：字型色彩。

image：功能鈕上的圖形，可參考 18-12-2 節。

command：按一下功能鈕時，執行此所指定的方法。

程式實例 ch18_12.py：當按一下功能鈕時可以顯示字串 I love Python，底色是淺黃色，字串顏色是藍色。

```
# ch18_12.py
from tkinter import *

def msgShow():
    label["text"] = "I love Python"
    label["bg"] = "lightyellow"
    label["fg"] = "blue"

window = Tk()
window.title("ch18_12")                  # 視窗標題
label = Label(window)                    # 標籤內容
btn = Button(window,text="Message",command=msgShow)

label.pack()
btn.pack()

window.mainloop()
```

執行結果

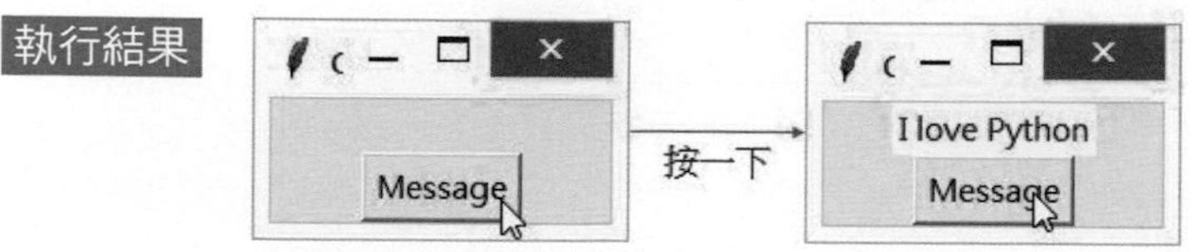

程式實例 ch18_13.py：擴充設計 ch18.12.py，若按 Exit 鈕，視窗可以結束。

```
1  # ch18_13.py
2  from tkinter import *
3
4  def msgShow():
5      label["text"] = "I love Python"
6      label["bg"] = "lightyellow"
7      label["fg"] = "blue"
8
9  window = Tk()
10 window.title("ch18_13")                     # 視窗標題
11 label = Label(window)                       # 標籤內容
12 btn1 = Button(window,text="Message",width=15,command=msgShow)
13 btn2 = Button(window,text="Exit",width=15,command=window.destroy)
14 label.pack()
15 btn1.pack(side=LEFT)                        # 按鈕1
16 btn2.pack(side=RIGHT)                       # 按鈕2
17
18 window.mainloop()
```

執行結果

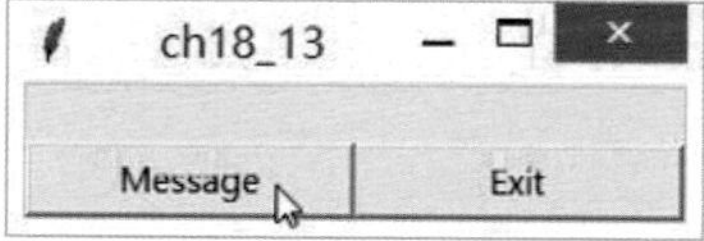

上述第 13 行的 window.destroy 可以關閉 window 視窗物件，同時程式結束。另一個常用的是 window.quit，可以讓 Python Shell 內執行的程式結束，但是 window 視窗則繼續執行，未來 ch18_16.py 會做實例說明。

18-4-2 設定視窗背景 config( )

config(option=value) 其實是視窗元件的共通方法，透過設定 option 為 bg 參數時，可以設定視窗元件的背景顏色。

程式實例 ch18_13_1.py：在視窗右下角有 3 個鈕，按 Yellow 鈕可以將視窗背景設為黃色，按 Blue 按鈕可以將視窗背景設為藍色，按 Exit 按鈕可以結束程式。

```
# ch18_13_1.py
from tkinter import *

def yellow():                      # 設定視窗背景是黃色
    window.config(bg="yellow")
def blue():                        # 設定視窗背景是藍色
    window.config(bg="blue")

window = Tk()
window.title("ch18_13_1")
window.geometry("300x200")          # 固定視窗大小
# 依次建立3個鈕
exitbtn = Button(window,text="Exit",command=window.destroy)
bluebtn = Button(window,text="Blue",command=blue)
yellowbtn = Button(window,text="Yellow",command=yellow)
# 將3個鈕包裝定位在右下方
exitbtn.pack(anchor=S,side=RIGHT,padx=5,pady=5)
bluebtn.pack(anchor=S,side=RIGHT,padx=5,pady=5)
yellowbtn.pack(anchor=S,side=RIGHT,padx=5,pady=5)

window.mainloop()
```

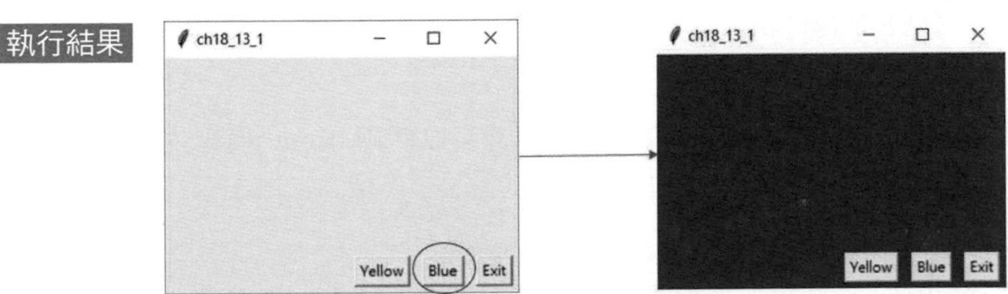

18-4-3 使用 lambda 表達式的好時機

在 ch18_13_1.py 設計過程，Yellow 按鈕和 Blue 按鈕是執行相同工作，但是所傳遞的顏色參數不同，其實這是使用 lambda 表達式的好時機，我們可以透過 lambda 表達式呼叫相同方法，但是傳遞不同參數方式簡化設計。

程式實例 ch18_13_2.py：使用 lambda 表達式重新設計 ch18_13_1.py。

```
# ch18_13_2.py
from tkinter import *

def bColor(bgColor):               # 設定視窗背景顏色
    window.config(bg=bgColor)

window = Tk()
```

```
 8 window.title("ch18_13_2")
 9 window.geometry("300x200")          # 固定視窗大小
10 # 依次建立3個鈕
11 exitbtn = Button(window,text="Exit",command=window.destroy)
12 bluebtn = Button(window,text="Blue",command=lambda:bColor("blue"))
13 yellowbtn = Button(window,text="Yellow",command=lambda:bColor("yellow"))
14 # 將3個鈕包裝定位在右下方
15 exitbtn.pack(anchor=S,side=RIGHT,padx=5,pady=5)
16 bluebtn.pack(anchor=S,side=RIGHT,padx=5,pady=5)
17 yellowbtn.pack(anchor=S,side=RIGHT,padx=5,pady=5)
18
19 window.mainloop()
```

上述也可以省略第 4-5 行的 bColor( ) 函數，此時第 12 和 13 行的 lambda 將改成下列：

```
command=lambda:window.config(bg="blue")
command=lambda:window.config(bg="yellow")
```

18-5 變數類別

有些視窗元件在執行時會更改內容，此時可以使用 tkinter 模組內的變數類別 (Variable Classes)，它的使用方式如下：

```
x = IntVar( )          # 整數變數，預設是 0
x = DoubleVar( )       # 浮點數變數，預設是 0.0
x = StringVar( )       # 字串變數，預設是 ""
x = BooleanVar( )      # 布林值變數，True 是 1，False 是 0
```

可以使用 get( ) 方法取得變數內容，可以使用 set( ) 方法設定變數內容。

程式實例 ch18_14.py：這個程式在執行時若按 Hit 鈕可以顯示 "I like tkinter" 字串，如果已經顯示此字串則改成不顯示此字串。這個程式第 17 行是將標籤內容設為變數 x，第 8 行是設定顯示標籤時的標籤內容，第 11 行則是將標籤內容設為空字串如此可以達到不顯示標籤內容。

```
1 # ch18_14.py
2 from tkinter import *
3
4 def btn_hit():                          # 處理按鈕事件
5     global msg_on                       # 這是全域變數
6     if msg_on == False:
```

```
        msg_on = True
        x.set("I like tkinter")        # 顯示文字
    else:
        msg_on = False
        x.set("")                      # 不顯示文字

window = Tk()
window.title("ch18_14")                # 視窗標題

msg_on = False                         # 全域變數預設是False
x = StringVar()                        # Label的變數內容

label = Label(window,textvariable=x,       # 設定Label內容是變數x
              fg="blue",bg="lightyellow", # 淺黃色底藍色字
              font="Verdana 16 bold",     # 字型設定
              width=25,height=2).pack()   # 標籤內容
btn = Button(window,text="Hit",command=btn_hit).pack()

window.mainloop()
```

執行結果

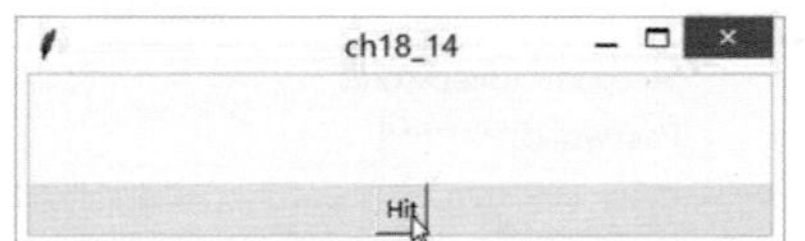

18-6 文字方塊 Entry

所謂的文字方塊 Entry，通常是指單一行的文字方塊，它的使用格式如下：

Entry(父物件 , options, …)

Entry( ) 方法的第一個參數是父物件，表示這個文字方塊將建立在那一個視窗內。下列是 Entry( ) 方法內其它常用的 options 參數：

width：寬，單位是字元寬。

height：高，單位是字元高。

bg 或 background：背景色彩。

fg 或 froeground：字型色彩。

state：輸入狀態，預設是 NORMAL 表示可以輸入，DISABLE 則是無法輸入。

textvariable：文字變數。

show：顯示輸入字元，例如：show='*' 表示顯示星號，常用在密碼欄位輸入。

程式實例 ch18_15.py：在視窗內建立標籤和文字方塊，讀者也可以在文字方塊內執行輸入，其中第 2 個文字方塊物件 e2 有設定 show='*'，所以輸入時所輸入的字元用 '*'

顯示。

```
1  # ch18_15.py
2  from tkinter import *
3
4  window = Tk()
5  window.title("ch18_15")          # 視窗標題
6
7  lab1 = Label(window,text="Account ").grid(row=0)
8  lab2 = Label(window,text="Password").grid(row=1)
9
10 e1 = Entry(window)               # 文字方塊1
11 e2 = Entry(window,show='*')      # 文字方塊2
12 e1.grid(row=0,column=1)          # 定位文字方塊1
13 e2.grid(row=1,column=1)          # 定位文字方塊2
14
15 window.mainloop()
```

執行結果

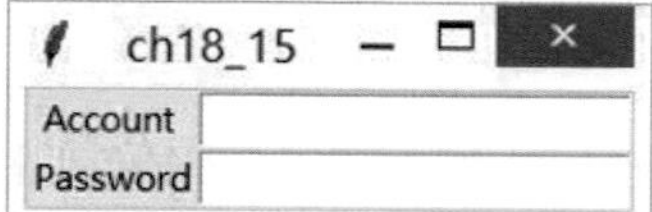

上述第 7 行筆者設定 grid(row=0)，在沒有設定 "column=x" 的情況，系統將自動設定 "column=0"，第 8 行的觀念相同。

程式實例 ch18_16.py：擴充上述程式，增加 Print 按鈕和 Quit 按鈕，若是按 Print 按鈕，可以在 Python Shell 視窗看到所輸入的 Account 和 Password。若是按 Quit 按鈕，可以看到在 Python Shell 視窗執行的程式結束，但是螢幕上仍可以看到此 ch18_16 視窗在執行。

```
# ch18_16.py
from tkinter import *
def printInfo():                            # 列印輸入資訊
    print("Account: %s\nPassword: %s" % (e1.get(),e2.get()))

window = Tk()
window.title("ch18_16")                     # 視窗標題

lab1 = Label(window,text="Account ").grid(row=0)
lab2 = Label(window,text="Password").grid(row=1)

e1 = Entry(window)                          # 文字方塊1
e2 = Entry(window,show='*')                 # 文字方塊2
```

```
e1.grid(row=0,column=1)                # 定位文字方塊1
e2.grid(row=1,column=1)                # 定位文字方塊2

btn1 = Button(window,text="Print",command=printInfo)
btn1.grid(row=2,column=0)
btn2 = Button(window,text="Quit",command=window.quit)
btn2.grid(row=2,column=1)

window.mainloop()
```

執行結果

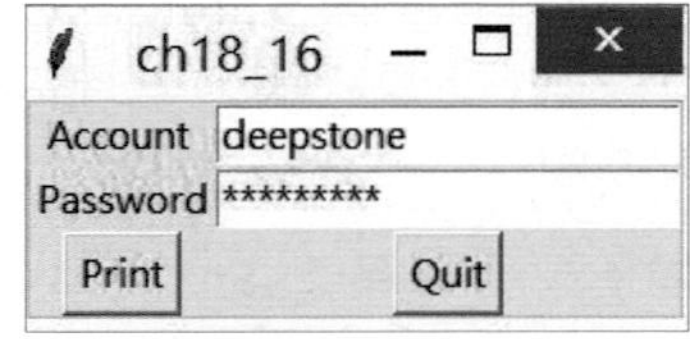

下列是先按 Print 鈕，再按 Quit 鈕，在 Python Shell 視窗的執行結果。

```
==================== RESTART: D:\Python\ch18\ch18_16.py ====================
Account: deepstone
Password: deepstone
>>>
```

從上述執行結果可以看到，Print 鈕和 Quit 鈕並沒有切齊上方的標籤和文字方塊，我們可以在 grid( ) 方法內增加 sticky 參數，同時將此參數設為 W，即可靠左對齊欄位。另外，也可以使用 pady 設定物件上下的間距，padx 則是可以設定左右的間距。

程式實例 ch18_17.py：使用 sticky=W 參數和 pady=10 參數，重新設計 ch18_16.py。

```
btn1 = Button(window,text="Print",command=printInfo)
# sticky=W可以設定物件與上面的Label切齊, pady設定上下間距是10
btn1.grid(row=2,column=0,sticky=W,pady=10)
btn2 = Button(window,text="Quit",command=window.quit)
# sticky=W可以設定物件與上面的Entry切齊, pady設定上下間距是10
btn2.grid(row=2,column=1,sticky=W,pady=10)
```

執行結果

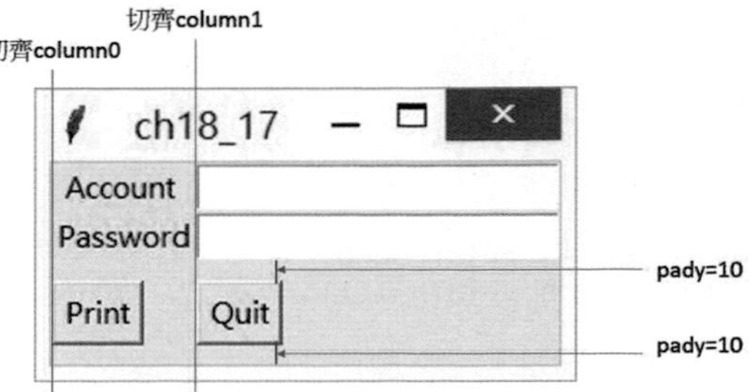

❑ 在 Entry 插入字串

在 tkinter 模組的應用中可以使用 insert(index,s) 方法插入字串，s 是所插入的字串，字串會插入在 index 位置前。程式設計時可以使用這個方法為文字方塊建立預設的文字，通常會將它放在 Entry( ) 方法建立完文字方塊後，可參考下列實例第 14 和 15 行。

程式實例 ch18_18.py：擴充 ch18_17.py，為程式建立預設的 Account 為 "kevin"，Password 為 "pwd"。相較於 ch18_17.py 這個程式增加第 14 和 15 行。

```
12  e1 = Entry(window)                      # 文字方塊1
13  e2 = Entry(window,show='*')             # 文字方塊2
14  e1.insert(1,"Kevin")                    # 預設文字方塊1內容
15  e2.insert(1,"pwd")                      # 預設文字方塊2內容
```

執行結果

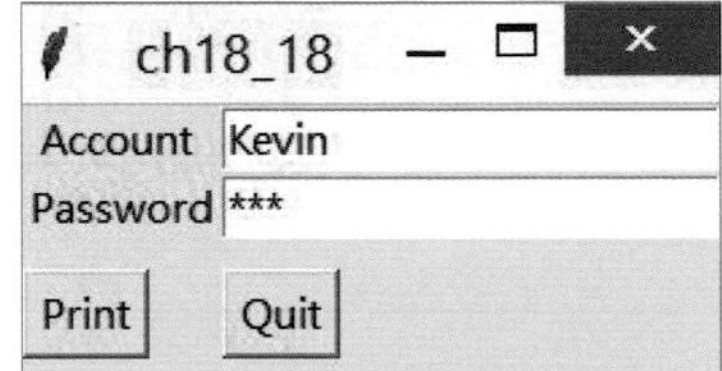

❑ 在 Entry 刪除字串

在 tkinter 模組的應用中可以使用 delete(first,last=None) 方法刪除 Entry 內的字串，如果要刪除整個字串可以使用 delete(0,END)。

程式實例 ch18_19.py：擴充程式實例 ch18_18.py，當按 Print 按鈕後，清空文字方塊 Entry 的內容。

```
# ch18_19.py
from tkinter import *
def printInfo():                                # 列印輸入資訊
    print("Account: %s\nPassword: %s" % (e1.get(),e2.get()))
    e1.delete(0,END)                            # 刪除文字方塊1
    e2.delete(0,END)                            # 刪除文字方塊2

window = Tk()
window.title("ch18_19")                         # 視窗標題

lab1 = Label(window,text="Account ").grid(row=0)
lab2 = Label(window,text="Password").grid(row=1)

e1 = Entry(window)                              # 文字方塊1
e2 = Entry(window,show='*')                     # 文字方塊2
```

```
e1.insert(1,"Kevin")                 # 預設文字方塊1內容
e2.insert(1,"pwd")                   # 預設文字方塊2內容
e1.grid(row=0,column=1)              # 定位文字方塊1
e2.grid(row=1,column=1)              # 定位文字方塊2

btn1 = Button(window,text="Print",command=printInfo)
# sticky=W可以設定物件與上面的Label切齊, pady設定上下間距是10
btn1.grid(row=2,column=0,sticky=W,pady=10)
btn2 = Button(window,text="Quit",command=window.quit)
# sticky=W可以設定物件與上面的Entry切齊, pady設定上下間距是10
btn2.grid(row=2,column=1,sticky=W,pady=10)

window.mainloop()
```

執行結果

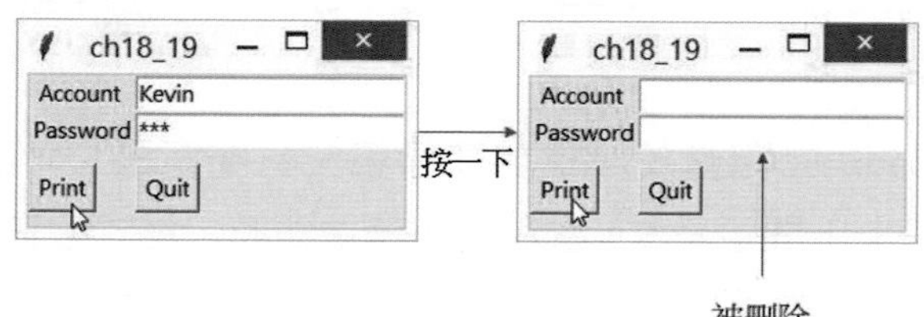


```
Account: Kevin
Password: pwd
```

Python Shell視窗顯示

❑ Entry 的應用

在結束本節前，筆者將講解標籤、文字方塊、按鈕的綜合應用，當讀者徹底瞭解本程式後，其實應該有能力設計小算盤程式。

程式實例 ch18_20.py：設計可以執行加法運算的程式。

```
# ch18_20.py
from tkinter import *
def add():                                    # 加法運算
    n3.set(n1.get()+n2.get())

window = Tk()
window.title("ch18_20")                       # 視窗標題

n1 = IntVar()
n2 = IntVar()
n3 = IntVar()

e1 = Entry(window,width=8,textvariable=n1)   # 文字方塊1
label = Label(window,width=3,text='+')        # 加號
e2 = Entry(window,width=8,textvariable=n2)   # 文字方塊2
btn = Button(window,width=5,text='=',command=add)    # =按鈕
e3 = Entry(window,width=8,textvariable=n3)   # 儲存結果文字方塊

e1.grid(row=0,column=0)                       # 定位文字方塊1
```

```
20  label.grid(row=0,column=1,padx=5)          # 定位加號
21  e2.grid(row=0,column=2)                    # 定位文字方塊2
22  btn.grid(row=1,column=1,pady=5)            # 定位=按鈕
23  e3.grid(row=2,column=1)                    # 定位儲存結果
24
25  window.mainloop()
```

執行結果 下列分別是程式執行初、輸入數值、按等號鈕的結果。

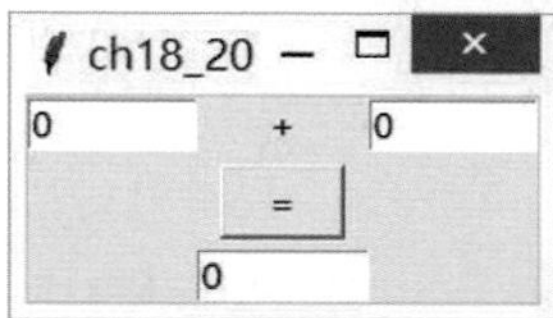

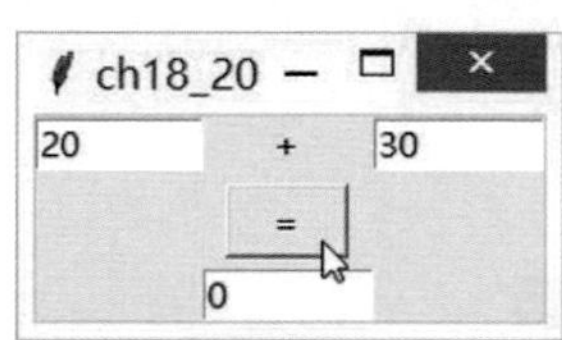

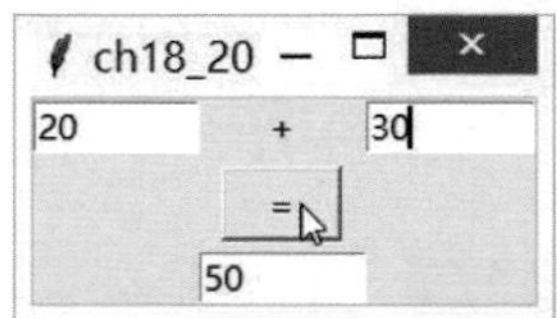

上述第 20 行內有 "padx=5" 相當於設定加號標籤左右間距是 5 像素，第 22 行 "pady=5" 是設定等號按鈕上下間距是 5。當我們按等號鈕時，程式會執行第 3 行的 add( ) 函數執行加法運算，在此函數的 n1.get( ) 可以取得 n1 變數值，n3.set( ) 則是設定 n3 變數值。

18-7 文字區域 Text

可以想成是 Entry 的擴充，可以在此輸入多行資料，甚至也可以使用此區域建立簡單的文字編輯程式或是利用它設計網頁瀏覽程式。它的使用格式如下：

Text(父物件 , options, …)

Text( ) 方法的第一個參數是父物件，表示這個文字區域將建立在那一個視窗內。下列是 Text( ) 方法內其它常用的 options 參數：

width：寬，單位是字元寬。

height：高，單位是字元高。

bg 或 background：背景色彩。

fg 或 froeground：字型色彩。

state：輸入狀態，預設是 NORMAL 表示可以輸入，DISABLE 則是無法輸入。

xcrollbarcommand：水平捲軸的連結。

ycrollbarcommand：垂直捲軸的連結，可參考下一節的實例。

wrap：這是換行參數，預設是 CHAR，如果輸入資料超出行寬度時，必要時會將

單字依拼音拆成不同行輸出。如果是 WORD 則不會將單字拆成不同行輸出。如果是 NONE，則不換行，這時將有水平捲軸。

程式實例 ch18_21.py：文字區域 Text 的基本應用。

```
# ch18_21.py
from tkinter import *

window = Tk()
window.title("ch18_21")                # 視窗標題

text = Text(window,height=2,width=30)
text.insert(END,"我懷念\n我的明志工專生活點滴")
text.pack()

window.mainloop()
```

執行結果

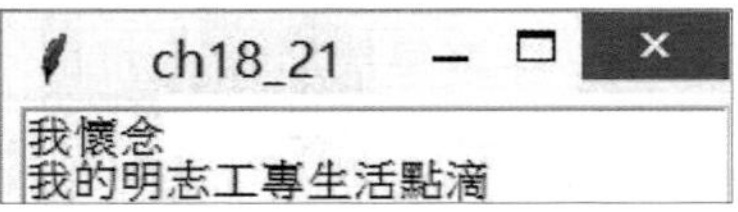

上述 insert( ) 方法的第一個參數 END 表示插入文字區域末端，由於目前文字區域是空的，所以就插在前面。

程式實例 ch18_22.py：插入多筆字串，發生文字區域不夠使用，造成部分字串無法顯示。

```
# ch18_22.py
from tkinter import *

window = Tk()
window.title("ch18_22")                # 視窗標題

text = Text(window,height=2,width=30)
text.insert(END,"我懷念\n一個人的極境旅行")
str = """2016年12月,我一個人訂了機票和船票,
開始我的南極旅行,飛機經杜拜再往阿根廷的烏斯懷雅,
在此我登上郵輪開始我的南極之旅"""
text.insert(END,str)
text.pack()

window.mainloop()
```

執行結果

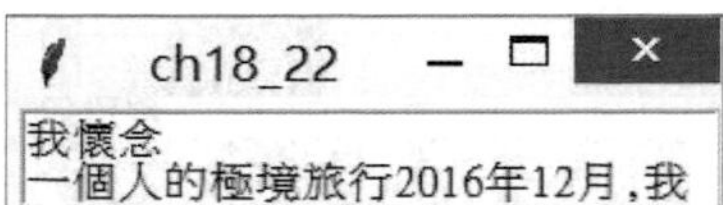

由上述執行結果可以發現字串 str 許多內容沒有顯示，此時可以增加文字區域 Text 的行數，另一種方法是可以使用捲軸，其實這也是比較高明的方法。

18-8 捲軸 Scrollbar

對前一節的實例而言，視窗內只有文字區域 Text，所以捲軸在設計時，可以只有一個參數，就是視窗物件，過去實例我們均使用 window 當作視窗物件，此時可以用下列指令設計捲軸。

```
scrollbar = Scrollbar(window)              # scrollbar 是捲軸物件
```

程式實例 ch18_23.py：擴充程式實例 ch18_22.py，主要是增加捲軸功能。

```
1   # ch18_23.py
2   from tkinter import *
3
4   window = Tk()
5   window.title("ch18_23")                      # 視窗標題
6   scrollbar = Scrollbar(window)                # 卷軸物件
7   text = Text(window,height=2,width=30)        # 文字區域物件
8   scrollbar.pack(side=RIGHT,fill=Y)            # 靠右安置與父物件高度相同
9   text.pack(side=LEFT,fill=Y)                  # 靠左安置與父物件高度相同
10  scrollbar.config(command=text.yview)
11  text.config(yscrollcommand=scrollbar.set)
12  text.insert(END,"我懷念\n一個人的極境旅行")
13  str = """2016年12月,我一個人訂了機票和船票,
14  開始我的南極旅行,飛機經杜拜再往阿根廷的烏斯懷雅,
15  在此我登上郵輪開始我的南極之旅"""
16  text.insert(END,str)
17
18  window.mainloop()
```

執行結果

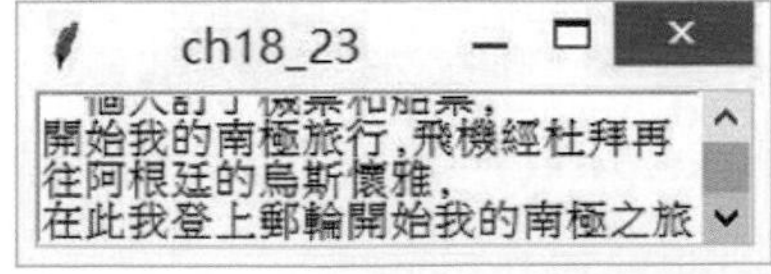

上述程式第 8 和 9 行的 fill=Y 主要是設定此物件高度與父物件相同，第 10 行 scrollbar.config( ) 方法主要是為 scrollbar 物件設定選擇性參數內容，此例是設定 command 參數，它的用法與下列觀念相同。

scrollbar["command"] = text.yview　　# 設定執行方法

也就是當移動捲軸時，會去執行所指定的方法，此例是執行 yview( ) 方法。第 11 行是將文字區域的選項參數 yscrollcommand 設定為 scrollbar.set，表示將文字區域與捲軸做連結。

18-9 選項鈕 Radiobutton

選項鈕 Radio Button 名稱的由來是無線電的按鈕，在收音機時代可以用無線電的按鈕選擇特定頻道。選項鈕最大的特色可以用滑鼠按一下方式選取此選項，同時一次只能有一個選項被選取，例如：在填寫學歷欄時，如果一系列選項是：高中、大學、碩士、博士，此時你只能勾選一個項目。我們可以使用 Radiobutton( ) 方法建立選項鈕，它的使用方法如下：

Radiobutton(父物件 , options, …)

Radiobutton( ) 方法的第一個參數是父物件，表示這個選項鈕將建立在那一個視窗內。下列是 Radiobutton( ) 方法內其它常用的 options 參數：

text：選項鈕旁的文字。

font：字型。

height：選項鈕的文字有幾行，預設是 1 行。

width：選項鈕的文字區間有幾個字元寬，省略時會自行調整為實際寬度。

padx：預設是 1，可設定選項鈕與文字的間隔。

pady：預設是 1，可設定選項鈕的上下間距。

value：選項鈕的值，可以區分所選取的選項鈕。

indicatoron：當此值為 0 時，可以建立盒子選項鈕。

command：當使用者更改選項時，會自動執行此函數。

variable：設定或取得目前選取的選項按鈕，它的值型態通常是 IntVar 或 StringVar。

程式實例 ch18_24.py：這是一個簡單選項鈕的應用，程式剛執行時預設選項是男生此時視窗上方顯示尚未選擇，然後我們可以點選男生或女生，點選完成後可以顯示你是男生或你是女生。

```
1  # ch18_24.py
2  from tkinter import *
3  def printSelection():
4      label.config(text="你是" + var.get())
5
6  window = Tk()
7  window.title("ch18_24")                          # 視窗標題
8
9  var = StringVar()
10 var.set("男生")                                  # 預設選項
11 label = Label(window,text="尚未選擇", bg="lightyellow",width=30)
12 label.pack()
13
14 rb1 = Radiobutton(window,text="男生",
15                   variable=var,value='男生',
16                   command=printSelection).pack()
17 rb2 = Radiobutton(window,text="女生",
18                   variable=var,value='女生',
19                   command=printSelection).pack()
20
21 window.mainloop()
```

執行結果

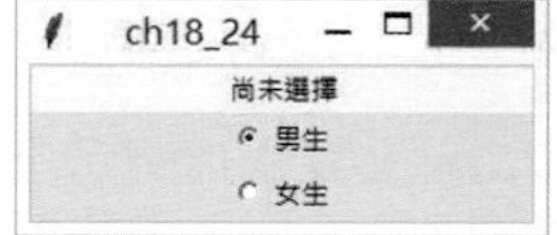

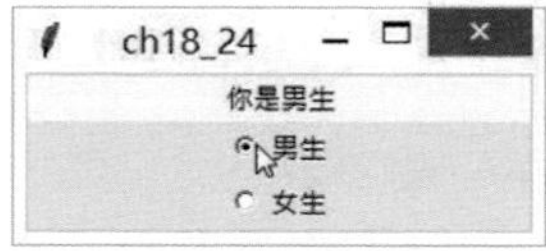

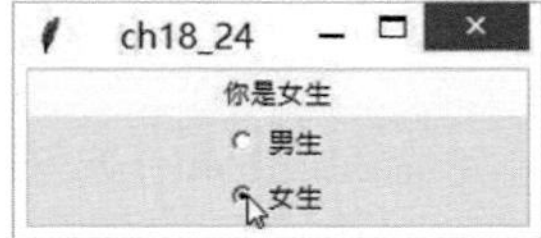

上述第 9 行是設定 var 變數是 StringVar( ) 物件，也是字串物件。第 10 行是設定預設選項是男生，第 11 和 12 行是設定標籤資訊。第 14-16 行是建立男生選項鈕，第 17-19 行是建立女生選項鈕。當有按鈕產生時，會執行第 3-4 行的函數，這個函數會由 var.get( ) 獲得目前選項鈕，然後將此選項鈕對應的 value 值設定給標籤物件 label 的 text，所以可以看到所選的結果。

上述建立選項鈕方法雖然好用，但是當選項變多時程式就會顯得比較複雜，此時可以考慮使用字典儲存選項，然後用遍歷字典方式建立選項鈕，可參考下列實例。

程式實例 ch18_25.py：為字典內的城市資料建立選項鈕，當我們點選最喜歡的程式時，Python Shell 視窗將列出所選的結果。

```
# ch18_25.py
from tkinter import *
def printSelection():
    print(cities[var.get()])                # 列出所選城市

window = Tk()
window.title("ch18_25")                     # 視窗標題
cities = {0:"東京",1:"紐約",2:"巴黎",3:"倫敦",4:"香港"}

var = IntVar()
var.set(0)                                  # 預設選項
label = Label(window,text="選擇最喜歡的城市",
              fg="blue",bg="lightyellow",width=30).pack()

for val, city in cities.items():            # 建立選項紐
    Radiobutton(window,
                text=city,
                variable=var,value=val,
                command=printSelection).pack()

window.mainloop()
```

執行結果 下列左邊是最初畫面，右邊是選擇紐約。

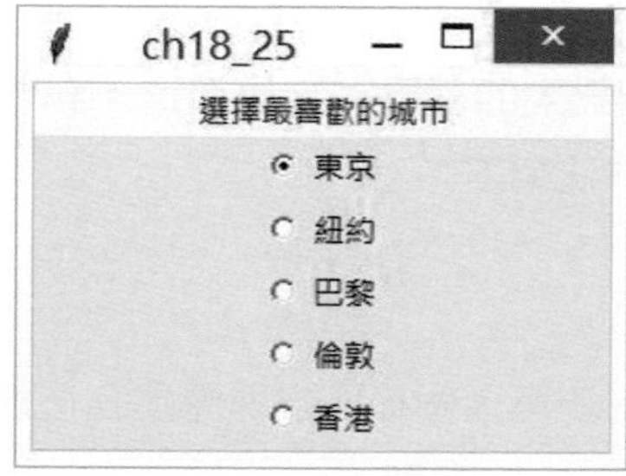

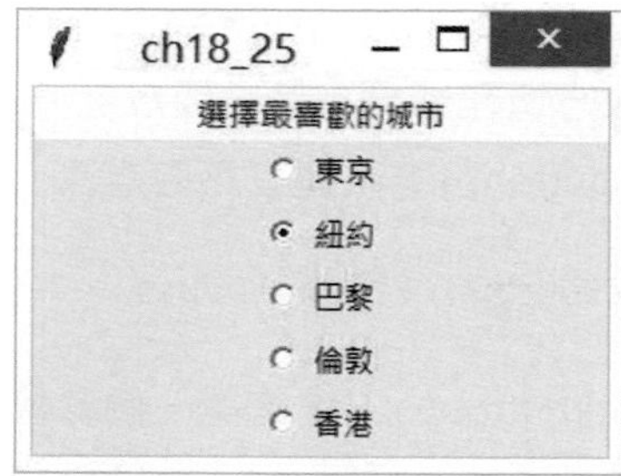

當選擇紐約選項鈕時，可以在 Python Shell 視窗看到下列結果。

```
==================== RESTART: D:\Python\ch18\ch18_25.py ====================
紐約
```

此外，tkinter 也提供盒子選項鈕的觀念，可以在 Radiobutton 方法內使用 indicatoron(意義是 indicator on) 參數，將它設為 0。

程式實例 ch18_26.py：使用盒子選項鈕重新設計 ch18_25.py，重點是第 18 行。

```
15 for val, city in cities.items():          # 建立選項鈕
16     Radiobutton(window,
17                 text=city,
18                 indicatoron = 0,           # 用盒子取代選項鈕
19                 width=30,
20                 variable=var,value=val,
21                 command=printSelection).pack()
```

執行結果

ch18_26

選擇最喜歡的城市

東京

紐約

巴黎

倫敦

香港

18-10 核取方塊 Checkbutton

核取方塊在螢幕上是一個方框，它與選項鈕最大的差異在它是複選。我們可以使用 Checkbutton( ) 方法建立核取方塊，它的使用方法如下：

Checkbutton(父物件 , options, …)

Checkbutton( ) 方法的第一個參數是父物件，表示這個核取方塊將建立在那一個視窗內。下列是 Checkbutton( ) 方法內其它常用的 options 參數：

text：核取方塊旁的文字。

font：字型。

height：核取方塊的文字有幾行，預設是 1 行。

width：核取方塊的文字有幾個字元寬，省略時會自行調整為實際寬度。

padx：預設是 1，可設定核取方塊與文字的間隔。

pady：預設是 1，可設定核取方塊的上下間距。

command：當使用者更改選項時，會自動執行此函數。

variable：設定或取得目前選取的核取方塊，它的值型態通常是 IntVar 或 StringVar。

程式實例 ch18_27.py：建立核取方塊的應用。

```
# ch18_27.py
from tkinter import *

window = Tk()
window.title("ch18_27")                                  # 視窗標題

Label(window,text="請選擇喜歡的運動",
      fg="blue",bg="lightyellow",width=30).grid(row=0)

var1 = IntVar()
Checkbutton(window,text="美式足球",
                  variable=var1).grid(row=1,sticky=W)
var2 = IntVar()
Checkbutton(window,text="棒球",
                  variable=var2).grid(row=2,sticky=W)
var3 = IntVar()
Checkbutton(window,text="籃球",
                  variable=var3).grid(row=3,sticky=W)

window.mainloop()
```

執行結果 下方左圖是程式執行出畫面，右圖是筆者嘗試勾選的畫面。

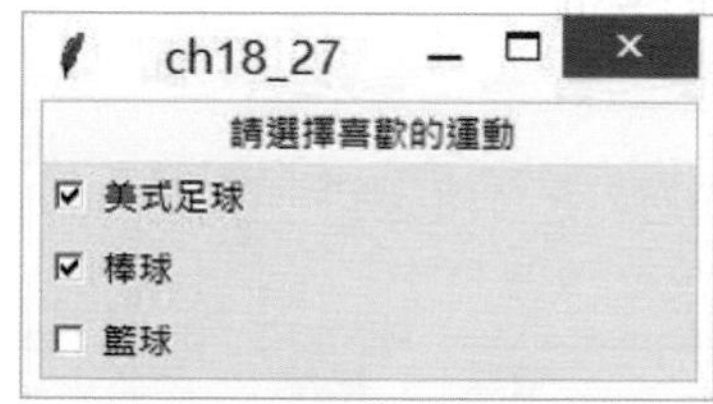

如果核取方塊項目不多時，可以參考上述實例使用 Checkbutton( ) 方法一步一步建立核取方塊的項目，如果項目很多時可以將項目組織成字典，然後使用迴圈觀念建立這個核取項目，可參考下列實例。

程式實例 ch18_28.py：以 sports 字典方式儲存運動核取方塊項目，然後建立此核取方塊，當有選擇項目時，若是按確定鈕可以在 Python Shell 視窗列出所選的項目。

```
# ch18_28.py
from tkinter import *

def printInfo():
    selection = ''
    for i in checkboxes:                        # 檢查此字典
        if checkboxes[i].get() == True:         # 被選取則執行
            selection = selection + sports[i] + "\t"
```

```
9         print(selection)
10
11   window = Tk()
12   window.title("ch18_28")                              # 視窗標題
13
14   Label(window,text="請選擇喜歡的運動",
15             fg="blue",bg="lightyellow",width=30).grid(row=0)
16
17   sports = {0:"美式足球",1:"棒球",2:"籃球",3:"網球"}    # 運動字典
18   checkboxes = {}                                      # 字典存放被選取項目
19   for i in range(len(sports)):                         # 將運動字典轉成核取方塊
20       checkboxes[i] = BooleanVar()                     # 布林變數物件
21       Checkbutton(window,text=sports[i],
22                   variable=checkboxes[i]).grid(row=i+1,sticky=W)
23
24   Button(window,text="確定",width=10,command=printInfo).grid(row=i+2)
25
26   window.mainloop()
```

執行結果

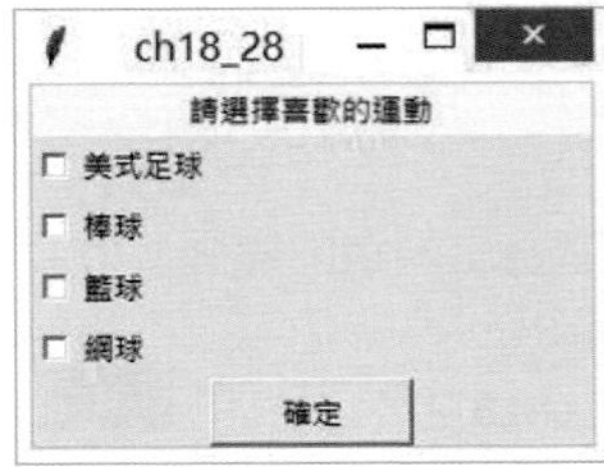

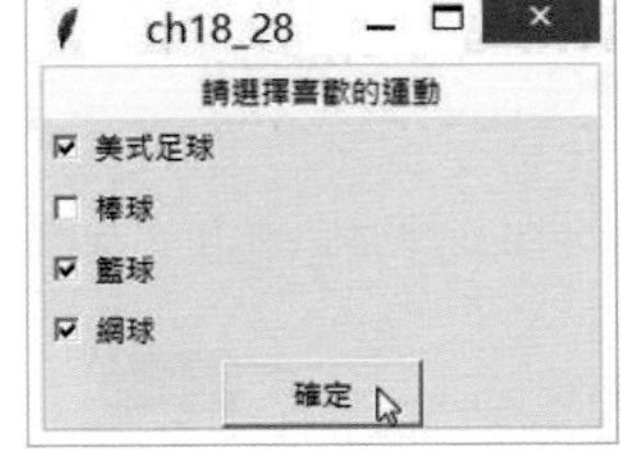

上述右方若是按確定鈕，可以在 **Python Shell** 視窗看到下列結果。

```
==================== RESTART: D:/Python/ch18/ch18_28.py ====================
美式足球          籃球     網球
```

上述第 17 行的 sports 字典是儲存核取方塊的運動項目，第 18 行的 checkboxes 字典則是儲存核取按鈕是否被選取，第 19-22 行是迴圈會將 sports 字典內容轉成核取方塊，其中第 20 行是將 checkboxes 內容設為 BooleanVar 物件，經過這樣設定未來第 7 行才可以用 get( ) 方法取得它的內容。第 24 行是建立確定按鈕，當按此鈕時會執行第 4-9 行的 printInfo( ) 函數，這個函數主要是將被選取的項目列印出來。

18-11 對話方塊 messagebox

Python 的 tkinter 模組內有 messagebox 模組，這個模組提供了 8 個對話方塊，這些對話方塊有不同場合的使用時機，本節將做說明。

- **showinfo(title,message,options)**：顯示一般提示訊息。

- **showwarning(title,message,options)**：顯示警告訊息。

- **showerror(title,message,options)**：顯示錯誤訊息。

- **askquestion(title,message,options)**：顯示詢問訊息。若按是或 Yes 鈕回傳回 "yes"，若按否或 No 鈕會傳回 "no"。

- **askokcancel(title,message,options)**：顯示確定或取消訊息。若按確定或 OK 鈕會傳回 True，若按取消或 Cancel 鈕會傳回 False。

- **askyesno(title,message,options)**：顯示是或否訊息。若按是或 Yes 鈕會傳回 True，若按否或 No 鈕會傳回 False。

- **askyesnocancel(title,message,options)**：顯示是或否或取消訊息。

- **askretrycancel(title,message,options)**：顯示重試或取消訊息。若按重試或 Retry 鈕會傳回 True，若按取消或 Cancel 鈕會傳回 False。

上述對話方塊方法內的參數大致相同，title 是對話方塊的名稱，message 是對話方塊內的文字。options 是選擇性參數可能值有下列 3 種：

- **default constant**：預設按鈕是 OK(確定)、Yes(是)、Retry(重試) 在前面，也可更改此設定。
- **icon(constant)**：可設定所顯示的圖示，有 INFO、ERROR、QUESTION、WARNING 等 4 種圖示可以設定。
- **parent(widget)**：指出當對話方塊關閉時，焦點視窗將返回此父視窗。

程式實例 ch18_29.py：對話方塊設計的基本應用。

```
# ch18_29.py
from tkinter import *
from tkinter import messagebox

def myMsg():                            # 按Good Morning按鈕時執行
    messagebox.showinfo("My Message Box","Python tkinter早安")

window = Tk()
window.title("ch18_29")                 # 視窗標題
window.geometry("300x160")              # 視窗寬300高160

Button(window,text="Good Morning",command=myMsg).pack()

window.mainloop()
```

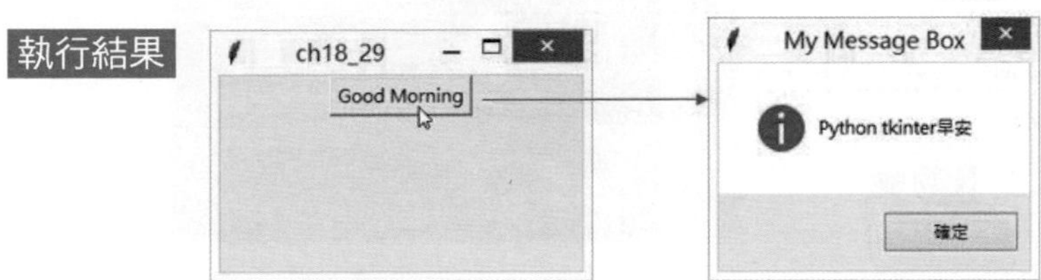

18-12 圖形 PhotoImage

圖片功能可以應用在許多地方，例如：標籤、功能鈕、選項鈕、文字區域 … 等。在使用前可以用 PhotoImage( ) 方法建立此圖形物件，然後再將此物件適度應用在其它視窗元件。它的語法如下：

```
PhotoImage(file="xxx.gif")              # 副檔名 gif
```

需留意 PhotoImage( ) 方法早期只支援 gif 檔案格式，不接受常用的 jpg 或 png 格式的圖檔，筆者發現目前已可以支援 png 檔案了。為了單純建議可以將 gif 檔案放在程式所在資料夾。

程式實例 ch18_30.py：視窗顯示 html.gif 圖檔的基本應用。

```
# ch18_30.py
from tkinter import *

window = Tk()
window.title("ch18_30")          # 視窗標題

html_gif = PhotoImage(file="html.gif")
Label(window,image=html_gif).pack()

window.mainloop()
```

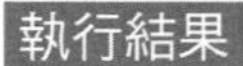

18-12-1　圖形與標籤的應用

程式實例 ch18_31.py：視窗內同時有文字標籤和圖形標籤的應用。

```
# ch18_31.py
from tkinter import *

window = Tk()
window.title("ch18_31")          # 視窗標題

sselogo = PhotoImage(file="sse.gif")
lab1 = Label(window,image=sselogo).pack(side="right")
```

```
9
10  sseText = """SSE全名是Silicon Stone Education,這家公司在美國,
11  這是國際專業證照公司,產品多元與豐富."""
12  lab2 = Label(window,text=sseText,bg="lightyellow",
13               padx=10).pack(side="left")
14
15  window.mainloop()
```

執行結果

由上圖執行結果可以看到文字標籤第 2 行輸出時，是預設置中對齊。我們可以在 Label( ) 方法內增加 justify=LEFT 參數，讓第 2 行資料可以靠左輸出。

程式實例 ch18_32.py：重新設計 ch18_31.py，讓文字標籤的第 2 行資料靠左輸出，主要是第 13 行增加 justify=LEFT 參數。

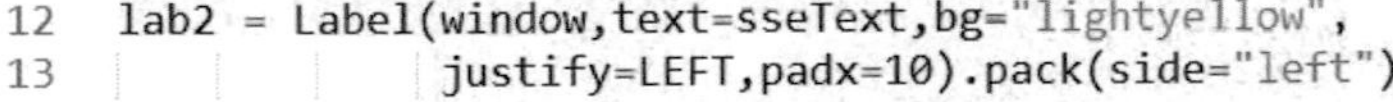

```
12  lab2 = Label(window,text=sseText,bg="lightyellow",
13               justify=LEFT,padx=10).pack(side="left")
```

執行結果

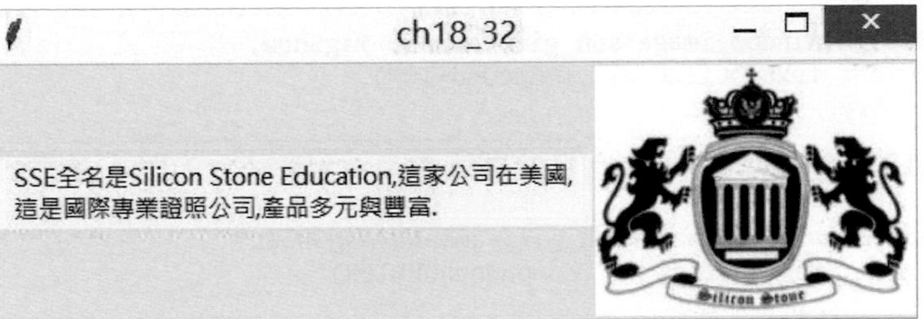

18-12-2 圖形與功能鈕的應用

一般功能鈕是用文字當作按鈕名稱，我們也可以用圖形當按鈕名稱，若是我們要使用圖形當作按鈕，在 Button( ) 內可以省略 text 參數設定按鈕名稱，但是在 Button( ) 內要增加 image 參數設定圖形物件。若是要圖形和文字並存在功能鈕，需增加參數 "compund=xx"，xx 可以是 LEFT、TOP、RIGHT、BOTTOM、CENTER，分別代表圖形在文字的左、上、右、下、中央。

程式實例 ch18_33.py：重新設計 ch18_12.py，使用 sun.gif 圖形取代 Message 名稱按鈕。

```
# ch18_33.py
from tkinter import *

def msgShow():
    label["text"] = "I love Python"
    label["bg"] = "lightyellow"
    label["fg"] = "blue"

window = Tk()
window.title("ch18_33")                # 視窗標題
label = Label(window)                  # 標籤內容

sun_gif = PhotoImage(file="sun.gif")
btn = Button(window,image=sun_gif,command=msgShow)

label.pack()
btn.pack()

window.mainloop()
```

執行結果

程式實例 ch18_33_1.py：將圖形放在文字的上方，可參考上方第 3 張圖。

```
btn = Button(window,image=sun_gif,command=msgShow,
             text="Click me",compound=TOP)
```

程式實例 ch18_33_2.py：將圖形放在文字的中央，可參考上方第 4 張圖。

```
btn = Button(window,image=sun_gif,command=msgShow,
             text="Click me",compound=CENTER)
```

18-13 尺度 Scale 的控制

Scale 可以翻譯為尺度，Python 的 tkinter 模組有提供尺度 Scale( ) 功能，我們可以移動尺度盒產生某一範圍的數字。建立捲軸方法是 Scale( )，它的語法格式如下：

Scale(父物件 , options, …)

Scale( ) 方法的第一個參數是父物件，表示這個尺度控制將建立在那一個視窗內。下列是 Scale( ) 方法內其它常用的 options 參數：

from_：尺度範圍值的初值。

to：尺度範圍值的末端值。

orient：預設是水平尺度，可以設定水平 HORIZONTAL 或垂直 VERTICAL

command：當使用者更改選項時，會自動執行此函數。

length：尺度長度，預設是 100。

程式實例 ch18_34.py：一個簡單產生水平尺度與垂直尺度的應用，尺度值的範圍在 0-10 之間，垂直尺度使用預設長度，水平尺度則設為 300。

```
# ch18_34.py
from tkinter import *

window = Tk()
window.title("ch18_34")                  # 視窗標題

slider1 = Scale(window,from_=0,to=10).pack()
slider2 = Scale(window,from_=0,to=10,
                length=300,orient=HORIZONTAL).pack()

window.mainloop()
```

執行結果

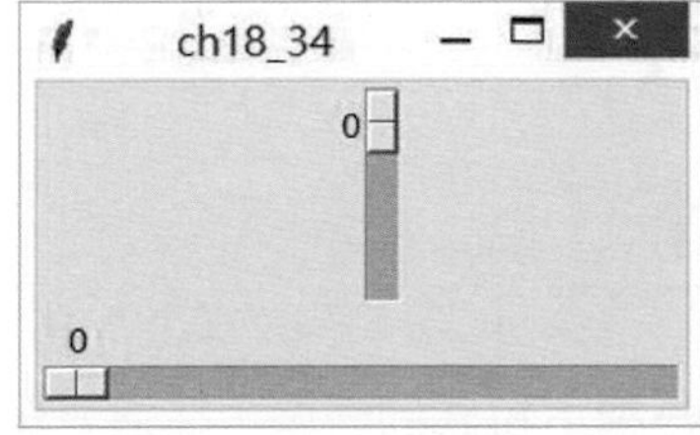

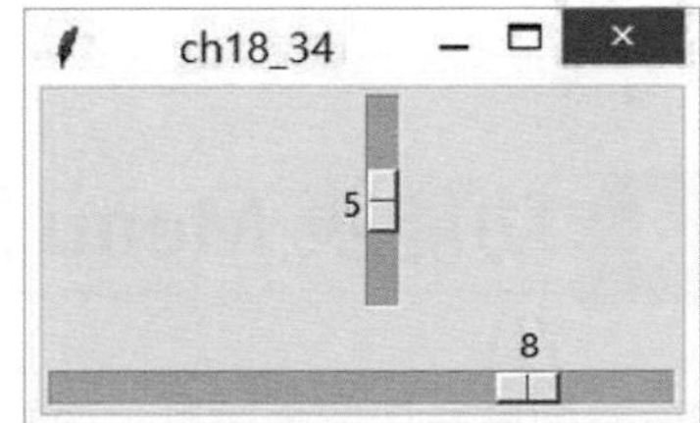

使用尺度時可以用 set( ) 方法設定尺度的值，get( ) 方法取得尺度的值。

程式實例 ch18_35.py：重新設計 ch18_34.py，這個程式會將水平尺度的初值設為 3，同時按 Print 鈕可以在 Python Shell 視窗列出尺度值。

```
# ch18_35.py
from tkinter import *

def printInfo():
    print(slider1.get(),slider2.get())

```

```
window = Tk()
window.title("ch18_35")                          # 視窗標題

slider1 = Scale(window,from_=0,to=10)
slider1.pack()
slider2 = Scale(window,from_=0,to=10,
                length=300,orient=HORIZONTAL)
slider2.set(3)                                   # 設定水平捲軸值
slider2.pack()
Button(window,text="Print",command=printInfo).pack()

window.mainloop()
```

執行結果 下方左圖是最初視窗，右圖是調整結果。

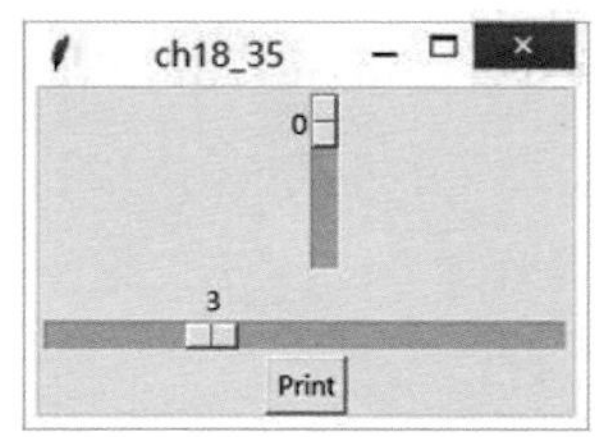

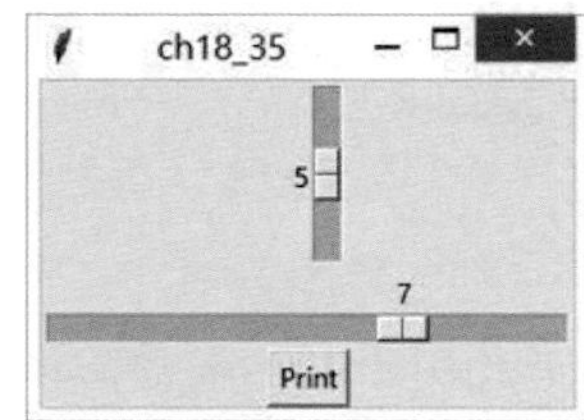

上述右邊圖按 Print 鈕，可以得到下列尺度值的結果。

```
==================== RESTART: D:\Python\ch18\ch18_35.py ====================
5 7
```

18-14 功能表 Menu 設計

視窗一般均會有功能表設計，功能表是一種下拉式的表單，在這表單中我們可以設計功能表項目。建立功能表的方法是 Menu( )，它的語法格式如下：

Menu(父物件 , options, …)

Menu( ) 方法的第一個參數是父物件，表示這個功能表將建立在那一個視窗內。下列是 Menu( ) 方法內其它常用的 options 參數：

activebackground：當滑鼠移置此功能表項目時的背景色彩。

bg：功能表項目未被選取時的背景色彩。

fg：功能表項目未被選取時的前景色彩。

image：功能表項目的圖示。

tearoff：功能表上方的分隔線，有分隔線時 tearoff 等於 1，此時功能表項目從 1 位置開始放置。如果將 tearoff 設為 0 時，此時不會顯示分隔線，但是功能表項目將從 0 位置開始存放。

下列是其它相關的方法：

- **add_cascade( )**：建立階層式功能表，同時讓此子功能項目與父功能表建立連結。
- **add_command( )**：增加功能表項目。
- **add_separator( )**：增加分隔線。

程式實例 ch18_36.py：功能表的設計，這個程式設計了檔案與說明功能表，在檔案功能表內有開新檔案、儲存檔案與結束功能表項目。在說明功能表內有程式說明項目。

```
# ch18_36.py
from tkinter import *
from tkinter import messagebox

def newfile():
    messagebox.showinfo("開新檔案","可在此撰寫開新檔案程式碼")

def savefile():
    messagebox.showinfo("儲存檔案","可在此撰寫儲存檔案程式碼")

def about():
    messagebox.showinfo("程式說明","作者:洪錦魁")

window = Tk()
window.title("ch18_36")
window.geometry("300x160")              # 視窗寬300高160

menu = Menu(window)                     # 建立功能表物件
window.config(menu=menu)

filemenu = Menu(menu)                   # 建立檔案功能表
menu.add_cascade(label="檔案",menu=filemenu)
filemenu.add_command(label="開新檔案",command=newfile)
filemenu.add_separator()                # 增加分隔線
filemenu.add_command(label="儲存檔案",command=savefile)
filemenu.add_separator()                # 增加分隔線
filemenu.add_command(label="結束",command=window.destroy)

helpmenu = Menu(menu)                   # 建立說明功能表
menu.add_cascade(label="說明",menu=helpmenu)
helpmenu.add_command(label="程式說明",command=about)

mainloop()
```

執行結果

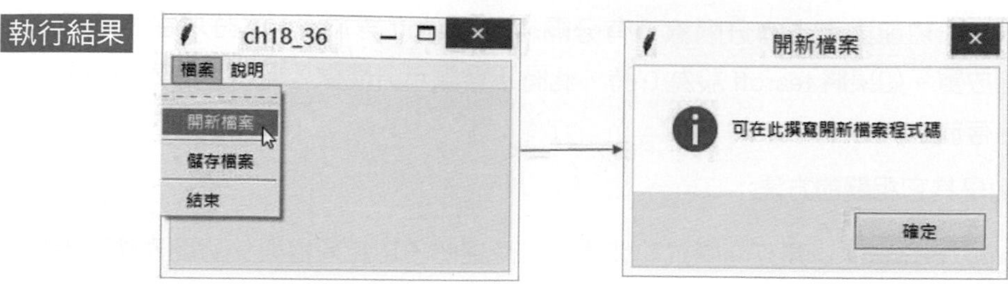

上述第 18-19 行是建立功能表物件。第 21-27 行是建立檔案功能表，此功能表內有開新檔案、儲存檔案、結束功能表項目，當執行開新檔案時會去執行第 5-6 行的 newfile( ) 函數，當執行儲存檔案時會去執行第 8-9 行的 savefile( ) 函數，當執行結束時會結束程式。

上述第 29-31 行是建立說明功能表，此功能表內有說明功能表項目，當執行說明功能時會去執行第 11-12 行的 about( ) 函數。

18-15 專題 - 設計小算盤

在此筆者再介紹一個視窗控件的共通屬性錨 anchor，如果應用在標籤所謂的錨 anchor 其實是指標籤文字在標籤區域輸出位置的設定，在預設情況 Widget 控件是上下與左右置中對齊，我們可以使用 anchor 選項設定元件的對齊，它的觀念如下圖：

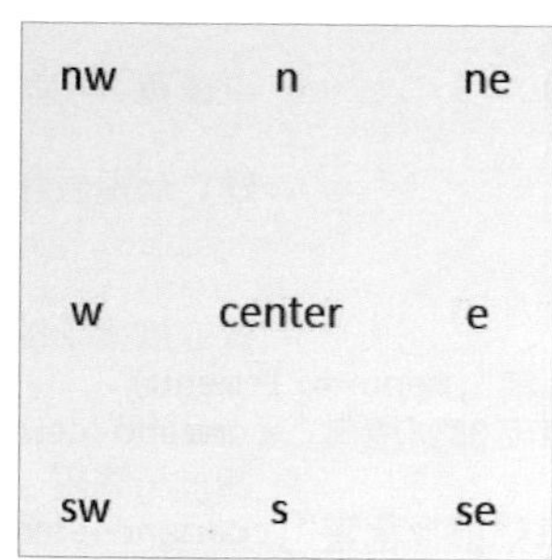

程式實例 ch18_36_1.py：讓字串在標籤右下方空間輸出。

```
# ch18_36_1.py
from tkinter import *

root = Tk()
root.title("ch18_36_1")
```

```
label=Label(root,text="I like tkinter",
            fg="blue",bg="yellow",
            height=3,width=15,
            anchor="se")
label.pack()

root.mainloop()
```

執行結果

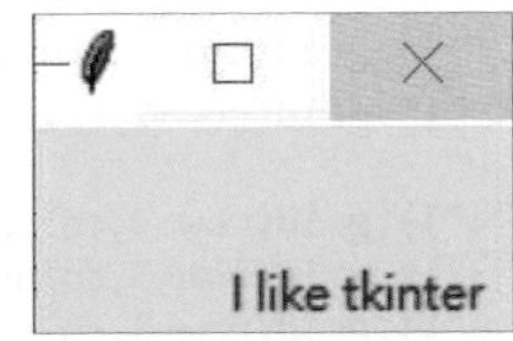

學會本章內容，其實就可以設計簡單的小算盤了，下列將介紹完整的小算盤設計。

程式實例 ch18_37.py：設計簡易的計算器，這個程式筆者在按鈕設計中大量使用 lambda，主要是數字鈕與算術運算式鈕使用相同的函數，只是傳遞的參數不一樣，所使用用 lambda 可以簡化設計。

```
# ch18_37.py
from tkinter import *
def calculate():                        # 執行計算並顯示結果
    result = eval(equ.get())
    equ.set(equ.get() + "=\n" + str(result))

def show(buttonString):                 # 更新顯示區的計算公式
    content = equ.get()
    if content == "0":
        content = ""
    equ.set(content + buttonString)

def backspace():                        # 刪除前一個字元
    equ.set(str(equ.get()[:-1]))

def clear():                            # 清除顯示區,放置0
    equ.set("0")

root = Tk()
root.title("計算器")

equ = StringVar()
equ.set("0")                            # 預設是顯示0

# 設計顯示區
label = Label(root,width=25,height=2,relief="raised",anchor=SE,
              textvariable=equ)
label.grid(row=0,column=0,columnspan=4,padx=5,pady=5)

# 清除顯示區按鈕
```

```
clearButton = Button(root,text="C",fg="blue",width=5,command=clear)
clearButton.grid(row = 1, column = 0)
# 以下是row1的其它按鈕
Button(root,text="DEL",width=5,command=backspace).grid(row=1,column=1)
Button(root,text="%",width=5,command=lambda:show("%")).grid(row=1,column=2)
Button(root,text="/",width=5,command=lambda:show("/")).grid(row=1,column=3)
# 以下是row2的其它按鈕
Button(root,text="7",width=5,command=lambda:show("7")).grid(row=2,column=0)
Button(root,text="8",width=5,command=lambda:show("8")).grid(row=2,column=1)
Button(root,text="9",width=5,command=lambda:show("9")).grid(row=2,column=2)
Button(root,text="*",width=5,command=lambda:show("*")).grid(row=2,column=3)
# 以下是row3的其它按鈕
Button(root,text="4",width=5,command=lambda:show("4")).grid(row=3,column=0)
Button(root,text="5",width=5,command=lambda:show("5")).grid(row=3,column=1)
Button(root,text="6",width=5,command=lambda:show("6")).grid(row=3,column=2)
Button(root,text="-",width=5,command=lambda:show("-")).grid(row=3,column=3)
# 以下是row4的其它按鈕
Button(root,text="1",width=5,command=lambda:show("1")).grid(row=4,column=0)
Button(root,text="2",width=5,command=lambda:show("2")).grid(row=4,column=1)
Button(root,text="3",width=5,command=lambda:show("3")).grid(row=4,column=2)
Button(root,text="+",width=5,command=lambda:show("+")).grid(row=4,column=3)
# 以下是row5的其它按鈕
Button(root,text="0",width=12,
        command=lambda:show("0")).grid(row=5,column=0,columnspan=2)
Button(root,text=".",width=5,
        command=lambda:show(".")).grid(row=5,column=2)
Button(root,text="=",width=5,bg ="yellow",
        command=lambda:calculate()).grid(row=5,column=3)

root.mainloop()
```

執行結果

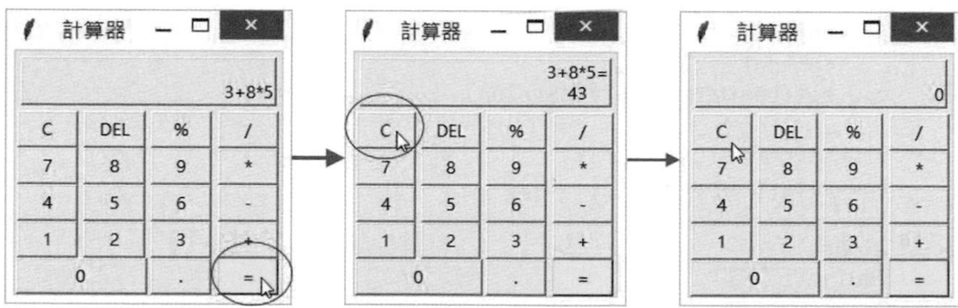

習題

實作題

1. 請參考 ch18_5.py，列出 5 間你心中敬佩的台灣企業。(18-3 節)

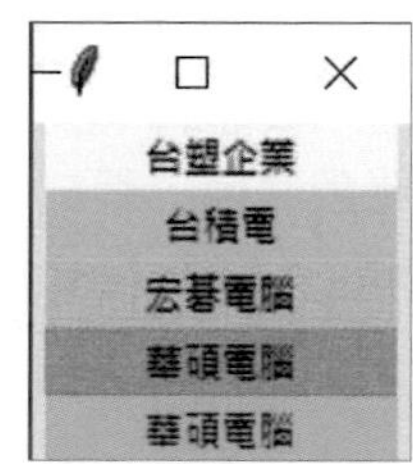

2. 請參考 ch18_10.py，列出 9 個你心中的好朋友。

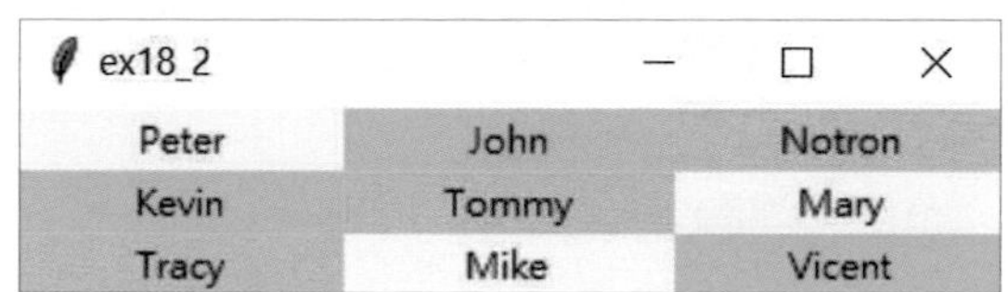

3. 請參考 ch18_20.py，將加法標籤改成可以由按不同鈕修改的運算符號，同時增加加法、減法、乘法、除法功能鈕，當輸入 2 個數字，請按加、減、乘、除鈕後可以按等號鈕計算結果，這個程式同時需要自行設計整個視窗元件配置。(18-6 節)

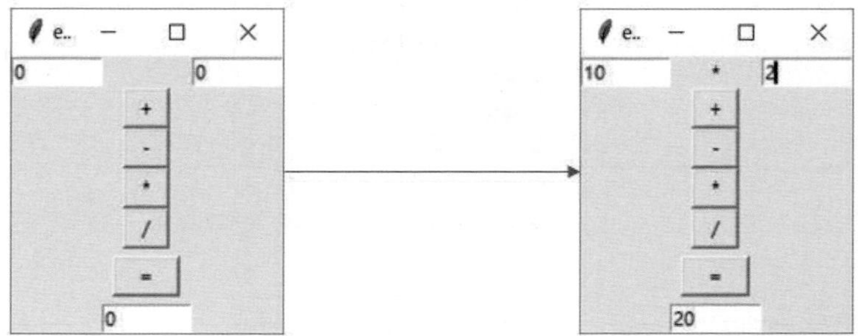

4. 貸款程式設計，本書程式實例 ch4_21.py 是一個房屋貸款程式，請使用 tkinter 重新設計此程式。這個程式的每月支付金額與總支付金額使用淺黃色為背景，未來我們可以輸入利率、貸款年數、貸款金額然後計算每月支付金額與總支付金額，更多細節可以參考下列執行結果。

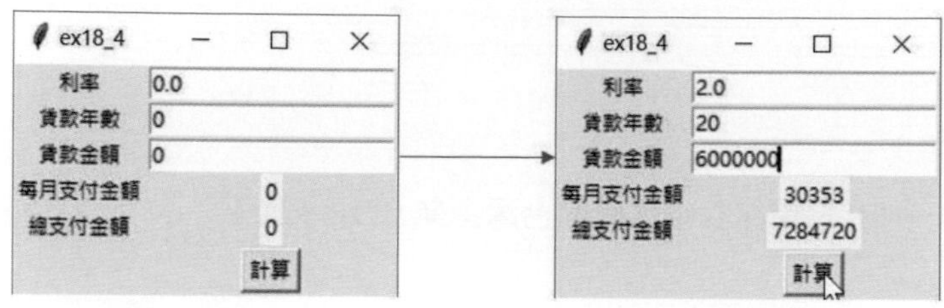

5　請修改 ch18_25.py，請在下方增加設計標籤，這個標籤是淺綠色底色，程式執行初是空白，當有選擇最喜歡的城市後可以在此標籤自動列出所選的城市。(18-9 節)

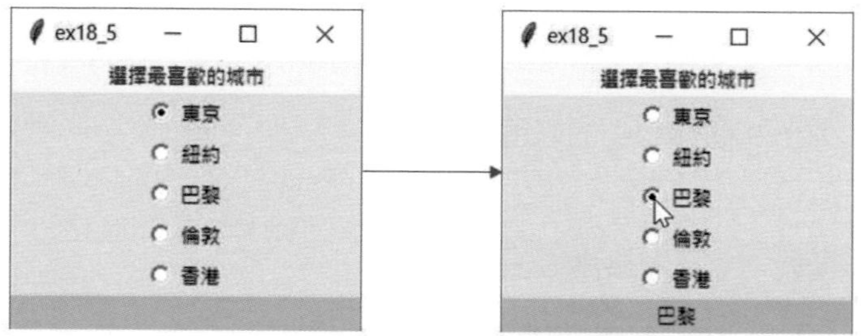

6：請擴充設計 ch18_28.py，請自行增加設計 2 種運動，同時在確定鈕下方增加淺綠色標籤，當案確定鈕後，可以在下方標籤看到所選的運動，各運動間是空一格。(18-10 節)

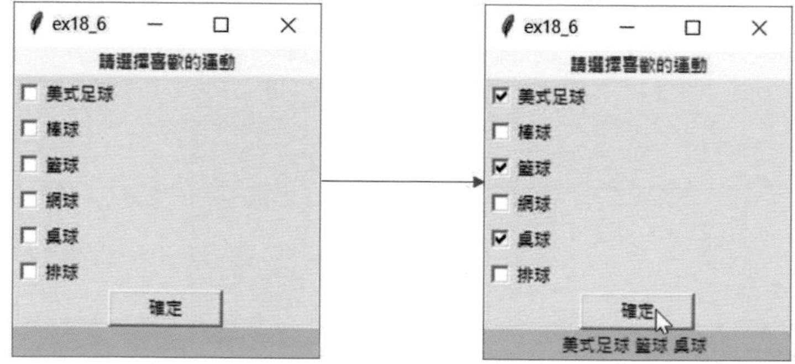

7　請參考 ch18_17.py，但是功能鈕只有一個名稱是確定，請在程式內建立一個字典，此字典內有 3 組帳號和密碼，如下所示：

accountDict = {"AAA":"1234", "BBB":"2345", "CCC":"3456"}

如果所輸入的帳號和密碼正確，按確定鈕時會出現歡迎進入系統的字串對話方塊，如果輸入帳號錯誤會出現帳號錯誤的警告對話方塊、如果輸入密碼錯誤會出現密碼錯誤的警告對話方塊。(18-11 節)

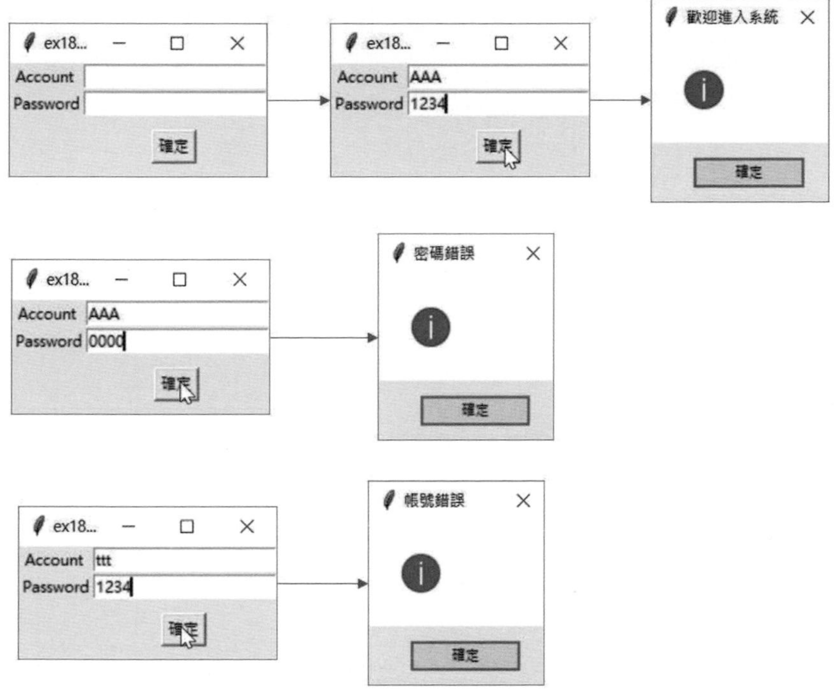

8 請參考 ch18_32.py，將圖案改為自己的相片，同時寫一段關於自己的敘述，此敘述必需至少有 3 行。(18-12 節)

9 請參考 ch18_36.py，增加設計編輯功能表，此功能表內有剪下、複製、貼上功能項目。(18-14 節)

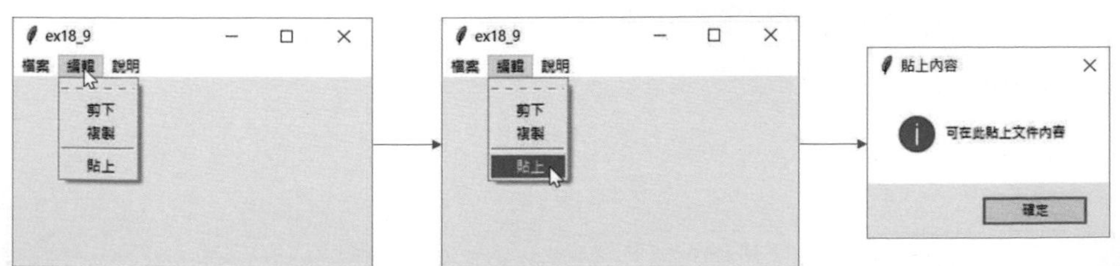

第十九章

動畫與遊戲

這一章我們將介紹 Python 內建的模組 tkinter 製作動畫，而動畫也是設計遊戲的基礎。

19-1 繪圖功能

19-1-1　建立畫布

可以使用 Canvas( ) 方法建立畫布物件。

```
tk = Tk( )                                    # 使用 tk 當視窗 Tk 物件
canvas = Canvas(tk, width=xx, height=yy)      # xx,yy 是畫布寬與高
canvas.pack( )                                # 可以將畫布包裝好，這是必要的
```

畫布建立完成後，左上角是座標 0,0，向右 x 軸遞增，向下 y 軸遞增。

19-1-2　繪線條 create_line( )

它的使用方式如下：

```
create_line(x1, y1, x2, y2, …, xn, yn, options)
```

線條將會沿著 (x1,y1), (x2,y2), …繪製下去，下列是常用的 options 用法。

- **arrow**：預設是沒有箭頭，使用 arrow=tk.FIRST 在起始線末端有箭頭，arrow=tk.LAST 在最後一條線末端有箭頭，使用 arrow=tk.BOTH 在兩端有箭頭。
- **arrowshape**：使用元組 (d1, d2, d3) 代表箭頭，預設是 (8,10,3)。

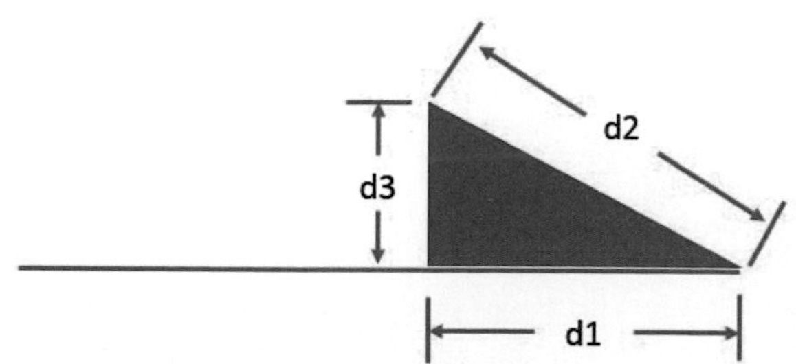

- **capstyle**：這是線條終點的樣式，預設是 BUTT，也可以選 PROJECTING、ROUND，程式實例可以參考 ch19_4.py。

- **dash**：建立虛線，使用元組儲存數字資料，第一個數字是實線、第二個數字是空白、如此循環當所有元組數字用完又重新開始。例如：dash=(5,3) 產生 5 像素實線，3 像素空白，如此循環。例如：dash=(8,1,1,1) 產生 8 像素實線和點的線條。dash=(5,) 產生 5 實線 5 空白。
- **dashoffset**：與 dash 一樣產生虛線，但是一開始數字是空白的寬度。
- **fill**：設定線條顏色。
- **joinstyle**：線條相交的設定，預設是 ROUND，也可以選 BEVEL、MITER，程式實例可以參考 ch19_3.py。
- **stipple**：繪製位元圖樣 (Bitmap) 線條，下列是在各作業系統平台街可以使用的位元圖。程式實例可以參考 ch19_5.py。

error	hourglass	info	questhead	question
warning	gray12	gray25	gray50	gray75

下列是上述位元圖由左到右、由上到下依序的圖例。

- **tags**：為線條建立標籤，未來配合使用 delete(刪除標籤)，再重繪標籤，可以創造動畫效果，可參考 19-3-5 節。
- **width**：線條寬度。

程式實例 ch19_1.py：在半徑為 100 的圓外圍建立 12 個點，然後將這些點彼此連線。

```
# ch19_1.py
from tkinter import *
import math

tk = Tk()
canvas = Canvas(tk, width=640, height=480)
canvas.pack()
x_center, y_center, r = 320, 240, 100
x, y = [], []
for i in range(12):              # 建立圓外圍12個點
    x.append(x_center + r * math.cos(30*i*math.pi/180))
    y.append(y_center + r * math.sin(30*i*math.pi/180))
for i in range(12):              # 執行12個點彼此連線
    for j in range(12):
        canvas.create_line(x[i],y[i],x[j],y[j])
```

執行結果

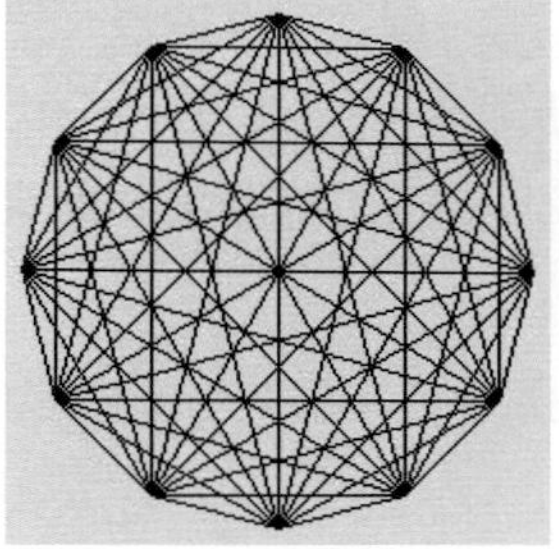

上述程式使用了數學函數 sin( ) 和 cos( ) 以及 pi，這些是在 math 模組。使用 create_line( ) 時，在 options 參數欄位可以用 fill 設定線條顏色，用 width 設定線條寬度。

程式實例 ch19_2.py：不同線條顏色與寬度。

```
# ch19_2.py
from tkinter import *
import math

tk = Tk()
canvas = Canvas(tk, width=640, height=480)
canvas.pack()
canvas.create_line(100,100,500,100)
canvas.create_line(100,125,500,125,width=5)
canvas.create_line(100,150,500,150,width=10,fill='blue')
canvas.create_line(100,175,500,175,dash=(10,2,2,2))
```

執行結果

程式實例 ch19_3.py：由線條交接了解 joinstyle 參數的應用。

```
# ch19_3.py
from tkinter import *
import math

tk = Tk()
canvas = Canvas(tk, width=640, height=480)
canvas.pack()
canvas.create_line(30,30,500,30,265,100,30,30,
                   width=20,joinstyle=ROUND)
canvas.create_line(30,130,500,130,265,200,30,130,
                   width=20,joinstyle=BEVEL)
canvas.create_line(30,230,500,230,265,300,30,230,
                   width=20,joinstyle=MITER)
```

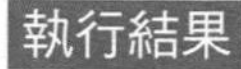

程式實例 ch19_4.py：由線條了解 capstyle 參數的應用。

```
# ch19_4.py
from tkinter import *
import math

tk = Tk()
canvas = Canvas(tk, width=640, height=480)
canvas.pack()
canvas.create_line(30,30,500,30,width=10,capstyle=BUTT)
canvas.create_line(30,130,500,130,width=10,capstyle=ROUND)
canvas.create_line(30,230,500,230,width=10,capstyle=PROJECTING)
# 以下垂直線
canvas.create_line(30,20,30,240)
canvas.create_line(500,20,500,250)
```

執行結果

程式實例 ch19_5.py：建立位元圖樣線條 (stipple line)。

```
# ch19_5.py
from tkinter import *
import math

```

```
tk = Tk()
canvas = Canvas(tk, width=640, height=480)
canvas.pack()
canvas.create_line(30,30,500,30,width=10,stipple="gray25")
canvas.create_line(30,130,500,130,width=40,stipple="questhead")
canvas.create_line(30,230,500,230,width=10,stipple="info")
```

執行結果

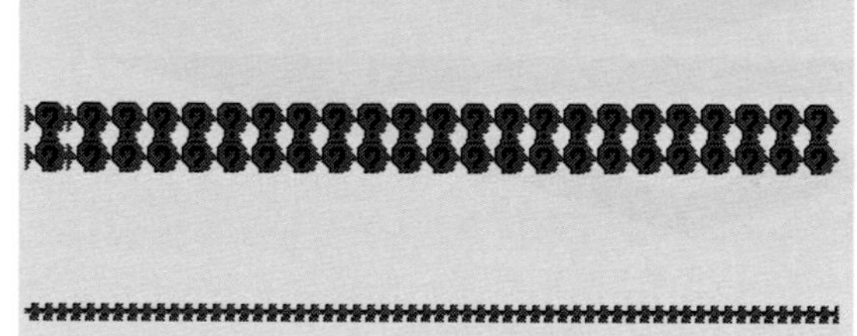

19-1-3　繪矩形 create_rectangle( )

它的使用方式如下：

create_rectangle(x1, y1, x2, y2,options)

(x1,y1) 和 (x2,y2) 是矩形左上角和右下角座標，下列是常用的 options 用法。

- **dash**：建立虛線，觀念與 create_line( ) 相同。
- **dashoffset**：與 dash 一樣產生虛線，但是一開始數字是空白的寬度。
- **fill**：矩形填充顏色。
- **outline**：設定矩形線條顏色。
- **stipple**：繪製位元圖樣 (Bitmap) 矩形，觀念可以參考 19-1-2 節，程式實例可以參考 ch19_5.py。
- **tags**：為矩形建立標籤，未來可以用 delete 創造動畫效果，可參考 19-3-5 節。
- **width**：矩形線條寬度。

程式實例 ch19_6.py：在畫布內隨機產生不同位置與大小的矩形。

```
# ch19_6.py
from tkinter import *
from random import *

tk = Tk()
canvas = Canvas(tk, width=640, height=480)
```

```
canvas.pack()
for i in range(50):                    # 隨機繪50個不同位置與大小的矩形
    x1, y1 = randint(1, 640), randint(1, 480)
    x2, y2 = randint(1, 640), randint(1, 480)
    if x1 > x2: x1,x2 = x2,x1          # 確保左上角x座標小於右下角x座標
    if y1 > y2: y1,y2 = y2,y1          # 確保左上角y座標小於右下角y座標
    canvas.create_rectangle(x1, y1, x2, y2)
```

執行結果

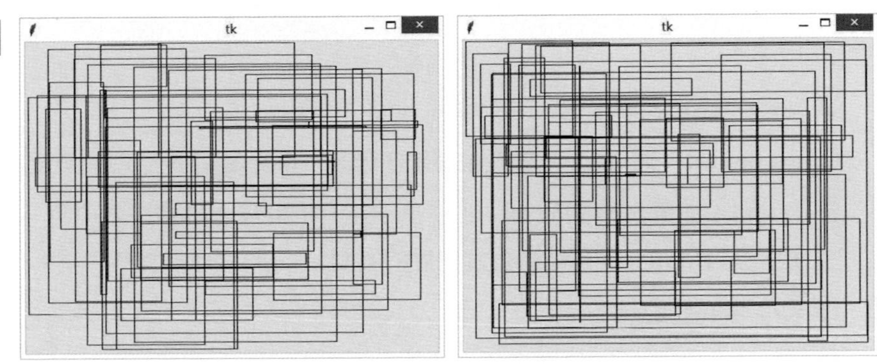

這個程式每次執行時皆會產生不同的結果，有一點藝術畫的效果。使用 create_rectangle( ) 時，在 options 參數欄位可以用 fill='color' 設定矩形填充顏色，用 outline='color' 設定矩形輪廓顏色。

程式實例 ch19_7.py：繪製 3 個矩形，第一個使用紅色填充輪廓色是預設，第二個使用黃色填充輪廓是藍色，第三個使用綠色填充輪廓是灰色。

```
# ch19_7.py
from tkinter import *
from random import *

tk = Tk()
canvas = Canvas(tk, width=640, height=480)
canvas.pack()
canvas.create_rectangle(10, 10, 120, 60, fill='red')
canvas.create_rectangle(130, 10, 200, 80, fill='yellow', outline='blue')
canvas.create_rectangle(210, 10, 300, 60, fill='green', outline='grey')
```

執行結果

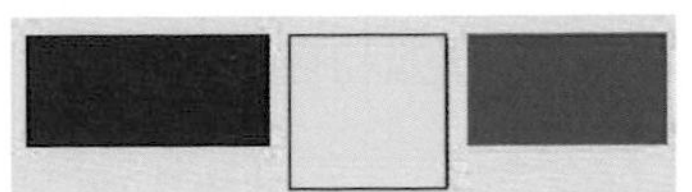

由執行結果可以發現由於畫布底色是淺灰色，所以第三個矩形用灰色輪廓，幾乎看不到輪廓線，另外也可以用 width 設定矩形輪廓的寬度。

19-1-4 繪圓弧 create_arc( )

它的使用方式如下：

create_arc(x1, y1, x2, y2, extent=angle, style=ARC, options)

(x1,y1) 和 (x2,y2) 分別是包圍圓形矩形左上角和右下角座標，下列是常用的 options 用法。

- **dash**：建立虛線，觀念與 create_line( ) 相同。
- **dashoffset**：與 dash 一樣產生虛線，但是一開始數字是空白的寬度。
- **extent**：如果要繪圓形 extent 值是 359，如果寫 360 會視為 0 度。如果 extent 是介於 1-359，則是繪製這個角度的圓弧。
- **fill**：填充圓弧顏色。
- **outline**：設定圓弧線條顏色。
- **start**：圓弧起點位置。
- **stipple**：繪製位元圖樣 (Bitmap) 圓弧。
- **style**：有 3 種格式，ARC、CHORD、PIESLICE，可參考 ch19_9.py。
- **tags**：為圓弧建立標籤，未來可以用 delete 創造動畫效果，可參考 19-3-5 節。
- **width**：圓弧線條寬度。

上述 style=ARC 表示繪製圓弧，如果是要使用 options 參數填滿圓弧則需捨去此參數。此外，options 參數可以使用 width 設定輪廓線條寬度 (可參考下列 ch19_8.py 第 12 行)，outline 設定輪廓線條顏色 (可參考下列 ch19_8.py 第 16 行)，fill 設定填充顏色 (可參考下列 ch19_8.py 第 10 行)。目前預設繪圓弧的起點是右邊，也可以用 start=0 代表，也可以由設定 start 的值更改圓弧的起點，方向是逆時針，可參考 ch19_8.py 第 14 行。

程式實例 ch19_8.py：繪製各種不同的圓和橢圓，以及圓弧和橢圓弧。

```
1  # ch19_8.py
2  from tkinter import *
3
4  tk = Tk()
5  canvas = Canvas(tk, width=640, height=480)
6  canvas.pack()
7  # 以下以圓形為基礎
```

```
canvas.create_arc(10, 10, 110, 110, extent=45, style=ARC)
canvas.create_arc(210, 10, 310, 110, extent=90, style=ARC)
canvas.create_arc(410, 10, 510, 110, extent=180, fill='yellow')
canvas.create_arc(10, 110, 110, 210, extent=270, style=ARC)
canvas.create_arc(210, 110, 310, 210, extent=359, style=ARC, width=5)
# 以下以橢圓形為基礎
canvas.create_arc(10, 250, 310, 350, extent=90, style=ARC, start=90)
canvas.create_arc(320, 250, 620, 350, extent=180, style=ARC)
canvas.create_arc(10, 360, 310, 460, extent=270, style=ARC, outline='blue')
canvas.create_arc(320, 360, 620, 460, extent=359, style=ARC)
```

執行結果

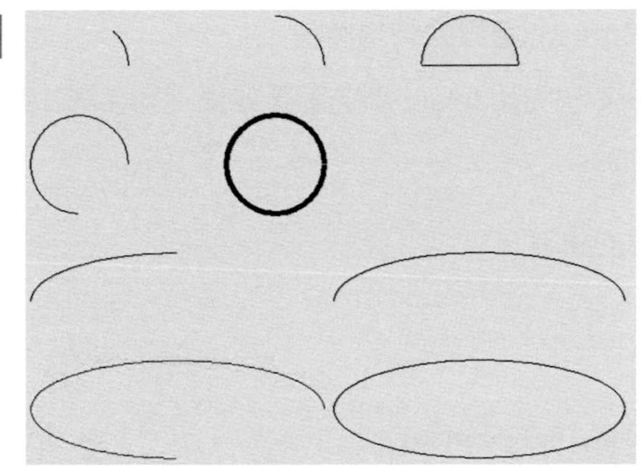

程式實例 ch19_9.py：style 參數是 ARC、CHORD、PIESLICE 參數的應用。

```
# ch19_9.py
from tkinter import *

tk = Tk()
canvas = Canvas(tk, width=640, height=480)
canvas.pack()
# 以下以圓形為基礎
canvas.create_arc(10, 10, 110, 110, extent=180, style=ARC)
canvas.create_arc(210, 10, 310, 110, extent=180, style=CHORD)
canvas.create_arc(410, 10, 510, 110, start=30, extent=120, style=PIESLICE)
```

執行結果

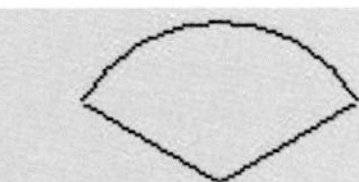

19-1-5 繪製圓或橢圓 create_oval( )

它的使用方式如下：

create_oval(x1, y1, x2, y2, options)

(x1,y1) 和 (x2,y2) 分別是包圍圓形矩形左上角和右下角座標，下列是常用的 options 用法。

- ❑ **dash**：建立虛線，觀念與 create_line( ) 相同。
- ❑ **dashoffset**：與 dash 一樣產生虛線，但是一開始數字是空白的寬度。
- ❑ **fill**：設定圓或橢圓的填充顏色。
- ❑ **outline**：設定圓或橢圓邊界顏色
- ❑ **stipple**：繪製位元圖樣 (Bitmap) 邊界的圓或橢圓。
- ❑ **tags**：為圓建立標籤，未來可以用 delete 創造動畫效果，可參考 19-3-5 節。
- ❑ **width**：圓或橢圓線條寬度。

程式實例 ch19_10.py：圓和橢圓的繪製。

```
# ch19_10.py
from tkinter import *

tk = Tk()
canvas = Canvas(tk, width=640, height=480)
canvas.pack()
# 以下是圓形
canvas.create_oval(10, 10, 110, 110)
canvas.create_oval(150, 10, 300, 160, fill='yellow')
# 以下是橢圓形
canvas.create_oval(10, 200, 310, 350)
canvas.create_oval(350, 200, 550, 300, fill='aqua', outline='blue', width=5)
```

執行結果

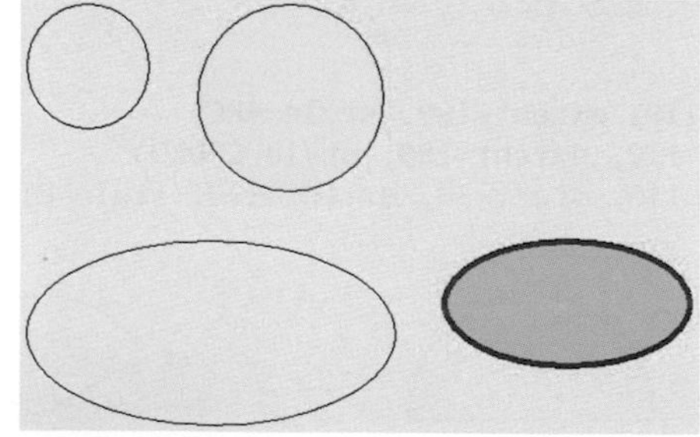

19-1-6 繪製多邊形 create_polygon( )

它的使用方式如下：

create_polygon(x1, y1, x2, y2, x3, y3, … xn, yn, options)

(x1,y1), … (xn,yn) 是多邊形各角的 x,y 座標，下列是常用的 options 用法。

- ❑ **dash**：建立虛線，觀念與 create_line( ) 相同。
- ❑ **dashoffset**：與 dash 一樣產生虛線，但是一開始數字是空白的寬度。
- ❑ **fill**：設定多邊形的填充顏色。
- ❑ **outline**：設定多邊形的邊界顏色
- ❑ **stipple**：繪製位元圖樣 (Bitmap) 邊界的多邊形。
- ❑ **tags**：為多邊形建立標籤，未來可以用 delete 創造動畫效果，可參考 19-3-5 節。
- ❑ **width**：多邊形線條寬度。

程式實例 ch19_11.py：繪製多邊形的應用。

```
# ch19_11.py
from tkinter import *

tk = Tk()
canvas = Canvas(tk, width=640, height=480)
canvas.pack()
canvas.create_polygon(10,10, 100,10, 50,80, fill='', outline='black')
canvas.create_polygon(120,10, 180,30, 250,100, 200,90, 130,80)
canvas.create_polygon(200,10, 350,30, 420,70, 360,90, fill='aqua')
canvas.create_polygon(400,10,600,10,450,80,width=5,outline='blue',fill='yellow')
```

執行結果

19-1-7 輸出文字 create_text( )

它的使用方式如下：

create_text(x,y,text= 字串 , options)

預設 (x,y) 是文字串輸出的中心座標，下列是常用的 options 用法。

- ❑ **anchor**：預設是 anchor=CENTER，也可以參考 18-5 節的位置觀念。
- ❑ **fill**：文字顏色。
- ❑ **font**：字型的使用，觀念可以參考 18-2 節。

- ❑ justify：當輸出多行時，預設是靠左 LEFT，更多觀念可以參考 18-2 節。
- ❑ stipple：繪製位元圖樣 (Bitmap) 線條的文字，預設是 "" 表示實線。
- ❑ text：輸出的文字。
- ❑ tags：為文字建立標籤，未來可以用 delete 創造動畫效果，可參考 19-3-5 節。
- ❑ width：多邊形線條寬度。

程式實例 ch19_12.py：輸出文字的應用。

```
# ch19_12.py
from tkinter import *

tk = Tk()
canvas = Canvas(tk, width=640, height=480)
canvas.pack()
canvas.create_text(200, 50, text='Ming-Chi Institute of Technology')
canvas.create_text(200, 80, text='Ming-Chi Institute of Technology', fill='blue')
canvas.create_text(300, 120, text='Ming-Chi Institute of Technology', fill='blue',
                   font=('Old English Text MT',20))
canvas.create_text(300, 160, text='Ming-Chi Institute of Technology', fill='blue',
                   font=('華康新綜藝體 Std W7',20))
canvas.create_text(300, 200, text='明志科技大學', fill='blue',
                   font=('華康新綜藝體 Std W7',20))
```

執行結果

Ming-Chi Institute of Technology
Ming-Chi Institute of Technology
Ming-Chi Institute of Technology
Ming-Chi Institute of Technology
明志科技大學

19-1-8 更改畫布背景顏色

在使用 Canvas( ) 方法建立畫布時，可以加上 bg 參數建立畫布背景顏色。

程式實例 ch19_13.py：將畫布背景改成黃色。

```
# ch19_13.py
from tkinter import *

tk = Tk()
canvas = Canvas(tk, width=640, height=240, bg='yellow')
canvas.pack()
```

19-1-9 插入影像 create_image( )

在 Canvas 控件內可以使用 create_image( ) 在 Canvas 物件內插入影像檔，它的語法如下：

create_image(x, y, options)

(x,y) 是影像左上角的位置，下列是常用的 options 用法。

- ❑ **anchor**：預設是 anchor=CENTER，也可以參考 18-5 節的位置觀念。
- ❑ **image**：與插入的影像。
- ❑ **tags**：為影像建立標籤，未來可用 delete 創造動畫效果，可參考 19-3-5 節。

下列將以實例解說。

程式實例 ch19_14.py：插入影像檔案 rushmore.jpg，這個程式會建立視窗，其中在 x 軸建立大於影像寬度 30 像素，y 軸則是大於影像寬度 20 像素。

```
# ch19_14.py
from tkinter import *
from PIL import Image, ImageTk

tk = Tk()
img = Image.open("rushmore.jpg")
rushMore = ImageTk.PhotoImage(img)

canvas = Canvas(tk, width=img.size[0]+40,
                    height=img.size[1]+30)
canvas.create_image(20,15,anchor=NW,image=rushMore)
canvas.pack(fill=BOTH,expand=True)
```

執行結果

19-2 尺度控制畫布背景顏色

前一章筆者有介紹 tkinter 模組的尺度 Scale( )，利用這個方法我們可以獲得尺度的值，下列將會利用 3 個尺度控制色彩的 R、G、B 值，然後可以控制畫布背景顏色。

程式實例 ch19_15.py：使用尺度控制畫布背景顏色，其中為了讓讀者了解設定尺度初值的方法，第 17 行特別設定 gSlider 的尺度初值為 125。這個程式在執行時，若是有捲動尺度將呼叫 bfUpdate(source) 函數，source 在此是語法需要，實質沒有作用。第 10 行 config( ) 方法是需要使用 16 進位方式設定背景色，格式是 "#007d00"。第 18-20 行的 grid( ) 方法是定義尺度和畫布的位置，第 20 行的 columnspan=3 是設定將 3 個欄位組成一個欄位。此外，本程式在執行時也同時可以在 Python Shell 視窗看到 R、G、B 值的變化。

```
 1  # ch19_15.py
 2  from tkinter import *
 3  def bgUpdate(source):
 4      ''' 更改畫布背景顏色 '''
 5      red = rSlider.get()                              # 讀取red值
 6      green = gSlider.get()                            # 讀取green值
 7      blue = bSlider.get( )                            # 讀取blue值
 8      print("R=%d, G=%d, B=%d" % (red, green, blue))   # 列印色彩數值
 9      myColor = "#%02x%02x%02x" % (red, green, blue)   # 將顏色轉成16進位字串
10      canvas.config(bg=myColor)                        # 設定畫布背景顏色
11
12  tk = Tk()
13  canvas = Canvas(tk, width=640, height=240)           # 初始化背景
14  rSlider = Scale(tk, from_=0, to=255, command=bgUpdate)
15  gSlider = Scale(tk, from_=0, to=255, command=bgUpdate)
```

```
bSlider = Scale(tk, from_=0, to=255, command=bgUpdate)
gSlider.set(125)                                        # 設定green是125
rSlider.grid(row=0, column=0)
gSlider.grid(row=0, column=1)
bSlider.grid(row=0, column=2)
canvas.grid(row=1, column=0, columnspan=3)
mainloop()
```

執行結果

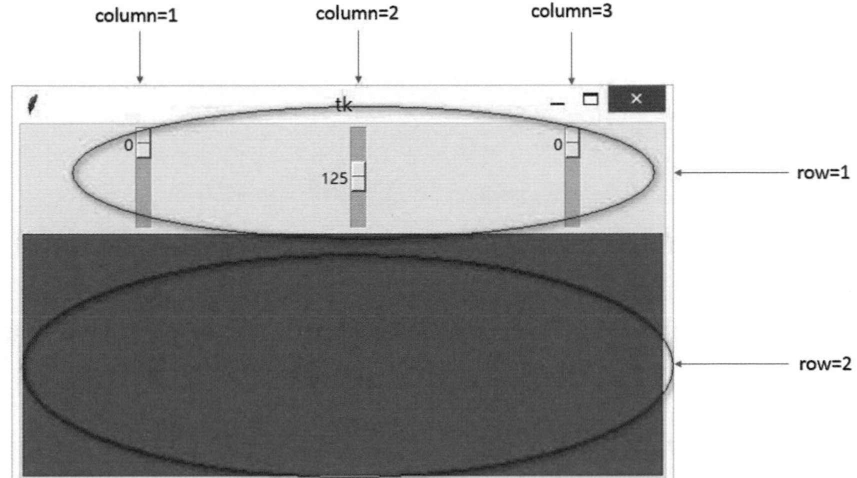

19-3 動畫設計

19-3-1 基本動畫

動畫設計所使用的方法是 move( )，使用格式如下：

canvas.move(ID, xMove, yMove)　　# ID 是物件編號
canvas.update( )　　# 強制重繪畫布

xMove,yMove 是 x,y 軸移動距離，單位是像素。

程式實例 ch19_16.py：移動球的設計，每次移動 5 像素。

```
# ch19_16.py
from tkinter import *
import time

tk = Tk()
```

```
 6  canvas= Canvas(tk, width=500, height=150)
 7  canvas.pack()
 8  canvas.create_oval(10,50,60,100,fill='yellow', outline='lightgray')
 9  for x in range(0, 80):
10      canvas.move(1, 5, 0)          # ID=1 x軸移動5像素，y軸不變
11      tk.update()                   # 強制tkinter重繪
12      time.sleep(0.05)
```

執行結果

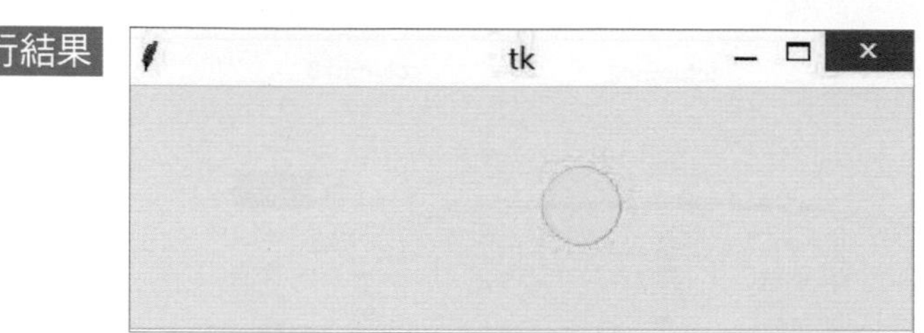

上述第 8 行筆者執行 canvas.create_oval( ) 時，會傳回 1，所以第 10 行的 canvas.move( ) 的第一個參數是指第 8 行所建的物件。上述執行時筆者使用迴圈，第 12 行相當於定義每隔 0.05 秒移動一次。其實我們只要設定 move( ) 方法的參數就可以往任意方向移動。

程式實例 ch19_17.py：擴大畫布高度為 300，每次移動 x 軸移動 5, y 軸移動 2。

```
10      canvas.move(1, 5, 2)          # ID=1 x軸移動5像素，y軸移動2像素
```

執行結果 讀者可以自行體會球往右下方移動。

上述我們使用 time.sleep(s) 建立時間的延遲，s 是秒。其實我們也可以使用 canvas.after(s) 建立時間延遲，s 是千分之一秒，這時可以省略 import time，可以參考 ch19_17_1.py。

程式實例 ch19_17_1.py：重新設計 ch19_17.py。

```
# ch19_17_1.py
from tkinter import *

tk = Tk()
canvas= Canvas(tk, width=500, height=300)
canvas.pack()
canvas.create_oval(10,50,60,100,fill='yellow', outline='lightgray')
for x in range(0, 80):
    canvas.move(1, 5, 2)          # ID=1 x軸移動5像素，y軸移動2像素
    tk.update()                   # 強制tkinter重繪
    canvas.after(50)
```

執行結果 與 ch19_17.py 相同。

19-3-2 多個球移動的設計

在建立球物件時，可以設定 id 值，未來可以利用這個 id 值放入 move( ) 方法內，告知是移動這個球。

程式實例 ch19_18.py：一次移動 2 個球，第 8 行設定黃色球是 id1，第 9 行設定水藍色球是 id2，。

```
1  # ch19_18.py
2  from tkinter import *
3  import time
4
5  tk = Tk()
6  canvas= Canvas(tk, width=500, height=250)
7  canvas.pack()
8  id1 = canvas.create_oval(10,50,60,100,fill='yellow')
9  id2 = canvas.create_oval(10,150,60,200,fill='aqua')
10 for x in range(0, 80):
11     canvas.move(id1, 5, 0)       # id1 x軸移動5像素, y軸移動0像素
12     canvas.move(id2, 5, 0)       # id2 x軸移動5像素, y軸移動0像素
13     tk.update()                  # 強制tkinter重繪
14     time.sleep(0.05)
```

執行結果

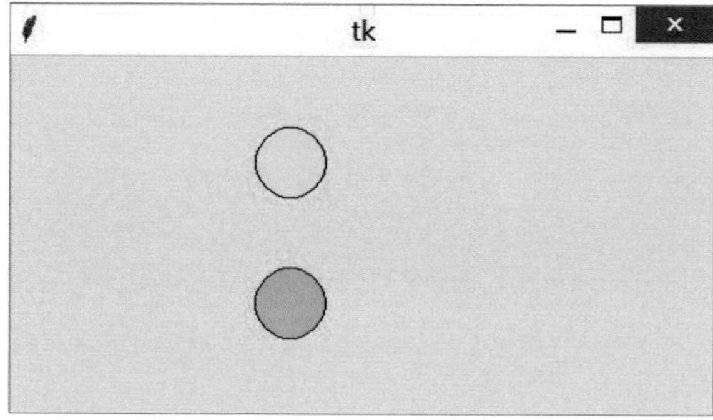

19-3-3 將隨機數應用在多個球體的移動

在拉斯維加或是澳門賭場，常可以看到機器賽馬的賭具，其實我們若是將球改成賽馬意義是相同的。

❑ 觀念 1：賭場可以作弊方式

假設筆者想讓黃色球跑的速度快一些，他贏的機率是 70%，可以利用 randint( ) 產生 1-100 的隨機數，讓隨機數 1-70 間移動黃球，71-100 間移動水藍色球，這樣筆者就動手腳了。

- **觀念 2：賭場作弊現形**

當我們玩賽馬賭具時必需下注，如果賭場要作弊最佳方式是，讓下注最少的馬匹有較高機率的移動機會，這樣錢潮就滾滾而來了，很久以來筆者已經不碰這類的遊戲了。

- **觀念 3：不作弊**

我們可以設計隨機數 1-50 間移動黃球，51-100 間移動水藍色球。

程式實例 ch19_19.py：讓迴圈跑 100 次看那一個球跑得快，讓黃色球每次有 70% 取得移動的機會。

```
for x in range(0, 100):
    if randint(1,100) > 70:
        canvas.move(id2, 5, 0)  # id2 x軸移動5像素，y軸移動0像素
    else:
        canvas.move(id1, 5, 0)  # id1 x軸移動5像素，y軸移動0像素
    tk.update()                 # 強制tkinter重繪
    time.sleep(0.05)
```

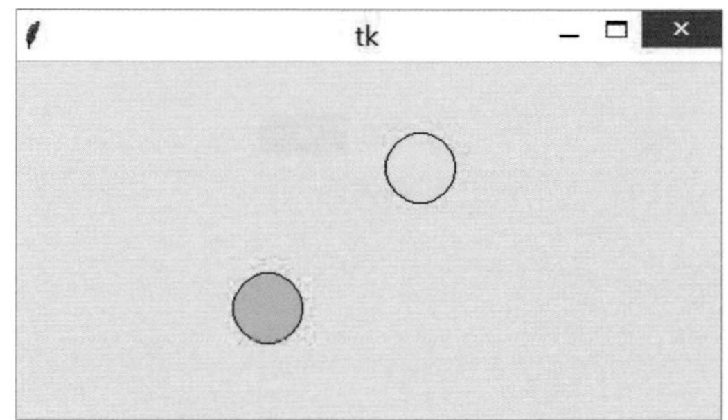

19-3-4　訊息綁定

主要觀念是可以利用系統接收到鍵盤的訊息，做出反應。例如：當發生按下右移鍵時，可以控制球往右邊移動，例如：假設 Canvas( ) 產生的元件的名稱是 canvas，我們可以這樣設計函數。

```
def ballMove(event):
    canvas.move(1, 5, 0)                # 假設移動 5 像素
```

在程式設計函數中對於按下右移鍵移動球可以這樣設計。

```
def ballMove(event):
    if event.keysym == 'Right':
        canvas.move(1, 5, 0)
```

對於主程式而言需使用 canvas.bind_all( ) 函數，執行訊息綁定工作，它的寫法如下：

```
canvas.bind_all('<KeyPress-Left>', ballMove)        # 左移鍵
canvas.bind_all('<KeyPress-Right>', ballMove)       # 右移鍵
canvas.bind_all('<KeyPress-Up>', ballMove)          # 上移鍵
canvas.bind_all('<KeyPress-Down>', ballMove)        # 下移鍵
```

上述函數主要是告知程式所接收到鍵盤的訊息是什麼，然後呼叫 ballMove( ) 函數執行鍵盤訊息的工作。

程式實例 ch19_20.py：程式開始執行時，在畫布中央有一個紅球，可以按鍵盤的向右、向左、向上、向下鍵，往右、往左、往上、往下移動球，每次移動 5 個像素。

```
# ch19_20.py
from tkinter import *
import time
def ballMove(event):
    if event.keysym == 'Left':  # 左移
        canvas.move(1, -5, 0)
    if event.keysym == 'Right': # 右移
        canvas.move(1, 5, 0)
    if event.keysym == 'Up':    # 上移
        canvas.move(1, 0, -5)
    if event.keysym == 'Down':  # 下移
        canvas.move(1, 0, 5)
tk = Tk()
canvas= Canvas(tk, width=500, height=300)
canvas.pack()
canvas.create_oval(225,125,275,175,fill='red')
canvas.bind_all('<KeyPress-Left>', ballMove)
canvas.bind_all('<KeyPress-Right>', ballMove)
canvas.bind_all('<KeyPress-Up>', ballMove)
canvas.bind_all('<KeyPress-Down>', ballMove)
mainloop()
```

執行結果

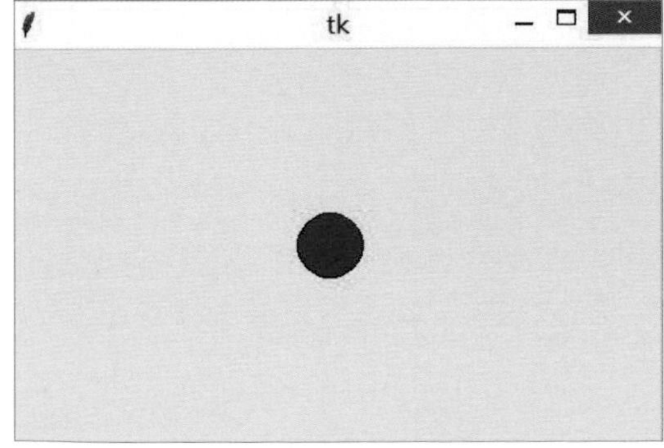

19-3-5　再談動畫設計

在 19-1 節筆者介紹了 tkinter 的繪圖功能，在該節的繪圖方法的參數中筆者有說明可以使用 tags 參數將所繪製的物件標上名稱，有了這個 tags 名稱，未來可以用 canvas.delete("tags 名稱 ") 刪除此物件，然後我們可以在新位置再繪製一次此物件，即可以達到物件移動的目的。

註 如果要刪除畫布內所有物件可以使用 canvas.delete("all")。

前一小節筆者介紹了鍵盤的訊息綁定，其實我們也可以使用下面方式執行滑鼠的訊息綁定。

```
canvas.bind('<Button-1>', callback)     # 按一下滑鼠左鍵執行 callback 方法
canvas.bind('<Button-2>', callback)     # 按一下滑鼠中鍵執行 callback 方法
canvas.bind('<Button-3>', callback)     # 按一下滑鼠右鍵執行 callback 方法
canvas.bind('<Motion>', callback)       # 滑鼠移動執行 callback 方法
```

上述按一下時，滑鼠相對元件的位置會被存入事件的 x 和 y 變數。

程式實例 ch19_20_1.py：滑鼠事件的基本應用，這個程式在執行時會建立 300x180 的視窗，當有按一下滑鼠左邊鍵時，在 Python Shell 視窗會列出按一下事件時的滑鼠座標。

```
# ch19_20_1.py
from tkinter import *
def callback(event):                            # 事件處理程式
    print("Clicked at", event.x, event.y)       # 列印座標

root = Tk()
root.title("ch19_20_1")
canvas = Canvas(root,width=300,height=180)
canvas.bind("<Button-1>",callback)               # 按一下綁定callback
canvas.pack()

root.mainloop()
```

執行結果

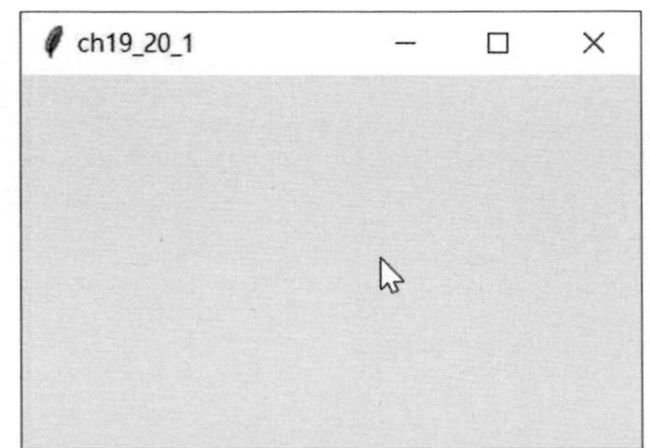

下列是 Python Shell 示範輸出畫面。

```
=================== RESTART: D:/Python/ch19/ch19_20_1.py ===================
Clicked at 159 88
Clicked at 85 60
Clicked at 144 27
```

在程式第 3 行綁定的事件處理程式中必需留意，callback(event) 需有參數 event，event 名稱可以自取，這是因為事件會傳遞事件物件給此事件處理程式。

程式實例 ch19_20_2.py：移動滑鼠時可以在視窗右下方看到滑鼠目前的座標。

```
# ch19_20_2.py
from tkinter import *
def mouseMotion(event):                    # Mouse移動
    x = event.x
    y = event.y
    textvar = "Mouse location - x:{}, y:{}".format(x,y)
    var.set(textvar)

root = Tk()
root.title("ch19_20_2")                    # 視窗標題
root.geometry("300x180")                   # 視窗寬300高180

x, y = 0, 0                                # x,y座標
var = StringVar()
text = "Mouse location - x:{}, y:{}".format(x,y)
var.set(text)

lab = Label(root,textvariable=var)  # 建立標籤
lab.pack(anchor=S,side=RIGHT,padx=10,pady=10)

root.bind("<Motion>",mouseMotion)   # 增加事件處理程式

root.mainloop()
```

執行結果

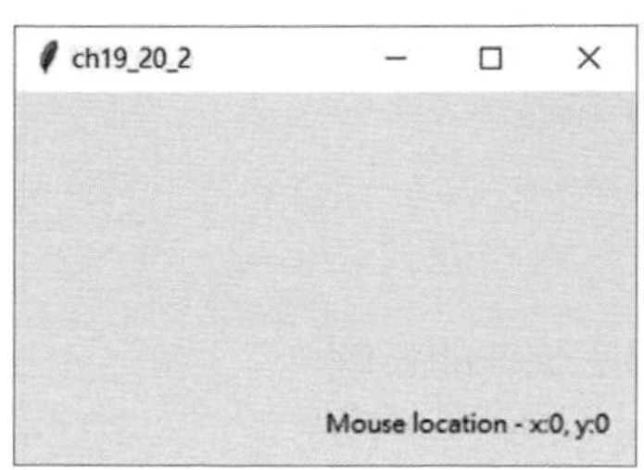

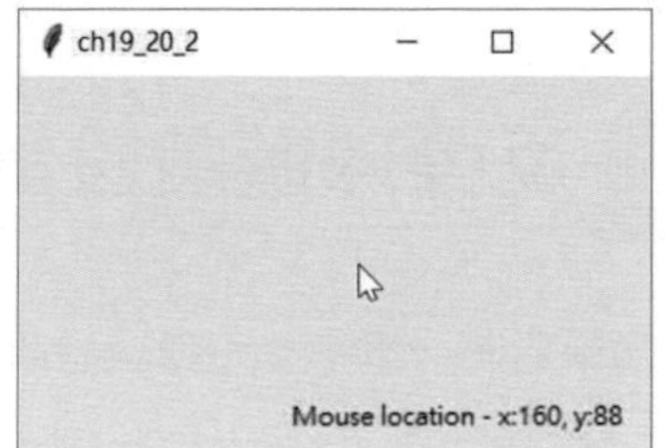

程式實例 ch19_20_3.py：按一下滑鼠左鍵可以放大圓，按一下滑鼠右鍵可以縮小圓。

```
# ch19_20_3.py
from tkinter import *

def circleIncrease(event):
    global r
    canvas.delete("myCircle")
    if r < 200:
        r += 5
    canvas.create_oval(200-r,200-r,200+r,200+r,fill='yellow',tag="myCircle")

def circleDecrease(event):
    global r
    canvas.delete("myCircle")
    if r > 5:
        r -= 5
    canvas.create_oval(200-r,200-r,200+r,200+r,fill='yellow',tag="myCircle")

tk = Tk()
canvas= Canvas(tk, width=400, height=400)
canvas.pack()

r = 100
canvas.create_oval(200-r,200-r,200+r,200+r,fill='yellow',tag="myCircle")
canvas.bind('<Button-1>', circleIncrease)
canvas.bind('<Button-3>', circleDecrease)

mainloop()
```

執行結果

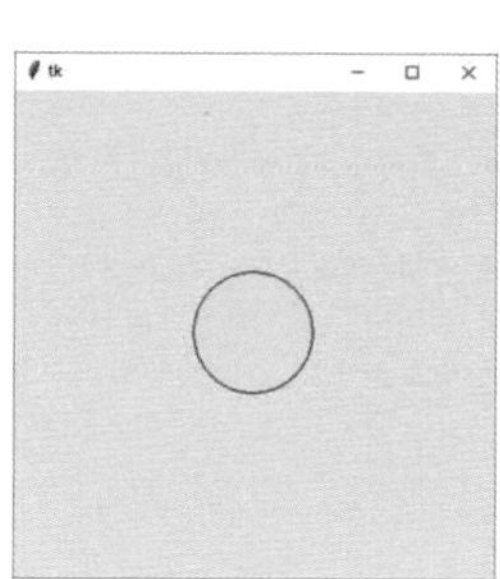

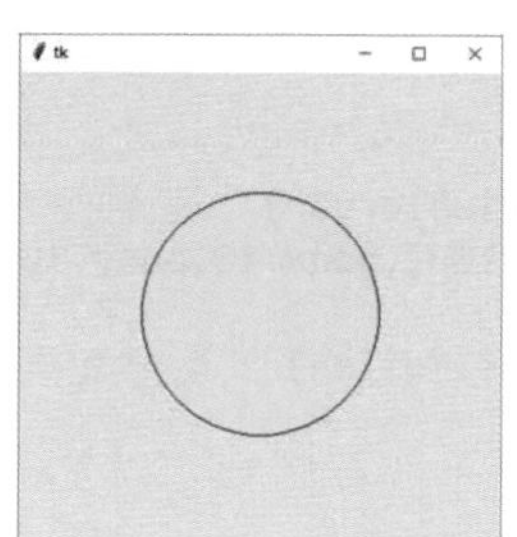

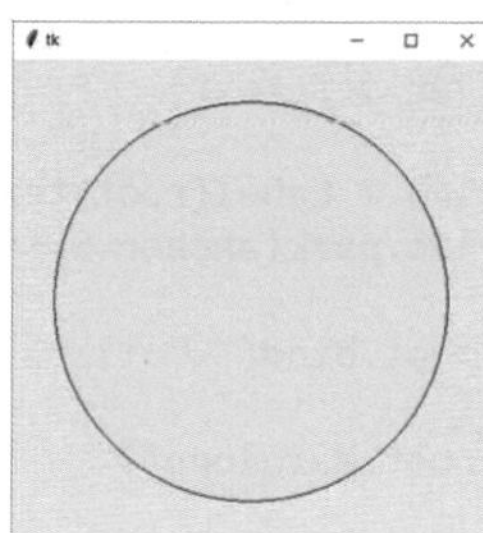

19-4 反彈球遊戲設計

這一節筆者將一步一步引導讀者設計一個反彈球的遊戲。

19-4-1 設計球往下移動

程式實例 ch19_21.py：定義畫布視窗名稱為 Bouncing Ball，同時定義畫布寬度 (14 行)

與高度 (15 行) 分別為 640,480。這個球將往下移動然後消失，移到超出畫布範圍就消失了。

```
1  # ch19_21.py
2  from tkinter import *
3  from random import *
4  import time
5  
6  class Ball:
7      def __init__(self, canvas, color, winW, winH):
8          self.canvas = canvas
9          self.id = canvas.create_oval(0, 0, 20, 20, fill=color)  # 建立球物件
10         self.canvas.move(self.id, winW/2, winH/2)   # 設定球最初位置
11     def ballMove(self):
12         self.canvas.move(self.id, 0, step)      # step是正值表示往下移動
13 
14 winW = 640                                      # 定義畫布寬度
15 winH = 480                                      # 定義畫布高度
16 step = 3                                        # 定義速度可想成位移步伐
17 speed = 0.03                                    # 設定移動速度
18 
19 tk = Tk()
20 tk.title("Bouncing Ball")                       # 遊戲視窗標題
21 tk.wm_attributes('-topmost', 1)                 # 確保遊戲視窗在螢幕最上層
22 canvas = Canvas(tk, width=winW, height=winH)
23 canvas.pack()
24 tk.update()
25 
26 ball = Ball(canvas, 'yellow', winW, winH)       # 定義球物件
27 
28 while True:
29     ball.ballMove()
30     tk.update()
31     time.sleep(speed)                           # 可以控制移動速度
```

執行結果

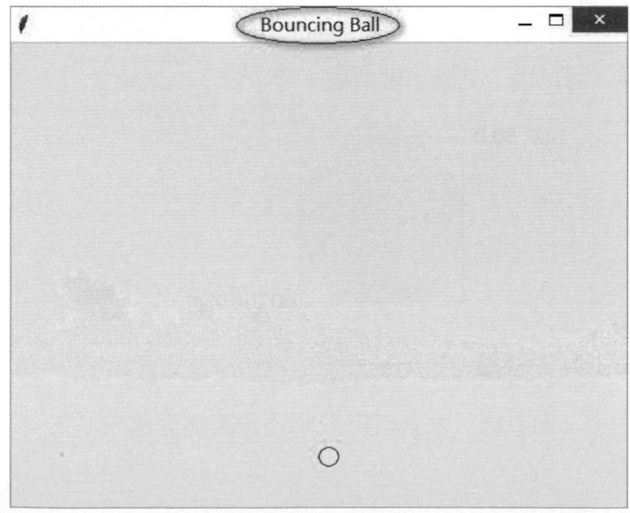

這個程式由於是一個無限迴圈 (28-31 行) 所以我們強制關閉畫布視窗時，將在 Python Shell 視窗看到錯誤訊息，這無所謂，本章最後實例筆者會改良程式此情況。整個程式可以用球每次移動的步伐 (16 行) 和迴圈第 31 行 time.sleep(speed) 指令的 speed 值，控制球的移動速度。

上述程式筆者建立了 Ball 類別，這個類別在初始化 __init__( ) 方法中，我們在第 9 行建立了球物件，第 10 行先設定球是大約在中間位置。另外我們建立了 ballMove( ) 方法，這個方法會依 step 變數移動，在此例每次往下移動。

19-4-2　設計讓球上下反彈

如果想讓所設計的球上下反彈，首先需了解 Tkinter 模組如何定義物件的位置，其實以這個實例而言，可以使用 coords( ) 方法獲得物件位置，它的傳回值是物件的左上角和右下角座標。

程式實例 ch19_22.py：主要是建立一個球，然後用 coords( ) 方法列出球位置的訊息。

```
# ch19_22.py
from tkinter import *

tk = Tk()
canvas= Canvas(tk, width=500, height=150)
canvas.pack()
id = canvas.create_oval(10,50,60,100,fill='yellow', outline='lightgray')
ballPos = canvas.coords(id)
print(ballPos)
```

執行結果

```
================== RESTART: D:/PythonGUI/ch19/ch19_22.py ==================
[10.0, 50.0, 60.0, 100.0]
>>>
```

若以上述執行結果，可以用下列圖示做解說。

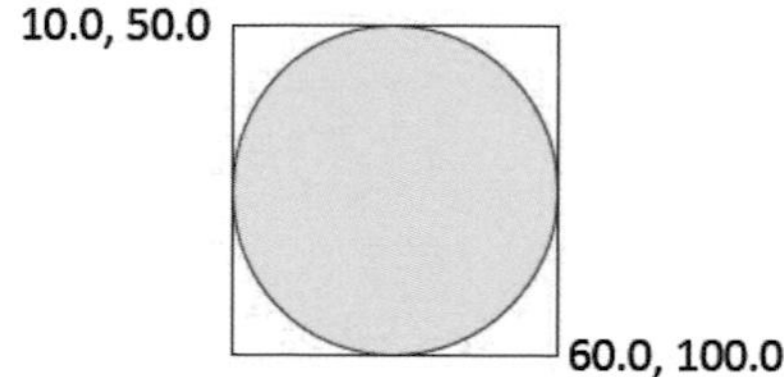

相當於可以用 coords( ) 方法獲得下列結果。

ballPos[0]：球的左邊 x 軸座標，未來可用於判別是否撞到畫布左方。

ballPos[1]：球的上邊 y 軸座標，未來可用於判別是否撞到畫布上方。

ballPos[2]：球的右邊 x 軸座標，未來可用於判別是否撞到畫布右方。

ballPos[3]：球的左邊 y 軸座標，未來可用於判別是否撞到畫布下方。

程式實例 ch19_23.py：改良 ch19_21.py，設計讓球可以上下方移動，其實這個程式只是更改 Ball 類別內容。

```
6  class Ball:
7      def __init__(self, canvas, color, winW, winH):
8          self.canvas = canvas
9          self.id = canvas.create_oval(0, 0, 20, 20, fill=color)  # 建立球物件
10         self.canvas.move(self.id, winW/2, winH/2)   # 設定球最初位置
11         self.x = 0                                  # 水平不移動
12         self.y = step                               # 垂直移動單位
13     def ballMove(self):
14         self.canvas.move(self.id, self.x, self.y)   # step是正值表示往下移動
15         ballPos = self.canvas.coords(self.id)
16         if ballPos[1] <= 0:                         # 偵測球是否超過畫布上方
17             self.y = step
18         if ballPos[3] >= winH:                      # 偵測球是否超過畫布下方
19             self.y = -step
```

執行結果 讀者可以觀察螢幕，球上下移動的結果。

程式第 11 行定義球 x 軸不移動，第 12 行定義 y 軸移動單位是 step。第 15 行獲得球的位置資訊，第 16-17 行偵測如果球撞到畫布上方未來球移動是往下移動 step 單位，第 18-19 行偵測如果球撞到畫布下方未來球移動是往上移動 step 單位 (因為是負值)。

19-4-3 設計讓球在畫布四面反彈

在反彈球遊戲中，我們必需讓球在四面皆可反彈，這時需考慮到球在 x 軸移動，這時原先 Ball 類別的 __init__( ) 函數需修改下列 2 行。

```
        self.x = 0                                  # 水平不移動
        self.y = step                               # 垂直移動單位
```

下列是更改結果。

```
        startPos = [-4, -3, -2, -1, 1, 2, 3, 4]     # 球最初x軸位移的隨機數
        shuffle(startPos)                           # 打亂排列
        self.x = startPos[0]                        # 球最初水平移動單位
        self.y = step                               # 垂直移動單位
```

上述修改的觀念是球局開始時，每個迴圈 x 軸的移動單位是隨機數產生。至於在 ballMove( ) 方法中，我們需考慮到水平軸的移動可能碰撞畫布左邊與右邊的狀況，觀念是如果球撞到畫布左邊，設定球未來 x 軸移動是正值，也就是往右移動。

```
        if ballPos[0] <= 0:                     # 偵測球是否超過畫布左方
            self.x = step
```

如果球撞到畫布右邊，設定球未來 x 軸移動是負值，也就是往左移動。

```
        if ballPos[2] >= winW:                  # 偵測球是否超過畫布右方
            self.x = -step
```

程式實例 ch19_24.py：改良 ch19_23.py 程式，現在球可以在四周移動。

```
class Ball:
    def __init__(self, canvas, color, winW, winH):
        self.canvas = canvas
        self.id = canvas.create_oval(0, 0, 20, 20, fill=color)  # 建立球物件
        self.canvas.move(self.id, winW/2, winH/2)   # 設定球最初位置
        startPos = [-4, -3, -2, -1, 1, 2, 3, 4]     # 球最初x軸位移的隨機數
        shuffle(startPos)                           # 打亂排列
        self.x = startPos[0]                        # 球最初水平移動單位
        self.y = step                               # 垂直移動單位
    def ballMove(self):
        self.canvas.move(self.id, self.x, self.y)   # step是正值表示往下移動
        ballPos = self.canvas.coords(self.id)
        if ballPos[0] <= 0:                         # 偵測球是否超過畫布左方
            self.x = step
        if ballPos[1] <= 0:                         # 偵測球是否超過畫布上方
            self.y = step
        if ballPos[2] >= winW:                      # 偵測球是否超過畫布右方
            self.x = -step
        if ballPos[3] >= winH:                      # 偵測球是否超過畫布下方
            self.y = -step
```

執行結果 讀者可以觀察螢幕，球在畫布四周移動的結果。

19-4-4 建立球拍

首先我們先建立一個靜止的球拍，此時可以建立 Racket 類別，在這個類別中我們設定了它的初始大小與位置。

程式實例 ch19_25.py：擴充 ch19_24.py，主要是增加球拍設計，在這裡我們先增加球拍類別。在這個類別中，我們在第 29 行設計了球拍的大小和顏色，第 30 行設定了最初球拍的位置。

```
class Racket:
    def __init__(self, canvas, color):
        self.canvas = canvas
        self.id = canvas.create_rectangle(0,0,100,15, fill=color)   # 球拍物件
        self.canvas.move(self.id, 270, 400)                         # 球拍位置
```

另外，在主程式增加了建立一個球拍物件。

```
racket = Racket(canvas, 'purple')                  # 定義紫色球拍
```

執行結果

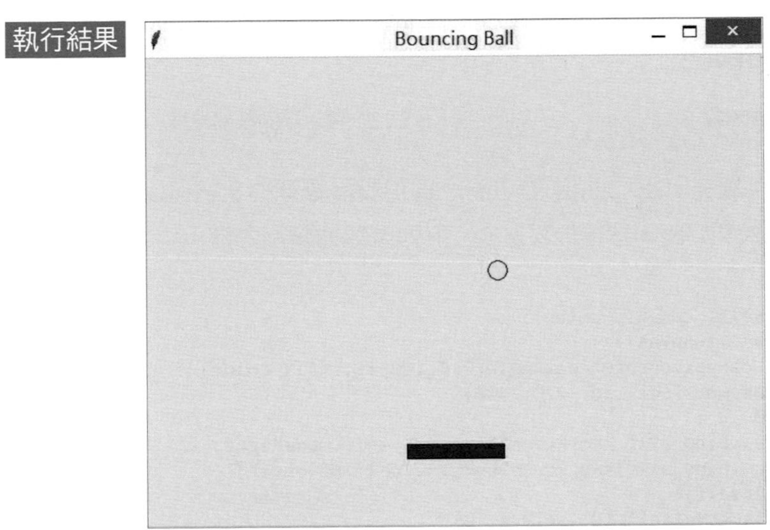

19-4-5 設計球拍移動

由於是假設使用鍵盤的右移和左移鍵移動球拍，所以可以在 Ractet 的 __init__( ) 函數內增加，使用 bind_all( ) 方法綁定鍵盤按鍵發生時的移動方式。

```
        self.canvas.bind_all('<KeyPress-Right>', self.moveRight)    # 綁定按往右鍵
        self.canvas.bind_all('<KeyPress-Left>', self.moveLeft)      # 綁定按往左鍵
```

所以在 Ractet 類別內增加下列 moveRight( ) 和 moveLeft( ) 的設計。

```
    def moveLeft(self, event):                   # 球拍每次向左移動的單位數
        self.x = -3
    def moveRight(self, event):                  # 球拍每次向右移動的單位數
        self.x = 3
```

上述設計相當於每次的位移量是 3，如果遊戲有設等級，可以讓新手位移量增加，隨等級增加讓位移量減少。此外這個程式增加了球拍移動主體設計如下：

```
    def racketMove(self):                           # 設計球拍移動
        self.canvas.move(self.id, self.x, 0)
        pos = self.canvas.coords(self.id)
        if pos[0] <= 0:                             # 移動時是否碰到畫布左邊
            self.x = 0
        elif pos[2] >= winW:                        # 移動時是否碰到畫布右邊
            self.x = 0
```

主程式也將新增球拍移動呼叫。

```
while True:
    ball.ballMove()
    racket.racketMove()
    tk.update()
    time.sleep(speed)                               # 可以控制移動速度
```

程式實例 ch19_26.py：擴充 ch19_25.py 的功能，增加設計讓球拍左右可以移動，下列程式第 31 行是設定程式開始時，球拍位移是 0，下列是球拍類別內容。

```
26 class Racket:
27     def __init__(self, canvas, color):
28         self.canvas = canvas
29         self.id = canvas.create_rectangle(0,0,100,15, fill=color)   # 球拍物件
30         self.canvas.move(self.id, 270, 400)                          # 球拍位置
31         self.x = 0
32         self.canvas.bind_all('<KeyPress-Right>', self.moveRight)     # 綁定按往右鍵
33         self.canvas.bind_all('<KeyPress-Left>', self.moveLeft)       # 綁定按往左鍵
34     def racketMove(self):                         # 設計球拍移動
35         self.canvas.move(self.id, self.x, 0)
36         pos = self.canvas.coords(self.id)
37         if pos[0] <= 0:                           # 移動時是否碰到畫布左邊
38             self.x = 0
39         elif pos[2] >= winW:                      # 移動時是否碰到畫布右邊
40             self.x = 0
41     def moveLeft(self, event):                    # 球拍每次向左移動的單位數
42         self.x = -3
43     def moveRight(self, event):                   # 球拍每次向右移動的單位數
44         self.x = 3
```

下列是主程式內容。

```
racket = Racket(canvas, 'purple')                   # 定義紫色球拍
ball = Ball(canvas, 'yellow', winW, winH)           # 定義球物件

while True:
    ball.ballMove()
    racket.racketMove()
    tk.update()
    time.sleep(speed)                               # 可以控制移動速度
```

執行結果 讀者可以觀察螢幕，球拍已經可以左右移動。

19-4-6 球拍與球碰撞的處理

在上述程式的執行結果中，球碰到球拍基本上是可以穿透過去，這一節將講解碰撞的處理，首先我們可以增加將 Racket 類別傳給 Ball 類別，如下所示：

```
class Ball:
    def __init__(self, canvas, color, winW, winH, racket):
        self.canvas = canvas
        self.racket = racket
```

當然在主程式建立 Ball 類別物件時需修改呼叫如下：

```
racket = Racket(canvas, 'purple')                   # 定義紫色球拍
ball = Ball(canvas,'yellow',winW,winH,racket)       # 定義球物件
```

在 Ball 類別需增加是否球碰到球拍的方法，如果碰到就讓球路徑往上反彈。

```
        if self.hitRacket(ballPos) == True:         # 偵測是否撞到球拍
            self.y = -step
```

在 Ball 類別 ballMove( ) 方法上方需增加下列 hitRacket( ) 方法，檢測是否球碰撞球拍，如果碰撞了會傳回 True，否則傳回 False。

```
    def hitRacket(self, ballPos):
        racketPos = self.canvas.coords(self.racket.id)
        if ballPos[2] >= racketPos[0] and ballPos[0] <= racketPos[2]:
            if ballPos[3] >= racketPos[1] and ballPos[3] <= racketPos[3]:
                return True
        return False
```

上述偵測是否球撞到球拍的必需符合 2 個條件：

1： 球的右側 x 軸座標 ballPos[2] 大於球拍左側 x 座標 racketPos[0]，同時球的左側 x 座標 ballPos[0] 小於球拍右側 x 座標 racketPos[2]。

2： 球的下方 y 座標 ballPos[3] 大於球拍上方的 y 座標 racketPos[1]，同時必需小於球拍下方的 y 座標 reaketPos[3]。讀者可能奇怪為何不是偵測碰到球拍上方即可，主要是球不是一次移動 1 像素，如果移動 3 像素，很可能會跳過球拍上方。

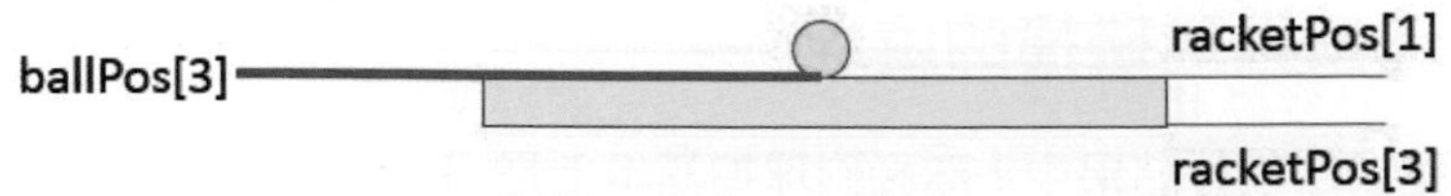

下列是球的可能移動方式圖。

程式實例 ch19_27.py：擴充 ch19_26.py，當球碰撞到球拍時會反彈，下列是完整的 Ball 類別設計。

```
class Ball:
    def __init__(self, canvas, color, winW, winH, racket):
        self.canvas = canvas
        self.racket = racket
        self.id = canvas.create_oval(0, 0, 20, 20, fill=color)  # 建立球物件
        self.canvas.move(self.id, winW/2, winH/2)   # 設定球最初位置
        startPos = [-4, -3, -2, -1, 1, 2, 3, 4]     # 球最初x軸位移的隨機數
        shuffle(startPos)                           # 打亂排列
        self.x = startPos[0]                        # 球最初水平移動單位
        self.y = step                               # 垂直移動單位
    def hitRacket(self, ballPos):
        racketPos = self.canvas.coords(self.racket.id)
        if ballPos[2] >= racketPos[0] and ballPos[0] <= racketPos[2]:
            if ballPos[3] >= racketPos[1] and ballPos[3] <= racketPos[3]:
                return True
        return False
    def ballMove(self):
        self.canvas.move(self.id, self.x, self.y)   # step是正值表示往下移動
        ballPos = self.canvas.coords(self.id)
        if ballPos[0] <= 0:                       # 偵測球是否超過畫布左方
            self.x = step
        if ballPos[1] <= 0:                       # 偵測球是否超過畫布上方
            self.y = step
        if ballPos[2] >= winW:                    # 偵測球是否超過畫布右方
            self.x = -step
        if ballPos[3] >= winH:                    # 偵測球是否超過畫布下方
            self.y = -step
        if self.hitRacket(ballPos) == True:       # 偵測是否撞到球拍
            self.y = -step
```

執行結果 讀者可以觀察螢幕，球碰撞到球拍時會反彈。

19-4-7 完整的遊戲

在實際的遊戲中，若是球碰觸畫布底端應該讓遊戲結束，此時首先我們在第 16 行 Ball 類別的 __init__( ) 函數中先宣告 notTouchBottom 為 True，為了讓玩家可以緩衝，筆者此時也設定球局開始時球是往上移動 (第 15 行)，如下所示：

```
15          self.y = -step                                  # 球先往上垂直移動單位
16          self.notTouchBottom = True                      # 未接觸畫布底端
```

我們修改主程式的循環如下：

```
73  while ball.notTouchBottom:                          # 如果球未接觸畫布底端
74      try:
75          ball.ballMove()
76      except:
77          print("按關閉紐終止程式執行")
78          break
79      racket.racketMove()
80      tk.update()
81      time.sleep(speed)                               # 可以控制移動速度
```

最後我們在 Ball 類別的 ballMove( ) 方法中偵測球是否接觸畫布底端，如果是則將 notTouchBottom 設為 False，這個 False 將讓主程式的迴圈中止執行。同時用捕捉異常時處理如果按 Bouncing Ball 視窗的關閉鈕，這樣就不會再有錯誤訊息產生了。

程式實例 ch19_28.py：完整的反彈球設計。

```
 1  # ch19_23.py
 2  from tkinter import *
 3  from random import *
 4  import time
 5  
 6  class Ball:
 7      def __init__(self, canvas, color, winW, winH, racket):
 8          self.canvas = canvas
 9          self.racket = racket
10          self.id = canvas.create_oval(0, 0, 20, 20, fill=color)  # 建立球物件
11          self.canvas.move(self.id, winW/2, winH/2)   # 設定球最初位置
12          startPos = [-4, -3, -2, -1, 1, 2, 3, 4]     # 球最初x軸位移的隨機數
13          shuffle(startPos)                           # 打亂排列
14          self.x = startPos[0]                        # 球最初水平移動單位
15          self.y = -step                              # 球先往上垂直移動單位
16          self.notTouchBottom = True                  # 未接觸畫布底端
17      def hitRacket(self, ballPos):
18          racketPos = self.canvas.coords(self.racket.id)
19          if ballPos[2] >= racketPos[0] and ballPos[0] <= racketPos[2]:
20              if ballPos[3] >= racketPos[1] and ballPos[3] <= racketPos[3]:
```

```
            self.x = -step
        if ballPos[3] >= winH:                      # 偵測球是否超過畫布下方
            self.y = -step
        if self.hitRacket(ballPos) == True:         # 偵測是否撞到球拍
            self.y = -step
        if ballPos[3] >= winH:                      # 如果球接觸到畫布底端
            self.notTouchBottom = False
class Racket:
    def __init__(self, canvas, color):
        self.canvas = canvas
        self.id = canvas.create_rectangle(0,0,100,15, fill=color)   # 球拍物件
        self.canvas.move(self.id, 270, 400)                         # 球拍位置
        self.x = 0
        self.canvas.bind_all('<KeyPress-Right>', self.moveRight)    # 綁定按往右鍵
        self.canvas.bind_all('<KeyPress-Left>', self.moveLeft)      # 綁定按往左鍵
    def racketMove(self):                           # 設計球拍移動
        self.canvas.move(self.id, self.x, 0)
        racketPos = self.canvas.coords(self.id)
        if racketPos[0] <= 0:                       # 移動時是否碰到畫布左邊
            self.x = 0
        elif racketPos[2] >= winW:                  # 移動時是否碰到畫布右邊
            self.x = 0
    def moveLeft(self, event):                      # 球拍每次向左移動的單位數
        self.x = -3
    def moveRight(self, event):                     # 球拍每次向右移動的單位數
        self.x = 3

winW = 640                                          # 定義畫布寬度
winH = 480                                          # 定義畫布高度
step = 3                                            # 定義速度可想成位移步伐
speed = 0.01                                        # 設定移動速度

tk = Tk()
tk.title("Bouncing Ball")                           # 遊戲視窗標題
tk.wm_attributes('-topmost', 1)                     # 確保遊戲視窗在螢幕最上層
canvas = Canvas(tk, width=winW, height=winH)
canvas.pack()
tk.update()

racket = Racket(canvas, 'purple')                   # 定義紫色球拍
ball = Ball(canvas,'yellow',winW,winH,racket)       # 定義球物件

while ball.notTouchBottom:                          # 如果球未接觸畫布底端
    try:
        ball.ballMove()
    except:
        print("按關閉紐終止程式執行")
        break
    racket.racketMove()
    tk.update()
    time.sleep(speed)                               # 可以控制移動速度
```

執行結果

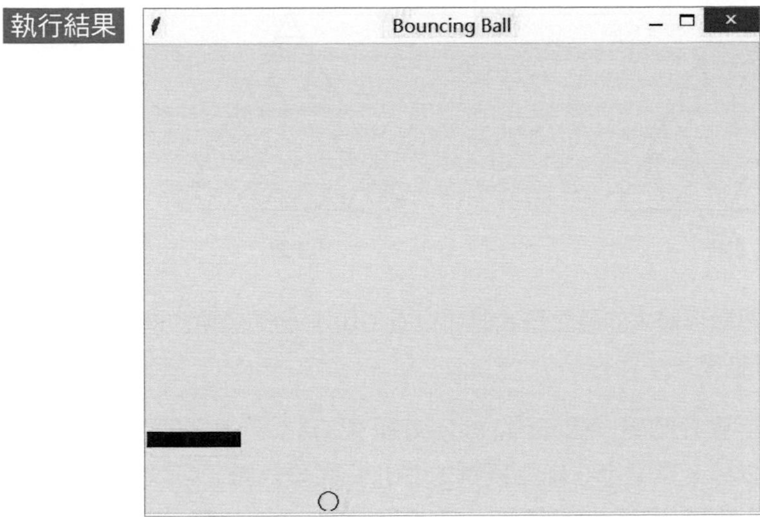

19-5 專題 - 使用 tkinter 處理謝爾賓斯基三角形

謝爾賓斯基三角形 (Sierpinski triangle) 是由波蘭數學家謝爾賓斯基在 1915 年提出的三角形觀念，這個三角形本質上是碎形 (Fractal)，所謂碎形是一個幾何圖形，它可以分為許多部分，每個部分皆是整體的縮小版。這個三角形建立觀念如下：

1： 建立一個等邊三角形，這個三角形稱 0 階 (order = 0) 謝爾賓斯基三角形。

2： 將三角形各邊中點連接，稱 1 階謝爾賓斯基三角形。

3： 中間三角形不變，將其它 3 個三角形各邊中點連接，稱 2 階謝爾賓斯基三角形。

4： 使用 11-6 節遞迴式函數觀念，重複上述步驟，即可產生 3、4 … 或更高階謝爾賓斯基三角形。

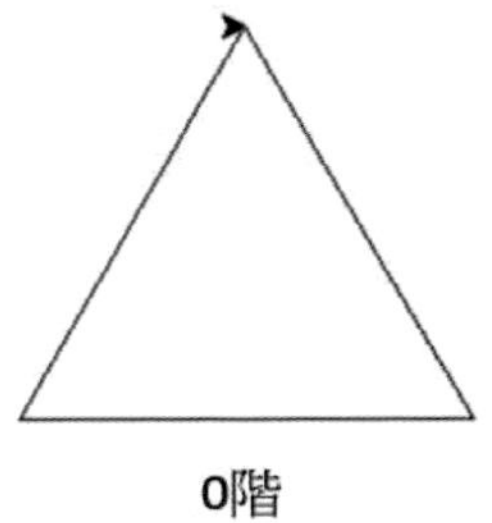

0階

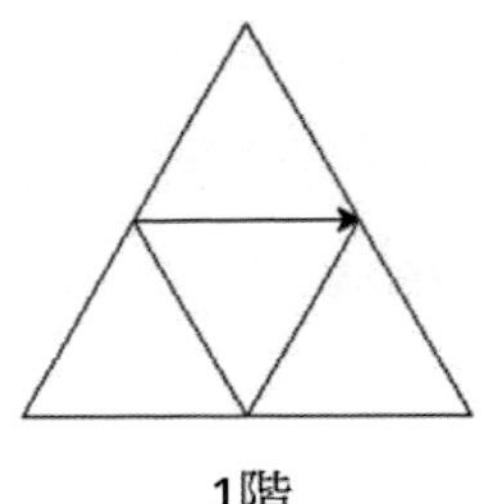

1階

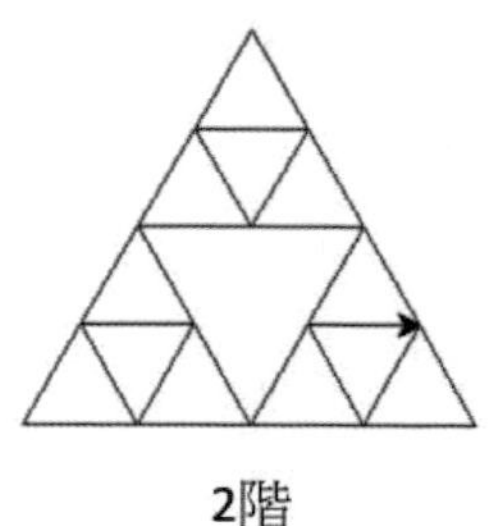
2階

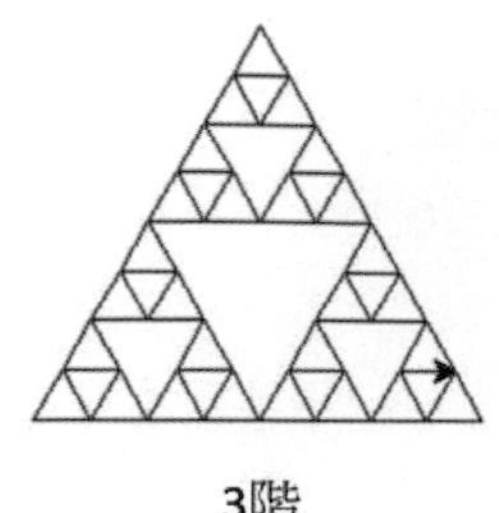
3階

使用 tkinter 解這個題目最大的優點是我們可以在 GUI 介面隨時更改階乘數字，然後可以在畫布顯示執行結果。

在這個小節我們計畫介紹另一個元件 (widget) 框架 Frame，也可將此想像成是容器元件，這個框架 Frame 通常用在碰上複雜的 GUI 介面設計時，可以將部分其它 tkinter 元件組織在此框架內 (可想成是容器)，如此可以簡化 GUI 介面。它的建構方法語法如下：

Frame(父物件 ,options, …)

Frame( ) 方法的第一個參數是父物件，表示這個框架將建立在那一個父物件內。下列是 Frame( ) 方法內其它常用的 options 參數：

- ❑ **bg 或 background**：背景色彩。
- ❑ **borderwidth 或 bd**：標籤邊界寬度，預設是 2。
- ❑ **cursor**：當滑鼠游標在框架時的游標外形。
- ❑ **height**：框架的高度單位是像素。
- ❑ **highlightbackground**：當框架沒有取得焦點時的顏色。
- ❑ **highlightcolor**：當框架取得焦點時的顏色。
- ❑ **highlighthickness**：當框架取得焦點時的厚度。
- ❑ **relief**：預設是 relief=FLAT，可由此控制框架外框。
- ❑ **width**：框架的高度單位是像素，省略時會自行調整為實際寬度。

程式實例 ch19_29.py：設計謝爾賓斯基三角形 (Sierpinski triangle)，這個程式基本觀念是在 tk 視窗內分別建立 Canvas( ) 物件 canvas 和 Frame( ) 物件 frame，然後在 canvas 物件內繪製謝爾賓斯基三角形。在 frame 物件內建立標籤 Label、文字方塊 Entry 和按鈕 Button，這是用於建立輸入繪製謝爾賓斯基三角形的階乘數與正式控制執行。

```
# ch19_29.py
from tkinter import *
# 依據特定階級數繪製Sierpinski三角形
def sierpinski(order, p1, p2, p3):
    if order == 0:       # 階級數為0
        # 將3個點連接繪製成三角形
        drawLine(p1, p2)
        drawLine(p2, p3)
        drawLine(p3, p1)
    else:
        # 取得三角形各邊長的中點
        p12 = midpoint(p1, p2)
        p23 = midpoint(p2, p3)
        p31 = midpoint(p3, p1)
        # 遞迴呼叫處理繪製三角形
        sierpinski(order - 1, p1, p12, p31)
        sierpinski(order - 1, p12, p2, p23)
        sierpinski(order - 1, p31, p23, p3)
# 繪製p1和p2之間的線條
def drawLine(p1,p2):
    canvas.create_line(p1[0],p1[1],p2[0],p2[1],tags="myline")
# 傳回2點的中間值
def midpoint(p1, p2):
    p = [0,0]                                    # 初值設定
    p[0] = (p1[0] + p2[0]) / 2
    p[1] = (p1[1] + p2[1]) / 2
    return p
# 顯示
def show():
    canvas.delete("myline")
    p1 = [200, 20]
    p2 = [20, 380]
    p3 = [380,380]
    sierpinski(order.get(), p1, p2, p3)

# main
tk = Tk()
canvas = Canvas(tk, width=400, height=400)       # 建立畫布
canvas.pack()

frame = Frame(tk)                                # 建立框架
frame.pack(padx=5, pady=5)
# 在框架Frame內建立標籤Label, 輸入階乘數Entry, 按鈕Button
Label(frame, text="輸入階數 : ").pack(side=LEFT)
order = IntVar()
order.set(0)
entry = Entry(frame, textvariable=order).pack(side=LEFT,padx=3)
Button(frame, text="顯示Sierpinski三角形",
       command=show).pack(side=LEFT)

tk.mainloop()
```

執行結果

上述程式繪製第一個 0 階的謝爾賓斯基三角形觀念如下：

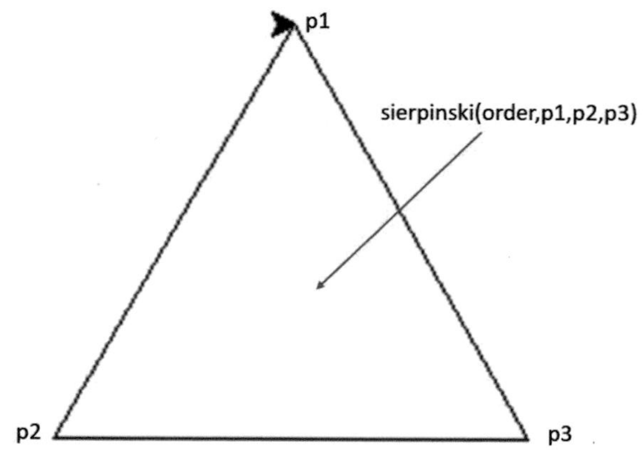

遞迴呼叫繪製謝爾賓斯基三角形觀念如下：

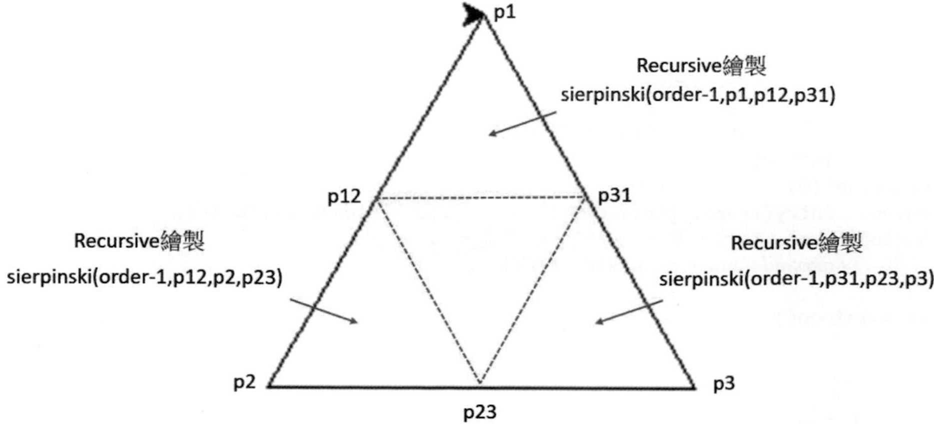

習題

實作題

1. 寫一個程式，畫布寬高分別是 400*250，由外往內繪製，每次寬和高減 10，可以顯示 20 個矩形。(19-1 節)

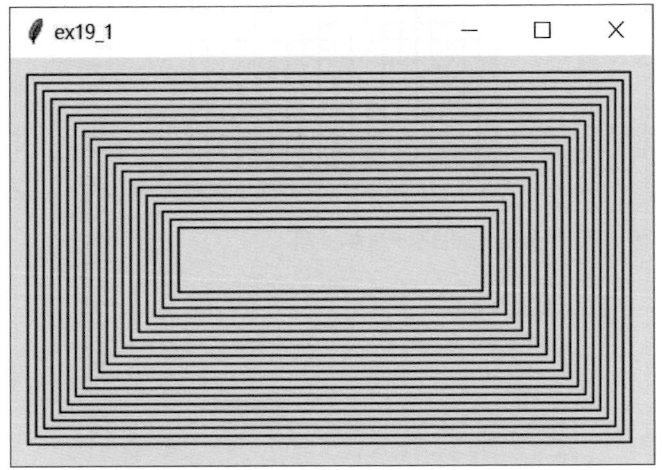

2. 寫一個程式，畫布寬高分別是 400*250，由外往內繪製橢圓，每次橢圓寬和高減 10，可以顯示 20 個橢圓形。(19-1 節)

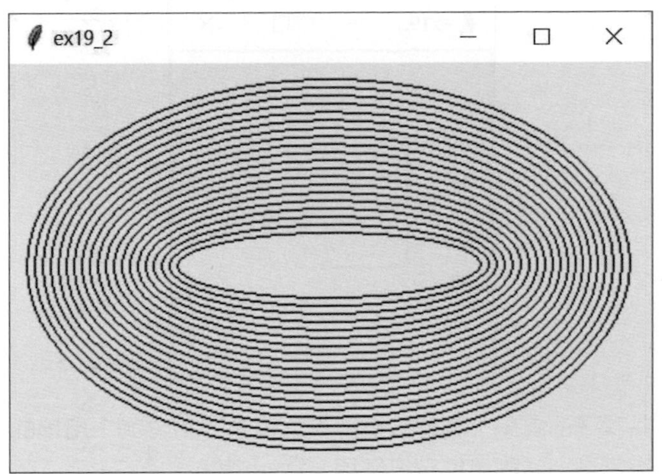

3. 寫一個程式可以顯示 15*15 的網格。(19-1 節)

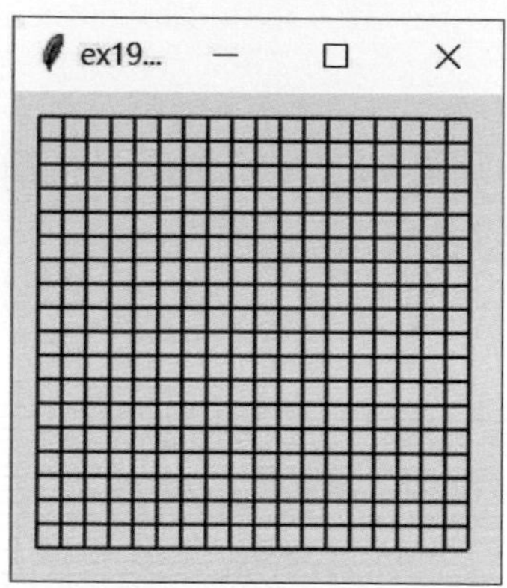

4. 寫一個程式可以顯示走馬燈訊息。(19-3 節)

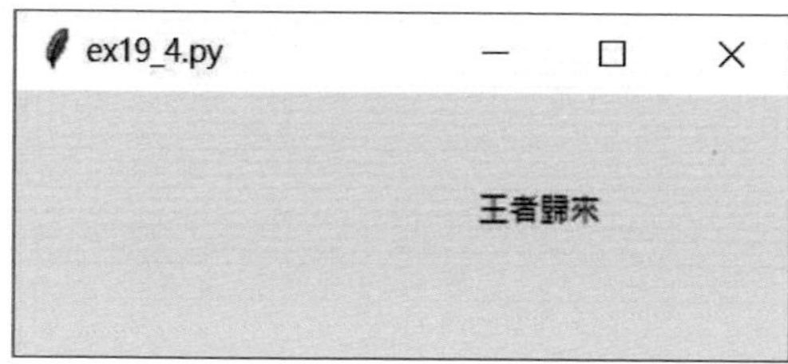

5. 寫一個程式，當按 up、down、right、left 鍵盤時，可以繪製線條。(19-3 節)

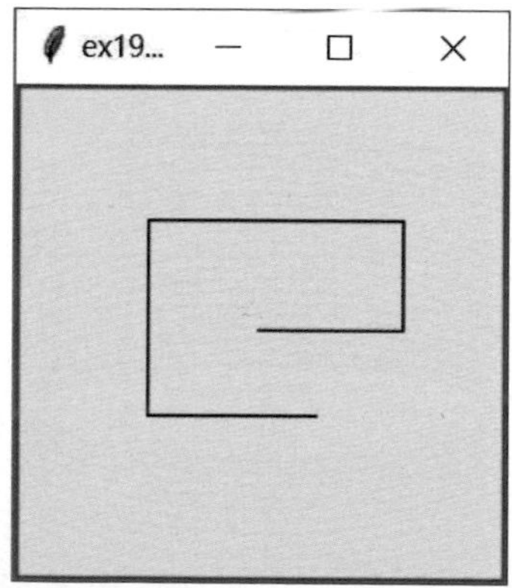

6. 繪製含有 3 片葉子的風扇，視窗的寬度與高度是 300*300，風扇的半徑是 120，其它風扇顏色與轉動細節則可以自行發揮。(19-3 節)

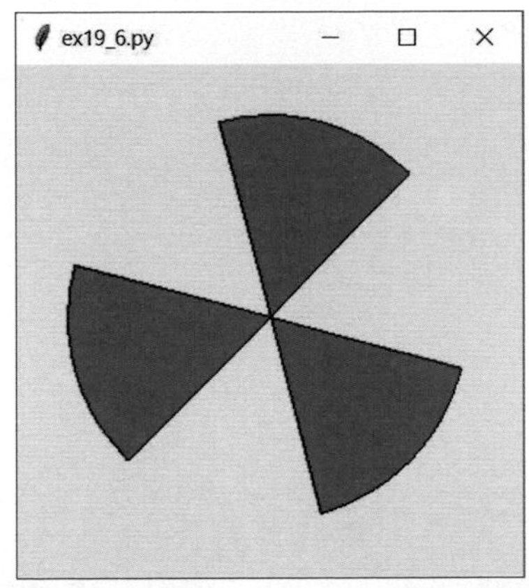

7.　重新設計程式實例 ch19_19.py，輸出字串讓玩家由螢幕輸入猜哪一個球跑得快，每次移動時皆讓電腦有 60% 移動的機率。下列是開始畫面：(19-3 節)

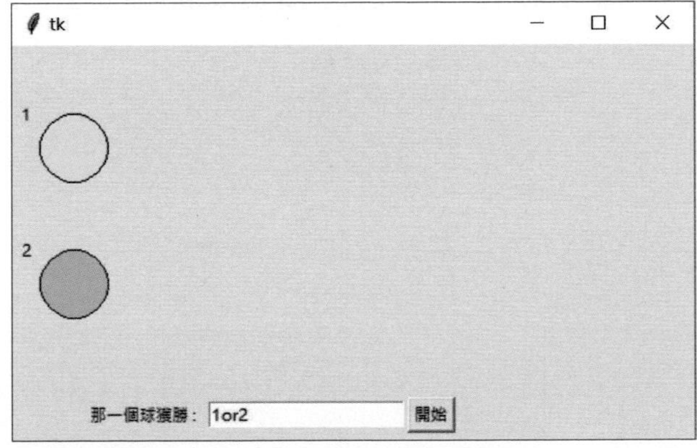

下列是選擇 1 號球勝利，結果是 2 號球勝利的畫面。

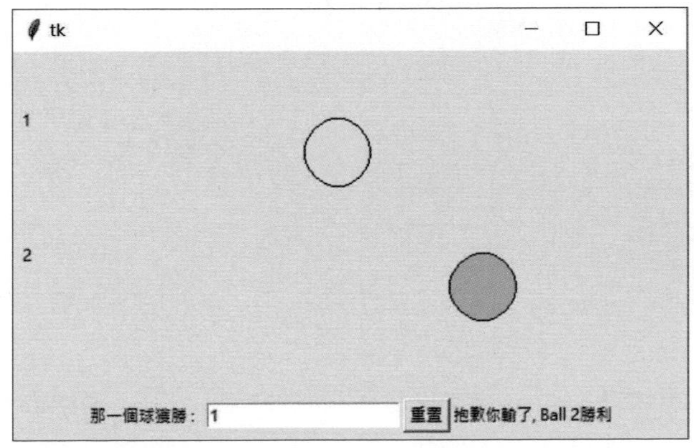

下列是輸入錯誤的畫面。

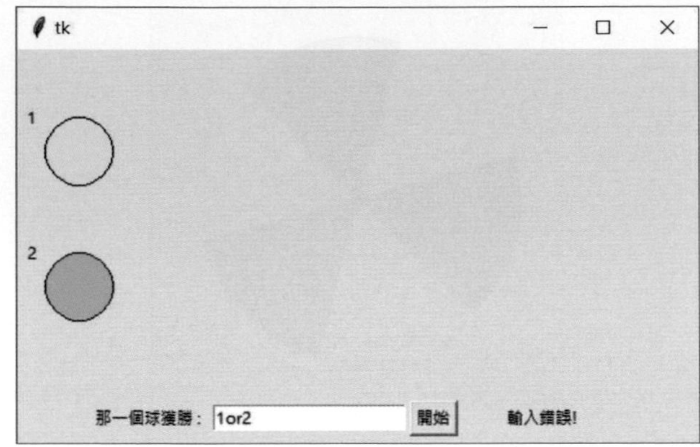

8. 參考 ch19_29.py，繪製一個遞迴樹 Recursive Tree，假設樹的分支是直角，下一層的樹枝長度是前一層的 0.6 倍，下列是不同深度 depth 時的遞迴樹。(19-5 節)

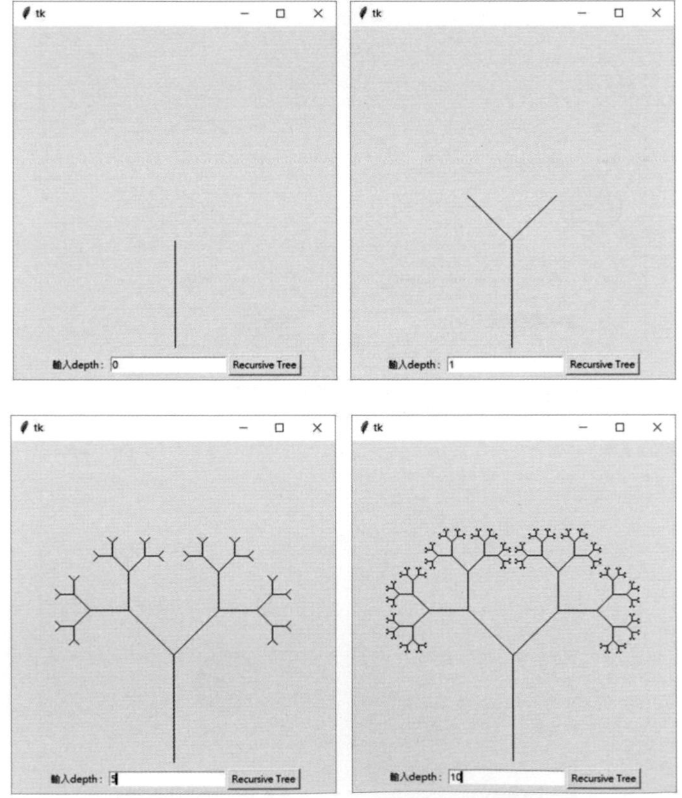

第二十章

數據圖表的設計

20-1 繪製簡單的折線圖

20-2 繪製散點圖 scatter( )

20-3 Numpy 模組

20-4 隨機數的應用

20-5 繪製多個圖表

20-6 長條圖的製作 bar( )

20-7 圓餅圖的製作 pie( )

20-8 圖表顯示中文

20-9 專題 - 台灣股市資料讀取與圖表製作

本章所敘述的重點是數據圖形的繪製，所使用的工具是 matplotlib 繪圖庫模組，使用前需先安裝：

pip install matplotlib

matplotlib 是一個龐大的繪圖庫模組，本章我們只導入其中的 pyplot 子模組就可以完成許多圖表繪製，如下所示，未來就可以使用 plt 呼叫相關的方法。

import matplotlib.pyplot as plt

本章將敘述 matplotlib 的重點，更完整使用說明可以參考下列網站。

http://matplotlib.org

20-1 繪製簡單的折線圖

這一節將從最簡單的折線圖開始解說。

20-1-1 顯示繪製的圖形 show( )

這個 show( ) 方法主要是顯示所繪製的圖形，當我們會製圖形完成後，可以呼叫此方法。

20-1-2 畫線 plot( )

應用方式是將含數據的串列當參數傳給 plot( )，串列內的數據會被視為 y 軸的值，x 軸的值會依串列值的索引位置自動產生。

程式實例 ch20_1.py：繪製折線的應用，square[ ] 串列有 8 筆資料代表 y 軸值，這些數據基本上是 x 軸索引 0- 7 的平方值序列。

```
# ch20_1.py
import matplotlib.pyplot as plt

squares = [1, 4, 9, 16, 25, 36, 49, 64]
plt.plot(squares)           # 串列squares數據是y軸的值
plt.show()
```

執行結果

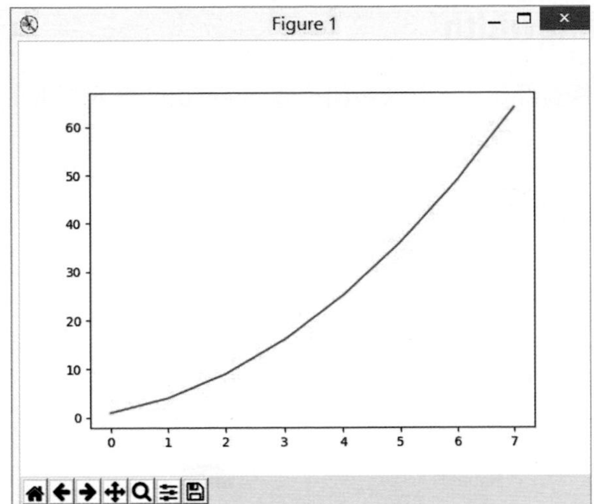

從上述執行結果可以看到左下角的軸刻度不是 (0,0)，我們可以使用 axis( ) 設定 x,y 軸的最小和最大刻度。

程式實例 ch20_1_1.py：重新設計 ch20_1.py，將軸刻度 x 軸設為 0,8，y 軸刻度設為 0,70。

```
# ch20_1_1.py
import matplotlib.pyplot as plt

squares = [1, 4, 9, 16, 25, 36, 49, 64]
plt.plot(squares)          # 串列squares數據是y軸的值
plt.axis([0, 8, 0, 70]) # x軸刻度0-8, y軸刻度0-70
plt.show()
```

執行結果

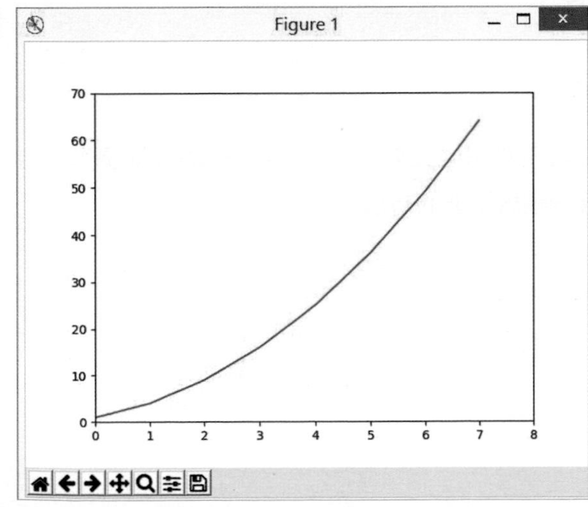

20-1-3　線條寬度 linewidth

使用 plot( ) 時預設線條寬度是 1，可以多加一個 linewidth(縮寫是 lw) 參數設定線條的粗細。

程式實例 ch20_2.py：設定線條寬度是 3。

```
# ch20_2.py
import matplotlib.pyplot as plt

squares = [1, 4, 9, 16, 25, 36, 49, 64]
plt.plot(squares, linewidth=3)
plt.show()
```

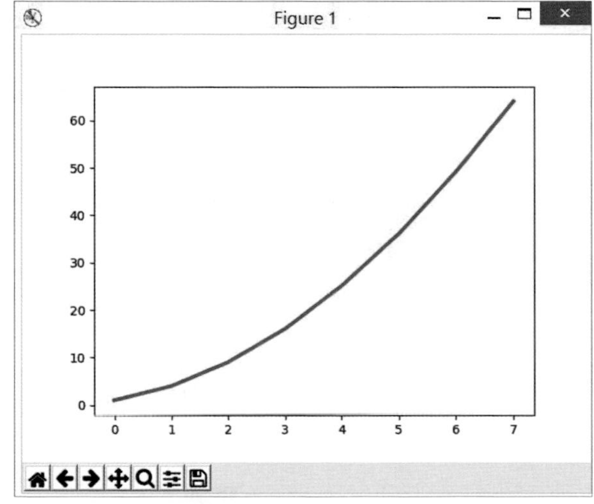

20-1-4　標題的顯示

目前 matplotlib 模組預設不支援中文顯示，筆者將在 20-8 節講解更改字型，讓圖表可以顯示中文，下列是幾個圖表重要的方法。

title( )：圖表標題。

xlabel( )：x 軸標題。

ylabel( )：y 軸標題。

上述方法可以顯示預設大小是 12 的字型，它的語法如下：

title(標題名稱 , fontsize= 字型大小)　　　　# 同時可用在 xlabel( ) 和 ylabel( )

程式實例 ch20_3.py：使用預設字型大小為圖表與 x/y 軸建立標題。

```
# ch20_3.py
import matplotlib.pyplot as plt

squares = [1, 4, 9, 16, 25, 36, 49, 64]
plt.plot(squares, linewidth=3)
plt.title("Test Chart")
plt.xlabel("Value")
plt.ylabel("Square")
plt.show()
```

執行結果 可參考下方左圖。

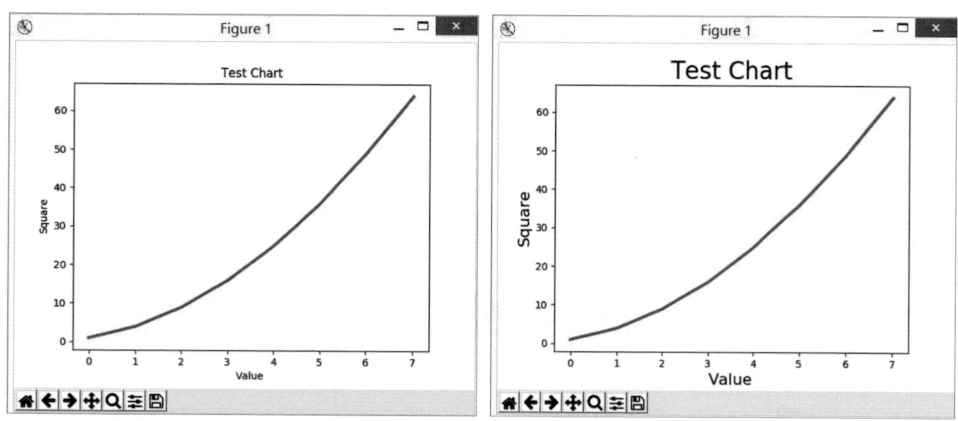

程式實例 ch20_4.py：使用設定字型大小 24 與 16 分別為圖表與 x/y 軸建立標題。

```
# ch20_4.py
import matplotlib.pyplot as plt

squares = [1, 4, 9, 16, 25, 36, 49, 64]
plt.plot(squares, linewidth=3)
plt.title("Test Chart", fontsize=24)
plt.xlabel("Value", fontsize=16)
plt.ylabel("Square", fontsize=16)
plt.show()
```

執行結果 可參考上方右圖。

20-1-5　座標軸刻度的設定

在設計圖表時可以使用 tick_params( ) 設計設定座標軸的刻度大小、顏色以及應用範圍。

tick_params(axis='xx', labelsize=xx, color='xx')　　# labelsize 的 xx 代表刻度大小

如果 axis 的 xx 是 both 代表應用到 x 和 y 軸，如果 xx 是 x 代表應用到 x 軸，如果 xx 是 y 代表應用到 y 軸。color 則是設定刻度的線條顏色，例如：red 代表紅色，20-1-8 節會有顏色表。

程式實例 ch20_5.py：使用不同刻度與顏色的應用。

```
# ch20_5.py
import matplotlib.pyplot as plt

squares = [1, 4, 9, 16, 25, 36, 49, 64]
plt.plot(squares, linewidth=3)
plt.title("Test Chart", fontsize=24)
plt.xlabel("Value", fontsize=16)
plt.ylabel("Square", fontsize=16)
plt.tick_params(axis='both', labelsize=12, color='red')
plt.show()
```

執行結果

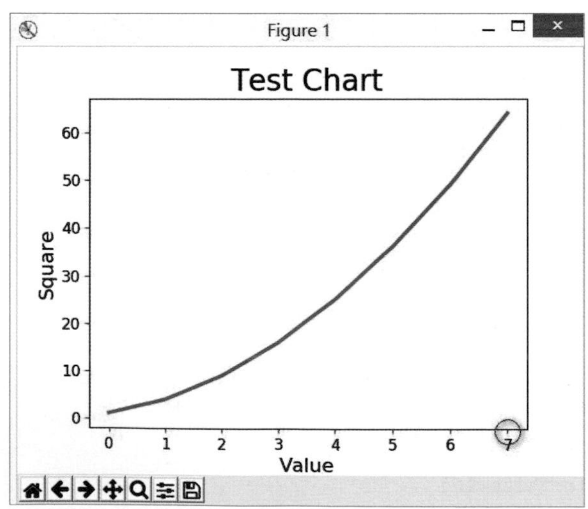

20-1-6 修訂圖表的起始值

從上圖可以看到平方串列的值是有 8 筆資料，依照 Python 語法起始數字是從 0 開始，所以整個數值到 7 結束。但是在我們日常生活呈現的報表中，通常數字是從 1 開始，為了要做這個修訂，可以再增加一個串列，這個串列主要是設定數值索引，細節可參考下列實例的第 5 行 seq。

程式實例 ch20_6.py：修訂圖表的起始值，讀者應該注意到 x 軸標計從 1 開始。

```
1  # ch20_6.py
2  import matplotlib.pyplot as plt
3
4  squares = [1, 4, 9, 16, 25, 36, 49, 64]
5  seq = [1,2,3,4,5,6,7,8]
6  plt.plot(seq, squares, linewidth=3)
7  plt.title("Test Chart", fontsize=24)
8  plt.xlabel("Value", fontsize=16)
9  plt.ylabel("Square", fontsize=16)
10 plt.tick_params(axis='both', labelsize=12, color='red')
11 plt.show()
```

執行結果

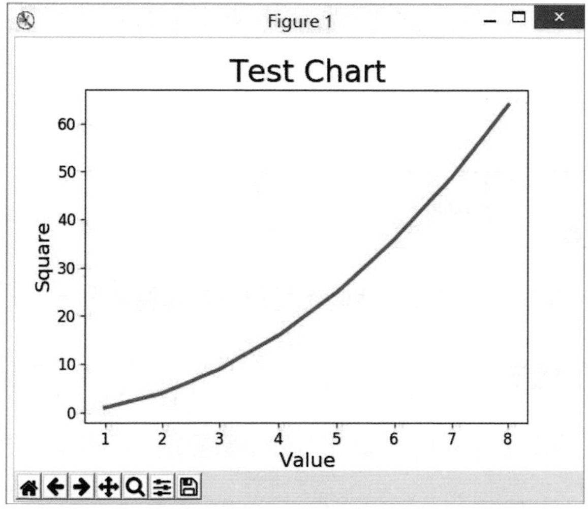

20-1-7 多組數據的應用

目前所有的圖表皆是只有一組數據，其實可以擴充多組數據，只要在 plot( ) 內增加數據串列參數即可。此時 plot( ) 的參數如下：

plot(seq, 第一組數據 , seq, 第二組數據 , …)　　# seq 觀念可以參考 20-1-6 節

程式實例 ch20_7：設計多組數據圖的應用。

```
# ch20_7.py
import matplotlib.pyplot as plt

data1 = [1, 4, 9, 16, 25, 36, 49, 64]           # data1線條
data2 = [1, 3, 6, 10, 15, 21, 28, 36]           # data2線條
seq = [1,2,3,4,5,6,7,8]
plt.plot(seq, data1, seq, data2)                # data1&2線條
plt.title("Test Chart", fontsize=24)
plt.xlabel("x-Value", fontsize=14)
plt.ylabel("y-Value", fontsize=14)
plt.tick_params(axis='both', labelsize=12, color='red')
plt.show()
```

執行結果

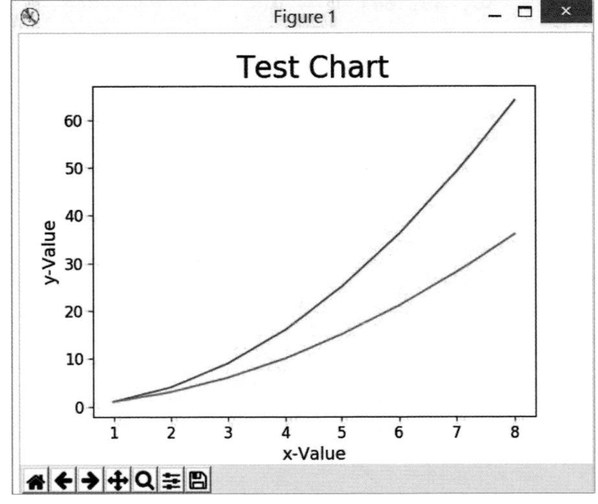

上述以不同顏色顯示線條是系統預設，我們也可以自訂線條色彩。

20-1-8　線條色彩與樣式

如果想設定線條色彩，可以在 plot( ) 內增加下列參數設定，下列是常見的色彩表。

色彩字元	色彩說明
'b'	blue(藍色)
'c'	cyan(青色)
'g'	green(綠色)
'k'	black(黑色)

色彩字元	色彩說明
'm'	magenta(品紅)
'r'	red(紅色)
'w'	white(白色)
'y'	yellow(黃色)

下列是常見的樣式表。

字元	說明
'-' 或 ''solid'	這是預設實線
'- -' 或 'dashed'	虛線
'-.' 或 'dashdot'	虛點線
':' 或 'dotted'	點線
'.'	點標記
','	像素標記
'o'	圓標記
'v'	反三角標記
'^'	三角標記
'<'	左三角形
'>'	右三角形
's'	方形標記
'p'	五角標記
'*'	星星標記
'+'	加號標記
'_'	減號標記
'x'	X 標記
'H'	六邊形 1 標記
'h'	六邊形 2 標記

上述可以混合使用，例如：'r-.' 代表紅色虛點線。

程式實例 ch20_8.py：採用不同色彩與線條樣式繪製圖表。

```
1   # ch20_8.py
2   import matplotlib.pyplot as plt
3
4   data1 = [1, 2, 3, 4, 5, 6, 7, 8]                    # data1線條
5   data2 = [1, 4, 9, 16, 25, 36, 49, 64]               # data2線條
6   data3 = [1, 3, 6, 10, 15, 21, 28, 36]               # data3線條
7   data4 = [1, 7, 15, 26, 40, 57, 77, 100]             # data4線條
8
9   seq = [1, 2, 3, 4, 5, 6, 7, 8]
10  plt.plot(seq, data1, 'g--', seq, data2, 'r-.', seq, data3, 'y:', seq, data4, 'k.')
11  plt.title("Test Chart", fontsize=24)
12  plt.xlabel("x-Value", fontsize=14)
13  plt.ylabel("y-Value", fontsize=14)
14  plt.tick_params(axis='both', labelsize=12, color='red')
15  plt.show()
```

執行結果

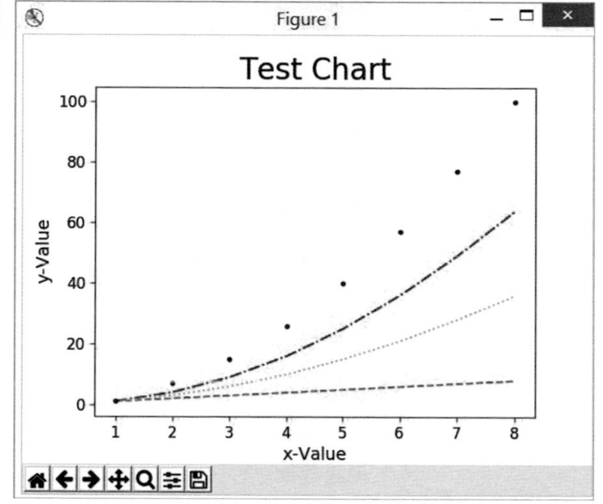

在上述第 10 行最右邊 'k.' 代表繪製黑點而不是繪製線條，由這個觀念讀者應該可以使用不同顏色繪製散點圖 (20-2 節會介紹另一個方法 scatter( ) 繪製散點圖)。上述格式應用是很活的，如果我們使用 '-*' 可以繪製線條，同時在指定點加上星星標記。註：如果沒有設定顏色，系統會自行配置顏色。

程式實例 ch20_9.py：重新設計 ch20_8.py 繪製線條，同時為各個點加上標記。

```
10  plt.plot(seq, data1, '-*', seq, data2, '-o', seq, data3, '-^', seq, data4, '-s')
```

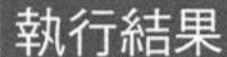

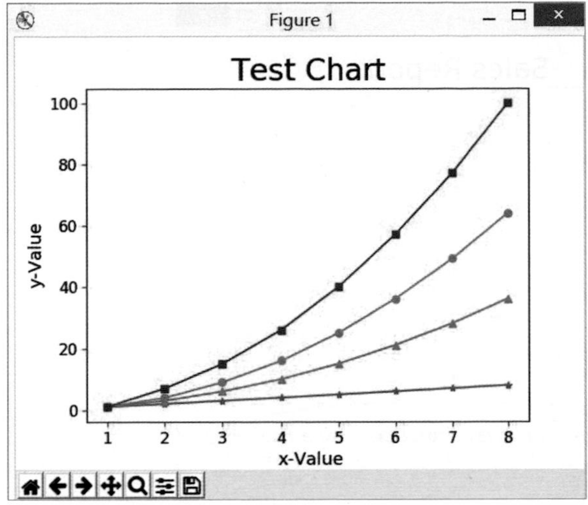

20-1-9 刻度設計

目前所有繪製圖表 x 軸和 y 軸的刻度皆是 plot( ) 方法針對所輸入的參數採用預設值設定，請先參考下列實例。

程式實例 ch20_10.py：有一個假設 3 大品牌車輛 2018-2020 的銷售數據如下：

Benz	3367	4120	5539
BMW	4000	3590	4423
Lexus	5200	4930	5350

請使用上述方法將上述資料繪製成圖表。

```
# ch20_10.py
import matplotlib.pyplot as plt

Benz = [3367, 4120, 5539]                    # Benz線條
BMW = [4000, 3590, 4423]                     # BMW線條
Lexus = [5200, 4930, 5350]                   # Lexus線條

seq = [2018, 2019, 2020]                     # 年度
plt.plot(seq, Benz, '-*', seq, BMW, '-o', seq, Lexus, '-^')
plt.title("Sales Report", fontsize=24)
plt.xlabel("Year", fontsize=14)
plt.ylabel("Number of Sales", fontsize=14)
plt.tick_params(axis='both', labelsize=12, color='red')
plt.show()
```

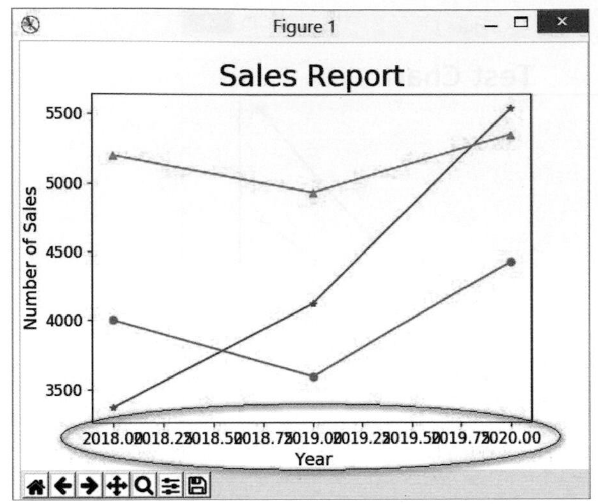

上述程式最大的遺憾是 x 軸的刻度，對我們而言，其實只要有 2018-2020 這 3 個年度的刻度即可，還好可以使用 pyplot 模組的 xticks( )/yticks( ) 分別設定 x/y 軸刻度，可參考下列實例。

程式實例 ch20_11.py：重新設計 ch20_10.py，自行設定刻度，這個程式的重點是第 9 行，將 seq 串列當參數放在 plt.xticks( ) 內。

```
1  # ch20_11.py
2  import matplotlib.pyplot as plt
3
4  Benz = [3367, 4120, 5539]                # Benz線條
5  BMW = [4000, 3590, 4423]                 # BMW線條
6  Lexus = [5200, 4930, 5350]               # Lexus線條
7
8  seq = [2018, 2019, 2020]                 # 年度
9  plt.xticks(seq)                          # 設定x軸刻度
10 plt.plot(seq, Benz, '-*', seq, BMW, '-o', seq, Lexus, '-^')
11 plt.title("Sales Report", fontsize=24)
12 plt.xlabel("Year", fontsize=14)
13 plt.ylabel("Number of Sales", fontsize=14)
14 plt.tick_params(axis='both', labelsize=12, color='red')
15 plt.show()
```

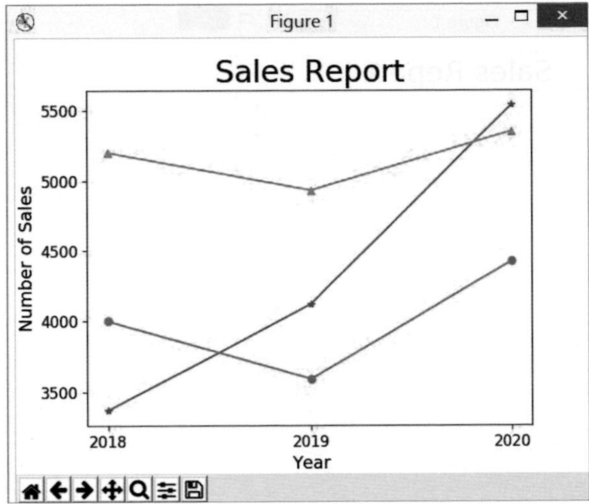

20-1-10 圖例 legend( )

程式實例 ch20_1.py 所建立的圖表，坦白說已經很好了，缺點是缺乏各種線條代表的意義，在 Excel 中稱圖例 (legend)，下列筆者將直接以實例說明。

程式實例 ch20_12.py：為 ch20_11.py 建立圖例。

```
# ch20_12.py
import matplotlib.pyplot as plt

Benz = [3367, 4120, 5539]               # Benz線條
BMW = [4000, 3590, 4423]                # BMW線條
Lexus = [5200, 4930, 5350]              # Lexus線條

seq = [2018, 2019, 2020]                # 年度
plt.xticks(seq)                         # 設定x軸刻度
plt.plot(seq, Benz, '-*', label='Benz')
plt.plot(seq, BMW, '-o', label='BMW')
plt.plot(seq, Lexus, '-^', label='Lexus')
plt.legend(loc='best')
plt.title("Sales Report", fontsize=24)
plt.xlabel("Year", fontsize=14)
plt.ylabel("Number of Sales", fontsize=14)
plt.tick_params(axis='both', labelsize=12, color='red')
plt.show()
```

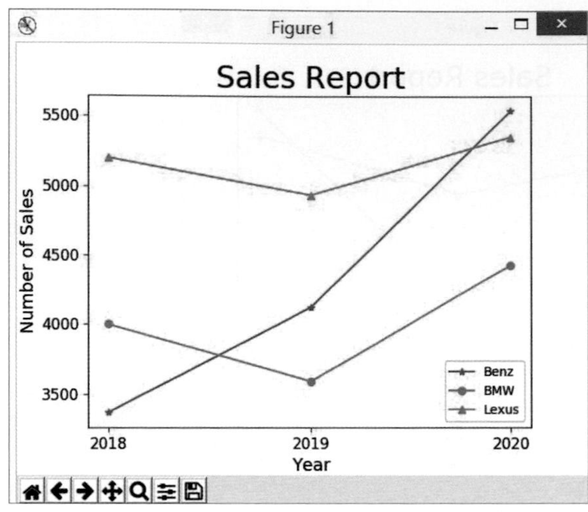

這個程式最大不同在第 10-12 行，以第 10 行解說。

```
plt.plot(seq, Benz, '-*', label='Benz')
```

上述呼叫 plt.plot( ) 時需同時設定 label，最後使用第 13 行方式執行 legend( ) 圖例的呼叫。其中參數 loc 可以設定圖例的位置，可以有下列設定方式：

'best'：0,
'upper right'：1
'upper left'：2,
'lower left'：3,
'lower right'：4,
'right'：5,　(與 'center right' 相同)
'center left'：6,
'center right'：7,
'lower center'：8,
'upper center'：9,
'center'：10,

如果省略 loc 設定，則使用預設 'best'，在應用時可以使用設定整數值，例如：設定 loc=0 與上述效果相同。若是顧慮程式可讀性建議使用文字串方式設定，當然也可以直接設定數字，可以小小炫耀或迷惑不懂的人吧！

程式實例 ch20_12_1.py：省略 loc 設定。

```
plt.legend()
```

執行結果 與 ch20_12.py 相同。

程式實例 ch20_12_2.py：設定 loc=0。

```
plt.legend(loc=0)
```

執行結果 與 ch20_12.py 相同。

程式實例 ch20_12_3.py：設定圖例在右上角。

```
plt.legend(loc='upper right')
```

執行結果 下方左圖。

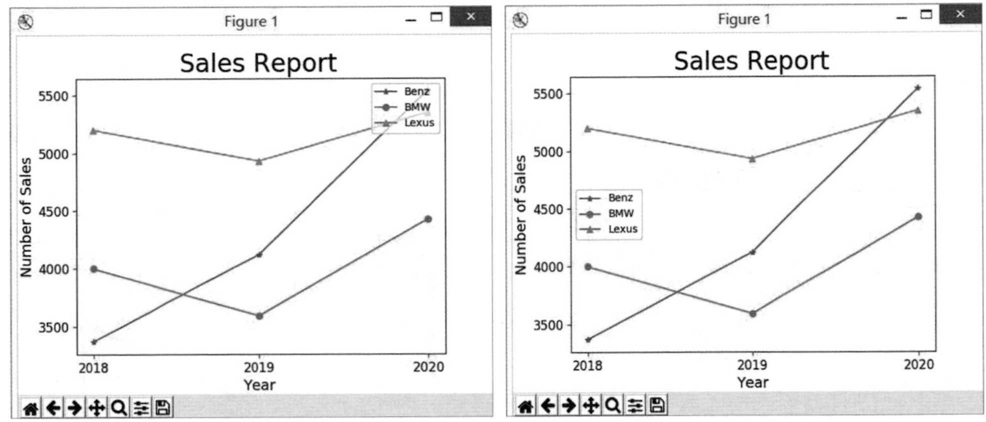

程式實例 ch20_12_4.py：設定圖例在左邊中央。

```
plt.legend(loc=6)
```

執行結果 上方右圖。

經過上述解說，我們已經可以將圖例放在圖表內了，如果想將圖例放在圖表外，筆者先解釋座標，在圖表內左下角位置是 (0,0)，右上角是 (1,1)，觀念如下：

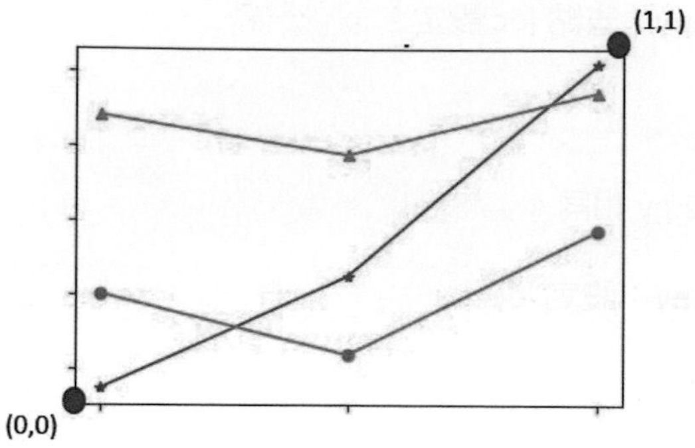

首先需使用 bbox_to_anchor( ) 當作 legend( ) 的一個參數，設定錨點 (anchor)，也就是圖例位置，例如：如果我們想將圖例放在圖表右上角外側，需設定 loc='upper left'，然後設定 bbox_to_anchor(1,1)。

程式實例 ch20_12_5.py：將圖例放在圖表右上角外側。

```
plt.legend(loc=6, bbox_to_anchor=(1,1))
```

執行結果 下方左圖。

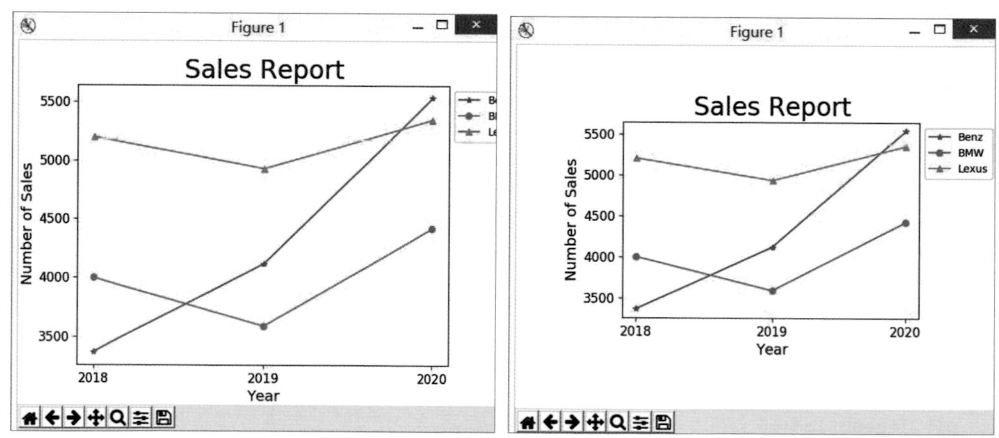

上述最大的缺點是由於圖表與 Figure 1 的留白不足，造成無法完整顯示圖例。Matplotlib 模組內有 tight_layout( ) 函數，可利用設定 pad 參數在圖表與 Figure 1 間設定留白。

程式實例 ch20_12_6.py：設定 pad=7，重新設計 ch20_12_5.py。

```
plt.legend(loc='upper left',bbox_to_anchor=(1,1))
plt.tight_layout(pad=7)
```

執行結果 可參考上方右圖。

很明顯我們改善了，圖例顯示不完整的問題了。如果將 pad 改為 h_pad/w_pad 可以分別設定高度 / 寬度的留白。

20-1-11 保存圖檔

圖表設計完成，可以使用 savefig( ) 保存圖檔，這個方法需放在 show( ) 的前方，表示先儲存再顯示圖表。

程式實例 ch20_13.py：擴充 ch20_12.py，在螢幕顯示圖表前，先將圖表存入目前資料夾的 out20_13.jpg。

```
# ch20_13.py
import matplotlib.pyplot as plt

Benz = [3367, 4120, 5539]                              # Benz線條
BMW = [4000, 3590, 4423]                               # BMW線條
Lexus = [5200, 4930, 5350]                             # Lexus線條

seq = [2018, 2019, 2020]                               # 年度
plt.xticks(seq)                                        # 設定x軸刻度
plt.plot(seq, Benz, '-*', label='Benz')
plt.plot(seq, BMW, '-o', label='BMW')
plt.plot(seq, Lexus, '-^', label='Lexus')
plt.legend(loc='best')
plt.title("Sales Report", fontsize=24)
plt.xlabel("Year", fontsize=14)
plt.ylabel("Number of Sales", fontsize=14)
plt.tick_params(axis='both', labelsize=12, color='red')
plt.savefig('out20_13.jpg', bbox_inches='tight')        # 存檔
plt.show()
```

執行結果 讀者可以在 ch20 資料夾看到 out20_13.jpg 檔案。

上述 plt.savefig( ) 第一個參數是所存的檔名，第二個參數代表將圖表外多餘的空間刪除。

20-2 繪製散點圖 scatter( )

儘管我們可以使用 plot( ) 繪製散點圖，不過本節仍將介紹繪製散點圖常用的方法 scatter( )，

20-2-1 基本散點圖的繪製

繪製散點圖可以使用 scatter( )，最基本語法應用如下：

scatter(x, y, s, c)　　　　　　# 更多參數應用未來幾小節會解說

上述相當於可以在 (x,y) 位置繪圖，其中 (0,0) 位置在左下角，x 軸刻度往右增加，y 軸刻度往上增加。s 是繪圖點的大小，預設是 20。c 是顏色預設是藍色。暫時 s 與 c 皆用預設值處理，未來將一步一步解說。

程式實例 ch20_14.py：在座標軸 (5,5) 繪製一個點。

```
# ch20_14.py
import matplotlib.pyplot as plt

plt.scatter(5, 5)
plt.show()
```

執行結果

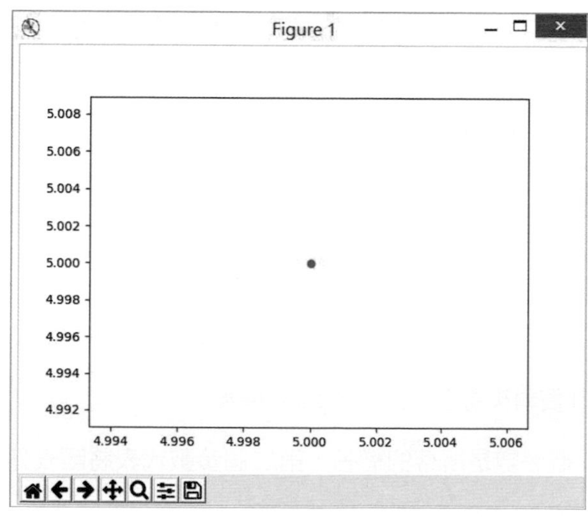

20-2-2 繪製系列點

如果我們想繪製系列點，可以將系列點的 x 軸值放在一個串列，y 軸值放在另一個串列，然後將這 2 個串列當參數放在 scatter( ) 即可。

程式實例 ch20_15.py：繪製系列點的應用。

```
# ch20_15.py
import matplotlib.pyplot as plt

xpt = [1,2,3,4,5]
ypt = [1,4,9,16,25]
plt.scatter(xpt, ypt)
plt.show()
```

執行結果

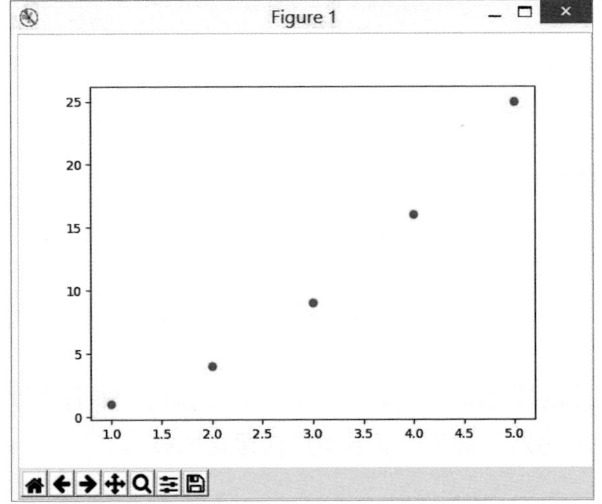

在程式設計時，有些系列點的座標可能是由程式產生，其實應用方式是一樣的。另外，可以在 scatter( ) 內增加 color(也可用 c) 參數，可以設定點的顏色。

程式實例 ch20_16.py：繪製黃色的系列點，這個系列點有 100 個點，x 軸的點由 range(1,101) 產生，相對應 y 軸的值則是 x 的平方值。

```
# ch20_16.py
import matplotlib.pyplot as plt

xpt = list(range(1,101))          # 建立1-100序列x座標點
ypt = [x**2 for x in xpt]         # 以x平方方式建立y座標點
plt.scatter(xpt, ypt, color='y')
plt.show()
```

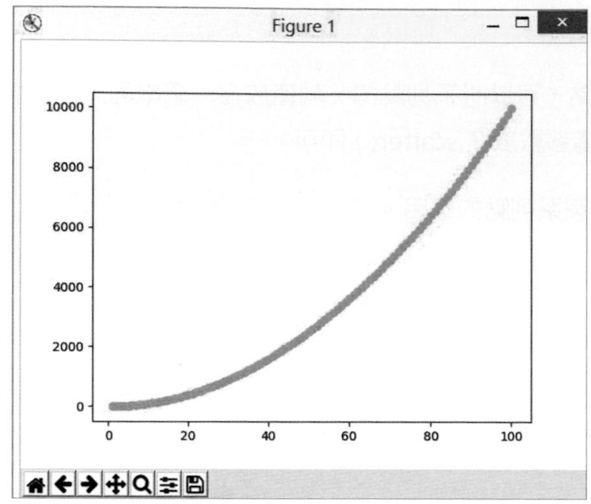

上述程式第 6 行使用直接的指定色彩，也可以使用 RGB(Red, Green, Blue) 顏色模式設定色彩，RGB( ) 內每個參數數值在 0-1 間。

20-2-3　設定繪圖區間

可以使用 axis( ) 設定繪圖區間，語法格式如下：

axis([xmin, xmax, ymin, ymax])　　　　# 分別代表 x 和 y 軸的最小和最大區間

程式實例 ch20_17.py：設定繪圖區間為 [0,100,0,10000] 的應用，讀者可以將這個執行結果與 ch20_16.py 做比較。另外，第 7 行以不同方式建立色彩。

```
1  # ch20_17.py
2  import matplotlib.pyplot as plt
3
4  xpt = list(range(1,101))          # 建立1-100序列x座標點
5  ypt = [x**2 for x in xpt]         # 以x平方方式建立y座標點
6  plt.axis([0, 100, 0, 10000])      # 留意參數是串列
7  plt.scatter(xpt, ypt, c=(0, 1, 0))  # 綠色
8  plt.show()
```

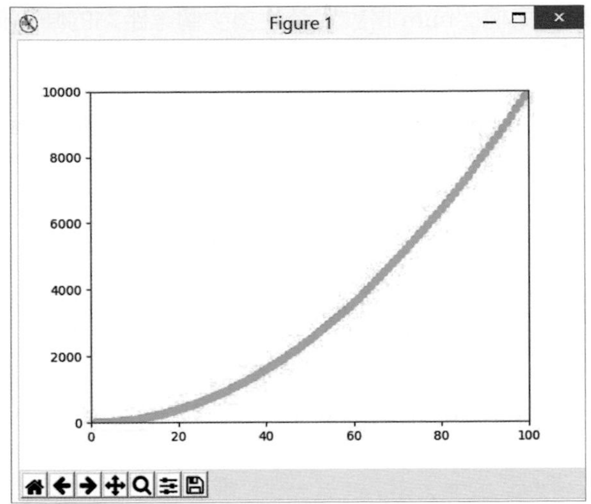

上述程式第 5 行是依據 xpt 串列產生 ypt 串列值的方式，由於在網路上大部分的文章大多使用陣列方式產生圖表串列，所以下一節筆者將對此做說明，期待可為讀者建立基礎。

20-3 Numpy 模組

Numpy 是 Python 的一個擴充模組，主要是可以支援多維度空間的陣列與矩陣運算，本節筆者將使用其最簡單產生陣列功能做解說，由此可以將這個功能擴充到數據圖表的設計。Numpy 模組的第一個字母模組名稱 n 是小寫，使用前我們需導入 numpy 模組，如下所示：

```
import numpy as np
```

20-3-1 建立一個簡單的陣列 linspace( ) 和 arange( )

這在 Numpy 模組中最基本的就是 linspace( ) 方法，使用它可以很方便產生相同等距的陣列，它的語法如下：

```
linspace(start, end, num)                    # 這是最常用簡化的語法
```

start 是起始值，end 是結束值，num 是設定產生多少個等距點的陣列值，num 的預設值是 50。

在網路上閱讀他人使用 Python 設計的圖表時，另一個常看到產生陣列的方法是 arange( )，語法如下：

arange(start, stop, step)　　　　　　　　　# start 和 step 是可以省略

start 是起始值如果省略預設值是 0，stop 是結束值但是所產生的陣列不包含此值，step 是陣列相鄰元素的間距如果省略預設值是 1。

程式實例 ch20_18.py：建立 0, 1, …, 9, 10 的陣列。

```
# ch20_18.py
import numpy as np

x1 = np.linspace(0, 10, num=11)     # 使用linspace()產生陣列
print(type(x1), x1)
x2 = np.arange(0,11,1)              # 使用arange()產生陣列
print(type(x2), x2)
x3 = np.arange(11)                  # 簡化語法產生陣列
print(type(x3), x3)
```

執行結果

```
==================== RESTART: D:\Python\ch20\ch20_18.py ====================
<class 'numpy.ndarray'> [  0.   1.   2.   3.   4.   5.   6.   7.   8.   9.  10.]
<class 'numpy.ndarray'> [ 0  1  2  3  4  5  6  7  8  9 10]
<class 'numpy.ndarray'> [ 0  1  2  3  4  5  6  7  8  9 10]
>>>
```

20-3-2　繪製波形

在國中數學中我們有學過 sin( ) 和 cos( ) 觀念，其實有了陣列數據，我們可以很方便繪製 sin 和 cos 的波形變化。

程式實例 ch20_19.py：繪製 sin( ) 和 cos( ) 的波形，在這個實例中呼叫 plt.scatter( ) 方法 2 次，相當於也可以繪製 2 次波形圖表。

```
# ch20_19.py
import matplotlib.pyplot as plt
import numpy as np

xpt = np.linspace(0, 10, 500)           # 建立含500個元素的陣列
ypt1 = np.sin(xpt)                      # y陣列的變化
ypt2 = np.cos(xpt)
```

```
plt.scatter(xpt, ypt1, color=(0, 1, 0)) # 綠色
plt.scatter(xpt, ypt2)                  # 預設顏色
plt.show()
```

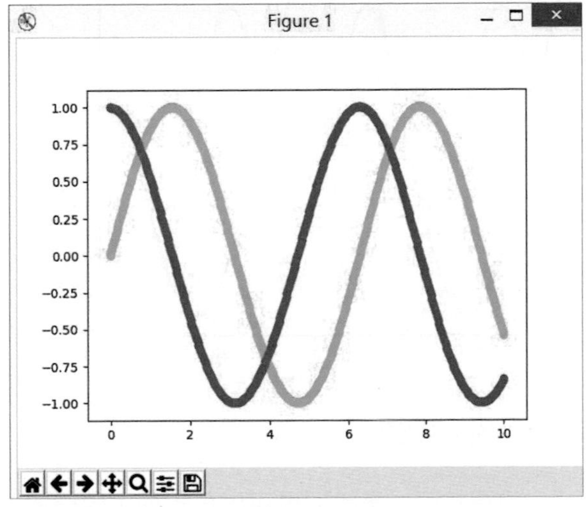

其實一般在繪製波形時，最常用的還是 plot( ) 方法。

程式實例 ch20_19_1.py：使用系統預設顏色，繪製不同波形的應用。

```
# ch20_19_1.py
import matplotlib.pyplot as plt
import numpy as np

left = -2 * np.pi
right = 2 * np.pi
x = np.linspace(left, right, 100)

f1 = 2 * np.sin(x)                  # y陣列的變化
f2 = np.sin(2*x)
f3 = 0.5 * np.sin(x)

plt.plot(x, f1)
plt.plot(x, f2)
plt.plot(x, f3)
plt.show()
```

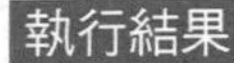

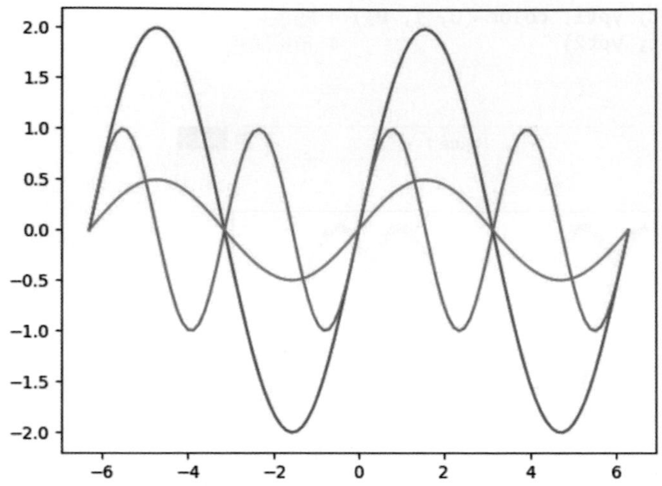

20-3-3 建立不等寬度的散點圖

在 scatter( ) 方法中，(x,y) 的資料可以是串列也可以是矩陣，預設所繪製點大小 s 的值是 20，這個 s 可以是一個值也可以是一個陣列資料，當它是一個陣列資料時，利用更改陣列值的大小，我們就可以建立不同大小的散點圖。

在我們使用 Python 繪製散點圖時，如果將 2 個點之間繪了上百或上千個點，則可以產生繪製線條的視覺，如果再加上每個點的大小是不同，且依一定規律變化，則可以有特別效果。

程式實例 ch20_20.py：建立一個不等寬度的圖形。

```
# ch20_20.py
import matplotlib.pyplot as plt
import numpy as np

xpt = np.linspace(0, 5, 500)                          # 建立含500個元素的陣列
ypt = 1 - 0.5*np.abs(xpt-2)                           # y陣列的變化
lwidths = (1+xpt)**2                                  # 寬度陣列
plt.scatter(xpt, ypt, s=lwidths, color=(0, 1, 0))     # 綠色
plt.show()
```

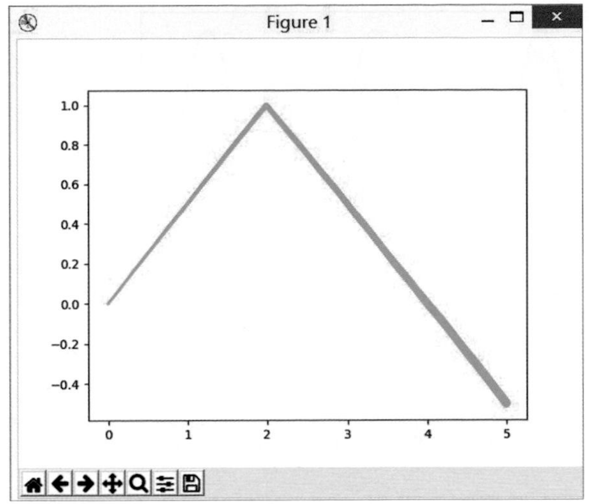

20-3-4 填滿區間 Shading Regions

在繪製波形時，有時候想要填滿區間，此時可以使用 matplotlib 模組的 fill_between( ) 方法，基本語法如下：

fill_between(x, y1, y2, color, alpha, options, …)　　　　# options 是其它參數

上述會填滿所有相對 x 軸數列 y1 和 y2 的區間，如果不指定填滿顏色會使用預設的線條顏色填滿，通常填滿顏色會用較淡的顏色，所以可以設定 alpha 參數將顏色調淡。

程式實例 ch20_20_1.py：填滿區間的應用 "0 – y"，所使用的 y 軸值函數式 sin(3x)。

```
# ch20_20_1.py
import matplotlib.pyplot as plt
import numpy as np

left = -np.pi
right = np.pi
x = np.linspace(left, right, 100)
y = np.sin(3*x)                    # y陣列的變化

plt.plot(x, y)
plt.fill_between(x, 0, y, color='green', alpha=0.1)
plt.show()
```

執行結果

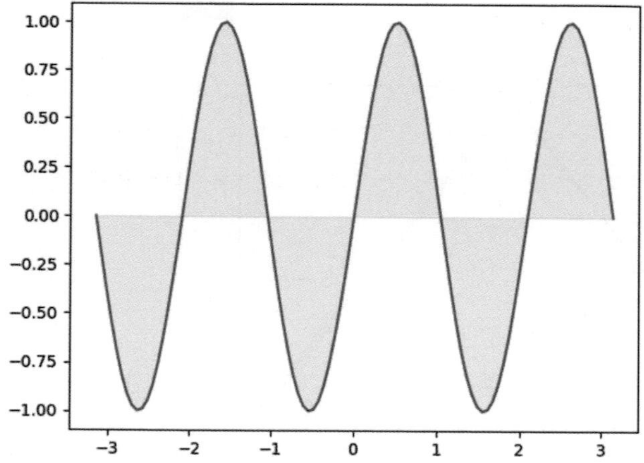

程式實例 ch20_20_2.py：填滿區間的應用 "1 – y"，所使用的 y 軸值函數式 sin(3x)。

```
# ch20_20_2.py
import matplotlib.pyplot as plt
import numpy as np

left = -np.pi
right = np.pi
x = np.linspace(left, right, 100)
y = np.sin(3*x)                         # y陣列的變化

plt.plot(x, y)
plt.fill_between(x, -1, y, color='yellow', alpha=0.3)
plt.show()
```

執行結果

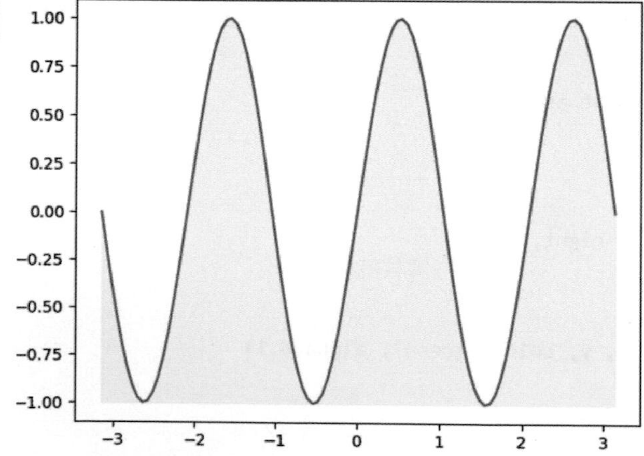

20-3-5 色彩映射 color mapping

至今我們針對一組陣列 (或串列) 所繪製的圖皆是單色，若是以 ch20_20.py 第 8 行為例，色彩設定是 color=(0,1,0)，這是固定顏色的用法。在色彩的使用中是允許色彩也是陣列 (或串列) 隨著數據而做變化，此時色彩的變化是根據所設定的色彩映射值 (color mapping) 而定，例如有一個色彩映射值是 rainbow 內容如下：

在陣列 (或串列) 中，數值低的值顏色在左邊，會隨者數值變高顏色往右邊移動。當然在程式設計中，我們需在 scatter( ) 中增加 color(也可用 c) 設定，這時 color 的值就變成一個陣列 (或串列)。然後我們需增加參數 cmap(英文是 color map)，這個參數主要是指定使用那一種色彩映射值。

程式實例 ch20_20_3.py：色彩映射的應用。

```
# ch20_20_3.py
import matplotlib.pyplot as plt
import numpy as np

x = np.arange(100)
y = x
t = x
plt.scatter(x, y, c=t, cmap='rainbow')
plt.show()
```

執行結果

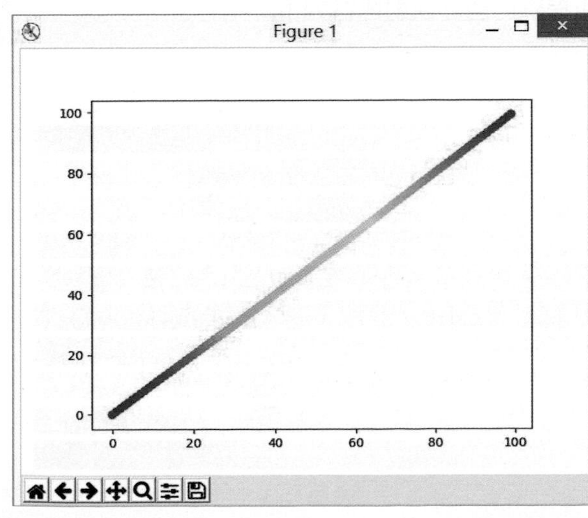

有時候我們在程式設計時，色彩映射也可以設定是根據 x 軸的值做變化，或是 y 軸的值做變化，整個效果是不一樣的。

程式實例 ch20_20_4.py：重新設計 ch20_20.py，主要是設定差別是固定點的寬度為 50，將色彩改為依 y 軸值變化，同時使用 hsv 色彩映射表。

```
plt.scatter(xpt, ypt, s=50, c=ypt, cmap='hsv')              # 色彩隨y軸值變化
```

執行結果 如下方左圖。

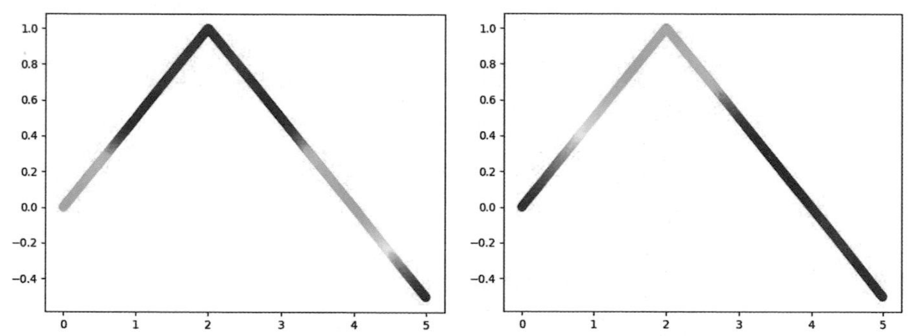

程式實例 ch20_20_5.py：重新設計 ch20_20_4.py，主要是將將色彩改為依 x 軸值變化。

```
plt.scatter(xpt, ypt, s=50, c=xpt, cmap='hsv')              # 色彩隨x軸值變化
```

執行結果 如上方右圖。

目前 matplotlib 協會所提供的色彩映射內容如下：

❑ 序列色彩映射表

Greys
Purples
Blues
Greens
Oranges
Reds
YlOrBr
YlOrRd
OrRd
PuRd

- 序列 2 色彩映射表

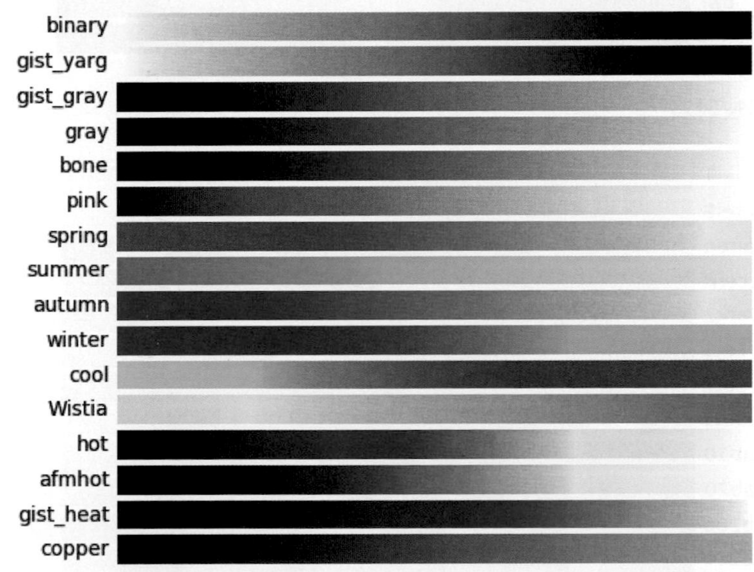

- 直覺一致的色彩映射表

- 發散式的色彩映射表

PiYG
PRGn
BrBG
PuOr
RdGy
RdBu
RdYlBu
RdYlGn
Spectral
coolwarm
bwr
seismic

❑ 定性色彩映射表

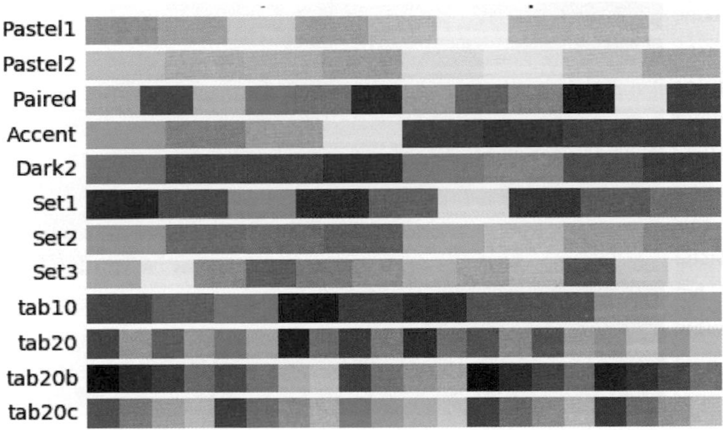

❑ 雜項色彩映射表

資料來源 matplotlib 協會

http://matplotlib.org/examples/color/colormaps_reference.html

如果有一天你做大數據研究時，當收集了無數的數據後，可以將數據以圖表顯示，然後用色彩判斷整個數據趨勢。

20-4 隨機數的應用

隨機數在統計的應用中是非常重要的知識，這一節筆者試著用隨機數方法，了解 Python 的隨機數分佈這一節將介紹下列隨機方法：

np.random.random(N)　　　　　　# 傳回 N 個 0.0 至 1.0 之間的數字

20-4-1 一個簡單的應用

程式實例 ch20_21.py：產生 100 個 0.0 至 1.0 之間的隨機數，第 10 行的 cmp='brg' 意義是使用 brg 色彩映射表繪出這個圖表，基本觀念色彩會隨 x 軸變化。當關閉圖表時，會詢問是否繼續，如果輸入 n/N 則結束。其實因為數據是隨機數，所以每次皆可產生不同的效果。

```
1  # ch20_21.py
2  import matplotlib.pyplot as plt
3  import numpy as np
4
5  num = 100
6  while True:
```

```
 7      x = np.random.random(100)                    # 可以產生num個0.0至1.0之間的數字
 8      y = np.random.random(100)
 9      t = x                                        # 色彩隨x軸變化
10      plt.scatter(x, y, s=100, c=t, cmap='brg')
11      plt.show()
12      yORn = input("是否繼續 ?(y/n) ")             # 詢問是否繼續
13      if yORn == 'n' or yORn == 'N':               # 輸入n或N則程式結束
14          break
```

執行結果

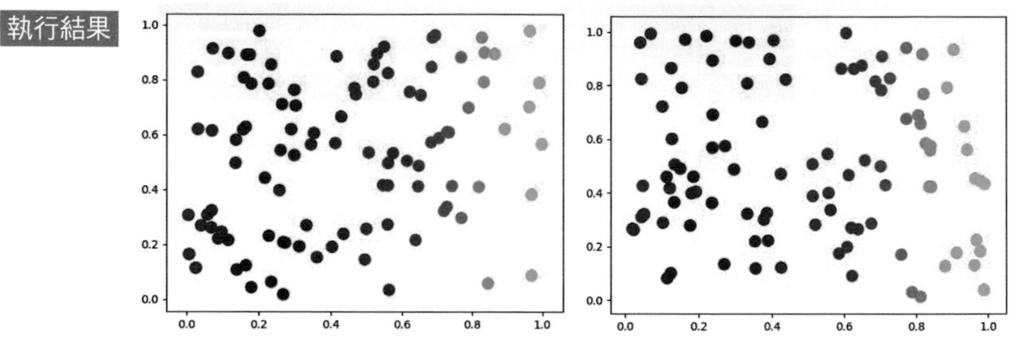

上述程式筆者使用第 5 行的 num 控制產生隨機數的數量，其實讀者可以自行修訂，增加或減少隨機數的數量，以體會本程式的運作。

20-4-2 隨機數的移動

其實我們也可以針對隨機數的特性，讓每個點隨著隨機數的變化產生有序列的隨機移動，經過大量值的運算後，每次均可產生不同但有趣的圖形。

程式實例 ch20_22.py：隨機數移動的程式設計，這個程式在設計時，最初點的起始位置是 (0,0)，程式第 7 行可以設定下一個點的 x 軸是往右移動 3 或是往左移動 3，程式第 9 行可以設定下一個點的 y 軸是往上移動 1 或 5 或是往下移動 1 或 5。每此執行完 10000 點的測試後，會詢問是否繼續。如果繼續先將上一回合的終點座標當作新回合的起點座標 (27 至 28 行)，然後清除串列索引 x[0] 和 y[0] 以外的元素 (29 至 30 行)。

```
 1  # ch20_22.py
 2  import matplotlib.pyplot as plt
 3  import random
 4
 5  def loc(index):
 6      ''' 處理座標的移動 '''
 7      x_mov = random.choice([-3, 3])               # 隨機x軸移動值
 8      xloc = x[index-1] + x_mov                    # 計算x軸新位置
 9      y_mov = random.choice([-5, -1, 1, 5])        # 隨機y軸移動值
10      yloc = y[index-1] + y_mov                    # 計算y軸新位置
```

```
    x.append(xloc)                                    # x軸新位置加入串列
    y.append(yloc)                                    # y軸新位置加入串列

num = 10000                                           # 設定隨機點的數量
x = [0]                                               # 設定第一次執行x座標
y = [0]                                               # 設定第一次執行y座標
while True:
    for i in range(1, num):                           # 建立點的座標
        loc(i)
    t = x                                             # 色彩隨x軸變化
    plt.scatter(x, y, s=2, c=t, cmap='brg')
    plt.show()
    yORn = input("是否繼續 ?(y/n) ")                   # 詢問是否繼續
    if yORn == 'n' or yORn == 'N':                    # 輸入n或N則程式結束
        break
    else:
        x[0] = x[num-1]                               # 上次結束x座標成新的起點x座標
        y[0] = y[num-1]                               # 上次結束y座標成新的起點y座標
        del x[1:]                                     # 刪除舊串列x座標元素
        del y[1:]                                     # 刪除舊串列y座標元素
```

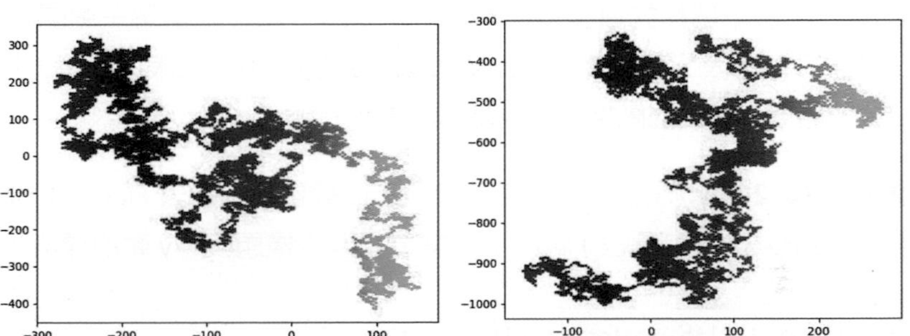

20-4-3 隱藏座標

有時候我們設計隨機數移動建立了美麗的圖案後，覺得座標好象很煞風景，可以使用下列程式實例 ch20_23.py 內的 axes( ).get_xaxis( )、axes( ).get_yaxis( )、set_visible( ) 方法隱藏座標。

程式實例 ch20_23.py：重新設計 ch20_22.py 隱藏座標，這個程式只是增加下列行。

```
    plt.axes().get_xaxis().set_visible(False)   # 隱藏x軸座標
    plt.axes().get_yaxis().set_visible(False)   # 隱藏y軸座標
```

執行結果

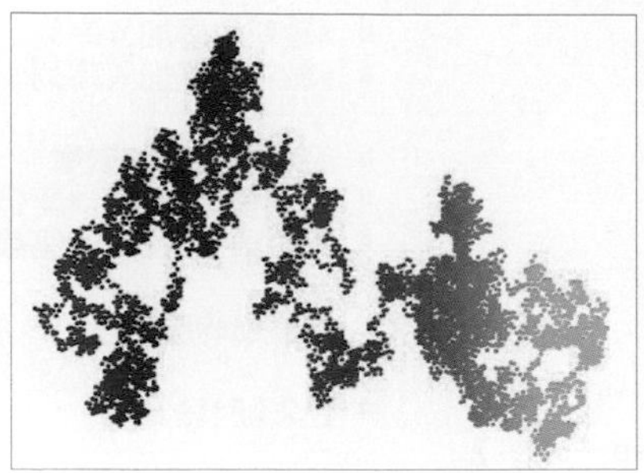

20-5 繪製多個圖表

20-5-1 一個程式有多個圖表

Python 允許一個程式繪製多個圖表，預設是一個程式繪製一個圖表 (Figure)，如果想要繪製多個圖表，可以使用 figure(N) 設定圖表，N 是圖表的序號。在建立多個圖表時，只要將所要繪製的圖接在欲放置的圖表後面即可。

程式實例 ch20_24.py：設計 2 個圖表，將 data1 線條放在圖表 Figure 1，將 data2 線條放在圖表 Figure 2。同時圖表 Figure 2 將會建立圖表標題與 x/y 軸的標籤。

```
# ch20_24.py
import matplotlib.pyplot as plt

data1 = [1, 2, 3, 4, 5, 6, 7, 8]                    # data1線條
data2 = [1, 4, 9, 16, 25, 36, 49, 64]               # data2線條
seq = [1, 2, 3, 4, 5, 6, 7, 8]
plt.figure(1)                                       # 建立圖表1
plt.plot(seq, data1, '-*')                          # 繪製圖表1
plt.figure(2)                                       # 建立圖表2
plt.plot(seq, data2, '-o')                          # 以下皆是繪製圖表2
plt.title("Test Chart 2", fontsize=24)
plt.xlabel("x-Value", fontsize=14)
plt.ylabel("y-Value", fontsize=14)
plt.show()
```

執行結果

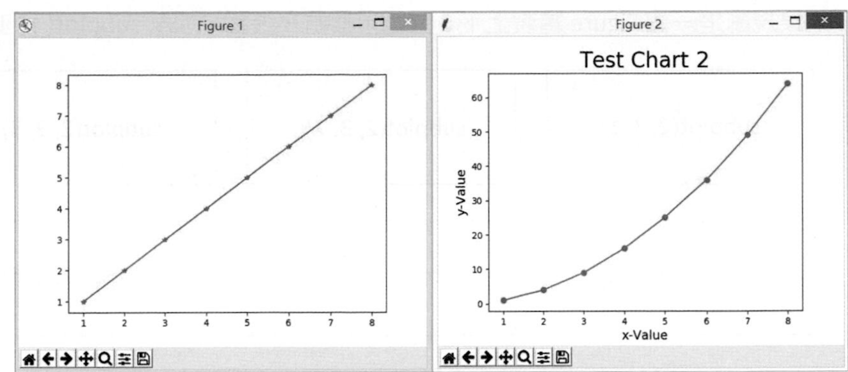

上述第 8 行所繪製的 data1 圖表因為是接在 plt.figure(1) 後面，所以所繪製的圖出現在 Figure 1。上述第 10-13 行所繪製的 data2 圖表因為是接在 plt.figure(2) 後面，所以所繪製的圖出現在 Figure 2。

20-5-2 含有子圖的圖表

要設計含有子圖的圖表需要使用 subplot( ) 方法，語法如下：

subplot(x1, x2, x3)

x1 代表上下 (垂直) 要繪幾張圖，x2 代表左右 (水平) 要繪幾張圖。x3 代表這是第幾張圖。如果規劃是一個 Figure 繪製上下 2 張圖，那麼 subplot( ) 的應用如下：

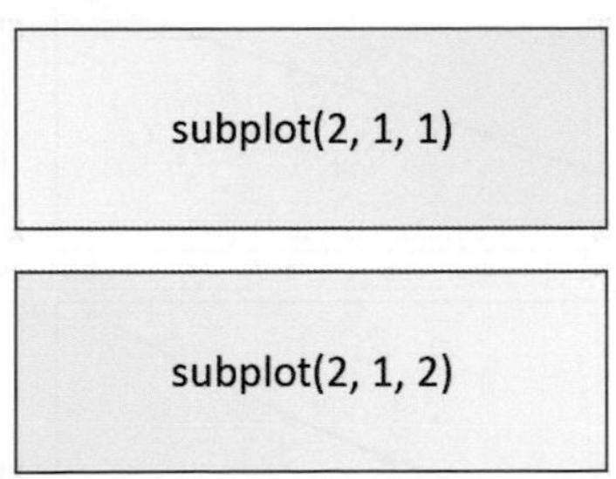

如果規劃是一個 Figure 繪製左右 2 張圖，那麼 subplot( ) 的應用如下：

subplot(1, 2, 1)　　subplot(1, 2, 2)

如果規劃是一個 Figure 繪製上下 2 張圖，左右 3 張圖，那麼 subplot( ) 的應用如下：

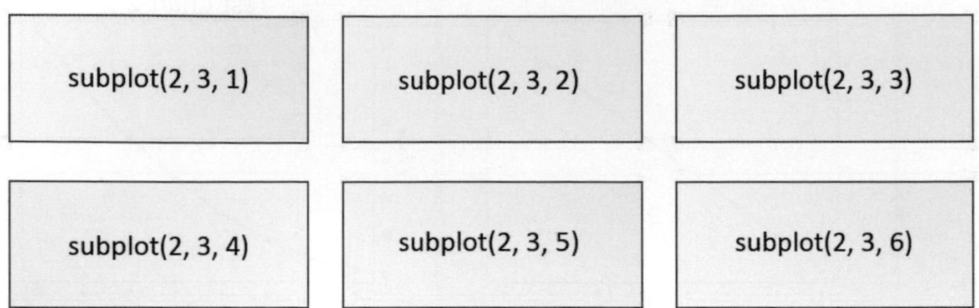

程式實例 ch20_25.py：在一個 Figure 內繪製上下子圖的應用。

```
# ch20_25.py
import matplotlib.pyplot as plt

data1 = [1, 2, 3, 4, 5, 6, 7, 8]                 # data1線條
data2 = [1, 4, 9, 16, 25, 36, 49, 64]            # data2線條
seq = [1, 2, 3, 4, 5, 6, 7, 8]
plt.subplot(2, 1, 1)                             # 子圖1
plt.plot(seq, data1, '-*')
plt.subplot(2, 1, 2)                             # 子圖2
plt.plot(seq, data2, '-o')
plt.show()
```

執行結果

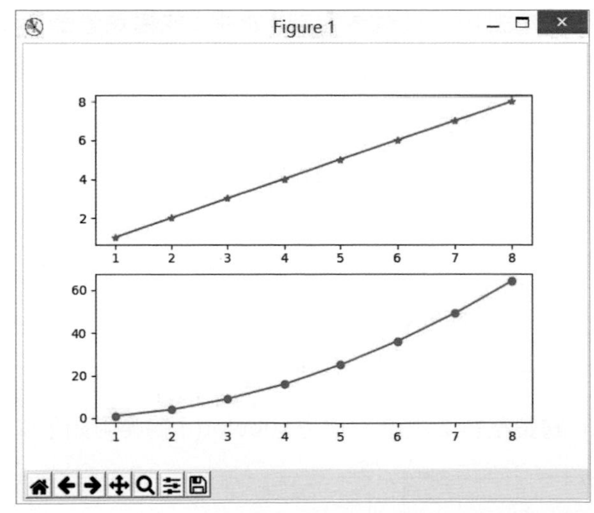

程式實例 ch20_26.py：在一個 Figure 內繪製左右子圖的應用。

```
# ch20_26.py
import matplotlib.pyplot as plt

```

```
data1 = [1, 2, 3, 4, 5, 6, 7, 8]                    # data1線條
data2 = [1, 4, 9, 16, 25, 36, 49, 64]               # data2線條
seq = [1, 2, 3, 4, 5, 6, 7, 8]
plt.subplot(1, 2, 1)                                 # 子圖1
plt.plot(seq, data1, '-*')
plt.subplot(1, 2, 2)                                 # 子圖2
plt.plot(seq, data2, '-o')
plt.show()
```

執行結果

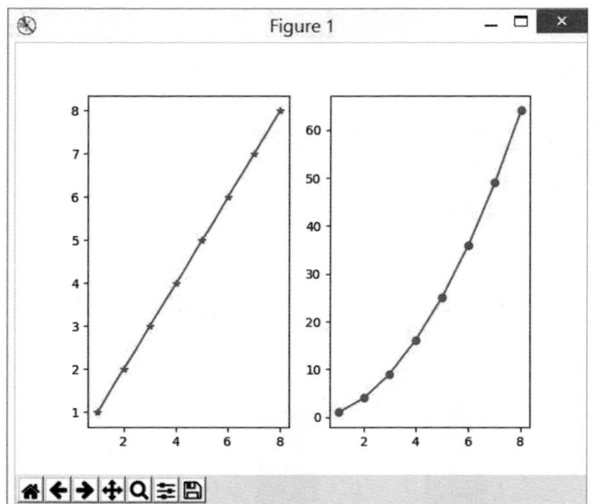

20-6 長條圖的製作

20-6-1 bar( )

在長條圖的製作中，我們可以使用 bar( ) 方法，常用的語法如下：

bar(x, y, width)

x 是一個串列主要是長條圖 x 軸位置，y 是串列代表 y 軸的值，width 是長條圖的寬度，預設是 0.85。至於其它繪圖參數可以在此使用，例如：xlabel(x 軸標籤)、ylabel(y 軸標籤)、xticks(x 軸刻度標籤) 、yticks(y 軸刻度標籤)、color(顏色)、lengend(圖例)。

程式實例 ch20_27.py：有一個選舉，James 得票 135、Peter 得票 412、Norton 得票 397，用長條圖表示。

```
1   # ch20_27.py
2   import numpy as np
3   import matplotlib.pyplot as plt
4
5   votes = [135, 412, 397]           # 得票數
6   N = len(votes)                    # 計算長度
7   x = np.arange(N)                  # 長條圖x軸座標
8   width = 0.35                      # 長條圖寬度
9   plt.bar(x, votes, width)          # 繪製長條圖
10
11  plt.ylabel('The number of votes')
12  plt.title('The election results')
13  plt.xticks(x, ('James', 'Peter', 'Norton'))
14  plt.yticks(np.arange(0, 450, 30))
15  plt.show()
```

執行結果

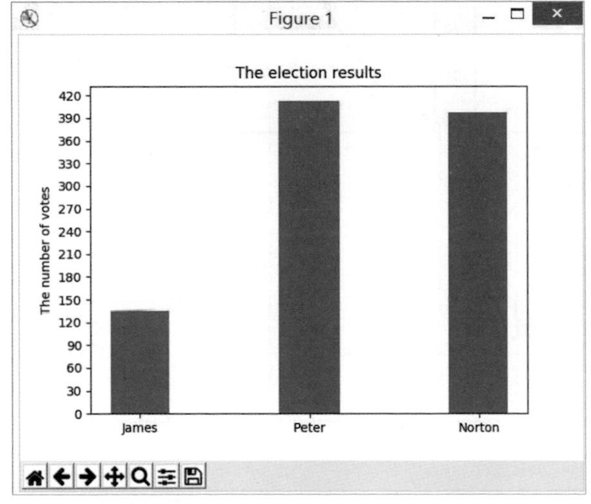

上述程式第 11 行是列印 y 軸的標籤，第 12 行是列印長條圖的標題，第 13 行則是列印 x 軸各長條圖的標籤，第 14 行是設定 y 軸刻度。

程式實例 ch20_28.py：直骰子的機率設計，一個骰子有 6 面分別記載 1, 2, 3, 4, 5, 6，我們這個程式會用隨機數計算 600 次，每個數字出現的次數，同時用直條圖表示，為了讓讀者又不同體驗，筆者將圖表顏色改為綠色。

```
# ch20_28.py
import numpy as np
import matplotlib.pyplot as plt
from random import randint

def dice_generator(times, sides):
    ''' 處理隨機數 '''
    for i in range(times):
        ranNum = randint(1, sides)                    # 產生1-6隨機數
        dice.append(ranNum)
def dice_count(sides):
    '''計算1-6個出現次數'''
    for i in range(1, sides+1):
        frequency = dice.count(i)                     # 計算i出現在dice串列的次數
        frequencies.append(frequency)

times = 600                                           # 擲骰子次數
sides = 6                                             # 骰子有幾面
dice = []                                             # 建立擲骰子的串列
frequencies = []                                      # 儲存每一面骰子出現次數串列
dice_generator(times, sides)                          # 產生擲骰子的串列
dice_count(sides)                                     # 將骰子串列轉成次數串列
x = np.arange(6)                                      # 長條圖x軸座標
width = 0.35                                          # 長條圖寬度
plt.bar(x, frequencies, width, color='g')             # 繪製長條圖
plt.ylabel('Frequency')
plt.title('Test 600 times')
plt.xticks(x, ('1', '2', '3', '4', '5', '6'))
plt.yticks(np.arange(0, 150, 15))
plt.show()
```

執行結果

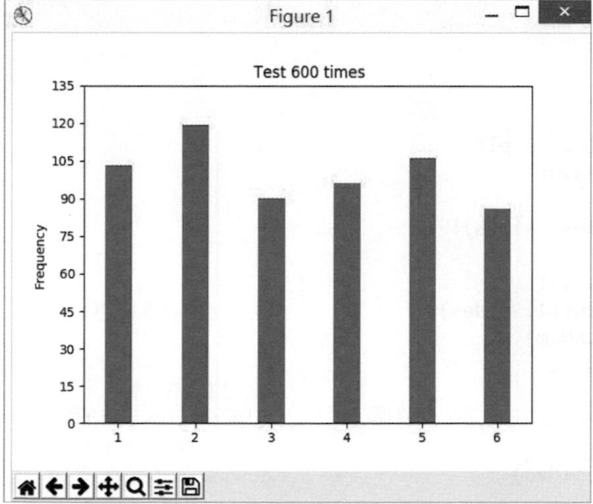

上述程式最重要的是第 11-15 行的 dice_count( ) 函數，這個函數主要是將含 600 個元素的 dice 串列，分別計算 1, 2, 3, 4, 5, 6 各出現的次數，然後將結果儲存至 frequencies 串列。如果讀者忘記 count( ) 方法的用法可以參考 6-6-2 節。

20-6-2 hist( )

這也是一個直方圖的製作，特別適合在統計分佈數據繪圖，它的語法如下：

h = hist(x, bins, color, options …)　　　# 傳回值 h 可有可無

筆者在此只介紹常用的參數，x 是一個串列或陣列 (23 章會解說陣列) 是每個 bins 分佈的數據。bins 則是箱子 (可以想成長條) 的個數或是可想成組別個數。color 則是設定長條顏色。options 有許多，density 可以是 True 或 False，如果是 True 表示 y 軸呈現的是佔比，每個直方條狀的佔比總和是 1。

傳回值 h 是元組，可以不理會，如果有設定傳回值，則 h 值所傳回的 h[0] 是 bins 的數量陣列，每個索引記載這個 bins 的 y 軸值，由索引數量也可以知道 bins 的數量，相當於是直方長條數。h[1] 也是陣列，此陣列記載 bins 的 x 軸值。筆者將在第 23 章說明更多陣列的知識。

程式實例 ch20_28_1.py：以 hist 長條圖列印擲骰子 10000 次的結果，需留意由於是隨機數產生骰子的 6 個面，所以每次執行結果皆會不相同，這個程式同時列出 hist( ) 的傳回值，也就是骰子出現的次數。

```
# ch20_28_1.py
import numpy as np
import matplotlib.pyplot as plt
from random import randint

def dice_generator(times, sides):
    ''' 處理隨機數 '''
    for i in range(times):
        ranNum = randint(1, sides)          # 產生1-6隨機數
        dice.append(ranNum)

times = 10000                               # 擲骰子次數
sides = 6                                   # 骰子有幾面
dice = []                                   # 建立擲骰子的串列
dice_generator(times, sides)                # 產生擲骰子的串列

h = plt.hist(dice, sides)                   # 繪製hist圖
print("bins的y軸 ",h[0])
```

```
print("bins的x軸 ",h[1])
plt.ylabel('Frequency')
plt.title('Test 10000 times')
plt.show()
```

執行結果

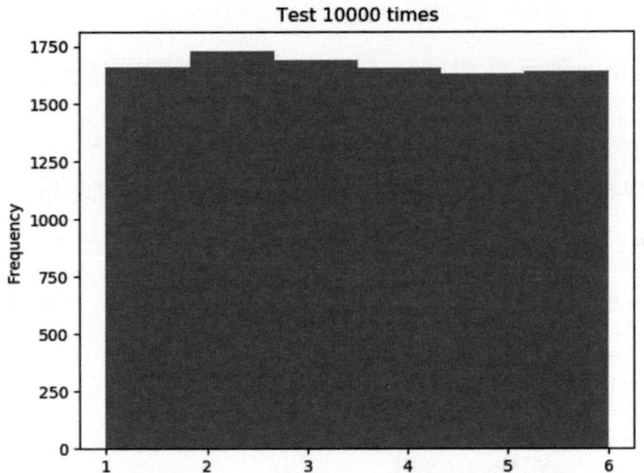

20-7 圓餅圖的製作 pie( )

在圓餅圖的製作中，我們可以使用 pie( ) 方法，常用的語法如下：

pie(x, options, …)

x 是一個串列，主要是圓餅圖 x 軸的資料，options 代表系列選擇性參數，可以是下列參數內容。

- **labels**：圓餅圖項目所組成的串列。
- **colors**：圓餅圖項目顏色所組成的串列，如果省略則用預設顏色。
- **explode**：可設定是否從圓餅圖分離的串列，0 表示不分離，一般可用 0.1 分離，數值越大分離越遠，例如：讀者在程式實例 ch20_29.py 可改用 0.2 測試，效果不同，預設是 0。

- autopct：表示項目的百分比格式，基本語法是 "% 格式 %%"，例如："%2.2%%" 表是整數 2 位數，小數 2 位數。
- labeldistance：項目標題與圓餅圖中心的距離是半徑的多少倍，例如：1.2 代表是 1.2 倍。
- center：圓中心座標，預設是 0。
- shadow：True 表示圓餅圖形有陰影，False 表圓餅圖形沒有陰影，預設是 False。

程式實例 ch20_29.py：有一個家庭開支的費用如下，然後設計此圓餅圖。

旅行 (Travel)：8000　　娛樂 (Entertainment)：2000

教育 (Education)：3000　　交通 (Transporation)：5000　　餐費 (Food)：6000

```
# ch20_29.py
import matplotlib.pyplot as plt

sorts = ["Travel","Entertainment","Education","Transporation","Food"]
fee = [8000,2000,3000,5000,6000]

plt.pie(fee,labels=sorts,explode=(0,0.1,0,0,0),
          autopct="%1.2f%%")        # 繪製圓餅圖
plt.show()
```

執行結果

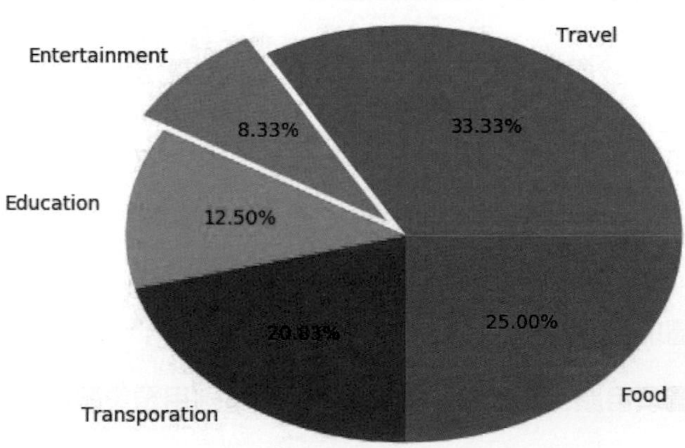

上述程式第 7 行的 explode=(0,0.1,0,0,0) 相當於是第 2 筆資料做分離效果。

20-8 圖表顯示中文

一個圖表無法顯示中文，坦白說讀者內心一定感覺有缺憾，至少筆者感覺如此。matplotlib 無法顯示中文主要是安裝此模組時所配置的檔案：

~Python36\Lib\site-packages\matplotlib\mpl-data\matplotlibrc

在此檔案內的 font_sans-serif 沒有配置中文字型，我們可以使用在此欄位增加中文字型，但是筆者不鼓勵更改系統內建檔案。筆者將使用動態配置方式處理，讓圖表顯示中文字型。其實可以在程式內增加下列程式碼，rcParams( ) 方法可以為 matplotply 配置中文字型參數，就可以顯示中文了。

```
from pylab import mlp                                # matplotlib 的子模組
mlp.rcParams["font.sans-serif"] = ["SimHei"]         # 黑體
mlp.rcParams["axes.unicode_minus"] = False           # 讓可以顯示負號
```

另外每個要顯示的中文字串需要在字串前加上 u" 中文字串 "。

程式實例 ch20_30.py：重新設計 ch20_29.py，以中文顯示各項花費。

```
# ch20_30.py
import matplotlib.pyplot as plt
from pylab import mpl

mpl.rcParams["font.sans-serif"] = ["SimHei"]        # 使用黑體
mpl.rcParams["axes.unicode_minus"] = False          # 讓可以顯示負號

sorts = [u"交通",u"娛樂",u"教育",u"交通",u"餐費"]
fee = [8000,2000,3000,5000,6000]

plt.pie(fee,labels=sorts,explode=(0,0.2,0,0,0),
        autopct="%1.2f%%")        # 繪製圓餅圖
plt.show()
```

執行結果

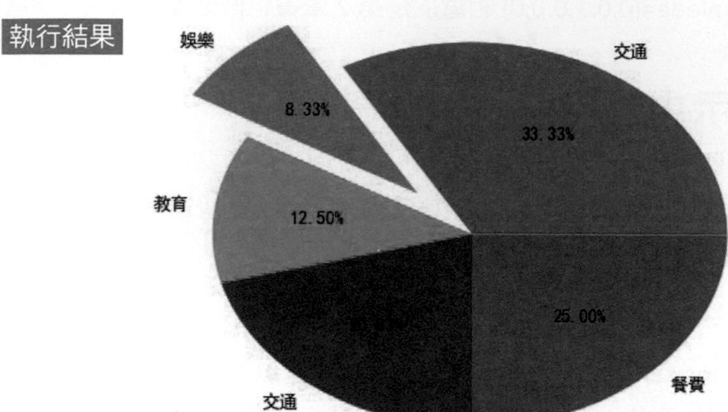

20-9 專題 - 台灣股市資料讀取與圖表製作

這一小節將介紹使用 twstock 模組讀取台灣股票資訊，同時利用本節知識建立折線圖表。使用前需安裝 twstock 模組。

pip install twstock

讀者可以參考下列網址，了解更完整的訊息。

https://twstock.readthedocs.io/zh_TW/latest/

20-9-1　Stock( ) 建構元

可以使用 Stock( ) 建構元傳入股票代號，然後可以傳回此股票代號的 Stock 物件。台灣著名的股票台積電的股票代號是 2330，如果輸入 2330，即可以獲得台積電的股票的物件。

```
>>> import twstock
>>> stock2330 = twstock.Stock("2330")
```

20-9-2　Stock 物件屬性

有了前一小節的 Stock 物件後，可以參考下表獲得物件屬性。

Stock 物件屬性	說明
sid	股票代號字串
open	近 31 天的開盤價 (元) 串列
high	近 31 天的最高價 (元) 串列
low	近 31 天的最低價 (元) 串列
close 或 price	近 31 天的收盤價 (元) 串列
capacity	近 31 天的成交量 (股) 串列
transaction	近 31 天的成交筆數 (筆) 串列
turnover	近 31 天的成交金額 (元) 串列
change	近 31 天的漲跌幅 (元) 串列
date	近 31 天的交易日期 datetime 物件串列
data	近 31 天的 Stock 物件全部資料內容串列
raw_data	近 31 天的原始資料串列

程式實例 ch20_31.py：獲得台積電股票代號和近 31 天的收盤價。

```
# ch20_31.py
import twstock
stock2330 = twstock.Stock("2330")

print("股票代號    : ", stock2330.sid)
print("股票收盤價 : ", stock2330.price)
```

執行結果

```
==================== RESTART: D:/Python/ch20/ch20_31.py ====================
股票代號    :  2330
股票收盤價 :  [222.5, 225.5, 221.0, 223.5, 221.5, 220.0, 217.5, 216.5, 223.0, 22
5.5, 219.5, 215.5, 208.0, 213.0, 211.0, 215.5, 216.0, 220.5, 218.5, 221.0, 217.5
, 220.5, 218.5, 221.0, 223.0, 220.5, 222.5, 226.0, 229.0, 222.5, 221.0]
```

在所傳回的 31 天收盤價串列中，[0] 是最舊的收盤價，[30] 是前一個交易日的收盤價。

實例 1：傳回台積電 31 天前的收盤價與前一個交易日的收盤價。

```
>>> import twstock
>>> stock2330 = twstock.Stock("2330")
>>> stock2330.price[0]
222.5
>>> stock2330.price[30]
221.0
```

實例 2：瞭解台積電 data 屬性的全部內容，可以使用 data 屬性，此例筆者只是列出部份內容。

```
>>> import twstock
>>> stock2330 = twstock.Stock("2330")
>>> stock2330.data
[Data(date=datetime.datetime(2018, 12, 18, 0, 0), capacity=30270541, turnover=67
13448829, open=221.0, high=223.0, low=220.5, close=222.5, change=-1.0, transacti
on=10521), Data(date=datetime.datetime(2018, 12, 19, 0, 0), capacity=23415082, t
```

在 Stock 屬性中除了股票代號 sid 是傳回字串外，其它皆是傳回串列，此時我們可以使用切片方式處理。

實例 3：下列是傳回台積電近 5 天的股票收盤價。

```
>>> import twstock
>>> stock2330 = twstock.Stock("2330")
>>> stock2330.price[-5:]
[222.5, 226.0, 229.0, 222.5, 221.0]
```

程式實例 ch20_32.py：列出近 31 天台積電收盤價的折線圖。

```
# ch20_32.py
import matplotlib.pyplot as plt
from pylab import mpl
import twstock

mpl.rcParams["font.sans-serif"] = ["SimHei"]        # 使用黑體

stock2330 = twstock.Stock("2330")
plt.title(u"台積電", fontsize=24)
plt.plot(stock2330.price)
plt.show()
```

執行結果

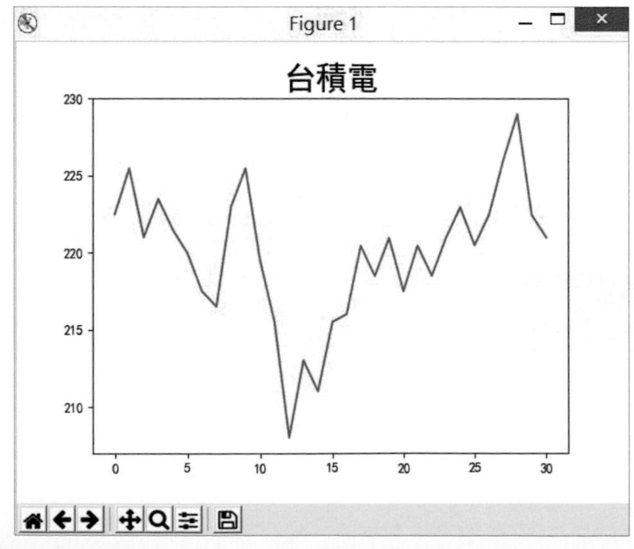

20-9-3 Stock 物件方法

有了 20-9-1 節的 Stock 物件後，可以參考下表獲得物件方法。

Stock 物件方法	說明
fetch_31( )	最近 31 天的交易資料 (Data 物件) 串列
fetch(year, month)	指定年月的交易資料 (Data 物件) 串列
fetch_from(year, month)	指定年月至今的交易資料 (Data 物件) 串列
moving_average(data,days)	串列數據 data 的 days 日的平均值串列
continuous(data)	串列 data 持續上漲天數

實例 1：傳回 2018 年 1 月的台積電股市交易資料，下列只列出部份結果。

```
>>> import twstock
>>> stock2330 = twstock.Stock("2330")
>>> stock2330.fetch(2018, 1)
[Data(date=datetime.datetime(2018, 1, 2, 0, 0), capacity=18055269, turnover=4188
555408, open=231.5, high=232.5, low=231.0, close=232.5, change=3.0, transaction=
9954), Data(date=datetime.datetime(2018, 1, 3, 0, 0), capacity=31706091, turnove
```

實例 2：接續上一個實例，傳回 2018 年 1 月台積電收盤價格資料。

```
>>> stock2330.price
[232.5, 237.0, 239.5, 240.0, 242.0, 242.0, 236.5, 235.0, 237.0, 240.0, 240.5, 24
2.0, 248.5, 255.5, 261.5, 266.0, 258.0, 258.0, 255.0, 258.5, 253.0, 255.0]
```

方法 moving_average(data,days) 是傳回均線串列，這個方法需要 2 個參數，days 天數是代表幾天均線，例如若是第 2 個參數是 5，則代表 5 天均線值。所謂的 5 均線值是指第 0-4 筆資料平均當作第 0 筆，第 1-5 筆資料平均當作第 1 筆， … 等。所以均線資料串列元素會比較少。

實例 3：接續上一個實例，傳回 2018 年 1 月台積電收盤價格資料的 5 天均線資料串列。

```
>>> ave5 = stock2330.moving_average(stock2330.price, 5)
>>> ave5
[238.2, 240.1, 240.0, 239.1, 238.5, 238.1, 237.8, 238.9, 241.6, 245.3, 249.6, 25
4.7, 257.9, 259.8, 259.7, 259.1, 256.5, 255.9]
```

實例 4：接續上一個實例，傳回 2018 年 1 月台積電收盤價格資料的 5 天均線資料串列的連續上漲天數。留意：每天做比較如果上漲會加 1，下跌會減 1。

```
>>> stock2330.continuous(ave5)
-4
```

程式實例 ch20_33.py：以折線圖列印台積電 2018 年 1 月以來的收盤價格資料。

```
# ch20_33.py
import matplotlib.pyplot as plt
from pylab import mpl
import twstock

mpl.rcParams["font.sans-serif"] = ["SimHei"]          # 使用黑體

stock2330 = twstock.Stock("2330")
stock2330.fetch_from(2018,1)
plt.title(u"台積電", fontsize=24)
plt.xlabel(u"2018年1月以來的交易天數", fontsize=14)
plt.ylabel(u"價格", fontsize=14)
plt.plot(stock2330.price)
plt.show()
```

執行結果

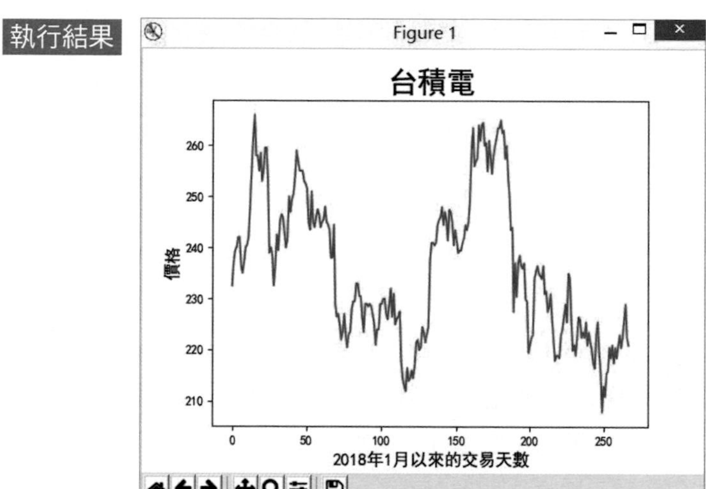

20-9-4 取得單一股票之即時資料 realtime.get( )

在使用 twstock 模組時，可以使用 realtime.get( ) 取得特定股票的即時資訊，這些資訊包含股票代號 code、名稱 name、全名 fullname、收盤時間 time、 … 等。同時有包含目前 5 檔買進和賣出的金額與數量。

實例 1：列出台積電的即時資料。

```
>>> import twstock
>>> stock2330 = twstock.realtime.get('2330')
>>> stock2330
{'timestamp': 1548829800.0, 'info': {'code': '2330', 'channel': '2330.tw', 'name
': '台積電', 'fullname': '台灣積體電路製造股份有限公司', 'time': '2019-01-30 14:
30:00'}, 'realtime': {'latest_trade_price': '221.00', 'trade_volume': '8683', 'a
ccumulate_trade_volume': '44721', 'best_bid_price': ['220.50', '220.00', '219.50
', '219.00', '218.50'], 'best_bid_volume': ['847', '3366', '1408', '1964', '1602
'], 'best_ask_price': ['221.00', '221.50', '222.00', '222.50', '223.00'], 'best_
ask_volume': ['308', '4094', '1666', '474', '483'], 'open': '220.50', 'high': '2
21.50', 'low': '220.00'}, 'success': True}
```

實例 2：延續前一實例，列出目前 5 檔買進金額與數量。

```
>>> stock2330["realtime"]["best_bid_price"]   # 5檔買進金額
['220.50', '220.00', '219.50', '219.00', '218.50']
>>> stock2330["realtime"]["best_bid_volume"]  # 5檔買進數量
['847', '3366', '1408', '1964', '1602']
```

實例 3：延續前一實例，列出目前 5 檔賣出金額與數量。

```
>>> stock2330["realtime"]["best_ask_price"]   # 5檔賣出金額
['221.00', '221.50', '222.00', '222.50', '223.00']
>>> stock2330["realtime"]["best_ask_volume"]  # 5檔賣出數量
['308', '4094', '1666', '474', '483']
```

習題

實作題

1. 請參考 ch20_12.py，增加 2021-2022 年數據如下：(20-1 節)

Benz	6020	6620
BMW	4900	4590
Lexus	6200	6930

然後繪製圖表。

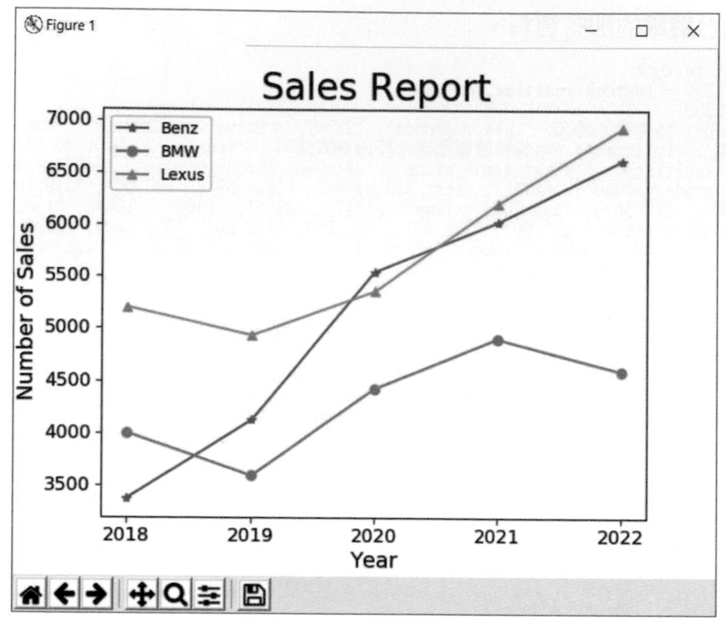

2. 請參考 ch20_19_1.py，但是將這 3 條線改為下列函數：(20-3 節)

   f1 = 3 * np.sin(x)

   f2 = np.sin(x)

   f3 = 0.2.sin(x)

   將線條點數改為 50，同時標注各點。f1 需用不同的預設顏色綠色標注圓點，這時需執行 2 次 plot( )。f2 則用相同線條顏色 'x' 標注。

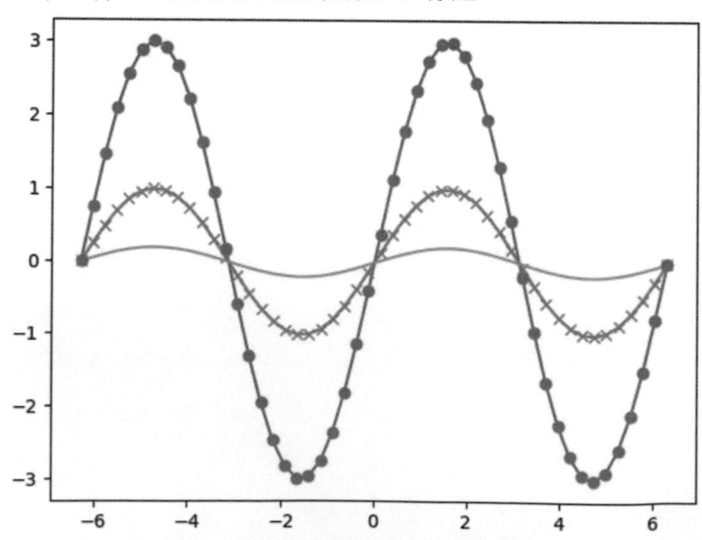

3. 請參考程式實例 ch20_20_2.py，將函數改為 sin(2x)，以預設的線條顏色繪製下列含填滿區間的波形。(20-3 節)

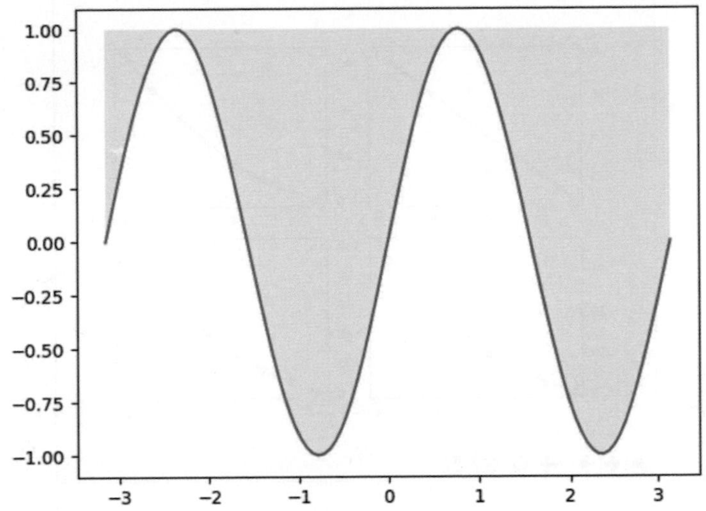

4. 請重新設計 ch20_22.py，將 x 軸移動方式改為 [-3, -2, -1, 1, 2, 3]，將 y 軸移動方式改為 [-5, -3, -1, 1, 3, 5]，然後列出結果。(20-4 節)

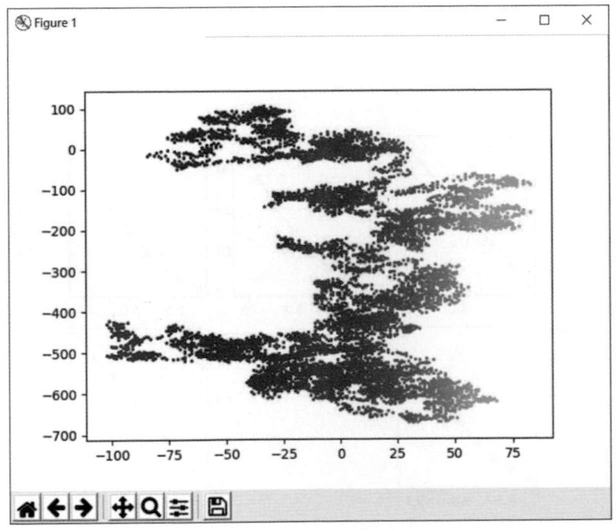

5. 請重新設計 ch20_9.py，將 4 組資料繪在 Figure1 內以 4 個子圖方式顯示。(20-5 節)

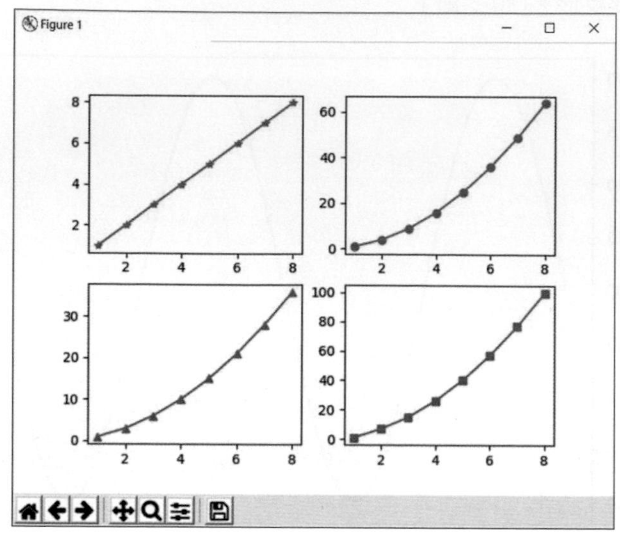

6. 請為 ch20_9.py 再增加 data5 數據，內容是 [1, 6, 11, 16, 21, 26, 31, 36]，然後將這 5 組數據繪在 Figure 1 內分成 5 個子圖，其中橫向有 3 個子圖，直向有 2 個子圖，第 5 個子圖跳過，直接繪在第 6 個圖的位置，data5 數據的樣式是反三角標記。(20-5 節)

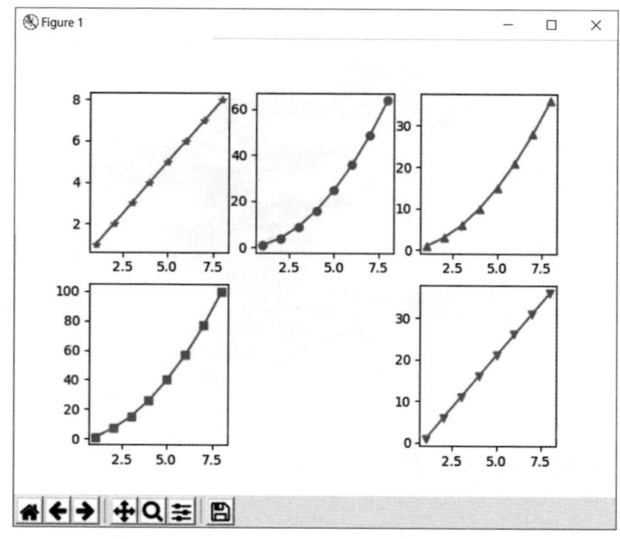

7. 擴充設計 ch20_24.py，為 Figure 1 增加標題 "Test Chart1"，x/y 軸標籤分別是 "x-Data/y-Data"。(20-5 節)

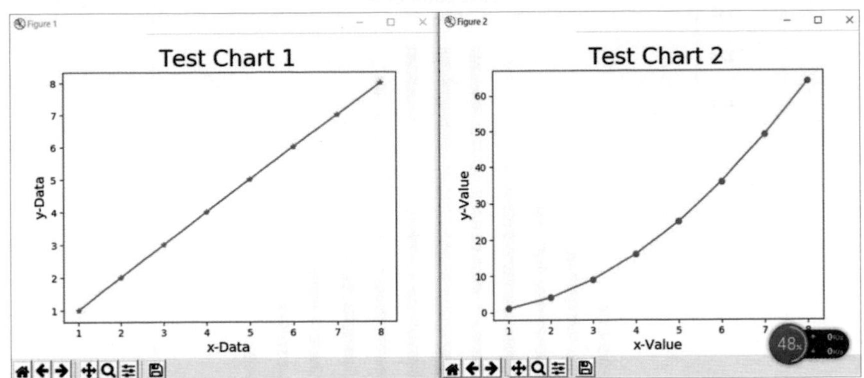

8. 請讀者將程式實例 ch20_28.py，處理成有 2 個骰子，所以可以計算 2-12 間每個數字的出現次數，請測試 1000 次，以長條圖表示。(20-6 節)

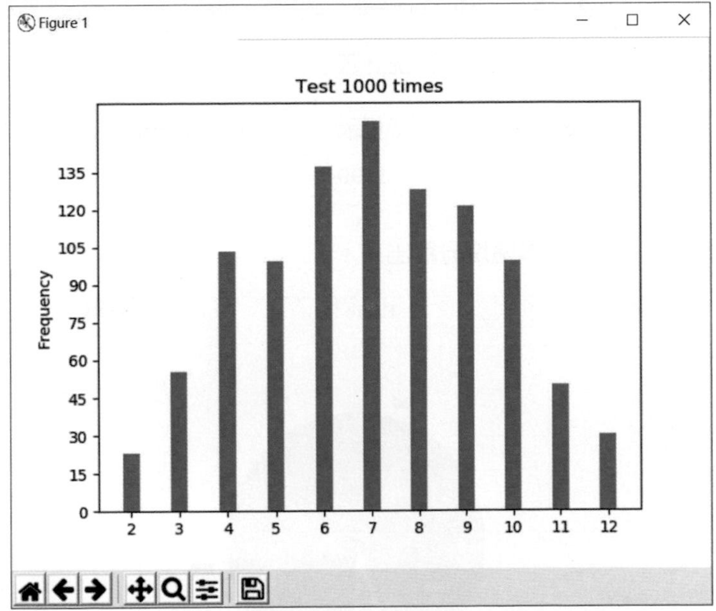

9. 請讀者參考程式實例 ch20_28.py，在賭場最常見到的是用 3 個骰子，所以可以計算 3-18 間每個數字的出現次數，請測試 1000 次，以長條圖表示。(20-6 節)

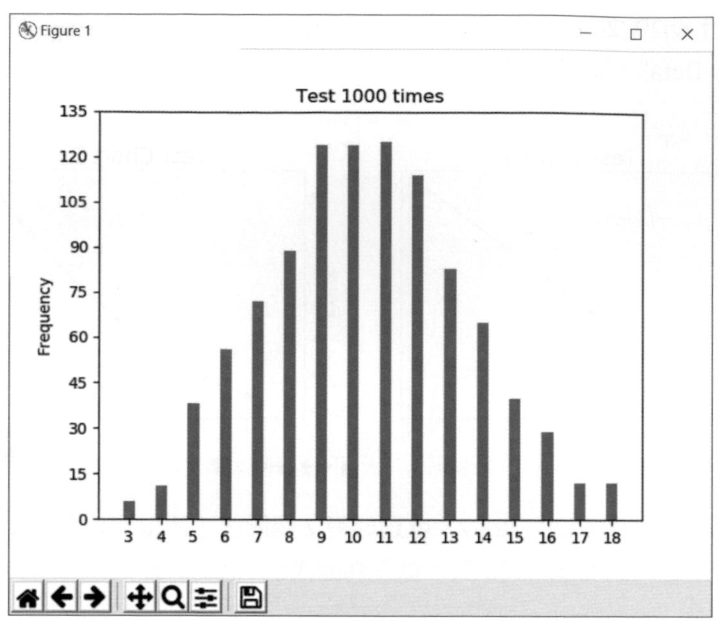

10. 下表是某年度台灣學生留學國外的統計數字表。(20-8 節)

美國	澳洲	日本	歐洲	英國
10543	2105	1190	3346	980

請繪製圓餅圖，並將日本區塊分離出來。

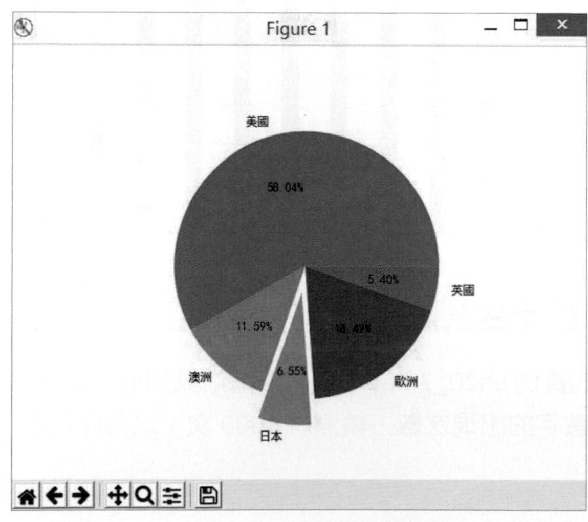

11. 請擴充程式實例 20_32.py，列出近 31 天台積電收盤價、最高價、最低價的折線圖，同時需加上圖例、x 和 y 軸的標題。(20-9 節)

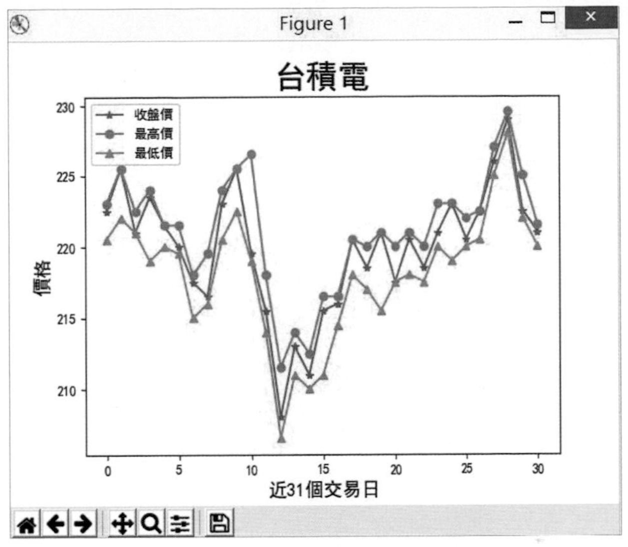

12. 請設計台灣公股金控股票三雄兆豐金、第一金、合庫金等 3 家公司近 31 天股票收盤價的折線圖，同時需加上圖例、x 和 y 軸的標題。(20-9 節)

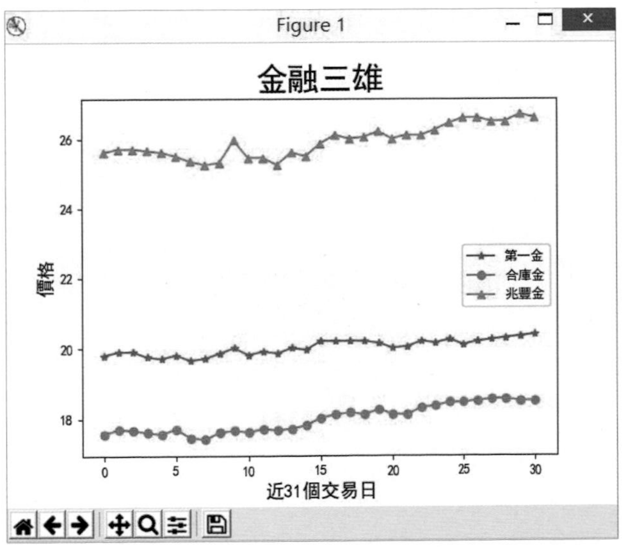

第二十一章

JSON 資料與繪製世界地圖

網路上有許多開放平台提供許多資料供程式或個人查閱，例如：行政院環保署空氣品質指標 (AQI) 網頁：

https://opendata.epa.gov.tw/Data/Contents/AQI

使用上述網頁可以獲得全國各監測站的空氣品質指標 (AQI)，可以參考下圖。

上述右邊筆者圈選部分可以看到 JSON、XML、CSV 文件格式選項，這代表我們可以使用上述 3 種資料格式取得空氣品質指標資料，所以可以知道想要精通網站伺服器與瀏覽器之溝通，最好了解這 3 種資料格式。本章筆者將說明 JSON 檔案，下一章則解說 CSV 檔案。

21-0 JSON 資料格式前言

瀏覽器和網站伺服器之間交換資料，資料只能是文字資料。JSON 是一種文字資料格式，由美國程式設計師 Douglas Crockford 創建的，JSON 全名是 JavaScript Object Notation，由 JSON 英文全文字義我們可以推敲 JSON 的緣由，最初是為 JavaScript 開發的。

我們可以將 JavaScript 物件轉成 JSON，然後將 JSON 傳送到伺服器。也可以從伺服器接收 JSON，然後將 JSON 轉成 JavaScript 物件。

這種資料格式由於簡單好用被大量應用在 Web 開發與大數據資料庫 (NoSQL)，現在已成為一種著名資料格式，Python 與許多程式語言同時採用與支援。也因此我們使用 Python 設計程式時，可以將資料以 JSON 格式儲存與其他程式語言的設計師分享。註：json 檔案可以用記事本開啟。

下列是 Facebook 將個人貼文以 JSON 格式儲存的實例。


```
{
  "data": [
    {
      "message": "Python最強入門邁向頂尖高手之路
王者歸來
今天正式預購
全彩印刷1046頁，訂價1000元",
      "created_time": "2019-07-18T16:30:18+0000",
      "id": "1116138285252667_1129971143869381"
    },
    {
      "message": "Python 邁向顶尖高手之路
王者歸來
使用Python 建立了有個人風格的QR code,
利用QR code有容錯率特性，我在建立母校網頁的QR code時，同時將母校logo嵌入了在此QR code內。
使用微信掃瞄可以直接進入母校網頁。",
      "created_time": "2019-07-11T17:28:53+0000",
      "id": "1116138285252667_1125256707674158"
    }
  ],
  "paging": {
    "previous": "https://graph.facebook.com/v3.3/1116138285252667/posts?limit=2&format=j
    "next": "https://graph.facebook.com/v3.3/1116138285252667/posts?limit=2&format=json&
  }
}
```


Python 程式設計時需使用 import json 導入 json 模組，由於 JSON 的模組是 json，所以又常用小寫 json 稱此資料格式。

21-1 認識 json 資料格式

json 的資料格式有 2 種，分別是：

物件 (object)：一般用大括號 { } 表示。

陣列 (array)：一般用中括號 [ ] 表示。

21-1-1 物件 (object)

在 json 中物件就是用 " 鍵 : 值 (key:value)" 方式配對儲存，物件內容用左大括號 "{" 開始，右大括號 "}" 結束，鍵 (key) 和值 (value) 用 ":" 區隔，每一組鍵 : 值間以逗號 "," 隔開，以下是取材自 json.org 的官方圖說明。

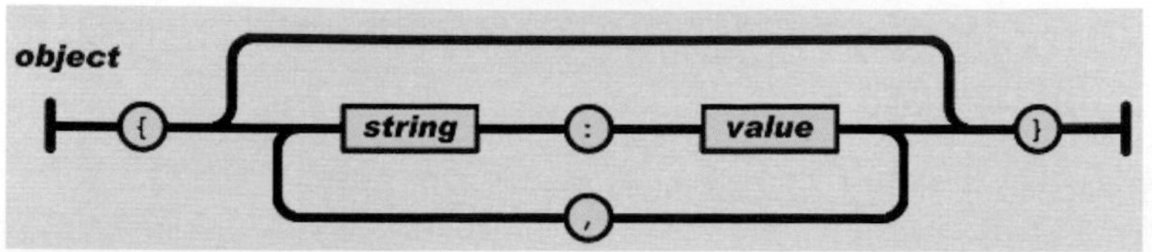

在 json 格式中鍵 (key) 是一個字串 (string)。值可以是數值 (number)、字串 (string)、布林值 (bool) 、陣列 (array) 或是 null 值。

例如：下列是物件的實例。

{"Name":"Hung", "Age":25}

使用 json 時需留意，鍵 (key) 必須是文字，例如下列是錯誤的實例。

{"Name":"Hung", 25:"Key"}

在 json 格式中字串需用雙引號，同時在 json 文件內不可以有註解。

21-1-2　陣列 (array)

陣列基本上是一系列的值 (value) 所組成，用左中括號 "[" 開始，右中括號 "]" 結束。各值之間用逗號 "," 隔開，以下是取材自 json.org 的官方圖說明。

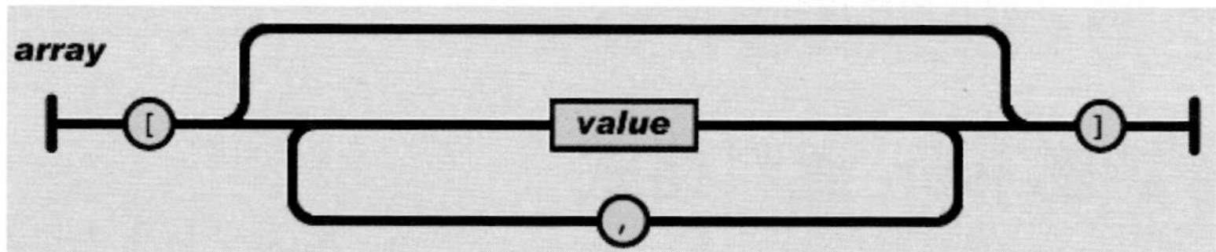

陣列的值可以是數值 (number)、字串 (string)、布林值 (bool) 、陣列 (array) 或是 null 值。

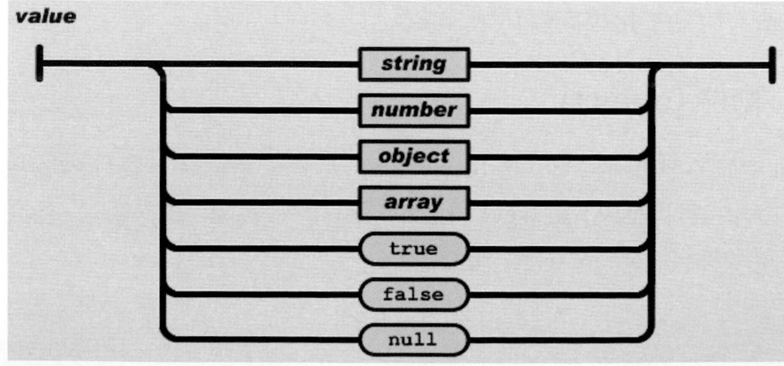

21-1-3 json 資料存在方式

前二節所述是 json 的資料格式定義，但是在 Python 中它存在方式是字串 (string)。

'json 資料 '　　　　　　　　# 可參考程式實例 ch21_1.py 的第 3 筆輸出

使用 json 模組執行將 Python 資料轉成 json 字串類型資料或是 json 檔案是使用不同方法，下列 21-2 和 21-3 節將分別說明。

21-2 將 Python 應用在 json 字串形式資料

本節主要說明 json 資料以字串形式存在時的應用。

21-2-1 使用 dumps( ) 將 Python 資料轉成 json 格式

在 json 模組內有 dumps( )，可以將 Python 資料轉成 json 字串格式，下列是轉化對照表。

Python 資料	JSON 資料
dict	object
list, tuple	array
str, unicode	string
int, float, long	number
True	true
False	false
None	null

程式實例 ch21_1.py：將 Python 的串列與元組資料轉成 json 的陣列資料的實例。

```
# ch21_1.py
import json

listNumbers = [5, 10, 20, 1]            # 串列資料
tupleNumbers = (1, 5, 10, 9)            # 元組資料
jsonData1 = json.dumps(listNumbers)     # 將串列資料轉成json資料
jsonData2 = json.dumps(tupleNumbers)    # 將串列資料轉成json資料
print("串列轉換成json的陣列", jsonData1)
print("元組轉換成json的陣列", jsonData2)
print("json陣列在Python的資料類型 ", type(jsonData1))
```

執行結果

```
==================== RESTART: D:\Python\ch21\ch21_1.py ====================
串列轉換成json的陣列 [5, 10, 20, 1]
元組轉換成json的陣列 [1, 5, 10, 9]
json陣列在Python的資料類型  <class 'str'>
```

特別留意，上述筆者在第 10 行列印最終 json 在 Python 的資料類型，結果是用字串方式存在。若以 jsonData1 為例，從上述執行結果我們可以了解，在 Python 內它的資料是如下：

'[5, 10, 20, 1]'

程式實例 ch21_2.py：將 Python 由字典元素所組成的串列轉成 json 陣列，轉換後原先字典元素變為 json 的物件。

```
# ch21_2.py
import json

listObj = [{'Name':'Peter', 'Age':25, 'Gender':'M'}]     # 串列資料元素是字典
jsonData = json.dumps(listObj)                           # 將串列資料轉成json資料
print("串列轉換成json的陣列", jsonData)
print("json陣列在Python的資料類型 ", type(jsonData))
```

執行結果

```
==================== RESTART: D:\Python\ch21\ch21_2.py ====================
串列轉換成json的陣列 [{"Name": "Peter", "Age": 25, "Gender": "M"}]
json陣列在Python的資料類型  <class 'str'>
```

讀者應留意 json 物件的字串是用雙引號。

21-2-2　dumps( ) 的 sort_keys 參數

Python 的字典是無序的資料，使用 dumps( ) 將 Python 資料轉成 json 物件時，可以增加使用 sort_keys=True，則可以將轉成 json 格式的物件排序。

程式實例 ch21_3.py：將字典轉成 json 格式的物件，分別是未使用排序與有使用排序。最後將未使用排序與有使用排序的物件做比較是否相同，得到是被視為不同物件。

```
# ch21_3.py
import json

dictObj = {'b':80, 'a':25, 'c':60}                  # 字典
jsonObj1 = json.dumps(dictObj)                      # 未用排序將字典轉成json物件
jsonObj2 = json.dumps(dictObj, sort_keys=True)      # 有用排序將字典轉成json物件
print("未用排序將字典轉換成json的物件", jsonObj1)
print("使用排序將字典轉換成json的物件", jsonObj2)
print("有排序與未排序物件是否相同     ", jsonObj1 == jsonObj2 )
print("json物件在Python的資料類型 ", type(jsonObj1))
```

執行結果

```
==================== RESTART: D:\Python\ch21\ch21_3.py ====================
未用排序將字典轉換成json的物件 {"b": 80, "a": 25, "c": 60}
使用排序將字典轉換成json的物件 {"a": 25, "b": 80, "c": 60}
有排序與未排序物件是否相同      False
json物件在Python的資料類型  <class 'str'>
```

從上述執行結果 json 物件在 Python 的存放方式也是字串。

21-2-3 dumps( ) 的 indent 參數

從 ch21_3.py 的執行結果可以看到資料是不太容易閱讀，特別是資料量如果是更多的時候，在將 Python 的字典資料轉成 json 格式的物件時，可以加上 indent 設定縮排 json 物件的鍵 - 值，讓 json 物件可以更容易顯示。

程式實例 ch21_4.py：將 Python 的字典轉成 json 格式物件時，設定縮排 4 個字元寬度。

```
# ch21_4.py
import json

players = {'Stephen Curry':'Golden State Warriors',
           'Kevin Durant':'Golden State Warriors',
           'Lebron James':'Cleveland Cavaliers',
           'James Harden':'Houston Rockets',
           'Paul Gasol':'San Antonio Spurs',
          }
jsonObj = json.dumps(players, sort_keys=True, indent=4)
print(jsonObj)
```

執行結果

```
==================== RESTART: D:/Python/ch21/ch21_4.py ====================
{
    "James Harden": "Houston Rockets",
    "Kevin Durant": "Golden State Warriors",
    "Lebron James": "Cleveland Cavaliers",
    "Paul Gasol": "San Antonio Spurs",
    "Stephen Curry": "Golden State Warriors"
}
```

21-2-4 使用 loads( ) 將 json 格式資料轉成 Python 的資料

在 json 模組內有 loads( )，可以將 json 格式資料轉成 Python 資料，右列是轉化對照表。

JSON 資料	Python 資料
object	dict
array	list
string	unicode
number(int)	int, long
Number(real)	float
true	True
false	False
null	None

程式實例 ch21_5.py：將 json 的物件資料轉成 Python 資料的實例，需留意在建立 json 資料時，需加上引號，因為 json 資料在 Python 內是以字串形式存在。

```
# ch21_5.py
import json

jsonObj = '{"b":80, "a":25, "c":60}'     # json物件
dictObj = json.loads(jsonObj)            # 轉成Python物件
print(dictObj)
print(type(dictObj))
```

執行結果

```
==================== RESTART: D:\Python\ch21\ch21_5.py ====================
{'b': 80, 'a': 25, 'c': 60}
<class 'dict'>
```

從上述可以看到 json 物件轉回 Python 資料時的資料類型。

21-2-5　一個 json 文件只能放一個 json 物件？

有一點要注意的是一個 json 文件只能放一個 json 物件，例如：下列是無效的。

{"Japan":"Tokyo"}
{"China":"Beijing"}

如果要放多個 json 物件，可以用一個父 json 物件處理，上述可以更改成下列方式。

```
{"Asia":
   [ {"Japan":"Tokyo"},
     {"China":"Beijing"} ]
}
```

Asia 是父 json，相當於 " 國家 : 首都 "json 物件保存在陣列中，未來用 "Asia" 存取此 json 資料。實務上這是一般 json 檔案的配置方式，例如：本章一開始所述的 Facebook 內部資料，就是用這種方式處理。

程式實例 ch21_5_1.py：建立一個父 json 物件，此父 json 物件內有 2 個 json 子物件。

```
# ch21_5_1.py
import json

obj = '{"Asia":[{"Japan":"Tokyo"},{"China":"Beijing"}]}'
json_obj = json.loads(obj)
print(json_obj)
print(json_obj["Asia"])
print(json_obj["Asia"][0])
```

```
 9  print(json_obj["Asia"][1])
10  print(json_obj["Asia"][0]["Japan"])
11  print(json_obj["Asia"][1]["China"])
```

執行結果

```
==================== RESTART: D:/Python/ch21/ch21_5_1.py ====================
{'Asia': [{'Japan': 'Tokyo'}, {'China': 'Beijing'}]}
[{'Japan': 'Tokyo'}, {'China': 'Beijing'}]
{'Japan': 'Tokyo'}
{'China': 'Beijing'}
Tokyo
Beijing
```

上述程式可以執行，但是最大的缺點是第 4 行不容易閱讀，此時我們可以用程式實例 ch21_5_2.py 方式改良。

程式實例 ch21_5_2.py：改良建立 json 資料的方法，程式比較容易閱讀，本程式使用 4-7 行改良原先的第 4 行。讀者須留意實務上，4-6 行每行末端需加上 "\"，表示這是一個字串。

```
 1  # ch21_5_2.py
 2  import json
 3
 4  obj = '{"Asia":\
 5              [{"Japan":"Tokyo"},\
 6               {"China":"Beijing"}]\
 7          }'
 8  json_obj = json.loads(obj)
 9  print(json_obj)
10  print(json_obj["Asia"])
11  print(json_obj["Asia"][0])
12  print(json_obj["Asia"][1])
13  print(json_obj["Asia"][0]["Japan"])
14  print(json_obj["Asia"][1]["China"])
```

執行結果 與 ch21_5_1.py 相同。

21-3 將 Python 應用在 json 檔案

我們在程式設計時，更重要的是將 Python 的資料以 json 格式儲存，未來可以供其它不同的程式語言讀取。或是使用 Python 讀取其他語言資料然後以 json 格式儲存的資料。

21-3-1 使用 dump( ) 將 Python 資料轉成 json 檔案

在 json 模組內有 dump( )，可以將 Python 資料轉成 json 檔案格式，這個檔案格式的副檔名是 json，下列將直接以程式實例解說 dump( ) 的用法。

程式實例 ch21_6.py：將一個字典資料，使用 json 格是儲存在 out21_6.json 檔案內。在這個程式實例中，dump( ) 方法的第一個參數是欲儲存成 json 格式的資料，第二個參數是欲儲存的檔案物件。

```
# ch21_6.py
import json

dictObj = {'b':80, 'a':25, 'c':60}
fn = 'out21_6.json'
with open(fn, 'w') as fnObj:
    json.dump(dictObj, fnObj)
```

執行結果 在目前工作資料夾可以新增 json 檔案，檔名是 out21_6.json。如果用記事本開啟，可以得到下列結果。

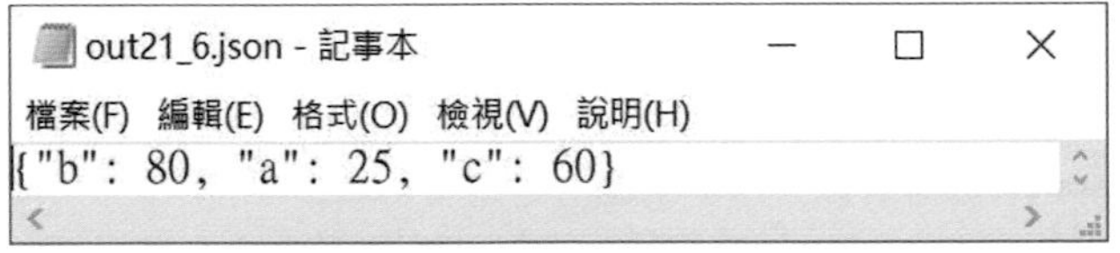

程式實例 ch21_6_1.py：將字典資料存入 out21_6_1.json。

```
# ch21_6_1.py
import json

obj = {"Asia":
          [{"Japan":"Tokyo"},
           {"China":"Beijing"}]
      }
fn = 'out21_6_1.json'
with open(fn, 'w') as fnObj:
    json.dump(obj, fnObj)
```

執行結果

out21_6_1 - 記事本
檔案(F) 編輯(E) 格式(O) 檢視(V) 說明
{"Asia": [{"Japan": "Tokyo"}, {"China": "Beijing"}]}
第 1 列，第 1 行 100% Windows (CRLF) UTF-8

21-3-2 將中文字典資料轉成 json 檔案

如果想要儲存的字典資料含中文字時，如果使用上一小節方式，將造成開啟此 json 檔案時，以 16 進位碼值方式顯示 (\uxxxx)，如果以記事本開啟時造成文件不易了解內容。

程式實例 ch21_6_2.py：建立串列，此串列的元素是中文字典資料，然後儲存成 json 檔案，檔案名稱是 out21_6_2.json，最後以記事本觀察此檔案。

```
# ch21_6_2.py
import json

objlist = [{"日本":"Japan", "首都":"Tykyo"},
           {"美州":"USA", "首都":"Washington"}]

fn = 'out21_6_2.json'
with open(fn, 'w') as fnObj:
    json.dump(objlist, fnObj)
```

執行結果 下列是以記事本開啟此檔案的結果。

```
out21_6_2 - 記事本
檔案(F) 編輯(E) 格式(O) 檢視(V) 說明
[{"\u65e5\u672c": "Japan", "\u9996\u90fd": "Tykyo"}, {"\u7f8e\u5dde": "USA", "\u9996\u90fd": "Washington"}]
第 1 列，第 1 行    100%    Windows (CRLF)    UTF-8
```

如果我們想要順利顯示所儲存的中文資料，在開啟 open 檔案時，可以增加使用 "encoding=utf-8" 參數。同時在使用 json.dump( ) 時，增加 "ensure_ascii=False"，意義是中文字以中文方式寫入 ("utf-8" 編碼方式寫入)，如果沒有或是 ensure_ascii 是 True 時，中文以 \uxxxx 格式寫入。此外，我們一般會在 json.dump( ) 內增加 indent 參數，這是設定字典元素內縮字元數，常見是設為 "indent=2"。

程式實例 ch21_6_3.py：使用 "utf-8" 格式搭配 ensure_ascii=False" 儲存中文字典資料，同時設定 "indent=2"，請將結果儲存至 out21_6_3.json。

```
# ch21_6_3.py
import json

objlist = [{"日本":"Japan", "首都":"Tykyo"},
           {"美州":"USA", "首都":"Washington"}]

fn = 'out21_6_3.json'
with open(fn, 'w', encoding='utf-8') as fnObj:
    json.dump(objlist, fnObj, indent=2, ensure_ascii=False)
```

執行結果 下列是使用記事本開啟的結果。

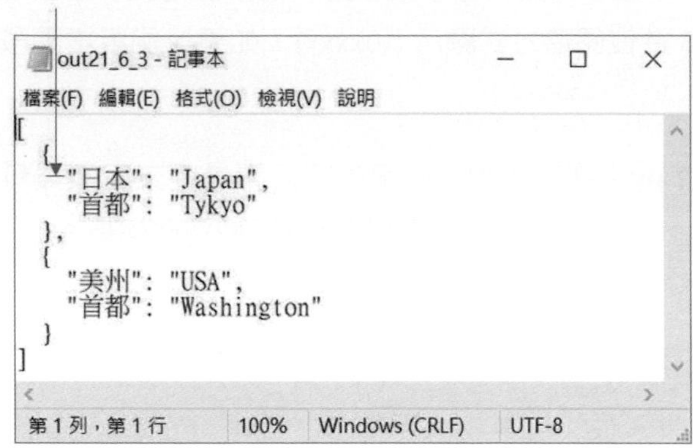

21-3-3　使用 load( ) 讀取 json 檔案

在 json 模組內有 load( )，可以讀取 json 檔案，讀完後這個 json 檔案將被轉換成 Python 的資料格式，下列將直接以程式實例解說 dump( ) 的用法。

程式實例 ch21_7.py：讀取 json 檔案 out21_6.json，同時列出結果。

```
# ch21_7.py
import json

fn = 'out21_6.json'
with open(fn, 'r') as fnObj:
    data = json.load(fnObj)

print(data)
print(type(data))
```

執行結果

```
===================== RESTART: D:\Python\ch21\ch21_7.py =====================
{'b': 80, 'a': 25, 'c': 60}
<class 'dict'>
```

21-4 簡單的 json 檔案應用

程式實例 ch21_8.py：程式執行時會要求輸入帳號，然後列出所輸入帳號同時列印歡迎使用本系統。

```
# ch21_8.py
import json

fn = 'login.json'
login = input("請輸入帳號 : ")
with open(fn, 'w') as fnObj:
    json.dump(login, fnObj)
    print("%s! 歡迎使用本系統! " % login)
```

執行結果

```
==================== RESTART: D:\Python\ch21\ch21_8.py ====================
請輸入帳號 : Peter
Peter! 歡迎使用本系統!
```

上述程式同時會將所輸入的帳號同時存入 login.json 檔案內。

程式實例 ch21_9.py：讀取 login.json 的資料，同時輸出歡迎回來使用本系統。

```
# ch21_9.py
import json

fn = 'login.json'
with open(fn, 'r') as fnObj:
    login = json.load(fnObj)
    print("%s! 歡迎回來使用本系統! " % login)
```

執行結果

```
==================== RESTART: D:\Python\ch21\ch21_9.py ====================
Peter! 歡迎回來使用本系統!
```

程式實例 ch21_10.py：下列程式基本上是 ch21_8.py 和 ch21_9.py 的組合，如果第一次登入會要求輸入帳號然後將輸入帳號記錄在 login21_10.json 檔案內，如果不是第一次登入，會直接讀取已經存在 login21_10.json 的帳號，然後列印 " 歡迎回來 "。這個程式用第 7 行是否能正常讀取 login21_10.json 方式判斷是否是第一次登入，如果這個檔案不存在表示是第一次登入，將執行第 8 行 except 至 12 行的內容。如果這個檔案已經存在，表示不是第一次登入，將執行第 13 行 else: 後面的內容。

```
1  # ch21_10.py
2  import json
3
4  fn = 'login21_10.json'
5  try:
6      with open(fn) as fnObj:
7          login = json.load(fnObj)
8  except Exception:
9      login = input("請輸入帳號 : ")
10     with open(fn, 'w') as fnObj:
```

```
        json.dump(login, fnObj)
        print("系統已經記錄你的帳號 ")
else:
    print("%s 歡迎回來" % login)
```

執行結果

```
==================== RESTART: D:\Python\ch21\ch21_10.py ====================
請輸入帳號 : Peter
系統已經記錄你的帳號
>>>
==================== RESTART: D:\Python\ch21\ch21_10.py ====================
Peter 歡迎回來
>>>
```

21-5 世界人口數據的 json 檔案

在本書 ch21 資料夾內有 populations.json 檔案，這是一個非官方在 2000 年和 2010 年的人口統計數據，這一節筆者將一步一步講解如何使用 json 資料檔案。

21-5-1 認識人口統計的 json 檔案

若是將這個檔案用記事本開啟，內容如下：

在網路上任何一個號稱是真實統計的 json 數據，在用記事本開啟後，初看一定是複雜的，讀者碰上這個問題首先不要慌，同時分析數據的共通性，這樣有助於未來程式的規劃與設計。從上圖基本上我們可以了解它的資料格式，這是一個串列，串列元素是字典，有些國家只有 2000 年的資料，有些國家只有 2010 年的資料，有些國家則同時有這 2 個年度的資料，每個字典內有 4 個鍵：值，如下所示：

```
{
    "Country Name":"World",
    "Country Code":"WLD",
    "Year":"2000",
    "Numbers":"6117806174.56156"
}
```

上述欄位分別是國家名稱 (Country Name)、國家代碼 (Country Code)、年份 (Year) 和人口數 (Numbers)。從上述檔案我們應該注意到，人口數在我們日常生活理解應該是整數，可是這個數據資料是用字串表達，另外，在非官方的統計數據中，難免會有錯誤，例如：上述 World 國家 (這是全球人口統計) 的 2010 年人口數資料出現了小數點，這個皆須我們用程式處理。

程式實例 ch21_11.py：列出 populations.json 資料中，各國的代碼，以及列出 2000 年各國人口數據。

```
1  # ch21_11.py
2  import json
3
4  fn = 'populations.json'
5  with open(fn) as fnObj:
6      getDatas = json.load(fnObj)                    # 讀json檔案
7
8  for getData in getDatas:
9      if getData['Year'] == '2000':                  # 篩選2000年的數據
10         countryName = getData['Country Name']      # 國家名稱
11         countryCode = getData['Country Code']      # 國家代碼
12         population = int(float(getData['Numbers'])) # 人口數據
13         print('國家代碼 =', countryCode,
14               '國家名稱 =', countryName,
15               '人口數 =', population)
```

執行結果

```
==================== RESTART: D:\Python\ch21\ch21_11.py ====================
國家代碼 = WLD 國家名稱 = World 人口數 = 6117806174
國家代碼 = AFG 國家名稱 = Afghanistan 人口數 = 25951672
國家代碼 = ALB 國家名稱 = Albania 人口數 = 3072478
國家代碼 = DZA 國家名稱 = Algeria 人口數 = 30534041
國家代碼 = ASM 國家名稱 = American Samoa 人口數 = 57995
國家代碼 = AND 國家名稱 = Andorra 人口數 = 65258
國家代碼 = AGO 國家名稱 = Angola 人口數 = 13926705
國家代碼 = ATG 國家名稱 = Antigua and Barbuda 人口數 = 78536
國家代碼 = ARG 國家名稱 = Argentina 人口數 = 36931013
國家代碼 = ARM 國家名稱 = Armenia 人口數 = 3076653
國家代碼 = ABW 國家名稱 = Aruba 人口數 = 91031
國家代碼 = AUS 國家名稱 = Australia 人口數 = 19153581
```

上述重點是第 12 行，當我們碰上含有小數點的字串時，需先將這個字串轉成浮點數，然後再將浮點數轉成整數。

21-5-2 認識 pygal.maps.world 的國碼資訊

前一節有關 populations.json 國家代碼是 3 個英文字母，如果我們想要使用這個 json 資料繪製世界人口地圖，需要配合 pygal.maps.world 模組的方法，這個模組的國家代碼是 2 個英文字母，所以需要將 populations.json 國家代碼轉成 2 個英文字母。這裡本節先介紹 2 個英文字的國碼資訊，pygal.maps.world 模組內有 COUNTRIES 字典，在這個字典中國碼是 2 個英文字元，從這裡我們可以列出相關國家與代碼的列表。使用 pygal.maps.world 模組前需先安裝此模組，如下所示：

```
pip install pygal_maps_world
```

程式實例 ch21_12.py：列出 pygal.maps.world 模組 COUNTRIES 字典的 2 個英文字元的國家代碼與完整的國家名稱列表。

```python
# ch21_12.py
from pygal.maps.world import COUNTRIES

for countryCode in sorted(COUNTRIES.keys()):
    print("國家代碼 :", countryCode, "  國家名稱 = ", COUNTRIES[countryCode])
```

執行結果

```
===================== RESTART: D:\Python\ch21\ch21_12.py =====================
國家代碼 : ad    國家名稱 =  Andorra
國家代碼 : ae    國家名稱 =  United Arab Emirates
國家代碼 : af    國家名稱 =  Afghanistan
國家代碼 : al    國家名稱 =  Albania
國家代碼 : am    國家名稱 =  Armenia
國家代碼 : ao    國家名稱 =  Angola
國家代碼 : aq    國家名稱 =  Antarctica
國家代碼 : ar    國家名稱 =  Argentina
國家代碼 : at    國家名稱 =  Austria
國家代碼 : au    國家名稱 =  Australia
```

接著筆者將講解，輸出 2 個字母的國家代碼時，同時輸出此國家，這個程式相當於是將 2 個不同來源的數據作配對。

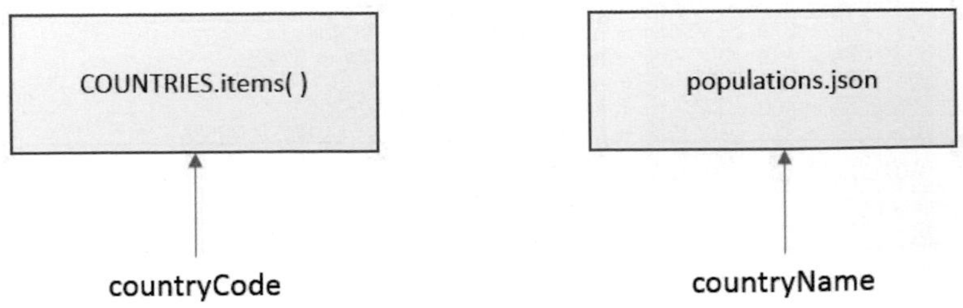

程式實例 ch21_13.py：從 populations.json 取每個國家名稱資訊，然後將每一筆國家名稱放入 getCountryCode( ) 方法中找尋相關國家代碼，如果有找到則輸出相對應的國家代碼，如果找不到則輸出 " 名稱不吻合 "。

```
# ch21_13.py
import json
from pygal.maps.world import COUNTRIES

def getCountryCode(countryName):
    '''輸入國家名稱回傳國家代碼'''
    for dictCode, dictName in COUNTRIES.items():     # 搜尋國家與國家代碼字典
        if dictName == countryName:
            return dictCode                          # 如果找到則回傳國家代碼
    return None                                      # 找不到則回傳None

fn = 'populations.json'
with open(fn) as fnObj:
    getDatas = json.load(fnObj)                      # 讀取人口數據json檔案

for getData in getDatas:
    if getData['Year'] == '2000':                    # 篩選2000年的數據
        countryName = getData['Country Name']        # 國家名稱
        countryCode = getCountryCode(countryName)
        population = int(float(getData['Numbers'])) # 人口數
        if countryCode != None:
            print(countryCode, ":", population)      # 國家名稱相符
        else:
            print(countryName," 名稱不吻合:")          # 國家名稱不吻合
```

執行結果

```
===================== RESTART: D:\Python\ch21\ch21_13.py =====================
World  名稱不吻合:
af : 25951672
al : 3072478
dz : 30534041
American Samoa  名稱不吻合:
ad : 65258
ao : 13926705
Antigua and Barbuda  名稱不吻合:
```

上述會有不吻合輸出是因為這是 2 個不同單位的數據，例如：在 Arab World 在 populations.json 是一筆記錄，在 pygal.maps.world 模組的 COUNTRIES 字典中沒有這個紀錄。至於有關上述的更深層應用，將在下一節解說。

21-6 繪製世界地圖

21-6-1 基本觀念

其實 pygal.maps.world 模組，最重要的功能是繪製世界地圖。它有一個世界地圖的圖表類型是 Worldmap，可以使用它建立世界地圖。首先須呼叫 World( ) 宣告繪製世界地圖物件，下列是示範程式碼。

worldMap = pygal.maps.world.World( )　# worldMap 是自行定義的物件名稱

有了世界地圖物件後可以利用 title 屬性，語法是 worldMap.title=" 標題名稱 "，設定圖表標題，更多相關細節筆者將以程式實例做解說。建立地圖內容是使用 add( ) 方法，這個方法的第一個參數是標籤，第二個參數是串列 (list)，串列內容是國家代碼，可參考 ch21_12.py 的輸出，相同串列的國家會用相同顏色顯示。

程式實例 ch21_14.py：建立一個世界地圖，同時標記中國 (cn)。

```
# ch21_14.py
import pygal.maps.world

worldMap = pygal.maps.world.World()          # 建立世界地圖物件
worldMap.title = 'China in the Map'          # 世界地圖標題
worldMap.add('China',['cn'])                 # 標記中國
worldMap.render_to_file('out21_14.svg')      # 儲存地圖檔案
```

執行結果

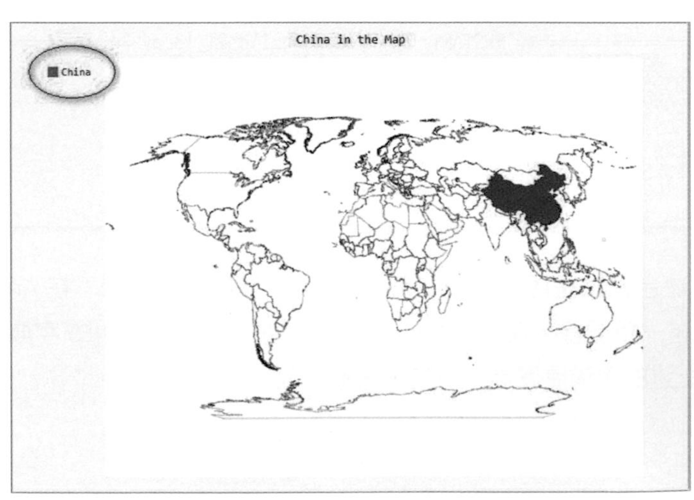

上述程式第 6 行的第一個參數 'China' 標籤，將出現在上圖圈起來的地方，第二個串列參數內的元素 'cn' 將讓此代碼的國家 (此例是中國) 以不同顏色顯示，相當於每一個國家代碼在地圖上的位置已經被標註了。第 7 行 render_to_file( ) 方法主要是將地圖輸出至指定檔案內，這是 svg 檔案，可以用瀏覽器開啟。

程式實例 ch21_15.py：標記 Asia，同時串列內容有中國 (cn)、日本 (ja) 與泰國 (th)。

```
# ch21_15.py
import pygal.maps.world

worldMap = pygal.maps.world.World()              # 建立世界地圖物件
worldMap.title = 'China/Japan/Thailand'          # 世界地圖標題
worldMap.add('Asia',['cn', 'jp', 'th'])          # 標記Asia
worldMap.render_to_file('out21_15.svg')          # 儲存地圖檔案
```

執行結果

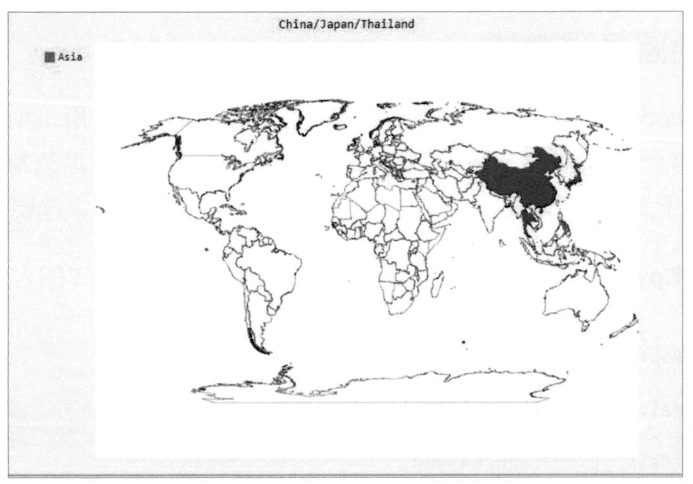

程式實例 ch21_16.py：標記 Asia, Europe, Africa 和 North America，同時各州又標註幾個國家。

```
# ch21_16.py
import pygal.maps.world

worldMap = pygal.maps.world.World()                                # 建立世界地圖物件
worldMap.title = ' Asia, Europe, Africa, and North America'        # 世界地圖標題
worldMap.add('Asia',['cn', 'jp', 'th'])                            # 標記Asia
worldMap.add('Europe',['fr', 'de', 'it'])                          # 標記Europe
worldMap.add('Africa',['eg', 'ug', 'ng'])                          # 標記Africa
worldMap.add('North America',['ca', 'us', 'mx'])                   # 標記北美洲
worldMap.render_to_file('out21_16.svg')                            # 儲存地圖檔案
```

執行結果

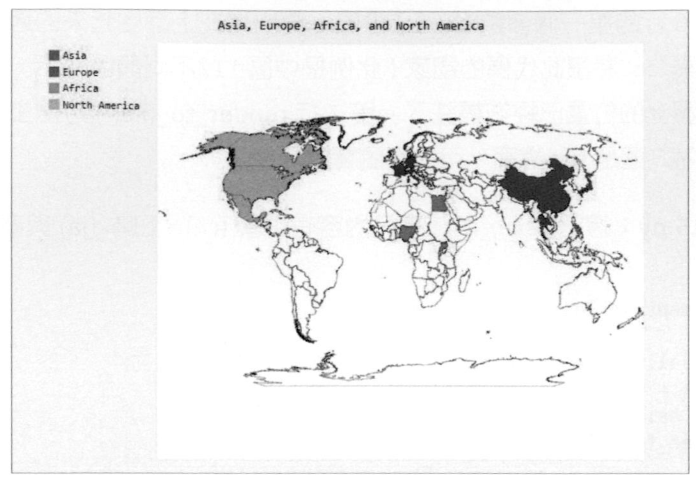

21-6-2 讓地圖呈現數據

先前實例在 add( ) 方法的第 2 個參數的元素是國家代碼字串，所以地圖顯示的是國家區塊。如果我們設計地圖時，在 add( ) 方法的第 2 個參數的元素改為字典，此字典的鍵 : 值是國家代碼 - 數據，則未來將滑鼠游標移至國家區塊時可以浮現數據。

程式實例 ch21_17.py：重新設計 ch21_15.py，列出中國、泰國和日本的人口。

```
# ch21_17.py
import pygal.maps.world

worldMap = pygal.maps.world.World()                          # 建立世界地圖物件
worldMap.title = 'Populations in China/Japan/Thailand'       # 世界地圖標題
worldMap.add('Asia',{'cn':1262645000,
                     'jp':126870000,
                     'th':63155029})                         # 標記人口資訊
worldMap.render_to_file('out21_17.svg')                      # 儲存地圖檔案
```

執行結果

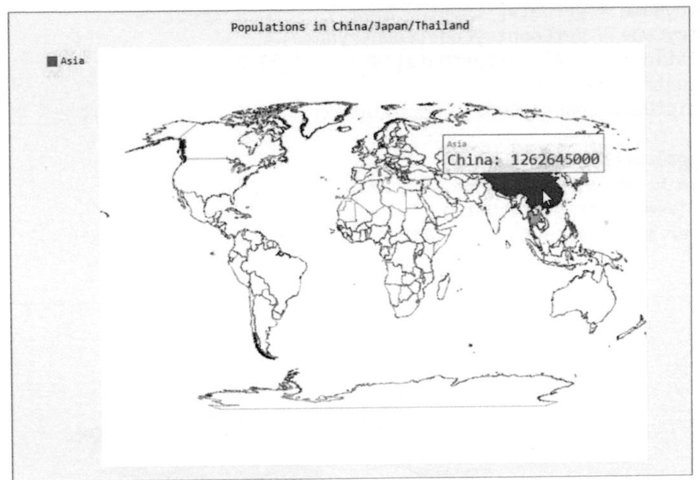

21-6-3 繪製世界人口地圖

經過以上說明，相信各位應該可以逐步了解程式 ch21_13.py，筆者設計一個程式嘗試將有關人口數的國家代碼由 3 為字元轉換成 2 個字元的用心，因為這個模組是用 2 個字元代表國家的地圖區塊。

程式實例 ch21_18.py：本程式基本上是擴充 ch21_13.py，將 populations.json 的 2000 年的人口數據，放在地圖內，相當於繪製 2000 年的世界人口地圖。設計時需留意，首先需將國家代碼與人口數據以字典 dictData 方式儲存，可參考第 21 行，再將字典 dictData 放入 add( ) 方法內。

```
1  # ch21_18.py
2  import json
3  import pygal.maps.world
4  from pygal.maps.world import COUNTRIES
5
6  def getCountryCode(countryName):
7      '''輸入國家名稱回傳國家代碼'''
8      for dictCode, dictName in COUNTRIES.items():    # 搜尋國家與國家代碼字典
9          if dictName == countryName:
10             return dictCode                          # 如果找到則回傳國家代碼
11     return None                                      # 找不到則回傳None
12
13 fn = 'populations.json'
14 with open(fn) as fnObj:
15     getDatas = json.load(fnObj)                      # 讀取人口數據json檔案
16
17 dictData = {}                                        # 定義地圖使用的字典
18 for getData in getDatas:
19     if getData['Year'] == '2000':                    # 篩選2000年的數據
```

```
            countryName = getData['Country Name']          # 國家名稱
            countryCode = getCountryCode(countryName)
            population = int(float(getData['Numbers'])) # 人口數
            if countryCode != None:
                dictData[countryCode] = population        # 代碼:人口數據加入字典

worldMap = pygal.maps.world.World()
worldMap.title = "World Population in 2000"
worldMap.add('Year 2000', dictData)
worldMap.render_to_file('out21_18.svg')                  # 儲存地圖檔案
```

執行結果

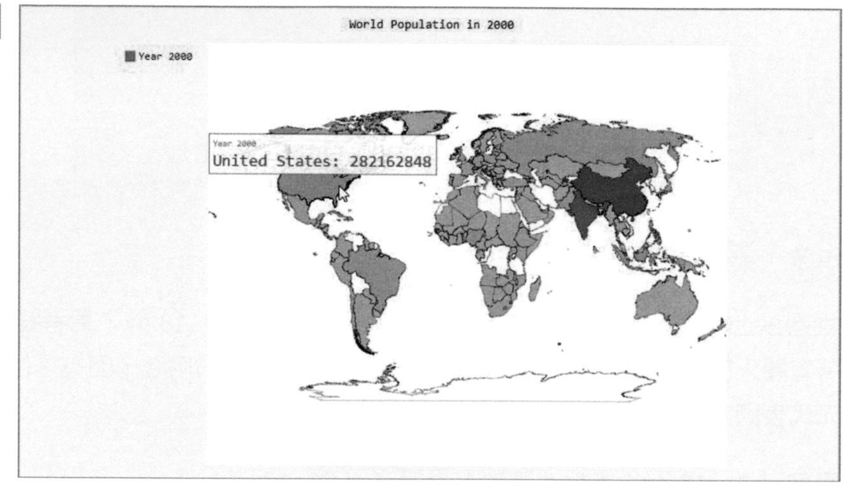

其實我們也可以使用上述觀念將世界人口地圖依據人口數做分類。

程式實例 ch21_19.py：將世界人口地圖依據 1 億人作為國家分類。

```
# ch21_19.py
import json
import pygal.maps.world
from pygal.maps.world import COUNTRIES

def getCountryCode(countryName):
    '''輸入國家名稱回傳國家代碼'''
    for dictCode, dictName in COUNTRIES.items():      # 搜尋國家與國家代碼字典
        if dictName == countryName:
            return dictCode                           # 如果找到則回傳國家代碼
    return None                                       # 找不到則回傳None

fn = 'populations.json'
with open(fn) as fnObj:
    getDatas = json.load(fnObj)                       # 讀取人口數據json檔案

dictData = {}                                         # 定義地圖使用的字典
for getData in getDatas:
    if getData['Year'] == '2000':                     # 篩選2000年的數據
        countryName = getData['Country Name']         # 國家名稱
        countryCode = getCountryCode(countryName)
```

```
22            population = int(float(getData['Numbers'])) # 人口數
23            if countryCode != None:
24                dictData[countryCode] = population      # 代碼:人口數據加入字典
25
26  dict1, dict2 = {}, {}                                 # 定義人口數分級的字典
27  for code, population in dictData.items():
28      if population > 100000000:
29          dict1[code] = population                      # 人口數大於1000000000
30      else:
31          dict2[code] = population                      # 人口數小於1000000000
32
33  worldMap = pygal.maps.world.World()
34  worldMap.title = "World Population in 2000"
35  worldMap.add('Over 1000000000', dict1)
36  worldMap.add('Under 1000000000', dict2)
37  worldMap.render_to_file('out21_19.svg')               # 儲存地圖檔案
```

執行結果

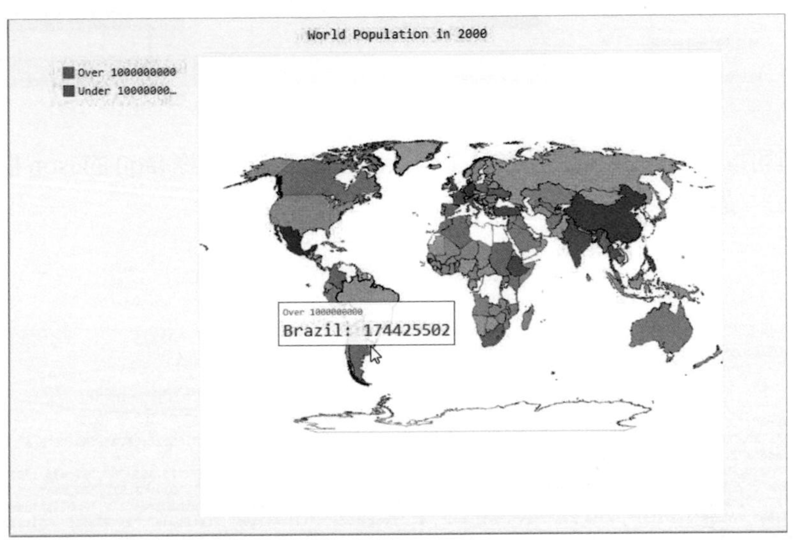

上述程式最重要的地方是第 26 至 31 行，dict1 是定義未來存放人口數超過 1 億的國家字典，dict2 是定義人口數小於 1 億的國家。

21-7 環保署空氣品質 JSON 檔案實作

21-7-1 下載與儲存 JSON 檔案

在第一章筆者有說明 Json 檔案，這一節筆者將講解如何下載行政院環保署空氣品質指標的 Json 檔案，同時執行數據清洗，取得我們想要的檔案內容，首先請進入下列網址：

https://opendata.epa.gov.tw/data/contents/aqi/

上述可以看到 JSON 按鈕，請點選可以看到空氣品質指標 (aqi) 的 Json 檔案的網頁，如下所示：

空氣品質指標Json檔案的網址

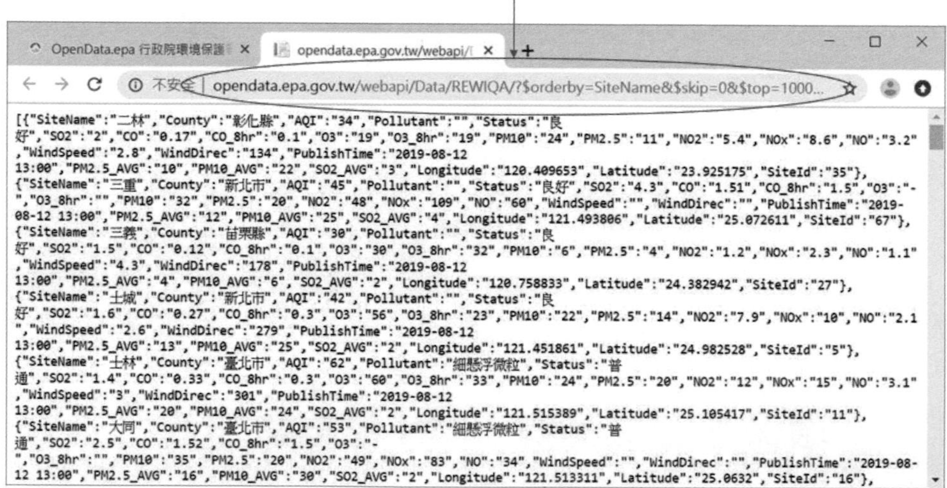

上述是一個 Json 檔案，各欄位的名稱也可以由網頁得知，如下所示：

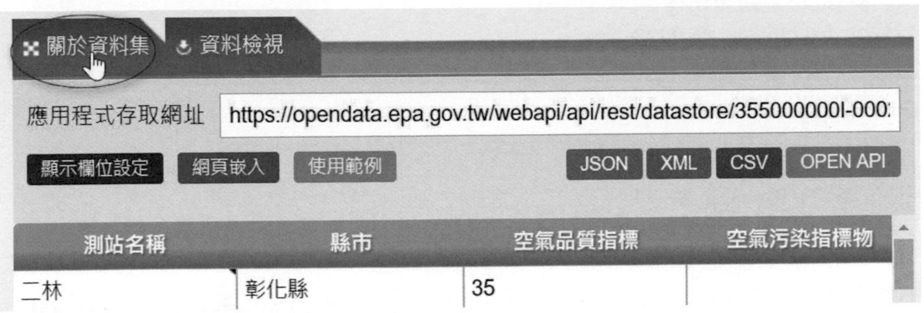

上述請點選關於資料集，可以得到 Json 檔案各欄位的中文說明。

關於資料集　資料檢視

分類	大氣
分類及編號	E00生活安全及品質
資料集名稱	空氣品質指標(AQI)
資料集描述	每小時提供各測站之空氣品質指標（AQI），原始資料版本公告於空氣品質監測網https://taqm.epa.gov.tw
主要欄位說明	SiteName(測站名稱)、County(縣市)、AQI(空氣品質指標)、Pollutant(空氣污染指標物)、Status(狀態)、SO2(二氧化硫ppb)、CO(一氧化碳ppm)、CO_8hr(一氧化碳8小時移動平均ppm)、O3(臭氧ppb)、O3_8hr(臭氧8小時移動平均ppb)、PM10(懸浮微粒μg / m3)、PM2.5(細懸浮微粒μg / m3)、NO2(二氧化氮ppb)、NOx(氮氧化物ppb)、NO(一氧化氮ppb)、WindSpeed(風m / sec)、WindDirec(風向degrees)、PublishTime(資料發布時間)、PM2.5_AVG(細懸浮微粒移動平均值μg / m3)、PM10_AVG(懸浮微粒移動平均值μg / m3)、SO2_AVG(二氧化硫移動平均值ppb)、Longitude(經度)、Latitude(緯度)、SiteId(測站編號)。

上述空氣品質指標的 Json 檔案網址如下：

http://opendata.epa.gov.tw/webapi/Data/REWIQA/?$orderby=SiteName&$skip=0&$top=1000&format=json

程式實例 ch21_20.py：讀取環保署空氣品質指標，然後存入 aqi.json 檔案。

```
# ch21_20.py
import requests
import json

url = 'http://opendata.epa.gov.tw/webapi/Data/REWIQA/?$orderby=SiteName&$\
skip=0&$top=1000&format=json'
```

```
7  try:
8      aqijsons = requests.get(url)                   # 將檔案下載至aqijsons
9      print('下載成功')
10 except Exception as err:
11     print('下載失敗')
12
13 print(aqijsons.text)                               # 列印所下載的json檔案
14
15 fn = "aqi.json"                                    # 建立欲儲存的json檔案
16 with open(fn, 'w') as f:
17     json.dump(aqijsons.json(),f)                   # 寫入json檔案至aqi.json
```

執行結果

```
==================== RESTART: D:/Python/ch21/ch21_20.py ====================
下載成功
Squeezed text (381 lines).
```

上述連按 Squeezed text 兩下可以展開所下載到內容。

```
==================== RESTART: D:/Python/ch21/ch21_20.py ====================
下載成功
[{"SiteName":"二林","County":"彰化縣","AQI":"29","Pollutant":"","Status":"良好",
"SO2":"5.2","CO":"0.27","CO_8hr":"0.3","O3":"12","O3_8hr":"20","PM10":"18","PM2.
5":"7","NO2":"14","NOx":"14","NO":"0.5","WindSpeed":"2.1","WindDirec":"25","Publ
ishTime":"2019-11-22 23:00","PM2.5_AVG":"9","PM10_AVG":"25","SO2_AVG":"4","Longi
```

註 上述第 8 行是讀取網頁內容的程式，其實這也算是網路爬蟲的一部份，未來章節筆者會對網路爬蟲做更多說明。

21-7-2 JSON 檔案的數據清洗

前一小節我們下載了環保署的空氣品質 Json 檔案，這個數據是複雜的，如果我們想要清洗數據只保留城市名稱、站台名稱、站台 ID、PM2.5 的值，可以使用下列方式處理。

程式實例 ch21_21.py：讀取環保署的空氣品質 Json 檔案 aqi.json，這個程式會列出城市名稱、站台名稱、站台 ID、PM2.5 的值。

```
# ch21_21.py
import json

fn = 'aqi.json'
with open(fn) as fnObj:
    getDatas = json.load(fnObj)                       # 讀json檔案

for getData in getDatas:
    county = getData['County']                        # 城市名稱
```

```
    sitename = getData['SiteName']                    # 站台名稱
    siteid = getData['SiteId']                        # 站台ID
    pm25 = getData['PM2.5']                           # PM2.5值
    print('城市名稱 =%4s   站台ID =%3s   PM2.5值 =%3s   站台名稱 = %s ' %
          (county, siteid, pm25, sitename))
```

執行結果

```
===================== RESTART: D:/Python/ch21/ch21_21.py =====================
城市名稱 = 彰化縣  站台ID = 35  PM2.5值 =  7  站台名稱 = 二林
城市名稱 = 新北市  站台ID = 67  PM2.5值 = 13  站台名稱 = 三重
城市名稱 = 苗栗縣  站台ID = 27  PM2.5值 =  5  站台名稱 = 三義
城市名稱 = 新北市  站台ID =  5  PM2.5值 =  3  站台名稱 = 土城
城市名稱 = 臺北市  站台ID = 11  PM2.5值 =  4  站台名稱 = 士林
```

註 筆者此節篩選了 PM2.5，這是細懸浮粒，是指空氣中懸浮的顆粒物，其直徑小於或等於 2.5 微米，來源可能是工業污染、汽機車廢氣、或是沙塵暴或是其它污染物，由於直徑小可以穿越呼吸道直接進入肺部，造成可怕的肺部疾病，目前 WHO 將此認定是癌症重要來源之一。同時 PM2.5 數值如果太高，也直接代表空氣污染嚴重，目前環保署標準比照美國、日本、新加坡將 PM2.5 日平均設為 35 微克 / 立方公尺，全年平均為 15 微克 / 立方公尺。

習題

實作題

1. 讀取 populations.json 檔案，將 2000 年的資料各國人口數與人口總數列出來，請留意需捨去 Country Name 為 World 的資料。(21-5 節)
2. 讀取 populations.json 檔案，將 2000 年的相關資料存入 out21_2.json 檔案內。(21-5 節)
3. 請使用世界地圖，標記英語系國家、阿拉伯語系國家、西班牙文語系國家，每一個語系至少 5 個國家。(21-6 節)

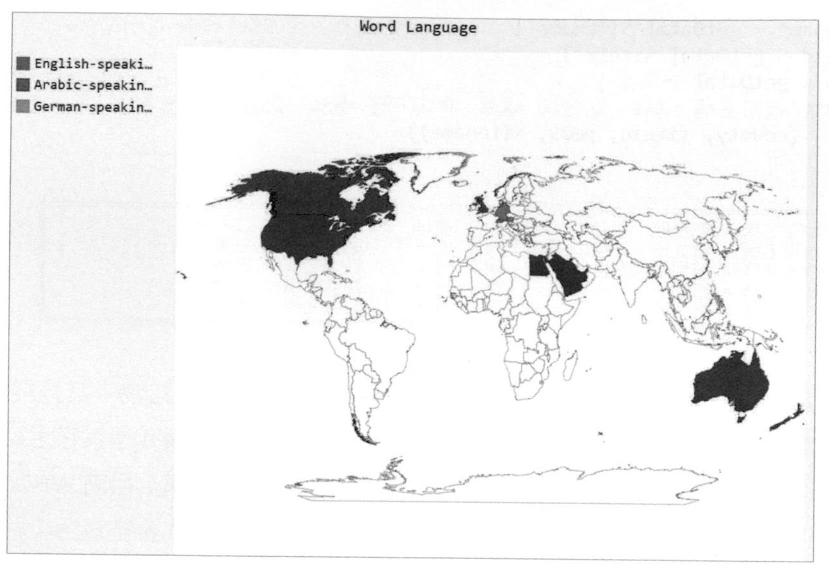

4. 請參考 ch21_17.py 這個程式已經列出中國、泰國和日本的人口，這一題是要增加列出 Europe、Africa 和 North America 這三大洲各選三個國家，列出人口數。人口數可以參考 ch21_11.py 的輸出資料。本題示範資料如下：(21-6 節)

   北美洲：美國 (282162848)、加拿大 (30770661)、墨西哥 (99959895)

   歐洲：法國 (60762406)、瑞典 (1011781)、瑞士 (71847981)

   非洲：埃及 (67649043)、剛果 (49626496)、南非 (44000833)

   滑鼠移至各色塊國家，可以列出國名和人口數。

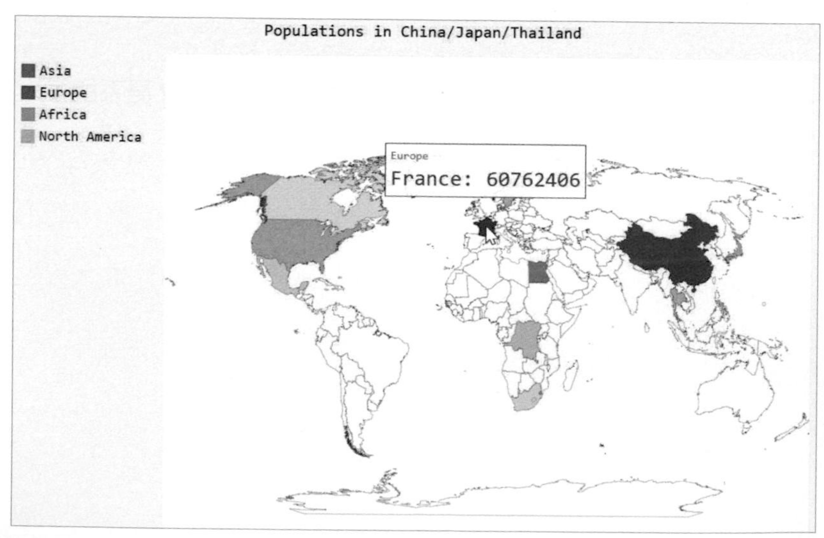

5. 請參考 ch21_19.py，使用世界地圖，依據 2000 年人口數分類，分類標準如下 (筆者人口標計單位是萬)：(21-6 節)

   1 億 (含) 人口以上

   5000 萬 (含) 至 1 億

   1000 萬 (含) 至 5000 萬

   500 萬 (含) 至 1000 萬

   小於 500 萬

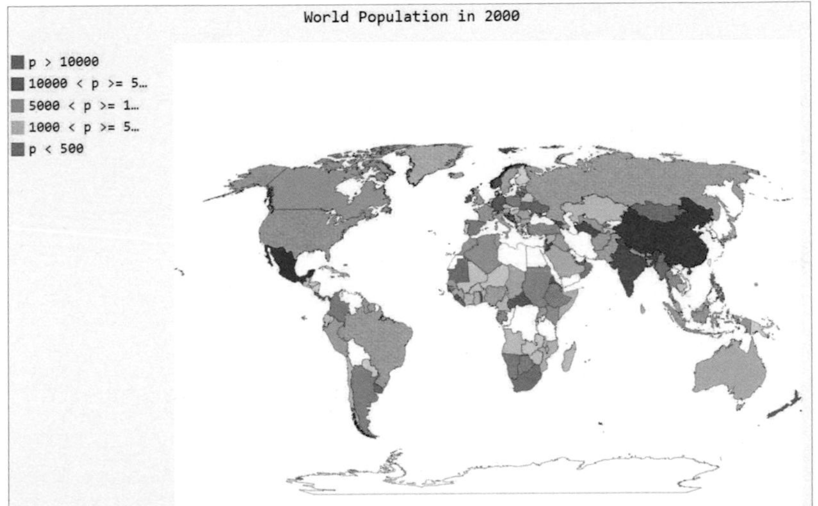

6. 讀取環保署的空氣品質 Json 檔案 aqi.json，這個程式會列出台北市的監測站台站台名稱、站台 ID、PM2.5 的值。(21-7 節)

```
====================== RESTART: D:/Python/ex/ex21_6.py ======================
站台ID = 11  PM2.5值 =  4  站台名稱 = 士林
站台ID = 16  PM2.5值 = 14  站台名稱 = 大同
站台ID = 12  PM2.5值 =  3  站台名稱 = 中山
站台ID = 14  PM2.5值 =  4  站台名稱 = 古亭
站台ID = 15  PM2.5值 =  7  站台名稱 = 松山
站台ID = 64  PM2.5值 = ND  站台名稱 = 陽明
站台ID = 13  PM2.5值 =  5  站台名稱 = 萬華
```

第二十二章

使用 Python 處理 CSV / Pickle / Shelve 文件

CSV 是一個縮寫，它的英文全名是 Comma-Separated Values，由字面意義可以解說是逗號分隔值，當然逗號是主要資料欄位間的分隔值，不過目前也有非逗號的分隔值。這是一個純文字格式的文件，沒有圖片、不用考慮字型、大小、顏色 … 等。

簡單的說，CSV 數據是指同一行 (row) 的資料彼此用逗號 (或其它符號) 隔開，同時每一行數據資料是一筆 (record) 資料，幾乎所有試算表與資料庫檔案均支援這個文件格式。

22-1 建立一個 CSV 文件

為了更詳細解說，筆者先用 ch22 資料夾的 report.xlsx 檔案產生一個 CSV 文件，未來再用這個文件做說明。目前視窗內容是 report.xlsx，如下所示：

	A	B	C	D	E	F	G
1	Name	Year	Product	Price	Quantity	Revenue	Location
2	Diana	2015	Black Tea	10	600	6000	New York
3	Diana	2015	Green Tea	7	660	4620	New York
4	Diana	2016	Black Tea	10	750	7500	New York
5	Diana	2016	Green Tea	7	900	6300	New York
6	Julia	2015	Black Tea	10	1200	12000	New York
7	Julia	2016	Black Tea	10	1260	12600	New York
8	Steve	2015	Black Tea	10	1170	11700	Chicago
9	Steve	2015	Green Tea	7	1260	8820	Chicago
10	Steve	2016	Black Tea	10	1350	13500	Chicago
11	Steve	2016	Green Tea	7	1440	10080	Chicago

請執行檔案 / 另存新檔，然後選擇目前 D:\Python\ch22 資料夾。存檔類型選 CSV(逗號分隔)(*.csv)，然後將檔案名稱改為 csvReport。按儲存鈕後，會出現下列訊息。

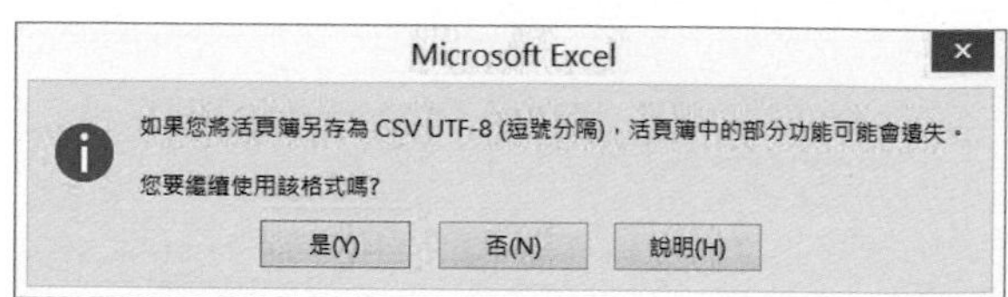

請按是鈕，可以得到下列結果。

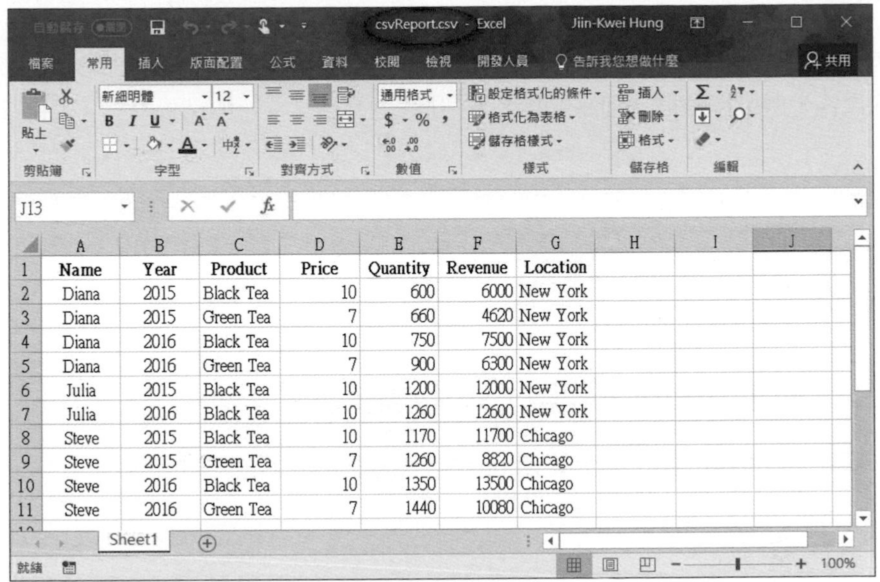

	A	B	C	D	E	F	G
1	Name	Year	Product	Price	Quantity	Revenue	Location
2	Diana	2015	Black Tea	10	600	6000	New York
3	Diana	2015	Green Tea	7	660	4620	New York
4	Diana	2016	Black Tea	10	750	7500	New York
5	Diana	2016	Green Tea	7	900	6300	New York
6	Julia	2015	Black Tea	10	1200	12000	New York
7	Julia	2016	Black Tea	10	1260	12600	New York
8	Steve	2015	Black Tea	10	1170	11700	Chicago
9	Steve	2015	Green Tea	7	1260	8820	Chicago
10	Steve	2016	Black Tea	10	1350	13500	Chicago
11	Steve	2016	Green Tea	7	1440	10080	Chicago

我們已經成功的建立一個 CSV 檔案了，檔名是 csvReport.csv，可以關閉上述 Excel 視窗了。

22-2 用記事本開啟 CSV 檔案

CSV 檔案的特色是幾乎可以在所有不同的試算表內編輯，當然也可以在一般的文字編輯程式內查閱使用，如果我們現在使用記事本開啟這個 CSV 檔案，可以看到這個檔案的原貌。

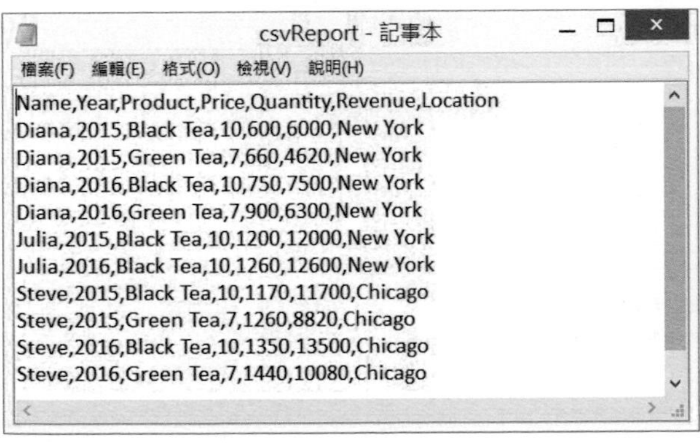

```
Name,Year,Product,Price,Quantity,Revenue,Location
Diana,2015,Black Tea,10,600,6000,New York
Diana,2015,Green Tea,7,660,4620,New York
Diana,2016,Black Tea,10,750,7500,New York
Diana,2016,Green Tea,7,900,6300,New York
Julia,2015,Black Tea,10,1200,12000,New York
Julia,2016,Black Tea,10,1260,12600,New York
Steve,2015,Black Tea,10,1170,11700,Chicago
Steve,2015,Green Tea,7,1260,8820,Chicago
Steve,2016,Black Tea,10,1350,13500,Chicago
Steve,2016,Green Tea,7,1440,10080,Chicago
```

22-3 csv 模組

Python 有內建 csv 模組，導入這個模組後，可以很輕鬆讀取 CSV 檔案，方便未來程式的操作，所以本章程式前端要加上下列指令。

```
import csv
```

22-4 讀取 CSV 檔案

22-4-1 使用 open( ) 開啟 CSV 檔案

在讀取 CSV 檔案前第一步是使用 open( ) 開啟檔案，語法格式如下：

```
with open( 檔案名稱 ) as csvFile          # csvFile 是可以自行命名的檔案物件
    相關系列指令
```

如果忘了 with 關鍵字的用法，可以參考 14-2-2 節。當然你也可以直接使用傳統方法開啟檔案。

```
csvFile = open( 檔案名稱 )                 # 開檔建立 CSV 檔案物件 csvFile
```

22-4-2 建立 Reader 物件

有了 CSV 檔案物件後，下一步是可以使用 csv 模組的 reader( ) 建立 Reader 物件，使用 Python 可以使用 list( ) 將這個 Reader 物件轉換成串列 (list)，現在我們可以很輕鬆的使用這個串列資料了。

程式實例 ch22_1.py：開啟 csvReport.csv 檔案，讀取 csv 檔案可以建立 Reader 物件 csvReader，再將 csvReader 物件轉成串列資料，然後列印串列資料。

```
# ch22_1.py
import csv

fn = 'csvReport.csv'
with open(fn) as csvFile:                    # 開啟csv檔案
    csvReader = csv.reader(csvFile)          # 讀檔案建立Reader物件
    listReport = list(csvReader)             # 將資料轉成串列
print(listReport)                            # 列印串列方法
```

執行結果

```
==================== RESTART: D:\Python\ch22\ch22_1.py ====================
[['Name', 'Year', 'Product', 'Price', 'Quantity', 'Revenue', 'Location'], ['Dian
a', '2015', 'Black Tea', '10', '600', '6000', 'New York'], ['Diana', '2015', 'Gr
een Tea', '7', '660', '4620', 'New York'], ['Diana', '2016', 'Black Tea', '10',
'750', '7500', 'New York'], ['Diana', '2016', 'Green Tea', '7', '900', '6300', '
New York'], ['Julia', '2015', 'Black Tea', '10', '1200', '12000', 'New York'], [
'Julia', '2016', 'Black Tea', '10', '1260', '12600', 'New York'], ['Steve', '201
5', 'Black Tea', '10', '1170', '11700', 'Chicago'], ['Steve', '2015', 'Green Tea
', '7', '1260', '8820', 'Chicago'], ['Steve', '2016', 'Black Tea', '10', '1350',
 '13500', 'Chicago'], ['Steve', '2016', 'Green Tea', '7', '1440', '10080', 'Chic
ago']]
```

上述程式需留意是，程式第 6 行所建立的 Reader 物件 csvReader，只能在 with 關鍵區塊內使用，此例是 5-7 行，未來我們要繼續操作這個 CSV 檔案內容，需使用第 7 行所建的串列 listReport 或是重新開檔與讀檔。

22-4-3 用迴圈列出 Reader 物件資料

我們可以使用 for 迴圈操作 Reader 物件，列出各行資料，同時使用 Reader 物件的 line_num 屬性列出行號。

程式實例 ch22_2.py：讀取 Reader 物件，然後以迴圈方式列出物件內容。

```
# ch22_2.py
import csv

fn = 'csvReport.csv'
with open(fn) as csvFile:                   # 開啟csv檔案
    csvReader = csv.reader(csvFile)         # 讀檔案建立Reader物件csvReader
    for row in csvReader:                   # 用迴圈列出csvReader物件內容
        print("Row %s = " % csvReader.line_num, row)
```

執行結果

```
==================== RESTART: D:\Python\ch22\ch22_2.py ====================
Row 1 =  ['Name', 'Year', 'Product', 'Price', 'Quantity', 'Revenue', 'Location']
Row 2 =  ['Diana', '2015', 'Black Tea', '10', '600', '6000', 'New York']
Row 3 =  ['Diana', '2015', 'Green Tea', '7', '660', '4620', 'New York']
Row 4 =  ['Diana', '2016', 'Black Tea', '10', '750', '7500', 'New York']
Row 5 =  ['Diana', '2016', 'Green Tea', '7', '900', '6300', 'New York']
Row 6 =  ['Julia', '2015', 'Black Tea', '10', '1200', '12000', 'New York']
Row 7 =  ['Julia', '2016', 'Black Tea', '10', '1260', '12600', 'New York']
Row 8 =  ['Steve', '2015', 'Black Tea', '10', '1170', '11700', 'Chicago']
Row 9 =  ['Steve', '2015', 'Green Tea', '7', '1260', '8820', 'Chicago']
Row 10 =  ['Steve', '2016', 'Black Tea', '10', '1350', '13500', 'Chicago']
Row 11 =  ['Steve', '2016', 'Green Tea', '7', '1440', '10080', 'Chicago']
```

22-4-4 用迴圈列出串列內容

for 迴圈也可用於列出串列內容。

程式實例 ch22_3.py：用 for 迴圈列出串列內容。

```
# ch22_3.py
import csv

fn = 'csvReport.csv'
with open(fn) as csvFile:                    # 開啟csv檔案
    csvReader = csv.reader(csvFile)          # 讀檔案建立Reader物件
    listReport = list(csvReader)             # 將資料轉成串列
for row in listReport:                       # 使用迴圈列出串列內容
    print(row)
```

執行結果

```
==================== RESTART: D:\Python\ch22\ch22_3.py ====================
['Name', 'Year', 'Product', 'Price', 'Quantity', 'Revenue', 'Location']
['Diana', '2015', 'Black Tea', '10', '600', '6000', 'New York']
['Diana', '2015', 'Green Tea', '7', '660', '4620', 'New York']
['Diana', '2016', 'Black Tea', '10', '750', '7500', 'New York']
['Diana', '2016', 'Green Tea', '7', '900', '6300', 'New York']
['Julia', '2015', 'Black Tea', '10', '1200', '12000', 'New York']
['Julia', '2016', 'Black Tea', '10', '1260', '12600', 'New York']
['Steve', '2015', 'Black Tea', '10', '1170', '11700', 'Chicago']
['Steve', '2015', 'Green Tea', '7', '1260', '8820', 'Chicago']
['Steve', '2016', 'Black Tea', '10', '1350', '13500', 'Chicago']
['Steve', '2016', 'Green Tea', '7', '1440', '10080', 'Chicago']
```

22-4-5　使用串列索引讀取 CSV 內容

其實我們也可以使用第 6 章所學的串列知識，讀取 CSV 內容。

程式實例 ch22_4.py：使用索引列出串列內容。

```
# ch22_4.py
import csv

fn = 'csvReport.csv'
with open(fn) as csvFile:                    # 開啟csv檔案
    csvReader = csv.reader(csvFile)          # 讀檔案建立Reader物件
    listReport = list(csvReader)             # 將資料轉成串列

print(listReport[0][1], listReport[0][2])
print(listReport[1][2], listReport[1][5])
print(listReport[2][3], listReport[2][6])
```

執行結果

```
==================== RESTART: D:\Python\ch22\ch22_4.py ====================
Year Product
Black Tea 6000
7 New York
```

22-4-6 DictReader( )

這也是一個讀取 CSV 檔案的方法，不過傳回的是排序字典 (OrderedDict) 類型，所以可以用欄位名稱當索引方式取得資料。在美國許多文件以 CSV 檔案儲存時，常常人名的 Last Name(姓) 與 First Name(名) 是分開以不同欄位儲存，讀取時可以使用這個方法，可參考 ch22 資料夾的 csvPeople.csv 檔案。

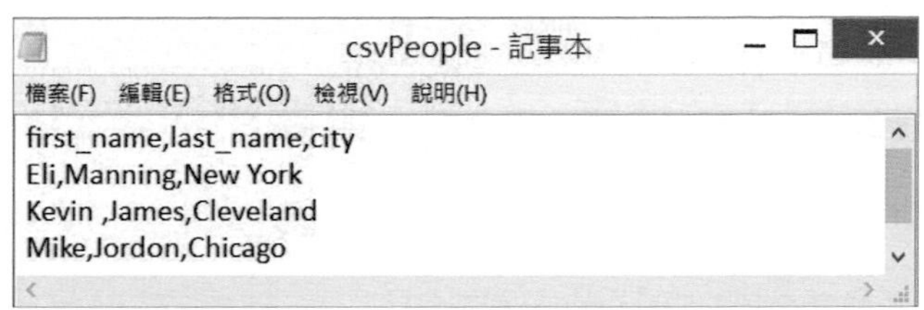

程式實例 ch22_5.py：使用 DictReader( ) 讀取 csv 檔案，然後列出 DictReader 物件內容。

```
# ch22_5.py
import csv

fn = 'csvPeople.csv'
with open(fn) as csvFile:                         # 開啟csv檔案
    csvDictReader = csv.DictReader(csvFile) # 讀檔案建立DictReader物件
    for row in csvDictReader:                     # 列出DictReader各行內容
        print(row)
```

執行結果

```
==================== RESTART: D:\Python\ch22\ch22_5.py ====================
OrderedDict([('first_name', 'Eli'), ('last_name', 'Manning'), ('city', 'New York
')])
OrderedDict([('first_name', 'Kevin '), ('last_name', 'James'), ('city', 'Clevela
nd')])
OrderedDict([('first_name', 'Mike'), ('last_name', 'Jordon'), ('city', 'Chicago'
)])
```

對於上述 OrderedDict 資料類型，可以使用下列方法讀取。

程式實例 ch22_6.py：將 csvPeople.csv 檔案的 last_name 與 first_name 解析出來。

```
# ch22_6.py
import csv

fn = 'csvPeople.csv'
with open(fn) as csvFile:                         # 開啟csv檔案
    csvDictReader = csv.DictReader(csvFile) # 讀檔案建立DictReader物件
    for row in csvDictReader:                     # 使用迴圈列出字典內容
        print(row['first_name'], row['last_name'])
```

執行結果

```
===================== RESTART: D:\Python\ch22\ch22_6.py =====================
Eli Manning
Kevin  James
Mike Jordon
```

22-5 寫入 CSV 檔案

22-5-1 開啟欲寫入的檔案 open( ) 與關閉檔案 close( )

想要將資料寫入 CSV 檔案，首先是要開啟一個檔案供寫入，如下所示：

```
csvFile = open(' 檔案名稱 ', 'w', newline= ' ')          # w 是 write only 模式
...
csvFile.close( )                                       # 執行結束關閉檔案
```

當然如果使用 with 關鍵字可以省略 close( )，如下所示：

```
with open(' 檔案名稱 ', 'w', newline= ' ') as csvFile:
    ...
```

22-5-2 建立 writer 物件

如果應用前一節的 csvFile 物件，接下來需建立 writer 物件，語法如下：

```
with open(' 檔案名稱 ', 'w', newline= ' ') as csvFile:
    outWriter = csv.writer(csvFile)
    ...
```

或是

```
csvFile = open(' 檔案名稱 ', 'w', newline= ' ')          # w 是 write only 模式
outWriter = csv.writer(csvFile)
...
csvFile.close( )                                       # 執行結束關閉檔案
```

上述開檔案時多加參數 newline=''，可避免輸出時每個行之間多空一行。

22-5-3 輸出串列 writerow( )

writerow( ) 可以輸出串列資料。

程式實例 ch22_7.py：輸出串列資料的應用。

```
1  # ch22_7.py
2  import csv
3
4  fn = 'out22_7.csv'
5  with open(fn, 'w', newline = '') as csvFile:    # 開啟csv檔案
6      csvWriter = csv.writer(csvFile)              # 建立Writer物件
7      csvWriter.writerow(['Name', 'Age', 'City'])
8      csvWriter.writerow(['Hung', '35', 'Taipei'])
9      csvWriter.writerow(['James', '40', 'Chicago'])
```

執行結果 下列是分別用記事本與 Excel 開啟檔案的結果。

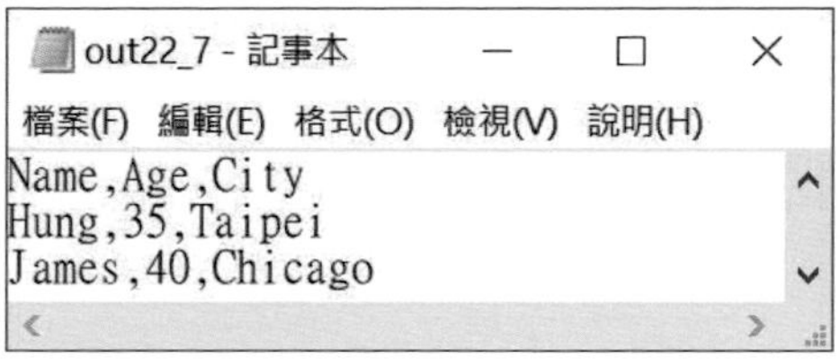

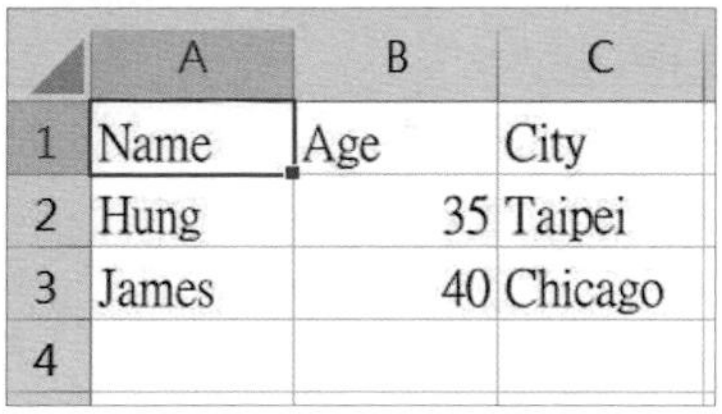

out22_7 - 記事本

檔案(F) 編輯(E) 格式(O) 檢視(V) 說明(H)

```
Name,Age,City
Hung,35,Taipei
James,40,Chicago
```

	A	B	C
1	Name	Age	City
2	Hung	35	Taipei
3	James	40	Chicago
4			

本書在 ch22 資料夾內有 ch22_7_1.py 檔案，這個檔案在第 5 行 open( ) 中沒有加上 newline=' ' 數，造成輸出時若用 Excel 視窗觀察有跳行輸出的結果，可參考 out22_7_1.csv 檔案，至於若是用記事本開啟檔案則一切正常，下列是程式碼。

```
5  with open(fn, 'w') as csvFile:                  # 開啟csv檔案
```

下列是執行結果，讀者可以比較下圖右邊的 Excel 報表。

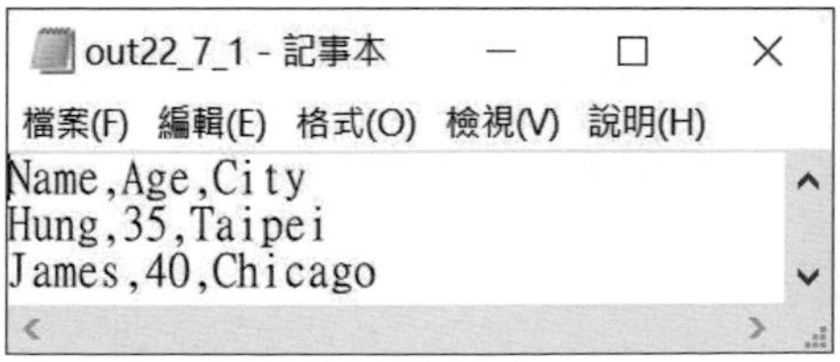

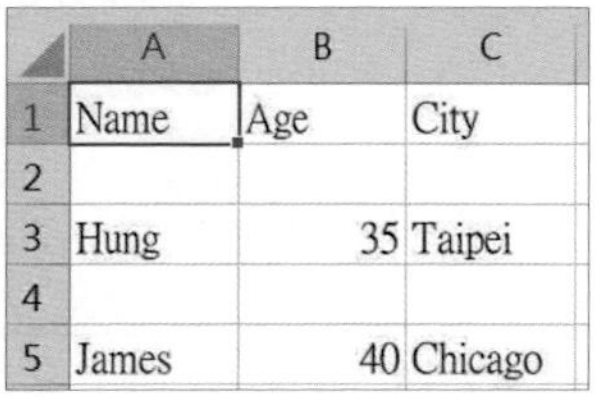

out22_7_1 - 記事本

檔案(F) 編輯(E) 格式(O) 檢視(V) 說明(H)

```
Name,Age,City
Hung,35,Taipei
James,40,Chicago
```

	A	B	C
1	Name	Age	City
2			
3	Hung	35	Taipei
4			
5	James	40	Chicago

程式實例 ch22_8.py：複製 CSV 檔案，這個程式會用讀檔案，然後將檔案寫入另一個檔案方式，達成拷貝的目的。

```
# ch22_8.py
import csv

infn = 'csvReport.csv'                                 # 來源檔案
outfn = 'out22_8.csv'                                  # 目的檔案
with open(infn) as csvRFile:                           # 開啟csv檔案供讀取
    csvReader = csv.reader(csvRFile)                   # 讀檔案建立Reader物件
    listReport = list(csvReader)                       # 將資料轉成串列

with open(outfn, 'w', newline = '') as csvOFile:       # 開啟csv檔案供寫入
    csvWriter = csv.writer(csvOFile)                   # 建立Writer物件
    for row in listReport:                             # 將串列寫入
        csvWriter.writerow(row)
```

執行結果 讀者可以開啟 out22_8.csv 檔案，內容將和 csvReport.csv 檔案相同。

22-5-4 delimiter 關鍵字

delimiter 是分隔符號，這個關鍵字是用在 writer( ) 方法內，將資料寫入 CSV 檔案時預設是同一行各欄間是逗號，可以用這個分隔符號更改各欄間的逗號。

程式實例 ch22_9.py：將分隔符號改為定位點字元 (\t)。

```
# ch22_9.py
import csv

fn = 'out22_9.csv'
with open(fn, 'w', newline = '') as csvFile:                  # 開啟csv檔案
    csvWriter = csv.writer(csvFile, delimiter='\t')           # 建立Writer物件
    csvWriter.writerow(['Name', 'Age', 'City'])
    csvWriter.writerow(['Hung', '35', 'Taipei'])
    csvWriter.writerow(['James', '40', 'Chicago'])
```

執行結果 下列是用記事本開啟 out22_9.csv 的結果。

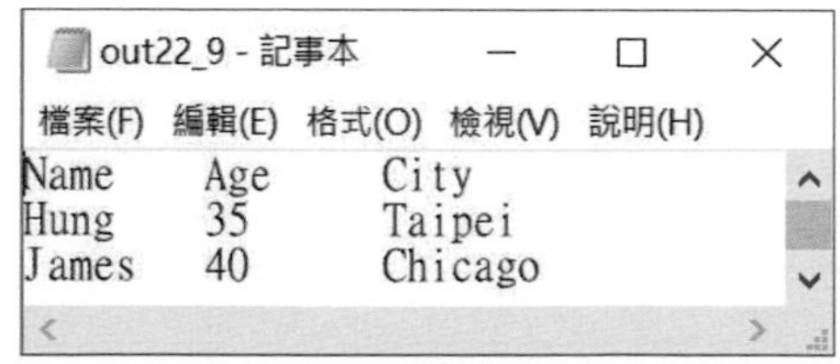

當用 '\t' 字元取代逗號後，Excel 視窗開啟這個檔案時，會將每行資料擠在一起，所以最好方式是用記事本開啟這類的 CSV 檔案。

22-5-5 寫入字典資料 DictWriter( )

DictWriter( ) 可以寫入字典資料，其語法格式如下：

dictWriter = csv.DictWriter(csvFile, fieldnames=fields)

上述 dictWriter 是字典的 Writer 物件，在上述指令前我們需要先設定 fields 串列，這個串列將包含未來字典內容的鍵 (key)。

程式實例 ch22_10.py：使用 DictWriter( ) 將字典資料寫入 CSV 檔案。

```
1  # ch22_10.py
2  import csv
3
4  fn = 'out22_10.csv'
5  with open(fn, 'w', newline = '') as csvFile:                # 開啟csv檔案
6      fields = ['Name', 'Age', 'City']
7      dictWriter = csv.DictWriter(csvFile, fieldnames=fields)    # 建立Writer物件
8
9      dictWriter.writeheader()                               # 寫入標題
10     dictWriter.writerow({'Name':'Hung', 'Age':'35', 'City':'Taipei'})
11     dictWriter.writerow({'Name':'James', 'Age':'40', 'City':'Chicago'})
```

執行結果 下列是用 Excel 開啟 out22_10.csv 的結果。

	A	B	C	D
1	Name	Age	City	
2	Hung	35	Taipei	
3	James	40	Chicago	
4				

上述程式第 9 行的 writeheader( ) 主要是寫入我們在第 7 行設定的 fieldname。

程式實例 ch22_11.py：改寫程式實例 ch22_10.py，將欲寫入 CSV 檔案的資料改成串列資料，此串列資料的元素是字典。

```
# ch22_11.py
import csv

dictList = [{'Name':'Hung', 'Age':'35', 'City':'Taipei'},       # 定義串列,元素是字典
            {'Name':'James', 'Age':'40', 'City':'Chicago'}]

fn = 'out22_11.csv'
with open(fn, 'w', newline = '') as csvFile:                   # 開啟csv檔案
    fields = ['Name', 'Age', 'City']
```

```
    dictWriter = csv.DictWriter(csvFile, fieldnames=fields)     # 建立Writer物件

    dictWriter.writeheader()                                    # 寫入標題
    for row in dictList:                                        # 寫入內容
        dictWriter.writerow(row)
```

執行結果 開啟 out22_11.csv 後與 out22_10.csv 相同。

22-6 專題 - 使用 CSV 檔案繪製氣象圖表

其實網路上有許多 CSV 檔案，原始的檔案有些複雜，不過我們可以使用 Python 讀取檔案，然後篩選我們要的欄位，整個工作就變得比較簡單了。本節主要是用實例介紹將圖表設計應用在 CSV 檔案。

22-6-1　台北 2017 年 1 月氣象資料

在 ch22 資料夾內有 TaipeiWeatherJan.csv 檔案，這是紀錄 2017 年 1 月份台北市的氣象資料，這個檔案的 Excel 內容如下：

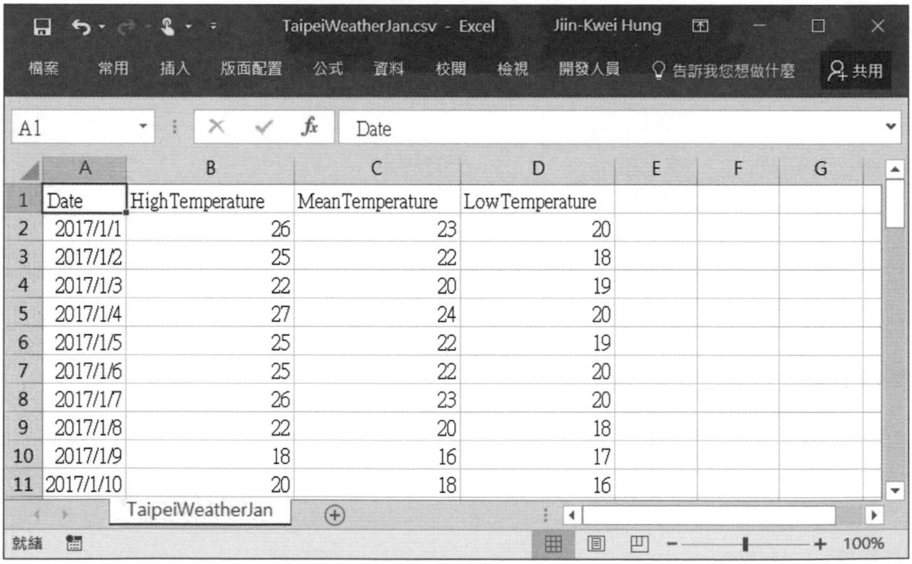

	A	B	C	D	E	F	G
1	Date	HighTemperature	MeanTemperature	LowTemperature			
2	2017/1/1	26	23	20			
3	2017/1/2	25	22	18			
4	2017/1/3	22	20	19			
5	2017/1/4	27	24	20			
6	2017/1/5	25	22	19			
7	2017/1/6	25	22	20			
8	2017/1/7	26	23	20			
9	2017/1/8	22	20	18			
10	2017/1/9	18	16	17			
11	2017/1/10	20	18	16			

程式實例 ch22_12.py：讀取 TaipeiWeatherJan.csv 檔案，然後列出標題列。

```
1  # ch22_12.py
2  import csv
3
4  fn = 'TaipeiWeatherJan.csv'
5  with open(fn) as csvFile:
6      csvReader = csv.reader(csvFile)
7      headerRow = next(csvReader)            # 讀取文件下一行
8  print(headerRow)
```

執行結果

```
==================== RESTART: D:\Python\ch22\ch22_12.py ====================
['Date', 'HighTemperature', 'MeanTemperature', 'LowTemperature']
```

從上圖我們可以得到 TaipeiWeatherJan.csv 有 4 個欄位，分別是記載日期 (Date)、當天最高溫 (HighTemperature)、平均溫度 (MeanTemperature)、最低溫度 (LowTemperature)。上述第 7 行的 next( ) 可以讀取下一行。

22-6-2 列出標題資料

我們可以使用 6-12 節所介紹的 enumerate( )。

程式實例 ch22_13.py：列出 TaipeiWeatherJan.csv 檔案的標題與相對應的索引。

```
# ch22_13.py
import csv

fn = 'TaipeiWeatherJan.csv'
with open(fn) as csvFile:
    csvReader = csv.reader(csvFile)
    headerRow = next(csvReader)            # 讀取文件下一行
for i, header in enumerate(headerRow):
    print(i, header)
```

執行結果

```
==================== RESTART: D:\Python\ch22\ch22_13.py ====================
0 Date
1 HighTemperature
2 MeanTemperature
3 LowTemperature
```

22-6-3 讀取最高溫與最低溫

程式實例 ch22_14.py：讀取 TaipeiWeatherJan.csv 檔案的最高溫與最低溫。這個程式會將一月份的最高溫放在 highTemps 串列，最低溫放在 lowTemps 串列。

```
# ch22_14.py
import csv

fn = 'TaipeiWeatherJan.csv'
with open(fn) as csvFile:
    csvReader = csv.reader(csvFile)
    headerRow = next(csvReader)                # 讀取文件下一行
    highTemps, lowTemps = [], []               # 設定空串列
    for row in csvReader:
        highTemps.append(row[1])               # 儲存最高溫
        lowTemps.append(row[3])                # 儲存最低溫

print("最高溫 : ", highTemps)
print("最低溫 : ", lowTemps)
```

執行結果

```
===================== RESTART: D:\Python\ch22\ch22_14.py =====================
最高溫 :  ['26', '25', '22', '27', '25', '25', '26', '22', '18', '20', '21', '22
', '18', '15', '15', '16', '23', '23', '22', '18', '15', '17', '16', '17', '18',
 '19', '24', '26', '25', '27', '18']
最低溫 :  ['20', '18', '19', '20', '19', '20', '20', '18', '17', '16', '18', '18
', '14', '12', '13', '13', '16', '18', '18', '12', '12', '12', '13', '14', '13',
 '13', '13', '16', '17', '14', '14']
```

22-6-4 繪製最高溫

其實這一節內容不複雜，所有繪圖方法前面各小節已有說明。

程式實例 ch22_15.py：繪製 2017 年 1 月份，台北每天氣溫的最高溫，請注意第 11 行儲存溫度時使用 int(row[1])，相當於用整數儲存。

```
# ch22_15.py
import csv
import matplotlib.pyplot as plt

fn = 'TaipeiWeatherJan.csv'
with open(fn) as csvFile:
    csvReader = csv.reader(csvFile)
    headerRow = next(csvReader)              # 讀取文件下一行
    highTemps = []                           # 設定空串列
    for row in csvReader:
        highTemps.append(int(row[1]))        # 儲存最高溫

plt.plot(highTemps)
plt.title("Weather Report, Jan. 2017", fontsize=24)
plt.xlabel("", fontsize=14)
plt.ylabel("Temperature (C)", fontsize=14)
plt.tick_params(axis='both', labelsize=12, color='red')
plt.show()
```

執行結果

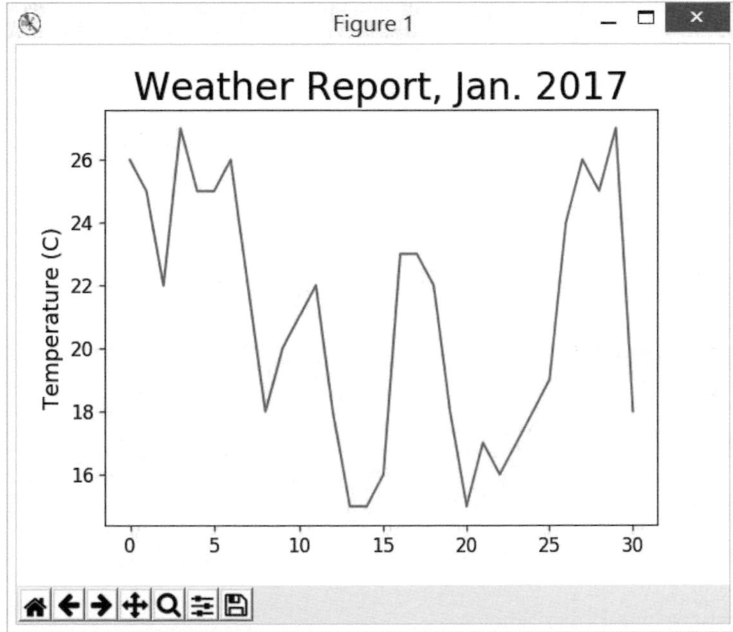

22-6-5 設定繪圖區大小

目前繪圖區大小是使用系統預設，不過我們可以使用 figure( ) 設定繪圖區大小，設定方式如下：

figure(dpi=n, figsize=(width, height))

經上述設定後，繪圖區的寬將是 n*width 像素，高是 n*width 像素。

程式實例 ch22_16.py：重新設計 ch22_15.py，設定繪圖區寬度是 960，高度是 640，這個程式只是增加下列行。

```
plt.figure(dpi=80, figsize=(12, 8))            # 設定繪圖區大小
```

執行結果

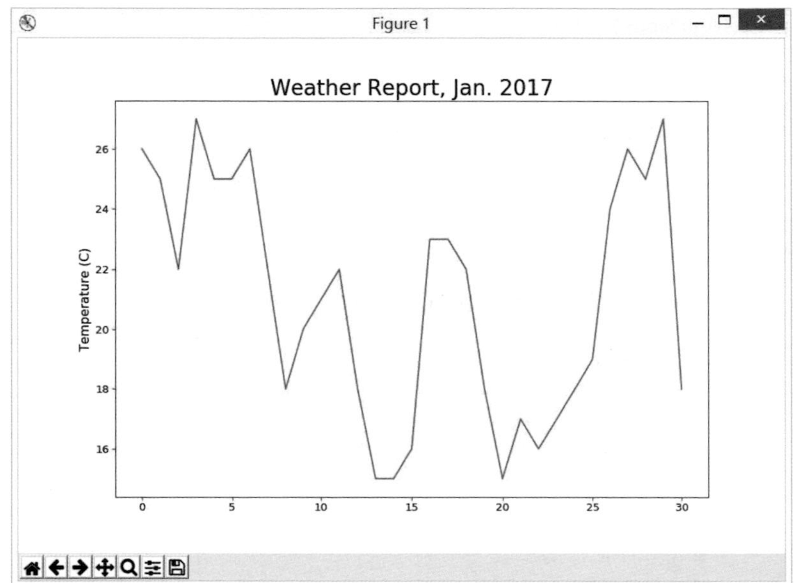

22-6-6　日期格式

天氣圖表建立過程，我們可能想加上日期在 x 軸的刻度上，這時我們需要使用 Python 內建的 datetime 模組，在使用前請使用下列方式導入模組。

from datetime import datetime

然後可以使用下列方法將日期字串解析為日期物件：

strptime(string, format)

string 是要解析的日期字串，format 是該日期字串目前格式，下表是日期格式參數的意義。

參數	說明
%Y	4 位數年份，例如：2017
%y	2 位數年份，例如：17
%m	月份 (1-12)
%B	月份名稱，例如：January
%A	星期名稱，例如：Sunday
%d	日期 (1-31)
%H	24 小時 (0-23)
%I	12 小時 (1-12)
%p	AM 或 PM
%M	分鐘 (0-59)
%S	秒 (0-59)

程式實例 ch22_17.py：將字串轉成日期物件。

```
# ch22_17.py
from datetime import datetime

dateObj = datetime.strptime('2017/1/1', '%Y/%m/%d')
print(dateObj)
```

執行結果

```
==================== RESTART: D:\Python\ch22\ch22_17.py ====================
2017-01-01 00:00:00
```

22-6-7 在圖表增加日期刻度

其實我們可以在 plot( ) 方法內增加日期串列時參數時，就可以在圖表增加日期刻度。

程式實例 ch22_18.py：為圖表增加日期刻度。

```
# ch22_18.py
import csv
import matplotlib.pyplot as plt
from datetime import datetime

fn = 'TaipeiWeatherJan.csv'
with open(fn) as csvFile:
    csvReader = csv.reader(csvFile)
    headerRow = next(csvReader)                    # 讀取文件下一行
```

```
10      dates, highTemps = [], []                    # 設定空串列
11      for row in csvReader:
12          highTemps.append(int(row[1]))            # 儲存最高溫
13          currentDate = datetime.strptime(row[0], "%Y/%m/%d")
14          dates.append(currentDate)
15
16  plt.figure(dpi=80, figsize=(12, 8))              # 設定繪圖區大小
17  plt.plot(dates, highTemps)                       # 圖標增加日期刻度
18  plt.title("Weather Report, Jan. 2017", fontsize=24)
19  plt.xlabel("", fontsize=14)
20  plt.ylabel("Temperature (C)", fontsize=14)
21  plt.tick_params(axis='both', labelsize=12, color='red')
22  plt.show()
```

執行結果

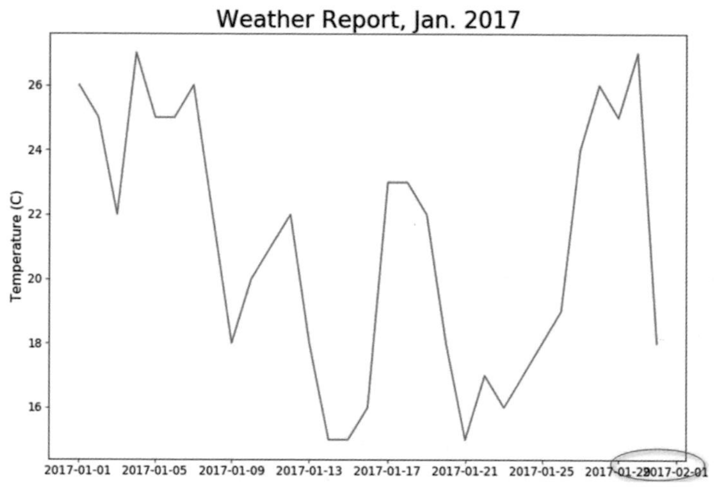

這個程式的第一個重點是第 13 行和 14 行，主要是將日期字串轉成物件，然後存入 dates 日期串列。第二個重點是第 17 行，在 plot( ) 方法中第一個參數是放 dates 日期串列。上述缺點是日期有重疊，可以參考下一節將日期旋轉改良。

22-6-8 日期位置的旋轉

上一節的執行結果可以發現日期是水平放置，autofmt_xdate( ) 設定日期旋轉，語法如下：

```
fig = plt.figure( xxx )                  # xxx 是相關設定資訊
…
fig.autofmt_xdate(rotation=xx)           # rotation 若省略則系統使用最佳化預設
```

程式實例 ch22_19.py：重新設計 ch22_18.py，增加將日期旋轉。

```
fig = plt.figure(dpi=80, figsize=(12, 8))    # 設定繪圖區大小
plt.plot(dates, highTemps)                   # 圖標增加日期刻度
fig.autofmt_xdate()                          # 日期旋轉
```

執行結果

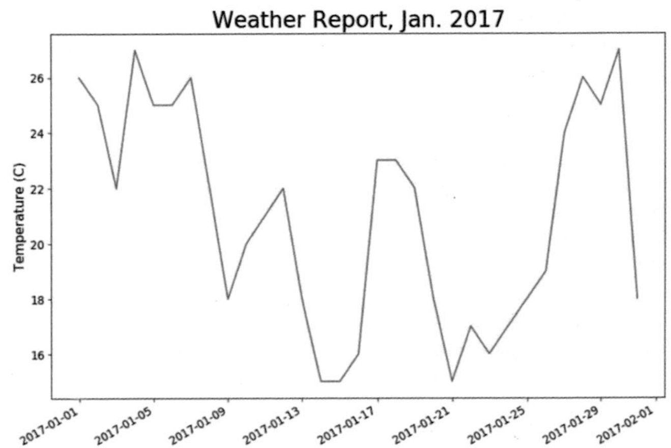

程式實例 ch22_20.py：是特別將日期字串調整為旋轉 60 度的結果。

```
fig.autofmt_xdate(rotation=60)               # 日期旋轉
```

執行結果

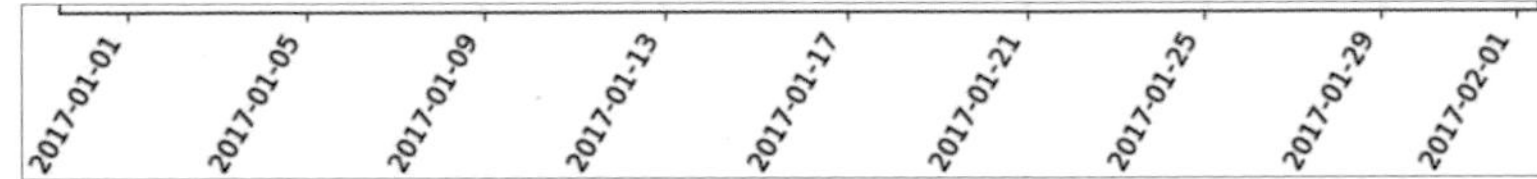

22-6-9 繪製最高溫與最低溫

在 TaipeiWeatherJan.csv 檔案內有最高溫與最低溫的欄位，下列將同時繪製最高與最低溫。

程式實例 ch22_21.py：繪製最高溫與最低溫，這個程式第一個重點是程式第 11 至 21 行使用異常處理方式，因為讀者在讀取真實的網路數據時，常常會有不可預期的資料發生，例如：資料少了或是資料格式錯誤，往往造成程式中斷，為了避免程式因數據不良，所以使用異常處理方式。第二個重點是程式第 24 和 25 行是分別繪製最高溫與最低溫。

```
# ch22_21.py
import csv
import matplotlib.pyplot as plt
from datetime import datetime

fn = 'TaipeiWeatherJan.csv'
with open(fn) as csvFile:
    csvReader = csv.reader(csvFile)
    headerRow = next(csvReader)                    # 讀取文件下一行
    dates, highTemps, lowTemps = [], [], []  # 設定空串列
    for row in csvReader:
        try:
            currentDate = datetime.strptime(row[0], "%Y/%m/%d")
            highTemp = int(row[1])                 # 設定最高溫
            lowTemp = int(row[3])                  # 設定最低溫
        except Exception:
            print('有缺值')
        else:
            highTemps.append(highTemp)             # 儲存最高溫
            lowTemps.append(lowTemp)               # 儲存最低溫
            dates.append(currentDate)              # 儲存日期

fig = plt.figure(dpi=80, figsize=(12, 8))   # 設定繪圖區大小
plt.plot(dates, highTemps)                     # 繪製最高溫
plt.plot(dates, lowTemps)                      # 繪製最低溫
fig.autofmt_xdate()                            # 日期旋轉
plt.title("Weather Report, Jan. 2017", fontsize=24)
plt.xlabel("", fontsize=14)
plt.ylabel("Temperature (C)", fontsize=14)
plt.tick_params(axis='both', labelsize=12, color='red')
plt.show()
```

執行結果

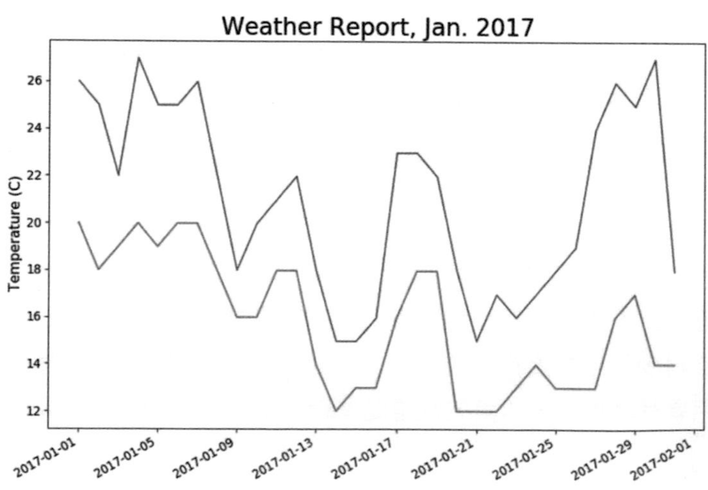

22-6-10 填滿最高溫與最低溫之間的區域

可以使用 fill_between( ) 方法執行填滿最高溫與最低溫。

程式實例 ch22_22.py：使用透明度是 0.2 的黃色填滿區間，這個程式只是增加下列行。

```
plt.fill_between(dates, highTemps, lowTemps, color='y', alpha=0.2) # 填滿區間
```

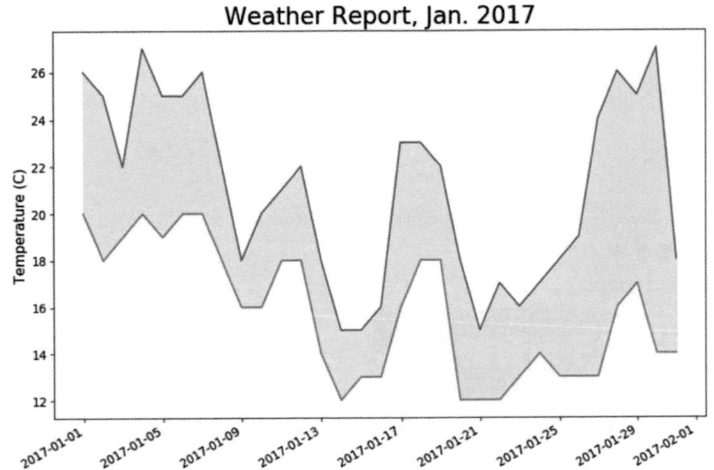

22-6-11 後記

讀者可能會想學習開啟個別 CSV 檔案的用處在那裡？現在是大數據時代，所有數據搜集無法完整的用某一種格式呈現，CSV 是試算表和資料庫間最常用的資料格式，我們可以先將所搜集的各式檔案轉成 CSV，然後你就可以使用 Python 讀取所有的 CSV 檔案，再擷取需要的資料做大數據分析。或是利用 CSV 檔案，將它當作不同資料庫間的橋樑或資料庫與試算表間的橋樑。

22-7 台灣股市數據

台灣上櫃與上市股票皆是以 CSV 檔案儲存交易紀錄，這一節筆者簡單說明，如果讀者想要更完整學習，可以參考筆者所著深智公司發行：Python 網路爬蟲。

22-7-1 證券櫃檯買賣中心

請使用下列網址進入證券櫃檯買賣中心網頁：

https://www.tpex.org.tw/

可以進入此網站。

請點選上櫃 / 盤後資訊 / 個股日成交資訊，可以看到下列畫面：

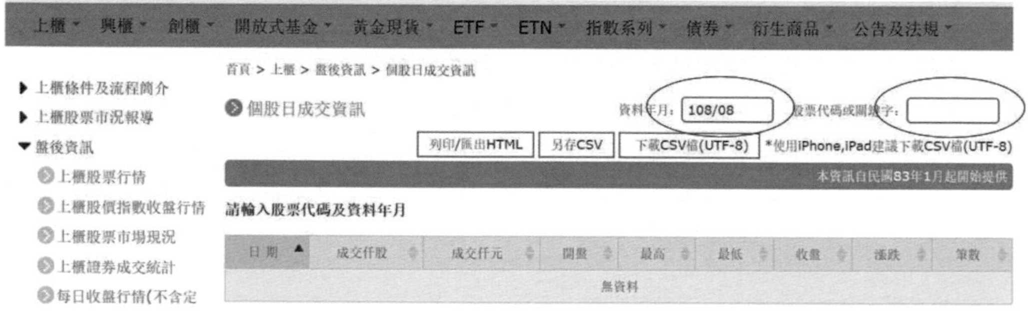

讀者可以參考上述圈選欄位自行輸入股票代碼和資料年月就可以看到特定股票在特定年月份的成交盤後資訊。下列是筆者填選 108/07 月份、股票代碼是 3083 網龍公司的盤後資訊。

日期	成交仟股	成交仟元	開盤	最高	最低	收盤	漲跌	筆數
108/07/01	1,551	97,114	62.60	63.50	61.60	63.50	1.90	1,066
108/07/02	2,171	137,177	63.60	64.20	62.30	63.80	0.30	1,525
108/07/03	1,571	99,823	63.20	64.30	62.70	63.40	-0.40	1,195

上述可以看到另存 CSV 鈕，點選就可以下載

22-7-2 台灣證券交易所

台灣證券是台灣上市股票的買賣中心，台灣證券交易所網址如下：

https://www.twse.com.tw/zh

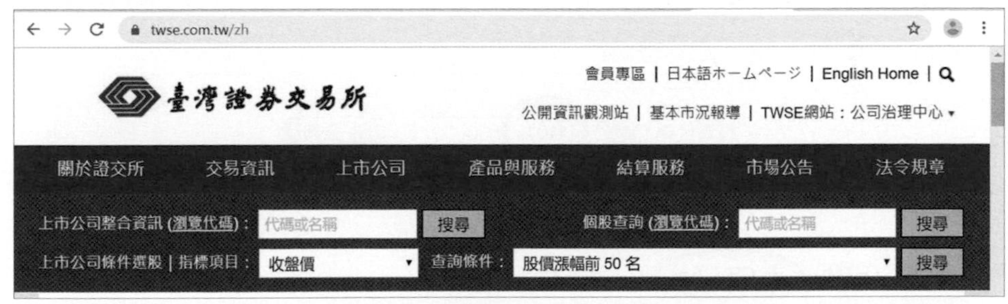

請點選交易資訊 / 盤後資訊，可以看到下列畫面。

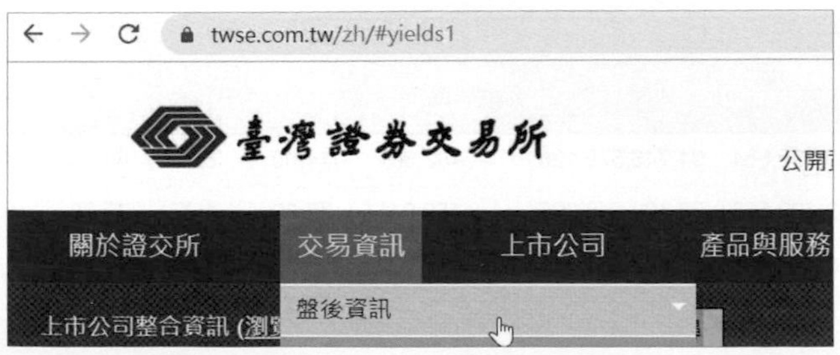

然後可以看到下列畫面。

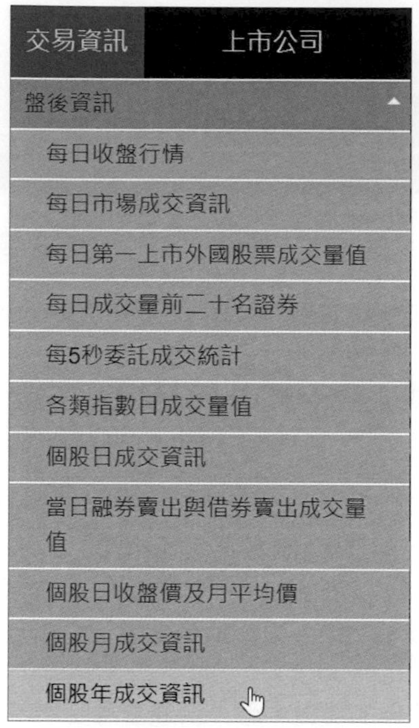

從上述可以看到這裡有所有上市股票的日成交資訊、月成交資訊、年成交資訊，此例筆者點選年成交資訊，然後輸入 1101 選擇台泥，再按查詢鈕，可以得到下列畫面。

年度	成交股數	成交金額	成交筆數	最高價	日期	最低價	日期	收盤平均價
80	1,039,525,654	91,746,579,128	432,507	114.00	5/10	60.00	1/17	84.08
81	468,122,568	28,423,548,095	159,911	77.50	1/27	45.00	9/18	59.55
82	1,266,413,190	76,642,604,419	336,138	75.00	12/31	48.50	1/08	56.87

台灣證券交易所是從 80 年開始做統計，基本上可以看到從 80 年到去年的年度成交資訊。從上圖可以看到上述資料可以直接下載 CSV 檔案，如果你是從事股票分析相關工作，這將是您取寶最重要的來源。

22-8 Pickle 模組

讀者已經了解網路上常使用的 JSON、XML 和 CSV 文件了，此節筆者想說明 Python 內部也常使用但是許多程式設計師感到陌生的文件型態 pickle。

pickle 原意是醃菜，也是 Python 的一種原生資料型態，pickle 文件內部是以二進位格式將資料儲存，當資料以二進位方式儲存時是不方便人類的閱讀習慣，但是這種資料格式最大的優點是方便保存，以及方便未來調用。

程式設計師可以很方便將所建立的資料 (例如：字典、串列 … 等) 直接以 pickle 文件儲存，未來也可以很方便直接讀取此 pickle 文件。使用 pickle 文件時需要先 import pickle 模組，然後可以使用下列 2 個方法處理將 Python 物件轉成 pickle 文件，以及將 pickle 文件複原為原先的 Python 物件。

```
pickle.dump(raw_data, save_file)          # 將 raw_data 轉成 pickle 文件 save_file
raw_data = pickle.load(load_file)         # 將 pickle 文件 load_file 轉成 raw_data
```

我們又將 dump( ) 的過程稱序列化 (serialize)，將 load( ) 的過程稱反序列化 (deserialize)。

程式實例 ch22_23.py：建立一個字典格式的遊戲資料，然後使用 pickle.dump( ) 將此字典遊戲資料存入 pickle 格式的 ch22_23.dat 文件內。

```
# ch2_23.py
import pickle
game_info = {
    "position_X":"100",
    "position_Y":"200",
    "money":300,
    "pocket":["黃金", "鑰匙", "小刀"]
}

fn = "ch2_23.dat"
fn_obj = open(fn, 'wb')          # 二進位開啟
pickle.dump(game_info, fn_obj)
fn_obj.close()
```

執行結果　下列是以記事本開啟 ch22_23.dat 與左右捲動的結果。

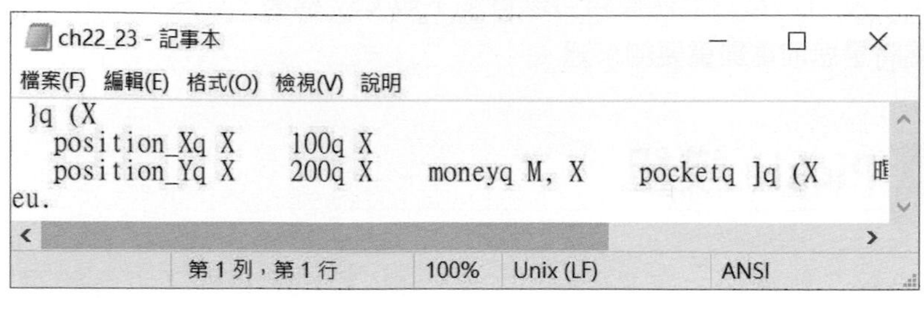

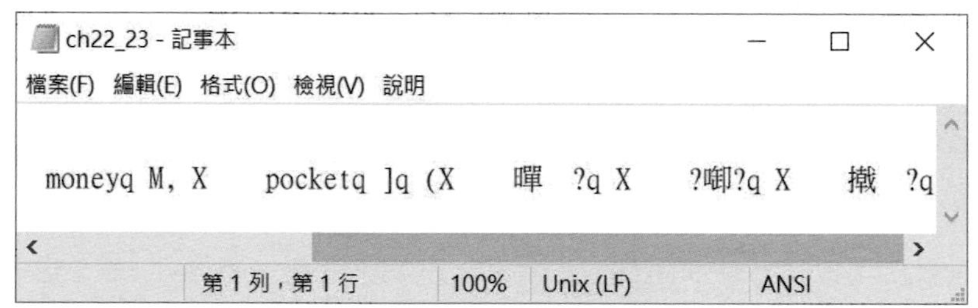

由於 ch22_23.dat 是二進位檔案，所以使用記事本開啟結果是亂碼，可以得到我們將字典資料序列化成功了。

程式實例 ch22_24.py：將前一個程式所建立 pickle 格式的 ch22_23.dat 文件。開啟然後列印，同時驗證是否是 ch22_23.py 所建立的字典檔案。

```
# ch22_24.py
import pickle

fn = "ch22_23.dat"
fn_obj = open(fn, 'rb')           # 二進位開啟
game_info = pickle.load(fn_obj)
fn_obj.close()
print(game_info)
```

執行結果

```
===================== RESTART: D:/Python/ch22/ch22_24.py =====================
{'position_X': '100', 'position_Y': '200', 'money': 300, 'pocket': ['黃金', '鑰匙', '小刀']}
```

從上圖可以得到我們將此 pickle 格式的文件反序列化成功了。

註　其實 Pickle 使用上也有缺點，例如：當資料量大時速度不特別快，此外，如果此 Pickle 檔案含有病毒之類，可能會危害你的電腦系統。

22-9 Shelve 模組

Python 在處理字典資料時，字典是儲存在記憶體，所以如果字典資料很大，會造成程式執行速度變慢。

在 Python 內建模組中有 Shelve 模組，這個模組檔案最大特色是字典型態，但是開啟後資料不是儲存在記憶體，而是儲存在磁碟，由於有優化所以即使是存取磁碟，存取速度還是很快，與一般字典最大差異是，只能使用字串當作鍵。使用前需要導入 shelve。

```
import shelve
```

程式實例 ch22_25.py：建立 Shelve 檔案，檔案名稱是 phonebook，主要是電話簿。

```
# ch22_25.py
import shelve

phone = shelve.open('phonebook')
phone['Tom'] = ('Tom', '0912-112112', '台北市')
phone['John'] = ('John', '0928-888888', '台中市')
phone.close()
```

執行結果　檔案是存在此 ch22 資料夾。

程式實例 ch22_26.py：列出前一個實例所建的 Shelve 檔案 phonebook。

```
# ch22_26.py
import shelve

phone = shelve.open('phonebook')
print(phone['Tom'])
print(phone['John'])
phone.close()
```

執行結果

```
==================== RESTART: D:/Python/ch22/ch22_26.py ====================
('Tom', '0912-112112', '台北市')
('John', '0928-888888', '台中市')
```

程式實例 ch22_27.py：使用 for .. in，列出電話簿 phonebook 的內容。

```
# ch22_27.py
import shelve

```

```
phone = shelve.open('phonebook')
for name in phone:
    print(phone[name])
phone.close()
```

執行結果

```
===================== RESTART: D:/Python/ch22/ch22_27.py =====================
('Tom', '0912-112112', '台北市')
('John', '0928-888888', '台中市')
```

習題

實作題

1. 請參考 ch22 資料夾的 csvReport.csv 檔案，分別計算 2015 年和 2016 年的業績。(22-4 節)
2. 請參考 ch22 資料夾的 csvReport.csv 檔案，分別計算 Steve 在 2015 年和 2016 年的業績。(22-4 節)
3. 請參考 ch22_14.py，增加列出平均溫度。(22-6 節)
4. 請參考 ch22_15.py，增加列出最高溫和平均溫。(22-6 節)

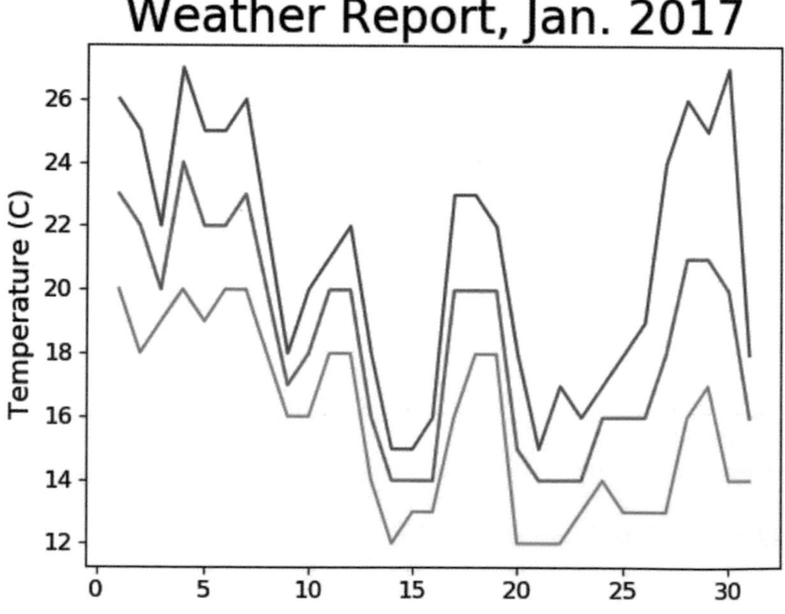

5. 請參考 ch22_22.py，但是修改為增加圖例，同時增加最高溫和平均溫之間的填滿透明度 0.2 的黃色以及平均溫和最低溫之間的填滿透明度 0.2 的紅色。(22-6 節)

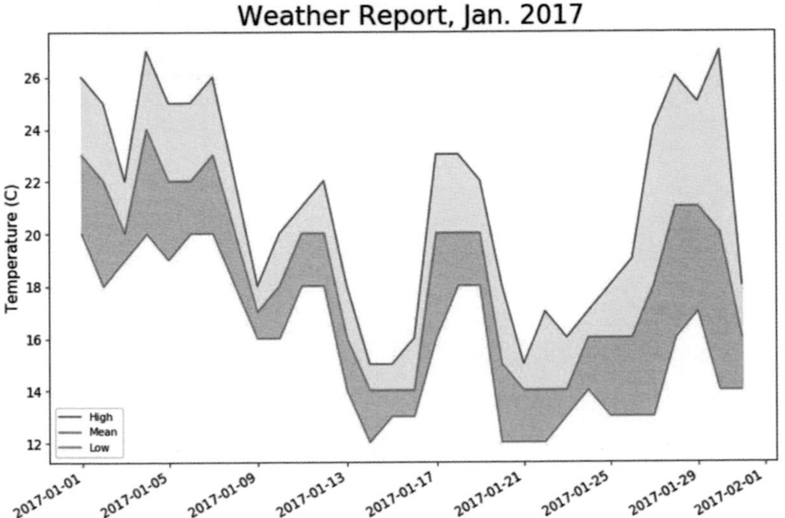

第二十三章

Numpy 模組

Python 是一個應用範圍很廣的程式語言，第 6 章我們有介紹串列 (list)，第 8 章有介紹元組 (tuple)，我們可以使用它們執行一維陣列 (one-dimension array) 或是多維陣列 (multi-dimension array) 運算。雖然 list(或 tuple) 彈性很大，很好用，但是如果我們強調需要使用高速計算時，伴隨的優點卻同時產生了一些缺點：

- 執行速度慢。
- 需要較多系統資源。

為此許多為求高速運算的模組因而誕生，這一章筆者將講解在科學運算或人工智慧領域最常見，因應高速運算而有的模組 Numpy，此名稱所代表的是 Numerical Python。雖然在第 20 章與 22 章已經有些許說明，本章將做較完整的解說。

23-1 陣列 ndarray

Numpy 模組所建立的陣列資料型態稱 ndarray(n-dimension array)，n 是代表維度，例如：稱一維陣列、二維陣列、 … n 維陣列。ndarray 陣列幾個特色如下：

- 陣列大小是固定。
- 陣列元素內容的資料型態是相同。

也因為上述 Numpy 陣列的特色，讓它運算時可以有較好的執行速度與需要較少的系統資源。

23-2 Numpy 的資料型態

Numpy 支援比 Python 更多資料型態，下列是 Numpy 所定義的資料型態。

- **bool_**：和 Python 的 bool 相容，以一個位元組儲存 True 或 False。
- **int_**：預設的整數型態，與 C 語言的 long 相同，通常是 int32 或 int64。
- **intc**：與 C 語言的 int 相同，通常是 int32 或 int64。
- **intp**：用於索引的整數，與 C 的 size_t 相同，通常是 int32 或 int64。
- **int8**：8 位元整數 (-128 ~ 127)。

- **int16**：16 位元整數 (-32768 ~ 32767)。
- **int32**：32 位元整數 (-2147483648 ~ 2147483647)。
- **int64**：64 位元整數 (-9223372036854775808 ~ 9223372036854775807)。
- **uint8**：8 位元無號整數 (0 ~ 255)。
- **uint16**：16 位元無號整數 (0 ~ 65535)。
- **uint32**：32 位元無號整數 (0 ~ 4294967295)。
- **uint64**：64 位元無號整數 (0 ~ 18446744073709551615)。
- **float_**：與 Python 的 float 相同。
- **float16**：半精度浮點數，符號位，5 位指數，10 位尾數。
- **float32**：單精度浮點數，符號位，8 位指數，23 位尾數。
- **float64**：雙倍精度浮點數，符號位，11 位指數，52 位尾數。
- **complex_**：複數，complex_128 的縮寫。
- **complex64**：複數，由 2 個 32 位元浮點數表示 (實部和虛部)。
- **complex128**：複數，由 2 個 64 位元浮點數表示 (實部和虛部)。

23-3 一維陣列

23-3-1 認識 ndarray 的屬性

當使用 Numpy 模組建立 ndarray 資料型態的陣列後，可以使用下列方式獲得 ndarray 的屬性，下列是幾個常用的屬性。

ndarray.dtype：陣列元素型態。

ndarray.itemsize：陣列元素資料型態大小 (或稱所佔空間)，單位是為位元組。

ndarray.ndim：陣列的維度。

ndarray.shape：陣列維度元素個數的元組，也可以用於調整陣列大小。

ndarray.size：陣列元素個數。

23-3-2 建立一維陣列

我們可以使用 array( ) 方法建立一維陣列，建立時在小括號內填上中括號，然後將陣列數值放在中括號內，彼此用逗號隔開。

實例 1：建立一維陣列，陣列內容是 1, 2, 3，同時列出陣列的資料型態。

```
>>> import numpy as np
>>> x = np.array([1, 2, 3])
>>> print(type(x))            ← 列印x資料類型
<class 'numpy.ndarray'>
>>> print(x)                  ← 列印x陣列內容
[1 2 3]
```

陣列建立好了，可以用索引方式取得或設定內容。

實例 2：列出陣列元素內容。

```
>>> import numpy as np
>>> x = np.array([1, 2, 3])
>>> print(x[0])
1
>>> print(x[1])
2
>>> print(x[2])
3
```

實例 3：設定陣列內容。

```
>>> import numpy as np
>>> x = np.array([1, 2, 3])
>>> x[1] = 10
>>> print(x)
[ 1 10  3]
```

實例 4：認識 ndarray 的屬性。

```
>>> import numpy as np
>>> x = np.array([1, 2, 3])
>>> x.dtype          ← 列印x陣列元素型態
dtype('int32')
>>> x.itemsize       ← 列印x陣列元素大小
4
>>> x.ndim           ← 列印x陣列維度
1
>>> x.shape          ← 列印x陣列外形, 3是第1維元素個數
(3,)
>>> x.size           ← 列印x陣列元素個數
3
```

上述 x.dtype 獲得 int32，表示是 32 位元的整數。x.itemsize 是陣列元素大小，其中以位元組為單位，一個位元組是 8 個位元，由於元素是 32 為元整數，所以回傳是 4。

x.ndim 回傳陣列維度是 1，表示這是一維陣列。x.shape 以元組方式回傳第一維元素個數是 3，未來二維陣列還會解說。x.size 則是回傳元素個數。

實例 5：array( ) 方法也可以接受使用 dtype 參數設定元素的資料型態。

```
>>> import numpy as np
>>> x = np.array([2, 4, 6], dtype=np.int8)
>>> x.dtype
dtype('int8')
```

實例 6：浮點數陣列的建立與列印。

```
>>> import numpy as np
>>> y = np.array([1.1, 2.3, 3.6])
>>> y.dtype
dtype('float64')
>>> y
array([1.1, 2.3, 3.6])
>>> print(y)
[1.1 2.3 3.6]
```

其它常用建立一維陣列的方法如下：

arange( )：建立相同等距的陣列，可以參考 20-3-1 節。

linspace( )：可以參考 20-3-1 節。

下列是建立 3 個浮點數陣列。

zeros( )：預設是建立 0.0 浮點數的陣列，不過可以使用 dtype 參數更改元素類型。

ones( )：預設是建立 1.0 浮點數的陣列，不過可以使用 dtype 參數更改元素類型。

empty( )：預設是建立隨機數浮點數的陣列，不過可以使用 dtype 參數更改元素類型。

實例 7：使用 zeros( )，使用預設建立 5 個元素預設是 0.0 浮點數的陣列。我們也可以使用 dtype 更改元素為整數。

```
>>> import numpy as np
>>> x = np.zeros(5)
>>> x.dtype
dtype('float64')
>>> print(x)
[0. 0. 0. 0. 0.]
>>> x = np.zeros(5, dtype=np.int_)
>>> x.dtype
dtype('int32')
>>> print(x)
[0 0 0 0 0]
```

實例 8：使用 ones( ) 方法，使用預設建立 5 個元素是 1.0 浮點數的陣列。我們也可以使用 dtype 更改元素為整數。

```
>>> import numpy as np
>>> x = np.ones(5)
>>> x.dtype
dtype('float64')
>>> print(x)
[1. 1. 1. 1. 1.]
>>> x = np.ones(5, dtype=np.int32)
>>> x.dtype
dtype('int32')
>>> print(x)
[1 1 1 1 1]
```

23-3-3 一維陣列的四則運算

我們可以將一般 Python 數學運算符號 "+,-, *, /, //, %, **" 應用在 Numpy 的陣列。

實例 1：陣列與整數的加法運算。

```
>>> import numpy as np
>>> x = np.array([1, 2, 3])
>>> y = x + 5
>>> print(y)
[6 7 8]
```

讀者可以將上述觀念應用在其它數學運算符號。

實例 2：陣列加法運算。

```
>>> import numpy as np
>>> x = np.array([1, 2, 3])
>>> y = np.array([10, 20, 30])
>>> z = x + y
>>> print(z)
[11 22 33]
```

實例 3：陣列乘法運算。

```
>>> import numpy as np
>>> x = np.array([1, 2, 3])
>>> y = np.array([10, 20, 30])
>>> z = x * y
>>> print(z)
[10 40 90]
```

實例 4：陣列除法運算。

```
>>> import numpy as np
>>> x = np.array([1, 2, 3])
>>> y = np.array([10, 20, 30])
>>> z = x / y
>>> print(z)
[0.1 0.1 0.1]
>>> z = y / x
>>> print(z)
[10. 10. 10.]
```

23-3-4 一維陣列的關係運算子運算

在 5-1 節有關係運算子表，我們也可以將此運算子應用在陣列運算。

實例 1：關係運算子應用在一維陣列的運算。

```
>>> import numpy as np
>>> x = np.array([1, 2, 3])
>>> y = np.array([10, 20, 30])
>>> z = x > y
>>> print(z)
[False False False]
>>> z = x < y
>>> print(z)
[ True  True  True]
```

23-3-5 陣列切片

在 6-1-3 節筆者有介紹串列切片，那一節的切片觀念也可以應用在陣列。

實例 1：將切片應用在陣列。

```
>>> import numpy as np
>>> x = np.array([1, 2, 3, 4, 5])
>>> print(x[0:3])
[1 2 3]
>>> print(x[1:4])
[2 3 4]
>>> print(x[0:5:2])
[1 3 5]
>>> print(x[-1])
5
>>> print(x[1:])
[2 3 4 5]
>>> print(x[:3])
[1 2 3]
```

23-3-6 陣列結合或是加入陣列元素 concatenate( )

可以使用 concatenate( ) 執行 2 個陣列結合，或是將元素加入陣列。

實例 1：將 2 個陣列結合。

```
>>> import numpy as np
>>> x = np.array([1, 2, 3])
>>> y = np.array([4, 5])
>>> z = np.concatenate((x, y))
>>> print(z)
[1 2 3 4 5]
```

實例 2：將元素加入陣列。

```
>>> import numpy as np
>>> x = np.array([1, 2, 3])
>>> z = np.concatenate((x, [4, 5]))
>>> print(z)
[1 2 3 4 5]
```

23-3-7　在陣列指定索引插入元素 insert( )

可以使用 insert(陣列 , 索引 , 元素) 在陣列指定索引位置插入元素。

實例 1：在陣列指定索引 2 插入元素 9。

```
>>> import numpy as np
>>> x = np.array([1, 2, 3, 4, 5])
>>> z = np.insert(x, 2, 9)
>>> print(z)
[1 2 9 3 4 5]
```

實例 2：在陣列指定索引 1, 3 分別插入插入元素 7 和 9。

```
>>> import numpy as np
>>> x = np.array([1, 2, 3, 4, 5])
>>> z = np.insert(x, [1, 3], [7, 9])
>>> print(z)
[1 7 2 3 9 4 5]
```

23-3-8　刪除指定索引的陣列元素 delete( )

delete( ) 可以刪除陣列指定索引位置的元素。

實例 1：刪除索引 1 位置的元素。

```
>>> import numpy as np
>>> x = np.array([1, 2, 3, 4, 5])
>>> z = np.delete(x, 1)
>>> print(z)
[1 3 4 5]
```

實例 2：刪除索引 1 和 3 位置的元素。

```
>>> import numpy as np
>>> x = np.array([1, 2, 3, 4, 5])
>>> z = np.delete(x, [1, 3])
>>> print(z)
[1 3 5]
```

23-3-9 向量內積

有 2 個一維陣列分別是 A(a1, a2, a3)，B(b1, b2, b3) 的向量內積 (inner product) 計算公式觀念如下：

A • B = a1*b1 + a2*b2 + a3*b3

np.inner(A, B)　　　或 np.dot(A, B)

在人工智慧的應用中，有一個運算稱卷積 (convolution) 運算，所採用的內積運算，運算的目的是取得圖像特徵，這是人像或圖像辨識的基礎。

實例 1：計算一維陣列的向量內積。

```
>>> import numpy as np
>>> x = np.array([1, 2, 3])
>>> y = np.array([4, 5, 6])
>>> z = np.inner(x, y)
>>> print(z)
32
>>> z = np.dot(x, y)
>>> print(z)
32
```

23-3-10 向量叉積

有 2 個一維陣列分別是 A(a1, a2, a3)，B(b1, b2, b3) 的向量叉積 (cross product) 計算公式觀念如下：

A x B = (a2*b3 – a3*b2, a3*b1 – a1*b3, a1*b2- a2*b1)

np.cross(A, B)

實例 1：計算一維陣列的向量叉積。

```
>>> import numpy as np
>>> x = np.array([1, 2, 3])
>>> y = np.array([4, 5, 6])
>>> z = np.cross(x, y)
>>> print(z)
[-3  6 -3]
```

23-3-11　向量外積

向量外積 (outer product) 的計算結果是一個矩陣，有 2 個一維陣列分別是 A(a1, a2, a3)，B(b1, b2, b3) 的向量外積 (outer product) 計算公式觀念如下：

$$A \otimes B = \begin{bmatrix} a1 * b1 & a1 * b2 & a1 * b3 \\ a2 * b1 & a2 * b2 & a2 * b3 \\ a3 * b1 & a3 * b2 & a3 * b3 \end{bmatrix}$$

np.outer(A, B)

實例 1：計算一維陣列的向量外積。

```
>>> import numpy as np
>>> x = np.array([1, 2, 3])
>>> y = np.array([4, 5, 6])
>>> z = np.outer(x, y)
>>> print(z)
[[ 4  5  6]
 [ 8 10 12]
 [12 15 18]]
```

23-3-12　將迭代運算應用在一維陣列

程式實例 ch23_1.py：計算陣列 [88, 92, 90, 0, 0] 的總和與平均，將總和填在索引 3，平均填在索引 4。

```
# ch23_1.py
import numpy as np

sum = 0
ave = 0
x = np.array([88, 92, 90, 0, 0])
for data in x:
    sum += data
x[3] = sum
x[4] = sum / 3
print(x)
```

執行結果

```
==================== RESTART: D:/Python/ch23/ch23_1.py ====================
[ 88  92  90 270  90]
```

23-4 二維陣列

在 6-7-3 節筆者有介紹二維串列，如下所示：

姓名	國文	英文	數學	總分
洪錦魁	80	95	88	0
洪冰儒	98	97	96	0
洪雨星	90	91	92	0
洪冰雨	91	93	95	0
洪星宇	92	97	90	0

上述分數部分可以處理成陣列，由於陣列只允許相同型態的資料，所以我們可以為分數部分處理成陣列，此時存取陣列方式如下：

姓名	國文	英文	數學	總分
洪錦魁	[0,0]	[0,1]	[0,2]	[0,3]
洪冰儒	[1,0]	[1,1]	[1,2]	[1,3]
洪雨星	[2,0]	[2,1]	[2,2]	[2,3]
洪冰雨	[3,0]	[3,1]	[3,2]	[3,3]
洪星宇	[4,0]	[4,1]	[4,2]	[4,3]

上述第 1 個索引是 row，第 2 個索引是 column，相當於是 [row, colomn]。

23-4-1 建立二維陣列

建立二維陣列與建立一為陣列相同可以使用 array( ) 方法，可以參考下列實例。

實例 1：建立二維陣列，同時列出陣列的內容。

```
>>> import numpy as np
>>> x = np.array([[1, 2, 3],[4, 5, 6]])
>>> print(type(x))
<class 'numpy.ndarray'>
>>> print(x)
[[1 2 3]
 [4 5 6]]
```

實例 2：認識 ndarray 的屬性。

```
>>> import numpy as np
>>> x = np.array([[1, 2, 3],[4, 5, 6]])
>>> x.dtype
dtype('int32')
>>> x.itemsize
4
>>> x.ndim
2
>>> x.shape
(2, 3)
>>> x.size
6
```

上述 x.ndim 傳回 2，表示這是 2 維陣列。x.shape 傳回 (2, 3)，表示這是二維，每個維度有 3 個元素。

實例 3：與一維陣列觀念相同，array( ) 方法也可以接受使用 dtype 參數設定元素的資料型態。

```
>>> import numpy as np
>>> x = np.array([[1, 2, 3],[4, 5, 6]], dtype=np.int8)
>>> x.dtype
dtype('int8')
```

建立一維陣列時所使用的 zeros( )、ones( )、empty( ) 方法也可以應用在二維陣列。

實例 4：使用 zeros( ) 建立 2x3 陣列。

```
>>> import numpy as np
>>> x = np.zeros((2, 3))
>>> print(x)
[[0. 0. 0.]
 [0. 0. 0.]]
```

實例 5：使用 ones( ) 建立 2x3 陣列。

```
>>> import numpy as np
>>> x = np.ones((2, 3))
>>> print(x)
[[1. 1. 1.]
 [1. 1. 1.]]
```

23-4-2 二維陣列相對位置的四則運算

四則運算的觀念與一維陣列相同。

實例 1：二維陣列與整數的加法運算。

```
>>> import numpy as np
>>> x = np.array([[1, 2, 3],[4, 5, 6]])
>>> y = x + 10
>>> print(y)
[[11 12 13]
 [14 15 16]]
```

讀者可以將上述觀念應用在其它數學運算符號。

實例 2：二維陣列加法運算。

```
>>> import numpy as np
>>> x = np.array([[1, 2],[3, 4]])
>>> y = np.array([[5, 6],[7, 8]])
>>> z = x + y
>>> print(z)
[[ 6  8]
 [10 12]]
```

實例 3：二維陣列相對位置乘法運算。

```
>>> import numpy as np
>>> x = np.array([[1, 2],[3, 4]])
>>> y = np.array([[5, 6],[7, 8]])
>>> z = x * y
>>> print(z)
[[ 5 12]
 [21 32]]
```

需留意上述稱二維陣列相對位置乘法，在數學領域有矩陣乘法，定義不一樣，筆者將在 23-3-10 節說明矩陣乘法。

實例 4：二維陣列除法運算。

```
>>> import numpy as np
>>> x = np.array([[10,20],[30,40]])
>>> y = np.array([[1,2],[3,4]])
>>> z = x / y
>>> print(z)
[[10. 10.]
 [10. 10.]]
```

23-4-3 二維陣列的關係運算子運算

我們也可以將關係運算子應用在二維陣列運算。

實例 1：關係運算子應用在二維陣列的運算。

```
>>> import numpy as np
>>> x = np.array([[1, 2],[3, 4]])
>>> y = np.array([[5, 6],[7, 8]])
>>> z = x > y
>>> print(z)
[[False False]
 [False False]]
>>> z = x < y
>>> print(z)
[[ True  True]
 [ True  True]]
```

23-4-4 取得與設定二維陣列元素

在 23-4 節筆者已經說明取得二維陣列元素的方法，基本觀念是 [row,cloumn] 索引方式處理，下列是實例。

實例 1：取得二維陣列某元素內容。

```
>>> import numpy as np
>>> x = np.array([[1, 2, 3],[4, 5, 6]])
>>> print(x[0,2])
3
>>> print(x[1,1])
5
```

實例 2：設定二維陣列某元素內容。

```
>>> import numpy as np
>>> x = np.array([[1, 2, 3],[4, 5, 6]])
>>> x[1,2] = 10
>>> print(x)
[[ 1  2  3]
 [ 4  5 10]]
```

取得特定 row 的元素，例如：row=0 的元素可以寫成 [0]、[0,]、[0,:]。

實例 3：取得特定 row=0 的元素。

```
>>> import numpy as np
>>> x = np.array([[1, 2, 3],[4, 5, 6]])
>>> print(x[0])
[1 2 3]
>>> print(x[0,])
[1 2 3]
>>> print(x[0,:])
[1 2 3]
```

取得特定 column 的元素，例如：取得 column=0 的元素可以寫成 [:,0]。

實例 4：取得特定 column=0 的元素。

```
>>> import numpy as np
>>> x = np.array([[1, 2, 3],[4, 5, 6]])
>>> print(x[:,0])
[1 4]
```

23-4-5 二維陣列切片

切片的觀念有可以應用在二維陣列。

實例 1：將切片應用在二維陣列，取得 row=0 的前 3 個元素。

```
>>> import numpy as np
>>> x = np.array([[1, 2, 3, 4],[2, 3, 4, 5], [3, 4, 5, 6]])
>>> print(x[0:3,0])
[1 2 3]
```

實例 2：將切片應用在二維陣列，取得 row=0:2，column=2:4 之元素。

```
>>> import numpy as np
>>> x = np.array([[1, 2, 3, 4],[2, 3, 4, 5],[3, 4, 5, 6]])
>>> print(x[0:2,2:4])
[[3 4]
 [4 5]]
```

實例 3：取得前 2 個 row 的元素。

```
>>> import numpy as np
>>> x = np.array([[1, 2, 3, 4],[2, 3, 4, 5],[3, 4, 5, 6]])
>>> print(x[:2])
[[1 2 3 4]
 [2 3 4 5]]
```

實例 4：取得索引是 1 以後的 row 元素。

```
>>> import numpy as np
>>> x = np.array([[1, 2, 3, 4],[2, 3, 4, 5],[3, 4, 5, 6]])
>>> print(x[1:])
[[2 3 4 5]
 [3 4 5 6]]
```

23-4-6 更改陣列外形

reshape(row, column) 方法可以更改陣列的維度。

實例 1：將一維陣列轉成二維 2x3 陣列，然後將 2x3 陣列轉成 3x2 陣列。

```
>>> import numpy as np
>>> x = np.array([1, 2, 3, 4, 5, 6])
>>> y = x.reshape(2, 3)
>>> print(y)
[[1 2 3]
 [4 5 6]]
>>> z = y.reshape(3, 2)
>>> print(z)
[[1 2]
 [3 4]
 [5 6]]
```

ravel( ) 可以將多維陣列轉成一維陣列。

實例 2：將 2x3 陣列轉成一維陣列。

```
>>> import numpy as np
>>> x = np.array([[1, 2, 3], [4, 5, 6]])
>>> y = x.ravel()
>>> print(y)
[1 2 3 4 5 6]
```

上述使用 reshape( ) 與 ravel( ) 方法執行陣列外形更改時不會更改原陣列外形， 如果使用 resize(row, column) 方法則可以更改陣列外形。

實例 3：二維 2x3 陣列改為 3x2 陣列，同時觀察原陣列外形。

```
>>> import numpy as np
>>> x = np.array([[1, 2, 3], [4, 5, 6]])
>>> x.resize(3, 2)
>>> print(x)
[[1 2]
 [3 4]
 [5 6]]
```

23-4-7 轉置矩陣

所謂的轉置矩陣是指將 n x m 矩陣轉成 m x n 矩陣，transpose( ) 可以執行矩陣的轉置。transpose( ) 也可以使用 T 取代，執行矩陣轉置。

實例 1：矩陣轉置的應用。

```
>>> import numpy as np
>>> x = np.arange(8).reshape(4, 2)
>>> print(x)
[[0 1]
 [2 3]
 [4 5]
 [6 7]]
>>> y = x.transpose( )
>>> print(y)
[[0 2 4 6]
 [1 3 5 7]]
```

實例 2：使用 T 執行矩陣轉置。

```
>>> import numpy as np
>>> x = np.arange(8).reshape(4,2)
>>> y = x.T
>>> print(y)
[[0 2 4 6]
 [1 3 5 7]]
```

23-4-8 將陣列分割成子陣列

hsplit( ) 可以將陣列依水平方向分割，vsplit( ) 可以將陣列依垂直方向分割。經此分割所傳回的陣列是以串列方式存在。

實例 1：使用 hsplit( ) 方法依水平方向分割陣列為 2 個子陣列。

```
>>> import numpy as np
>>> x = np.arange(16).reshape(4, 4)
>>> print(x)
[[ 0  1  2  3]
 [ 4  5  6  7]
 [ 8  9 10 11]
 [12 13 14 15]]
>>> y1, y2 = np.hsplit(x,2)
>>> print(y1)
[[ 0  1]
 [ 4  5]
 [ 8  9]
 [12 13]]
>>> print(y2)
[[ 2  3]
 [ 6  7]
 [10 11]
 [14 15]]
```

實例 2：使用 vsplit( ) 方法依垂直方向分割陣列為 2 個子陣列。

```
>>> import numpy as np
>>> x = np.arange(16).reshape(4, 4)
>>> y1, y2 = np.vsplit(x,2)
>>> print(y1)
[[0 1 2 3]
 [4 5 6 7]]
>>> print(y2)
[[ 8  9 10 11]
 [12 13 14 15]]
```

23-4-9 矩陣堆疊

hstack( ) 可以執行矩陣水平方向堆疊，vstack( ) 可以執行矩陣垂直方向堆疊。column_stack( ) 可以將一維陣列依 column 方向堆疊到二維陣列，row_stack( ) 可以將一維陣列依 row 方向堆疊到二維陣列。

實例 1：使用 hstack( ) 執行陣列依水平方向堆疊。

```
>>> import numpy as np
>>> x = np.arange(4).reshape(2,2)
>>> y = np.arange(4,8).reshape(2,2)
>>> z = np.hstack((x,y))
>>> print(x)
[[0 1]
 [2 3]]
>>> print(y)
[[4 5]
 [6 7]]
>>> print(z)
[[0 1 4 5]
 [2 3 6 7]]
```

實例 2：使用 vstack( ) 執行陣列依垂直方向堆疊。

```
>>> import numpy as np
>>> x = np.arange(4).reshape(2,2)
>>> y = np.arange(4,8).reshape(2,2)
>>> z = np.vstack((x,y))
>>> print(z)
[[0 1]
 [2 3]
 [4 5]
 [6 7]]
```

實例 3：使用 column_stack( ) 將一維陣列依 column 方向堆疊到二維陣列。

```
>>> import numpy as np
>>> x = np.arange(4).reshape(2,2)
>>> y = np.array([5,6])
>>> z = np.column_stack((x,y))
>>> print(z)
[[0 1 5]
 [2 3 6]]
```

實例 4：使用 row_stack( ) 將一維陣列依 row 方向堆疊到二維陣列。

```
>>> import numpy as np
>>> x = np.arange(4).reshape(2,2)
>>> y = np.array([5,6])
>>> z = np.row_stack((x,y))
>>> print(z)
[[0 1]
 [2 3]
 [5 6]]
```

23-4-10 二維陣列矩陣乘法運算

本節所述的矩陣乘法與線性代數的矩陣乘法意義相同，假設有一個 A 矩陣是 i x j 的二維陣列，B 矩陣是 j x k 的二維陣列，則 A 矩陣與 B 矩陣相乘可以得到 AB 矩陣是 i x k 的二維陣列。

AB 矩陣的的第 ABij 值相當於是 A 矩陣的第 i row 乘以 B 矩陣的第 j column，相當於 23-3-9 所介紹的向量內積 (inner product)。

$$ab_{ij} = \sum_{j=0}^{j-1} a_{ij} * b_{jk}$$

可以這樣思考上述公式：

$$ab_{ij} = [\ a_{i0} \quad a_{i1} \quad .... \quad a_{i(j-1)}\ ] * \begin{bmatrix} b_{0k} \\ b_{1k} \\ \vdots \\ b_{(j-1)k} \end{bmatrix}$$

$$= a_{i0} * b_{0k} + a_{i1} * b_{1k} + ... + a_{i(j-1)} * b_{(j-1)j}$$

下列是以數學領域的觀點思考矩陣相乘，在數學領域矩陣左上角索引是 (1,1)。

$$\mathbf{A} = \begin{bmatrix} a_{1,1} & a_{1,2} & \cdots \\ a_{2,1} & a_{2,2} & \cdots \\ \vdots & \vdots & \ddots \end{bmatrix} \mathbf{B} = \begin{bmatrix} b_{1,1} & b_{1,2} & \cdots \\ b_{2,1} & b_{2,2} & \cdots \\ \vdots & \vdots & \ddots \end{bmatrix}$$

$$\mathbf{AB} = \begin{bmatrix} a_{1,1}[b_{1,1} \quad b_{1,2} \quad \ldots] + a_{1,2}[b_{2,1} \quad b_{2,2} \quad \ldots] + \cdots \\ \\ a_{2,1}[b_{1,1} \quad b_{1,2} \quad \ldots] + a_{2,2}[b_{2,1} \quad b_{2,2} \quad \ldots] + \cdots \\ \vdots \end{bmatrix}$$

矩陣乘法可以使用 dot( ) 或是 @ 運算子。

實例 1：使用 dot( ) 方法執行 2 個 2x2 的矩陣乘法運算。

```
>>> import numpy as np
>>> x = np.array([[1,2],[3,4]])
>>> y = np.array([[5,6],[7,8]])
>>> z = np.dot(x,y)
>>> print(z)
[[19 22]
 [43 50]]
```

實例 2：使用 @ 運算子執行 2x3 和 3x2 矩陣乘法運算。

```
>>> import numpy as np
>>> x = np.array([[1,0,2],[-1,3,1]])
>>> y = np.array([[3,1],[2,1],[1,0]])
>>> z = x @ y
>>> print(z)
[[5 1]
 [4 2]]
```

23-4-11 將迭代運算應用在二維陣列

程式實例 ch23_2.py：建立一個 1, … 100 的 10x10 陣列，然後使用迭代做加總運算。

```
1  # ch23_2.py
2  import numpy as np
3
4  A = 0
5  X = np.arange(1,101).reshape(10,10)
6  print(X)
7  for x in X:
8      A += x
9  print(type(A))
10 print("A = ", A)
11
12 sum = 0
13 for a in A:
14     sum += a
15 print(type(sum))
16 print("sum = ", sum)
```

執行結果

```
==================== RESTART: D:/Python/ch23/ch23_2.py ====================
[[  1   2   3   4   5   6   7   8   9  10]
 [ 11  12  13  14  15  16  17  18  19  20]
 [ 21  22  23  24  25  26  27  28  29  30]
 [ 31  32  33  34  35  36  37  38  39  40]
 [ 41  42  43  44  45  46  47  48  49  50]
 [ 51  52  53  54  55  56  57  58  59  60]
 [ 61  62  63  64  65  66  67  68  69  70]
 [ 71  72  73  74  75  76  77  78  79  80]
 [ 81  82  83  84  85  86  87  88  89  90]
 [ 91  92  93  94  95  96  97  98  99 100]]
<class 'numpy.ndarray'>
A =  [460 470 480 490 500 510 520 530 540 550]
<class 'numpy.int32'>
sum =  5050
```

上述第 7 行的 x 是陣列 X 的元素，其實是一個子陣列，所以所得到的 A 也是陣列。第 13 行的 a 則是 A 陣列的元素，它是 32 位元整數，所以最後可以得到總和。

23-5 簡單線性代數運算

23-5-1 一元二次方程式

一元二次方程式的觀念可以參考 5-8-4 節，Numpy 有 roots( ) 方法可以解一元二次方程式的根，假設有一個方程式如下：

$ax^2 + bx + c = 0$

可以直接帶入 roots([a, b, c]) 即可求解。

實例 1：求 $3x^2 + 5x + 1 = 0$ 的根。

```
>>> import numpy as np
>>> r = np.roots([3,5,1])
>>> print(r)
[-1.43425855 -0.23240812]
```

可以得到與程式實例 ch5_13.py 相同結果。

23-5-2 解聯立線性方程式

使用 Numpy 可以處理線性代數的問題，此小節筆者將簡單解說處理線性代數的問題，假設有 2 個線性方程式如下：

$3x + 5y = 18$

$2x + 3y = 11$

我們可以建立 2 個陣列儲存上述方程式，一個是 x 和 y 的係數陣列，另一個是方程式右邊值的因變數陣列。

然後可以使用 linalg 模組的 solve( ) 函數，最後可以得到下列 x=1 和 y=3 值。

```
>>> import numpy as np
>>> coeff = np.array([[3,5],[2,3]])
>>> deps = np.array([18,11])
>>> ans = np.linalg.solve(coeff, deps)
>>> print(ans)
[1. 3.]
```

下列是驗證這個結果，其中 10.999…是浮點數的問題，可視為是 11.。

```
>>> print(3*ans[0] + 5*ans[1])
18.0
>>> print(2*ans[0] + 3*ans[1])
10.999999999999998
```

我們也可以使用內積方式執行此結果驗證。

```
>>> y = np.dot(coeff, ans)
>>> print(y)
[18. 11.]
```

如果上述計算正確，上述 y 將很接近 deps 的陣列值，因為可能有浮點數捨去的問題。我們也可以用 allclose( ) 驗證此計算。

```
>>> np.allclose(y, deps)
True
```

23-6 Numpy 的廣播功能

Numpy 在執行 2 個陣列運算時，原則上陣列外形必須相容才可運算，如果外形不同 Numpy 可以使用廣播 (broadcast) 機制，先將比較小的陣列擴大至與較大的陣列外形相同，然後再執行運算。

實例 1：將整數 5 或陣列 [5] 與陣列 [1,2,3] 相加。

```
>>> import numpy as np
>>> x = np.array([1,2,3])
>>> y = 5
>>> z = x + y
>>> print(z)
[6 7 8]
>>> r = [5]
>>> s = x + r
>>> print(s)
[6 7 8]
```

其實對上述實例而言，不論是整數 5 或陣列 [5]，與陣列 [1,2,3] 相加時，皆會先被擴張為 (3,) 的陣列 [5,5,5]，然後再執行運算。

假設有一個 (3,) 之一維陣列，另有一個 (2,3) 的二維陣列，則 (3,) 之一維陣列會先被擴張為 (2,3) 之二維陣列然後運算。

實例 2：將 (3,) 之一維 [1,2,3] 陣列與 (2,3) 之二維陣列 [[1,2,3],[4,5,6]] 相加。

```
>>> import numpy as np
>>> x = np.array([1,2,3])
>>> y = np.array([[1,2,3],[4,5,6]])
>>> z = x + y
>>> print(z)
[[2 4 6]
 [5 7 9]]
```

其實上述是 Numpy 先將 [1,2,3] 擴張為 [[1,2,3],[1,2,3]]，然後才執行運算。

實例 3：兩個陣列皆擴張的應用。

```
>>> import numpy as np
>>> x = np.array([1,2,3]).reshape(3,1)
>>> print(x)
[[1]
 [2]
 [3]]
>>> y = np.ones(5)
>>> print(y)
[1. 1. 1. 1. 1.]
>>> z = x + y
>>> print(z)
[[2. 2. 2. 2. 2.]
 [3. 3. 3. 3. 3.]
 [4. 4. 4. 4. 4.]]
```

上述相當於在執行 x+y 時，x 會擴張為：

```
[[1 1 1 1 1]
 [2 2 2 2 2]
 [3 3 3 3 3]]
```

y 會擴張為：

```
[[1., 1., 1., 1., 1.],
 [1., 1., 1., 1., 1.],
 [1., 1., 1., 1., 1.]]
```

所以可以得到上述 z 的執行結果。

其實並不是所有陣列運算皆可以擴張陣列，例如：(2,) 之一維陣列就無法擴張與 (3,) 之一維陣列執行運算。

實例 4：(2,) 之一維陣列與 (3,) 之一維陣列執行加法運算，產生錯誤的實例。

```
>>> import numpy as np
>>> x = np.array([1,2])
>>> y = np.array([1,2,3])
>>> z = x + y
Traceback (most recent call last):
  File "<pyshell#511>", line 1, in <module>
    z = x + y
ValueError: operands could not be broadcast together with shapes (2,) (3,)
```

23-7 常用的數學函數

有關更完整的 Numpy 模組的數學方法可以參考下列網址。

https://docs.scipy.org/doc/numpy/reference/routines.math.html

23-7-1 三角函數相關

除了常見的 sin(x)、cos(x)、tan(x)、arcsin(x)、arccos(x)、arctan(x) 外，下列是比較特別的函數。

degrees(x)：將徑度 (radians) 轉成角度數。

實例 1：將陣列徑度轉成角度數。

```
>>> import numpy as np
>>> rad = np.arange(12)*np.pi/6
>>> x = np.degrees(rad)
>>> print(x)
[  0.  30.  60.  90. 120. 150. 180. 210. 240. 270. 300. 330.]
```

radians(x)：將角度數轉成徑度 (radians)。

實例 2：將陣列角度數轉成徑度。

```
>>> import numpy as np
>>> deg = np.arange(12)*30
>>> x = np.radians(deg)
>>> print(x)
[0.         0.52359878 1.04719755 1.57079633 2.0943951  2.61799388
 3.14159265 3.66519143 4.1887902  4.71238898 5.23598776 5.75958653]
```

23-7-2　和 sum( )、積 prod( )、差 diff( ) 函數

下列是常見的函數。

prod(a, axis=None)：傳回指定軸 (axis) 的陣列 a 元素的乘積。

實例 1：如果是空陣列，結果是 1.0。

```
>>> np.prod([])
1.0
```

實例 2：一維陣列則是元素的乘積。

```
>>> np.prod([1,2,3])
6
```

實例 3：二維陣列也是傳回所有元素的乘積。

```
>>> np.prod([[1,2],[3,4]])
24
```

實例 4：傳回指定軸的元素乘積。

```
>>> np.prod([[1,2],[3,4]], axis=1)
array([ 2, 12])
```

sum(a, axis=None)：傳回指定軸 (axis) 的陣列 a 元素的總和。

實例 5：如果是空陣列，結果是 0.0。

```
>>> np.sum([])
0.0
```

實例 6：一維陣列則是元素的加總。

```
>>> np.sum([1,2,3])
6
```

實例 7：元素是浮點數，但是設定資料是 int32。

```
>>> np.sum([1.2,1.5,3.1],dtype=np.int32)
5
```

實例 8：使用不同軸，執行二維陣列元素的加總。

```
>>> np.sum([[1,2],[3,4]])
10
>>> np.sum([[1,2],[3,4]], axis=0)
array([4, 6])
>>> np.sum([[1,2],[3,4]], axis=1)
array([3, 7])
```

程式實例 ch23_3.py：使用 sum( ) 函數重新設計 ch23_2.py。

```
# ch23_3.py
import numpy as np

X = np.arange(1,101).reshape(10,10)
A = np.sum(X, axis=0)
print("A = ", A)
sum = np.sum(X)
print("sum = ", sum)
```

執行結果

```
==================== RESTART: D:/Python/ch23/ch23_3.py ====================
A =  [460 470 480 490 500 510 520 530 540 550]
sum =  5050
```

diff(a, n, axis)：傳回指定軸的元素差 (後一個元素值減去前一個元素值)，n 是代表執行幾次。

實例 9：一維陣列執行 1 次與執行 2 次的結果。

```
>>> x = np.array([1, 4, 7, 0, 5])
>>> np.diff(x)
array([ 3,  3, -7,  5])
>>> np.diff(x, n=2)
array([  0, -10,  12])
```

實例 10：使用不同軸，執行二維陣列元素差的計算。

```
>>> x = np.array([[1, 4, 6, 10], [0, 2, 5, 9]])
>>> np.diff(x)
array([[3, 2, 4],
       [2, 3, 4]])
>>> np.diff(x, axis=0)
array([[-1, -2, -1, -1]])
```

23-7-3　捨去函數

around(a, decimals=0)：可以捨至最接近的偶數整數，decimals 則是指定小數位數。

實例 1：系列陣列的 around( ) 操作。

```
>>> np.around([0.49, 1.82])
array([0., 2.])
>>> np.around([0.49, 1.82], decimals=1)
array([0.5, 1.8])
>>> np.around([0.5, 1.5, 2.5, 3.5, 4.5, 5.4])
array([0., 2., 2., 4., 4., 5.])
```

rint(x)：傳回最接近的整數。

實例 2：系列陣列元素的 rint( ) 運作。

```
>>> np.rint([1.4, 1.5, 1.6, 2.5])
array([1., 2., 2., 2.])
```

floor(x)：傳回小於或等於的最大整數。

實例 3：系列陣列元素的 floor( ) 運作。

```
>>> np.floor([-1.5, 0.8, 1.2])
array([-2.,  0.,  1.])
```

ceil(x)：傳回大於或等於的最小整數。

實例 4：系列陣列元素的 ceil( ) 運作。

```
>>> np.ceil([-1.5, 0.8, 1.2])
array([-1.,  1.,  2.])
```

trunc(x)：捨去小數的 trunc( ) 運作。

實例 5：系列陣列元素的 trunc( ) 運作。

```
>>> np.trunc([-1.3, -2.8, 0.5, 2.9])
array([-1., -2.,  0.,  2.])
```

23-7-4　最大公因數與最小公倍數

gcd(x)：是傳回陣列元素的最大公因數 (greatest common divisor)。

實例 1：最大公因數 gcd( ) 的應用。

```
>>> np.gcd(12, 20)
4
>>> np.gcd.reduce([15, 35, 55])
5
```

lcm(x1, x2)：是傳回陣列元素的最小公倍數 (lowest common multiple)。

實例 2：最小公倍數 lcm( ) 的應用。

```
>>> np.lcm(12, 20)
60
>>> np.lcm.reduce([6, 12, 60])
60
```

23-7-5 指數與對數

exp(x)：傳回陣列元素 x 自然對數 e 的次方。

實例 1：exp( ) 的應用。

```
>>> np.exp([1,2,3])
array([ 2.71828183,  7.3890561 , 20.08553692])
```

exp2(x)：傳回陣列元素 x 的 2 的次方。

實例 2：exp2( ) 的應用。

```
>>> np.exp2([1,2,3])
array([2., 4., 8.])
```

log(x)：傳回陣列元素 x 的自然對數值。

實例 3：log( ) 的應用。

```
>>> np.log([1, np.e, np.e**2, 0])
array([  0.,   1.,   2., -inf])
```

log2(x)：傳回陣列元素 x 的自然對數值。

實例 4：log2( ) 的應用。

```
>>> np.log2([0, 1, 2, 2**5])
array([-inf,   0.,   1.,   5.])
```

log10(x)：傳回陣列元素 x 的自然對數值。

實例 5：log10( ) 的應用。

```
>>> np.log10([10, 1000, 5])
array([1.      , 3.      , 0.69897])
```

23-7-6　算數運算

add(x1, x2)：相當於 "+" 加法運算。

subtract(x1, x2)：相當於 "-" 減法運算。

multiply(x1, x2)：相當於 "*" 乘法運算。

divide(x1, x2)：相當於 "/" 除法運算。

mod(x1, x2)：相當於 "%" 求餘數運算。

remainder(x1, x2)：相當於 "%" 求餘數運算。

negative(x1)：相當於正號變為負號，負號變為正號。

實例 1：negative( ) 的應用。

```
>>> np.negative([1, -1])
array([-1,  1])
```

divmod(x1, x2)：x1 除以 x2，傳回商與餘數，傳回是含 2 個元素的元組 (tuple)，第 1 個元素是商，第 2 個元素是餘數。

實例 2：divmod( ) 的應用。

```
>>> np.divmod(np.arange(5), 2)
(array([0, 0, 1, 1, 2], dtype=int32), array([0, 1, 0, 1, 0], dtype=int32))
```

23-7-7　其他函數

absolute(x)：傳回絕對值。

實例 1：absolute( ) 的應用。

```
>>> np.negative([-3, 3])
array([ 3, -3])
```

square(x)：傳回平方值。

實例 2：square( ) 的應用。

```
>>> np.square([1, 3])
array([1, 9], dtype=int32)
```

sqrt(x)：傳回平方根。

實例 3：sqrt( ) 的應用。

```
>>> np.sqrt([1, 4, 9, 15])
array([1.        , 2.        , 3.        , 3.87298335])
```

sign(x)：小於 0 傳回 -1，等於 0 傳回 0，大於 0 傳回 1。

實例 4：sign( ) 的應用。

```
>>> np.sign([-1, -0.5,  0, 0.5, 1])
array([-1., -1.,  0.,  1.,  1.])
```

max(x)：傳回陣列最大元素。

實例 5：max( ) 的應用。

```
>>> np.max([1,2,3])
3
>>> np.max(np.arange(100).reshape(10,10))
99
```

maximum(x1, x2)：傳回陣列中相同位置較大的元素值。

實例 6：maximum( ) 的應用。

```
>>> np.maximum([1, 5, 10], [3, 4, 9])
array([ 3,  5, 10])
```

min(x)：傳回陣列最小元素。

實例 7：min( ) 的應用。

```
>>> np.min([1,2,3])
1
>>> np.min(np.arange(100).reshape(10,10))
0
```

minimum(x1, x2)：傳回陣列中相同位置較小的元素值。

實例 8：minimum( ) 的應用。

```
>>> np.minimum([1, 5, 10], [3, 4, 9])
array([1, 4, 9])
```

interp(x, xp, fp)：一維陣列的線性插入，xp 是 x 軸的點座標，yp 是 y 軸的座標，x 則是 x 軸的插入值，然後可以由此計算出 y 軸的值。

程式實例 ch23_4.py：線性插入 interp( ) 的應用，這個程式會在 x 軸 0-10 之間建立均分的 20 個點，這些點用 "o" 做標記然後是依 sin(x) 計算相對應的 y 軸值，然後採用 interp( ) 插入 100 個點，這 100 個點使用 "x" 標記，同時將 100 點連接。

```
# ch23_4.py
import numpy as np
import matplotlib.pyplot as plt

x = np.linspace(0, 10, 20)
y = np.sin(x)

xvals = np.linspace(0, 10, 100)
yinterp = np.interp(xvals, x, y)

plt.plot(x, y, 'o')
plt.plot(xvals, yinterp, '-x')
plt.show()
```

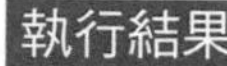

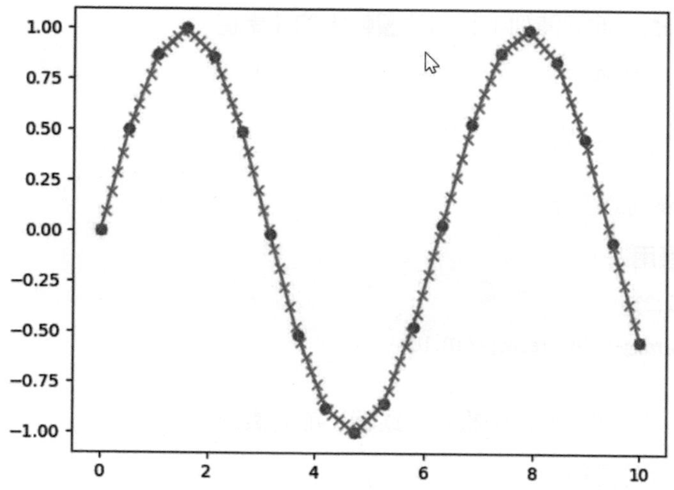

23-8 隨機數函數

有關更完整的 Numpy 模組的隨機數函數可以參考下列網址。

https://docs.scipy.org/doc/numpy/reference/routines.random.html

23-8-1　簡單隨機資料

rand(d0, d1, … dn)：傳回指定外形的陣列元素，值在 [0, 1) 間，[0, 1) 表示含 0 不含 1。由於是隨機，所以每次執行結果皆不相同。

實例 1：rand( ) 的應用。

```
>>> np.random.rand(3)
array([0.47164429, 0.82153141, 0.41865045])
>>> np.random.rand(3,2)
array([[0.74758203, 0.13709832],
       [0.97030083, 0.7928294 ],
       [0.34886091, 0.4641032 ]])
```

randn(d0, d1, … dn)：所傳回的隨機數是標準常態分佈 (standard normal distribution)，0 是均值，1 是標準差的正態分佈。

實例 2：randn( ) 的應用。

```
>>> np.random.randn()
0.86833652406693
>>> np.random.randn(2, 3)
array([[-0.34099598,  0.24438972,  0.56923048],
       [-1.05048661, -0.00602095,  3.55042135]])
```

randint(low[,high, size, dtype])：傳回介於 low, high 之間的隨機整數 [low, high)，包含 low 不包含 high。如果省略 high，則所產生的隨機整數在 [0, low) 間。

實例 3：randint( ) 的應用。

```
>>> np.random.randint(5)
0
>>> np.random.randint(0, 10, size=5)
array([9, 6, 8, 4, 9])
```

程式實例 ch23_5.py：骰子 2 顆各擲 1000 次，然後以直方圖列出 2 顆加總，所產生數值的直方圖。

```
# ch23_5.py
import numpy as np
import matplotlib.pyplot as plt

d1 = np.random.randint(1,6+1,1000)
d2 = np.random.randint(1,6+1,1000)
dsums = d1 + d2

plt.hist(dsums, bins=11)
plt.show()
```

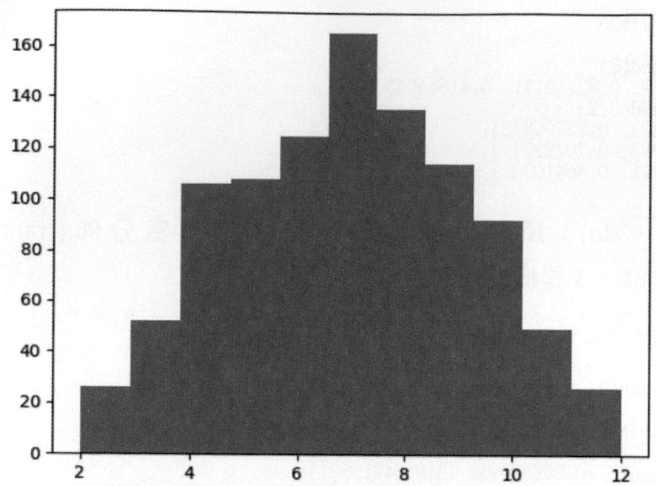

random_integers(low,[,high,size])：傳回介於 low, high 之間的隨機整數 [low, high]，包含 low 也包含 high。如果省略 high，則所產生的隨機整數在 [1, low] 間。其實建議可以使用 randint( ) 取代此函數。

實例 4：random_integers( ) 的應用。

```
>>> np.random.random_integers(5)
3
>>> np.random.random_integers(5, size=(2,3))
array([[3, 5, 2],
       [2, 1, 1]])
```

choice(a[,size=None,replace=True,p=None])：從指定陣列中隨機傳回元素，如果 a 是整數，相當於是 np.arange(a)，size 是傳回數量。

實例 5：choice( ) 的應用。

```
>>> np.random.choice([1,2,3,4,5],3)
array([5, 5, 3])
>>> np.random.choice(6,3)
array([3, 1, 5])
```

23-8-2 順序變更

shuffle(x)：將陣列元素位置隨機重新排列。

實例 1：shuffle( ) 的應用。

```
>>> x = np.arange(10)
>>> np.random.shuffle(x)
>>> x
array([2, 6, 7, 4, 5, 3, 9, 1, 8, 0])
>>> y = np.arange(9).reshape(3,3)
>>> np.random.shuffle(y)
>>> y
array([[3, 4, 5],
       [0, 1, 2],
       [6, 7, 8]])
```

permutation(x)：傳回隨機重排元素的陣列，原陣列元素位置沒有更改。如果 x 是整數，相當於是 np.arange(x)。

實例 2：permutation(x) 的應用。

```
>>> x = np.arange(9)
>>> y = np.random.permutation(x)
>>> print(y)
[6 3 5 1 2 7 8 4 0]
>>> a = np.arange(15).reshape(3,5)
>>> b = np.random.permutation(a)
>>> print(b)
[[ 0  1  2  3  4]
 [10 11 12 13 14]
 [ 5  6  7  8  9]]
>>> np.random.permutation(10)
array([2, 3, 4, 1, 8, 9, 5, 7, 6, 0])
```

23-8-3 分佈

beta(a, b[,size])：Beta 分佈取樣。

binomial(n, p[,size])：二項分佈取樣。

chisquare(df[,size])：卡方 (chi-square) 分佈取樣。

normal([loc, scale, size]：從常態分佈取樣。Loc 是平均值 (mean)，scale 是標準差 (standard deviation)，size 是樣本數。

程式實例 ch23_6.py：normal( ) 的應用，繪製常態分佈，bins 數量是 30。

```
# ch23_6.py
import numpy as np
import matplotlib.pyplot as plt

mean, sigma = 0, 0.2
s = np.random.normal(mean, sigma, 1000)

plt.hist(s, bins=30)
plt.show()
```

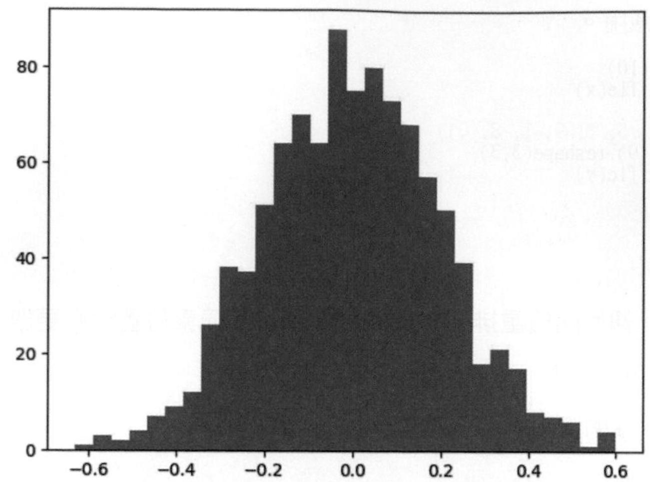

triangular(left, mode, right, size=None)：三角形分佈取樣，left 是最小值，mode 是尖峰值，right 是最大值，size 是樣本數。

程式實例 ch23_7.py：三角形分佈取樣的實例，這個程式在呼叫 hist( ) 方法時，增加設定 density=True，此時 y 軸不再是次數，而是機率值。

```
# ch23_7.py
import numpy as np
import matplotlib.pyplot as plt

s = np.random.triangular(-2, 0, 10, 10000)
plt.hist(s, bins=200, density=True)
plt.show()
```

執行結果

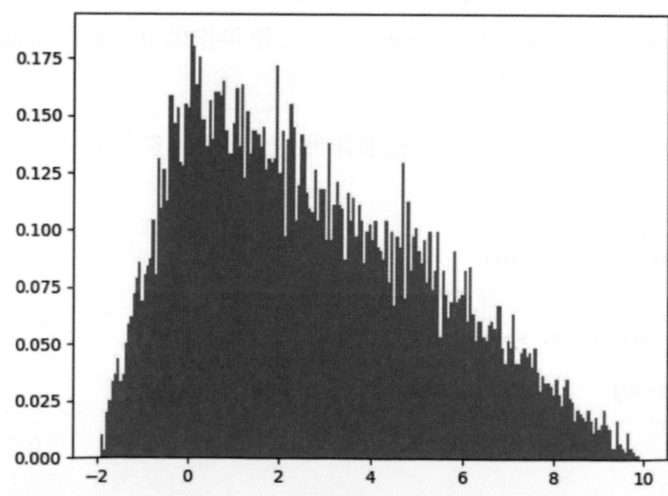

更多細節讀者可參考 23-8 節所述的網站。

23-9 統計函數

有關更完整的 Numpy 模組的統計函數可以參考下列網址。

https://docs.scipy.org/doc/numpy/reference/routines.statistics.html

23-9-1 統計

amin(a[,axis])：傳回陣列最小元素或是指定軸的最小元素。

nanmin(a[,axis])：傳回陣列最小元素或是指定軸的最小元素，忽略 NaN。

實例 1：amin( ) 的應用。

```
>>> x = np.arange(4).reshape((2,2))
>>> np.amin(x)
0
>>> np.amin(x, axis=0)
array([0, 1])
>>> np.amin(x, axis=1)
array([0, 2])
```

amax(a[,axis])：傳回陣列最大元素或是指定軸的最大元素。

nanmax(a[,axis])：傳回陣列最大元素或是指定軸的最大元素，忽略 NaN。

實例 2：amax( ) 的應用。

```
>>> x = np.arange(4).reshape((2,2))
>>> np.amax(x)
3
>>> np.amax(x, axis=0)
array([2, 3])
>>> np.amax(x, axis=1)
array([1, 3])
```

23-9-2 平均和變異數

在 8-15-2 節筆者有說明基礎統計平均值、變異數、標準差的計算方式，學會本節，未來讀者可以直接套用，省去許多時間。

average(a[,axis,weights])：如果省略 weights 傳回陣列的平均，如果有 weights 則傳回陣列的加權平均。

實例 1：average( ) 的應用。

```
>>> x = np.arange(1,5)
>>> np.average(x)
2.5
>>> np.average(x,weights=range(4,0,-1))
2.0
```

mean(a[,axis])：傳回陣列元素平均值或指定軸的陣列元素平均值。

實例 2：mean( ) 的應用。

```
>>> x = np.array([[1,2],[3,4]])
>>> np.mean(x)
2.5
>>> np.mean(x, axis=0)
array([2., 3.])
>>> np.mean(x, axis=1)
array([1.5, 3.5])
```

median(a[,axis])：計算陣列的中位數或指定軸的中位數。

實例 3：median( ) 的應用。

```
>>> x = np.array([[12,7,4],[3,2,6]])
>>> np.median(x)
5.0
>>> np.median(x, axis=0)
array([7.5, 4.5, 5. ])
>>> np.median(x, axis=1)
array([7., 3.])
```

std(a[,axis])：計算陣列的標準差或指定軸的標準差。

實例 4：std( ) 的應用。

```
>>> x = np.arange(1,5).reshape(2,2)
>>> np.std(x)
1.118033988749895
>>> np.std(x, axis=0)
array([1., 1.])
>>> np.std(x, axis=1)
array([0.5, 0.5])
```

var(a[,axis])：計算陣列的變異數或指定軸的變異數。

實例 5：var( ) 的應用。

```
>>> x = np.arange(1,5).reshape(2,2)
>>> np.var(x)
1.25
>>> np.var(x, axis=0)
array([1., 1.])
>>> np.var(x, axis=1)
array([0.25, 0.25])
```

23-10 檔案的輸入與輸出

更多相關檔案的輸入與輸出可以參考下列網址。

https://docs.scipy.org/doc/numpy/reference/routines.io.html

在真實的實例應用中，我們可以必須從檔案讀取資料，或是將資料寫入檔案，這些檔案可能是文字檔 (.txt 或 .csv) 或是二進位檔案，這將是本節的主題。

23-10-1 讀取文字檔案

Numpy 有提供 loadtxt( ) 可以執行讀取檔案，存入陣列，它的語法如下：

loadtxt(fname, dtype=<class 'float'>, comments='#', delimiter=None, skiprows=0, usecols=None, encoding='bytes', … 其它參數)

fname 檔案名稱，dtype 資料型態，comments 檔案註解，delimiter 分隔字元，skiprows 忽略前幾 rows，usecols 讀取那些 columns，encoding 檔案編碼。

程式實例 ch23_8.py：有一個 txt 檔案內容如下，請讀取此檔案 ch23_8.txt，然後列印檔案內的陣列。

ch23_8 - 記事本

檔案(F) 編輯(E) 格式(O) 檢視(V) 說明(H)

```
1,2,3,4,5,6,7,8,9
11,12,13,14,15,16,17,18,19
21,22,23,24,25,26,27,28,29
31,32,33,34,35,36,37,38,39
41,42,43,44,45,46,47,48,49
```

```python
# ch23_8.py
import numpy as np

x = np.loadtxt("ch23_8.txt",delimiter=',')
print(x)
```

執行結果

```
==================== RESTART: D:/Python/ch23/ch23_8.py ====================
[[ 1.  2.  3.  4.  5.  6.  7.  8.  9.]
 [11. 12. 13. 14. 15. 16. 17. 18. 19.]
 [21. 22. 23. 24. 25. 26. 27. 28. 29.]
 [31. 32. 33. 34. 35. 36. 37. 38. 39.]
 [41. 42. 43. 44. 45. 46. 47. 48. 49.]]
```

程式實例 ch23_9.py：忽略前 2 row，只取第 (1, 3, 5)column，留意 column 是從 0 開始計數。

```
# ch23_9.py
import numpy as np

x = np.loadtxt("ch23_8.txt",delimiter=',', skiprows=2, usecols=(1,3,5))
print(x)
```

執行結果

```
==================== RESTART: D:/Python/ch23/ch23_9.py ====================
[[22. 24. 26.]
 [32. 34. 36.]
 [42. 44. 46.]]
```

23-10-2　寫入文字檔案

Numpy 有提供 savetxt( ) 可以執行將陣列寫入檔案，它的語法如下：

savetxt(fname, fmt='%.18e', comments='#', delimiter=None, header='',
　　　footer='', encoding='bytes', … 其它參數)

上述參數 header 是設定檔案開頭字串，footer 是設定檔案結尾字串，fmt 是格式化資料。

程式實例 ch23_10.py：寫入陣列資料。

```
# ch23_10.py
import numpy as np

x = np.arange(16).reshape(4,4)
np.savetxt('ch23_10.txt',x,delimiter=',', header='ch23_10.txt',
           footer='bye',fmt="%d")
np.savetxt('out23_10.txt',x,delimiter=',', header='out23_10.txt',
           footer='bye',fmt="%4.2f")
```

執行結果

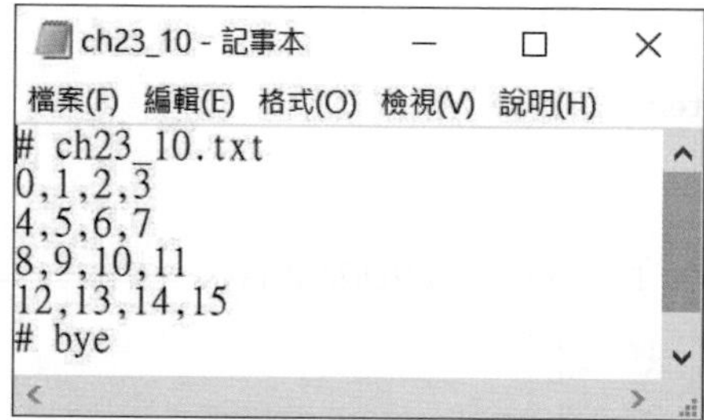

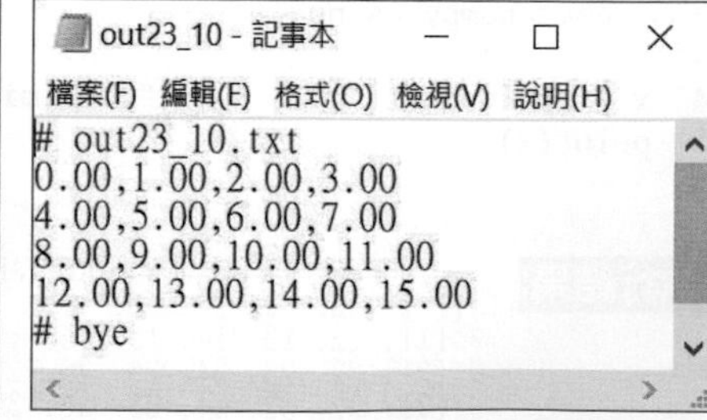

習題

實作題

1. 在 0-5 之間產生 20 個等距陣列。(20-3 節)

```
===================== RESTART: D:/Python/ex/ex23_1.py =====================
[0.         0.26315789 0.52631579 0.78947368 1.05263158 1.31578947
 1.57894737 1.84210526 2.10526316 2.36842105 2.63157895 2.89473684
 3.15789474 3.42105263 3.68421053 3.94736842 4.21052632 4.47368421
 4.73684211 5.        ]
```

2. 請建立 1, 2, … 50 之 5x10 矩陣。(20-3 節)

```
===================== RESTART: D:/Python/ex/ex23_2.py =====================
[[ 1  2  3  4  5  6  7  8  9 10]
 [11 12 13 14 15 16 17 18 19 20]
 [21 22 23 24 25 26 27 28 29 30]
 [31 32 33 34 35 36 37 38 39 40]
 [41 42 43 44 45 46 47 48 49 50]]
```

3. 請建立下列 2 個 A, B 矩陣。(20-4 節)

$$A = \begin{bmatrix} 2 & 2 \\ 2 & 2 \\ 2 & 2 \end{bmatrix} \qquad B = \begin{bmatrix} 1 & 4 \\ 2 & 5 \\ 3 & 6 \end{bmatrix}$$

然後分別列出加、減、乘、除、求餘數以及 A 和 B 的轉矩陣。

```
===================== RESTART: D:/Python/ex/ex23_3.py =====================
A    =
 [[2 2]
 [2 2]
 [2 2]]
B    =
 [[1 4]
 [2 5]
 [3 6]]
A+B =
 [[3 6]
 [4 7]
 [5 8]]
A-B =
 [[ 1 -2]
 [ 0 -3]
 [-1 -4]]
A*B =
 [[ 2  8]
 [ 4 10]
 [ 6 12]]
A/B =
 [[2.         0.5       ]
 [1.         0.4       ]
 [0.66666667 0.33333333]]
A%B =
 [[0 2]
 [0 2]
 [2 2]]
A轉置 =
 [[2 2 2]
 [2 2 2]]
B轉置 =
 [[1 2 3]
 [4 5 6]]
```

4. 請解下列方程式。(20-4 節)

   6x + 5y = 100

   9x + 2y = 50

5. 請分別計算下列陣列的最大公因數與最小公倍數。(23-6 節)

   A：[88 108]

   B：[25 35 45 55]

6. 請修改 ch23_4.py 線性插入問題，請將 sin( ) 函數改為 cos( ) 函數，x 軸數值區間是在 0 – 2*np.pi 之間。(23-7 節)

7. 請修改 ch23_5.py，改為 3 顆骰子，同時各擲 10000 次。(23-8 節)

8. 請修改 ch23_6.py，將均值 mean 改為 100，將標準差 sigma 改為 15，取樣改為 10000 次，箱子數 bins 改為 50。(23-8 節)

9. 在 ch23 資料夾有一個 weatherTaipei.txt，這個 txt 檔案有台北 2020 年 1 月每天最高溫度、平均溫度與最低溫度。請讀取此檔案建立最高溫度、平均溫度、與最低溫度的折線圖。(23-10 節)

第二十四章

SciPy 模組

24-1　線性代數 scipy.linalg

24-2　統計 scipy.stats

24-3　最佳化 scipy.optimize

24-4　插值 scipy.interpolate

SciPy(可以讀成 sigh pie) 所代表的是 Scientific Python，這是一個架構在 Numpy 之上的模組，有了這個模組，可以很順利執行：統計、最佳化運算、插值、線性代數、積分、訊號處理、影像處理、常微分方程、快速傅立葉變換，… 等。有一些軟體與它的功能類似，例如：Matlab、GNU Octave 和 Scilab。

使用前需安裝此模組，如下：

pip install scipy

SciPy 的子模組有許多，本章將介紹最常用的 4 個子模組，讀者若想瞭解更多可以參考下列網址。

https://docs.scipy.org/doc/scipy/reference/

24-1 線性代數 scipy.linalg

更多有關 scipy 內子模組 linalg 的相關知識可以參考下列下列網址。

https://docs.scipy.org/doc/scipy/reference/linalg.html

在 23-5 節筆者有介紹線性代數運算，當時是使用 numpy.linalg 模組，本節將講解 scipy.linalg 模組，其實 scipy.linalg 擁有更多進階的功能與支援。

24-1-1 解聯立線性方程式

假設有一個聯立方程式如下：

3x + 2y = 8
x – y = 1
5y + z = 10

如果想要解上述方程式，首先建立 2 個陣列，一個是 x、y 和 z 係數的陣列，另一個是方程式右邊的因變數陣列，然後再使用 scipy.linalg 模組的 solve( ) 即可獲得 x、y 和 z 的值。

程式實例 ch24_1.py：計算上述聯立方程式的值。

```
# ch24_1.py
import numpy as np
from scipy import linalg

# 定義陣列
coeff = np.array([[3,2,0],[1,-1,0],[0,5,1]])
deps = np.array([8,1,10])

# 求解
ans = linalg.solve(coeff, deps)

print(ans)
```

執行結果

```
==================== RESTART: D:/Python/ch24/ch24_1.py ====================
[2. 1. 5.]
```

24-1-2 計算行列式 Determinant

行列式 (Determinant) 函數式 det( )，主要是計算正方形矩陣的特別數值，其實這個特性在解聯立線性方程式時很有用，同時對於逆矩陣的處理也很有用。通常用 |A| 代表矩陣的行列式。如果是 2x2 的矩陣，行列式的計算方式如下：

$$A = \begin{bmatrix} a & b \\ c & d \end{bmatrix} \qquad |A| = ad - bc$$

如果是 3x3 的矩陣，行列式的計算如下：

$$A = \begin{bmatrix} a & b & c \\ d & e & f \\ g & h & i \end{bmatrix} \qquad |A| = a(ei - fh) - b(di - fg) + c(dh - eg)$$

可以將公式想成下列：

$$|A| = a \cdot \begin{vmatrix} e & f \\ h & i \end{vmatrix} - b \cdot \begin{vmatrix} d & f \\ g & i \end{vmatrix} + c \cdot \begin{vmatrix} d & e \\ g & h \end{vmatrix}$$

程式實例 ch24_2.py：求 [[1,2],[3,4]] 的行列式。

```
# ch24_2.py
import numpy as np
from scipy import linalg

```

```
A = np.array([[1,2],[3,4]])        # 定義陣列
x = linalg.det(A)                  # 求解
print(x)
```

執行結果

```
==================== RESTART: D:/Python/ch24/ch24_2.py ====================
-2.0
```

24-1-3　特徵值和特徵向量

特徵值 (Eigenvalues) 和特徵向量 (Eigenvectors) 問題是最常使用的線性代數運算之一，有一個正方型矩陣 A，可以用下列方式瞭解特徵值 (λ) 和相對應的特徵向量 (v)。

Av = λv

scipy.linalg 模組內有 eig( ) 可以傳回特徵值 (l，筆者在程式用 l 代替 λ) 與特徵向量 (v)，語法如下：

l, v = linalg.eig(A)

程式實例 ch24_3.py：計算 [[1,2],[3,4]] 的特徵值與特徵向量。

```
# ch24_3.py
import numpy as np
from scipy import linalg

A = np.array([[1,2],[3,4]])        # 定義陣列
l, v = linalg.eig(A)
print("特徵值    : ", l)
print("特徵向量 : \n", v)
```

執行結果

```
==================== RESTART: D:/Python/ch24/ch24_3.py ====================
特徵值    :  [-0.37228132+0.j  5.37228132+0.j]
特徵向量 :
 [[-0.82456484 -0.41597356]
 [ 0.56576746 -0.90937671]]
```

24-2 統計 scipy.stats

更多有關 SciPi 內子模組 stats 的相關知識可以參考下列下列網址。

https://docs.scipy.org/doc/scipy/reference/stats.html

24-2-1 離散均勻分布 Uniform discrete distribution

在 scipy.stats 模組內有 randint( ) 函數可以建立指定區間均勻分布的隨機整數，它的語法如下：

stats.randint(low, high, size, options)　　　　# options 是其它不常用的參數

上述 low 和 high 是形狀變量，實質是最低與最高值，包含 low，但是不包含 high。上述 randint( ) 方法的質量機率函數 (probability mass function, pmf) 觀念如下：

pmf(k) = 1/(high – low)　　　　# for k in low, … , high-1

實例 1：建立一個 [0,11) 的機率模型。

```
>>> import scipy.stats as st
>>> rv = st.randint(low=1, high=11)
```

在 scipy.stats 有一個方法是 rvs( ) 可以傳回隨機數，語法如下：

rvs(low, high, loc=0, size=1)　　# loc 是均值 mean

實例 2：在自建的機率模型 rv 中，產生 6 個隨機數。

```
>>> x = rv.rvs(size=6)
>>> print(x)
[5 1 8 2 3 7]
```

其實如果你已經熟悉統計運算，也可以使用下列方式直接產生 6 筆在此模型的隨機數。

實例 3：產生 [0,11) 間的 6 筆隨機數。

```
>>> x = st.randint.rvs(low=1, high=11, size=6)
>>> print(x)
[ 5  6  7  4 10  9]
```

在繼續說明更多觀念前，筆者要介紹幾個函數，方便更進一步的解說。

質量機率函數 (probability mass function)：離散隨機數在特定值上的機率，所有特定值的機率總和是 1，參數名稱與語法如下：

pmf(k, low, high, loc=0)　　　　# k 是陣列

實例 4：產生實例 3 的質量機率。

```
>>> rv.pmf(x)
array([0.1, 0.1, 0.1, 0.1, 0.1, 0.1])
```

累積分佈函數 (cumulative density function)：離散隨機數在特定值上的機率累積的值，參數名稱與語法如下：

cdf(k, low, high, loc=0)　　　　　　　　# k 是陣列

實例 5：產生 [1,2,3,4,5,6,] 的累積分佈。

```
>>> rv.cdf([1,2,3,4,5,6])
array([0.1, 0.2, 0.3, 0.4, 0.5, 0.6])
```

百分比函數 (percent point function)：傳回特定百分比位置的值，相當於是逆 cdf( ) 函數，參數名稱與語法如下：

ppf(p, low, high, loc=0)　　　　　　　　# p 是百分比陣列

實例 6：延續實例 5，列出百分比位置的值。

```
>>> rv.ppf([0.1, 0.2, 0.3, 0.4, 0.5, 0.6])
array([1., 2., 3., 4., 5., 6.])
```

在 scipy.stats 模組中，對於離散均勻分布的隨機數陣列模型，可以使用下列統計觀念最常見的函數。

mean(low, high, loc=0)：算術平均數。

var(low, high, loc=0)：變異數。

std(low, high, loc=0)：標準差。

median(low, high, loc=0)：中位數。

實例 7：延續先前實例，列出 mean( )、var( )、std( )、median( ) 之值。

```
>>> rv.mean()
5.5
>>> rv.var()
8.25
>>> rv.std()
2.8722813232690143
>>> rv.median()
5.0
```

程式實例 ch24_4.py：繪製 [0,11] 間均勻分布的機率模型。

```
# ch24_4.py
import numpy as np
import matplotlib.pyplot as plt
import scipy.stats as st

rv = st.randint(low=1, high=11)
```

```
x = np.arange(1, 11)
plt.plot(x, rv.pmf(x), 'o')
plt.vlines(x, 0, rv.pmf(x), linestyles='dashed')
plt.show()
```

執行結果

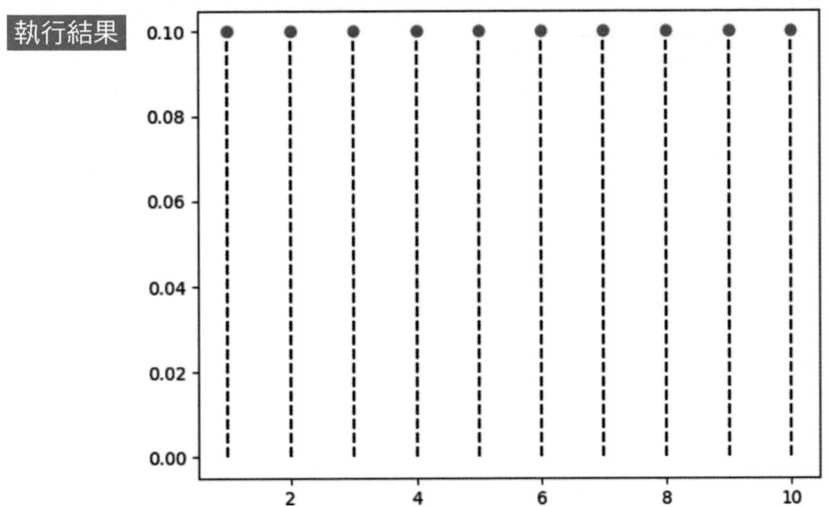

24-2-2 二項分佈 Binomial distribution

如果有一個試驗，結果只有成功與失敗 2 個結果，同時每次實驗均不會受到前一次實驗影響，則我們稱這是 2 項分佈試驗。在這個試驗中假設成功機率是 p，則失敗機率是 1-p，如果實驗次數是 n 次，則成功次數是 np。

假設實驗次數 n_trials 次，實驗成功機率是 p，則可以使用下列方式獲得二項分佈的機率質量與機率累積陣列。

```
binom(n_trials, p).pmf(x)          # x 是 0-(n_trials) 之陣列
binom(n_trials, p).cdf(x)          # x 是 0-(n_trials) 之陣列
```

程式實例 ch24_5.py：繪製 n_trials 是 50 次時，p=0.5, 0.3, 0.7 時二項分佈之機率質量函數圖。

```
# ch24_5.py
import numpy as np
import matplotlib.pyplot as plt
import scipy.stats as st

```

```
n_trials = 50
x = np.arange(n_trials)

plt.plot(x, st.binom(n_trials, 0.5).pmf(x), '-o', label='p=0.5, n=50')
plt.plot(x, st.binom(n_trials, 0.3).pmf(x), '-o', label='p=0.3, n=50')
plt.plot(x, st.binom(n_trials, 0.7).pmf(x), '-o', label='p=0.7, n=50')
plt.title("Binomial Distribution")
plt.xlabel("Probability Mass Function")
plt.legend()
plt.show()
```

執行結果

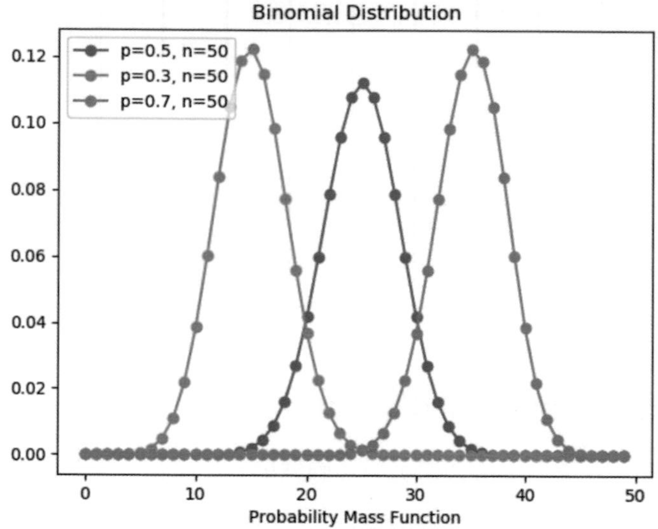

程式實例 ch24_6.py：繪製 n_trials 是 50 次時，p=0.5, 0.6, 0.7 時二項分佈之機率累積函數圖。

```
# ch24_6.py
import numpy as np
import matplotlib.pyplot as plt
import scipy.stats as st

n_trials = 50
x = np.arange(n_trials)

plt.plot(x, st.binom(n_trials, 0.5).cdf(x), '-o', label='p=0.5, n=50')
plt.plot(x, st.binom(n_trials, 0.6).cdf(x), '-o', label='p=0.6, n=50')
plt.plot(x, st.binom(n_trials, 0.7).cdf(x), '-o', label='p=0.7, n=50')
plt.title("Binomial Distribution")
plt.xlabel("Cumulative Distribution Function")
plt.legend()
plt.show()
```

執行結果

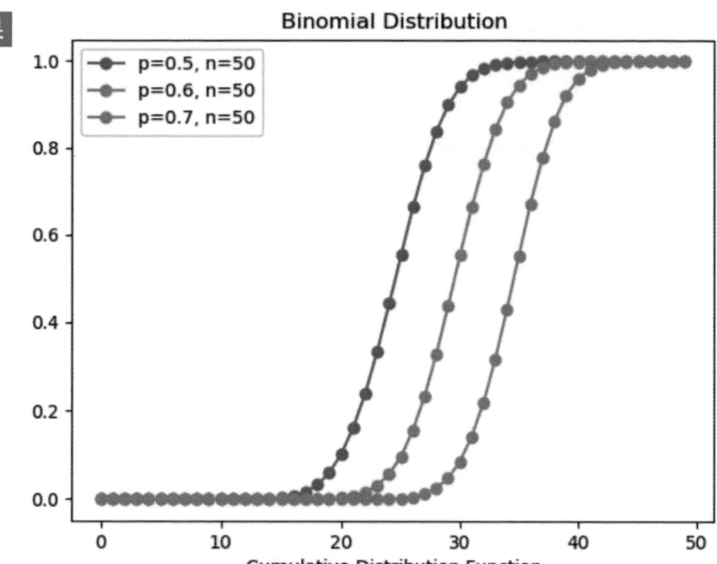

24-2-3 連續常態分佈

在 scipy 的 stats 統計模組中，可以使用 norm( ) 建立常態分佈模型，語法如下：

norm(loc=0, scale=1)　　　　# loc 是 mean 預設是 0，scale 是標準差 std 預設是 1

如果 loc 是 0，scale 是 1，上述也可省略，直接使用 norm( )。另外，也可以使用 rvs( )，依據上述模型產生隨機數。

實例 1：依據 norm( ) 常態分佈模型產生 5 個隨機數。

```
>>> import scipy.stats as st
>>> rv = st.norm()
>>> x = rv.rvs(size=5)
>>> print(x)
[-1.35197044 -0.12241552  1.2869465   0.60628621 -0.10141583]
```

有了常態分佈模型的隨機數陣列，就可以使用這些數據建立下列相關的函數值：

機率密度函數 (Probability density function)：參數名稱與語法如下：

pdf(x, loc=0, scale=1)

實例 2：延續先前實例，建立 5 筆隨機數的機率密度函數值。

```
>>> rv.pdf(x)
array([0.15995695, 0.39596426, 0.17428661, 0.33196358, 0.39689595])
```

累積分佈函數 (Cumulative distribution function)：參數名稱與語法如下：

cdf(x, loc=0, scale=1)

實例 3：延續先前實例，建立 5 筆隨機數的累積分佈函數值。

```
>>> rv.cdf(x)
array([0.08819239, 0.45128497, 0.90094353, 0.72783764, 0.45961018])
```

百分比函數 (Percent point function)：參數名稱與語法如下：

ppf(x, loc=0, scale=1)

實例 4：產生 [0.5, 0.75] 的百分比值的值。

```
>>> rv.ppf([0.5,0.75])
array([0.        , 0.67448975])
```

在 scipy.stats 模組中，對於連續常態分佈的隨機數陣列模型，可以使用下列統計觀念最常見的函數。

mean(loc=0, scale=1)：算術平均數。

var(loc=0, scale=1)：變異數。

std(loc=0, scale=1)：標準差。

median(loc=0, scale=1)：中位數。

實例 5：延續先前實例，列出 mean( )、var( )、std( )、median( ) 之值。

```
>>> rv.mean()
0.0
>>> rv.var()
1.0
>>> rv.std()
1.0
>>> rv.median()
0.0
```

程式實例 ch24_7.py：使用 norm( ) 產生 1000 個隨機數，同時使用直方圖 hist( ) 列印結果，請留意 y 軸是紀錄次數。

```
# ch24_7.py
import matplotlib.pyplot as plt
import scipy.stats as st

x = st.norm.rvs(size=1000)
plt.hist(x)
plt.ylabel("Times")
plt.show()
```

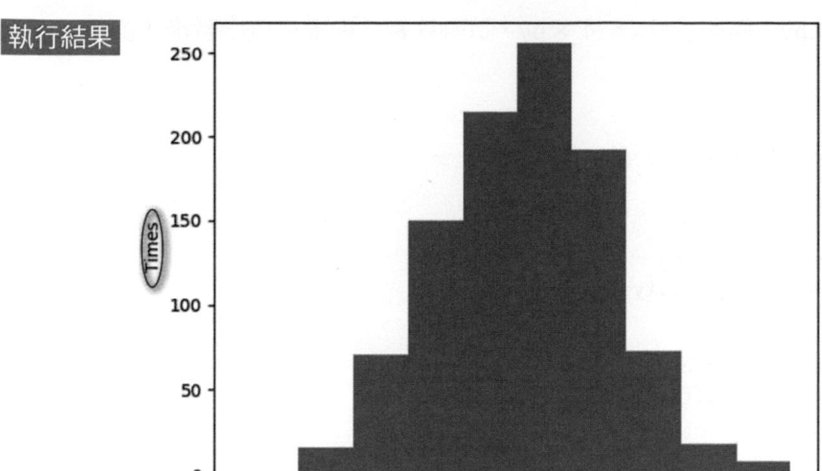

程式實例 ch24_8.py：重新設計上一個程式，將 y 軸改為出現頻率，同時將 bins 長條數改為 20。

```
# ch24_8.py
import matplotlib.pyplot as plt
import scipy.stats as st

x = st.norm.rvs(size=1000)
plt.hist(x, bins=20, density=True)
plt.ylabel("Frequency")
plt.show()
```

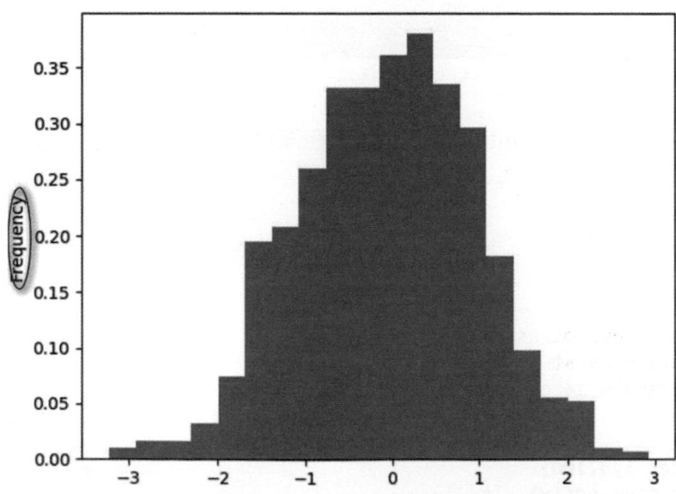

程式實例 ch24_9.py：擴充設計 ch24_8.py，以紅線繪製機率密度函數產生的值與直方圖比較。

```
# ch24_9.py
import matplotlib.pyplot as plt
import scipy.stats as st
import numpy as np

x = st.norm.rvs(size=1000)
plt.hist(x, bins=20, density=True)
plt.ylabel("Frequency")

xs = np.linspace(-3,3,100)
plt.plot(xs,st.norm.pdf(xs), 'r-')

plt.show()
```

執行結果

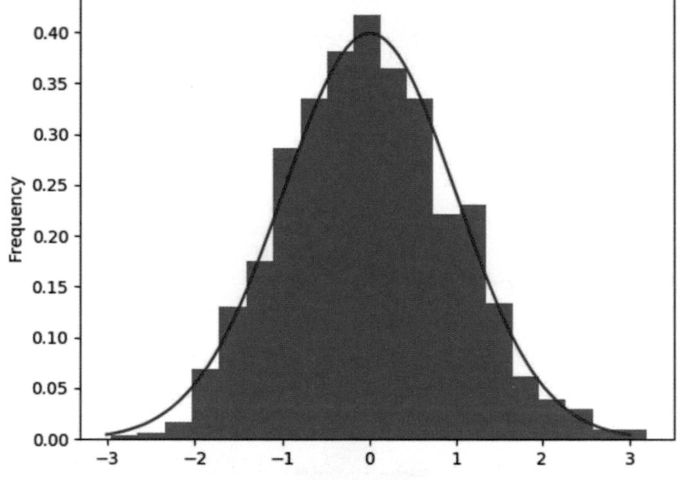

我們也可以使用積分 scipy.integrate 計算落在某個區間的機率值，有關積分的使用可以參考第 4 行和 11 行 trapz( )。

程式實例 ch24_10.py：計算落在 "-2 和 2" 之間的機率值。

```
1  # ch24_10.py
2  import matplotlib.pyplot as plt
3  import scipy.stats as st
4  from scipy.integrate import trapz
5  import numpy as np
6
7  x = np.linspace(-3,3,100)
8  plt.plot(x, st.norm.pdf(x), 'r-')
```

```

xs = np.linspace(-2,2,100)
p = trapz(st.norm.pdf(xs), xs)
print("落在-2與2之件的機率是 %4.2f" % (100*p) + "%")
plt.fill_between(xs, st.norm.pdf(xs), color="yellow")

plt.show()
```

執行結果

```
==================== RESTART: D:\Python\ch24\ch24_10.py ====================
落在-2與2之件的機率是 95.45%
```

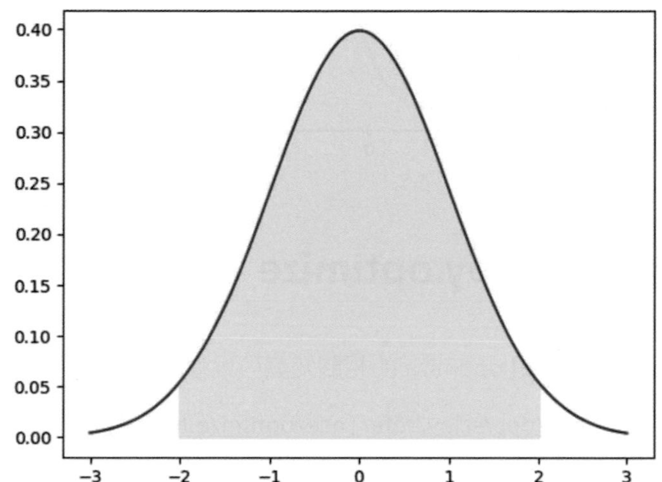

其實上述是以均值 loc 是 1，標準差 scale 是 1 的情況解說，適度更改 loc 和 scale，將看到不同的連續常態分佈曲線。

程式實例 ch24_11.py：loc 和 scale 分別是 0,1、-1,2、1,0.5，繪製連續常態分佈曲線。

```
# ch24_11.py
import matplotlib.pyplot as plt
import scipy.stats as st
import numpy as np

x = np.linspace(-3,3,100)
plt.plot(x, st.norm.pdf(x, loc=0, scale=1))
plt.plot(x, st.norm.pdf(x, loc=-1, scale=1.5))
plt.plot(x, st.norm.pdf(x, loc=1, scale=0.5))
plt.show()
```

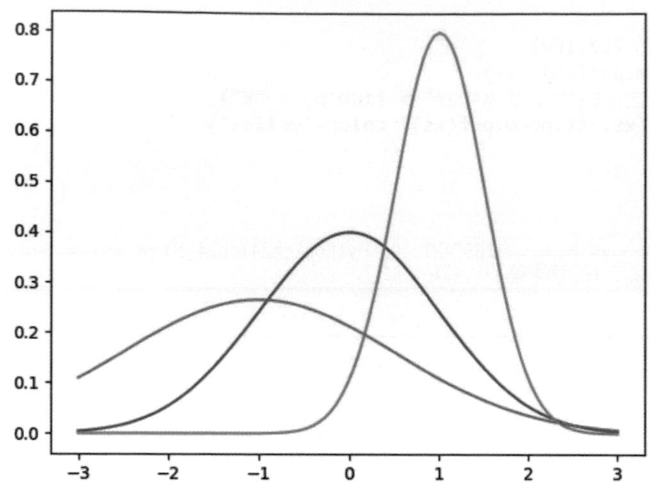

24-3 最佳化 scipy.optimize

更多有關 SciPi 內子模組 optimize 的相關知識可以參考下列下列網址。

https://docs.scipy.org/doc/scipy/reference/optimize.html#module-scipy.optimize

optimize 模組內有許多功能，處理最佳化、找最小值、曲線擬合、解方程式的根，…等。其實這些觀念需有線性代數 (Linear Algebra) 和最佳化 (Optimization) 基礎，在此筆者將簡單介紹解方程式方面的問題。

24-3-1　解一元二次方程式的根

在 5-8-4 節筆者有介紹使用 Python 基本功解方程式的根，其實我們也可以使用 optimization.root( ) 解方程式的根，它的語法如下：

root(fun, x0, options, …)　　　　　　# options 是較少用的參數

fun 是要解的函數名稱，x0 是初始迭代值 (可以用不同的參數值，會有不同的結果)。

程式實例 ch24_12.py：計算下列一元二次方程式的根。

$3x^2 + 5x + 1 = 0$

```
# ch24_12.py
from scipy.optimize import root
def f(x):
    return (a*x**2 + b*x + c)

a = 3
b = 5
c = 1
r1 = root(f,0)          # 初始迭代值0
print(r1.x)
r2 = root(f,-1)         # 初始迭代值-1
print(r2.x)
```

執行結果

```
==================== RESTART: D:/Python/ch24/ch24_12.py ====================
[-0.23240812]
[-1.43425855]
```

24-3-2 解聯立線性方程式

我們也可以使用 root( ) 方法解聯立方程式問題，可以參考下列實例。

程式實例 ch24_13.py：計算下列聯立線性方程式的值。

2x + 3y = 13　　　　# 相當於 2x + 3y – 13 = 0
x – 2y =-4　　　　# 相當於 x – 2y + 4 = 0

在套用 root( ) 方法中，x 相當於 x[0]，y 相當於 x[1]。

```
# ch24_13.py
from scipy.optimize import root
def fun(x):
    return (a*x[0]+b*x[1]+c, d*x[0]+e*x[1]+f)

a = 2
b = 3
c = -13
d = 1
e = -2
f = 4
r =  root(fun,[0,0])     # 初始迭代值0, 0
print(r.x)
```

執行結果

```
==================== RESTART: D:/Python/ch24/ch24_13.py ====================
[2. 3.]
```

24-3-3 計算 2 個線性方程式的交叉點

root( ) 方法也可以找尋 2 個線性方程式的交叉點。

程式實例 24_14.py：例如有 2 個線性方程式如下，請找出交叉點。

$f(x) = x2 - 5x + 7$

$f(x) = 2x + 1$

```
# ch24_14.py
from scipy.optimize import root
import matplotlib.pyplot as plt
import numpy as np
def fx(x):
    return (x**2-5*x+7)

def fy(x):
    return (2*x+1)

# 計算交叉點
r1 =  root(lambda x:fx(x)-fy(x), 0)     # 初始迭代值0
r2 =  root(lambda x:fx(x)-fy(x), 5)     # 初始迭代值5
print("x1 = %4.2f,  y1 = %4.2f" % (r1.x,fx(r1.x)))
print("x2 = %4.2f,  y2 = %4.2f" % (r2.x,fx(r2.x)))
# 繪製fx函數圖形
x1 = np.linspace(0, 10, 40)
y1 = x1**2-5*x1+7                       # fx
plt.plot(r1.x, fx(r1.x), 'o')
plt.plot(x1, y1, '-', label='x**2-5*x+7')
# 繪製fy函數圖形
x2 = np.linspace(0, 10, 40)
y2 = 2*x2+1                             # fy
plt.plot(r2.x, fy(r2.x), 'o')
plt.plot(x2, y2, '-', label='2*x+1')
plt.legend(loc='best')
plt.show()
```

執行結果

```
==================== RESTART: D:\Python\ch24\ch24_14.py ====================
x1 = 1.00,  y1 = 3.00
x2 = 6.00,  y2 = 13.00
```

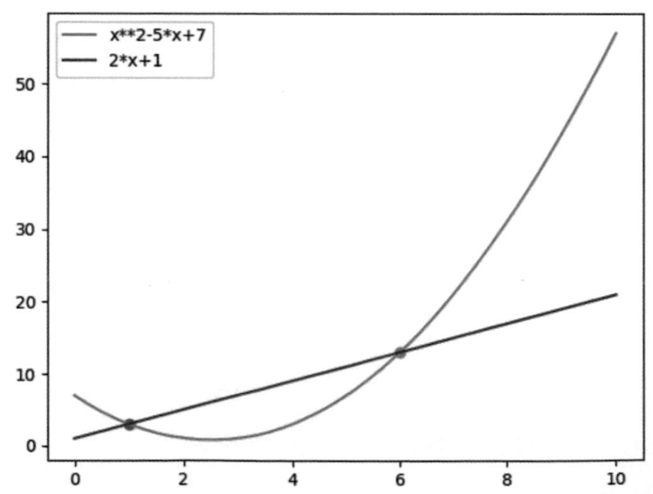

24-3-4 找出線性方程式的最小值和最大值

在一元二次方程式中，如下：

$f(x) = ax^2 + bx + c$

如果 a > 0，代表函數曲線開口向上，所以可以找到此線性函數 f(x) 的最小值。如果 a < 0，代表函數曲線開口向下，所以可以找到此線性函數 f(x) 的最大值。

在 optimize 模組內有 minimize_scalar( ) 方法可以找出 f(x) 函數的最小值，也可以由此導入函數找出最小值的 (x,y) 座標，語法如下：

minimize_scalar(fun)

程式實例 ch24_15.py：找出下列函數的最小值，與其座標，同時繪製此函數圖形。

$f(x) = 3(x-2)^2 - 2$

```
# ch24_15.py
from scipy.optimize import root
from scipy.optimize import minimize_scalar
import matplotlib.pyplot as plt
import numpy as np
def f(x):
    return (3*(x-2)**2 - 2)

# 計算最小值
r = minimize_scalar(f)
print("當x是 %4.2f 時, 有函數最小值" % r.x)
print("座標是 ", r.x, f(r.x))
# 繪製此函數圖形
x = np.linspace(0, 4, 40)
y = 3*(x-2)**2 - 2
plt.plot(r.x, f(r.x), 'o')
plt.plot(x, y, '-')
plt.show()
```

執行結果

```
==================== RESTART: D:/Python/ch24/ch24_15.py ====================
當x是 2.00 時, 有函數最小值
座標是  2.0 -2.0
```

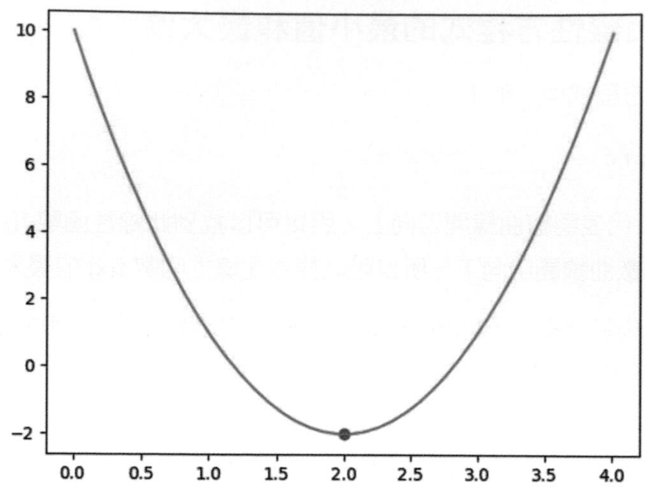

使用 minimize_scalar( ) 雖是可以找出 f(x) 函數的最小值方法，只要是此 f(x) 在傳回時乘以 -1，即可找出 f(x) 函數的最大值。

程式實例 ch24_16.py：找出下列函數的最大值，與其座標。

$$f(x) = -3(x-2)^2 + 3$$

```
# ch24_16.py
from scipy.optimize import root
from scipy.optimize import minimize_scalar
import matplotlib.pyplot as plt
import numpy as np
def fmax(x):
    return (-1*(-3*(x-2)**2 + 3))

def f(x):
    return (-3*(x-2)**2 + 3)

# 計算最大值
r = minimize_scalar(fmax)
print("當x是 %4.2f 時, 有函數最大值" % r.x)
print("座標是 ", r.x, f(r.x))
# 繪製此函數圖形
x = np.linspace(0, 4, 40)
y = -3*(x-2)**2 + 3
plt.plot(r.x, f(r.x), 'o')
plt.plot(x, y, '-')
plt.show()
```

執行結果

```
==================== RESTART: D:/Python/ch24/ch24_16.py ====================
當x是 2.00 時, 有函數最大值
座標是  2.0 3.0
```

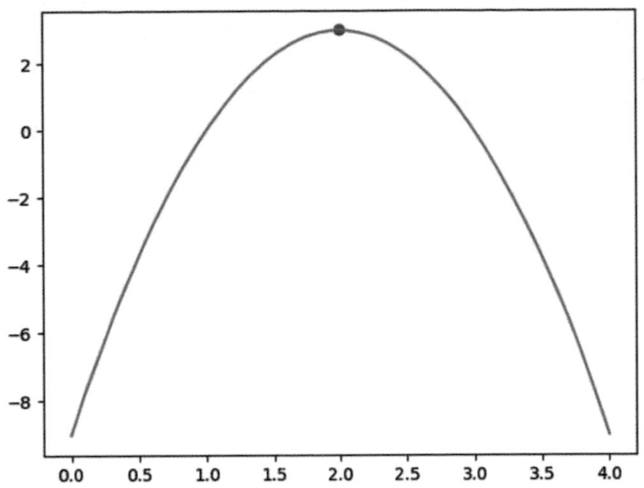

24-4 插值 scipy.interpolate

更多有關 SciPi 內子模組 interpolate 的相關知識可以參考下列下列網址。

https://docs.scipy.org/doc/scipy/reference/tutorial/interpolate.html

本章節將只介紹差值中最簡單的 1-D 插值，更多的應用讀者可以參考相關書籍。在科學運算領域 interpolate 可以翻譯為插值或內插，本書翻譯為插值，它的觀念是由一些已知的數據 (可以從實驗或採樣取得)，例如：已知的離散的點，然後使用插入方法推估新的點。

程式實例 ch24_17.py：有一些採樣所得的散點共 21 個點，這些散點可用函數 f(x) 公式表示，此例，在 0 和 20 之間產生 21 個點，本程式將繪出這些點。

$f(x) = \sin(x^2/5)$

```
# ch24_17.py
import numpy as np
import matplotlib.pyplot as plt
from scipy.interpolate import interp1d

x = np.linspace(0,20,21)
y = np.sin(x**2/5.0)
plt.plot(x,y,'o',label='data')
plt.legend(loc='best')
plt.show()
```

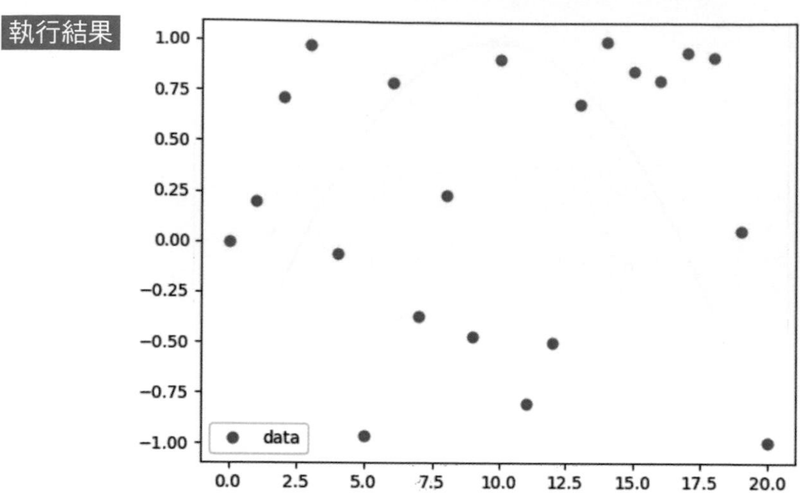

現在我們可以使用下列 Linear 方法 (線性插值法)，將上述 (x,y) 數據導入 interp1d( ) 方法，產生新的函數 fLinear( )。

flinear = interp1d(x, y)　　　　　　　　　　# 預設是 linear 方法

程式實例 ch24_18.py：使用 Linear 插入方法擴充程式實例 ch24_17.py，同時將 x 的點擴充至 61 個點。

```
# ch24_18.py
import numpy as np
import matplotlib.pyplot as plt
from scipy.interpolate import interp1d

x = np.linspace(0,20,21)
y = np.sin(x**2/5.0)

fLinear = interp1d(x,y)                                  # Linear插值函數
xnew = np.linspace(0,20,61)                              # 擴充的x軸數據

plt.plot(x,y,'o',label='data')
plt.plot(xnew,fLinear(xnew),'-',label='linear')          # Linear

plt.legend(loc='best')
plt.show()
```

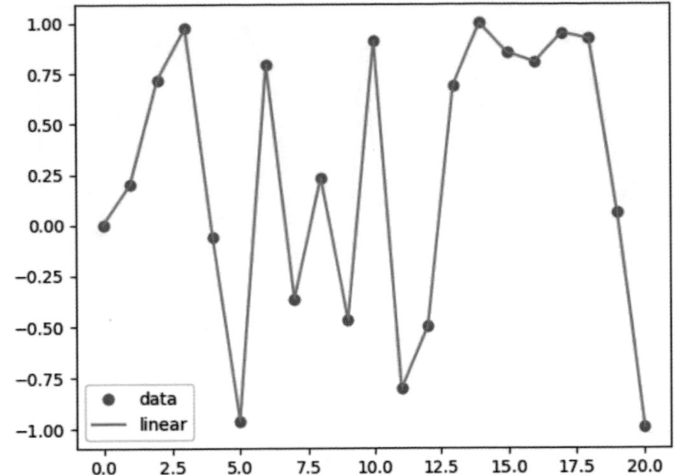

現在我們可以使用下列 Cubic 方法 (三次插值法)，將上述 (x,y) 數據導入 interp1d( ) 方法，產生新的 fCubic 物件。

fCubic = interp1d(x, y, kind='cubic')

程式實例 ch24_19.py：使用 Cubic 插入方法擴充程式實例 ch24_18.py。

```
# ch24_19.py
import numpy as np
import matplotlib.pyplot as plt
from scipy.interpolate import interp1d

x = np.linspace(0,20,21)
y = np.sin(x**2/5.0)

fLinear = interp1d(x,y)                            # Linear插值函數
fCubic = interp1d(x,y,kind='cubic')                # Cubic插值函數
xnew = np.linspace(0,20,61)                        # 擴充的x軸數據

plt.plot(x,y,'o',label='data')
plt.plot(xnew,fLinear(xnew),'-',label='linear')    # Linear
plt.plot(xnew,fCubic(xnew),'--',label='cubic')     # Cubic

plt.legend(loc='best')
plt.show()
```

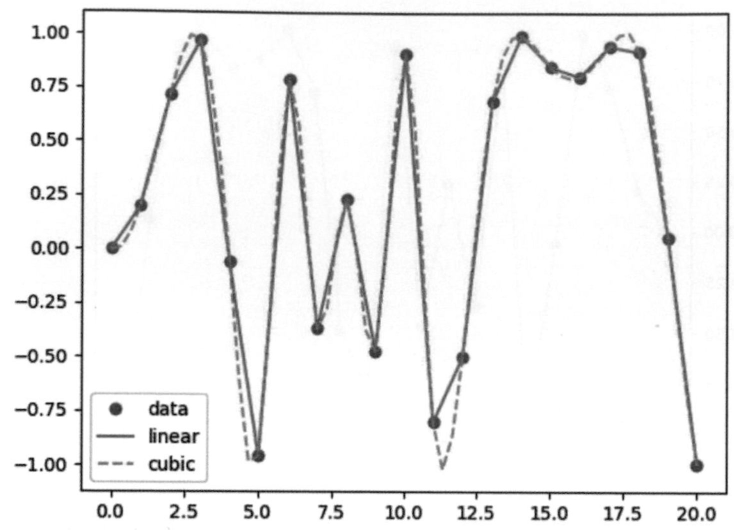

習題

實作題

1. 請使用 linalg 模組解下列聯立方程式。(24-1 節)

   x + 3y + 5z = 20

   2x + 5y + z = 12

   2x + 3y + 8z = 6

```
===================== RESTART: D:/Python/ex/ex24_1.py =====================
[-20.  10.   2.]
```

2. 請參考 ch24_6.py 繪製 n_trials 是 50 次時，p=0.2, 0.5, 0.8 時二項分佈之機率累積函數圖。(24-2 節)

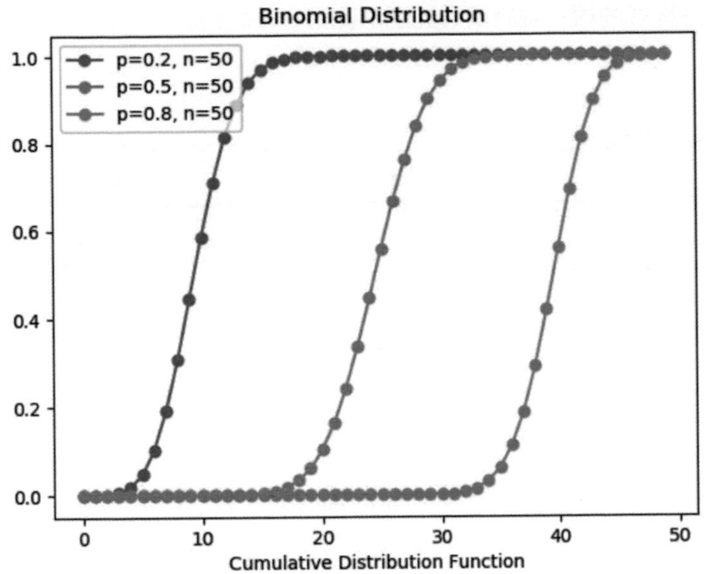

3. 請重新設計 ch24_10.py，將標準差改為 1.5，同時計算落在 "-1 和 1" 之間的機率值。(24-2 節)

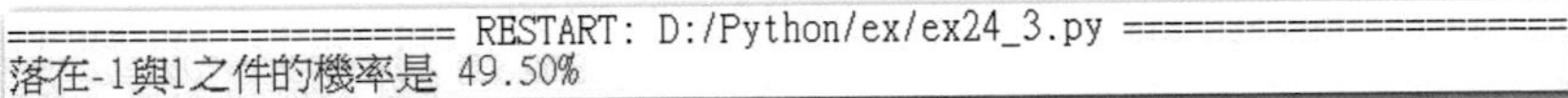

```
====================== RESTART: D:/Python/ex/ex24_3.py ======================
落在-1與1之件的機率是 49.50%
```

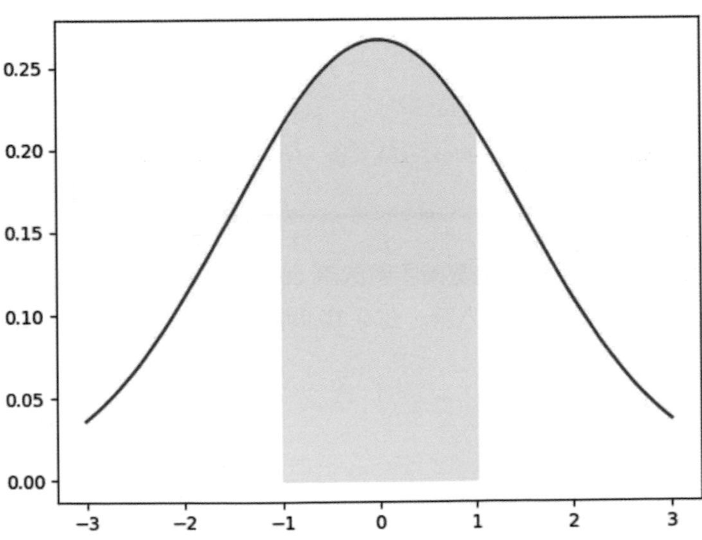

4. 計算下列一元二次方程式的根，同時繪製此函數圖形。(24-3 節)

$x^2 + 7x = 0$

```
==================== RESTART: D:/Python/ex/ex24_4.py ====================
[0.]
[-7.]
```

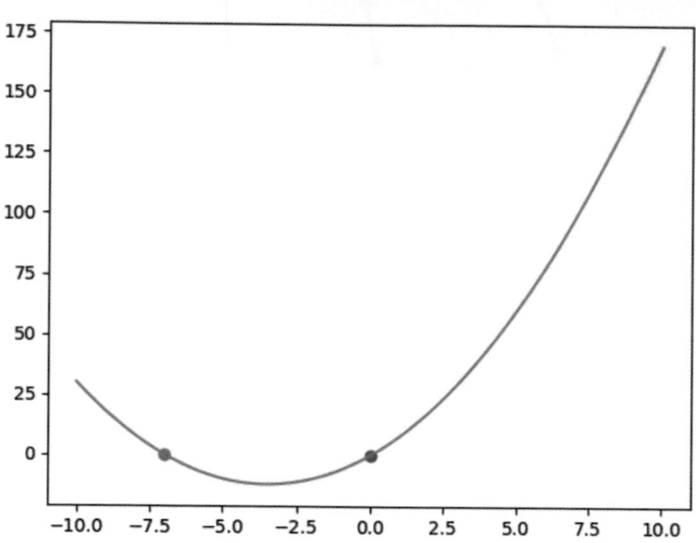

5. 找出下列函數的最小值，與其座標，同時繪製此函數圖形。(24-3 節)

$f(x) = 2(x-2)^2 + 4x-5$

```
==================== RESTART: D:/Python/ex/ex24_5.py ====================
當x是 1.00 時, 有函數最小值
座標是 (1.00, 1.00)
```

6. 請修改程式實例 ch24_19.py，將原始數據函數改為 $\cos(x^2/9)$，同時最初在 1-10 間取 11 個點，在執行 linear 和 cubic 插入時，在 0-10 間點擴充為 51 個點。(24-4 節)

第二十五章

Pandas 模組

Pandas 是一個建構在 Numpy 之上，專為 Python 編寫的外部模組，主要是整合了 Numpy、Scipy 和 Matplotlab 的功能，可以很方便執行數據處理與分析。它的名稱主要是來自 panel、dataframe 與 series，而這 3 個單字也是 Pandas 的 3 個資料結構 Panel、DataFrame 和 Series。

有時候 Pandas 也被稱熊貓，使用此模組前請使用下列方式安裝：

pip install pandas

安裝完成後可以使用下列方式導入模組，以及了解目前的 Pandas 版本。

```
>>> import pandas as pd
>>> pd.__version__
'0.24.1'
```

本章將介紹 Pandas 最基礎與最常用的部分，讀者若想瞭解更多可以參考下列網址。

https://pandas.pydata.org

25-1 Series

Series 是一種一維的陣列資料結構，在這個陣列內可以存放整數、浮點數、字串、Python 物件 (例如：字串 list、字典 dist …)、Numpy 的 ndarray，純量，… 等。雖然是一維陣列資料，可是看起來卻好像是二維陣列資料，因為一個是索引 (index) 或稱標籤 (label)，另一個是實際的資料。

Series 結構與 Python 的 list 類似，不過程式設計師可以為 Series 的每個元素自行命名索引。可以使用 pd.Series( ) 建立 Series 物件，語法如下：

pandas.Series(data=None, index=None, dtype=None, name=None, options, …)

25-1-1　使用串列 list 建立 Series 物件

最簡單建立 Series 物件的方式是在 data 參數使用串列。

實例 1：在 data 參數使用串列建立 Series 物件 s1，然後列出結果。

```
>>> import pandas as pd
>>> s1 = pd.Series([11,22,33,44,55])
>>> s1
0    11
1    22
```

```
2    33
3    44
4    55
dtype: int64
```

我們只有建立 Series 物件 s1 內容，可是列印時看到左邊欄位有系統自建的索引，Pandas 的索引也是從 0 開始計數，這也是為什麼我們說 Series 是一個一維陣列，可是看起來像是二維陣列的原因。有了這個索引，可以使用索引存取物件內容。

實例 2：延續先前實例，列出 Series 特定索引內容與修改內容。

```
>>> s1[1]
22
>>> s1[1] = 20
>>> s1
0    11
1    20
2    33
3    44
4    55
dtype: int64
```

25-1-2　使用 Python 字典 dict 建立 Series 物件

如果我們使用 Python 的字典建立 Series 物件時，字典的鍵 (key) 就會被視為 Series 物件的索引，字典鍵的值 (value) 就會被視為 Series 物件的值。

實例 1：使用 Python 字典 dict 建立 Series 物件，同時列出結果。

```
>>> import pandas as pd
>>> mydict = {'北京':'Beijing', '東京':'Tokyo'}
>>> s2 = pd.Series(mydict)
>>> s2
北京    Beijing
東京      Tokyo
dtype: object
```

25-1-3　使用 Numpy 的 ndarray 建立 Series 物件

實例 1：使用 Numpy 的 ndarray 建立 Series 物件，同時列出結果。

```
>>> import pandas as pd
>>> import numpy as np
>>> s3 = pd.Series(np.arange(0, 7, 2))
>>> s3
0    0
1    2
2    4
3    6
dtype: int32
```

25-1-4　建立含索引的 Series 物件

目前為止我們了解在建立 Series 物件時，預設情況索引是從 0 開始計數，若是我們使用字典建立 Series 物件，字典的健 (key) 就是索引，其實在建立 Series 物件時，也可以使用 index 參數自行建立索引。

實例 1：建立索引不是從 0 開始計數。

```
>>> myindex = [3, 5, 7]
>>> price = [100, 200, 300]
>>> s4 = pd.Series(price, index=myindex)
>>> s4
3    100
5    200
7    300
dtype: int64
```

實例 2：建立含自訂索引的 Series 物件，同時列出結果。

```
>>> fruits = ['Orange', 'Apple', 'Grape']
>>> price = [30, 50, 40]
>>> s5 = pd.Series(price, index=fruits)
>>> s5
Orange    30
Apple     50
Grape     40
dtype: int64
```

上述有時候也可以用下列方式建立一樣的 Series 物件。

```
s5 = pd.Series([30, 50, 40], index=['Orange', 'Apple', 'Grape'])
```

由上述讀者應該體會到，Series 物件有一個很大的特色是可以使用任意方式的索引。

25-1-5　使用純量建立 Series 物件

實例 1：使用純量建立 Series 物件，同時列出結果。

```
>>> s6 = pd.Series(9, index=[1,2,3])
>>> s6
1    9
2    9
3    9
dtype: int64
```

雖然只有一個純量搭配 3 個索引，Pandas 會主動將所有索引值用此純量補上。

25-1-6 列出 Series 物件索引與值

從前面實例可以知道，我們可以直接用 print(物件名稱)，列印 Series 物件，其實也可以使用下列方式得到 Series 物件索引和值。

obj.values　　　　　# 假設物件名稱是 obj，Series 物件值
obj.index　　　　　 # 假設物件名稱是 obj，Series 物件索引

實例 1：列印 Series 物件索引和值。

```
>>> s5 = pd.Series([30, 50, 40], index=['Orange', 'Apple', 'Grape'])
>>> print(s5.values)
[30 50 40]
>>> print(s5.index)
Index(['Orange', 'Apple', 'Grape'], dtype='object')
```

25-1-7 Series 的運算

Series 運算方法許多與 Numpy 的 ndarray 或是 Python 的串列相同，但是有一些擴充更好用的功能，本小節會做解說。

實例 1：可以將切片觀念應用在 Series 物件。

```
>>> s = pd.Series([0, 1, 2, 3, 4, 5])
>>> s[2:4]
2    2
3    3
dtype: int64
>>> s[:3]
0    0
1    1
2    2
dtype: int64
>>> s[2:]
2    2
3    3
4    4
5    5
dtype: int64
>>> s[-1:]
5    5
dtype: int64
```

四則運算與求餘數的觀念也可以應用在 Series 物件。

實例 2：Series 物件相加。

```
>>> x = pd.Series([1, 2])
>>> y = pd.Series([3, 4])
>>> x + y
0    4
1    6
dtype: int64
```

實例 3：Series 物件相乘。

```
>>> x = pd.Series([1, 2])
>>> y = pd.Series([3, 4])
>>> x * y
0    3
1    8
dtype: int64
```

邏輯運算的觀念也可以應用在 Series 物件。

實例 4：邏輯運算應用在 Series 物件。

```
>>> x = pd.Series([1, 5, 9])
>>> y = pd.Series([2, 4, 8])
>>> x > y
0    False
1     True
2     True
dtype: bool
```

有 2 個 Series 物件擁有相同的索引，這時也可以將這 2 個物件相加。

實例 5：Series 物件擁有相同索引，執行相加的應用。

```
>>> fruits = ['Orange', 'Apple', 'Grape']
>>> x1 = pd.Series([20, 30, 40], index=fruits)
>>> x2 = pd.Series([25, 38, 55], index=fruits)
>>> y = x1 + x2
>>> y
Orange    45
Apple     68
Grape     95
dtype: int64
```

在執行相加時，如果 2 個索引不相同，也可以執行相加，這時不同的索引的索引內容值會填上 NaN(Not a Number)，可以解釋為非數字或無定義數字。

實例 6：Series 物件擁有不同索引，執行相加的應用。

```
>>> fruits1 = ['Orange', 'Apple', 'Grape']
>>> fruits2 = ['Orange', 'Banana', 'Grape']
>>> x1 = pd.Series([20, 30, 40], index=fruits1)
>>> x2 = pd.Series([25, 38, 55], index=fruits2)
>>> y = x1 + x2
>>> y
Apple      NaN
Banana     NaN
Grape     95.0
Orange    45.0
dtype: float64
```

當索引是非數值而是字串時，可以使用下列方式取得元素內容。

實例 7：Series 的索引是字串，取得元素內容的應用。

```
>>> fruits = ['Orange', 'Apple', 'Grape']
>>> x = pd.Series([20, 30, 40], index=fruits)
>>> print(x['Apple'])
30
>>> print(x[['Apple', 'Orange']])
Apple     30
Orange    20
dtype: int64
>>> print(x[['Orange', 'Apple', 'Grape']])
Orange    20
Apple     30
Grape     40
dtype: int64
```

我們也可以將純量與 Series 物件做運算，甚至也可以將函數應用在 Series 物件。

實例 8：將純量與和函數應用在 Series 物件上。

```
>>> fruits = ['Orange', 'Apple', 'Grape']
>>> x = pd.Series([20, 30, 40], index=fruits)
>>> print((x + 10) * 2)
Orange     60
Apple      80
Grape     100
dtype: int64
>>> print(np.sin(x))
Orange    0.912945
Apple    -0.988032
Grape     0.745113
dtype: float64
```

25-2 DataFrame

DataFrame 是一種二維的陣列資料結構，邏輯上而言可以視為是類似 Excel 的工作表，在這個二維陣列內可以存放整數、浮點數、字串、Python 物件 (例如：字串 list、字典 dist …)、Numpy 的 ndarray，純量，… 等。

可以使用 DataFrame( ) 建立 DataFrame 物件，語法如下：

pandas.DataFrame(data=None,index=None,dtype=None,name=None)

25-2-1 建立 DataFrame 使用 Series

我們可以使用組合 Series 物件成為二維陣列的 DataFrame。組合的方式是使用 pandas.concat([Series1, Series2, …], axis=1)。

程式實例 ch25_1.py：建立 Beijing、HongKong、Singapore 2020-2022 年 3 月的平均溫度，成為 3 個 Series 物件。筆者設定 concat( ) 方法不設定 axis 結果不是我們預期。

```
1  # ch25_1.py
2  import pandas as pd
3  years = range(2020, 2023)
4  beijing = pd.Series([20, 21, 19], index = years)
5  hongkong = pd.Series([25, 26, 27], index = years)
6  singapore = pd.Series([30, 29, 31], index = years)
7  citydf = pd.concat([beijing, hongkong, singapore])  # 預設axis=0
8  print(type(citydf))
9  print(citydf)
```

執行結果

```
==================== RESTART: D:\Python\ch25\ch25_1.py ====================
<class 'pandas.core.series.Series'>
2020    20
2021    21
2022    19
2020    25
2021    26
2022    27
2020    30
2021    29
2022    31
dtype: int64
```

很明顯上述不是我們的預期，經過 concat( ) 方法組合後，citydf 資料型態仍是 Series，問題出現在使用 concat( ) 組合 Series 物件時 axis 的預設是 0，如果將第 7 行改為增加 axis=1 參數即可。

程式實例 ch25_2.py：重新設計 ch25_1.py 建立 DataFrame 物件。

```
1  # ch25_2.py
2  import pandas as pd
3  years = range(2020, 2023)
4  beijing = pd.Series([20, 21, 19], index = years)
5  hongkong = pd.Series([25, 26, 27], index = years)
6  singapore = pd.Series([30, 29, 31], index = years)
7  citydf = pd.concat([beijing, hongkong, singapore],axis=1)  # axis=1
8  print(type(citydf))
9  print(citydf)
```

執行結果

```
==================== RESTART: D:/Python/ch25/ch25_2.py ====================
<class 'pandas.core.frame.DataFrame'>
       0   1   2
2020  20  25  30
2021  21  26  29
2022  19  27  31
```

從上述執行結果我們已經得到所要的 DataFrame 物件了。

25-2-2 欄位 columns 屬性

上述 ch25_2.py 的執行結果不完美是因為欄位 columns 沒有名稱，在 pandas 中可以使用 columns 屬性設定欄位名稱。

程式實例 ch25_3.py：擴充 ch25_2.py，使用 columns 屬性設定欄位名稱。

```
# ch25_3.py
import pandas as pd
years = range(2020, 2023)
beijing = pd.Series([20, 21, 19], index = years)
hongkong = pd.Series([25, 26, 27], index = years)
singapore = pd.Series([30, 29, 31], index = years)
citydf = pd.concat([beijing, hongkong, singapore],axis=1)  # axis=1
cities = ["Beijing", "HongKong", "Singapore"]
citydf.columns = cities
print(citydf)
```

執行結果

```
===================== RESTART: D:/Python/ch25/ch25_3.py =====================
      Beijing  HongKong  Singapore
2020       20        25         30
2021       21        26         29
2022       19        27         31
```

25-2-3 Series 物件的 name 屬性

Series 物件有 name 屬性，我們可以在建立物件時，在 Series( ) 內建立此屬性，也可以物件建立好了後再設定此屬性，如果有 name 屬性，在列印 Series 物件時就可以看到此屬性。

實例 1：建立 Series 物件時，同時建立 name。

```
>>> beijing = pd.Series([20, 21, 19], name='Beijing')
>>> beijing
0    20
1    21
2    19
Name: Beijing, dtype: int64
```

程式實例 ch25_4.py：更改 ch25_3.py 的設計方式，使用 name 屬性設定 DataFrame 的 columns 欄位名稱。

```
# ch25_4.py
import pandas as pd
years = range(2020, 2023)
beijing = pd.Series([20, 21, 19], index = years)
hongkong = pd.Series([25, 26, 27], index = years)
```

```
singapore = pd.Series([30, 29, 31], index = years)
beijing.name = "Beijing"
hongkong.name = "HongKong"
singapore.name = "Singapore"
citydf = pd.concat([beijing, hongkong, singapore],axis=1)
print(citydf)
```

執行結果 與 ch25_3.py 相同。

25-2-4　使用元素是字典的串列建立 DataFrame

有一個串列它的元素是字典時，可以使用此串列建立 DataFrame。

程式實例 ch25_5.py：使用元素是字典的串列建立 DataFrame 物件。

```
# ch25_5.py
import pandas as pd
data = [{'apple':50,'Orange':30,'Grape':80},{'apple':50,'Grape':80}]
fruits = pd.DataFrame(data)
print(fruits)
```

執行結果

```
==================== RESTART: D:/Python/ch25/ch25_5.py ====================
   Grape  Orange  apple
0     80    30.0     50
1     80     NaN     50
```

上述如果碰上字典健 (key) 沒有對應，該位置將填入 NaN。

25-2-5　使用字典建立 DataFrame

一個字典健 (key) 的值 (value) 是串列時，也可以很方便使用於建立 DataFrame。

程式實例 ch25_6.py：使用字典建立 DataFrame 物件。

```
# ch25_6.py
import pandas as pd
cities = {'country':['China', 'Japan', 'Singapore'],
          'town':['Beijing','Tokyo','Singapore'],
          'population':[2000, 1600, 600]}
citydf = pd.DataFrame(cities)
print(citydf)
```

執行結果

```
==================== RESTART: D:\Python\ch25\ch25_6.py ====================
     country       town  population
0      China    Beijing        2000
1      Japan      Tokyo        1600
2  Singapore  Singapore         600
```

25-2-6 index 屬性

對於 DataFrame 物件而言，我們可以使用 index 屬性設定物件的 row 標籤，例如：若是以 ch25_6.py 的執行結果而言，0,1,2 索引就是 row 標籤，

程式實例 ch25_7.py：重新設計 ch25_6.py，將 row 標籤改為 first, second, third。

```
# ch25_7.py
import pandas as pd
cities = {'country':['China', 'Japan', 'Singapore'],
          'town':['Beijing','Tokyo','Singapore'],
          'population':[2000, 1600, 600]}
rowindex = ['first', 'second', 'third']
citydf = pd.DataFrame(cities, index=rowindex)
print(citydf)
```

執行結果

```
==================== RESTART: D:\Python\ch25\ch25_7.py ====================
          country       town  population
first       China    Beijing        2000
second      Japan      Tokyo        1600
third   Singapore  Singapore         600
```

25-2-7 將 columns 欄位當作 DataFrame 物件的 index

另外，以字典方式建立 DataFrame，如果字典內某個元素被當作 index 時，這個元素就不會在 DataFrame 的欄位 columns 上出現。

程式實例 ch25_8.py：重新設計 ch25_7.py，這個程式會將 country 當做 index。

```
# ch25_8.py
import pandas as pd
cities = {'country':['China', 'Japan', 'Singapore'],
          'town':['Beijing','Tokyo','Singapore'],
          'population':[2000, 1600, 600]}
citydf = pd.DataFrame(cities, columns=["town","population"],
                      index=cities["country"])
print(citydf)
```

執行結果

```
==================== RESTART: D:/Python/ch25/ch25_8.py ====================
                town  population
China        Beijing        2000
Japan          Tokyo        1600
Singapore  Singapore         600
```

25-3 基本 Pandas 資料分析與處理

Series 和 DataFrame 物件建立完成後，下一步就是執行資料分析與處理，Pandas 提供許多函數或方法，使用者可以針對此執行許多資料分析與處理，本節將講解基本觀念，讀者若想更進一步學習可以參考 Pandas 專著的書籍，或是參考 Pandas 官方網頁。

25-3-1 索引參照屬性

本小節將說明下列屬性的用法：

at：使用 index 和 columns 內容取得或設定單一元素內容或陣列內容。

iat：使用 index 和 columns 編號取得或設定單一元素內容。

loc：使用 index 或 columns 內容取得或設定整個 row 或 columns 資料或陣列內容。

iloc：使用 index 或 columns 編號取得或設定整個 row 或 columns 資料。

程式實例 ch25_9.py：在說明上述屬性用法前，筆者先建立一個 DataFrame 物件，然後用此物件做解說。

```
# ch25_9.py
import pandas as pd
cities = {'Country':['China','China','Thailand','Japan','Singapore'],
          'Town':['Beijing','Shanghai','Bangkok','Tokyo','Singapore'],
          'Population':[2000, 2300, 900, 1600, 600]}
df = pd.DataFrame(cities, columns=["Town","Population"],
                  index=cities["Country"])
print(df)
```

執行結果 下列是 Python Shell 視窗的執行結果，下列實例請在此視窗執行。

```
==================== RESTART: D:/Python/ch25/ch25_9.py ====================
                Town  Population
China        Beijing        2000
China       Shanghai        2300
Thailand     Bangkok         900
Japan          Tokyo        1600
Singapore  Singapore         600
```

實例 1：使用 at 屬性 row 是 'Japan' 和 column 是 'Town'，並列出結果。

```
>>> df.at['Japan','Town']
'Tokyo'
```

如果觀察可以看到有 2 個索引是 'China'，如果 row 是 'China' 時，這時可以獲得陣列資料，可以參考下列實例。

實例 2：使用 at 屬性取得 row 是 'China' 和 column 是 'Town'，並列出結果。

```
>>> df.at['China', 'Town']
array(['Beijing', 'Shanghai'], dtype=object)
```

實例 3：使用 iat 屬性取得 row 是 2，column 是 0，並列出結果。

```
>>> df.iat[2,0]
'Bangkok'
```

實例 4：使用 loc 屬性取得 row 是 'Singapore'，並列出結果。

```
>>> df.loc['Singapore']
Town          Singapore
Population          600
Name: Singapore, dtype: object
```

實例 5：使用 loc 屬性取得 row 是 'Japan' 和 'Thailand'，並列出結果。

```
>>> df.loc[['Japan', 'Thailand']]
             Town  Population
Japan       Tokyo        1600
Thailand  Bangkok         900
```

實例 6：使用 loc 屬性取得 row 是 'China':'Thailand'，column 是 'Town':'Population'，並列出結果。

```
>>> df.loc['China':'Thailand','Town':'Population']
              Town  Population
China      Beijing        2000
China     Shanghai        2300
Thailand   Bangkok         900
```

實例 7：使用 iloc 屬性取得 row 是 0 的資料，並列出結果。

```
>>> df.iloc[0]
Town          Beijing
Population       2000
Name: China, dtype: object
```

25-3-2 直接索引

除了上一節的方法可以取得 DataFrame 物件內容，也可以使用直接索引方式取得內容，這一小節仍將繼續使用 ch25_9.py 所建的 DataFrame 物件 df。

實例 1：直接索引取得 'Town' 的資料並列印。

```
>>> df['Town']
China          Beijing
China         Shanghai
Thailand       Bangkok
Japan            Tokyo
Singapore    Singapore
Name: Town, dtype: object
```

實例 2：取得 column 是 'Town'，row 是 'Japan' 的資料並列印。

```
>>> df['Town']['Japan']
'Tokyo'
```

實例 3：取的 column 是 'Town' 和 'Population' 的資料並列印。

```
>>> df[['Town','Population']]
                Town  Population
China        Beijing        2000
China       Shanghai        2300
Thailand     Bangkok         900
Japan          Tokyo        1600
Singapore  Singapore         600
```

實例 4：取得 row 編號 3 之前的資料並列印。

```
>>> df[:3]
              Town  Population
China      Beijing        2000
China     Shanghai        2300
Thailand   Bangkok         900
```

實例 5：取得 Population 大於 1000 的資料並列印。

```
>>> df[df['Population'] > 1000]
           Town  Population
China   Beijing        2000
China  Shanghai        2300
Japan     Tokyo        1600
```

25-3-3　四則運算方法

下列是適用 Pandas 的四則運算方法。

add( )：加法運算。

sub( )：減法運算。

mul( )：乘法運算。

div( )：除法運算。

實例 1：加法與減法運算。

```
>>> s1 = pd.Series([1,2,3])
>>> s2 = pd.Series([4,5,6])
>>> x = s1.add(s2)
>>> print(x)
0    5
1    7
2    9
dtype: int64
>>> y = s1.sub(s2)
>>> print(y)
0   -3
1   -3
2   -3
dtype: int64
```

實例 2：乘法與除法運算。

```
>>> data1 = [{'a':10,'b':20}, {'a':30, 'b':40}]
>>> df1 = pd.DataFrame(data1)
>>> data2 = [{'a':1,'b':2}, {'a':3, 'b':4}]
>>> df2 = pd.DataFrame(data2)
>>> x = df1.mul(df2)
>>> print(x)
    a    b
0  10   40
1  90  160
>>> y = df1.div(df2)
>>> print(y)
      a     b
0  10.0  10.0
1  10.0  10.0
```

25-3-4 邏輯運算方法

下列是適用 Pandas 的邏輯運算方法。

gt( )、lt( )：大於、小於運算。

ge( )、le( )：大於或等於、小於或等於運算。

eq( )、ne( )：等於、不等於運算。

實例 1：邏輯運算 gt( ) 和 eq( ) 的應用。

```
>>> s1 = pd.Series([1,5,9])
>>> s2 = pd.Series([2,4,8])
>>> x = s1.gt(s2)
>>> print(x)
0    False
1     True
2     True
dtype: bool
>>> y = s1.eq(s2)
>>> print(y)
0    False
1    False
2    False
dtype: bool
```

25-3-5　Numpy 的函數應用在 Pandas

實例 1：將 Numpy 的函數 square( ) 應用在 Series。

```
>>> import numpy as np
>>> import pandas as pd
>>> s = pd.Series([1,2,3])
>>> x = np.square(s)
>>> print(x)
0    1
1    4
2    9
dtype: int64
```

程式實例 ch25_10.py：將 Numpy 的隨機值函數 randint( ) 應用在建立 DataFrame 物件的元素內容，假設有一個課程第一次 first、第二次 second 和最後成績 final 皆是使用隨機數給予，分數是在 60 至 99 間。

```
# ch25_10.py
import pandas as pd
import numpy as np
name = ['Frank', 'Peter', 'John']
score = ['first', 'second', 'final']
df = pd.DataFrame(np.random.randint(60,100,size=(3,3)),
                  columns=name,
                  index=score)
print(df)
```

執行結果

```
===================== RESTART: D:/Python/ch25/ch25_10.py =====================
        Frank  Peter  John
first      86     60    76
second     76     76    88
final      96     70    99
```

25-3-6　NaN 相關的運算

在大數據的資料收集中常常因為執行者疏忽，漏了收集某一時間的資料，這些可用 NaN 代替。在先前四則運算我們沒有對 NaN 的值做運算實例，其實凡與 NaN 做運算，所獲得的結果也是 NaN。

實例 1：與 NaN 相關的運算

```
>>> s1 = pd.Series([1, np.nan, 5])
>>> s2 = pd.Series([np.nan, 6, 8])
>>> x = s1.add(s2)
>>> print(x)
0     NaN
1     NaN
2    13.0
dtype: float64
```

25-3-7 NaN 的處理

下列是適合處理 NaN 的方法。

dropna( )：將 NaN 刪除，然後傳回新的 Series 或 DataFrame 物件。

fillna(value)：將 NaN 由特定 value 值取代，然後傳回新的 Series 或 DataFrame 物件。

isna( )：判斷是否為 NaN，如果是傳回 True，如果否傳回 False。

notna( )：判斷是否為 NaN，如果是傳回 False，如果否傳回 True。

實例 1：isna( ) 和 notna( ) 的應用。

```
>>> df = pd.DataFrame([[1,2,3],[4,np.nan,6],[7,8,np.nan]])
>>> df
   0    1    2
0  1  2.0  3.0
1  4  NaN  6.0
2  7  8.0  NaN
>>> x = df.isna()
>>> print(x)
       0      1      2
0  False  False  False
1  False   True  False
2  False  False   True
>>>
>>> y = df.notna()
>>> print(y)
      0      1      2
0  True   True   True
1  True  False   True
2  True   True  False
```

實例 2：沿用先前實例在 NaN 位置填上 0。

```
>>> z = df.fillna(0)
>>> print(z)
   0    1    2
0  1  2.0  3.0
1  4  0.0  6.0
2  7  8.0  0.0
```

實例 3：dropna( ) 如果不含參數，會刪除含 NaN 的 row。

```
>>> a = df.dropna()
>>> print(a)
   0    1    2
0  1  2.0  3.0
```

實例 4：刪除含 NaN 的 columns。

```
>>> b = df.dropna(axis='columns')
>>> print(b)
   0
0  1
1  4
2  7
```

25-3-8 幾個簡單的統計函數

cummax(axis=None)：傳回指定軸累積的最大值。

cummin(axis=None)：傳回指定軸累積的最小值。

cumsum(axis=None)：傳回指定軸累積的總和。

max(axis=None)：傳回指定軸的最大值。

min(axis=None)：傳回指定軸的最小值。

sum(axis=None)：傳回指定軸的總和。

mean(axis=None)：傳回指定軸的平均數。

median(axis=None)：傳回指定軸的中位數。

std(axis=None)：傳回指定軸的標準差。

實例 1：請再執行一次 ch25_9.py，方便取得 DataFrame 物件 df 的數據，然後使用此數據，列出這些城市的人口總計 sum( )，和累積人口總計 Cumsum( )。

```
====================== RESTART: D:\Python\ch25\ch25_9.py ======================
                Town  Population
China        Beijing        2000
China       Shanghai        2300
Thailand     Bangkok         900
Japan          Tokyo        1600
Singapore  Singapore         600
>>> x = df['Population'].sum()
>>> print(x)
7400
>>> y = df['Population'].cumsum()
>>> print(y)
China        2000
China        4300
Thailand     5200
Japan        6800
Singapore    7400
Name: Population, dtype: int64
```

實例 2：延續前一個實例，在 df 物件內插入人口累積總數 cum_Population 欄位。

```
>>> df['Cum_Population'] = y
>>> print(df)
                Town  Population  Cum_Population
China        Beijing        2000            2000
China       Shanghai        2300            4300
Thailand     Bangkok         900            5200
Japan          Tokyo        1600            6800
Singapore  Singapore         600            7400
```

實例 3：列出最多與最小人口數。

```
>>> df['Population'].max()
2300
>>> df['Population'].min()
600
```

程式實例 ch25_11.py：有幾位學生大學學測分數如下：

	國文	英文	數學	自然	社會
1	14	13	15	15	12
2	12	14	9	10	11
3	13	11	12	13	14
4	10	10	8	10	9
5	13	15	15	15	14

請建立此 DataFrame 物件，同時列印。

```
# ch25_11.py
import pandas as pd

course = ['Chinese', 'English', 'Math', 'Natural', 'Society']
chinese = [14, 12, 13, 10, 13]
eng = [13, 14, 11, 10, 15]
math = [15, 9, 12, 8, 15]
nature = [15, 10, 13, 10, 15]
social = [12, 11, 14, 9, 14]

df = pd.DataFrame([chinese, eng, math, nature, social],
                  columns = course,
                  index = range(1,6))
print(df)
```

執行結果

```
==================== RESTART: D:\Python\ch25\ch25_11.py ====================
   Chinese  English  Math  Natural  Society
1       14       12    13       10       13
2       13       14    11       10       15
3       15        9    12        8       15
4       15       10    13       10       15
5       12       11    14        9       14
```

實例 4：列出每位學生總分數。

```
>>> total = [df.iloc[i].sum() for i in range(0, 5)]
>>> print(total)
[62, 63, 59, 63, 60]
```

實例 5：增加總分欄位，然後列出 DataFrame。

```
>>> df['Total'] = total
>>> print(df)
   Chinese  English  Math  Natural  Society  Total
1       14       12    13       10       13     62
2       13       14    11       10       15     63
3       15        9    12        8       15     59
4       15       10    13       10       15     63
5       12       11    14        9       14     60
```

實例 6：列出各科平均分數，同時也列出平均分數的總分。

```
>>> ave = df.mean()
>>> print(ave)
Chinese     13.8
English     11.2
Math        12.6
Natural      9.4
Society     14.4
Total       61.4
dtype: float64
```

25-3-9 增加 index

可以使用 loc 屬性為 DataFrame 增加平均分數。

實例 1：在 df 下方增加 Average 平均分數。

```
>>> df.loc['Average'] = ave
>>> print(df)
         Chinese  English  Math  Natural  Society  Total
1           14.0     12.0  13.0     10.0     13.0   62.0
2           13.0     14.0  11.0     10.0     15.0   63.0
3           15.0      9.0  12.0      8.0     15.0   59.0
4           15.0     10.0  13.0     10.0     15.0   63.0
5           12.0     11.0  14.0      9.0     14.0   60.0
Average     13.8     11.2  12.6      9.4     14.4   61.4
```

25-3-10 刪除 index

若是想刪除 index 是 Average，可以使用 drop( )，可以參考下列實例。

實例 1：刪除 Average。

```
>>> df = df.drop(index=['Average'])
>>> print(df)
   Chinese  English  Math  Natural  Society  Total
1     14.0     12.0  13.0     10.0     13.0   62.0
2     13.0     14.0  11.0     10.0     15.0   63.0
3     15.0      9.0  12.0      8.0     15.0   59.0
4     15.0     10.0  13.0     10.0     15.0   63.0
5     12.0     11.0  14.0      9.0     14.0   60.0
```

25-3-11 排序

排序可以使用 sort_values( ) 可以參考下列實例。

實例 1：將 DataFrame 物件 Total 欄位從大排到小。

```
>>> df = df.sort_values(by='Total', ascending=False)
>>> print(df)
   Chinese  English  Math  Natural  Society  Total
2     13.0     14.0  11.0     10.0     15.0   63.0
4     15.0     10.0  13.0     10.0     15.0   63.0
1     14.0     12.0  13.0     10.0     13.0   62.0
5     12.0     11.0  14.0      9.0     14.0   60.0
3     15.0      9.0  12.0      8.0     15.0   59.0
```

上述預設是從小排到大，所以 sort_values( ) 增加參數 ascending=False，改為從大排到小。

實例 2：增加名次欄位，然後填入名次 (Ranking)。

```
>>> rank = range(1,6)
>>> df['Ranking'] = rank
>>> print(df)
   Chinese  English  Math  Natural  Society  Total  Ranking
2     13.0     14.0  11.0     10.0     15.0   63.0        1
4     15.0     10.0  13.0     10.0     15.0   63.0        2
1     14.0     12.0  13.0     10.0     13.0   62.0        3
5     12.0     11.0  14.0      9.0     14.0   60.0        4
3     15.0      9.0  12.0      8.0     15.0   59.0        5
```

上述有一個不完美，上述第 2 row 與第 1 row，一樣是 63 分，但是名次是第 2 名，我們可以使用下列方式解決。

實例 3：設定同分數應該有相同名次。

```
>>> for i in range(1,5):
        if df.iat[i,5] == df.iat[i-1,5]:
            df.iat[i,6] = df.iat[i-1,6]


>>> print(df)
   Chinese  English  Math  Natural  Society  Total  Ranking
2     13.0     14.0  11.0     10.0     15.0   63.0        1
4     15.0     10.0  13.0     10.0     15.0   63.0        1
1     14.0     12.0  13.0     10.0     13.0   62.0        3
5     12.0     11.0  14.0      9.0     14.0   60.0        4
3     15.0      9.0  12.0      8.0     15.0   59.0        5
```

實例 4：依 index 重新排序，這時可以使用 sort_index( )。

```
>>> df = df.sort_index()
>>> print(df)
   Chinese  English  Math  Natural  Society  Total  Ranking
1     14.0     12.0  13.0     10.0     13.0   62.0        3
2     13.0     14.0  11.0     10.0     15.0   63.0        1
3     15.0      9.0  12.0      8.0     15.0   59.0        5
4     15.0     10.0  13.0     10.0     15.0   63.0        1
5     12.0     11.0  14.0      9.0     14.0   60.0        4
```

25-4 檔案的輸入與輸出

Pandas 可以讀取的檔案有許多，例如：TXT、CSV、Json、Excel，… 等，也可以將文件以上述資料格式寫入文件。本節將說明讀寫 CSV 格式的文件。

CSV 是一個縮寫，它的英文全名是 Comma-Separated Values，由字面意義可以解說是逗號分隔值，當然逗號是主要資料欄位間的分隔值，不過目前也有非逗號的分隔值。這是一個純文字格式的文件，沒有圖片、不用考慮字型、大小、顏色 … 等。

簡單的說，CSV 數據是指同一 row 的資料彼此用逗號 (或其它符號) 隔開，同時每一 row 數據資料是一筆 (record) 資料，幾乎所有試算表與資料庫檔案均支援這個文件格式，所以也可以用 Excel 開啟此檔案。

25-4-1　寫入 CSV 格式檔案

Pandas 可以使用 to_csv( ) 將 DataFrame 物件寫入 CSV 檔案，它的語法如下：

to_csv(path=None, sep=',', header=True, index=True, encoding=None, …)

path：檔案路徑 (名稱)。

sep：分隔字元，預設是 ','。

header：是否保留 columns，預設是 True。

index：是否保留 index，預設是 True。

encoding：檔案編碼方式。

程式實例 ch25_12.py：將 ch25_11.py 所建立的 DataFrame 物件，用有保留 header 和 index 方式儲存至 out25_12a.csv，然後也用沒有保留方式存入 out25_12b.csv。

```
# ch25_12.py
import pandas as pd
import numpy as np

course = ['Chinese', 'English', 'Math', 'Natural', 'Society']
chinese = [14, 12, 13, 10, 13]
eng = [13, 14, 11, 10, 15]
math = [15, 9, 12, 8, 15]
nature = [15, 10, 13, 10, 15]
social = [12, 11, 14, 9, 14]

df = pd.DataFrame([chinese, eng, math, nature, social],
                  columns = course,
                  index = range(1,6))
df.to_csv("out25_12a.csv")
df.to_csv("out25_12b.csv", header=False, index=False)
```

執行結果 下列是 out25_12a.csv 與 out25_12b.csv 的結果。

out25_12a

	A	B	C	D	E	F
1		Chinese	English	Math	Natural	Society
2	1	14	12	13	10	13
3	2	13	14	11	10	15
4	3	15	9	12	8	15
5	4	15	10	13	10	15
6	5	12	11	14	9	14

out25_12b

	A	B	C	D	E
1	14	12	13	10	13
2	13	14	11	10	15
3	15	9	12	8	15
4	15	10	13	10	15
5	12	11	14	9	14

25-4-2 讀取 CSV 格式檔案

Pandas 可以使用 read_csv( ) 讀取 CSV 檔案 (也可以讀取 TXT 檔案)，它的語法如下：

```
read_csv(path=None, sep=',', header=True, index_col=None, names=None,
         encoding=None, userows=None, usecols=None, … )
```

path：檔案路徑 (名稱)。

sep：分隔字元，預設是 ','。

header：設定那一 row 為欄位標籤，預設是 0。當參數有 names 時，此為 None。如果所讀取的檔案有欄位標籤時，就需設定此 header 值。

index_col：指出第幾欄位 column 是索引，預設是 None。

encoding：檔案編碼方式。

nrows：設定讀取前幾 row。

usecols：設定讀取那幾欄位。

程式實例 ch25_13.py：分別讀取 ch25_12.py 所建立的 CSV 檔案，然後列印。

```
# ch25_13.py
import pandas as pd

course = ['Chinese', 'English', 'Math', 'Natural', 'Society']
x = pd.read_csv("out25_12a.csv",index_col=0)
y = pd.read_csv("out25_12b.csv",names=course)
print(x)
print(y)
```

執行結果

```
==================== RESTART: D:/Python/ch25/ch25_13.py ====================
  Chinese  English  Math  Natural  Society
1      14       12    13       10       13
2      13       14    11       10       15
3      15        9    12        8       15
4      15       10    13       10       15
5      12       11    14        9       14
  Chinese  English  Math  Natural  Society
0      14       12    13       10       13
1      13       14    11       10       15
2      15        9    12        8       15
3      15       10    13       10       15
4      12       11    14        9       14
```

25-4-3 讀取 Excel 檔案

在數據科學的應用中，我們也常常使用 Pandas 讀取 Excel 檔案做分析，所使用的是 read_excel( ) 方法，其基本語法格式如下：

read_excel(fn, 'Sheet1')　　　# 第 1 個參數 fn 是檔案名稱

第 2 個參數是工作表名稱，若省略則讀取預設工作表，下列將以實例講解此知識，在 ch25 資料夾有一個 score.xlsx 檔案，內容如下。

	A	B	C	D
1	Name	Math	English	Total
2	Tom	88	76	164
3	John	92	96	188

程式實例 ch25_13_1.py：使用 Pandas 讀取 score.xlsx 並輸出。

```
# ch25_13_1.py
import pandas as pd

fn = "score.xlsx"
df = pd.read_excel(fn)
print(df)
```

執行結果

```
================== RESTART: D:\Python\ch25\ch25_13_1.py ==================
   Name  Math  English  Total
0   Tom    88       76    164
1  John    92       96    188
```

25-4-4 寫入 Excel 檔案

可以使用 to_excel( ) 將 Pandas 資料寫入 Excel 檔案，此方法語法格式如下：

to_excel(fn, sheet_name='xx', index=False, startrow=xx, startcol=xx)

參數 fn 是檔案名稱，sheet_name 是工作表名稱，index=False 可以去掉序號索引，startrow 可設定從那一 row 開始寫，startcol 可設定從那一 col 開始寫。

程式實例 ch25_13_2.py：將資料寫入 score_out.xlsx。

```
# ch25_13_2.py
import pandas as pd

fn = 'score_out.xlsx'

df = pd.DataFrame({
    'Name':['Tom', 'John'],
    'Math':[88, 92],
    'English':[76, 96],
    'Total':[164, 188]
})

df.to_excel(fn, index=False)
```

執行結果 下列是開啟 score_out.xlsx 的結果。

	A	B	C	D
1	**Name**	**Math**	**English**	**Total**
2	Tom	88	76	164
3	John	92	96	188

Sheet1

如果要寫入多個工作表則須使用 ExcelWriter( ) 方法，建立此方法的物件，整個觀念可以參考下列實例。

程式實例 ch25_13_3.py：將資料寫入 score_out2.xlsx 的不同工作表。

```
# ch25_13_3.py
import pandas as pd

fn = 'score_out2.xlsx'

df_test1 = pd.DataFrame({
    'Name':['Tom', 'John'],
    'Math':[88, 92],
    'English':[76, 96],
    'Total':[164, 188]
})
df_test2 = pd.DataFrame({
    'Name':['Tom', 'John'],
    'Math':[100, 92],
    'English':[99, 96],
    'Total':[199, 188]
})

with pd.ExcelWriter(fn) as writer:
    df_test1.to_excel(writer, index=False, sheet_name='test1')
    df_test2.to_excel(writer, index=False, sheet_name='test2')
```

執行結果

	A	B	C	D
1	Name	Math	English	Total
2	Tom	88	76	164
3	John	92	96	188

test1 test2

	A	B	C	D
1	Name	Math	English	Total
2	Tom	100	99	199
3	John	92	96	188

test1 test2

25-5 Pandas 繪圖

Pandas 內有許多繪圖函數，最常使用的是 plot( )，我們可以使用它為 Series 和 DataFrame 物件繪圖。基本上這是 Pandas 模組將 matplotlib.pyplot 包裝起來的一個繪圖方法，所以程式設計時需要 "import matplotlib.pyplot"。這個 plot( ) 基本語法如下：

plot(x=None, y=None, kind="xx", title=None, legend=True, rot=None, …)

kind 是選擇繪圖模式，預設是 line，常見的選項有 bar、barh、hist、box、scatter、 … 等。rot 是旋轉刻度。

25-5-1 使用 Series 繪折線圖表

程式實例 ch25_14.py：建立一個 Series 物件 tw，這是紀錄 1950 – 2010 年間，每隔 10 年台灣人口的數據，單位是萬人。

```
# ch25_14.py
import pandas as pd
import matplotlib.pyplot as plt

population = [860, 1100, 1450, 1800, 2020, 2200, 2260]
tw = pd.Series(population, index=range(1950, 2011, 10))
tw.plot(title='Population in Taiwan')
plt.xlabel("Year")
plt.ylabel("Population")
plt.show()
```

執行結果

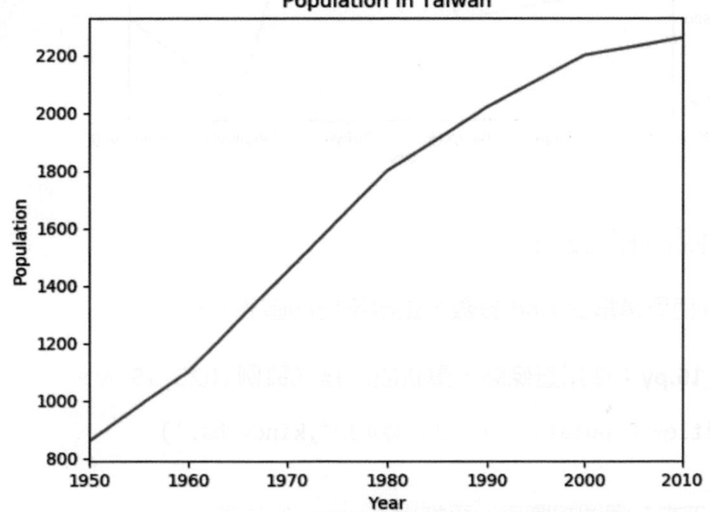

25-5-2 使用 DataFrame 繪圖表基本知識

程式實例 ch25_15.py：設計一個世界大城市的人口圖，製作 DataFrame 物件，然後繪製圖表。

```
# ch25_15.py
import pandas as pd
import matplotlib.pyplot as plt

cities = {'population':[1000, 850, 800, 1500, 600, 800],
          'town':['New York','Chicago','Bangkok','Tokyo',
                  'Singapore','HongKong']}
```

```
tw = pd.DataFrame(cities, columns=['population'],index=cities['town'])

tw.plot(title='Population in the World')
plt.xlabel('City')
plt.ylabel("Population")
plt.show()
```

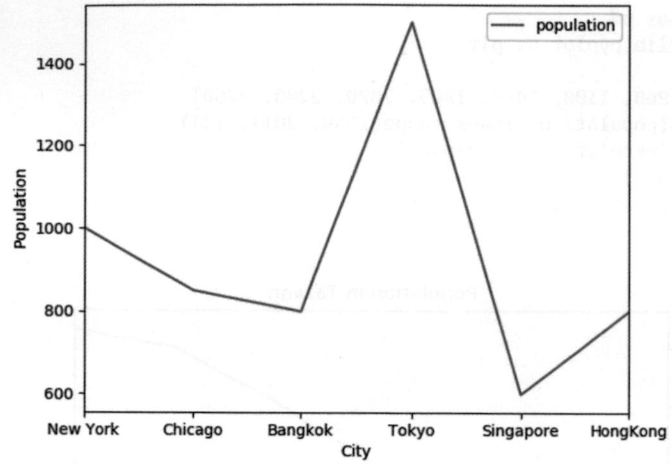

25-5-3　直條圖的設計

我們也可以使用適當的 kind 參數，更改不同的圖表設計。

程式實例 ch25_16.py：使用直條圖，重新設計程式實例 ch25_15.py。

```
10    tw.plot(title='Population in the World',kind='bar')
```

執行結果 點選下方左圖圈起圖示，再拖曳 bottom 的位置。

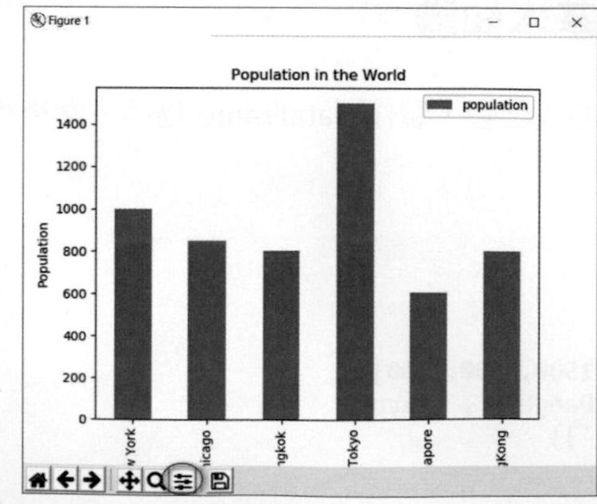

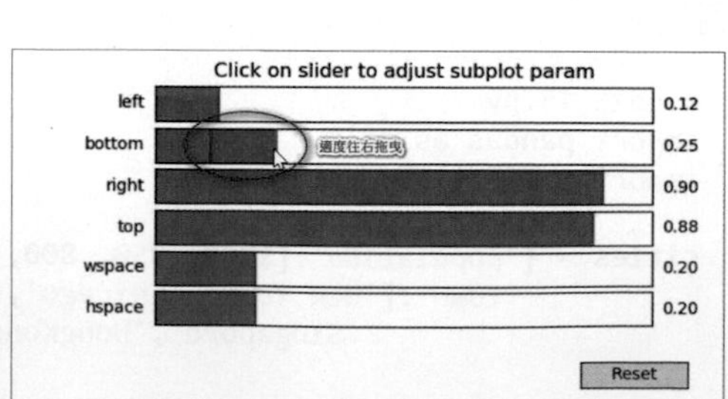

原先 y 軸標籤無法完全顯示，現在可以了。

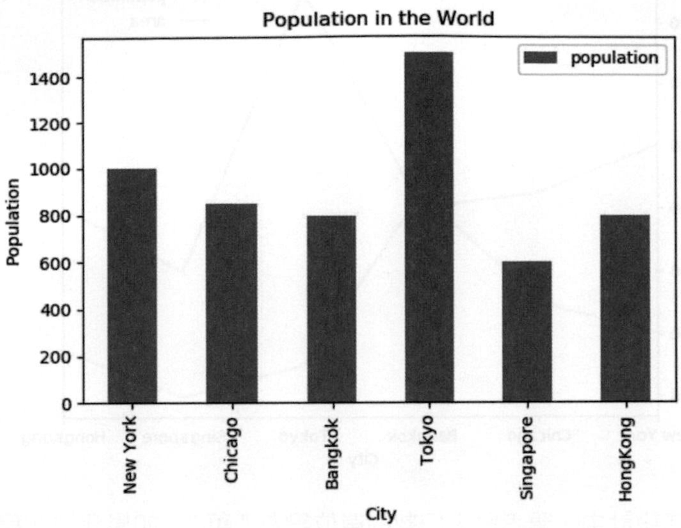

25-5-4 一個圖表含不同數值資料

我們也可以使用一張圖表建立多個數值資料，例如：下列是增加城市面積的數據實例。

程式實例 ch25_17.py：擴充 DataFrame，增加城市面積資料 (平方公里)。

```
# ch25_17.py
import pandas as pd
import matplotlib.pyplot as plt

cities = {'population':[1000, 850, 800, 1500, 600, 800],
          'area':[400, 500, 850, 300, 200, 320],
          'town':['New York','Chicago','Bangkok','Tokyo',
                  'Singapore','HongKong']}
tw = pd.DataFrame(cities, columns=['population','area'],index=cities['town'])

tw.plot(title='Population in the World')
plt.xlabel('City')
plt.show()
```

執行結果

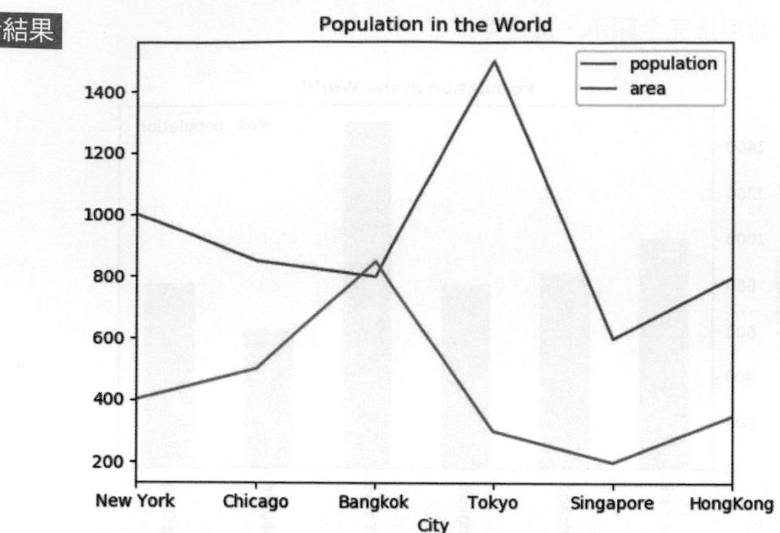

在上述程式設計中，筆者將人口數的單位設為 " 萬 "，如果我們在程式設計中填入實際人數，若是重新設計上述程式，因為面積與人口數相差太多，將造成面積的資料無法正常顯示。

程式實例 ch25_18.py：將人口單位數降為 " 人 "，重新設計 ch25_17.py。

```
# ch25_18.py
import pandas as pd
import matplotlib.pyplot as plt

cities = {'population':[10000000,8500000,8000000,15000000,6000000,8000000],
          'area':[400, 500, 850, 300, 200, 320],
          'town':['New York','Chicago','Bangkok','Tokyo',
                  'Singapore','HongKong']}
tw = pd.DataFrame(cities, columns=['population','area'],index=cities['town'])

tw.plot(title='Population in the World')
plt.xlabel('City')
plt.show()
```

執行結果

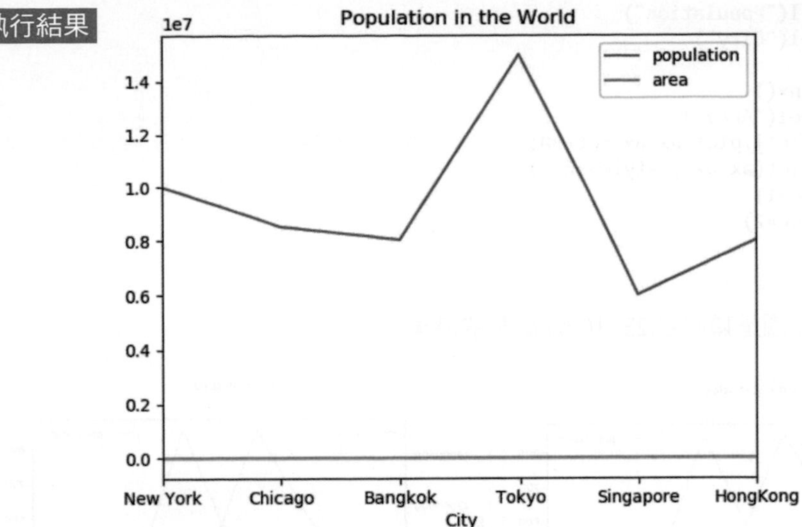

若是要解決這類問題，建議是增加數值軸，可以參考下一小節。

25-5-5 多個數值軸的設計

這時需要使用 subplots( )，可以在一個圖表內顯示多組不同軸的數據。程式第 11 行內容如下所示：

fig, ax = subplots()　　　　　# fig 是整體圖表物件，ax 是第一個軸

第 16 行使用 twinx( ) 可以建立第 2 個數值軸，程式第 16 行內容如下：

ax2 = ax.twinx( )　　　　　# 建立第 2 個軸物件 ax2

程式實例 ch25_19.py：用第 2 個軸的觀念重新設計 ch25_18.py。

```
 1  # ch25_19.py
 2  import pandas as pd
 3  import matplotlib.pyplot as plt
 4
 5  cities = {'population':[10000000,8500000,8000000,15000000,6000000,8000000],
 6            'area':[400, 500, 850, 300, 200, 320],
 7            'town':['New York','Chicago','Bangkok','Tokyo',
 8                    'Singapore','HongKong']}
 9  tw = pd.DataFrame(cities, columns=['population','area'],index=cities['town'])
10
11  fig, ax = plt.subplots()
12  fig.suptitle("City Statistics")
```

```
13  ax.set_ylabel("Population")
14  ax.set_xlabel("City")
15
16  ax2 = ax.twinx()
17  ax2.set_ylabel("Area")
18  tw['population'].plot(ax=ax,rot=90)      # 繪製人口數線
19  tw['area'].plot(ax=ax2, style='g-')      # 繪製面積線
20  ax.legend(loc=1)                         # 圖例位置在右上
21  ax2.legend(loc=2)                        # 圖例位置在左上
22  plt.show()
```

執行結果 下方左圖是類似 ch25_16.py 調整的結果。

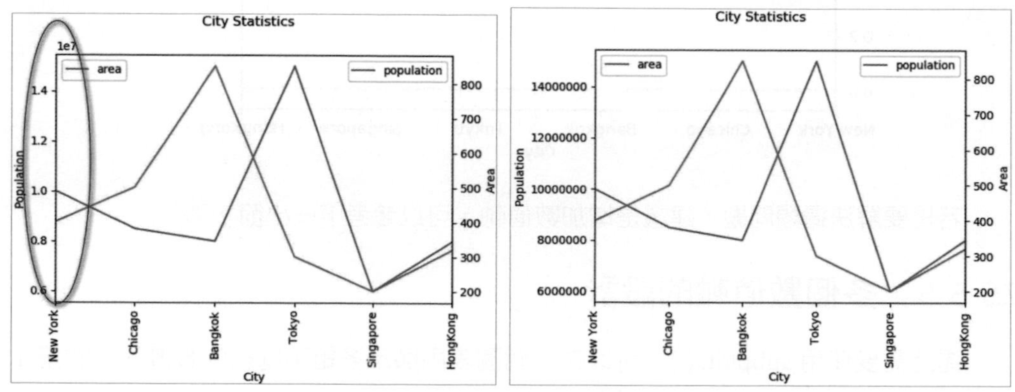

程式實例 ch25_20.py：重新設計 ch25_19.py，在左側 y 軸不用科學記號表示人口數，此例在第 15 行增加下列 ticklabel_format( )。

```
15  ax.ticklabel_format(style='plain')        # 不用科學記號表示
```

執行結果 可以參考上方右圖。

以上觀念也可以用於擴充第 3 個軸，只要設定 ax3 = ax.twinx( )，其餘則參照新增軸的用法。

25-5-6　使用 Series 物件設計圓餅圖

繪製圓餅圖可以使用 plot.pie( )，有關 pie( ) 參數可以參考 20-7 節。

程式實例 ch25_21.py：使用 Series 物件繪製圓餅圖。

```
# ch25_21.py
import pandas as pd
import matplotlib.pyplot as plt

fruits = ['Apples', 'Bananas', 'Grapes', 'Pears', 'Oranges']
s = pd.Series([2300, 5000, 1200, 2500, 2900], index=fruits,
              name='Fruits Shop')
explode = [0.4, 0, 0, 0.2, 0]
s.plot.pie(explode = explode, autopct='%1.2f%%')
plt.show()
```

執行結果

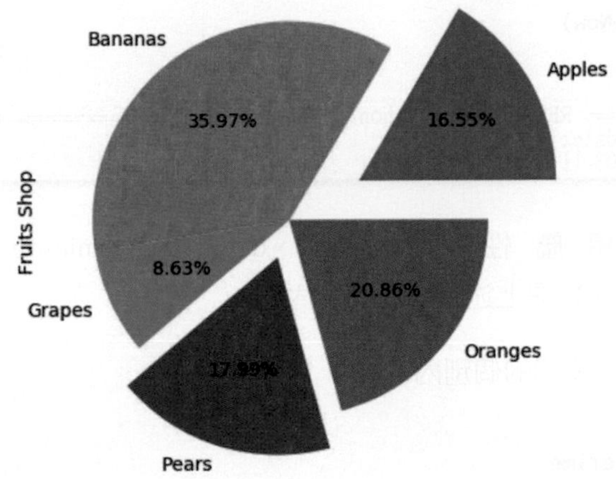

25-6 時間序列 (Time Series)

時間序列是指一系列的數據是依時間次序列出來，時間是指一系列的時間戳 (timestamp)，這些時間戳是相等間隔的時間點。音樂 mp3 文件或是一些聲音文件，其實就是時間序列的應用，因為音頻會依時間序列排成數據點，將這些數據點視覺化，就可以組織成聲音波形。這一節筆者先介紹 Python 的 datetime 模組，將它應用在 Series 物件建立時間序列，然後再介紹 Pandas 處理時間序列的工具。

25-6-1 時間模組 datetime

在 13-6 節筆者有講解了時間模組 time，這一節將講解另一個時間模組 datetime，在使用前需導入此模組。

from datetime import datetime

25-6-1-1 datetime 模組的資料型態 datetime

datetime 模組內有一個資料型態 datetime，可以用它代表一個特定時間，有一個 now( ) 方法可以列出現在時間。

程式實例 ch25_21_1.py：列出現在時間。

```
# ch25_21_1.py
from datetime import datetime

timeNow = datetime.now()
print(type(timeNow))
print("現在時間 : ", timeNow)
```

執行結果

```
==================== RESTART: D:/Python/ch25/ch25_21_1.py ====================
<class 'datetime.datetime'>
現在時間 :  2019-03-11 22:13:37.269744
```

我們也可以使用屬性 year、month、day、hour、minute、second、microsecond(百萬分之一秒)，獲得上述時間的個別內容。

程式實例 ch25_21_2.py：列出時間的個別內容。

```
# ch25_21_2.py
from datetime import datetime

timeNow = datetime.now()
print(type(timeNow))
print("現在時間 : ", timeNow)
print("年 : ", timeNow.year)
print("月 : ", timeNow.month)
print("日 : ", timeNow.day)
print("時 : ", timeNow.hour)
print("分 : ", timeNow.minute)
print("秒 : ", timeNow.second)
```

執行結果

```
==================== RESTART: D:/Python/ch25/ch25_21_2.py ====================
<class 'datetime.datetime'>
現在時間 :  2019-03-11 22:18:46.303558
年 :  2019
月 :  3
日 :  11
時 :  22
分 :  18
秒 :  46
```

另一個屬性百萬分之一秒 microsecond，一般程式比較少用。

25-6-1-2 設定特定時間

當你了解了獲得現在時間的方式後，其實可以用下列方法設定一個特定時間。

xtime = datetime.datetime(年 , 月 , 日 , 時 , 分 , 秒)

上述 xtime 就是一個特定時間。

程式實例 ch25_21_3.py：設定程式迴圈執行到 2019 年 3 月 11 日 22 點 271 分 0 秒將甦醒停止列印 program is sleeping. 然後列印 Wake up。

```
# ch25_21_3.py
from datetime import datetime

timeStop = datetime(2019,3,11,22,27,10)
while datetime.now() < timeStop:
    print("Program is sleeping.", end="")
print("Wake up")
```

執行結果

```
==================== RESTART: D:/Python/ch25/ch25_21_3.py ====================
Program is sleeping.Program is sleeping.Program is sleeping.Program is sleeping.
Program is sleeping.Program is sleeping.Program is sleeping.Program is sleeping.
Program is sleeping.Program is sleeping.Program is sleeping.Program is sleeping.
Program is sleeping.Program is sleeping.Program is sleeping.Program is sleeping.
Program is sleeping.Program is sleeping.Program is sleeping.Program is sleeping.
Program is sleeping.Program is sleeping.Program is sleeping.Program is sleeping.
Program is sleeping.Program is sleeping.Program is sleeping.Program is sleeping.
Program is sleeping.Program is sleeping.Program is sleeping.Program is sleeping.
Program is sleeping.Program is sleeping.Program is sleeping.Program is sleeping.
Program is sleeping.Program is sleeping.Program is sleeping.Program is sleeping.
Program is sleeping.Program is sleeping.Program is sleeping.Program is sleeping.
Program is sleeping.Program is sleeping.Program is sleeping.Program is sleeping.
Program is sleeping.Program is sleeping.Program is sleeping.Program is sleeping.
Program is sleeping.Program is sleeping.Program is sleeping.Program is sleeping.
Program is sleeping.Program is sleeping.Program is sleeping.Program is sleeping.
Program is sleeping.Program is sleeping.Program is sleeping.Program is sleeping.
Program is sleeping.Program is sleeping.Program is sleeping.Program is sleeping.
Program is sleeping.Program is sleeping.Program is sleeping.Program is sleeping.
Program is sleeping.Program is sleeping.Program is sleeping.Program is sleeping.
Program is sleeping.Wake up
```

25-6-1-3 一段時間 timedelta

這是 datetime 的資料類型，代表的是一段時間，可以用下列方式指定一段時間。

deltaTime=datetime.timedelta(weeks=xx,days=xx,hours=xx,minutes=xx,seocnds=xx)

上述 xx 代表設定的單位數。

一段時間的物件只有 3 個屬性，days 代表日數、seconds 代表秒數、microseconds 代表百萬分之一秒。

程式實例 ch25_21_4.py：列印一段時間的日數、秒數和百萬分之幾秒。

```
# ch25_21_4.py
from datetime import datetime, timedelta

deltaTime = timedelta(days=3,hours=5,minutes=8,seconds=10)
print(deltaTime.days, deltaTime.seconds, deltaTime.microseconds)
```

執行結果

```
==================== RESTART: D:/Python/ch25/ch25_21_4.py ====================
3 18490 0
```

上述 5 小時 8 分 10 秒被總計為 18940 秒。有一個方法 total_second( ) 可以將一段時間轉成秒數。

程式實例 ch25_21_5.py：重新設計 ch25_21_4.py，將一段時間轉成秒數。

```
# ch25_21_5.py
from datetime import datetime, timedelta

deltaTime = timedelta(days=3,hours=5,minutes=8,seconds=10)
print(deltaTime.total_seconds())
```

執行結果

```
==================== RESTART: D:/Python/ch25/ch25_21_5.py ====================
277690.0
```

25-6-2 使用 Python 的 datetime 模組建立含時間戳的 Series 物件

對於時間序列 (Time Series) 而言，基本上就是將索引 (index) 用日期取代。

程式實例 ch25_21_6.py：使用 datetime 建立含 5 天的 Series 物件和列印，這 5 天數據則是使用串列 [34, 44, 65, 53, 39]，同時列出時間序列物件的數據類型。

```
# ch25_21_6.py
import pandas as pd
from datetime import datetime, timedelta

ndays = 5
start = datetime(2019, 3, 11)
dates = [start + timedelta(days=x) for x in range(0, ndays)]
```

```
data = [34, 44, 65, 53, 39]
ts = pd.Series(data, index=dates)
print(type(ts))
print(ts)
```

執行結果

```
==================== RESTART: D:/Python/ch25/ch25_21_6.py ====================
<class 'pandas.core.series.Series'>
2019-03-11    34
2019-03-12    44
2019-03-13    65
2019-03-14    53
2019-03-15    39
dtype: int64
```

我們也可以使用 ts.index 列出此時間序列的索引，以瞭解 Series 的索引結構。

```
>>> ts.index
DatetimeIndex(['2019-03-11', '2019-03-12', '2019-03-13', '2019-03-14',
               '2019-03-15'],
              dtype='datetime64[ns]', freq=None)
```

時間序列是允許相同索引執行加法或代數運算的。

程式實例 ch25_21_7.py：擴充前一個程式建立相同時間戳的 Series 物件，然後計算 2 個 Series 物件的相加與計算平均。

```
# ch25_21_7.py
import pandas as pd
from datetime import datetime, timedelta

ndays = 5
start = datetime(2019, 3, 11)
dates = [start + timedelta(days=x) for x in range(0, ndays)]
data1 = [34, 44, 65, 53, 39]
ts1 = pd.Series(data1, index=dates)

data2 = [34, 44, 65, 53, 39]
ts2 = pd.Series(data2, index=dates)

addts = ts1 + ts2
print("ts1+ts2")
print(addts)

meants = (ts1 + ts2)/2
print("(ts1+ts2)/2")
print(meants)
```

執行結果

```
==================== RESTART: D:/Python/ch25/ch25_21_7.py ====================
ts1+ts2
2019-03-11     68
2019-03-12     88
2019-03-13    130
2019-03-14    106
2019-03-15     78
dtype: int64
(ts1+ts2)/2
2019-03-11    34.0
2019-03-12    44.0
2019-03-13    65.0
2019-03-14    53.0
2019-03-15    39.0
dtype: float64
```

在上述 ch25_21_7.py 的計算過程中，如果時間戳不一樣，將產生 NaN 數值。

程式實例 ch25_21_8.py：重新設計前一個程式，執行 2 個 Series 物件相加，但是部分時間戳是不同。

```
# ch25_21_8.py
import pandas as pd
from datetime import datetime, timedelta

ndays = 5
start = datetime(2019, 3, 11)
dates1 = [start + timedelta(days=x) for x in range(0, ndays)]
data1 = [34, 44, 65, 53, 39]
ts1 = pd.Series(data1, index=dates1)

dates2 = [start - timedelta(days=x) for x in range(0, ndays)]
data2 = [34, 44, 65, 53, 39]
ts2 = pd.Series(data2, index=dates2)

addts = ts1 + ts2
print("ts1+ts2")
print(addts)
```

執行結果

```
==================== RESTART: D:/Python/ch25/ch25_21_8.py ====================
ts1+ts2
2019-03-07     NaN
2019-03-08     NaN
2019-03-09     NaN
2019-03-10     NaN
2019-03-11    68.0
2019-03-12     NaN
2019-03-13     NaN
2019-03-14     NaN
2019-03-15     NaN
dtype: float64
```

25-6-3 Pandas 的時間區間方法

Pandas 的 date_range( ) 可以產生時間區間，我們可以更方便將此方法應用在前一小節的程式。

程式實例 ch25_21_9.py：使用 date_range( ) 重新設計 ch25_21_6.py。

```
# ch25_21_9.py
import pandas as pd

dates = pd.date_range('3/11/2019', '3/15/2019')
data = [34, 44, 65, 53, 39]
ts = pd.Series(data, index=dates)
print(type(ts))
print(ts)
```

執行結果

```
==================== RESTART: D:/Python/ch25/ch25_21_9.py ====================
<class 'pandas.core.series.Series'>
2019-03-11    34
2019-03-12    44
2019-03-13    65
2019-03-14    53
2019-03-15    39
Freq: D, dtype: int64
```

基本上與 ch25_21_6.py 相同，但是多了註名 "Freq: D"，表示索引是日期。如果這時我們輸入 ts.index 也將獲得一樣的結果。

```
>>> ts.index
DatetimeIndex(['2019-03-11', '2019-03-12', '2019-03-13', '2019-03-14',
               '2019-03-15'],
              dtype='datetime64[ns]', freq='D')
```

上述我們使用 date_range( ) 方法時，是放了起始日期與終止日期，我們也可以用起始日期 (start=) 再加上期間 (periods=)，或是終止日期 (end=) 再加上期間 (periods=) 設定時間戳。

實例 1：使用起始日期，加上期間設定時間索引。

```
>>> dates = pd.date_range(start='2019-03-11', periods=5)
>>> dates
DatetimeIndex(['2019-03-11', '2019-03-12', '2019-03-13', '2019-03-14',
               '2019-03-15'],
              dtype='datetime64[ns]', freq='D')
```

實例 2：使用終止日期，加上期間設定時間索引。

```
>>> dates = pd.date_range(end='2019-03-15', periods=5)
>>> dates
DatetimeIndex(['2019-03-11', '2019-03-12', '2019-03-13', '2019-03-14',
               '2019-03-15'],
              dtype='datetime64[ns]', freq='D')
```

此外在設定 data_range( ) 時，若是參數 "freq=" 設定 "B"，可以讓時間索引只有包含工作天 (work day)，相當於假日 (週六與週日) 不包含在時間索引內。

實例 3：設定 2019 年 3 月 1 日起至 3 月 7 日時間索引，參數 freq='B' 並觀察執行結果。

```
>>> dates = pd.date_range('2019-03-01', '2019-03-07', freq='B')
>>> dates
DatetimeIndex(['2019-03-01', '2019-03-04', '2019-03-05', '2019-03-06',
               '2019-03-07'],
              dtype='datetime64[ns]', freq='B')
```

由於 3 月 2 日是週六，3 月 3 日是週日，所以最後皆不在時間索引內。若是設定 freq='M'，代表時間索引是 2 個時間點之間的月底。

實例 4：觀察 freq='M' 的執行結果。

```
>>> dates = pd.date_range('2020-01-05', '2020-04-08', freq='M')
>>> dates
DatetimeIndex(['2020-01-31', '2020-02-29', '2020-03-31'], dtype='datetime64[ns]'
, freq='M')
```

也可以使用 freq=W-Mon，Mon 是週一的縮寫，2 個時間點之間，代表每週一皆是時間索引，可以應用在其它日。

實例 5：觀察 freq='W-Mon' 的執行結果。

```
>>> dates = pd.date_range('2019-03-01', '2019-03-31', freq='W-Mon')
>>> dates
DatetimeIndex(['2019-03-04', '2019-03-11', '2019-03-18', '2019-03-25'], dtype='d
atetime64[ns]', freq='W-MON')
```

其它常見的 freq 設定如下：

A：年末

AS：年初

Q：季末

QS：季初

H：小時

T：分鐘

S：秒

25-6-4 將時間序列繪製折線圖

實例 ch25_21_10.py：將 ch25_21_9.py 的時間序列繪製折線圖。

```
# ch25_21_10.py
import pandas as pd
import matplotlib.pyplot as plt

dates = pd.date_range('3/11/2019', '3/15/2019')
data = [34, 44, 65, 53, 39]
ts = pd.Series(data, index=dates)
ts.plot(title='Data in Time Series')
plt.xlabel("Date")
plt.ylabel("Data")
plt.show()
```

執行結果

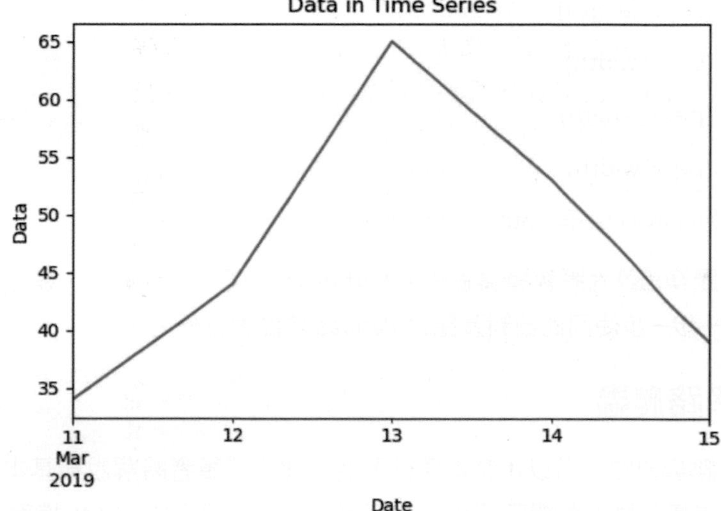

25-7 專題 鳶尾花

在數據分析領域有一組很有名的資料集 iris.csv，這是加州大學爾灣分校機器學習中常被應用的資料，這些數據是由美國植物學家艾德加安德森 (Edgar Anderson) 在加拿大 Gaspesie 半島實際測量鳶尾花所採集的數據，讀者可以由下列網頁了解此資料集。

http://archive.ics.uci.edu/ml/machine-learning-databases/iris/

進入後將看到下列部分內容。

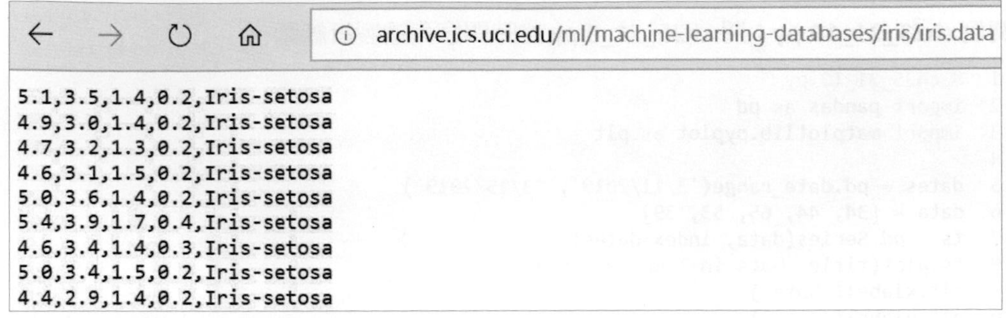

總共有 150 筆資料，在這資料集中總共有 5 個欄位，左到右分別代表意義如下：

花萼長度 (sepal length)

花萼寬度 (sepal width)

花瓣長度 (petal length)

花瓣寬度 (petal width)

鳶尾花類別 (species, 有 setosa、versicolor、virginica)

這一個專題章節筆者將教導讀者使用 Python 網路爬蟲功能下載、儲存成 iris.txt 與 iris.csv、然後一步一步使用此資料及配合 Pandas 功能執行分析。

25-7-1　網路爬蟲

其實網路爬蟲的知識可以用整本書做解說，此小節筆者將解說最基本的部分。所謂的網路爬蟲其實就是下載網頁資訊，甚至可以說下載網頁的 HTML 檔案，在 Python 可以使用模組 requests，使用下列指令下載此模組。

```
pip install requests
```

在這個模組內可以使用 request.get(url) 取得指定網址 (url) 的 HTML 檔案，由鳶尾花資料及網頁可以發現此網頁內容非常單純，沒有其它 HTML 標籤，所以可以直接讀取然後儲存。

程式實例 ch25_22.py：讀取加州大學鳶尾花資料集網頁，然後將此資料集儲存成 iris.csv。

```
1  # ch25_22.py
2  import requests
3
4  url = 'http://archive.ics.uci.edu/ml/machine-learning-databases/iris/iris.data'
5  try:
6      htmlfile = requests.get(url)                          # 將檔案下載至htmlfile
7      print('下載成功')
8  except Exception as err:
9      print('下載失敗')
10
11 fn = 'iris.csv'                                           # 未來儲存鳶尾花的檔案
12 with open(fn, 'wb') as fileobj:                           # 開啟iris.csv
13     for diskstorage in htmlfile.iter_content(10240):
14         size = fileobj.write(diskstorage)                 # 寫入
```

執行結果

```
==================== RESTART: D:/Python/ch25/ch25_22.py ====================
下載成功
```

這時在 ch25 資料夾可以看到 iris.csv，開啟後可以得到下列結果。

自動儲存 關閉 iris - Excel 登入

檔案 常用 插入 繪圖 頁面配置 公式 資料 校閱 檢視 說明 操作說明

A1 5.1

	A	B	C	D	E	F	G	H	I
1	5.1	3.5	1.4	0.2	Iris-setosa				
2	4.9	3	1.4	0.2	Iris-setosa				
3	4.7	3.2	1.3	0.2	Iris-setosa				
4	4.6	3.1	1.5	0.2	Iris-setosa				
5	5	3.6	1.4	0.2	Iris-setosa				
6	5.4	3.9	1.7	0.4	Iris-setosa				
7	4.6	3.4	1.4	0.3	Iris-setosa				
8	5	3.4	1.5	0.2	Iris-setosa				

iris

上述第 13 行筆者用 for 迴圈一次寫入 10240 位元組資料，直到全部寫入完成。

25-7-2 將鳶尾花資料集轉成 DataFrame

程式實例 ch25_23.py：讀取 iris.csv，為此資料集加上欄位名稱，然後列出此資料集的長度和內容。

```
# ch25_23.py
import pandas as pd

colName = ['sepal_len','sepal_wd','petal_len','petal_wd','species']
iris = pd.read_csv('iris.csv', names = colName)
print('資料集長度 : ', len(iris))
print(iris)
```

執行結果

```
==================== RESTART: D:\Python\ch25\ch25_23.py ====================
資料集長度 :  150
Squeezed text (64 lines).
```

連按二下可以展開

```
==================== RESTART: D:\Python\ch25\ch25_23.py ====================
資料集長度 :  150
     sepal_len  sepal_wd  petal_len  petal_wd         species
0          5.1       3.5        1.4       0.2     Iris-setosa
1          4.9       3.0        1.4       0.2     Iris-setosa
2          4.7       3.2        1.3       0.2     Iris-setosa
3          4.6       3.1        1.5       0.2     Iris-setosa
4          5.0       3.6        1.4       0.2     Iris-setosa
```

建立好上述 DataFrame 後，也可以使用 describe( ) 獲得數據的數量、均值、標準差、最小、最大、各分位數的值。

實例 1：使用 describe( ) 列出 iris 的相關數據。

```
>>> iris.describe()
        sepal_len    sepal_wd   petal_len    petal_wd
count  150.000000  150.000000  150.000000  150.000000
mean     5.843333    3.054000    3.758667    1.198667
std      0.828066    0.433594    1.764420    0.763161
min      4.300000    2.000000    1.000000    0.100000
25%      5.100000    2.800000    1.600000    0.300000
50%      5.800000    3.000000    4.350000    1.300000
75%      6.400000    3.300000    5.100000    1.800000
max      7.900000    4.400000    6.900000    2.500000
```

25-7-3 散點圖的製作

繪製散點圖可以使用 plot(….,kind='scatter')，另外還要給予 x 軸和 y 軸的座標陣列，由於是由 DataFrame 呼叫 plot( )，所以可以直接使用欄位 column 名稱即可。

程式實例 ch25_24.py：繪製 (Sepal Length, Sepal Width) 之散點圖。

```
# ch25_24.py
import pandas as pd
import matplotlib.pyplot as plt

colName = ['sepal_len','sepal_wd','petal_len','petal_wd','species']
iris = pd.read_csv('iris.csv', names = colName)

iris.plot(x='sepal_len',y='sepal_wd',kind='scatter')
plt.xlabel('Sepal Length')
plt.ylabel('Sepal Width')
plt.title('Iris Sepal length and width anslysis')
plt.show()
```

執行結果

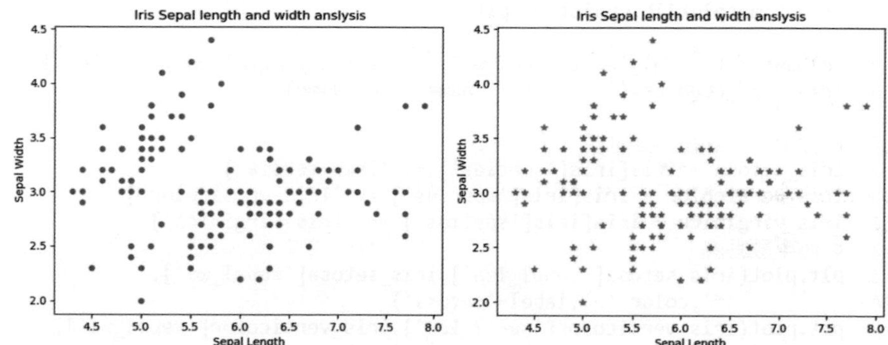

其實繪製這類圖表，也可以用繪點 plot( ) 方式完成。

程式實例 ch25_25.py：使用 plot( ) 方式完成，筆者嘗試用不同顏色和點標記，這個程式只有修改下列內容。

```
plt.plot(iris['sepal_len'],iris['sepal_wd'],'*',color='g')
```

執行結果 可參考上方右圖。

對於這類資料分析而言，我們可能想要了解各品種鳶尾花的花萼長度與寬度之間的關係，此時我們需要將鳶尾花資料集依據品種 (species) 先分離，然後將不同品種的鳶尾花繪在同一圖表，這樣就可以一目了然。下列是將不同品種鳶尾花擷取出來的方法。

實例 1：延續先前實例，擷取品種是 versicolor 的鳶尾花。

```
>>> iris_versicolor = iris[iris['species'] == 'Iris-versicolor']
>>> print(iris_versicolor)
    sepal_len  sepal_wd  petal_len  petal_wd          species
50        7.0       3.2        4.7       1.4  Iris-versicolor
51        6.4       3.2        4.5       1.5  Iris-versicolor
52        6.9       3.1        4.9       1.5  Iris-versicolor
53        5.5       2.3        4.0       1.3  Iris-versicolor
54        6.5       2.8        4.6       1.5  Iris-versicolor
55        5.7       2.8        4.5       1.3  Iris-versicolor
```

程式實例 ch25_26.py：將不同的鳶尾花的花萼使用不同的標記繪製散點圖。

```
# ch25_26.py
import pandas as pd
import matplotlib.pyplot as plt

colName = ['sepal_len','sepal_wd','petal_len','petal_wd','species']
iris = pd.read_csv('iris.csv', names = colName)

# 擷取不同品種的鳶尾花
iris_setosa = iris[iris['species'] == 'Iris-setosa']
iris_versicolor = iris[iris['species'] == 'Iris-versicolor']
iris_virginica = iris[iris['species'] == 'Iris-virginica']
# 繪製散點圖
plt.plot(iris_setosa['sepal_len'],iris_setosa['sepal_wd'],
         '*',color='g',label='setosa')
plt.plot(iris_versicolor['sepal_len'],iris_versicolor['sepal_wd'],
         'x',color='b',label='versicolor')
plt.plot(iris_virginica['sepal_len'],iris_virginica['sepal_wd'],
         '.',color='r',label='virginica')
# 標註軸和標題
plt.xlabel('Sepal Length')
plt.ylabel('Sepal Width')
plt.title('Iris Sepal length and width anslysis')
plt.legend()
plt.show()
```

執行結果

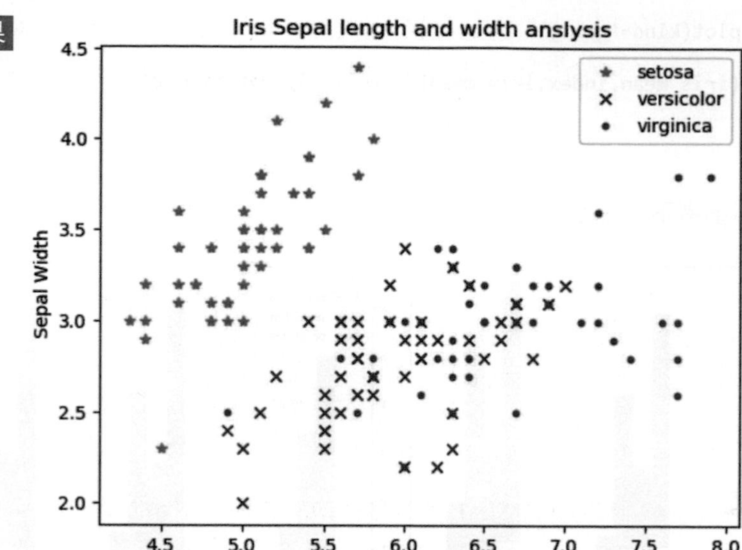

25-7-4 鳶尾花分類統計與直條圖

如果我們想要獲得不同品種鳶尾花的花瓣與花蕊的均值直條圖，首先需計算統計不同品種鳶尾花的資料，這時可以使用 groupby( ) 方法。

實例 1：延續先前實例，統計不同品種鳶尾花的花萼與花瓣的長與寬。

```
>>> iris_mean = iris.groupby('species', as_index=False).mean()
>>> print(iris_mean)
           species  sepal_len  sepal_wd  petal_len  petal_wd
0      Iris-setosa      5.006     3.418      1.464     0.244
1  Iris-versicolor      5.936     2.770      4.260     1.326
2   Iris-virginica      6.588     2.974      5.552     2.026
```

程式實例 ch25_27.py：以均值和直條圖方式繪製不同品種花萼與花瓣長與寬。

```
# ch25_27.py
import pandas as pd
import matplotlib.pyplot as plt

colName = ['sepal_len','sepal_wd','petal_len','petal_wd','species']
iris = pd.read_csv('iris.csv', names = colName)

# 鳶尾花分組統計均值
iris_mean = iris.groupby('species', as_index=False).mean()
# 繪製直條圖
```

```
iris_mean.plot(kind='bar')
# 刻度處理
plt.xticks(iris_mean.index,iris_mean['species'], rotation=0)

plt.show()
```

執行結果 可以參考下方左圖。

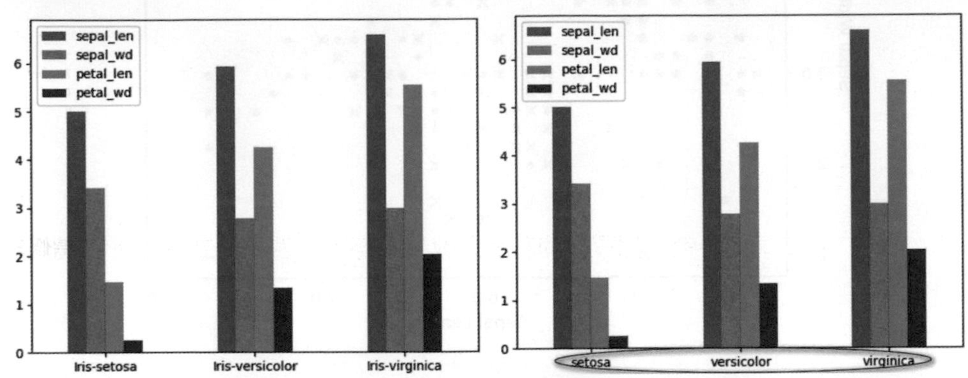

各位可以看到目前品種前方字串是 "iris-"，我們可以使用 apply( ) 方法將此部分字串刪除，只留下品種名稱。

程式實例 ch25_28.py：重新設計上述程式，處理將品種前方字串 "Iris-" 刪除，這個程式增加下列程式碼。

```
iris['species'] = iris['species'].apply(lambda x: x.replace("Iris-",""))
```

執行結果 可以參考上方右圖。

我們也可以使用堆疊方式處理上述長條圖，方法是在 plot( ) 方法內增加 "stacked=True"。

程式實例 ch25_29.py：重新設計上述實例，但是使用堆疊方式處理數據，這個程式只有下列需修訂。

```
iris_mean.plot(kind='bar',stacked=True)
```

執行結果 可以參考下方左圖。

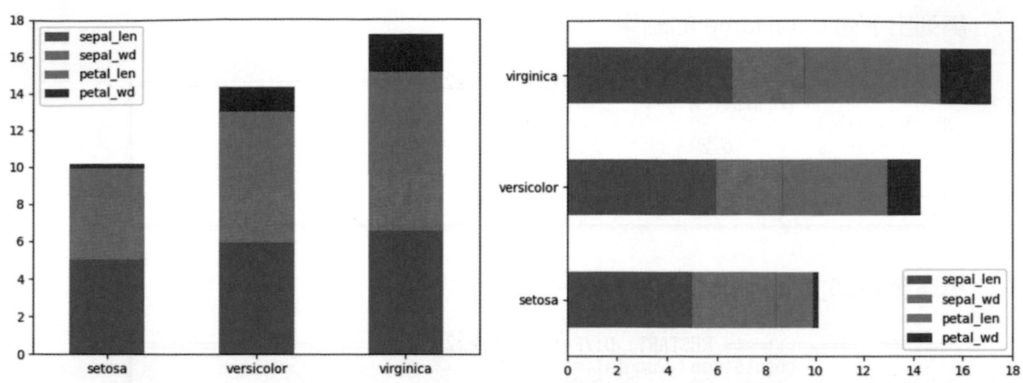

直條圖與橫條圖，差別是 "bar" 與 "barh"，可以參考下列實例。

程式實例 ch25_30.py：將前一個程式的直條圖改為橫條圖，這個程式只有下列需修訂。

```
# 繪製堆疊橫條圖
iris_mean.plot(kind='barh',stacked=True)
# 刻度處理
plt.yticks(iris_mean.index,iris_mean['species'], rotation=0)
```

執行結果 可以參考上方右圖。

習題

三、實作題

1. 以下是 2021-2025 年來台旅遊統計資訊，單位是萬人，請做成 Series 物件，索引值必須是年份，然後列印。(25-1 節)

   2021：400 萬 ,2022：420 萬 ,2023：450 萬 ,2024：480 萬 ,2025 年：500 萬

```
====================== RESTART: D:/Python/ex/ex25_1.py ======================
2021    400
2022    420
2023    450
2024    480
2025    500
dtype: int64
```

2. 假設全球各大洲人口如下所示：(25-2 節)

   North America：3.8 億　South America：6.2 億　Europ：7.4 億
   Afirca：12.28 億　Asia：45.45 億

請列出下列 DataFrame 的結果

```
===================== RESTART: D:/Python/ex/ex25_2.py =====================
                 population
North America          3.80
South America          6.20
Europe                 7.40
Afirca                12.28
Asia                  45.45
```

3. 請擴充 ex25_2.py，增加累積欄位。(25-3 節)

```
===================== RESTART: D:/Python/ex/ex25_3.py =====================
                 population  Cumulative
North America          3.80        3.80
South America          6.20       10.00
Europe                 7.40       17.40
Afirca                12.28       29.68
Asia                  45.45       75.13
```

4. 請參考 20-9-4 節，台積電即時資料最佳五檔買進賣出表，改成 DataFrame 輸出。(25-3 節)

```
===================== RESTART: D:/Python/ex/ex25_4.py =====================
台積電最佳五檔價量表
  BVolumn     Buy    Sell  SVolumn
1     800  238.50  239.00     1753
2     166  238.00  239.50     1439
3     882  237.50  240.00     7229
4    1425  237.00  240.50      540
5    1639  236.50  241.00      642
```

5. 請參考 ch25_11.py 的數據，然後建立下列 DataFrame，在 Python Shell 視窗列印，同時將此 DataFrame 結果存入 ex25_5.csv。(25-4 節)

```
===================== RESTART: D:/Python/ex/ex25_5.py =====================
         Chinese  English  Math  Natural  Society  Total  Ranking
1           14.0     12.0  13.0     10.0     13.0   62.0      3.0
2           13.0     14.0  11.0     10.0     15.0   63.0      1.0
3           15.0      9.0  12.0      8.0     15.0   59.0      5.0
4           15.0     10.0  13.0     10.0     15.0   63.0      1.0
5           12.0     11.0  14.0      9.0     14.0   60.0      4.0
Average     13.8     11.2  12.6      9.4     14.4   61.4      NaN
```

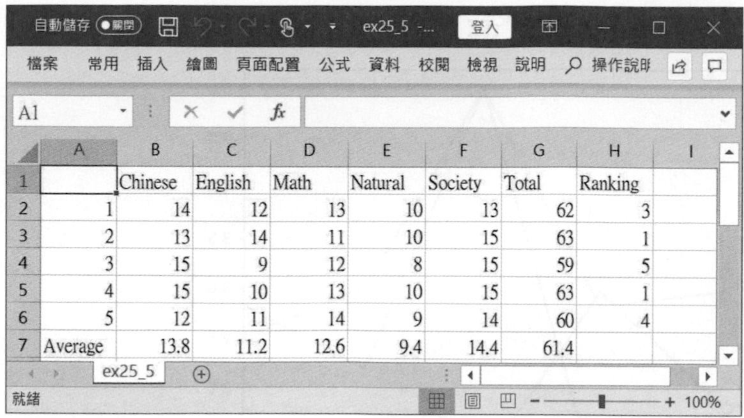

	Chinese	English	Math	Natural	Society	Total	Ranking
1	14	12	13	10	13	62	3
2	13	14	11	10	15	63	1
3	15	9	12	8	15	59	5
4	15	10	13	10	15	63	1
5	12	11	14	9	14	60	4
Average	13.8	11.2	12.6	9.4	14.4	61.4	

需留意雖然在 Excel 視窗 (7,H) 位置顯示空白，這是因為 NaN 無法在 Excel 視窗顯示，實際讀取此 csv 檔案時，這個位置是 NaN。

6. 請參考 ch25_19.py，擴充修改方式是將 area 欄位的折線圖改參照左邊的 y 軸，增加設計 density 欄位，這是 "population/area" 的結果，意義是每平方公里多少萬人，同時 density 是使用右邊自創第 2 個軸。(25-5 節)

```
===================== RESTART: D:/Python/ex/ex25_6.py =====================
           population  area   density
New York         1000   400  2.500000
Chicago           850   500  1.700000
Bangkok           800   850  0.941176
Tokyo            1500   300  5.000000
Singapore         600   200  3.000000
HongKong          800   320  2.500000
```

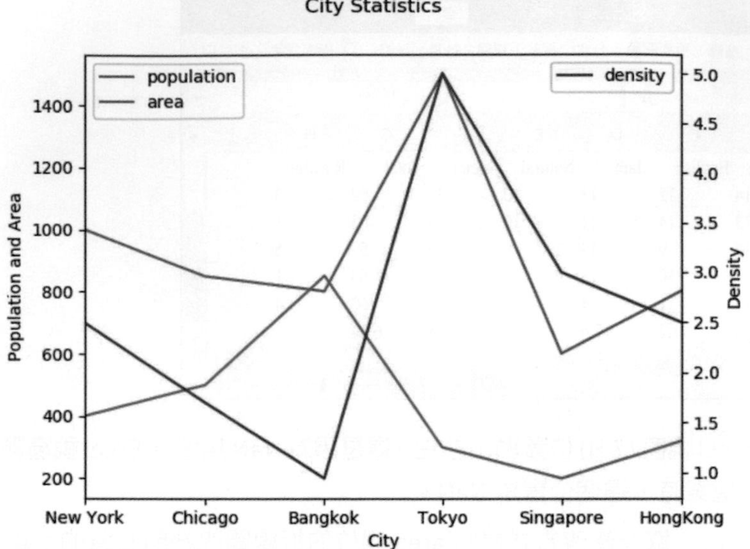

7. 鳶尾花專題中的 ch25_26.py 是針對花萼數據處理的散點圖，請針對花瓣重新設計 ch25_26.py。(25-7 節)

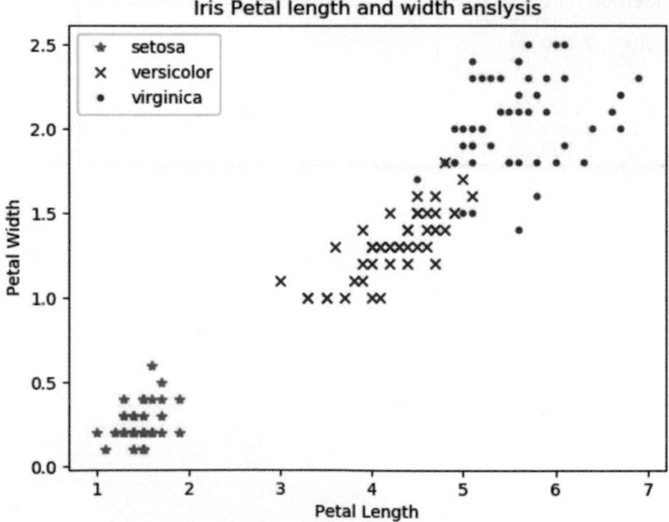

第二十六章

網路爬蟲

過去我們瀏覽網頁是使用瀏覽器，例如：Microsoft 公司的 Internet Explorer、Google 公司的 Chrome、Apple 公司的 Safari … 等。現在學了 Python，我們可以不再需要透過瀏覽器瀏覽網頁了，除了瀏覽網頁，本章筆者也將講解從網站下載有用的資訊。

一般我們將從網路搜尋資源的程式稱之為網路爬蟲，一些著名的搜尋引擎公司就是不斷地送出網路爬蟲搜尋網路最新訊息，以保持搜尋引擎的熱度。

26-1 上網不再需要瀏覽器了

這一節將介紹 webbrowser 模組瀏覽網頁，在程式前方需導入此模組。

import webbrowser

26-1-1 webbrowser 模組

Python 有提供 webbrowser 模組，可以呼叫這個模組的 open( ) 方法，就可以開啟指定的網頁了。

程式實例 ch26_1.py：開啟明志科大 (http://www.mcut.edu.tw) 網頁。

```
# ch26_1.py
import webbrowser
webbrowser.open('http://www.mcut.edu.tw')
```

執行結果

在上述網頁也有網址區，可以在此輸入網址瀏覽其它網頁。

26-1-2 認識 Google 地圖

筆者約 3 年前一個人到南極，登船往南極的港口是阿根廷的烏斯懷亞，筆者特別使用 Google 地圖，搜尋這個港口，得到下列結果。

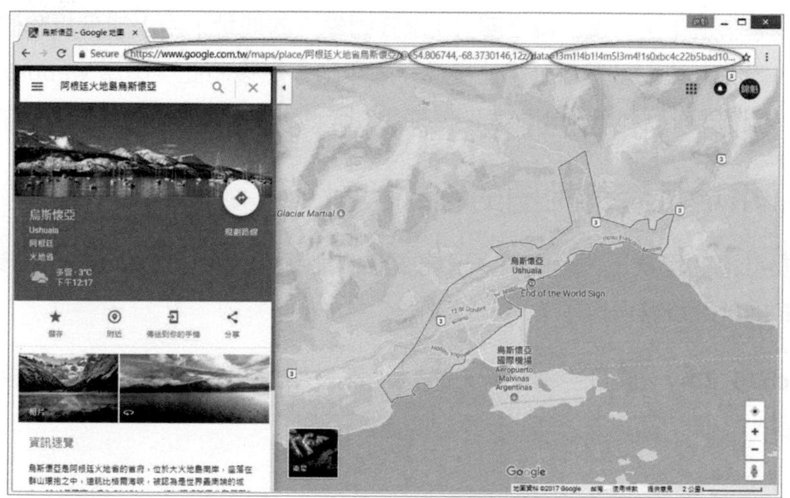

上述筆者將網址區分成 3 大塊：

1： https://www.google.com.tw/maps/place/ 阿根廷火地省烏斯懷亞

2： -54.806843,-68.3728428

3： 12z/data=!3m1!4b1!4m5!3m4!1s0xbc4c22b5bad109bf:0x5498473dba43ebfc!8m2!3d-54.8019121!4d-68.3029511

其中第 2 區塊是地圖位置的地理經緯度資訊，第 3 塊是則是 Google 公司追縱紀錄瀏覽者的一些資訊，基本上我們可以先忽略這 2-3 區塊。下列是筆者使用 Google 地圖列出台北市南京東路二段 98 號地址的資訊的結果。

比對了烏斯懷亞與台北市南京東路地點的網頁，在第一塊中前半部分我們發現下列是 Google 地圖固定的內容。

https://www.google.com.tw/maps/place/

上述內容後面 (第一塊的後半部分) 是我們輸入的地址，由上述分析我們獲得了結論是如果我們將上述網址與地址相連接成一個字串，然後將此字串當 webbrowser( ) 方法的參數，這樣就可以利用 Python 程式，使用 Google 地圖瀏覽我們想要查詢的地點了。

26-1-3 用地址查詢地圖的程式設計

其實設計這個程式也非常簡單，只要讀取地址資訊，然後放在 open( ) 參數內與上一節獲得的網址連接就可以了。

程式實例 ch26_2.py：設計由螢幕輸入地址，然後可以開啟 Google 地圖服務，最後列出地圖內容。

```
# ch26_2.py
import webbrowser

address = input("請輸入地址 : ")
webbrowser.open('http://www.google.com.tw/maps/place/' + address)
```

執行結果 下列是筆者輸入地址畫面。

```
==================== RESTART: D:\Python\ch26\ch26_2.py ====================
請輸入地址 : 台北市南京東路二段98號
```

上述按 Enter 鍵後，可以得到下列結果。

26-2 下載網頁資訊使用 requests 模組

requests 是第三方模組，讀者需參考附錄 B，使用下列指令下載此模組。

pip install requests

26-2-1 下載網頁使用 requests.get( ) 方法

requests.get( ) 方法內需放置欲下載網頁資訊的網址當參數，這個方法可以傳回網頁的 HTML 原始檔案。

程式實例 ch26_3.py：下載明志科大網頁內容做測試，這個程式會列出傳回值的資料型態。

```
# ch26_3.py
import requests

url = 'http://www.mcut.edu.tw'
htmlfile = requests.get(url)
print(type(htmlfile))
```

執行結果

```
==================== RESTART: D:\Python\ch26\ch26_3.py ====================
<class 'requests.models.Response'>
```

由上述可以知道使用 requests.get( ) 之後的傳回的資料型態是 Response 物件。

26-2-2 認識 Response 物件

Response 物件內有下列幾個重要屬性：

- status_code：如果值是 requests.codes.ok，表示獲得的網頁內容成功。
- text：網頁內容。

程式實例 ch26_4.py：檢查 ch26_3.py 獲得的網頁內容是否成功。

```
# ch26_4.py
import requests

url = 'http://www.mcut.edu.tw'
htmlfile = requests.get(url)
if htmlfile.status_code == requests.codes.ok:
    print("取得網頁內容成功")
else:
    print("取得網頁內容失敗")
```

執行結果

```
==================== RESTART: D:\Python\ch26\ch26_4.py ====================
取得網頁內容成功
```

程式實例 ch26_5.py：擴充 ch26_4.py，取得網頁內容大小。

```python
# ch26_5.py
import requests

url = 'http://www.mcut.edu.tw'
htmlfile = requests.get(url)
if htmlfile.status_code == requests.codes.ok:
    print("取得網頁內容成功")
else:
    print("取得網頁內容失敗")
print("網頁內容大小 = ", len(htmlfile.text))
```

執行結果

```
==================== RESTART: D:\Python\ch26\ch26_5.py ====================
取得網頁內容成功
網頁內容大小 =  49900
```

程式實例 ch26_6.py：列印網頁的原始碼，然後可以看到密密麻麻的網頁內容。

```python
# ch26_6.py
import requests

url = 'http://www.mcut.edu.tw'
htmlfile = requests.get(url)
if htmlfile.status_code == requests.codes.ok:
    print("取得網頁內容成功")
    print(htmlfile.text)                # 列印網頁內容
else:
    print("取得網頁內容失敗")
```

執行結果

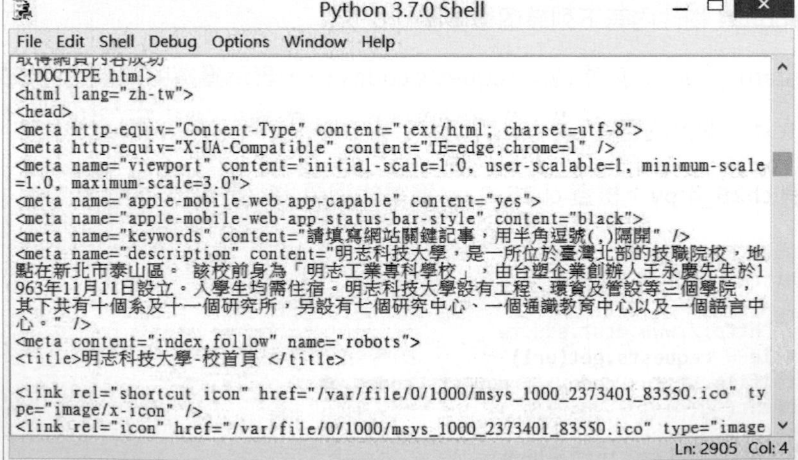

26-2-3 搜尋網頁特定內容

繼續先前的內容，網頁內容下載後，如果我們想要搜尋特定字串，可以使用許多方法，下列將簡單的用 2 個方法處理。

程式實例 ch26_7.py：搜尋字串 " 洪錦魁 " 使用方法 1，使用方法 2 不僅搜尋，如果找到同時列出執行結果。這個程式執行時，如果網頁內容下載成功，會要求輸入欲搜尋的字串，將此字串放入 pattern 變數。使用 2 種方法搜尋，方法 1 會列出搜尋成功或失敗，方法 2 會列出搜尋到此字串的次數。

```
# ch26_7.py
import requests
import re

url = 'http://www.mcut.edu.tw'
htmlfile = requests.get(url)
if htmlfile.status_code == requests.codes.ok:
    pattern = input("請輸入欲搜尋的字串 : ")     # pattern存放欲搜尋的字串
# 使用方法1
    if pattern in htmlfile.text:                # 方法1
        print("搜尋 %s 成功" % pattern)
    else:
        print("搜尋 %s 失敗" % pattern)
    # 使用方法2, 如果找到放在串列name內
    name = re.findall(pattern, htmlfile.text)   # 方法2
    if name:
        print("%s 出現 %d 次" % (pattern, len(name)))
    else:
        print("%s 出現 0 次" % pattern)
else:
    print("網頁下載失敗")
```

執行結果

```
==================== RESTART: D:\Python\ch26\ch26_7.py ====================
請輸入欲搜尋的字串 : 王永慶
搜尋 王永慶 成功
王永慶 出現 5 次
>>>
==================== RESTART: D:\Python\ch26\ch26_7.py ====================
請輸入欲搜尋的字串 : 洪錦魁
搜尋 洪錦魁 失敗
洪錦魁 出現 0 次
```

26-2-4 下載網頁失敗的異常處理

有時候我們輸入網址錯誤或是有些網頁有反爬蟲機制，造成下載網頁失敗，其實建議可以使用第 15 章程式除錯與異常處理觀念處理這類問題。Response 物件有 raise_ for_status( )，可以針對網址正確但是後續檔案名稱錯誤的狀況產生異常處理。下列將直接以實例解說。

程式實例 ch26_8.py：下載網頁錯誤的異常處理，由於不存在 file_not_existed 造成這個程式異常發生。

```
1  # ch26_8.py
2  import requests
3
4  url = 'http://www.mcut.edu.tw/file_not_existed'  # 不存在的內容
5  htmlfile = requests.get(url)
6  try:
7      htmlfile.raise_for_status()                  # 異常處理
8      print("下載成功")
9  except Exception as err:                         # err是系統自訂的錯誤訊息
10     print("網頁下載失敗: %s" % err)
```

執行結果

```
==================== RESTART: D:\Python\ch26\ch26_8.py ====================
網頁下載失敗: 404 Client Error: Not Found for url: https://www.mcut.edu.tw/file_
not_existed
```

若是忘記了 try: 的用法可參考第 15 章，若是忘記第 9 行用法可以參考 15-2-4 節。上述 raise_for_status( ) 可以處理網址正確但是後面附加檔案錯誤的問題，可是無法處理網址錯誤的訊息。

程式實例 ch26_9.py：程式第 4 行，一個錯誤的網址造成出現一長串的錯誤。

```
1  # ch26_9.py
2  import requests
3
4  url = 'http://www.gzaxxc.com/file_not_existed'  # 錯誤的網址
5  htmlfile = requests.get(url)
6  try:
7      htmlfile.raise_for_status()                  # 異常處理
8      print("下載成功")
9  except Exception as err:                         # err是系統自訂的錯誤訊息
10     print("網頁下載失敗: %s" % err)
```

執行結果

```
==================== RESTART: D:\Python\ch26\ch26_9.py ====================
Traceback (most recent call last):
  File "C:\Users\User\AppData\Local\Programs\Python\Python37-32\lib\site-package
s\urllib3\connection.py", line 159, in _new_conn
    (self._dns_host, self.port), self.timeout, **extra_kw)
  File "C:\Users\User\AppData\Local\Programs\Python\Python37-32\lib\site-package
s\urllib3\util\connection.py", line 57, in create_connection
    for res in socket.getaddrinfo(host, port, family, socket.SOCK_STREAM):
  File "C:\Users\User\AppData\Local\Programs\Python\Python37-32\lib\socket.py",
line 748, in getaddrinfo
    for res in _socket.getaddrinfo(host, port, family, type, proto, flags):
socket.gaierror: [Errno 11001] getaddrinfo failed

During handling of the above exception, another exception occurred:
```

很明顯執行異常處理期間又產生了異常，所以程式錯誤產生中斷，有時候可以使用將 requests.get( ) 放在 try: 後面。

程式實例 ch26_10.py：重新設計下載網頁錯誤的異常處理。

```
# ch26_10.py
import requests

url = 'http://www.gzaxxc.com/file_not_existed'  # 錯誤的網址
try:
    htmlfile = requests.get(url)
    print("下載成功")
except Exception as err:                          # err是系統自訂的錯誤訊息
    print("網頁下載失敗: %s" % err)
    print("程式正常結束")
```

執行結果

```
==================== RESTART: D:\Python\ch26\ch26_10.py ====================
網頁下載失敗: HTTPConnectionPool(host='www.gzaxxc.com', port=80): Max retries ex
ceeded with url: /file_not_existed (Caused by NewConnectionError('<urllib3.conne
ction.HTTPConnection object at 0x035A04B0>: Failed to establish a new connection
: [Errno 11001] getaddrinfo failed'))
程式正常結束
```

從上述可以看到，即使網址錯誤，程式還是依照我們設計的邏輯執行。

26-2-5 網頁伺服器阻擋造成讀取錯誤

現在有些網頁也許基於安全理由，或是不想讓太多網路爬蟲造訪造成網路流量增加，因此會設計程式阻擋網路爬蟲擷取資訊，碰上這類問題就會產生 406 的錯誤，如下所示：

程式實例 ch26_10_1.py：網頁伺服器阻擋造成編號 406 的錯誤，無法擷取網頁資訊。

```
# ch26_10_1.py
import requests

url = 'http://aaa.24ht.com.tw/'
htmlfile = requests.get(url)
htmlfile.raise_for_status()
```

執行結果

```
=================== RESTART: D:\Python\ch26\ch26_10_1.py ===================
Traceback (most recent call last):
  File "D:\Python\ch26\ch26_10_1.py", line 6, in <module>
    htmlfile.raise_for_status()
  File "C:\Users\User\AppData\Local\Programs\Python\Python37-32\lib\site-package
s\requests\models.py", line 940, in raise_for_status
    raise HTTPError(http_error_msg, response=self)
requests.exceptions.HTTPError: 406 Client Error: Not Acceptable for url: http://
aaa.24ht.com.tw/
```

上述程式第 6 行的 raise_for_status( ) 主要是如果 Response 物件 htmlfile 在前一行擷取網頁內容有錯誤碼時，將可以列出錯誤原因，406 錯誤就是網頁伺服器阻擋。用這行程式碼，可以快速中斷協助我們偵錯程式的錯誤。

26-2-6　爬蟲程式偽成裝瀏覽器

其實我們使用 requests.get( ) 方法到網路上讀取網頁資料，這類的程式就稱網路爬蟲程式，甚至你也可以將各大公司所設計的搜尋引擎稱為網路爬蟲程式。為了解決爬蟲程式被伺服器阻擋的困擾，我們可以將所設計的爬蟲程式偽裝成瀏覽器，方法是在程式前端加上 headers 內容。

程式實例 ch26_10_2.py：使用偽裝瀏覽器方式，重新設計 ch26_10_1.py。

```
1  # ch26_10_2.py
2  import requests
3  
4  headers = { 'User-Agent':'Mozilla/5.0 (Windows NT 6.1; WOW64)\
5              AppleWebKit/537.36 (KHTML, like Gecko) Chrome/45.0.2454.101\
6              Safari/537.36', }
7  url = 'http://aaa.24ht.com.tw/'
8  htmlfile = requests.get(url, headers=headers)
9  htmlfile.raise_for_status()
10 print("偽裝瀏覽器擷取網路資料成功")
```

執行結果

```
===================== RESTART: D:\Python\ch26\ch26_10_2.py =====================
偽裝瀏覽器擷取網路資料成功
```

上述的重點是第 4-6 行的敘述，其實這是一個標題 (headers) 宣告，第 4 和 5 行末端的反斜線 "\" 主要表達下一行與這一行是相同敘述，也就是處理同一敘述太長時分行撰寫，Python 會將 4-6 行視為同一敘述。然後第 8 行呼叫 requests.get( ) 時，第 2 個參數需要加上 "headers=headers"，這樣這個程式就可以偽裝成瀏覽器，可以順利取得網頁資料了。

其實將 Pythont 程式偽裝成瀏覽器比想像的複雜，上述 headers 宣告碰上安全機制強大的網頁也可能失效，更詳細的解說超出本書範圍。

26-2-7　儲存下載的網頁

使用 requests.get( ) 獲得網頁內容時，是儲存在 Response 物件類型內，如果要將這類型的物件存入硬碟內，需使用 Response 物件的 iter_content( ) 方法，這個方法是採用重複迭代方式將 Response 物件內容寫入指定的檔案內，每次寫入指定磁區大小是以 Bytes 為單位，一般可以設定 1024*5 或 1024*10 或更多。

程式實例 ch26_11.py：下載天瓏書局網頁，同時將網頁內容存入 out26_11.txt 檔案內。

```
1  # ch26_11.py
2  import requests
3
4  url = 'http://www.tenlong.com.tw'                          # 網址
5  try:
6      htmlfile = requests.get(url)
7      print("下載成功")
8  except Exception as err:                                    # err是系統自訂的錯誤訊息
9      print("網頁下載失敗: %s" % err)
10 # 儲存網頁內容
11 fn = 'out26_11.txt'
12 with open(fn, 'wb') as file_Obj:                            # 以二進位儲存
13     for diskStorage in htmlfile.iter_content(10240):        # Response物件處理
14         size = file_Obj.write(diskStorage)                  # Response物件寫入
15         print(size)                                         # 列出每次寫入大小
16     print("以 %s 儲存網頁HTML檔案成功" % fn)
```

執行結果

```
==================== RESTART: D:\Python\ch26\ch26_11.py ====================
下載成功
10240
10240
10240
10240
10240
10240
10240
10240
10240
10240
10240
10240
10240
5088
以 out26_11.txt 儲存網頁HTML檔案成功
```

由於這個網頁檔案內容比較大，所以筆者將每次寫入檔案大小設為 10240bytes，程式第 12 行所開啟的是以二進位可寫入 "wb" 方式開啟，這是為了怕網頁內有 Unicode 碼。程式第 13-15 行是一個迴圈，這個迴圈會將 Response 物件 htmlfile 以迴圈方式寫入所開啟的 file_Obj，最後是存入第 11 行設定的 out26_11.txt 檔案內。程式第 14 行每次使用 write( ) 寫入 Response 物件時會回傳所寫入網頁內容的大小，所以 15 行會列出當次迴圈所寫入的大小。

26-3 檢視網頁原始檔

前一節筆者教導讀者利用 requests.get( ) 取得網頁內容的原始 HTML 檔，其實也可以使用瀏覽器取得網頁內容的原始檔。檢視網頁的原始檔目的不是要模仿設計相同的網頁，主要是掌握幾個關鍵重點，然後擷取我們想要的資料。

26-3-1 建議閱讀書籍

也許你不必徹底了解 HTML 網頁設計，但是若有 HTML 知識更加，下列是筆者所著的 HTML，以 600 程式實例講解網頁設計，可供讀者參考。

HTML5 + CSS3 王者歸來

26-3-2 以 Chrome 瀏覽器為實例

此例是使用 Chrome 開啟深智數位公司網頁，在網頁內按一下滑鼠右鍵，出現快顯功能表時，執行 View page source 指令。

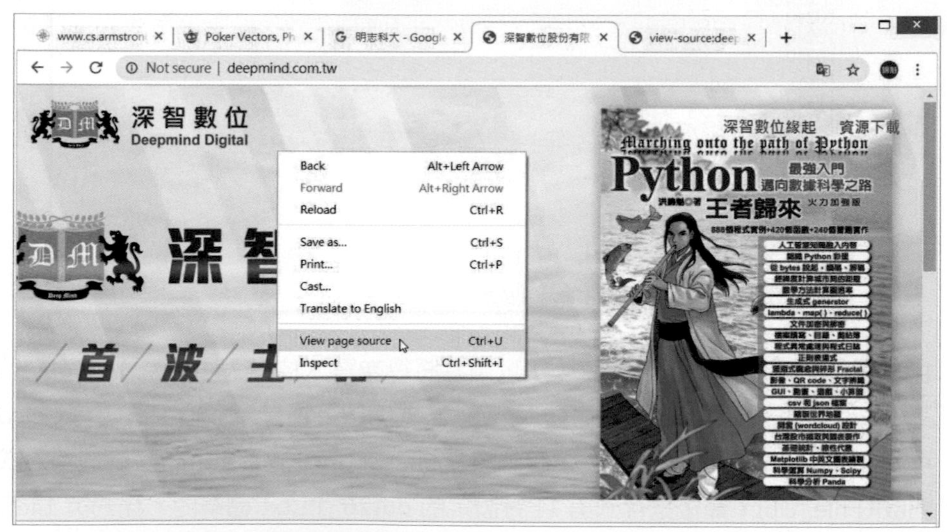

就可以看到此網頁的原始 HTML 檔案。

```
← → C  ⓘ Not secure | view-source:deepmind.com.tw
<!DOCTYPE html>
<html lang="zh-TW">
<head>
        <link rel="pingback" href="http://deepmind.com.tw/xmlrpc.php">
        <title>深智數位股份有限公司</title>
<link rel='dns-prefetch' href='//fonts.googleapis.com' />
<link rel='dns-prefetch' href='//s.w.org' />
<link rel="alternate" type="application/rss+xml" title="訂閱《深智數位股份有限公司》&raquo; 資訊提供" href="http://deepmind.com.tw/feed"
/>
<link rel="alternate" type="application/rss+xml" title="訂閱《深智數位股份有限公司》&raquo; 留言的資訊提供"
href="http://deepmind.com.tw/comments/feed" />
            <style type="text/css">
img.wp-smiley,
img.emoji {
    display: inline !important;
    border: none !important;
    box-shadow: none !important;
    height: 1em !important;
    width: 1em !important;
    margin: 0 .07em !important;
    vertical-align: -0.1em !important;
    background: none !important;
    padding: 0 !important;
}
</style>
    <style>html,body,div,span,applet,object,iframe,h1,h2,h3,h4,h5,h6,p,blockquote,pre,a,abbr,acronym,address,big,cite,code,del,dfn,em
,img,ins,kbd,q,s,samp,small,strike,strong,sub,sup,tt,var,b,u,i,center,dl,dt,dd,ol,ul,li,fieldset,form,label,legend,table,caption,tbod
y,tfoot,thead,tr,th,td,article,aside,canvas,details,embed,figure,figcaption,footer,header,hgroup,menu,nav,output,ruby,section,summary
,time,mark,audio,video{margin:0;padding:0;border:0;font:inherit;font-size:100%;vertical-align:baseline}html{line-height:1}ol,ul{list-
style:none}table{border-collapse:collapse;border-spacing:0}caption,th,td{text-align:left;font-weight:normal;vertical-
align:middle}q,blockquote{quotes:none}q:before,q:after,blockquote:before,blockquote:after{content:"";content:none}a
```

26-3-3 檢視原始檔案的重點

假設你想要下載某網頁的圖片，可以進入網頁了解此網頁的結構，例如：如果我們想要下載台灣彩券公司的威力彩開獎號碼，我們可以先進入此公司網頁。

將滑鼠游標移至威力彩開獎結果，按一下滑鼠右鍵，出現快顯功能表，執行檢視原始檔指令。接著出現 HTML 原始檔案的視窗，請執行 Find(或編輯 / 尋找)，再輸入 108000038，這是筆者寫本書時最新開獎期數，可以得到下列結果。

```
    </div>
    <div class="dotted01"></div>
    <!--***************威力彩區塊***************-->
    <div class="contents_box02">
      <div id="contents_logo_02"></div><div class="contents_mine_tx02"><span class="font_black15">108/5/13 第108000038期 </span>
<span class="font_red14"><a href="Result_all.aspx#01">開獎結果</a></span></div><div class="contents_mine_tx04">開出順序<br>大小順序<br>
第二區</div><div class="ball_tx ball_green">05 </div><div class="ball_tx ball_green">33 </div><div class="ball_tx ball_green">13
</div><div class="ball_tx ball_green">17 </div><div class="ball_tx ball_green">23 </div><div class="ball_tx ball_green">06 </div><div
class="ball_tx ball_green">05 </div><div class="ball_tx ball_green">06 </div><div class="ball_tx ball_green">13 </div><div
class="ball_tx ball_green">17 </div><div class="ball_tx ball_green">23 </div><div class="ball_tx ball_green">33 </div><div
class="ball_red">02 </div>
    </div>
    <div class="dotted02"></div>
    <!--***************38樂合彩區塊***************-->
    <div class="contents_box02">
      <div id="contents_logo_03"></div><div class="contents_mine_tx02"><span class="font_black15">108/5/13 第108000038期 </span>
<span class="font_red14"><a href="Result_all.aspx#07">開獎結果</a></span></div><div class="contents_mine_tx04">開出順序<br>大小順序
</div><div class="ball_tx ball_green">05 </div><div class="ball_tx ball_green">33 </div><div class="ball_tx ball_green">13 </div><div
class="ball_tx ball_green">17 </div><div class="ball_tx ball_green">23 </div><div class="ball_tx ball_green">06 </div><div
class="ball_tx ball_green">05 </div><div class="ball_tx ball_green">06 </div><div class="ball_tx ball_green">13 </div><div
class="ball_tx ball_green">17 </div><div class="ball_tx ball_green">23 </div><div class="ball_tx ball_green">33 </div>
    </div>
    <div class="dotted01"></div>
    <!--***************大樂透區塊***************-->
    <div class="contents_box02">
      <div id="contents_logo_04"></div><div class="contents_mine_tx02"><span class="font_black15">108/5/10 第108000045期 </span>
<span class="font_red14"><a href="Result_all.aspx#02">開獎結果</a></span></div><div class="contents_mine_tx04">開出順序<br>大小順序<br>
特別號</div><div class="ball_tx ball_yellow">37 </div><div class="ball_tx ball_yellow">27 </div><div class="ball_tx ball_yellow">31
</div><div class="ball_tx ball_yellow">33 </div><div class="ball_tx ball_yellow">11 </div><div class="ball_tx ball_yellow">17 </div>
<div class="ball_tx ball_yellow">11 </div><div class="ball_tx ball_yellow">17 </div><div class="ball_tx ball_yellow">27 </div><div
class="ball_tx ball_yellow">31 </div><div class="ball_tx ball_yellow">33 </div><div class="ball_tx ball_yellow">37 </div><div
```

由上圖我們已經找到放置威力彩券號碼球的地點了，接著我們必須了解此區域特性，然後再針對此，執行搜尋，最後設計可以找出彩券號碼的爬蟲程式，可參考 ch26_26.py。

如果我們現在要下載某個網頁的所有圖片檔案，可以進入該網頁，例如：如果想要下載深智公司網頁 (http://www.deepmind.com.tw) 的圖檔，可以開啟該網頁的 HTML 檔案，然後請執行 Find(編輯 / 尋找)，再輸入 '<img'，接著可以了解該網頁圖檔的狀況。

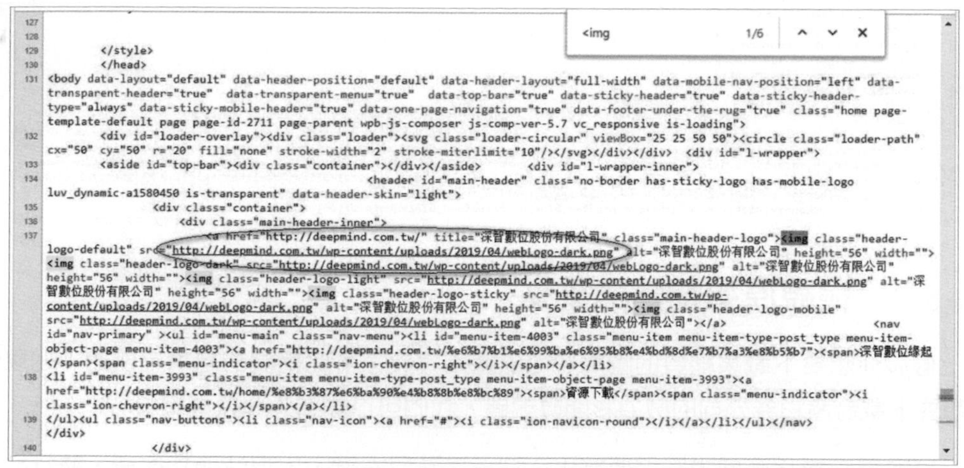

由上圖可以看到圖檔是在 wp-content/uploads/2019/04/ 資料夾內，其實我們也可以使用 " 網址 + 檔案路徑 "，列出圖檔的內容。

26-4 解析網頁使用 BeautifulSoup 模組

從前面章節讀者應該已經瞭解了如何下載網頁 HTML 原始檔案，也應該對網頁的基本架構有基本認識，本節要介紹的是使用 BeautifulSoup 模組解析 HTML 文件。目前這個模組是第 4 版，模組名稱是 beautifulsoup4，可參考附錄 B，以下列方式安裝：

pip install beautifulsoup4

雖然安裝是 beautifulsoup4，但是導入模組時是用下列方式：

import bs4

26-4-1 建立 BeautifulSoup 物件

可以使用下列語法建立 BeautifulSoup 物件。

```
htmlFile = requests.get('http://www.tenlong.com.tw')      # 下載天瓏書局網頁內容
objSoup = bs4.BeautifulSoup(htmlFile.text, 'lxml')         # lxml 是解析 HTML 文件方式
```

上述是以下載天瓏書局網頁為例，當網頁下載後，將網頁內容的 Response 物件傳給 bs4.BeautifulSoup( ) 方法，就可以建立 BeautifulSoup 物件。至於另一個參數 "lxml" 目的是註明解析 HTML 文件的方法，常用的有下列方法。

'html.parser'：這是老舊的方法 (3.2.3 版本前)，相容性比較不好。

'lxml'：速度快，相容性佳，這是本書採用的方法。

'html5lib'：速度比較慢，但是解析能力強，需另外安裝 html5lib。

pip install html5lib

程式實例 ch26_12.py：解析 http://www.tenlong.com.tw 網頁，主要是列出資料型態。

```
# ch26_12.py
import requests, bs4

htmlFile = requests.get('http://www.tenlong.com.tw')
objSoup = bs4.BeautifulSoup(htmlFile.text, 'lxml')
print("列印BeautifulSoup物件資料型態 ", type(objSoup))
```

執行結果

```
=================== RESTART: D:\Python\ch26\ch26_12.py ===================
列印BeautifulSoup物件資料型態  <class 'bs4.BeautifulSoup'>
```

從上述我們獲得了 BeautifulSoup 的資料類型了，表示我們獲得初步成果了。

26-4-2　基本 HTML 文件解析 - 從簡單開始

真實世界的網頁是很複雜的，所以筆者想先從一簡單的 HTML 文件開始解析網頁。在 ch26_12.py 程式第 5 行第一個參數 htmlFile.text 是網頁內容的 Response 物件，我們可以在 ch26 資料夾放置一個簡單的 HTML 文件，然後先學習使用 BeautifulSoup 解析此 HTML 文件。

程式實例 myhtml.html：在 ch26 資料夾有 myhtml.html 文件，這個文件內容如下：

```
<!doctype html>
<html>
<head>
    <meta charset="utf-8">
    <title>洪錦魁著作</title>
    <style>
       h1#author { width:400px; height:50px; text-align:center;
          background:linear-gradient(to right,yellow,green);
       }
       h1#content { width:400px; height:50px;
          background:linear-gradient(to right,yellow,red);
       }
       section { background:linear-gradient(to right bottom,yellow,gray); }
    </style>
</head>
<body>
<h1 id="author">洪錦魁</h1>
<img src="hung.jpg" width="100">
<section>
    <h1 id="content">一個人的極境旅行 - 南極大陸北極海</h1>
    <p>2015/2016年<strong>洪錦魁</strong>一個人到南極</p>
    <img src="travel.jpg" width="300">
</section>
<section>
    <h1 id="content">HTML5+CSS3王者歸來</h1>
    <p>本書講解網頁設計使用HTML5+CSS3</p>
    <img src="html5.jpg" width="300">
</section>
</body>
</html>
```

執行結果

本節有幾個小節將會解析此份 HTML 文件。

程式實例 ch26_13.py：解析本書 ch26 資料夾的 myhtml.html 檔案，列出物件類型。

```
# ch26_13.py
import bs4

htmlFile = open('myhtml.html', encoding='utf-8')
objSoup = bs4.BeautifulSoup(htmlFile, 'lxml')
print("列印BeautifulSoup物件資料型態 ", type(objSoup))
```

執行結果

```
==================== RESTART: D:\Python\ch26\ch26_13.py ====================
列印BeautifulSoup物件資料型態  <class 'bs4.BeautifulSoup'>
```

上述可以看到解析 ch26 資料夾的 myhtml.html 檔案初步是成功的。

26-4-3 網頁標題 title 屬性

BeautifulSoup 物件的 title 屬性可以傳回網頁標題的 <title> 標籤內容。

程式實例 ch26_14.py：使用 title 屬性解析 myhtml.html 檔案的網頁標題，本程式會列出物件類型與內容。

```
# ch26_14.py
import bs4

htmlFile = open('myhtml.html', encoding='utf-8')
objSoup = bs4.BeautifulSoup(htmlFile, 'lxml')
print("物件類型  = ", type(objSoup.title))
print("列印title = ", objSoup.title)
```

執行結果

```
==================== RESTART: D:\Python\ch26\ch26_14.py ====================
物件類型  =  <class 'bs4.element.Tag'>
列印title =  <title>洪錦魁著作</title>
```

從上述執行結果可以看到所解析的 objSoup.title 是一個 HTML 標籤物件。

26-4-4　去除標籤傳回文字 text 屬性

前一節實例的確解析了 myhtml.html 文件，傳回解析的結果是一個 HTML 的標籤，不過我們可以使用 text 屬性獲得此標籤的內容。

程式實例 ch26_15.py：擴充 ch26_14.py，列出解析的標籤內容。

```
# ch26_15.py
import bs4

htmlFile = open('myhtml.html', encoding='utf-8')
objSoup = bs4.BeautifulSoup(htmlFile, 'lxml')
print("列印title = ", objSoup.title)
print("title內容 = ", objSoup.title.text)
```

執行結果

```
==================== RESTART: D:\Python\ch26\ch26_15.py ====================
列印title =  <title>洪錦魁著作</title>
title內容 =  洪錦魁著作
```

26-4-5　傳回所找尋第一個符合的標籤 find( )

這個函數可以找尋 HTML 文件內第一個符合的標籤內容，例如：find('h1') 是要找第一個 h1 的標籤。如果找到了就傳回該標籤字串我們可以使用 text 屬性獲得內容，如果沒找到就傳回 None。

程式實例 ch26_16.py：傳回第一個 <h1> 標籤。

```
# ch26_16.py
import bs4

htmlFile = open('myhtml.html', encoding='utf-8')
objSoup = bs4.BeautifulSoup(htmlFile, 'lxml')
objTag = objSoup.find('h1')
print("資料型態= ", type(objTag))
print("列印Tag = ", objTag)
print("Tag內容 = ", objTag.text)
```

執行結果

```
===================== RESTART: D:\Python\ch26\ch26_16.py =====================
資料型態=  <class 'bs4.element.Tag'>
列印Tag =  <h1 id="author">洪錦魁</h1>
Tag內容 =  洪錦魁
```

26-4-6 傳回所找尋所有符合的標籤 find_all( )

這個函數可以找尋 HTML 文件內所有符合的標籤內容，例如：find_all('h1') 是要找所有 h1 的標籤。如果找到了就傳回該標籤串列，如果沒找到就傳回空串列。

程式實例 ch26_17.py：傳回所有的 <h1> 標籤。

```
# ch26_17.py
import bs4

htmlFile = open('myhtml.html', encoding='utf-8')
objSoup = bs4.BeautifulSoup(htmlFile, 'lxml')
objTag = objSoup.find_all('h1')
print("資料型態     = ", type(objTag))          # 列印資料型態
print("列印Tag串列 = ", objTag)                 # 列印串列
print("以下是列印串列元素 : ")
for data in objTag:                              # 列印串列元素內容
    print(data.text)
```

執行結果

```
===================== RESTART: D:\Python\ch26\ch26_17.py =====================
資料型態     =  <class 'bs4.element.ResultSet'>
列印Tag串列 =  [<h1 id="author">洪錦魁</h1>, <h1 id="content">一個人的極境旅行
 南極大陸北極海</h1>, <h1 id="content">HTML5+CSS3王者歸來</h1>]
以下是列印串列元素 :
洪錦魁
一個人的極境旅行 - 南極大陸北極海
HTML5+CSS3王者歸來
```

26-4-7 認識 HTML 元素內容屬性與 getText( )

HTML 元素內容的屬性有下列 3 種。

textContent：內容，不含任何標籤碼。

innerHTML：元素內容，含子標籤碼，但是不含本身標籤碼。

outerHTML：元素內容，含子標籤碼，也含本身標籤碼。

如果有一個元素內容如下：

<p>Marching onto the path of <b>Web Design Expert</b></p>

則上述 3 個屬性的觀念與內容分別如下：

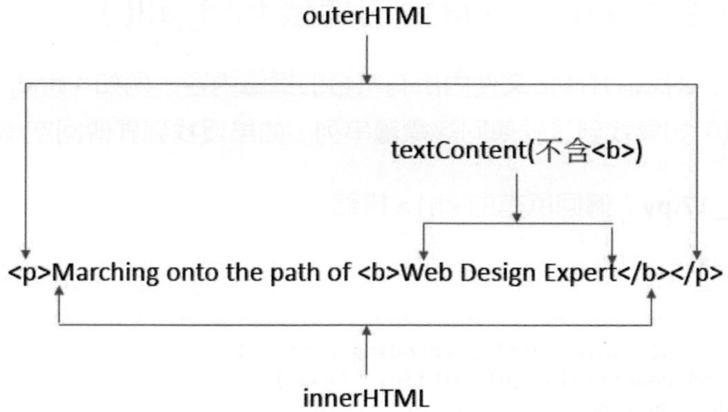

textContent：Web Design Expert

innerHTML：Marching onto the path of <b>Web Design Expert</b>

outerHTML：<p>Marching onto the path of <b>Web Design Expert</b></p>

當使用 BeautifulSoup 模組解析 HTML 文件，如果傳回是串列時，也可以配合索引應用 getText( ) 取得串列元素內容，所取得的內容是 textContent。意義與 26-4-4 節的 text 屬性相同。

程式實例 ch26_18.py：使用 getText( ) 重新擴充設計 ch26_17.py。

```
# ch26_18.py
import bs4

htmlFile = open('myhtml.html', encoding='utf-8')
objSoup = bs4.BeautifulSoup(htmlFile, 'lxml')
objTag = objSoup.find_all('h1')
print("資料型態      = ", type(objTag))       # 列印資料型態
print("列印Tag串列 = ", objTag)               # 列印串列
print("\n使用Text屬性列印串列元素 : ")
for data in objTag:                          # 列印串列元素內容
    print(data.text)
print("\n使用getText()方法列印串列元素 : ")
for data in objTag:
    print(data.getText())
```

執行結果

```
==================== RESTART: D:\Python\ch26\ch26_18.py ====================
資料型態     =  <class 'bs4.element.ResultSet'>
列印Tag串列 =  [<h1 id="author">洪錦魁</h1>, <h1 id="content">一個人的極境旅行 - 南極大陸北極海</h1>, <h1 id="content">HTML5+CSS3王者歸來</h1>]

使用Text屬性列印串列元素 :
洪錦魁
一個人的極境旅行 - 南極大陸北極海
HTML5+CSS3王者歸來

使用getText()方法列印串列元素 :
洪錦魁
一個人的極境旅行 - 南極大陸北極海
HTML5+CSS3王者歸來
```

26-4-8 select( )

select( ) 主要是以 CSS 選擇器 (selector) 的觀念尋找元素，如果找到回傳的是串列 (list)，如果找不到則傳回空串列。下列是使用實例：

objSoup.select('p')：找尋所有 <p> 標籤的元素。

objSoup.select ('img')：找尋所有 <img> 標籤的元素。

objSoup.select ('.happy')：找尋所有 CSS class 屬性為 happy 的元素。

objSoup.select ('#author')：找尋所有 CSS id 屬性為 author 的元素。

objSoup.select ('p #author')：找尋所有 <p> 且 id 屬性為 author 的元素。

objSoup.select ('p .happy')：找尋所有 <p> 且 class 屬性為 happy 的元素。

objSoup.select ('div strong')：找尋所有在 <section> 元素內的 <strong> 元素。

objSoup.select ('div > strong')：所有在 <section> 內的 <strong> 元素，中間沒有其他元素。

objSoup.select ('input[name]')：找尋所有 <input> 標籤且有 name 屬性的元素。

程式實例 ch26_19.py：找尋 id 屬性是 author 的內容。

```
# ch26_19.py
import bs4

htmlFile = open('myhtml.html', encoding='utf-8')
objSoup = bs4.BeautifulSoup(htmlFile, 'lxml')
objTag = objSoup.select('#author')
print("資料型態       = ", type(objTag))          # 列印資料型態
print("串列長度       = ", len(objTag))           # 列印串列長度
print("元素資料型態 = ", type(objTag[0]))       # 列印元素資料型態
print("元素內容       = ", objTag[0].getText())   # 列印元素內容
```

執行結果

```
==================== RESTART: D:\Python\ch26\ch26_19.py ====================
資料型態       =  <class 'list'>
串列長度       =  1
元素資料型態 =  <class 'bs4.element.Tag'>
元素內容       =  洪錦魁
```

上述在使用時如果將元素內容當作參數傳給 str( )，將會傳回含開始和結束標籤的字串。

程式實例 ch26_20.py：將解析的串列元素傳給 str( )，同時列印執行結果。

```
# ch26_20.py
import bs4

htmlFile = open('myhtml.html', encoding='utf-8')
objSoup = bs4.BeautifulSoup(htmlFile, 'lxml')
objTag = objSoup.select('#author')
print("列出串列元素的資料型態     = ", type(objTag[0]))
print(objTag[0])
print("列出str()轉換過的資料型態 = ", type(str(objTag[0])))
print(str(objTag[0]))
```

執行結果

```
==================== RESTART: D:\Python\ch26\ch26_20.py ====================
列出串列元素的資料型態     =  <class 'bs4.element.Tag'>
<h1 id="author">洪錦魁</h1>
列出str()轉換過的資料型態 =  <class 'str'>
<h1 id="author">洪錦魁</h1>
```

儘管上述第 8 行與第 10 行列印的結果是相同，但是第 10 行是純字串，第 8 行是標籤字串，意義不同，未來可使用的方法也是不同，將在 26-4-9 節解說。

串列元素有 attrs 屬性，如果使用此屬性可以得到一個字典結果。

程式實例 ch26_21.py：將 attrs 屬性應用在串列元素，列出字典結果。

```
# ch26_21.py
import bs4

htmlFile = open('myhtml.html', encoding='utf-8')
objSoup = bs4.BeautifulSoup(htmlFile, 'lxml')
objTag = objSoup.select('#author')
print(str(objTag[0].attrs))
```

執行結果

```
==================== RESTART: D:\Python\ch26\ch26_21.py ====================
{'id': 'author'}
```

在 HTML 文件中常常可以看到標籤內有子標籤，如果查看 myhtml.html 的第 21 行，可以看到 <p> 標籤內有 <strong> 標籤，碰上這種狀況若是列印串列元素內容時，可以看到子標籤存在。但是，若是使用 getText( ) 取得元素內容，可以得到沒有子標籤的字串內容。

程式實例 ch26_22.py：搜尋 <p> 標籤，最後列出串列內容與不含子標籤的元素內容。

```
# ch26_22.py
import bs4

htmlFile = open('myhtml.html', encoding='utf-8')
objSoup = bs4.BeautifulSoup(htmlFile, 'lxml')
pObjTag = objSoup.select('p')
print("含<p>標籤的串列長度 = ", len(pObjTag))
for pObj in pObjTag:
    print(str(pObj))                        # 內部有子標籤<strong>字串
    print(pObj.getText())                   # 沒有子標籤
    print(pObj.text)                        # 沒有子標籤
```

執行結果

```
==================== RESTART: D:\Python\ch26\ch26_22.py ====================
含<p>標籤的串列長度 =  2
<p>2015/2016年<strong>洪錦魁</strong>一個人到南極</p>
2015/2016年洪錦魁一個人到南極
2015/2016年洪錦魁一個人到南極
<p>本書講解網頁設計使用HTML5+CSS3</p>
本書講解網頁設計使用HTML5+CSS3
本書講解網頁設計使用HTML5+CSS3
```

26-4-9 標籤字串的 get( )

假設我們現在搜尋 <img> 標籤，請參考下列實例。

程式實例 ch26_23.py：搜尋 <img> 標籤，同時列出結果。

```
# ch26_23.py
import bs4

htmlFile = open('myhtml.html', encoding='utf-8')
objSoup = bs4.BeautifulSoup(htmlFile, 'lxml')
imgTag = objSoup.select('img')
print("含<img>標籤的串列長度 = ", len(imgTag))
for img in imgTag:
    print(img)
```

執行結果

```
==================== RESTART: D:\Python\ch26\ch26_23.py ====================
含<img>標籤的串列長度 =  3
<img src="hung.jpg" width="100"/>
<img src="travel.jpg" width="300"/>
<img src="html5.jpg" width="300"/>
```

<img> 是一個插入圖片的標籤，沒有結束標籤，所以沒有內文，如果讀者嘗試使用 text 屬性列印內容 "print(img.text)" 將看不到任何結果。<img> 對網路爬蟲設計是很重要，因為可以由此獲得網頁的圖檔資訊。從上述執行結果可以看到對我們而言很重要的是 <img> 標籤內的屬性 src，這個屬性設定了圖片路徑。這個時候我們可以使用標籤字串的 img.get( ) 取得或是 img['src'] 方式取得。

程式實例 ch26_24.py：擴充 ch26_23.py，取得 myhtml.html 的所有圖檔。

```
# ch26_24.py
import bs4

htmlFile = open('myhtml.html', encoding='utf-8')
objSoup = bs4.BeautifulSoup(htmlFile, 'lxml')
imgTag = objSoup.select('img')
print("含<img>標籤的串列長度 = ", len(imgTag))
for img in imgTag:
    print("列印標籤串列 = ", img)
    print("列印圖檔     = ", img.get('src'))
    print("列印圖檔     = ", img['src'])
```

執行結果

```
==================== RESTART: D:\Python\ch26\ch26_24.py ====================
含<img>標籤的串列長度 =  3
列印標籤串列 =  <img src="hung.jpg" width="100"/>
列印圖檔     =  hung.jpg
列印圖檔     =  hung.jpg
列印標籤串列 =  <img src="travel.jpg" width="300"/>
列印圖檔     =  travel.jpg
列印圖檔     =  travel.jpg
列印標籤串列 =  <img src="html5.jpg" width="300"/>
列印圖檔     =  html5.jpg
列印圖檔     =  html5.jpg
```

上述程式最重要是第 10 行的 img.get('src') 和第 11 行的 img['src']，這 2 個方法可以取得標籤字串的 src 屬性內容。在程式實例 ch26_20.py，筆者曾經說明標籤字串與純字串 (str) 不同就是在這裡，純字串無法呼叫 get( ) 方法執行上述將圖檔字串取出。

26-5 網路爬蟲實戰

其實筆者已經用 HTML 文件解說網路爬蟲的基本原理了，其實在真實的網路世界一切比上述實例複雜與困難。

程式實例 ch26_25.py：筆者將 myhtml.html 文件放上網路，改名 index.html，這個程式會下載這個網頁的圖片，現在可以使用下列網址瀏覽此網頁：

http://aaa.24ht.com.tw/

```
# ch26_25.py
import bs4, requests, os

headers = { 'User-Agent':'Mozilla/5.0 (Windows NT 6.1; WOW64)\
            AppleWebKit/537.36 (KHTML, like Gecko) Chrome/45.0.2454.101\
            Safari/537.36', }
url = 'http://aaa.24ht.com.tw/'                       # 這個伺服器會擋住網頁
html = requests.get(url, headers=headers)
print("網頁下載中 ...")
html.raise_for_status()                               # 驗證網頁是否下載成功
print("網頁下載完成")

destDir = 'out26_25'                                  # 設定儲存資料夾
if os.path.exists(destDir) == False:
    os.mkdir(destDir)                                 # 建立目錄供未來儲存圖片

objSoup = bs4.BeautifulSoup(html.text, 'lxml')        # 建立BeautifulSoup物件

imgTag = objSoup.select('img')                        # 搜尋所有圖片檔案
print("搜尋到的圖片數量 = ", len(imgTag))              # 列出搜尋到的圖片數量
if imgTag:                                            # 如果有找到圖片則執行下載與儲存
    for i in range(len(imgTag)):                      # 迴圈下載圖片與儲存
        imgUrl = imgTag[i].get('src')                 # 取得圖片的路徑
```

```
        print("%s 圖片下載中 ... " % imgUrl)
        finUrl = url + imgUrl                            # 取得圖片在Internet上的路徑
        print("%s 圖片下載中 ... " % finUrl)
        picture = requests.get(finUrl, headers=headers) # 下載圖片
        picture.raise_for_status()                       # 驗證圖片是否下載成功
        print("%s 圖片下載成功" % finUrl)

        # 先開啟檔案，再儲存圖片
        pictFile = open(os.path.join(destDir, os.path.basename(imgUrl)), 'wb')
        for diskStorage in picture.iter_content(10240):
            pictFile.write(diskStorage)
        pictFile.close()                                 # 關閉檔案
```

執行結果 所下載的圖片會放在 out26_25 資料夾。

```
==================== RESTART: D:/Python/ch26/ch26_25.py ====================
網頁下載中 ...
網頁下載完成
搜尋到的圖片數量 =  3
hung.jpg 圖片下載中 ...
http://aaa.24ht.com.tw/hung.jpg 圖片下載中 ...
http://aaa.24ht.com.tw/hung.jpg 圖片下載成功
travel.jpg 圖片下載中 ...
http://aaa.24ht.com.tw/travel.jpg 圖片下載中 ...
http://aaa.24ht.com.tw/travel.jpg 圖片下載成功
html5.jpg 圖片下載中 ...
http://aaa.24ht.com.tw/html5.jpg 圖片下載中 ...
http://aaa.24ht.com.tw/html5.jpg 圖片下載成功
```

程式實例 ch26_26.py：找出台灣彩券公司最新一期期威力彩開獎結果。這個程式在設計時，第 12 行我們列出先找尋 Class 是 "contents_box02"，因為我們發現這裡會記錄威力彩最新一期的開獎結果。

```
http://www.taiwanlottery.com.tw/ - 原先的原始檔
檔案(F) 編輯(E) 格式(O)
626    <div class="dotted01"></div>
627    <!--***************威力彩區塊***************-->
628    <div class="contents_box02">
629      <div id="contents_logo_02"></div><div class="contents_mine_tx02"><span class="font_black15">106/10/23 第106000085期 </span><span class="font_red14"><a href="Result_all.aspx#01">開獎結果</a></span></div><div class="contents_mine_tx04">開出順序<br>大小順序<br>第二區</div><div class="ball_tx ball_green">11 </div><div class="ball_tx ball_green">35 </div><div class="ball_tx ball_green">17 </div><div class="ball_tx ball_green">33 </div><div class="ball_tx ball_green">30 </div><div class="ball_tx ball_green">10 </div><div class="ball_tx ball_green">10 </div><div class="ball_tx ball_green">11 </div><div class="ball_tx ball_green">17 </div><div class="ball_tx ball_green">30 </div><div class="ball_tx ball_green">33 </div><div class="ball_tx ball_green">35 </div><div class="ball_red">08 </div>
630    </div>
631    <div class="dotted02"></div>
632    <!--***************38樂合彩區塊***************-->
633    <div class="contents_box02">
```

結果程式第 13 行發現有 4 組 Class 是 "contents_box02"，程式第 14-15 行則列出這 4 組串列。

```
1  # ch26_26.py
2  import bs4, requests
3
4  url = 'http://www.taiwanlottery.com.tw'
5  html = requests.get(url)
6  print("網頁下載中 ...")
7  html.raise_for_status()                                # 驗證網頁是否下載成功
8  print("網頁下載完成")
9
10 objSoup = bs4.BeautifulSoup(html.text, 'lxml')         # 建立BeautifulSoup物件
11
12 dataTag = objSoup.select('.contents_box02')            # 尋找class是contents_box02
13 print("串列長度", len(dataTag))
14 for i in range(len(dataTag)):                          # 列出含contents_box02的串列
15     print(dataTag[i])
16
17 # 找尋開出順序與大小順序的球
18 balls = dataTag[0].find_all('div', {'class':'ball_tx ball_green'})
19 print("開出順序 : ", end='')
20 for i in range(6):                                     # 前6球是開出順序
21     print(balls[i].text, end='   ')
22
23 print("\n大小順序 : ", end='')
24 for i in range(6,len(balls)):                          # 第7球以後是大小順序
25     print(balls[i].text, end='   ')
26
27 # 找出第二區的紅球
28 redball = dataTag[0].find_all('div', {'class':'ball_red'})
29 print("\n第二區   :", redball[0].text)
```

執行結果

```
===================== RESTART: D:/Python/ch26/ch26_26.py =====================
網頁下載中 ...
網頁下載完成
串列長度 4
<div class="contents_box02">
<div id="contents_logo_02"></div><div class="contents_mine_tx02"><span class="font_black15">108/11/21 第108000093期 </span><span class="font_
red14"><a href="Result_all.aspx#01">開獎結果</a></span></div><div class="contents_mine_tx04">開出順序<br/>大小順序<br/>第二區</div><div class
="ball_tx ball_green">31 </div><div class="ball_tx ball_green">05 </div><div class="ball_tx ball_green">37 </div><div class="ball_tx ball_gre
en">26 </div><div class="ball_tx ball_green">03 </div><div class="ball_tx ball_green">20 </div><div class="ball_tx ball_green">03 </div><div
class="ball_tx ball_green">05 </div><div class="ball_tx ball_green">20 </div><div class="ball_tx ball_green">26 </div><div class="ball_tx bal
l_green">31 </div><div class="ball_tx ball_green">37 </div><div class="ball_red">04 </div>
</div>
<div class="contents_box02">
<div id="contents_logo_03"></div><div class="contents_mine_tx02"><span class="font_black15">108/11/21 第108000093期 </span><span class="font_
red14"><a href="Result_all.aspx#07">開獎結果</a></span></div><div class="contents_mine_tx04">開出順序<br/>大小順序</div><div class="ball_tx b
all_green">31 </div><div class="ball_tx ball_green">05 </div><div class="ball_tx ball_green">37 </div><div class="ball_tx ball_green">26 </di
v><div class="ball_tx ball_green">03 </div><div class="ball_tx ball_green">20 </div><div class="ball_tx ball_green">03 </div><div class="ball
_tx ball_green">05 </div><div class="ball_tx ball_green">20 </div><div class="ball_tx ball_green">26 </div><div class="ball_tx ball_green">31
</div><div class="ball_tx ball_green">37 </div>
</div>
<div class="contents_box02">
<div id="contents_logo_04"></div><div class="contents_mine_tx02"><span class="font_black15">108/11/22 第108000101期 </span><span class="font_
red14"><a href="Result_all.aspx#02">開獎結果</a></span></div><div class="contents_mine_tx04">開出順序<br/>大小順序<br/>特別號</div><div class
="ball_tx ball_yellow">03 </div><div class="ball_tx ball_yellow">23 </div><div class="ball_tx ball_yellow">18 </div><div class="ball_tx ball_
yellow">26 </div><div class="ball_tx ball_yellow">24 </div><div class="ball_tx ball_yellow">49 </div><div class="ball_tx ball_yellow">03 </di
v><div class="ball_tx ball_yellow">18 </div><div class="ball_tx ball_yellow">23 </div><div class="ball_tx ball_yellow">24 </div><div class="b
all_tx ball_yellow">26 </div><div class="ball_tx ball_yellow">49 </div><div class="ball_red">32 </div>
</div>
<div class="contents_box02">
<div id="contents_logo_05"></div><div class="contents_mine_tx02"><span class="font_black15">108/11/22 第108000101期 </span><span class="font_
red14"><a href="Result_all.aspx#08">開獎結果</a></span></div><div class="contents_mine_tx04">開出順序<br/>大小順序</div><div class="ball_tx b
all_yellow">03 </div><div class="ball_tx ball_yellow">23 </div><div class="ball_tx ball_yellow">18 </div><div class="ball_tx ball_yellow">26
</div><div class="ball_tx ball_yellow">24 </div><div class="ball_tx ball_yellow">49 </div><div class="ball_tx ball_yellow">03 </div><div clas
s="ball_tx ball_yellow">18 </div><div class="ball_tx ball_yellow">23 </div><div class="ball_tx ball_yellow">24 </div><div class="ball_tx ball
_yellow">26 </div><div class="ball_tx ball_yellow">49 </div>
</div>
開出順序 : 31    05    37    26    03    20
大小順序 : 03    05    20    26    31    37
第二區   : 04
```

由於我們發現最新一期威力彩是在第一個串列，所以程式第 18 行，使用下列指令。

balls = dataTag[0].find_all('div', {'class':ball_tx ball_green'}) dataTag[0] 代表找尋第 1 組串列元素，find_all( ) 是找尋所有標籤是 'div'，此標籤類別 class 是 "ball_tx ball_green" 的結果。經過這個搜尋可以得到 balls 串列，然後第 20-21 行列出開球順序。程式第 24-25 行是列出號碼球的大小順序。

程式第 28 行也可以改用 find( )，因為只有一個紅球是特別號。這是找尋所有標籤是 'div'，此標籤類別 class 是 "ball_red" 的結果。

26-6 命令提示字元視窗

13-7-9 節筆者有介紹 DOS 命令提示視窗的觀念了，這裡再做更完整的說明。

其實一般的電腦使用者是不會用到命令提示字元視窗，這是最早期 DOS(Disk Operating System) 作業系統時的環境，現在大多數情況應用程式在安裝時，已經將應用程式打包成一個圖示，只要點選圖示即可操作。但是，如果想要成為電腦高手，常會發生需要額外安裝一些應用軟體，這些應用軟體需要在命令提示字元視窗安裝或設定，本節筆者將講解 Python 程式在命令提示字元視窗執行的方法，以及說明程式執行的參數。

Windows 7 使在開始功能鈕內，Windows 8 或 10 可以將滑鼠移至左下方，按一下滑鼠右鍵可以看到命令提示字元指令：

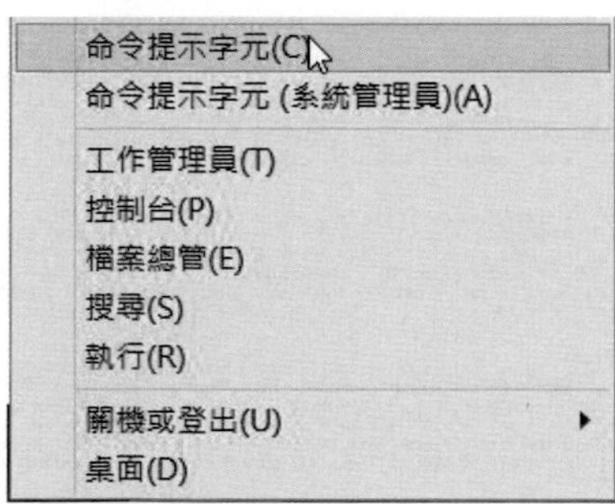

執行後可以看到下列命令提示字元視窗。

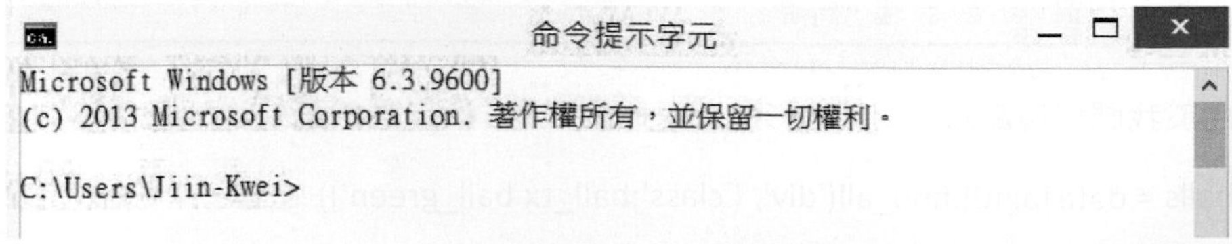

我們除了可以在 Python 的 IDLE 視窗執行程式，也可以在命令提示字元環境執行 Python 程式，假設要執行的程式是 d:\Python\ch26\ch26_27.py(這是筆者目前程式所在位置)，方法如下：

python 安裝路徑 \python d:\Python\ch26\ch26_27.py

如果有程式執行時有參數，則參數在空一格後，放在右邊，如下所示：

python 安裝路徑 \python d:\Python\ch26\ch26_27.py 參數 1 … 參數 n

其實在 Python 程式設計中 d:\Python\ch26\ch26_27.py 會被當作命令提示串列的第 0 個元素，如果有其它參數存在，則會依次當作第 1 個元素，… 等。

從上述我們可以驗證所敘述的內容。在本章 ch26_2.py 我們是在提示訊息下輸入地址，其實我們也可以利用這個特性，直接在程式執行初輸入地址，可以省去使用 input 讀取地址。

程式實例 ch26_27.py：重新設計 ch26_2.py，直接在命令提示字元視窗輸入地址。

```
# ch26_7.py
import sys, webbrowser

print(sys.argv[0])
if len(sys.argv) > 1:
    address = " ".join(sys.argv[1:])
webbrowser.open('http://www.google.com.tw/maps/place/' + address)
```

執行結果

```
PS C:\Users\User> python d:\Python\ch26\ch26_27.py 台北市南京東路二段98號
d:\Python\ch26\ch26_27.py
PS C:\Users\User>
```

至於瀏覽器開啟的結果，可以參考 ch26_2.py 的結果。上述輸入時，sys.argv 的串列內容如下：

['d:\Python\ch26\ch26_27.py', ' 台北市南京東路二段 98 號 ']

中文地址由於中間沒有空格，所以會被視為是一個元素，如果是輸入英文地址，只要有空格皆會被視為不同元素，例如：如果輸入如下：

d:\Python\ch26\ch26_27.py 98 NanJing East Rd Taipei

則 sys.argv 的串列內容如下：

['d:\Python\ch26\ch26_27.py', '98', 'NanJing', 'East', 'Rd', ' Taipei']

習題

實作題

1. 請使用 webbrowser( ) 開啟自己學校的網頁，筆者以密西西比大學為實例。(26-1 節)
2. 請參考 ch26_2.py，輸入自己家的地址，然後輸出 Google 地圖。(26-1 節)
3. 請擷取自己學校的網頁，下列是以美國密西西比大學為例。(26-2 節)
4. 請擷取自己學校網頁的所有圖片，下列是以明志科技大學為例，所有產生的圖片將儲存在 ex26_4 資料夾內，下列是下載畫面。(26-5 節)
5. 當讀者購買本書時，請下載最新一期大樂透彩券號碼，需有開獎順序與從小到大排序。(26-5 節)

第二十七章

人工智慧破冰之旅 – KNN 演算法

KNN 的全名是 K-Nearest Neighbor，中文可以翻譯為 K- 近鄰演算法或最近鄰居法，這是一種用於分類和迴歸的統計方法。雖是聽起來嚇人的統計，不過讀者不用擔心，本章筆者將知識化成淺顯的觀念，用最白話方式講解將此演算法應用在人工智慧基礎。

27-1 電影分類

每年皆有許多電影上市，也有一些視頻公司不斷在自己頻道上推出新片上市，同時有些視頻公司追蹤到用戶所看影片，同時可以推薦類似電影給用戶。這一節筆者就是要解說使用 Python 加上 KNN 演算法，判斷相類似的影片。

27-1-1 規劃特徵值

首先我們可以將影片分成下列特徵 (feature)，每個特徵給予 0-10 的分數，如果影片某特徵很強烈則給 10 分，如果幾乎無此特徵則給 0 分，下列是筆者自訂的特徵表。未來讀者熟悉後，可以自訂這部分特徵表。

影片名稱	愛情、親情	跨國拍攝	出現刀、槍	飛車追逐	動畫
xxx	0-10	0-10	0-10	0-10	0-10

下列是筆者針對影片玩命關頭打分數的特徵表。

影片名稱	愛情、親情	跨國拍攝	出現刀、槍	飛車追逐	動畫
玩命關頭	5	7	8	10	2

上述針對影片特徵打分數，又稱特徵提取 (feature extraction)，此外，特徵定義越精確，對未來分類可以更精準。下列是筆者針對最近影片的特徵表。

影片名稱	愛情、親情	跨國拍攝	出現刀、槍	飛車追逐	動畫
復仇者聯盟	2	8	8	5	6
決戰中途島	5	6	9	2	5
冰雪奇緣	8	2	0	0	10
雙子殺手	5	8	8	8	3

27-1-2 將 KNN 演算法應用在電影分類的精神

有了影片特徵表後，如果我們想要計算某部影片與玩命關頭的相似度，可以使用畢氏定理觀念，可以參考 3-7-2 節和 ch7_18.py 的觀念。在計算公式中，如果我們使用 2 部影片與玩命關頭做比較，則稱 2 近鄰演算法，上述我們使用 4 部影片與玩命關頭做比較，則稱 4 近鄰演算法。例如：下列是計算復仇者聯盟與玩命關頭的相似度公式：

$$\text{dist} = \sqrt{(5-2)^2 + (7-8)^2 + (8-8)^2 + (10-5)^2 + (2-6)^2}$$

上述 dist 是兩部影片的相似度，接著我們可以為 4 部影片用同樣方法計算與玩命關頭之相似度，dist 值越低代表兩部影片相似度越高，所以我們可以經由計算獲得其他 4 部影片與玩命關頭的相似度。

27-1-3 專案程式實作

程式實例 ch27_1.py：列出 4 部影片與玩命關頭的相似度，同時列出那一部影片與玩命關頭的相似度最高。

```
# ch27_1.py
import math

film = [5, 7, 8, 10, 2]                  # 玩命關頭特徵值
film_titles = [                          # 比較影片片名
    '復仇者聯盟',
    '決戰中途島',
    '冰雪奇緣',
    '雙子殺手',
]
film_features = [                        # 比較影片特徵值
    [2, 8, 8, 5, 6],
    [5, 6, 9, 2, 5],
    [8, 2, 0, 0, 10],
    [5, 8, 8, 8, 3],
]

dist = []                                # 儲存影片相似度值
for f in film_features:
    distances = 0
    for i in range(len(f)):
        distances += (film[i] - f[i]) ** 2
    dist.append(math.sqrt(distances))

min = min(dist)                          # 求最小值
min_index = dist.index(min)              # 最小值的索引

print("與玩命關頭最相似的電影 : ", film_titles[min_index])
print("相似度值 : ", dist[min_index])
for i in range(len(dist)):
    print("影片 : %s, 相似度 : %6.2f" % (film_titles[i], dist[i]))
```

執行結果

```
===================== RESTART: D:/Python/ch27/ch27_1.py =====================
與玩命關頭最相似的電影 :  雙子殺手
相似度值 :  2.449489742783178
影片 : 復仇者聯盟, 相似度 :   7.14
影片 : 決戰中途島, 相似度 :   8.66
影片 : 冰雪奇緣, 相似度 :  16.19
影片 : 雙子殺手, 相似度 :   2.45
```

從上述可以得到雙子殺手與玩命關頭最相似，冰雪奇緣與玩命關頭差距最遠。

27-1-4　電影分類結論

了解以上結果，其實還是要提醒電影特徵值的項目與評分，最為關鍵，只要有良好的篩選機制，我們可以獲得很好的結果，如果您從事影片推薦工作，可以由本程式篩選出類似影片推薦給讀者。

27-2　選舉造勢與銷售烤香腸

台灣選舉在造勢的場合也是流動攤商最喜歡的聚集地，攤商最希望的是準備充足的食物，活動結束可以完售，賺一筆錢。熱門的食物是烤香腸，到底需準備多少香腸常是攤商老闆要思考的問題。

27-2-1　規劃特徵值表

其實我們可以將這一個問題也使用 KNN 演算法處理，下列是筆者針對此設計的特徵值表，其中幾個特徵值觀念如下，假日指數指的是平日或週末，週一至週五評分為 0，週六為 2(第 2 天仍是休假日，所以參加的人更多)，週日或放假的節日為 1。造勢力度是指媒體報導此活動或活動行銷力度可以分為 0 – 5 分，數值越大造勢力度更強。氣候指數是指天候狀況，如果下雨或天氣太熱可能參加的人會少，適溫則參加的人會多，筆者一樣分成 0 – 5 分，數值越大表示氣候佳參加活動的人會更多。最後我們也列出過往銷售紀錄，由過去銷售紀錄再計算可能的銷售，然後依此準備香腸。

假日指數	造勢力度	氣候指數	過往紀錄
0-2	0-5	0-5	實際銷量

如果過往紀錄是週六，造勢力度是 3，氣候指數是 3，可以銷售 200 條香腸，此時可以用下列函數表示：

f(1, 3, 3) = 200

下列是一些過往的紀錄：

f(0, 3, 3) = 100　　f(2, 4, 3) = 250　　f(2, 5, 5) = 350
f(1, 4, 2) = 180　　f(2, 3, 1) = 170　　f(1, 5, 4) = 300
f(0, 1, 1) = 50　　f(2, 4, 3) = 275　　f(2, 2, 4) = 230
f(1, 3, 5) = 165　　f(1, 5, 5) = 320　　f(2, 5, 1) = 210

在程式設計中，我們使用串列紀錄數字，如果函數是 f(1, 3, 3) = 200，串列內容是 [1, 3, 3, 200]。

27-2-2 迴歸方法

明天 12 月 29 日星期天，天氣預報氣溫指數是 2，有一個強力的造勢場所評分是 5，這時函數是 f(1, 5, 2)，現在攤商碰上的問題需要準備多少香腸。這類問題我們可以取 K 組近鄰值，然後求這 K 組數值的平均值即可，這個就是迴歸 (Regression)。

27-2-3 專案程式實作

程式實例 ch27_2.py：列出需準備多少烤香腸，此例筆者取 5 組近鄰值。

```
# ch27_2.py
import math

def knn(record, target, k):
    ''' 計算k組近鄰值, 以list回傳數量和距離 '''
    distances = []                                  # 儲存紀錄與目標的距離
    record_number = []                              # 儲存紀錄的烤香腸數量

    for r in record:                                # 計算過往紀錄與目標的距離
        tmp = 0
        for i in range(len(target)-1):
            tmp += (target[i] - r[i]) ** 2
        dist = math.sqrt(tmp)
        distances.append(dist)                      # 儲存距離
        record_number.append(r[len(target)-1])  # 儲存烤香腸數量

    knn_number = []                                 # 儲存k組烤香腸數量
    knn_distances = []                              # 儲存k組距離值
    for i in range(k):                              # k代表取k組近鄰值
        min_value = min(distances)                  # 計算最小值
        min_index = distances.index(min_value)  # 計算最小值索引
        # 將香腸數量分別儲存至knn_number串列
        knn_number.append(record_number.pop(min_index))
        # 將距離分別儲存至knn_distances
        knn_distances.append(distances.pop(min_index))
    return knn_number,knn_distances

```

```
def regression(knn_num):
    ''' 計算迴歸值 '''
    return int(sum(knn_num)/len(knn_num))

target = [1, 5, 2, 'value']          # value是需計算的值
# 過往紀錄
record = [
    [0, 3, 3, 100],
    [2, 4, 3, 250],
    [2, 5, 6, 350],
    [1, 4, 2, 180],
    [2, 3, 1, 170],
    [1, 5, 4, 300],
    [0, 1, 1, 50],
    [2, 4, 3, 275],
    [2, 2, 4, 230],
    [1, 3, 5, 165],
    [1, 5, 5, 320],
    [2, 5, 1, 210],
]

k = 5                                # 設定k組最相鄰的值
k_nn = knn(record, target, k)
print("需準備 %d 條烤香腸" % regression(k_nn[0]))
for i in range(k):
    print("k組近鄰的距離 %6.4f, 銷售數量 %d" % (k_nn[1][i], k_nn[0][i]))
```

執行結果

```
=================== RESTART: D:\Python\ch27\ch27_2.py ===================
需準備 243 條烤香腸
k組近鄰的距離 1.0000, 銷售數量 180
k組近鄰的距離 1.4142, 銷售數量 210
k組近鄰的距離 1.7321, 銷售數量 250
k組近鄰的距離 1.7321, 銷售數量 275
k組近鄰的距離 2.0000, 銷售數量 300
```

經過上述運算，我們得到須在明天造勢場所準備 243 條香腸。

習題

實作題

1. 參考 27-1 節，增加特徵值欄位背景年代，指的是故事背景的年代，此特徵值對個影片得分如下：(27-1 節)

   玩命關頭：8

   復仇者聯盟：10

   決戰中途島：6

   冰雪奇緣：2

   雙子殺手：8

   請計算那一部電影和玩命關頭最相似，同時列出所有影片與玩命關頭的相似度。

附錄 A

安裝 Python

A-1 Windows 作業系統的安裝 Python 版

此時讀者可以選擇下載那一個版本，此例筆者選擇下載 3.7 版，筆者使用 Internet Explorer 流覽器然後請按執行鈕，電腦將直接執行位於下載區的 python-3.7.exe 檔案，進行安裝，然後將看到下列安裝畫面：

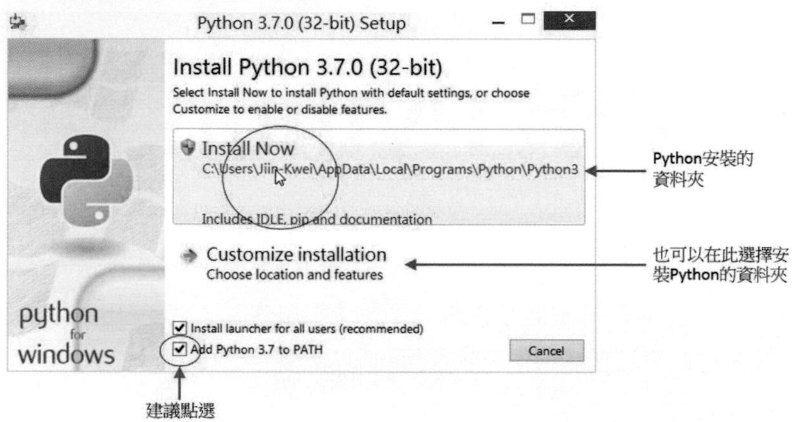

註1 如果點選 Add Python 3.7 to PATH，不論是在那一個資料夾均可以執行 python 可執行檔，非常方便。預設畫面是未勾選狀態，建議勾選。

註2 上述預設安裝路徑是在比較深層的 C:\ 資料夾路徑，如果想安裝在比較淺層，建議可以點選 Customize installation，然後再選擇路徑，例如：選擇 C:\ 即可。

下列是筆者採用預設安裝路徑的畫面，上述如果點選 Install Now 選項可以進行安裝，下方可以看到，未來安裝 Python 的所在的資料夾。安裝完成後將看到下列畫面。

安裝完成後，請進入所安裝的資料夾，找尋 idle 檔案，這是 Python 3.7 版的整合環境程式，未來可以使用它編輯與執行 Python。

❑ 使用硬功夫搜尋 Python3 資料夾

如果你可以順利進入安裝 Python 資料夾，則恭喜你，如果找不到，可以開啟 Windows 檔案總管，然後搜尋 C 資料夾，搜尋字串 "Python3"。

Windows 作業系統會去找尋與 Python3 有關的檔案或資料夾，上述是找到的畫面，然後請點選 Python37-32(這是筆者目前的版本)。接下來是找尋 Python 整合環境的 idle 程式，請在進入 Python37-32 後，在搜尋欄位輸入 "idle"。當搜尋到了以後，可以將此 Python 整合環境的 idle 程式拖曳複製至桌面。

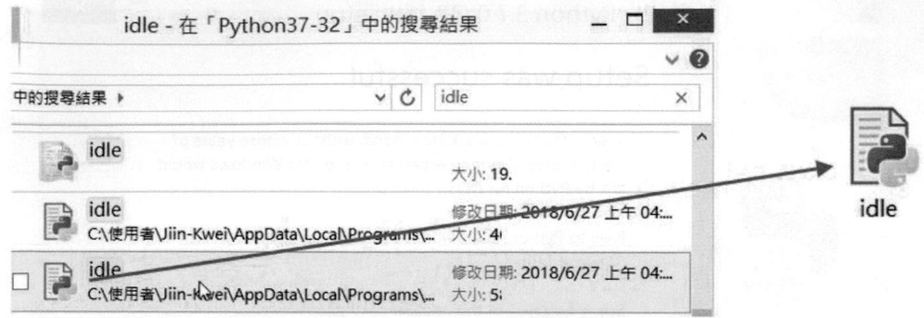

未來只要連按二下 idle 圖示，即可以啟動 Python 整合環境。

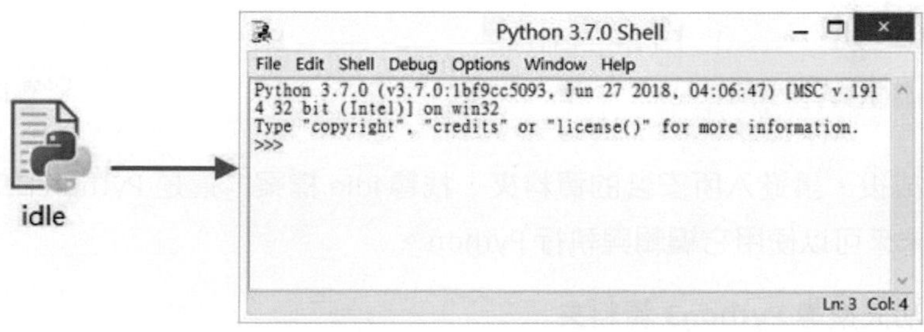

❑ 未來搜尋 Python 可執行檔的路徑

```
>>> import sys
>>> sys.executable
'C:\\Users\\Jiin-Kwei\\AppData\\Local\\Programs\\Python\\Python37-32\\pythonw.exe'
>>>
```

可以使用上述指令列出 Python 的可執行檔案。

附錄 B

安裝第三方模組

Python 是一個免費的軟體，因此吸引許多公司行號以它作為公司的官方語言，同時也吸引了很多公司行號或個人將所開發的模組放到網頁上供其他人下載使用。通常我們將這些放在網路上可以下載使用的模組稱第三方模組。

B-1 pip 工具

安裝第三方模組在 Windows 作業系統需使用 pip 工具，如果是 Mac OS 或 Linux 則使用 pip3 工具。安裝 Python 完成後，這些工具是放在 Scripts 目錄內。

B-1-1　Windows 系統 Python 3.6.2 安裝在 C:\

例如：如果你的 Python 3.6.2 版是建立在 C:\Python36-32 則非常單純，pip 工具是在下列位置。

C:\Python36-32\Scripts\pip.exe

B-1-2　Python 3.7(或 3.6) 安裝在硬碟更深層

如果你的 Python 不是安裝在 C:\，例如：筆者電腦是 Windows 8 安裝 Python 時，在預設安裝模式下 Python 是安裝在下列資料夾：

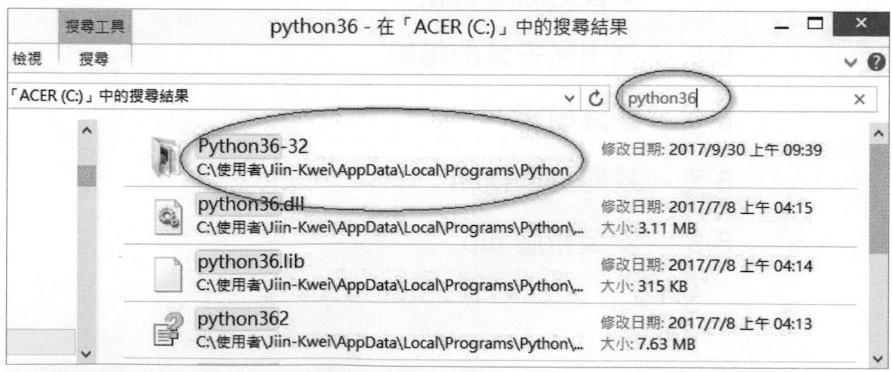

則整個系統是有一點複雜，需在搜尋欄位輸入 python36(這是 Python 版本，不同版本需輸入不同版本數字)，找尋此資料字串，找到後請點選 Python36-32 可以進入此資料夾。

點選上述 Scripts 資料夾可以進入此資料夾，然後可以看到 pip.exe 檔案。

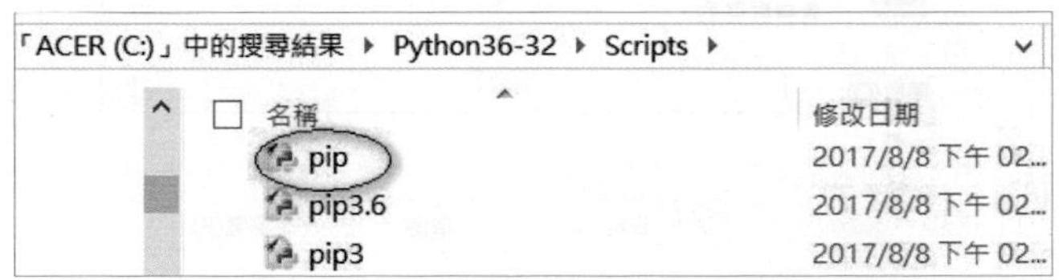

由於我們未來需進入 DOS 模式安裝第三方模組，此時最好是用複製路徑方式將 pip.exe 檔案路徑複製到 DOS 提示訊息，比較不會有錯誤產生。首先點選 pip.exe 檔案，然後點選常用 / 剪貼簿 / 複製路徑，如下所示：

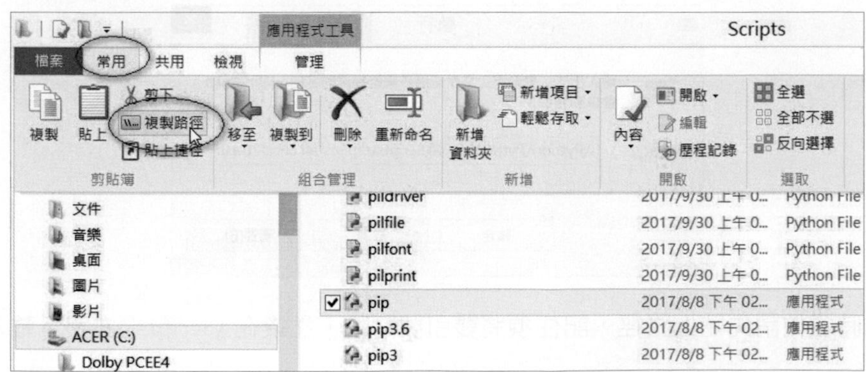

這時路徑已經複製了，路徑複製時此路徑的字串前後有雙引號，如下所示：

"C:\Users\ …. Scripts\pip.exe"

未來在 DOS 貼上此路徑時，須將前後雙引號刪除，如下所示。

C:\Users\ …. Scripts\pip.exe

B-2 啟動 DOS 與安裝模組

B-2-1 DOS 環境

B-2-1-1 安裝 Python 時沒有設定 Add Python x.x to PATH

在 Windows 7 之前在開始鈕內可以看到 DOS 功能進入 DOS 環境，在 Windows 8 系統可以按一下鍵盤的 " 視窗鍵 + r 鍵 " 開啟 DOS 環境。接著將看到下列 DOS 的執行視窗。

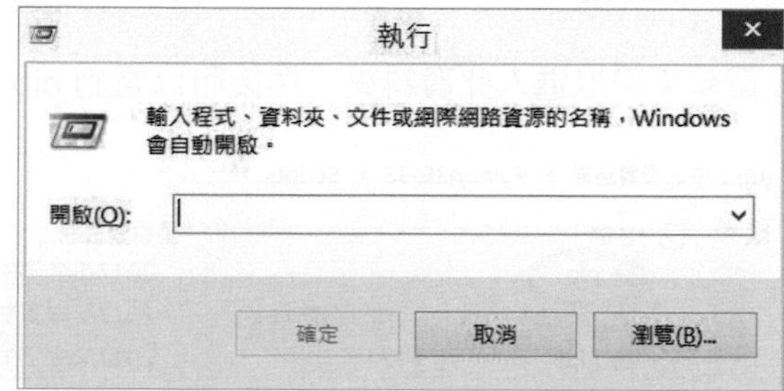

這時必須將啟動安裝第三方模組的指令輸入到開啟欄位，首先讀者可以將滑鼠游標移至開啟欄位，按一下滑鼠右鍵開啟快顯功能表，執行貼上，就可以將 pip.exe 的路徑複製。

此時各位請先貼上路徑，記住須將雙引號刪除，然後在 \Scripts\ 右邊，輸入下列指令。

```
pip install send2trash            # Windows 系統
sudo pip3 install send2trash      # Mac OS 或 Linux
```

上述按確定鈕，就可以看到 Windows 系統會另外開啟 DOS 視窗執行下載安裝第三方模組的畫面，這個視窗會在安裝完成後自動關閉。

B-2-1-2 安裝 Python 時有設定 Add Python x.x to PATH

若是有設定 Add Python x.x(版本訊息) to PATH，可以直接輸入下列指令安裝相同的模組。

```
pip install send2trash          # Windows 系統
```

B-2-2 DOS 命令提示字元

將滑鼠游標移至視窗左下角，按滑鼠右鍵將看到命令提示字元 (C)：

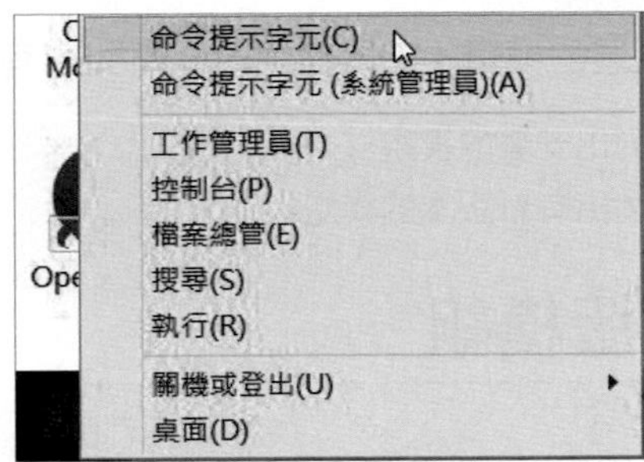

點選命令提示字元可以進入此環境。

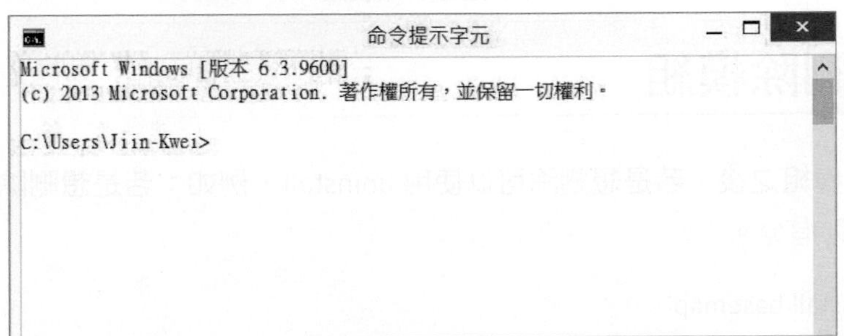

可參考 B-2-1-1 節將 pip.exe 的路徑複製，再執行 pip install send2trash。

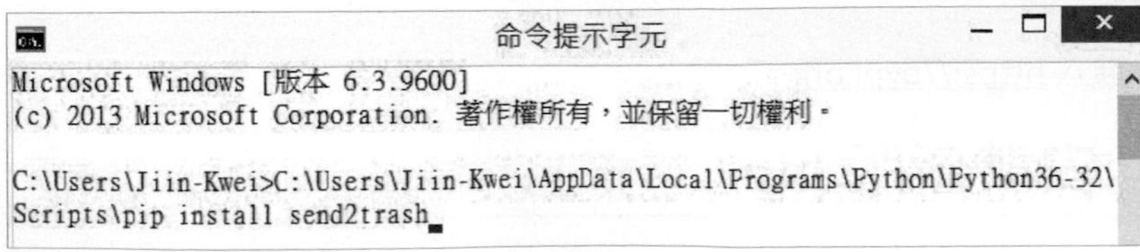

即可進行安裝第三方模組。

B-3 導入模組安裝更新版模組

模組安裝完成後，未來可以在程式前面執行 import 指令導入模組，同時可以測試是否安裝成功，如果沒有錯誤訊息就表示安裝成功了。

```
import 模組名稱
import send2trash     # 導入 send2trash 為實例
```

B-4 列出所安裝的模組

可以使用 list 列出所安裝的模組，如果使用 '-o' 可列出有新版本的模組。

```
pip list              # 列出安裝的模組
pip list-o            # 列出有新版本的模組
```

B-5 安裝更新版模組

未來如果有更新版，可用下列方式更新至最新版模組。

```
pip install-U 模組名稱        # 更新至最新版模組
```

B-6 刪除模組

安裝了模組之後，若是想刪除可以使用 uninstall，例如：若是想刪除 basemap，可以使用下列指令。

```
pip uninstall basemap
```

B-7 找尋更多模組

可以進入 https://pypi.org。

B-8 安裝新版 pip

安裝好 Python 後，pip 會被自動安裝，如果不小心刪除可以到下列網址下載。

https://pypi.org/project/pip/

附錄 C

函數或方法索引表

索引編號是列出方法或函數所出現的章節

附錄 D

RGB 色彩表

色彩名稱	16 進位	色彩樣式
AliceBlue	#F0F8FF	
AntiqueWhite	#FAEBD7	
Aqua	#00FFFF	
Aquamarine	#7FFFD4	
Azure	#F0FFFF	
Beige	#F5F5DC	
Bisque	#FFE4C4	
Black	#000000	
BlanchedAlmond	#FFEBCD	
Blue	#0000FF	
BlueViolet	#8A2BE2	
Brown	#A52A2A	
BurlyWood	#DEB887	
CadetBlue	#5F9EA0	
Chartreuse	#7FFF00	
Chocolate	#D2691E	
Coral	#FF7F50	
CornflowerBlue	#6495ED	
Cornsilk	#FFF8DC	
Crimson	#DC143C	
Cyan	#00FFFF	
DarkBlue	#00008B	
DarkCyan	#008B8B	
DarkGoldenRod	#B8860B	
DarkGray	#A9A9A9	

色彩名稱	16 進位	色彩樣式
DarkGrey	#A9A9A9	
DarkGreen	#006400	
DarkKhaki	#BDB76B	
DarkMagenta	#8B008B	
DarkOliveGreen	#556B2F	
DarkOrange	#FF8C00	
DarkOrchid	#9932CC	
DarkRed	#8B0000	
DarkSalmon	#E9967A	
DarkSeaGreen	#8FBC8F	
DarkSlateBlue	#483D8B	
DarkSlateGray	#2F4F4F	
DarkSlateGrey	#2F4F4F	
DarkTurquoise	#00CED1	
DarkViolet	#9400D3	
DeepPink	#FF1493	
DeepSkyBlue	#00BFFF	
DimGray	#696969	
DimGrey	#696969	
DodgerBlue	#1E90FF	
FireBrick	#B22222	
FloralWhite	#FFFAF0	
ForestGreen	#228B22	
Fuchsia	#FF00FF	
Gainsboro	#DCDCDC	

色彩名稱	16 進位	色彩樣式
GhostWhite	#F8F8FF	
Gold	#FFD700	
GoldenRod	#DAA520	
Gray	#808080	
Grey	#808080	
Green	#008000	
GreenYellow	#ADFF2F	
HoneyDew	#F0FFF0	
HotPink	#FF69B4	
IndianRed	#CD5C5C	
Indigo	#4B0082	
Ivory	#FFFFF0	
Khaki	#F0E68C	
Lavender	#E6E6FA	
LavenderBlush	#FFF0F5	
LawnGreen	#7CFC00	
LemonChiffon	#FFFACD	
LightBlue	#ADD8E6	
LightCoral	#F08080	
LightCyan	#E0FFFF	
LightGoldenRodYellow	#FAFAD2	
LightGray	#D3D3D3	
LightGrey	#D3D3D3	
LightGreen	#90EE90	
LightPink	#FFB6C1	

色彩名稱	16 進位	色彩樣式
LightSalmon	#FFA07A	
LightSeaGreen	#20B2AA	
LightSkyBlue	#87CEFA	
LightSlateGray	#778899	
LightSlateGrey	#778899	
LightSteelBlue	#B0C4DE	
LightYellow	#FFFFE0	
Lime	#00FF00	
LimeGreen	#32CD32	
Linen	#FAF0E6	
Magenta	#FF00FF	
Maroon	#800000	
MediumAquaMarine	#66CDAA	
MediumBlue	#0000CD	
MediumOrchid	#BA55D3	
MediumPurple	#9370DB	
MediumSeaGreen	#3CB371	
MediumSlateBlue	#7B68EE	
MediumSpringGreen	#00FA9A	
MediumTurquoise	#48D1CC	
MediumVioletRed	#C71585	
MidnightBlue	#191970	
MintCream	#F5FFFA	
MistyRose	#FFE4E1	
Moccasin	#FFE4B5	

色彩名稱	16 進位	色彩樣式
NavajoWhite	#FFDEAD	
Navy	#000080	
OldLace	#FDF5E6	
Olive	#808000	
OliveDrab	#6B8E23	
Orange	#FFA500	
OrangeRed	#FF4500	
Orchid	#DA70D6	
PaleGoldenRod	#EEE8AA	
PaleGreen	#98FB98	
PaleTurquoise	#AFEEEE	
PaleVioletRed	#DB7093	
PapayaWhip	#FFEFD5	
PeachPuff	#FFDAB9	
Peru	#CD853F	
Pink	#FFC0CB	
Plum	#DDA0DD	
PowderBlue	#B0E0E6	
Purple	#800080	
RebeccaPurple	#663399	
Red	#FF0000	
RosyBrown	#BC8F8F	
RoyalBlue	#4169E1	
SaddleBrown	#8B4513	
Salmon	#FA8072	

色彩名稱	16 進位	色彩樣式
SandyBrown	#F4A460	
SeaGreen	#2E8B57	
SeaShell	#FFF5EE	
Sienna	#A0522D	
Silver	#C0C0C0	
SkyBlue	#87CEEB	
SlateBlue	#6A5ACD	
SlateGray	#708090	
SlateGrey	#708090	
Snow	#FFFAFA	
SpringGreen	#00FF7F	
SteelBlue	#4682B4	
Tan	#D2B48C	
Teal	#008080	
Thistle	#D8BFD8	
Tomato	#FF6347	
Turquoise	#40E0D0	
Violet	#EE82EE	
Wheat	#F5DEB3	
White	#FFFFFF	
WhiteSmoke	#F5F5F5	
Yellow	#FFFF00	
YellowGreen	#9ACD32	

附錄 E

ASCII碼值表

本碼值表取材至 www.lookup.com 網頁。

Dec	Hx	Oct	Char	Dec	Hx	Oct	Html	Chr	Dec	Hx	Oct	Html	Chr	Dec	Hx	Oct	Html	Chr
0	0	000	NUL (null)	32	20	040		Space	64	40	100	@	@	96	60	140	`	`
1	1	001	SOH (start of heading)	33	21	041	!	!	65	41	101	A	A	97	61	141	a	a
2	2	002	STX (start of text)	34	22	042	"	"	66	42	102	B	B	98	62	142	b	b
3	3	003	ETX (end of text)	35	23	043	#	#	67	43	103	C	C	99	63	143	c	c
4	4	004	EOT (end of transmission)	36	24	044	$	$	68	44	104	D	D	100	64	144	d	d
5	5	005	ENQ (enquiry)	37	25	045	%	%	69	45	105	E	E	101	65	145	e	e
6	6	006	ACK (acknowledge)	38	26	046	&	&	70	46	106	F	F	102	66	146	f	f
7	7	007	BEL (bell)	39	27	047	'	'	71	47	107	G	[illegible]	103	67	147	g	g
8	8	010	BS (backspace)	40	28	050	(	(	72	48	110	H	[illegible]	104	68	150	h	h
9	9	011	TAB (horizontal tab)	41	29	051	)	)	73	49	111	I	I	105	69	151	i	i
10	A	012	LF (NL line feed, new line)	42	2A	052	*	*	74	4A	112	J	J	106	6A	152	j	j
11	B	013	VT (vertical tab)	43	2B	053	+	+	75	4B	113	K	[illegible]	107	6B	153	k	k
12	C	014	FF (NP form feed, new page)	44	2C	054	,	,	76	4C	114	L	L	108	6C	154	l	l
13	D	015	CR (carriage return)	45	2D	055	-	-	77	4D	115	M	M	109	6D	155	m	m
14	E	016	SO (shift out)	46	2E	056	.	.	78	4E	116	N	N	110	6E	156	n	n
15	F	017	SI (shift in)	47	2F	057	/	/	79	4F	117	O	O	111	6F	157	o	o
16	10	020	DLE (data link escape)	48	30	060	0	0	80	50	120	P	P	112	70	160	p	p
17	11	021	DC1 (device control 1)	49	31	061	1	1	81	51	121	Q	Q	113	71	161	q	q
18	12	022	DC2 (device control 2)	50	32	062	2	2	82	52	122	R	R	114	72	162	r	r
19	13	023	DC3 (device control 3)	51	33	063	3	3	83	53	123	S	S	115	73	163	s	s
20	14	024	DC4 (device control 4)	52	34	064	4	4	84	54	124	T	T	116	74	164	t	t
21	15	025	NAK (negative acknowledge)	53	35	065	5	5	85	55	125	U	U	117	75	165	u	u
22	16	026	[illegible] (synchronous idle)	54	36	066	6	6	86	56	126	V	V	118	76	166	v	v
23	17	027	[illegible] (end of trans. block)	55	37	067	7	7	87	57	127	W	W	119	77	167	w	w
24	18	030	[illegible] (cancel)	56	38	070	8	8	88	58	130	X	X	120	78	170	x	x
25	19	031	[illegible] (end of medium)	57	39	071	9	9	89	59	131	Y	Y	121	79	171	y	y
26	1A	032	[illegible] (substitute)	58	3A	072	:	:	90	5A	132	Z	Z	122	7A	172	z	z
27	1B	033	ESC (escape)	59	3B	073	;	;	91	5B	133	[	[	123	7B	173	{	{
28	1C	034	FS (file separator)	60	3C	074	<	<	92	5C	134	\	\	124	7C	174			|
29	1D	035	GS (group separator)	61	3D	075	=	=	93	5D	135	]	]	125	7D	175	}	}
30	1E	036	RS (record separator)	62	3E	076	>	>	94	5E	136	^	^	126	7E	176	~	~
31	1F	037	US (unit separator)	63	3F	077	?	?	95	5F	137	_	_	127	7F	177		DEL